Physik

Atome · Atomkerne
Elementarteilchen

Horst Hänsel/Werner Neumann

Physik

Atome · Atomkerne
Elementarteilchen

Mit Übungsaufgaben
von Erich Hudl und Rudolf Renner

Mit 185 Abbildungen und 30 Tabellen

Spektrum Akademischer Verlag Heidelberg · Berlin · Oxford

Titelbild: © THE IMAGE BANK/Wiliam Lombardo

Bildnachweis:
Die Porträts stellten zur Verfügung: Horst Hänsel; Werner Neumann

Die Deutsche Bibliothek – CIP-Einheitsaufnahme

Hänsel, Horst:
Physik/Horst Hänsel/Werner Neumann. – Heidelberg ; Berlin ; Oxford : Spektrum, Akad. Verl.
NE: Neumann, Werner:
Bd. 3. Atome – Atomkerne – Elementarteilchen : mit 30 Tabellen / mit Übungsaufgaben von Erich Hudl und Rudolf Renner. – 1995
ISBN 3-86025-313-1

Lektorat: Peter Ackermann, Caputh
Produktion: PRODUserv, Berlin
Umschlaggestaltung: Kurt Bitsch, Birkenau
Satz: Fotosatz-Service Köhler OHG, Würzburg
Druck und Verarbeitung: Franz Spiegel Buch GmbH, Ulm

Spektrum Akademischer Verlag Heidelberg · Berlin · Oxford

EIN VERLAG DER SPEKTRUM FACHVERLAGE GMBH

Vorwort

Unser vierteiliger Physikkurs, von dem der vorliegende dritte Band die Atom- und die Kernphysik einschließlich eines Kapitels zur Elementarteilchenphysik umfaßt, ist als eine in sich geschlossene und abgerundete Darstellung der Grundlagen angelegt. Das Anliegen ist, dem zukünftigen Physiker in der ersten Phase seiner Ausbildung und dem Studenten mit dem Nebenfach Physik einen Überblick über die Physik zu bieten und das grundlegende Instrumentarium für die Lösung allgemeinphysikalischer Probleme bereitzustellen.

Dem dritten Band gehen zwei Bände über die klassischen Gebiete der Makrophysik voraus. Der folgende vierte Band wird die Mikrophysik mit der Molekül- und der Festkörperphysik abschließen. Obwohl die Bände aufeinander aufbauen und sorgfältig untereinander abgestimmt sind, ist durch die Auswahl der Inhalte für die einzelnen Bände gewährleistet, daß jeder von ihnen auch als einzelnes Lehrbuch verwendbar ist.

Besonderer Wert wird wie in den vorausgehenden Bänden auf eine klare Darstellung der Begriffsstruktur und Denkweisen gelegt. Die Denkmodelle werden stets vom Experiment her entwickelt. Diesen, die prinzipiellen Strukturen der Atom- und der Kernphysik betonenden Überlegungen wird bei der Auswahl des Lehrstoffes der Vorzug gegeben gegenüber spezifischen applikativen Aspekten. Der speziell interessierte Leser soll in die Lage versetzt werden, Schwerpunkte für sein weiteres Studium festzulegen.

Ohne Zweifel unterscheidet sich die Mikrophysik gegenüber der Makrophysik auch dadurch, daß experimentelle und theoretische Gesichtspunkte viel stärker miteinander gekoppelt sind. Trotzdem werden dem Charakter des Buches entsprechend keine quantentheoretischen Kenntnisse vorausgesetzt. Das hat aber zur Folge, daß auf einige grundlegende Zusammenhänge im Buch selbst eingegangen werden muß. Diese bleiben aber auf die Quantenmechanik und innerhalb dieses Rahmens auch nur auf die wellenmechanische Darstellungsweise beschränkt. Damit können von vornherein manche Gebiete insbesondere der Kernphysik und die gesamte Elementarteilchenphysik nur informativ behandelt werden.

Das vorliegende Lehrbuch ist durch eine vollständige Neubearbeitung und Neugestaltung unserer Studienbuchreihe „Physik, eine Darstellung der Grundlagen" entstanden, die von 1972 bis 1978 im Deutschen Verlag der Wissenschaften erschienen ist. Die inhaltliche Erweiterung umfaßt u.a. auch zu jedem Kapitel Aufgaben einschließlich der Lösungen.

Wie in den bisher erschienenen Bänden werden wichtige Erkenntnisse und Gesetzmäßigkeiten als Sätze formuliert. Um dem Leser die Unterscheidung zwischen Definitionen und Sätzen zu erleichtern, werden sie durch eine voneinander verschiedene Farbgebung hervorgehoben. Ihre Numerierung erfolgt nicht wie die der Gleichungen im Text, sondern auf der Marginalie, wodurch ihr Auffinden erleichtert werden soll. Im einzelnen bedeutet z.B. (5.3) die dritte Gleichung im Kapitel 5, (D 5.3) die dritte Definition im Kapitel 5, (S 5.3) den dritten Satz im Kapitel 5 und (A 5.3) die dritte Gleichung im Anhang A.5. Sind diese Angaben wie bei (I 5.3) zusätzlich mit I oder II versehen, so bezieht sich der Hinweis auf den ersten oder zweiten Band. Skalare physikalische Größen sind kursiv, vektorielle halbfett kursiv, tensorielle halbfett gerade und Operatoren in deutscher Fraktur gesetzt.

Manchmal bilden Gruppen von Gleichungen inhaltlich eine Einheit. In solchen Fällen wird für sie alle dieselbe Gleichungsnummer gewählt, aber ein kleiner arabischer Buchstabe hinzugefügt. Einige mathematische Grundlagen für die quantenmechanischen Überlegungen und umfangreichere mathematische Herleitungen sind, um den physikalischen Gedankengang nicht zu unterbrechen, in einem Anhang untergebracht.

Für jedes Kapitel haben die Herren Dr. Erich Hudl und Dr. Rudolf Renner einige Aufgaben ausgewählt und die im Anhang zu findenden Lösungen angegeben. Wir danken ihnen für ihr bereitwilliges Eingehen auf unser Konzept, und Herrn Dr. Wolfgang Kretschmar für einen Teil der Physiker-Portraits. Ganz besonders danken wir Frau Maria Hänsel für die mühevolle Anfertigung der Reinschrift des Manuskriptes. Für viele anregende Diskussionen zur Konzeption und zur Ausgestaltung dieser Lehrbuchreihe möchten wir Herrn Dr. Peter Ackermann als Lektor Dank sagen.

Horst Hänsel
Werner Neumann

Inhalt

1 Das diskrete Energiespektrum des harmonischen Oszillators

Die Frage nach der Natur des Lichtes hat an der Schwelle des 20. Jahrhunderts zu einem Zeitpunkt, zu dem die Physik mit der Maxwellschen Theorie abgeschlossen schien, infolge des Vordringens der physikalischen Forschung in atomare Größenordnungen zu völlig neuen Denkansätzen geführt. Bevor dieser Frage im zweiten Kapitel nachgegangen wird, soll die in der historischen Entwicklung beinahe beiläufig erfolgte Formulierung der Quantenhypothese im Zusammenhang mit dem physikalischen Verständnis der Temperaturstrahlung dargestellt werden.

MAX PLANCK (1858–1947) Nobelpreis 1918

Alle gegen Ende des 19. Jahrhunderts unternommenen Versuche, die umfangreichen und sehr präzisen Messungen zur Temperaturstrahlung auf der Grundlage der Gesetze der klassischen Physik zu beschreiben, führten zu Widersprüchen. Einen Ausweg aus dieser Situation fand im Jahr 1900 PLANCK. Er mußte dabei allerdings die Grenzen der klassischen Physik überschreiten und annehmen, daß der harmonische Oszillator ein diskretes Energiespektrum besitzt. Die Existenz diskreter Energiespektren wurde danach auch bei anderen physikalischen Objekten beobachtet und stellt heute ein Grundprinzip der Quantentheorie dar (vgl. u. a. Abschn. 5.3). Auch ist das Auftreten diskreter Wertespektren nicht nur auf die Energie beschränkt. Insofern gab die Idee PLANCKS den Anstoß zu einem völlig neuen Entwicklungsabschnitt der Physik. Historisch hat der Problemkreis um die Temperaturstrahlung somit wichtige Impulse für die physikalische Erkenntnisfindung geliefert.

Energiespektrum des harmonischen Oszillators

1.1 Kirchhoffsches Gesetz für die Strahlung des schwarzen Körpers

Sind die Temperaturen der Teilsysteme eines abgeschlossenen thermodynamischen Systems voneinander verschieden und werden diese Teilsysteme sich selbst überlassen, dann erfolgt im Laufe der Zeit Temperaturausgleich durch Wärmekonvektion, Wärmeleitung und Temperaturstrahlung. Befinden sich dabei die Teilsysteme im Vakuum und berühren sie sich gegenseitig nicht, dann können sich ihre Temperaturen ausschließlich durch die *Temperaturstrahlung* ausgleichen. Diese ist eine elektromagnetische Strahlung, die alle Wellenlängen überstreicht. Bei den

Temperaturstrahlung

Temperaturen unserer natürlichen irdischen Umgebung wird die maximale Intensität im ultraroten Spektralbereich abgestrahlt (Abb. 1.4). Man nennt diese Strahlung deshalb Temperaturstrahlung, weil ihre spektrale Zuammensetzung außer vom Absorptionsgrad des strahlenden Körpers nur noch von seiner Temperatur bestimmt wird.

Bei der Annäherung des Gesamtsystems an den thermodynamischen Gleichgewichtszustand emittieren die Teilsysteme, deren Ausgangstemperaturen über der Gleichgewichtstemperatur des Gesamtsystems liegen, stärker, als sie absorbieren. Dagegen absorbieren Teilsysteme mit Ausgangstemperaturen unterhalb der Gleichgewichtstemperatur stärker als sie emittieren. Nach erfolgtem Temperaturausgleich ist die Energiebilanz von Emission und Absorption im zeitlichen Mittel für jedes Teilsystem gleich.

Für die weiteren Überlegungen wird als Körper mit besonderen Strahlungseigenschaften der schwarze Körper eingeführt:

(D 1.1)
schwarzer Körper

Ein Körper mit dem Absorptionsgrad $\alpha = 1$ für alle Wellenlängen und alle Temperaturen heißt schwarzer Körper oder schwarzer Strahler, die von ihm ausgesandte Temperaturstrahlung schwarze Strahlung.

Absorptionsgrad

Der *Absorptionsgrad* ist entsprechend (II D 9.3) der Quotient aus der von einem Körper absorbierten Energie und der auf ihn auffallenden Energie. Ein schwarzer Körper absorbiert demnach bei allen Wellenlängen die gesamte auf ihn treffende Strahlung. Er läßt weder Strahlung hindurch, noch wird Strahlung reflektiert. Damit entspricht das Verhalten des schwarzen Körpers einem Idealfall.

experimentelle Realisierung eines schwarzen Körpers

In guter Nährung kann ein schwarzer Körper durch eine kleine Öffnung in einem strahlungsundurchlässigen Hohlkörper verwirklicht werden (vgl. Abb. 1.1), denn die durch das Loch in den Hohlraum einfallende Strahlung kann ihn im allgemeinen nur nach einer sehr großen Anzahl von Reflexionen wieder verlassen. Da aber bei sorgfältiger Schwärzung der inneren Oberfläche bei jeder Reflexion nur ein kleiner Bruchteil der auffallenden Strahlung reflektiert wird (weniger als 1 %), läßt sich die wieder austretende Strahlung durch die Geometrie der Anordnung beliebig klein machen: Das Loch wirkt als schwarzer Körper. Man überzeugt sich hiervon leicht durch folgendes Experiment: Bezieht man die innere und die äußere Oberfläche einer Kiste mit einem schwarzen Tuch und

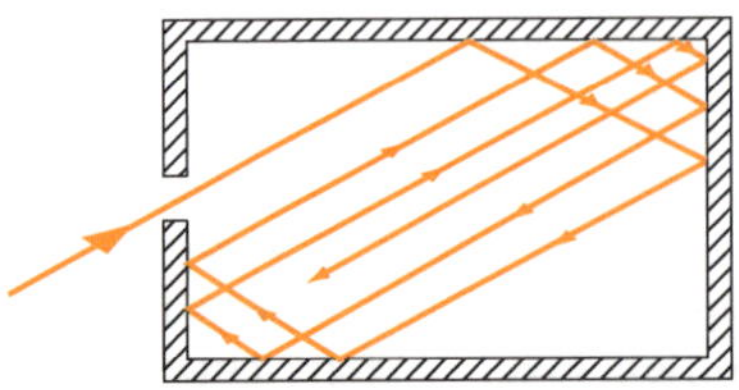

Abb. 1.1
Ein Loch in einem Hohlkörper mit geschwärzten Innenwänden wirkt wie ein schwarzer Körper

versieht sie mit einem Loch, dann erscheint dieses dunkler als seine Umgebung.

Auch die Fixsterne können in guter Näherung als schwarze Körper angesehen werden. Fällt zum Beispiel Strahlung auf den „Gasball“ Sonne, dann wird die Strahlung an der Sonnenoberfläche praktisch nicht reflektiert, aber auf Grund der sehr großen Abmessungen der Sonne in ihrem Inneren nahezu vollkommen absorbiert.

WILHELM WIEN (1864–1928) Nobelpreis 1911

KIRCHHOFF untersuchte die schwarze Strahlung, die aus einer kleinen Öffnung eines von einer beliebigen Substanz umschlossenen Hohlraumes tritt. Befindet sich die strahlungsundurchlässige, d. h. also ausreichend starke Wandung auf einer konstanten Temperatur T, dann liegt im Hohlraum ein dem Temperaturgleichgewicht entsprechendes Strahlungsgleichgewicht vor. Der Beitrag der einzelnen Wellenlängenbereiche zur Gesamtenergie ist unterschiedlich. Nach WIEN verschiebt sich die den maximalen Energiebeitrag liefernde Wellenlänge λ_{max} mit steigender Temperatur zum kurzwelligen Spektralbereich:

$$\lambda_{max} T = \text{const} = (2{,}897790 \pm 0{,}000090)\ 10^{-3}\ \text{Km} \qquad (1.1)$$

(*Wiensches Verschiebungsgesetz*, vgl. Abb. 1.4 und (A 9.11)).

Wiensches Verschiebungsgesetz

Ein aus dem täglichen Leben bekanntes Beispiel bestätigt qualitativ das Wiensche Verschiebungsgesetz: Wird ein Eisenkörper erhitzt, dann leuchtet er von einer bestimmten Temperatur ab und verändert bei weiterer Erwärmung in Übereinstimmung mit dem Wienschen Verschiebungsgesetz seine Farbe vom dunklen Rot zum hellen Gelb.

Energiestromdichte

Die *Energiestromdichte*, d. h. die Energie pro Zeit und Fläche der durch die kleine Öffnung aus dem Hohlraum austretenden Strahlung am Ort der Öffnungsfläche werde mit u bezeichnet. Für sie fand STEFAN 1879 experimentell die Gesetzmäßigkeit (vgl. (A 9.7))

JOSEF STEFAN (1835–1893)

$$u = \sigma T^4 \qquad (1.2)$$

mit

$$\sigma = (5{,}67032 \pm 0{,}00071)\ 10^{-8}\ \text{Wm}^{-2}\ \text{K}^{-4}. \qquad (1.2a)$$

Stefan-Boltzmannsches Strahlungsgesetz

(1.2) konnte 1884 von BOLTZMANN theoretisch begründet werden und heißt deshalb *Stefan-Boltzmannsches Strahlungsgesetz*.

LUDWIG EDUARD BOLTZMANN (1844–1906)

Die Wendel einer Glühlampe sollte demnach eine möglichst hohe Temperatur besitzen, denn die von ihr pro Zeit und Fläche abgestrahlte Energie ist der vierten Potenz ihrer Temperatur proportional. Ferner muß λ_{max} möglichst so gewählt werden, daß die spektrale Verteilung der abgestrahlten Energie maximal dem spektralen Hellempfindlichkeitsgrad V_λ (vgl. Abb. II 11.48) des menschlichen Auges angepaßt ist. Sieht man die Wendel als schwarzen Körper an, dann müßte sie nach dem Wienschen Verschiebungsgesetz (1.1) eine Temperatur von ca. 6500 K besitzen (vgl. auch Abb. 1.3). Technisch erreichbar sind dagegen nur ca. 2200 K. Glühlampen strahlen deshalb maximal im ultraroten Bereich, sie sind mehr „Öfen“ als Lichtquellen.

spektrale Energieverteilungsfunktion

Vielfach ist es zweckmäßig, statt der Energiestromdichte u die *spektrale Energieverteilungsfunktion* u_λ bzw. u_ν zu benutzen. Sie wird so fest-

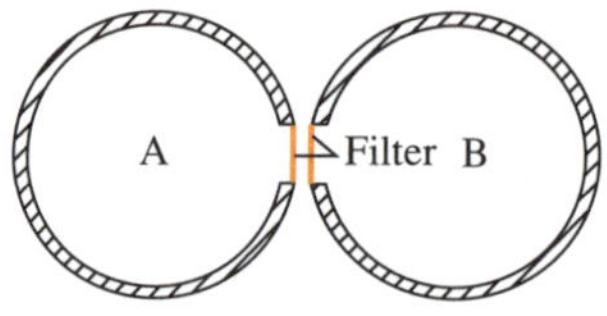

Abb. 1.2
Zur Herleitung des Kirchhoffschen Gesetzes

gelegt, daß durch das Produkt $u_\lambda \mathrm{d}\lambda$ bzw. $u_\nu \mathrm{d}\nu$ der auf die Wellenlängen zwischen λ und $\lambda + \mathrm{d}\lambda$ bzw. auf die Frequenzen zwischen ν und $\nu + \mathrm{d}\nu$ entfallende Bruchteil der Gesamtenergiestromdichte erfaßt wird und damit

$$u = \int_{\lambda=0}^{\infty} u_\lambda \,\mathrm{d}\lambda = \int_{\nu=0}^{\infty} u_\nu \,\mathrm{d}\nu \qquad (1.3)$$

gilt.

Gustav Robert Kirchhoff (1824–1887)

Kirchhoff folgerte aus dem zweiten Hauptsatz der Thermodynamik, daß u_λ für jeden Hohlraum allein durch die Temperatur bestimmt und unabhängig von dem Material der Wandung ist: $u_\lambda = u_\lambda(\lambda, T)$. Wir führen den Beweis indirekt. Dazu werde vorausgesetzt, daß die aus verschiedenen Substanzen bestehenden Wandungen zweier Hohlkörper (z. B. Hohlkugeln) A und B die gleiche Temperatur haben, für die Wellenlänge λ_0 jedoch $u_{\lambda\mathrm{A}}(\lambda_0, T) > u_{\lambda\mathrm{B}}(\lambda_0, T)$ gelte. Beide Hohlkugeln werden mit einer kleinen Öffnung versehen und so einander gegenübergestellt, daß die gesamte aus der Hohlkugel A austretende Strahlung in die Hohlkugel B gelangt und umgekehrt (s. Abb. 1.2). Läßt man durch Anbringen von Filtern nur die Temperaturstrahlung der Wellenlänge λ_0 aus A und B austreten, so müßte wegen $u_{\lambda\mathrm{A}}(\lambda_0, T) > u_{\lambda\mathrm{B}}(\lambda_0, T)$ mehr Energie von A nach B übergehen als von B nach A. Die Temperatur von B müßte demzufolge immer mehr zunehmen, die von A dagegen immer weiter absinken. Die entstehende Temperaturdifferenz würde im Widerspruch zum 2. Hauptsatz der Thermodynamik die Konstruktion eines perpetuum mobile 2. Art ermöglichen, d. h. die Konstruktion einer periodisch arbeitenden Maschine, die weiter nichts bewirkt als die Erzeugung mechanischer Arbeit und die Abkühlung eines Wärmespeichers. Entgegen der Voraussetzung $u_{\lambda\mathrm{A}}(\lambda_0, T) > u_{\lambda\mathrm{B}}(\lambda_0, T)$ muß damit für alle Wellenlängen der schwarzen Strahlung

$$u_{\lambda\mathrm{A}}(\lambda, T) = u_{\lambda\mathrm{B}}(\lambda, T) = u_\lambda(\lambda, T)$$

gelten.

(S 1.1) Universalität von $u_\lambda(\lambda, T)$ für alle schwarzen Körper

Alle schwarzen Körper besitzen unabhängig von Material und Form die gleiche universale spektrale Energieverteilungsfunktion $u_\lambda(\lambda, T)$.

Die universale spektrale Energieverteilungsfunktion $u_\lambda(\lambda, T)$ ist in Abbildung 1.4 als Funktion von λ dargestellt.

Herleitung des Kirchhoffschen Gesetzes

Ein nichtschwarzer Körper absorbiert die auftreffende Strahlung nur teilweise. Wird bei dem Kirchhoffschen Gedankenversuch die Hohlkugel

A durch einen nichtschwarzen Körper ersetzt, so darf trotzdem kein Widerspruch zum 2. Hauptsatz der Thermodynamik entstehen, d.h., das Strahlungsgleichgewicht darf nicht gestört werden. Da der Körper aber nur den durch α bestimmten Teil der auf ihn auffallenden Energie absorbiert, den Rest hindurchläßt oder wieder in die Hohlkugel B reflektiert, kann er deshalb auch nur den entsprechenden Anteil emittieren. Werden die den nichtschwarzen Körper charakterisierenden Größen durch den Index K gekennzeichnet, so ergibt sich demzufolge statt (S 1.1) die Beziehung

$$u_{\lambda \mathrm{K}}(\lambda, T) = \alpha_{\mathrm{K}}(\lambda, T)\, u_{\lambda}(\lambda, T).$$

Für einen Körper mit einer idealen Oberfläche ist der Absorptionsgrad $\alpha_{\mathrm{K}}(\lambda, T)$ eine Materialgröße. Auf sie haben jedoch die Mikrostruktur realer Oberflächen und eventuelle Oberflächenverunreinigungen einen erheblichen Einfluß.

Zusammenfassend kann gesagt werden:

(S 1.2) Kirchhoffsches Gesetz

Die spektrale Energieverteilungsfunktion $u_{\lambda \mathrm{K}}(\lambda, T)$ eines Körpers mit dem Absorptionsgrad $\alpha_{\mathrm{K}}(\lambda, T)$ ergibt sich aus der universalen spektralen Energieverteilungsfunktion $u_{\lambda}(\lambda, T)$ des schwarzen Körpers zu

$$u_{\lambda \mathrm{K}}(\lambda, T) = \alpha_{\mathrm{K}}(\lambda, T)\, u_{\lambda}(\lambda, T)$$

(*Kirchhoffsches Gesetz*).

Für gegebene Temperaturen und Wellenlängen ist demnach die Temperaturstrahlung eines Körpers um so intensiver, je mehr sein Verhalten dem des schwarzen Körpers ähnelt, d.h., je mehr sich für alle Wellenlängen und Temperaturen sein Absorptionsgrad dem Wert eins nähert. Der schwarze Strahler ist demzufolge ein Grenzfall aller strahlenden Körper. Man kann sich davon überzeugen, indem man z.B. in einen Kohlestab ein Loch bohrt und diesen anschließend erhitzt. Dem Beobachter erscheint dann das Loch wesentlich heller als seine Umgebung, denn es strahlt intensiver als diese.

Um weitere Aufschlüsse über die Temperaturstrahlung zu erhalten, ist insbesondere die Kenntnis der universalen spektralen Energieverteilungsfunktion $u_{\lambda}(\lambda, T)$ notwendig.

1.2 Klassische Ansätze zur Herleitung eines Strahlungsgesetzes für den schwarzen Körper

KIRCHHOFF schlug 1859 vor, zur Untersuchung der schwarzen Strahlung erhitzte Hohlkörper der in Abbildung 1.1 gegebenen Art zu nutzen. Man spricht deshalb auch von *Hohlraumstrahlung* statt von schwarzer Strah-

Hohlraumstrahlung

HEINRICH RUBENS
(1865–1922)

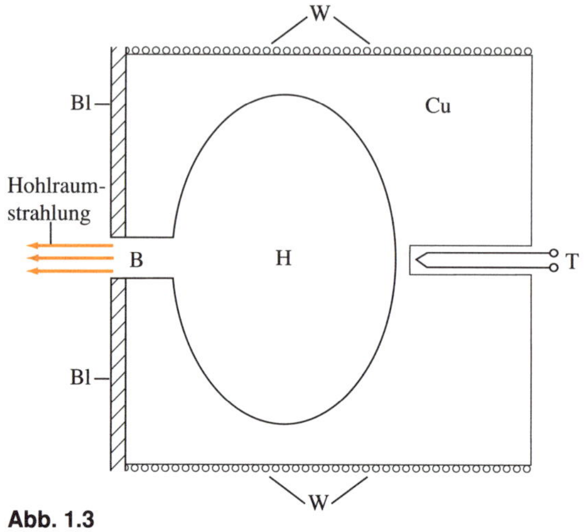

Abb. 1.3
Experimentelle Anordnung zur Erzeugung der Hohlraumstrahlung (schematisch)

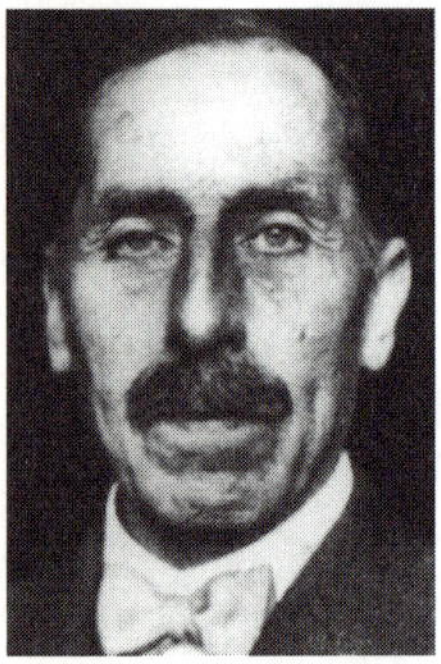

FRIEDRICH PASCHEN
(1865–1947)

experimentelle Bestimmung von $u_\lambda\,(\lambda, T)$

lung. Die Hohlraumstrahlung wurde am Ende des vorigen Jahrhunderts insbesondere von RUBENS, PASCHEN, LUMMER und PRINGSHEIM intensiv untersucht und so die universale spektrale Energieverteilungsfunktion u_λ (λ, T) des schwarzen Strahlers mit großer Genauigkeit gemessen. Abbildung 1.3 zeigt schematisch einen Hohlraumstrahler. In einem aus zwei Teilen zusammengesetzten Kupferblock Cu befindet sich der Hohlraum H, der durch die kleine Bohrung B mit dem Außenraum verbunden ist. Durch die Heizwendel W wird der Kupferblock erwärmt. Seine Temperatur wird mit dem Temperaturfühler T, z. B. einem Thermoelement, gemessen. Damit die durch das Loch in den Außenraum tretende Strahlung wirklich der Strahlung des Hohlraumes entspricht, wird das Loch zusätzlich mit einer wassergekühlten Blende Bl umgeben. Abbildung 1.4 zeigt die so für drei Temperaturen ermittelte universale spektrale Energieverteilungsfunktion des schwarzen Strahlers.

Im Jahre 1894 versuchten RAYLEIGH und JEANS auf der Grundlage der klassischen Physik die Deutung der universalen spektralen Energievertei-

OTTO LUMMER
(1860–1925)

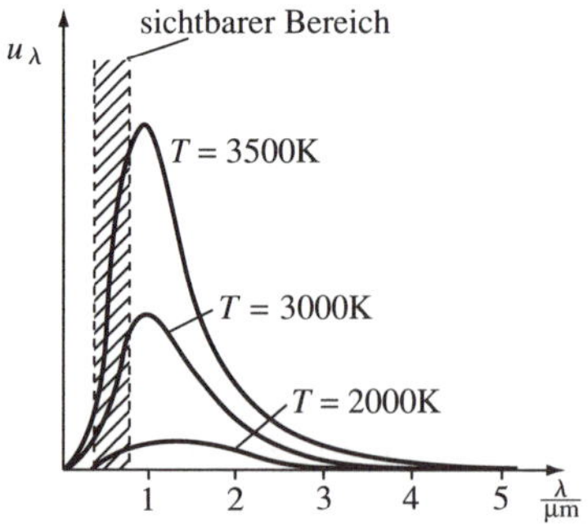

Abb. 1.4
Universale spektrale Energieverteilungsfunktion u_λ des schwarzen Strahlers

Herleitung des Rayleigh-Jeansschen Strahlungsgesetzes

lungsfunktion u_λ bzw. u_ν für den schwarzen Strahler. Sie legten ihren Überlegungen einen Würfel mit der Kantenkänge a und mit vollständig reflektierenden Wänden als Hohlraum zu Grunde. Das ist nach (S 1.1) möglich, weil u_ν von dem Wandungsmaterial und der Form des Hohlraums unabhängig ist. Wird vor einer kleinen Öffnung des Hohlraumes ein schwarzer Körper angeordnet, dann bildet sich auch im betrachteten Hohlraum ein der Temperatur des schwarzen Strahlers entsprechendes Strahlungsgleichgewicht aus. Anschließend kann man sich den Hohlraum wieder verschlossen denken. Herrscht im Hohlraum Vakuum, so breiten sich in ihm die elektromagnetischen Wellen mit der Vakuumlichtgeschwindigkeit c aus. Ihre Frequenzen bzw. Wellenlängen und ihre Ausbreitungsrichtungen sind nicht unabhängig voneinander, da sich die meisten der Wellen durch Interferenz gegenseitig auslöschen und schließlich nur stehende Wellen übrigbleiben. Zunächst werden deshalb die aus der Geometrie des Problems herzuleitenden Bedingungen für die Existenz stehender Wellen und anschließend die Häufigkeit des Auftretens der einzelnen Frequenzen, d.h. die spektrale Verteilung der elektromagnetischen Wellen im Hohlraum, bestimmt. RAYLEIGH und JEANS fanden für ein Volumen V (s. (A 8.5))

ERNST PRINGSHEIM (1859–1917)

$$N_\nu \, d\nu = \frac{8\pi V \nu^2}{c^3} \, d\nu \tag{1.4}$$

stehende Wellen im Frequenzbereich zwischen ν und $\nu + d\nu$.

Man kann sich nun die Hohlraumstrahlung als eine Strahlung vorstellen, die von schwingenden elektrischen Dipolen oder, noch allgemeiner formuliert, von harmonischen Oszillatoren im thermodynamischen Gleichgewicht ausgeht, von denen jeder mit einer der möglichen Frequenzen schwingt. Den $N_\nu \, d\nu$ stehenden Wellen in (1.4) entsprechen dann $N_\nu \, d\nu$ harmonische Oszillatoren. Nach (I 8.21a) besitzt ein mechanischer harmonischer Oszillator die Gesamtenergie

Lord RAYLEIGH (JOHN WILLIAM STRUTT) (1842–1919)

$$W = \frac{p^2}{2m} + \frac{D}{2} q^2, \tag{1.5a}$$

wobei p seine Impulskoordinate, q seine Ortskoordinate, m seine Masse und D die Federkonstante bedeuten. Nach dem Gleichverteilungssatz der Thermodynamik (IS 8.6) trägt jede Orts- und jede Impulskoordinate, die homogen quadratisch in die Gesamtenergie eingeht, zu dieser im Mittel den Betrag $kT/2$ bei. In (1.5a) sind 2 derartige Koordinaten enthalten. Die mittlere Energie $\overline{W}$ eines harmonischen Oszillators kann deshalb auch als thermische Energie

$$\overline{W} = kT \tag{1.5b}$$

JAMES HOPWOOD JEANS (1877–1946)

aufgefaßt werden. Die mittlere thermische Energie $\overline{W}$ hängt nicht von den speziellen mechanischen Größen m und D ab und ist damit für alle harmonischen Oszillatoren gleich. Somit ergibt sich für die Energiedichte $w_\nu \mathrm{d}\nu$ der $N_\nu \mathrm{d}\nu$ Oszillatoren im Frequenzbereich zwischen ν und $\nu + \mathrm{d}\nu$

$$w_\nu \,\mathrm{d}\nu = \frac{\bar{W}\, N_\nu \,\mathrm{d}_\nu}{V} = \frac{8\pi\, \bar{W}\, \nu^2 \mathrm{d}\nu}{c^3} = \frac{8\pi\, kT\nu^2}{c^3}\,\mathrm{d}\nu. \tag{1.6}$$

Um aus der spektralen Verteilungsfunktion w_ν der Energiedichte die Energiestromdichte u bzw. ihre spektrale Verteilungsfunktion u_ν zu berechnen, denken wir uns einen schwarzen Körper in den Hohlraum gebracht und greifen irgendein bestimmtes Flächenelement d$\boldsymbol{A}$ dieses Körpers heraus. Der Koordinatenursprungspunkt eines rechtwinkligen kartesischen Koordinatensystems liege in diesem Flächenelement, seine positive z-Richtung werde in Richtung d$\boldsymbol{A}$ orientiert ($\mathrm{d}\boldsymbol{A} = \mathrm{d}A\boldsymbol{k}$, vgl. Abb. 1.5). Da die Strahlung im Hohlraum isotrop ist, hat sich die zur Zeit $t = 0$ von dV ausgehende Energie nach der Zeit $t = r/c$ auf die Kugeloberfläche $4\pi r^2$ verteilt. Auf das Flächenelement d$\boldsymbol{A}$ entfällt hiervon der Anteil $\mathrm{d}A \cos \vartheta/4\pi r^2$. Damit wird im betrachteten Frequenzbereich dν der Fläche d$\boldsymbol{A}$ aus dem Volumenelement dV die Energie

$$\mathrm{d}W_{\nu,\mathrm{d}V}\,\mathrm{d}\nu = \frac{w_\nu \,\mathrm{d}A \cos\vartheta \,\mathrm{d}V}{4\pi r^2}\,\mathrm{d}\nu \tag{1.7a}$$

zugestrahlt.

Für die weiteren Überlegungen führen wir Kugelkoordinaten ein (vgl. II A. 12):

$$x = r\cos\varphi \sin\vartheta\,; \qquad y = r\sin\varphi\sin\vartheta\,; \qquad z = r\cos\vartheta.$$

(1.7a) geht dann mit

$$\mathrm{d}V = r^2 \sin\vartheta \,\mathrm{d}r\,\mathrm{d}\vartheta\,\mathrm{d}\varphi$$

über in

$$\mathrm{d}W_{\nu,\mathrm{d}V}\,\mathrm{d}\nu = \frac{w_\nu \,\mathrm{d}A}{4\pi}\sin\vartheta\cos\vartheta\,\mathrm{d}\vartheta\,\mathrm{d}r\,\mathrm{d}\varphi\,\mathrm{d}\nu. \tag{1.7b}$$

In der Zeit $t = r/c$ tragen alle die Volumenelemente zur Energiestrahlung auf die betrachtete Fläche d$\boldsymbol{A}$ bei, deren Lagen die Bedingungen

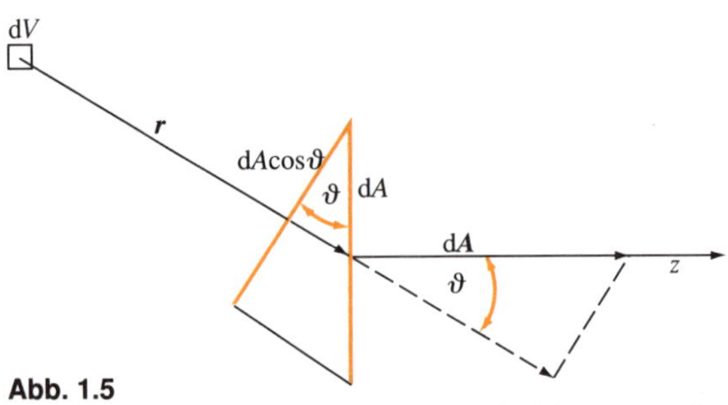

Abb. 1.5
Zur Berechnung der Energieverteilungsfunktion u_ν aus der Energiedichte $w_\nu \mathrm{d}\nu$

$0 \leqq r \leqq ct$, $0 \leqq \varphi \leqq 2\pi$ und $0 \leqq \vartheta \leqq \pi/2$ erfüllen. Demnach wird in der Zeit t der Fläche $\mathrm{d}A$ im Frequenzbereich ν bis $\nu + \mathrm{d}\nu$ die Energie

$$\mathrm{d}W_\nu \mathrm{d}\nu = \frac{w_\nu \,\mathrm{d}A \,\mathrm{d}\nu}{4\pi} \int\limits_0^{\pi/2} \sin\vartheta \cos\vartheta \,\mathrm{d}\vartheta \int\limits_0^{ct} \mathrm{d}r \int\limits_0^{2\pi} \mathrm{d}\varphi$$

zugeführt. Integration ergibt

$$\mathrm{d}W_\nu \mathrm{d}\nu = \frac{w_\nu \,\mathrm{d}A \,\mathrm{d}\nu}{4\pi} \left. \frac{\sin^2\vartheta}{2} \right|_0^{\pi/2} \left. r \right|_0^{ct} \left. \varphi \right|_0^{2\pi}$$

und mit (1.6)

$$\mathrm{d}W_\nu \mathrm{d}\nu = \frac{w_\nu c \,\mathrm{d}At \,\mathrm{d}\nu}{4} = \frac{2\pi \, kT\nu^2 \,\mathrm{d}At \,\mathrm{d}\nu}{c^2} . \tag{1.7}$$

$u_\nu \,\mathrm{d}\nu$ gibt die Energie pro Zeit und Fläche im Frequenzbereich zwischen ν und $\nu + \mathrm{d}\nu$ an. Zwischen $\mathrm{d}W_\nu \,\mathrm{d}\nu$ und $u_\nu \,\mathrm{d}\nu$ besteht demnach der Zusammenhang

$$\mathrm{d}W_\nu \,\mathrm{d}\nu = u_\nu \,\mathrm{d}At \,\mathrm{d}\nu , \tag{1.7c}$$

womit nach (1.7) für die spektralen Energieverteilungsfunktionen w_ν und u_ν des schwarzen Körpers das *Rayleigh-Jeanssche Strahlungsgesetz*

$$w_\nu = \frac{8\pi \, \nu^2}{c^3} kT; \qquad u_\nu = \frac{2\pi \, \nu^2}{c^2} kT \tag{1.8}$$

Rayleigh-Jeanssches Strahlungsgesetz

folgt. Es vermag nur für kleine Werte von ν die experimentell gefundene Verteilungsfunktion (vgl. Abb. 1.6) angenähert richtig wiederzugeben. Allgemein ist die Aussage $u_\nu \sim \nu^2$ physikalisch nicht haltbar, denn sie führt nach (1.3) für jeden schwarzen Strahler unabhängig von seiner Temperatur zu einer unendlich großen Energiestromdichte. Historisch bezeichnet man dieses Ergebnis des Rayleigh-Jeansschen Gesetzes als „Ultraviolettkatastrophe".

Zwei Jahre nach RAYLEIGH und JEANS gab 1896 WIEN ein Strahlungsgesetz der Form

$$u_\nu = \frac{2\pi \, \gamma\nu^3}{c^2} \mathrm{e}^{-\frac{\gamma\nu}{kT}} \tag{1.9}$$

Wiensches Strahlungsgesetz

an. γ ist dabei eine Konstante. Für große Werte von ν ist (1.9) der Erfahrung gut angepaßt (vgl. Abb. 1.6). Dagegen zeigten die sehr genauen, zur Prüfung der Wienschen Formel von LUMMER und PRINGSHEIM durchgeführten Experimente eine Abweichung für kleine ν. Auch die von WIEN versuchte theoretische Begründung seiner zunächst empirisch aufgestellten Formel konnte nicht befriedigen.

HENDRIK ANTOON LORENTZ (1853–1928) Nobelpreis 1902

Vom Standpunkt der klassischen Physik aus läßt sich kein Ansatzpunkt für eine Kritik an der Herleitung der Strahlungsformel von RAYLEIGH und JEANS finden; ihr Ergebnis wäre danach das einzig richtige. Trotzdem gibt das Wiensche Strahlungsgesetz den tatsächlichen Sachverhalt aber besser wieder. Diese Widersprüche ließen die Temperaturstrahlung an der Schwelle des 20. Jahrhunderts zu einem für die Erkenntnisfindung in der Physik wichtigen Problem werden. Von LORENTZ wurde die entstandene Situation wie folgt charakterisiert: „... Die Gleichungen der klassischen Physik sind unfähig zu erklären, weshalb ein erlöschender Ofen nicht auch neben Wärmestrahlung gelbes Licht aussendet."

1.3 Plancksches Strahlungsgesetz

Herleitung des Planckschen Strahlungsgesetzes

Im Jahre 1900 leitete PLANCK ein für alle Werte von ν mit dem Experiment übereinstimmendes Strahlungsgesetz her. Er mußte dazu allerdings ganz neuartige Gedanken in die Physik einführen.

Das Rayleigh-Jeanssche Strahlungsgesetz basiert auf den Voraussetzungen, daß die Anzahl der Oszillatoren durch (1.4) gegeben und ihre mittlere Energie $\overline{W}$ durch $\overline{W} = kT$ bestimmt ist. Wie der Vergleich des Rayleigh-Jeansschen Strahlungsgesetzes mit dem Experiment zeigt, kann mindestens eine der beiden Voraussetzungen für das vorliegende Problem nicht anwendbar sein. PLANCK behielt das Rayleigh-Jeanssche Abzählverfahren bei und ließ den Gleichverteilungssatz fallen. Der Erfolg bewies die Richtigkeit seines Vorgehens.

$\overline{W}$ nach der Boltzmann-Statistik

Ausgangspunkt seiner Überlegungen ist die durch die klassische Boltzmann-Statistik gegebene Vorschrift (vgl. (I 8.7b))

$$\overline{W} = \frac{\sum_{n=0}^{\infty} W_n \, e^{-\frac{W_n}{kT}}}{\sum_{n=0}^{\infty} e^{-\frac{W_n}{kT}}} \tag{1.10}$$

zur Berechnung der mittleren Energie eines Systems der möglichen Energiewerte W_n. Würde man für W_n eine kontinuierliche Energieverteilung annehmen, dann hätte man die Summen in (1.10) durch entsprechende Integrale zu ersetzen. Diese Integraldarstellung von (1.10) ist aber der Ausgangspunkt für die Herleitung des Gleichverteilungssatzes (vgl. IA.35) und führt damit wieder zu $\overline{W} = kT$ für die mittlere Energie des Oszillators. PLANCK nahm deshalb eine diskontinuierliche Energieverteilung an, indem er als mögliche Energien des Oszillators nur die Werte

$$W_n = (n + C)\, W \qquad (n = 0, 1, 2, \ldots) \tag{1.11a}$$

zuließ. C bedeutet eine Zahl zwischen 0 und 1, W eine beliebige Energie. Mit dem Ansatz (1.11a) ergibt (1.10)

$$\bar{W} = \frac{\sum_{n=0}^{\infty} (n+C)\, W \, \mathrm{e}^{-\frac{(n+C)\,W}{kT}}}{\sum_{n=0}^{\infty} \mathrm{e}^{-\frac{(n+C)\,W}{kT}}} = \frac{W \sum_{n=0}^{\infty} n \, \mathrm{e}^{-\frac{nW}{kT}}}{\sum_{n=0}^{\infty} \mathrm{e}^{-\frac{nW}{kT}}} + WC .$$

Mit der Abkürzung $x = \mathrm{e}^{-\frac{W}{kT}}$ $(0 \leqq x \leqq 1)$ geht der erste Term bei Beachtung von $\frac{\mathrm{d}}{\mathrm{d}x} \ln f(x) = \frac{f'(x)}{f(x)}$ über in

$$\frac{\sum_{n=0}^{\infty} n \, \mathrm{e}^{-\frac{nW}{kT}}}{\sum_{n=0}^{\infty} \mathrm{e}^{-\frac{nW}{kT}}} = \frac{x \sum_{n=0}^{\infty} n \, x^{n-1}}{\sum_{n=0}^{\infty} x^n} = x \frac{\mathrm{d}}{\mathrm{d}x} \ln \sum_{n=0}^{\infty} x^n = x \frac{\mathrm{d}}{\mathrm{d}x} \ln \frac{1}{1-x}$$

$$= \frac{x}{1-x} = \frac{1}{\frac{1}{x} - 1} ,$$

womit

$$\bar{W} = \frac{W}{\mathrm{e}^{\frac{W}{kT}} - 1} + CW \qquad (1.12\mathrm{a})$$

folgt.

Nach den Gesetzen der klassischen Physik muß mit $T \rightarrow 0$ auch $\bar{W} \rightarrow 0$ gehen, d. h. nach (1.12a) $CW = 0$ gesetzt werden. Dann ergibt sich

$$\bar{W} = \frac{W}{\mathrm{e}^{\frac{W}{kT}} - 1} . \qquad (1.12\mathrm{b})$$

Wie die quantenmechanische Behandlung des harmonischen Oszillators zeigt, ist dieser so einleuchtende Schluß nicht zutreffend. Danach muß vielmehr $C = 1/2$ gewählt werden (s. (S 5.17)), d. h. es tritt zusätzlich zu (1.12b) eine additive Nullpunktsenergie auf.

Nullpunktsenergie

Mit (1.12b) folgt nach (1.6) für die spektrale Verteilungsfunktion der Energiedichte des schwarzen Körpers

$$w_\nu = \frac{8\pi \, \bar{W} \nu^2}{c^3} = \frac{8\pi}{c^3} \, \frac{W \nu^2}{\mathrm{e}^{\frac{W}{kT}} - 1} \qquad (1.12\mathrm{c})$$

und somit – dem Übergang von (1.6) zu (1.8) entsprechend – für die universale spektrale Energieverteilungsfunktion

$$u_\nu = \frac{2\pi}{c^2} \, \frac{W \nu^2}{\mathrm{e}^{\frac{W}{kT}} - 1} . \qquad (1.12\mathrm{d})$$

Nach dem Wienschen Strahlungsgesetz (1.9) muß bei hohen Frequenzen in Übereinstimmung mit der experimentellen Erfahrung die Beziehung $u_\nu \sim \nu^3 \exp(-\gamma\nu/kT)$ erfüllt sein. Das wird erreicht, wenn man die noch unbekannte Energie W proportional zur Frequenz ν setzt:

$$W = h\nu\,. \tag{1.11b}$$

Mit diesem Ansatz gehen (1.12c) und (1.12d) in das *Plancksche Strahlungsgesetz* für den schwarzen Körper

Plancksches Strahlungsgesetz

$$w_\nu = \frac{8\pi\, h\nu^3}{c^3\left(e^{\frac{h\nu}{kT}} - 1\right)}\,; \quad u_\nu = \frac{2\pi\, h\nu^3}{c^2\left(e^{\frac{h\nu}{kT}} - 1\right)} \tag{1.12}$$

über.

Das Plancksche Strahlungsgesetz gibt die gesamte Erfahrung über die Temperaturstrahlung des schwarzen Körpers richtig wieder, wenn für die in (1.11b) eingeführte Konstante h ein bestimmter Wert eingesetzt wird. Demzufolge hat man h als eine Naturkonstante aufzufassen. Da sie die Diskontinuität des Energiespektrums beschreibt und die Größenart einer Wirkung (= Energie · Zeit) besitzt, wird sie als *Plancksches Wirkungsquantum* oder kurz als *Planck-Konstante* bezeichnet. Moderne Meßmethoden (vgl. Abschn. 2.1.2.1.1 und Bd. IV) ergeben für sie den Wert

Planck-Konstante (Plancksches Wirkungsquantum)

Zahlenwert der Planck-Konstanten

$$h = (6{,}626176 \pm 0{,}000036) \cdot 10^{-34}\,\mathrm{Js}\,. \tag{1.13}$$

Abbildung 1.6 gibt den Verlauf des Planckschen Strahlungsgesetzes wieder. Zum Vergleich sind die nach den Gesetzen von Rayleigh und Jeans und von Wien berechneten Darstellungen eingezeichnet.

Für $h\nu \ll kT$ kann nach der Reihenentwicklung der Exponentialfunktion

$$e^x = 1 + \frac{x}{1!} + \frac{x^2}{2!} + \frac{x^3}{3!} + \ldots$$

näherungsweise

$$e^{\frac{h\nu}{kT}} - 1 \approx \frac{h\nu}{kT}$$

gesetzt werden; das Plancksche Strahlungsgesetz geht in das Rayleigh-Jeanssche (1.8) über. Für $h\nu \gg kT$ gilt $e^{\frac{h\nu}{kT}} - 1 \approx e^{\frac{h\nu}{kT}}$; es folgt mit $\gamma = h$ das Wiensche Strahlungsgesetz.

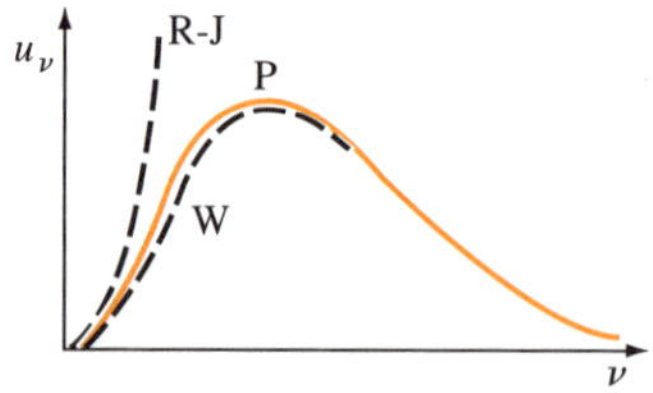

Abb. 1.6
Spektrale Energieverteilungsfunktion $u_\nu = f(\nu)$ des schwarzen Körpers nach Planck (P), Rayleigh-Jeans (R-J) und Wien (W).
Das experimentelle Ergebnis entspricht der von Planck theoretisch gefolgerten Abhängigkeit

Durch Einsetzen von (1.12) in (1.3) erhält man das Stefan-Boltzmannsche Gesetz (1.2). Bestimmt man den zum Maximum von u_λ gehörenden Abszissenwert λ_{max}, so ergibt sich das Wiensche Verschiebungsgesetz (1.1). Die entsprechenden Beweise sind in A.9 gegeben.

Indem PLANCK im Jahre 1900 sein Strahlungsgesetz vorlegte, fanden die sich über einige Jahrzehnte erstreckenden Bemühungen der Physiker zur theoretischen Deutung der Gesetze der Temperaturstrahlung ihren Abschluß. Es zeigte sich aber bald, daß von größerer Tragweite als das gefundene Strahlungsgesetz selbst die durch (1.11a) und (1.11b) mit $C = 0$ formulierte Voraussetzung zu dessen Herleitung ist, nämlich das als *Energiequantelung* bezeichnete Vorliegen eines diskreten Energiespektrums für mikrophysikalische Objekte.

Energiequantelung

Die Energie W des harmonischen Oszillators ist gequantelt. Die möglichen Energiewerte haben äquidistante Abstände $W_n = n\,h\,\nu \quad (n = 0, 1, 2 \ldots)$.

(S 1.3a)
Energiequantelung des harmonischen Oszillators

Vom Standpunkt der Makrophysik aus ist die Energiequantelung unverständlich. Erst im Laufe der Zeit wurde die Bedeutung der Quantenhypothese für das Verständnis der Mikrophysik erkannt.

Für die Makrophysik ist die durch (S 1.3a) gegebene Diskontinuität der Energie unwesentlich. Die benachbarten Energieniveaus des Oszillators besitzen einen Abstand von $h\nu$. Wegen des kleinen Wertes von h bleibt $h\nu$ bei den zu erreichenden Frequenzen stets um viele Größenordnungen kleiner als die Oszillatorenergien und ist außerdem wesentlich kleiner als die Energien, die wir heute zu messen in der Lage sind. Das Energiespektrum des Oszillators erscheint quasikontinuierlich. Bei Mikroobjekten kann dagegen $h\nu$ in die Größenordnung der betrachteten Energien kommen. Die Energiequantelung ist dann für die Erscheinungen mitbestimmend oder entscheidend.

Beispiel für die Energiequantelung des harmonischen Oszillators

Ein Beispiel soll vorstehende Betrachtungen erläutern: Ein Federschwinger schwinge mit einer Frequenz von 100 Hz. Nach (S 1.3a) ergibt sich seine Energie als ganzzahliges Vielfaches des Energiequantes $W = h\nu = 6{,}6 \cdot 10^{-32}$ J. Diese Energie von 10^{-32} J unterschreitet die heute meßbaren Energien um Größenordnungen. Das Energiespektrum erscheint dem Beobachter deshalb kontinuierlich. Schwingen dagegen die Atome eines zweiatomigen Moleküls gegeneinander, so liegt die Schwingungsfrequenz bei etwa 10^{13} Hz, d.h. das Energiequant von $h\nu = 6{,}6 \cdot 10^{-21}$ J $\approx 0{,}04$ eV ist nur wenig kleiner als die Bindungsenergie der Atome. Die Energiequantelung wird für diesen physikalischen Vorgang meßbar.

Für spätere Überlegungen soll die Energiequantelung des harmonischen Oszillators noch in eine andere Darstellung überführt werden. Mit (1.5a) schreibt sich (S 1.3a)

$$W_n = \frac{p^2}{2m} + \frac{D}{2}q^2 = nh\nu$$

oder mit den Abkürzungen

$$a = \sqrt{2mnh\nu}; \qquad b = \sqrt{\frac{2nh\nu}{D}} \tag{1.14a}$$

$$\frac{p^2}{a^2} + \frac{q^2}{b^2} = 1. \tag{1.14}$$

Phasenraum

Im p,q-Diagramm (*Phasenraum*) ist (1.14) die Darstellung einer Ellipse. Für ihren Flächeninhalt A folgt mit (1.14a) und der Eigenfrequenz des harmonischen Oszillators $\nu = \frac{1}{2\pi}\sqrt{\frac{D}{m}}$ (vgl. (I 9.6 b))

$$A = \oint p \, \mathrm{d}q = ab\pi = nh.$$

Phasenintegral

$\oint p \, \mathrm{d}q$ wird als *Phasenintegral* bezeichnet. Den Satz (S 1.3a) kann man somit auch in der folgenden Weise ausdrücken:

(S 1.3b)
Phasenintegralbedingung für den harmonischen Oszillator

Ein harmonischer Oszillator kann nur solche Energien W_n annehmen, für die das Phasenintegral $\oint p \, \mathrm{d}q$ ein ganzzahliges Vielfaches der Planck-Konstanten ergibt:

$$\oint p \, \mathrm{d}q = nh \quad (n = 0, 1, 2, \ldots).$$

1.4 Aufgaben

1.1
Der Glühfaden einer Lampe hat eine Temperatur von 1900 °C und wird als schwarzer Strahler angenommen.
In welchem Spektralbereich liegt das Maximum der ausgesandten Strahlung?

1.2
Ein schwarzer Körper hat die Anfangstemperatur 3000 K.
Auf welche Temperatur muß er abgekühlt werden, wenn die den maximalen Energiebeitrag liefernde Wellenlänge um 60 % zunehmen soll?

1.3
Die Wendel einer 100-W-Glühlampe hat eine Länge l von 6,5 cm und einen Durchmesser d von 0,5 mm. Von ihr wird angenommen, daß sie die gesamte Leistung als Temperaturstrahlung abgibt. Der Absorptionsgrad der Wendeloberfläche sei 0,4. Welche Temperatur hat die Wendeloberfläche?

1.4
Begründen Sie mit den Strahlungsgesetzen, warum bei gleicher elektrischer Leistung mit Niederspannungsglühlampen (auch Halogenlampen) eine höhere Lichtausbeute erreichbar ist!

1.5
Die Temperatur eines schwarzen Körpers steigt von 1500 K auf die Oberflächentemperatur der Sonne von 5800 K.
Um welchen Faktor steigt dabei die Strahlungsleistung?
Wie ändert sich die den maximalen Energiebeitrag liefernde Wellenlänge?

1.6
Die Sonne kann als schwarzer Strahler mit der Oberflächentemperatur 5800 K angenommen werden. Berechnen Sie die tägliche Abnahme ihrer Masse unter der Voraussetzung einer konstant bleibenden Temperatur!

1.7
Eine Messung in Erdnähe außerhalb der Atmosphäre ergibt für die Sonnenstrahlung eine Energiestromdichte von 1,37 $\mathrm{kJ\,m^{-2}\,s^{-1}}$. Berechnen Sie daraus die Oberflächentemperatur der Sonne mit der Annahme, sie sei ein schwarzer Strahler!

1.8
Welche Energiestromdichte $u_\nu \mathrm{d}\nu$ ergibt sich nach dem Planckschen Strahlungsgesetz für folgende Fälle:

a) ν sei endlich; $T \to 0$
b) ν sei endlich; $T \to \infty$
c) $\nu \to \infty$; T sei endlich
d) $\nu \to 0$; T sei endlich

1.9
Leiten Sie aus dem Planckschen Strahlungsgesetz das Wiensche Strahlungsgesetz als Näherung für große Frequenzen her!

1.10
Leiten Sie aus dem Planckschen Strahlungsgesetz das Rayleigh-Jeanssche Strahlungsgesetz als Näherung für kleine Frequenzen her!

1.11
Zeigen Sie, daß das Wiensche Verschiebungsgesetz in der Form $\nu_{\max} = \mathrm{const} \cdot T$ für die den maximalen Energiebeitrag liefernde Frequenz aus dem Planckschen Strahlungsgesetz hergeleitet werden kann.

2 Grenzen des klassischen Wellenmodells und des klassischen Teilchenmodells

Korpuskulartheorie

ISAAC NEWTON (1629–1727)

Wellentheorie

CHRISTIAN HUYGENS (1629–1695)

Dualismus des Lichtes

LESTER HALBERT GERMER (1896–1971)

Die erste fundierte Theorie über die physikalische Erscheinung Licht wurde 1669 von NEWTON mit der *Korpuskulartheorie* aufgestellt. Er nahm an, daß das Licht aus kleinen Teilchen besteht, die von der Strahlungsquelle ausgeschleudert werden. Indem er diesen Lichtteilchen bestimmte Eigenschaften zuschrieb, war er in der Lage, die damals bekannten Erscheinungen der Brechung und der Reflexion des Lichtes zu deuten. Im Widerspruch zu den Newtonschen Auffassungen stellte 1677 HUYGENS eine *Wellentheorie* des Lichtes auf, die sich allerdings zunächst nicht gegen die Newtonsche Korpuskulartheorie durchsetzen konnte. Praktisch war im ganzen 18. Jahrhundert die Newtonsche Auffassung über die Natur des Lichtes bestimmend. Erst 1802 verhalf YOUNG durch gezielte Interferenzexperimente der Wellentheorie zum Durchbruch, obwohl schon vorher Interferenzerscheinungen des Lichtes, z.B. die Newtonschen Ringe, bekannt waren. Sie wurden aber falsch gedeutet. Mit der Vollendung der Maxwellschen Theorie am Ende des 19. Jahrhunderts schien sowohl experimentell als auch theoretisch die Vorstellung vom Licht als klassische Welle gesichert zu sein. Der Streit zwischen NEWTON und HUYGENS über das Wesen des Lichtes schien damit endgültig zugunsten der Wellenauffassung von HUYGENS entschieden. In der Folgezeit führten aber Experimente z.B. zum äußeren lichtelektrischen Effekt und zur Lumineszenzstrahlung zu Ergebnissen, die dieser Auffassung über die Natur des Lichtes fundamental widersprachen. Man erkannte, daß der physikalische Vorgang Licht weder als Welle noch als Teilchen im klassischen Sinn aufgefaßt werden kann. Licht muß sowohl solche Eigenschaften besitzen, die aus dem Wellenmodell folgen, als auch solche, die dem Teilchenmodell entsprechen. Dieses Nebeneinanderbestehen von Welleneigenschaften und Teilcheneigenschaften beim Licht bezeichnet man als *Dualismus des Lichtes*.

Der Dualismus des Lichtes läßt einen konkreten Zusammenhang zwischen Teilchen- und Welleneigenschaften erwarten. Dieser Zusammenhang wurde 1905 von EINSTEIN bei der Einführung des Photons postuliert. 1924 stellte DE BROGLIE die Hypothese auf, daß der Welle-Teilchen-Dualismus auch auf die stoffliche Materie zutrifft, d.h. auch auf Objekte mit von Null verschiedener Ruhmasse. Diese Annahme konnten 1927 DAVISSON und GERMER experimentell bestätigen.

Die hier aufgezeigte Problematik wird in den folgenden Abschnitten dieses Kapitels eingehender betrachtet. Allgemein werden das Teilchen-

und das Wellenmodell in Band I beschrieben. Eine ausführliche Darstellung der Welleneigenschaften des Lichtes sowie der Teilcheneigenschaften des Elektrons findet der Leser in Band II.

THOMAS YOUNG (1773–1829)

2.1 Dualismus des Lichtes

2.1.1 Licht als elektromagnetische Welle

Nachweismöglichkeiten für den Wellencharakter des Lichtes

Interferenz des Lichtes

Um Licht als Wellenvorgang zu charakterisieren, bedarf es des Nachweises der Interferenz und der Beugung. Zur Erzeugung von *Interferenzen* ist die Überlagerung zeitlich kohärenter Lichtwellen unter Einhaltung der räumlichen Kohärenzbedingungen erforderlich (s. Abschn. II 10.1.1). Setzt man ideale Punktlichtquellen oder ideal paralleles Licht voraus, so ist die räumliche Kohärenzbedingung erfüllt. Die zeitliche Kohärenz zweier Wellen erfordert die Existenz einer stationären Phasendifferenz zwischen beiden Wellen. Bei Interferenzversuchen mit natürlichen Lichtquellen (thermische Lichtquellen, Gasentladungen) wird die räumliche Kohärenzbedingung realisiert, indem man mit optischen Bauelementen zunächst eine sekundäre Punktlichtquelle herstellt. Zeitlich kohärente Wellen kann man dann erzeugen, wenn man das von der sekundären Punktlichtquelle ausgehende divergente oder zusätzlich parallelisierte Lichtbündel in zwei Teilwellen aufspaltet, diese unterschiedliche Wege durchlaufen läßt und sie danach wieder vereinigt. Beim *Fresnelschen Spiegelversuch* (1821) werden zur Aufspaltung des Lichtbündels zwei um wenige Bogenminuten gegeneinander geneigte Spiegel Sp_1 und Sp_2 benutzt (s. Abb. 2.1.a). Durch diesen Dopppelspiegel wird die Punktlichtquelle L in die beiden virtuellen Lichtquellen L_1 und L_2 abgebildet und deren Licht auf dem Schirm S zur Interferenz gebracht. Beim *Fresnelschen Biprisma* (1826) wird zur Erzeugung der beiden virtuellen Lichtquellen ein Doppelprisma statt eines Doppelspiegels genutzt (s. Abb. 2.1.b). MICHELSON verwendete in dem von ihm 1882 entwickelten Interferometer (Abb. 2.1.c) paralleles Licht und zur Herstellung der beiden Teilbündel einen halbdurchlässigen Spiegel Sp, der gegenüber der Einfallsrichtung des Lichtes um 45° geneigt ist. Die so erzeugten Teilbündel 1 und 2 werden durch die Spiegel Sp_1 und Sp_2 in sich selbst reflektiert und danach auf dem Schirm S zur Interferenz gebracht. Neben anderen kann durch diese drei Experimente die Interferenz von Licht überzeugend nachgewiesen und damit das Vorliegen einer charakteristischen Wellenerscheinung bestätigt werden.

AUGUSTIN FRESNEL (1788–1827)

Fresnelscher Spiegelversuch

Fresnelsches Biprisma

Michelsonsches Interferometer

Beugung des Lichtes

Auch die *Beugung* von Licht ist in vielfältiger Form nachweisbar. Mit dem Fresnel-Huygensschen Prinzip (1819) und seiner mathematischen Fassung durch KIRCHHOFF (1891) wurden Methoden entwickelt, um optische Beugungserscheinungen theoretisch erfassen zu können. Die Intensitätsverteilungen des an einem Spalt bzw. an einem Strichgitter gebeug-

ALBERT ABRAHAM MICHELSON
(1852–1931)
Nobelpreis 1907

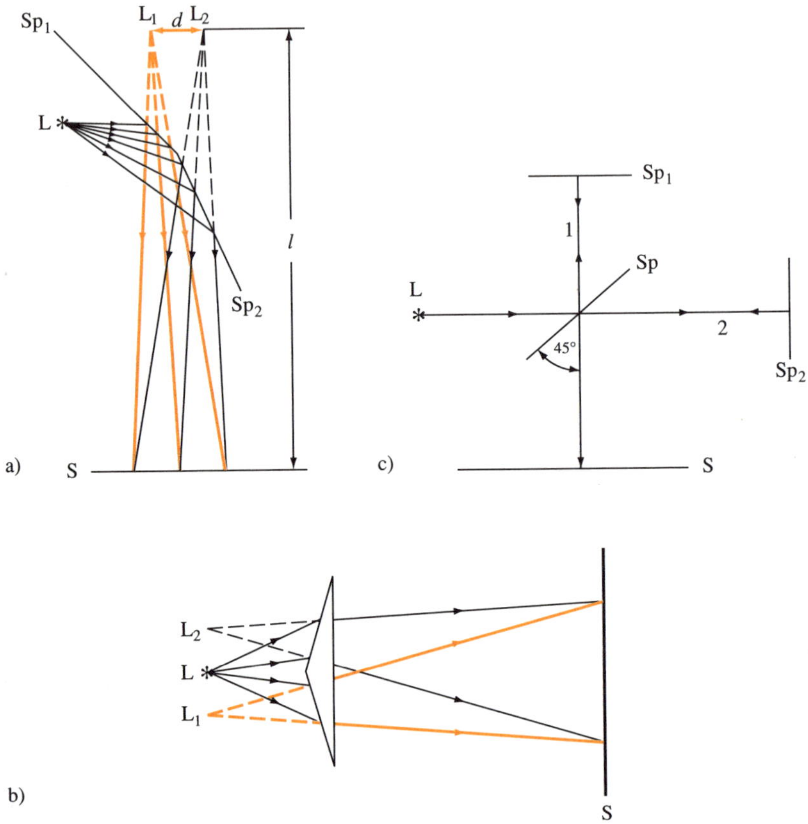

Abb. 2.1
Anordnungen zum Nachweis der Interferenz von Licht
a) Fresnelscher Doppelspiegel
b) Fresnelsches Biprisma
c) Michelsonsches Interferometer

JOSEPH VON FRAUNHOFER
(1787–1826)
Beugung am Spalt

ten Lichtes sind in den Abbildungen 2.2a und 2.2b dargestellt. Dabei wurde vorausgesetzt, daß ein paralleles Lichtbündel senkrecht auf die Spalt- bzw. die Gitterebene trifft und das abgebeugte Licht in Abhängigkeit vom Beugungswinkel α beobachtet wird (Fraunhofersche Beugungsanordnung). Bei der *Beugung am Spalt* ergibt sich aus Abbildung 2.2.a für die Lage der Intensitätsminima mit d als Spaltbreite

$$d \cdot \sin\alpha = \pm N\lambda \quad (N = 1, 2, 3, \dots), \tag{2.1a}$$

Beugung am Strichgitter

bei der *Beugung am Strichgitter* aus Abbildung 2.2b für die Lage der Hauptmaxima der Intensität mit g als Gitterkonstante

$$\sin\alpha = \pm \frac{N\lambda}{g} \quad (N = 1, 2, 3, \dots). \tag{2.1b}$$

Die Beugung am Strichgitter wird im Gitterspektrografen zur Wellenlängenbestimmung genutzt. Man erkannte, daß die Beugung die Auflösung aller optischen Instrumente begrenzt (s. Abschn. II 10.2.5).

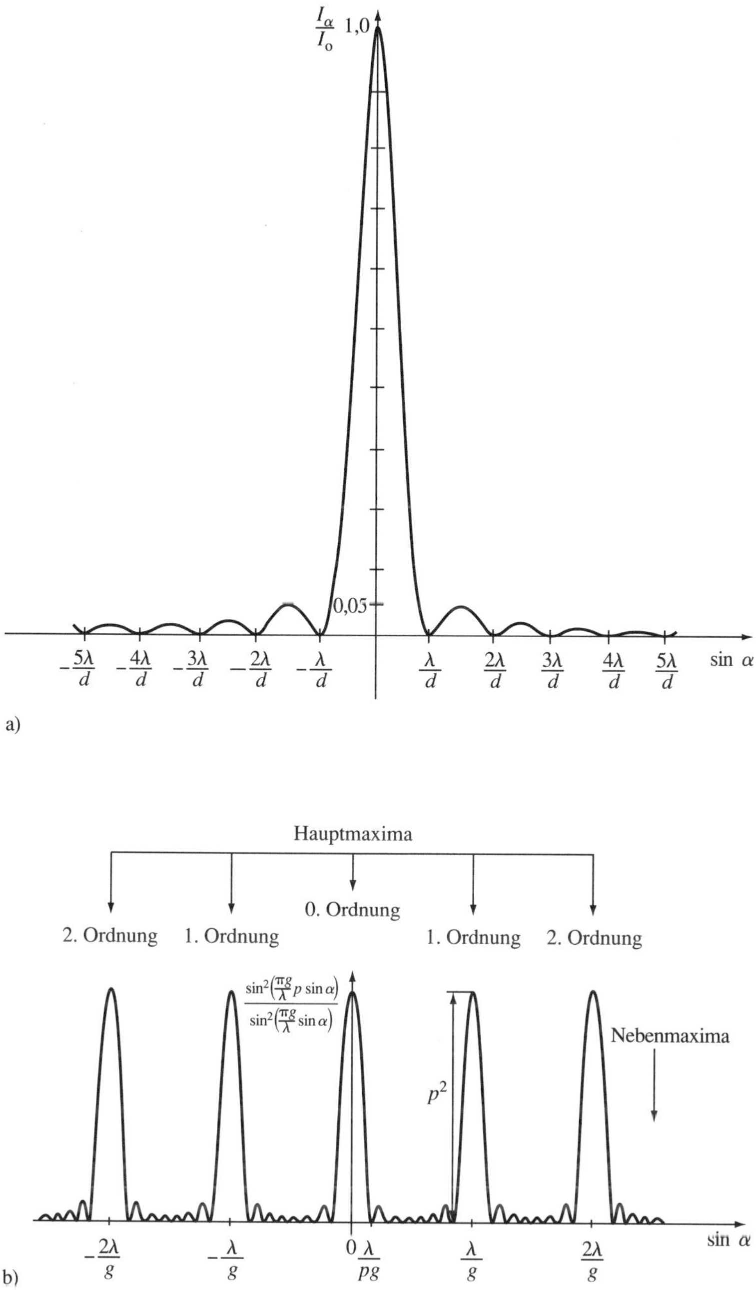

Abb. 2.2
Intensitätsverteilungen zum Nachweis der Beugung von Licht

a) Beugung am Spalt
(I_0 einfallende Intensität, α Beugungswinkel, I_α Intensität des in die Richtung α gebeugten Lichtes, d Spaltbreite)

b) Beugung am Strichgitter
(α Beugungswinkel, g Gitterkonstante, p Anzahl der Spalte)

Wilhelm Weber (1804–1894)

Rudolf Kohlrausch (1801–1858)

Nachdem Weber und Kohlrausch 1856 zwischen der Dielektrizitätskonstanten ε_0 und der Permeabilität μ_0 des Vakuums als elektromagnetische Größen einerseits und der Vakuumlichtgeschwindigkeit c andererseits den Zusammenhang $\varepsilon_0\mu_0 = c^{-2}$, also einen Zusammenhang zwischen elektromagnetischen und optischen Eigenschaften gefunden hatten, folgte wenig später dessen theoretische Begründung. 1865 sagte man mit Hilfe der Maxwellschen Theorie die Existenz der elektromagnetischen Welle, d.h. die wellenförmige Ausbreitung der Feldvektoren $\boldsymbol{E}$ und $\boldsymbol{H}$ voraus. Eliminiert man nämlich in den Maxwellschen Gleichungen das eine Mal $\boldsymbol{H}$ und das andere Mal $\boldsymbol{E}$, so folgen die *Wellendifferentialgleichungen* (vgl. Abschn. II 7.2)

Wellendifferentialgleichung

$$\nabla^2 \boldsymbol{E} - \frac{1}{v_{\mathrm{ph}}^2}\frac{\partial^2 \boldsymbol{E}}{\partial t^2} = \boldsymbol{0} \qquad (2.2a)$$

$$\nabla^2 \boldsymbol{H} - \frac{1}{v_{\mathrm{ph}}^2}\frac{\partial^2 \boldsymbol{H}}{\partial t^2} = \boldsymbol{0} \qquad (2.2b)$$

mit

$$\varepsilon_0 \varepsilon_r \mu_0 \mu_{\mathrm{r}} = \frac{1}{v_{\mathrm{ph}}^2}\,. \qquad (2.2c)$$

James Clerk Maxwell (1831–1879)

Auf dieser Grundlage stellte man 1865 die Hypothese auf, daß das Licht eine elektromagnetische Welle ist. 1888 konnte Hertz diese theoretische Voraussage im sogenannten Kurzwellenbereich experimentell bestätigen. Weitere Untersuchungen belegten, daß das sichtbare Licht eine elektromagnetische Welle im Wellenlängenbereich 400 nm $\leqq \lambda \leqq$ 700 nm ist. Durch das Michelsonsche Experiment wurde 1887 erkannt, daß die elektromagnetischen Wellen im Gegensatz zu den akustischen Wellen kein Trägermedium besitzen (vgl. Abschn. II 14.2.2).

Polarisation

Etienne Louis Malus (1775–1812)

Aus den Maxwellschen Gleichungen folgt auch, daß die elektromagnetischen Wellen Transversalwellen sind und damit die Erscheinung der *Polarisation* als Charakteristikum einer Transversalwelle zeigen müssen. Die Polarisaton des Lichtes hatte schon Malus 1808 entdeckt, die Vorstellung von transversalen Lichtwellen äußerte als erster Young im Jahre 1817. Da Licht im allgemeinen aber unpolarisiert ist, mußten eine Reihe von Methoden entwickelt werden, um aus unpolarisiertem Licht polarisiertes Licht zu erhalten (vgl. Abschn. II 10.3.2).

Am Ende des vorigen Jahrhunderts schien damit die Natur des Lichtes als die einer klassischen elektromagnetischen Welle geklärt zu sein.

Heinrich Hertz (1857–1894)

2.1.2 Quantencharakter des Lichtes

2.1.2.1 Experimentelle Belege für den Quantencharakter des Lichtes

Um die Jahrhundertwende wurden experimentelle Ergebnisse bekannt, die der Auffassung vom Licht als einer klassichen Welle widersprechen. Einige davon werden nachfolgend behandelt.

2.1.2.1.1 Äußerer lichtelektrischer Effekt

HALLWACHS entdeckte 1888, daß negativ geladene Metallflächen bei Bestrahlung mit ultraviolettem Licht ihre negative Ladung verlieren. 1899 konnte LENARD nachweisen, daß bei der Bestrahlung von Metallen mit ultraviolettem Licht aus den Metallen Elektronen austreten. Diese Erscheinung wird *äußerer lichtelektrischer Effekt* genannt. Er läßt sich nachweisen, indem man auf den Teller eines Elektrometers eine Metallplatte M stellt und diese mit ultraviolettem Licht bestrahlt (s. Abb. 2.3). Durch die Bestrahlung werden aus der Platte Elektronen herausgelöst. Das Elektrometer lädt sich positiv auf, seine Plättchen spreizen sich.

äußerer lichtelektrischer Effekt

Die weiteren Untersuchungen dieses Effektes durch LENARD führten 1902 zu folgenden Gesetzmäßigkeiten:

Lenardsche Gesetze für den lichtelektrischen Effekt

a) Die Auslösung der Elektronen erfolgt unabhängig von der Intensität des eingestrahlten Lichtes erst oberhalb einer *Grenzfrequenz* ν_{gr}:

Grenzfrequenz

$$\nu \geqq \nu_{gr} \,. \qquad (2.3a)$$

Der Wert der Grenzfrequenz ist abhängig vom bestrahlten Metall.

b) Die kinetische Energie W_{kin} der austretenden Elektronen wächst linear mit der Frequenz des eingestrahlten Lichtes und ist unabhängig von seiner Intensität:

$$W_{kin} = a\nu + b \,. \qquad (2.3.b)$$

Die Konstante a ist unabhängig vom verwendeten Metall, die Konstante b dagegen von ihm abhängig.

c) Die Anzahl N der pro Zeit austretenden Elektronen ist der Intensität I des eingestrahlten Lichtes proportional:

$$N \sim I \,. \qquad (2.3c)$$

d) Der Fotostrom stellt sich praktisch sofort mit Beginn der Bestrahlung ein.

WILHELM HALLWACHS (1862–1922)

Diese Versuchsergebnisse sind mit dem Wellenmodell des Lichtes unvereinbar. Nach dem Wellenmodell müßte die dem Metall und damit die

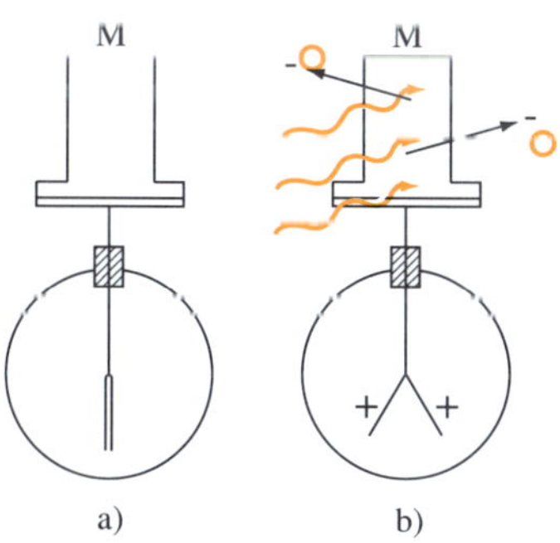

Abb. 2.3
Versuchsanordnung zum Nachweis des äußeren lichtelektrischen Effektes
a) Elektrometer ungeladen
b) Bei Bestrahlung verliert das Metall Elektronen, das Elektrometer lädt sich positiv auf

PHILLIP LENARD (1862–1947) Nobelpreis 1905

GEORGE GABRIEL STOKES (1819–1903)

seinen Elektronen zugeführte Energie der Energiestromdichte, d.h. der Intensität proportional sein. Das Experiment zeigt aber gerade die Unabhängigkeit der Elektronenenergie von der Intensität. Nach der Wellentheorie werden die Elektronen durch das eingestrahlte Licht zu erzwungenen Schwingungen angeregt, was bei ausreichender Größe der Schwingungsamplitude zum Elektronenaustritt führen kann. Die Schwingungsamplitude einer erzwungenen Schwingung durchläuft ein Resonanzmaximum. Das monotone Anwachsen der Elektronenenergie mit wachsender Frequenz entsprechend (2.3b) ist damit unverständlich. Ebenso ist mit dem Wellenmodell die Existenz der Grenzfrequenz nicht zu verstehen. Es bleibt auch unerklärbar, wie sich die dem gesamten Metall übertragene Energie in unmeßbar kurzer Zeit auf bestimmte Elektronen lokalisiert.

2.1.2.1.2 Stokessche Regel der Fluoreszenz

Lumineszenz

Fluoreszenz

Phosphoreszenz

Durch Bestrahlung mit Licht können bestimmte Stoffe ihrerseits zur Lichtaussendung (zur *Lumineszenz*) angeregt werden. Verschwindet diese Sekundäremission etwa 10^{-8} s nach Beendigung der Bestrahlung, dann spricht man von *Fluoreszenz*, hält sie dagegen länger an, von *Phosphoreszenz*. Das Abklingleuchten der Phosphoreszenz kann Sekunden bis Tage dauern.

Nach STOKES (1852) ist in der Regel die Wellenlänge der Fluoreszenzstrahlung λ_{Fl} größer als die Wellenlänge λ der sie erregenden Strahlung:

Stokessche Regel der Fluoreszenz

$$\lambda_{\mathrm{Fl}} \geqq \lambda \,. \tag{2.4}$$

Auch dieser experimentelle Befund widerspricht der Wellentheorie des Lichtes. Fällt Licht bestimmter Intensität auf den fluoreszierenden Stoff, so müßte man auf Grund möglicher Energieverluste im Stoff wohl eine Fluoreszenzstrahlung kleinerer Intensität erwarten, die beobachtete Wellenlängenänderung ist jedoch mit dem Wellenmodell nicht erklärbar.

WILHELM CONRAD RÖNTGEN (1845–1923) Nobelpreis 1901

2.1.2.1.3 Kurzwellige Grenze der Röntgen-Bremsstrahlung

Fallen Elektronen mit einer Energie von mehr als 10^4 eV auf ein Metall mit großer relativer Atommasse (z.B. auf Wolfram), so wird eine intensive Röntgenstrahlung ausgelöst. Da sie durch den Abbremsvorgang der Elektronen im Metall hervorgerufen wird, bezeichnet man sie als *Röntgen-Bremsstrahlung*. Ihr Spektrum ist kontinuierlich und bricht zum kurzwelligen Spektralbereich hin abrupt ab:

Röntgen-Bremsstrahlung

$$\lambda \geqq \lambda_{\mathrm{gr}} \,. \tag{2.5}$$

kurzwellige Grenze der Röntgen-Bremsstrahlung

λ_{gr} ist nach der experimentellen Erfahrung der Beschleunigungsspannung und damit der Energie der Elektronen umgekehrt proportional (s. Abb. 2.4). Die kurzwellige Grenze λ_{gr} der Röntgen-Bremsstrahlung bleibt, wie der folgende Gedankengang zeigt, im Rahmen der Vorstellungen der Elektrodynamik unverständlich. Der Abbremsvorgang wird mög-

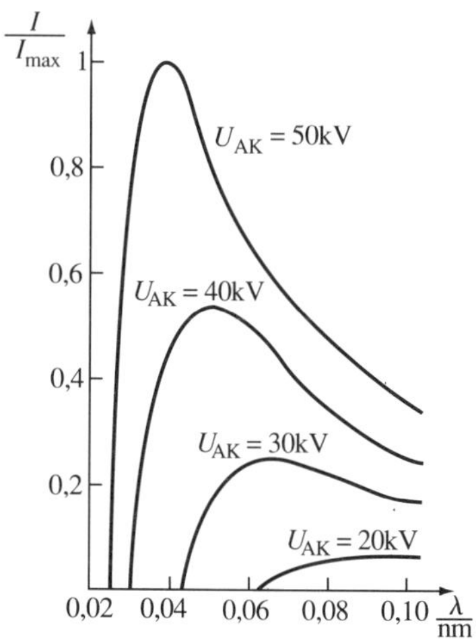

Abb. 2.4
$\frac{I}{I_{max}} = f(\lambda)$ für die Röntgen-Bremsstrahlung

lich, weil die energiereichen Elektronen für kurze Zeit tief in die Strukturen der einzelnen Metallatome eindringen können. Sie fliegen dabei mehr oder weniger dicht am Atomkern vorbei. Das Gebilde aus dem vorbeifliegenden negativen Elektron und dem positiven Atomkern kann man als einen Dipol mit veränderlichem Dipolmoment auffassen, der nach den Gesetzen der Elektrodynamik eine elektromagnetische Welle abstrahlen muß (vgl. Abschn. II 7.2.1.5). Da der Abbremsvorgang im wesentlichen auf einer äußerst kurzen Strecke und somit in sehr kurzer Zeit erfolgt, entsteht ein impulsartiger kurzer Wellenzug. Im Widerspruch zu (2.5) muß ein endlicher Wellenzug jedoch ein kontinuierliches Spektrum $0 < \lambda < \infty$ besitzen (vgl. (I S 10.17)).

2.1.2.2 Das Photon

Durch die Einführung der Photonenhypothese gelang EINSTEIN im Jahre 1905 eine schlüssige physikalische Erklärung der beschriebenen experimentellen Fakten. Er schloß dabei an Aspekte der Lichttheorie von NEWTON an und setzte voraus, daß die vom Licht mitgeführte Energie nicht wie bei einer klassischen Welle kontinuierlich (bei einer ebenen Welle sogar homogen) im Raum verteilt ist, sondern diskontinuierlich oder gequantelt. Die physikalischen Objekte, denen die einzelen „Energieportionen“ oder Energiequanten zuzuordnen sind, nannte EINSTEIN Lichtquanten oder Photonen. Er berücksichtigte dabei die Erkenntnis von PLANCK, daß ein harmonischer Oszillator nur diskrete Energiezustände einzunehmen vermag, die sich um ganzzahlige Vielfache von $h\nu$ unterscheiden. In dem Photonenmodell wird die „körnige“ Energiestruktur des Lichtes und damit eine teilchenartige Eigenschaft mit der dem Wellenmodell entlehnten Größe Frequenz verknüpft.

ALBERT EINSTEIN
(1879–1955)
Nobelpreis 1921

EINSTEIN postulierte:

(S 2.1) Photon

> Licht besteht aus Photonen (Lichtquanten) der Energie $W_{\text{ph}} = h\nu$ (ν Frequenz des Lichtes, h Planck-Konstante).
> Photonen besitzen keine Ruhmasse und bewegen sich mit Lichtgeschwindigkeit.

Nach $W = mc^2$ (s. (II S 14.16)) kann für die Gesamtenergie des Photons auch

$$W_{\text{ph}} = m_{\text{ph}} c^2$$

Impulsmasse des Photons

geschrieben werden, woraus mit $W_{\text{ph}} = h\nu$ für die Impulsmasse des Photons

$$m_{\text{ph}} = \frac{h\nu}{c^2} \tag{2.6a}$$

Impuls des Photons

folgt. Wird weiter $\boldsymbol{p} = m\boldsymbol{v}$ beachtet, so ergibt sich als Impuls des Photons

$$\boldsymbol{p}_{\text{ph}} = \frac{h\nu}{c}\boldsymbol{c}^0 . \tag{2.6b}$$

Dieser Gedanke EINSTEINS war wissenschaftlich äußerst revolutionär und wurde zuerst von vielen Physikern strikt abgelehnt. So schrieb zum Beispiel MAX PLANCK am 3. Juli 1913 in seinem Gutachten zur Aufnahme von A. EINSTEIN in die Preußische Akademie der Wissenschaften u.a.: „…, daß er in seinen Spekulationen gelegentlich auch einmal über das Ziel hinausgeschossen haben mag, wie zum Beispiel in seiner Hypothese der Lichtquanten, wird man ihm nicht allzusehr anrechnen dürfen. Denn ohne ein Risiko zu wagen, läßt sich auch in der exaktesten Wissenschaft keine wirkliche Neuerung einführen…“. 1921 erhielt EINSTEIN für diese Erkenntnis den Nobelpreis für Physik.

Wie schon angeführt, vereinigt das Photon bestimmte Eigenschaften des Wellenmodells mit solchen des Teilchenmodells, d.h. Eigenschaften von sich ausschließenden Modellen. Das trifft z.B. in den Beziehungen (2.6a) und (2.6b) auf die Impulsmasse und den Impuls des Photons einerseits und die Frequenz andererseits zu.

Mit der Photonenhypothese sind die im Abschnitt 2.1.2.1 beschriebenen Experimente zwanglos erklärbar:

Äußerer lichtelektrischer Effekt

Er wird als elastischer Stoß zwischen einem Photon und einem Elektron gedeutet. Ein Photon der Energie W treffe im Metall auf ein Elektron. Führt diese Wechselwirkung zur Ablösung des Elektrons, dann verläßt es das Metall mit der kinetischen Energie W_{kin}. Die benötigte Austrittsarbeit sei Φ. Aus dem Energieerhaltungssatz ergibt sich demzufolge

$$W = h\nu = W_{\text{kin}} + \Phi$$

oder

$$W_{\text{kin}} = h\nu - \Phi. \tag{2.7}$$

In Übereinstimmung mit (2.3b) wächst die kinetische Energie des austretenden Elektrons linear mit der Frequenz des eingestrahlten Lichtes. Ferner ist bei einem derartigen Stoßprozeß die Zeit zwischen dem Beginn der Bestrahlung und der Auslösung des Elektrons unmeßbar klein.

Die Einsteinsche Hypothese erklärt auch die Existenz der Grenzfrequenz (2.3a). Da $W_{\text{kin}} \geqq 0$ gilt, folgt $h\nu \geqq \Phi$ oder

$$\nu \geqq \frac{\Phi}{h} = \nu_{\text{gr}}\,.$$

Da die Lichtintensität proportional zur Photonenanzahl sein muß, ist auch (2.3c) sofort verständlich. Je mehr Photonen auf Elektronen treffen, um so größer ist die Anzahl der ausgelösten Elektronen, wenn, wie im Metall möglich, die Elektronen keine Wechselwirkungen aufeinander ausüben. Die Anzahl der pro Zeiteinheit ausgelösten Elektronen ist der Anzahl der pro Zeiteinheit auf das Metall auftreffenden Photonen und damit der Lichtintensität proportional.

Deutung des äußeren lichtelektrischen Effekts

Vorstehende Deutung des äußeren lichtelektischen Effektes beruht auf der Voraussetzung, daß stets nur *ein* Photon mit *einem* Elektron wechselwirkt. Diese Voraussetzung ist für die mit herkömmlichen Lichtquellen zu erreichenden Photonendichten stets erfüllt. Bei den mit Lasern zu erzielenden Photonendichten können dagegen auch *Mehrphotonenprozesse* auftreten. Für einen n-Photonenprozeß, d.h. eine gleichzeitige Wechselwirkung von n Photonen mit einem Elektron, reduziert sich die Grenzfrequenz (2.3a) des 1-Photonenprozesses auf ν_{gr}/n (vgl. Abschn. 8.3.3.3).

Mehrphotonenprozeß

Mit Hilfe von (2.7) kann die Planck-Konstante mit großer Genauigkeit ermittelt werden. Man bestrahlt hierzu eine Vakuumfotozelle mit Licht verschiedener Frequenzen ν_i oberhalb der Grenzfrequenz und bestimmt mit Hilfe der Gegenspannungsmethode die zugehörigen kinetischen Energien $W_{\text{kin},i}$ der austretenden Elektronen. Stellt man die gemessenen Werte in einem $W_{\text{kin}} - \nu$-Diagramm grafisch dar, so liegen sie (von Meßfehlern sei abgesehen) auf einer Geraden. Nach (2.7) ist ihr Anstieg durch h, ihr absolutes Glied durch $-\Phi$ gegeben.

Stokessche Regel der Fluoreszenz

Die Stokessche Regel der Fluoreszenz (2.4) ist ebenfalls eine unmittelbare Folge des Energieerhaltungssatzes. Die Energie $h\nu_{\text{Fl}}$ des Photons der Fluoreszenzstrahlung kann höchstens gleich der des eingestrahlten Photons sein:

$$h\nu \geqq h\nu_{\text{Fl}}\,,$$

oder wegen $\lambda\nu = c$

$$\lambda_{\text{Fl}} \geqq \lambda\,.$$

Kurzwellige Grenze der Röntgen-Bremsstrahlung

Die Elektronen durchlaufen die Beschleunigungsspannung U_{AK} und gewinnen hierbei die Energie eU_{AK}. Bei ihrer Wechselwirkung mit den Atomen der Anode der Röntgenröhre wird ihre kinetische Energie in Strahlungsenergie umgewandelt. Da die Erzeugung eines Röntgenphotons stets von nur einem Elektron verursacht wird, muß für die Energie des Röntgenphotons gelten

$$h\nu \leqq eU_{AK}$$

oder

$$\lambda \geqq \frac{hc}{eU_{AK}} = \lambda_{gr}\,. \tag{2.8}$$

Damit ist die Existenz der Grenzwellenlänge und ihre Abhängigkeit von der Anodenspannung geklärt.

Präzisionsbestimmung von h

Da die verwendete Beschleunigungsspannung U_{AK} und die Grenzwellenlänge λ_{gr} sehr genau meßbar sind, ist nach (2.8) auch auf diese Weise eine sehr genaue Messung von h möglich.

2.1.2.3 Compton-Effekt

Compton-Effekt

COMPTON überprüfte 1922 die Photonenhypothese von EINSTEIN mit dem nachfolgend beschriebenen Experiment, dessen Resultat man als *Compton-Effekt* bezeichnet. Ein gut paralleles und monochromatisches Röntgenstrahlbündel der Wellenlänge λ fällt auf eine Substanz mit möglichst schwach gebundenen Elektronen, z. B. auf Graphit oder auf Paraffin. Gemessen wird die Wellenlänge λ^* der Streustrahlung in Abhängigkeit vom Streuwinkel ϑ (s. Abb. 2.5a). COMPTON fand zwischen λ und λ^* den Zusammenhang

$$\Delta\lambda = \lambda^* - \lambda = 2\lambda_c \sin^2\frac{\vartheta}{2} \tag{2.9}$$

Compton-Wellenlänge

mit der als *Compton-Wellenlänge* bezeichneten Konstanten

$$\lambda_c = (2{,}424 \pm 0{,}0004)\cdot 10^{-12}\,\mathrm{m}\,. \tag{2.9a}$$

Die von der Wellenlänge λ der primären Röntgenstrahlung unabhängige Wellenlängenänderung $\Delta\lambda$ stellt die wesentliche Aussage des Compton-Effektes dar.

Die relative Wellenlängenänderung $\frac{\Delta\lambda}{\lambda}$ wird um so größer, je mehr sich die Wellenlänge der einfallenden Strahlung der Größe der Compton-Wellenlänge nähert. Demnach ist der Compton-Effekt dann am ausgeprägtesten, wenn $\lambda \approx \lambda_c$ gilt. Für sichtbares und ultraviolettes Licht ist er dagegen praktisch nicht nachweisbar.

Deutung des Compton-Effektes

COMPTON und DEBYE interpretierten den Compton-Effekt, indem sie elastische Stoßprozesse zwischen den primären Photonen und den prak-

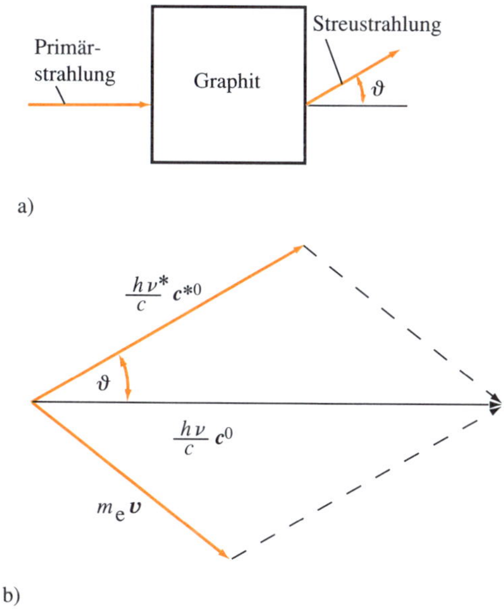

Abb. 2.5 Zum Compton-Effekt
a) Versuchsanordnung (schematisch)
b) Impulserhaltung

Arthur Holly Compton
(1892–1962)
Nobelpreis 1927

tisch freien Elektronen in der Substanz annahmen. Die Elektronen im Material können deswegen als praktisch frei angesehen werden, weil ihre Bindungsenergie von einigen eV um Größenordnungen kleiner als die Energie von mehr als 10^4 eV der stoßenden Photonen ist.

Für einen elastischen Stoß gelten der Energie- und der Impulserhaltungssatz. Mit (S 2.1), der kinetischen Energie $(m_e - m_{0e})\,c^2$ (vgl. (II S 14.16)) der Elektronen, (2.6b) und dem Impuls $m_e\boldsymbol{v}^*$ des gestoßenen Elektrons folgt so das Gleichungssystem (vgl. Abb. 2.5b)

$$h\nu = h\nu^* + (m_e - m_{0e})\,c^2 \tag{2.10a}$$

(Energieerhaltungssatz)

$$\frac{h\nu}{c}\,\boldsymbol{c}^0 = \frac{h\nu^*}{c}\,\boldsymbol{c}^{*0} + m_e\boldsymbol{v}^* \tag{2.10b}$$

(Impulserhaltungssatz).

Seine Lösung (s. A. 10) ergibt in Übereinstimmung mit (2.9)

$$\Delta\lambda = \lambda^* - \lambda = 2\lambda_c \sin^2\frac{\vartheta}{2}$$

mit

$$\lambda_c = \frac{h}{m_{0e}c} = (2{,}4263080 \pm 0{,}0000040)\;10^{-12}\ \mathrm{m}\,. \tag{2.9b}$$

Peter Joseph Wilhelm Debye
(1884–1966)
Nobelpreis 1936

Die Compton-Wellenlänge hängt außer von den Naturkonstanten h und c nur noch von der Ruhmasse m_{0e} der gestoßenen Elektronen ab. Auch das bestätigt, daß der Compton-Effekt durch Stöße der Photonen mit Elektro-

WALTER BOTHE
(1891–1957)
Nobelpreis 1954

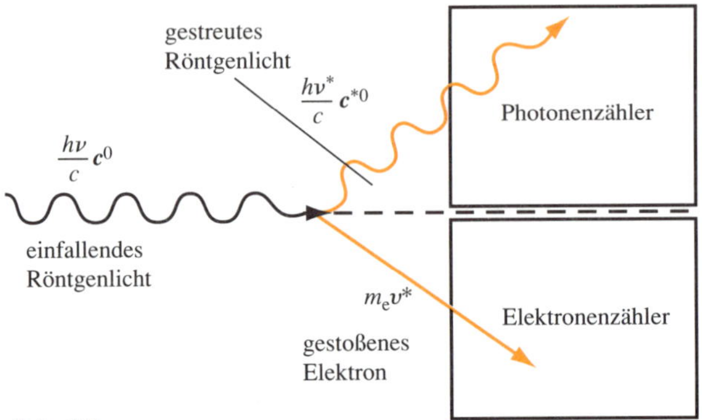

Abb. 2.6
Koinzidenznachweis beim Compton-Effekt

HANS GEIGER
(1882–1945)

Koinzidenz-Nachweis beim Compton-Effekt

Energie- und Impulserhaltung in der Mikrophysik

nen verursacht wird. Wäre er z. B. durch Stoßprozesse von Photonen mit den Atomen des Materials bedingt, dann müßte in (2.9b) m_{0e} durch die Ruhmasse der betreffenden Atome ersetzt werden. Die Compton-Wellenlänge wäre dann um mindestens drei Größenordnungen kleiner als die beobachtete.

BOTHE und GEIGER gelang es 1925, die theoretische Auffassung über die Natur des Compton-Effektes durch eine weitere experimentelle Aussage zu bestätigen. Nach der Theorie müssen das gestreute Photon und das gestoßene Elektron gleichzeitig auftreten. Dieser Nachweis erfolgte mit Hilfe einer Koinzidenzmethode. Verwendet wurden ein Photonen- und ein Elektronenzähler (vgl. Abb. 2.6). Fällt ein Photon in die Versuchsanordnung, dann sprechen beide Zähler gleichzeitig an, womit innerhalb der Meßgenauigkeit die experimentelle Bestätigung der theoretischen Auffassung erbracht ist.

Dieses Experiment ist außerdem ein Hinweis darauf, daß der Impuls- und der Energieerhaltungssatz auch in der Mikrophysik für jeden Elementarprozeß gültig bleiben. Es widerlegt somit die statistische Auffassung von der Wechselwirkung.

Die Versuchsanordnung von BOTHE und GEIGER ermöglichte eine Zeitauflösung von 10^{-3} s. Wegen der prinzipiellen Bedeutung des Experimentes für die Natur der Wechselwirkung in der Mikrophysik wurde es 1949 von HOFSTADTER und MC-INTYRE mit einer wesentlich verbesserten Apparatur mit dem gleichen Resultat wiederholt. Durch die Anwendung von Stilben-Szintillationszählern gelang ihnen dabei die Verbesserung der Zeitauflösung auf 10^{-8} s. Obwohl auch in diesem Experiment an der notwendigen Zeitauflösung von 10^{-20} s zur Bestätigung der gezogenen Schlußfolgerung noch Größenordnungen fehlen, wird die Richtigkeit der Aussage jedoch nicht angezweifelt.

ROBERT HOFSTADTER
geb. 1915,
Nobelpreis 1961

2.1.2.4 Komplementarität von Wellen- und Teilcheneigenschaften

Die Erscheinungen Beugung, Interferenz und Polarisation sprechen für ein Wellenmodell des Lichtes. Dagegen sind die physikalische Erklärung des äußeren lichtelektrischen Effektes, des Compton-Effektes und anderer Beobachtungen nur mit Vorstellungen möglich, die dem Teilchenmodell zuzuordnen sind. Die beiden klassischen Denkmodelle, denen Begriffe zur Beschreibung des physikalischen Objektes Licht entnommen sind, widersprechen sich jedoch, sie schließen einander aus. In der klassischen Physik stört diese konträre Beziehung nicht, weil sich auch die Problemstellungen unterscheiden, auf die man entweder das eine oder das andere Modell anwendet. So ist z.B. das Teilchenmodell geeignet, die Bewegung eines Massenpunktes im Raum zu beschreiben, in dem ihm zu jedem Zeitpunkt ein bestimmter Raumpunkt als Aufenthaltsort zugeordnet wird und man zusätzlich für jedes dieser Zeitpunkt-Raumpunkt-Paare den Bewegungszustand des Massenpunktes angibt. Das Wellenmodell hingegen, das den Feldbegriff impliziert, ordnet zu jeder Zeit jedem Raumpunkt einen Wert der interessierenden Feldgröße zu. Die Frage nach dem momentanen Aufenthalt eines Teilchens oder nach einer bestimmten Bahnkurve ist dabei gegenstandslos.

Vergleiche zwischen Wellen- und Teilchenmodell

Zur Erklärung der Eigenschaften des Lichtes reicht offensichtlich weder das Teilchen- noch das Wellenmodell aus, um die Vielfalt seiner Erscheinungen zu beschreiben. Ihre konträre Beziehung zueinander läßt bei ihrer gleichzeitigen Anwendung auf das Objekt Licht erwarten, daß beide Modelle Elemente enthalten, die dem physikalischen Objekt nicht angepaßt sind.

Die im Satz (S 2.1) formulierte Einsteinsche Lichtquantenhypothese verknüpft klassische Wellen- mit klassischen Teilcheneigenschaften und geht damit entschieden über die Vorstellungen des klassischen Teilchenmodells hinaus. Trotzdem können allein mit dem in (S 2.1) fixierten Eigenschaften des Photons nicht alle Eigenschaften des Lichtes erklärt werden, wie z.B. die Interferenz oder die Beugung. (S 2.1) formuliert lediglich einige Eigenschaften des Photons im Sinne eines Elementarteilchens (Näheres s. Kap. 15).

zum Begriff Photon

Das Licht zeigt auch Erscheinungen, die in völliger Übereinstimmung mit den experimentellen Ergebnissen sowohl mit dem Wellenbild als auch mit der Photonenhypothese beschrieben werden können. Wir führen dafür zwei Beispiele an, ohne auf eine nähere theoretische Begründung einzugehen. Der im Abschnitt II 14.2.3.1.1.5 beschriebene Doppler-Effekt ist sowohl mit der Photonenhypothese als auch mit dem Wellenmodell deutbar. Dasselbe gilt für den Lichtdruck. Nach (2.6b) führt ein Photon einen Impuls mit sich. Trifft es auf einen Körper und wird es von ihm absorbiert, so muß es nach dem Impulserhaltungssatz seinen Impuls auf diesen Körper übertragen. Der Körper unterliegt einem Druck, dem *Lichtdruck*, dessen Wirkung sich unter anderem in der sonnenabgewandten Richtung der Kometenschweife zeigt. Die Existenz des Lichtdruckes kann aber auch aus der Maxwellschen Theorie gefolgert

Lichtdruck

NIELS HENRIK DAVID BOHR (1885–1967) Nobelpreis 1922

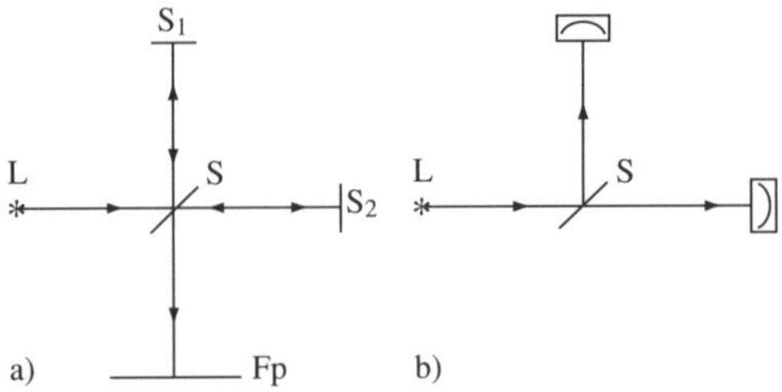

Abb. 2.7
Versuch von DIRAC-JANOSSY

werden. Photonenhypothese und Wellentheorie führen also zu gleichen Ergebnissen.

Die Frage, ob die Auffassung von HUYGENS und FRESNEL über das Licht oder im Gegensatz dazu die Photonenhypothese EINSTEINS richtig sei, ist demnach falsch formuliert. Vielmehr ist festzustellen, daß mit den beiden Modellen nur verschiedene Eigenschaften des physikalischen Objektes Licht beschrieben werden. Licht zeigt Wellen- und Teilcheneigenschaften je nach der Art der Experimente, die man mit ihm durchführt. Widersprüche treten erst dann auf, wenn man Licht sowohl mit einer klassischen Welle als auch mit einem klassischen Teilchen identifiziert, weil man dann die teilweise widersprüchlichen Aussagen dieser beiden Modelle auf das Licht überträgt. Nach BOHR bezeichnet man Eigenschaften, die sich gegenseitig ausschließen, als *komplementär*.

komplementäre Eigenschaften

Versuch von Dirac-Janossy

Um die dargelegte Problematik nochmals zu beleuchten, betrachten wir ein 1930 von DIRAC gedanklich aufgestelltes und von JANOSSY am Anfang der fünfziger Jahre durchgeführtes Experiment. Wird beim Michelsonschen Interferometer (vgl. Abb. 2.7a) die Intensität der Lichtquelle so weit gedrosselt, daß sich jeweils nur ein Photon in der Versuchsapparatur befindet, so beobachtet man auf der Fotoplatte Fp nach einer Langzeitbelichtung die gleiche Interferenzfigur, die man auch nach einer kurzzeitigen Belichtung mit hoher Intensität erhalten würde. Im klassischen Wellenbild kann man dieses Ergebnis nur folgendermaßen deuten: Am Spiegel S wird das Photon in zwei Hälften geteilt, die aufgrund ihres Gangunterschiedes miteinander interferieren. Kurz sagt man auch: Jedes Photon interferiert mit sich selbst.

LAJOS JANOSSY (1912–1978)

Werden dagegen die Spiegel S_1 und S_2 durch Photonenzähler, z.B. durch Fotozellen mit nachgeschalteten Sekundärelektronenvervielfachern, ersetzt (vgl. Abb. 2.7b) und wird die Lichtintensität so weit gedrosselt, daß sich wiederum jeweils nur ein Photon in der Apparatur befindet, dann spricht nur der eine *oder* der andere Zähler an, aber niemals beide gleichzeitig. Ein „halbes“ Photon wird also nicht registriert. Im klassischen Teilchenbild heißt dies: Das Photon wird *entweder* vom Spiegel S hindurchgelassen *oder* reflektiert.

PAUL ANDRIEN MAURICE DIRAC (1902–1984) Nobelpreis 1933

Die Aussagen über die Vorgänge am halbdurchlässigen Spiegel sind demnach prinzipiell unterschiedlich, je nachdem, ob sie im klassischen Wellen- oder im klassichen Teilchenbild gedeutet werden.

Zusammenfassend können wir feststellen:

Licht ist weder Welle noch Teilchen. Es ist ein physikalisches Objekt, für das uns die klassischen Vorstellungen fehlen.

(S 2.2)
Natur des Lichtes

2.2 Dualismus der stofflichen Materie

Die Eigenschaften des Lichtes und der elektromagnetischen Wellen in anderen Frequenzbereichen sind weder allein durch ein Teilchenmodell noch allein durch ein Wellenmodell vollständig zu erfassen. Diese Schlußfolgerung trifft auch auf alle physikalischen Objekte mit einer von Null verschiedenen Ruhmasse, d. h. auf die *stoffliche Materie* zu. Unberührt davon bleibt natürlich, daß bei den Beobachtungen des täglichen Lebens in der Regel nur Eigenschaften zur Geltung kommen bzw. von Bedeutung sind, die ausschließlich mit einem der beiden Modelle zu erfassen sind.

stoffliche Materie

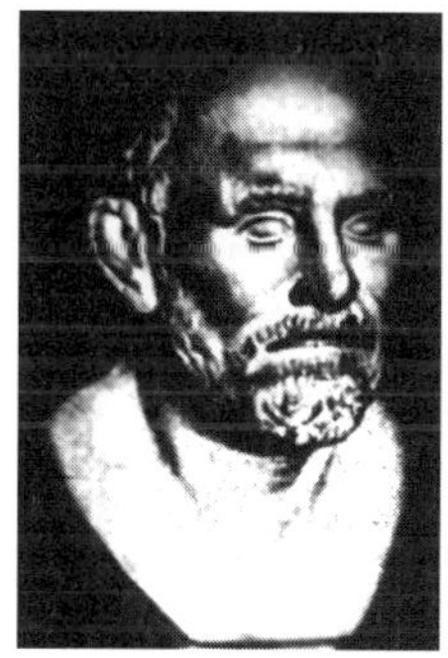

DEMOKRIT von Abdera (um 460 bis 370 v. u. Z.)

2.2.1 Atomistik der stofflichen Materie

2.2.1.1 Zum Nachweis der Existenz der Atome

Das Wort *Atom* stammt von dem griechischen Wort „atomos", das Unteilbare. Schon die griechischen Philosophen DEMOKRIT und LEUKIPP erahnten den heutigen Atombegriff, als sie um 400 v. u. Z. schrieben:

> „Die Materie besteht aus kleinsten unteilbaren Teilchen, den Atomen, die ewig, ungeworden, unzerstörbar sind und sich in ständiger Eigenbewegung befinden."

Atom

LEUKIPP von Milet (um 500–440 v. u. Z.)

Die wissenschaftliche Begründung für den Aufbau aller Körper aus kleinsten, durch chemische Methoden nicht mehr teilbaren Bausteinen, den *Atomen*, gaben zuerst DALTON und PROUST, indem sie aus chemischen Überlegungen auf die Existenz von Atomen schlossen. Sie gaben damit erstmalig einen experimentellen Beweis für die Richtigkeit der Hypothese von der Existenz der Atome. DALTON fand 1803 folgendes Gesetz:

Zwei Elemente vereinigen sich in ein und derselben Verbindung stets im gleichen Massenverhältnis.
(1. Daltonsches Gesetz)

(S 2.3a)
1. Daltonsches Gesetz

Beispiele für Satz (S 2.3a) sind u.a. die Verbindungen von Wasserstoff (H) mit Chlor (Cl) zu Chlorwasserstoff (HCl) bzw. von Wasserstoff mit Sauerstoff (O) zu Wasser (H_2O). Man findet stets unabhängig von der

Beispiele für das 1. Daltonsche Gesetz

JOHN DALTON (1766–1844)

Größe der Ausgangsmassen für das Verhältnis der umgesetzten Massen m_{Cl} und m_H von Chlor und Wasserstoff zu Chlorwasserstoff

$$m_{Cl} : m_H = 35{,}45 : 1{,}01$$

bzw. für das Verhältnis der umgesetzten Massen m_O und m_H von Sauerstoff und Wasserstoff zu Wasser

$$m_O : m_H = 16{,}00 : 2{,}02 \, .$$

Auch für den Fall, daß zwei Elemente verschiedenartige Verbindungen eingehen können, fand DALTON eine Gesetzmäßigkeit:

(S 2.3b)
2. Daltonsches Gesetz

> Bilden zwei Elemente verschiedenartige Verbindungen miteinander, so lassen sich die Quotienten aus ihren Massen als ganzzahlige Vielfache eines kleinsten Massenverhältnisses darstellen.
> (2. Daltonsches Gesetz)

JOSEPHE-LOUIS PROUST (1754–1826)

In Tabelle 2.1 sind als Beispiel für (S 2.3b) die möglichen Verbindungen aus Sauerstoff (O) und Stickstoff (N) wiedergegeben.

Faßt man einen Körper als Kontinuum auf, d.h. als in beliebig kleine Stücke teilbar, dann sind die Daltonschen Gesetze unerklärbar. Nimmt man dagegen den Aufbau eines Körpers aus einer endlichen Anzahl von nicht weiter teilbaren Atomen an, so ergeben sie sich zwanglos. Es vereinigen sich dann stets eine bestimmte Anzahl von Atomen der einen Art (des einen Elementes) mit einer bestimmten Anzahl von Atomen einer anderen Atomart zu einem neuen Baustein, dem *Molekül*.

Molekül

Einen weiteren indirekten Beleg für die Existenz von Atomen gibt die ab Mitte des vorigen Jahrhunderts von CLAUSIUS, MAXWELL und BOLTZMANN begründete und entwickelte molekularkinetische Theorie der Wärme. Diese erklärt unter der Voraussetzung der Existenz von Atomen die thermodynamischen Sachverhalte mit Hilfe mechanischer Begriffe. Die *Molekularkinetik* liefert u.a. fundierte Aussagen über die Größe von Atomen sowie über deren Anzahl in einem gegebenen Körper und ermöglicht damit ein erstes Vordringen in atomare Dimensionen. Die

Molekularkinetik

RUDOLF JULIUS EMANUEL CLAUSIUS (1822–1888)

Tabelle 2.1
Mögliche Verbindungen von Sauerstoff und Stickstoff (Werte gerundet)

Mögliche Verbindung	Name der Verbindung	Experimentell gefundenes Massenverhältnis $m_O : m_N$
$O_2 + 2N_2 \rightarrow 2N_2O$	Distickstoffoxid	16 : 28 = x
$O_2 + N_2 \rightarrow 2NO$	Stickstoffoxid	16 : 14 = 2x
$3O_2 + 2N_2 \rightarrow 2N_2O_3$	Distickstofftrioxid	48 : 28 = 3x
$2O_2 + N_2 \rightarrow 2NO_2$	Stickstoffdioxid	32 : 14 = 4x
$5O_2 + 2N_2 \rightarrow 2N_2O_5$	Distickstoffpentoxid	80 : 28 = 5x

Erfolge der Molekularkinetik bei der Erklärung physikalischer Erscheinungen ließen sie zu einer wesentlichen Stütze für die Richtigkeit der Vorstellungen von der atomistischen Struktur der Stoffe werden. Als direkten Beweis dafür kann man die Bestimmung der Abstände der Atome in Kristallen durch Beugung von Röntgenstrahlen ansehen, was erstmals 1913 gelang. Inzwischen sind Experimente zur Bestimmung der Lage von Atomen und Atomgruppen in Kristallen durch Beugung von Röntgen-, Elektronen- und Neutronenstrahlen zu Standardmethoden entwickelt worden. Seit Mitte unseres Jahrhunderts ist es elektronenmikroskopisch möglich, auf Festkörperoberflächen einzelne Atome zu beobachten. Mittels Lichtfallen (vgl. Abb. 8.27) konnten sogar einzelne Atome in einem Raumpunkt mit einer Energie lokalisiert werden, die der thermischen Energie von Gasatomen bei $T = 0{,}005$ K entspricht.

Zusammenfassend zeigt die experimentelle Erfahrung:

Jeder Stoff ist aus einer endlichen Anzahl von Atomen aufgebaut. Die Atome sind durch chemische Methoden nicht teilbar.

(S 2.4)
atomare Struktur der stofflichen Materie

2.2.1.2 Masse und Größe von Atomen

Die Charakterisierung bestimmter Eigenschaften eines Stoffes erfordert die Kenntnis der Massen seiner atomaren oder molekularen Bausteine. Dazu reicht es meist aus und ist es zweckmäßig, die Masse eines Atoms auf eine Vergleichsmasse zu beziehen. In Abschnitt 2.2.1.4 wird gezeigt, daß die natürlichen chemischen Elemente aus Atomen mit praktisch gleichem chemischen Verhalten, aber mit unterschiedlicher Masse bestehen können. Diese Atomsorten eines Elementes mit unterschiedlichen Massen bezeichnet man als seine *Isotope*. Da in sehr vielen chemischen Verbindungen das Element Kohlenstoff enthalten ist, zum Beispiel in allen organischen Verbindungen, erweist sich das Kohlenstoffisotop mit der größten natürlichen Häufigkeit, das Isotop ^{12}C, als die Atomsorte, auf die man zweckmäßig die Masse aller anderen Atomsorten beziehen kann.

Isotop

Die Größe

$$A_r(^iX) = \frac{12 m_a(^iX)}{m_a(^{12}C)}$$

heißt relative Isotopenmasse des zum Element X gehörenden Isotops ^iX mit der Masse $m_a(^iX)$.

(D 2.1 a)
relative Isotopenmasse
$A_r(^iX)$

Da das Isotopengemisch eines natürlich vorkommenden chemischen Elementes eine bestimmte Zusammensetzung aufweist, kann jedem Atom des Elementes X im Mittel die Masse $m_a(X)$ zugeordnet werden. Für viele physikalische und chemische Untersuchungen ist die Verwendung der mit diesen mittleren Massen m_a gebildeten relativen Atommasse ausreichend:

(D 2.1 b)
relative Atommasse
A_r (X)

Die Größe

$$A_r (X) = \frac{12 m_a (X)}{m_a (^{12}C)}$$

heißt relative Atommasse des Elementes X.

Ursprünglich wurden die relativen Atommassen auf das leichteste Isotop, das Wasserstoffisotop ^1H bezogen, dem definitionsgemäß die relative Isotopenmasse 1 zugeordnet war. In der so festgelegten Skala ergeben sich die relativen Atommassen von Sauerstoff und Kohlenstoff angenähert zu 16 und 12. Später wurde aus chemisch-praktischen Gründen das Bezugsisotop ^1H zuerst durch das Sauerstoffisotop ^{16}O und dann 1961 durch das Kohlenstoffisotop ^{12}C ersetzt. Um die Abweichungen dieser Skalen von der ursprünglichen Skala so klein wie möglich zu halten, wird dem Bezugsisotop ^{16}O bzw. ^{12}C als Wert der relativen Atommasse 16 bzw. 12 zugeordnet.

Die relativen Atommassen der chemischen Elemente (s. Tab. 2.2) können z. B. über die Dichte ermittelt werden (vgl. Abschn. I 7.3.3.2.1).

Objektmenge

Für die weiteren Betrachtungen erweist es sich als zweckmäßig, eine neu einzuführende Größe *Objektmenge* zur Verfügung zu haben, mit der die Anzahl gleichartiger Objekte – Atome oder Moleküle – in einem System erfaßt werden kann. Die atomistische Struktur der Materie hat zur Folge, daß als Elementarakt einer chemischen Reaktion eine Wechselwirkung zwischen einzelnen Atomen oder Molekülen abläuft, chemische Umsetzungen also stets auf eine bestimmte Anzahl von Objekten bezogen werden müssen. Diese Tatsache spiegelt sich in den Daltonschen Gesetzen (S 2.3) wider. Es ist deshalb vor allem das Bedürfnis der Chemiker, mit abzählbaren Vergleichsmengen rechnen zu können.

Da die Festlegung der Größe Objektmenge unabhängig von der Definition anderer Größen ist, wird sie als Grundgrößenart betrachtet. Als zugehörige Basiseinheit wird das Mol eingeführt:

(D 2.2)
Basiseinheit Mol
(mol)

1 Mol (mol) ist die Objektmenge, die aus ebensovielen Objekten besteht, wie in 0,012 kg des Kohlenstoffisotops ^{12}C Atome enthalten sind.

Molmasse
(molare Masse)

Weiter ist es zweckmäßig, die Bezeichnung m_{mol} für die Masse pro Mol einer Substanz einzuführen. m_{mol} wird auch als *molare Masse* oder *Molmasse* bezeichnet. Besitzt eine bestimmte Menge eines Stoffes die Masse m, so gibt der Quotient m/m_{mol} die Objektmenge in der Einheit Mol an. Nach (D 2.2) beträgt die Masse pro Mol Kohlenstoff ^{12}C

$$m_{mol} (^{12}C) = 0{,}012 \frac{kg}{mol} = A_r (^{12}C) \frac{1\,g}{mol}$$

und allgemein für das Element mit der relativen Atommasse A_r

$$m_{mol} = A_r \, g\,mol^{-1} . \qquad (2.11)$$

Nach der Definition der Objektmenge 1 Mol muß mit (2.11) und der als *Avogadrosche Konstante* N_A bezeichneten Anzahl von Objekten pro Mol die Dichte ϱ einer Substanz durch

Avogadrosche Konstante

$$\varrho = \frac{m_{mol}}{V_{mol}} = \frac{A_r g}{N_A V_a mol} \qquad (2.12)$$

AMADEO AVOGADRO CONTI DE QUAREGNA (1776–1856)

darstellbar sein, wobei V_{mol} das Volumen eines Mols und V_a der Platzbedarf für ein Atom bzw. ein Molekül in der Substanz bedeutet. V_a läßt sich experimentell recht genau durch Röntgenstrahlbeugung an Kristallgittern (s. Bd. IV) bestimmen und damit unter Einbeziehung von Dichtemessungen aus (2.12) die Avogadrosche Konstante ermitteln. Für letztere ergibt sich der folgende Wert:

$$N_A = (6{,}022045 \pm 0{,}000031) \cdot 10^{23} mol^{-1} . \qquad (2.13)$$

Bestimmung von Atommassen

Mit Hilfe der Avogadroschen Konstanten kann mit (2.13) für das Element X die Atommasse ermittelt werden:

$$m_a(X) = \frac{A_r(X)\, g\, mol^{-1}}{N_A} . \qquad (2.14)$$

Masse des Wasserstoffatoms

Für das Wasserstoffatom erhält man so mit $A_{rH} = 1{,}007825036$ den Wert

$$m_{0H} = (1{,}673559 \pm 0{,}000009)\, 10^{-27} kg . \qquad (2.15)$$

Die Kenntnis von m_{0H} und A_{rH} gestattet es, die Atommasse jeder anderen Atomart X bei Kenntnis von deren relativer Atommasse zu berechnen, da nach (D 2.1a)

$$m_a(X) = \frac{m_{0H}}{A_{rH}} A_r(X) \qquad (2.16)$$

gilt.

Präzisionsbestimmugen von Atom- und Molekülmassen erfolgen allerdings heute mit Massenspektrografen (vgl. Abschn. 2.2.1.4.1.1). Diese ermöglichen Massenbestimmungen bis zu einer Genauigkeit von 10^{-33} kg.

Größe von Atomen

Die Anwendung der Begriffe „Form“ und „Größe“ auf die Atome ist problematisch, da beide Größen nicht direkt meßbar sind, sondern auf sie nur indirekt durch Wechselwirkungsexperimente geschlossen werden kann. In erster Näherung nimmt man als Atomgestalt eine Kugel an und legt die Größe der Atome durch den *Atomradius* fest.

Atomradius

Der Atomradius kann nur durch die Wechselwirkungen der Atome mit anderen Teilchen ermittelt werden. Man legt als Atomradius R_a die Entfernung vom Atommittelpunkt fest, bei der diese Wechselwirkungen nachweisbar werden. Dieses Vorgehen enthält aber stets eine gewisse Willkür, denn das Ergebnis ist von der Art der bei der angewandten Versuchsmethodik auftretenden Wechselwirkung abhängig.

Der Atomradius R_a kann z.B. aus der Dichte ϱ von Flüssigkeiten bei Voraussetzung dichtester Kugelpackung ihrer Atome ermittelt werden. Man nimmt bei dieser Methode einen gewissen Fehler infolge des freien Raumes zwischen den Atomen in Kauf und ermittelt mit dem Atomvolumen

$$V_a = \frac{4}{3}\pi R_a^3 \tag{2.17}$$

Atomradius aus Dichtemessungen

den Atomradius unter Beachtung von (2.13) aus (2.12):

$$R_a = \left[\frac{3m_{mol}}{4\pi\varrho N_A}\right]^{\frac{1}{3}}. \tag{2.18a}$$

Wie im Band I gezeigt wurde, kann der Atomradius auch gaskinetisch u.a. aus Messungen der Konstanten b der van der Waalsschen Gleichung, der mittleren freien Weglänge $\bar{l}$ und aus Messungen der dynamischen Viskosität η ermittelt werden:

Atomradius aus gaskinetischen Messungen

$$R_a = \left[\frac{3b\, m_{mol}}{16\pi N_A}\right]^{\frac{1}{3}}$$

$$R_a = \left[\frac{k\,T}{4\sqrt{2}\pi p \bar{l}}\right]^{\frac{1}{2}}$$

$$R_a = (6\eta)^{-\frac{1}{2}}\left[\frac{m_{mol}\,k\,T}{\pi^3 N_A}\right]^{\frac{1}{4}}. \tag{2.18}$$

Größenordnung der Atomradien

Die Gleichungen erlauben es, durch die experimentelle Bestimmung von b, $\bar{l}$ oder η bei bekanntem A_r den Atromradius R_a zu berechnen. Die so ermittelten Atomradien liegen in der Größenordnung von 10^{-10} m.

2.2.1.3 Periodensystem der Elemente

LOTHAR MEYER (1830–1895)

Um 1860 kannte man bereits ca. 60 chemische Elemente. Mit ihrer damit notwendig gewordenen Systematisierung befaßten sich unabhängig voneinander 1868 MEYER und 1869 MENDELEJEW. MEYER schätzte die Atomradien aus Dichtemessungen ab und ordnete sie nach wachsender relativer Atommasse. Er fand mit wachsendem A_r (vgl. Abb. 2.8) eine Periodizität der Atomradien und des chemischen Verhaltens der Elemente. Zum Beispiel entsprechen die Radien der Alkalimetallatome den Maxima der Funktion $R_a = f(A_r)$.

MENDELEJEW ordnete die chemischen Elemente ebenfalls nach ihrer relativen Atommasse und stellte eine Periodizität im chemischen Verhalten fest.

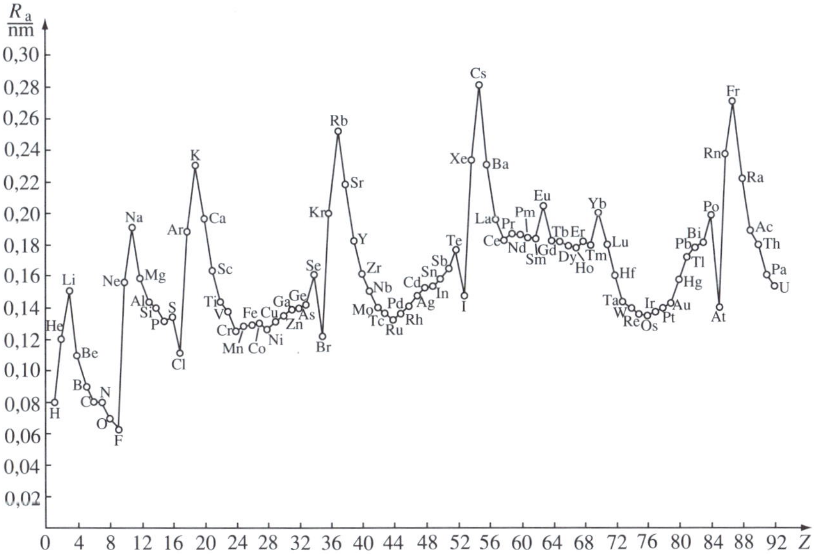

Abb. 2.8
Atomradius R_a als Funktion der Ordnungszahl Z

DIMITRI IWANOWITSCH MENDELEJEW (1834–1907)

Man fand, daß sich bei den so geordneten chemischen Elementen die physikalischen und die chemischen Eigenschaften beim Fortschreiten zum nächsten Element gesetzmäßig verändern. Nach einer bestimmten Anzahl von Schritten, d.h. nach Durchlaufen einer bestimmten Elementenfolge, schließt eine weitere Folge an, deren Elemente in ihren physikalischen und chemischen Eigenschaften denen der vorstehenden ähneln. Als Beispiel sei die Elementenfolge vom Lithium (Li) bis zum Neon (Ne) und die sich ihr anschließende vom Natrium (Na) bis zum Argon (Ar) herausgegriffen. Ordnet man diese Elementfolgen in zwei *Perioden* untereinander an,

Li	Be	B	C	N	O	F	Ne
Na	Mg	Al	Si	P	S	Cl	Ar,

dann besitzen die untereinanderstehenden Elemente weitgehende Ähnlichkeit in ihren chemischen und physikalischen Eigenschaften. Daher werden im *Periodensystem der Elemente* (vgl. Tabelle 2.2) die Elemente mit einigen Ausnahmen (s. unten) nach steigender relativer Atommasse in sieben Reihen (*Perioden*) und neun Spalten (*Gruppen*) geordnet und entsprechend ihrer Anordnung mit eins beginnend durchnumeriert.

Periodensystem der Elemente

Periode im Periodensystem

Gruppe im Periodensystem

Diese Anordnung führt zur folgenden Festlegung:

Die Platzzahl Z eines Elementes im Periodensystem heißt seine Ordnungszahl.

(D 2.3)
Ordnungszahl Z

Durch die beschriebene Anordnung werden in den neun Gruppen bestimmte chemische Elemente zusammengefaßt. Damit innerhalb der ein-

Tabelle 2.2
Periodisches System der Elemente (* Elemente mit nur radioaktiven Isotopen, ** Namen nach IUPAC-Empfehlung)

Gruppen / Perioden	I	II	III	IV	V	VI	VII	VIII	0
1	1 H 1,008								2 He 4,003
2	3 Li 6,941	4 Be 9,012	5 B 10,811	6 C 12,011	7 N 14,007	8 O 15,999	9 F 18,998		10 Ne 20,180
3	11 Na 22,990	12 Mg 24,305	13 Al 26,982	14 Si 28,086	15 P 30,974	16 S 32,064	17 Cl 35,453		18 Ar 39,948
4	19 K 39,098 29 Cu 63,546	20 Ca 40,078 30 Zn 65,39	21 Sc 44,966 31 Ga 69,723	22 Ti 47,90 32 Ge 72,59	23 V 50,942 33 As 74,922	24 Cr 51,996 34 Se 78,96	25 Mn 54,938 35 Br 79,904	26 Fe 27 Co 28 Ni 55,847 58,933 58,70	36 Kr 83,80
5	37 Rb 85,468 47 Ag 107,868	38 Sr 87,62 48 Cd 112,411	39 Y 88,905 49 In 114,82	40 Zr 91,22 50 Sn 118,710	41 Nb 92,906 51 Sb 121,75	42 Mo 95,94 52 Te 127,60	43 Tc* 98,906 53 I 126,904	44 Ru 45 Rh 46 Pd 101,07 102,906 106,42	54 Xe 131,30
6	55 Cs 132,905 79 Au 196,967	56 Ba 137,327 80 Hg 200,59	57 La -71 Lu 138,91 81 Tl 204,383	72 Hf 178,49 82 Pb 207,19	73 Ta 180,948 83 Bi 208,480	74 W 183,85 84 Po* 208,982	75 Re 186,207 85 At* 209,987	76 Os 77 Ir 78 Pt 190,2 192,2 195,09	86 Rn* 222,018
7	87 Fr* 223,020	88 Ra* 226,025	89 Ac* -103 Lw* 227,028	104 Dubnium** 260	105 Joliotium** 261	106 Rutherfordium* 259, 263	107 Bohrium** 262	108 Hahn-ium** 265 109 Meitnerium** 266	

Lanthaniden:

58 Ce 140,115	59 Pr 140,908	60 Nd 144,24	61 Pm* 146,915	62 Sm 150,35	63 Eu 151,965	64 Gd 157,25	65 Tb 158,925	66 Dy 162,50	67 Ho 164,930	68 Er 167,26	69 Tm 168,934	70 Yb 173,04	71 Lu 174,967

Aktiniden:

90 Th* 232,038	91 Pa* 231,035	92 U* 238,029	93 Np* 237,048	94 Pu* 244,064	95 Am* 243,061	96 Cm* 247,070	97 Bk* 249,070	98 Cf* 251,077	99 Es* 252,083	100 Fm* 257,095	101 Md* 258,089	102 No* 259,101	103 Lw* 260,106

zelnen Gruppen die chemisch ähnlichen Elemente stets untereinander angeordnet sind, spaltet man von der vierten Periode ab die Gruppen in *Haupt-* und *Nebengruppen* auf. Zur Hauptgruppe zählen dabei die Elemente, die mit den ersten der jeweiligen Gruppe chemisch verwandt sind. Zum Beispiel bilden die Alkalimetalle die erste Hauptgruppe, die Erdalkalimetalle die zweite, die Halogene die siebente und die Edelgase die nullte. Die Elemente der ersten Nebengruppe sind Kupfer, Silber und Gold.

Hauptgruppe, Nebengruppe

Von den natürlich vorkommenden Elementen besitzt Uran mit $Z = 92$ die höchste Ordnungszahl. Elemente mit $Z \geqq 93$ (*Transurane*) können nur künstlich hergestellt werden. Eine Ausnahme davon bildet lediglich das Plutonium ($Z = 94$), das in sehr geringen Spuren in der Uranpechblende enthalten ist. Dabei verhält sich die Masse des Plutoniums zu der des Minerals wie $1:10^{14}$. Einige radioaktive Elemente mit $Z < 93$ (Technetium ($Z = 43$), Promethium ($Z = 61$), Astat ($Z = 85$) und Franzium ($Z = 87$)) kommen ebenfalls nicht in der Natur vor.

Transurane

Historisch konnte aus der Systematik des Periodischen Systems der Elemente die Existenz von noch unbekannten Elementen nebst ihren Eigenschaften vorausgesagt werden, wie z.B. die Existenz von Astat, Franzium, Gallium, Germanium, Promethium, Skandium und Technetium.

Die Periodizität der chemischen Eigenschaften der Elemente wird allerdings nur dann erreicht, wenn man folgende Ausnahmen vom angegebenen Ordnungsprinzip (Anordnung nach steigender relativer Atommasse) zuläßt: Das Lanthan ($Z = 57$) und die 14 *Lanthaniden* (seltene Erden, $Z = 58$ bis $Z = 71$) müssen an einem einzigen Platz im Periodischen System angeordnet werden. Gleiches gilt für die 12 *Aktiniden* (Elemente mit $Z = 90$ bis $Z = 103$). Würde man streng nach steigenden relativen Atommassen ordnen, dann müßte das Kalium ($A_r = 39{,}10$) vor dem Argon ($A_r = 39{,}95$), das Nickel ($A_r = 58{,}70$) vor dem Kobalt ($A_r = 58{,}93$), das Iod ($A_r = 126{,}90$) vor dem Tellur ($A_r = 127{,}60$) und das Protaktinium ($A_r = 231{,}04$) vor dem Thorium ($A_r = 232{,}04$) stehen. Diese notwendigen Vertauschungen (Inversionen) legen die Vermutung nahe, daß die relative Atommasse nicht – wie von MEYER und MENDELEJEW angenommen – der eigentliche Ordnungsparameter ist.

Lanthaniden

Aktiniden

Inversionen bei Anordnung nach der Atommasse

Es ergeben sich damit folgende Fragen, die sich bei Kenntnis des Aufbaus der Atome beantworten lassen müssen:

- Welcher atomaren Eigenschaft muß die Ordnungszahl zugeordnet werden (vgl. (S 3.1))?
- Welcher Zusammenhang besteht zwischen dem Aufbau des Atoms und seinem chemischen Verhalten (vgl. Abschn. 9.1)?
- Wie erklärt sich die Periodizität des chemischen Verhaltens mit wachsender Ordnungszahl (vgl. Abschn. 9.1)?
- Warum ist die Ordnungszahl der natürlich vorkommenden chemischen Elemente begrenzt (vgl. Abschn. 13.1)?

2.2.1.4 Isotopie

Im Jahre 1910 stellte SODDY beim Vergleich der Endprodukte der drei natürlichen radioaktiven Zerfallsreihen fest, daß sie alle als stabiles Endprodukt das Element Blei, allerdings mit verschiedenen relativen Atommassen besitzen. Er nannte diese drei Endprodukte Isotope des Elementes Blei. Im Jahre 1912 konnte THOMSON mit dem Massenspektrograf (vgl. Abschn, 2.2.1.4.1.1) nachweisen, daß auch viele andere natürlich vorkommende Elemente aus Isotopengemischen bestehen.

(D 2.4) Isotop

Atome gleicher Ordnungszahl Z, aber unterschiedlicher relativer Atommasse heißen Isotope des chemischen Elementes der Ordnungszahl Z.

FREDERICK SODDY (1877–1956) Nobelpreis 1921

Die Ordnungszahl Z eines Atoms bestimmt die Anzahl seiner Hüllenelektronen (vgl. (S 3.1)). Demnach unterscheiden sich die Isotope des gleichen Elementes nur durch die Masse ihres Atomkernes.

Von den natürlichen Elementen bestehen 23 aus nur einem stabilen Isotop (Be, F, Na, Al, P, Sc, V, Mn, Co, As, Y, Nb, Rh, I, Cs, Pr, Tb, Ho, Tm, Lu, Re, Au, Bi), alle anderen sind Isotopengemische. Die größte Anzahl von 10 stabilen Isotopen besitzt das Element Zinn (s. Tab. 2.4).

Die Messungen der relativen Isotopenmassen ergaben, daß sie weniger als 1 % von der Ganzzahligkeit abweichen. Tabelle 2.3 zeigt dies für die Elemente Wasserstoff und Helium. Eine Begründung hierfür wird in Abschnitt 10.5 gegeben.

Wegen der annähernden Ganzzahligkeit der relativen Isotopenmassen wird zur Charakterisierung der Isotope die Massenzahl eingeführt:

(D 2.5) Massenzahl M

Die auf eine ganze Zahl gerundete relative Isotopenmasse heißt Massenzahl M des betreffenden Isotops.

Es ist üblich, die Massenzahl als linken oberen Index an das Elementsymbol X zu schreiben: ^{M}X (z. B. ^{1}H, ^{12}C, ^{235}U, ^{238}U).

JOSEPH JOHN THOMSON (1857–1939) Nobelpreis 1906

Tabelle 2.3
Isotopenmassen für Wasserstoff und Helium

Ordnungszahl	Element	Massenzahlen der Isotope	relative Isotopenmasse	relative Häufigkeit
1	H	1	1,00797	99,9844
		2	2,01408	0,0156
		3	3,01686	$< 10^{-10}$
2	He	3	3,0170	0,00014
		4	4,0039	99,99986
		5	5,0137	
		6	6,0209	

Tabelle 2.4
Isotope der chemischen Elemente (* Namen nach IUPAC-Empfehlung)

Ordnungszahl	Element	Massenzahlen der stabilen Isotope	Anzahl der radioaktiven Isotope
1	H	1, 2	1
2	He	3, 4	2
3	Li	6, 7	3
4	Be	9	5
5	B	10, 11	4
6	C	12, 13	5
7	N	14, 15	4
8	O	16, 17, 18	4
9	F	19	5
10	Ne	20, 21, 22	4
11	Na	23	6
12	Mg	24, 25, 26	4
13	Al	27	6
14	Si	28, 29, 30	4
15	P	31	6
16	S	32, 33, 34, 36	5
17	Cl	35, 37	7
18	Ar	36, 38, 40	6
19	K	39, 41	10
20	Ca	40, 42, 43, 44, 46, 48	7
21	Sc	45	10
22	Ti	46, 47, 48, 49, 50	6
23	V	51	8
24	Cr	50, 52, 53, 54	6
25	Mn	55	8
26	Fe	54, 56, 57, 58	8
27	Co	59	9
28	Ni	58, 60, 61, 62, 64	7
29	Cu	63, 65	10
30	Zn	64, 66, 67, 68, 70	9
31	Ga	69, 71	10
32	Ge	70, 72, 73, 74, 76	10
33	As	75	11
34	Se	74, 76, 77, 78, 80, 82	11
35	Br	79, 81	15
36	Kr	78, 80, 82, 83, 84, 86	14
37	Rb	85, 87	14
38	Sr	84, 86, 87, 88	11
39	Y	89	13
40	Zr	90, 91, 92, 94, 96	9
41	Nb	93	12
42	Mo	92, 94, 95, 96, 97, 98, 100	9
43	Tc		15
44	Ru	96, 98, 99, 100, 101, 102, 104	9
45	Rh	103	14
46	Pd	102, 104, 105, 106, 108, 110	12
47	Ag	107, 109	16
48	Cd	106, 108, 110, 111, 112, 113, 114, 116	11
49	In	113, 115	19
50	Sn	112, 114, 115, 116, 117, 118, 119, 120, 122, 124	17

Tabelle 2.4
(Fortsetzung)

Ordnungszahl	Element	Massenzahlen der stabilen Isotope	Anzahl der radioaktiven Isotope
51	Sb	121, 123	21
52	Te	120, 122, 123, 124, 125, 126, 128, 130	13
53	I	127	20
54	Xe	124, 126, 128, 129, 130, 131, 132, 134, 136	14
55	Cs	133	19
56	Ba	130, 132, 134, 135, 136, 137, 138	12
57	La	138, 139	15
58	Ce	136, 138, 140	13
59	Pr	141	13
60	Nd	142, 143, 145, 146, 148, 150	9
61	Pm		16
62	Sm	144, 148, 149, 150, 152, 154	9
63	Eu	151, 153	15
64	Gd	154, 155, 156, 157, 158, 160	12
65	Tb	159	16
66	Dy	156, 158, 160, 161, 162, 163, 164	11
67	Ho	165	15
68	Er	162, 164, 166, 167, 168, 170	8
69	Tm	169	13
70	Yb	168, 170, 171, 172, 173, 174, 176	8
71	Lu	175	13
72	Hf	176, 177, 178, 179, 180	8
73	Ta	180, 181	10
74	W	180, 182, 183, 184, 186	9
75	Re	185	13
76	Os	184, 186, 187, 188, 189, 190, 192	9
77	Ir	191, 193	13
78	Pt	192, 194, 195, 196, 198	12
79	Au	197	15
80	Hg	196, 198, 199, 200, 201, 202, 204	11
81	Tl	203, 205	15
82	Pb	206, 207, 208	16
83	Bi	209	20
84	Po		23
85	At		20
86	Rn		19
87	Fr		19
88	Ra		19
89	Ac		13
90	Th		12
91	Pa		13
92	U		14
93	Np		13
94	Pu		15
95	Am		12
96	Cm		12
97	Bk		11
98	Cf		12
99	Es		11
100	Fm		8

Tabelle 2.4
(Fortsetzung)

Ordnungszahl	Element	Massenzahlen der stabilen Isotope	Anzahl der radioaktiven Isotope
101	Md		5
102	No		3
103	Lw		1
104	Dubnium*		1
105	Joliotium*		1
106	Rutherfordium*		2
107	Bohrium*		1
108	Hahnium*		1
109	Meitnerium*		1

HAROLD CLAYTON UREY
(1893–1981)
Nobelpreis 1934

Wie in Abschnitt 10.6 gezeigt wird, entspricht der Massenzahl die Anzahl der den Atomkern des betreffenden Isotops aufbauenden Nukleonen. Die Massenzahl wird deshalb auch *Nukleonenzahl* genannt. Die Massenzahl der stabilen Isotope und die Anzahl der bekannten radioaktiven Isotope der Elemente sind in Tabelle 2.4 zusammengestellt.

Nukleonenzahl

Das Element Wasserstoff ($Z = 1$) besitzt drei Isotope. Sie werden unterschiedlich benannt: $^{1}H \equiv H$ *Protium* (leichter Wasserstoff), $^{2}H \equiv D$ *Deuterium* (schwerer Wasserstoff, 1932 von UREY entdeckt), $^{3}H \equiv T$ *Tritium* (überschwerer Wasserstoff). Ihre positiven Ionen, d.h. ihre Kerne (vgl. (S 3.1)), heißen: $^{1}H^{+} \equiv p$ *Proton*, $^{2}H^{+} \equiv d$ *Deuteron*, $^{3}H^{+} \equiv t$ *Triton*. Im natürlichen Wasserstoff ist das Deuterium zu 0,015 %, das Tritium zu $< 10^{-10}\%$ enthalten. Tritium ist radioaktiv und zerfällt mit einer Halbwertszeit von 12,262a. In den obersten Schichten der Atmosphäre wird Tritium durch Einwirkung von Neutronen der Höhenstrahlung auf Stickstoffkerne gebildet. Die Gesamtmasse des in der Atmosphäre enthaltenen Tritiums wird auf etwa 3 g geschätzt. Mit den Niederschlägen gelangt Tritium in Form von TO_2 in das Wasser und konnte in ihm 1955 nachgewiesen werden.

Protium, Deuterium
Tritium
Proton, Deuteron, Triton

Eine besondere Benennung der anderen Isotope erfolgt nicht. Eine Ausnahme hiervon bildet lediglich noch das 2-fach positive Ion $^{4}He^{++}$, d.h. der Atomkern von ^{4}He. Es heißt *α-Teilchen*.

α-Teilchen

Je größer die Kernladungszahl ist, um so kleiner wird der relative Massenunterschied der zugehörigen Isotope. Die Massen von ^{1}H, ^{2}H und ^{3}H verhalten sich nahezu wie 1:2:3, dagegen beträgt der relative Massenunterschied von ^{16}O und ^{18}O nur noch 12 %, von ^{235}U und ^{238}U nur noch 1 %.

2.2.1.4.1 Einige Verfahren zum Nachweis und zur Trennung von Isotopen

Für viele technische Zwecke, z.B. für die Kernenergietechnik, ist die Reindarstellung von bestimmten Isotopen in erheblichen Mengen erforderlich. Hierzu müssen aus den natürlichen Isotopengemischen die gewünschten Isotope angereichert werden. Statt von Anreicherung spricht man auch von *Isotopentrennung*.

Isotopentrennung

Der Grad der Anreicherung eines Isotops im Vergleich zu seinem Vorkommen im natürlichen Isotopengemisch wird durch den *Anreicherungsfaktor* f erfaßt. Ist $N_{i\mathrm{v}}$ die Teilchenanzahldichte der Atome des gewünschten Isotops i, N_v die der Atome von allen Isotopen, so heißt

Anreicherungsfaktor

$$f_1 = \frac{\left(\dfrac{N_{i\mathrm{v}}}{N_\mathrm{v}}\right)_{1\ \text{angereichert}}}{\left(\dfrac{N_{i\mathrm{v}}}{N_\mathrm{v}}\right)_{\text{natürlich}}} \tag{2.19}$$

Anreicherungsfaktor für eine Trennstufe. Meist wird durch eine Trennstufe das Isotopenverhältnis nur geringfügig verschoben, so daß mehrere hintereinandergeschaltete Trennstufen notwendig sind.

Da $\left(\dfrac{N_{i\mathrm{v}}}{N_\mathrm{v}}\right)_{1\ \text{angereichert}}$ für die zweite Trennstufe die Eingangsgröße darstellt, ergibt sich für den Anreicherungsfaktor f_n nach n gleichartigen Trennstufen

Anreicherungsfaktor nach n gleichartigen Trennstufen

$$f_n = f_1^n\,. \tag{2.19a}$$

Durch eine genügend große Anzahl hintereinander geschalteter Trennstufen kann daher das gewünschte Isotop fast rein gewonnen werden.

Zur Isotopentrennung werden die geringfügigen Unterschiede im physikalischen und im physikalisch-chemischen Verhalten der Isotope des gleichen Elements ausgenutzt. Derartige *Isotopieeffekte* weisen z. B. die Diffusion, die Thermodiffusion, die Verdampfung von Flüssigkeiten, die Gleichgewichtskonstanten chemischer Reaktionsgleichgewichte und die Ionenbeweglichkeiten beim Stromfluß in Elektrolyten auf. Sie werden in den verschiedenartigsten Varianten zur Isotopentrennung genutzt. Einige dieser Verfahren und die Möglichkeiten zur präzisen Massenbestimmung von Isotopen werden in den folgenden Abschnitten skizziert.

Isotopieeffekte

2.2.1.4.1.1 Massenspektrograf, Massentrenner

q/m -Bestimmungsmethode nach SCHUSTER

Ein Teilchen mit der Ladung q und der Masse m werde im Vakuum zwischen zwei Elektroden der Potentialdifferenz U_AK auf die Geschwindigkeit $\boldsymbol{v}$ beschleunigt und gelange dann in ein homogenes magnetisches Feld $\boldsymbol{B} \perp \boldsymbol{v}$. In diesem $\boldsymbol{B}$-Feld wirkt auf die Ladung q die Lorentz-Kraft $\boldsymbol{F} = q\,(\boldsymbol{v} \times \boldsymbol{B})$ mit dem Betrag

$$F = q\,vB\,. \tag{2.20a}$$

Da $\boldsymbol{F}$ stets senkrecht zu $\boldsymbol{v}$ gerichtet ist, also keine Arbeit verrichten kann, ist $\boldsymbol{F}$ eine Normalkraft (vgl. (I 3.12b))

$$F = m\,\frac{v^2}{r}\,. \tag{2.20b}$$

Sie zwingt die Ladung q auf eine Kreisbahn. Elimination von F aus (2.20a) und (2.20b) ergibt unter Beachtung von $\frac{m}{2} v^2 = q\, U_{AK}$ die Beziehung

$$\frac{q}{m} = \frac{2U_{AK}}{B^2 r^2} = \frac{v}{rB}. \tag{2.20}$$

ARTHUR SCHUSTER (1851–1934)

Bei bekanntem U_{AK} und B ermöglicht demnach die Messung von r die Bestimmung von q/m. Nach dieser Methode wurde 1902 von SCHUSTER die spezifische Ladung des Elektrons ermittelt (vgl. Abschn. II. 3.1.2).

Für die Bestimmung der spezifischen Ladung von Ionen ist diese einfache Anordnung nicht brauchbar, da Ionen eine mindestens 10^3-fach größere Masse als Elektronen besitzen. Da die Größe von B technisch begrenzt ist, muß demzufolge bei Ionen mit einer wesentlich kleineren Geschwindigkeit als bei Elektronen gearbeitet werden, um zu nachweisbaren Ablenkungen der Ionen im Magnetfeld zu kommen. Ionen- bzw. Elektronenquellen liefern aber die Teilchen nicht mit einheitlicher Geschwindigkeit. Bei Elektronen fällt dieser Geschwindigkeitsunterschied gegenüber den im Beschleunigungsfeld erreichten Geschwindigkeiten kaum ins Gewicht, wohl aber bei Ionen wegen ihrer kleineren Geschwindigkeit. Außerdem lassen sich Zusammenstöße der Elektronen bzw. Ionen mit den Restgasmolekülen nie ganz vermeiden. Beim Elektronenstoß wird wegen des großen Massenunterschiedes praktisch keine Energie auf das gestoßene Restgasatom bzw. -molekül übertragen. Das Elektron wird durch den Stoß lediglich aus seiner ursprünglichen Richtung herausgelenkt und liefert so keinen Beitrag mehr zum beobachteten gerichteten Teilchenstrahl. Die Ionenmassen unterscheiden sich dagegen meist nur geringfügig von denen der Restgasmoleküle. Das stoßende Ion kann deshalb einen merklichen Energieverlust erleiden, der eine beträchtliche zusätzliche Geschwindigkeitsunschärfe des Ionenstrahles hervorruft (s. Stoßgesetze, Abschn. I 6.2). Die Bestimmung von r wird dadurch zu ungenau, die Methode versagt.

FRANCIS WILLIAM ASTON (1877–1945) Nobelpreis 1922

THOMSON schlug darum 1910 vor, dem homogenen Magnetfeld zusätzlich ein homogenes elektrisches Feld gleicher Richtung zu überlagern. Nach dieser Grundidee baute ASTON 1919 den ersten *Massenspektrografen*. Abbildung 2.9 zeigt das Prinzip der Anordnung. Das zu untersuchende parallele Ionenstrahlbündel fällt senkrecht zu den gleichgerichteten Feldstärken $\boldsymbol{E}$ und $\boldsymbol{B}$ der beiden sich überlagernden elektrischen und

Massenspektrograf

Prinzip des Parabelmassenspektrografen

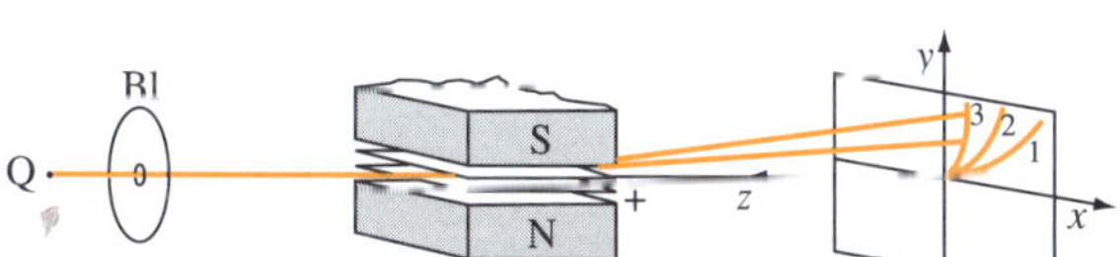

Abb. 2.9
Zur Wirkungsweise des Parabelmassenspektrografen. Die Projektion der Ionenbahn auf eine Ebene senkrecht zur Einfallsrichtung ergibt eine Parabel, deren Parameter von der spezifischen Ladung q/m des Ions bestimmt wird (1, 2 und 3 Parabeln zu unterschiedlichen Massen, Q Ionenquelle, Bl Blende)

magnetischen Felder ein. Die Geschwindigkeit der Ionen sei $\boldsymbol{v}$. Die Richtung $\boldsymbol{v}^0$ wählen wir als negative z-Richtung eines rechtwinkligen kartesischen Koordinatensystems, die Richtung der Felder als positive y-Richtung ($\boldsymbol{v}^0 = -\boldsymbol{k}$, $\boldsymbol{E}^0 = \boldsymbol{B}^0 = \boldsymbol{j}$). Nach dem Grundgesetz der Mechanik $\boldsymbol{F} = m\boldsymbol{a}$ und der Kraftwirkung $\boldsymbol{F} = q\boldsymbol{E}$ auf eine elektrische Ladung q im elektrischen Feld $\boldsymbol{E}$ unterliegen die Ionen der Kraft

$$\boldsymbol{F}_y = m\boldsymbol{a}_y = q\boldsymbol{E}\,. \tag{2.21a}$$

Sie lenkt die positiven Ionen in die positive y-Richtung ab. Da nach Voraussetzung $\boldsymbol{E} = \boldsymbol{const}$ ist, ist auch die Beschleunigung $\boldsymbol{a}_y$ des Teilchens in y-Richtung konstant. Wählen wir noch den Eintritt des Teilchens ins Feld als Zeitpunkt $t = 0$, d.h. als Anfangsbedingungen $y = 0$, $\boldsymbol{v}_y = \boldsymbol{0}$ für $t = 0$, so folgt für diese gleichmäßig beschleunigte Bewegung

$$y = \frac{a_y}{2}\,t^2\,. \tag{2.21b}$$

Gilt $q > 0$, dann lenkt die durch das Magnetfeld bedingte Lorentz-Kraft $\boldsymbol{F} = q\,(-\,v\boldsymbol{k} \times B\boldsymbol{j})$ das Ion in positiver x-Richtung ab. Da die Lorentz-Kraft senkrecht zur Geschwindigkeit wirkt, also eine Normalkraft ist, gilt

$$\boldsymbol{F}_x = m\boldsymbol{a}_x = \frac{m\,v^2}{r}\,\boldsymbol{i} \tag{2.21c}$$

und, da eine Beschleunigung des Teilchens in z-Richtung nicht erfolgt (d.h. $v = \text{const}$ und damit auch $a_x = \text{const}$), ergibt sich analog zu (2.21b)

$$x = \frac{a_x}{2}\,t^2\,. \tag{2.21d}$$

Die Länge des Kondensators und somit die Ausdehnung der Felder in z-Richtung sei l. Die Ionen durchlaufen diese Strecke in der Zeit

$$t = \frac{l}{v}\,. \tag{2.21e}$$

Aus (2.21d), (2.21c), (2.21e) und (2.20) folgt

$$x = \frac{a_x}{2}\,t^2 = \frac{l^2}{2r} = \frac{l^2 qB}{2mv} \tag{2.21f}$$

und somit nach (2.21b), (2.21a) und (2.21e) für die Auftreffpunkte $y = y\,(x)$ der Ionen in der x-y-Ebene

$$y\,(x) = \frac{m}{q}\,\frac{2E}{l^2\,B^2}\,x^2\,. \tag{2.21}$$

In einer Ebene senkrecht zur Einfallsrichtung beschreiben die Ionen unabhängig vom Betrag ihrer Einfallsgeschwindigkeiten eine Parabel, deren Parameter der reziproken spezifischen Ladung des Ions proportional ist. Da die Proportionalitätskonstante durch l, B und E, d.h. durch die Meßapparatur eindeutig festgelegt ist, kann q/m aus der Form der Parabel ermittelt werden. Man bezeichnet diesen Massenspektrografen deshalb als *Parabelmassenspektrografen*.

Parabelmassen-spektrograf

Parabelmassenspektrografen besitzen analog zur Lochkamera keine fokussierenden Eigenschaften. Diese fehlende Strahlfokussierung bedingt eine Bildunschärfe, die man wohl durch bestimmte Blendenanordnungen mindern, aber nie ganz beseitigen kann. Ein höheres Auflösungsvermögen erfordert demnach die Anwendung einer ionenoptischen Anordnung, die aus dem Ionenstrahl mit bestimmter Energie- und Winkeldivergenz zunächst Ionen einheitlicher Energie aussondert und danach die Ionen mit einheitlichen q/m-Werten unabhängig von ihrer Bewegungsrichtung in einem Punkt vereinigt. Das gelingt mit der *Doppelfokussionsmethode*. Sie nutzt die Erkenntnis, daß nach (II S 13.2) elektrische und magnetische Felder den Bahnverlauf elektrisch geladener Teilchen genau so zu beeinflussen vermögen wie ein optisch inhomogenes anisotropes Medium den Verlauf eines Lichtstrahles. Mit einem elektrischen Sektorfeld gelingt es, alle vom Punkt Q mit einheitlicher Energie ausgehenden Ionen wieder in einem Punkt B zu vereinigen (vgl. Abb. 2.10a). Ein magnetisches Sektorfeld vereinigt dagegen die von einem Punkt Q mit einheitlicher Geschwindigkeit und gleichem q/m-Wert ausgehenden Ionen in einem Punkt B (vgl. Abb. 2.10b). Letzteres erkennt man daraus, daß nach (2.20) alle Ionen gleicher Ladung, gleicher Energie und gleicher Masse im homogenen Magnetfeld eine Bahn mit gleichem Krümmungsradius beschreiben. Längs der oberen Bahnen in Abbildung 2.10b durchlaufen die Ionen nun einen längeren Weg im Feld als längs der unteren Bahnen. Sie erfahren damit längs der Bahnen unterschiedliche Ablenkungen, was zur Fokussierung führt.

Doppelfokussions-methode

Im elektrischen Feld gilt statt dessen nach (2.21b) und $F = qE$ die Beziehung $mv^2/r = qE$, d.h. mit $W_{kin} = \frac{m}{2} v^2$ ergibt sich der Zusammenhang $r = W_{kin}/2qE$. Teilchen gleicher Ladung und gleicher kinetischer Energie besitzen unabhängig von ihrer Masse den gleichen Wert von r.

JOSEPH MATTAUCH (1895–1976)

Durch eine Kombination beider Anordnungen lassen sich für kleine Öffnungswinkel Ionen gleicher Ladung unabhängig von ihrer Anfangsgeschwindigkeit und -richtung in einem Punkt vereinigen (*doppelfokussierender Massenspektrograf*). Abbildung 2.10c zeigt schematisch einen derartigen von MATTAUCH 1938 entwickelten Massenspektrografen. Der Ionenstrahl fällt zunächst in das elektrische Sektorfeld, welches von den Ionen gleicher Ladung jeweils diejenigen mit bestimmter Energie in die Ebene der Blende Bl fokussiert. Die von Bl mit praktisch einheitlicher Energie ausgehenden Ionen werden durch ein magnetisches Sektorfeld analysiert. Es fokussiert die Ionen gleicher spezifischer Ladung q/m trotz unterschiedlicher Bewegungsrichtungen in einem Punkt.

doppelfokussierender Massenspektrograf

Durch derartige massenspektroskopische Untersuchungen konnte u.a. die Ruhmasse des Protons zu

$$m_{0p} = (1{,}6726485 \pm 0{,}0000086) \cdot 10^{-27}\,\text{kg} \qquad (2.22)$$

Ruhmasse des Protons

bestimmt werden.

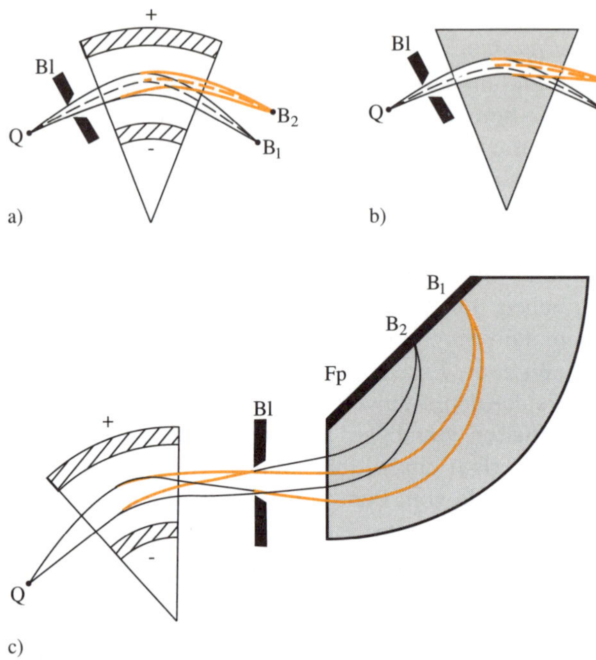

Abb. 2.10
Zur Wirkungsweise des doppelfokussierenden Massenspektrografen
a) Elektrisches Sektorfeld eines Zylinderkondensators. Ionen, die von Q mit gleicher Energie ausgehen, werden im gleichen Punkt B vereinigt. B_1 und B_2 entsprechen verschiedenen Energien
b) Magnetisches Sektorfeld mit Feldlinien senkrecht zur Papierebene. Ionen gleicher Anfangsgeschwindigkeit und gleicher spezifischer Ladung werden im gleichen Punkt vereinigt
c) Doppelfokussierender Massenspektrograf (schematisch, Fp: Fotoplatte)

Auflösungsvermögen von Massenspektrografen

Die Trenneigenschaften eines Massenspektrografen werden durch sein *Auflösungsvermögen* $\delta = m/\Delta m$ charakterisiert, wobei m und $m + \Delta m$ die von dem Gerät gerade noch zu unterscheidenden Massen bedeuten. Während mit dem Parabelmassenspektrografen von THOMSON nur ein Auflösungsvermögen von ca. 100 erreicht werden kann, besitzen moderne doppelfokussierende Massenspektrografen Auflösungsvermögen von bis zu $5 \cdot 10^5$.

Herkömmliche Ionenquellen nutzen die Stoßionisation zur Ionenerzeugung. Insbesondere für organische Moleküle ist diese Methode problematisch, da meist mit der Stoßionisation die Dissoziation des Moleküls verbunden ist. Statt der eigentlichen Molekülmasse mißt man dann die Massen von oft nicht bekannten Bruchstücken des Moleküls. Aus diesem Grund versucht man, durch Anlagerung von Elektronen an das Molekül negative Ionen statt positive zu erzeugen (*Elektronenanlagerungs-Massenspektrograf*).

Elektronen-anlagerungs-Massenspektrograf

Massenspektrografen dienen zur Präzisionsmassenbestimmung von Ionen, Atomen und Molekülen. Im Interesse eines hohen Auflösungsvermögens arbeitet man mit Ionenströmen von nur ca. 10^{-5} A. Zur technischen Isotopentrennung sind derartige Geräte daher ungeeignet.

Durch Steigerung der Ionenströme auf etwa 100 mA gelang es, diese Methode auch zu einem Verfahren der Isotopentrennung auszubauen. Man spricht dann vom *Massentrenner* statt vom Massenspektrografen. Beim Massentrenner wird bewußt das Auflösungsvermögen des Massenspektrografen zugunsten einer hohen technischen Trennrate reduziert. Allerdings sind auch dann die Ausbeuten solcher Isotopentrennanlagen noch relativ gering (ca. 0,1 g/h^{-1}). Magnetische Massentrenner besitzen trotzdem eine steigende Bedeutung für die Reindarstellung von Isotopen, da mit ihnen durch einen einmaligen Trennvorgang schon eine hohe Anreicherung des gewünschten Isotops erzielt werden kann.

Massentrenner

2.2.1.4.1.2 Ultrazentrifuge

Zentrifugen bestehen aus rasch rotierenden Gefäßen und dienen der Trennung von Stoffgemischen. Dabei wird die Erkenntnis ausgenutzt, daß ein Teilchen im rotierenden System der Zentrifugalkraft

Zentrifuge

$$^{Z}F = mr\omega^2$$

unterliegt. In Zentrifugen sammeln sich demnach die schweren Teilchen an der Gefäßwand, die leichteren in der Nähe der Rotationsachse. Für die Isotopentrennung wurden Ultrazentrifugen mit Winkelgeschwindigkeiten von etwa $\omega = 5 \cdot 10^3\, s^{-1}$ und Beschleunigungen bis zum $3 \cdot 10^5$-fachen der Erdbeschleunigung entwickelt.

Vielfach wird mit Gasen gearbeitet. So wird z. B. zur Anreicherung des natürlichen Urans mit ^{235}U zunächst das natürliche Uran in das gasförmige Uranhexafluorid UF_6 überführt und danach die Isotopentrennung mittels Gaszentrifugen durchgeführt.

2.2.1.4.1.3 Diffusionsverfahren

Für den Diffusionskoeffizienten D eines Gases gilt nach (I 8.32) mit $p \sim T$ die Gesetzmäßigkeit

$$D \sim \sqrt{\frac{T}{A_r}}. \tag{2.23}$$

Deshalb diffundieren bei konstanter Temperatur die leichteren Isotope eines Isotopengemisches schneller durch geeignet gewählte Filter als die schwereren. Diese Gesetzmäßigkeit nutzen die *Diffusionsverfahren* zur Trennung von Isotopengemischen. Hierzu werden mehrere hintereinandergeschaltete Diffusionsstrecken (*Trennrohre*) verwendet. Moderne Trennkolonnen arbeiten meist mit offenen Diffusionsspalten statt mit porösen Filtern. Die Ausbeute der Anlagen wird hierdurch wesentlich erhöht. Für Urantrennanlagen wird wieder das zu trennende Isotopengemisch in das gasförmige Uranhexafluorid UF_6 überführt.

Diffusionsverfahren

Trennrohre

Thermodiffusion

Hält man im zu trennenden Isotopengemisch zusätzlich einen Temperaturgradienten aufrecht, dann spricht man von *Thermodiffusion*. Bei dieser werden senkrechtstehende Rohre verwendet, in denen durch ein axiales Heizelement ein radiales Temperaturgefälle zur kalten Rohrwand hin erzeugt wird. Da nach (2.23) der Diffusionskoeffizient proportional zu $\sqrt{T}$ ist, diffundieren als Folge des Temperaturgradienten mehr Teilchen pro Zeit vom heißen Draht zur Wand als von der kalten Wand zum Draht. Es bildet sich ein Dichtegradient aus; die Konzentration der Teilchen am Rand ist größer als am Draht. Diesen Dichteunterschied versucht das Gas durch eine normale Diffusion auszugleichen. Da diese nach (2.23) proportional zu $A_r^{-1/2}$ ist, diffundieren mehr leichte Isotope zum Draht als schwere. Der stationäre Fall ist durch das Gleichgewicht beider Vorgänge gegeben. Am Draht sammeln sich die leichten Isotope und steigen nach oben. An der kalten Wand sammeln sich die schwereren und sinken nach unten. In der technischen Ausführung dieses Prinzips benutzt man mehrere Trennstufen nacheinander. Am oberen Ende der Trennkolonne sammeln sich die leichten, am unteren Ende die schweren Isotope.

2.2.1.4.1.4 Elektrolyse, chemische Austauschreaktionen

Beim Wasserstoff ist der relative Massenunterschied seiner Isotope im Vergleich zu den Isotopen anderer Elemente am größten. Deshalb zeigt Wasserstoff auch die größten Isotopieeffekte.

Gewinnung von D_2O

Die Gewinnung von schwerem Wasser D_2O nutzt die Tatsache, daß beim Stromfluß durch Wasser die Moleküle des leichten Wassers, H_2O, stärker als die ebenfalls im natürlichen Wasser zu 0,015 % enthaltenen Moleküle HOD und D_2O zersetzt werden. Unter anderem sind hierfür die unterschiedlichen Ionenbeweglichkeiten von OH^-, H^+, D^+, OD^- verantwortlich. Bei genügend langem Stromfluß reichert sich der Elektrolyt mit schweren Wassermolekülen an. Das Verfahren ist sehr energieaufwendig. Zur Gewinnung von 1 g D_2O werden etwa 100 kWh benötigt.

Beim Verdampfen von Wasserstoff reichert sich das leichte Isotop in der Gasphase an. Schweres Wasser wird daher auch durch Tieftemperaturdestillation von flüssigem Wasserstoff gewonnen.

Auch die Gleichgewichtskonstanten chemischer Reaktionsgleichgewichte sind für die einzelnen Isotope eines Elementes geringfügig unterschiedlich. Meist reichern sich die leichteren Isotope in der gasförmigen Phase bzw. im leichteren Molekül an (*chemische Austauschreaktionen*).

chemische Austauschreaktionen

Beim Gleichgewicht zwischen gasförmigem Stickoxid NO und Salpetersäure HNO_3 findet man eine Anreicherung von ^{14}N in der gasförmigen Phase, von ^{15}N in der Säure. Steht gelöste Kohlensäure CO_2 z.B. mit einem Niederschlag des schwerlöslichen $BaCO_3$ im Gleichgewicht, dann reichert sich das Isotop ^{12}C in der Säure, das Isotop ^{13}C im Niederschlag an. Die erreichten Verschiebungen gegenüber der natürlichen Isotopenzusammensetzung sind äußerst gering, meist betragen sie nur einige Promille.

2.2.1.5 Atomistik der Elektrizität

Die stoffliche Materie ist nicht beliebig teilbar, sondern aus Atomen aufgebaut. In ähnlicher Weise können ebenfalls die elektrische Leitung in Metallen und der Ladungsaustritt aus Metallen auf der Grundlage der Existenz atomarer Bausteine – der Elektronen – verstanden werden. Der Versuch von MILLIKAN (vgl. Abschn. II 3.1.2) führt zu dem Ergebnis, daß jede elektrische Ladung ein ganzzahliges Vielfaches einer Elementarladung ist:

Nach der experimentellen Erfahrung ergibt sich jede elektrische Ladung q als ganzzahliges Vielfaches der Elementarladung e: $q = \pm Ne$ (N ganze positive Zahl) mit dem Zahlenwert für $e = (1{,}6021892 \pm 0{,}0000046) \cdot 10^{-19}\,\mathrm{C}$.

(S 2.5) Existenz der elektrischen Elementarladung

Elektrische Ladungen sind also nicht beliebig teilbar. Ebenso, wie sich ein Stoff aus Atomen zusammensetzt, besteht jede elektrische Ladung aus einer Anzahl von Elementarladungen. Außerdem tritt jede elektrische Ladung stets in Verbindung mit einer Masse auf. Es ist kein Experiment bekannt, das diese Aussage widerlegt.

alle elektrischen Ladungen sind an eine Masse gebunden

Die Versuchsanordnung von SCHUSTER (vgl. Abschn. 2.2.1.4.1.1) erlaubt, die spezifische Ladung q/m der durch Glühemission aus Metallen austretenden Teilchen zu bestimmen. Sie werden in einem elektrischen Feld beschleunigt und durch ein überlagertes magnetisches Feld auf eine Kreisbahn gezwungen (s. (2.20)). Aus ihrer Beschleunigungsrichtung im elektrischen Feld erkennt man, daß sie eine negative Ladung tragen. Weiter zeigt sich, daß alle austretenden Teilchen die gleiche Kreisbahn durchlaufen. Dabei ist der Bahnradius unabhängig von der emittierenden Substanz. Daraus ist zu schließen, daß stets gleichartige Teilchen emittiert werden, die durch eine bestimmte Masse und eine bestimmte Ladung charakterisiert sind. Es ist naheliegend und wird durch alle anderen experimentellen Befunde bestätigt, daß diese Ladung mit der Elementarladung identisch ist. Die emittierten Teilchen werden *Elektronen* genannt. Sie tragen die Ladung $q = -e$, und ihre Masse kann damit aus dem Versuch von SCHUSTER ermittelt werden. Sie beträgt

ROBERT ANDREW MILLIKAN (1868–1953) Nobelpreis 1923

Elektron

$$m_{0e} = (9{,}109534 \pm 0{,}000047) \cdot 10^{-31}\,\mathrm{kg} \tag{2.24}$$

Ruhmasse des Elektrons

und damit das Verhältnis von Protonen- zu Elektronenmasse bei Beachtung von (2.22)

$$\frac{m_{0p}}{m_{0e}} = (1{,}83615152 \pm 0{,}00000070) \cdot 10^{3}\,. \tag{2.25}$$

Verhältnis der Ruhmassen von Proton und Elektron

Die Elektronen sind die kleinsten uns bekannten *stabilen* Teilchen, die eine Elementarladung tragen.

In Abschnitt 2.2.1.2 wurde mit Hilfe der Molekularkinetik die Größe der Atome experimentell abgeschätzt. Es liegt nahe, in Analogie dazu

es gibt kein experimentelles Verfahren zur Bestimmung des Elektronenradius

auch für die Elektronen eine Kugelgestalt anzunehmen und ihre Größe durch einen Kugelradius R_e zu charakterisieren. Das experimentelle Verfahren zur Bestimmung der Atomdurchmesser ist aber auf Elektronen nicht übertragbar, da sie im Gegensatz zu den neutralen Atomen elektrisch geladen sind. Deshalb sind für die Wechselwirkung zwischen ihnen nicht die Zusammenstöße im Sinne der Molekularkinetik entscheidend, sondern abstoßende elektrische Kräfte. Ein experimentelles Verfahren zur Bestimmung von R_e gibt es demzufolge nicht. Man ist auf eine theoretische Abschätzung für R_e angewiesen. Sie basiert auf der Annahme, daß die gesamte Ruhenergie des Elektrons seine elektrostatische Energie ist:

Abschätzung des klassischen Elektronenradius

$$m_{0e}\, c^2 = \frac{e^2}{4\pi\varepsilon_0 R_e}\,. \qquad (2.26a)$$

klassischer Elektronenradius

Einsetzen der Konstanten c, e und ε_0 ergibt für den *klassischen Elektronenradius*

$$R_e = (2{,}817938 \pm 0{,}000007) \cdot 10^{-15}\,\mathrm{m}\,. \qquad (2.26)$$

Dieser abgeschätzte Elektronenradius erscheint in bezug auf den experimentell bestimmbaren Atomradius von $\approx 10^{-10}\,\mathrm{m}$ recht plausibel. Man kann jedoch nicht übersehen, daß er auf der hypothetischen Annahme (2.26a) beruht.

2.2.2 De Brogliesche Beziehung

Louis-Victor de Broglie (1892–1987) Nobelpreis 1929

Nach den Ergebnissen der im Abschnitt 2.1 dargestellten und interpretierten Experimente ist es erwiesen, daß Licht sowohl Wellen- als auch Teilcheneigenschaften besitzt. De Broglie ging in seiner 1924 fertiggestellten Dissertation von dieser Tatsache aus und beschrieb auch die stoffliche Materie, die nach den im vorliegenden Abschnitt dargelegten Ergebnissen Teilcheneigenschaften besitzen muß, in einem Wellenmodell. Sein Vorgehen wurde vom Versagen der Bohrschen Theorie inspiriert. Diese gibt wohl die vom Experiment geforderten Seriengesetze für die Linienspektren des Wasserstoffs und der wasserstoffähnlichen Ionen richtig wieder, stößt aber bei ihrer Anwendung auf andere Atome schnell auf Grenzen.

Die Gedanken de Broglies wurden von Schrödinger noch vor dem experimentellen Nachweis der Materiewelle zur Wellenmechanik ausgebaut. Letztere wird im Abschnitt 5.3 im Zusammenhang dargestellt.

Materiewelle

De Broglie ging bei der Übertragung des Welle-Teilchen-Dualismus vom Licht auf die stoffliche Materie von der Energie $W = h\nu$ und dem Impuls

$$p_{ph} = \frac{h\nu}{c} = \frac{h}{\lambda}$$

des Photons aus. In völliger Analogie dazu ordnete er einem Teilchen der Impulsmasse m, der Energie W und der Geschwindigkeit v eine *Materiewelle* der Phasengeschwindigkeit v_{ph}, der Gruppengeschwindigkeit $v_g = v$, der Wellenlänge λ und der Frequenz ν zu, indem er setzt:

$$p = mv = \frac{h\nu}{v_{ph}} = \frac{h}{\lambda}, \quad W = h\nu. \tag{2.27a}$$

Der Zusammenhang $\lambda = h/p$ zwischen der Wellenlänge der Materiewelle und dem Teilchenimpuls wird *de Brogliesche Beziehung*, die Wellenlänge λ der Materiewelle *de Broglie-Wellenlänge* genannt.

Beziehung von de Broglie
de Broglie-Wellenlänge

Der Ansatz $v_g = v$ ist insofern verständlich, als bei einem Wellenvorgang Ursache und Wirkung durch die Gruppengeschwindigkeit v_g, bei der Bewegung eines Teilchens dagegen durch seine Bahngeschwindigkeit v verknüpft sind.

Mit der Gesamtenergie $W = mc^2$ des Teilchens (vgl. (II S 14, 16)) ergibt sich für die Phasengeschwindigkeit der Materiewelle

$$v_{ph} = \lambda\nu = \frac{h\nu}{p} = \frac{W}{mv} = \frac{mc^2}{mv_g} = \frac{c^2}{v_g}. \tag{2.27b}$$

Da nach der speziellen Relativitätstheorie die Gruppengeschwindigkeit v_g einer Welle stets kleiner als die Vakuumlichtgeschwindigkeit c ist, ist die Phasengeschwindigkeit der Materiewelle immer größer als c und damit $v_g \neq v_{ph}$. Materiewellen zeigen damit stets Dispersion.

Materiewellen zeigen stets Dispersion

Die Herleitung von (2.27a) trägt hypothetischen Charakter. DE BROGLIE konnte nicht die Existenz einer Materiewelle folgerichtig aus einer gesicherten Theorie deduzieren, wie dies zum Beispiel für die Existenz der elektromagnetischen Welle aus der Maxwellschen Theorie gelingt. Er war nur in der Lage zu sagen, daß, falls eine Materiewelle existiert, sie eine Wellenlänge entsprechend (2.27a) besitzen müßte. Das Experiment wird damit zum entscheidenden Kriterium über die Richtigkeit seiner Gedanken. Das Kriterium kann u. a. der Nachweis von Beugungserscheinungen von Teilchenstrahlen (z. B. Elektronenstrahlen) sein. Durchlaufen Elektronen die Spannung U_{AK}, dann erhält man aus (2.27a) unter Beachtung von $\frac{m_e}{2} v^2 = e\,U_{AK}$ für die Wellenlänge der zugeordneten Materiewelle

$$\lambda = \frac{h}{m_e v} = \frac{h}{m_e}\sqrt{\frac{m_e}{2e\,U_{AK}}}. \tag{2.28}$$

de Broglie Wellenlänge für Elektronenstrahlen

Für eine Strahlspannung von $U_{AK} = 1$ kV folgt hieraus eine Wellenlänge von $\lambda \approx 0{,}4$ nm. Das entspricht dem Wellenlängenbereich der Röntgenstrahlung. Für Elektronenstrahlen müssen demnach bei ihrer Beugung an Kristallgittern analoge Effekte wie für Röntgenstrahlen erwartet werden.

DAVISSON und GERMER wiesen 1927 auf diesem Wege erstmals nach, daß die stoffliche Materie Welleneigenschaften besitzt. Sie ließen dazu einen scharf gebündelten Elektronenstrahl mit einer Energie von etwa

Versuch von DAVISSON und GERMER zum Nachweis der Materiewelle

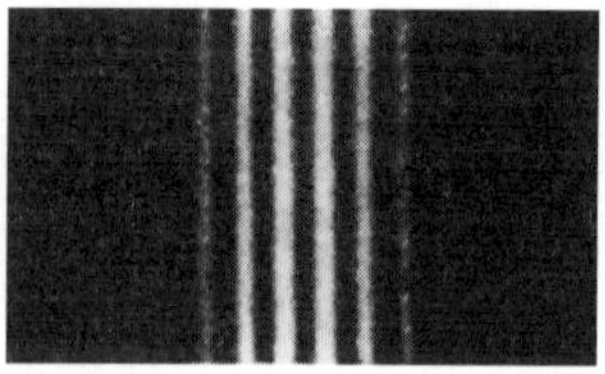

Abb. 2.11
Beugung von Elektronen am Doppelspalt (nach JÖNSSON, Z. Phys. **161** (1961), 454)

CLINTON JOSEPH DAVISSON (1881–1958) Nobelpreis 1937

100 eV senkrecht auf eine Kristalloberfläche fallen. Da sie relativ dicke Kristalle verwendeten, konnten sie nur die Streustrahlung im Halbraum des einfallenden Elektronenstrahles beobachten. Die in Abhängigkeit vom Winkel zwischen dem einfallenden Elektronenstrahl und der Beobachtungsrichtung gemessene Intensitätsverteilung der gestreuten Elektronen entsprach der bei der Röntgen-Beugung gefundenen. Sie beweist damit, daß auch Elektronen Welleneigenschaften besitzen. Da DAVISSON und GERMER die Kristallgitterkonstante und den Elektronenimpuls kannten und das Beugungsbild die Bestimmung von λ zuließ, errechneten sie h nach (2.27a) und bestätigten so bis auf 1% genau den Ansatz von DE BROGLIE.

GEORGE PAGET THOMSON (1892–1975) Nobelpreis 1937

1928 wies THOMSON die Elektronenbeugung auch beim Durchstrahlen dünner Metallfolien nach. Später wurden nahezu sämtliche aus der Lichtoptik bekannten Beugungsversuche mit Elektronen durchgeführt. So konnten z. B. Spalte mit einer Spaltbreite bis zu $3 \cdot 10^{-7}$ m hergestellt und durch ihre Bestrahlung mit sehr kohärenten Elektronenstrahlen Elektronenbeugungsaufnahmen erhalten werden. Abbildung 2.11 zeigt eine derartige Beugung am Doppelspalt.

Materiewellen-Interferometer

Analoge Beugungserscheinungen wurden auch mit anderen Teilchenstrahlen wie z. B. mit H-, He- und Neutronenstrahlen nachgewiesen. 1991 gelang es z. B. MLYNEK mit Hilfe eines *Materiewellen-Interferometers*, die Beugung von He-Atomen am Doppelspalt nachzuweisen. Abbildung 2.12a zeigt schematisch den verwendeten Versuchsaufbau. Durch eine Überschallgasexpansion wird durch die Quelle Q ein Heliumatomstrahl mit hoher Intensität und möglichst geringer Energieunschärfe erzeugt. Je nach der Temperatur des Gasreservoirs beträgt die de Broglie-Wellenlänge $\lambda = 0{,}056$ nm oder $\lambda = 0{,}130$ nm. Der He-Atomstrahl durchsetzt zunächst den Eintrittsspalt Sp. Dieser dient zur kohärenten Ausleuchtung des Doppelspaltes durch den Atomstrahl. Hinter dem Doppelspalt durchlaufen die Atome bis zum jeweiligen Ort des Detektors unterschiedlich lange Wege und interferieren dort. Die Interferenzfigur wird mit einem speziell entwickelten Detektorsystem abgetastet. Abbildung 2.12b zeigt das gemessene atomare Interferenzmuster. Der Abstand zwischen den einzelnen Maxima weicht nur um etwa 5% vom theoretisch erwarteten Wert ab.

JÜRGEN MLYNEK geb. 1951

Mit schweren Atomen gelang bisher die experimentelle Bestätigung der de Broglieschen Beziehung nicht. Der Grund hierfür ist, daß Beugungserscheinungen nur dann nachweisbar sind, wenn eine bestimmte Relation zwischen der Wellenlänge und den Abmessungen der beugenden

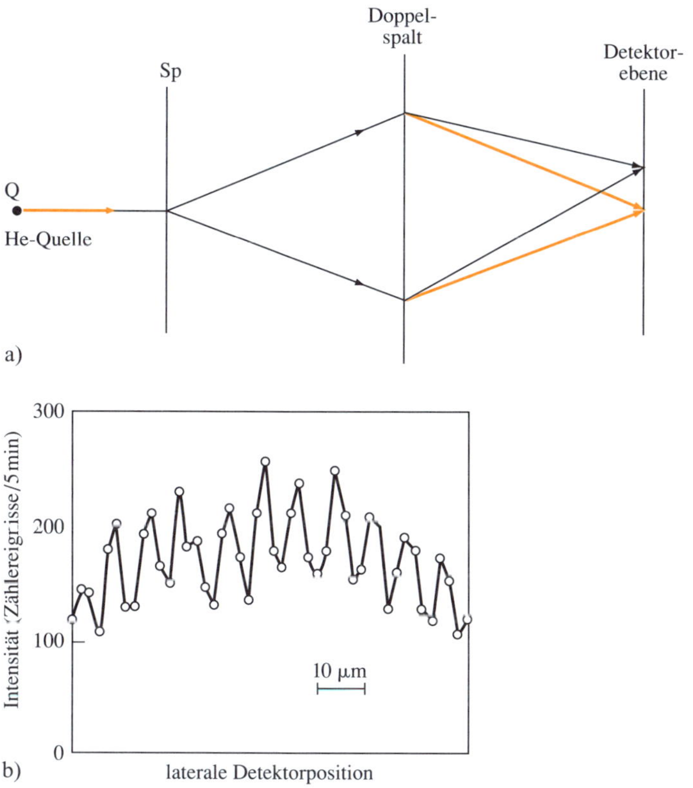

Abb. 2.12
Materiewellen-Interferometer (Phys. Bl. **47**, 5 (1991), S. 379)
a) Versuchsaufbau (schematisch)
b) Atomares Interferenzmuster für die Beugung von He-Atomen am Doppelspalt

Objekte eingehalten wird. Vergrößert man die Masse der Teilchen, so muß, da die beugenden Objekte nicht beliebig klein gemacht werden können, nach $\lambda = h/mv$ die *gerichtete* Geschwindigkeit der Teilchen um den gleichen Faktor herabgesetzt werden. Da sich nun der gerichteten Geschwindigkeit stets die ungerichtete thermische Geschwindigkeit $\overline{v^2} = 3kT/m$ überlagert, setzt diese der Verringerung von v und damit dem Nachweis von Materiewellen bestimmte experimentelle Grenzen, denn die Temperatur kann nicht beliebig klein gewählt werden. Es gibt aber genügend indirekte Hinweise darauf, daß auch Objekte beliebiger Masse Welleneigenschaften zeigen. Jeder Stoff ist aus einer bestimmten Anzahl von Atomen aufgebaut, deren Bausteine Elektronen, Protonen und Neutronen sind. Weil für diese einzelnen Bausteine Welleneigenschaften nachgewiesen werden konnten, ist anzunehmen, daß auch den aus ihnen zusammengesetzten Objekten Welleneigenschaften zuzuschreiben sind. Außerdem gründet sich die Quantentheorie auf die Überlegung von DE BROGLIE. Ihre Ergebnisse erwiesen sich gleichermaßen für schwere und leichte Atome als gültig. Damit kann ohne Einschränkung der folgende Satz formuliert werden:

(S 2.6)
Eigenschaften der Materiewellen

Bewegt sich ein Objekt von nicht verschwindender Ruhmasse mit dem Impuls $p = mv$, dann kann ihm eine Materiewelle der Wellenlänge λ, der Frequenz ν und der Phasengeschwindigkeit v_{ph} zugeordnet werden:

$$\lambda = \frac{h}{p}; \qquad \nu = \frac{W}{h}; \qquad v_{\mathrm{ph}} = \frac{c^2}{v}$$

(W Energie des Teilchens).

Materiewellen sind keine klassischen Wellen

Mit den Überlegungen DE BROGLIES und dem experimentellen Nachweis von Welleneigenschaften der stofflichen Materie entsteht sofort die Frage nach der physikalischen Größe, die sich bei den Materiewellen wellenförmig ausbreitet. Es zeigt sich, daß die Materiewelle keine klassische Welle wie z. B. die elektromagnetische Welle ist. Die damit zusammenhängenden Fragestellungen und Probleme werden im Abschnitt 5.3 behandelt.

für Makroobjekte und hochenergetische Mikroobjekte ist die de Broglie-Wellenlänge nicht meßbar

Die Massen von Körpern der Makrophysik sind so groß, daß für alle meßbaren Geschwindigkeiten ihre de Broglieschen Wellenlängen λ um Größenordnungen unter ihrer Nachweisgrenze von etwa 10^{-10}m liegen. Die Körper verhalten sich deshalb wie klassische Teilchen. Analoges gilt für hochenergetische Mikroobjekte, z. B. die der Höhenstrahlung. Bei diesen entzieht sich die de Broglie-Wellenlänge trotz der relativ kleinen Ruhmasse wegen des sehr großen Impulses der unmittelbaren Messung.

2.2.3 Grenzen des klassischen Begriffssystems

Gegenüberstellung von Teilchen- und Wellenmodell

In der Makrophysik wird ein physikalisches Objekt stets nur entweder mit dem Wellen- oder mit dem Teilchenmodell beschrieben. Die Objekte der Mikrophysik zeigen dagegen nach den vorangegangenen Darlegungen sowohl Wellen- als auch Teilcheneigenschaften. Keines der beiden genannten Modelle ist allein in der Lage, eine vollständige Beschreibung zu liefern. Die einzelnen Atome unterscheiden sich z. B. durch die Anzahl ihrer Elektronen und die Stärke des Kernfeldes. Dem Wellenmodell ist der Begriff Elektronenzahl fremd, es kennt nur die zugehörige Elektronenwelle. Demnach müßten – im Widerspruch zur experimentellen Erfahrung – die Spektren aller Atome relativ ähnlich sein. Das Teilchenmodell kennt den Begriff Elektronenzahl, führt aber zu einem kontinuierlichen Spektrum. Bei der gleichzeitigen Anwendung beider Modelle ergeben sich Schwierigkeiten, weil sie sich in bestimmten Aussagebereichen widersprechen. So ist im Teilchenmodell das Objekt vollständig lokalisiert, es durchläuft eine Bahn, im Wellenmodell dagegen wird es als Kontinuum aufgefaßt. Zum Beispiel kann im Teilchenmodell dem Ergebnis des Millikanschen Versuches Rechnung getragen und die Ladung in irgendeinem Raumgebiet als ganzzahliges Vielfaches der Elementarladung angegeben werden, im Wellenmodell ist demgegenüber nur eine kontinuierliche Ladungsdichte definierbar.

Aus diesen Eigenarten der beiden physikalischen Modelle ist der Schluß zu ziehen, daß mit jedem von ihnen nur einige der Eigenschaften physikalischer Objekte richtig beschrieben werden können. Teilchen- und Wellenmodell enthalten damit Elemente, die der experimentellen Erfahrung entsprechen, aber auch Elemente, die zur Beschreibung der betrachteten physikalischen Erscheinung nicht notwendig sind. Die sich daraus ergebende Problematik äußert sich in den erwähnten Widersprüchen und wird als *Komplementarität* bezeichnet.

Komplementarität von Teilchen- und Welleneigenschaften

Mit dem Nachweis, daß auch die stoffliche Materie Welleneigenschaften besitzt, ist die bereits in Abschnitt 2.1.2.4 diskutierte Komplementarität von Wellen- und von Teilcheneigenschaften nicht nur eine Problematik des Lichtes bzw. der elektromagnetischen Welle, sondern von allen physikalischen Objekten.

zur Erläuterung von Energie- und Zeitunschärfe

Zur weiteren Erläuterung dieses Sachverhaltes nehmen wir an, ein Objekt besitzt zur Zeit t_0 einen genau bestimmten Impuls p. Nach (S 2.6) ist ihm eine Materiewelle mit genau bestimmtem λ zuzuordnen. Eine Welle mit einem diskreten Wert der Wellenlänge ist aber räumlich unendlich ausgedehnt. Deshalb ist im Wellenmodell zur Zeit t_0 keine Aussage in der Art möglich, daß sich das Objekt an einem bestimten Ort aufhält.

Wurde umgekehrt eine scharfe Ortsbestimmung vorgenommen, so ist das Objekt als Wellenzug endlicher Länge aufzufassen und besitzt nach (I S 10.17) ein kontinuierliches Frequenz- bzw. Wellenlängenspektrum. Nach (S 2.6) kann ihm dann kein diskreter Impulswert zugeordnet werden. Dieser Sachverhalt soll noch bis zu einem gewissen Grade quantitativ erfaßt werden. Ein bewegtes Mikroobjekt mit der Energie W sei am Ort eines Beobachters als Rechtecksignal mit der Höhe H und der Dauer Δt (s. Abb. 2.13a) registriert worden. Nach (I 9.34) ist dessen zeitlicher Ablauf $u(t)$ durch

$$u(t) = \int_0^\infty u_0(\omega) \cos(\omega t + \varphi)\, d\omega;$$

mit

$$u_0(\omega) = \frac{2H}{\pi \omega} \sin \frac{\omega \Delta t}{2} \tag{2.29a}$$

darstellbar. Abbildung 2.13b zeigt die Amplitude $u_0(\omega) = f(\omega)$. Betrachten wir von diesem Frequenzspektrum nur das Interwall $\Delta\omega$ bis zur ersten Nullstelle von $u_0(\omega)$, dann ergibt sich aus (2.29a)

$$\frac{\Delta\omega \Delta t}{2} = \frac{2\pi \Delta\nu \Delta t}{2} = \pi$$

oder mit $W = h\nu$

Energie-Zeit-Unschärfebeziehung

$$\Delta W \Delta t = h. \tag{2.29}$$

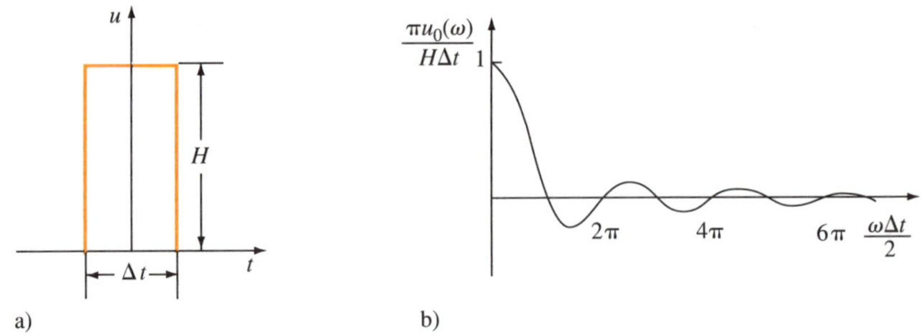

Abb. 2.13
Frequenzspektrum eines Rechteckimpulses

zur Erläuterung von Orts- und Impulsunschärfe

Wir betrachten nun das Mikroobjekt als eine ebene Wellengruppe der Länge Δz, die sich in positiver z-Richtung ausbreitet. Nach Band I, Abschnitt 10.3 ist ihr Momentanbild zur Zeit $t = t_0$ darstellbar durch

$$u(t_0, z) = \int_0^\infty u_0(\omega) \cos \omega \left(t_0 - \frac{z}{v_{ph}} + \frac{\varphi_\omega}{\omega}\right) d\omega \; ;$$

u_0 (ω) ergibt sich nach (I S 9.9) und (I 9.34a) unter Beachtung von $\lambda\nu = v_{ph}$ zu

$$u_0(\omega) \sim \sin \frac{\omega \, \Delta z}{2 v_{ph}} = \sin \frac{\pi \, \Delta z}{\lambda} \, . \tag{2.30a}$$

Betrachten wir wiederum nur den Wellenlängenbreich $\Delta\lambda$ bis zur ersten Nullstelle von u_0 (λ), dann folgt $\frac{\pi \, \Delta z}{\Delta\lambda} = \pi$ und mit (2.27 a)

Orts-Impuls-Unschärfebeziehung

$$\Delta p_z \Delta z = h \, . \tag{2.30}$$

Wir wollen vorstehende Beziehung nochmals auf andere Weise erläutern. Hierzu lassen wir unserer Phantasie freien Lauf und nehmen an, wir hätten ein Mikroskop, das auch im kurzwelligen Röntgen-Gebiet optimal arbeitet. Wir stellen uns die Aufgabe, mit diesem Gerät ein Elektron in der Elektronenhülle eines Atoms zu beobachten. Die Ortsunschärfe Δq des beobachteten Elektrons wird durch die Auflösungsgrenze des Mikroskopes (s. (II 10.36)) bestimmt:

$$\Delta q = \frac{0{,}6 \, \lambda}{\sin u} \, . \tag{2.31}$$

u bedeutet den Öffnungswinkel des einfallenden Röntgenstrahlbündels.

Durch die Beleuchtung des Atoms wird auf das Elektron der Impuls $\boldsymbol{p}$ übertragen. Für diesen erhält man aus dem Impulserhaltungssatz (2.10b)

$$p^2 = \frac{h^2 \, \nu^2}{c^2} + \frac{h^2 \, \nu^{*2}}{c^2} - \frac{2h^2 \, \nu \, \nu^*}{c^2} \cos \vartheta , \tag{2.32a}$$

oder bei Beachtung der trigonometrischen Umformung

$\cos\vartheta = 1-2\sin^2\frac{\vartheta}{2}$ und der Näherung $\nu^* \approx \nu$

$$p = m_e v \approx \frac{\sqrt{2}h\nu}{c}\sqrt{1-\cos\vartheta} = \frac{2h\nu}{c}\sin\frac{\vartheta}{2}. \tag{2.32}$$

Die Ortsunschärfe Δq in (2.31) wird für den Öffnungswinkel $u = \frac{\pi}{2}$ am kleinsten: $\Delta q = 0{,}6\,\lambda$. Die Werte von ϑ liegen dann im Intervall $0 \leqq \vartheta \leqq \frac{\pi}{2}$, und wir erhalten für die Impulsunschärfe

$$\Delta p = p_{\vartheta=\frac{\pi}{2}} - p_{\vartheta=0} = \frac{2h\nu}{c}\sin\frac{\pi}{4} = \frac{2h\nu}{\sqrt{2}c} = \frac{2h}{\sqrt{2}\lambda}$$

und mit $\Delta q \approx 0{,}6\,\lambda$ in Übereinstimmung zu (2.30)

$$\Delta q\,\Delta p \approx \frac{2\cdot 0{,}6\,h}{\sqrt{2}} \approx h.$$

Werner Karl Heisenberg (1901–1976) Nobelpreis 1932

Heisenberg zeigte 1927, daß für alle kanonisch konjugierten Variablen, d.h. für Größen, deren Produkt $p_j q_j$ die Größenart Energie mal Zeit besitzt, eine Relation von der Art (2.30) angegeben werden kann (s. Abschn. 5.3.5):

(S 2.7) Heisenbergsche Unschärferelation

> Bei gleichzeitiger Messung von zwei kanonisch konjugierten Variablen p_j und q_j ist das Produkt ihrer Unschärfen $\Delta p_j\,\Delta q_j$ mindestens von der Größenordnung der Planck-Konstanten h:
>
> $\Delta q_j\,\Delta p_j = h/4\pi$
> (Heisenbergsche Unschärferelation).

Unschärfen Δq_j, Δp_j sind von prinzipieller Natur

Die in der Heisenbergschen Unschärferelation auftretenden Unschärfen Δq_j und Δp_j sind von prinzipieller Natur, wie u.a. die Herleitung von (2.30) zeigt. Sie haben nichts mit den Beobachtungs- und den Meßfehlern zu tun. Will man diese in (S 2.7) mit erfassen, so muß man dort das Gleichheitszeichen durch $\geqq$ ersetzen. Eine verallgemeinerte Formulierung der Heisenbergschen Unschärferelation wird in (S 5.10) gegeben.

Kanonisch konjugierte Variable sind z.B. Ort und Impuls eines Objektes. Nach (S 2.7) kann man deshalb den Ort und den Impuls eines Objektes prinzipiell nie gleichzeitig exakt ($\Delta q_j = 0$ und $\Delta p_j = 0$) messen. Die Bestimmung der Teilchenbahn beruht aber gerade auf dieser Meßvorschrift, denn die Bestimmung der Bahn $\boldsymbol{s}(t)$ aus dem Grundgesetz der Mechanik

$$\boldsymbol{F} = m\frac{\mathrm{d}^2\boldsymbol{s}}{\mathrm{d}t^2}$$

erfordert die Kenntnis der Anfangsbedingungen, d. h. die exakte Kenntnis von Ort $\boldsymbol{s}_0$ und Impuls $\boldsymbol{p}_0$ des Massenpunktes m zu einer bestimmten Zeit t_0.

Makrophysik

In der *Makrophysik* wird vorausgesetzt, daß die Unschärfen Δq_j und Δp_j stets so klein sind, daß sie unterhalb der Meßgenauigkeit von p_j und q_j liegen. Die Heisenbergsche Unschärferelation braucht dann nicht beachtet zu werden, Ort und Impuls sind gleichzeitig exakt meßbar. Es ist daher u. a. sinnvoll, den Bahnbegriff zu verwenden.

Mikrophysik

Als *Mikrophysik* bezeichnet man dagegen den Teilbereich der Physik, in dem die Heisenbergsche Unschärferelation beachtet werden muß. Der klassische Bahnbegriff verliert dann seinen Sinn.

Beispiele zur Unterscheidung von Makro- und Mikrophysik

Die vorangegangenen Ausführungen zur Unterscheidung von Makro- und Mikrophysik sollen noch durch ein Beispiel ergänzt werden. Ein freies Objekt der Ruhmasse m_0 soll zur Zeit $t = 0$ auf den Bereich $x_0 \pm \Delta x_0$ lokalisiert sein. Auf welchen Bereich $x_0 \pm \Delta x$ hat sich nach 1s diese Lokalisierung verändert? Nach der Heisenbergschen Unschärferelation gilt

$$m_0 \Delta \upsilon \Delta x_0 = \frac{h}{4\pi}$$

oder

$$\Delta \upsilon = \frac{h}{4\pi m_0 \Delta x_0}, \tag{2.33a}$$

woraus für den gesuchten Unschärfebereich nach t Sekunden

$$\Delta x = t \Delta \upsilon = \frac{ht}{4\pi m_0 \Delta x_0} \tag{2.33}$$

folgt. Wählt man eine kräftefreie Masse von $m_0 = 1$ g und denkt man sie sich zur Zeit $t = 0$ mit der Unschärfe $\Delta x_0 = 10^{-6}$ m am Ort x_0 lokalisiert (eine sehr gute Ortsbestimmung), so wird diese Lokalisierung nach 1 s um $\Delta x = 5{,}3 \cdot 10^{-26}$ m verändert. Diese Veränderung ist um Größenordnungen kleiner als die mögliche Meßgenaugigkeit für Längenbestimmungen. Sie wird also vom Beobachter nicht bemerkt. Die Folgerungen aus der Heisenbergschen Unschärferelation können unbeachtet bleiben. Bei dem angenommenen Objekt handelt es sich um ein Objekt der Makrophysik. Handelt es sich bei dem betrachteten Objekt dagegen um ein freies Elektron ($m_{0e} = 9 \cdot 10^{-31}$ kg), das zur Zeit $t = 0$ auf den Bereich $\Delta x_0 = 10^{-11}$ m um den Punkt x_0 lokalisiert ist (eine sehr schlechte Lokalisierung in bezug auf den Atomradius von $R_a \approx 10^{-10}$ m), so kann man das Elektron nach 1s im Bereich $x_0 \pm \Delta x = x_0 \pm 5570$ km finden. Die Kenntnis über den Aufenthaltsort dieses mikrophysikalischen Objektes Elektron geht also im Laufe der Zeit verloren.

Grenzen des klassischen Begriffssystems

Das im Band I und im Band II mit Ausnahme des Kapitels „Raum und Zeit" verwendete Begriffssystem fußt auf den Voraussetzungen, daß

a) die Zeit als vierte von den räumlichen Koordinaten unabhängige Koordinate angesehen werden kann,

b) die Energiespektren prinzipiell kontinuierlich sind,
   und
c) die bei einer Messung auftretenden Störungen im Prinzip unter jede gewünschte Schranke gedrückt werden können.

Voraussetzung a) wird durch die spezielle Relativitätstheorie revidiert. Nur dann, wenn $v \ll c$ gilt, kann nach Band II, Kapitel 14 die Zeit als von den drei räumlichen Koordinaten unabhängige vierte Größe angesehen werden.

Die Überlegungen PLANCKS zeigen, daß die Voraussetzung b) nicht allgemeine Gültigkeit besitzt. Es gibt physikalische Systeme, wie z. B. den harmonischen Oszillator, die ihre Energie nur quantenhaft verändern können (vgl. Kap. 1) und somit kein kontinuierliches, sondern ein diskretes Energiespektrum besitzen.

Voraussetzung c) widerspricht dem Meßvorgang in der Mikrophysik. Die Heisenbergsche Unschärferelation zeigt, daß die im Bereich der Mikrophysik nicht mehr zu vernachlässigenden, durch den Meßvorgang auftretenden Störungen von prinzipieller Natur sind und nichts mit den Meßfehlern zu tun haben. Der zur Realisierung der Messung notwendige Wechselwirkungsprozeß gehört selbst mit zur physikalischen Erscheinung und bestimmt diese entscheidend mit. In der Mikrophysik wird also das Ergebnis der Messung stets durch die Wechselwirkung zwischen dem Meßobjekt und der Meßapparatur beeinflußt. Dagegen können in der Makrophysik immer Meßmethoden gefunden werden, die der Voraussetzung c) entsprechen. So stört z. B. die astronomische Beobachtung eines Planeten dessen Bahn in keiner Weise. Um diesen entscheidenden Unterschied von Mikro- und Makrophysik herauszuheben, benutzt man in der Mikrophysik nicht mehr den durch (ID 1.1) festgelegten Begriff der physikalischen Größe, sondern den der *Observablen* (Näheres s. Abschn. 5.3). Man unterscheidet verträgliche und unverträgliche Observable: Observable

Zwei Observable heißen komplementär oder unverträglich zueinander, wenn bei ihrer gleichzeitigen Messung die Genauigkeit ihrer Meßwerte durch die Heisenbergsche Unschärferelation eingeschränkt ist.

(D 2.6)
komplementäre (unverträgliche) Observable

2.3 Aufgaben

2.1
In einem Praktikumsexperiment wird der äußere lichtelektrische Effekt an einer Metalloberfläche durch Licht der Wellenlängen 279 nm bzw. 245 nm ausgelöst. Die Gegenspannungen für die Photoelektronen sind dabei 0,66 V bzw. 1,26 V. Welche Werte lassen sich daraus für die Planck-Konstante und die Austrittsarbeit der Elektronen errechnen?

2.2
Welche kurzwellige Grenze hat eine Röntgen-Bremsstrahlung, wenn eine Erhöhung der Beschleunigungsspannung um 10 kV diese Grenzwellenlänge um 20 % verkleinert?

2.3
Durch welche Spannung muß ein Elektron aus der Ruhe beschleunigt werden, damit sein Impuls ebenso groß wird, wie der eines Röntgenquants mit der Wellenlänge 10^{-10} m?

2.4
In der Zeit dt sollen dN Photonen gleicher Energie senkrecht auf eine ideal reflektierende Fläche A treffen. Leiten Sie analog zur molekularkinetischen Deutung des Gasdrucks eine Formel für den Lichtdruck her!

2.5
Um wieviel Prozent kann sich die Energie eines Röntgenquants ($\lambda_1 = 3 \cdot 10^{-11}$ m) und die eines Quants aus dem sichtbaren Bereich ($\lambda_2 =$ 486 nm) durch den Compton-Effekt maximal ändern?

2.6
Welcher Atomradius ergibt sich für das Quecksilber-Isotop ^{200}Hg aus der Annahme kugelförmiger Atome bei Vernachlässigung des freien Raumes zwischen den Atomen?

2.7
Deutet man das Korrekturglied für das Volumen in der van der Waalsschen Zustandsgleichung als das vierfache Eigenvolumen der Atome, so läßt sich aus den kritischen Daten des Stoffes der Atomradius berechnen.
Welcher mittlere Radius ergibt sich für Argon mit der relativen Atommasse 39,9?

2.8
Wie groß ist das Verhältnis der Diffusionskoeffizienten von gasförmigem Uranhexafluorid UF_6 mit den Uran-Isotopen ^{235}U und ^{238}U?

2.9
Elektronen werden aus der Ruhe durch eine Spannung von $2 \cdot 10^5$ V beschleunigt. Berechnen Sie die de Broglie-Wellenlänge dieser energiereichen Elektronen!

2.10
Welche maximalen Beschleunigungsspannungen dürfen für Elektronen, einfach positive Wasserstoff-, Helium- und Uranionen verwendet werden, wenn die mit 10^{-11} angenommene Nachweisgrenze für de Broglie-Wellenlängen nicht unterschritten werden soll?

2.11
Der Ort eines freien Wasserstoffatoms sei zur Zeit 0 auf $0{,}5 \cdot 10^{-10}$ m genau bekannt. Wie genau kann man den Ort des Atoms nach 100 s angeben?

3 Aufbau der Atome aus Atomkern und Atomhülle

Wie in den vorangegangenen Kapiteln gezeigt wurde, ist jeder Stoff aus einer endlichen Anzahl von Atomen oder Molekülen aufgebaut. Ihre Masse, „Größe", Art und Anzahl ist prinzipiell experimentell bestimmbar. Da sich alle Stoffe von Natur aus als elektrisch neutral erweisen, müssen die Atome und die Moleküle selbst elektrisch neutral sein. Ihre elektrische Neutralität wird z. B. in der Molekularkinetik vorausgesetzt und durch deren Resultate bestätigt. Mit chemischen Mitteln gelingt es nicht, Atome in weitere Bausteine zu zerlegen. Sie wurden daher lange Zeit als prinzipiell unteilbare „Urbausteine" aller Stoffe angesehen, d. h. als strukturlose Gebilde (Kugeln) mit bestimmbarer Masse. Ende des vorigen Jahrhunderts wurden dann Experimente bekannt, die sich nur durch die Trennung der elektrisch neutralen Atome in elektrisch geladene Bruchstücke – Elektronen und Ionen – deuten ließen. Damit war die These von der prinzipiellen Unteilbarkeit und Strukturlosigkeit der Atome widerlegt.

Atome sind mit physikalischen Mitteln zerlegbar

Weitere Experimente zeigten dann, daß die Atome aus einem Atomkern und einer Atomhülle aufgebaut sind. Experimentelle Belege hierfür werden in den nachfolgenden Abschnitten gegeben.

3.1 Ionisation und Dissoziation

Zwischen den Platten eines geladenen Kondensators befinde sich trockene Luft unter Atmosphärendruck. Der Ausschlag an einem mit einer Platte verbundenen Elektrometer (Abb. 3.1) bleibt längere Zeit erhalten, die Luft zwischen den Platten erweist sich als Nichtleiter. Bringt man dagegen eine brennende Kerze, einen α-Strahler oder eine Röntgenstrahlenquelle zwischen die Platten, dann verschwindet der Ausschlag fast momentan; das Gas zwischen den Platten wird leitend. Nach dem Ladungserhaltungssatz müssen sich demnach die Atome durch Zufuhr von Energie in elektrisch geladene Partikel teilen lassen.

indirekte Belege für die Teilbarkeit von Atomen

Weitergehende Untersuchungen zeigen, daß Elektronen die negativen Bruchstücke der Atome sind, die positiven Bruchstücke positive Ionen. Als Bruchstücke der Moleküle können positive und negative Ionen oder neutrale Atome bzw. neutrale Molekülbruchstücke auftreten. Auch die Anlagerung von Elektronen an Atome ist möglich. Diese Erkenntnisse führen zu folgender Festlegung:

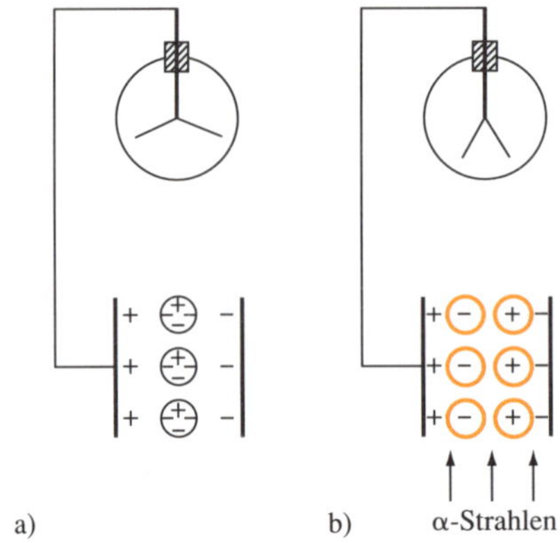

Abb. 3.1
Zur Ionisation von Atomen
a) Die Gasatome sind neutral. Die Ladung auf den Kondensatorplatten bleibt erhalten
b) Durch α-Strahlen werden die Atome ionisiert. Die Elektronen wandern zur positiv geladenen Platte, die positiven Ionen zur negativ geladenen. Die Ladungen auf den Platten werden neutralisiert

(D 3.1)
f-fache Ionisation
f-faches Ion

Die Abspaltung oder Anlagerung von f Elektronen von einem bzw. an ein Atom oder Molekül heißt f-fach positive bzw. negative Ionisation. Das f-fach positiv bzw. negativ ionisierte Atom oder Molekül heißt ein f-fach positives bzw. negatives Ion.

Die f-fach positive bzw. negative Ionisation eines Atoms X wird durch $X^{(+f)}$ bzw. $X^{(-f)}$ charakterisiert. Speziell bezeichnet man das ionisierte leichte Wasserstoffatom $^1H^+ \equiv p$ als *Proton*, das zweifach ionisierte Heliumatom $^4He^{++} \equiv \alpha$ als α-Teilchen.

Dissoziation

Die Aufspaltung eines Moleküls in zwei oder mehrere Atome, in Atomgruppen, in einfachere Moleküle oder in Ionen nennt man *Dissoziation*. Speziell spricht man von thermischer Dissoziation bei Aufspaltung durch Zuführung thermischer Energie, von elektrolytischer Dissoziation bei Aufspaltung in elektrolytischen Flüssigkeiten. Im letztgenannten Fall entstehen stets Ionen.

Rekombination

Entfernt man in dem vorstehend beschriebenen Experiment den Ionisator, dann erfolgt eine Wiedervereinigung der entstandenen positiven und negativen Ionen bzw. der positiven Ionen mit den Elektronen. Sie wird *Rekombination* genannt.

Ein Atom kann in ein positives Ion und in eine gewisse Anzahl von Elektronen aufspalten. Somit ist es wahrscheinlich, daß Elektronen Bausteine der Atome sind, die Atome somit eine innere Struktur besitzen.

Auch der in den Abschnitten II 3.3 und II 3.4 behandelte Stromfluß in Elektrolyten und in Gasen bestätigt diese Auffassung, denn auch er ist zwanglos durch die Annahme des Zerfalls von Atomen und Molekülen in Ionen und Elektronen deutbar. Weiter lassen sich die Atome energetisch anregen. Auch dies ist mit ihrer Strukturlosigkeit unvereinbar.

3.2 Streuversuche

3.2.1 Streuversuche von Lenard

Die Ionisierbarkeit der Gase und die elektrolytische Dissoziation sind indirekte Belege für eine mögliche Struktur der Atome. Den ersten direkten Nachweis für ihre Struktur lieferten 1903 die *Streuversuche* von LENARD. Er beschoß in einem Vakuumgefäß etwa 5 µm dicke Metallfolien mit Elektronen variabler Energie und bestimmte den Anteil der durch die Folien hindurchtretenden Elektronen (vgl. Abb. 3.2). Für Elektronenenergien $< 10^4$ eV fand er den Radius des gaskinetischen Wirkungsquerschnittes der Atome von etwa 10^{-10} m bestätigt. Elektronen höherer Energie durchdringen dagegen die Folien praktisch ungehindert. Der Radius des Wirkungsquerschnittes der streuenden Zentren verringert sich auf ca. 10^{-15} m. Die verwendeten Folien werden daher auch als *Lenard-Fenster* bezeichnet.

Lenardscher Streuversuch

Lenard-Fenster

Mit der Vorstellung, daß Atome kompakte Kugeln mit einem Radius der Größenordnung 10^{-10} m sind, ist dieses Ergebnis unvereinbar, da bei der verwendeten Foliendicke ca. 10^5 Atomschichten aufeinander liegen und ihre Wirkungsquerschnitte sich deshalb mehrfach überdecken. Die Atome müssen vielmehr relativ große „Hohlräume“ enthalten. LENARD nahm daher an, daß ihre Masse nahezu vollständig in einem Zentrum von etwa 10^{-15} m konzentriert ist und daß der übrige Raum des Atoms durch elektrische Felder ausgefüllt wird. Als Ursache dieser Felder werden positive und negative Ladungen im Atom angesehen.

den größten Teil des Atomvolumens nehmen elektrische Felder ein

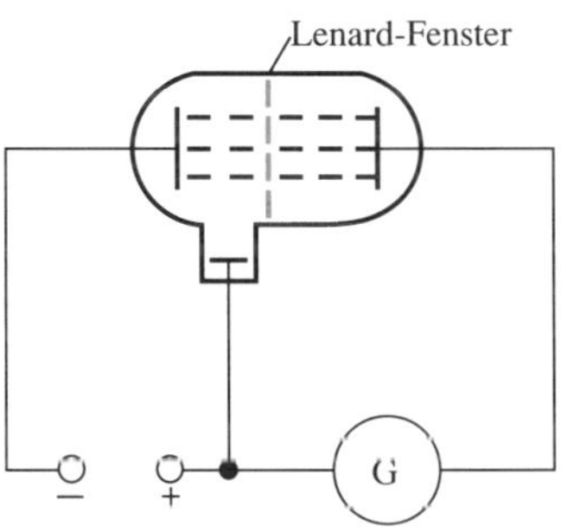

Abb. 3.2
Lenard-Rohr mit Lenard-Fenster.
Die Durchlässigkeit des Fensters in Abhängigkeit von der Elektronenenergie kann durch die Größe des Galvanometerausschlages ermittelt werden

3.2.2 Streuversuche von RUTHERFORD

RUTHERFORD verfeinerte in den Jahren von 1906 bis 1913 die Lenardsche Versuchsmethodik wesentlich. Er beschoß Goldfolien mit α-Teilchen und bestimmte zunächst die möglichen Streuwinkel und die Energien der gestreuten α-Teilchen bis zu Streuwinkeln von $\vartheta = 150°$ (vgl. Abb. 3.3). Die Energie der gestreuten α-Teilchen erwies sich als fast gleich der Ener-

Ernest Rutherford
(1871–1937)
Nobelpreis 1908

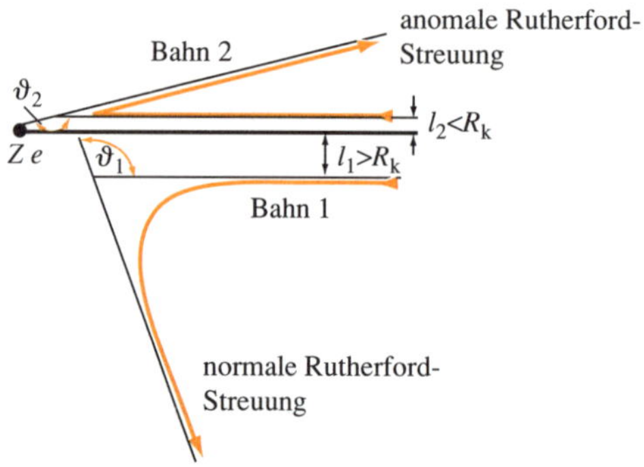

Abb. 3.3
Bahnen von α-Teilchen im Feld eines Atomkernes der Ladung *Ze*

gie der einfallenden. Aus dem Auftreten von Streuwinkeln $\vartheta > 90°$ schloß er in Analogie zu den klassischen Stoßgesetzen, daß die Masse m_k der streuenden Zentren größer als die Masse m_α der gestreuten α-Teilchen sein muß. Da die α-Teilchen praktisch keinen Energieverlust bei der Streuung erfahren, muß man sogar $m_k \gg m_\alpha$ annehmen, d.h., daß in den Streuzentren fast die gesamte Masse der Atome konzentriert ist.

Atomkern

Die Streuzentren werden als *Atomkerne* bezeichnet. Da die 2-fach positiv geladenen α-Teilchen von den Atomkernen abgestoßen werden, müssen die Atomkerne ebenfalls eine positive Ladung Ze (Z ganzzahlig) tragen. Zur Gewährleistung der elektrischen Neutralität der Atome nahm Rutherford weiter an, daß der Atomkern von Z negativen Elementarladungen umgeben ist. Nach der experimentellen Erfahrung beeinflussen die diese Ladungen tragenden Teilchen die Streuprozesse der α-Teilchen nicht. Ihre Massen müssen somit sehr klein gegenüber der Masse der α-Teilchen sein. Damit kommen für sie nur Z Elektronen in Frage. Sie bilden die *Atomhülle*.

Atomkern trägt eine positive Ladung Ze

Atomkern ist von Z Elektronen umgeben

Atomhülle

Abschätzung des Atomkernradius

Rutherford konnte aus seinen Experimenten auch die maximale Größe R_{max} des Atomkernradius R_k abschätzen. Setzt man für einen Streuwinkel von $\vartheta = 180°$ voraus, daß die kinetische Energie $W_{kin\,\alpha}$ der auf die Goldfolie geschossenen α-Teilchen ausschließlich zur Überwindung der Coulomb-Abstoßung

$$2e\,\varphi = \frac{2\,Z e^2}{4\pi\,\varepsilon_0 R_{max}} \tag{3.1a}$$

dient, dann folgt nach dem Energieerhaltungssatz zur Bestimmung von R_{max} die Beziehung

$$W_{kin\,\alpha} = \frac{Z e^2}{2\pi\,\varepsilon_0 R_{max}}\;. \tag{3.1}$$

Atomkernradius $< 10^{-14}$ m

Rutherford verwendete in den entsprechenden Versuchen α-Teilchen mit einer kinetischen Energie von $W_{kin\,\alpha} = 5{,}5$ MeV. Mit der Annahme, daß

Z in (3.1) die Ordungszahl $Z = 79$ der Goldatome bedeutet, ergibt sich für den Atomkernradius der Goldatome $R_k \leqq R_{max} = 4{,}1 \cdot 10^{-14}\,m$.

Aus seinen Experimenten zog RUTHERFORD folgende Schlüsse über die Struktur des Atoms:

Hypothese Rutherfords über den Aufbau der Atome

- Die Atome sind aufgebaut aus einem Atomkern und einer Atomhülle.
- Die Atomhülle besteht aus Elektronen.
- Im Atomkern ist fast die gesamte Masse des Atoms vereinigt.
- Der Radius des Atomkerns beträgt angenähert $10^{-14}\,m$.
- Der Atomkern trägt soviele positive Elementarladungen Ze wie die Atomhülle Elektronen enthält.

Wegen ihres ausschließlichen Aufbaues aus Elektronen wird die Atomhülle auch als *Elektronenhülle* des Atoms bezeichnet.

Elektronenhülle

Ausgehend von seiner Hypothese über die Atomstruktur berechnete RUTHERFORD die Anzahl der α-Teilchen, die pro Zeit von einem auf die Folie fallenden α-Teilchenstrom gegebener Energie in einen bestimmten Winkel gestreut werden, und verglich die so gefundene theoretische Winkel- und Energieabhängigkeit mit den experimentellen Ergebnissen.

Jeder Atomkern der Folie bildet für die einfallenden α-Teilchen ein Hindernis vom Querschnitt σ. Von den pro Zeit und Fläche einfallenden Teilchen, d.h. von einem Teilchenstrom der Intensität I, treffen dN_{tr} Teilchen in der Zeit dt den Atomkern. Da die Intensität I auf die Fläche bezogen ist, ergibt sich demnach σ zu

$$\sigma = \frac{\frac{dN_{tr}}{dt}}{I}\,.$$

σ charakterisiert die maximal mögliche Annäherung der in Wechselwirkung stehenden Teilchen. Deshalb ist folgende Festlegung sinnvoll:

(D 3.2) Wirkungsquerschnitt σ

Treten von einem Teilchenstrom der Intensität I (Teilchenanzahl pro Zeit und Fläche) dN_{tr} Teilchen in der Zeit dt mit einem Objekt in eine bestimmte Wechselwirkung, dann heißt

$$\sigma = \frac{\frac{dN_{tr}}{dt}}{I}$$

Streu- oder Wirkungsquerschnitt des Objektes für diese Wechselwirkung.

σ ist von der Größenart einer Fläche. Da die Größe Streuquerschnitt vor allem Bedeutung für mikrophysikalische Wechselwirkungen besitzt, somit σ einer sehr kleinen Fläche entspricht, wird für σ meist die Einheit Barn benutzt:

1 Barn = 1 b = $1 \cdot 10^{-28}\,m^2$.

(D 3.3) Maßeinheit Barn

Der Streuquerschnitt der Atomkerne gegenüber auffallender α-Strahlung liegt in der Größenordnung von einigen Barn, wie über (3.2) abgeschätzt werden kann. Dagegen besitzt die Neutrinowechselwirkung mit stofflicher Materie nur einen Wirkungsquerschnitt von 10^{-20} b (vgl. Abschn. 12.2.6).

Ein Parallelstrahl von α-Teilchen der Energie $W = \frac{m}{2} v_0^2$ werde auf einen Atomkern der Ladung Ze geschossen. Wird die Wechselwirkung zwischen dem Atomkern und den α-Teilchen ausschließlich durch die Coulombsche Kraft verursacht, dann sind, wie in A.11 gezeigt wird, die Bahnen der α-Teilchen Hyperbeläste mit dem Atomkern als Pol (vgl. Abb. A11.1). Dieses Ergebnis wird unter der Voraussetzung gewonnen, daß die Masse des α-Teilchens sehr klein gegenüber der des Atomkernes ist (s. die Herleitung der Bahnkurve in A.11).

Streuung von α-Teilchen an einem Atomkern

Meßbar sind nun nicht die Bahnkurven selbst, sondern nur die Richtungen ihrer Asymptoten, d.h. die Streuwinkel ϑ (s. Abb. 3.3). Diese sind mit dem Streuquerschnitt σ des Atomkernes durch die *Rutherfordsche Streuformel* (s. A 11.11a)

Streuquerschnitt des Atomkerns

$$\sigma = \frac{Z^2 e^4}{64 \pi^2 \varepsilon_0^2 W^2 \sin^4 \frac{\vartheta}{2}} \tag{3.2}$$

verknüpft.

Vorstehende Überlegungen sollen jetzt auf eine streuende Metallfolie der Dicke d und der Fläche A erweitert werden. Die Anzahl der streuenden Atomkerne beträgt dann nAd, wobei n die Teilchenanzahldichte der Atome bedeutet. Fällt ein Parallelstrahl von α-Teilchen mit der Intensität I_0 senkrecht auf die Folie, dann werden die α-Teilchen in alle Richtungen gestreut. Die Intensität der in die Richtung ϑ gestreuten α-Teilchen betrage in großem Abstand ($r \gg R_k$) von der Folie I_ϑ. Sieht man von Mehrfachstreuungen ab, dann ergibt sich nach (A 11.11) für I_ϑ

Streuung von α-Teilchen an einer Metallfolie

$$I_\vartheta = \frac{Z^2 e^4 nAd}{64 \pi^2 \varepsilon_0^2 W^2 r^2 \sin^4 \frac{\vartheta}{2}} I_0 . \tag{3.3}$$

Rutherfordsche Streuformel

Diese Beziehung wird ebenfalls als *Rutherfordsche Streuformel* bezeichnet.

ERNEST MARSDEN (1899–1970)

GEIGER und MARSDEN wiesen die Proportionalität von I_ϑ zu W^{-2} und zu $\sin^4 \frac{\vartheta}{2}$ für Streuwinkel $0 \leqq \vartheta \leqq 150°$ mit großer Genauigkeit nach (s. Abb. 3.4). Sie bestätigten damit die Rutherfordsche Streuformel (3.3) und somit die ihr zu Grunde liegende These vom Aufbau der Atome aus Atomhülle und Atomkern.

experimentelle Überprüfung der Rutherfordschen Streuformel

ANTONIUS JOHANNES VAN DEN BROEK (1870–1926)

Durch gleichzeitige Messung von I_ϑ und I_0 konnte CHADWICK 1920 die Identität von Kernladungszahl Z und Ordnungszahl des Atoms belegen, eine Tatsache, die schon im Jahre 1914 VAN DEN BROEK aus dem Mose-

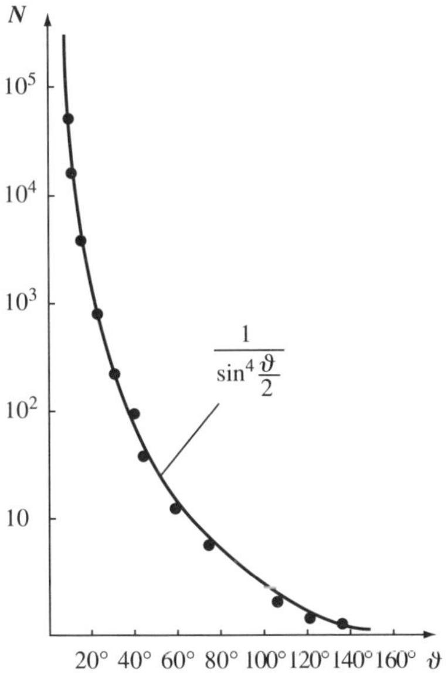

Abb. 3.4
Meßergebnisse von GEIGER und MARSDEN für die Streuung von α-Teilchen an einer Goldfolie. Die ausgezogene Kurve stellt den theoretischen Verlauf nach der Rutherfordschen Streuformel dar (N Teilchenanzahl)

JAMES CHADWICK
(1891–1974)
Nobelpreis 1935

leyschen Gesetz der charakteristischen Röntgenstrahlung gefolgert hatte (vgl. Abschn. 9.2.3.2).

Für sehr große Streuwinkel zeigen sich ab einer bestimmten kinetischen Energie der α-Teilchen Abweichungen der experimentellen Befunde von der Rutherfordschen Streuformel. Diese Abweichung von der Rutherford-Streuung wird *anomale Rutherford-Streuung* genannt. Sie erklärt sich dadurch, daß zur Herleitung der Rutherfordschen Streuformel ausschließlich die Wirkung der Coulomb-Kraft vorausgesetzt wurde. α-Teilchen mit einer ausreichend großen kinetischen Energie dringen aber soweit in das Atominnere ein, daß sie zusätzlich in den Wirkungsbereich der sehr starken, aber eine nur sehr kurze Reichweite besitzenden Kernkräfte gelangen. Die Rutherfordsche-Streuformel muß dann versagen. Da die Kernkräfte innerhalb eines sehr kleinen Entfernungsintervalles vom Atomkernzentrum sprunghaft einsetzen (vgl. Abb. 10.6), ist die Energie W_s der α-Teilchen gut bestimmbar, bei der der Übergang der normalen zur anomalen Rutherford-Streuung erfolgt. Ersetzt man in (3.1) $W_{\mathrm{kin}\,\alpha}$ durch diese Schwellenenergie W_s, dann findet man für den Atomkernradius

anomale Rutherford-Streuung

experimentelle Bestimmung des Atomkernradius aus der anomalen Rutherford-Streuung

$$R_k = \frac{Ze^2}{2\pi\varepsilon_0 W_s}. \tag{3.4}$$

W_s ist meßbar, R_k damit aus (3.4) bestimmbar. Der durch (3.4) festgelegte Radius bestimmt den Wirkungsbereich der Kernkräfte. Er ist demzufolge nicht als geometrischer Radius im klassischen Sinne zu verstehen. Man spricht deshalb statt vom Atomkernradius auch vom *Kernkraftradius*.

Kernkraftradius

Der Atomkernradius kann auch aus dem α-Zerfall (s. Abschn. 12.2.4) von Atomkernen bestimmt werden. Das emittierte α-Teilchen wird wegen experimentelle Bestimmung des Atomkernradius aus dem α-Zerfall

seiner positiven Ladung von dem ebenfalls positiv geladenen Atomkern abgestoßen. Dieser Abstoßungsprozeß beginnt am Austrittsort R_k des α-Teilchens aus dem Atomkern. Es ist naheliegend, die Entfernung dieses Ortes vom Atomkernmittelpunkt mit dem Atomkernradius gleichzusetzen. Mit dem Coulomb-Potential des Atomkernes $\varphi_k = (Z-2)\, e/4\pi\varepsilon_0 R_k$ am Austrittsort (da der Atomkern ein α-Teilchen emittiert, besitzt er nach der Emission nur noch die Ladung $(Z-2)\, e$ folgt mit $W = q\varphi$ für die kinetische Energie des α-Teilchens in großer Entfernung vom Atomkern

$$W_{\mathrm{kin}\,\alpha} = 2e\,\varphi_k = \frac{2\,(Z-2)\,e^2}{4\pi\varepsilon_0 R_k}\,. \tag{3.5}$$

$W_{\mathrm{kin}\,\alpha}$ ist meßbar und damit R_k aus (3.5) berechenbar.

Weiter kann der Atomkernradius aus dem Wirkungsquerschnitt für schnelle Neutronen, aus dem Wirkungsquerschnitt von Kernreaktionen mit geladenen Teilchen und mit Hilfe von Müonen- und Mesonenatomen (vgl. die Abschnitte 15.3.1.4.2 und 15.3.2.1.1) ermittelt werden.

Präzisionsmessungen ergaben für den Atomkernradius eines Atoms der Massenzahl M

$$R_k = (0{,}75 + 1{,}26\,M^{1/3}) \cdot 10^{-15}\,\mathrm{m}\,.$$

Während der Atomdurchmesser stets experimentell bestimmt werden muß, kann der Atomkernradius bei Kenntnis der Massenzahl M aus dieser empirischen Formel berechnet werden. Der Grund hierfür wird in Abschnitt 13.1 besprochen.

Alle bisherigen Experimente belegen die diskutierten Annahmen über die Atomstruktur.

(S 3.1)
Aufbau des Atoms

Ein Atom der Masse m_{0a}, der Massenzahl M und der Ordnungszahl Z besitzt eine Atomhülle von Z Elektronen und einen Atomkern der positiven Ladung Ze.

Die Ordnungszahl, die Zahl der Hüllenelektronen und die Kernladungszahl sind identisch.

Der Wirkungsquerschnitt der Atomhülle bestimmt den klassischen Atomdurchmesser.

Der Atomkern besitzt bei Voraussetzung einer Kugelgestalt den Radius

$$R_k = (0{,}75 + 1{,}26\,M^{1/3}) \cdot 10^{-15}\,\mathrm{m}$$

und die Masse

$$m_{0k} = m_{0a} - Z m_{0e}\,.$$

Da die Elektronenhülle des Wasserstoffatoms aus nur einem Elektron besteht ($Z = 1$), kann Wasserstoff nur einfach ionisiert werden. H^+ ist mit dem Wasserstoffkern identisch.

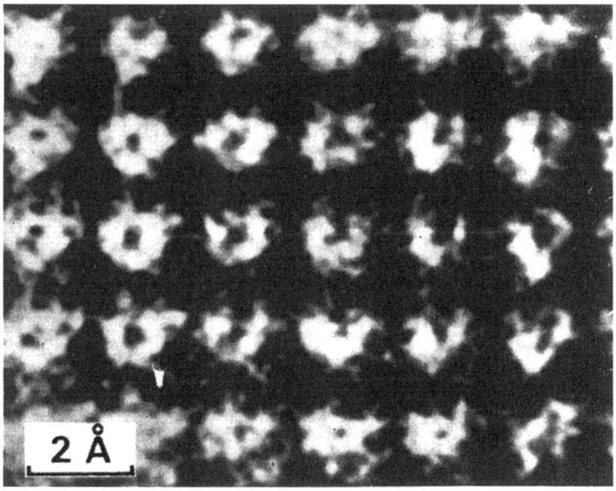

Abb. 3.5
Goldatome, geordnet in einer Einkristallschicht von 15 nm Dicke

Die Lenard-Rutherfordschen Streuversuche belegen indirekt den Aufbau der Atome aus Atomkern und Atomhülle. In den siebziger Jahren gelang es HASHIMOTO durch eine spezielle elektronenoptische Aufnahmetechnik, diese Struktur direkt sichtbar zu machen. Abbildung 3.5 gibt eine derartige Aufnahme wieder. Sie zeigt die regelmäßige Anordnung der Goldatome in einer dünnen Goldschicht. Die weißen Bereiche entsprechen der Atomhülle, die den Atomkern (Zentren der schwarzen Bereiche) umgibt.

3.3 Aufgaben

3.1
Leiten Sie die Formeln für den Betrag der Kraft und für die potentielle Energie der stoßenden Teilchen im Coulomb-Feld des Atomkerns sowohl bei Lenard-Streuung als auch bei Rutherford-Streuung her!

3.2
Bei der Lenard-Streuung wird angenommen, daß sich 10 keV-Elektronen bis auf 10^{-12} m einem Aluminium-Kern nähern. Welche kinetische Energie besitzen sie an dieser Stelle? Welche Beschleunigung erfahren sie durch die Coulomb-Kraft des Kerns?

3.3
In einer Elektronenstrahlröhre (s. Abb.) werden Elektronen an Stickstoffmolekülen gestreut. Für die Stromstärke gilt

$$I = I_0 \, e^{-n\sigma x}. \quad (1)$$

Hierbei ist n die Teilchenzahldichte, σ der Wirkungsquerschnitt eines streuenden Teilchens und x die Schichtdicke. Statt der Schichtdicke kann auch der Gasdruck variiert werden. Es gilt dann

$$I = I_0 \, e^{-\beta p}. \quad (2)$$

Für eine Verdopplung der Stromstärke ist bei energiearmen Elektronen ($v = 3 \cdot 10^6 \text{ m s}^{-1}$) eine Druckerniedrigung von $2 \cdot 10^{-2}$ Pa auf 10^{-2} Pa erforderlich. Energiereiche Elektronen erfahren eine meßbare Beeinflussung des Stromes nur bei höheren Drücken. Besitzen sie die Geschwindigkeit $v = 2{,}7 \cdot 10^8 \text{ m s}^{-1}$, so verdoppelt sich die Stromstärke bei einer Druckreduzierung von 10^5 Pa auf $7 \cdot 10^4$ Pa. Als Streuradius für die langsamen Elektronen wird $1{,}89 \cdot 10^{-10}$ m angenommen (Molekülradius aus Zähigkeitsmessungen). Berechnen Sie den Radius der streuenden Teilchen für die schnellen Elektronen! Deuten Sie den Unterschied der Radien!

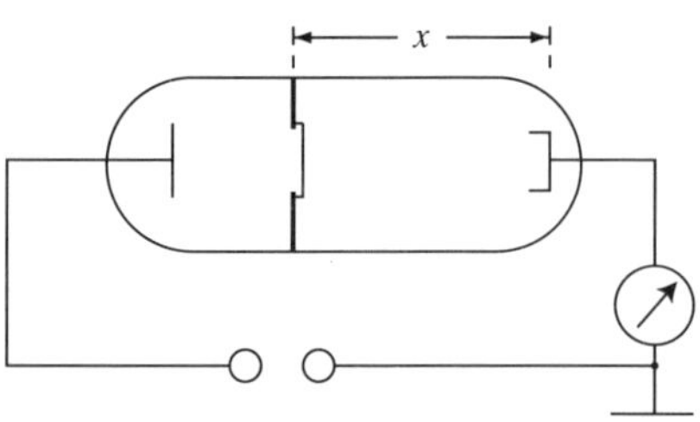

3.4
Berechnen Sie, welchen Anteil ihrer kinetischen Energie α-Teilchen beim Stoß gegen ruhende freie Aluminium- bzw. Goldatome maximal übertragen können! Entscheiden Sie mit dem Ergebnis ihrer Rechnung, ob bei der Streuung an freien Atomen die Rutherfordsche Streuformel gültig wäre!

3.5
Bis auf welche Entfernung können sich Protonen mit der kinetischen Energie 0,5 MeV einem Gold-Kern nähern?

3.6
Um welche Faktoren sind die Intensitäten der gestreuten α-Strahlung bei Streuwinkeln von 30°, 60° und 90° größer als die Intensität der in die Herkunftsrichtung zurückgestreuten Strahlung?

3.7
Beim Germanium wird eine Schwellenenergie von 15,2 MeV für das Auftreten der anomalen Rutherford-Streuung von α-Teilchen gemessen. Welcher Kernkraftradius ergibt sich daraus?

3.8
Das Polonium-Isotop ^{212}Po sendet α-Strahlung mit der Energie von 8,7 MeV aus. Berechnen Sie den Kernradius mit Hilfe der klassischen Coulomb-Abstoßung!

3.9
Berechnen Sie den Atomkernradius von ^{212}Po aus der Massenzahl nach der empirisch gefundenen Formel (S 3.1)!
Diskutieren Sie den Grund für den Unterschied zum Ergebnis der Aufgabe 3.8!

4 Energiezustände der Atome

4.1 Zur Klassifikation der Spektren

4.1.1 Emissions- und Absorptionsspektren

Alle Stoffe sind in der Lage, Energie durch Emission bzw. Absorption elektromagnetischer Wellen auszutauschen. Die zur Emission notwendige Energie kann dabei der inneren Energie des Körpers entstammen; man spricht dann von der bereits in Kapitel 1 näher untersuchten Temperaturstrahlung. Sind die Leuchterscheinungen dagegen durch eine vorausgegangene Energieabsorption bedingt, bezeichnet man sie als *Lumineszenz*. Dabei wird meist durch einen Vorsatz die Art der zugeführten Energie angegeben. *Fotolumineszenz* (Fluoreszenz und Phosphoreszenz, vgl. Abschn. 2.1.2.1.2) tritt bei der Einstrahlung elektromagnetischer Wellen auf. Leuchtschirme von Oszillografen- und Fernsehbildröhren senden beim Beschuß mit Elektronen Licht aus. Diese Erscheinung heißt *Katodolumineszenz*, die Lichtausstrahlung infolge Ionenbeschusses nennt man analog *Ionolumineszenz*. Diese beiden Prozesse werden in Szintillationszählern zum Nachweis der α- und β-Strahlung genutzt. Die Leuchterscheinungen elektrischer Entladungen (Funken-, Bogen-, Glimmentladungen usw.) bezeichnet man als *Elektrolumineszenz*. Bei der *Chemolumineszenz* wird eine elektromagnetische Welle als Folge chemischer Reaktionen emittiert. So ist z.B. die langsame Verbrennung von weißem Phosphor an Luft mit einem Leuchten verbunden. Weiter können bei mechanischer Beanspruchung von Kristallen, wie z.B. beim Zerkleinern von Zuckerkristallen, Leuchterscheinungen auftreten (*Tribolumineszenz*). Gleiches wird auch bei manchen Kristallisationsprozessen beobachtet (*Kristallolumineszenz*). Das Leuchten bestimmter lebender Objekte (z.B. das der Leuchtkäfer („Glühwürmchen")) wird *Biolumineszenz* genannt.

Lumineszenz
Fotolumineszenz
Katodolumineszenz
Ionolumineszenz
Elektrolumineszenz
Chemolumineszenz
Tribolumineszenz
Kristallolumineszenz
Biolumineszenz

Spektrum

Als *Spektrum* einer elektromagnetischen Strahlung bezeichnet man die Abhängigkeit der Intensität von der Frequenz oder der Wellenlänge dieses im allgemeinen polychromatischen Gemisches elektromagnetischer Wellen. Mitunter hält man dabei auch nur fest, welche Wellenlängen mit einer nachweisbaren Intensität vertreten sind.

Emissionsspektrum
Absorptionsspektrum

Das Spektrum eines strahlenden Stoffes nennt man sein *Emissionsspektrum*. Es erscheint im Spektrografen als helles Spektrum auf dunklem Untergrund (vgl. Abb. 4.1a). Absorbiert dagegen der Stoff aus einer auf ihn auffallenden Strahlung bestimmte Wellenlängenbereiche, dann erscheinen diese im durchgehenden Licht als sogenanntes *Absorptionsspektrum* des absorbierenden Stoffes. Sie bilden dunkle Bereiche auf hellem Untergrund (vgl. Abb. 4.1b). Ein Absorptionsspektrum gibt also die

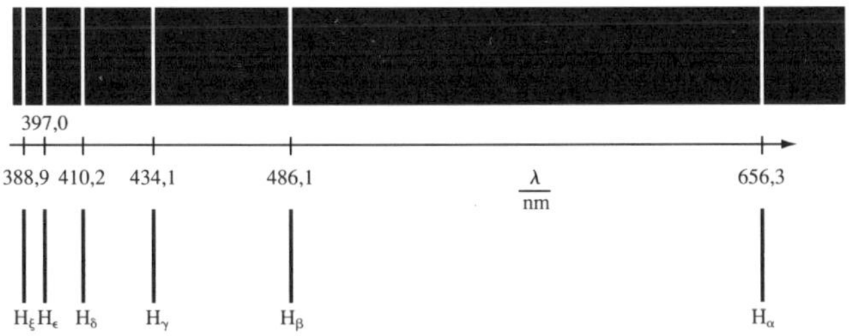

Abb. 4.1
Linienspektrum (Linien der Balmer-Serie im sichtbaren Spektralbereich)
oben: in Emission
unten: in Absorption

Abhängigkeit des Absorptionsgrades von der Frequenz bzw. der Wellenlänge wieder. So bilden z.B. die Fraunhoferschen Linien (ca. 20000 schwarze Linen im Sonnenspektrum) das Absorptionsspektrum der Erdatmosphäre im sichtbaren Wellenlängenbereich.

4.1.2 Kontinuierliche Spektren, diskrete Spektren

Die Untergliederung von Emissions- und Absorptionsspektren erfolgt an Hand des Wertevorrates der das Spektrum aufbauenden Wellenlängen.

kontinuierliches Spektrum

Beim *kontinuierlichen Emissionsspektrum* ist die Intensität der untersuchten Strahlung in einem ausgedehnten Wellenlängenbereich kontinuierlich von Null verschieden. Neben jeder Welle mit einer Wellenlänge λ kommen auch Wellen mit beliebig dicht benachbarten Wellenlängen $\lambda + \Delta\lambda$ vor. Beispielsweise senden glühende feste Körper ein kontinuierliches Spektrum aus (vgl. Abb. 1.4). Dagegen absorbiert Glas vor allem im ultravioletten und im ultraroten Spektralbereich einen kontinuierlichen Wellenlängenbereich (*kontinuierliches Absorptionsspektrum*).

diskretes Spektrum

Sind die Intensitäten im Idealfall nur für diskrete Wellenlängen von Null verschieden (vgl. Abb. 4.1), so spricht man von *diskreten Spektren*. Im Regelfall hat jedoch jede der Spektrallinien eine gewisse Breite (vgl. Abb. 4.4). Derartige Spektren werden z.B. von ungebundenen Atomen (z.B. Gasatomen) und deren Ionen ausgesandt bzw. absorbiert. Man bezeichnet sie als *Linienspektren*.

Linienspektrum

Auch die Spektren von ungebundenen Molekülen und Molekülionen enthalten nur diskrete Werte λ_i der Wellenlänge. Im Unterschied zum Linienspektrum besitzen sie aber eine wesentlich größere Anzahl von Linien mit einer charakteristischen Anordnung. Sie zeigen gewisse Häufungsstellen (Banden) der Linien (vgl. Abb. 4.2) und werden deshalb

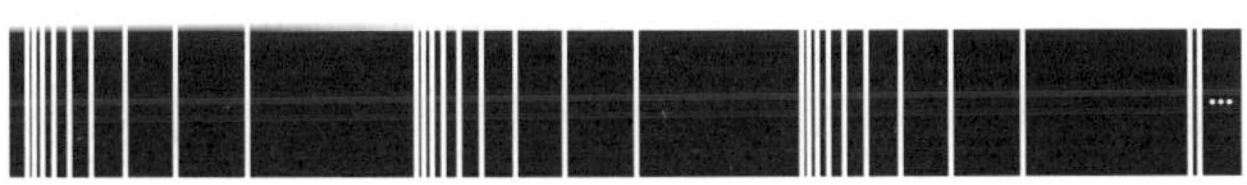

Abb. 4.2
Bandenspektrum (Ausschnitt, schematisch)

Bandenspektrum

Bandenspektren genannt. Auf sie wird im Band IV im Rahmen der Molekülphysik eingegangen.

4.2 Anregung von Atomen

4.2.1 Optische Anregung

Emissons- und Absorptionsspektren gestatten Rückschlüsse auf Energieübergänge in Atomen

Ein Atom oder ein Molekül absorbiere oder emittiere eine elektromagnetische Welle der Frequenz ν. Nach (S 2.1) kann der Vorgang auch als Wechselwirkung dieser Objekte mit einem Photon der Energie $W = h\nu$ gedeutet werden. Aus den Emissions- und den Absorptionsspektren kann man demzufolge auf die möglichen Energieübergänge in Atomen und in Molekülen schließen. Die Spektroskopie aller Wellenlängen erweist sich deshalb als unentbehrliches Hilfsmittel der experimentellen Atomphysik.

Atome besitzen ein diskretes Energiespektrum

Die Emmissionsspektren von ungebundenen Atomen sind stets Linienspektren. Ihre Absorptionsspektren bestehen ebenfalls aus diskreten Linien, die alle auch im Emissionsspektrum der jeweiligen Atomart enthalten sind (vgl. Abb. 4.1). Zu hohen Frequenzen hin schließt sich an das diskrete Absorptionsspektrum ein kontinuierlicher Bereich an. Die Existenz diskreter Frequenzen ν_i bedeutet wegen $W_i = h\nu_i$, daß das Atom nur bestimmte Energien zu absorbieren und zu emittieren vermag. Das Energiespektrum des Atoms ist wie das des harmonischen Oszillators gequantelt. Auch der kontinuierliche Bereich im Absorptionsspektrum ist sofort zu deuten. Entspricht die zugeführte Energie der Ionisationsenergie $h\nu_{\text{ion}}$, dann wird ein Hüllenelektron vom Atomverband gelöst. Für $h\nu > h\nu_{\text{ion}}$ nimmt das Elektron zusätzlich eine nichtgequantelte Translationsenergie mit, die ebenfalls von der das Elektron ablösenden Strahlung aufgebracht werden muß. Deshalb schließt sich im Absorptionsspektrum an die Frequenz ν_{ion} ein kontinuierlicher Teil an.

Es ist folgender Sprachgebrauch üblich:

(D 4.1) Grundzustand und Anregungsenergie eines Atoms

Der energetisch niedrigste Zustand W_1 eines Atoms (Moleküls) heißt sein Grundzustand, jede Energieaufnahme des Atoms (Moleküls) Anregung des Atoms (Moleküls), die aufgenommene Energie Anregungsenergie.

optische Anregung

Wird ein Atom oder ein Molekül durch Licht im ultraroten, sichtbaren oder ultravioletten Spektralbereich angeregt, dann spricht man von *optischer Anregung*.

Da der stabile Zustand eines physikalischen Systems dem Minimum seiner potentiellen Energie entspricht (vgl. (ID 5.4) und (IS 5.6)), ist der Grundzustand eines Atoms zugleich sein stabiler Zustand. Wird ein Atom angeregt, so versucht es anschließend den Grundzustand wieder einzunehmen.

(S 4.1) stabiler Zustand eines Atoms

Der Grundzustand eines Atoms ist dessen stabiler Zustand.

4.2.2 Mechanische Anregung, Elektronenstoßversuch von Franck und Hertz

Wie die Struktur der Atomspektren zeigt, besitzen Atome nur diskrete optische Anregungsniveaus, sofern die Anregungsenergien unterhalb der Ionisationsenergie liegen. FRANCK und HERTZ stellten unter anderem die Frage, ob dies auch für andere anregende Energiearten zutrifft, und untersuchten 1913 diese Problematik bei Zufuhr mechanischer Energie (*mechanische Anregung*). Den verwendeten Versuchsaufbau zeigt Abbildung 4.3a. In einer triodenartigen Glasröhre Gl befindet sich Quecksilberdampf mit einem Druck von etwa 10^2 Pa. Die Röhre enthält eine Glühkatode K, eine Anode A und als dritte Elektrode das Gitter G. Die Potentialdifferenz U_{GK} zwischen Gitter und Katode ist im Bereich $0 \text{ V} \leqq U_{GK} \leqq 20 \text{ V}$ variabel einstellbar. Die Spannung U_{AG} zwischen Anode und Gitter beträgt etwa −0,5 V, die Elektronen durchlaufen zwischen Gitter und Anode also ein Gegenfeld. Gemessen wird der Strom I im Anodenkreis in Abhängigkeit von U_{GK}. Betrachtet man $I = f(U_{GK})$, so wächst I zunächst monoton mit U_{GK} an (s. Abb. 4.3b). Beim Spannungswert $U_{GK} = 4{,}9$ V fällt I jedoch stark ab, um dann beim weiteren Anwachsen von U_{GK} wieder zuzunehmen. Bei $U_{GK} = 2 \cdot 4{,}9$ V wiederholt sich der gleiche Vorgang usw. Mit dem Abfall des Stromes bei $U_{GK} = 4{,}9$ V ist das Auftreten einer elektromagnetischen Welle verbunden. Die Wellenlänge dieser Strahlung liegt bei 253,7 nm.

mechanische Anregung

Versuch von FRANCK und HERTZ

Das Experiment ist folgendermaßen zu deuten: Die aus der Glühkatode austretenden Elektronen werden im elektrischen Feld zum Gitter hin beschleunigt. Ist $U_{GK} > 0{,}5$ V, dann können alle Elektronen die Potentialbarriere zwischen Gitter und Anode überwinden, sofern sie keine Energie an die Quecksilberatome abgegeben haben. Das ist der Fall, wenn die Stöße zwischen den Quecksilberatomen und den Elektronen elastisch erfolgen, denn dann kann nach (I 6.7a) wegen des großen Massenunterschiedes der Quecksilberatome und der Elektronen ($m_{Hg}/m_e \approx 3 \cdot 10^5$)

JAMES FRANCK
(1882 – 1964)
Nobelpreis 1925

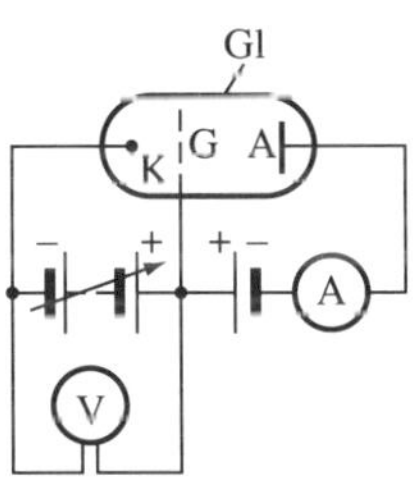

a)

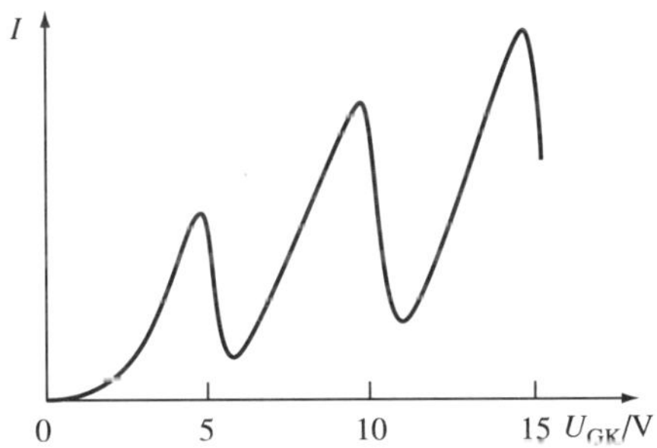

b)

Abb. 4.3
Versuch von FRANCK und HERTZ
a) Versuchsaufbau
b) $I = f(U_{GK})$

GUSTAV HERTZ
(1887 – 1975)
Nobelpreis 1925

praktisch keine Energieübertragung von den Elektronen auf die Quecksilberatome stattfinden. Der Strom wächst monoton mit U_{GK} an. Sein Abfall bei $U_{GK} = 4{,}9\,\text{V}$ ist demzufolge nur durch unelastische Stöße zwischen den Quecksilberatomen und den Elektronen erklärbar, d.h., das Quecksilberatom muß ein Anregungsniveau bei der Energie $W_2 = W_1 + 4{,}9\,\text{eV}$ besitzen. Ein Teil der Elektronen regt die Quecksilberatome an, die Elektronen verlieren ihre Energie und können deshalb die Gegenspanung zwischen Gitter und Anode nicht mehr überwinden. Der Strom im Anodenkreis fällt ab. Die angeregten Atome kehren vom Energiezustand W_2 in den Grundzustand W_1 zurück, indem sie die aufgenommene Energie in Form von Licht abstrahlen. Für die Wellenlänge des abgestrahlten Lichtes folgt mit $\lambda\nu = c$, $h\nu = W_2 - W_1$ und bei Beachtung von (1.13)

$$\lambda = \frac{c}{\nu} = \frac{hc}{h\nu} = \frac{hc}{\Delta W} = \frac{hc}{W_2 - W_1} = \frac{hc}{4{,}9\,\text{eV}} = 253{,}7\,\text{nm}\,, \tag{4.1}$$

d.h. der im Experiment gefundene Wert.

Steigert man die Spannung U_{GK} über 4,9 V, so steigt der Anodenstrom zunächst wieder an, um dann bei $U_{GK} = 2 \cdot 4{,}9\,\text{V}$ erneut abzufallen. Die Energie der Elektronen reicht dann aus, zwei Quecksilberatome zwischen Katode und Gitter anzuregen. Den an zwei Wechselwirkungen beteiligten Elektronen fehlt daher wieder die Energie, um den Potentialwall zwischen Gitter und Anode überwinden zu können. Bei geeigneten Versuchsbedingungen kann ein geringer Abfall des Stromes auch bei 6,7 V beobachtet werden. Er entspricht der Anregung des Quecksilberatoms in ein höheres Energieniveau.

Damit ist experimentell nachgewiesen, daß die Atome unterhalb der Ionisationsgrenze auch mechanische Energie nur quantenhaft zu absorbieren vermögen, die Energieabsorption also unabhängig von der Art der zugeführten Energie quantenhaft erfolgt.

(S 4.2)
Atome besitzen diskrete Energieniveaus

Atome besitzen unterhalb der Ionisationsenergie nur diskrete Energieniveaus.

Das Energieniveau W_k wird $(k-1)$-tes Anregungsniveau des Atoms genannt.

Aufschluß über die Anregungsenergien der Atome kann man außer aus ihren Spektren auch mit einer etwas modifizierten Form des Elektronenstoßversuches von Franck und Hertz gewinnen. Die Atome werden dazu mit Elektronen einheitlicher Energie beschossen und deren Geschwindigkeitsspektrum nach Durchlaufen der Gasstrecke beispielsweise mit einem β-Spektrografen (vgl. Abschn. 11.1) bestimmt. Daraus können alle Energieverluste entnommen werden, die die Elektronen durch unelastische Stöße mit den Atomen erfahren haben. Das Geschwindigkeitsspektrum enthält bei entsprechend hoher Energie der einfallenden Elektronen die gewünschten Informationen über die möglichen Anregungsenergien.

Aus umfangreichen Analysen der bekannten optischen Spektren der Atome erkannte 1908 RITZ, daß die Addition und die Subtraktion der Frequenzen von Spektrallinien eines Atoms wieder zu neuen Spektrallinien führt (*Ritzsches Kombinationsprinzip*). Dieser experimentelle Befund wird sofort verständlich, wenn man (4.1) auf alle Anregungsniveaus des Atoms erweitert, d.h. dem beliebigen Energieübergang $W_k \rightarrow W_i$ ($W_k > W_i$) eine Spektrallinie der Frequenz

WALTER RITZ (1878–1909)

Ritzsches Kombinationsprinzip

$$\nu_{ki} = \frac{W_k - W_i}{h}$$

zuordnet.

(S 4.3) Energieabsorption und -emission durch Atome

Bei der Absorption eines Photons der Energie

$$h\nu_{ik} = -(W_i - W_k) \quad (W_i < W_k)$$

geht das Atom von dem niederen Energiezustand W_i in den höheren W_k über, bei der Emission eines Photons der Energie

$$h\nu_{ki} = W_k - W_i \quad (W_k > W_i)$$

geht das Atom von dem höheren Energieniveau W_k in das niedrigere W_i über.

4.2.3 Thermische Anregung

Führen die durch die thermische Bewegung der Atome verursachten Stoßprozesse zu Anregungen von Atomen, dann spricht man von *thermischer Anregung*. Es soll abgeschätzt werden, wann diese spezielle Anregungsart Berücksichtigung finden muß.

thermische Anregung

Die thermische Bewegung von Atomen erfolgt im Mittel mit der Energie (vgl. (IS 8.4)) $\overline{W} = 3kT/2$. Thermische Anregung $W_1 \rightarrow W_k$ ist demzufolge nur dann möglich, wenn die energetische Differenz zwischen dem angeregten Zustand und dem Grundzustand $W_k - W_1 \leqq 3kT/2$ ist. Bei Zimmertemperatur ($T = 300\,\mathrm{K}$) entspräche dem eine Energie von ca. $3{,}8 \cdot 10^{-2}\,\mathrm{eV}$. Übergänge im optischen Bereich (vgl. vorstehenden Abschnitt) erfordern aber eine um ca. zwei Größenordnungen höhere Anregungsenergie. Ihre thermische Anregung ist deshalb bei Zimmertemperatur auszuschließen. Allerdings muß hierbei beachtet werden, daß die Energie $\overline{W} = 3kT/2$ einen Mittelwert für alle Atome darstellt. In einem Gas gibt es aufgrund der Maxwellschen Geschwindigkeitsverteilung immer eine geringe Anzahl von Atomen, die in jedem Energiebereich zur Anregung eines anderen Atoms fähig sind. Ihre Zahl ist aber im Vergleich zur Zahl der vorhandenen Atome so geringfügig, daß diese Vorgänge vernachlässigbar sind, bei Zimmertemperatur also praktisch keine thermische Anregung im optischen Bereich erfolgt. Bei sehr hohen Temperaturen T, wie wir sie z.B. in den Atmosphären von Fixsternen finden, können demgegenüber thermische Anregungsprozesse merklich werden bzw. dominieren.

thermische Anregung ist bei Zimmertemperatur vernachlässigbar

4.2.4 Spontane Emission, mittlere Lebensdauer von Atomen in angeregten Zuständen

Wir nehmen an, daß sich N_{k0} Atome zur Zeit $t = 0$ im angeregten Energiezustand W_k befinden. Eine Wechselwirkung zwischen ihnen finde nicht statt. In der Zeit $\mathrm{d}t$ geht der Teil $\mathrm{d}N_k$ von ihnen unter Strahlungsemission in den energetisch niedrigeren Zustand W_i über. Welche Atome dies sind, kann nicht entschieden werden, da wir keine Gesetzmäßigkeiten kennen, nach denen diese Übergänge ablaufen. In bezug auf ein bestimmtes Atom erfolgt der Übergang also rein zufällig, d.h. spontan. Man spricht daher von *spontaner Emission*. Einem einzelnen Atom kann deshalb keine Verweilzeit oder Lebensdauer im angeregten Energiezustand W_k zugeordnet werden. Man kann jedoch statistische Methoden anwenden und fragen, wieviele von einer großen Anzahl N_{k0} von gleichartigen Atomen im Energiezustand W_k sich zur späteren Zeit $t > 0$ noch in diesem Zustand befinden. $w_{\mathrm{m}ki}$ sei die Wahrscheinlichkeit, daß in der Zeiteinheit ein angeregtes Atom vom Energiezustand W_k in den energetisch niederen Zustand W_i übergeht. Dann vermindert sich in der Zeit zwischen t und $t + \mathrm{d}t$ die Anzahl der Atome im angeregten Energiezustand um

spontane Emission

einem einzelnen angeregten Atom kann keine Verweilzeit im angeregten Zustand zugeordnet werden

$$-\mathrm{d}N_k(t) = w_{\mathrm{m}ki} N_k(t)\,\mathrm{d}t, \tag{4.2a}$$

da diese Verminderung sowohl der Anzahl $N_k(t)$ der angeregten Atome zur Zeit t als auch dem betrachteten Zeitintervall proportional sein muß. Das Minuszeichen bringt die Abnahme von $N_k(t)$ mit wachsender Zeit zum Ausdruck. Trennung der Variablen ergibt

$$\frac{\mathrm{d}N_k(t)}{N_k(t)} = -w_{\mathrm{m}ki}\,\mathrm{d}t, \tag{4.2b}$$

woraus durch Integration bei Beachtung der Anfangsbedingung $N_k(t=0) = N_{k0}$

$$N_k(t) = N_{k0}\,\mathrm{e}^{-w_{\mathrm{m}ki}t} \tag{4.2c}$$

folgt.

Die Beziehung (4.2c) gibt an, wieviel von N_{k0} Atomen im angeregten Energiezustand W_k nach der Zeit t noch angeregt sind. Für $t \to \infty$ gilt $N_k(t) \to 0$, alle Atome sind dann in den energetisch tieferen Zustand W_i übergegangen. Demzufolge berechnet sich der Mittelwert der Aufenthaltsdauer der Atome im angeregten Zustand, d.h. ihre mittlere Lebensdauer τ_{ki} im angeregten Zustand W_k, aus

$$N_{k0}\,\tau_{ki} = \int_0^\infty N_k\,\mathrm{d}t = N_{k0}\int_0^\infty \mathrm{e}^{-w_{\mathrm{m}ki}t}\,\mathrm{d}t = \frac{N_{k0}}{w_{\mathrm{m}ki}}$$

zu

$$\tau_{ki} = \frac{1}{w_{\mathrm{m}ki}}\,. \tag{4.3a}$$

Einsetzen von (4.3a) in (4.2b) führt zur Beziehung

$$\frac{N_k(t)}{N_{k0}} = \mathrm{e}^{-\frac{t}{\tau_{ki}}} . \qquad (4.2)$$

Wir können demnach einführen:

> Die mittlere Lebensdauer τ_{ki} einer großen Anzahl N_{k0} gleichartiger Atome im Energiezustand W_k bezüglich des Energiezustandes $W_i < W_k$ ist die Zeit, in der die Anzahl der angeregten Atome auf N_{k0}/e zurückgeht.

(D 4.2) mittlere Lebensdauer τ_{ki}

Statt von mittlerer Lebensdauer wird auch von *mittlerer Besetzungsdauer* des angeregten Zustandes gesprochen.

mittlere Besetzungsdauer des Zustandes

Man beachte, daß (D 4.2) nur einer großen Anzahl von angeregten Atomen eine *mittlere Lebensdauer* zuordnet. Über die Lebensdauer des angeregten Zustandes W_k eines *einzelnen*, willkürlich herausgegriffenen Atoms ist damit keine Aussage gewonnen.

Die Atome gehen durch spontane Emission, d.h. durch spontane Abstrahlung einer elektromagnetischen Welle, vom energetisch höheren Energiezustand W_k in den energetisch tieferen W_i über. Analysiert man die abgestrahlte Welle, dann erkennt man, daß ihre Frequenz ν_{ki} nicht beliebig scharf ist, sondern eine Frequenzbreite besitzt (s. Abb. 4.4). Entsprechen $\nu_{1,2} = \nu_{ki} \pm \Delta\nu_{ki}/2$ den Frequenzwerten, bei denen die Intensität den Wert I_{max}/e besitzt, dann bezeichnet man $\Delta\nu_{ki}$ als *Linienbreite der Spektrallinie*.

Linienbreite

Die Existenz der Linienbreite der Spektrallinien kann schon aus den Gesetzen der klassischen Physik gefolgert werden. Da die mittlere Lebensdauer jedes Atoms im angeregten Zustand endlich ist, ist jeder Übergang $W_k \rightarrow W_i$ mit der Abstrahlung eines Wellenzuges mit der endlichen mittleren Länge $\tau_{ki}\, c$ verbunden. Wellenzüge endlicher Länge besitzen nach (IS 10.17) aber stets ein kontinuierliches Frequenzspektrum.

Die eigentliche Bedeutung dieser Erscheinung erkennt man dagegen erst aus den Gesetzen der Mikrophysik. Der Frequenzunschärfe $\Delta\nu$ entspricht die Energieunschärfe $\Delta W = h\,\Delta\nu$. Nach HEISENBERG sind bei einer

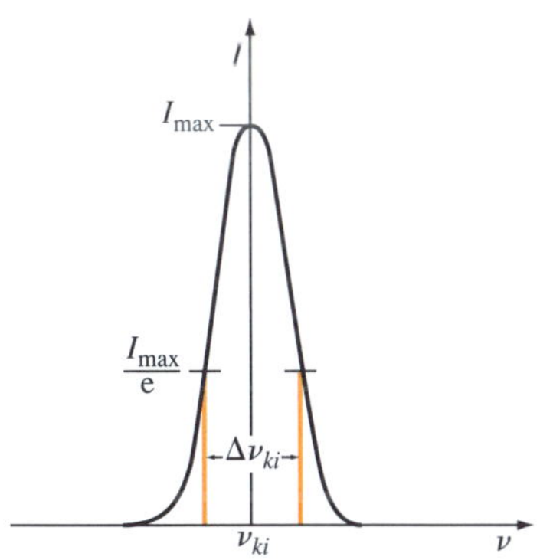

Abb. 4.4
Linienbreite der Spektrallinie

gleichzeitigen Messung von Energie und Zeit die entsprechenden Unschärfen ΔW und Δt dieser Größen durch (2.29)

$$\Delta W \, \Delta t \geqq \frac{h}{4\pi}$$

verknüpft. Im vorliegenden Fall ist Δt die mittlere Lebensdauer τ_{ki} des Atoms im angeregten Zustand W_k und $\Delta W = W_k - W_i = h \, \Delta \nu_{ki}$. Man erhält

Zusammenhang von mittlerer Lebensdauer und mittlerer Linienbreite

$$\tau_{ki} = \frac{1}{4\pi \, \Delta \nu_{ki}} . \qquad (4.3\,b)$$

Bestimmung der mittleren Lebensdauer

Die mittlere Lebensdauer von Atomen in angeregten Energiezuständen kann entweder aus der Linienbreite $\Delta \nu_{ki}$ der durch spontane Emission abgestrahlten Spektrallinie oder entsprechend (4.2) aus dem Abklingleuchten eines zur Zeit $t = 0$ angeregten Gases bestimmt werden. Beim zuletzt genannten Verfahren wird ein Atomstrahl mit bekannter Geschwindigkeit der Atome an einem festgelegten Bahnpunkt energetisch angeregt und die Intensität des von ihm durch spontane Emission abgestrahlten Lichtes an verschiedenen Punkten seiner Bahn gemessen. Mit diesen Methoden fand man für den zur roten Wasserstofflinie $\lambda = 656{,}2$ nm gehörenden angeregten Zustand die mittlere Lebensdauer $\tau = 1{,}5 \cdot 10^{-8}$ s und für den zur ultravioletten Quecksilberlinie $\lambda = 253{,}7$ nm gehörenden angeregten Zustand die mittlere Lebensdauer $\tau = 9{,}7 \cdot 10^{-8}$ s. Für die meisten angeregten Atome liegt die Lebensdauer in der gleichen Größenordnung.

(S 4.4) mittlere Lebensdauer von Atomen in angeregten Zuständen

> Angeregte Energiezustände von Atomen besitzen im allgemeinen eine mittlere Lebensdauer zwischen 10^{-7} s und 10^{-8} s.

Man findet aber auch Energiezustände mit einer wesentlich größeren Lebensdauer (bis zu 10^{-3} s). Sie spielen z.B. für das Laser-Prinzip eine entscheidende Rolle. Da diese angeregten Zustände wesentlich „stabiler" als die durch (S 4.4) beschriebenen sind, führt man für sie folgende Benennung ein:

(D 4.3) metastabiler Energiezustand

> Ein Energieniveau eines Atoms mit einer um Größenordnungen größeren mittleren Lebensdauer als 10^{-7} s heißt metastabiler Energiezustand des Atoms.

Die Ursache für das lange Verweilen von Atomen in einem metastabilen Zustand wird im Kapitel 7 diskutiert.

Die Linienbreite $\Delta \nu$ einer Spektralline wird durch die mittlere Lebensdauer τ des zugehörigen angeregten Energiezustandes festgelegt. Verkleinert man τ, dann wird nach (4.3b) $\Delta \nu$ größer. Das läßt sich zum Beispiel durch Stoßprozesse erreichen. Die Anregungsenergie eines Atoms wird dann sehr schnell auf ein anderes übertragen. Diese *Stoßverbreiterung* der Spektrallinien ist unter anderem eine der Ursachen für die großen Linien-

Stoßverbreitung der Spektrallinien

verbreiterungen in Höchstdrucklampen, in denen wegen des sehr hohen Entladungsdruckes (p bis zu $\approx 10^7$ Pa) eine sehr kleine mittlere freie Weglänge vorliegt. Der Stoßverbreiterung überlagert sich der optische Doppler-Effekt (II S 14.9). Die strahlenden Atome bewegen sich relativ zum Beobachter. Nach (II 14.13a) registriert er demnach nicht die vom ruhenden Atom abgestrahlte Frequenz, sondern eine hiervon etwas verschiedene. Sie hängt von der Relativgeschwindigkeit zwischen dem Beobachter und dem Atom ab, ist also für jedes strahlende Atom verschieden. Da der Beobachter über viele spontane Emissionsvorgänge mittelt, registriert er eine Spektrallinie bestimmter Breite (*Doppler-Verbreiterung* der Spektrallinie).

Doppler-Verbreiterung der Spektrallinien

Andererseits geben die von den langlebigen metastabilen Energieniveaus ausgehenden Strahlungsübergänge besonders scharfe Linien, was z. B. bei Lasern zu einer extrem monochromatischen Strahlung führt (vgl. Abschn. 8.3.3).

4.2.5 Ionisationsenergie

Bestimmung der Ionisationsenergie

Ionisationsenergien lassen sich mit einer ebenfalls von HERTZ entwickelten Meßmethodik bestimmen (vgl. Abb. 4.5a). Der Dampf, von dessen Atomen die Ionisationsenergie bestimmt werden soll, befindet sich in einer geschlossenen Glasröhre G, die zwei voneinander getrennte Elektrodensysteme enthält. Die Spannung $U_{A_1K_1}$ und die Heizung der Glühkatode K_1 werden so gewählt, daß sich eine große negative Raumladung um die Glühkatode K_1 ausbildet und so diese weitgehend von der Anode A_1 abschirmt. Die Anode A_2 besteht aus einem Gitter. Dadurch können die aus der Glühkatode K_2 austretenden Elektronen mit variabler Energie durch sie hindurch in das Gebiet der negativen Raumladungen um K_1 geschossen werden. Erreicht ihre Energie die Ionisationsenergie der im Gefäß vorhandenen Atome, dann werden durch die einsetzende Stoß-

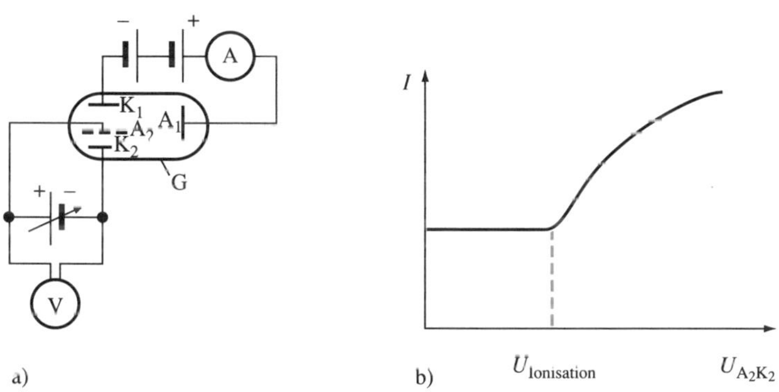

Abb. 4.5
Zur Bestimmung der Ionisationsenergie
a) Versuchsaufbau (schematisch)
b) $I = f(U_{A_2K_2})$

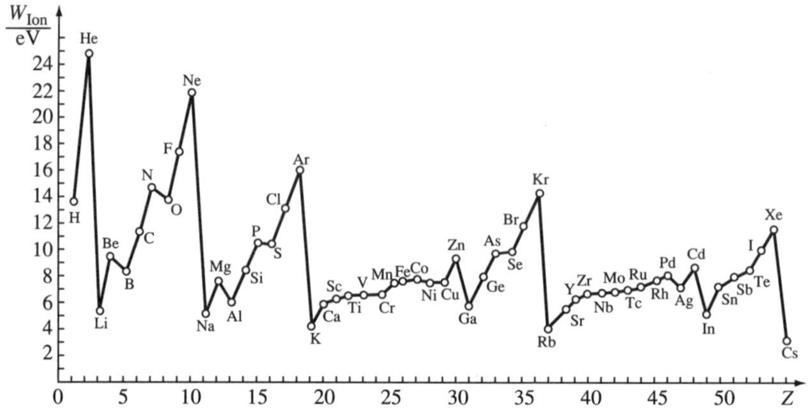

Abb. 4.6
Erste Ionisationsenergie W_{ion} in Abhängigkeit von der Ordnungszahl Z

ionisation positive Ionen gebildet. Ein Teil der vor der Katode K_1 vorhandenen Raumladung wird damit abgebaut. Der Strom I zur Anode A_1 steigt sprunghaft an (vgl. Abb. 4.5b). Aus der Spannung, bei der der steile Anstieg von $I = I\,(U_{A_2K_2})$ beginnt, kann unmittelbar auf die Ionisationsenergie geschlossen werden.

n-te Ionisationsenergie

Als *n*-te *Ionisationsenergie* eines Atoms bezeichnet man die Energie, die zur Ablösung des *n*-ten Elektrons aus seiner Elektronenhülle benötigt wird. Abbildung 4.6 gibt die erste Ionisationsenergie in Abhängigkeit von der Ordnungszahl wieder. Ihr Wert schwankt zwischen 5 und 25 eV. Man erkennt, daß alle Alkalimetalle sich durch eine in bezug auf ihre Nachbarelemente relativ kleine erste Ionisationsenergie auszeichnen, Edelgase dagegen durch eine realtiv große erste Ionisationsenergie. Alle Alkalimetallatome müssen demnach ein relativ schwach gebundenes Elektron besitzen und Edelgasatome eine besonders stabile Elektronenhülle. Die zweite Ionisationsenergie der Alkalimetalle ist der ersten Ionisationsenergie des ihnen benachbarten Edelgases ähnlich. Man muß daher vermuten, daß die einfach positiven Ionen der Alkalimetallatome eine ähnliche Konfiguration der Atomhülle besitzen wie die Edelgasatome (vgl. Abschn. 9.1).

1. Ionisationsenergie von Alkalimetall- und Edelgasatomen

4.3 Spektrum des Wasserstoffs und Spektren der wasserstoffähnlichen Ionen

4.3.1 Spektrum des Wasserstoffs

Struktur des Wasserstoffspektrums

Von allen Spektren besitzt das Wasserstoffspektrum die einfachste Struktur. Das ist verständlich, da die Atomhülle des Wasserstoffatoms nur aus einem einzigen Elektron besteht, das Wasserstoffatom sich also gegenüber den anderen Atomen durch eine besondere Einfachheit seines Aufbaus auszeichnet. Die möglichen Energieübergänge im Wasserstoffatom können demnach ausschließlich auf die Wechselwirkung zwischen dem Hüllenelektron und dem Atomkern zurückgeführt werden, Wechselwirkungen zwischen den Hüllenelektronen entfallen.

Als erster fand 1885 BALMER einen gesetzmäßigen Zusammenhang für die Wellenlängen λ der im sichtbaren und im nahen ultravioletten Gebiet beobachtbaren Spektrallinien des Wasserstoffs (vgl. Abb. 4.1):

JOHANN JAKOB BALMER (1825–1898)

$$\frac{1}{\lambda} = \text{const}\left(\frac{1}{4} - \frac{1}{n^2}\right) \qquad (n = 3, 4, 5, \ldots). \tag{4.4a}$$

Eine derartige gesetzmäßige Folge von Wellenlängen λ eines Linienspektrums nennt man *Serie*, die mathematische Darstellung dieser Gesetzmäßigkeit *Serienformel* oder *Seriengesetz*.

Serie eines Linienspektrums
Serienformel, Seriengesetz

RYDBERG gelang die numerische Bestimmung der Konstanten in (4.4a). Man bezeichnet sie daher als *Rydberg-Konstante* R_H des Wasserstoffatoms. Ihr Wert wurde mehrmals an Hand der sich immer mehr verfeinernden spektroskopischen Meßmethoden präzisiert und beträgt nach heutigen Kenntnissen

Rydberg-Konstante
JOHANNES ROBERT RYDBERG (1854–1919)

$$R_\text{H} = (1,096775854 + 0,000000083)\ 10^7\,\text{m}^{-1}. \tag{4.5}$$

Rydberg-Konstante des ^{1}H

RYDBERG stellte das Seriengesetz (4.4a) zweckmäßig als Differenz zweier Terme dar:

$$\frac{1}{\lambda} = R_\text{H}\left(\frac{1}{2^2} - \frac{1}{n^2}\right) = T_n - T_2 \qquad (n = 3, 4, 5, \ldots). \tag{4.4b}$$

Die Größen

$$T_n = -\frac{R_\text{H}}{n^2} \qquad (n = 1, 2, 3, \ldots) \tag{4.6}$$

bezeichnet man als *Wasserstoffterme*.

Wasserstoffterme

Man erkannte weiter, daß z. B. auch die Kombination der Terme T_3 und T_4 eine Spektrallinie des Wasserstoffs ergibt:

$$\frac{1}{\lambda} = R_\text{H}\left(\frac{1}{3^2} - \frac{1}{4^2}\right) = T_4 - T_3.$$

Das ist wegen $1/\lambda \sim \nu \sim W$ nach dem Ritzschen Kombinationsprinzip auch zu erwarten. Durch konsequente Anwendung dieses Prinzips und durch den Vergleich der so rechnerisch gewonnenen Wellenlängen mit dem Experiment fand man, daß alle möglichen Spektrallinien des Wasserstoffs durch das Seriengesetz

$$\frac{1}{\lambda} = R_\text{H}\left(\frac{1}{n_1^2} - \frac{1}{n_2^2}\right) = T_{n_2} - T_{n_1} \qquad (n_1, n_2 \text{ ganzzahlig}, n_1 < n_2) \tag{4.4}$$

Seriengesetz des Wasserstoffspektrums

darstellbar sind.

Fixterm, Laufterm

Für eine bestimmte Serie besitzt n_1 einen festen Zahlenwert, während n_2 alle möglichen Werte durchläuft. Man nennt darum T_{n_1} den *Fixterm*, T_{n_2} den *Laufterm*. Je nach Wahl von n_1 werden mit $n_2 = n$ folgende Serien des Wasserstoffspektrums unterschieden und nach ihren Entdeckern benannt:

THEODORE LYMAN (1874–1954)

$$\frac{1}{\lambda} = R_\mathrm{H}\left(1 - \frac{1}{n^2}\right) \qquad (n = 2, 3, 4, \ldots)$$

Lyman-Serie

(*Lyman-Serie*)
91,2 nm $\leqq \lambda \leqq$ 121,6 nm (ultraviolettes Gebiet);

$$\frac{1}{\lambda} = R_\mathrm{H}\left(\frac{1}{2^2} - \frac{1}{n^2}\right) \qquad (n = 3, 4, 5, \ldots)$$

Balmer-Serie

(*Balmer-Serie*)
364,0 nm $\leqq \lambda \leqq$ 656,3 nm (nahes Ultraviolett und sichtbares Gebiet);

$$\frac{1}{\lambda} = R_\mathrm{H}\left(\frac{1}{3^2} - \frac{1}{n^2}\right) \qquad (n = 4, 5, 6, \ldots)$$

Paschen-Serie

(*Paschen-Serie*)
823 nm $\leqq \lambda \leqq$ 1,8751 µm (nahes ultrarotes Gebiet);

$$\frac{1}{\lambda} = R_\mathrm{H}\left(\frac{1}{4^2} - \frac{1}{n^2}\right) \qquad (n = 5, 6, 7, \ldots)$$

F. S. BRACKETT
Brackett-Serie

(*Brackett-Serie*)
1,46 µm $\leqq \lambda \leqq$ 4,05 µm (fernes ultrarotes Gebiet);

$$\frac{1}{\lambda} = R_\mathrm{H}\left(\frac{1}{5^2} - \frac{1}{n^2}\right) \qquad (n = 6, 7, 8, \ldots)$$

HERMAN PFUND (1879–1949)
Pfund-Serie

(*Pfund-Serie*)
2,28 µm $\leqq \lambda \leqq$ 7,40 µm (fernstes ultrarotes Gebiet). (4.1c)

Die Brackett-Serie wurde erst Anfang der fünfziger Jahre beobachtet. Inzwischen konnten auch Linien der Serie mit dem Fixterm T_6 nachgewiesen werden. Bisher wurde diese Serie nicht besonders benannt. Dem Übergang $n_2 = 7 \to n_1 = 6$ entspricht die Wellenlänge $\lambda = 11{,}7$ µm.

Multiplikation von (4.4) mit hc ergibt unter Beachtung von $\lambda\nu = c$

$$h\nu = hc\,(T_{n_2} - T_{n_1})\,, \tag{4.7a}$$

woraus mit (S 4.3)

$$W_{n_2} - W_{n_1} = hc\,(T_{n_2} - T_{n_1}) \tag{4.7b}$$

folgt. Die Ausdrücke hcT_n sind somit als Energiezustände des Wasserstoffatoms zu interpretieren.

> Das Wasserstoffatom besitzt die Energiezustände
>
> $$W_n = hcT_n = -\frac{hcR_H}{n^2} \qquad (n = 1, 2, 3, \ldots).$$

(S 4.5) Energiezustände des Wasserstoffatoms

Die Wasserstoffterme sind demnach nichts anderes als die durch hc dividierten Energiezustände des Wasserstoffatoms. Bisher konnten sowohl im Labor als auch in Sternatmosphären Anregungszustände des Wasserstoffatoms bis $n = 40$ nachgewiesen werden.

Es gilt stets $W_n < 0$. Bei der Bindung des Elektrons an den Wasserstoffkern wird demzufolge *Bindungsenergie* frei. Zur Anregung des Atoms, d.h. zur Lockerung der Bindung des Elektrons bzw. zu seiner völligen Lostrennung vom Atomverband, muß daher stets Energie zugeführt werden.

Bindungsenergie

Die Energiezustände des Wasserstoffatoms sind außer von den Konstanten h, c und R_H nur noch von dem Parameter n abhängig. Aufgrund seiner prinzipiellen Bedeutung für den Atombau wird er besonders benannt:

> Der die Energiezustände W_n des Wasserstoffatoms bestimmende Parameter n heißt Hauptquantenzahl.

(D 4.4) Hauptquantenzahl n

Der Grundzustand des Atoms ist der Zustand der geringsten potentiellen Energie und damit der stabile Zustand des Atoms. Er wird durch die Hauptquantenzahl $n = 1$ festgelegt. Für $n \to \infty$ gilt $\lim_{n \to \infty} W_n \to 0$. Die Bindungsenergie verschwindet, der Quantenzahl $n = \infty$ entspricht die Ionisation des Atoms. Alle anderen Energiestufen werden durch ein ganzzahliges n bestimmt und liegen zwischen diesen beiden Grenzwerten der Energie.

> Die Hauptquantenzahl n besitzt den Wertevorrat der natürlichen Zahlen:
> $n = 1, 2, 3, 4, \ldots$

(S 4.6) Wertevorrat der Hauptquantenzahl

Einen sehr schnellen und zugleich instruktiven Überblick über die Anordnung der Energiezustände eines Atoms und über die möglichen energetischen Übergänge zwischen ihnen, d.h. über das Spektrum des Atoms, gewinnt man aus dem *Energieniveau-* oder *Termschema*. Es ist ein eindimensionales Koordinatensystem mit vertikaler Achse, auf der die möglichen Energie- bzw. Termwerte aufgetragen werden. Die Energiezustände W_n bzw. Terme T_n stellt man zur besseren Übersicht nicht durch Punkte, sondern durch horizontale Linien dar (vgl. Abb. 4.7). Jede horizontale Linie charakterisiert dann einen möglichen Energiezustand. Im einfachen Fall des Wasserstoffatoms entspricht jeder Hauptquantenzahl eine einzige Linie. Die unterste Linie ($n = 1$) charakterisiert den Grundzustand W_1.

Energieniveauschema
Termschema

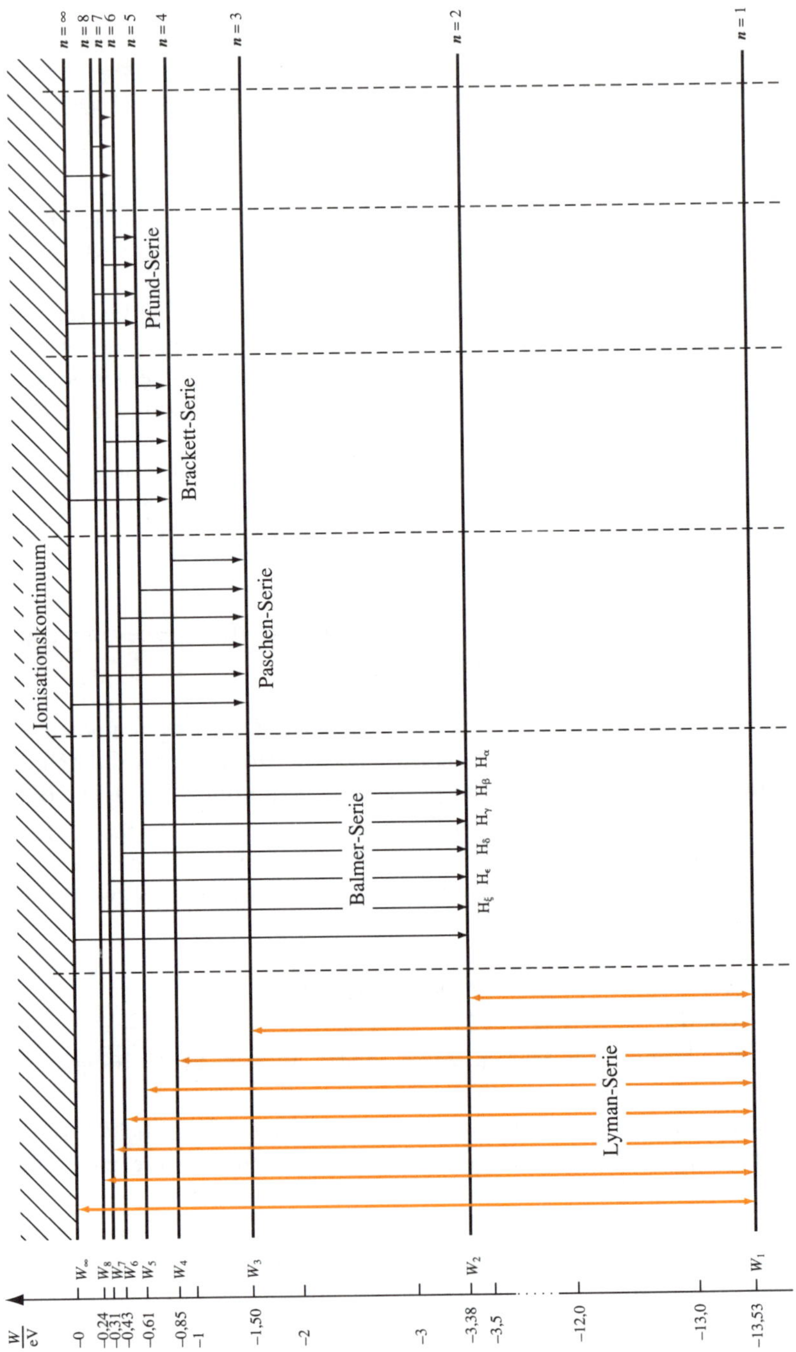

Abb. 4.7
Energieniveauschema des Wasserstoffatoms

Der Übergang $W_k \to W_i$ ($W_k > W_i$) ist nach (S 4.3) mit der Emission eines Photons der Energie $h\nu_{ki} = W_k - W_i$, der Übergang $W_i \to W_k$ ($W_i < W_k$) mit der Absorption eines Photons der Energie $h\nu_{ik} = h\nu_{ki} = | W_i - W_k |$ verbunden. Alle diese Übergänge werden im Energieniveauschema (Termschema) durch Pfeile vom Ausgangs- zum Endzustand charakterisiert. Die Pfeilspitze weist zum Endzustand. Demnach sind bei Emission die Pfeile nach unten, bei Absorption nach oben gerichtet.

Wasserstoffspektrum in Emission

Die Spektralserien des Wasserstoffs erfahren im Energieniveauschema eine sehr anschauliche Interpretation. In Emission gehören zur Lyman-Serie alle Übergänge, die auf dem Grundzustand ($n = 1$) enden, zur Balmer-Serie gehören alle die, die auf dem ersten angeregten Energieniveau enden usw. Alle diese Serien können daher in Emission beobachtet werden. Eine besondere Bezeichnung erhielten die Linien der Balmer-Serie (H_α, H_β, H_γ, H_δ usw., vgl. die Abb. 4.1 und 4.7).

Ionisationsenergie des Wasserstoffatoms

Die Bedingung $h\nu_{gr} = W_\infty - W_1$ legt die kurzwelligste Linie des Wasserstoffspektrums fest. Nach (S 4.5), $\lambda\nu = c$ und (S 4.3) folgt für ihre Wellenlänge $\lambda_{gr} = 91{,}2$ nm. Die Energie $W_\infty - W_1 = 13{,}53$ eV entspricht der *Ionisationsenergie* des Wasserstoffatoms.

Wasserstoffspektrum in Absorption

Hauptserie des Wasserstoffspektrums

In Absorption existiert im Normalfall nur die Lyman-Serie, da alle ihre Linien vom Grundzustand ausgehen. Sie wird daher auch als *Hauptserie* des Wasserstoffspektrums bezeichnet. Für die Balmer-Serie in Absorption sind Übergänge vom Energieniveau W_2 notwendig. Im Normalfall liegen aber die Wasserstoffatome im Grundzustand vor. Derartige Übergänge sind dann nicht möglich; die Balmer-Serie sowie die noch langwelligeren Serien treten in Absorption nicht auf. Erst dann, wenn der Energiezustand W_2 merklich besetzt ist, d.h., wenn eine merkliche Anzahl der vorhandenen Wasserstoffatome dieses Energieniveau einnimmt, wird die Balmer-Serie auch in Absorption beobachtbar. Solche Absorptionsspektren findet man z.B. in den Atmosphären von Fixsternen, wo sich infolge der thermischen Anregung eine erhebliche Anzahl von Atomen im Energiezustand W_2 befindet.

Ionisationskontinuum (Grenzkontinuum)

Die Energiezustände liegen um so dichter, je mehr man sich dem Energiezustand $W_\infty = 0$ ($W_\infty - W_1$ = Ionisationsenergie) nähert, da $W_n \sim 1/n^2$ gilt (vgl. (S 4.5)). Sie gehen für Energien $W > W_\infty$ in ein Energiekontinuum (*Grenz- oder Ionisationskontinuum*) über. Dieses Kontinuum erklärt sich aus der Tatsache, daß die Translationsenergie eines ungebundenen Elektrons nicht gequantelt ist, das Elektron also, wenn es erst einmal vom Atomverband gelöst ist, jeden beliebigen Energiewert aufzunehmen vermag.

4.3.1.1 Resonanzfluoreszenz, Resonanzlinien

Wir betrachten als spezielles Beispiel, daß durch Einstrahlung von Licht der Frequenz ν_{13} oder durch Zufuhr der mechanischen Energie $h\nu_{13}$ ein Wasserstoffatom vom Grundzustand in den zweiten angeregten Energiezustand gelangt. Es kehre anschließend unter Strahlungsemission in den

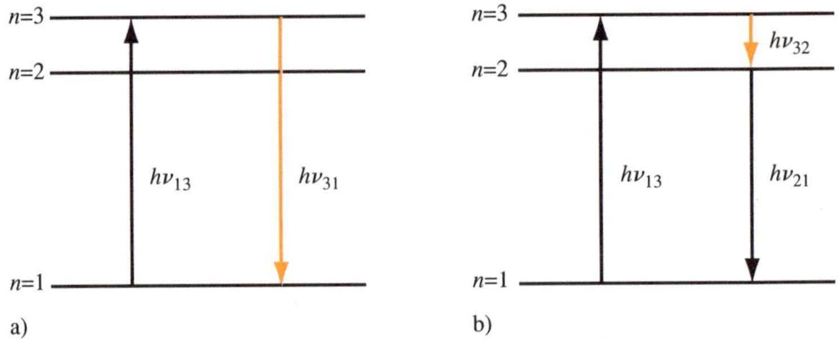

Abb. 4.8
Möglichkeiten des Rückganges für ein angeregtes Atom in den Grundzustand
a) Emission nur eines Photons
b) Emission von zwei Photonen (stufenweiser Rückgang)

Grundzustand zurück. Hierfür gibt es prinzipiell zwei Möglichkeiten (vgl. Abb. 4.8). Entweder wird ein Photon der Energie $h\nu_{31} = h\nu_{13}$ emittiert, oder der Übergang zum Grundzustand erfolgt stufenweise durch Emission von zwei Photonen der Energien $h\nu_{32}$ und $h\nu_{21}$. Im ersten Fall wird eine Strahlung der Frequenz ν_{31}, im zweiten eine Strahlung der Frequenzen ν_{32} und ν_{21} beobachtet. Je höher der Anregungszustand ist, um so mehr Übergangsmöglichkeiten vom angeregten Zustand in den Grundzustand gibt es. Wird dagegen das Atom durch eine Strahlung der Frequenz ν_{12} vom Grundzustand in den ersten angeregten Energiezustand ($n = 2$) überführt, dann gibt es für die Strahlungsemission nur noch eine Möglichkeit (vgl. Abb. 4.9): Die Frequenz ν_{21} des ausgestrahlten Lichtes ist gleich der Frequenz des eingestrahlten Lichtes ($\nu_{21} = \nu_{12}$).

Resonanzfluoreszenz

Resonanzlinie

Resonanzlinien sind besonders intensiv

Stimmen die Frequenzen des eingestrahlten und des ausgestrahlten Lichtes überein, so spricht man von *Resonanzfluoreszenz*. Im engeren Sinne bezeichnet man nur die Linie eines Spektrums als *Resonanzlinie*, die dem Energieübergang vom ersten angeregten Zustand ($n = 2$) in den Grundzustand entspricht. Da die Besetzung des Zustandes $n = 2$ in der Regel wahrscheinlicher als die der höheren Energiezustände ist, treten die Resonanzlinien in Emissionsspektren meist besonders intensiv auf. Zum Beispiel handelt es sich bei der im Zusammenhang mit dem Elektronenstoßversuch von Franck und Hertz erwähnten Hg-Linie $\lambda = 253{,}7$ nm um eine Resonanzlinie.

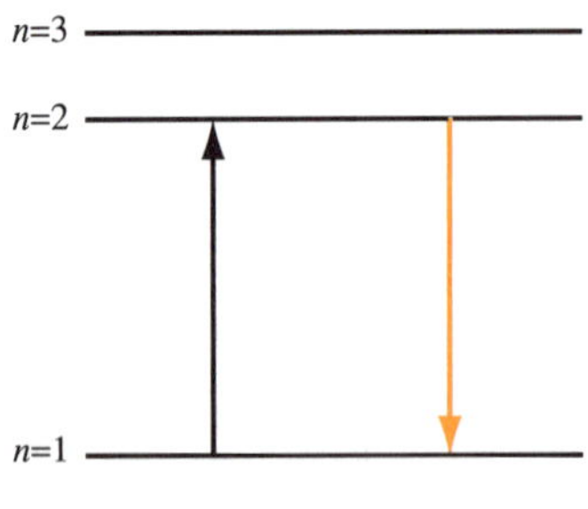

Abb. 4.9
Zur Entstehung der Resonanzlinie

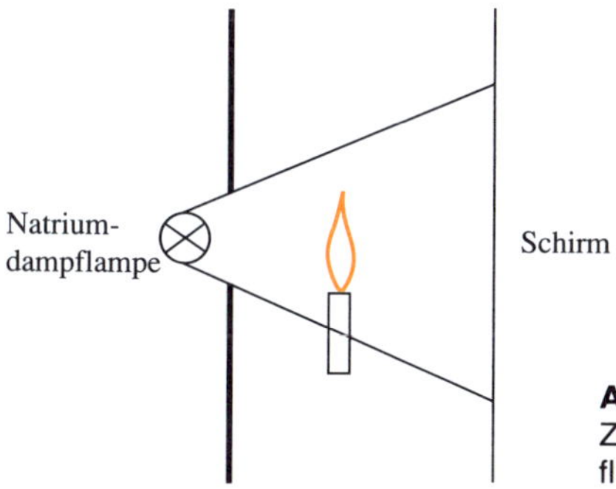

Abb. 4.10
Zum Nachweis der Resonanzfluoreszenz

experimenteller Nachweis der Resonanzfluoreszenz

Die Resonanzfluoreszenz kann durch ein einfaches Experiment sehr anschaulich demonstriert werden. Eine Natriumdampflampe ausreichender Intensität beleuchte einen weißen Schirm (s. Abb. 4.10). Die Natriumdampflampe strahlt im sichtbaren Bereich nur die Resonanzlinie des Natriums (Natrium-D-Linie, $\lambda = 589{,}3$ nm) ab. Zwischen Schirm und Lampe brenne eine praktisch farblose Flamme. Auf dem Schirm hebt sie sich etwas vom dunkleren Untergrund ab. Bringt man etwas Kochsalz (NaCl) in diese Flamme, dann verändern sich die Verhältnisse. Die Flamme färbt sich gelb und erscheint auf dem Schirm als dunkler Schatten. Das Licht der Natriumdampflampe regt die Natriumatome in der Flamme an. Die hierzu notwendige Energie wird dem Licht entzogen, die Flamme wirkt als absorbierendes Medium. Zwar gehen im Mittel die angeregten Atome nach etwa 10^{-8} s durch Emission der Resonanzlinie in den Grundzustand zurück. Doch es gibt für diese Emission keine Vorzugsrichtung, da die dem gerichteten Lichtbündel entzogene Energie gleichmäßig in alle Richtungen emittiert wird. Die Flamme erscheint dem Beobachter unabhängig von der Betrachtungsrichtung gleichmäßig gelb.

4.3.2 Spektren der wasserstoffähnlichen Ionen

wasserstoffähnliche Ionen

Aus dem Periodensystem der Elemente kann wegen der Identität von Ordnungszahl und Anzahl der Hüllenelektronen abgelesen werden, daß die Atomhülle des einfach ionisierten Heliums He^{+}, des zweifach ionisierten Lithiums Li^{++}, des dreifach ionisierten Berylliums Be^{+++}, des vierfach ionisierten Bors B^{++++} usw. wie das Wasserstoffatom nur ein Elektron besitzt. Man nennt diese Ionen ${}_{Z}X^{(Z-1)+}$ daher *wasserstoffähnliche* Ionen. Es ist auch zu erwarten, daß ihre Spektren dem Wasserstoffspektrum ähnlich sind. Das Experiment bestätigt diese Vermutung, denn in völliger Analogie zu (4.4) sind die Spektren der wasserstoffähnlichen Ionen durch das Seriengesetz

$$\frac{1}{\lambda} = Z^2 R_X \left(\frac{1}{n_1^2} - \frac{1}{n_2^2} \right) \tag{4.8}$$

darstellbar. R_X ist dabei die Rydberg-Konstante der Atomart X. Für unterschiedliche Atomarten weichen die Zahlenwerte für R_X nur geringfügig voneinander ab (vgl. z. B. (4.9 a) mit (4.5)). Die Gültigkeit von (4.8) konnte in den Spektren von Funkentladungen bzw. Fixsternen bis einschließlich O^{7+} nachgewiesen werden.

Speziell unterscheidet man für $^4He^+$ die Serien

Serienformeln des $^4He^+$

$$\frac{1}{\lambda} = 4R_{He}\left(1 - \frac{1}{n^2}\right) \qquad (n = 2, 3, 4, ...)$$

(1. *Lyman-Serie*, ultraviolettes Gebiet);

$$\frac{1}{\lambda} = 4R_{He}\left(\frac{1}{2^2} - \frac{1}{n^2}\right) \qquad (n = 3, 4, 5, ...)$$

(2. *Lyman-Serie*, ultraviolettes Gebiet);

$$\frac{1}{\lambda} = 4R_{He}\left(\frac{1}{3^2} - \frac{1}{n^2}\right) \qquad (n = 4, 5, 6, ...)$$

Alfred Fowler (1868 – 1940)

(*Fowler-Serie*, nahes ultraviolettes und sichtbares Gebiet);

$$\frac{1}{\lambda} = 4R_{He}\left(\frac{1}{4^2} - \frac{1}{n^2}\right) = R_{He}\left(\frac{1}{2^2} - \frac{1}{\left(\frac{n}{2}\right)^2}\right) \qquad (n = 5, 6, 7, ...) \qquad (4.9)$$

Edwart Charles Pickering (1846 – 1919)

(*Pickering-Serie*, nahes ultraviolettes und sichtbares Gebiet)

mit

Rydberg-Konstante des ^4He

$$R_{He} = (1{,}09722403 \pm 0{,}00000037)\ 10^7\,\mathrm{m}^{-1}. \qquad (4.9a)$$

Wie man aus dem Vergleich der Balmer-Serie mit der zweiten Darstellungsmöglichkeit der Pickering-Serie erkennt, müssen die zu geradzahligen Werten von n gehörenden Linien der Pickering-Serie mit denen der Balmer-Serie praktisch übereinstimmen. Das Experiment bestätigt bis auf geringe Abweichungen diese Schlußfolgerung. Die geringe Differenz einander entsprechender Linien erklärt sich aus den etwas verschiedenen Werten von R_H und R_{He}.

4.4 Aufgaben

4.1
Beim Franck-Hertz-Versuch mit Natriumdampf wird die gelbe Natrium-D-Linie mit der Wellenlänge 589 nm abgestrahlt. Bei welcher Spannung zwischen Katode und Gitter geschieht das erstmalig?

4.2
Stellt man beim Franck-Hertz-Versuch mit Quecksilberdampf die Stromstärke als Funktion der Spannung dar, so liegen die ersten beiden Maxima bei 4,9 V und 6,7 V. Bei welchen Spannungen sind die nächsten drei Maxima zu erwarten? Begründen Sie Ihre Ansicht und formulieren Sie eine Formel für die Lage der Maxima!

4.3
Die mittlere Lebensdauer des angeregten Zustandes der langwelligsten Wasserstoff-Balmer-Linie wurde experimentell zu $1{,}5 \cdot 10^{-8}\,\mathrm{s}$ bestimmt.
Berechnen Sie die Wellenlänge der Linie und den durch die Linienbreite bestimmten Wellenlängenbereich $\Delta\lambda$ und $\Delta\lambda/\lambda$ als relative Linienunschärfe!

4.4
Welche Temperatur müßte atomares Wasserstoffgas besitzen, damit seine mittlere thermische Energie der Energie des ersten angeregten Zustandes entspräche?

4.5
Berechnen Sie den energetischen Abstand (in Elektronenvolt) zwischen dem ersten angeregten Zustand des Wasserstoffatoms und dem Nullpunkt der potentiellen Energie. Ordnen Sie den beschriebenen Übergang einer Spektralserie zu!

4.6
Bestimmen Sie die Zahl der Wasserstoff-Spektrallinien im sichtbaren Spektralbereich zwischen 400 nm und 700 nm!

4.7
In welchen Grenzen darf die Energie stoßender Elektronen liegen, wenn durch die Stöße genau zwei Spektrallinien des atomaren Wasserstoffs angeregt werden sollen?

4.8
Ein Wasserstoff-Atom absorbiert ein Photon der Wellenlänge 68,7 nm.
Berechnen Sie die Geschwindigkeit des freigesetzten Elektrons!

4.9
Im Spektrum des atomaren Wasserstoffs tritt eine Emissionslinie mit der Wellenlänge 656,3 nm auf. Welche Wellenlängen haben die Spektrallinien, die zusammen mit dieser Emissionslinie auftreten müssen?

4.10
Berechnen Sie für das einfach ionisierte Helium die ersten drei Anregungsenergien sowie die für die zweite Ionisierung erforderliche Energie!

4.11
Welche Linien des Li^{++}-Spektrums stimmen bei Annahme gleicher Rydberg-Konstanten mit Linien der Lyman-Serie des Wasserstoffatoms überein?

5 Modellvorstellungen der Atomphysik

In den vorangegangenen Kapiteln wurde eine Reihe experimenteller Ergebnisse zusammengestellt, für die die klassische Physik keine Erklärung bereithält. Ein befriedigendes Modell vom Aufbau der Atome muß den Schlüssel zum physikalischen Verständnis von allen diesen experimentell gesicherten Erkenntnissen liefern, wozu u.a. folgende Gegebenheiten zählen:

- die Stabilität der Atome,
- das Periodische System der Elemente,
- die chemische Bindung,
- die diskreten Anregungsenergien der Atome und ihre energetische Lage,
- die Ionisationsenergie der Atome,
- die Spektren einschließlich ihrer Feinstruktur und Übergangsregeln.

Hinzu kommen experimentelle Fakten wie die Röntgenspektren und das Verhalten der Atome in elektrischen und magnetischen Feldern. Auch müssen mit diesem Modell die Eigenschaften des Festkörpers erklärt werden können.

5.1 Rutherfordsches Atommodell

Rutherford-Modell kann die Stabilität der Atome nicht erklären

Die Lenard-Rutherfordschen Streuversuche (vgl. Abschn. 3.2) belegen den Aufbau der Atome aus Atomkern und Atomhülle. RUTHERFORD schloß hieraus 1913, daß das Atom als verkleinertes Planetensystem anzusehen sei. Die Elektronen umlaufen den Kern auf Ellipsenbahnen wie die Planeten die Sonne. Mechanisch ist ein derartiges Modell insofern möglich, da die Coulomb-Kraft und die Gravitationskraft die gleiche Form $\boldsymbol{F} \sim r^{-3}\boldsymbol{r}$ besitzen.

Dieses Modell kann aber schon zwei fundamentale Eigenschaften der Atome nicht erklären: ihre Stabilität und ihre diskreten Anregungsenergien. Mechanisch wird die Form der Ellipsenbahn durch die Anfangsenergie bestimmt. Es sind alle Bahnen möglich, in deren einem Brennpunkt sich der Kern befindet. Alle diese Elektronenbahnen zeichnen sich durch unterschiedliche Anfangsbedingungen und demzufolge durch unterschiedliche Energien aus (vgl. Abschn. I 3.7.5), d.h., die Atome müßten im Widerspruch zur Erfahrung kontinuierliche Anregungsenergien besitzen. Weiter bilden das umlaufende Elektron und der positive Atomkern einen zeitlich veränderlichen elektrischen Dipol. Nach den Gesetzen der Elektrodynamik strahlt ein schwingender Dipol eine elektromagnetische Welle ab (vgl. Abschn. II 7.2.1.5). Dem umlaufenden Elektron wird analog zu einem Satelliten in Erdnähe dauernd Energie entzogen. Es müßte sich demnach im Laufe der Zeit dem Kern beliebig nähern, die Atome wären nicht stabil. Die theoretische Durchrechnung des Problems ergibt einen Zerfall in ca. 10^{-10} s. Das Rutherfordsche Atommodell mußte daher verworfen werden.

5.2 Bohrsches Atommodell

5.2.1 Bohrsche Postulate

BOHR versuchte 1913 die Unzulänglichkeiten des Rutherfordschen Atommodells zu beseitigen, indem er für das Mikroobjekt Atom bestimmte Gesetze der klassischen Physik axiomatisch außer Kraft setzte.

Um die Stabilität der Atome im Rutherfordschen Modell zu retten, postulierte er die Existenz von strahlungsfreien Elektronenbahnen im Atom. Diskrete Energieniveaus für die Atome erhielt er dadurch, daß er für die Elektronen nur bestimmte Bahnen zuließ. Die Frage nach dem Auswahlprinzip für diese Bahnen wurde von ihm gelöst, indem er das für die Energiestufen des harmonischen Oszillators gültige Auswahlprinzip (S 1.3 b) $\oint p \, \mathrm{d}q = nh$ auch für die Energiestufen der Atome übernahm. Er gewann so sein 1. Postulat:

Elektronen können im Atom nur diskrete Bahnen durchlaufen, sie strahlen auf diesen Bahnen keine Energie ab. Die möglichen Bahnen sind durch die Quantenbedingung

$$\oint p \, \mathrm{d}q = nh \quad (n = 1, 2, 3, \ldots)$$

festgelegt
(*1. Bohrsches Postulat* oder *Bohrsche Phasenintegralbedingung*).

(S 5.1 a)
1. Bohrsches Postulat (Bohrsche Phasenintegralbedingung)

Wie in Abschnitt 5.2.3 gezeigt wird, liegt die Unzulänglichkeit der Bohrschen Theorie vor allem in der Annahme von Elektronenbahnen im Atom. Teilweise wird daher in den Bohrschen Postulaten der Begriff Bahn umschrieben. Da man aber bei der praktischen Handhabung dieses Modells stets auf die Elektronenbahnen zurückkommen muß, löst eine derartige Formulierung nicht die eigentliche Problematik, sondern verschleiert sie nur.

Kritik am Bahnbegriff

Sein zweites Postulat entspricht (S 4.3):

(S 5.1b)
2. Bohrsches Postulat (Bohrsche Frequenzbedingung)

Die Änderung des Energieinhaltes eines Atoms kann nur durch seinen Übergang von einem stationären in einen anderen stationären Energiezustand erfolgen. Beim Übergang $W_i \rightarrow W_k$ ($W_i < W_k$) wird ein Photon der Energie

$$h\nu_{ik} = | W_i - W_k |$$

absorbiert,
beim Übergang $W_k \rightarrow W_i$ ($W_k > W_i$) wird ein Photon der Energie

$$h\nu_{ki} = W_k - W_i$$

emittiert
(*2. Bohrsches Postulat* oder *Bohrsche Frequenzbedingung*).

Bohr formulierte diese Gesetzmäßigkeit 1913. Franck und Hertz konnten 1914 mit dem Elektronenstoßversuch deren Richtigkeit experimentell bestätigen.

Bohr setzt mit seinen Postulaten für das Innere des Atoms bestimmte Gesetze der klassischen Physik außer Kraft. Für große Energien (d.h. für großes n) und für große Bahndimensionen stehen die Gesetze der klassischen Physik aber in Übereinstimmung mit dem Experiment. Bohr versuchte daher diese Postulate folgendermaßen an die Gesetze der klassischen Physik anzuschließen:

(S 5.1c)
3. Bohrsches Postulat (Bohrsches Korrespondenzprinzip)

Die Gesetze der nach dem 1. und 2. Postulat entwickelten Atommechanik müssen für großes n und für große Bahndimensionen in die Gesetze der klassischen Physik übergehen
(*3. Bohrsches Postulat* oder *Bohrsches Korrespondenzprinzip*).

Eine Anwendung der Bohrschen Postulate erfolgt im nächsten Abschnitt.

5.2.2 Interpretation des Wasserstoffspektrums

Ein für die historische Entwicklung der Atomphysik wichtiger Schritt war die mit Hilfe der Bohrschen Theorie erfolgte Deutung des Wasserstoffspektrums sowie der Spektren der wasserstoffähnlichen Ionen. Hierzu nehmen wir an, daß sich ein Elektron mit konstanter Geschwindigkeit v auf einer Kreisbahn vom Radius r_n um einen Atomkern mit der positiven Ladung Ze und der Masse m_{0k} bewegt (s. Abb. 5.1). Da die zwischen dem Elektron und dem Atomkern wirkende Coulomb-Kraft eine Zentralkraft ($\boldsymbol{F} \sim \boldsymbol{r}_n$) ist, ist nach dem Drehimpulserhaltungssatz die Elektronenbahn eben.

Rückführung des Zweikörperproblems auf ein Einkörperproblem

Nach Abschnitt I 4.1 kann jedes Zweikörperproblem auf ein Einkörperproblem zurückgeführt werden, indem man nicht den Massenmittelpunkt

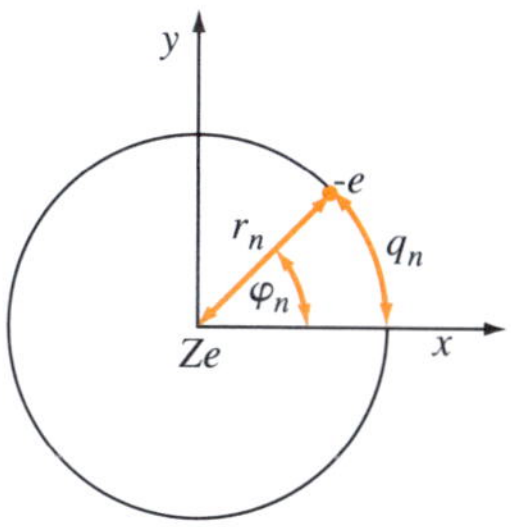

Abb. 5.1
Zur Behandlung des Wasserstoffatoms nach BOHR

der beiden Körper mit den Massen m_1 und m_2, sondern z. B. die Masse m_1 als ruhend ansieht und statt mit m_2 mit der reduzierten Masse

$$m_\mathrm{r} = \frac{m_2}{1 + \dfrac{m_2}{m_1}} \tag{5.1a}$$

reduzierte Masse

rechnet. Wir legen daher in die Bahnebene des umlaufenden Elektrons ein ebenes Polarkoordinatensystem mit dem Ursprung in dem als ruhend vorausgesetzten Atomkern und ersetzen die Masse $m_{0\mathrm{e}}$ des umlaufenden Elektrons durch die reduzierte Masse

$$m_\mathrm{r} = \frac{m_{0\mathrm{e}}}{1 + \dfrac{m_{0\mathrm{e}}}{m_{0\mathrm{k}}}} \tag{5.1}$$

reduzierte Masse von Atomkern und Elektron

von Elektron und Atomkern.

Die Bahn des umlaufenden Elektrons ist nur dann eine stationäre Kreisbahn mit dem Radius r_n, wenn sich in jedem Bahnpunkt die Coulomb-Kraft (II S 1.3), (Elektronenladung $-e$, Kernladung Ze, Dielektrizitätszahl $\varepsilon_\mathrm{r} = 1$)

Berechnung möglicher Bahnradien und Geschwindigkeiten des Elektrons

$$\boldsymbol{F} = -\frac{Ze^2}{4\pi\varepsilon_0 r_n^2}\,\boldsymbol{r}_n^0 \tag{5.2a}$$

und die Zentrifugalkraft (I 3.15)

$${}^\mathrm{Z}\boldsymbol{F} = m_\mathrm{r}\frac{v_n^2}{r_n^2}\,\boldsymbol{r}_n^0 = m_\mathrm{r} r_n \omega_n^2 \boldsymbol{r}_n^0 \tag{5.2b}$$

das Gleichgewicht halten:

$$\frac{Ze^2}{4\pi\varepsilon_0 r_n^2} = m_\mathrm{r} r_n \omega_n^2 . \tag{5.2}$$

Mit $v_n = r_n\,\omega_n$ schreibt sich der Impuls

$$p_n = m_\mathrm{r}\,v_n = m_\mathrm{r}\,r_n\,\omega_n , \tag{5.3a}$$

während für die Ortskoordinate q_n

$$q_n = r_n \varphi_n \tag{5.3b}$$

folgt.

Nach dem ersten Bohrschen Postulat (S 5.1a) sind für das Elektron nur solche Bahnen zugelassen, für die das Phasenintegral ein ganzzahliges Vielfaches der Planck-Konstanten ist:

$$\oint p_n \, \mathrm{d}q_n = m_\mathrm{r} r_n^2 \omega_n \int_0^{2\pi} \mathrm{d}\varphi = m_\mathrm{r} r_n^2 \omega_n 2\pi = nh$$

oder

$$\omega_n = \frac{nh}{2\pi m_\mathrm{r} r_n^2} \qquad (n = 1, 2, 3, \ldots). \tag{5.4}$$

Elimination von ω_n bzw. r_n mit Hilfe von (5.2) ergibt als mögliche Bahnradien des umlaufenden Elektrons

$$r_n = \frac{n^2 h^2 \varepsilon_0}{\pi Z m_\mathrm{r} e^2} \qquad (n = 1, 2, 3, \ldots) \tag{5.5a}$$

und als dabei mögliche Winkelgeschwindigkeiten

$$\omega_n = \frac{\pi Z^2 m_\mathrm{r} e^4}{2 n^3 h^3 \varepsilon_0^2} \qquad (n = 1, 2, 3, \ldots). \tag{5.5b}$$

Mit Hilfe dieser Beziehungen errechnet sich die kinetische Energie des Elektrons zu

$$W_{\mathrm{kin},n} = \frac{m_\mathrm{r}}{2} v_n^2 = \frac{m_\mathrm{r}}{2} r_n^2 \omega_n^2 = \frac{Z^2 m_\mathrm{r} e^4}{8 n^2 h^2 \varepsilon_0^2}, \tag{5.6a}$$

und nach (II 1.3c) seine potentielle Energie zu

$$W_{\mathrm{p},n} = -\frac{Z e^2}{4\pi \varepsilon_0 r_n} = -\frac{Z^2 m_\mathrm{r} e^4}{4 n^2 h^2 \varepsilon_0^2}. \tag{5.6b}$$

Energieniveaus des Wasserstoffatoms und der wasserstoffähnlichen Ionen

Da die Coulomb-Kraft und die Zentrifugalkraft konservative Kräfte sind, gilt der Energieerhaltungssatz der klassischen Mechanik, und man erhält für die gesuchten Energieniveaus

$$W_n = W_{\mathrm{kin},n} + W_{\mathrm{p},n} = -\frac{Z^2 m_\mathrm{r} e^4}{8 n^2 h^2 \varepsilon_0^2}$$

$$= -\frac{Z^2 m_{0\mathrm{e}} e^4}{8 n^2 h^2 \varepsilon_0^2 \left(1 + \dfrac{m_{0\mathrm{e}}}{m_{0\mathrm{k}}}\right)} \qquad (n = 1, 2, 3, \ldots). \tag{5.6}$$

Nach der Bohrschen Frequenzbedingung (S 5.1b) ist der energetische Übergang des Elektrons zwischen den Energieniveaus W_{n1} und W_{n2} mit der Emission bzw. Absorption einer Strahlung der reziproken Wellenlänge oder *Wellenzahl*

Wellenzahl

$$\frac{1}{\lambda} = \frac{Z^2 m_{0e} e^4}{8 h^3 c \varepsilon_0^2 \left(1 + \frac{m_{0e}}{m_{0k}}\right)} \left(\frac{1}{n_1^2} - \frac{1}{n_2^2}\right) \tag{5.7a}$$

verbunden. Der Vergleich von (5.7a) mit (4.8) legt nahe, als Rydberg-Konstante R_X der Atomart X

$$R_X = \frac{R_\infty}{1 + \frac{m_{0e}}{m_{0k}}} \tag{5.8a}$$

mit der *universellen Rydberg-Konstanten*

universelle Rydberg-Konstante

$$R_\infty = \frac{m_{0e} e^4}{8 h^3 c \varepsilon_0^2} = (1{,}097\,373\,177 \pm 0{,}000\,000\,083)\ 10^7\,\mathrm{m}^{-1} \tag{5.8}$$

einzuführen. (5.7a) nimmt dann die schon aus den spektroskopischen Daten gefolgerte Form (4.8)

$$\frac{1}{\lambda} = Z^2 R_X \left(\frac{1}{n_1^2} - \frac{1}{n_2^2}\right) \tag{5.7}$$

Seriengesetz der wasserstoffähnlichen Ionen

an.

Nach (5.8a) ist der Unterschied der Rydberg-Konstanten für die einzelnen Atomarten durch deren unterschiedliche Kernmassen bedingt. Die Rydberg-Konstante für eine unendlich große Kernmasse ist die universelle Rydberg-Konstante R_∞. Damit liegen die möglichen Rydberg-Konstanten R_X im Intervall

Wertebereich der Rydberg-Konstanten

$$R_H \leqq R_x < R_\infty . \tag{5.8b}$$

Die Beziehung (5.7) werde zuerst unter Beachtung von (2.25), (5.8a) und (5.8) auf das Wasserstoffatom spezialisiert ($Z = 1$, $m_{0k} = m_{0p}$):

$$\frac{1}{\lambda} = R_H \left(\frac{1}{n_1^2} - \frac{1}{n_2^2}\right), \quad R_H = \frac{R_\infty}{1 + \frac{1}{1836{,}15152}} = 1{,}096\,775\,854\ \ 10^7\,\mathrm{m}^{-1}.$$

Seriengesetz des Wasserstoffspektrums

Wie der Vergleich mit (4.4) und (4.5) zeigt, stehen diese theoretischen Ergebnisse in voller Übereinstimmung mit den experimentellen Befunden.

Nach (5.5a) besitzt das Wasserstoffatom im Grundzustand ($n = 1$) den Radius

Radius des Wasserstoffatoms

$$r_1 = \frac{h^2 \varepsilon_0 \left(1 + \frac{1}{1836{,}15152}\right)}{\pi\, m_{0e} e^2} = (5{,}2917706 \pm 0{,}0000044)\ 10^{-11}\,\mathrm{m}. \tag{5.9}$$

Die Messungen des Atomradius des Wasserstoffatoms bestätigen diesen Wert.

Das Spektrum des Deuteriums genügt nach (5.7) dem gleichen Seriengesetz wie der leichte Wasserstoff, nur nach (5.8a) mit einem etwas abweichenden Wert der Rydberg-Konstanten ($m_{0k} \approx 2m_{0p}$ statt $m_{0k} = 1m_{0p}$):

Rydberg-Konstante des Deuteriums

$$R_D = \frac{R_\infty}{1 + \dfrac{m_{0e}}{2m_{0p}}} = 1{,}097074 \cdot 10^7\,\text{m}^{-1}. \tag{5.10a}$$

Die Spektrallinien des leichten und des schweren Wasserstoffs sind demnach geringfügig gegeneinander verschoben. Zum Beispiel besitzen die H_α-Linien beider Isotope eine Wellenlängendifferenz von $\Delta\lambda = 0{,}179$ nm. Diese *Isotopieverschiebung* der Spektrallinien führte 1932 zur Entdeckung des Deuteriums durch UREY.

Isotopieverschiebung

Die Isotopieverschiebung der Spektrallinien wird nach (5.8a) um so geringfügiger, je größer die Masse der Kerne, d.h. die Ordnungszahl ist. Sie ist daher nur für leichte Kerne (bis etwa $Z = 40$) nachweisbar. Für ein Isotopengemisch aus leichten Kernen kann auf Grund der Isotopieverschiebung eine Hyperfeinstruktur der Spektrallinien vorgetäuscht werden, die streng von der eigentlichen Hyperfeinstruktur – bedingt durch den Kernspin – zu unterscheiden ist (vgl. Abschn. 10.4.1).

Die Spektralserien des einfach ionisierten Heliums ($Z = 2$, $m_{0k} \approx 4m_{0p}$) und des zweifach ionisierten Lithiums ($Z = 3$, $m_{0k} \approx 7m_{0p}$) genügen nach (5.7) und (5.8a) den Seriengesetzen

Seriengesetz des $^4He^+$-Spektrums

$$\frac{1}{\lambda} = 4R_{He}\left(\frac{1}{n_1^2} - \frac{1}{n_2^2}\right)$$

mit

Rydberg-Konstante des ^4He

$$R_{He} = \frac{R_\infty}{1 + \dfrac{m_{0e}}{4m_{0p}}} = 1{,}0972237 \cdot 10^7\,\text{m}^{-1} \tag{5.10b}$$

und

Seriengesetz des $^7Li^{++}$-Spektrums

$$\frac{1}{\lambda} = 9R_{Li}\left(\frac{1}{n_1^2} - \frac{1}{n_2^2}\right)$$

mit

Rydberg-Konstante des ^7Li

$$R_{Li} = \frac{R_\infty}{1 + \dfrac{m_{0e}}{7m_{0p}}} = 1{,}097288 \cdot 10^7\,\text{m}^{-1}. \tag{5.10c}$$

Auch diese Ergebnisse der Bohrschen Theorie stehen in voller Übereinstimmung mit den spektroskopischen Daten.

Mit den ersten beiden Bohrschen Postulaten können die Wellenlängen des Wasserstoffspektrums berechnet werden. Eine umfassendere Beschreibung der Spektren muß jedoch auch Angaben zur Intensität und gegebenenfalls zur Polarisation der emittierten Welle einschließen. Dazu bietet das Bohrsche Korrespondenzprinzip gewisse Möglichkeiten. Zufriedenstellende Auskünfte darüber erfordern jedoch quantenmechanische Methoden. Das offenbart auch das folgende Beispiel zur Anwendung des Korrespondenzprinzipes.

Anwendung des Korrespondenzprinzips

Setzt man in den Ausdruck (5.7a) für die tatsächlich beobachteten Wellenlängen entsprechend dem Bohrschen Korrespondenzprinzip (S 5.1c) *große* Quantenzahlen n_1 und n_2 ein, so folgt mit $n_1 = n \approx n_2$ und $n_2 - n_1 = \Delta n \ll n$ für die Kreisfrequenz der abgestrahlten Welle

$$\omega = \frac{2\pi c}{\lambda} = \frac{\pi Z^2 m_r e^4}{4 h^3 \varepsilon_0^2} \left(\frac{1}{n_1^2} - \frac{1}{n_2^2} \right)$$

$$= \frac{\pi Z^2 m_r e^4}{4 h^3 \varepsilon_0^2} \cdot \frac{(n_2 + n_1)(n_2 - n_1)}{n_1^2 n_2^2}$$

$$\approx \frac{\pi Z^2 m_r e^4}{4 h^3 \varepsilon_0^2} \cdot \frac{2 n \Delta n}{n^4}$$

und mit (5.5b)

$$\omega = \omega_n \Delta n \qquad (\Delta n = 1, 2, 3, \ldots).$$

Das Korrespondenzprinzip ordnet also in der klassischen Physik der von den wasserstoffähnlichen Ionen abgestrahlten Welle eine elektromagnetische Welle mit der Frequenz zu, die der Umlaufsfrequenz des Elektrons auf seiner kreisförmigen Bahn entspricht. Mit $\Delta n = 1$ ergibt sich die Grundwelle, die Werte $\Delta n = 2, 3, 4, \ldots$ ergeben die Oberwellen. Da nach $v = r\omega$ das mit konstanter Geschwindigkeit auf einer Kreisbahn umlaufende Elektron keine Oberwellen erzeugen kann, ist nur $\Delta n = 1$ möglich. Damit dürften nach dem Korrespondenzprinzip nur die Übergänge mit $\Delta n = 1$ zur Abstrahlung einer Welle mit einer von Null verschiedenen Intensität führen. Nach der experimentellen Erfahrung ist das aber für alle ganzzahligen Δn der Fall (s. Abb. 4.7).

5.2.3 Grenzen der Bohrschen Theorie

Die Bohrsche Theorie gibt die vom Experiment geforderten Seriengesetze für den Wasserstoff und die wasserstoffähnlichen Ionen einschließlich der Zahlenwerte der Rydberg-Konstanten richtig wieder. Sie zeigt weiter, daß die unterschiedlichen Zahlenwerte der Rydberg-Konstanten durch die unterschiedlichen Kernmassen bedingt sind. Wasserstoff hat die kleinste Rydberg-Konstante, R_∞ entspricht ihrem Wert für eine unendlich große Kernmasse ($R_H \leqq R < R_\infty$).

Trotz dieser augenfälligen Erfolge der Bohrschen Theorie stößt man bei ihrer weiteren Anwendung sehr schnell auf Grenzen; es zeigen sich

Diskrepanzen zwischen Bohrscher Theorie und experimentellen Ergebnissen

unüberwindliche Diskrepanzen zwischen theoretischen Schlußfolgerungen und experimentellen Ergebnissen. Die Anwendung des 3. Bohrschen Postulates (S 5.1c) liefert als Übergangsregel für n im Widerspruch zum Experiment nur $\Delta n = 1$. Weiter müssen nach der experimentellen Erfahrung die Energieniveaus der Einelektronensysteme (Elemente der 1. Gruppe) durch zwei Quantenzahlen beschrieben werden (vgl. Abschn. 7.1.1). Die vorstehenden Betrachtungen ergeben aber nur eine Quantenzahl. SOMMERFELD versuchte diese Diskrepanz zwischen Theorie und Experiment durch die Annahme von Ellipsen- statt von Kreisbahnen zu beseitigen. Man gewinnt so einen weiteren Freiheitsgrad und damit eine weitere Quantenzahl. Ihre möglichen Werte widersprechen aber den spektroskopischen Daten. Dagegen können dann aber für die Hauptquantenzahl n Übergangsregeln in Übereinstimmung mit dem Experiment gefolgert werden. Weiterhin vermag die Bohrsche Theorie keine Erklärung für den Elektronenspin und die damit zusammenhängenden Erscheinungen zu geben. Die Spektren von Mehrelektronensystemen können nicht gedeutet werden usw.

der Bahnbegriff ist in atomaren Dimensionen nicht anwendbar

Nach unseren heutigen Erkenntnissen ist das Versagen der Bohrschen Theorie zu erwarten, denn nach der Heisenbergschen Unschärferelation (S 2.9) kann von der Bahn eines Teilchens im Inneren des Atoms gar nicht mehr gesprochen werden, der Bahnbegriff verliert dort jeglichen Sinn. Eine Überschlagsrechnung soll dies nochmals belegen. Der Durchmesser des Wasserstoffatoms beträgt ca. $10^{-10}\,\mathrm{m}$. Der Begriff Elektronenbahn erfordert die Lokalisierung des Elektrons im Inneren des Atoms. Soll der relative Fehler dieser Längenbestimmung nicht größer als 1% sein, dann fordert dies eine Ortsunschärfe von $\Delta q \leqq 10^{-12}\,\mathrm{m}$. Nach (S 2.7) und (1.13) bedingt dies eine Impulsunschärfe von

$$\Delta p \geqq \frac{h}{4\pi\,\Delta q} = \frac{6 \cdot 10^{-34}\,\mathrm{W\,s^2}}{4\pi\,10^{-12}\,\mathrm{m}} \approx 5 \cdot 10^{-23}\,\mathrm{W\,s^2\,m^{-1}},$$

d.h. eine Energieunschärfe von

$$\Delta W_{\mathrm{kin}} = \frac{(\Delta p)^2}{2m_{0\mathrm{e}}} \approx \frac{2{,}5 \cdot 10^{-45}\,\mathrm{W^2\,s^4\,m^{-2}}}{2 \cdot 10^{-30}\,\mathrm{kg}} \approx 10^4\,\mathrm{eV}.$$

Die Anregungsenergien der Atome betragen demgegenüber nur einige eV (vgl. Abb. 4.7). Δp liegt demnach um Größenordnungen über dem eigentlichen Impuls des Teilchens. Eine gleichzeitige Bestimmung von Ort und Impuls des Elektrons mit der für eine Bahnbestimmung zu fordernden Genauigkeit ist damit unmöglich.

Manchmal wird für die Verwendung des Bohrschen Atommodells seiner Anschaulichkeit wegen plädiert. Es ist aber gerade der dieser Anschaulichkeit zugrunde liegende Bahnbegriff, der die Anwendung dieses Modells verbietet.

Die Kritik am Atommodell von BOHR erfolgt auf der Basis unserer heutigen Kenntnisse. Zur Zeit seiner Aufstellung (1913) bedeuteten die Gedanken BOHRS eine konsequente Anwendung der Quantenhypothese PLANCKS und der Photonenhypothese EINSTEINS auf das Atom. BOHR gab damit entscheidende Impulse für die Entwicklung der Atomphysik und der Quantentherorie.

5.3 Grundlagen der Quantenmechanik

Quantitative Überlegungen zu mikrophysikalischen Problemen können nur dann zu befriedigenden Resultaten führen, wenn die Natur der mikrophysikalischen Objekte in ihrem Unterschied zur Makrophysik Berücksichtigung findet. Das geschieht in der *Quantentheorie.* Ebenso, wie für das Verständnis der Teilgebiete der klassischen Physik ein Eingehen auf die Begriffssysteme und die Axiomatik der Newtonschen Mechanik, der Thermodynamik und der Elektrodynamik erforderlich ist, können die Gebiete der Mikrophysik nicht losgelöst von der quantentheoretischen Betrachtungsweise verstanden werden.

Quantentheorie

In diesem Abschnitt werden Grundgedanken und Begriffe der nichtrelativistischen Quantenmechanik dargelegt. Sie entspricht im Sinne des Korrespondenzprinzips der Newtonschen Mechanik. Mit der *nichtrelativistischen Quantenmechanik* können viele von den klassischen Vorstellungen abweichende Beobachtungen an Atomen, Molekülen und auch Elementarteilchen erklärt werden. Ebenfalls können mit ihr unter Nutzung von Prinzipien der statistischen Physik die Eigenschaften von Festkörpern verstanden werden. Historisch ist die Quantenmechanik im wesentlichen parallel zur Entwicklung der experimentellen Atomphysik entstanden.

nichtrelativistische Quantenmechanik

Aufbauend auf die experimentellen Fakten sollen in diesem Abschnitt die Grundzüge der Quantenmechanik nur in dem Umfang skizziert werden, wie es das Verständnis der oben genannten Beobachtungen erfordert. Dementsprechend ist die Darstellung in Breite und Tiefe angelegt. Sie soll lediglich an quantenmechanische Gedankengänge gewöhnen, nicht jedoch eine strenge Theorie ersetzen. Im wesentlichen wird dabei auf die Schrödinger-Darstellung der Quantenmechanik oder, wie man auch sagt, auf die Wellenmechanik eingegangen.

ERWIN SCHRÖDINGER (1887–1961) Nobelpreis 1933

5.3.1 Materiewellen

5.3.1.1 Schrödinger-Gleichung

SCHRÖDINGER schloß seine Betrachtungen zur Deutung der Atomspektren an die de Brogliesche Beziehung (S 2.6) an. Ausgehend von der Existenz der Materiewellen gab er 1926 durch gewisse Analogieschlüsse zur Wellenoptik den Anstoß zur Entwicklung der *Wellenmechanik*, indem er zunächst versuchte, eine klassische Feldtheorie für Mikroobjekte zu entwickeln.

Wellenmechanik

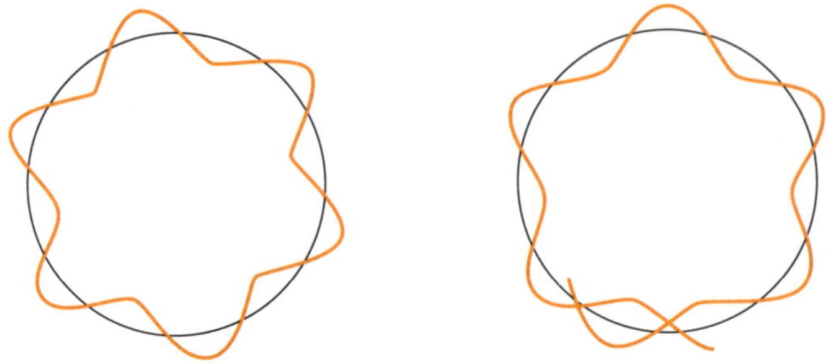

Abb. 5.2
Stationäre Energiezustände können nur für stehende Materiewellen existieren

stationäre Energiezustände entsprechen stehenden Materiewellen

Ein derartiges Vorgehen liegt unter anderem deshalb nahe, weil mit der Materiewelle die aus der Bohrschen Theorie nicht zu begründende Bohrsche Phasenintegralbedingung $\oint p\,\mathrm{d}q = nh$ plausibel gemacht werden kann. Faßt man die Hüllenelektronen des Atoms als Materiewellen auf, so müssen den stationären Energiezuständen des Atoms stehende Materiewellen der Hüllenelektronen entsprechen, da die Wellen sonst mit sich selbst interferieren würden, ein stationärer Energiezustand also nicht möglich wäre. Unter bestimmten Bedingungen führt diese Forderung zur Bohrschen Phasenintegralbedingung. Für den Spezialfall der in Abschnitt 5.2.2 angenommenen Kreisbahnen bedeutet sie, daß die Materiewelle nach einem Umlauf wieder mit der gleichen Phase am Ausgangsort eintreffen muß (vgl. Abb. 5.2), d.h., die stationären Energiezustände sind durch die Forderung

$$\oint \frac{\mathrm{d}q}{\lambda} = n \qquad (n = 1, 2, 3, \ldots)$$

festzulegen. Mit der de Broglie-Beziehung $\lambda = h/p$ geht diese Bedingung in $\oint p\ \mathrm{d}q = nh$ über.

Auch für die Sommerfeldschen Ellipsenbahnen kann der entsprechende Nachweis geführt werden. Da sich für diese der Impuls des Teilchens von Ort zu Ort verändert, ist λ längs der Bahn nicht mehr konstant. Daher ist die Herleitung der Phasenintegralbedingung nur dann noch möglich, wenn die Veränderung von λ so langsam erfolgt, daß man die Bahn in Intervalle $\mathrm{d}q$ mit gleichem λ einzuteilen vermag. Kann diese Näherung nicht angewendet werden, dann ist auch der Weg der Quantisierung über die Bohrsche Phasenintegralbedingung nicht gangbar.

Um einen allgemeinen Ausgangspunkt für das Verständnis der Wellenmechanik zu finden, knüpfen wir an die Vorstellungen von der Natur des Lichtes an. Licht ist nach (S 2.2) weder Welle noch Teilchen im klassischen Sinne. Nur bestimmte Eigenschaften des Lichtes können im Wellenbild erfaßt werden. Zur Beschreibung des Lichtes im Wellenbild kann der elektrische Feldvektor $\boldsymbol{E}$ in komplexer Schreibweise mit Hilfe der komplexen Ortsfunktion $\hat{\boldsymbol{E}}_0$ durch

Darstellung klassischer Wellen

$$\hat{\boldsymbol{E}}\,(x, y, z, t) = \hat{\boldsymbol{E}}_0\,(x, y, z)\ \mathrm{e}^{\mathrm{i}\omega t} \tag{5.11a}$$

dargestellt werden. Der Realteil von $\hat{\boldsymbol{E}}_0$ entspricht der meßbaren Feldstärke, das Argument von $\hat{\boldsymbol{E}}_0$ gibt die Phasenlage wieder.

$\hat{\boldsymbol{E}}_0$ genügt der zeitfreien Wellengleichung

$$\nabla^2 \hat{\boldsymbol{E}}_0 + k^2 \hat{\boldsymbol{E}}_0 = 0 \tag{5.11b}$$

mit der *Dispersionsbeziehung*

Dispersionsbeziehung für klassische Wellen

$$k = \frac{2\pi}{\lambda} = \frac{2\pi\nu}{v_{\text{ph}}} = \frac{\omega}{v_{\text{ph}}} . \tag{5.11c}$$

Für die Lichtintensität I gilt (vgl. (IS 10.6))

$$I \sim \hat{\boldsymbol{E}}_0 \hat{\boldsymbol{E}}_0^* , \tag{5.11d}$$

wobei $\hat{\boldsymbol{E}}_0^*$ die zu $\hat{\boldsymbol{E}}_0$ konjugiert komplexe Größe ist.

Bei mikrophysikalischen Objekten der stofflichen Materie steht häufig eine Betrachtung im Teilchenbild im Vordergrund. Vielfach kann man die Teilchengeschwindigkeit v als so klein voraussetzen, daß die kinetische Energie mit ausreichender Genauigkeit durch den nichtrelativistischen Ausdruck $W_{\text{kin}} = m_0 v^2/2$ beschrieben werden kann. Zwischen der Gesamtenergie W des Teilchens, seinem Impuls $\boldsymbol{p} = m_0 \boldsymbol{v}$ und seiner potentiellen Energie W_{p} besteht dann nach dem Energieerhaltungssatz der Mechanik der Zusammenhang

$$W = \frac{p^2}{2m_0} + W_{\text{p}} . \tag{5.12a}$$

Ein derartiges Teilchenmodell wird unter anderem in der kinetischen Gastheorie und in der Elektronenoptik mit Erfolg verwandt.

Daß mikrophysikalische Objekte mit einer von Null verschiedenen Ruhmasse auch Welleneigenschaften besitzen, wird z. B. durch die Elektronenbeugung (vgl. Abb. 2.11) eindrucksvoll belegt. Den Objekten muß dann nach (S 2.6) eine Materiewelle der Wellenlänge λ und der Frequenz ν

Darstellung von Materiewellen

$$\lambda = \frac{h}{p}; \quad \nu = \frac{W}{h}$$

zugeordnet werden. Für ihre Phasengeschwindigkeit $v_{\text{ph}} = \lambda\nu$ gilt

$$\lambda\nu = v_{\text{ph}} = \frac{h\nu}{p} = \frac{W}{\sqrt{2m_0 (W - W_{\text{p}})}} \tag{5.12b}$$

Nach SCHRÖDINGER können die Materiewellen durch die wellenförmige Ausbreitung einer *Zustandsfunktion* $\psi = \psi(x, y, z, t)$ beschrieben werden, wobei für diese analog zur Wellenoptik die Beziehungen

Zustandsfunktion

$$\psi(x, y, z, t) = \psi_0(x, y, z)\, \mathrm{e}^{-\mathrm{i}\omega t} = \psi_0(x, y, z)\, \mathrm{e}^{-\frac{\mathrm{i}2\pi W}{h} t} \tag{5.13a}$$

und

$$\nabla^2 \psi_0 + k^2 \psi_0 = 0 \tag{5.13b}$$

Dispersionsbeziehung für Materiewellen

mit der *Dispersionsbeziehung*

$$k^2 = \frac{\omega^2}{v_{\mathrm{ph}}^2} = \frac{8\pi^2 m_0 (W - W_{\mathrm{p}})}{h^2} \tag{5.13c}$$

gelten.

Eine vollkommene Analogie zur Darstellung $\hat{E} = \hat{E}_0 \mathrm{e}^{\mathrm{i}\omega t}$ würde man durch $\hat{\psi} = \hat{\psi}_0 \mathrm{e}^{\mathrm{i}\omega t}$ erreichen. Diese zeitliche Seperation ist in der Quantentheorie nicht möglich (vgl. A. 12, insbesondere (A. 12.19)). Um nicht zu abweichenden Formulierungen gegenüber der üblichen Schreibweise zu kommen, wurde ferner das Zeichen „^" weggelassen. Es muß daher stets beachtet werden, daß ψ_0 im allgemeinen eine komplexe Funktion ist.

Der Operator ∇ wirkt nur auf die Ortskoordinaten von ψ, (5.13 b) läßt sich daher unter Beachtung von (5.13 a) mit $\mathrm{e}^{-\mathrm{i}\omega t}$ multiplizieren:

$$\nabla^2 \psi + k^2 \psi = 0,$$

woraus sich durch Einsetzen von k^2

$$\nabla^2 \psi + \frac{8\pi^2 m_0 W}{h^2} \psi - \frac{8\pi^2 m_0 W_{\mathrm{p}}}{h^2} \psi = 0$$

ergibt. Da nun weiter nach (5.13 a)

$$\frac{\partial \psi}{\partial t} = -\mathrm{i}\omega\psi = -\frac{2\pi\,\mathrm{i} W}{h} \psi$$

folgt, läßt sich $W\psi$ eliminieren:

$$\nabla^2 \psi - \frac{8\pi^2 m_0}{h^2} \frac{h \frac{\partial \psi}{\partial t}}{2\pi\,\mathrm{i}} - \frac{8\pi^2 m_0}{h^2} W_{\mathrm{p}} \psi = 0\,.$$

Schrödinger-Gleichung

Durch Umstellen erhält man die *Schrödinger-Gleichung* für ein Objekt mit der Masse m_0 und der potentiellen Energie W_{p}:

$$-\frac{\hbar^2}{2m_0} \nabla^2 \psi + W_{\mathrm{p}} \psi + \frac{\hbar}{\mathrm{i}} \frac{\partial \psi}{\partial t} = 0\,, \tag{5.14}$$

wobei

$$\hbar = \frac{h}{2\pi} \tag{5.15}$$

gesetzt wurde.

Die Schrödinger-Gleichung hat für die Mikrophysik die gleiche fundamentale Bedeutung wie die Beziehung $\boldsymbol{F} = \frac{\mathrm{d}\boldsymbol{p}}{\mathrm{d}t}$ für die klassische Mechanik. Man beachte, daß sie nach (5.14) nur die erste zeitliche Ableitung enthält, also keine Wellendifferentialgleichung im klassischen Sinne ist.

Die Herleitung der Schrödinger-Gleichung gründet sich auf folgende drei Annahmen:

Annahmen zur Begründung der Schrödinger-Gleichung

- Es existiert für das Mikroobjekt eine Zustandsfunktion $\psi(x, y, z, t)$, deren komplexe Amplitude ψ_0 der gleichen Differentialgleichung genügt wie die komplexe Amplitude $\hat{E}_0$ einer elektromagnetischen Welle.
- Zwischen der Energie W des Objektes und der Frequenz ν der Materiewelle besteht der Zusammenhang $W = h\nu$.
- Die Phasengeschwindigkeit der Welle entspricht (5.12b).

Die Schrödinger-Gleichung wurde aus Analogiebetrachtungen gewonnen. Ihre echte Begründung wird erst aus den nachfolgenden Abschnitten ersichtlich. Durch den Grenzübergang $h \to 0$ können aus (5.14) unter Beachtung von (5.13) die Gesetze der klassischen Mechanik hergeleitet werden (s. A.12), d.h., es kann immer dann die klassische Mechanik Anwendung finden, wenn Wirkungen von der Größenordnung der Planck-Konstanten vernachlässigbar sind. Damit ist die klassische Mechanik ein Grenzfall der Quantenmechanik und nicht umgekehrt. Die Gesetze der Quantenmechanik können also nicht aus den Gesetzen der klassischen Mechanik heraus begründet werden.

die klassische Mechanik ist der Grenzfall der Quantenmechanik für $h \to 0$

5.3.1.2 Zur Interpretation der Zustandsfunktion

Von der ψ-Funktion wissen wir bisher nur, daß sie eine Lösung der Schrödinger-Gleichung ist. Wie aber muß ψ physikalisch interpretiert werden? Eine erste Deutung gab SCHRÖDINGER selbst. Sie fußt auf den Begriffsbildungen der klassischen Physik. Die Wellenoptik verknüpft die Intensität mit dem Quadrat der Amplitude $\hat{E}_0^*\hat{E}_0 = \hat{E}^*\hat{E}$. Es wird daher die Frage gestellt, ob auch $\psi^*\psi$ einer meßbaren Eigenschaft des Mikroobjektes zugeordnet werden kann. Zu ihrer Beantwortung betrachten wir einen Teilchenstrom gleichartiger, voneinander unabhängiger und nicht miteinander wechselwirkender Objekte der Masse m_0, z.B. einen Katodenstrahl aus N Elektronen. Die Forderung wechselwirkungsfreier Objekte trägt der Tatsache Rechnung, daß die Schrödinger-Gleichung (5.14) kein Wechselwirkungsglied enthält. Über den Ort eines bestimmten Objektes können wir keine Aussage machen, wohl aber die Frage stellen, wieviele Objekte dN sich zu einer bestimmten Zeit in einem Volumen dV befinden. Um einen Zusammenhang zwischen dN und $\psi^*\psi$ herzustellen, betrachten wird die zu ψ konjugiert komplexe Funktion ψ^*. Wegen $\frac{\partial\psi^*}{\partial t} = -\frac{\partial\psi}{\partial t}$ genügt sie nach (5.14) der Differentialgleichung

$$-\frac{\hbar^2}{2m_0}\nabla^2\psi^* + W_\mathrm{p}\psi^* - \frac{\hbar}{\mathrm{i}}\frac{\partial\psi^*}{\partial t} = 0. \tag{5.14a}$$

Multiplikation von (5.14) mit ψ^*, von (5.14a) mit ψ und Subtraktion der so entstandenen Gleichungen ergibt unter Beachtung der aus der Produktregel der Differentialrechnung folgenden Beziehung

$$\frac{\partial}{\partial t}\,\psi^*\psi = \psi^*\,\frac{\partial\psi}{\partial t} + \psi\,\frac{\partial\psi^*}{\partial t}$$

die Gleichung

$$\frac{\hbar}{2\mathrm{i}m_0}\,(\psi^*\,\nabla^2\psi - \psi\,\nabla^2\psi^*) + \frac{\partial}{\partial t}\,\psi^*\psi = 0\,.$$

Sie geht mit

$$\begin{aligned}\psi^*\,\nabla^2\,\psi - \psi\,\nabla^2\,\psi^* &= \nabla\,(\psi^*\,\nabla\,\psi - \psi\,\nabla\,\psi^*)\\ &= \mathrm{div}\,(\psi^*\,\nabla\,\psi - \psi\,\nabla\,\psi^*)\end{aligned}$$

über in

$$\mathrm{div}\,\frac{\hbar}{2\mathrm{i}m_0}\,(\psi^*\,\nabla\psi - \psi\,\nabla\psi^*) + \frac{\partial}{\partial t}\,\psi^*\psi = 0\,, \tag{5.16a}$$

woraus mit den Abkürzungen

$$\varrho_\mathrm{T} = \psi^*\psi\,, \tag{5.17a}$$

$$\boldsymbol{J}_\mathrm{T} = \frac{\hbar}{2\mathrm{i}m_0}\,(\psi^*\,\nabla\psi - \psi\,\nabla\psi^*) \tag{5.17b}$$

die Beziehung

$$\mathrm{div}\,\boldsymbol{J}_\mathrm{T} = -\frac{\partial\varrho_\mathrm{T}}{\partial t} \tag{5.16}$$

folgt.

Interpretiert man $\boldsymbol{J}_\mathrm{T}$ als Teilchenstromdichte, dann entspricht (5.16) der Kontinuitätsgleichung (II 2.1) der Elektrodynamik. Man erkennt dies, wenn man (5.16) über ein bestimmtes endliches Volumen V integriert,

$$\int_V \mathrm{div}\,\boldsymbol{J}_\mathrm{T}\,\mathrm{d}V = -\frac{\partial}{\partial t}\int_V \varrho_\mathrm{T}\,\mathrm{d}V,$$

und das linke Integral mit Hilfe des Gaußschen Satzes (II A 8.1),

$$\int_V \mathrm{div}\,\boldsymbol{J}_\mathrm{T}\,\mathrm{d}V = \oint_A \boldsymbol{J}_\mathrm{T}\cdot\mathrm{d}\boldsymbol{A}\,,$$

in ein Oberflächenintegral über die V umschließende Fläche A überführt:

$$\oint_A \boldsymbol{J}_\mathrm{T}\cdot\mathrm{d}\boldsymbol{A} = -\frac{\partial}{\partial t}\int_V \varrho_\mathrm{T}\,\mathrm{d}V\,.$$

Das rechte Integral gibt die zeitliche Änderung der Teilchenzahl im Volumen V an. Diese Änderung kann nur so erfolgen, daß in der betrachteten Zeit eine bestimmte Anzahl von Teilchen durch die Oberfläche des Volumens strömt. Somit entspricht $\boldsymbol{J}_T$ der Teilchenströmung und $\varrho_T = \psi^* \psi$ der Teilchenanzahldichte. Die Anzahl der Teilchen im Volumen $\mathrm{d}V$ beträgt dann

$$\mathrm{d}N = \tilde{\psi}^* \tilde{\psi}\,\mathrm{d}V\,, \tag{5.18a}$$

woraus sich durch Integration über das unbegrenzte Volumen

$$\int_{-\infty}^{+\infty} \tilde{\psi}^* \tilde{\psi}\,\mathrm{d}V = (\tilde{\psi}^*, \tilde{\psi}) = N \quad \text{(Gesamtteilchenzahl)} \tag{5.18}$$

ergibt. Daraus folgt

$$\frac{\mathrm{d}}{\mathrm{d}t} \int_{-\infty}^{+\infty} \tilde{\psi}^* \tilde{\psi}\,\mathrm{d}V = \frac{\mathrm{d}}{\mathrm{d}t} (\tilde{\psi}^*, \tilde{\psi}) = 0\,. \tag{5.18b}$$

Da die Schrödinger-Gleichung (5.14) in $\tilde{\psi}$ linear ist und somit $\tilde{\psi}$ nur bis auf einen konstanten Faktor festlegt, ist die Normierung (5.18) immer dann möglich, wenn das Integral in (5.18b) existiert, anders ausgedrückt, wenn $\tilde{\psi}$ absolut quadratisch integrierbar ist.

Diese Interpretation der $\tilde{\psi}$-Funktion führt zur Norm $(\tilde{\psi}^*, \tilde{\psi}) = N$, die nachfolgend betrachtete statistische Interpretation dagegen zur Norm $(\psi^*, \psi) = 1$. Um Verwechslungen dieser unterschiedlich normierten Funktionen zu vermeiden, wird die zur Norm N gehörende Wellenfunktion mit „~" gekennzeichnet.

Interpretation von $\psi^* \psi$ als Teilchenanzahldichte führt zu Widersprüchen mit der Erfahrung

Aus der vorstehenden Interpretation der ψ-Funktion ergeben sich Widersprüche zur Erfahrung. Bleiben wir beim Beispiel des Elektronenstrahles, so enthält nach (5.18a) das Volumen ΔV die Ladung $\Delta q = -e\tilde{\psi}^* \tilde{\psi}\,\Delta V$. Es läßt sich also stets ein ΔV finden, dessen Ladung $|\Delta q| < e$ wird, d.h. ein Ergebnis, das dem experimentellen Befund der Existenz einer Elementarladung widerspricht. Fällt der Elektronenstrahl in eine Beugungsanordnung, so beschreibt die Beziehung (5.18a) das für eine große Elektronenzahl auf dem Schirm zu beobachtende Beugungsbild. Drosselt man die Intensität des Strahles so stark, daß sich während des Meßvorganges nur noch ein Elektron in der Apparatur befindet, so fordert (5.18a), daß entsprechend der Beugungsfigur dieses Elektron über den ganzen Schirm „verschmiert" wird. Beobachtet wird aber stets das Auftreffen des Elektrons auf einen bestimmten Punkt des Schirmes (vgl. u.a. den Versuch von DIRAC-JANOSSY, Abschn. 2.1.2.4 und Abschn. 2.2.2). Erst eine große Anzahl von derartigen Beobachtungen liefert das Beugungsbild, d.h., es können nur Wahrscheinlichkeitsaussagen bezüglich des Auftreffpunktes des Elektrons gemacht werden. Das bei der Beugung zu beobachtende „Verschmieren" des Mikroobjektes wird dadurch verursacht, daß ein Wellenpaket im kräftefreien Raum zerfließt.

Das Zerfließen und damit die Instabilität eines Wellenpaketes stehen im Widerspruch zur Stabilität des betrachteten Elektrons bzw. anderer Elementarteilchen und damit auch zur Deutung von $\psi^*\psi$ als Teilchenanzahldichte.

ψ ist keine Feldfunktion im klassischen Sinne

Diese Überlegungen zeigen, daß die Zustandsfunktion ψ nicht im klassischen Sinne als Feldfunktion gedeutet werden kann und damit das Naturgeschehen im mikrophysikalischen Bereich nicht in einem klassischen Wellenbild zu beschreiben ist. ψ stellt zwar bezüglich des mathematischen Formalismus ein Feld dar, physikalisch fehlen ψ aber wesentliche Eigenschaften, die das Denkmodell Feld charakterisieren. ψ ist keine physikalische Größe und damit auch nicht, wie es für eine Feldgröße in jedem Raumpunkt zu fordern ist, meßbar. Die Interpretation von $\psi^*\psi$ als Teilchenanzahldichte führt zu Widersprüchen mit der Erfahrung.

Zur Beschreibung des Naturgeschehens im mikrophysikalischen Bereich ist weder ein Teilchenbild noch ein Wellenbild allein ausreichend. So können die Beugung und die Interferenz von elektromagnetischen Wellen und von Elektronen, Neutronen usw. nur im Wellenbild gedeutet werden. Lichtelektrischer Effekt, Compton-Effekt, Stoß- und Streuprozesse sind dagegen nur im Teilchenbild deutbar. Weiter zeigt der Versuch von DIRAC und JANOSSY, daß ein Photon zwar mit sich selbst interferieren kann, andererseits aber stets nur als Ganzes absorbiert wird. Es muß daher für den mikrophysikalischen Bereich ein Denkmodell geschaffen werden, in dem nur die der Mikrophysik angepaßten Züge der beiden klassischen Denkmodelle enthalten sind. Die Grundzüge eines derartigen Modells werden im Folgenden entwickelt.

MAX BORN (1882–1970) Nobelpreis 1954

statistische Interpretation der Zustandsfunktion

Unter anderem zeigt der Dirac-Janossy-Versuch, daß über das Verhalten eines Mikroobjektes grundsätzlich nur Wahrscheinlichkeitsaussagen gemacht werden können. Es ist daher naheliegend, die Zustandsfunktion ψ nach BORN (1926) als *Wahrscheinlichkeitsdichte-Amplitude* aufzufassen. $\psi^*\psi\,\mathrm{d}V$ ist dann die Wahrscheinlichkeit dafür, daß man das Mikroobjekt zur Zeit t im Volumen $\mathrm{d}V$ findet. Da das Mikroobjekt irgendwo im Raum vorhanden sein muß und die Wahrscheinlichkeit für dieses Ereignis nach (IA 32.2) eins beträgt, erlegt diese Interpretation ψ die *Normierungsbedingung* (vgl. A.2)

ψ ist eine Wahrscheinlichkeitsdichte-Amplitude

Normierungsbedingung für ψ

$$\int_{-\infty}^{+\infty} \psi^*\psi\,\mathrm{d}V = (\psi^*, \psi) = 1$$

auf.

(S 5.2) Interpretation von $\psi^*\psi\mathrm{d}V$

$\psi^*(x, y, z, t)\ \psi(x, y, z, t)$ ist die Wahrscheinlichkeitsdichte dafür, daß man bei einer Ortsmessung zur Zeit t das Mikroobjekt am Ort x, y, z findet:

$(\psi^*, \psi) = 1.$

Auch diese Interpretation erfordert, daß ψ absolut quadratisch integrierbar ist.

Die statistische Interpretation der Zustandsfunktion darf nun keinesfalls so aufgefaßt werden, daß mit *einem* Teilchen Statistik getrieben wird. Vielmehr wird aus den Wahrscheinlichkeitsaussagen über den Zustand einer Vielzahl gleichartiger unabhängiger und nicht miteinander wechselwirkender Mikroobjekte, d.h. aus dem Zustand einer *quantenmechanischen Gesamtheit*, auf das Verhalten eines Objektes dieser Gesamtheit geschlossen. Die statistische Deutung trägt damit der Tatsache Rechnung, daß die experimentellen Ergebnisse Mittelwerte über viele Beobachtungen sind, die entweder aus dem Verhalten einer Vielzahl gleichartiger Teilchen gewonnen werden (wie z.B. die mittlere Lebensdauer eines Atoms in einem angeregten Zustand) oder Messungen entstammen, deren Zeitdauer groß gegenüber dem eigentlichen Vorgang ist (wie z.B. die Beobachtung des von Atomen abgestrahlten Lichtes). Eine Aussage über das Verhalten eines „Einzelobjektes" ist demnach immer eine statistische Aussage über das Verhalten einer Gesamtheit von sehr vielen gleichartigen, nicht miteinander wechselwirkenden Objekten.

quantenmechanische Gesamtheit

Die Gültigkeit der Beziehungen (5.17) wird durch die andersartige Interpretation der Wellenfunktion nicht berührt. Allerdings ist ihr physikalischer Inhalt ganz anders zu deuten. ϱ_T ist als Wahrscheinlichkeitsdichte, $\boldsymbol{J}_\mathrm{T}$ als Wahrscheinlichkeitsstromdichte aufzufassen, d.h., $\int_A \boldsymbol{J}_\mathrm{T} \cdot \mathrm{d}\boldsymbol{A}$ ist die Wahrscheinlichkeit dafür, daß pro Zeiteinheit ein Teilchen durch die Fläche A tritt.

5.3.1.3 Energieeigenwertgleichung, Energieeigenwerte, Eigenfunktionen

Die zeitliche Veränderung des Zustandes einer quantenmechanischen Gesamtheit wird durch die Schrödinger-Gleichung (5.14) bestimmt. Vielfach interessieren aber nur die stationären Zustände. Sie werden durch die komplexe Amplitude ψ_0 von ψ beschrieben. Durch Einsetzen von (5.13c) in (5.13b) bzw. von (5.13a) in (5.14) gewinnt man für ψ_0 die Differentialgleichung

$$\nabla^2 \psi_0 + \frac{2m_0}{\hbar^2}(W - W_\mathrm{p})\,\psi_0 = 0\,. \qquad (5.19)$$

Sie heißt zeitfreie Schrödinger-Gleichung oder *Energieeigenwertgleichung*.

Energieeigenwertgleichung (zeitfreie Schrödinger-Gleichung)

Die Energieeigenwertgleichung hat vielfach nur für bestimmte, diskret liegende Werte W_k der Energie physikalisch sinnvolle Lösungen. Das erklärt sich daraus, daß die zugehörigen Lösungsfunktionen ψ_{0k} bestimmten zusätzlichen Forderungen (Randbedingungen) unterliegen.

Die speziellen Energiewerte W_k, für die mit den Randbedingungen verträgliche Lösungen der Energieeigenwertgleichung existieren, heißen Energieeigenwerte, die zugehörigen Lösungsfunktionen ψ_{0k} Eigenfunktionen.

(D 5.1)
Energieeigenwerte, Eigenfunktionen

Nach (S 5.2) ist die Zustandsfunktion ψ absolut quadratisch integrierbar. Entsprechend (5.13a) erfüllen dann auch die ψ_{0k} diese Forderung.

Die zu verschiedenen Eigenwerten $W_k \neq W_l$ gehörenden Eigenfunktionen ψ_{0k} und ψ_{0l} sind zueinander orthogonal, d.h., für sie gilt (vgl. (A 2.1a))

$$\int_{-\infty}^{+\infty} \psi_{0l}^* \psi_{0k} \, \mathrm{d}V = (\psi_{0l}^*, \psi_{0k}) = 0 \text{ für } k \neq l .$$

Zum Beweis dieser Aussage beachten wir, daß ψ_{0k} und ψ_{0l}^* Lösungen der Energieeigenwertgleichung (5.19) sind:

$$\nabla^2 \psi_{0k} + \frac{2m_0}{\hbar^2} (W_k - W_\mathrm{p}) \, \psi_{0k} = 0 , \tag{5.20a}$$

$$\nabla^2 \psi_{0l}^* + \frac{2m_0}{\hbar^2} (W_l - W_\mathrm{p}) \, \psi_{0l}^* = 0 . \tag{5.20b}$$

Multiplikation von (5.20a) mit ψ_{0l}^*, von (5.20b) mit ψ_{0k} und Subtraktion der so gewonnenen Beziehungen ergibt

$$\psi_{0l}^* \nabla^2 \psi_{0k} - \psi_{0k} \nabla^2 \psi_{0l}^* = \frac{2m_0}{\hbar^2} (W_l - W_k) \, \psi_{0l}^* \psi_{0k} ,$$

woraus durch Integration über das unbegrenzte Volumen

$$\int_{-\infty}^{+\infty} (\psi_{0l}^* \nabla^2 \psi_{0k} - \psi_{0k} \nabla^2 \psi_{0l}^*) \, \mathrm{d}V = \frac{2m_0}{\hbar^2} (W_l - W_k) \int_{-\infty}^{+\infty} \psi_{0l}^* \psi_{0k} \, \mathrm{d}V$$

folgt. Umwandlung des linken Volumenintegrals in ein Oberflächenintegral über die unendlich ferne Oberfläche mit Hilfe des Greenschen Satzes (IIA 11.3),

$$\int_V (f_1 \nabla^2 f_2 - f_2 \nabla^2 f_1) \, \mathrm{d}V = \oint_A (f_1 \nabla f_2 - f_2 \nabla f_1) \cdot \mathrm{d}\boldsymbol{A} ,$$

führt zu

$$\oint_\infty (\psi_{0l}^* \nabla \psi_{0k} - \psi_{0k} \nabla \psi_{0l}^*) \cdot \mathrm{d}\boldsymbol{A} = \frac{2m_0}{\hbar^2} (W_l - W_k) \int_{-\infty}^{+\infty} \psi_{0l}^* \psi_{0k} \, \mathrm{d}V .$$

Nach (S 5.2) muß ψ_0 im Unendlichen so stark verschwinden, daß die Norm (ψ_0^*, ψ_0) einen endlichen Wert besitzt. $\psi_{0l}^* \psi_{0k}$ geht deshalb im Unendlichen stärker gegen Null als die Oberfläche A gegen Unendlich; das Oberflächenintegral über die unendlich ferne Oberfläche ergibt sich zu Null. Damit gilt

$$(W_l - W_k) \int_{-\infty}^{+\infty} \psi_{0l}^* \psi_{0k} \, \mathrm{d}V = (W_l - W_k) (\psi_{0l}^*, \psi_{0k}) = 0$$

oder, da $W_l \neq W_k$,

$$(\psi_{0l}^*, \psi_{0k}) = 0 \quad \text{für} \quad l \neq k .$$

Vorstehender Beweis basiert auf der Voraussetzung, daß zu jedem Eigenwert W_k nur eine Eigenfunktion ψ_{0k} existiert. Dies kann, muß aber nicht der Fall sein. Deshalb wird der Begriff Entartung eingeführt (vgl. (A 2.2)):

(D 5.2) Entartung

Existieren zu einem Eigenwert W_k die m linear unabhängigen Eigenfunktionen ψ_{0ki} (i = 1, 2, ..., m), d.h., existieren m Eigenfunktionen, für die

$$\sum_{i=1}^{m} c_i \psi_{0ki} = 0$$

dann und nur dann gilt, wenn sämtliche $c_i \equiv 0$ sind, dann heißt der Eigenwert (m – 1)-fach entartet.

Tabelle 5.1
Gegenüberstellung von klassischer Welle und Materiewelle

klassische Welle	Materiewelle	
Größe, die sich wellenförmig ausbreitet $\hat{u}(x, y, z, t) = \hat{u}_0(x, y, z) e^{i\omega t}$	Zustandsfunktion $\psi(x, y, z, t) = \psi_0(x, y, z) e^{-i\omega t} = \psi_0(x, y, z) e^{-iWt/\hbar}$	(5.13 a)
Dispersionsbeziehung $k^2 = \frac{\omega^2}{v_{Ph}^2} = \frac{4\pi^2}{\lambda^2}$	Dispersionsbeziehung $k^2 = \frac{\omega^2}{v_{Ph}^2} = \frac{2m_0(W - W_p)}{\hbar^2}$	(5.13 c)
Wellengleichung $\nabla^2 \hat{u} - \frac{1}{v_{Ph}^2} \frac{\partial^2 \hat{u}}{\partial t^2} = 0$	Schrödinger-Gleichung $-\frac{\hbar^2}{2m_0} \nabla^2 \psi + W_p \psi + \frac{\hbar}{i} \frac{\partial \psi}{\partial t} = 0$	(5.14)
zeitfreie Wellengleichung $\nabla^2 \hat{u}_0 + k^2 \hat{u}_0 = 0$	Energieeigenwertgleichung (zeitfreie Schrödinger-Gleichung) $\nabla^2 \psi_0 + \frac{2m_0}{\hbar^2}(W - W_p)\psi_0 = 0$	(5.19)
$\hat{u}_0$ ist durch die meßbaren Größen Amplitude u_0 und Phase φ gegeben: $\hat{u}_0 = u_0 e^{i\varphi}$	ψ_0 kann keiner meßbaren Größe zugeordnet werden	
$\hat{u}_0 \hat{u}_0^*$ ist proportional zur Intensität	$\psi_0 \psi_0^* \, dV$ ist die Wahrscheinlichkeit dafür, das Mikroobjekt im Volumenelement dV zu finden	(S 5.2)

Auch die zu einem $(m-1)$-fach entarteten Eigenwert gehörenden Eigenfunktionen lassen sich wegen ihrer linearen Unabhängigkeit orthogonalisieren. Unter Berücksichtigung der Vollständigkeit des durch die Eigenfunktionen gebildeten Funktionensystems ergibt sich damit (vgl. A. 2) der folgende Satz:

(S 5.3)
Die Eigenfunktionen bilden ein orthonormiertes Funktionensystem

Die zu nichtentarteten Eigenwerten gehörenden Eigenfunktionen bilden ein orthonormiertes Funktionensystem.
Auch die zu einem entarteten Eigenwert gehörenden Eigenfunktionen sind normier- und orthogonalisierbar. Die Gesamtheit aller orthonormierten Eigenfunktionen bildet ein vollständiges Funktionensystem. Nach ihm ist die Zustandsfunktion entwickelbar:

$$\psi(x, y, z, t) = \sum_{k=0}^{\infty} c_k(t)\, \psi_{0k}(x, y, z) \quad \text{mit} \quad (\psi_{0l}^*, \psi_{0k}) = \delta_{lk}\,.$$

In Tabelle 5.1 sind einige wichtige Eigenschaften der Materiewelle den entsprechenden Eigenschaften der klassischen Welle nochmals gegenübergestellt.

5.3.2 Energie-, Impuls- und Hamilton-Operator

Im Abschnitt 5.3.1.1 wurde heuristisch für ein Objekt aus einer quantenmechanischen Gesamtheit gleichartiger Mikroobjekte die Schrödinger-Gleichung aufgestellt. Aus ihrer Lösung lassen sich statistische Aussagen über die Energiezustände eines Mikroobjektes der Gesamtheit gewinnen. Bevor wir diese Überlegungen auf konkrete Sachverhalte anwenden, sollen sie noch präzisiert und allgemeiner formuliert werden. Dafür hat sich die Benutzung des Hamilton-Formalismus (vgl. Kap. I4) als sehr zweckmäßig erwiesen.

Um die Tatsache zu unterstreichen, daß bei einer Messung an einem mikrophysikalischen Objekt dessen Zustand durch den Meßvorgang selbst beeinflußt wird, wurde in Abschnitt 2.2.3 der Begriff „physikalische Größe" durch den Begriff „Observable" ersetzt. Die Präzisierung der quantenmechanischen Überlegungen in den folgenden Abschnitten wird uns in die Lage versetzen, Angaben über die bei der Messung einer Observablen prinzipiell möglichen Meßwerte zu machen und über den zu erwartenden Meßwert statistische Aussagen zu formulieren.

Observable

Hierzu ist in der Quantenmechanik die Verwendung von *Operatoren* zur Beschreibung der Observablen charakteristisch. Die in der klassischen Physik übliche Auffassung von einer physikalischen Größe als

Operatoren

reelle Funktion anderer physikalischer Größen ist dafür zu eng, weil eine reelle Funktion ausschließlich reelle Zahlen miteinander verknüpft. Der übergeordnete Begriff Operator hingegen beschreibt die Zuordnung zwischen zwei Teilmengen aus zwei beliebigen und möglicherweise verschiedenen abstrakten Räumen. Auch in der klassischen Physik erweist sich die reelle Funktion gelegentlich als zu speziell, z. B. bei der aus praktischen Gründen verwendeten komplexen Darstellung von Schwingungen, Wellen und von elektrischen Größen im Wechselstromkreis. In diesen Fällen bringt die Einführung komplexer Operatoren wesentliche Rechenerleichterungen (vgl. u. a. Kap. I 9, Kap. I 10 und Kap. II 5). Allerdings ist dabei eine Beschränkung auf lineare Operationen notwendig. Der Zusammenhang zwischen Operator und physikalischer Größe wird hierbei entweder nur durch den Realteil oder nur durch den Imaginärteil beschrieben.

William Rowan Hamilton (1805–1865)

In der Wellenmechanik geht man nun nach Abschnitt 5.3.1 davon aus, daß der Zustand eines Systems durch die im allgemeinen komplexe ortsabhängige Zustandsfunktion ψ beschrieben wird. Diese stellt selbst keine physikalische Größe bzw. Observable dar, ist aber z. B. durch die Schrödinger-Gleichung mit der physikalischen Begriffswelt verknüpft. Deshalb werden im mathematischen Formalismus der Quantenmechanik mit dem Ziel einer möglichst allgemeinen und zweckmäßigen Beschreibung den Observablen Operatoren zugeordnet. Wie im weiteren gezeigt wird, kommen für sie aus physikalischen Gründen nur hermitesche Operatoren in Frage. Die Eigenwerte der Operatoren sind dann reell und mit den experimentell zugänglichen Meßwerten für die Observablen identisch.

Für die weiteren Überlegungen sei zunächst an den klassischen Hamilton-Formalismus erinnert. Nach (IS 4.8) lauten die *Hamiltonschen Bewegungsgleichungen* eines mechanischen Systems

Hamiltonsche Bewegungsgleichungen

$$\dot{q}_j = \frac{\partial H}{\partial p_j}; \qquad \dot{p}_j = -\frac{\partial H}{\partial q_j} \quad (j = 1, 2, \ldots, f). \tag{5.21}$$

verallgemeinerte Lagekoordinate q_j
verallgemeinerte Impulskoordinate p_j

Hierbei sind q_j und p_j die *verallgemeinerten Lage-* und *Impulskoordinaten*, f ist die Anzahl der mechanischen *Freiheitsgrade* des Systems und H seine *Hamilton-Funktion* (I D4.5)

Freiheitsgrade f

$$H(q_j, p_j, t) = \sum_{j=1}^{f} \dot{q}_j p_j - L(q_j, \dot{q}_j, t), \tag{5.22}$$

Hamilton-Funktion H

wobei L die *Lagrange-Funktion* (I D4.4)

$$L(q_j, \dot{q}_j, t) = W_{\text{kin}}(\dot{q}_1(t), \dot{q}_2(t), \ldots, \dot{q}_f(t)) - W_{\text{p}}(q_1(t), q_2(t), \ldots, q_f(t)) \tag{5.23}$$

Lagrange-Funktion L

bedeutet. Liegen nur konservative Kräfte vor, dann ist H nach (IS 4.7) mit der Gesamtenergie des Systems identisch:

$$H = W\,. \tag{5.22a}$$

Demzufolge schreibt sich die Hamilton-Funktion eines Teilchens mit dem Impuls $\boldsymbol{p} = m_0\,\boldsymbol{v}$, der kinetischen Energie $W_{\text{kin}} = \frac{m_0}{2}v^2 = \frac{p^2}{2m_0}$ und der potentiellen Energie W_p nach dem Energieerhaltungssatz der klassischen Mechanik

bei Vorliegen nur konservativer Kräfte ist die Hamilton-Funktion die Gesamtenergie

$$H = W = \frac{p^2}{2m_0} + W_\text{p}\,. \tag{5.24}$$

Um zu einer zweckmäßigen Darstellung der Gesetzmäßigkeiten der Mikrophysik zu gelangen, werden folgende Operatoren eingeführt:

(D 5.3) Impulsoperator $\mathfrak{p}_j$ Ortsoperator $\mathfrak{q}_j$ Energieoperator $\mathfrak{W}$

$$\mathfrak{p}_j = -\,\mathrm{i}\hbar\,\frac{\partial}{\partial q_j}$$

heißt Impulsoperator der Impulskoordinate p_j,

$$\mathfrak{q}_j = q_j$$

Ortsoperator der Ortskoordinate q_j,

$$\mathfrak{H} = \mathfrak{H}\,(\mathfrak{q}_j, \mathfrak{p}_j, t)$$

Hamilton-Operator der Hamilton-Funktion $H = H\,(q_j, p_j, t)$

und

$$\mathfrak{W} = \mathrm{i}\hbar\,\frac{\partial}{\partial t}$$

Energieoperator der Energie W.

Joseph-Louis Lagrange (1736–1812)

Der Energieoperator $\mathfrak{W} = \mathrm{i}\hbar\;\partial/\partial t$ ist die Definition für die Observable Energie in der Quantenmechanik, während der Hamilton-Operator $\mathfrak{H} = \mathfrak{H}\,(\mathfrak{q}_j, \mathfrak{p}_j, t)$ ihren funktionalen Zusammenhang mit dem Orts- und Impulsoperator des Objektes darstellt.

Nach (D 5.3) sind einem freien Mikroobjekt ($f = 3$) als Impulsoperator

Impulsoperator eines freien Mikroobjektes

$$\mathfrak{p} = \mathfrak{p}_x + \mathfrak{p}_y + \mathfrak{p}_z = -\,\mathrm{i}\hbar\left(\boldsymbol{i}\,\frac{\partial}{\partial x} + \boldsymbol{j}\,\frac{\partial}{\partial y} + \boldsymbol{k}\,\frac{\partial}{\partial z}\right) = -\,\mathrm{i}\hbar\,\nabla \tag{5.25a}$$

Operator der potentiellen Energie

und als Operator der potentiellen Energie

$$\mathfrak{W}_\text{p} = W_\text{p} \tag{5.25b}$$

(W_p ist nur eine Funktion der Lagekoordinaten) zuzuordnen, womit sich aus der klassischen Hamilton-Funktion (5.24) als Hamilton-Operator des

Mikroobjektes für den nichtrelativistischen Fall

Hamilton-Operator für den nicht-relativistischen Fall

$$\mathfrak{H} = \frac{\mathbf{p}^2}{2m_0} + \mathfrak{W}_\mathrm{p} = -\frac{\hbar^2}{2m_0}\nabla^2 + W_\mathrm{p} \tag{5.25}$$

ergibt.

Die Schrödinger-Gleichung (5.14) kann in der Form

Schrödinger-Gleichung in Operatorform

$$\left(-\frac{\hbar^2}{2m_0}\nabla^2 + W_\mathrm{p}\right)\psi = \mathrm{i}\hbar\frac{\partial}{\partial t}\psi, \tag{5.26a}$$

die Energieeigenwertgleichung (5.19) in der Form

Energieeigenwert-gleichung in Operatorform

$$\left(-\frac{\hbar^2}{2m_0}\nabla^2 + W_\mathrm{p}\right)\psi_{0k} = W_k\psi_{0k} \tag{5.27a}$$

geschrieben werden. Beachtet man (D 5.3) und (5.25), so lauten diese Beziehungen in Operatorschreibweise

$$\mathfrak{H}\psi - \mathfrak{W}\psi, \tag{5.26}$$

$$\mathfrak{H}\psi_{0k} = W_k\psi_{0k}. \tag{5.27}$$

Man gewinnt also die Schrödinger- bzw. die Energieeigenwertgleichung aus den Gesetzen der klassischen Physik, indem man die dem betrachteten Problem zugeordnete klassische Hamilton-Funktion durch den Hamilton-Operator ersetzt und diesen entsprechend (5.26) bzw. (5.27) auf die Zustandsfunktion anwendet. Dieses Vorgehen erscheint zunächst formal. Es zeigt sich jedoch, daß es auf beliebige Observable erweitert werden kann (vgl. nachfolgenden Abschnitt) und auch für kompliziertere Probleme (z.B. Mikroobjekte im Magnetfeld) die Aufstellung der Eigenwertgleichung gestattet.

5.3.3 Erwartungswerte

$\psi^*\psi\,\mathrm{d}V$ ist nach (S 5.2) die Wahrscheinlichkeit dafür, bei einer Ortsmessung zur Zeit t das Mikroobjekt im Volumenelement $\mathrm{d}V$ zu finden. $\psi^*\psi$ stellt demzufolge eine Wahrscheinlichkeitsverteilung dar, mit deren Hilfe man analog zu (I 8.10a) Mittelwerte bilden kann. Aus einer großen Anzahl von Messungen der Lagekoordinate q des Mikroobjektes unter gleichen physikalischen Bedingungen folgt mit (S 5.2) und (D 5.3)

$$\bar{q} = \frac{\int\limits_{-\infty}^{+\infty} q\psi^*\psi\,\mathrm{d}V}{\int\limits_{-\infty}^{+\infty} \psi^*\psi\,\mathrm{d}V} = \int\limits_{-\infty}^{+\infty} q\psi^*\psi\,\mathrm{d}V = \int\limits_{-\infty}^{+\infty} \psi^*\mathrm{q}\psi\,\mathrm{d}V\,.$$

Wie wir am Beispiel des Impulses sehen werden, ist die zuletzt genannte Darstellungsweise die allgemeingültige. Man schreibt deshalb

$$\langle \mathfrak{q} \rangle = (\psi^*, \mathfrak{q}\psi) \tag{5.28a}$$

Erwartungswert (quantentheoretische Erwartung)

und nennt $\langle \mathfrak{q} \rangle$ nicht den Mittelwert, sondern den *Erwartungswert* oder die *quantentheoretische Erwartung* der Observablen q.

Eine analoge Darstellung ergibt sich für den Erwartungswert der Energie aus (5.26), (5.27) und (5.13):

$$\langle \mathfrak{W} \rangle = \int_{-\infty}^{+\infty} \psi_0^* W \psi_0 \, \mathrm{d}V = \int_{-\infty}^{+\infty} \psi_0^* \, \mathfrak{H} \psi_0 \, \mathrm{d}V = \int_{-\infty}^{+\infty} \psi^* \, \mathfrak{H} \psi \, \mathrm{d}V$$

oder

$$\langle \mathfrak{W} \rangle = (\psi^*, \mathfrak{H}\psi) \, . \tag{5.28b}$$

Nach der statistischen Interpretation der Wellenfunktion muß $\boldsymbol{J}_\mathrm{T}$ (vgl. (5.17b)) als Wahrscheinlichkeitsstromdichte angesehen werden. Als Erwartungswert des Impulses erhält man demzufolge

$$\langle \mathfrak{p} \rangle = \int_{-\infty}^{+\infty} \boldsymbol{J}_\mathrm{T} \, m_0 \, \mathrm{d}V = \frac{\hbar}{2\mathrm{i}} \int_{-\infty}^{+\infty} (\psi^* \, \nabla \psi - \psi \, \nabla \psi^*) \, \mathrm{d}V \, .$$

Die Wellenfunktion ist normierbar. ψ verschwindet demzufolge im Unendlichen so stark, daß

$$\int_{-\infty}^{+\infty} \nabla \, (\psi^* \psi) \, \mathrm{d}V = - \oint_{\substack{\text{unendlich} \\ \text{ferne Oberfläche}}} \psi^* \psi \, \mathrm{d}\boldsymbol{A} = 0$$

gilt, mit

$$\nabla(\psi^* \psi) = \psi \, \nabla \psi^* + \psi^* \nabla \psi$$

also

$$\int_{-\infty}^{+\infty} \psi \, \nabla \psi^* \, \mathrm{d}V = - \int_{-\infty}^{+\infty} \psi^* \, \nabla \psi \, \mathrm{d}V$$

folgt. Somit kann für den Erwartungswert $\langle \mathfrak{p} \rangle$

$$\langle \mathfrak{p} \rangle = - \mathrm{i}\hbar \int_{-\infty}^{+\infty} \psi^* \, \nabla \psi \, \mathrm{d}V$$

oder mit (D 5.3) analog zu (5.28a) und (5.28b)

Erwartungswert des Impulses

$$\langle \mathfrak{p} \rangle = (\psi^*, \mathfrak{p}\psi) \tag{5.28c}$$

geschrieben werden.

Die Beziehungen (5.28a) und (5.28c) sind die Vorschriften zum Auffinden der Erwartungswerte für den Orts- und den Impulsoperator. Die

Observablen Ort und Impuls sind nun aber vor keiner anderen Observablen ausgezeichnet. Dies veranlaßt uns zu der Annahme, daß man jeder Observablen O des Systems einen Operator $\mathfrak{O}$ zuordnen kann und daß der Erwartungswert dieser Observablen sich zu

$$\langle \mathfrak{O} \rangle = (\psi^*, \mathfrak{O}\psi) \tag{5.29}$$

Erwartungswert der Observablen O

ergibt.

Zur praktischen Handhabung dieser Annahme muß natürlich die Möglichkeit bestehen, zu jeder interessierenden Observablen O auch den zugehörigen Operator $\mathfrak{O}$ zu finden. Dafür hat sich der folgende Weg bewährt (s. auch (S 5.4) und Abschn. 5.3.4). Da jedes mechanische System durch Angabe seiner Orts- und seiner Impulskoordinaten bestimmt ist, kennt man aus der klassischen Physik zumeist für jede physikalische Größe die Funktion $O\,(p_j, q_j, t)$. Daraus erhält man die Beziehung für den zugehörigen Operator in der Quantenmechanik durch die Vorschrift

Übergang von der klassischen Größe O zum zugeordneten Operator $\mathfrak{O}$

$$\mathfrak{O} = \mathfrak{O}\,(\mathfrak{p}_j, \mathfrak{q}_j, t).$$

Zur Bestimmung der Eigenwerte O_k des Operators $\mathfrak{O}$ wird die Energieeigenwertgleichung (5.27) auf beliebige Operatoren übertragen:

Eigenwertgleichung für beliebige Observable

$$\mathfrak{O}\,\psi_{0k} = O_k\,\psi_{0k}.$$

Ist $\mathfrak{O}$ der Hamilton-Operator, dann sind O_k die Energieeigenwerte des Systems.

Die Linearität der Schrödinger-Gleichung gibt zu der Annahme Anlaß, daß das Superpositionsprinzip

$$\mathfrak{H}(\psi_1 + \psi_2) = \mathfrak{H}\,\psi_1 + \mathfrak{H}\,\psi_2$$

für jede Observable gilt:

$$\mathfrak{O}\,(\psi_1 + \psi_2) = \mathfrak{O}\psi_1 + \mathfrak{O}\psi_2.$$

Demzufolge können den Observablen nur lineare Operatoren zugeordnet werden.

Da die Eigenwerte O_k als mögliche Meßwerte der Observablen reell sein müssen, muß der lineare Operator $\mathfrak{O}$ die Bedingung

$$\mathfrak{O}\psi_{0k} = O_k\,\psi_{0k}\,,$$
$$\mathfrak{O}^*\,\psi^*_{0k} = O^*_k\,\psi^*_{0k}$$

mit $O_k = O^*_k$ erfüllen. Multiplikation der ersten Gleichung mit ψ^*_{0k}, der zweiten mit ψ_{0k}, Substraktion und Integration über V ergibt (vgl. (S. 5.2))

$$\int_{-\infty}^{+\infty} (\psi^*_{0k}\mathfrak{O}\psi_{0k} - \psi_{0k}\mathfrak{O}^*\psi^*_{0k})\,\mathrm{d}V = (O_k - O^*_k)\int_{-\infty}^{+\infty} \psi^*_{0k}\,\psi_{0k}\,\mathrm{d}V = O_k - O^*_k$$

oder, da $O_k = O^*_k$ nach Voraussetzung,

$$(\psi^*_{0k}, \mathfrak{O}\psi_{0k}) = (\psi_{0k}, \mathfrak{O}^*\psi^*_{0k})\,. \tag{5.30}$$

(D 5.4)
Hermitescher Operator

Erfüllt der Operator $\mathfrak{O}$ die Bedingung

$$\mathfrak{O} \sum_k \psi_k = \sum_k \mathfrak{O} \psi_k ,$$

so heißt er linear,

gilt für einen linearen Operator

$$(\psi_{0k}^*, \mathfrak{O}\psi_{0k}) = (\psi_{0k}, \mathfrak{O}^* \psi_{0k}^*) = ((\mathfrak{O}\psi_{0k})^*, \psi_{0k}) ,$$

dann heißt er hermitesch.

Demnach können den Observablen nur lineare und darüber hinaus hermitesche Operatoren zugeordnet werden.

Nachweis, daß der Impulsoperator hermitesch ist

Wir wollen als Beispiel zeigen, daß der Impulsoperator (D 5.3) $\mathfrak{p} = -\mathrm{i}\hbar \, \nabla$ hermitesch ist. Anwendung der Methode der partiellen Integration ($\int u\,v' \,\mathrm{d}x = u\,v - \int v u' \,\mathrm{d}x$) ergibt für seine x-Koordinate

$$\int\limits_{-\infty}^{+\infty} \psi^* \mathfrak{p}_x \psi \,\mathrm{d}x = -\mathrm{i}\hbar \int\limits_{-\infty}^{+\infty} \psi^* \frac{\partial \psi}{\partial x} \mathrm{d}x = -\mathrm{i}\hbar \psi^* \psi \Big|_{-\infty}^{+\infty} + \mathrm{i}\hbar \int\limits_{-\infty}^{+\infty} \psi \frac{\partial \psi^*}{\partial x} \mathrm{d}x .$$

Auf Grund der Normierung (S 5.2) verschwindet $\psi^* \psi$ im Unendlichen, und wir erhalten mit $\mathfrak{p}_x^* = \mathrm{i}\hbar \dfrac{\partial}{\partial x}$ in Übereinstimmung zu (D 5.4)

CHARLES HERMITE (1822–1901)

$$\int\limits_{-\infty}^{+\infty} \psi^* \mathfrak{p}_x \psi \,\mathrm{d}x = \mathrm{i}\hbar \int\limits_{-\infty}^{+\infty} \psi \frac{\partial \psi^*}{\partial x} \mathrm{d}x = \int\limits_{-\infty}^{+\infty} \psi \mathfrak{p}_x^* \psi^* \,\mathrm{d}x .$$

Der Nachweis für die y- und z-Koordinate erfolgt analog.

Es werde auch hier vorausgesetzt, daß die Eigenfunktionen ψ_{0k} absolut quadratisch integrierbar sind. Ein Beispiel, das diese Voraussetzung verletzt, wird in Abschnitt 5.3.7.1 behandelt. Es ist dort gezeigt, wie man dann vorzugehen hat. Sind die Eigenfunktionen absolut quadratisch integrierbar, dann bilden sie ein orthonomiertes Funktionssystem und die Zustandsfunktion ist nach ihnen entwickelbar (vgl. (S 5.3)):

$$\psi = \sum_{k=0}^{\infty} c_k(t)\, \psi_{0k} .$$

Beachtet man, daß die Entwicklungskoeffizienten $c_k(t)$ im allgemeinen komplex sind, dann gilt nach (S 5.2)

$$(\psi^*, \psi) = 1 = \left(\sum_{l=0}^{\infty} c_l^* \psi_{0l}^*, \sum_{k=0}^{\infty} c_k \psi_{0k} \right) = \sum_{l=0}^{\infty} \sum_{k=0}^{\infty} c_l^* c_k (\psi_{0l}^*, \psi_{0k})$$

$$= \sum_{l=0}^{\infty} \sum_{k=0}^{\infty} c_l^* c_k \delta_{lk} = \sum_{k=0}^{\infty} c_k^* c_k$$

und mit $c_k^* c_k = |c_k|^2$

$$\sum_{k=0}^{\infty} c_k^*(t)\, c_k(t) = \sum_{k=0}^{\infty} |c_k(t)|^2 = 1 . \tag{5.31}$$

$|c_k(t)|^2$ kann demzufolge als Wahrscheinlichkeit dafür gedeutet werden, daß man das Mikroobjekt im k-ten Zustand findet, d.h. als *Meßwahrscheinlichkeit* für die Messung des Eigenwertes O_k. Hierbei ist zu beachten, daß die Meßwahrscheinlichkeiten $|c_k(t)|^2$ im allgemeinen von der Zeit abhängig sind.

Meßwahrscheinlichkeit

Für den Erwartungswert $\langle\mathfrak{O}\rangle$ der Observablen O folgt

$$\langle\mathfrak{O}\rangle = (\psi^*, \mathfrak{O}\psi) = \sum_{l=0}^{\infty}\sum_{k=0}^{\infty} c_l^* c_k (\psi_{0l}^*, \mathfrak{O}\,\psi_{0k}) = \sum_{l=0}^{\infty}\sum_{k=0}^{\infty} c_l^* c_k (\psi_{0l}^*, O_k\,\psi_{0k})$$
$$= \sum_{l=0}^{\infty}\sum_{k=0}^{\infty} c_l^* c_k O_k (\psi_{0l}^*, \psi_{0k})$$

oder

$$\langle\mathfrak{O}\rangle = \sum_{k=0}^{\infty} |c_k(t)|^2 O_k\,.$$

Dieses Ergebnis ist folgendermaßen zu interpretieren: Die möglichen Meßwerte der Observablen O sind die Eigenwerte O_k des Operators $\mathfrak{O}$. Führt man unter gleichen Bedingungen eine Vielzahl von Messungen der Observablen O durch, dann findet man beim Bruchteil $|c_k(t)|^2$ aller Messungen den Eigenwert O_k.

Vorstehende Überlegungen lassen sich wie folgt zusammenfassen:

(S 5.4)
Eigenwerte O_k und Erwartungswert $\langle\mathfrak{O}\rangle$ der Observablen O

Den Observablen O eines physikalischen Systems müssen in der Quantentheorie hermitesche lineare Operatoren $\mathfrak{O}$ zugeordnet werden, die auf die absolut quadratisch integrierbare Zustandsfunktion ψ wirken. Die möglichen Meßwerte (Eigenwerte) O_k der Observablen O bestimmen sich aus der Eigenwertgleichung

$$\mathfrak{O}\psi_{0k} = O_k\psi_{0k}\,,$$

der Erwartungswert $\langle\mathfrak{O}\rangle$ der Observablen O aus

$$\langle\mathfrak{O}\rangle = (\psi^*, \mathfrak{O}\psi)\,.$$

Die (als absolut quadratisch integrierbar vorausgesetzten) Eigenfunktionen bilden ein vollständiges orthonormiertes Funktionensystem

$$(\psi_{0k}^*, \psi_{0l}) = \delta_{kl}\,.$$

Die Zustandsfunktion ψ ist dann nach den Eigenfunktionen entwickelbar:

$$\psi = \sum_{k=0}^{\infty} c_k(t)\psi_{0k}\,.$$

Führt man eine Vielzahl von Messungen der Observablen O durch und befindet sich das System vor jeder Messung im gleichen Zustand, dann bedeutet $|c_k(t)|^2$ die Wahrscheinlichkeit für die Messung des Eigenwertes O_k. Der Erwartungswert der Observablen bestimmt sich dann aus

$$\langle\mathfrak{O}\rangle = \sum_{k=0}^{\infty} |c_k(t)|^2 O_k\,.$$

Nach (S 5.4) korrespondieren die klassischen Größen in der Quantentheorie mit hermiteschen Operatoren. Demzufolge kann (S 5.4) als eine quantenmechanische Formulierung des Bohrschen Korrespondenzprinzips (S 5.1c) aufgefaßt werden.

das Eigenwertspektrum einer Observablen kann diskret sein

Nach der Quantentheorie gibt es also Observablen O, deren mögliche Meßwerte diskret liegen. Inwieweit dies für ein gegebenes Problem zutrifft, bestimmen die mathematischen Eigenschaften des der Observablen zuzuordnenden Operators $\mathfrak{O}$. Voraussetzung für ein diskretes Eigenwertspektrum ist, daß die Eigenfunktionen ψ_{0k} absolut quadratisch integrierbar sind. So besitzen der harmonische Oszillator (vgl. Abschn. 5.3.7.3) ein ausschließlich diskretes, das Wasserstoffatom (vgl. Abschn. 5.3.7.4) ein diskretes und ein kontinuierliches und der Ortsoperator (vgl. Abschn. 5.3.7.1) ein ausschließlich kontinuierliches Eigenwertspektrum.

Aus der Quantentheorie ergibt sich also die Existenz diskreter Eigenwertspektren völlig zwanglos, während die Bohrsche Theorie dies nur durch spezielle, den klassischen Gesetzen aufgepfropfte Zusatzbedingungen (vgl. (S 5.1a)) erreichen kann.

5.3.4 Quantenmechanische Bewegungsgleichung

Betrachtet werde die zeitliche Änderung $\langle\dot{\mathfrak{O}}\rangle$ des Erwartungswertes $\langle\mathfrak{O}\rangle$. Mit dem Operator $\dot{\mathfrak{O}}$ ist sie nach (S 5.4) durch

$$\frac{\mathrm{d}}{\mathrm{d}t}\langle\mathfrak{O}\rangle = \langle\dot{\mathfrak{O}}\rangle = (\psi^*, \dot{\mathfrak{O}}\,\psi) \tag{5.32a}$$

darstellbar. Andererseits kann $\langle\dot{\mathfrak{O}}\rangle$ auch durch zeitliche Differentiation von $\langle\mathfrak{O}\rangle$ gewonnen werden (vgl. (A 13.1)):

$$\langle\dot{\mathfrak{O}}\rangle = \frac{\mathrm{d}}{\mathrm{d}t}(\psi^*, \mathfrak{O}\psi) = \left(\psi^*, \left(\frac{\mathrm{i}}{\hbar}(\mathfrak{H}\mathfrak{O} - \mathfrak{O}\mathfrak{H}) + \frac{\partial\mathfrak{O}}{\partial t}\right)\psi\right). \tag{5.32b}$$

Vergleich von (5.32a) mit (5.32b) ergibt:

(S 5.5)
Beschreibung der zeitlichen Änderung der Observablen O

> Der zeitlichen Änderung der Observablen O ist der Operator
>
> $$\frac{\mathrm{d}\mathfrak{O}}{\mathrm{d}t} = \frac{\mathrm{i}}{\hbar}(\mathfrak{H}\mathfrak{O} - \mathfrak{O}\mathfrak{H}) + \frac{\partial\mathfrak{O}}{\partial t}$$
>
> zuzuordnen.

allgemeine Bewegungsgleichung der Quantentheorie

(S 5.5) gestattet es, die zeitliche Änderung jedes Operators und damit die zeitliche Veränderung der Meßwerte der Observablen zu bestimmen. Mann nennt diese Beziehung für $\langle\dot{\mathfrak{O}}\rangle$ daher *allgemeine Bewegungsgleichung* der Quantentheorie.

Nach (S 5.5) gilt im allgemeinen $\mathfrak{H}\mathfrak{O} \neq \mathfrak{O}\mathfrak{H}$. Das Produkt zweier Operatoren ist im allgemeinen nicht kommutativ, oder, wie man kurz sagt, Operatoren sind im allgemeinen nicht vertauschbar.

Zur Charakterisierung der Vertauschbarkeit von Operatoren dient der Begriff Kommutator:

$[\mathfrak{O}_1, \mathfrak{O}_2] = -[\mathfrak{O}_2, \mathfrak{O}_1] = \mathfrak{O}_1\mathfrak{O}_2 - \mathfrak{O}_2\mathfrak{O}_1$ heißt Kommutator der Operatoren $\mathfrak{O}_1$ und $\mathfrak{O}_2$.

(D 5.5) Kommutator

Nur der Kommutator vertauschbarer Operatoren verschwindet.

Mit (D 5.5) und (S 5.5) schreibt sich der Erwartungswert $\langle\dot{\mathfrak{O}}\rangle$

$$\langle\dot{\mathfrak{O}}\rangle = \frac{\mathrm{i}}{\hbar}\langle[\mathfrak{H}, \mathfrak{O}]\rangle + \left\langle\frac{\partial\mathfrak{O}}{\partial t}\right\rangle. \tag{5.32}$$

Hängt $\mathfrak{O}$ nicht explizit von der Zeit ab und ist der Kommutator $[\mathfrak{H}, \mathfrak{O}] = 0$, d. h., ist $\mathfrak{O}$ mit dem Hamilton-Operator $\mathfrak{H}$ vertauschbar, dann verschwindet auch $\dot{\mathfrak{O}}$. $\mathfrak{O}$ ist dann wie eine Erhaltungsgröße der klassischen Mechanik zeitlich konstant (*Erhaltungsobservable*, vgl. (S 5.9)).

Erhaltungsobservable

Der Operator $\mathfrak{O}$ sei als Funktion der Impulsoperatoren $\mathfrak{p}_j$ und der Ortsoperatoren $\mathfrak{q}_j$ gegeben: $\mathfrak{O} = \mathfrak{O}(\mathfrak{p}_j, \mathfrak{q}_j)$. Unter Beachtung von (D 5.3) und der Produktregel der Differentiation werde auf $\mathfrak{O}\psi$ der Operator $\mathfrak{p}_j$ angewandt:

$$\mathfrak{p}_j\mathfrak{O}(\mathfrak{p}_j, \mathfrak{q}_j)\,\psi = -\mathrm{i}\hbar\frac{\partial}{\partial q_j}\mathfrak{O}(\mathfrak{p}_j, \mathfrak{q}_j)\,\psi = -\mathrm{i}\hbar\frac{\partial\mathfrak{O}}{\partial q_j}\psi + \mathfrak{O}(\mathfrak{p}_j, \mathfrak{q}_j)(-\mathrm{i}\hbar)\frac{\partial}{\partial q_j}\psi$$

oder mit (D 5.5)

$$\frac{\partial\mathfrak{O}}{\partial q_j} = \frac{\partial\mathfrak{O}}{\partial\mathfrak{q}_j} = \frac{\mathrm{i}}{\hbar}(\mathfrak{p}_j\mathfrak{O} - \mathfrak{O}\mathfrak{p}_j) = \frac{\mathrm{i}}{\hbar}[\mathfrak{p}_j, \mathfrak{O}], \tag{5.33a}$$

wobei wieder $q_j = \mathfrak{q}_j$ beachtet wurde.

Analog gilt (vgl. A. 14)

$$\frac{\partial\mathfrak{O}}{\partial\mathfrak{p}_j} = \frac{\mathrm{i}}{\hbar}(\mathfrak{O}\mathfrak{q}_j - \mathfrak{q}_j\mathfrak{O}) = \frac{\mathrm{i}}{\hbar}[\mathfrak{O}, \mathfrak{q}_j]. \tag{5.33b}$$

Wählen wir für $\mathfrak{O}$ den Hamilton-Operator, dann spezialisieren sich (5.33a) und (5.33b) zu

$$\frac{\partial\mathfrak{H}}{\partial\mathfrak{q}_j} = \frac{\mathrm{i}}{\hbar}[\mathfrak{p}_j, \mathfrak{H}]; \quad \frac{\partial\mathfrak{H}}{\partial\mathfrak{p}_j} = \frac{\mathrm{i}}{\hbar}[\mathfrak{H}, \mathfrak{q}_j],$$

während sich aus (S 5.5) für $\mathfrak{O} = \mathfrak{p}_j$ bzw. $\mathfrak{O} = \mathfrak{q}_j$

$$\dot{\mathfrak{p}}_j = \frac{\mathrm{i}}{\hbar}[\mathfrak{H}, \mathfrak{p}_j]; \quad \dot{\mathfrak{q}}_j = \frac{\mathrm{i}}{\hbar}[\mathfrak{H}, \mathfrak{q}_j]$$

ergibt. Demnach bleiben die Hamiltonschen Bewegungsgleichungen (5.21) auch in der Quantenmechanik als Operatorbeziehungen gültig:

$$\dot{\mathfrak{p}}_j = -\frac{\partial\mathfrak{H}}{\partial\mathfrak{q}_j}; \quad \dot{\mathfrak{q}}_j = \frac{\partial\mathfrak{H}}{\partial\mathfrak{p}_j}. \tag{5.34}$$

Da aus den Hamiltonschen Bewegungsgleichungen alle Gesetzmäßigkeiten der klassischen Mechanik gewonnen werden können, folgt:

(S 5.6) Übergang von der klassischen Mechanik zur Quantenmechanik

Alle Gesetzmäßigkeiten der klassischen Mechanik bleiben als Operatorbeziehungen in der Quantenmechanik erhalten.

5.3.5 Vertauschungsrelationen, Heisenbergsche Unschärferelation

Wie im vorstehenden Abschnitt gezeigt wurde, sind die Operatoren $\mathfrak{O}$ im allgemeinen nicht vertauschbar. Speziell kann aus (5.33) gefolgert werden:

(S 5.7) Vertauschungsrelationen für $\mathfrak{q}_j$ und $\mathfrak{p}_j$

Die Ortsoperatoren $\mathfrak{q}_j$ und die Impulsoperatoren $\mathfrak{p}_j$ genügen den Vertauschungsrelationen

$$\mathfrak{p}_j \mathfrak{q}_l - \mathfrak{q}_l \mathfrak{p}_j = \begin{cases} -i\hbar\, 1 & (l = j) \\ 0 & (l \neq j) \end{cases};$$

$$\mathfrak{p}_l \mathfrak{p}_j - \mathfrak{p}_j \mathfrak{p}_l = 0;$$

$$\mathfrak{q}_l \mathfrak{q}_j - \mathfrak{q}_j \mathfrak{q}_l = 0\,.$$

Zwei Operatoren $\mathfrak{O}_1$ und $\mathfrak{O}_2$ sollen das gleiche System von Eigenfunktionen ψ_{0k} besitzen, die Eigenfunktion ψ_{0k} zum Eigenwert O_{1k} soll also zugleich die Eigenfunktion zum Eigenwert O_{2k} sein:

$$\mathfrak{O}_1 \psi_{0k} = O_{1k} \psi_{0k}\,; \qquad \mathfrak{O}_2 \psi_{0k} = O_{2k} \psi_{0k}\,.$$

Nochmalige Anwendung von $\mathfrak{O}_2$ bzw. $\mathfrak{O}_1$ überführt diese Eigenwertgleichungen in

$$\mathfrak{O}_2 \mathfrak{O}_1 \psi_{0k} = \mathfrak{O}_2 O_{1k} \psi_{0k} = O_{1k} \mathfrak{O}_2 \psi_{0k} = O_{1k} O_{2k} \psi_{0k}\,,$$

$$\mathfrak{O}_1 \mathfrak{O}_2 \psi_{0k} = \mathfrak{O}_1 O_{2k} \psi_{0k} = O_{2k} \mathfrak{O}_1 \psi_{0k} = O_{2k} O_{1k} \psi_{0k}\,,$$

woraus durch Subtraktion

$$(\mathfrak{O}_1 \mathfrak{O}_2 - \mathfrak{O}_2 \mathfrak{O}_1)\, \psi_{0k} = [\mathfrak{O}_1, \mathfrak{O}_2]\, \psi_{0k} = 0$$

folgt. Da diese Beziehung für alle ψ_{0k} Gültigkeit besitzt, ist $[\mathfrak{O}_1, \mathfrak{O}_2] = 0$. Auch die Umkehrung dieses Satzes kann bewiesen werden. Damit gilt:

(S 5.8) Observable mit gleichem System von Eigenfunktionen

Zwei Observable besitzen dann und nur dann das gleiche System von Eigenfunktionen, wenn die ihnen zugeordneten Operatoren vertauschbar sind.

Wir wollen für sie eine besondere Benennung einführen:

Die zwei vertauschbaren Operatoren zugeordneten Observablen heißen verträgliche Observable, die zwei nicht vertauschbaren Operatoren zugeordneten Observablen heißen nichtverträgliche Observable.

(D 5.6) verträgliche Observable

Was bedeutet für den Meßprozeß die Aussage, daß zwei Operatoren $\mathfrak{O}_1$ und $\mathfrak{O}_2$ vertauschbar sind? Zur Beantwortung dieser Frage führen wir zunächst mit Hilfe des mittleren Quadrates der Abweichung des Meßwertes O vom Erwartungswert $\langle\mathfrak{O}\rangle$ das mittlere Streuungsquadrat

$$(\Delta O)^2 = \langle(\mathfrak{O} - \langle\mathfrak{O}\rangle)^2\rangle = \langle(\mathfrak{O}^2 - 2\mathfrak{O}\langle\mathfrak{O}\rangle + \langle\mathfrak{O}\rangle^2)\rangle = \langle\mathfrak{O}^2\rangle - \langle\mathfrak{O}\rangle^2 \tag{5.35a}$$

als Maß für die mittlere quadratische Streuung der Meßwerte ein.

$\Delta O = \sqrt{\langle\mathfrak{O}^2\rangle - \langle\mathfrak{O}\rangle^2}$

heißt mittlere quadratische Streuung der Meßwerte der Observablen O.

(D 5.7) mittlere quadratische Streuung von Meßwerten

Da nach (S 5.4) für $\langle\mathfrak{O}^2\rangle$

$$\begin{aligned}\langle\mathfrak{O}^2\rangle = (\psi^*, \mathfrak{O}\mathfrak{O}\psi) &= \sum_{l=0}^{\infty}\sum_{k=0}^{\infty} c_l^*(t)\, c_k(t)\, (\psi_{0l}^*, \mathfrak{O}\mathfrak{O}\,\psi_{0k})\\
&= \sum_{l=0}^{\infty}\sum_{k=0}^{\infty} c_l^*(t)\, c_k(t)\, (\psi_{0l}^*, \mathfrak{O}\, O_k\psi_{0k})\\
&= \sum_{l=0}^{\infty}\sum_{k=0}^{\infty} c_l^*(t)\, c_k(t)\, O_k^2(\psi_{0l}^*, \psi_{0k})\\
&= \sum_{l=0}^{\infty}\sum_{k=0}^{\infty} c_l^*(t)\, c_k(t)\, O_k^2\,\delta_{lk} = \sum_{k=0}^{\infty} |c_k(t)|^2\, O_k^2\end{aligned}$$

geschrieben werden kann, gilt für das mittlere Quadrat der Streuung der Meßwerte der Observablen O

$$(\Delta O)^2 = \sum_{k=0}^{\infty} |c_k(t)|^2\, O_k^2 - \left(\sum_{k=0}^{\infty} |c_k(t)|^2\, O_k\right)^2. \tag{5.35}$$

Wir wollen zunächst die Meßwahrscheinlichkeiten $|c_k(t)|^2$ und damit ΔO für den Fall berechnen, daß $\mathfrak{O}$ nicht explizit von t abhängig ist und mit dem Hamilton-Operator $\mathfrak{H}$ vertauscht werden kann. Unter Berücksichtigung der Entwicklung (S 5.4) und der Normierungs- und Orthogonalisierungsbedingungen für die ψ_{0k} erhält man für $c_k(t)$ die Darstellungsmöglichkeit

$$(\psi_{0k}^*, \psi) = \sum_{l=0}^{\infty} c_l(t)\, (\psi_{0k}^*, \psi_{0l}) = \sum_{l=0}^{\infty} c_l(t)\, \delta_{kl} = c_k(t)\,. \tag{5.36a}$$

Um aus ihr eine Aussage über die Zeitabhängigkeit der $c_k(t)$ zu gewinnen, beachten wir, daß nach (S 5.8) die Funktionen ψ_{0k} Eigenfunktionen sowohl des Operators $\mathfrak{O}$ als auch des Hamilton-Operators sind, denn nach Voraussetzung soll $[\mathfrak{O}, \mathfrak{H}] = 0$ gelten. Mit der Schrödinger-Gleichung (5.26), der Definition des Operators $\mathfrak{W}$ (vgl. (D 5.3)), der Entwicklung für ψ (vgl. (S 5.4)), der Eigenwertgleichung (5.27) und der Orthogonalitäts- und Normierungsbedingungen für die Eigenfunktionen ψ_{0k} gewinnt man dann aus (5.36a) zur Bestimmung von $c_k(t)$ die Differentialgleichung

$$\frac{\mathrm{d}c_k(t)}{\mathrm{d}t} = \left(\psi_{0k}^*, \frac{\partial \psi}{\partial t}\right) = -\frac{\mathrm{i}}{\hbar}(\psi_{0k}^*, \mathfrak{W}\psi) = -\frac{\mathrm{i}}{\hbar}(\psi_{0k}^*, \mathfrak{H}\psi)$$

$$= -\frac{\mathrm{i}}{\hbar}\left(\psi_{0k}^*, \mathfrak{H}\sum_{l=0}^{\infty} c_l(t)\,\psi_{0l}\right) = -\frac{\mathrm{i}}{\hbar}\sum_{l=0}^{\infty} c_l(t)\,(\psi_{0k}^*, W_l\,\psi_{0l})$$

$$= -\frac{\mathrm{i}}{\hbar}\sum_{l=0}^{\infty} c_l(t)\,W_l\,\delta_{kl} = -\frac{\mathrm{i}}{\hbar}\,W_k\,c_k(t)$$

oder

$$\frac{\mathrm{d}c_k(t)}{\mathrm{d}t} = -\frac{\mathrm{i}}{\hbar}\,W_k\,c_k(t)\,.$$

Integration ergibt

$$c_k(t) = c_k(0)\,\mathrm{e}^{-\frac{\mathrm{i}W_k}{\hbar}t}\,. \tag{5.36}$$

Wegen $|\mathrm{e}^{\mathrm{i}\varphi}| = 1$ gilt $|c_k(t)|^2 = |c_k(0)|^2 = \text{const}$, und es kann demzufolge mit (5.32) geschlossen werden:

(S 5.9)
quantenmechanische Erhaltungsobservable

Ist der Operator $\mathfrak{O}$ nicht explizit von der Zeit abhängig und ist er mit dem Hamilton-Operator vertauschbar, dann ist die Observable O eine quantenmechanische Erhaltungsobservable. Das heißt, die Meßwahrscheinlichkeiten $|c_k(t)|^2$, der Erwartungswert $\langle\mathfrak{O}\rangle$ und die mittlere quadratische Streuung ΔO der Meßwerte sind zeitlich konstant.

Ist $\mathfrak{O}$ nicht mit $\mathfrak{H}$ vertauschbar, dann werden die Meßwahrscheinlichkeiten $|c_k(t)|^2$ zeitabhängig, damit auch der Erwartungswert $\langle\mathfrak{O}\rangle$ und die mittlere quadratische Streuung ΔO der Meßwerte. Gilt z.B. $\Delta O = 0$ für $t = t_1$, dann muß nach (5.35) eine Meßwahrscheinlichkeit (z.B. $|c_0(t_1)|^2$) den Wert 1 besitzen, alle anderen müssen dagegen verschwinden: $|c_0(t_1)|^2 = 1$, $|c_k(t_1)|^2 = 0$ für $k \geqq 1$. Nach (S 5.4) gilt dann $\langle\mathfrak{O}\rangle = O_0$, d.h., man mißt den Eigenwert O_0. Wählt man den beliebigen Phasenfaktor $\mathrm{e}^{\mathrm{i}\varphi}$ von $c_0(t_1)$ zu 1, dann lautet die zugehörige Zustandsfunktion nach (S 5.4)

$$\psi(x, y, z, t_1) = \sum_{k=0}^{\infty} c_k(t_1)\,\psi_{0k} = c_0(t_1)\,\psi_{00} = \psi_{00}\,.$$

Es muß demnach eine solche Lösung der Schrödinger-Gleichung gefunden werden, die zur Zeit $t = t_1$ diese Form annimmt.

Wird also O zu O_0 gemessen, so ist unmittelbar nach der Messung der Zustand des physikalischen Systems durch die zum Eigenwert O_0 gehörende Eigenfunktion ψ_{00} zu beschreiben. Durch die Messung wird somit das quantenmechanische System in den zum Eigenwert O_0 gehörenden Eigenzustand ψ_{00} überführt. Zur Zeit $t = t_2$ besitzen die Meßwahrscheinlichkeiten $|c_k(t_2)|^2$ andere Werte. Es werde angenommen, daß dann $|c_0(t_2)|^2 = |c_1(t_2)|^2 = |c_2(t_2)|^2$, $|c_k(t_2)|^2 = 0$ für $k \geqq 3$ gilt. Mit $\sum_{k=0}^{\infty} |c_k|^2 = 1$ (vgl. (5.31)) ergibt sich

eine Messung verändert im allgemeinen den Zustand des Systems

$$|c_0(t_2)|^2 = |c_1(t_2)|^2 = |c_2(t_2)|^2 = \frac{1}{3}.$$

Bei *einer* Messung wird stets einer der Eigenwerte O_0, O_1 oder O_2 gefunden, bei einer Vielzahl von Messungen findet man alle diese Eigenwerte mit gleicher Häufigkeit. Nach (S 5.4) beträgt der Erwartungswert

$$\langle \mathfrak{O} \rangle = \frac{O_0 + O_1 + O_2}{3}.$$

Die mittlere quadratische Streuung der Meßwerte kann nach (5.35) berechnet werden. Die ψ-Funktion muß zu dieser Zeit die Form

$$\psi(x, y, z, t_2) = \sum_{k=0}^{\infty} c_k(t_2)\, \psi_{0k} = c_0(t_2)\, [\psi_{00} + \psi_{01} + \psi_{02}]$$
$$= \frac{1}{\sqrt{3}} [\psi_{00} + \psi_{01} + \psi_{02}]$$

besitzen. Führt man jetzt eine Messung durch, so mißt man einen der Eigenwerte O_0, O_1 oder O_2, d. h., die Messung überführt das System in einen der durch ψ_{00}, ψ_{01} oder ψ_{02} beschriebenen Zustände. Eine Messung verändert demzufolge im allgemeinen den Zustand des Systems.

Nunmehr werde die *gleichzeitige Messung* zweier Observabler O_1 und O_2 betrachtet. Für das Produkt der mittleren quadratischen Streuungen ihrer Meßwerte findet man unter der Voraussetzung, daß ψ im Definitionsbereich der Operatoren $\mathfrak{O}_1\mathfrak{O}_2$ und $\mathfrak{O}_2\mathfrak{O}_1$ liegt (vgl. (A 15.5)):

gleichzeitige Messung zweier Observabler

$$\Delta O_1\, \Delta O_2 \geqq \frac{1}{2} |\langle[\mathfrak{O}_1, \mathfrak{O}_2]\rangle|.$$

Dies ist eine verallgemeinerte Formulierung der schon in (S 2.6) gegebenen Heisenbergschen Unschärferelation:

(S 5.10) Heisenbergsche Unschärferelation

Sind die den Observablen O_1 und O_2 zuzuordnenden Operatoren $\mathfrak{O}_1$ und $\mathfrak{O}_2$ nicht vertauschbar, d. h. gilt $[\mathfrak{O}_1, \mathfrak{O}_2] \neq 0$, dann sind die Observablen gleichzeitig nicht mit beliebiger Genauigkeit meßbar:

$$\Delta O_1\, \Delta O_2 \geqq \frac{1}{2} |\langle[\mathfrak{O}_1, \mathfrak{O}_2]\rangle|$$

(Heisenbergsche Unschärferelation).

Nach (S 5.10) unterliegen zwei verträgliche Observable (s. (D 5.6)) nicht der Heisenbergschen Unschärferelation. Man kann sie unmittelbar hintereinander messen, ohne daß die Messungen sich gegenseitig stören. Ihr Meßprozeß entspricht vollkommen dem klassischen Meßprozeß einer Größe. Demzufolge gilt:

(S 5.11)
gleichzeitige Messung von verträglichen Observablen

Nur verträgliche Observable sind mit beliebiger Genauigkeit gleichzeitig meßbar.

Wählt man speziell für $\mathfrak{O}_1 = \mathfrak{p}_j$, für $\mathfrak{O}_2 = \mathfrak{q}_j$, dann folgt mit (S 5.7) und (S 5.4)

$$\Delta p_j \Delta q_j \geqq \frac{1}{2} \, |\langle [\mathfrak{p}_j, \mathfrak{q}_j] \rangle| = \frac{1}{2} \, |\langle -\mathrm{i}\hbar 1 \rangle| = \frac{\hbar}{2} \, (\psi^*, 1\psi) = \frac{\hbar}{2} \, (\psi^*, \psi)$$

und, da $(\psi^*, \psi) = 1$, die *Impuls-Orts-Unschärferelation* (vgl. (S 2.7))

Impuls-Orts-Unschärferelation

$$\Delta p_j \, \Delta q_j \geqq \frac{\hbar}{2} \, . \tag{5.37a}$$

Zwischen der Energie und irgendeiner nicht von der Zeit explizit abhängigen Observablen O gilt nach (S 5.10) und (5.32) die spezielle Unschärferelation

$$\Delta W \, \Delta O \geqq \frac{1}{2} \, |\langle [\mathfrak{H}, \mathfrak{O}] \rangle| = \frac{\hbar}{2} \, \langle \dot{\mathfrak{O}} \rangle \, .$$

Wählen wir für O die Zeit t selbst, dann folgt die *Energie-Zeit-Unschärferelation* (vgl. (2.29))

Energie-Zeit-Unschärferelation

$$\Delta W \, \Delta t \geqq \frac{\hbar}{2} \, . \tag{5.37b}$$

Die physikalische Bedeutung dieser Beziehung wurde schon in Abschnitt 2.2.3 diskutiert.

Manchmal wird die Bezeichnung Heisenbergsche Unschärferelation auf die spezielle Impuls-Orts-Unschärferelation eingeengt. Nach ihr sind die Observablen p_j und q_j keine verträglichen Observablen. Dagegen gilt $[p_j, q_l] = [q_l, p_j]$ $(l \neq j)$. Die verallgemeinerte Impulskoordinate p_j ist mit der verallgemeinerten Ortskoordinate q_l $(l \neq j)$ verträglich, damit sind nach (S 5.11) beide Koordinaten gleichzeitig mit beliebiger Genauigkeit meßbar.

ENRICO FERMI
(1901–1954)
Nobelpreis 1938

Für die Berechnung der Boltzmann-Wahrscheinlichkeit (IS 8.1) wurde von der Voraussetzung ausgegangen, daß die die statistische Gesamtheit bildenden gleichartigen Teilsysteme, z.B. die Elektronen, physikalisch prinzipiell unterscheidbar sind. Diese Aussage basiert auf der Annahme, daß Ort und Impuls eines Teilchens zum gleichen Zeitpunkt mit beliebiger Genauigkeit meßbar sind. Nach der Impuls-Orts-Unschärferelation ist diese Voraussetzung für Mikroobjekte nicht haltbar, Abweichungen von den Aussagen der Boltzmann-Statistik sind demzufolge für Mikroobjekte zu erwarten. Diese Erkenntnis führte zur Entwicklung der Quantenstatistiken (Fermi-Dirac- und Bose-Einstein-Statistik, s. Bd. IV).

SATYENDRANATH BOSE (1894–1974)

5.3.6 Zum Axiomensystem der Quantenmechanik

Nach den vorangegangenen Darlegungen müssen bei der Beschreibung mikrophysikalischer Objekte experimentell gefundene Eigenschaften und Verhaltensweisen berücksichtigt werden, die vom Standpunkt der klassischen Physik aus unverständlich sind. Das sind insbesondere:

Verhaltensweisen mikrophysikalischer Objekte

- die Quantelung der Energie und anderer Observabler,
- die Wechselwirkung zwischen Mikroobjekt und Meßapparatur beim Meßprozeß

und

- die prinzipielle Ununterscheidbarkeit gleichartiger Mikroobjekte.

Deshalb wurde vorstehend auf heuristischem Wege ein Formalismus entwickelt, aus dem mit der Erfahrung übereinstimmende Ergebnisse abgeleitet werden können. Im Sinne der Theorie ist es aber unerläßlich, den Ausgangspunkt der Überlegungen exakt axiomatisch zu formulieren. Hierzu werde zunächst nochmals darauf hingewiesen, daß zur theoretischen Untermauerung der Quantenmechanik ein gegenüber der klassischen Physik wesentlich erweiterter mathematischer Formalismus nötig ist. Die in der klassischen Physik verwendeten physikalischen Größen sind auf einfache Art der Messung zugänglich, ihr Wertevorrat entspricht dem Raum der reellen Zahlen. In der Quantenmechanik sind hingegen die die Zustände des Systems charakterisierenden Zustandsfunktionen und die auftretenden Operatoren nicht unmittelbar durch Messungen zu erfassen. Der Messung unmittelbar zugänglich sind nur die reellen Eigenwerte der deshalb als hermitesch vorauszusetzenden Operatoren und die Meßwahrscheinlichkeiten c_k^2, mit denen diese Eigenwerte O_k auftreten. Die Verschiedenheit der Meßprozesse in der Mikro- und in der Makrophysik wird dadurch zum Ausdruck gebracht, daß zwischen verträglichen und nichtverträglichen Observablen unterschieden wird. Während man in der Makrophysik davon ausgeht, daß das Meßobjekt *einseitig* auf die Meßapparatur wirkt, liegt bei den Mikroobjekten eine *wechselseitige* Beeinflussung zwischen Meßobjekt und Meßapparatur vor. Das Resultat der Wechselwirkung ist damit nicht eindeutig vorausbestimmbar.

experimenteller Zugang zu quantenmechanischen Begriffen

Unterschied zwischen makrophysikalischen und mikrophysikalischen Meßprozessen

Die Zustandsfunktionen ψ werden in der Quantenmechanik im allgemeinen als Elemente oder *Zustandsvektoren* $|\psi\rangle$ eines *Hilbert-Raumes* aufgefaßt. Das ist möglich, weil die Menge der Zustandsfunktionen alle Eigenschaften aufweist, durch die ein Hilbert-Raum definiert ist: Linearität, Normierung, Vollständigkeit, Existenz eines Skalarproduktes zwischen seinen Elementen und eine unbegrenzte Dimensionszahl. Die Linearität ergibt sich aus der in Abschnitt 5.3.3 geforderten Gültigkeit des Superpositionsprinzips für die Zustandsvektoren. Die Forderung nach Normierung und Vollständigkeit ist nach den Sätzen (S 5.2) und (S 5.4)

Zustandsvektor

Hilbert-Raum

David Hilbert
(1862–1943)

erfüllt. Das Skalarprodukt zwischen zwei Zustandsvektoren ist definiert und liefert nach (5.31) die Wahrscheinlichkeit für den Übergang des Systems von dem einen in den anderen Zustand (vgl. auch Abschn. 5.3.5). Die Dimension des Zustandsvektors $|\,\psi\,\rangle$ ergibt sich nach (S 5.4) aus der im allgemeinen unbegrenzten Anzahl der zur jeweiligen Observablen gehörenden Eigenwerte.

In der Quantenmechanik hat sich die Betrachtung der mikrophysikalischen Zusammenhänge mit Hilfe von Zustandsvektoren im Hilbert-Raum durchgesetzt. Um den dadurch möglichen hohen Verallgemeinerungsgrad der physikalischen Aussagen zu erreichen, ist jedoch eine erhebliche mathematische Vorarbeit notwendig. Im Sinne einer einführenden Darstellung der Atomphysik wollen wir deshalb bei der bisher benutzten wellenmechanischen Form der Begriffsbildung bleiben.

Axiomensystem der Quantentheorie

Die in den vorausgegangenen Abschnitten dargelegten Gesetzmäßigkeiten lassen sich aus dem folgenden *Axiomensystem der Quantenmechanik* herleiten. Es hat für die Quantenmechanik die gleiche Bedeutung wie die in Band I diskutierten Newtonschen Axiome für die klassische Mechanik und die dort besprochenen Hauptsätze der Thermodynamik für die phänomenologische Thermodynamik, wie die in Band II behandelten Maxwellschen Gleichungen für die Elektrodynamik und Optik, wie die Gleichwertigkeit der Inertialsysteme für die spezielle Relativitätstheorie und das Einsteinsche Äquivalenzprinzip für die allgemeine Relativitätstheorie. Die in Abschnitt I 1.4 begründete Auffassung über die Zweckmäßigkeit eines Axiomensystems, seine Einordnung in das Begriffssystem der Physik und seine kritische Wertung gilt auch hier.

Axiom 1 faßt bestimmte in (S 5.4) und (S 5.6) genannte Gesetzmäßigkeiten zusammen:

(S 5.12)
den Observablen O sind hermitesche Operatoren $\mathfrak{O}$ zuzuordnen

Den Observablen O eines physikalischen Systems müssen in der Quantenmechanik lineare hermitesche Operatoren $\mathfrak{O}$ eines Hilbert-Raumes zugeordnet werden, die ein vollständiges System von Eigenfunktionen besitzen. Besteht zwischen zwei Observablen O_1 und O_2 der durch die stetige Funktion $O_2 = f(O_1)$ gegebene Zusammenhang, so besteht derselbe Zusammenhang zwischen den zugeordneten Operatoren: $\mathfrak{O}_2 = f(\mathfrak{O}_1)$.

Axiom 2 entspricht (S 5.7):

(S 5.13)
Vertauschungsrelationen

Die einem physikalischen System zuzuordnenden Ortsoperatoren $\mathfrak{q}_j$ und Impulsoperatoren $\mathfrak{p}_j (j = 1, 2, \ldots, f)$ genügen den Vertauschungsrelationen

$$\mathfrak{p}_j \mathfrak{q}_l - \mathfrak{q}_l \mathfrak{p}_j = \begin{cases} -\mathrm{i}\hbar\, 1 & (l = j) \\ 0 & (l \neq j), \end{cases}$$

$$\mathfrak{q}_j \mathfrak{q}_l - \mathfrak{q}_l \mathfrak{q}_j = 0,$$

$$\mathfrak{p}_j \mathfrak{p}_l - \mathfrak{p}_l \mathfrak{p}_j = 0 .$$

Axiom 3 legt entsprechend (S 5.5) die Zeitveränderlichkeit des Operators $\mathfrak{O}$ fest:

(S 5.14) Zeitveränderlichkeit eines Operators

Existiert in einem mikrophysikalischen System ein Hamilton-Operator $\mathfrak{H}$, so ist der zeitlichen Änderung $\mathrm{d}O/\mathrm{d}t$ der Observablen O der Operator

$$\frac{\mathrm{d}\mathfrak{O}}{\mathrm{d}t} = \frac{\mathrm{i}}{\hbar}(\mathfrak{H}\mathfrak{O} - \mathfrak{O}\mathfrak{H}) + \frac{\partial\mathfrak{O}}{\partial t}$$

zuzuordnen.

Diese drei Axiome sagen noch nichts über die bei einer Messung möglichen oder zu erwartenden Werte aus.

Axiom 4 legt deshalb nach (S 5.4) fest:

(S 5.15) Erwartungswert einer Observablen

Der Erwartungswert $\langle\mathfrak{O}\rangle$ der Observablen O in einem physikalischen System im Zustand ψ ergibt sich zu

$$\langle\mathfrak{O}\rangle = (\psi^*, \mathfrak{O}\psi)\,.$$

Quantisierung

Den Übergang von den klassischen Gesetzen zu denen der Quantentheorie bezeichnet man als *Quantisierung*. Nach Axiom 1 muß in der Quantenmechanik z.B. dem Ortsvektor $\boldsymbol{q}$ der Operator $\mathfrak{q}$, der klassischen Feldgröße $\boldsymbol{u}$ der Operator $\mathfrak{u}$ zugeordnet werden. Die Quantisierung der klassischen Teilchenvorstellung führt zu den gleichen Aussagen wie die Quantisierung der klassischen Feldvorstellung. Diese Äquialenz zeigt, daß in der Quantenmechanik das Problem des Welle-Teilchen-Dualismus gelöst ist. Die Quantenmechanik berücksichtigt den Dualismus der stofflichen Materie und kann daher entweder durch die Quantisierung der klassischen Newtonschen Mechanik oder durch die Quantisierung der klassischen Wellentheorie erhalten werden. Beide Wege wurden historisch auch gleichzeitig beschritten, der erste Weg 1925 von Heisenberg, der zweite Weg 1926 von Schrödinger.

Dirac-Gleichung

Dirac gelang 1927 eine relativistische Erweiterung der nichtrelativistischen Schrödinger-Gleichung. Die von ihm entwickelte *Dirac Gleichung* ist eine relativistische Wellengleichung. Ein markantes Ergebnis der Dirac-Theorie ist die zwanglose Erklärung der Existenz des Elektronenspins. Als weitere prägnante Folgerung ergeben sich nach dieser Theorie für ein ungebundenes Elektron mit dem Impuls $\boldsymbol{p}$ die Energiewerte

$$W = +\sqrt{m_{0\mathrm{e}}^2 c^4 + p^2 c^2}\,. \tag{5.38}$$

Es müssen also sowohl positive ($W > m_{0\mathrm{e}}c^2$) als auch negative Werte ($W < -m_{0\mathrm{e}}c^2$) der Energie auftreten, die durch die Energielücke $\Delta W = 2m_{0\mathrm{e}}c^2$ voneinander getrennt sind (s. Abb. 5.3). Bei den bisherigen Betrachtungen traten für freie Elektronen nur kontinuierliche Energiezustände mit Werten $W \geqq m_{0\mathrm{e}}c^2$ auf. Etwas unter dieser Grenze liegen die

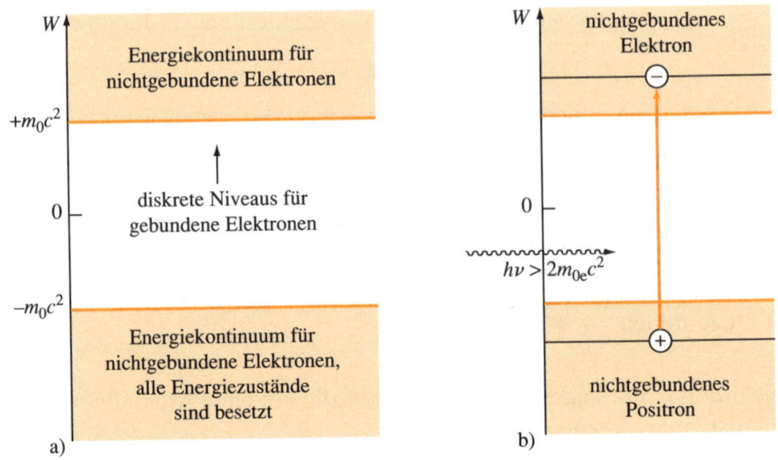

Abb. 5.3
Zur Elektron-Positron-Paarbildung
a) Energieniveauschema des Elektrons
b) Durch ein Photon der Energie $h\nu > 2m_{0e}c^2$ wird ein Elektron-Positron-Paar erzeugt

Energiezustände der an Atomkerne gebundenen Elektronen. Daß wir im Energieniveauschema (vgl. z.B. Abb. 4.7) die gebundenen Zustände durch negative Energien beschrieben haben, liegt nur daran, daß wir dort den Nullpunkt der Energieskala um $-m_{0e}c^2$ verschoben haben. Dies ändert aber nichts an der Tatsache, daß eigentlich für die Elektronen nur positive Energien beobachtet werden. Man kann jedoch die aus der Dirac-Theorie folgenden Zustände mit negativer Energie nicht negieren, denn nach der Quantentheorie müßte ein Elektron innerhalb von 10^{-8} s durch Emission des Energiebetrages $2m_{0e}c^2$ in den Zustand negativer Energie übergehen. Die Atome wären also instabil. Dirac nahm deshalb an, daß alle negativen Energiezustände normalerweise mit Elektronen besetzt sind, nach dem Pauli-Prinzip (s. Abschn. 9.1) solche Übergänge deshalb auszuschließen sind. Durch Zufuhr der Energie $W > 2m_{0e}c^2$ muß sich ein Elektron bei Anwesenheit eines Atomkernes (Begründung s. Abschn. 15.3.1.2) aus dem negativen Energiezustand $W < -m_{0e}c^2$ in den positiven Energiezustand $W > m_{0e}c^2$ überführen lassen. Nach dem Ladungserhaltungssatz wirkt die Leerstelle in den Zuständen negativer Energie wie ein Elektron positiver Ladung. Sie wird daher *Positron* genannt. Positronen werden u.a. bei dem β^+-Zerfall beobachtet (s. Abschn. 12.2.5.2).

Positron

Vorstehende Überlegungen lassen auch noch eine andere Deutung zu: Durch die Vernichtung eines Photons der Energie $W > 2m_{0e}c^2$ im Feld eines Atomkernes muß sich ein Elektron-Positron-Paar bilden lassen (*Paarbildung*). Die Leerstelle der Energie $W_i < -m_{0e}c^2$ wird nach kurzer Zeit (ca. 10^{-8} s) durch ein Elektron positiver Energie $W_k > m_{0e}c^2$ unter Emission von Photonen der Gesamtenergie $W_k - W_i > 2m_{0e}c^2$ aufgefüllt. Positron und Elektron „zerstrahlen" (*Paarvernichtung*). Derartige Prozes-

Paarbildung

Paarvernichtung

se werden tatsächlich beobachtet (vgl. Abschn. 15.3.1.2), was eine große Stütze dieser Theorie bildet.

Die Dirac-Gleichung ist prinzipiell auf alle Objekte mit von Null verschiedener Ruhmasse und halbzahligem Spin anwendbar, so u.a. auch auf das Proton und das Neutron und ihre Antiteilchen Antiproton und Antineutron. Allerdings kann sie im Gegensatz zum Fall der Elektronen für diese Objekte nicht die experimentell gemessenen magnetischen Momente deuten. Der Grund hierfür ist, daß Protonen und Neutronen auch der starken Wechselwirkung unterliegen.

In der Diracschen Theorie ist das Elektron gegenüber dem Positron ausgezeichnet. Die *Quantenelektrodynamik* versucht nun, das Positron und das Elektron in völlig symmetrischer Weise durch Berücksichtigung der Wechselwirkung zwischen ihnen zu beschreiben. Sie ist eine streng relativistische Theorie. Das die Wechselwirkung der Mikroobjekte hervorrufende Feld wird im Gegensatz zur Dirac-Gleichung nicht mehr durch Potentialfelder beschrieben, sondern ebenfalls der Quantisierung unterworfen. Die Photonen werden zu den Quanten des elektromagnetischen Feldes; Emissions- und Absorptionsprozesse werden durch Erzeugungs- und Vernichtungsoperatoren beschrieben. Dies hat zur Folge, daß die Zahl der Mikroobjekte des betrachteten physikalischen Systems nicht mehr zeitlich konstant sein muß. Die Ergebnisse der Quantenelektrodynamik stehen in ausgezeichneter Übereinstimmung mit dem Experiment. Unter anderem kann die Wechselwirkung zwischen dem Elektron und dem Strahlungsfeld erfaßt und so die Abweichung des magnetischen Momentes des Elektrons vom Wert $|\mu_B|$ (vgl. (8.15)) und die Lamb-Shift (vgl. Abschn. 7.1.2) theoretisch begründet werden. Weiter erhält man Werte für das anomale magnetische Moment und die Lamb-Shift des Müons (vgl. Abschn. 15.3.1.4), die ebenfalls in ausgezeichneter Übereinstimmung mit dem Experiment stehen.

Quantenelektrodynamik

Die Quantenelektrodynamik erfaßt nur die elektromagnetische Wechselwirkung der Elementarteilchen. Sie ist deshalb eine spezielle Quantenfeldtheorie. Inzwischen wurden auch *Quantenfeldtheorien* für die der starken und der schwachen Wechselwirkung unterliegenden Elementarteilchen entwickelt. Während die Quantenmechanik heute als abgeschlossen gilt, ist das für die Quantenfeldtheorien nicht der Fall, insbesondere für jene nicht, die die schwachen und die starken Wechselwirkungen der Elementarteilchen erfassen.

Quantenfeldtheorie

5.3.7 Anwendungen

Bisher wurden heuristisch wesentliche Gedankengänge der Quantenmechanik dargelegt. Einziges Kriterium für die Richtigkeit dieses Vorgehens ist der Vergleich der aus dieser Theorie gefolgerten Gesetzmäßigkeiten mit der experimentellen Erfahrung.

Es gibt bisher kein Experiment, das die Quantenmechanik in Zweifel stellt. An einigen Beispielen soll diese Übereinstimmung von theoretischer Schlußfolgerung und experimentellem Befund gezeigt werden.

5.3.7.1 Eigenwertspektrum des Orts- und des Impulsoperators

Nach (S 5.7) sind sowohl alle Ortsobservablen q_j untereinander als auch alle Impulsobservablen p_j ($j = 1, 2, \ldots, f$) untereinander miteinander verträgliche Observablen, d.h. getrennt sowohl alle Ortskoordinaten gleichzeitig als auch alle Impulskoordinaten gleichzeitig mit beliebiger Genauigkeit meßbar.

Die Eigenwerte q_{jl} und p_{jl} des Orts- bzw. des Impulsoperators $\mathfrak{q}_j$ und $\mathfrak{p}_j$ bestimmen sich nach (S 5.4) und (D 5.3) aus den Eigenwertgleichungen

$$\mathfrak{q}_j\,\psi_{0l} = q_j\,\psi_{0l} = q_{jl}\,\psi_{0l} \tag{5.39}$$

$$\mathfrak{p}_j\,\psi_{0l} = \frac{\hbar}{\mathrm{i}}\frac{\partial\psi_{0l}}{\partial q_j} = p_{jl}\,\psi_{0l}\,. \tag{5.40}$$

Eigenwertspektrum des Ortsoperators ist kontinuierlich

Jedes $q_{jl} = q_j$ im Intervall $-\infty \leqq q_j \leqq +\infty$ ist Lösung von (5.39); das Eigenwertspektrum des Operators q_j ist kontinuierlich. Kennt man die Zustandsfunktion ψ des Objektes, dann ist $\psi^*(q_j, t)\,\psi(q_j, t)$ nach (S 5.2) die Wahrscheinlichkeitsdichte dafür, bei einer Ortsmessung zur Zeit t die Koordinate q_j zu messen.

Bestimmung des Eigenwertspektrums des Impulsoperators

Wir wollen uns jetzt der Lösung der Eigenwertgleichung (5.40) für den Impulsoperator $\mathfrak{p}_j$ zuwenden. Man erhält durch Trennung der Variablen

$$\frac{\mathrm{d}\psi_{0l}}{\psi_{0l}} = \frac{\mathrm{i}}{\hbar}\,p_j\,\mathrm{d}\,q_j\,,$$

woraus durch Integration

$$\psi_{0l} = \psi_{00l}\,\mathrm{e}^{\mathrm{i}p_j q_j/\hbar} \tag{5.40a}$$

folgt.

Wir betrachteten jetzt ein freies Mikroobjekt. Sein Impuls $\boldsymbol{p}$ bestimmt sich aus der Eigenwertgleichung

$$\boldsymbol{\mathfrak{p}}\,\psi_{0pl} = \boldsymbol{p}_l\,\psi_{0pl} = \boldsymbol{p}\,\psi_{0\boldsymbol{p}}\,. \tag{5.40b}$$

Wählen wir rechtwinklige kartesische Koordinaten, dann erhalten wir nach (5.40a) als Lösungsfunktionen $\psi_{0\boldsymbol{p}}(x, y, z)$ von (5.40b)

$$\psi_{0\boldsymbol{p}}(x, y, z,) = \psi_{00\boldsymbol{p}}\,\mathrm{e}^{\frac{\mathrm{i}}{\hbar}(p_x x + p_y y + p_z z)}\,. \tag{5.40c}$$

Wie nachfolgend gezeigt wird, sind diese Lösungsfunktionen $\psi_{0\boldsymbol{p}}(x, y, z)$ keine Eigenfunktionen im Sinne von (S 5.4). Deshalb wurde für sie auch eine gesonderte Bezeichnung gewählt.

Für die Funktionen $\psi_{0\boldsymbol{p}}(x, y, z)$ kann, wenn zur Abkürzung

$$\boldsymbol{p} = \hbar\boldsymbol{k} = \hbar k\boldsymbol{n}^0 = \frac{h}{\lambda}\,\boldsymbol{n}^0 \tag{5.41}$$

gesetzt wird und die skalare Produktbildung, die Definitionen des Ortsvektors $\boldsymbol{s}$ und des Ausbreitungsvektors $\boldsymbol{k} = 2\pi \boldsymbol{n}^0/\lambda = k\boldsymbol{n}^0$ Beachtung finden, auch

$$\psi_{0p} = \psi_{00p}\, \mathrm{e}^{\mathrm{i}(\boldsymbol{p}\cdot \boldsymbol{s})/\hbar} = \psi_{00p}\, \mathrm{e}^{\mathrm{i}k(\boldsymbol{n}^0\cdot \boldsymbol{s})} = \psi_{00p}\, \mathrm{e}^{\mathrm{i}(\boldsymbol{k}\cdot \boldsymbol{s})} \tag{5.40d}$$

geschrieben werden. Einsetzen in (5.40b) ergibt mit $\mathfrak{p} = -\mathrm{i}\hbar\nabla$ (vgl. (D 5.3))

$$-\mathrm{i}\hbar\; \nabla\psi_{00p}\, \mathrm{e}^{\mathrm{i}(\boldsymbol{k}\cdot \boldsymbol{s})} = \hbar\, \boldsymbol{k}\, \psi_{00p}\, \mathrm{e}^{\mathrm{i}(\boldsymbol{k}\cdot \boldsymbol{s})} = \boldsymbol{p}_l\, \psi_{00p}\, \mathrm{e}^{\mathrm{i}(\boldsymbol{k}\cdot \boldsymbol{s})}.$$

Die Größen in (5.41) sind demzufolge die Eigenwerte des Impulsoperators, d.h., das Eigenwertspektrum des Impulsoperators ist kontinuierlich.

Eigenwertspektrum des Impulsoperators ist kontinuierlich

Nach (5.18b) müssen die Eigenfunktionen absolut quadratisch integrierbar sein. Diese Forderung erfüllen die Funktionen $\psi_{0p}(x, y, z)$ nicht, damit auch nicht die Orthonormierungsbedingung $(\psi^*_{0m}, \psi_{0l}) = \delta_{ml}$; eine Darstellung der Zustandsfunktion entsprechend (S 5.4) ist nicht möglich. Wie in diesem Fall vorgegangen werden muß, soll an vorliegendem Beispiel aufgezeigt werden, ohne näher auf die hierzu benötigten mathematischen Hilfsmittel (Fourier-Transformation, Lebesgue-Integral und Delta-Funktion) einzugehen.

Sind die Eigenfunktionen ψ_{0l} absolut quadratisch integrierbar, dann ergibt sich die Zustandsfunktion aus (vgl. (S 5.4))

$$\psi(x, y, z, t) = \sum_{l=0}^{\infty} c_l(t)\, \psi_{0l}(x, y, z) \tag{5.42a}$$

Leopold Kronecker (1823–1891)

mit (vgl. (5.36a), (5.31) und (S 5.4))

$$c_l(t) = \int_{-\infty}^{+\infty} \psi^*_{0l}(x, y, z)\psi(x, y, z, t)\, \mathrm{d}V\,, \tag{5.42b}$$

$$\sum_{l=0}^{\infty} c^*_l c_l = 1\,, \tag{5.42c}$$

$$(\psi^*_{0m}, \psi_{0l}) = \delta_{ml}\,, \tag{5.42d}$$

wobei das *Kronecker-Symbol* δ_{ml} durch die Vorschrift

Kronecker-Symbol

$$\sum_{m-0}^{\infty} c_m\, \delta_{lm} = c_l \tag{5.42e}$$

festgelegt ist.

Auch aus den Funktionen ψ_{0p} läßt sich mit Hilfe der Fourier-Transformation eine absolut quadratisch integrierbare Zustandsfunktion ψ aufbauen. Statt (5.42a) bis (5.42e) findet man mit $\mathrm{d}p = \mathrm{d}p_x\, \mathrm{d}p_y\, \mathrm{d}p_z$

$$\psi(x, y, z, t) = \int_{-\infty}^{+\infty} f_p(t)\psi_{0p}(x, y, z)\, \mathrm{d}p\,, \tag{5.43a}$$

wobei

$$f_p(t) = \int_{-\infty}^{+\infty} \psi_{0p}^*(x, y, z)\, \psi(x, y, z, t)\, dV \tag{5.43b}$$

ist. Die Orthonormierungsbedingung (5.42d) geht über in

$$(\psi_{0p}^*, \psi_{0p'}) = \delta(\boldsymbol{p}, \boldsymbol{p}') = \delta(p_x, p_x')\, \delta(p_y, p_y')\, \delta(p_z, p_z'), \tag{5.43c}$$

Delta-Funktion

wobei die *Delta-Funktion* $\delta(\boldsymbol{p}, \boldsymbol{p}')$ analog zu (5.42e) durch die Bedingung

$$\int_{-\infty}^{+\infty} f_p(t)\delta(\boldsymbol{p}, \boldsymbol{p}')\, dp = f_p(t) \tag{5.43d}$$

festgelegt ist.

Aus (5.43b) folgt mit (5.43c) analog zu (5.42c)

$$\int_{-\infty}^{+\infty} f_p^*(t) f_p(t)\, dp = 1\,. \tag{5.43e}$$

$f_p(t) f_p^*(t)$ gibt demnach die Wahrscheinlichkeitsdichte dafür an, bei einer Impulsmessung zur Zeit t den Impuls $\boldsymbol{p}$ zu finden.

Wie der Vergleich von (5.43) mit (5.42) zeigt, sind die Eigenfunktionen $\psi_{0l}(x, y, z)$ durch die Funktion $\psi_{0p}(x, y, z)$ und die Entwicklungskoeffizienten $c_l(t)$ durch die Funktion $f_p(t)$ zu ersetzen. An die Stelle der Summe in (5.42c) tritt das Intergral in (5.43d). Man bezeichnet die Lösungen $\psi_{0p}(x, y, z)$ auch als *uneigentliche Lösungen* des quantenmechanischen Problems (5.40b). Man erhält für sie mit (5.43e)

uneigentliche Lösungen

$$\psi_{0p} = \frac{1}{(2\pi\hbar)^{\frac{3}{2}}}\, e^{i(\boldsymbol{p}\cdot\boldsymbol{s})/\hbar}\,. \tag{5.40e}$$

(S 5.16)
Ort und Impuls eines freien Mikroobjektes

Ort und Impuls eines mikrophysikalischen Objektes sind einzeln (d.h. nicht zur gleichen Zeit) mit beliebiger Genauigkeit meßbar. Der Orts- und der Impulsoperator eines freien Mikroobjektes besitzen ein kontinuierliches Eigenwertspektrum. Die Eigenwerte des Impulsoperators sind

$$\boldsymbol{p} = \hbar \boldsymbol{k} = \frac{h}{\lambda}\, \boldsymbol{n}^0$$

mit den uneigentlichen Lösungen

$$\psi_{0p} = \frac{1}{(2\pi\,\hbar)^{3/2}}\, e^{i(\boldsymbol{p}\cdot\boldsymbol{s})/\hbar} = \frac{1}{(2\pi\,\hbar)^{3/2}}\, e^{i(\boldsymbol{k}\cdot\boldsymbol{s})}\,.$$

Mit

$$f_p(t) = \int_{-\infty}^{+\infty} \psi_{0p}^*(x, y, z)\, \psi(x, y, z, t)\, dV$$

ist $f_p^*(t)\, f_p(t)$ die Wahrscheinlichkeitsdichte dafür, daß man bei einer Impulsmessung zur Zeit t den Impuls $\boldsymbol{p}$ findet.

Die Eigenwerte $\boldsymbol{p} = \hbar \boldsymbol{k}$ des Impulsoperators werden u. a. für die Behandlung der in Festkörpern auftretenden Wechselwirkungsprozesse von Elektronen und Phononen benötigt.

5.3.7.2 Wechselwirkungsfreies mikrophysikalisches Objekt

Betrachtet werde ein wechselwirkungsfreies mikrophysikalisches Objekt mit dem Impuls $\boldsymbol{p}_0 = \hbar \boldsymbol{k}$. Bei einer Impulsmessung werde dieser Impuls „scharf" (Unsicherheit $\Delta \boldsymbol{p} = \boldsymbol{0}$) gemessen. Nach (5.43e) ist $f_p^*(t)\, f_p(t)\, \mathrm{d}\boldsymbol{p}$ die Wahrscheinlichkeit dafür, zur Zeit t einen Impuls zwischen $\boldsymbol{p}$ und $\boldsymbol{p} + \mathrm{d}\boldsymbol{p}$ zu messen. Damit gilt für diesen Fall

$$f_{p_0}^*(t)\, f_{p_0}(t)\, \mathrm{d}\boldsymbol{p} = |f_{p_0}(t)|^2\, \mathrm{d}p = 1\,. \tag{5.44a}$$

$|f_{p0}|$ kann daher nicht zeitabhängig sein, d. h., $f_{p0}(t)$ muß sich durch

$$f_{p_0}(t) = |f_{p_0}|\, \mathrm{e}^{-\mathrm{i}(\omega t + \varphi)}$$

mit zeitlich konstantem $|f_{p_0}|$ darstellen lassen, da $|\mathrm{e}^{\mathrm{i}\alpha}| = |\cos\alpha + \mathrm{i}\sin\alpha| = 1$ ist. Beziehung (5.43a) geht somit über in

$$\psi(x, y, z, t) = \int\limits_{-\infty}^{+\infty} |f_{p_0}|\, \mathrm{e}^{-\mathrm{i}(\omega t + \varphi)}\, \psi_{0p_0}\, \mathrm{d}p\,,$$

woraus mit (5.44a), (5.40e) und (5.41) für die Zustandsfunktion

$$\psi(x, y, z, t) = \frac{1}{(2\pi\hbar)^{3/2}\, |f_{p_0}|}\, \mathrm{e}^{-\mathrm{i}(\omega t - k(\boldsymbol{n}^0 \cdot \boldsymbol{s}) + \varphi)} \tag{5.44}$$

folgt. Die Wahrscheinlichkeitsdichte dafür, daß man das mikrophysikalische Objekt zur Zeit t am Ort x, y, z findet, ist deshalb (vgl. (S 5.2)) $\psi^*\psi = |\psi|^2 = \text{const}$, d. h., das Objekt kann an jedem Ort mit gleicher Wahrscheinlichkeit gefunden werden. Dieses Ergebnis ist eine Folge der Heisenbergschen Unschärferelation (5.37a). Nach Voraussetzung ist der Impuls des Teilchens genau bekannt ($\Delta p = 0$). Die Streuung der Meßwerte bei der Ortsmessung muß demzufolge unendlich groß werden ($\Delta q = \infty$).

Für eine scharfe Ortsmessung des Objektes ($\Delta q = 0$) gilt nach (S 5.2)

bei scharfer Impulsmessung ist das Ergebnis der Ortsmessung völlig unbestimmt

$$\psi^*(x_0, y_0, z_0, t)\, \psi(x_0, y_0, z_0, t)\, \mathrm{d}V = |\psi|^2\, \mathrm{d}V = 1\,, \tag{5.45a}$$

die Zustandsfunktion ist also durch

$$\psi(x_0, y_0, z_0, t) = |\psi|\, \mathrm{e}^{-\mathrm{i}(\omega t + \varphi)}$$

mit zeitunabhängigem $|\psi|$ darstellbar. Aus (S 5.16) folgt dann mit (5.45a)

$$\begin{aligned} f_p(t) &= \int\limits_{-\infty}^{+\infty} \psi_{0p}(x_0, y_0, z_0)\, |\psi|\, \mathrm{e}^{-\mathrm{i}(\omega t + \varphi)}\, \mathrm{d}V \\ &= \frac{1}{(2\pi\hbar)^{3/2}\, |\psi|}\, \mathrm{e}^{-\mathrm{i}\left(\omega t - \frac{\boldsymbol{p}\cdot\boldsymbol{s}}{\hbar} + \varphi\right)}. \end{aligned} \tag{5.45}$$

bei scharfer Ortsmessung ist das Ergebnis der Impulsmessung völlig unbestimmt

Die Wahrscheinlichkeitsdichte $f_p^*(t)\, f_p(t)$ ist unabhängig vom Impuls, d.h., die mit der scharfen Ortsmessung gleichzeitige Impulsmessung kann mit gleicher Wahrscheinlichkeit jeden Impulswert liefern. Auch dieses Ergebnis ist wieder eine unmittelbare Folge der Heisenbergschen Unschärferelation ($\Delta q = 0 \rightarrow \Delta p = \infty$). Beispiele für diese Betrachtungen wurden schon in Abschnitt 2.2.3 diskutiert.

5.3.7.3 Linearer harmonischer Oszillator

linearer harmonischer Oszillator

Ein makrophysikalisches Objekt der Masse m_0, das bei Auslenkung um die Strecke $\boldsymbol{s} = x\boldsymbol{i}$ aus der Ruhelage in jedem Punkt der Bahn der rücktreibenden Kraft $\boldsymbol{F} = -D\boldsymbol{s}$ $(D > 0)$ unterliegt, heißt *linearer harmonischer Oszillator*. Der Oszillator schwingt harmonisch mit der Kreisfrequenz (vgl. (I 9.6a))

$$\omega_0 = 2\pi\nu_0 = \sqrt{\frac{D}{m_0}}. \tag{5.46a}$$

Für seine Gesamtenergie W folgt aus dem Energieerhaltungssatz der Mechanik mit $\boldsymbol{p} = m_0\boldsymbol{v}$

$$W = W_{\text{kin}} + W_{\text{p}} = \frac{m_0}{2}\,\boldsymbol{v}^2 + \frac{D}{2}\,x^2 = \frac{\boldsymbol{p}^2}{2m_0} + \frac{D}{2}\,x^2. \tag{5.46b}$$

jeder makrophysikalische Oszillator besitzt ein kontinuierliches Energiespektrum

Da die Orts- und die Impulskoordinate alle Werte $|x| \leqq x_{\max}$ und $|p| \leqq p_{\max}$ annehmen können, und $x_{\max}$ allein durch die Gültigkeitsgrenze des Hookeschen Gesetzes $\boldsymbol{F} = Dx\boldsymbol{i}$ beschränkt wird, besitzt der makrophysikalische harmonische Oszillator ein kontinuierliches Energiespektrum.

In der Mikrophysik muß dem harmonischen Oszillator nach (S 5.6) und (D 5.3) der Hamilton-Operator

$$\mathfrak{H} = \frac{\mathfrak{p}^2}{2m_0} + \frac{D}{2}\,x^2 = -\frac{\hbar^2}{2m_0}\,\frac{\mathrm{d}^2}{\mathrm{d}x^2} + \frac{D}{2}\,x^2 \tag{5.46}$$

mikrophysikalischer Oszillator

zugeordnet werden. Seine Eigenwerte W_n bestimmen sich aus der Energieeigenwertgleichung (vgl. (S. 5.4))

$$\mathfrak{H}\,\psi_{0n} = W_n\,\psi_{0n},$$

d.h. aus

$$-\frac{\hbar^2}{2m_0}\,\frac{\mathrm{d}^2\,\psi_{0n}(x)}{\mathrm{d}x^2} + \frac{D}{2}\,x^2\,\psi_{0n}(x) = W_n\,\psi_{0n}(x). \tag{5.47a}$$

Substitution von

$$\xi^2 = \frac{m_0}{\hbar}\sqrt{\frac{D}{m_0}}\,x^2 = \frac{m_0\,\omega_0}{\hbar}\,x^2 \tag{5.48}$$

überführt sie in

$$-\frac{\hbar}{2}\sqrt{\frac{D}{m_0}}\,\frac{d^2\psi_{0n}(\xi)}{d\xi^2}+\frac{\hbar}{2}\sqrt{\frac{D}{m_0}}\,\xi^2\,\psi_{0n}(\xi)=W_n\,\psi_{0n}(\xi)\,,$$

woraus durch Multiplikation mit $-\frac{2}{\hbar}\sqrt{\frac{m_0}{D}}$

$$\frac{d^2\psi_{0n}(\xi)}{d\xi^2}+\left(\frac{2}{\hbar}\sqrt{\frac{m_0}{D}}\,W_n-\xi^2\right)\psi_{0n}(\xi)=0 \qquad (5.47)$$

folgt. Nach (S 5.4) bilden die physikalisch sinnvollen Lösungen $\psi_{0n}(\xi)$ im Intervall $-\infty \leqq \xi \leqq +\infty$ ein vollständiges orthonormiertes Funktionensystem. Wie in A.3 gezeigt ist, besitzt die Differentialgleichung (5.47) nur dann ein solches System von Lösungen, wenn sie die Form (vgl. (A 3.10))

$$\frac{d^2\psi_{0n}(\xi)}{d\xi^2}+(2n+1-\xi^2)\,\psi_{0n}(\xi)=0 \qquad (n=0,\,1,\,2,\,\ldots)$$

annimmt, d.h., wenn die Energieeigenwerte W_n der Bedingung

$$\frac{2}{\hbar}\sqrt{\frac{m_0}{D}}\,W_n=2n+1 \qquad (n=0,\,1,\,2,\,\ldots)$$

genügen. Setzt man hier noch die Kreisfrequenz ω_0 des Oszillators entsprechend (5.46a) ein, dann gewinnt man als mögliche Energieniveaus

$$W_n=\left(n+\frac{1}{2}\right)\hbar\,\omega_0 \qquad (n=0,\,1,\,2,\,\ldots)\,.$$

(S 5.17) Energiespektrum des harmonischen Oszillators

Die Schwingungsenergie mikrophysikalischer Objekte ist gequantelt. Speziell besitzt der lineare harmonische Oszillator der Eigenkreisfrequenz ω_0 die Energieniveaus

$$W_n=\left(n+\frac{1}{2}\right)\hbar\,\omega_0 \qquad (n=0,\,1,\,2,\,\ldots)\,.$$

Vorstehendes Ergebnis unterscheidet sich von dem PLANCKS (vgl. (S 1.3a)) insofern, als der Oszillator und damit *jedes* schwingungsfähige System auch im energetisch niedrigsten Zustand $n=0$ (d.h. auch am absoluten Nullpunkt) noch eine Schwingungsenergie der Größe $W_0=\hbar\,\omega_0/2$ besitzt. Diese Schwingungsenergie wird *Nullpunktsenergie* genannt.

Nullpunktsenergie

Die Nullpunktsenergie ist eine unmittelbare Folge der HEISENBERGschen Unschärferelation (5.37a). Im Grundzustand ist das mikrophysikalische Objekt auf einen bestimmten Ortsbereich Δx lokalisiert (vgl. Abb. 5.4). Dem entspricht eine bestimmte Impulsunschärfe, die ihrerseits eine bestimmte Energie des Oszillators erfordert.

Durch direkte thermische Messungen ist die Nullpunktsenergie nicht nachweisbar, da derartige Messungen nur Energiedifferenzen erfassen. Wohl kann aber indirekt durch den Vergleich bestimmter chemisch-physikalischer Konstanten von Isotopen (z. B. durch Vergleich von Sublimationswärmen oder Dampfdrücken in der Nähe des absoluten Nullpunktes) auf die Existenz der Nullpunktsenergie geschlossen werden, da wegen $\omega_0 \sim m_0^{-1/2}$ unterschiedliche Isotope etwas unterschiedliche Nullpunktsenergien besitzen. Der direkte experimentelle Nachweis der Nullpunktsenergie gelang 1928 durch die Bestimmung der Temperaturabhängigkeit von Röntgeninterferenzen.

experimentelle Bestimmung der Nullpunktsenergie

Die zum Eigenwert W_n gehörende Eigenfunktion $\psi_{0n}(\xi)$ bestimmt sich mit dem Hermiteschen Polynom H_n vom Grade n aus (A 3.9) zu

$$\psi_{0n}(\xi) = \frac{H_n(\xi)\, \mathrm{e}^{-\frac{\xi^2}{2}}}{\sqrt{2^n n!\, \sqrt{\pi}}} \tag{5.49a}$$

bzw. mit (5.48) zu

$$\psi_{0n}(x) = \left(\frac{m_0 \omega_0}{\hbar}\right)^{1/4} \frac{H_n\left(\sqrt{\frac{m_0 \omega_0}{\hbar}}\, x\right) \mathrm{e}^{-\frac{m_0 \omega_0}{2\hbar} x^2}}{\sqrt{2^n n!\, \sqrt{\pi}}} . \tag{5.49}$$

Vergleich der Aufenthaltswahrscheinlichkeiten von makrophysikalischen und mikrophysikalischen harmonischen Oszillatoren

Nach (S 5.2), (S 5.3) und (5.13) ist $\psi_{0n}^2(x)$ die quantenmechanische Wahrscheinlichkeitsdichte dafür, daß man das Teilchen am Ort x findet, wenn unmittelbar vorher der Energiewert W_n gemessen wurde. Aus (5.49a) und (A 3.4) folgt für sie

$$\begin{aligned}
\psi_{00}^2(\xi) &= \frac{H_0^2(\xi)\, \mathrm{e}^{-\xi^2}}{\sqrt{\pi}} = \frac{\mathrm{e}^{-\xi^2}}{\sqrt{\pi}} , \\
\psi_{01}^2(\xi) &= \frac{H_1^2(\xi)\, \mathrm{e}^{-\xi^2}}{2\sqrt{\pi}} = \frac{2\xi^2\, \mathrm{e}^{-\xi^2}}{\sqrt{\pi}} , \\
\psi_{02}^2(\xi) &= \frac{H_2^2(\xi)\, \mathrm{e}^{-\xi^2}}{8\sqrt{\pi}} = \frac{(2\xi^2 - 1)^2\, \mathrm{e}^{-\xi^2}}{2\sqrt{\pi}} , \\
\psi_{03}^2(\xi) &= \frac{H_3^2(\xi)\, \mathrm{e}^{-\xi^2}}{48\sqrt{\pi}} = \frac{(2\xi^3 - 3\xi)^2\, \mathrm{e}^{-\xi^2}}{3\sqrt{\pi}} , \\
\psi_{04}^2(\xi) &= \frac{H_4^2(\xi)\, \mathrm{e}^{-\xi^2}}{384\sqrt{\pi}} = \frac{(4\xi^4 - 12\xi^2 + 3)^2\, \mathrm{e}^{-\xi^2}}{24\sqrt{\pi}} , \\
\psi_{05}^2(\xi) &= \frac{H_5^2(\xi)\, \mathrm{e}^{-\xi^2}}{3840\sqrt{\pi}} = \frac{(4\xi^5 - 20\xi^3 + 15\xi)^2\, \mathrm{e}^{-\xi^2}}{60\sqrt{\pi}} \quad \text{usw.}
\end{aligned} \tag{5.50}$$

Diese Werte für $\psi_{0n}^2(\xi)$ sollen mit der Wahrscheinlichkeitsdichte für den Aufenthalt eines makrophysikalischen Objektes am Ort ξ verglichen werden. Um sie zu gewinnen, setzen wir (S 5.17) und (5.48) in (5.46b) ein:

$$\frac{m_0}{2}\left(\frac{\mathrm{d}\xi}{\mathrm{d}t}\right)^2 \frac{\hbar}{m_0\omega_0} + \frac{D\hbar}{2m_0\omega_0}\,\xi^2 = \left(n+\frac{1}{2}\right)\hbar\,\omega_0\,;$$

mit (5.46a) folgt

$$\frac{1}{\omega_0}\left(\frac{\mathrm{d}\xi}{\mathrm{d}t}\right)^2 + \omega_0\xi^2 = (2n+1)\omega_0 \quad (n=0,1,2,\ldots)\,. \tag{5.51a}$$

An den Umkehrpunkten wird $\mathrm{d}\xi/\mathrm{d}t = 0$. Sie bestimmen die maximale Auslenkung $\pm\,\xi_{\max}$ des Oszillators, d.h. seine Amplitude ξ_0. Man gewinnt demzufolge die Amplitude ξ_0 des Oszillators aus (5.51a) für $\mathrm{d}\xi/\mathrm{d}t = 0$:

$$\xi_{0n} = \sqrt{2n+1} \quad (n=0,1,2,\ldots)\,. \tag{5.51b}$$

Damit ergibt sich für die Geschwindigkeit des Teilchens

$$\frac{\mathrm{d}\xi}{\mathrm{d}t} = \omega_0\sqrt{2n+1-\xi^2} = \omega_0\sqrt{\xi_{0n}^2-\xi^2}\,. \tag{5.51}$$

Nach (IA 32.2) ist die Wahrscheinlichkeit $\mathrm{d}w_{\mathrm{mkl}}$ dafür, daß man den Massenpunkt im Bahnelement $\mathrm{d}\xi$ findet, der Aufenthaltsdauer $\mathrm{d}t$ des Teilchens in $\mathrm{d}\xi$ proportional:

$$\mathrm{d}w_{\mathrm{mkl}} = C\,\mathrm{d}t = \frac{C\,\mathrm{d}\xi}{\omega_0\sqrt{\xi_{0n}^2-\xi^2}}\,. \tag{5.52a}$$

C bestimmt sich aus der Bedingung, daß die Wahrscheinlichkeit dafür, daß man das Teilchen irgendwo im Intervall $-\xi_{0n} \leqq \xi \leqq +\xi_{0n}$ findet, $w_{\mathrm{mkl}} = 1$ sein muß:

$$w_{\mathrm{mkl}} = \frac{C}{\omega_0}\int\limits_{-\xi_{0n}}^{+\xi_{0n}} \frac{\mathrm{d}\xi}{\sqrt{\xi_{0n}^2-\xi^2}} = \frac{C}{\omega_0}\int\limits_{-\xi_{0n}}^{+\xi_{0n}} \frac{\mathrm{d}\,\dfrac{\xi}{\xi_{0n}}}{\sqrt{1-\left(\dfrac{\xi}{\xi_{0n}}\right)^2}}$$

$$= \frac{C}{\omega_0}\,\arcsin\frac{\xi}{\xi_{0n}}\Bigg|_{-\xi_{0n}}^{+\xi_{0n}} = \frac{C\pi}{\omega_0} = 1$$

oder $C = \omega_0/\pi$. Die klassische Wahrscheinlichkeitsdichte des Oszillators beträgt demnach

$$\frac{\mathrm{d}w_{\mathrm{mkl}}}{\mathrm{d}\xi} = \frac{1}{\pi\sqrt{\xi_{0n}^2-\xi^2}} = \frac{1}{\pi\sqrt{2n+1-\xi^2}}\,. \tag{5.52}$$

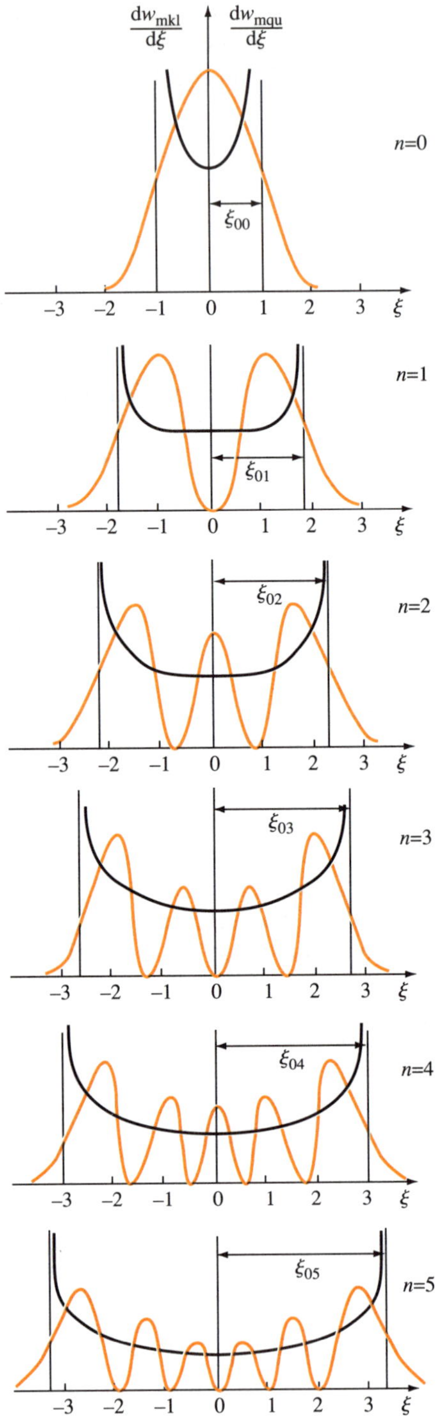

Abb. 5.4
Quantenmechanische (—) und klassische (—) Wahrscheinlichkeitsdichte für den linearen harmonischen Oszillator

Abbildung 5.4 gestattet es, $\frac{\mathrm{d}w_{\mathrm{mqu}}}{\mathrm{d}\xi} = \psi_{0n}^2$ mit $\frac{\mathrm{d}w_{\mathrm{mkl}}}{\mathrm{d}\xi}$ zu vergleichen. Die klassische Amplitude wurde entsprechend (5.51b) berechnet. Die quantenmechanische Wahrscheinlichkeitsdichte ist auch für $|\xi| > \xi_0$ endlich, d.h., quantenmechanisch kann sich das mikrophysikalische Objekt mit äußerst geringer Wahrscheinlichkeit auch in Bereichen aufhalten, für die klassisch kein Aufenthalt möglich ist. Sehen wir vorerst von $n = 0$ ab, so ist das Objekt auch quantenmechanisch mit größter Wahrscheinlichkeit in Nähe der Umkehrpunkte $\xi = \pm\,\xi_{0n}$ zu finden. Das Maximum der Wahrscheinlichkeitsdichte nähert sich in Übereinstimmung mit (S 5.1c) diesen Punkten um so mehr, je größer n wird. Nur für $n = 0$ unterscheiden sich als Folge der Nullpunktsenergie das quantenmechanische und das klassische Ergebnis grundsätzlich. Die quantenmechanische Wahrscheinlichkeitsdichte ist dort am größten, wo die klassische Wahrscheinlichkeitsdichte ihr Minimum besitzt.

5.3.7.4 Elektron im Coulomb-Feld eines Atomkernes

Ein Elektron befinde sich im Coulomb-Feld eines Atomkernes der Masse $m_{0\mathrm{k}}$ und der Ladung Ze. Entsprechend den Überlegungen von Abschnitt 5.2.2 können wir das Problem als Einteilchenproblem behandeln, indem wir uns den Kern fest lokalisiert denken und die Masse des Elektrons durch die reduzierte Masse m_{r} (5.1) aus Atomkern und Elektron ersetzen. Wir betrachten zunächst das klassische Analogon dieses Problems, d.h. die Bewegung der reduzierten Masse (5.1) von Elektron und Atomkern mit der Ladung $-e$ auf einer kreisförmigen Bahn vom Radius r um die im Koordinatenursprungspunkt ruhende positive Ladung Ze. Die umlaufende reduzierte Masse m_{r} besitzt dann die potentielle Energie

$$W_{\mathrm{p}} = -\frac{Ze^2}{4\pi\,\varepsilon_0 r}.$$

Mit (5.24) ergibt sich damit die Gesamtenergie zu

$$W = W_{\mathrm{kin}} + W_{\mathrm{p}} = \frac{\boldsymbol{p}^2}{2m_{\mathrm{r}}} - \frac{Ze^2}{4\pi\,\varepsilon_0 r}, \qquad (5.53\mathrm{a})$$

wobei r der Abstand Atomkern – Elektron ist. Quantenmechanisch muß diesem System nach (S 5.4), (S 5.6) und (D 5.3) der Hamilton-Operator

$$\mathfrak{H} = \frac{\mathbf{p}^2}{m_{\mathrm{r}}} - \frac{Ze^2}{4\pi\,\varepsilon_0 r} = -\frac{\hbar^2}{2m_{\mathrm{r}}}\nabla^2 - \frac{Ze^2}{4\pi\,\varepsilon_0 r} \qquad (5.53)$$

Hamilton-Operator für ein Elektron im Coulomb-Feld

zugeordnet werden. Der Operator ∇ ist hierbei auf die Koordinaten des Elektrons anzuwenden.

Die Energieeigenwerte W_n des Systems ergeben sich aus der Energieeigenwertgleichung (S 5.4)

$$\mathfrak{H}\,\psi_{0n} = W_n\,\psi_{0n},$$

d. h. aus

Energieeigenwertgleichung für ein Elektron im Coulomb-Feld

$$-\frac{\hbar^2}{2m_r}\nabla^2\psi_{0n}-\frac{Ze^2}{4\pi\varepsilon_0 r}\psi_{0n}=W_n\psi_{0n}$$

bzw. aus

$$\nabla^2\psi_{0n}+\frac{2m_r}{\hbar^2}\left(W_n+\frac{Ze}{4\pi\varepsilon_0 r}\right)\psi_{0n}=0 \tag{5.54}$$

mit der Randbedingung

$$\int_{-\infty}^{+\infty}\psi_{0n}^*\,\psi_{0n}\,\mathrm{d}V=1\,. \tag{5.54a}$$

Wir legen den Koordinatenursprungspunkt in den Atomkern. Da das Coulomb-Potential kugelsymmetrisch ist, ist die Verwendung von Kugelkoordinaten zweckmäßig. Mit (A 6.12d) folgt dann

Energieeigenwertgleichung in Kugelkoordinaten

$$\frac{\partial^2\psi_{0n}}{\partial r^2}+\frac{2}{r}\frac{\partial\psi_{0n}}{\partial r}+\frac{1}{r^2}\left[\frac{1}{\sin\vartheta}\frac{\partial}{\partial\vartheta}\left(\sin\vartheta\frac{\partial\psi_{0n}}{\partial\vartheta}\right)+\frac{1}{\sin^2\vartheta}\frac{\partial^2\psi_{0n}}{\partial\varphi^2}\right]$$
$$+\frac{2m_r}{\hbar^2}\left(W_n+\frac{Ze^2}{4\pi\varepsilon_0 r}\right)\psi_{0n}=0\,. \tag{5.54b}$$

Separationsansatz

Die Lösung versuchen wir mit Hilfe eines *Separationsansatzes* zu finden und spalten dazu $\psi_{0n}(r,\vartheta,\varphi)$ in ein Produkt von zwei Funktionen $R(r)$ und $S(\vartheta,\varphi)$ auf, wobei $R(r)$ nur von r, dagegen $S(\vartheta,\varphi)$ nur von ϑ und φ abhängig sein soll:

$$\psi_{0n}(r,\vartheta,\varphi)=R(r)\,S(\vartheta,\varphi)\,. \tag{5.55a}$$

(5.54b) geht dann nach Multiplikation mit $r^2S^{-1}R^{-1}$ über in

Separationsansätze zerlegen die Energieeigenwertgleichung in drei gewöhnliche Differentialgleichungen

$$\frac{r^2}{R}\frac{\mathrm{d}^2R}{\mathrm{d}r^2}+\frac{2r}{R}\frac{\mathrm{d}R}{\mathrm{d}r}+\frac{2m_r r^2}{\hbar^2}\left(W_n+\frac{Ze^2}{4\pi\varepsilon_0 r}\right)$$
$$=-\frac{1}{S}\left[\frac{1}{\sin\vartheta}\frac{\partial}{\partial\vartheta}\left(\sin\vartheta\frac{\partial S}{\partial\vartheta}\right)+\frac{1}{\sin^2\vartheta}\frac{\partial^2S}{\partial\varphi^2}\right]=C\,.$$

Die linke Seite der Gleichung hängt nur noch von r, die rechte nur noch von ϑ und φ ab. Für beliebige r, ϑ und φ ist dies dann und nur dann möglich, wenn die linke und die rechte Seite der Beziehung gleich derselben Konstanten C ist. Durch den Separationsansatz (5.55a) „zerfällt" (5.54b) demzufolge in die gewöhnliche Differentialgleichung

$$r^2\frac{\mathrm{d}^2R}{\mathrm{d}r^2}+2r\frac{\mathrm{d}R}{\mathrm{d}r}+\left[\frac{2m_r r^2}{\hbar^2}\left(W_n+\frac{Ze^2}{4\pi\varepsilon_0 r}\right)-C\right]R=0 \tag{5.56a}$$

und die partielle

$$\frac{1}{\sin\vartheta}\frac{\partial}{\partial\vartheta}\left(\sin\vartheta\frac{\partial S}{\partial\vartheta}\right)+\frac{1}{\sin^2\vartheta}\frac{\partial^2 S}{\partial\varphi^2}+CS=0\,. \tag{5.56b}$$

Durch den weiteren Separationsansatz

$$S(\vartheta,\varphi)=\Theta(\vartheta)\,\Phi(\varphi) \tag{5.55b}$$

erhält (5.56b) nach Multiplikation mit $\Theta^{-1}\Phi^{-1}\sin^2\vartheta$ die Form

$$\frac{1}{\Theta}\sin\vartheta\frac{\mathrm{d}}{\mathrm{d}\vartheta}\left(\sin\vartheta\frac{\mathrm{d}\Theta}{\mathrm{d}\vartheta}\right)+C\sin^2\vartheta=-\frac{1}{\Phi}\frac{\mathrm{d}^2\Phi}{\mathrm{d}\varphi^2}=m^2$$

und wird mit der Konstanten m^2 in die gewöhnlichen Differentialgleichungen

$$\sin\vartheta\frac{\mathrm{d}}{\mathrm{d}\vartheta}\left(\sin\vartheta\frac{\mathrm{d}\Theta}{\mathrm{d}\vartheta}\right)+(C\sin^2\vartheta-m^2)\,\Theta=0\,, \tag{5.56c}$$

$$\frac{\mathrm{d}^2\Phi}{\mathrm{d}\varphi^2}+m^2\Phi=0 \tag{5.56d}$$

überführt.

Lösung der Differentialgleichung für $\Phi(\varphi)$

Die Lösung der partiellen Differentialgleichung (5.54a) ist somit auf die Lösungen von drei gewöhnlichen Differentialgleichungen zurückgeführt. Sie sollen jetzt gefunden werden. Hierbei wird sich zeigen, daß die Forderung der Orthonormiertheit des Funktionensystems ψ_{0n} (vgl. (S 5.3)) nur für diskrete Werte der Konstanten C und m^2 erfüllbar ist.

Integration von (5.56d) ergibt

$$\Phi(\varphi)=\mathrm{e}^{\mathrm{i}m\varphi}=\cos m\varphi+\mathrm{i}\sin m\varphi\,. \tag{5.57}$$

Die Eindeutigkeit von ψ_{0n} fordert $\Phi(\varphi)=\Phi(\varphi+2\pi)$. Die Konstante m muß demzufolge Null oder eine ganze positive oder negative Zahl sein:

$$m=0,\pm1,\pm2,\pm3,\dots \tag{5.58}$$

Lösung der Differentialgleichung für $\Theta(\vartheta)$

Nach A. 2 bilden die Funktionen $\Phi(\varphi)$ bei Gültigkeit von (5.58) im Intervall $0\leqq\varphi\leqq2\pi$ ein orthonormiertes Funktionensystem. Gleichermaßen kommen als Lösungen von (5.56c) nur Funktionen in Betracht, die die Normierung und die Orthogonalisierung von ψ_{0n} gestatten. Nach (A 5.2c) ist dies dann und nur dann der Fall, wenn C die spezielle Form

$$C=l(l+1)\qquad(l=0,1,2,\dots) \tag{5.59}$$

annimmt:

$$\frac{1}{\sin\vartheta}\frac{\mathrm{d}}{\mathrm{d}\vartheta}\left(\sin\vartheta\frac{\mathrm{d}\Theta}{\mathrm{d}\vartheta}\right)+\left(l(l+1)-\frac{m^2}{\sin^2\vartheta}\right)\Theta=0\,.$$

ADRIEN-MARIE LEGENDRE (1752–1833)

Ihre Lösungen (vgl. (A 5.2c)) sind die zugeordneten Legendreschen Polynome (A 5.1b)

$$\Theta(\vartheta) = P_l^m(\cos\vartheta) \qquad (|m| \leqq l). \tag{5.60}$$

Die Differentialgleichung (5.56a) zur Bestimmung von $R(r)$ nimmt mit (5.59) die Gestalt

$$\frac{\mathrm{d}^2R}{\mathrm{d}r^2} + \frac{2}{r}\frac{\mathrm{d}R}{\mathrm{d}r} + \left[\frac{2m_\mathrm{r}}{\hbar^2}\left(W_n + \frac{Ze^2}{4\pi\varepsilon_0 r}\right) - \frac{l(l+1)}{r^2}\right]R = 0 \tag{5.61a}$$

an.

atomarer Längenmaßstab
atomarer Energiemaßstab

Für die weiteren Überlegungen führen wir als *atomaren Längenmaßstab* r_1 und als *atomaren Energiemaßstab* W_0

$$r_1 = \frac{4\pi\varepsilon_0\hbar^2}{m_\mathrm{r}e^2}; \qquad W_0 = \frac{m_\mathrm{r}e^4}{16\pi^2\varepsilon_0^2\hbar^2} = \frac{e^2}{4\pi\varepsilon_0 r_1} \tag{5.62a}$$

ein und messen den Abstand r und die Energie W_n in diesen Einheiten:

$$r = \varrho r_1; \qquad W_n = \gamma W_0. \tag{5.62b}$$

Lösung der Differentialgleichung für $R(r)$

ϱ und γ sind reine Zahlen. Der atomare Längenmaßstab r_1 ist nach (5.9) mit dem Bohrschen Radius des Wasserstoffatoms im Grundzustand identisch. Die Differentialgleichung (5.61a) geht so nach Multiplikation mit r_1^2 über in

$$\frac{\mathrm{d}^2R}{\mathrm{d}\varrho^2} + \frac{2}{\varrho}\frac{\mathrm{d}R}{\mathrm{d}\varrho} + \left(2\gamma + \frac{2Z}{\varrho} - \frac{l(l+1)}{\varrho^2}\right)R = 0. \tag{5.61}$$

Für große Entfernungen vom Kern ($\varrho \gg 1$) kann näherungsweise

$$\frac{\mathrm{d}^2R_\infty}{\mathrm{d}\varrho^2} + 2\gamma R_\infty = 0$$

geschrieben werden. R_∞ bedeutet dabei eine asymptotische Lösung von (5.61). Mit dem Ansatz $R_\infty = \mathrm{e}^{\lambda\varrho}$ findet man $\lambda^2 = -2\gamma$ und damit die asymptotische Lösung

asymptotische Lösung $R_\infty(\varrho)$

$$R_\infty = C_1\,\mathrm{e}^{\sqrt{-2\gamma}\varrho} + C_2\mathrm{e}^{-\sqrt{-2\gamma}\varrho}. \tag{5.63}$$

Je nachdem, ob die Exponenten reell oder imaginär sind, d.h., je nachdem, ob $\gamma < 0$ oder $\gamma > 0$ gilt, erhält man zwei völlig verschiedene Typen von Lösungsfunktionen.

Diskussion der asymptotischen Lösung für $W < 0$

Es werde zuerst der Fall $\gamma < 0$ und damit $W_n < 0$ betrachtet. Das Elektron ist dann an den Kern gebunden. Da nach (S 5.3) für $\varrho \to \infty$ die Funktion $R_\infty \to 0$ gehen muß, ist (5.63) nur mit $C_1 = 0$ eine physikalisch sinnvolle Lösung. Mit $C_2 = C$ gilt

$$R_\infty(\varrho) = C\,\mathrm{e}^{-\sqrt{-2\gamma}\varrho}.$$

Die Lösung $R = R(\varrho)$ von (5.61) gewinnt man mit dieser asymptotischen Lösung durch das Verfahren der Variation der Konstanten, indem man

$$R(\varrho) = C(\varrho)\, \mathrm{e}^{-\sqrt{-2\gamma}\varrho}$$

setzt und mit diesem Ansatz in die Differentialgleichung (5.61) hineingeht. Man erhält die Lösung (s. A.16)

$$R(\varrho) = \sum_{\mu} a_{\mu}\, \varrho^{\mu} \mathrm{e}^{-\sqrt{-2\gamma}\varrho} \tag{5.64a}$$

mit der Rekursionsformel

$$a_{\mu} = 2a_{\mu-1} \frac{\mu\sqrt{-2\gamma} - Z}{\mu(\mu+1) - l(l+1)} \tag{5.64b}$$

zur Berechnung der a_{μ}.

Für $\varrho \to \infty$ muß $R \to 0$ gehen. Wegen $\lim\limits_{x \to -\infty} \mathrm{e}^{x} x^{n} \to 0$ (vgl. (IIA 13.4)) ist diese Forderung erfüllt, wenn die Potenzreihe $\sum\limits_{\mu} a_{\mu}\varrho^{\mu}$ bei einem bestimmten $\mu = n$ abbricht. Das wird durch $n\sqrt{-2\gamma} - Z = 0$, d.h. durch

$$\gamma = -\frac{Z^2}{2n^2} \tag{5.65a}$$

erreicht: $a_{\mu} = 0$ für $\mu \geqq n$. (5.64b) ergibt mit (5.65a)

$$a_{\mu} = a_{\mu-1} \frac{2Z(\mu - n)}{n[\mu(\mu+1) - l(l+1)]} \tag{5.66a}$$

oder

$$a_{\mu-1} = a_{\mu} \frac{n[\mu(\mu+1) - l(l+1)]}{2Z(\mu - n)}\,. \tag{5.66b}$$

Dies zeigt, daß $a_{\mu} = 0$ für $\mu < l$ ist, denn für $\mu = l$ wird $a_{l-1} = 0$, und damit werden auch alle $a_{\mu} = 0$, für die $\mu < l$ gilt. Demzufolge ist

$$R(\varrho) = \sum_{\mu=l}^{n-1} a_{\mu}\varrho^{\mu}\, \mathrm{e}^{-\frac{Z\varrho}{n}}\,. \tag{5.66}$$

Die Eigenfunktionen sind demnach durch drei Laufzahlen n, l und m zu charakterisieren: $\psi_{0n,l,m}$. Man bezeichnet n, l und m als *Quantenzahlen* des Hüllenelektrons. Quantenzahlen

n durchläuft alle natürlichen Zahlen; $n = 0$ ist nach (5.66) auszuschließen. Der Wertevorrat von l ergibt sich aus (5.59), wobei nach (5.66) die obere Grenze durch $n-1 \geqq l$ gegeben ist. Nach (S 4.6) ist daher n die Hauptquantenzahl des Systems. Die Quantenzahl l wird *Nebenquantenzahl* genannt. Ihr Wertevorrat ist Nebenquantenzahl l

$$l = 0, 1, 2, \ldots, n-1\,. \tag{5.67}$$

Wertevorrat der Nebenquantenzahl

Von der Nebenquantenzahl sind u.a. die Energieniveaus der Alkalimetallatome abhängig (s. Abschn. 7.1.1). Weiter bestimmt die Nebenquantenzahl den Bahndrehimpuls der Hüllenelektronen (s. Abschn. 6.1.2).

magnetische Quantenzahl m

Die Quantenzahl m beschreibt das magnetische Bahnmoment des Hüllenelektrons (s. Abschn. 6.2) und wird daher *magnetische Quantenzahl* genannt. Ihr Wertevorrat ist nach (5.60) und (5.58) festgelegt durch die $2l + 1$ Werte

Wertevorrat der magnetischen Quantenzahl

$$m = -l, -l+1, -l+2, \ldots, l-2, l-1, l. \tag{5.68}$$

Die genannten Quantenzahlen sind eine unmittelbare Folge der an die Eigenfunktionen gestellten Normierungs- und Orthogonalisierungsbedingungen. Ihre Wertevorräte sind experimentell ohne Ausnahme bestätigt.

Nach (5.65a), (5.62b), (5.62a), (5.8), (5.15) und (5.1) besitzt das an den Kern gebundene Elektron das diskrete Energiespektrum

Energieeigenwerte

$$W_n = -\frac{Z^2 W_0}{2n^2} = -\frac{Z^2 m_r e^4}{32\pi^2 \hbar^2 \varepsilon_0^2 n^2} = \frac{Z^2 R_\infty hc}{n^2\left(1 + \dfrac{m_{0e}}{m_{0k}}\right)}.$$

Diese Bedingung stimmt mit (5.6) überein und erklärt somit entsprechend den Ausführungen von Abschnitt 5.2.2 die gemessenen Spektren des Wasserstoffs und der wasserstoffähnlichen Ionen. Die zugehörigen Eigenfunktionen $\psi_{0n,l,m}$ ergeben sich aus (5.55a), (5.55b), (5.57), (5.60), (5.66) und (5.62b) zu

$$\psi_{0n,l,m} = \sum_{\mu=l}^{n-1} a_\mu \left(\frac{r}{r_1}\right)^\mu \mathrm{e}^{-\frac{Z}{nr_1}r} P_l^m(\cos\vartheta)\, \mathrm{e}^{\mathrm{i}m\varphi}. \tag{5.69}$$

Der nach (5.66a) noch unbestimmte Koeffizient a_0 ist durch die Normierung $(\psi^*_{01,0,0}, \psi_{01,0,0}) = 1$ festgelegt.

Die Energie des Hüllenelektrons ist nur von der Hauptquantenzahl n abhängig. Nach (5.69) gehören demnach wegen der Wertevorräte für l und m zu jedem Energieeigenwert W_n

$$\sum_{l=0}^{n-1} (2l+1) = n^2 \tag{5.70}$$

Entartung

Eigenfunktionen; das Problem ist (n^2-1)-fach entartet (vgl. (D 5.2)). Die ausschließliche Abhängigkeit der Energiezustände von der Hauptquantenzahl n ist durch die Voraussetzung eines Coulomb-Feldes (vgl. (5.53a)) bedingt. Solange sich das Hüllenelektron ausschließlich im Feld des Atomkernes bewegt, ist diese Voraussetzung erfüllt, denn die Kernladung kann im Vergleich zum Bohrschen Radius in guter Näherung als punktförmig angesehen werden. Dieser Fall liegt aber nur beim Vorhandensein eines einzigen Hüllenelektrons vor, d. h. beim Wasserstoffatom und bei den wasserstoffähnlichen Ionen. In allen anderen Fällen bewegt sich das betrachtete Elektron in einem Feld, das neben der Kernladung auch von den Ladungen aller übrigen Hüllenelektronen abhängt. Dadurch wird die

Aufhebung der Entartung

Entartung z. T. aufgehoben, und die Energiezustände werden auch von der Nebenquantenzahl abhängig. Dies ist z.B. bei den Alkalimetallatomen der Fall (vgl. Abschn. 7.1.1). Weiter kann die Entartung der Energiezustände auch durch äußere Felder (Zeeman-Effekt, Stark-Effekt, s. Abschn. 8.1 und 8.2) und durch das eigene magnetische Moment der Elektronen (s. Abschn. 6.3 und 7.1.2) aufgehoben werden. In allen diesen Fällen spalten dann die Energieniveaus weiter auf.

$\psi^*_{0n,l,m}\,\psi_{0n,l,m}\,\mathrm{d}V$ ist die Wahrscheinlichkeit dafür, daß man das Hüllenelektron im Volumen $\mathrm{d}V$ findet (s. (S 5.2)). Wir betrachten den Grundzustand des Wasserstoffatoms ($Z = 1, n = 1, l = 0, m = 0$). Nach (5.69) wird er mit $P^0_0(\cos\vartheta) = P_0(\cos\vartheta) = 1$ (vgl. (A 5.1a) und (A 4.6)) durch die Eigenfunktion

$$\psi_{01,0,0} = a_0\,\mathrm{e}^{-\frac{r}{r_1}} \tag{5.69a}$$

beschrieben. $\psi^2_{01,0,0}$ ist von ϑ und von φ unabhängig, die Aufenthaltswahrscheinlichkeit des Elektrons besitzt Kugelsymmetrie bezüglich des Kernes als Zentrum. Im Gegensatz zum Bohrschen Atommodell (vgl. (S 5.1a) und Abschnitt 5.2.2) ist demzufolge keine bestimmte „Bahnebene" für das Elektron ausgezeichnet. Für die Wahrscheinlichkeit $w_{\mathrm{m},r}\,\mathrm{d}r$ dafür, daß man das Elektron im Abstand zwischen r und $r + \mathrm{d}r$ vom Atomkern findet, folgt mit $\mathrm{d}V = r^2 \sin\vartheta\,\mathrm{d}r\,\mathrm{d}\vartheta\,\mathrm{d}\varphi$

$$w_{\mathrm{m},r}\,\mathrm{d}r = r^2\,\mathrm{d}r \int_{\vartheta=0}^{\pi} \int_{\varphi=0}^{2\pi} \psi^2_{01,0,0} \sin\vartheta\,\mathrm{d}\vartheta\,\mathrm{d}\varphi$$

$$= a_0 r^2\,\mathrm{e}^{-\frac{2r}{r_1}}\,\mathrm{d}r \int_{\vartheta=0}^{\pi} \int_{\varphi=0}^{2\pi} \sin\vartheta\,\mathrm{d}\vartheta\,\mathrm{d}\varphi = -a_0 r^2\,\mathrm{e}^{-\frac{2r}{r_1}}\,\mathrm{d}r \cos\vartheta\Big|_0^{\pi}\,\varphi\Big|_0^{2\pi}$$

oder

$$w_{\mathrm{m},r} = 4\pi\,a_0 r^2\,\mathrm{e}^{-\frac{2r}{r_1}}\,.$$

Der Abstand $r_{\max}$ mit der größten Aufenthaltswahrscheinlichkeit ergibt sich aus der Bedingung

Orte mit maximaler Wahrscheinlichkeitsdichte

$$\frac{\mathrm{d}w_{\mathrm{m},r}}{\mathrm{d}r} = 4\pi\,a_0\,\mathrm{e}^{-\frac{2r_{\max}}{r_1}}\left(-\frac{2r^2_{\max}}{r_1} + 2r_{\max}\right) = 0$$

zu $r_{\max} = r_1$. Der wahrscheinlichsten Entfernung Elektron – Kern entspricht also nach (5.62a) und (5.9) der Radius der Bohrschen Bahn. Man beachte, daß quantenmechanisch nicht mehr von einer Bahn des Elektrons gesprochen werden kann. Es kann vielmehr nur ein Bereich angegeben werden, in dem das Elektron mit größter Wahrscheinlichkeitsdichte anzutreffen ist.

Was geschieht nun, wenn man nicht durch (5.65a) den Abbruch der Reihenentwicklung (5.64a) erzwingt? Wir überlegen uns dies wie folgt.

Für große μ (insbesondere $\mu \gg Z$, $\mu \gg l$ und $\mu \approx \mu + 1$) kann für a_μ (vgl. (5.64b)) näherungsweise

$$a_\mu \approx 2a_{\mu-1} \frac{\sqrt{-2\gamma}}{\mu}$$

und damit für $\sum_\mu a_\mu \varrho^\mu$

$$\sum_\mu a_\mu \varrho^\mu \approx \sum_\mu C \frac{(2\sqrt{-2\gamma})^\mu}{\mu!} \varrho^\mu = C\, e^{2\sqrt{-2\gamma}\varrho}$$

geschrieben werden. (5.64a) nimmt dann die Gestalt

$$R(\varrho) = C\, e^{2\sqrt{-2\gamma}\varrho}\, e^{-\sqrt{-2\gamma}\varrho} = C\, e^{\sqrt{-2\gamma}\varrho}$$

an. Man kommt dann nicht – wie gefordert – zur physikalisch sinnvollen asymptotischen Lösung $R_\infty = C_2\, e^{-\sqrt{-2\gamma}\varrho}$ ($C_1 = 0$ in (5.63)), sondern erfaßt gerade die andere Möglichkeit $R_\infty = C_1\, e^{\sqrt{-2\gamma}\varrho}$ ($C_2 = 0$). Das Abbrechen der Reihe ist also notwendig, um die gewünschte asymptotische Lösung R_∞ zu erhalten.

Diskussion der asymptotischen Lösung für $W > 0$

Für Energien $W > 0$ gilt $\gamma > 0$ (vgl. (5.62 b)). Die asymptotische Lösung (5.63) besitzt dann die Form

$$R_\infty = C_1\, e^{i\sqrt{2\gamma}\varrho} + C_2\, e^{-i\sqrt{2\gamma}\varrho}. \tag{5.63a}$$

Wegen $|e^{i\varphi}| = 1$ gibt es keinen Grund, eine der Lösungen auszuschließen. $R^*_\infty R_\infty$ bleibt endlich, $\Theta^*\Theta$ verschwindet dagegen genügend stark für $R \to \infty$ (vgl. A.5), so daß wiederum ein orthonormiertes Funktionensystem $\psi_{0l,m}$ vorliegt.

Zur Lösung der Differentialgleichung (5.61) muß jetzt der Ansatz

$$R(\varrho) = C_1(\varrho)\, e^{i\sqrt{2\gamma}\varrho} + C_2(\varrho)\, e^{-i\sqrt{2\gamma}\varrho}$$

gemacht werden. Mit ihm gewinnt man statt (5.64a) durch vollkommen analoge Betrachtungen

$$R(\varrho) = \sum_\mu a_{1\mu} \varrho^\mu\, e^{i\sqrt{2\gamma}\varrho} + \sum_\mu a_{2\mu} \varrho^\mu\, e^{-i\sqrt{2\gamma}\varrho} \tag{5.64c}$$

mit

$$a_{2\mu} = a^*_{1\mu} = 2a_{2\mu-1} \frac{-Z + i\mu\sqrt{2\gamma}}{\mu(\mu+1) - l(l+1)}. \tag{5.64d}$$

kontinuierliches Energiespektrum für $W > 0$

Für $\varrho \to \infty$ muß (5.64c) in (5.63a) übergehen. Demzufolge konvergieren die Reihenentwicklungen. Das Abbrechen der Reihen durch eine zu (5.65a) analoge Forderung ist nicht mehr erforderlich, für die Energie $W > 0$ des Elektrons gelten demnach keine einschränkenden Bedingungen. Das Energiespektrum ist kontinuierlich.

In Erweiterung zu (S 4.5) und (S 4.6) können wir daher formulieren:

(S 5.18)
Energieeigenwerte und Quantenzahlen für ein Elektron im Coulomb-Feld des Kernes

Ein Elektron im Coulomb-Feld des Atomkernes der Ladung Ze und der Masse m_{0k} besitzt das

diskrete Energiespektrum $W_n = -\dfrac{Z^2 R_\infty hc}{n^2\left(1+\dfrac{m_{0e}}{m_{0k}}\right)}$

mit den Quantenzahlen
Hauptquantenzahl $n = 1, 2, 3, \ldots$
Nebenquantenzahl $l = 0, 1, 2, \ldots, n-1$
magnetische Quantenzahl $m = 0, \pm 1, \pm 2, \ldots, \pm l$

und das

kontinuierliche Energiespektrum $W > 0$
mit den Quantenzahlen
Nebenquantenzahl $l = 0, 1, 2, \ldots$
magnetische Quantenzahl $m = 0, \pm 1, \pm 2, \ldots, \pm l$.

Durch die vorstehenden Betrachtungen werden die folgenden experimentellen Befunde theoretisch begründet:

- der „Durchmesser" des Wasserstoffatoms,
- die Spektren des Wasserstoffs und der wasserstoffähnlichen Ionen,
- die Existenz der Haupt-, der Neben- und der magnetischen Quantenzahl einschließlich ihrer Wertevorräte,
- das Ionisationskontinuum.

Nicht erfaßt wird dagegen die Feinstruktur des Energieniveauschemas des Wasserstoffatoms und der wasserstoffähnlichen Ionen. Sie ist eine Folge des Elektronenspins und wird in Abschnitt 7.1.2 zusammenhängend betrachtet.

5.3.7.5 Rotator und Rotationsspektrum

Ein zweiatomiges Molekül rotiere um seinen Massenmittelpunkt. Ein derartiges System wird als mikrophysikalischer *Rotator* bezeichnet (s. Abb. 5.5). m_{01} und m_{02} seien die Massen der beiden Atome, r_0 ihr Abstand. Nach den Überlegungen in Abschnitt 5.2.2 kann dieses Problem auch als Umlauf der reduzierten Masse

Rotator

$$m_r = \frac{m_{01} m_{02}}{m_{01} + m_{02}}$$

um die ruhende Masse m_{01} aufgefaßt werden.

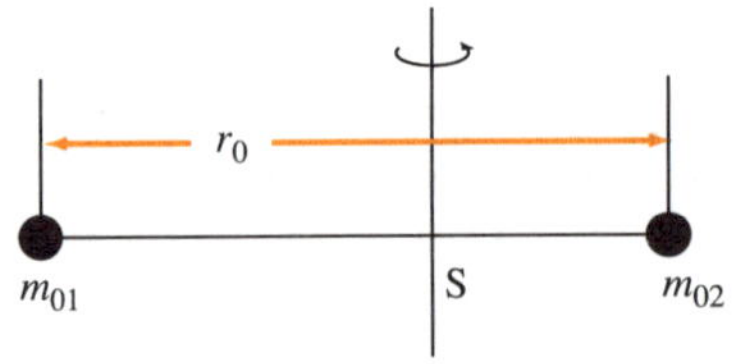

Abb. 5.5
Rotator

Wir betrachten zunächst wieder das klassische Analogon dieses Problems. Nach (ID 5.7) entspricht dieser Bewegung das Trägheitsmoment

Trägheitsmoment des zweiatomigen Moleküls

$$\Theta_S = m_r r_0^2 = \frac{m_{01} m_{02}}{m_{01} + m_{02}} \, r_0^2 . \tag{5.71}$$

Da das System keine potentielle Energie besitzt, ist seine mechanische Gesamtenergie gleich seiner kinetischen:

$$W = \frac{m_r}{2} \boldsymbol{v}^2 = \frac{\boldsymbol{p}^2}{2 m_r} \, .$$

Damit ist dem Rotator nach (S 5.4), (S 5.6) und (D 5.3) in der Mikrophysik der Hamilton-Operator

$$\mathfrak{H} = \frac{\mathfrak{p}^2}{2 m_r} = - \frac{\hbar^2}{2 m_r} \nabla^2$$

Energieeigenwertgleichung des Rotators

zuzuordnen, die Energieeigenwertgleichung (S 5.4) nimmt die Form

$$- \frac{\hbar^2}{2 m_r} \nabla^2 \psi_{0n} = W_n \, \psi_{0n} \tag{5.73a}$$

mit der Randbedingung

$$\int_{-\infty}^{+\infty} \psi_{0n}^* \, \psi_{0n} \, \mathrm{d}V = 1$$

an.

Lösung der Energieeigenwertgleichung

Da sich klassisch m_{02} auf einer Kugelschale vom Radius r_0 um m_{01} bewegt, empfiehlt sich die Einführung von Kugelkoordinaten mit dem Ursprungspunkt in m_{01}. Nach (A 6.12d) kann dann für (5.73a) mit $r = r_0 = \text{const}$ und $\Theta_S = m_r r_0^2$

$$\frac{1}{\sin \vartheta} \frac{\partial}{\partial \vartheta} \left(\sin \vartheta \, \frac{\partial \psi_{0n}}{\partial \vartheta} \right) + \frac{1}{\sin^2 \vartheta} \frac{\partial^2 \psi_{0n}}{\partial \varphi^2} + \frac{2 \Theta_S}{\hbar^2} W_n \psi_{0n} = 0 \tag{5.73b}$$

geschrieben werden. Mit der Abkürzung

$$C = \frac{2 \Theta_S}{\hbar^2} W_n \tag{5.74}$$

läßt sich diese Beziehung in die Differentialgleichung (5.56b) überführen. Als Lösung erhält man nach (5.55b), (5.57), (5.59) und (5.60) die Eigenfunktionen

$$\psi_{0J,m} = P_J^m(\cos\vartheta)\, e^{im\varphi} \qquad |m| \leqq J \tag{5.75}$$

mit den zugehörigen Energieeigenwerten (s. (5.59) und (5.74))

$$W_J = \frac{\hbar^2}{2\Theta_S}\, J(J+1) \qquad (J = 0, 1, 2, \ldots).$$

Da der Wertevorrat von C nur der Bedingung (5.59) unterliegt, kann die *Rotationsquantenzahl* J alle natürlichen Zahlen annehmen. Im Gegensatz zu der Nebenquantenzahl gibt es für sie keine obere Schranke.

Rotationsquantenzahl

Die Rotationsenergie mikrophysikalischer Objekte ist gequantelt. Speziell besitzt der Rotator mit dem Trägheitsmoment Θ_S die Energiestufen

$$W_J = \frac{\hbar^2}{2\Theta_S}\, J(J+1)$$

mit der Rotationsquantenzahl $J = 0, 1, 2, 3, \ldots$.

(S 5.19)
Rotationsenergie des mikrophysikalischen Rotators

Die mit dem Rotationsübergang $J_k \to J_i$ ($J_k > J_i$) verbundene Strahlungsemission berechnet sich nach (S 5.1b) und (S 5.19) zu

$$\frac{1}{\lambda} = \frac{W_{J_k} - W_{J_i}}{hc} = \frac{\hbar^2}{2hc\,\Theta_S}\,[J_k(J_k+1) - J_i(J_i+1)]$$

oder mit der *Rotationskonstanten*

Rotationskonstante

$$B = \frac{\hbar}{4\pi\, c\, \Theta_S} \tag{5.76a}$$

zu

$$\frac{1}{\lambda} = B\,[J_k(J_k+1) - J_i(J_i+1)]\,. \tag{5.76}$$

Wie in Abschnitt 7.1.3 gezeigt wird, treten im Spektrum nur die Energieübergänge auf, für die die *Übergangsregel* $J_k - J_i = 1$ erfüllt ist. Wir setzen daher

Übergangsregel für die Rotationsquantenzahl

$$J_i = J; \quad J_k = J + 1 \tag{5.77}$$

und erhalten so für das *Rotationsspektrum* des zweiatomigen Moleküls

Rotationsspektrum

$$\frac{1}{\lambda} = B\,[(J+1)(J+2) - J(J+1)]$$

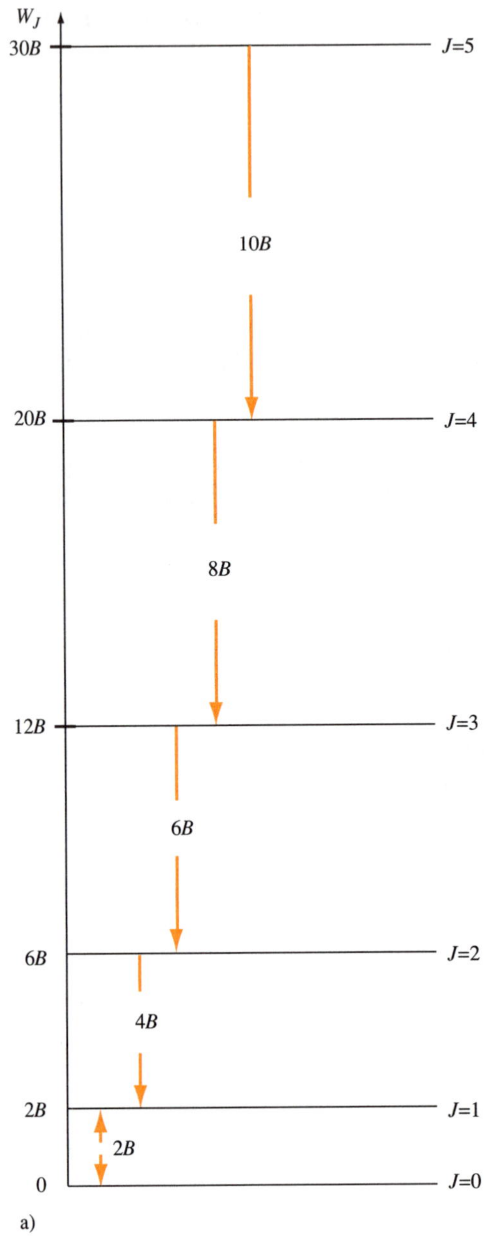

Abb. 5.6
Rotationsspektrum des zweiatomigen Moleküls
a) Energieniveauschema mit den möglichen Übergängen

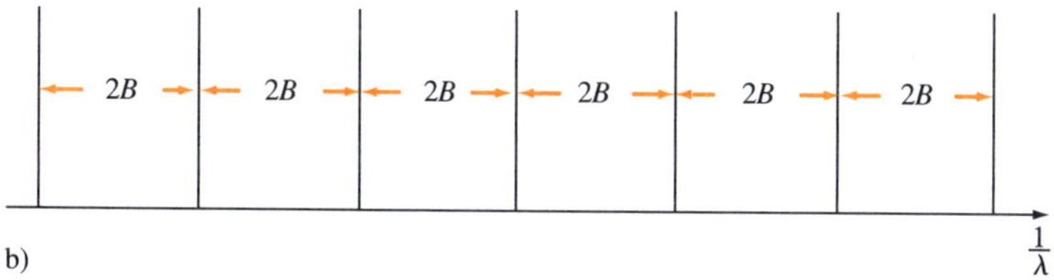

Abb. 5.6
b) Die Linien eines Rotationsspektrums haben voneinander den äquidistanten Abstand 2*B*

oder

$$\frac{1}{\lambda} = 2B\,(J+1) \qquad (J = 0, 1, 2, \ldots)\,. \tag{5.78}$$

Das Rotationsspektrum ist ein Linienspektrum, dessen reziproke Wellenlängen die äquidistanten Abstände 2*B* besitzen (s. Abb. 5.6). Aus dem Rotationsspektrum kann daher die Rotationskonstante *B* und daraus nach (5.76a) auch das Trägheitsmoment Θ_S des zweiatomigen Moleküls bestimmt werden. Da man die Massen m_{01} und m_{02} der das Molekül bildenden Atome kennt, kann man aus (5.71) ihren Bindungsabstand r_0 entnehmen.

Bestimmung des Bindungsabstandes eines zweiatomigen Moleküls

5.3.7.6 Tunneleffekt

Es soll das Verhalten von Mikroobjekten an Potentialschwellen untersucht werden. Wir betrachten einen parallelen Elektronenstrahl in Richtung der positiven *z*-Achse. Er gehe am Ort $z = 0$ vom Gebiet mit dem elektrischen Potential $\varphi = 0$ zum Gebiet mit $\varphi \neq 0$ über (vgl. Abb. 5.7). Das einzelne Elektron besitze die kinetische Energie $W_{kin} = p^2/2m_{0e}$ und die potentielle Energie $W_p = -e\varphi$. Nach (5.25) ist ihm der Hamilton-Operator

$$\mathfrak{H} = -\frac{\hbar^2}{2m_{0e}}\nabla^2 + W_p, \qquad W_p \begin{cases} = 0 & \text{für } z < 0 \\ \neq 0 & \text{für } z \geqq 0 \end{cases} \tag{5.79}$$

Hamilton-Operator für freie Elektronen

zuzuordnen, während sich der Erwartungswert der Wahrscheinlichkeitsstromdichte des Elektronenstrahles vor und nach der Potentialsschwelle aus (5.17b) zu

$$\langle \mathfrak{J} \rangle = \frac{e\hbar}{2\mathrm{i}m_{0e}}\left(\psi_0^* \nabla \psi_0 - \psi_0 \nabla \psi_0^*\right) \tag{5.79a}$$

berechnet, wobei ψ_0 die Eigenfunktionen der Energieeigenwertgleichung (5.27)

$$\mathfrak{H}\,\psi_0 = W_{kin}\,\psi_0$$

Energieeigenwertgleichung für freie Elektronen

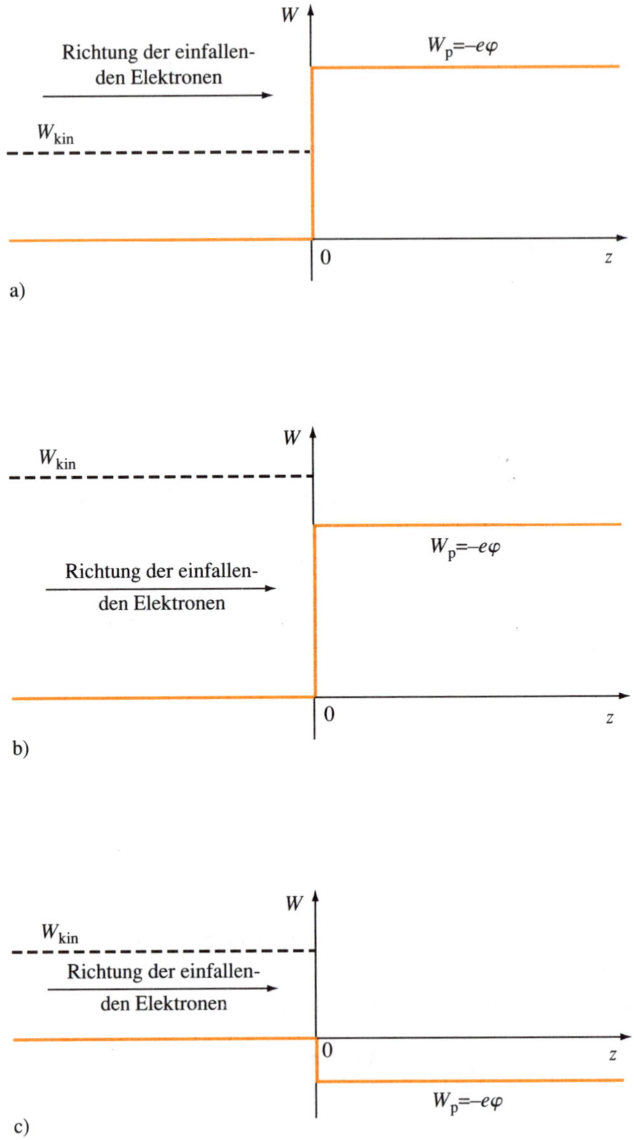

Abb. 5.7
Zum Verhalten eines Elektronenstrahles der kinetischen Energie W_{kin} an einer Potentialschwelle
a) $W_{kin} < W_p$ für $z > 0$
b) $W_{kin} > W_p$ für $z > 0$
c) $W_p < 0$ für $z > 0$

sind. Vorliegendes Problem ist ein eindimensionales und damit $\nabla^2 = \mathrm{d}^2/\mathrm{d}z^2$. Mit (5.79) nimmt somit die zu lösende Eigenwertgleichung die Form

$$\frac{\mathrm{d}^2\psi_0}{\mathrm{d}z^2} + \frac{2m_{0\mathrm{e}}}{\hbar^2}(W_{\mathrm{kin}} - W_{\mathrm{p}})\,\psi_0 = 0, \qquad W_{\mathrm{p}} \begin{cases} = 0 & \text{für } z < 0 \\ \neq 0 & \text{für } z \geqq 0 \end{cases} \tag{5.80}$$

an. (5.80) ist eine lineare homogene Differentialgleichung mit konstanten Koeffizienten. Entsprechend dem für diesen Differentialgleichungstyp gegebenen Lösungsweg setzen wir $\psi_0 = \psi_{00}\,\mathrm{e}^{\lambda z}$, bilden die erste und zweite Ableitung und erhalten durch Einsetzen dieser Ausdrücke in (5.80) zur Bestimmung von λ die charakteristische Gleichung

$$\lambda^2 + \frac{2m_{0\mathrm{e}}}{\hbar^2}(W_{\mathrm{kin}} - W_{\mathrm{p}}) = 0\,.$$

Mit ihren Wurzeln finden wir als allgemeine Lösung von (5.80) für

$$z < 0 \qquad \psi_{-0} = \psi_{-001}\,\mathrm{e}^{\frac{\mathrm{i}}{\hbar}\sqrt{2m_{0\mathrm{e}}W_{\mathrm{kin}}}\,z} + \psi_{-002}\,\mathrm{e}^{-\frac{\mathrm{i}}{\hbar}\sqrt{2m_{0\mathrm{e}}W_{\mathrm{kin}}}\,z}, \tag{5.81a}$$

Lösung der Energieeigenwertgleichung

$$z > 0 \qquad \psi_{+0} = \psi_{+001}\,\mathrm{e}^{\frac{\mathrm{i}}{\hbar}\sqrt{2m_{0\mathrm{e}}(W_{\mathrm{kin}} - W_{\mathrm{p}})}\,z} + \psi_{+002}\,\mathrm{e}^{-\frac{\mathrm{i}}{\hbar}\sqrt{2m_{0\mathrm{e}}(W_{\mathrm{kin}} - W_{\mathrm{p}})}\,z}. \tag{5.81b}$$

Demzufolge werden die in Richtung $+z$ einfallenden Elektronen durch die Eigenfunktion

$$\psi_{\mathrm{e}0} = \psi_{\mathrm{e}00}\,\mathrm{e}^{\frac{\mathrm{i}}{\hbar}\sqrt{2m_{0\mathrm{e}}W_{\mathrm{kin}}}\,z} \qquad (z < 0)\,, \tag{5.82a}$$

die in Richtung $-z$ reflektierten durch die Eigenfunktion

$$\psi_{\mathrm{r}0} = \psi_{\mathrm{r}00}\,\mathrm{e}^{-\frac{\mathrm{i}}{\hbar}\sqrt{2m_{0\mathrm{e}}W_{\mathrm{kin}}}\,z} \qquad (z < 0) \tag{5.82b}$$

und die die Potentialschwelle überschreitenden Elektronen durch die Eigenfunktion

$$\psi_{\mathrm{d}0} = \psi_{\mathrm{d}00}\,\mathrm{e}^{\frac{\mathrm{i}}{\hbar}\sqrt{2m_{0\mathrm{e}}(W_{\mathrm{kin}} - W_{\mathrm{p}})}\,z} \qquad (z > 0) \tag{5.82c}$$

beschrieben.

Zur Bestimmung von $\psi_{\mathrm{r}00}$ und $\psi_{\mathrm{d}00}$ aus der Eingangsgröße $\psi_{\mathrm{e}00}$ machen wir den naheliegenden Ansatz, daß die Eigenfunktionen an der Stelle $z = 0$ mit stetiger erster Ableitung aneinander anschließen, d. h., daß

$$\psi_{\mathrm{e}0} + \psi_{\mathrm{r}0} = \psi_{\mathrm{d}0}, \qquad \frac{\mathrm{d}\psi_{\mathrm{e}0}}{\mathrm{d}z} + \frac{\mathrm{d}\psi_{\mathrm{r}0}}{\mathrm{d}z} = \frac{\mathrm{d}\psi_{\mathrm{d}0}}{\mathrm{d}z} \tag{5.83a}$$

gilt. Dies führt mit (5.82) zu den Bedingungen

$$\psi_{\mathrm{e}00} + \psi_{\mathrm{r}00} = \psi_{\mathrm{d}00}; \qquad (\psi_{\mathrm{e}00} - \psi_{\mathrm{r}00})\sqrt{W_{\mathrm{kin}}} = \psi_{\mathrm{d}00}\sqrt{W_{\mathrm{kin}} - W_{\mathrm{p}}}\,. \tag{5.83}$$

Die Erwartungswerte der Stromdichten des einfallenden, des reflektierten und des eindringenden Anteils errechnen sich aus (5.79b). Mit den aus (5.82a) folgenden Beziehungen

$$\nabla \psi_{e0} = \frac{d\psi_{e0}}{dz} \boldsymbol{k} = \frac{i}{\hbar} \sqrt{2 m_{0e} W_{kin}}\, \psi_{e0} \boldsymbol{k},$$

$$\nabla \psi^*_{e0} = \frac{d\psi^*_{e0}}{dz} \boldsymbol{k} = -\frac{i}{\hbar} \sqrt{2 m_{0e} W_{kin}}\, \psi^*_{e0} \boldsymbol{k}$$

erhält man demzufolge für den Erwartungswert $\langle \mathfrak{J}_e \rangle$ der Stromdichte des einfallenden Elektronenstrahles

$$\langle \mathfrak{J}_e \rangle = e \sqrt{\frac{2 W_{kin}}{m_{0e}}}\, \psi^*_{e0} \psi_{e0} \boldsymbol{k} \tag{5.84a}$$

und, analog für die beiden anderen Anteile,

$$\langle \mathfrak{J}_r \rangle = -e \sqrt{\frac{2 W_{kin}}{m_{0e}}}\, \psi^*_{r0} \psi_{r0} \boldsymbol{k},$$

$$\langle \mathfrak{J}_d \rangle = e \sqrt{\frac{2 (W_{kin} - W_p)}{m_{0e}}}\, \psi^*_{d0} \psi_{d0} \boldsymbol{k}. \tag{5.84b}$$

Wir wollen nun die drei Fälle $W_{kin} < W_p$, $W_{kin} > W_p$ und $W_p < 0$ für $z > 0$ unterscheiden. In der gegebenen Reihenfolge sind sie der Reflexion einer elektromagnetischen Welle am optisch dünneren Medium für einen Einfallswinkel oberhalb und unterhalb des Grenzwinkels der Totalreflexion und der Reflexion am optisch dichteren Medium analog. Man erkennt dies u.a. daraus, daß in der klassischen Elektronenoptik nach (II 13.2a) für die elektronenoptische Brechzahl $n_{el} \sim \sqrt{W_{kin}}$ gilt.

a) $W_{kin} < W_p$ *für* $z > 0$

Die kinetische Energie W_{kin} der einfallenden Elektronen ist kleiner als der Energiesprung W_p (vgl. Abb. 5.7a). Zwischen W_{kin} und W_p besteht dann eine Beziehung der Art

$$W_{kin} = W_p \sin^2 \alpha \tag{5.85}$$

mit einem festen Wert für α im Intervall $0 < \alpha < \pi/2$. Die Beziehung (5.85) überführt (5.83) in

$$(\psi_{e00} - \psi_{r00}) \sqrt{W_p} \sin \alpha = i \psi_{d00} \sqrt{W_p} \sqrt{1 - \sin^2 \alpha} = i \psi_{d00} \sqrt{W_p} \cos \alpha,$$

woraus durch Elimination von ψ_{d00} durch nochmalige Anwendung von (5.83)

$$(\psi_{e00} - \psi_{r00}) \sin \alpha = i \cos \alpha\, (\psi_{e00} + \psi_{r00})$$

oder

$$\psi_{e00}(\cos\alpha + i\sin\alpha) = -\psi_{r00}(\cos\alpha - i\sin\alpha)$$

und mit $\cos\varphi + i\sin\varphi = e^{i\varphi}$ und $zz^* = |z|^2$ die Beziehungen

$$\psi_{r00} = -\psi_{e00}\,e^{2i\alpha},$$

$$\psi^*_{r00}\,\psi_{r00} = \psi^*_{e00}\,\psi_{e00} \qquad (5.86a)$$

folgen. Analog ergeben sich durch Elimination von ψ_{r00}

$$\psi_{d00} = -2i\psi_{e00}\,e^{i\alpha}\sin\alpha,$$

$$\psi^*_{d00}\,\psi_{d00} = 4\sin^2\alpha\,\psi^*_{e00}\,\psi_{e00} \qquad (5.86b)$$

und damit nach (5.82), (5.84) und (5.85) für die Erwartungswerte der Stromdichten für den reflektierten und für den in den Bereich mit $W_p > 0$ eindringenden Anteil

$$\langle\mathfrak{J}_r\rangle = -\langle\mathfrak{J}_e\rangle, \qquad (5.87a)$$

$\langle\mathfrak{J}_r\rangle$ und $\langle\mathfrak{J}_d\rangle$ für $W_{kin} < W_p$

$$\langle\mathfrak{J}_d\rangle = 4\langle\mathfrak{J}_e\rangle\sqrt{1 - \frac{W_p}{W_{kin}}\,\frac{W_{kin}^2}{W_p^2}}\;e^{-\frac{2}{\hbar}\sqrt{2m_{0e}(W_p - W_{kin})}z}\,. \qquad (5.87b)$$

Der Teilchenstrom wird an der Potentialschwelle vollkommen reflektiert, allerdings entgegen den klassischen Vorstellungen nicht direkt an der Grenzfläche $z = 0$, sondern im Gebiet $z > 0$, denn auch dort ist nach (5.87b) $\langle\mathfrak{J}_d\rangle$ endlich. Die Eindringtiefe hängt exponentiell von $\sqrt{W_p - W_{kin}}$ ab, ist also praktisch nur dann merklich, wenn W_p die kinetische Energie W_{kin} der Elektronen erheblich übertrifft.

Im zeitlichen Mittel „strömen" also genau so viele Elektronen in das zweite Gebiet ($z > 0$) ein, wie aus ihm wieder in das erste Gebiet ($z < 0$) zurückströmen. Wir finden ein analoges Verhalten zur Reflexion von Licht am optisch dünneren Medium oberhalb des Grenzwinkels der Totalreflexion. Auch hier erfolgt bei Einfallswinkeln oberhalb des Grenzwinkels der Totalreflexion eine totale Reflexion des Lichtes. Im optisch dünneren Medium ist dabei E^2 endlich, die Amplitude der Welle nimmt exponentiell mit der Eindringtiefe ab, ein Übergang von Energie ins optisch dünnere Medium findet im zeitlichen Mittel nicht statt.

b) $W_{kin} > W_p > 0$ *für* $z > 0$

Die kinetische Energie W_{kin} der auffallenden Elektronen ist größer als die der positiven Energieschwelle W_p (vgl. Abb. 5.7b). Nach den klassischen Vorstellungen dürfte die Potentialschwelle keinen Einfluß auf den einfallenden Elektronenstrahl besitzen. Die Quantentheorie bestätigt dieses Ergebnis nicht. Wie beim Übergang von Licht aus dem optisch dichteren Medium in das optisch dünnere Medium unterhalb des Grenzwinkels der Totalreflexion wird stets ein Teil der auffallenden Elektronen reflektiert.

Wir überlegen uns das wie folgt. Für die Bedingung $0 < W_\mathrm{p} < W_\mathrm{kin}$ kann man mit $0 < \omega < 1$ auch

$$W_\mathrm{p} = \omega W_\mathrm{kin} \quad (0 < \omega < 1) \tag{5.88}$$

schreiben. Mit (5.88) folgt aus (5.83)

$$(\psi_{\mathrm{e}00} - \psi_{\mathrm{r}00}) = \psi_{\mathrm{d}00}\sqrt{1-\omega} = (\psi_{\mathrm{e}00} + \psi_{\mathrm{r}00})\sqrt{1-\omega}$$

oder

$$\psi_{\mathrm{r}00} = \psi_{\mathrm{e}00}\frac{1-\sqrt{1-\omega}}{1+\sqrt{1-\omega}} = \psi_{\mathrm{e}00}\frac{\left(1-\sqrt{1-\omega}\right)^2}{\omega} \tag{5.89a}$$

und analog durch Elimination von $\psi_{\mathrm{r}00}$

$$\psi_{\mathrm{d}00} = 2\psi_{\mathrm{e}00}\frac{1-\sqrt{1-\omega}}{\omega} \; . \tag{5.89b}$$

Damit ergeben sich nach (5.82), (5.84) und (5.86) die Erwartungswerte $\langle\mathfrak{J}_\mathrm{r}\rangle$ und $\langle\mathfrak{J}_\mathrm{d}\rangle$ zu

$\langle\mathfrak{J}_\mathrm{r}\rangle$ und $\langle\mathfrak{J}_\mathrm{d}\rangle$ für $W_\mathrm{kin} > W_\mathrm{p} > 0$

$$\langle\mathfrak{J}_\mathrm{r}\rangle = -\langle\mathfrak{J}_\mathrm{e}\rangle\frac{W_\mathrm{kin}^2\left(1-\sqrt{1-\frac{W_\mathrm{p}}{W_\mathrm{kin}}}\right)^4}{W_\mathrm{p}^2} \; , \tag{5.90a}$$

$$\langle\mathfrak{J}_\mathrm{d}\rangle = \mathrm{e}\sqrt{\frac{2W_\mathrm{kin}}{m_{0\mathrm{e}}}\left(1-\frac{W_\mathrm{p}}{W_\mathrm{kin}}\right)}\,\psi_{\mathrm{d}0}^*\psi_{\mathrm{d}0}\boldsymbol{k}$$

$$= 4\langle\mathfrak{J}_\mathrm{e}\rangle\frac{W_\mathrm{kin}^2\sqrt{1-\frac{W_\mathrm{p}}{W_\mathrm{kin}}}\left(1-\sqrt{1-\frac{W_\mathrm{p}}{W_\mathrm{kin}}}\right)^2}{W_\mathrm{p}^2} \; , \tag{5.90b}$$

Reflexions- und Transmissionsgrad des Elektronenstrahles für $W_\mathrm{kin} > W_\mathrm{p} > 0$

während für den *Reflexionsgrad* R und für den *Transmissionsgrad* (Durchlässigkeitsgrad) T

$$R = \frac{|\langle\mathfrak{J}_\mathrm{r}\rangle|}{|\langle\mathfrak{J}_\mathrm{e}\rangle|} = \frac{W_\mathrm{kin}^2}{W_\mathrm{p}^2}\left(1-\sqrt{1-\frac{W_\mathrm{p}}{W_\mathrm{kin}}}\right)^4 , \tag{5.91a}$$

$$T = \frac{|\langle\mathfrak{J}_\mathrm{d}\rangle|}{|\langle\mathfrak{J}_\mathrm{e}\rangle|} = \frac{4W_\mathrm{kin}^2\sqrt{1-\frac{W_\mathrm{p}}{W_\mathrm{kin}}}}{W_\mathrm{p}^2}\left(1-\sqrt{1-\frac{W_\mathrm{p}}{W_\mathrm{kin}}}\right)^2 \tag{5.91b}$$

folgt. Ein Teil der Elektronen wird an der Potentialschwelle reflektiert, ein Teil dringt ein.

Sowohl der Reflexions- als auch der Transmissionsgrad sind stark vom Verhältnis $W_\mathrm{kin}/W_\mathrm{p}$ abhängig. Ist W_kin wesentlich größer als W_p, dann findet eine Reflexion praktisch nicht mehr statt, alle Elektronen überwinden die Potentialschwelle. Speziell erhält man aus (5.91a) für $W_p/W_{kin} = 0{,}99$ den Wert $R = 66\%$, für $W_p/W_{kin} = 0{,}90$ dagegen nur noch den Wert $R = 27\%$.

c) $W_p < 0$ *für* $z > 0$

Am Ort $z = 0$ sinkt die potentielle Energie plötzlich ab (vgl. Abb. 5.7c). Nach den klassischen Vorstellungen dürfte eine derartige Potentialschwelle keine Reflexion des Elektronenstrahles hervorrufen. Nach den quantenmechanischen Überlegungen erfolgt jedoch analog zur Reflexion des Lichtes am optischen dichteren Medium eine Reflexion, allerdings mit sehr geringem Reflexionsgrad. Man erkennt dies, wenn man in (5.91a) W_p durch $-W_p$ ersetzt:

$$R = \frac{W_{kin}^2}{W_p^2}\left(1 - \sqrt{1 + \frac{W_p}{W_{kin}}}\right)^4, \tag{5.92a}$$

Reflexions- und Transmissionsgrad des Elektronenstrahles für $W_p < 0$

$$T = \frac{4W_{kin}^2\sqrt{1 + \frac{W_p}{W_{kin}}}}{W_p^2}\left(1 - \sqrt{1 + \frac{W_p}{W_{kin}}}\right)^2. \tag{5.92b}$$

Abbildung 5.8 zeigt den Reflexions- und den Transmissionsgrad in Abhängigkeit von W_p/W_{kin}.

Es soll nun das Verhalten eines Elektronenstrahles an einem rechteckigen Energiewall untersucht werden. Der Potentialverlauf ist aus Abbildung 5.9 zu ersehen. Es werde vorausgesetzt, daß die kinetische Energie der einfallenden Elektronen im Bereich $0 \leqq z \leqq z_0$ kleiner ist als

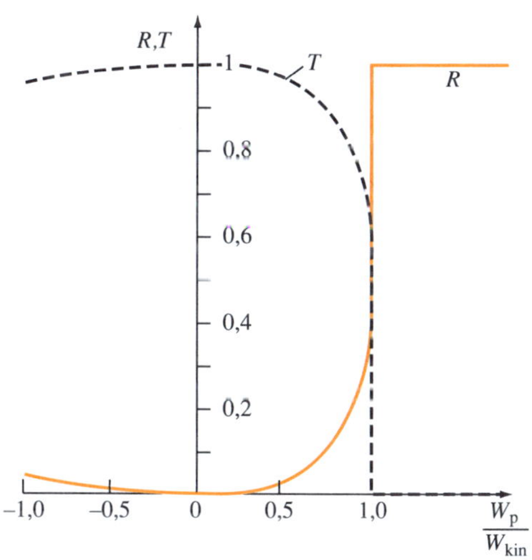

Abb. 5.8
Reflexionsgrad R (—) und Transmissionsgrad T (—) in Abhängigkeit von W_p/W_{kin}

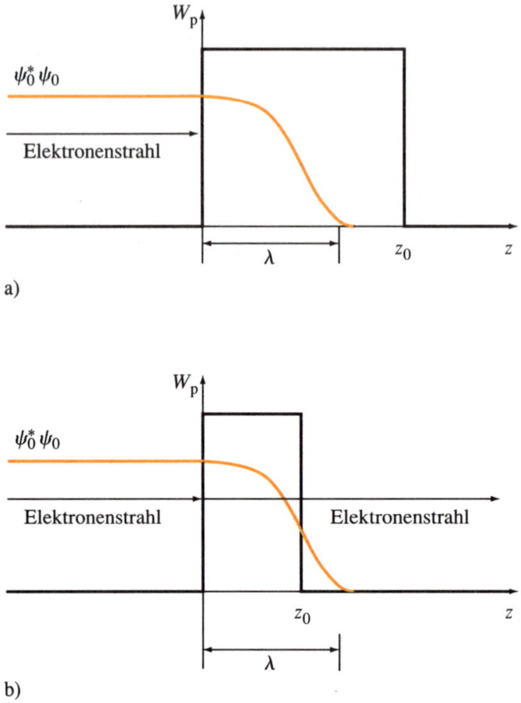

Abb. 5.9
Zum Tunneleffekt
a) Bis zur Eindringtiefe $z = \lambda$ liegt ein nicht zu vernachlässigender Wert von $\psi_0^* \psi_0$ vor.
b) Ist die Breite der Energieschwelle kleiner als λ, dann wird ein Mikroobjekt mit einer nachweisbaren Wahrscheinlichkeit die Energiebarriere durchtunneln

die potentielle Energie $W_p = - e\varphi(z)$. Im Gegensatz zu den Gesetzen der klassischen Elektrodynamik läßt es die Quantenmechanik unter bestimmten Bedingungen zu, daß ein Teil der Elektronen in das Gebiet $z > z_0$ gelangt. Weil die kinetische Energie der Elektronen zur Überwindung der Potentialbarriere nicht ausreicht, nennt man diesen Vorgang *Tunneleffekt*.

Tunneleffekt

Die Erscheinung des Tunneleffektes erklärt sich wie folgt: Nach (5.89 b) ist auch im Gebiet $0 \leqq z \leqq z_0$ eine endliche, wenn auch geringe Wahrscheinlichkeitsdichte $\psi_0 \psi_0^*$ dafür vorhanden, Elektronen an einem Ort in diesem Gebiet zu finden. Prinzipiell können also Elektronen bis zur Stelle $z = z_0$ gelangen und von dort wegen des geringen Reflexionsgrades R bei Erniedrigung der potentiellen Energie in das Gebiet $z > z_0$ übergehen. Um abzuschätzen, bis zu welchem Wert von z_0 ein derartiger Vorgang praktisch zu erwarten ist, wollen wir die Eindringtiefe z der Elektronen in Vielfachen ihrer Materiewellenlänge λ angeben. Aus (5.89 b) folgt mit $z = n\lambda = nh/p$ und $W_{kin} = p^2/2m_{0e}$

$$|\langle \mathfrak{J}_d \rangle| \sim |\langle \mathfrak{J}_e \rangle| \, e^{-4\pi n \sqrt{W_p/W_{kin} - 1}} \, . \tag{5.93}$$

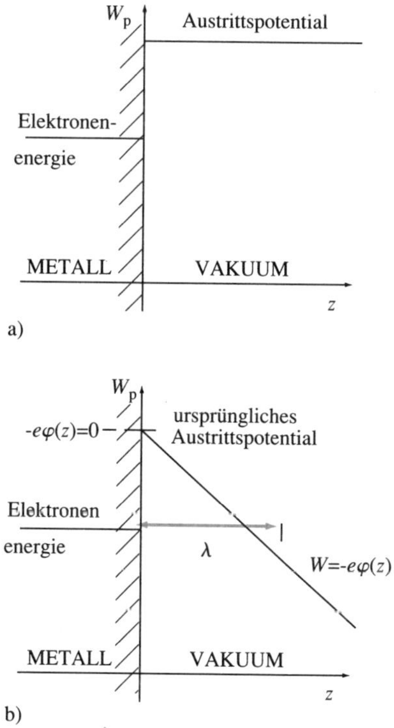

Abb. 5.10
Zur Feldemission
a) Potentialverhältnisse für die Metallelektronen bei Abwesenheit eines äußeren elektrischen Feldes.
b) Durch ein äußeres elektrisches Feld kann die Dicke des Potentialwalles auf die Größenordnung der de Broglie-Wellenlänge der Metallelektronen reduziert werden

$|\langle \mathfrak{J}_d \rangle|$ nimmt exponentiell mit der Eindringtiefe und mit der Wurzel $\sqrt{\frac{W_p}{W_{kin}} - 1}$ ab. Wählen wir für W_p/W_{kin} z.B. den Wert $W_p/W_{kin} = 1 + 1/16\pi^2$, dann folgt für $n = 1$ als Erwartungswert des Tunnelstromes der Ausdruck $\langle \mathfrak{J}_d(\lambda) \rangle = \langle \mathfrak{J}_d(0) \rangle e^{-1}$. Für $z > \lambda$ kann also $\langle \mathfrak{J}_d \rangle$ praktisch zu Null angenommen, d.h. von einem Eindringen der Elektronen in dieses Gebiet abgesehen werden. Ein Tunneleffekt ist demzufolge nur zu erwarten, wenn die Ausdehnung der zu überwindenen Potentialbarriere die Wellenlänge der Materiewelle der auffallenden Teilchen nicht überschreitet (s. Abb. 5.9 b).

In Abschnitt II 1.1.4.2 wurde dargelegt, daß durch Feldstärken $E > 10^9$ Vm^{-1} Elektronen aus Metallen befreit werden können. Diese als *Feldemission* bezeichnete Erscheinung beruht auf dem Tunneleffekt. Innerhalb des Metalles befinden sich die quasifreien Elektronen in einem Potentialtopf (s. Abb. 5.10). Der Rand des Potentialtopfes stellt bei Fehlen eines äußeren Feldes eine Potentialstufe dar, zu deren Überwindung die Energie der Elektronen im Potentialtopf nicht ausreicht. Durch das Anlegen einer äußeren Spannung U wird der Potentialverlauf in der Weise verbogen, daß ein Dreiecksprofil entsteht. Je größer die äußere Spannung ist, desto steiler fällt das Potential mit wachsendem z ab. Durch Wahl einer ausreichend hohen Spannung läßt es sich deshalb erreichen, daß die Dicke

Feldemission

d des Potentialwalles in Höhe der Energie der Elektronen im Metall kleiner als deren de Broglie-Wellenlänge wird (s. Abb. 5.10 b). Ein Teil der Elektronen kann somit das Metall infolge des Tunneleffektes verlassen.

Der Tunneleffekt wurde hier für Elektronen betrachtet. Die gegebenen Herleitungen sind aber nicht auf diese Teilchenart beschränkt. Die Überlegungen gelten für alle Mikroobjekte, die auf eine Potentialbarriere fallen, z. B. auch für die α-Teilchen in der Energiemulde des Atomkernes. Es kann daher allgemein formuliert werden:

(S 5.20)
quantenmechanischer Tunneleffekt

Ein Mikroobjekt mit der de Broglie-Wellenlänge λ kann eine Energiebarriere mit einer gegenüber λ kleineren oder etwa gleichen Dicke überwinden, auch wenn seine Energie bei klassischer Betrachtung dazu nicht ausreicht (quantenmechanischer Tunneleffekt).

kalte Katode

Der quantenmechanische Tunneleffekt wird u. a. durch die Ausnutzung der Feldemission zum Aufbau von *kalten Katoden* genutzt. Weiter beruht auf ihm die in Band IV behandelte Tunnelspektroskopie. In Abschnitt 12.2.4 wird er zur Deutung der Gesetzmäßigkeiten des α-Zerfalles herangezogen.

5.4 Aufgaben

5.1
Berechnen Sie ausgehend vom Coulombschen Gesetz und der Phasenintegralbedingung den Radius der ersten Bohrschen Bahn im Wasserstoffatom! Der Atomkern kann als ruhend angenommen werden.

5.2
Da ein mit a beschleunigtes Elektron nach der klassischen Elektrodynamik die Leistung

$$P = \frac{e^2 a^2}{6\pi \varepsilon_0 c^3}$$

abstrahlt, müßte es in den Kern stürzen. Berechnen Sie die klassische Lebensdauer eines Elektrons im Abstand der ersten Bohrschen Bahn (Aufg. 5.1) als die Zeit, in welcher der Abstand zum Kern Null wird!

5.3
Gibt es Bohrsche Bahnen des Wasserstoffatoms und des He^+-Ions, die übereinstimmende Bahnradien haben, falls man die Unterschiede der reduzierten Elektronenmassen vernachlässigt?

5.4
Welche Isotopieverschiebung ist für die langwelligste Lyman-Linie des Tritiums gegenüber der des normalen Wasserstoffs zu erwarten?

5.5
Vergleichen Sie für Bohrsche Bahnen des Wasserstoffatoms bei $n_2 = 2$ und bei $n_2 = 100$ die Umlaufsfrequenz des Elektrons mit der Frequenz der elektromagnetischen Welle, die bei $\Delta n = 1$ abgestrahlt wird!

5.6
Berechnen Sie das Verhältnis der de Broglie-Wellenlängen von Elektronen auf der 1. und der 3. Bohrschen Bahn!

5.7
Geben Sie die Schrödinger-Gleichung für ein Teilchen der Masse m unter Wirkung der elastischen Kraft $F = -Dx$ an!

5.8
Lösen Sie die Energieeigenwertgleichung für ein Teilchen der Masse m unter Wirkung der elastischen Kraft $F = -Dx$ mit dem Lösungsansatz $\psi(x) = Ce^{-\delta x^2}$! Bestimmen Sie die Energiewerte, für die $\psi(x)$ eine Lösung ist!

5.9
Welche Temperatur müßte erreicht werden, damit auch die Rotationsfreiheitsgrade von Wasserstoffmolekülen bei Rotation um die Achse des kleinsten Trägheitsmomentes in merklichem Umfang Energie aufnehmen könnten?
Die beiden Atome bestehen in dem stark vereinfachten Modell aus Kernen mit der Masse von je $1{,}67 \cdot 10^{-27}$ kg, deren Elektronen ($m_{0e} = 9{,}1 \cdot 10^{-31}$ kg) sich in der Entfernung von $5 \cdot 10^{-11}$ m von der Achse des kleinsten Trägheitsmomentes befinden.

6 Drehimpuls und magnetisches Moment

6.1 Drehimpuls von Mikroobjekten

In der klassischen Mechanik ist durch $\sum_{k=1}^{r} \boldsymbol{s}_k \times \boldsymbol{p}_k$ der Drehimpuls eines Systems von r Teilchen mit den Ortsvektoren $\boldsymbol{s}_k$ und den Impulsen $\boldsymbol{p}_k\,(k = 1, 2, 3, \ldots, r)$ definiert. Mit Hilfe der Koordinatendarstellung des vektoriellen Produktes erhält man

Drehimpuls eines Systems von r klassischen Teilchen

$$J_x = \sum_{k=1}^{r} (y_k p_{kz} - z_k p_{ky})\,;$$

$$J_y = \sum_{k=1}^{r} (z_k p_{kx} - x_k p_{kz})\,;$$

$$J_z = \sum_{k=1}^{r} (x_k p_{ky} - y_k p_{kx})\,.$$

Nach (S 5.4) und (S 5.6) müssen den analogen Observablen in der Quantenmechanik die hermiteschen Operatoren

Drehimpuls eines Systems von r Mikroobjekten

$$\mathfrak{J}_x = \sum_{k=1}^{r} (\mathfrak{y}_k \mathfrak{p}_{kz} - \mathfrak{z}_k \mathfrak{p}_{ky})\,;$$

$$\mathfrak{J}_y = \sum_{k=1}^{r} (\mathfrak{z}_k \mathfrak{p}_{kx} - \mathfrak{x}_k \mathfrak{p}_{kz})\,;$$

$$\mathfrak{J}_z = \sum_{k=1}^{r} (\mathfrak{x}_k \mathfrak{p}_{ky} - \mathfrak{y}_k \mathfrak{p}_{kx}) \qquad (6.1)$$

zugeordnet werden.

Eine gleichzeitige scharfe Meßbarkeit von $\mathfrak{J}_x$ und $\mathfrak{J}_y$ erfordert, daß der Kommutator $[\mathfrak{J}_x, \mathfrak{J}_y]$ den Wert Null besitzt (s. (S 5.10)). Der Vertauschungsrelationen (S 5.7) wegen gilt aber demgegenüber (s. (A 17.5a) und (A 17.5b))

$$[\mathfrak{J}_x, \mathfrak{J}_y] = \mathrm{i}\hbar\mathfrak{J}_z; \quad [\mathfrak{J}_y, \mathfrak{J}_z] = \mathrm{i}\hbar\mathfrak{J}_x; \quad [\mathfrak{J}_z, \mathfrak{J}_x] = \mathrm{i}\hbar\mathfrak{J}_y\,. \qquad (6.2a)$$

Nach (IA 12.4a) besitzt der Produktvektor $\boldsymbol{A} \times \boldsymbol{B}$ die z-Koordinate

$$(\boldsymbol{A} \times \boldsymbol{B})_z = A_x B_y - A_y B_x\,.$$

In Analogie hierzu kann man nach (D 5.5) für

$$[\mathfrak{J}_x, \mathfrak{J}_y] = \mathfrak{J}_x \mathfrak{J}_y - \mathfrak{J}_y \mathfrak{J}_x = \mathrm{i}\hbar\mathfrak{J}_z$$

auch

$$(\mathfrak{J} \times \mathfrak{J})_z = \mathrm{i}\hbar\,\mathfrak{J}_z$$

schreiben, d. h. (6.2a) zur Beziehung

$$\mathfrak{J} \times \mathfrak{J} = \mathrm{i}\hbar\,\mathfrak{J} \qquad (6.2\,\mathrm{b})$$

zusammenfassen.

Die Drehimpulskoordinaten sind nicht miteinander vertauschbar, damit nicht verträgliche Observable und so auch nicht gleichzeitig mit beliebiger Genauigkeit meßbar. Da aber die Messung von $\boldsymbol{J}$ die gleichzeitige Messung seiner Komponenten erfordert, ist damit in der Mikrophysik der Drehimpuls nicht scharf meßbar.

Demgegenüber kann jede Komponente $\boldsymbol{J}_i$ $(i = x, y, z)$ von $\boldsymbol{J}$ gleichzeitig mit dem Betrag $|\boldsymbol{J}|$ scharf gemessen werden, denn nach (A 17.5) gilt

$$[\mathfrak{J}_i, \mathfrak{J}^2] = 0 \qquad (i = x, y, z)\,.$$

Wirken auf die Teilchen des Systems nur Zentralkräfte ($\boldsymbol{F}_k^0 = \pm\, \boldsymbol{s}_k^0$), dann verschwindet das resultierende äußere Drehmoment (vgl. Abschn. I 5.3.1), der resultierende Drehimpuls ist zeitlich konstant (vgl. (IS 5.11)). Für das analoge mikrophysikalische System gilt dann nach (S 5.6) und (S 5.5)

$$\frac{\mathrm{d}\mathfrak{J}_i}{\mathrm{d}t} = 0 = \frac{\mathrm{i}}{\hbar}(\mathfrak{H}\mathfrak{J}_i - \mathfrak{J}_i\mathfrak{H}) \qquad (i = x, y, z)$$

oder

$$[\mathfrak{H}, \mathfrak{J}_i] = 0 \qquad (i = x, y, z)\,.$$

Demnach ist in einem Zentralkraftfeld die Gesamtenergie gleichzeitig mit *einer* Drehimpulskomponente mit beliebiger Genauigkeit meßbar. Da $\boldsymbol{J}^2 = \mathrm{const}$, d. h. $\mathrm{d}\boldsymbol{J}^2/\mathrm{d}t = 0$ ist, gelten die gleichen Überlegungen auch für den Betrag des Drehimpulses:

$$[\mathfrak{H}, \mathfrak{J}^2] = 0\,.$$

Wir fassen zusammen:

(S. 6.1)
Meßbarkeit des Drehimpulses von Mikroobjekten

Die Drehimpulskoordinaten von Mikroobjekten sind untereinander nicht verträgliche Observable, damit ist der Drehimpuls nicht scharf meßbar.
Jede der Drehimpulskoordinaten und der Betrag des Drehimpulses sind miteinander verträgliche Observable und damit prinzipiell gleichzeitig mit beliebiger Genauigkeit meßbar:

$$[\mathfrak{J}_i, \mathfrak{J}^2] = 0 \qquad (i = x, y, z)\,.$$

In Zentralkraftfeldern sind jede der Drehimpulskoordinaten und die Gesamtenergie des Mikroobjektes miteinander verträgliche Observable und damit prinzipiell gleichzeitig mit beliebiger Genauigkeit meßbar:

$$[\mathfrak{H}, \mathfrak{J}_i] = 0$$

$$[\mathfrak{H}, \mathfrak{J}^2] = 0\,.$$

(S 6.1) gilt für alle drehimpulsartigen Observablen und die ihnen zuzuordnenden magnetischen Momente (vgl. z. B. (S 6.4)).

Da gleichzeitig nur eine Komponente des Drehimpulses und sein Betrag $|\boldsymbol{J}|$ gemessen werden können, ist es für das Weitere physikalisch nur sinnvoll, den Betrag $|\boldsymbol{J}|$ des Drehimpulses und eine Komponente $\boldsymbol{J}_i$ des Drehimpulses zu betrachten. Verabredungsgemäß legt man in Richtung dieser Komponente die z-Achse des Koordinatensystems. Sie ist meist eine ausgezeichnete Richtung, z. B. die Richtung eines elektrischen oder eines magnetischen Feldes.

6.1.1 Drehimpuls des Rotators

Nach Abschnitt 5.3.7.5 empfiehlt es sich, die Überlegungen zum Drehimpuls des Rotators in Kugelkoordinaten vorzunehmen. Es gelten dann nach (A 18.5 a) und (A 18.6) für $\mathfrak{J}_z$ und $\mathfrak{J}^2$ die Darstellungen

$$\mathfrak{J}_z = -\,\mathrm{i}\hbar\,\frac{\partial}{\partial\varphi}\,, \tag{6.3a}$$

$$\mathfrak{J}^2 = -\,\hbar^2\left[\frac{1}{\sin\vartheta}\,\frac{\partial}{\partial\vartheta}\left(\sin\vartheta\,\frac{\partial}{\partial\vartheta}\right)+\frac{1}{\sin^2\vartheta}\,\frac{\partial^2}{\partial\varphi^2}\right]. \tag{6.3b}$$

$\mathfrak{J}_z$ und $\mathfrak{J}^2$ sind mit dem Hamilton-Operator vertauschbar. Demzufolge besitzen nach (S 5.8) die drei Operatoren $\mathfrak{J}_z$, $\mathfrak{J}^2$ und $\mathfrak{H}$ das gleiche System von Eigenfunktionen. Da uns nach (5.75) die Eigenfunktionen $\psi_{0J,m}$ zu $\mathfrak{H}$ bekannt sind, kennen wir also auch die zu $\mathfrak{J}_z$ und $\mathfrak{J}^2$ gehörenden Eigenfunktionen. Durch Anwendung der Operatoren $\mathfrak{J}_z$ und $\mathfrak{J}^2$ auf die Eigenfunktionen $\psi_{0J,m}$ von $\mathfrak{H}$ können daher die Eigenwerte J_z und J^2 berechnet werden:

Eigenwertgleichungen für die Operatoren $\mathfrak{J}_z$ und $\mathfrak{J}^2$

$$\mathfrak{J}_z\,\psi_{0J,m} = J_z\,\psi_{0J,m} \tag{6.4a}$$

$$\mathfrak{J}^2\,\psi_{0J,m} = |\boldsymbol{J}|^2\,\psi_{0J,m}\,. \tag{6.4b}$$

Mit (5.75) und (6.3 a) folgt aus der ersten Gleichung

$$\begin{aligned}\mathfrak{J}_z\,\psi_{0J,m} &= -\,\mathrm{i}\hbar\,\frac{\partial}{\partial\varphi}\,P_J^m(\cos\vartheta)\,\mathrm{e}^{\mathrm{i}m\varphi} = -\,\mathrm{i}\hbar\,P_J^m(\cos\vartheta)\,\mathrm{i}m\,\mathrm{e}^{\mathrm{i}m\varphi}\\ &= \hbar m\,\psi_{0J,m} = J_z\,\psi_{0J,m}\,,\end{aligned}$$

d. h.

Eigenwerte für $\mathfrak{J}_z$

$$J_z = m\hbar \qquad (|m| \leqq J).$$

Analog ergibt sich mit (6.3b), (5.75), (5.73b) und (S 5.19) aus der zweiten Gleichung

Eigenwerte für $|\mathfrak{J}|$

$$\begin{aligned}\mathfrak{J}^2\psi_{0J,m} &= -\,\hbar^2\left[\frac{1}{\sin\vartheta}\,\frac{\partial}{\partial\vartheta}\left(\sin\vartheta\,\frac{\partial}{\partial\vartheta}\right)\psi_{0J,m}+\frac{1}{\sin^2\varphi}\,\frac{\partial^2\psi_{0J,m}}{\partial\varphi^2}\right]\\ &= \hbar^2\,\frac{2\Theta_\mathrm{s}}{\hbar^2}\,W_J\,\psi_{0J,m} = \hbar^2 J(J+1)\,\psi_{0J,m} = |\boldsymbol{J}|^2\,\psi_{0J,m}\end{aligned}$$

und damit

$$|\boldsymbol{J}| = \sqrt{J(J+1)}\,\hbar \qquad (J = 0, 1, 2, \ldots)\,.$$

Um Verwechslungen mit der Rotationsquantenzahl J auszuschließen, wird für den Betrag des Drehimpulses stets $|\boldsymbol{J}|$ geschrieben.

Es ist also nicht nur der Betrag des Drehimpulses gequantelt, sondern auch seine Komponente in z-Richtung. Entsprechend den $2J + 1$ möglichen Werten für J_z gibt es $2J + 1$ mögliche Projektionswerte von $\boldsymbol{J}$ auf die Richtung z, z.B. auf die Richtung eines äußeren Feldes. Diese Erscheinung nennt man *Richtungsquantelung*. Sie darf keineswegs so interpretiert werden, daß $\boldsymbol{J}$ gegenüber der Richtung z genau $2J + 1$ diskrete Einstellungsmöglichkeiten besitzt, denn die Komponenten J_x und J_y sind prinzipiell unbekannt. In der Mikrophysik können daher nur der Betrag $|\boldsymbol{J}|$ und die Koordinate $\boldsymbol{J}_z$ des Drehimpulses gleichzeitig mit beliebiger Genauigkeit gemessen werden. Deshalb läßt sich der Drehimpuls auch nicht wie in der Makrophysik geometrisch durch eine gerichtete Strecke veranschaulichen. Um diese Tatsache zum Ausdruck zu bringen, stellt man ihn durch einen Kegelmantel (vgl. Abb. 6.1) mit der Kegelachse in z- Richtung dar. Die Höhe des Kegels wird zu $J_z = m\hbar$, die Länge seiner Mantellinien zu $\sqrt{J(J+1)}\,\hbar$ gewählt. Diese Darstellung bringt geometrisch zum Ausdruck, daß J_x und J_y und damit die konkrete Lage von $\boldsymbol{J}$ prinzipiell unbekannt sind.

Richtungsquantelung

der Drehimpuls wird durch einen Kegelmantel veranschaulicht

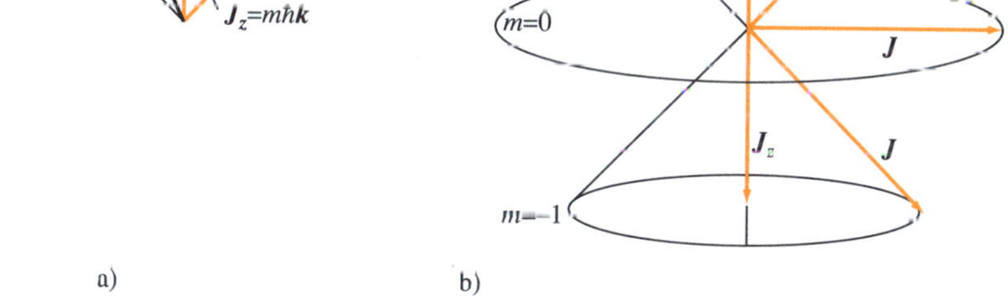

Abb. 6.1
Zur geometrischen Veranschaulichung des Drehimpulses in der Mikrophysik
a) Drehimpulskegel
b) Mögliche Drehimpulskegel für $J = 1$
(Für $m = 0$ artet der Kegelmantel in eine Kreisfläche aus)

Wir fassen zusammen:

(S 6.2) meßbare Eigenschaften des Drehimpulses eines Rotators

Der Rotator besitzt einen Drehimpuls $\boldsymbol{J}$ mit dem Betrag

$|\boldsymbol{J}| = \sqrt{J(J+1)}\,\hbar \quad (J = 0, 1, 2, 3, \ldots)$

und die Drehimpulskomponente

$J_z = m\hbar\boldsymbol{k} \quad (m = 0, \pm 1, \pm 2, \ldots, \pm J).$

$\boldsymbol{J}$ kann in bezug auf die Richtung $\boldsymbol{k}$ nur die Lagen einnehmen, die den $2J + 1$ möglichen Projektionswerten J_z entsprechen (Richtungsquantelung).

6.1.2 Bahndrehimpuls des Elektrons im Coulomb-Feld des Atomkernes

Im Abschnitt 5.3.7.4 wurden bei der Separation der Schrödinger-Gleichung für ein Elektron im kugelsymmetrischen Potential die Nebenquantenzahl und die magnetische Quantenzahl als Separationskonstanten eingeführt. In den Abschnitten 5.3.7.5 und 6.1.1 erfolgte die Interpretation dieser Gleichungen bei der Beschreibung des mikrophysikalischen Rotators (s. (5.73b) und (5.74)) bzw. bei der quantenmechanischen Darstellung des Drehimpulses (s. (6.3b)). Wenn diese Überlegungen richtig sind, sollte man den Elektronenzuständen auch einen Drehimpuls zuordnen können. In diesem Rahmen soll jetzt die Bewegung eines Elektrons im Coulomb-Feld eines Atomkernes betrachtet werden.

Bahndrehimpuls

Der durch die Bewegung eines Hüllenelektrons bedingte Drehimpuls wird als *Bahndrehimpuls* $\boldsymbol{l}$ bezeichnet. Die Bezeichnung rührt daher, daß das klassische Analogon zu $\boldsymbol{l}$ der Drehimpuls eines Teilchens auf seiner Bahn im Zentralkraftfeld eines anderen Teilchens ist. Zur Unterscheidung von der Nebenquantenzahl l wird der Betrag von $\boldsymbol{l}$ stets durch $|\boldsymbol{l}|$ bezeichnet.

Gesucht werden wieder die Eigenwerte der Observablen $|\boldsymbol{l}|$ und $\boldsymbol{l}_z$, denn nur eine derartige Fragestellung ist nach (S 6.1) physikalisch sinnvoll. Da nach (S 6.1) die Operatoren $\mathfrak{l}$, $\mathfrak{l}_z$ und $\mathfrak{H}$ vertauschbar sind, besitzen sie nach (S 5.8) das gleiche System von Eigenfunktionen. Die Eigenwerte von $\mathfrak{l}^2$ und $\mathfrak{l}_z$ können also durch Anwendung dieser Operatoren auf die schon bekannten Eigenfunktionen

$$\psi_{0n,l,m} = \sum_{\mu=1}^{n-1} a_\mu \left(\frac{r}{r_1}\right)^\mu \mathrm{e}^{-\frac{Z}{n}\frac{r}{r_1}}\, P_l^m(\cos\vartheta)\, \mathrm{e}^{\mathrm{i}m\varphi}$$

des Hamilton-Operators gewonnen werden:

Eigenwertgleichungen für die Operatoren $\mathfrak{l}_z$ und $\mathfrak{l}^2$

$$\mathfrak{l}_z \psi_{0n,l,m} = l_z\, \psi_{0n,l,m} \tag{6.5a}$$

$$\mathfrak{l}^2 \psi_{0n,l,m} = \boldsymbol{l}^2\, \psi_{0n,l,m}\,. \tag{6.5b}$$

Der Operator $\mathfrak{l}_z$ wirkt nur auf die Koordinate φ, der Operator $\mathfrak{l}^2$ nur auf die Koordinaten ϑ und φ (s. (A 18.5a) und (A 18.6)). Ersetzt man in $\psi_{0n,l,m}$ den Parameter l durch J, dann stimmen die Eigenfunktionen bis auf von r abhängige Glieder mit denen des Rotators (5.75) überein. Damit können die aus (6.4) gewonnenen Erkenntnisse (S 6.2) auf den Bahndrehimpuls übertragen werden.

Der Betrag $|\boldsymbol{l}|$ des Bahndrehimpulses $\boldsymbol{l}$ eines Hüllenelektrons und seine Komponente $\boldsymbol{l}_z$ sind gequantelt:

$$|\boldsymbol{l}| = \sqrt{l(l+1)}\,\hbar \quad (l = 0, 1, 2, \ldots, n-1),$$

$$\boldsymbol{l}_z = m\hbar\boldsymbol{k} \quad (m = 0, \pm 1, \pm 2, \ldots, \pm l).$$

$\boldsymbol{l}$ kann in bezug auf die Richtung $\boldsymbol{k}$ nur die Lagen einnehmen, die den $2l + 1$ möglichen Projektionswerten l_z entsprechen.

(S 6.3) Bahndrehimpuls eines Hüllenelektrons

Im Gegensatz zur Makrophysik kann der Drehimpuls eines mikrophysikalischen Objektes nur $2l + 1$ diskrete Winkel gegenüber einer vorgegebenen Richtung einnehmen. Man bezeichnet dieses vom makrophysikalischen Standpunkt aus völlig unverständliche Verhalten als *Richtungsquantelung* des Bahndrehimpulses.

Nach (S 5.18) hängen die Energieeigenwerte W_n für ein Elektron im Coulomb-Feld des Atomkernes nur von der Hauptquantenzahl n, nicht aber von der Nebenquantenzahl l und von der magnetischen Quantenzahl m ab. Das Problem ist also $(n^2 - 1)$-fach entartet. Der Bahndrehimpuls $\boldsymbol{l}$ des Elektrons besitzt nach (6.5) die gleichen Eigenfunktionen (5.69) wie die Energieeigenwertgleichung, sein Betrag $|\boldsymbol{l}|$ hängt aber explizit von der Nebenquantenzahl l und seine Komponente $\boldsymbol{l}_z$ explizit von der magnetischen Quantenzahl m ab. Zu jedem Wertepaar l, m gehört demzufolge ein anderer Bahndrehimpuls, die Hauptquantenzahl n begrenzt den Wertevorrat von l und damit auch den von m.

der Bahndrehimpuls $\boldsymbol{l}$ hängt von den Quantenzahlen l und m explizit, von der Quantenzahl n implizit ab

6.2 Magnetisches Bahnmoment

Die Existenz des Bahndrehimpulses für ein Elektron im elektrischen Feld des Atomkernes muß auch zum Entstehen eines magnetischen Momentes führen. Es wird als *magnetisches Bahnmoment* des Hüllenelektrons bezeichnet. Um eine geeignete Beschreibung dafür zu finden, gehen wir wieder vom analogen klassischen Fall aus und betrachten den Umlauf eines elektrisch geladenen Teilchens der Masse m_0 und der Ladung q auf einer Kreisbahn mit dem Radius r um den Koordinatenursprungspunkt. Seine Winkelgeschwindigkeit betrage $\boldsymbol{\omega}$. Gesucht wird eine Beziehung zwischen dem Drehimpuls $\boldsymbol{L}$ des Teilchens und dem von der bewegten elektrischen Ladung bedingten magnetischen (Bahn-)Moment $\boldsymbol{m}$.

magnetisches Bahnmoment

klassisches Analogon zum magnetischen Bahnmoment

Nach den Gesetzen der klassischen Elektrodynamik ruft der Kreisstrom I das magnetische Moment (vgl. (II S 2.8))

$$\boldsymbol{m} = I r^2 \pi \, \boldsymbol{\omega}^0$$

oder, mit $I = q/t$ und $\omega = 2\pi/T = 2\pi\nu$, das magnetische Moment

$$\boldsymbol{m} = \frac{q}{T} r^2 \pi \, \boldsymbol{\omega}^0 = \frac{q\,\omega\, r^2}{2} \boldsymbol{\omega}^0 \tag{6.6a}$$

hervor. Der Drehimpuls $\boldsymbol{L} = \boldsymbol{s} \times \boldsymbol{p}$ des Teilchens ergibt sich mit $\boldsymbol{p} = m_0 \boldsymbol{v}$, $\boldsymbol{v} = \boldsymbol{\omega} \times \boldsymbol{s}$ und $\boldsymbol{s} = r\boldsymbol{s}^0 = r\boldsymbol{r}^0 \perp \boldsymbol{v}$ unter Beachtung der Beziehung

$$\boldsymbol{A} \times (\boldsymbol{B} \times \boldsymbol{C}) = (\boldsymbol{A} \cdot \boldsymbol{C}) \boldsymbol{B} - (\boldsymbol{A} \cdot \boldsymbol{B}) \boldsymbol{C}$$

zu

$$\boldsymbol{L} = \boldsymbol{s} \times m_0 \boldsymbol{v} = m_0 r^2 \boldsymbol{r}^0 \times (\boldsymbol{\omega} \times \boldsymbol{r}^0) = m_0 r^2 \omega \boldsymbol{\omega}^0, \tag{6.6b}$$

womit für den gesuchten Zusammenhang von $\boldsymbol{m}$ und $\boldsymbol{L}$ aus (6.6a)

$$\boldsymbol{m} = \frac{q}{2m_0} \boldsymbol{L} \tag{6.7a}$$

folgt.

Beim Übergang von der Makro- zur Mikrophysik bleiben die Gesetze der klassischen Physik in Operatorenschreibweise erhalten. Dem magnetischen Bahnmoment $\boldsymbol{m}_l$ eines Elektrons im Zentralkraftfeld eines Atomkernes oder Atomrumpfes ist demnach der Operator

der Operator für das magnetische Bahnmoment

$$\mathfrak{m}_l = -\frac{\mathrm{e}}{2m_{0\mathrm{e}}} \mathfrak{l} \tag{6.7}$$

zuzuordnen.

$\mathfrak{m}_l$ ist proportional zu $\mathfrak{l}$. Die Vertauschungsregeln für $\mathfrak{l}$ (s. (S 6.1)) gelten demzufolge auch für $\mathfrak{m}_l$. Die aus ihnen gezogenen Folgerungen sind damit auch für $\mathfrak{m}_l$ zutreffend:

(S 6.4) Meßbarkeit des magnetischen Bahnmomentes

Die Koordinaten des magnetischen Bahnmomentes $\boldsymbol{m}_l$ eines Hüllenelektrons sind untereinander nicht verträgliche Observable, damit ist das magnetische Bahnmoment $\boldsymbol{m}_l$ nicht scharf meßbar.
Jede Koordinate $\boldsymbol{m}_{li}$ $(i = x, y, z)$ des magnetischen Bahnmomentes $\boldsymbol{m}_l$ ist mit der Observablen $|\boldsymbol{m}_l|$ seines Betrages verträglich und damit gleichzeitig mit diesem mit beliebiger Genauigkeit meßbar.

Für den Betrag von magnetischen Momenten wird stets $|\boldsymbol{m}|$ geschrieben, um Verwechslungen mit der magnetischen Quantenzahl m auszuschließen.

Gleichzeitig können also nur jeweils eine Komponente und der Betrag des magnetischen Bahnmomentes mit beliebiger Genauigkeit gemessen werden. In Richtung dieser Komponente denken wir uns genau wie beim Drehimpuls die z-Achse des Koordinatensystems gelegt. Die Operatoren

$\mathfrak{l}$ und $\mathfrak{m}_l$ sind zueinander proportional und damit vertauschbar. Sie besitzen also nach (S 5.8) das gleiche System von Eigenfunktionen. Für die Eigenwerte m_{lz} und $\boldsymbol{m}_l^2$ von $\mathfrak{m}_{lz}$ und $\mathfrak{m}_l^2$ erhält man daher aus (S 5.4), (6.7), (6.5) und (6.3)

$$\mathfrak{m}_{lz}\,\psi_{0n,l,m} = -\frac{e}{2m_{0\mathrm{e}}}\,\mathfrak{l}_z\,\psi_{0n,l,m} = -\frac{e}{2m_{0\mathrm{e}}}\,m\hbar\psi_{0n,l,m} = m_{lz}\,\psi_{0n,l,m} \quad (6.8\mathrm{a})$$

und

$$\mathfrak{m}_l^2\,\psi_{0n,l,m} = \frac{\mathrm{e}^2}{4m_{0\mathrm{e}}^2}\,\mathfrak{l}^2\psi_{0n,l,m} = \frac{\mathrm{e}^2}{4m_{0\mathrm{e}}^2}\,l(l+1)\,\hbar^2\,\psi_{0n,l,m} = |\boldsymbol{m}_l|^2\,\psi_{0n,l,m}\,. \quad (6.8\mathrm{b})$$

Für das Weitere ist es zweckmäßig, die Konstanten in (6.8a) zusammenzufassen:

$$\mu_{\mathrm{B}} = -\frac{e\,\hbar}{2\,m_{0\mathrm{e}}} = -(9{,}274078 \pm 0{,}000036)\cdot 10^{-24}\,\mathrm{JT}^{-1}$$

heißt Bohrsches Magneton.

(D 6.1)
Bohrsches Magneton

Es ist auch üblich, statt (D 6.1) nur den Betrag $|\mu_{\mathrm{B}}|$ als Bohrsches Magneton zu bezeichnen.

Mit dem Bohrschen Magneton lassen sich die Beziehungen (6.8) zusammenfassen:

Der Betrag $|\boldsymbol{m}_l|$ des magnetischen Bahnmomentes eines Hüllenelektrons und seine Komponente $\boldsymbol{m}_{lz}$ sind gequantelt:

$$|\boldsymbol{m}_l| = \sqrt{l(l+1)}\,|\mu_{\mathrm{B}}| \quad (l = 0, 1, 2, \ldots, n-1),$$

$$\boldsymbol{m}_{lz} = m\mu_{\mathrm{B}}\boldsymbol{k} \quad (m = 0, \pm 1, \pm 2, \ldots, \pm l).$$

$\boldsymbol{m}_l$ kann in bezug auf die Richtung $\boldsymbol{k}$ nur die Lagen einnehmen, die den $2l+1$ möglichen Projektionswerten $\boldsymbol{m}_{lz}$ entsprechen.

(S 6.5)
magnetisches Bahnmoment eines Hüllenelektrons

Auch das magnetische Moment eines Mikroobjektes unterliegt der Richtungsquantelung. Während z. B. eine Magnetnadel prinzipiell alle Winkel gegenüber einem magnetischen Feld einzunehmen vermag, gilt dies nicht für die magnetischen Momente von mikrophysikalischen Objekten. Für den Winkel zwischen $\boldsymbol{m}_{lz}$ und $\boldsymbol{m}$ gibt es nur $2l+1$ mögliche Werte.

Der Betrag $|\boldsymbol{m}_{lz}|$ ist ein ganzzahliges Vielfaches des Bohrschen Magnetons. Das Bohrsche Magneton ist demzufolge der kleinste Wert von $|\boldsymbol{m}_{lz}| \neq 0$. Der Wert von $|\boldsymbol{m}_{lz}|$ wird durch die Quantenzahl m bestimmt, womit auch ihre Benennung *magnetische Quantenzahl* verständlich wird.

magnetische Quantenzahl

$\boldsymbol{m}_l$ kann aus gleichen Gründen wie $\boldsymbol{l}$ geometrisch nicht durch eine gerichtete Strecke veranschaulicht werden. Man stellt vielmehr $\boldsymbol{m}_l$ ebenso wie $\boldsymbol{l}$ (vgl. Abb. 6.1) durch einen Kegelmantel (s. Abb. 6.2) mit der Ke-

das magnetische Moment wird durch einen Kegelmantel veranschaulicht

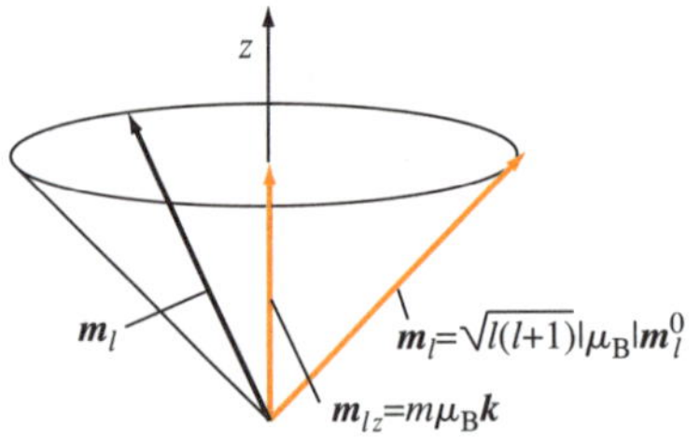

Abb. 6.2
Zur geometrischen Veranschaulichung des magnetischen Bahnmomentes

gelachse in z-Richtung dar. Die Höhe des Kegels wird zu $m_{lz} = m\mu_B$ und die Länge seiner Mantellinien zu $\sqrt{l(l+1)}\,|\mu_B|$ gewählt.

6.3 Elektronenspin

6.3.1 Versuch von Stern und Gerlach

Valenzelektron

Versuchsaufbau von STERN und GERLACH

Wasserstoff und alle Atome der ersten Haupt- und der ersten Nebengruppe besitzen Einelektronenspektren, d.h., daß nur ein Hüllenelektron dieser Atome für ihr optisches und chemisches Verhalten verantwortlich ist. Es wird *Valenzelektron* genannt. Wir betrachten eine derartige Atomart (z.B. Ag) im Grundzustand. Da für den Grundzustand $n = 1$ gilt, gibt es nach (S 6.3) für l und m nur den Wert $l = m = 0$. Nach (S 6.3) und (S 6.5) besitzen diese Atome im Grundzustand dann weder einen Bahndrehimpuls noch ein magnetisches Bahnmoment. STERN und GERLACH versuchten diese theoretische Folgerung mit nachfolgendem Experiment zu belegen. Ein Silberatomstrahl durchläuft ein starkes inhomogenes magnetisches Feld (s. Abb. 6.3). Das Feld wird deshalb inhomogen gewählt, weil auf ein magnetisches Moment im homogenen Magnetfeld lediglich ein Kräftepaar wirkt, das nur eine Drehung des Momentes in Feldrichtung verursacht (vgl. Abschn. II 1.2.3, insbesondere Abb. II 1.31). Eine Drehung der Atome kann aber meßtechnisch nicht erfaßt werden, damit auch nicht die Einwirkung eines homogenen magnetischen Feldes auf die Atome. Im inhomogenen Feld wirken dagegen ortsabhängige Kräfte. Zur Drehung des magnetischen Momentes tritt zusätzlich eine Translation. Ein im Feld bewegtes Teilchen mit einem von Null verschiedenen magnetischen Moment wird daher aus der ursprünglichen Bewegungsrichtung abgelenkt. Diese Ablenkung kann gemessen werden.

Da für Silberatome sowohl $\boldsymbol{l} = \mathbf{0}$ als auch $\boldsymbol{m}_l = \mathbf{0}$ gilt, dürfte keine Wechselwirkung zwischen dem Magnetfeld und den elektrisch neutralen Atomen auftreten, d.h., der Atomstrahl dürfte im Magnetfeld keine Ablenkung zeigen. Im Widerspruch zu dieser Annahme wird aber eine Aufspaltung des Strahles in *zwei* Teilstrahlen beobachtet. Die Atome werden parallel bzw. antiparallel zur Feldrichtung abgelenkt. Die Teilstrahlen haben gleiche Intensität, ihre Richtungen sind zur Einfallsrichtung symmetrisch.

OTTO STERN
(1888–1969)
Nobelpreis 1943

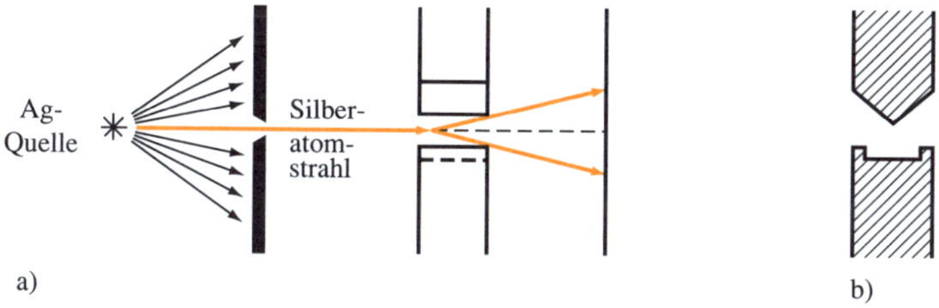

Abb. 6.3
Stern-Gerlach-Versuch
a) Ablenkung des Silberatomstrahles
b) Form der Polschuhe des Magneten in einer Ebene senkrecht zur Strahlrichtung

WALTER GERLACH
(1889–1979)

Dieser experimentelle Befund kann nur so gedeutet werden, daß das Elektron selbst ein magnetisches Moment $\boldsymbol{m}_s$ und damit auch einen Eigendrehimpuls $\boldsymbol{s}$ besitzt. Man bezeichnet diese Eigenschaften des Elektrons als seinen *Spin* $\boldsymbol{s}$ und sein dem Spin zugeordnetes *magnetisches Spinmoment* $\boldsymbol{m}_s$.

Silberstrahl zeigt im inhomogenen Magnetfeld eine Aufspaltung

Spin $\boldsymbol{s}$
magnetisches Spinmoment $\boldsymbol{m}_s$

Die Richtung des magnetischen Feldes wird wieder als z-Richtung des Koordinatensystems gewählt. Die Ablenkung der Atome in Richtung $\pm\,\boldsymbol{k}$ und die Aufspaltung des Atomstrahles in zwei zur Einschußrichtung symmetrische Teilstrahlen zeigen, daß sich das Spinmoment $\boldsymbol{m}_s$ nur so zum Feld einzustellen vermag, daß seine Projektion $\boldsymbol{m}_{sz}$ auf die Feldrichtung die beiden Werte $\boldsymbol{m}_{sz} = \pm\,|\boldsymbol{m}_{sz}|\,\boldsymbol{k}$ besitzt. Etwas vereinfacht wird hierfür meist gesagt: Der Spin stellt sich parallel bzw. antiparallel zum äußeren Feld ein. Aus der Größe der Ablenkung kann $\boldsymbol{m}_{sz}$ ermittelt werden. Man fand $|\boldsymbol{m}_{sz}| = |\mu_\mathrm{B}|$, d.h., die Projektion von $\boldsymbol{m}_s$ auf die Feldrichtung beträgt

$$\boldsymbol{m}_{sz} = \pm\,|\mu_\mathrm{B}|\,\boldsymbol{k}\,. \tag{6.9}$$

Darstellung von $\boldsymbol{m}_{sz}$

Es ist nun naheliegend, für den Betrag $|\boldsymbol{s}|$ des Spins und seine Komponente $\boldsymbol{s}_z$ analoge Beziehungen wie für $\boldsymbol{l}$ und $\boldsymbol{l}_z$ anzunehmen, d.h. nach (S 6.3) zu schreiben

$$|\boldsymbol{s}| = \sqrt{s(s+1)}\,\hbar;\; \boldsymbol{s}_z = m_s\hbar\boldsymbol{k} \;\; (m_s = -s, -s+1, \ldots s-1, s)\,. \tag{6.10}$$

Darstellung von $|\boldsymbol{s}|$

Die Theorie bestätigt diesen Schluß (vgl. (S 6.7)). s und m_s sind dabei als neue Quantenzahlen aufzufassen. Um Verwechslungen von s und dem Betrag von $\boldsymbol{s}$ zu vermeiden, schreiben wir für den Betrag des Spins stets $|\boldsymbol{s}|$.

Nach (6.10) gibt es $2s + 1$ Werte für m_s, d.h. $2s + 1$ mögliche Projektionswerte von $\boldsymbol{s}$ auf die Richtung z. Das Experiment von STERN und GERLACH zeigt nun, daß nur zwei derartige Werte existieren ($2s + 1 = 2$), demnach s den Wert 1/2 besitzen muß. Elektronen sind also Elementarteilchen mit dem Spin $s_z = \pm\,\hbar/2$. Etwas lax sagt man meist: Elektronen besitzen den Spin 1/2.

Elektronen sind Mikroobjekte mit dem Spin $s = 1/2$

Im vorstehenden Abschnitt hatten wir das zum Bahndrehimpuls $\boldsymbol{l}$ gehörende magnetische Bahnmoment $\boldsymbol{m}_l$ aus einem klassischen Analogon entwickelt. Alle Versuche, durch ein entsprechendes Vorgehen eine Beziehung zwischen $\boldsymbol{s}$ und $\boldsymbol{m}_s$ aufzufinden, schlugen dagegen fehl: Der Spin ist eine drehimpulsartige, rein mikrophysikalische Observable. Er besitzt *kein* klassisches Analogon.

der Spin besitzt kein klassisches Analogon

Aus (6.7) kann daher nur

$$\boldsymbol{m}_s = -\frac{e}{2m_{0e}}\, g_s \boldsymbol{s} \tag{6.11}$$

gyromagnetischer Faktor

abgeleitet werden. Der zunächst noch unbekannte Faktor g_s heißt *gyromagnetischer Faktor*. Wir wollen seinen Wert für Elektronen aus dem Experiment von STERN und GERLACH folgern. Während sich aus (6.11) mit (6.10) und (D 6.1)

$$m_{sz} = \pm \frac{|\mu_\mathrm{B}|\, g_{se}}{\hbar}\, s_z = \pm \frac{|\mu_\mathrm{B}|\, g_{se}}{2}$$

gyromagnetischer Faktor des Elektrons

ergibt, fordert das Experiment $m_{sz} = \pm |\mu_\mathrm{B}|$, d.h., für Elektronen beträgt der gyromagnetische Faktor

$$g_{se} = 2 \quad \text{(für Elektronen).} \tag{6.12}$$

Wegen der Wechselwirkung zwischen dem Strahlungsfeld und dem Elektron bedarf dieser Wert noch einer geringfügigen Korrektur (s. (6.24)).

6.3.2 Spinoperator, Spinoren, Paulische Spinmatrizen

WOLFGANG PAULI (1900–1958) Nobelpreis 1945

Der Spin kann nicht aus einem klassischen Analogon entwickelt werden. Demzufolge läßt sich der Spinoperator auch nicht durch Anwendung von (S 5.6) gewinnen.

Ausgehend von den experimentellen Erkenntnissen des Stern-Gerlach-Versuches und den allgemeinen Eigenschaften von Operatoren drehimpulsartiger Observablen (Vertauschungsrelationen, Linearität und Hermitezität) gelang es 1927 PAULI, einen mathematischen Ausdruck für den Spinoperator $\mathfrak{s}$ zu finden. Die strenge theoretische Begründung dafür lieferte DIRAC im gleichen Jahr.

Da es keine dem Spin entsprechende klassische Größe gibt, kann auch keine Gleichung angegeben werden, die den Spin mit den klassischen Ortskoordinaten verknüpft. Die Zustandsfunktion für den Spinzustand muß deshalb außer von den drei Ortskoordinaten noch zusätzlich von einer *Spinkoordinate* σ abhängig sein, um sowohl die Aufenthaltswahrscheinlichkeiten in den verschiedenen Raumpunkten als auch die Wahrscheinlichkeiten für die möglichen Spinorientierungen festlegen zu können:

Spinkoordinate σ

$$\psi = \psi(x, y, z, \sigma, t)\,. \tag{6.13}$$

Nach dem Experiment besitzt $\mathfrak{s}_z$ die Eigenwerte $\pm\hbar/2$, die Spinkoordinate demzufolge nur zwei Werte. Diese werden wie folgt festgelegt: $\sigma = 1$ für $\hbar/2$ und $\sigma = -1$ für $-\hbar/2$.

Im weiteren wird abkürzend

$$\psi(x, y, z, \sigma = 1, t) = \psi_+(x, y, z, t) = \psi_+;$$
$$\psi(x, y, z, \sigma = -1, t) = \psi_-(x, y, z, t) = \psi_- \qquad (6.14)$$

geschrieben. ψ_+ und ψ_- sind dann nur noch Funktionen von Ort und Zeit. Wir fassen sie zur einspaltigen Matrix (s. A. 1)

$$\boldsymbol{\psi} = \begin{pmatrix} \psi_+ \\ \psi_- \end{pmatrix} \qquad (6.15)$$

zusammen. $\boldsymbol{\psi}$ bezeichnet man als *Spinor*, ψ_+ und ψ_- als seine Komponenten. Spinor $\boldsymbol{\psi}$

Weiter erweist es sich als zweckmäßig, den Spinor $\boldsymbol{\psi}$ durch Einführung der speziellen Spinoren

$$\boldsymbol{\tau}_+ = \begin{pmatrix} 1 \\ 0 \end{pmatrix}; \quad \boldsymbol{\tau}_- = \begin{pmatrix} 0 \\ 1 \end{pmatrix} \qquad (6.16)$$

in die Form (vgl. (A 1.7) und (A 1.8))

$$\boldsymbol{\psi} = \begin{pmatrix} \psi_+ \\ 0 \end{pmatrix} + \begin{pmatrix} 0 \\ \psi_- \end{pmatrix} = \psi_+ \begin{pmatrix} 1 \\ 0 \end{pmatrix} + \psi_- \begin{pmatrix} 0 \\ 1 \end{pmatrix} = \psi_+ \boldsymbol{\tau}_+ + \psi_- \boldsymbol{\tau}_- \qquad (6.16\text{a})$$

zu überführen.

Es sollen jetzt die Bedingungen zusammengestellt werden, denen der Spinoperator $\boldsymbol{\mathfrak{s}}$ bzw. seine Komponenten genügen müssen. Die Eigenwertgleichung

$$\mathfrak{s}_z \boldsymbol{\psi} = s_z \boldsymbol{\psi}$$

besitzt die beiden Eigenwerte $s_z = \pm \hbar/2$. Beachtet man, daß ψ_+ dem Eigenwert $\hbar/2$, ψ_- dem Eigenwert $-\hbar/2$ zugeordnet wurde, dann gilt

$$\mathfrak{s}_z \boldsymbol{\psi} = s_z \begin{pmatrix} \psi_+ \\ \psi_- \end{pmatrix} = \frac{\hbar}{2} \begin{pmatrix} \psi_+ \\ -\psi_- \end{pmatrix}. \qquad (6.17\text{a})$$

Die Anwendung von $\mathfrak{s}_z$ auf den Spinor $\boldsymbol{\psi}$ bedeutet demzufolge die Multiplikation seiner ersten Zeile mit $\hbar/2$, seiner zweiten Zeile mit $-\hbar/2$.

Nach (S 5.4) muß der Spinoperator $\boldsymbol{\mathfrak{s}}$ ein hermitescher Operator sein. Weiter nahm PAULI an, daß die Koordinaten $\mathfrak{s}_x$, $\mathfrak{s}_y$ und $\mathfrak{s}_z$ des Spinoperators sich bei Drehung des Koordinatensystems wie die Koordinaten des Drehimpulsoperators transformieren und dessen Vertauschungsrelationen (6.2 b) genügen:

$$\boldsymbol{\mathfrak{s}} \times \boldsymbol{\mathfrak{s}} = \mathrm{i}\hbar \boldsymbol{\mathfrak{s}}; \quad [\mathfrak{s}_i, \boldsymbol{\mathfrak{s}}^2] = 0 \qquad (i = x, y, z). \qquad (6.17\text{b})$$

Aus diesen Bedingungen läßt sich der Operator $\boldsymbol{\mathfrak{s}}$ gewinnen. Die entsprechenden Überlegungen sind in A. 19 durchgeführt.

Aus $\mathfrak{s}$ kann sofort der dem magnetischen Spinmoment $\boldsymbol{m}_s$ zuzuordnende Operator $\mathfrak{m}_s$ gewonnen werden, denn nach (6.11) gilt mit $g_{se} = 2$

$$\mathfrak{m}_s = -\frac{e}{m_{0\mathrm{e}}}\,\mathfrak{s}\,. \tag{6.18}$$

Mit (A 19.7) folgt:

(S 6.6) Spinoperator $\mathfrak{s}$ und Operator $\mathfrak{m}_s$ für das magnetische Spinmoment

Dem Spin $\boldsymbol{s}$ des Elektrons ist der Spinoperator

$$\mathfrak{s} = \frac{\hbar}{2}\,\mathfrak{S}$$

mit den Koordinaten (Paulischen Spinmatrizen)

$$\mathfrak{S}_x = \begin{pmatrix} 0 & 1 \\ 1 & 0 \end{pmatrix}; \quad \mathfrak{S}_y = \begin{pmatrix} 1 & -\mathrm{i} \\ \mathrm{i} & 0 \end{pmatrix}; \quad \mathfrak{S}_z = \begin{pmatrix} 1 & 0 \\ 0 & -1 \end{pmatrix},$$

dem magnetischen Spinmoment $\boldsymbol{m}_s$ des Elektrons ist der Operator

$$\mathfrak{m}_s = -\frac{e}{m_{0\mathrm{e}}}\,\mathfrak{s}$$

zuzuordnen. Die Operatoren $\mathfrak{s}$ und $\mathfrak{m}_s$ wirken auf den Spinor

$$\boldsymbol{\psi} = \begin{pmatrix} \psi_+ \\ \psi_- \end{pmatrix}.$$

Die durch (6.16) eingeführten speziellen Spinoren $\boldsymbol{\tau}_+$ und $\boldsymbol{\tau}_-$ sind Eigenfunktionen zum Operator $\mathfrak{s}_z$. Man erkennt dies sofort, wenn man $\mathfrak{s}_z$ (Eigenwerte $s_z = \pm\,\hbar/2$) auf $\boldsymbol{\tau}_+$ bzw. $\boldsymbol{\tau}_-$ anwendet (vgl. (A 1.11)):

$$\mathfrak{s}_z\boldsymbol{\tau}_+ = \frac{\hbar}{2}\mathfrak{S}_z\boldsymbol{\tau}_+ = \frac{\hbar}{2}\begin{pmatrix} 1 & 0 \\ 0 & -1 \end{pmatrix}\begin{pmatrix} 1 \\ 0 \end{pmatrix} = \frac{\hbar}{2}\begin{pmatrix} 1 \\ 0 \end{pmatrix} = \frac{\hbar}{2}\,\boldsymbol{\tau}_+ = s_z\boldsymbol{\tau}_+ \tag{6.19a}$$

$$\mathfrak{s}_z\boldsymbol{\tau}_- = \frac{\hbar}{2}\mathfrak{S}_z\boldsymbol{\tau}_- = \frac{\hbar}{2}\begin{pmatrix} 1 & 0 \\ 0 & -1 \end{pmatrix}\begin{pmatrix} 0 \\ 1 \end{pmatrix} = \frac{\hbar}{2}\begin{pmatrix} 0 \\ -1 \end{pmatrix} = -\frac{\hbar}{2}\,\boldsymbol{\tau}_- = s_z\boldsymbol{\tau}_-\,. \tag{6.19b}$$

Berechnung der Eigenwerte s_n des Spinoperators $\mathfrak{s}_n$ in Richtung $\boldsymbol{n}^0$

Es sollen jetzt die Eigenwerte s_n des Spins in Richtung $\boldsymbol{n}^0$ aufgefunden werden. Nach (S 5.4) und (S 6.6) ergeben sie sich aus der Eigenwertgleichung

$$\mathfrak{s}_n\boldsymbol{\tau} = s_n\boldsymbol{\tau} \tag{6.20}$$

mit (vgl. (S 5.1c))

$$\mathfrak{s}_n = \mathfrak{s}\cdot\boldsymbol{n}^0 = \frac{\hbar}{2}\,(n_x^0\,\mathfrak{S}_x + n_y^0\,\mathfrak{S}_y + n_z^0\,\mathfrak{S}_z)\,. \tag{6.20a}$$

Die Linearität von (6.20) legt den Ansatz

$$\boldsymbol{\tau} = c_1\boldsymbol{\tau}_+ + c_2\boldsymbol{\tau}_- \tag{6.21}$$

nahe:

$$\mathfrak{s}_n \boldsymbol{\tau} = c_1 \mathfrak{s}_n \boldsymbol{\tau}_+ + c_2 \mathfrak{s}_n \boldsymbol{\tau}_- = s_n (c_1 \boldsymbol{\tau}_+ + c_2 \boldsymbol{\tau}_-) \,. \qquad (6.20\text{b})$$

Die Koordinaten von $\boldsymbol{n}^0$ sind in Kugelkoordinaten darstellbar durch

$$n_x^0 = \sin\vartheta \cos\varphi \,; \qquad n_y^0 = \sin\vartheta \sin\varphi \,; \qquad n_z^0 = \cos\vartheta ,$$

womit nach (6.20a), (S 6.6), (6.16), (6.19a), den Regeln für die Matrizenmultiplikation (A 1.11) und $\cos\varphi + \mathrm{i}\sin\varphi = \mathrm{e}^{\mathrm{i}\varphi}$

$$\begin{aligned}
\mathfrak{s}_n \boldsymbol{\tau}_+ &= \frac{\hbar}{2} (\sin\vartheta\cos\varphi\, \mathfrak{S}_x + \sin\vartheta\sin\varphi\, \mathfrak{S}_y + \cos\vartheta\, \mathfrak{S}_z)\, \boldsymbol{\tau}_+ \\
&= \frac{\hbar}{2} \left[\sin\vartheta\cos\varphi \begin{pmatrix} 0 & 1 \\ 1 & 0 \end{pmatrix} \begin{pmatrix} 1 \\ 0 \end{pmatrix} + \sin\vartheta\sin\varphi \begin{pmatrix} 0 & -\mathrm{i} \\ \mathrm{i} & 0 \end{pmatrix} \begin{pmatrix} 1 \\ 0 \end{pmatrix} \right. \\
&\qquad \left. + \cos\vartheta \begin{pmatrix} 1 & 0 \\ 0 & -1 \end{pmatrix} \begin{pmatrix} 1 \\ 0 \end{pmatrix} \right] \\
&= \frac{\hbar}{2} \left[\sin\vartheta\cos\varphi \begin{pmatrix} 0 \\ 1 \end{pmatrix} + \mathrm{i}\sin\vartheta\sin\varphi \begin{pmatrix} 0 \\ 1 \end{pmatrix} + \cos\vartheta \begin{pmatrix} 1 \\ 0 \end{pmatrix} \right] \\
&= \frac{\hbar}{2} (\sin\vartheta\, \mathrm{e}^{\mathrm{i}\varphi} \boldsymbol{\tau}_- + \cos\vartheta\, \boldsymbol{\tau}_+)
\end{aligned}$$

folgt.

Analog ergibt sich

$$\mathfrak{s}_n \boldsymbol{\tau}_- = \frac{\hbar}{2} (\sin\vartheta\, \mathrm{e}^{-\mathrm{i}\varphi}\, \boldsymbol{\tau}_+ - \cos\vartheta\, \boldsymbol{\tau}_-) \,,$$

demzufolge durch Einsetzen von $\mathfrak{s}_n \boldsymbol{\tau}_+$ und $\mathfrak{s}_n \boldsymbol{\tau}_-$ in (6.20b)

$$\begin{aligned}
&c_1 \mathfrak{s}_n \boldsymbol{\tau}_+ + c_2 \mathfrak{s}_n \boldsymbol{\tau}_- \\
&\qquad = \frac{\hbar}{2} [(c_1 \cos\vartheta + c_2 \sin\vartheta\, \mathrm{e}^{-\mathrm{i}\varphi})\, \boldsymbol{\tau}_+ + (c_1 \sin\vartheta\, \mathrm{e}^{\mathrm{i}\varphi} - c_2 \cos\vartheta)\, \boldsymbol{\tau}_-] \\
&\qquad = s_n [c_1 \boldsymbol{\tau}_+ + c_2 \boldsymbol{\tau}_-]
\end{aligned}$$

oder

$$\begin{aligned}
&\left[\frac{\hbar}{2} c_1 \cos\vartheta + \frac{\hbar}{2} c_2 \sin\vartheta\, \mathrm{e}^{-\mathrm{i}\varphi} - s_n c_1 \right] \boldsymbol{\tau}_+ \\
&\quad + \left[\frac{\hbar}{2} c_1 \sin\vartheta\, \mathrm{e}^{\mathrm{i}\varphi} - \frac{\hbar}{2} c_2 \cos\vartheta - s_n c_2 \right] \boldsymbol{\tau}_- = \mathbf{0} \,.
\end{aligned}$$

Diese Beziehung muß für ein beliebiges $\boldsymbol{n}^0$ gelten. Dies ist nur dann der Fall, wenn sowohl der Koeffizient von $\boldsymbol{\tau}_+$ als auch der von $\boldsymbol{\tau}_-$ verschwindet:

$$\left(\frac{\hbar}{2}\cos\vartheta - s_n\right) c_1 + \frac{\hbar}{2}\sin\vartheta\, \mathrm{e}^{-\mathrm{i}\varphi} c_2 = 0\,, \tag{6.22a}$$

$$\frac{\hbar}{2}\sin\vartheta\, \mathrm{e}^{\mathrm{i}\varphi} c_1 - \left(\frac{\hbar}{2}\cos\vartheta + s_n\right) c_2 = 0\,. \tag{6.22b}$$

Die im Ansatz (6.21) zunächst willkürlichen Konstanten c_1 und c_2 sind Lösungen eines homogenen linearen Gleichungssystems.

Das lineare Gleichungssystem

$$\alpha_{11}x_1 + \alpha_{12}x_2 = r_1, \quad \alpha_{21}x_1 + \alpha_{22}x_2 = r_2$$

besitzt die Lösungen

$$x_1 = \frac{\alpha_{22}r_1 - \alpha_{12}r_2}{\alpha_{11}\alpha_{22} - \alpha_{12}\alpha_{21}}\,; \qquad x_2 = \frac{\alpha_{11}r_2 - \alpha_{21}r_1}{\alpha_{11}\alpha_{22} - \alpha_{12}\alpha_{21}}\,.$$

Eine nichttriviale Lösung ($x_1 \neq 0$, $x_2 \neq 0$) des zugehörigen homogenen Gleichungssystems ($r_1 = r_2 = 0$) kann demzufolge nur dann existieren, wenn

$$\alpha_{11}\alpha_{22} - \alpha_{12}\alpha_{21} = 0$$

gilt. Für das System (6.22) lautet diese Bedingung

$$\frac{\hbar^2}{4}\cos^2\vartheta - s_n^2 + \frac{\hbar^2}{4}\sin^2\vartheta = \frac{\hbar^2}{4} - s_n^2 = 0\,,$$

woraus $s_n = \pm\,\hbar/2$ folgt. Zur Projektion des Spins auf eine beliebige Richtung gehören die Eigenwerte $\pm\,\hbar/2$. Die Theorie bestätigt den vom Stern-Gerlach-Versuch geforderten Wert.

Eigenwerte s_n

Die Eigenwerte $|\boldsymbol{s}|^2$ des Operators $\mathfrak{s}^2$ ergeben sich mit (A 19.9) zu

$$\mathfrak{s}^2\psi = \frac{\hbar^2}{4}\left(\mathfrak{S}_x^2 + \mathfrak{S}_y^2 + \mathfrak{S}_z^2\right)\psi = \frac{3}{4}\hbar^2\psi = |\boldsymbol{s}|^2\psi\,, \tag{6.23}$$

woraus mit $s = 1/2$

Eigenwert $|\boldsymbol{s}|$

$$|\boldsymbol{s}| = \sqrt{\frac{3}{4}}\,\hbar = \sqrt{\frac{1}{2}\left(\frac{1}{2}+1\right)}\,\hbar = \sqrt{s\,(s+1)}\,\hbar$$

folgt.

Bei Beachtung von (6.18) lassen sich vorstehende Erkenntnisse wie folgt zusammenfassen:

Der Spin ist eine rein quantenmechanische Observable, er besitzt kein klassisches Analogon.
Der Spin entzieht sich der scharfen Meßbarkeit.
Gleichzeitig können mit beliebiger Genauigkeit nur der Betrag $|\boldsymbol{s}|$ des Spins sowie der Betrag $|\boldsymbol{m}_s|$ des magnetischen Spinmomentes mit je einer Komponente von $\boldsymbol{s}$ und $\boldsymbol{m}_s$ gemessen werden:

$$[\mathfrak{s}^2, \mathfrak{s}_i] = 0\,;$$

$$[\mathfrak{m}_s^2, \mathfrak{m}_{si}] = 0 \qquad (i = x, y, z)\,.$$

Das Elektron besitzt einen Spin mit dem Betrag

$$|\boldsymbol{s}| = \sqrt{s(s+1)}\,\hbar \qquad \left(s = \frac{1}{2}\right)$$

und mit der Komponente

$$\boldsymbol{s}_z = m_s \hbar \boldsymbol{k} \qquad \left(m_s = \pm\frac{1}{2}\right)$$

sowie ein magnetisches Spinmoment $\boldsymbol{m}_s$ mit dem Betrag

$$|\boldsymbol{m}_s| = 2\sqrt{s(s+1)}\,|\mu_\mathrm{B}| \qquad \left(s = \frac{1}{2}\right)$$

und mit der Komponente

$$\boldsymbol{m}_{sz} = 2m_s\,|\mu_\mathrm{B}|\,\boldsymbol{k} \qquad \left(m_s = \pm\frac{1}{2}\right).$$

$\boldsymbol{s}$ und $\boldsymbol{m}_s$ können in bezug auf die Richtung $\boldsymbol{k}$ nur die Lagen einnehmen, die den $2s+1$ möglichen Projektionswerten s_z und m_{sz} entsprechen.

(S 6.7)
Eigenschaften der Observablen Spin und magnetisches Spinmoment

$|\boldsymbol{s}|$, $\boldsymbol{s}_z$ und $\boldsymbol{m}_{sz}$ sind gequantelt; $\boldsymbol{s}$ und $\boldsymbol{m}_s$ unterliegen ebenfalls der Richtungsquantelung. Die möglichen Werte werden durch die Parameter s und m_s bestimmt. Für m_s wird folgende Benennung eingeführt:

m_s heißt Spinquantenzahl.

(D 6.2)
Spinquantenzahl m_s

Nach (S 6.7) gilt:

Die Spinquantenzahl besitzt den Wertevorrat

$$m_s = +\frac{1}{2},\ -\frac{1}{2}\,.$$

(S 6.8)
Wertevorrat von m_s

Die Existenz des Elektronenspins wurde hier vom Experiment her begründet. Der Elektronenspin läßt sich auch durch eine relativistische

Erweiterung der hier behandelten nichtrelativistischen Quantenmechanik folgern. Die auf diese Weise entstandene und bereits im Abschnitt 5.3.6 erwähnte *Dirac-Theorie* gestattet die Deutung aller experimentellen Befunde einschließlich der theoretischen Berechnung des hier aus dem Experiment für das Elektron gefolgerten Wertes $g_{se} = 2$ des gyromagnetischen Faktors. Nach der *Quantenelektrodynamik* muß dieser Wert wegen der Wechselwirkung zwischen dem Strahlungsfeld und dem Elektron korrigiert werden. Man findet statt (6.12)

Dirac-Theorie

Quantenelektrodynamik

$$g_{se} = 2\left(1 + \frac{\alpha}{\pi}\right); \quad \alpha = (7{,}2973506 \pm 0{,}0000060) \cdot 10^{-3}, \tag{6.24}$$

einen Wert, der auch durch hochfrequenzspektroskopische Messungen experimentell bestätigt werden konnte. α nennt man *Sommerfeldsche Feinstrukturkonstante*. Diese Benennung rührt daher, daß α die Größe der Feinstruktur der Linienspektren bestimmt.

Sommerfeldsche Feinstrukturkonstante

Auch für den Spin anderer Elementarteilchen gilt eine zu (6.11) analoge Beziehung. Für Protonen, Neutronen und Atomkerne muß dazu in (6.11) m_{0e} durch m_{0p} und $-e$ durch $+e$ ersetzt werden. Der gyromagnetische Faktor wird experimentell ermittelt. Man findet als gyromagnetischen Faktor für das Proton $g_{sp} = 5{,}59$, für das Neutron $g_{sn} = -3{,}83$ (Näheres s. Abschn. 10.4).

Da einem Makroobjekt kein Spin zugeordnet werden kann, muß man bei der Verwendung des Begriffes Eigendrehimpuls anstelle von Spin vorsichtig sein. Der Spin kann nicht – wie es gelegentlich geschieht – durch die Eigenrotation eines geladenen Teilchens (z. B. des Elektrons) gedeutet werden.

6.3.3 Gesamtdrehimpuls für ein Valenzelektron

Das Valenzelektron in einem Einelektronensystem, z. B. in einem Alkalimetall- oder in einem Wasserstoffatom, besitzt den Bahndrehimpuls $\boldsymbol{l}$ und den Spin $\boldsymbol{s}$. In der Makrophysik addieren sich Drehimpulse vektoriell. Es ist deshalb nach (S 5.6) auch in der Quantenmechanik sinnvoll,

$$\boldsymbol{j} = \boldsymbol{l} + \boldsymbol{s} \tag{6.25}$$

Gesamtdrehimpuls

als *Gesamtdrehimpuls* des Elektrons anzusehen und $\boldsymbol{j}$ den Operator

$$\mathfrak{j} = \mathfrak{l}' + \mathfrak{s} \tag{6.26}$$

mit

$$\mathfrak{l}' = \mathfrak{l}\begin{pmatrix} 1 & 0 \\ 0 & 1 \end{pmatrix} = \begin{pmatrix} \mathfrak{l} & 0 \\ 0 & \mathfrak{l} \end{pmatrix} \tag{6.26a}$$

zuzuordnen.

Aus der Diracschen Theorie lassen sich folgende Tatsachen ablesen: Während der Spinoperator nicht mit dem Hamilton-Operator vertauschbar ist, den stationären Energiezuständen also kein bestimmter Spinzustand zugeordnet werden kann, ist die Vertauschbarkeit von $\mathfrak{H}$ mit $\mathfrak{j}$ gegeben. Den Eigenwerten von $\mathfrak{j}$ entsprechen stationäre Energiezustände. Weiter sind die Operatoren $\mathfrak{j}^2$ und $\mathfrak{j}_z$ mit dem Hamilton-Operator $\mathfrak{H}$ vertauschbar, und die Komponenten $\mathfrak{j}_x$, $\mathfrak{j}_y$, $\mathfrak{j}_z$ genügen den Vertauschungsrelationen (6.2). Die Aussage von (S 6.2) gilt also auch für den Gesamtdrehimpuls.

Es sollen zunächst für das Elektron die Eigenwerte j_z des Operators $\mathfrak{j}_z$ bestimmt werden. Mit (S 5.4), (6.26), (6.14), (6.5a), (S 6.3), (6.17a) und (S 6.8) gilt bei Beachtung der Tatsache, daß ψ_+ und ψ_- nur Funktionen des Ortes und der Zeit sind und $\mathfrak{l}'_z$ nicht auf die Spinkoordinate wirkt,

Berechnung der Eigenwerte des Operators $\mathfrak{j}_z$

$$\mathfrak{j}_z \begin{pmatrix} \psi_+ \\ \psi_- \end{pmatrix} = (\mathfrak{l}'_z + \mathfrak{s}_z) \begin{pmatrix} \psi_+ \\ \psi_- \end{pmatrix} = \mathfrak{l}'_z \begin{pmatrix} \psi_+ \\ \psi_- \end{pmatrix} + \mathfrak{s}_z \begin{pmatrix} \psi_+ \\ \psi_- \end{pmatrix}$$

$$= m\hbar \begin{pmatrix} \psi_+ \\ \psi_- \end{pmatrix} + \frac{\hbar}{2} \begin{pmatrix} \psi_+ \\ -\psi_- \end{pmatrix} = j_z \begin{pmatrix} \psi_+ \\ \psi_- \end{pmatrix}$$

oder

$$j_z = \left(m \pm \frac{1}{2}\right) \hbar = (m + m_s)\,\hbar \quad \begin{pmatrix} m = 0, \pm 1, \pm 2, \dots, \pm l, \\ m_s = \pm \frac{1}{2} \end{pmatrix}. \tag{6.27a}$$

Eigenwerte j_z

Entsprechend ergeben sich die Eigenwerte $|\boldsymbol{j}|^2$ von $\mathfrak{j}^2$ mit (S 6.3), (6.23) und (S 6.6):

Berechnung der Eigenwerte des Operators $\mathfrak{j}^2$

$$\mathfrak{j}^2 \begin{pmatrix} \psi_+ \\ \psi_- \end{pmatrix} = (\mathfrak{l}' + \mathfrak{s})^2 \begin{pmatrix} \psi_+ \\ \psi_- \end{pmatrix} = \mathfrak{l}'^2 \begin{pmatrix} \psi_+ \\ \psi_- \end{pmatrix} + 2\mathfrak{s} \cdot \mathfrak{l}' \begin{pmatrix} \psi_+ \\ \psi_- \end{pmatrix} + \mathfrak{s}^2 \begin{pmatrix} \psi_+ \\ \psi_- \end{pmatrix}$$

$$= l(l+1)\,\hbar^2 \begin{pmatrix} \psi_+ \\ \psi_- \end{pmatrix} + \hbar \mathfrak{S} \cdot \mathfrak{l}' \begin{pmatrix} \psi_+ \\ \psi_- \end{pmatrix} + \frac{3}{4}\hbar^2 \begin{pmatrix} \psi_+ \\ \psi_- \end{pmatrix}. \tag{6.28a}$$

Nach (A 19.10) gilt nun

$$(\mathfrak{S} \cdot \mathfrak{l}')^2 = \mathfrak{l}'^2 + \mathrm{i}\mathfrak{S}(\mathfrak{l}' \times \mathfrak{l}'),$$

wegen $\mathfrak{l}' \times \mathfrak{l}' = \mathrm{i}\hbar\mathfrak{l}'$ (vgl. (6.2b)) und $\mathrm{i}^2 = -1$

$$(\mathfrak{S} \cdot \mathfrak{l}')^2 = \mathfrak{l}'^2 - \hbar\mathfrak{S}\mathfrak{l}'. \tag{6.29a}$$

$\mathfrak{S} \cdot \mathfrak{l}'$ ist eine Diagonalmatrix, und deshalb ist $(\mathfrak{S} \cdot \mathfrak{l}')_{ik} = 0$ für $k \neq i$, während nach (6.29a) und (S 6.3) die Diagonalelemente die Bedingung

$$(\mathfrak{S} \cdot \mathfrak{l}')^2_{kk} = l(l+1)\,\hbar^2 - (\mathfrak{S} \cdot \mathfrak{l}')_{kk}\,\hbar \quad (k = 1, 2)$$

erfüllen müssen. Mit der bekannten Lösung der quadratischen Gleichung

$$x^2 + ax + b = 0; \qquad x_{1,2} = -\frac{a}{2} \pm \sqrt{\frac{a^2}{4} - b}$$

erhalten wir ($a = \hbar$, $b = -l(l+1)\hbar^2$)

$$(\mathfrak{S}\cdot\mathfrak{l}')_{kk} = \left(-\frac{1}{2} \pm \sqrt{\frac{1}{4} + l^2 + l}\right)\hbar = \left(-\frac{1}{2} \pm \sqrt{\left(l + \frac{1}{2}\right)^2}\right)\hbar$$
$$= l\hbar \text{ bzw. } -(l+1)\hbar$$

und somit

$$\mathfrak{S}\cdot\mathfrak{l}' = \begin{pmatrix} l & 0 \\ 0 & -l-1 \end{pmatrix}\hbar. \tag{6.29}$$

Mit (6.29) geht (6.28a) über in

$$\mathfrak{j}^2\begin{pmatrix}\psi_+\\ \psi_-\end{pmatrix} = l(l+1)\hbar^2\begin{pmatrix}\psi_+\\ \psi_-\end{pmatrix} + \frac{3}{4}\begin{pmatrix}\psi_+\\ \psi_-\end{pmatrix}\hbar^2 + \begin{pmatrix} l & 0 \\ 0 & -l-1\end{pmatrix}\hbar^2\begin{pmatrix}\psi_+\\ \psi_-\end{pmatrix}$$
$$= \boldsymbol{j}^2\begin{pmatrix}\psi_+\\ \psi_-\end{pmatrix}. \tag{6.28}$$

Damit ergeben sich als mögliche Eigenwerte von $\mathfrak{j}^2$

$$\boldsymbol{j}_1^2 = \left(l(l+1) + \frac{3}{4} + l\right)\hbar^2 = \left(l^2 + 2l + \frac{3}{4}\right)\hbar^2 = \left(l + \frac{1}{2}\right)\left(l + \frac{1}{2} + 1\right)\hbar^2$$

$$\boldsymbol{j}_2^2 = \left(l(l+1) + \frac{3}{4} - l - 1\right)\hbar^2 = \left(l^2 - \frac{1}{4}\right)\hbar^2 = \left(l - \frac{1}{2}\right)\left(l - \frac{1}{2} + 1\right)\hbar^2$$

oder

Eigenwerte $|\boldsymbol{j}|$

$$|\boldsymbol{j}| = \sqrt{j(j+1)}\,\hbar \quad \text{mit} \quad j = l + m_s > 0 \quad \left(m_s = \pm\frac{1}{2}\right). \tag{6.27}$$

Vorstehende Überlegungen lassen sich zusammenfassen zu dem Satz:

(S 6.9) Gesamtdrehimpuls eines Hüllenelektrons

Der Gesamtdrehimpuls eines Hüllenelektrons

$\boldsymbol{j} = \boldsymbol{l} + \boldsymbol{s}$

entzieht sich der scharfen Meßbarkeit. Gleichzeitig können stets nur der Betrag $|\boldsymbol{j}|$ und eine Komponente von $\boldsymbol{j}$ mit beliebiger Genauigkeit gemessen werden.
Ein Hüllenelektron besitzt einen Gesamtdrehimpuls mit dem Betrag

$|\boldsymbol{j}| = \sqrt{j(j+1)}\,\hbar \qquad j = l + m_s > 0$

($l = 0, 1, 2, \ldots, n-1$; $m_s = \pm 1/2$)

und mit der Komponente in z Richtung

$\boldsymbol{j}_z = m_j\hbar\boldsymbol{k} \quad (m_j = -j, -j+1, -j+2, \ldots, j-2, j-1, j).$

$\boldsymbol{j}$ kann in bezug auf die Richtung $\boldsymbol{k}$ nur die Lagen einnehmen, die den $2j+1$ möglichen Projektionswerten j_z entsprechen.

Auch $\boldsymbol{j}_z$ und $|\boldsymbol{j}|$ sind gequantelt. Die möglichen Werte werden durch den Parameter j festgelegt, der deshalb als weitere Quantenzahl aufzufassen ist:

j heißt Gesamtdrehimpulsquantenzahl des Hüllenelektrons

(D 6.3)
Gesamtdrehimpuls-quantenzahl j

6.4 Gesamtdrehimpuls mehrerer Valenzelektronen

Werden das spektroskopische und das chemische Verhalten eines Atoms durch r ($r \geqq 2$) Valenzelektronen bestimmt, dann spricht man vom *Mehrelektronensystem*. So sind z.B. alle Elemente der 2. Haupt- und Nebengruppe 2-Elektronensysteme, alle Elemente der 3. Haupt- und Nebengruppe 3-Elektronensysteme usw. Man kennzeichnet den Bahndrehimpuls, den Spin, die magnetischen Momente und den Gesamtdrehimpuls von Mehrelektronensystemen nebst den zugehörigen Quantenzahlen durch Großbuchstaben, die der Bezeichnung des Einelektronensystems entsprechen.

Mehrelektronensystem

Kennzeichnung von Mehrelektronen-systemen

Wir wollen uns zunächst der Frage zuwenden, wie sich für ein Mehrelektronensystem der resultierende Drehimpuls $\boldsymbol{J}$ der r Valenzelektronen aus den entsprechenden Werten $\boldsymbol{l}_i$ und $\boldsymbol{s}_i$ ($i = 1, 2, \ldots, r$) der Einzelelektronen ergibt. Nach den spektroskopischen Befunden sind prinzipiell zwei Grenzfälle zu unterscheiden:

Bestimmung des resultierenden Drehimpulses $\boldsymbol{J}$

L–S-Kopplung

Die Wechselwirkung sowohl zwischen den r Bahndrehimpulsen $\boldsymbol{l}_i$ als auch zwischen den r Spins $\boldsymbol{s}_i$ ($i = 1, 2, ..., r$) der Einzelelektronen ist wesentlich größer als die zwischen ihren Bahndrehimpulsen und Spins. Es lassen sich dann die r Bahndrehimpulse $\boldsymbol{l}_i$ der Einzelelektronen zu einem *resultierenden Bahndrehimpuls* $\boldsymbol{L} = \sum_{i=1}^{r} \boldsymbol{l}_i$ und die r Spins $\boldsymbol{s}_i$ der Einzelelektronen zu einem *Gesamtspin* $\boldsymbol{S} = \sum_{i=1}^{r} \boldsymbol{s}_i$ zusammensetzen. Den Gesamtdrehimpuls der Valenzelektronen gewinnt man durch vektorielle Addition von $\boldsymbol{L}$ und $\boldsymbol{S}$:

resultierender Bahndrehimpuls

Gesamtspin

$$\boldsymbol{J} = \sum_{i=1}^{r} \boldsymbol{l}_i + \sum_{i=1}^{r} \boldsymbol{s}_i = \boldsymbol{L} + \boldsymbol{S}. \qquad (6.30a)$$

Diese Kopplung zwischen Bahn- und Spindrehimpulsen wird als *L–S-Kopplung* bezeichnet. Sie liegt erfahrungsgemäß bei der Mehrzahl aller Atome vor. Streng gilt sie für alle leichten Atome. Da ein resultierender Bahndrehimpuls $\boldsymbol{L}$ existiert, ist eine Systematisierung der Energieniveaus durch S-, P-, D-, F-Niveaus möglich (s. Kap. 7).

L–S-Kopplung

j–j-Kopplung
Die Wechselwirkung jeweils zwischen dem Bahndrehimpuls und dem Spin des einzelnen Elektrons ist bestimmend. Dagegen ist die Kopplung sowohl zwischen den Bahndrehimpulsen $\boldsymbol{l}_i$ als auch zwischen den Spins $\boldsymbol{s}_i$ vernachlässigbar. Der Gesamtdrehimpuls der Valenzelektronen ergibt sich dann zu

$$\boldsymbol{J} = \sum_{i=1}^{r} \boldsymbol{j}_i = \sum_{i=1}^{r} (\boldsymbol{l}_i + \boldsymbol{s}_i). \tag{6.30b}$$

j–j-Kopplung

Diese Kopplung von Bahn- und Spindrehimpulsen wird als *j–j-Kopplung* bezeichnet. Für die Valenzelektronen kann weder ein resultierender Bahndrehimpuls noch ein resultierender Spin angegeben werden. Demzufolge ist eine Systematisierung der Energieniveaus durch S-, P-, D-, F-Niveaus nicht mehr möglich. Erfahrungsgemäß liegt eine reine *j–j*-Kopplung nur bei den schwersten Atomen vor, insbesondere bei ihren angeregten Zuständen.

Für das Weitere wird die *L–S*-Kopplung vorausgesetzt. (S 6.3) kann dann sinngemäß auf den resultierenden Bahndrehimpuls des Systems übertragen werden:

(S 6.10)
Eigenschaften von $\boldsymbol{L}$ und $\boldsymbol{M}_L$

Der resultierende Bahndrehimpuls $\boldsymbol{L}$ und das resultierende magnetische Bahnmoment $\boldsymbol{M}_L$ eines Mehrelektronensystems entziehen sich der scharfen Meßbarkeit. Gleichzeitig können mit beliebiger Genauigkeit nur ihre Beträge $|\boldsymbol{L}|$ und $|\boldsymbol{M}_L|$ mit je einer ihrer Komponenten gemessen werden.
Ein System von r Hüllenelektronen mit den Bahndrehimpulsen $\boldsymbol{l}_i$ ($i = 1, 2, 3, \ldots, r$) besitzt bei Voraussetzung der *L–S*-Kopplung einen resultierenden Bahndrehimpuls mit dem Betrag

$$|\boldsymbol{L}| = \sqrt{L(L+1)}\,\hbar \qquad \left(L = \left|\sum_{i=1}^{r} m_i\right|\right)$$

und mit der Komponente

$$\boldsymbol{L}_z = M_L \hbar \boldsymbol{k} \qquad (M_L = 0, \pm 1, \pm 2, \ldots, \pm L)$$

und ein resultierendes magnetisches Bahnmoment mit dem Betrag

$$|\boldsymbol{M}_L| = \sqrt{L(L+1)}\,|\mu_\mathrm{B}| \qquad \left(L = \left|\sum_{i=1}^{r} m_i\right|\right)$$

und mit der Komponente

$$\boldsymbol{M}_{Lz} = M_L |\mu_\mathrm{B}|\, \boldsymbol{k} \qquad (M_L = 0, \pm 1, \pm 2, \ldots, \pm L)\,.$$

$\boldsymbol{L}$ und $\boldsymbol{M}_L$ können in bezug auf die Richtung $\boldsymbol{k}$ nur die Lagen einnehmen, die den $2L + 1$ möglichen Projektionswerten $\boldsymbol{L}_z$ und $\boldsymbol{M}_{Lz}$ entsprechen.

Die *resultierende Nebenquantenzahl* $L \geqq 0$ ist – ebenso wie l – eine positive ganze Zahl. Sie erreicht ihren Maximalwert $L_{max} = \sum_{i=1}^{r} l_i$, wenn sich alle $\boldsymbol{l}_i$ gegenüber der z-Richtung so einstellen, daß ihre Projektionen auf z entweder alle $l_{iz} = + l_i\hbar$ oder alle $l_{iz} = - l_i\hbar$ ($i = 1, 2, \ldots, r$) ergeben. Dieser Zustand wird vielfach vereinfachend als parallele oder antiparallele Einstellung aller Bahndrehimpulse gegenüber einer vorgegebenen Richtung bezeichnet. Die Quantenzahl M_L nennt man *resultierende magnetische Quantenzahl* des Mehrelektronensystems.

resultierende Nebenquantenzahl L

resultierende magnetische Quantenzahl M_L

Analog zu (S 6.7) ergibt sich für den Gesamtspin des Mehrelektronensystems:

(S 6.11) Eigenschaften von $\boldsymbol{S}$ und $\boldsymbol{M}_S$

Der Gesamtspin $\boldsymbol{S}$ und das resultierende magnetische Spinmoment $\boldsymbol{M}_S$ eines Mehrelektronensystems sind nicht scharf meßbar. Gleichzeitig können mit beliebiger Genauigkeit nur ihre Beträge $|\boldsymbol{S}|$ und $|\boldsymbol{M}_S|$ mit je einer Komponente gemessen werden.
Ein System von r Hüllenelektronen besitzt bei Voraussetzung der L–S-Kopplung einen Gesamtspin mit dem Betrag

$$|\boldsymbol{S}| = \sqrt{S(S+1)}\,\hbar \qquad \left(S = \left|\sum_{i=1}^{r} m_{si}\right|\right)$$

und mit der Komponente

$$\boldsymbol{S}_z = M_S\hbar\boldsymbol{k} \quad (M_S = -S, -S+1, -S+2, \ldots, S-2, S-1, S),$$

und ein resultierendes magnetisches Spinmoment $\boldsymbol{M}_S$ mit dem Betrag

$$|\boldsymbol{M}_S| = 2\sqrt{S(S+1)}\,|\mu_B| \qquad \left(S = \left|\sum_{i=1}^{r} m_{si}\right|\right)$$

und mit der Komponente

$$\boldsymbol{M}_{Sz} = 2M_S|\mu_B|\boldsymbol{k}\ (M_S = -S, -S+1, -S+2, \ldots, S-2, S-1, S).$$

$\boldsymbol{S}$ und $\boldsymbol{M}_S$ können in bezug auf die Richtung $\boldsymbol{k}$ nur die Lagen einnehmen, die den $2S + 1$ möglichen Projektionswerten S_z und M_{Sz} entsprechen.

S wird etwas inkonsequent auch *resultierender Spin* des Mehrelektronensystems genannt. M_S heißt *resultierende Spinquantenzahl.* S und M_S sind ganz- oder halbzahlig, je nachdem, ob eine gerade oder eine ungerade Anzahl von Elektronen vorliegt. Ferner darf S nicht mit dem S-Niveau verwechselt werden. S charakterisiert den resultierenden Spin eines Mehrelektronensystems, ein S-Niveau ist dagegen ein Energieniveau, für das $L = 0$ gilt.

resultierender Spin S, resultierende Spinquantenzahl M_S

S erreicht seinen Maximalwert $S_{max} = r/2$, wenn sich alle Spins $\boldsymbol{s}_i$ ($i = 1, 2, \ldots, r$) gegenüber der z-Richtung so einstellen, daß ihre Projektionen auf z den Wert $s_{iz} = \hbar/2$ oder $s_{iz} = -\hbar/2$ ergeben. Dieser Zustand wird vielfach vereinfachend als parallele Einstellung aller Spins bezeichnet.

Für den resultierenden Gesamtdrehimpuls $\boldsymbol{J}$ des Systems ergibt sich aus (6.30a), (S 6.9), (S 6.10) und (S 6.11):

(S 6.12) Eigenschaften des Gesamtdrehimpules eines Mehrelektronensystems

Der resultierende Gesamtdrehimpuls

$$\boldsymbol{J} = \boldsymbol{L} + \boldsymbol{S}$$

entzieht sich der scharfen Meßbarkeit. Gleichzeitig können mit beliebiger Genauigkeit stets nur der Betrag $|\boldsymbol{J}|$ und eine Komponente von $\boldsymbol{J}$ gemessen werden.

Ein System von r Hüllenelektronen besitzt einen resultierenden Gesamtdrehimpuls mit dem Betrag

$$|\boldsymbol{J}| = \sqrt{J(J+1)}\,\hbar \qquad (J = L + M_s \geqq 0)$$

und der Komponente in z-Richtung

$$\boldsymbol{J}_z = M_J \hbar \boldsymbol{k} \qquad (M_J = -J, -J+1, -J+2, \ldots, J-2, J-1, J).$$

$\boldsymbol{J}$ kann in bezug auf die Richtung $\boldsymbol{k}$ nur die Lagen einnehmen, die den $2J+1$ möglichen Projektionswerten J_z entsprechen.

resultierende Gesamtdrehimpulsquantenzahl J

J heißt *resultierende Gesamtdrehimpulsquantenzahl* des Mehrelektronensystems.

Anwendungen dieser Beziehungen werden im folgenden Kapitel gegeben.

6.5 Aufgaben

6.1

Ein F_2-Molekül kann als Hantelmodell aufgefaßt werden, wobei der Abstand der beiden Kernmittelpunkte unverändert von der Rotation um den Schwerpunkt $1{,}26 \cdot 10^{-10}$ m beträgt. Man berechne die Beträge der ersten beiden von Null verschiedenen Drehimpulse in Einheiten von $\hbar$ und die dazugehörige Rotationsenergie in eV. Welche Wellenlänge besitzt das Licht, das beim Übergang zwischen benachbarten Energieniveaus emittiert wird?

6.2

Die rote Heliumlinie der Wellenlänge 667,8 nm entsteht beim Übergang eines Elektrons vom 3^1D_2- zum 2^1P_1-Energieniveau. Man berechne für das Elektron in beiden Energiezuständen die Beträge des Bahndrehimpulses und seine möglichen Komponenten in z-Richtung. Unter der Voraussetzung, daß das Elektron in beiden Fällen um den ruhenden Heliumkern kreist, berechne man die Radien der Kreisbahnen und aus den Gesamtenergien die abgestrahlte Wellenlänge. Man setze sich kritisch mit den Ergebnissen auseinander.

6.3

Durch eine kreisförmige Leiterschleife von 1 mm Durchmesser fließe ein konstanter Strom von 1 μA. Man berechne klassisch den Betrag des magnetischen Bahnmoments. Welchen Näherungswert erhält man für die entsprechende Observable? Wieviel Einstellungsmöglichkeiten existieren für die Leiterschleife in einem Magnetfeld, und wie groß ist die Winkeldifferenz der Rotationsachse zwischen zwei benachbarten Einstellungen?

6.4

Auf der Oberfläche einer homogenen, um eine Mittelpunktachse gleichmäßig rotierenden Kugel vom Radius $1{,}0 \cdot 10^{-10}$ m mit der Ruhmasse des Elektrons sei eine Elementarladung gleichmäßig „verschmiert“. Man berechne die Winkelgeschwindigkeit, die die Kugel besitzen würde, wenn sie einen Eigendrehimpuls vom Betrag des Spins eines Elektrons besitzen würde. Man ermittle klassisch durch die Annahme von Kreisströmen das magnetische Moment der Kugel und vergleiche es mit dem Betrag des Spinmoments eines Elektrons. Man nehme kritisch zu den Ergebnissen Stellung.

6.5

Bei einem Versuch nach Stern und Gerlach werden Kaliumatome durch ein inhomogenes Magnetfeld so abgelenkt, daß ein Nachweisgerät bei gegebenen Magnetfeldgradienten die beiden Teilstrahlen jeweils 2,0 mm vom Nullpunkt entfernt registriert. Wie groß sind die Öffnungswinkel der Kegel für das magnetische Spinmoment der Atome? Man berechne klassisch die Grenzen der Ablenkungen der Atome, wenn es für das quantenmechanische Spinmoment keine Richtungsquantelung gäbe und gebe für diesen Fall die Intensitätsverteilung der Kaliumatome im Vergleich zum Experiment an.

6.6

Man gebe das Verhältnis der Ablenkungen bei zwei Stern-Gerlach-Experimenten an, wenn bei gleichen Betriebsbedingungen der Apparatur einmal Wasserstoffatome und einmal Neutronen identischer Geschwindigkeit durch das inhomogene Magnetfeld fliegen. Warum müssen bei einem Stern-Gerlach-Experiment die Objekte elektrisch neutral sein?

6.7

In einem Festkörper befinden sich eine große Anzahl von Elektronen im Grundzustand. Ihr Bahndrehimpuls ist demzufolge Null. Welche Einstellmöglichkeiten gibt es für die magnetischen Spinmomente in einem homogenen Magnetfeld von 10,0 T? Man berechne die Energiedifferenz zwischen zwei benachbarten Einstellmöglichkeiten. Welche Frequenz muß das Licht haben, wenn der Übergang durch Resonanzabsorption erreicht wird?

6.8

Ein in einem Atom gebundenes angeregtes Elektron besetze einen 1^1F_3 – Zustand. Das Atom wird in ein homogenes Magnetfeld von 500 mT gebracht. Man gebe den Betrag und alle möglichen Komponenten in Feldrichtung von Bahndrehimpuls und magnetischem Bahnmoment an. Man berechne die Energiedifferenzen der durch die Aufspaltung entstandenen Energieniveaus zum ursprünglichen Energieniveau.

6.9

Ein Lithiumatom besitzt im Grundzustand den Bahndrehimpuls Null. Für die ersten optisch angeregten Energiezustände ist die Nebenquantenzahl $l = 1$. Welche Gesamtdrehimpulsquantenzahlen und damit Energieniveaus ergeben sich unter der Voraussetzung der *L*-*S*-Kopplung? Bei angelegtem schwachen Magnetfeld bleibt die *L*-*S*-Kopplung erhalten. Man gebe für alle Energieniveaus die Komponenten in Feldrichtung des Gesamtdrehimpulses und die Anzahl der aufgespaltenen Energieniveaus an. Unter Verwendung des Landé-Faktors gebe man eine Formel für die Energiedifferenzen der Aufspaltungen der verschiedenen Energieniveaus an und vergleiche sie untereinander.

6.10

Heliumatome besitzen im ersten angeregten Energiezustand die resultierende Nebenquantenzahl $L = 1$. Welche resultierenden Gesamtdrehimpulsquantenzahlen und damit unterschiedlichen Energieniveaus existieren bei $L{-}S$-Kopplung? Man gebe jeweils den Landé-Faktor an.

7 Spektren der Einelektronen- und der Mehrelektronensysteme

7.1 Spektren der Einelektronensysteme

Als *Einelektronensysteme* werden alle die Atomarten bezeichnet, bei denen nur ein Hüllenelektron für ihr spektroskopisches Verhalten maßgebend ist. So sind die in Abschnitt 4.3 behandelten Spektren des Wasserstoffs und der wasserstoffähnlichen Ionen Spektren von Einelektronensystemen. Ebenso sind die nachfolgend behandelten Atome der 1. Gruppe in diesem Sinne Einelektronensysteme, da auch bei ihnen nur ein Hüllenelektron, das sogenannte *Valenzelektron*, ihr spektroskopisches und chemisches Verhalten bestimmt.

Einelektronensystem

Valenzelektron

7.1.1 Grundstruktur der Spektren der Alkalimetallatome

Die Spektren der Alkalimetallatome erweisen sich als wasserstoffähnlich. Ihre wichtigsten Serien sind durch folgende Seriengesetze darstellbar:

$$\frac{1}{\lambda} = R_X \left(\frac{1}{(1+s^*)^2} - \frac{1}{(n+p^*)^2} \right) \qquad (n = 2, 3, 4, \ldots)$$

(*Hauptserie*)

Hauptserie

$$\frac{1}{\lambda} = R_X \left(\frac{1}{(2+p^*)^2} - \frac{1}{(n+s^*)^2} \right) \qquad (n = 2, 3, 4, \ldots)$$

(*2. Nebenserie*) (7.1)

2. Nebenserie

$$\frac{1}{\lambda} = R_X \left(\frac{1}{(2+p^*)^2} - \frac{1}{(n+d^*)^2} \right) \qquad (n = 3, 4, 5, \ldots)$$

(*1. Nebenserie*)

1. Nebenserie

$$\frac{1}{\lambda} = R_X \left(\frac{1}{(3+d^*)^2} - \frac{1}{(n+f^*)^2} \right) \qquad (n = 4, 5, 6, \ldots)$$

(*Bergmann-Serie*).

Bergmann-Serie

Dabei bedeutet R_X wieder die Rydberg-Konstante, und s^*, p^*, d^*, f^* sind charakteristische Konstanten für die verschiedenen Alkalimetalle. Ihre Zahlenwerte steigen mit der Ordnungszahl des betreffenden Atoms. Für s^* und p^* liegen sie in den Grenzen

$$0 \leqq s^* \leqq 0{,}87; \quad 0 \leqq p^* \leqq 0{,}3\,, \qquad (7.1a)$$

wobei die untere Schranke für Wasserstoff, die obere für Cäsium gilt. Für Natrium ist $s^* = 0{,}4$. Die Konstanten d^* und f^* sind nur für die schwersten Alkalimetallatome von Null verschieden.

Einen gleichartigen Charakter wie die Alkalispektren besitzen die Spektren der Elemente der 1. Nebengruppe (Kupfer, Silber und Gold).

Der Grundzustand der Alkalimetallatome ist wieder durch die Hauptquantenzahl $n = 1$ zu charakterisieren. Da sich bei gewöhnlichen Temperaturen die Alkalimetallatome im Grundzustand befinden, tritt in Absorption im allgemeinen nur die Hauptserie auf. Nur bei sehr hohen Temperaturen, z. B. bei denen in Fixsternatmosphären, findet man im Absorptionsspektrum auch die anderen Serien.

Setzt man die charakteristischen Konstanten s^*, p^*, d^* und f^* gleich Null, dann gehen die Serien (7.1) der Spektren der Alkalimetallatome in die Serien des Wasserstoffspektrums (4.4 c) über:

Hauptserie	$\rightarrow$	Lyman-Serie,
1. und 2. Nebenserie	$\rightarrow$	Balmer-Serie,
Bergmann-Serie	$\rightarrow$	Paschen-Serie.

bei allen Alkalimetallatomen besitzt ein Hüllenelektron eine Sonderstellung

Die Wasserstoffähnlichkeit der Spektren der Alkalimetallatome legt die Vermutung nahe, daß bei ihnen nur *ein* Elektron der Atomhülle für die optischen Übergänge verantwortlich ist. Diese Annahme, daß bei allen Alkalimetallatomen ein Elektron eine gewisse Sonderstellung einnimmt, wird auch durch andere experimentelle Ergebnisse untermauert:

- Alle Alkalimetallatome sind relativ leicht einfach zu ionisieren, eine zweifache Ionisation bedarf dagegen einer erheblich größeren Energie (vgl. Abb. 4.6).
- Die Alkalimetallatome besitzen mit Bezug auf die ihnen im Periodensystem benachbarten Elemente einen relativ großen Atomradius; die Radien ihrer einfach positiven Ionen sind dagegen erheblich kleiner (vgl. Abb. 2.8).
- Alle Alkalimetalle sind wie Wasserstoff chemisch einwertig.

Diese experimentellen Befunde legen folgende Vorstellung über die Struktur der Alkalimetallatome nahe:

Atomrumpf

Modellvorstellungen zum Aufbau der Alkalimetallatome

Das Alkalimetallatom ist aufgebaut aus einem *Atomrumpf* – bestehend aus dem Atomkern und $Z - 1$ Hüllenelektronen – und einem relativ locker an den Atomrumpf gebundenen Elektron. Dieses äußere Elektron ist für die optischen Übergänge und das chemische Verhalten verantwortlich. Es wird daher als *Leucht-* oder *Valenzelektron* bezeichnet. In erster Näherung besteht die Wirkung der $Z - 1$ Elektronen des Atomrumpfes auf das Valenzelektron nur darin, von ihm $Z - 1$ positive Ladungen des Atomkernes abzuschirmen. Das Valenzelektron befindet sich dann wie das Hüllenelektron des Wasserstoffatoms im Coulomb-Feld einer positiven Elementarladung. Die Spektren der Alkalimetalle müssen demzufolge dem Spektrum des Wasserstoffs weitgehend ähnlich sein. Die Wechselwirkung zwischen dem Valenzelektron und den übrigen Hüllenelektronen kann aber nicht gänzlich vernachlässigt werden. Weiter existieren auch Abweichungen von der angenommenen kugelsymmetrischen Verteilung der $Z-1$ Elektronen um den Kern, d.h., das Valenzelektron befindet sich nur in Näherung in einem Coulomb-Potential. Dieser Sachverhalt wird durch die Konstanten s^*, p^*, d^* und f^* zum Ausdruck gebracht. Da die Wechselwirkung mit wachsender Elektronenzahl der Atomhülle zunimmt, ist das Wachsen der Konstanten mit wachsendem Z verständlich. Der Aufbau der Spektren der Alkalimetallatome kann demnach mit diesem Modell in wesentlichen Zügen erklärt werden. Aber auch die anderen genannten Eigenschaften der Alkalimetallatome werden mit ihm verständlich. Das Valenzelektron bestimmt die äußere Wirkungssphäre des Atoms. Es ist relativ locker gebunden, besitzt demnach einen relativ großen Abstand vom Kern und kann deshalb wesentlich leichter aus dem Atomverband gelöst werden als ein Rumpfelektron. Auch die Einwertigkeit der Alkalimetalle läßt sich aus diesem Modell folgern (vgl. Abschn. 9.1).

Energieniveauschema der Alkalimetallatome

Einen sehr guten Überblick über die Lage der Energiezustände der Alkalimetallatome gewinnt man wiederum aus dem Energieniveauschema, für das sich folgende Darstellung bewährt: Alle s^* enthaltenden Energieniveaus werden in einer Spalte angeordnet (vgl. Abb. 7.1), rechts daneben in einer weiteren Spalte alle die, die p^* enthalten, usw. Die durch

$$\left.\begin{matrix} s^* \\ p^* \\ d^* \\ f^* \end{matrix}\right\} \text{charakterisierten Energieniveaus werden als} \left.\begin{matrix} \mathrm{S} \\ \mathrm{P} \\ \mathrm{D} \\ \mathrm{F} \end{matrix}\right\} \text{-Zustände}$$

bezeichnet. Jedes Energieniveau ist also durch zwei Größen, den Wert der Hauptquantenzahl n und den Buchstabenparameter der jeweiligen Energiespalte (oder Energiefolge), zu kennzeichnen, z.B. der Grundzustand ($n = 1$) durch 1 S.

In dieser Schreibweise lassen sich die einzelnen Serien (7.1) der Spektren der Alkalimetalle in Emission (→) bzw. Absorption (←) symbolisch durch

$$\begin{aligned} &n\mathrm{P} \rightleftarrows 1\,\mathrm{S} \quad (n = 2, 3, 4, \ldots) \quad \text{(Hauptserie)} \\ &n\mathrm{S} \rightarrow 2\,\mathrm{P} \quad (n = 2, 3, 4, \ldots) \quad \text{(2. Nebenserie),} \\ &n\mathrm{D} \rightarrow 2\,\mathrm{P} \quad (n = 3, 4, 5, \ldots) \quad \text{(1. Nebenserie),} \\ &n\mathrm{F} \rightarrow 3\,\mathrm{D} \quad (n = 4, 5, 6, \ldots) \quad \text{(Bergmann-Serie)} \end{aligned} \qquad (7.1\,\mathrm{b})$$

beschreiben. Hierbei wurde beachtet, daß bei gewöhnlichen Temperaturen nur die Hauptserie in Absorption auftritt.

Für die mathematische Darstellung der Energieniveaus ist es zweckmäßig, die Buchstabenparameter S, P, D und F durch die Zahlenwerte einer Quantenzahl zu ersetzen. Dies geschieht durch die Zuordnung von

Zuordnung der S-, P-, D- und F-Zustände zur Nebenquantenzahl

$$\begin{aligned} l &= 0 \text{ für S-Zustände,} \\ l &= 1 \text{ für P-Zustände,} \\ l &= 2 \text{ für D-Zustände,} \\ l &= 3 \text{ für F-Zustände.} \end{aligned} \qquad (7.2)$$

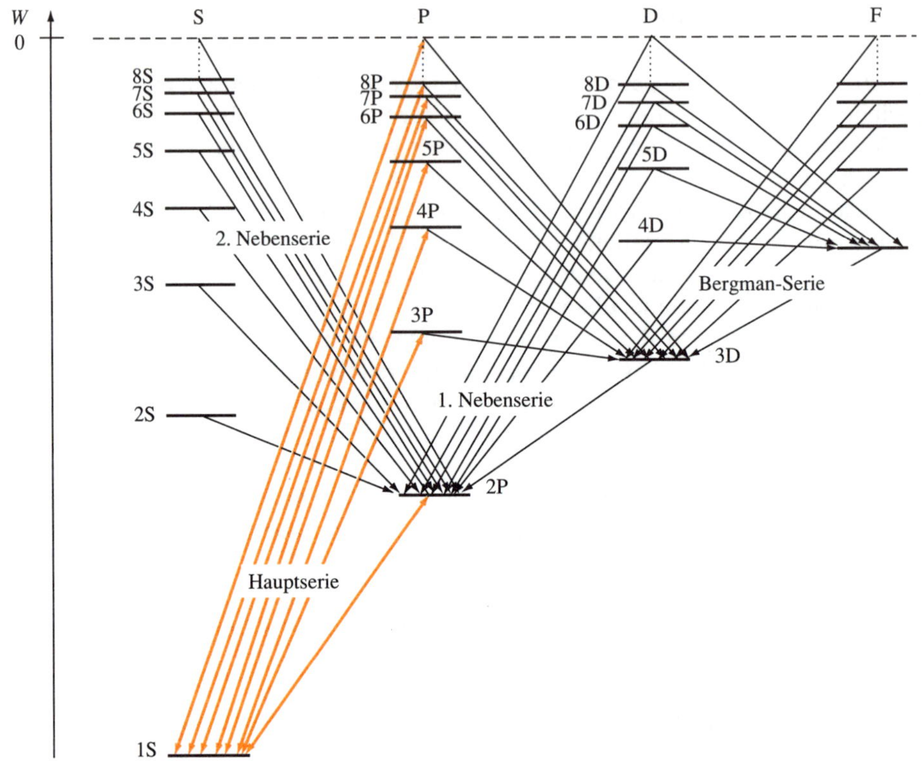

Abb. 7.1
Energieniveauschema eines Alkalimetallatoms (schematisch)

Durch diese spezielle Zuordnung der Quantenzahl l zu den Buchstabenparametern S, P, D und F wird erreicht, daß ihr Wertevorrat dem der Nebenquantenzahl (vgl. (S 5.18)) entspricht. Das kann aus dem Energieniveauschema der Abbildung 7.1 abgelesen werden. In diesem fehlen die Energieniveaus 1 P ($n = 1, l = 1$), 1 D ($n = 1, l = 2$), 2 D ($n = 2, l = 2$), 1 F ($n = 1, l = 3$), 2 F ($n = 2, l = 3$) und 3 F ($n = 3, l = 3$), d.h., es treten alle die Anregungsniveaus nicht auf, für die $l \geqq n$ gilt. Demnach besitzt die durch (7.2) eingeführte Quantenzahl den Wertevorrat $l = 0, 1, 2, \ldots, n-1$, sie ist also, wie behauptet, die Nebenquantenzahl.

theoretische Deutung der Energieniveaus der Alkalimetallatome

Während nach (S 5.18) die Energieniveaus W_n des Wasserstoffatoms und der wasserstoffähnlichen Ionen nur von der Hauptquantenzahl n abhängen, sind nach der experimentellen Erfahrung die Energieniveaus $W_{n,l}$ der Alkalimetallatome von der Hauptquantenzahl *und* von der Nebenquantenzahl abhängig. Zur theoretischen Deutung dieses Sachverhaltes schließen wir an die vorstehend aufgestellte Hypothese an, daß die Alkalimetallatome aus einem Atomrumpf mit $Z-1$ Hüllenelektronen und dem für das optische Verhalten maßgebenden Valenzelektron aufgebaut sind. Danach befindet sich das Valenzelektron im radialsymmetrischen Kraftfeld des Atomkernes und der übrigen $Z-1$ Elektronen des Atoms. Zum

Coulomb-Potential des Kernes müssen deshalb für die Beschreibung des Einflusses der $Z-1$ Rumpfelektronen Potenzen mit r^{-n} ($n \geqq 2$) als Korrekturglieder hinzutreten. Erfaßt man in erster Näherung die Wirkung der Rumpfelektronen durch ein zu r^{-2} proportionales Zusatzglied, dann kann bei Vernachlässigung der Wechselwirkungsenergie zwischen den Rumpfelektronen statt (5.53 a) für die Gesamtenergie

$$W = \frac{\boldsymbol{p}^2}{2m_r} - \frac{Ze^2}{4\pi\varepsilon_0 r}\left(1 + \frac{C}{r}\right) \tag{7.3}$$

geschrieben werden. Demzufolge ist statt (5.54 b) die Eigenwertgleichung

$$\frac{\partial^2\psi_{0n}}{\partial r^2} + \frac{2}{r}\frac{\partial\psi_{0n}}{\partial r} + \frac{1}{r^2}\left[\frac{1}{\sin\vartheta}\frac{\partial}{\partial\vartheta}\left(\sin\vartheta\frac{\partial\psi_{0n}}{\partial\vartheta}\right) + \frac{1}{\sin^2\vartheta}\frac{\partial^2\psi_{0n}}{\partial\varphi^2}\right]$$
$$+ \frac{2m_\mathrm{r}}{\hbar^2}\left[W_n + \frac{Ze^2}{4\pi\varepsilon_0 r}\left(1+\frac{C}{r}\right)\right]\psi_{0n} = 0 \tag{7.4}$$

zu lösen.

Ihre Lösung gelingt analog zu (5.55 a) durch den Separationsansatz $\psi_{0n} = R(r)\,\Theta(\vartheta)\,\Phi(\varphi)$. Da das zusätzliche Glied Cr^{-1} von ϑ und φ unabhängig ist, können für Θ und Φ sofort die Lösungen (5.57) und (5.60) übernommen werden. Statt der Differentialgleichung (5.61 a) erhält man

$$\frac{\mathrm{d}^2R}{\mathrm{d}r^2} + \frac{2}{r}\frac{\mathrm{d}R}{\mathrm{d}r} + \left\{\frac{2m_\mathrm{r}}{\hbar^2}\left[W_n + \frac{Ze^2}{4\pi\varepsilon_0 r}\left(1+\frac{C}{r}\right)\right] - \frac{l(l+1)}{r^2}\right\}R = 0. \tag{7.5 a}$$

Sie kann durch die Substitution

$$l(l+1) = l^*(l^*+1) + \frac{Zm_\mathrm{r}e^2}{2\pi\hbar^2\varepsilon_0}C \tag{7.6 a}$$

in die Form von (5.61 a) überführt werden:

$$\frac{\mathrm{d}^2R}{\mathrm{d}r^2} + \frac{2}{r}\frac{\mathrm{d}R}{\mathrm{d}r} + \left[\frac{2m_\mathrm{r}}{\hbar^2}\left(W_n + \frac{Ze^2}{4\pi\varepsilon_0 r}\right) - \frac{l^*(l^*+1)}{r^2}\right]R = 0\,. \tag{7.5}$$

Alle Ergebnisse des Abschnittes 5.3.7.4 sind demzufolge auf vorliegendes Problem übertragbar, indem man in der Beziehung für $R(r)$ (s. (5.66)) die Nebenquantenzahl l durch l^* ersetzt.

Mit $\Delta(l) = l^* - l$ geht (7.6 a) in

$$l^*(l^*+1) - l(l+1) = l^{*2} - l^2 + l^* - l = (l + \Delta(l))^2 - l^2 + \Delta(l)$$
$$= -\frac{Zm_\mathrm{r}e^2C}{2\pi\hbar^2\varepsilon_0}$$

über. Da C nur ein Korrekturglied beschreibt, d.h. $|\Delta(l)| \ll l$ gilt, kann $(\Delta(l))^2$ vernachlässigt werden:

$$\Delta(l) = -\frac{Zm_\mathrm{r}e^2C}{2\pi(2l+1)\hbar^2\varepsilon_0}\,. \tag{7.6}$$

Die Bedingung $n - 1 \geqq l$ geht in $n^* - 1 \geqq l^*$ mit $n^* = n + \Delta(l)$ über. In (5.65 a) ist somit n durch n^* zu ersetzen. Damit erhält man als mögliche Energieniveaus der Alkalimetallatome (vgl. (5.1), (5.65 a), (5.62 b), (5.62 a) und (5.8))

$$W_{n^*} = -\frac{Z^2 W_0}{2n^{*2}} = -\frac{Z^2 W_0}{2(n+\Delta(l))^2} = -\frac{Z^2 R_\infty hc}{(n+\Delta(l))^2\left(1+\dfrac{m_{0\mathrm{e}}}{m_{0\mathrm{k}}}\right)}$$

oder mit (5.8 a)

$$W_{n^*} = W_{n,\,l} = -Z^2 R_{\mathrm{X}} \frac{hc}{(n+\Delta(l))^2}\,. \tag{7.7}$$

$W_{n,\,l} \leqq 0$ hängt – wie vom Experiment gefordert – von der Haupt- und von der Nebenquantenzahl ab. Das Zusatzpotential hebt die beim Wasserstoffatom vorliegende Entartung zum Teil auf. Aus (7.7) ergeben sich mit der Bohrschen Frequenzbedingung (S 5.1 b) und unter Beachtung der nachstehend formulierten Übergangsregeln für die Quantenzahlen die Seriengesetze (7.1) für die Spektren der Alkalimetallatome. Völlige Übereinstimmung in der Schreibweise erreicht man, wenn entsprechend der Zuordnungsvorschrift (7.2) für die Korrekturglieder $\Delta(l = 0) = s^*$, $\Delta\ (l = 1) = p^*$, $\Delta(l = 2) = d^*$ und $\Delta(l = 3) = f^*$ gesetzt wird.

Im Korrekturglied $\Delta(l)$ steht nach (7.6) die Nebenquantenzahl im Nenner. Dies entspricht dem experimentellen Befund, daß bei gleicher Atomart die Korrekturfaktoren s^*, p^*, d^* und f^* in der gegebenen Reihenfolge abnehmen.

Die Überlegungen des Abschnittes 5.3.7.4 für Energien $W > 0$ werden durch die vorstehenden Betrachtungen nicht berührt. Wir erhalten also auch für die Spektren der Alkalimetalle für $W > 0$ ein Energiekontinuum.

Da die Energieeigenwertgleichung (7.4) die gleichen Lösungsfunktionen $\Theta(\vartheta)$ und $\Phi(\varphi)$ wie die Energieeigenwertgleichung für die wasserstoffähnlichen Ionen besitzt, gelten die im Kapitel 6 hergeleiteten Gesetzmäßigkeiten für alle Einelektronensysteme. Das fand bei der Formulierung der Sätze bereits Berücksichtigung.

Die Analyse der Spektren zeigt weiter, daß in ihnen bestimmte, nach dem Energieniveauschema zu erwartende optische Übergänge nicht auftreten. Als *optischen Übergang* bezeichnet man dabei einen solchen, der unter Emission oder Absorption einer elektromagnetischen Welle im ultraroten, sichtbaren oder ultravioletten Spektralbereich abläuft. Zum Beispiel erfolgt beim Versuch von FRANCK und HERTZ der Übergang der angeregten Atome in den Grundzustand als optischer Übergang, nicht dagegen die Anregung.

optischer Übergang

(D 7.1) optisch verbotener Übergang

Ein Übergang zwischen zwei Energieniveaus eines Atoms, der als optischer Übergang nicht oder im Gegensatz zu üblichen Übergängen nur mit einer um Größenordnungen geringeren Wahrscheinlichkeit auftritt, heißt verbotener optischer Übergang.

Die Spektren der Alkalimetalle zeigen, daß es keine optischen Übergänge gibt

a) innerhalb der S-, P-, D- und F-Energiefolgen

und

b) zwischen den S- und D-, zwischen den S- und F- und zwischen den P- und F-Energiefolgen.

Es gelten demnach für den Energieübergang $W_{n_k,l_k} \rightleftarrows W_{n_i,l_i}$ die *Übergangsregeln*

Übergangsregeln für n und l

$$\Delta n = |n_k - n_i| \text{ ist beliebig ganzzahlig,}$$
$$\Delta l = |l_k - l_i| = 1\,.$$

Energieübergänge, die diesen Übergangsregeln nicht entsprechen, sind optisch verboten, kommen also im Spektrum nicht vor.

Die theoretische Deutung dieser hier aus dem Experiment gefolgerten Regeln erfolgt im Abschnitt 7.1.3

7.1.2 Dublettcharakter der Einelektronenspektren

Die Untersuchung der Spektren der Alkalimetallatome mit einem hochauflösenden Spektrografen zeigt eine zusätzliche Aufspaltung der Energieniveaus. Alle zur Nebenquantenzahl $l = 0$ gehörenden Energieniveaus (S-Niveaus) sind – wie bisher angenommen – einfache Niveaus. Alle anderen Energieniveaus spalten dagegen in zwei sehr dicht beieinander liegende Energieniveaus auf (s. Abb. 7.2). Ihr Energieabstand nimmt mit wachsender Ordnungszahl stark zu. Er ist für das 2P-Niveau des Cäsiums ca. 1000-fach größer als für das 2P-Niveau des Lithiums.

Spalten bestimmte Energieniveaus eines Atoms in zwei dichtbenachbarte Niveaus auf, dann spricht man von einer *Dublettstruktur* oder einem *Dublettsystem*, bei einer Aufspaltung in drei, vier, fünf Niveaus usw. von einem *Triplettsystem, Quartettsystem,* einem *Quintettsystem* usw. Fehlt eine derartige Aufspaltung, dann spricht man von einem *Singulettsystem.* Die Anzahl der dichtbenachbarten Niveaus bezeichnet man als *Multiplizität M* des Spektrums.

Dublettsystem

Mulitplizität des Spektrums

Die Spektren der Alkalimetalle besitzen also eine Dublettstruktur oder, anders formuliert, haben die Multiplizität $M - 2$. Diese Terminologie läßt unberücksichtigt, daß die S-Niveaus nicht aufgespalten sind, bringt diese Tatsache also nicht explizit zum Ausdruck.

Die Dublettstruktur der Spektren der Alkalimetallatome ist eine Folge des Elektronenspins. Nach (S 6.9) werden jedem Wert der Nebenquantenzahl l mit Ausnahme von $l = 0$ (S-Niveaus) zwei Werte der Gesamtdrehimpulsquantenzahl j zugeordnet:

Dublettstruktur als Folge des Elektronenspins

$$j = \frac{1}{2} \quad \text{für} \quad l = 0; \qquad j = l \pm \frac{1}{2} \quad \text{für} \quad l = 1, 2, \ldots, n-1\,. \tag{7.8}$$

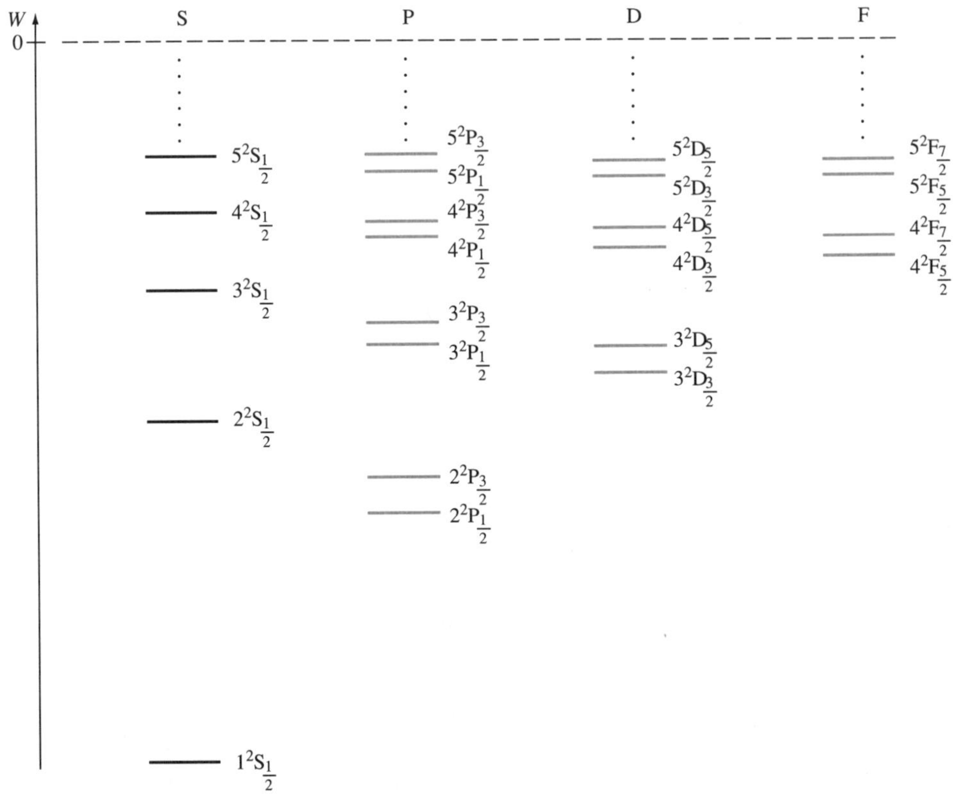

Abb. 7.2
Dublettstruktur des Energieniveauschemas der Alkalimetallatome. (Die Größe der Aufspaltung der Dublettniveaus ist um Größenordnungen übertrieben.)

Pascual Jordan (1902–1980)

Unterschiedlichen Werten von $|\boldsymbol{j}|$ entsprechen unterschiedliche Energiewerte. Nach den experimentellen Ergebnissen und in Übereinstimmung mit (7.8) spalten die Energieniveaus von allen Einelektronensystemen bis auf die S-Niveaus ($l = 0$) in zwei auf. Damit ist die Dublettstruktur der Einelektronensysteme in Übereinstimmung mit den spektroskopischen Daten eine Folge des Elektronenspins.

Symbolik der Energieniveaus

Zur vollständigen Charakterisierung eines Energieniveaus wird der Wert der Gesamtdrehimpulsquantenzahl j den Symbolen S, P, D und F als rechter unterer Index angefügt, die Multiplizität des Spektrums als linker oberer Index. Die Hauptquantenzahl steht als Ziffer vor dem Buchstabensymbol. In dieser Symbolik ist dann z. B. der Grundzustand des Dublettsystems durch $1^2S_{1/2}$ zu charakterisieren. Nur durch die Zuordnung des Grundzustandes des Valenzelektrons der Alkalimetallatome zur Hauptquantenzahl $n = 1$ sind deren Spektralserien in Analogie zum Seriengesetz des Wasserstoffs durch die für alle Alkalimetallatome gleichen Seriengesetze (7.1) zu beschreiben. Im Rahmen der Betrachtung als Einelektronensystem mit einem Atomrumpf anstelle des Wasserstoffatomkerns ist

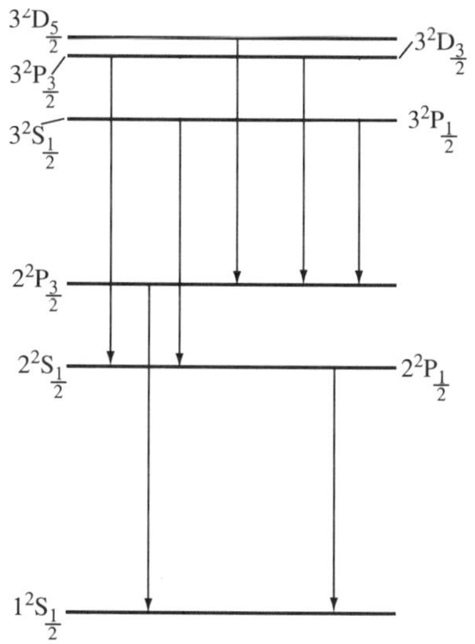

Abb. 7.3
Zur Dublettstruktur des Wasserstoffspektrums

WILLIS EUGENE LAMB, geb. 1913
Nobelpreis 1955

HANS ALBRECHT BETHE, geb. 1906
Nobelpreis 1967

diese Zuordnung konsequent. Andererseits besetzen die einzelnen Elektronen in Atomen mit mehreren Hüllenelektronen unterschiedliche Energiezustände (s. Abschn. 9.1). Das zeigt sich auch in der Unterschiedlichkeit der Ionisationsenergien. Die Berücksichtigung sämtlicher Hüllenelektronen führt zu einer anderen Hauptquantenzahl für den Grundzustand des Valenzelektrons. Auf diese Zuordnung und das ihr zugrunde liegende Schalenmodell wird in Kapitel 9 eingegangen.

Dublettstruktur des Wasserstoffspektrums

Auch das Wasserstoffspektrum muß als Einelektronenspektrum Dublettstruktur besitzen. JORDAN und HEISENBERG konnten aus der Diracschen Theorie folgern, daß die zu gleichen Gesamtdrehimpulsquantenzahlen j gehörenden Energieniveaus zusammenfallen, das Energieniveauschema damit die in Abbildung 7.3 dargestellte Struktur besitzt. Beachtet man die für j gültige Übergangsregel (S 7.1), so erkennt man, daß die H_α-Linie ($n = 3 \rightarrow n = 2$) in fünf, die langwelligste Linie der Lyman-Serie ($n = 2 \rightarrow n = 1$) in zwei Linien aufspaltet.

Lamb-Shift

Hochfrequenzspektroskopische Untersuchungen von LAMB und RETHERFORD zeigten 1950 jedoch, daß die Niveaus $2^2S_{1/2}$ und $2^2P_{1/2}$ nicht zusammenfallen, sondern einen energetischen Abstand von $4{,}375 \cdot 10^{-6}$ eV besitzen (*Lamb-Shift*). Diese Abweichung ist auf die Wechselwirkung zwischen Elektron und Strahlungsfeld zurückzuführen. Das konnte von BETHE aus der Quantenelektrodynamik theoretisch begründet werden. Die Lamb-Shift stellt damit eine experimentelle Stütze dieser Theorie dar.

7.1.3 Übergangsregeln

Aus den spektroskopischen Daten ist abzulesen, daß analog zu den Übergangsregeln für die Haupt- und die Nebenquantenzahl auch für die Gesamtdrehimpulsquantenzahl j eine Übergangsregel existiert:

$$\Delta j = |j_k - j_i| = \begin{cases} 0 \\ 1 \end{cases},$$

wobei die Übergänge mit $\Delta j = 0$ nur eine sehr geringe Intensität besitzen.

(S 7.1) Übergangsregeln für die Quantenzahlen n, l und j

Im Spektrum eines Einelektronensystems treten im allgemeinen nur die Spektrallinien auf, die Energieübergängen $n_k \leftrightarrows n_i$, $l_k \leftrightarrows l_i$ und $j_k \leftrightarrows j_i$ entsprechen, für die

$\Delta n = |n_k - n_i|$ beliebig ganzzahlig,

$\Delta l = |l_k - l_i| = 1$,

$$\Delta j = |j_k - j_i| = \begin{cases} 0 \\ 1 \end{cases}$$

gilt. Die zu den Übergängen mit $\Delta j = 0$ gehörenden Linien besitzen eine sehr schwache Intensität.

Bei Störungen der Atome durch ihre Umgebung, z. B. durch elektrische und magnetische Felder, können die Übergangsregeln verletzt werden und dann auch nach ihnen verbotene Linien mit geringer Intensität auftreten.

Natrium-D-Linie

Erfolgt ein Übergang zwischen einem P- und einem S-Niveau, dann tritt als Folge der Aufspaltung des P-Niveaus statt einer Linie stets eine Doppellinie auf. Ein hierfür bekanntes Beispiel ist die Resonanzlinie des Natriums (*Natrium-D-Linie*). Sie besteht aus zwei Linien ($\lambda_1 = 588{,}9963$ nm und $\lambda_2 = 589{,}5930$ nm, vgl. Abb. 7.4a). Die Energieniveaus $2^2P_{1/2}$ und $2^2P_{3/2}$ besitzen demnach eine Energiedifferenz von

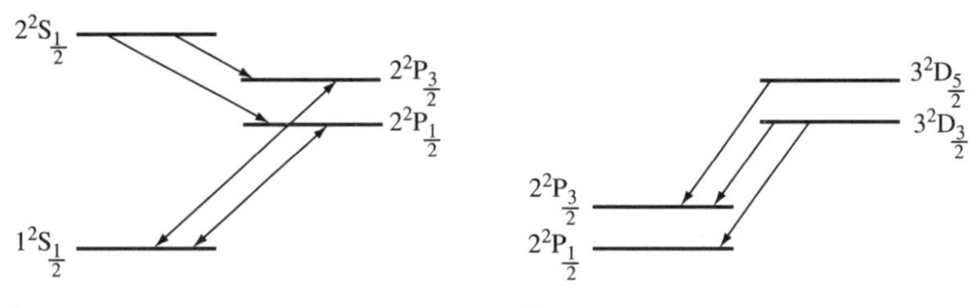

Abb. 7.4
Zur Entstehung von Mehrfachlinien
a) Die Resonanzlinien der Alkalimetallatome sind Doppellinien, ebenfalls alle anderen Linien, die von Übergängen zu S-Niveaus herrühren
b) Die Übergänge zwischen P- und D-Niveaus sind Dreifachlinien

0,012 eV. Bei Übergängen zwischen den anderen Niveaus erhält man Dreifachlinien, wobei die zum Übergang $\Delta j = 0$ gehörende Linie eine sehr schwache Intensität zeigt (vgl. Abb. 7.4b). Mit der Bezeichnung Dublettstruktur eines Spektrums ist also nicht das ausschließliche Auftreten von Doppellinien gemeint, sondern die Aufspaltung aller Energieniveaus mit einer Nebenquantenzahl $l \geqq 1$ in zwei dicht benachbarte Niveaus.

die Dublettstruktur des Spektrums führt nicht zwangsläufig zu Doppellinien

Wir wollen uns jetzt der quantenmechanischen Begründung der auf der Basis von spektroskopischen Meßdaten in (S 7.1) formulierten Übergangsregeln zuwenden. Wir betrachten hierzu einen klassischen elektrischen Dipol mit dem Dipolmoment $\boldsymbol{m}_{\mathrm{el}} = e\boldsymbol{r}$, wobei $\boldsymbol{r}$ den Vektor von der Ladung $-e$ zur Ladung $+e$ bedeutet. Der Observablen des analogen mikrophysikalischen Problems (z.B. dem Dipol aus Atomrumpf und Valenzelektron) ist nach (S 5.4), (S 5.6) und (D 5.3) der Operator $\mathfrak{m}_{\mathrm{el}} = e\mathfrak{r} = e\boldsymbol{r}$ zuzuordnen. Sein Erwartungswert (vgl. (S 5.4)) ist

quantenmechanische Begründung der Übergangsregeln für n, l und m

$$\langle \mathfrak{m}_{\mathrm{el}} \rangle = (\psi^*, \mathfrak{m}_{\mathrm{el}}\, \psi) = e\, (\psi^*, \boldsymbol{r}\psi)$$

oder nach (S 5.4) und (5.36)

$$\langle \mathfrak{m}_{\mathrm{el}} \rangle = e \sum_k \sum_i c_k^*(0)\, c_i(0)\, \mathrm{e}^{\frac{\mathrm{i}(W_k - W_i)t}{\hbar}} \langle \boldsymbol{r}_{ki} \rangle \tag{7.9}$$

mit

$$\langle \boldsymbol{r}_{ki} \rangle = \langle x_{ki}\, \boldsymbol{i} + y_{ki}\, \boldsymbol{j} + z_{ki}\, \boldsymbol{k} \rangle = (\psi_{0k}^*, \boldsymbol{r}\, \psi_{0i}). \tag{7.9 a}$$

Es sei $\langle \boldsymbol{r}_{ki} \rangle \neq \boldsymbol{0}$. Beim Übergang vom k-ten in den i-ten Energiezustand ist dann $\langle \mathfrak{m}_{\mathrm{el}} \rangle$ zeitlich mit der Kreisfrequenz

$$\omega_{ki} = \frac{W_k - W_i}{\hbar} \tag{7.10}$$

veränderlich.

Nach der klassischen Elektrodynamik strahlt ein mit der Kreisfrequenz ω_{ki} zeitlich veränderlicher elektrischer Dipol eine elektromagnetische Welle derselben Kreisfrequenz ab (s. Hertzscher Dipol, Abschn. II 7.2.1.5). Es kann deshalb angenommen werden, daß der Energieübergang $W_k \rightarrow W_i\ (W_k > W_i)$ eines Atoms zur Emission einer elektromagnetischen Welle der Kreisfrequenz $\omega_{ki} = \dfrac{W_k - W_i}{\hbar}$ führt, sofern mit ihm eine Veränderung des elektrischen Dipolmomentes des Atoms verbunden ist. Befindet sich das Atom dagegen in einem stationären Zustand (z.B. $c_i = 1$, $c_k = 0$ für $k \neq i$), dann ist $\langle \mathfrak{m}_{\mathrm{el}} \rangle$ zeitlich konstant, Strahlungsemission kann nicht auftreten. Die Quantenmechanik bestätigt damit die Bohrsche Frequenzbedingung (S 5.1 b).

die Quantenmechanik bestätigt die Bohrsche Frequenzbedingung

In (7.9) sind die Meßwahrscheinlichkeiten $c_k^* c_k$ als zeitlich konstant vorausgesetzt. Dies kann aber nur in Näherung gültig sein, da beim Übergang $W_k \rightarrow W_i$ die Meßwahrscheinlichkeit $c_k^* c_k$ mit der Zeit abnehmen, die Meßwahrscheinlichkeit $c_i^* c_i$ dagegen zunehmen muß. Da in den Hamilton-Operator (5.53) nur das statische Coulomb-Feld eingeht, kann dieser Vorgang hier nicht erfaßt werden, denn die Gleichungen enthalten damit nicht das Wellenfeld der Strahlung. Wir setzen also eine so geringe Intensität der Strahlung voraus, daß ihr Wellenfeld gegenüber dem Coulomb-Feld vernachlässigbar ist.

Nach (7.9) kann die Emission von Licht der Kreisfrequenz ω_{ki} nur dann erfolgen, wenn das zugehörige $\langle \boldsymbol{r}_{ki} \rangle \neq \boldsymbol{0}$ ist. Es soll jetzt für einige spezielle Probleme untersucht werden, unter welchen Bedingungen dies gilt. Wir werden erkennen, daß $\langle \boldsymbol{r}_{ki} \rangle \neq \boldsymbol{0}$ im allgemeinen nicht für alle möglichen Übergänge erfüllt ist, sondern bestimmte Übergangsregeln für die das System beschreibenden Quantenzahlen erfordert.

Wir beginnen mit der Bewegung eines Elektrons im Zentralkraftfeld eines Atomkernes bzw. -rumpfes. Um die für $\langle \boldsymbol{r}_{ki} \rangle \neq \boldsymbol{0}$ notwendigen Bedingungen zu erkennen, werden die Eigenfunktionen $\psi_{0n,l,m}$ (s. (5.69)) unter Beachtung von $\mathrm{d}V = r^2 \sin\vartheta \,\mathrm{d}r\,\mathrm{d}\vartheta\,\mathrm{d}\varphi$ in (7.9a) eingesetzt:

$$\langle z_{ki} \rangle = (\psi^*_{0n_k,l_k,m_k}, z\,\psi_{0n_i,l_i,m_i}) = (\psi^*_{0n_k,l_k,m_k}, r\cos\vartheta\,\psi_{0n_i,l_i,m_i})$$

$$= \int_{r=0}^{\infty} R^* r^3 R \mathrm{d}r \int_{\vartheta=0}^{\pi} P_{l_k}^{m_k} P_{l_i}^{m_i} \sin\vartheta\cos\vartheta\,\mathrm{d}\vartheta \int_{\varphi=0}^{2\pi} \mathrm{e}^{\mathrm{i}(m_i-m_k)\varphi}\,\mathrm{d}\varphi \quad (7.11\,\mathrm{a})$$

$$\langle y_{ki} \rangle = (\psi^*_{0n_k,l_k,m_k}, y\,\psi_{0n_i,l_i,m_i}) = (\psi^*_{0n_k,l_k,m_k}, r\sin\vartheta\sin\varphi\,\psi_{0n_i,l_i,m_i})$$

$$= \int_{r=0}^{\infty} R^* r^3 R\,\mathrm{d}r \int_{\vartheta=0}^{\pi} P_{l_k}^{m_k} P_{l_i}^{m_i} \sin^2\vartheta\,\mathrm{d}\vartheta \int_{\varphi=0}^{2\pi} \mathrm{e}^{\mathrm{i}(m_i-m_k)\varphi}\sin\varphi\,\mathrm{d}\varphi$$

$$\langle x_{ki} \rangle = \int_{r=0}^{\infty} R^* r^3 R\,\mathrm{d}r \int_{\vartheta=0}^{\pi} P_{l_k}^{m_k} P_{l_i}^{m_i} \sin^2\vartheta\,\mathrm{d}\vartheta \int_{\varphi=0}^{2\pi} \mathrm{e}^{\mathrm{i}(m_i-m_k)\varphi}\cos\varphi\,\mathrm{d}\varphi .$$

Beachtet man

$$\cos\varphi = \frac{\mathrm{e}^{\mathrm{i}\varphi} + \mathrm{e}^{-\mathrm{i}\varphi}}{2}\,; \qquad \sin\varphi = \frac{\mathrm{e}^{\mathrm{i}\varphi} - \mathrm{e}^{-\mathrm{i}\varphi}}{2\mathrm{i}}\,,$$

so kann für y_{ki} und x_{ki} auch

$$\langle y_{ki} \rangle = \frac{1}{2\mathrm{i}} \int_{r=0}^{\infty} R^* r^3 R\,\mathrm{d}r \int_{\vartheta=0}^{\pi} P_{l_k}^{m_k} P_{l_i}^{m_i} \sin^2\vartheta\,\mathrm{d}\vartheta \int_{\varphi=0}^{2\pi} [\mathrm{e}^{\mathrm{i}(m_i-m_k+1)\varphi} - \mathrm{e}^{\mathrm{i}(m_i-m_k-1)\varphi}]\,\mathrm{d}\varphi \quad (7.11\,\mathrm{b})$$

$$\langle x_{ki} \rangle = \frac{1}{2} \int_{r=0}^{\infty} R^* r^3 R\,\mathrm{d}r \int_{\vartheta=0}^{\pi} P_{l_k}^{m_k} P_{l_i}^{m_i} \sin^2\vartheta\,\mathrm{d}\vartheta \int_{\varphi=0}^{2\pi} [\mathrm{e}^{\mathrm{i}(m_i-m_k+1)\varphi} + \mathrm{e}^{\mathrm{i}(m_i-m_k-1)\varphi}]\,\mathrm{d}\varphi \quad (7.11\,\mathrm{c})$$

geschrieben werden. Da nun gilt (vgl. A. 20)

$$\int_{0}^{2\pi} \mathrm{e}^{\mathrm{i}(m_i-m_k)\varphi}\,\mathrm{d}\varphi \neq 0, \text{ wenn } \Delta m = m_k - m_i = 0\,, \quad (7.12\,\mathrm{a})$$

$$\int_0^{2\pi} [\mathrm{e}^{\mathrm{i}(m_i - m_k + 1)\varphi} \pm \mathrm{e}^{\mathrm{i}(m_i - m_k + 1)\varphi}]\, \mathrm{d}\varphi \neq 0, \quad \text{wenn} \quad \Delta m = m_k - m_i = \pm 1, \tag{7.12b}$$

$$\int_0^{2\pi} P_{l_i}^{m_i} P_{l_k}^{m_k} \sin\vartheta \cos\vartheta\, \mathrm{d}\vartheta \neq 0, \quad \text{wenn} \quad \Delta l = l_k - l_i = +1,$$

$$\int_0^{2\pi} P_{l_i}^{m_i} P_{l_k}^{m_k} \sin^2\vartheta\, \mathrm{d}\vartheta \neq 0, \quad \text{wenn} \quad \Delta l = l_k - l_i = \pm 1,$$

$$\int_{r=0}^{\infty} R^* r^3 R\, \mathrm{d}r \neq 0 \quad \text{für beliebige Werte} \quad \Delta n = n_k - n_i \neq 0,$$

bestätigt die Quantenmechanik die aus den spektroskopischen Befunden gefolgerten Übergangsregeln (S 7.1) für die Hauptquantenzahl n und die Nebenquantenzahl l:

Übergangsregeln für die Haupt- und die Nebenquantenzahl

$$\Delta n = |n_k - n_i| \neq 0 \quad \text{beliebig;} \quad \Delta l = |l_k - l_i| = 1\,.$$

Da der Spin aus der nichtrelativistischen Quantenmechanik nicht erklärbar ist, lassen vorstehende nichtrelativistische Überlegungen keine Aussagen über die Übergangsregeln (S 7.1) für die Gesamtdrehimpulsquantenzahl j zu.

Weiter kann aus (7.12a) und (7.12b) entnommen werden:

(S 7.2) Übergangsregel für die magnetische Quantenzahl

> Der Übergang $m_k \to m_i$ eines Elektrons im Zentralkraftfeld eines Atomkernes ist nur dann mit der Emission bzw. Absorption von Strahlung verbunden, wenn
>
> $\Delta m = |m_k - m_i| = 0$ oder 1
>
> gilt
> (Übergangsregel für die magnetische Quantenzahl).

quantenmechanische Begründung der Übergangsregel für die Rotationsquantenzahl

Im weiteren sollen die Verhältnisse bei einem Rotator betrachtet werden. Die Ladungen $+e$ und $-e$ besitzen den Abstand r_0 voneinander und rotieren um ihren Massenmittelpunkt, wie z. B. die Ionen eines heteropolaren Moleküls. Betrachtet man diese Bewegung entsprechend den Überlegungen in Abschnitt 5.3.7.5 als Bewegung der reduzierten Masse m_r um die ruhende Masse m_{01} auf einer Kugel mit dem Radius r_0, dann ergeben sich die Eigenfunktionen der Energieeigenwertgleichung nach (5.75) in Kugelkoordinaten r_0, ϑ und φ zu

$$\psi_{0J,m} = P_J^m(\cos\vartheta)\, \mathrm{e}^{\mathrm{i}m\varphi} \qquad |m| \leqq J\,.$$

Entsprechend diesen Überlegungen ist dabei $\psi^*_{0J,m}\,\psi_{0J,m}\,\mathrm{d}A_r$ mit $\mathrm{d}A_r = \sin\vartheta\, \mathrm{d}\vartheta\, \mathrm{d}\varphi$ die Wahrscheinlichkeit dafür, die reduzierte Masse m_r auf dem Flächenelement $\mathrm{d}A_r$ der Einheitskugel um m_{01} zu finden. Analog zur Herleitung von (7.11) erhält man daher für die Koordinaten des Erwartungswertes $\langle \boldsymbol{r}_{ki} \rangle$

$$\langle z_{ki} \rangle = r_0 \int_{\vartheta=0}^{\pi} P_{J_k}^{m_k} P_{J_i}^{m_i} \sin\vartheta \cos\vartheta \, \mathrm{d}\vartheta \int_{\varphi=0}^{2\pi} \mathrm{e}^{\mathrm{i}(m_i - m_k)\varphi} \, \mathrm{d}\varphi,$$

$$\langle y_{ki} \rangle = \frac{r_0^2}{2\mathrm{i}} \int_{\vartheta=0}^{\pi} P_{J_k}^{m_k} P_{J_i}^{m_i} \sin^2\vartheta \, \mathrm{d}\vartheta \int_{\varphi=0}^{2\pi} (\mathrm{e}^{\mathrm{i}(m_i - m_k + 1)\varphi} - \mathrm{e}^{\mathrm{i}(m_i - m_k - 1)\varphi}) \, \mathrm{d}\varphi,$$

$$\langle x_{ki} \rangle = \frac{r_0^2}{2} \int_{\vartheta=0}^{\pi} P_{J_k}^{m_k} P_{J_i}^{m_i} \sin^2\vartheta \, \mathrm{d}\vartheta \int_{\varphi=0}^{2\pi} (\mathrm{e}^{\mathrm{i}(m_i - m_k + 1)\varphi} + \mathrm{e}^{\mathrm{i}(m_i - m_k - 1)\varphi}) \, \mathrm{d}\varphi.$$

$\langle z_{ki} \rangle$, $\langle y_{ki} \rangle$ und $\langle x_{ki} \rangle$ zeigen die gleiche Abhängigkeit von ϑ und φ wie die Beziehungen (7.11). Die Übergangsregel für J entspricht damit der für l.

(S 7.3) Übergangsregel für die Rotationsquantenzahl

Optische Rotationsübergänge sind nur für die Energieübergänge möglich, die der Bedingung

$\Delta J = |J_k - J_i| = 1$

entsprechen
(Übergangsregel für die Rotationsquantenzahl).

Auch diese theoretische Schlußfolgerung wird durch die Spektroskopie bestätigt (vgl. Rotationsspektrum, Abschn. 5.3.7.5).

quantenmechanische Begründung der Übergangsregel für die Schwingungsquantenzahl

Als drittes Beispiel betrachten wir die Schwingung der Ladungen $-e$ und $+e$ gegeneinander, z.B. die Schwingung der Ionen eines zweiatomigen heteropolaren Moleküls. Setzen wir die Schwingung als harmonisch voraus, dann ist für einen optischen Übergang nach (7.9a), (5.49) und der Transformation (5.48) die Bedingung

$$\langle \xi_{ki} \rangle = (\psi_{0nk}, \xi\, \psi_{0ni}) = C \int_{-\infty}^{+\infty} H_{nk}(\xi)\, \xi H_{ni}(\xi)\, \mathrm{e}^{-\xi^2} \, \mathrm{d}\xi \neq 0 \qquad (7.13)$$

notwendig. Wie in A. 20 gezeigt wird, gilt $\langle \xi_{ki} \rangle \neq 0$ dann und nur dann, wenn $\Delta n = |n_k - n_i| = 1$.

(S 7.4) Übergangsregel für die Schwingungsquantenzahl

Optische Schwingungsübergänge sind nur für die Energieübergänge des harmonischen Oszillators möglich, die der Bedingung

$\Delta n = |n_k - n_i| = 1$

entsprechen
(Übergangsregel für die Schwingungsquantenzahl).

7.2 Spektren der Mehrelektronensysteme

7.2.1 Übersicht über die Art der Spektren

Ein Atom wird dann als Mehrelektronensystem bezeichnet, wenn es mehr als ein Valenzelektron besitzt. Je nach ihrer Anzahl spricht man von *Zwei-, Dreielektronensystemen* usw.

Zweielektronensystem, Dreielektronensystem

Die Spektren der Mehrelektronensysteme (*Mehrelektronenspektren*) zeigen eine wesentlich kompliziertere Struktur als die Einelektronenspektren. Sie weisen gegenüber den Einelektronenspektren folgende gravierende Unterschiede auf:

Mehrelektronenspektren

Unterschiede der Mehrelektronenspektren gegenüber den Einelektronenspektren

- Allgemeine Seriengesetze können nicht mehr angegeben werden.
- Es treten mehrere Energieniveausysteme auf, z. B. beim Zweielektronensystem ein Singulett- und ein Triplettsystem. Optische Übergänge zwischen den Energieniveaus verschiedener Multiplizität sind verboten (*Interkombinationsverbot*).
- Es können *Mehrfachanregungen* auftreten, d. h., die dem Atom zugeführte Energie kann zur gleichzeitigen Anregung mehrerer Valenzelektronen führen.

Interkombinationsverbot

Mehrfachanregung

Das einfachste Mehrelektronenspektrum besitzt das Helium ($Z = 2$). Sein Energieniveauschema (s. Abb. 7.5) besteht aus einem Singulett- und einem Triplettsystem. Auch hier sind im Triplettsystem die S-Niveaus einfach. Wegen der Existenz der zwei Teilsysteme nahm man früher an,

Spektrum des Heliums

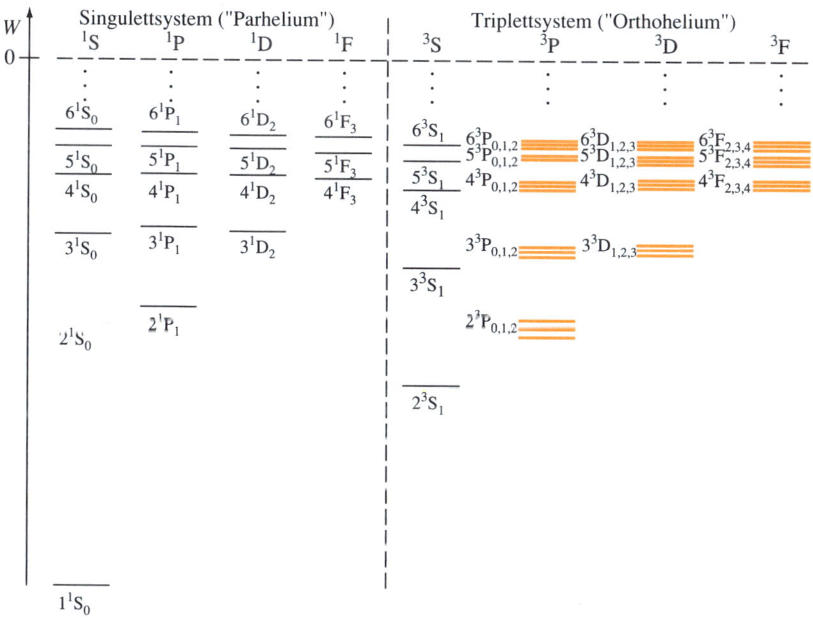

Abb. 7.5
Energieniveauschema des Heliumatoms (qualitativ)

Parhelium, Orthohelium

daß zwei Heliumarten, das *Parhelium* (Singulettsystem) und das *Orthohelium* (Triplettsystem) existieren. Erst später erkannte man, daß sowohl das Singulett- als auch das Triplettsystem zum Spektrum des gleichen Atoms gehören.

Charakterisierung der Energiezustände

Das Energieniveauschema des Heliums gliedert sich in Energiefolgen, die wie bei Einelektronensystemen als S-, P-, D- und F-Zustände bezeichnet werden. Analog zu (7.2) werden ihnen die resultierenden Nebenquantenzahlen L wie folgt zugeordnet:

$$L = 0 \text{ für S-Zustände}$$
$$L = 1 \text{ für P-Zustände}$$
$$L = 2 \text{ für D-Zustände}$$
$$L = 3 \text{ für F-Zustände.} \qquad (7.14)$$

Weiterhin werden die Energiezustände durch die Multiplizität M und die resultierende Gesamtdrehimpulsquantenzahl J charakterisiert.

Für optische Übergänge im Singulett- und im Triplettsystem gelten zu (S 7.1) analoge Übergangsregeln. Zusätzlich ist zu beachten, daß keine optischen Übergänge zwischen den Energieniveaus des Triplettsystems und denen des Singulettsystems möglich sind. Diese Gesetzmäßigkeit gilt erfahrungsgemäß stets, wenn Energiesysteme unterschiedlicher Multiplizität existieren.

(S 7.5) Übergangsregeln für die optischen Energieübergänge in einem Mehrelektronensystem

Besitzt ein Atom mehrere Energiesysteme unterschiedlicher Multiplizität, dann sind im allgemeinen optische Übergänge nur innerhalb der Teilsysteme möglich, aber nicht zwischen den Teilsystemen (Interkombinationsverbot). Für die optischen Übergänge in den Teilsystemen gelten (falls Serien angegeben werden können) die Übergangsregeln

$$\Delta n = |n_k - n_i| \text{ beliebig ganzzahlig,}$$
$$\Delta L = |L_k - L_i| = 1,$$
$$\Delta J = |J_k - J_i| = \begin{cases} 0 \\ 1 \end{cases}.$$

Die zum Übergang $\Delta J = 0$ gehörende Linie zeigt eine sehr schwache Intensität, der Übergang $J_k = 0 \rightarrow J_i = 0$ ist stets verboten.

Das Interkombinationsverbot ist eine Folge der prinzipiellen Ununterscheidbarbeit gleichartiger Mikroobjekte, wie in A. 21 gezeigt ist. Es gilt nicht streng. Es kann als Folge der Wechselwirkungen der Valenzelektronen mit den Elektronen des Atomrumpfes verletzt werden. Ein bekanntes Beispiel hierfür ist die Resonanzlinie $\lambda = 253{,}7$ nm des Quecksilbers. Sie ist die Interkombinationslinie $1\ {}^1S_0 \rightleftarrows 2\ {}^3P_1$ zwischen dem energetisch tiefsten Zustand seines Singulettsystems (Grundzustand) und dem energetisch tiefsten Zustand seines Triplettsystems. Die Verletzung

das Interkombinationsverbot gilt nicht streng

des Interkombinationsverbotes kann die Linienfülle der Mehrelektronenspektren beträchtlich erhöhen.

Wie das Heliumatom besitzen alle Atome der 2. Gruppe (alle Erdalkalimetalle, Zink, Cadmium und Quecksilber) ein Singulett- und ein Triplettsystem, alle diese Elemente sind demzufolge Zweielektronensysteme. Die Kompliziertheit der Spektren nimmt dabei vom Helium bis zum Quecksilber stark zu.

Das energetisch tiefste Niveau 2 $^3S_1$ des Triplettsystems des Heliumatoms liegt energetisch höher als der dem Singulettsystem angehörende Grundzustand 1 $^1S_0$. Das Interkombinationsverbot verbietet den optischen Übergang 2 $^3S_1 \rightarrow$ 1 $^1S_0$. Demzufolge ist 2 $^3S_1$ ein metastabiles Energieniveau des Heliumatoms. Befindet sich das Atom in diesem Zustand, dann kann es seine Anregungsenergie nicht durch Strahlung, sondern nur durch einen Stoß 2. Art abgeben.

der energetisch tiefste Zustand des Triplettsystems ist metastabil

Müssen mehr als zwei Valenzelektronen Beachtung finden, dann komplizieren sich die Spektren weiter. Man findet folgende Multiplizitäten:

Elemente der 3. Gruppe (Dreielektronensysteme)	Dublett- und Quartettsystem,
Elemente der 4. Gruppe (Vierelektronensysteme)	Singulett-, Triplett- und Quintettsystem,
Elemente der 5. Gruppe (Fünfelektronensysteme)	Dublett-, Quartett- und Sextettsystem.

7.2.2 Multiplettstruktur und Mehrelektronenspektren

Die Multiplettstruktur der Mehrelektronensysteme ist ebenfalls eine Folge des Elektronenspins der Valenzelektronen. Beim Zweielektronensystem können sich die beiden Einzelspins $\boldsymbol{s}_i$ ($i = 1, 2$) seiner Valenzelektronen entweder parallel oder antiparallel zueinander einstellen. Im ersten Fall erhält man mit $m_{s1} = m_{s2} = 1/2$ aus (S 6.11) für den resultierenden Spin $S = 1$, im zweiten Fall ($m_{s1} = -m_{s2} = 1/2$) für den resultierenden Spin $S = 0$. Damit sind nach (S 6.12) diesen beiden Einstellungen folgende resultierende Gesamtdrehimpulsquantenzahlen zuzuordnen:

quantenmechanische Erklärung der Multiplettstruktur

Parallele Einstellung ($S = 1$, Triplettsystem)

$$J = 1 \; (L = 0), \quad J = L \pm 1 \quad (L \geqq 1), \tag{7.15a}$$

antiparallele Einstellung ($S = 0$, Singulettsystem)

$$J = L. \tag{7.15b}$$

Multiplettstruktur des Zweielektronensystems

Da unterschiedlichen Werten von $|\boldsymbol{J}|$ unterschiedliche Energiewerte entsprechen, ist damit die spektroskopisch beobachtete Unterteilung des Energieniveauschemas eines Zweielektronensystems in ein Singulettsystem ($S = 0$) und in ein Triplettsystem ($S = 1$) erklärt.

Für die Multiplizität M eines Mehrelektronensystems folgt nach (S 6.12)

$$M = 2S + 1 . \tag{7.16}$$

Wir wollen mit (7.16) noch die Multiplettstruktur eines Drei- und eines Vierelektronensystems behandeln.

Dreielektronensysteme

Multiplettstruktur des Dreielektronensystems

parallele Einstellung aller Spins

$$m_{s1} = m_{s2} = m_{s3} = \frac{1}{2}, \quad \text{d.h.} \quad S = \frac{3}{2}, \quad M = 4$$

ein Spin liegt antiparallel zu den anderen

$$m_{s1} = m_{s2} = -m_{s3} = \frac{1}{2}, \quad \text{d.h.} \quad S = \frac{1}{2}, \quad M = 2 .$$

In Übereinstimmung mit den Ergebnissen der Spektroskopie zerfällt das Energieniveauschema eines Dreielektronensystems in ein Quartett- ($S = 3/2$) und in ein Dublettsystem ($S = 1/2$).

Vierelektronensysteme

Multiplettstruktur des Vierelektronensystems

parallele Einstellung aller Spins

$$m_{s1} = m_{s2} = m_{s3} = m_{s4} = \frac{1}{2}, \quad \text{d.h.} \quad S = 2, \quad M = 5$$

ein Spin liegt antiparallel zu den anderen

$$m_{s1} = m_{s2} = m_{s3} = -m_{s4} = \frac{1}{2}, \quad \text{d.h.} \quad S = 1, \quad M = 3$$

die Spins liegen paarweise antiparallel

$$m_{s1} = m_{s2} = -m_{s3} = -m_{s4}, \quad \text{d.h.} \quad S = 0, \quad M = 1 .$$

In Übereinstimmung mit den spektroskopischen Befunden zerfällt das Energieniveauschema eines Vierelektronensystems in ein Singulettsystem ($S = 0$), in ein Triplettsystem ($S = 1$) und in ein Quintettsystem ($S = 2$).

Allgemein kann man aus (S 6.12) und (7.16) folgern:

(S 7.6) Zusammenhang zwischen Z und M

Die Energieniveauschemata der Spektren von chemischen Elementen gerader Gruppen im Periodischen System bestehen aus Teilsystemen ungerader Multiplizität, diejenigen ungerader Gruppen aus Teilsystemen gerader Multiplizität.

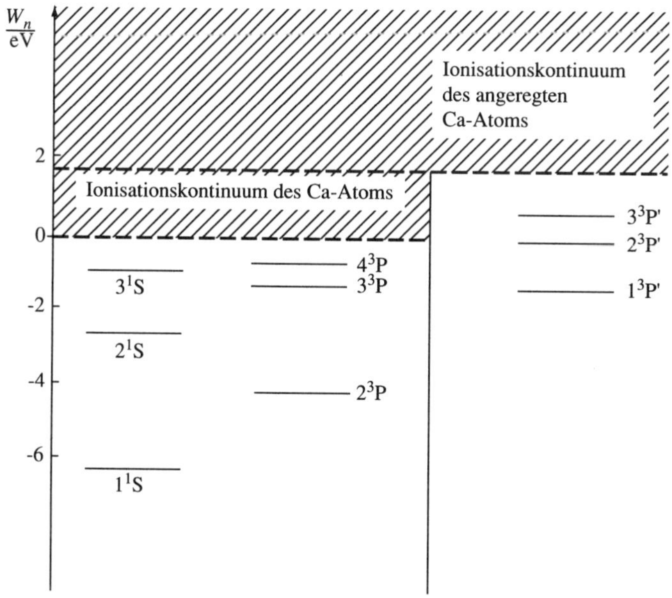

Abb. 7.6
Zur Doppelanregung des Ca-Atoms (schematisch). Eingezeichnet sind die ersten drei n^1S-Niveaus des Singulettsystems, die ersten drei n^3P-Niveaus des Triplettsystems und eine weitere Energiefolge des doppelt angeregten Ca-Atoms (ein Elektron des Ca-Atoms besetzt den 3D-Zustand). Die Ionisationsgrenze des doppelt angeregten Ca-Atoms liegt um 1,7 eV höher als die des einfach angeregten Ca-Atoms

Doppelanregung

Eine zusätzliche Strukturierung und Komplizierung des Spektrums kann durch *Doppelanregung* auftreten. Die Valenzelektronen stehen miteinander in Wechselwirkung, eine dem Atom zugeführte Energie kann – wenn die Kopplung beider Elektronen groß genug ist – zur gleichzeitigen Anregung von zwei Elektronen führen. Bei den Zweielektronensystemen ist das schon beim Calcium der Fall. Man findet im Energieniveauschema eine zusätzliche Energiefolge, die gegen eine um 1,7 eV über der ersten Ionisationsenergie des Calciums liegende Grenzenergie konvergiert (vgl. Abb. 7.6). Diese Erscheinung erklärt sich dadurch, daß ein Elektron durch Zufuhr der Energie 1,7 eV in das nächsthöhere Niveau gehoben wird bei gleichzeitiger Anregung eines Valenzelektrons. Die Grenzenergie entspricht damit der Summe aus Ionisationsenergie und Anregungsenergie von 1,7 eV.

7.3 Aufgaben

7.1
Die Wellenlängen der ersten beiden Linien der Bergmann-Serie des Lithiumatoms wurden in Emission zu 1869,70 nm und 1278,22 nm gemessen, wobei die Dublettstruktur nicht aufgelöst wurde. Man weise nach, daß bei Verwendung der Rydbergkonstanten für Lithium die Korrekturglieder d^* und f^* vernachlässigt werden können. Man berechne die Lage des 3D-Zustandes.

7.2
Für die Hauptserie des Lithiumatoms sind in Absorption die folgenden Wellenlängen ohne Dublett-Struktur ermittelt worden: 670,785 nm; 323,261 nm; 274,131 nm; 256,254 nm und 247,529 nm. Man bezeichne die angeregten Zustände und berechne ihren energetischen Abstand vom Grundzustand.

7.3
Wieviel beugende Spalte muß ein senkrecht mit parallelem Licht durchstrahltes optisches Gitter mit 600 Linien pro Millimeter haben, um das Natrium-D-Dublett von 589,592 nm und 588,995 nm in erster Ordnung gerade noch aufzulösen? Wie groß ist die Winkeldifferenz für beide Linien in der zweiten Ordnung? Sind die Linien noch in höheren Ordnungen zu beobachten?

7.4
Im Emissionsspektrum des Natriumatoms wurden in der ersten Nebenserie folgende drei dicht benachbarte Linien gemessen:

Nr.	Übergang	Wellenlänge/nm	relative Intensität
1.	$3^2D \rightarrow 2^2P_{1/2}$	568,261	80
2.	$3^2D \rightarrow 2^2P_{3/2}$	568,822	300
3.	$3^2D \rightarrow 2^2P_{3/2}$	568,861	10

Man gebe unter Beachtung der Übergangsregeln die Gesamtdrehimpulsquantenzahlen der Ausgangs-D-Niveaus an und berechne aus den Energiedifferenzen die Energieniveauaufspaltungen in eV. Warum heißt die erste Nebenserie auch diffuse Nebenserie?

7.5
Das Emissionsspektrum des Cäsiumatoms enthält ein Dublett von 684,86 nm mit dem Ausgangsniveau $3^2D_{5/2}$ und von 689,47 nm mit dem Ausgangsniveau $3^2D_{3/2}$. Endniveau ist für beide Linien der Grundzustand $1^2S_{1/2}$. Man benenne für jedes angeführte Energieniveau die Quantenzahlen und überprüfe die Gültigkeit der Übergangsregeln. Man vergleiche die Energieaufspaltung des 3D-Dubletts in eV mit der mittleren Energie von Gasatomen bei 20 °C.

7.6
Das Energieniveau 4^3S_1 des Magnesiumatoms ist Ausgangspunkt eines Wellenlängentripletts: 518,367 nm; 517,270 nm; 516,738 nm. Man gebe die Term-Symbole für die Endterme an, deren Hauptquantenzahl den Wert 2 hat. Welches Auflösungsvermögen muß ein Spektralapparat haben, damit man das Triplett noch getrennt wahrnehmen kann? Um wieviel eV unterscheiden sich die Energieniveaus des Endtripletts?

7.7
Eine Franck-Hertz-Röhre ist mit reinem Helium gefüllt. Bei den Beschleunigungsspannungen 19,82 V und 20,61 V treten Resonanzmaxima auf, die den Übergängen $1^1S_0 \rightarrow 2^3S_1$ und $1^1S_0 \rightarrow 2^1S_0$ entsprechen. Warum sind beide Übergänge metastabil? Die optische Resonanzlinie liegt bei 58,44 nm. Bei welcher Beschleunigungsspannung tritt das entspre-

chende Maximum auf, und welchem Übergang entspricht es? Man nenne Möglichkeiten, wie die angeregten Atome aus den metastabilen Energiezuständen in den Grundzustand übergehen können.

7.8

Die ersten Resonanzlinien des Quecksilberatoms sind die Übergänge $1^1S_0 \rightarrow 1^3P_1$ mit einer Wellenlänge von 253,652 nm und $1^1S_0 \rightarrow 1^1P_1$ mit 184,957 nm. Man überprüfe die Übergangsregeln für beide Übergänge. Bei welchen Beschleunigungsspannungen einer mit Quecksilberdampf gefüllten Franck-Hertz-Röhre treten die beiden Maxima auf? Die weiteren Energieniveaus des Tripletts findet man bei den kritischen Spannungen von 4,66 V (1^3P_0) und 5,57 V (1^3P_2). Man erläutere für alle angeführten Terme, wie die resultierende Gesamtdrehimpulsquantenzahl nach der *L*-*S*-Kopplung entsteht.

7.9

Unter der Voraussetzung der *L*-*S*-Kopplung charakterisiere man durch die resultierenden Neben- und Gesamtdrehimpulsquantenzahlen alle möglichen Energieniveaus eines Boratoms, die zur Hauptquantenzahl 3 gehören. Welche Multiplettsysteme besitzt Bor? Man gebe die Symbole für die Energieniveaus für die beiden intensivsten Linien des Emissionsspektrums von 249,773 nm und 249,678 nm an.

8 Atome in Wechselwirkung mit magnetischen, elektrischen und elektromagnetischen Feldern

8.1 Wechselwirkung mit magnetischen Feldern

Ein magnetischer Dipol mit dem Moment $\boldsymbol{m}_{\mathrm{m}}$ im magnetischen Feld der Induktion $\boldsymbol{B}$ unterliegt nach (II 1.18) dem Drehmoment $\boldsymbol{M} = \boldsymbol{m}_{\mathrm{m}} \times \boldsymbol{B}$. Dieses versucht, ihn parallel zum Feld auszurichten. Eine Drehung des Dipols aus der Richtung α_1 in die Richtung α (vgl. Abb. 8.1) erfordert demnach nach (I S 5.8) die Arbeit

$$W_A = -\int_{\alpha_1}^{\alpha} M_\omega \,\mathrm{d}\alpha = -m_{\mathrm{m}} B \int_{\alpha_1}^{\alpha} \sin\alpha \,\mathrm{d}\alpha$$

$$= m_{\mathrm{m}} B (\cos\alpha - \cos\alpha_1) = W_{\mathrm{p}}(\alpha_1) - W_{\mathrm{p}}(\alpha),$$

d.h., ein magnetischer Dipol mit dem Moment $\boldsymbol{m}_{\mathrm{m}}$ besitzt im magnetischen Feld die potentielle Energie

magnetischer Dipol im Feld $\boldsymbol{B}$

$$W_{\mathrm{p}} = -m_{\mathrm{m}} B \cos\alpha = -\boldsymbol{m}_{\mathrm{m}} \cdot \boldsymbol{B}. \tag{8.1}$$

Da der Gleichgewichtsfall beim Minimum der potentiellen Energie vorliegt, versucht sich der Dipol in Richtung der Feldlinien einzustellen.

Bringt man ein Atom in ein äußeres magnetisches Feld, dann treten sowohl das resultierende magnetische Bahnmoment $\boldsymbol{M}_L$ als auch das resultierende magnetische Spinmoment $\boldsymbol{M}_S$ seiner Valenzelektronen mit dem Feld in Wechselwirkung. Das bedingt nach (8.1) zusätzliche Energien. Da $\boldsymbol{M}_L$ und $\boldsymbol{M}_S$ gequantelt sind, sind es nach (8.1) auch diese Wechselwirkungsenergien. Äußere magnetische Felder rufen deshalb eine zusätzliche Aufspaltung der Energieniveaus der Atome hervor. Diese Erscheinung nennt man *Zeeman-Effekt* oder *Zeeman-Aufspaltung*.

Zeeman-Effekt, Zeeman-Aufspaltung

Zur Untersuchung des Zeeman-Effektes benutzt man meist Bogen- und Funkenentladungen in starken, möglichst homogenen magnetischen Feldern. Dazu wurden Elektromagneten mit magnetischen Induktionen von bis zu 6 T entwickelt.

Pieter Zeeman (1865–1943) Nobelpreis 1902

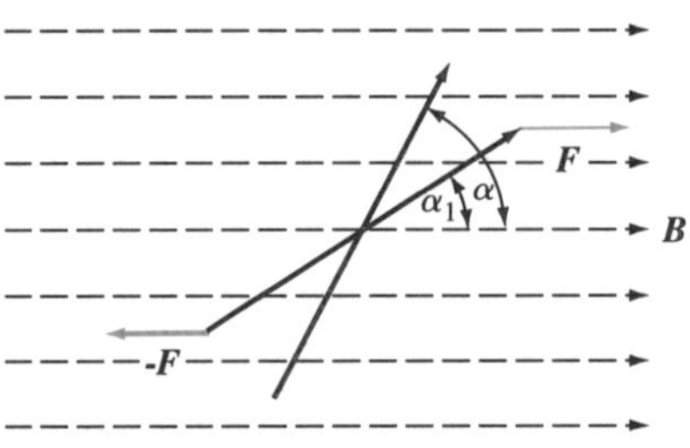

Abb. 8.1
Das Kräftepaar $\boldsymbol{F}$ versucht, das magnetische Moment $\boldsymbol{m}_{\mathrm{m}}$ in Richtung von $\boldsymbol{B}$ zu drehen

8.1.1 Normaler Zeeman-Effekt

Den *normalen Zeeman-Effekt* zeigen alle Singulett-Niveaus. Experimentell zeigt sich folgendes (s. Abb. 8.2):

normaler Zeeman-Effekt

- In einem äußeren magnetischen Feld spaltet die zu einem Übergang zwischen zwei Singulett-Niveaus gehörende Spektrallinie ω_0 in drei Linien auf, von denen eine mit der ursprünglichen Linie identisch ist:

  $$\omega = \omega_0\,; \qquad \omega = \omega_0 \pm \Delta\omega\,.$$

- $\Delta\omega$ ist dem äußeren magnetischen Feld proportional:

  $$\Delta\omega \sim B.$$

- Erfolgt die Beobachtung senkrecht zu $\boldsymbol{B}^0$ (*transversaler Zeeman-Effekt*), so erscheinen die drei Spektrallinien linear polarisiert. Der elektrische Vektor $\boldsymbol{E}$ des Lichtes der mittleren Linie liegt in Feldrichtung, die elektrischen Feldvektoren der Linien $\omega_0 \pm \Delta\omega$ liegen senkrecht zur Beobachtungssrichtung und senkrecht zu $\boldsymbol{B}^0$.
  Bei Beobachtung in Richtung von $\boldsymbol{B}^0$ (*longitudinaler Zeeman-Effekt*) verschwindet die Linie $\omega = \omega_0$, während das Licht der beiden anderen links bzw. rechts zirkular polarisiert ist.

transversaler Zeeman-Effekt

longitudinaler Zeeman-Effekt

Zur Deutung des normalen Zeeman-Effektes wählen wir die Richtung des äußeren Feldes als z-Richtung ($\boldsymbol{B}^0 = \boldsymbol{k}$) und beachten, daß für Singulett-Niveaus $S = 0$ ($\boldsymbol{J} = \boldsymbol{L}$) gilt. Nach (S 6.10) kann infolge der Richtungsquantelung die z-Komponente des resultierenden magnetischen Momentes nur bestimmte Werte annehmen:

Deutung des normalen Zeeman-Effektes

$$M_{Lz} = |\mu_B|\, M_L$$
$$(M_L = -L, -L+1, -L+2, \ldots, L-2, L-1, L)\,. \tag{8.2}$$

Der Wechselwirkung des magnetischen Momentes $\boldsymbol{M}_L$ mit dem äußeren Feld $\boldsymbol{B} = B\boldsymbol{k}$ entspricht nach (8.1) die Wechselwirkungsenergie

$$W_M = -|\mu_B|\, BM_L$$
$$(M_L = -L, -L+1, -L+2, \ldots, L-2, L-1, L)\,. \tag{8.3}$$

Das Energieniveau $W_{n,L=J}$ spaltet somit im Magnetfeld in $2L+1$ Niveaus auf (vgl. Abb. 8.3):

$$W_{n,L,M_L} = W_{n,J=L} - |\mu_B|\, BM_L\,. \tag{8.4}$$

beim normalen Zeeman-Effekt spaltet ein Energieniveau $(2L+1)$-fach auf

Die Energieniveaus liegen äquidistant. Da nach (S 7.2) optische Übergänge der resultierenden magnetischen Quantenzahl die Übergangsregel $\Delta M_L = |M_{Lk} - M_{Li}| = 1;\ 0$ auferlegen, spaltet im Magnetfeld die ursprüngliche Spektrallinie ω_0 in drei Linien auf (vgl. Abb. 8.3):

$$\omega = \omega_0\,; \qquad \omega = \omega_0 \pm \frac{|\mu_B|\, B}{\hbar}\,. \tag{8.5}$$

Damit sind zwei der genannten experimentellen Befunde geklärt.

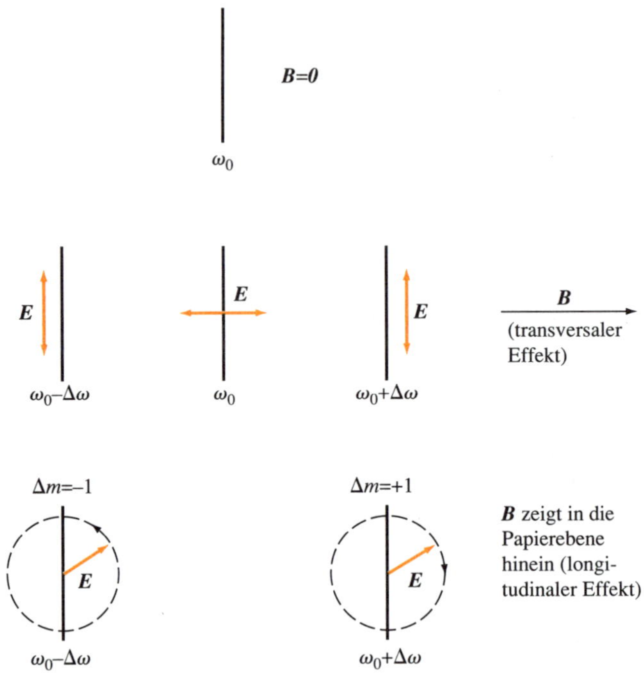

Abb. 8.2
Normaler Zeeman-Effekt

Deutung des Polarisationszustandes

Die Bestimmung des Polarisationszustandes der Linien gelingt mit Hilfe der Beziehungen (7.11) und (7.12). Die z-Achse entspricht der Richtung des äußeren Magnetfeldes. Für den Übergang $\Delta M_L = 0$ ist nach (7.11a) und (7.12a) $\langle z_{ik}\rangle \neq 0$, dagegen sind $\langle x_{ik}\rangle = \langle y_{ik}\rangle = 0$. Der dem Problem zugeordnete klassische Dipol schwingt nur in z-Richtung, d. h., das Atom strahlt eine linear polarisierte elektromagnetische Welle ab, deren Feldvektor $\boldsymbol{E}$ in Richtung des äußeren Magnetfeldes liegt. Die linear polarisierte Strahlung kann demnach nur bei Beobachtung senkrecht zur Richtung des magnetischen Feldes wahrgenommen werden. In Richtung des magnetischen Feldes ist sie dagegen nicht beobachtbar, denn ein schwingender Dipol vermag in der Richtung seiner Achse nicht zu strahlen (vgl. u.a. Abb. II 7.14). Beim Übergang $\Delta M_L = \pm 1$ ist $\langle z_{ik}\rangle = 0$, dagegen sind $\langle x_{ik}\rangle \neq 0$ und $\langle y_{ik}\rangle \neq 0$. Da nach (7.11b), (7.11c) und (7.12b) mit $\mathrm{i} = \mathrm{e}^{\mathrm{i}\pi/2}$ bzw. $-\mathrm{i} = \mathrm{e}^{\mathrm{i}3\pi/2}$

$$\langle x_{ik}\rangle = \mathrm{i}\langle y_{ik}\rangle = \langle y_{ik}\rangle\, \mathrm{e}^{\mathrm{i}\pi/2} \qquad (\Delta M_L = +1)$$

bzw.

$$\langle x_{ik}\rangle = -\,\mathrm{i}\langle y_{ik}\rangle = \langle y_{ik}\rangle\, \mathrm{e}^{\mathrm{i}3\pi/2} \qquad (\Delta M_L = -\,1)$$

gilt, d. h. $\langle x_{ik}\rangle$ und $\langle y_{i_k}\rangle$ um $\pi/2$ bzw. $3\pi/2$ phasenverschoben und die zugehörigen Wellen amplitudengleich sind, entspricht nach der Abbil-

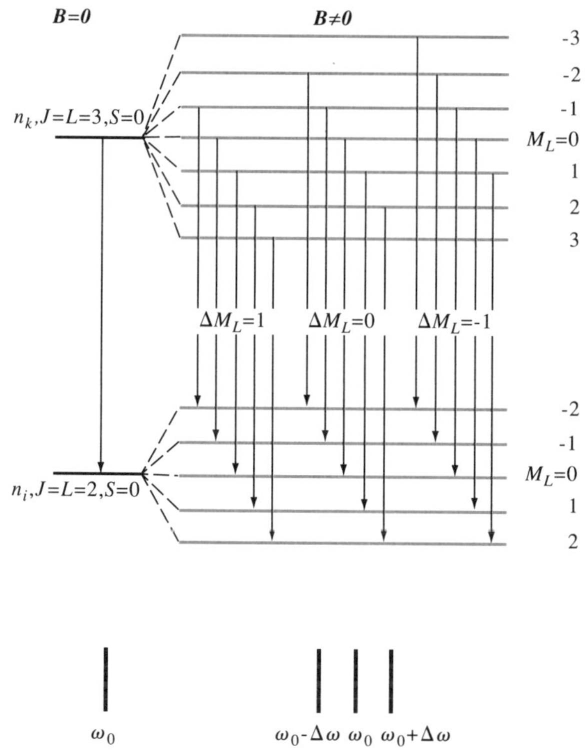

Abb. 8.3
Zur Deutung des normalen Zeeman-Effektes. Das Energieniveau $L = 3$ spaltet in 7, das Energieniveau $L = 2$ in 5 äquidistante Energieniveaus auf. Diese äquidistante Aufspaltung der Niveaus führt bei Beachtung der Auswahlregel $\Delta M_L = 0, \pm 1$ stets zu drei Linien

dung II 10.43 dem Übergang $\Delta M_L = -1$ eine rechts- und dem Übergang $\Delta M_L = +1$ eine linkszirkular polarisierte Welle. Damit ist auch der dritte experimentelle Befund geklärt.

8.1.2 Anomaler Zeeman-Effekt, Paschen-Back-Effekt

Alle Niveaus mit nicht verschwindendem resultierenden Spin ($S \neq 0$) zeigen im Magnetfeld statt des normalen Zeeman-Effektes eine wesentlich kompliziertere Linienaufspaltung, die die historisch entstandene Bezeichnung *anomaler Zeeman-Effekt* trägt. Wie beim normalen Zeeman-Effekt spaltet auch hier jedes Energieniveau $(2J + 1)$-fach auf. Der vorhandene Gesamtspin bewirkt aber infolge der magnetomechanischen Anomalie, daß der resultierende Drehimpuls $\boldsymbol{J}$ und das zugehörige magnetische Moment $\boldsymbol{M}_J$ nicht den gleichen Winkel mit $\boldsymbol{B}$ einschließen. Wie die folgenden Betrachtungen zeigen, hängt dadurch die Aufspaltung der Energieniveaus außer von der magnetischen Induktion $\boldsymbol{B}$ auch von den jewei-

anomaler Zeeman-Effekt

ligen Werten der Quantenzahlen L und S ab. Die durch die Aufspaltung entstandenen Energieniveaus liegen äquidistant zueinander, die Größe der Aufspaltung ist jedoch für verschiedene J unterschiedlich. Dadurch sind die zu Übergängen mit gleichem ΔM_J gehörenden Energiedifferenzen im Gegensatz zum normalen Zeeman-Effekt nicht mehr gleich, und man beobachtet im Spektrum wesentlich mehr Linien.

Die zu $S \neq 0$ gehörenden Energieniveaus zeigen eine Multiplettaufspaltung (vgl. z.B. das Triplettsystem des Heliums). Wählt man das Magnetfeld so groß, daß die Zeeman-Aufspaltung in die gleiche Größenordnung wie die Multiplettaufspaltung kommt, dann geht der anomale Zeeman-Effekt in den normalen über.

Deutung des anomalen Zeeman-Effektes

Die Deutung des anomalen Zeeman-Effektes gelingt unter der Voraussetzung, daß L–S-Kopplung (s. (6.30a)) vorliegt. Das Atom besitzt dann nach (S6.10) ein resultierendes magnetisches Bahnmoment $\boldsymbol{M}_L$ vom Betrage

$$|\boldsymbol{M}_L| = \sqrt{L(L+1)}\,|\mu_B| \tag{8.6a}$$

und nach (S 6.11) ein resultierendes magnetisches Spinnmoment vom Betrage

$$|\boldsymbol{M}_S| = 2\sqrt{S(S+1)}\,|\mu_B|\,. \tag{8.6b}$$

Da weiter nach (6.7) und (6.11) $\boldsymbol{M}_L^0 = -\boldsymbol{L}^0$ und $\boldsymbol{M}_S^0 = -\boldsymbol{S}^0$ gilt, läßt sich die gegenseitige Lage von resultierendem Drehimpuls $\boldsymbol{J}$ und resultierendem magnetischen Moment $\boldsymbol{M}_J$ durch die Vektordarstellung in Abbildung 8.4 geometrisch veranschaulichen.

Berechnung von $\boldsymbol{M}_\parallel$ von $\boldsymbol{M}_J$

Um die quantenphysikalisch möglichen Projektionen $\boldsymbol{M}_{Jz}$ von $\boldsymbol{M}_J$ auf die Richtung des äußeren Feldes zu erhalten, betrachten wir zunächst die Komponente $\boldsymbol{M}_\parallel$ von $\boldsymbol{M}_J$, die mit dem äußeren Feld den gleichen Winkel wie $\boldsymbol{J}$ einschließt. Aus Abbildung 8.4 entnimmt man für ihren Betrag

$$|\boldsymbol{M}_\parallel| = \left[\sqrt{L(L+1)}\cos(\boldsymbol{L},\boldsymbol{J}) + 2\sqrt{S(S+1)}\cos(\boldsymbol{S},\boldsymbol{J})\right]|\mu_B|, \tag{8.7a}$$

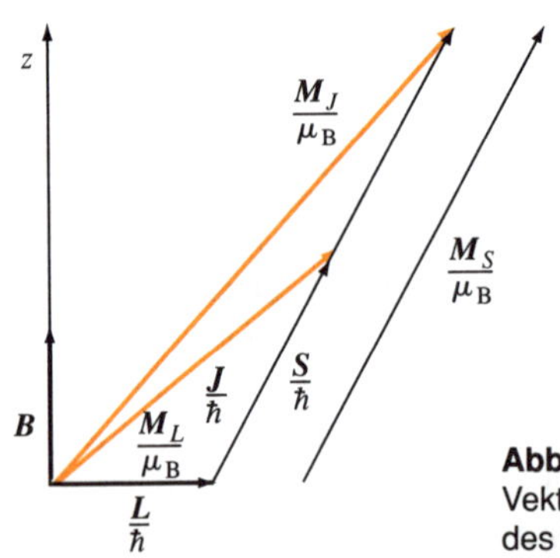

Abb. 8.4
Vektordiagramm zur Deutung des anomalen Zeeman-Effektes

und da mit dem Kosinussatz (Im ebenen Dreieck ist das Quadrat einer Seite gleich der Summe der Quadrate der beiden anderen Seiten, vermindert um das doppelte Produkt aus diesen Seiten und dem Kosinus des von ihnen eingeschlossenen Winkels.)

$$\cos(\boldsymbol{L}, \boldsymbol{J}) = \frac{J(J+1) + L(L+1) - S(S+1)}{2\sqrt{L(L+1)}\,\sqrt{J(J+1)}} \,,$$

$$\cos(\boldsymbol{S}, \boldsymbol{J}) = \frac{J(J+1)\,S(S+1) - L(L+1)}{2\sqrt{S(S+1)}\,\sqrt{J(J+1)}}$$

gilt, wird

$$|\boldsymbol{M}_{\|}| = \left[\frac{J(J+1) + L(L+1) - S(S+1)}{2\sqrt{J(J+1)}} + \frac{J(J+1) + S(S+1) - L(L+1)}{\sqrt{J(J+1)}}\right] |\mu_{\mathrm{B}}|$$

oder

$$|\boldsymbol{M}_{\|}| = \frac{3J(J+1) + S(S+1) - L(L+1)}{2\sqrt{J(J+1)}}\,|\mu_{\mathrm{B}}|\,. \qquad (8.7\,\mathrm{b})$$

Für die weiteren Betrachtungen empfiehlt sich die Festlegung:

$$g_L = \frac{3J(J+1) + S(S+1) - L(L+1)}{2J(J+1)}$$

heißt Landè-Faktor.

(D 8.1)
Landè-Faktor

Mit ihm geht (8.7 b) über in

$$|\boldsymbol{M}_{\|}| = g_{\mathrm{L}}\,|\mu_{\mathrm{B}}|\,\sqrt{J(J+1)}\,, \qquad (8.7)$$

woraus für die gesuchte Koordinate M_{Jz}

ALFRED LANDÉ (1888–1975)

$$|\boldsymbol{M}_{Jz}| = g_{\mathrm{L}}\,|\mu_{\mathrm{B}}|\,\sqrt{J(J+1)}\,\cos(\boldsymbol{J}, \boldsymbol{k}) \qquad (8.8\,\mathrm{a})$$

folgt. Da sich aus (S 6.12)

$$\cos(\boldsymbol{J}, \boldsymbol{k}) = \frac{J_z}{|\boldsymbol{J}|} = \frac{M_J\hbar}{\sqrt{J(J+1)}\,\hbar}$$

$$(M_J = -J, -J+1, -J+2, \ldots, J-2, J-1, J)$$

ablesen läßt, gilt

$$|\boldsymbol{M}_{Jz}| = g_{\mathrm{L}}\,|\mu_{\mathrm{B}}|\,M_J \qquad (8.8)$$

und damit für die Wechselwirkungsenergien des resultierenden magnetischen Bahn- und des resultierenden Spinmomentes der Valenzelektronen mit dem äußeren magnetischen Feld

$$W_M = -|\boldsymbol{M}_{Jz}|\,B = -g_\mathrm{L}\,|\mu_\mathrm{B}|\,BM_J \qquad (8.9)$$
$$(M_J = -J, -J+1, -J+2, \ldots, J-2, J-1, J).$$

Wir fassen zusammen:

(S 8.1) Aufspaltung der Energieniveaus im Magnetfeld

Jedes Energieniveau $W_{n,L,J}$ spaltet im Magnetfeld der magnetischen Induktion $\boldsymbol{B}$ in $2J+1$ Energieniveaus auf:

$$W_{n,L,J,M_J} = W_{n,L,J} - g_\mathrm{L}\,|\mu_\mathrm{B}|\,BM_J$$
$$(M_J = -J, -J+1, -J+2, \ldots, J-2, J-1, J)\,.$$

Der normale Zeeman-Effekt ist in (S 8.1) als Spezialfall enthalten, denn für die Energieniveaus des Singulettsystems gilt $S = 0$, damit nach (S 6.11) und (6.12) $J = L$ und $M_J = M_L$. Demzufolge geht (S 8.1) – wie behauptet – für diesen Sonderfall in (8.4) über.

Zeeman-Effekt bei der Natrium-D-Linie

Als Beispiel werde die Zeeman-Aufspaltung der Natrium-D-Doppellinie betrachtet (s. Abb. 8.5). Die Linie D_1 entspricht dem Übergang (vgl. Abb. 7.4a) $2\,^2P_{1/2} \rightarrow 1^2\,S_{1/2}$. Da das Energieniveau $2\,^2P_{1/2}$ durch die Quantenzahlen $n = 2$, $l = 1$, $j = 1/2$, $s = 1/2$ charakterisiert ist, erfährt es eine $2j + 1 = 2$-fache Aufspaltung; der Landè-Faktor ergibt sich nach (D 8.1) zu $g_\mathrm{L} = 2/3$. Das Energieniveau $2\,^2P_{1/2}$ spaltet nach (S 8.1) also im Magnet-

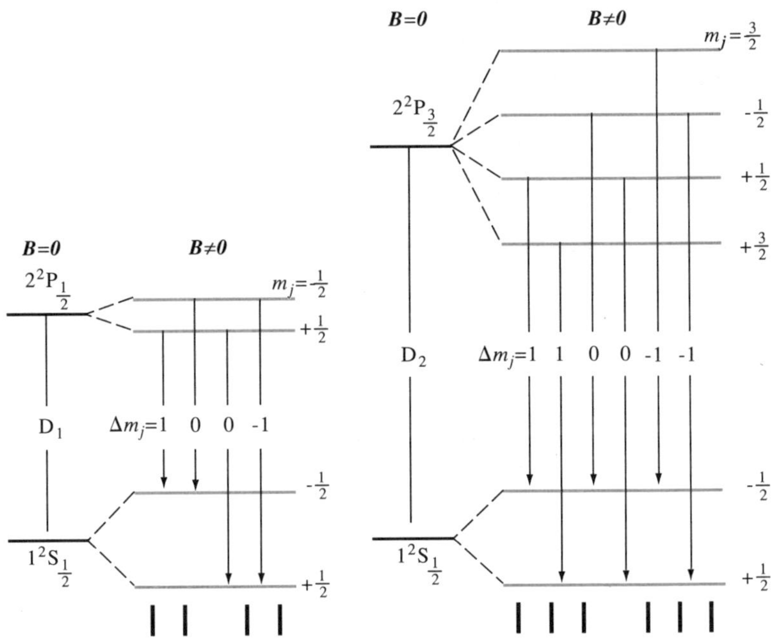

Abb. 8.5
Zum anomalen Zeeman-Effekt der Natrium-D-Linie

feld in die zwei Energieniveaus

$$W_{2,1,1/2,m_j=-1/2} = W_{2,1,1/2} + \frac{1}{3}\,|\mu_B|\,B\,,$$

$$W_{2,1,1/2,m_j=+1/2} = W_{2,1,1/2} - \frac{1}{3}\,|\mu_B|\,B$$

auf, während das Energieniveau $1^2\mathrm{S}_{1/2}$ ($n = 1$, $l = 0$, $j = 1/2$, $s = 1/2$, $2j + 1 = 2$, $g_L = 2$) die Aufspaltung

$$W_{1,0,1/2,m_j=-1/2} = W_{1,0,1/2} + |\mu_B|\,B\,,$$

$$W_{1,0,1/2,m_j=+1/2} = W_{1,0,1/2} - |\mu_B|\,B$$

zeigt. Wegen der Übergangsregel $\Delta m = \pm 1; 0$ ist die Natrium-D_1-Linie im Magnetfeld eine Vierfach-Linie.

Der D_2-Linie entspricht der Übergang $2\,^2\mathrm{P}_{3/2} \rightarrow 1\,^2\mathrm{S}_{1/2}$. Das Energieniveau $2\,^2\mathrm{P}_{3/2}$ ($n = 2$, $l = 1$, $j = 3/2$, $s = 1/2$, $2j + 1 = 4$, $g_L = 4/3$) spaltet im Magnetfeld in die vier Niveaus

$$W_{2,1,3/2,m_j=-3/2} = W_{2,1,3/2} + 2\,|\mu_B|\,B\,,$$

$$W_{2,1,3/2,m_j=-1/2} = W_{2,1,3/2} + \frac{2}{3}\,|\mu_B|\,B\,,$$

$$W_{2,1,3/2,m_j=+1/2} = W_{2,1,3/2} - \frac{2}{3}\,|\mu_B|\,B\,,$$

$$W_{2,1,3/2,m_j=+3/2} = W_{2,1,3/2} - 2\,|\mu_B|\,B$$

auf, die D_2-Linie demzufolge in sechs Linien.

Die Zeeman-Aufspaltung der Energieniveaus ist dem Landè-Faktor proportional und damit von den Quantenzahlen L, J und S abhängig. Der anomale Zeeman-Effekt ist deshalb ein wichtiges Hilfsmittel zur Ermittlung der Quantenzahlen der Energieniveaus der Atome. Speziell folgt für reinen „Bahnmagnetismus" ($J = L$, $S = 0$) $g_L = 1$, für reinen Spinmagnetismus ($L = 0$, $J = S$) $g_L = 2$. Im letzten Fall ist der Landè-Faktor gleich dem gyromagnetischen Faktor g_{se} des Elektrons.

Anwendung des Zeeman-Effektes zur Ermittlung der Quantenzahlen

Weiter ist die Zeeman-Aufspaltung der magnetischen Induktion proportional. Die Beobachtung des Zeeman-Effektes an Niveaus bekannter Aufspaltung gestattet daher die spektroskopische Messung von magnetischen Feldstärken am Ort einer Strahlungsquelle. So werden z. B. Magnetfelder außerirdischer Objekte gemessen.

der Zeeman-Effekt ermöglicht die Messung von magnetischen Feldstärken außerirdischer Objekte

Auch die Multiplettaufspaltung der Energieniveaus (vgl. Abschn. 7.2.2) ist durch die Wechselwirkung zwischen $\boldsymbol{L}$ und $\boldsymbol{S}$ bedingt, denn ihre Deutung setzt die L–S-Kopplung voraus. Wählt man nun die magnetische Induktion $\boldsymbol{B}$ so groß, daß die Zeeman-Aufspaltung in die Größenordnung der Multiplettaufspaltung kommt bzw. sie überschreitet, dann wird sowohl die Kopplung zwischen äußerem Feld $\boldsymbol{B}$ und $\boldsymbol{M}_L$ als auch die zwischen $\boldsymbol{B}$ und $\boldsymbol{M}_S$ stärker als die zwischen $\boldsymbol{M}_L$ und $\boldsymbol{M}_S$ bzw. die zwischen $\boldsymbol{L}$ und $\boldsymbol{S}$. Die $L-S$-Kopplung wird aufgehoben, und in erster Näherung können $\boldsymbol{L}$ und $\boldsymbol{S}$ als voneinander unabhängig angesehen werden. Statt (8.3) erhält man dann

$$W_{M_L,\,M_S} = -\left(|\boldsymbol{M}_{Lz}| + |\boldsymbol{M}_{Sz}|\right) B$$

und hieraus mit (8.2) und (S 6.11) für die durch das magnetische Feld bedingte Zusatzenergie

$$W_{M_L,\,M_S} = -|\mu_B|\,B(M_L + 2M_s) = -|\mu_B|\,BM \qquad (8.10)$$
$$(M_L = -L, -L+1, ..., L-1, L)$$
$$(M_S = -S, -S+1, ..., S-1, S).$$

Paschen-Back-Effekt

M_L und $2M_S$ sind stets ganzzahlig; damit ist auch $M = M_L + 2M_S$ eine ganze Zahl. In starken magnetischen Feldern liegen demzufolge analoge Verhältnisse wie beim normalen Zeeman-Effekt vor, denn der Übergangsregel $\Delta M = 0; \pm 1$ wegen spaltet ebenfalls jede bei $\boldsymbol{B} = \boldsymbol{0}$ vorhandene Linie in drei Linien auf. Die Tatsache, daß bei großer magnetischer Induktion $\boldsymbol{B}$ durch die dann vorliegende Entkopplung von $\boldsymbol{L}$ und $\boldsymbol{S}$ der anomale in den normalen Zeeman-Effekt übergeht, wird als *Paschen-Back-Effekt* bezeichnet.

Ernst Emil Alexander Back (1881–1959)

Abbildung 8.6 zeigt den Paschen-Back-Effekt für die Natrium-D_2-Linie. Nach (8.10) spaltet im starken magnetischen Feld das Energieniveau $2\,^2P_{3/2}$ in fünf Niveaus auf,

Paschen-Back-Effekt bei der Natrium-D_2-Linie

$$W_{2,1,m=-1,m_s=-1/2} = W_{2,1} + 2|\mu_B|B,$$
$$W_{2,1,m=0,m_s=-1/2} = W_{2,1} + |\mu_B|B,$$
$$W_{2,1,m=\pm 1,m_s=\mp 1/2} = W_{2,1},$$
$$W_{2,1,m=0,m_s=+1/2} = W_{2,1} - |\mu_B|B,$$
$$W_{2,1,m=+1,m_s=+1/2} = W_{2,1} - 2|\mu_B|B,$$

das Energieniveau $1\,^2S_{1/2}$ in zwei Niveaus:

$$W_{1,0,m=0,m_s=\mp 1/2} = W_{1,0} \pm |\mu_B|B\,.$$

Beachtung der Übergangsregel $\Delta M = 0; \pm 1$ führt wie beim normalen Zeeman-Effekt zu drei Linien.

Da Wasserstoff nur eine geringe Multiplettaufspaltung zeigt (vgl. Abschn. 7.1.2), wurde an ihm zunächst nur der normale Zeeman-Effekt beobachtet. Erst als die Verfeinerung der Meßmethodik den Übergang zu kleineren Feldern erlaubte, konnte auch beim Wasserstoff der anomale Zeeman-Effekt nachgewiesen werden.

die Entkopplung von $\boldsymbol{L}$ und $\boldsymbol{S}$ in starken Magnetfeldern erfolgt nicht vollständig

Zur Deutung des Paschen-Back-Effektes wurde angenommen, daß in starken magnetischen Feldern die Kopplung von $\boldsymbol{L}$ und $\boldsymbol{S}$ verlorengeht, $\boldsymbol{L}$ und $\boldsymbol{S}$ also als voneinander unabhängig angesehen werden können. Tatsächlich bleibt aber auch in starken magnetischen Feldern eine gerin-

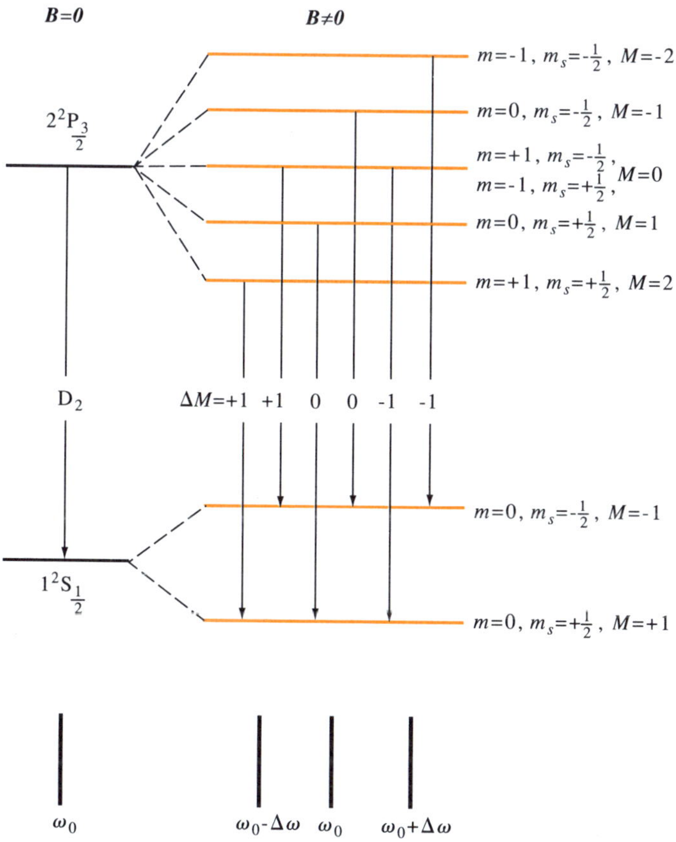

Abb. 8.6
Zum Zeeman-Effekt in starken magnetischen Feldern. Der Abstand der beiden S-Zustände mit $|\Delta M| = 2$ ist doppelt so groß wie der Abstand benachbarter P-Zustände mit $|\Delta M| = 1$

ge Kopplung erhalten, die eine weitere Feinstruktur der Energieniveaus bewirkt.

8.1.3 Paramagnetische Elektronenresonanz

In einem konstanten magnetischen Feld $\boldsymbol{B}_0$ spalten die Energieniveaus eines Atoms $(2J + 1)$-fach auf. Als Folge dieser Aufspaltung beobachtet man eine Feinstruktur der Spektrallinien: Statt einer Spektrallinie ω_0 findet man beim normalen Zeeman-Effekt drei Linien, beim anomalen eine Vielzahl von Linien. Mit den in den vorstehenden Abschnitten diskutierten Gesetzmäßigkeiten kann durch optische Messungen aus der Lage der Linien die Aufspaltung der Energieniveaus ermittelt werden, jedoch nur als kleine Differenzen relativ großer Werte von λ^{-1}. Wesentlich genauer als durch diese optischen Feinstrukturmessungen lassen sich die Energie- paramagnetische Elektronenresonanz niveaus mit der *paramagnetischen Elektronenresonanz* bestimmen. Diese hochfrequenzspektroskopische Methode ist seit 1944 bekannt und gestattet es heute, mit höchster Präzision die Zeeman-Aufspaltung zu messen und damit Auskunft über das paramagnetische Verhalten des untersuchten Stoffes zu geben.

Prinzip der paramagnetischen Elektronenresonanz

Die Methode der paramagnetischen Elektronenresonanz beruht auf folgendem Prinzip. Durch ein konstantes magnetisches Feld $\boldsymbol{B}_0$ wird das betrachtete Energieniveau des Atoms $(2J+1)$-fach aufgespalten. Senkrecht zu $\boldsymbol{B}_0$ wirkt der magnetische Feldvektor $\boldsymbol{B}$ eines hochfrequenten elektromagnetischen Feldes der Kreisfrequenz ω:

$$\boldsymbol{B} = \boldsymbol{B}_{\max} \cos(\omega t + \varphi)\,.$$

Dieses Feld kann die Lage des resultierenden magnetischen Momentes in bezug auf $\boldsymbol{B}_0$ verändern. Erfüllt seine Kreisfrequenz nämlich die Resonanzbedingung

$$\hbar\omega_{ik} = W_{M_k} - W_{M_i} = -g_{\mathrm{L}}\,|\mu_{\mathrm{B}}|\,B_0\,(M_k - M_i) \quad (M_k < M_i)\,, \tag{8.11}$$

so ist die Anregung des Energieüberganges $W_{M_i} \rightarrow W_{M_k}$ möglich. Dabei wird dem Hochfrequenzfeld die hierzu notwendige Engergie $\hbar\omega_{ik}$ entzogen; die Resonanzstellen lassen sich deshalb durch eine maximale Absorption des Hochfrequenzfeldes nachweisen. Ermittelt man diese, so ist nach (8.11) die Differenz der Energieniveaus bekannt.

Der technische Aufbau eines *Elektronenresonanz-Spektrometers* zeigt gegenüber dem Grundprinzip gewisse Veränderungen. Statt mit einem hochfrequenten elektromagnetischen Feld variabler Kreisfrequenz ω wird mit einer Festfrequenz ω_0 des Feldes gearbeitet und die Resonanzbedingung (8.11) durch Einstellung der Stärke B_{0ik} des $\boldsymbol{B}_0$-Feldes erfüllt:

$$\hbar\omega_0 = -g_{\mathrm{L}}\,|\mu_{\mathrm{B}}|\,B_{0ik}(M_k - M_i) \quad (M_k < M_i)\,. \tag{8.11a}$$

Hierzu variiert man bei gleichzeitiger Messung der Intensität I von $\boldsymbol{B}$ die Stärke des $\boldsymbol{B}_0$-Feldes. Den Resonanzstellen B_{0ik} entsprechen Minima von $I = f(B_0)$ (vgl. Abb. 8.7b).

Aufbau des Elektronenresonanz-Spektrometers

Das $\boldsymbol{B}_0$-Feld wird durch einen Elektromagneten erzeugt, die Variation des Feldes erfolgt durch langsame Veränderung des Spulenstromes. Die benutzten magnetischen Induktionen liegen bei einigen Tesla und müssen bis auf mindestens $10^{-3}\%$ stabilisiert werden.

Bei den für das $\boldsymbol{B}_0$-Feld maximal erreichbaren Werten von einigen Tesla erfordert die Einhaltung der Resonanzbedingung (8.11) Frequenzen von etwa 10 GHz für das $\boldsymbol{B}$-Feld. Die Erzeugung von elektromagnetischen Feldern in diesem Frequenzbereich, d.h. nach $\lambda\nu = c$ in einem Wellenlängenbereich von $\lambda \approx 3$ cm, erfordert den Einsatz spezieller elektronischer

Klystron

Bauelemente. Als Röhren finden *Klystrons* Verwendung. In ihnen wird ein Elektronenstrahl erzeugt, dessen Dichte durch einwirkende Wechselfelder moduliert wird. Der dichtemodulierte Elektronenstrahl regt einen Hohlraumresonator zu elektromagnetischen Schwingungen an, deren Frequenzen durch die Abmessungen des Resonators bestimmt sind.

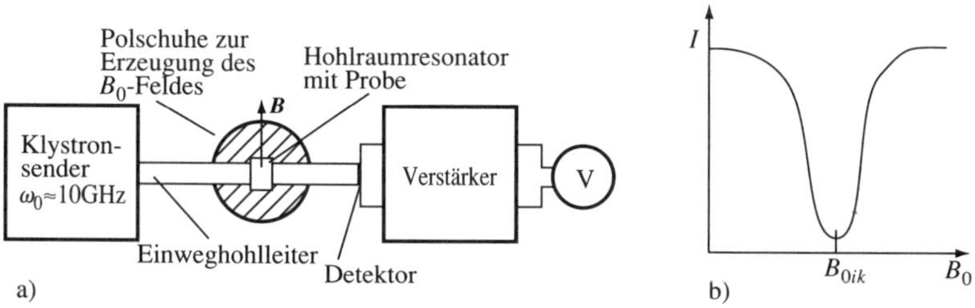

Abb. 8.7
Zur paramagnetischen Elektronenresonanz
a) Blockschaltbild eines einfachen Spektrometers ($\boldsymbol{B}_0$-Feld liegt senkrecht zur Papierebene, es ist nur ein Polschuh eingezeichnet)
b) $I = f(B_0)$ beim Durchlaufen einer Resonanzstelle

Die vom Klystron-Sender abgestrahlte elektromagnetische Welle wird durch einen Einweghohlleiter einem Hohlraumresonator zugeführt, in welchem die zu untersuchende Probe am Ort maximaler magnetischer Feldenergie angeordnet wird (vgl. Abb. 8.7a). Der Hohlraumresonator wird so bemessen, daß sich in ihm die cm-Welle als stehende Welle ausbildet. Die Welle durchläuft die Probe (Beobachtung in Transmission) und wird durch einen weiteren Hohlleiter einem Kristalldetektor zugeführt. Die an ihm abgegriffene Gleichspannung ist ein Maß für die Intensität des $\boldsymbol{B}$-Feldes.

Durch Anwendung einer Kompensationsmethode läßt sich die Empfindlichkeit wesentlich steigern. Außerdem wird dem $\boldsymbol{B}_0$-Feld ein kleines homogenes magnetisches Wechselfeld gleicher Richtung überlagert. Seine Frequenz liegt im kHz-Bereich, zu seiner Erzeugung dient ein zusätzliches Spulenpaar (Helmholtz-Spulen). Dadurch kann am Kristalldetektor eine Wechselspannung abgegriffen werden, die sich wesentlich besser als eine Gleichspannung verstärken läßt. Aus technischen Gründen wird meist nicht in Transmission, sondern in Reflexion gearbeitet.

Die Methode der paramagnetischen Elektronenresonanz liefert wichtige Aussagen über die Struktur von Molekülen und Kristallen. Voraussetzung für die Anwendung dieser Methode ist, daß die zu untersuchende Substanz atomare magnetische Dipole enthält, die sich im $\boldsymbol{B}_0$-Feld ausrichten können. Die Substanz muß also paramagnetisch sein. Als Beispiel werde ein Stoff betrachtet, der N Atome der ersten Gruppe enthalte. Bei Normaltemperaturen befinden sich alle diese Atome praktisch im Grundzustand W_1 ($n = 1, l = 0; m = 0, m_s = \pm 1/2$). Nach (S 8.1) (6.30a) und (S 6.9) spaltet dieses Niveau im Magnetfeld $\boldsymbol{B}_0$ in die zwei Niveaus ($g_L = g_{se}$)

Beispiel für die Anwendung der paramagnetischen Elektronenresonanz

$$W_m = W_1 - g_{se} \, |\mu_B| \, B_0 m_s = W_1 \pm \frac{g_{se} \, |\mu_B| \, B_0}{2} \tag{8.12}$$

auf.

Beim Übergang $m_s = 1/2 \to m_s = -1/2$ wird dem $\boldsymbol{B}$-Feld Energie entzogen, beim Übergang $m_s = -1/2 \to m_s = +1/2$ dagegen von der Probe eine Welle der Kreisfrequenz ω_0 emittiert. Beide Fälle sind prinzipiell möglich. Da sich jedoch die überwiegende Anzahl der Atome im energetisch tiefsten Zustand befindet, überwiegt die Absorption (vgl. auch Abschn. 8.3.2, paramagnetischer 2-Niveau-Maser). $N_{+1/2}$ sei die Anzahl der Atome mit $m_s = 1/2$, $N_{-1/2}$ die mit $m_s = -1/2$ ($N_{+1/2} \gg N_{-1/2}$). Die dem $\boldsymbol{B}$-Feld entzogene Energie ΔW kann proportional zur Differenz $\Delta N = N_{+1/2} - N_{-1/2}$ dieser Besetzungszahlen angenommen werden:

$$\Delta W \sim \Delta N = N_{+1/2} - N_{-1/2}\,. \tag{8.13a}$$

Im thermodynamischen Gleichgewicht sind die Besetzungszahlen durch die Boltzmann-Verteilung (I 8.6c) gegeben. Man erhält mit $\Delta W_m = W_{-1/2} - W_{+1/2}$

$$N_{-1/2} = N_{+1/2}\,\mathrm{e}^{-\frac{\Delta W_m}{kT}}\,, \tag{8.14a}$$

daraus für N

$$N = N_{+1/2} + N_{-1/2} = N_{+1/2}\left(1 + \mathrm{e}^{-\frac{\Delta W_m}{kT}}\right) \tag{8.14b}$$

und für ΔN

$$\Delta N = N_{+1/2} - N_{-1/2} = N_{+1/2}\left(1 - \mathrm{e}^{-\frac{\Delta W_m}{kT}}\right)\,. \tag{8.14c}$$

Eliminiert man in (8.14c) $N_{+1/2}$ mit Hilfe von (8.14b), dann bekommt (8.13a) die Form

$$\Delta W \sim \Delta N = N\,\frac{1 - \mathrm{e}^{-\frac{\Delta W_m}{kT}}}{1 + \mathrm{e}^{-\frac{\Delta W_m}{kT}}}\,. \tag{8.13b}$$

Technisch sind für das $\boldsymbol{B}_0$-Feld magnetische Induktionen von nur einigen Tesla erreichbar. Demzufolge gilt nach (8.12) $\Delta W_{\mathrm{m}} \ll kT$. Damit können die Näherungsbeziehungen $\mathrm{e}^x \approx 1 + x$ und $(1 + x)^{-1} \approx 1 - x$ für $|x| \ll 1$ Anwendung finden, womit (8.13b) übergeht in

$$\Delta W \sim N\,\frac{\Delta W_m}{2kT} = N\,\frac{W_{-1/2} - W_{+1/2}}{2kT} = N\,\frac{g_{se}\,|\mu_{\mathrm{B}}|\,B_0}{2kT}\,. \tag{8.13}$$

EDWARD MILLS PURCELL, geb. 1912 Nobelpreis 1952

ΔW ist dem Betrag des $\boldsymbol{B}_0$-Feldes direkt, der Arbeitstemperatur T umgekehrt proportional. Man wählt deshalb ein möglichst großes B_0 (s. vorstehende Daten) und eine möglichst niedrige Arbeitstemperatur.

Die absorbierte Energie ist der Atomanzahl N proportional. Aus der Stärke der Absorption läßt sich daher die Anzahl der paramagnetischen Zentren in einer Substanz ermitteln. So gelingt zum Beispiel der quantitative Nachweis der freien Radikale, die bei Polymerisationsprozessen auftreten. Moderne Elektronenresonanz-Spektrometer gestatten es u.a., Radikalkonzentrationen bis zu einigen 10^{-7} mol/l mit Sicherheit nachzuweisen.

Auch das magnetische Spinmoment des Elektrons konnte 1945 von PURCELL und KUSCH nach dieser Methode mit höchster Präzision bestimmt werden. Statt des aus dem Stern-Gerlach-Versuch gefolgerten Wertes $|\boldsymbol{m}_{sez}| = |\mu_B|$ findet man

magnetisches Spinmoment des Elektrons

$$|\boldsymbol{m}_{sez}| = (1{,}0011596567 \pm 0{,}0000000035)\,|\mu_B|\,. \tag{8.15}$$

Die Abweichung vom Wert $|\mu_B|$ wird wie die Abweichung des gyromagnetischen Faktors g_{se} des Elektrons vom Wert 2 (vgl. (6.24)) von der Quantenelektrodynamik gefordert. (8.15) bildet damit eine wesentliche experimentelle Stütze dieser Theorie.

POLYKARP KUSCH (1911–1993) Nobelpreis 1955

8.2 Wechselwirkung mit elektrischen Feldern

1913 gelang STARK der Nachweis, daß die Energieniveaus der Atome auch in einem elektrischen Feld aufspalten. Man nennt diesen Effekt *Stark-Effekt*. Seine experimentelle Realisierung ist schwierig, da dazu angeregte Atome in elektrischen Feldern von etwa 10^5 Vcm^{-1} beobachtet werden müssen. So spaltet z.B. in einem Feld von $7{,}5 \cdot 10^4$ Vcm^{-1} die H_γ-Linie in Linien auf, deren Abstände maximal 3 nm betragen.

Stark-Effekt

STARK löste das experimentelle Problem mit Hilfe von Kanalstrahlen. Er ließ dazu die in einer Gasentladungsstrecke angeregten Ionen durch eine mit Löchern versehene Katode aus der Entladungsstrecke austreten und setzte sie dann einem äußeren elektrischen Feld aus. Später konnte der Stark-Effekt auch in der Entladungsstrecke selbst nachgewiesen werden. Hierzu wird die Entladung katodenseitig kapillarartig verengt. Bei hinreichend kleinem Entladungsdruck stellt sich dann im Katodenfall (s. Bd. II) die gewünschte Feldstärke ein.

Die Größe der Aufspaltung ist der Stärke des äußeren elektrischen Feldes entweder proportional (*linearer Stark-Effekt*) oder hängt quadratisch von ihr ab (*quadratischer Stark-Effekt*). Weiter ist im Gegensatz zur Zeeman-Aufspaltung, die für alle Energieniveaus der Atome von gleicher Größenordnung ist, die Aufspaltung der Energieniveaus im elektrischen Feld von Atomart zu Atomart sehr unterschiedlich. Nur beim Wasserstoffatom und beim einfach ionisierten Helium lassen sich im elektrischen Feld Aufspaltungen der Energieniveaus erreichen, die in die Größenordnung der Zeeman-Aufspaltung kommen oder diese sogar überschreiten.

linearer Stark-Effekt
quadratischer Stark-Effekt

Die Energieniveaus W_n des Wasserstoffatoms und der wasserstoffähnlichen Ionen zeigen den linearen Effekt. Sie spalten im äußeren elektrischen Feld in $2n-1$ diskrete Energieniveaus auf, deren Abstände dem elektrischen Feld $\boldsymbol{E}$ und der Hauptquantenzahl n proportional sind (s. Abb. 8.8b). Außerdem zeigen die Niveaus eine Feinstruktur (vgl. Abb. 8.8a), die allerdings sehr schwer beobachtbar ist.

Außer dem Wasserstoffatom und den wasserstoffähnlichen Ionen zeigen alle anderen Atome bei nicht allzu großen elektrischen Feldstärken den quadratischen Stark-Effekt. Nicht allzu große Feldstärken heißt, daß

JOHANNES STARK (1874–1957) Nobelpreis 1919

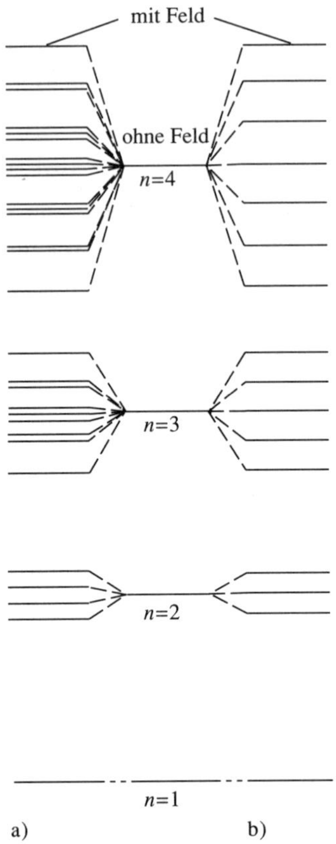

Abb. 8.8 Linearer Stark-Effekt des Wasserstoffatoms. Die Abstände der einzelnen Energieniveaus W_n entsprechen nicht ihrer wirklichen Lage, die Aufspaltung der Energieniveaus als Folge des Stark-Effektes ist gegenüber dem Abstand der Niveaus ohne Feld stark übertrieben gezeichnet.
a) Stark-Effekt bei Berücksichtigung der Feinstruktur
b) Stark-Effekt ohne Berücksichtigung der Feinstruktur

die durch $\boldsymbol{E}$ bedingte Aufspaltung der Energieniveaus ihre Multiplettaufspaltung nicht überschreitet. Die S-Niveaus werden nicht aufgespalten, aber gegenüber dem ursprünglichen Niveau proportional zu E^2 verschoben. Diese Verschiebung nimmt mit der Hauptquantenzahl zu. Beim Helium ist sie etwa proportional zu n^7. Alle anderen Niveaus werden verschoben und außerdem in verwickelter Weise aufgespalten. Auch ihre Aufspaltung ist proportional zu E^2.

Wählt man E so groß, daß der Stark-Effekt in die Größenordnung der Multiplettaufspaltung kommt, dann geht in Analogie zum Paschen-Back-Effekt der quadratische Stark-Effekt in den linearen über. Da die D- und F-Niveaus der Alkalimetallatome eine geringe Multiplettaufspaltung zeigen, wird an ihnen schon bei relativ kleinen Feldstärken der lineare Effekt beobachtet.

Deutung des quadratischen Stark-Effektes

Die Deutung des Stark-Effektes ist schwieriger als die des Zeeman-Effektes, da die Atome im allgemeinen wohl ein magnetisches, aber kein elektrisches Dipolmoment besitzen. Das Auftreten des quadratischen Effektes läßt sich wie folgt plausibel machen. Durch die Wechselwirkung zwischen dem äußeren elektrischen Feld und der Atomhülle wird diese derart deformiert, daß die Ladungsschwerpunkte von positiver und negativer Ladung nicht mehr zusammenfallen. Vom äußeren Feld wird also ein elektrisches Dipolmoment $|\boldsymbol{m}_{\mathrm{el}}|$ induziert (vgl. elektrische Polarisation, Bd. IV). Das induzierte Dipolmoment ist der Feldstärke $\boldsymbol{E}$ des äußeren Feldes proportional ($\boldsymbol{m}_{\mathrm{el}} \sim \boldsymbol{E}$). Analog zu (8.1) besitzt dieser Dipol im elektrischen Feld die potentielle Energie

$$W_{\mathrm{p}} = -\boldsymbol{m}_{\mathrm{el}} \cdot \boldsymbol{E} \sim \boldsymbol{E}^2 . \tag{8.16}$$

Die Wechelwirkungsenergie ist also dem Quadrat der äußeren Feldstärke proportional.

Deutung des linearen Stark-Effektes

Das Auftreten des linearen Effektes beim Wasserstoff erklärt sich daraus, daß beim Wasserstoff die S-, P-, D- und F-Niveaus für gleiche Hauptquantenzahlen zusammenfallen. Diese Entartung wird vom elektrischen Feld aufgehoben, was zu dem linearen Effekt führt. Jedem Wert $l > 0$ sind zwei Werte von j ($j = l \pm 1/2$) zugeordnet, dem Wertevorrat von l entsprechend gehören zu jeder Hauptquantenzahl $2\,(n-1) + 1 = 2n - 1$ Werte von j. Bei Aufhebung der Entartung spaltet W_n demzufolge $(2n-1)$-fach auf.

Erklärung des Überganges des quadratischen Stark-Effektes in den linearen

Sowohl das Auftreten des linearen als auch das des quadratischen Stark-Effektes konnte – wie hier nicht weiter ausgeführt werden soll – mit der Quantentheorie gedeutet werden. Der Übergang des quadratischen in den linearen Effekt bei hohen elektrischen Feldstärken beruht wie der Paschen-Back-Effekt auf der Entkopplung von $\boldsymbol{L}$ und $\boldsymbol{S}$, nur daß statt des magnetischen Feldes hier das elektrische die Entkopplung bewirkt. Da aber eine gewisse Wechselwirkung verbleibt, zeigen die Linien eine Feinstruktur.

Die Verschiebung der Energieniveaus wird durch das zusätzliche Potential der Hüllenelektronen im äußeren elektrischen Feld verursacht. Dieses Zusatzpotential verändert die Energieeigenwerte der Energieeigenwertgleichung.

Außer der vorstehend besprochenen Aufspaltung und Verschiebung der Energieniveaus beobachtet man in starken elektrischen Feldern Energieübergänge, die der Auswahlregel $\Delta L = \pm 1$ widersprechen. Sie führen zu Spektrallinien, die sonst im Spektrum nicht beobachtet werden. Sie werden *Stark-Koch-Linien* genannt.

Stark-Koch-Linien

Die Beobachtung des Stark-Effektes an Energieniveaus bekannter Aufspaltung gestattet die spektroskopische Messung von Feldstärken, z. B. denen in Plasmen.

Schnell veränderliche elektrische Felder führen zu einer Aufspaltung und Verschiebung der Energieniveaus von veränderlicher Größe. Das bedingt eine Verbreiterung (*Stark-Verbreiterung*) der Spektrallinien. Es lassen sich daher z. B. die in Plasmen vorhandenen Mikrofelder und damit das Dichtefeld der Elektronen und Ionen in Plasmen durch die Messung der Stark-Verbreiterung bestimmter Spektrallinien ermitteln.

Stark-Verbreiterung

8.3 Wechselwirkung mit Strahlung

8.3.1 Absorption, spontane und induzierte Emission

Ein Atom wird durch die Absorption des Photons $h\nu_{ik}$ vom Energiezustand W_i in den energetisch höheren W_k ($W_i < W_k$) überführt. Die *Absorption* eines Photons erfordert die Wechselwirkung des Atoms mit einer äußeren Strahlung. Demgegenüber kann der Übergang $W_k \to W_i$ ohne Einfluß eines äußeren Strahlungsfeldes erfolgen (vgl. Abschn. 4.2.4). Das Atom geht *spontan* unter Emission des Photons $h\nu_{ki} = h\nu_{ik}$ vom Energiezustand W_k in den Zustand W_i über (*spontane Emission*). EINSTEIN konnte 1917 an Hand theoretischer Überlegungen nachweisen, daß der Übergang $W_k \to W_i$ auch durch ein äußeres Strahlungsfeld erzwungen (induziert) werden kann. Die Einstrahlung des Photons $h\nu_{ki}$ induziert den Übergang $W_k \to W_i$ und damit die Ausstrahlung eines weiteren Photons $h\nu_{ki}$. Man bezeichnet diesen physikalischen Vorgang als *induzierte Emission*. Wir müssen deshalb folgende drei physikalische Erscheinungen unterscheiden (s. Abb. 8.9):

Absorption

spontane Emission

induzierte Emission

Absorption
Das Atom X geht durch die Absorption des Photons $h\nu_{ik}$ vom Energiezustand W_i in den höheren Energiezustand W_k über:

$$h\nu_{ik} + X_{W_i} \to X_{W_k} \quad (W_i < W_k)\,. \tag{8.17a}$$

Spontane Emission
Das Atom X geht von einem äußeren Strahlungsfeld unbeeinflußt unter Emission eines Photons $h\nu_{ki} = h\nu_{ik}$ vom höheren Energiezustand W_k in den niedrigeren Energiezustand W_i über:

$$X_{W_k} \to X_{W_i} + h\nu_{ki} \quad (W_i < W_k)\,. \tag{8.17b}$$

Induzierte Emission
Die Einstrahlung des Photons $h\nu_{ki}$ induziert den Übergang des Atoms X vom Energiezustand W_k in den niedrigeren W_i bei gleichzeitiger Emission eines Photons gleicher Energie $h\nu_{ki}$:

$$h\nu_{ki} + X_{W_k} \to h\nu_{ki} + X_{W_i} + h\nu_{ki}\,. \tag{8.17c}$$

induzierte Emission und Absorption sind sich entsprechende Vorgänge

Die Absorption eines Photons erfordert die Wechselwirkung des Atoms mit einem Strahlungsfeld. Sie verläuft daher stets induziert. Da also eine spontane Absorption nicht existieren kann, braucht im Gegensatz zur Emission nicht zwischen spontaner und induzierter Absorption unterschieden zu werden. Es entsprechen sich deshalb die Absorption und die induzierte Emission (vgl. (8.17a) mit (8.17c)).

Wir betrachten N gleichartige Atome ($N \gg 1$) im thermodynamischen Gleichgewicht und wollen abschätzen, welcher Bruchteil von ihnen pro

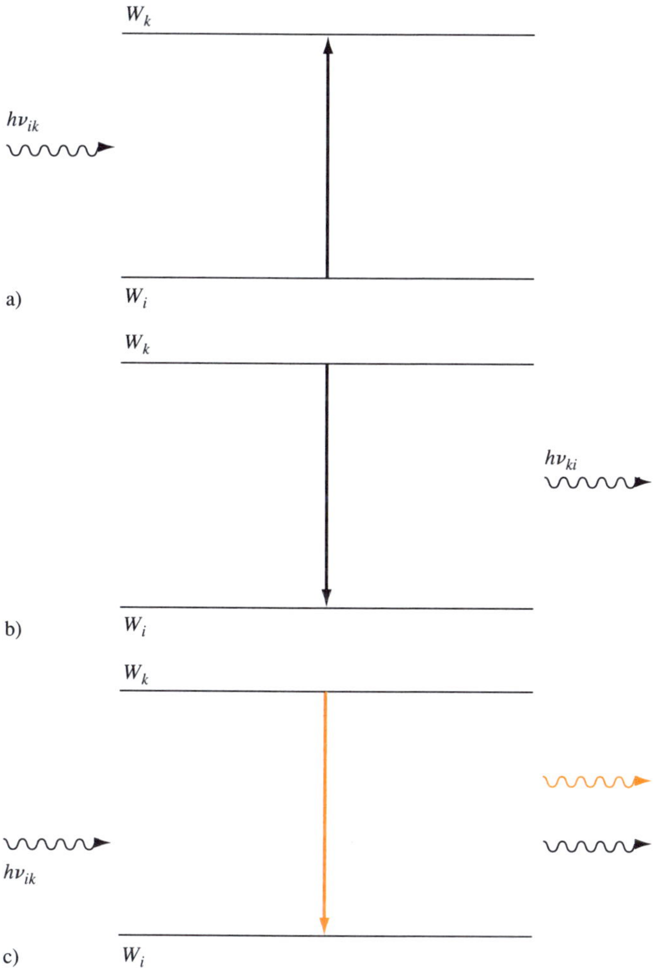

Abb. 8.9
Emissions- und Absorptionsprozesse für Photonen
a) Absorption
b) spontane Emission
c) induzierte Emission

Herleitung der Einsteinschen Relationen

Zeit im Strahlungsfeld der Kreisfrequenz $\omega_{ki} = (W_k - W_i)/\hbar$ eine Absorption bzw. eine induzierte oder eine spontane Emission erfährt. Die Wahrscheinlichkeit w für einen derartigen Vorgang kann als Produkt der Besetzungswahrscheinlichkeit w_{bl} des Ausgangszustandes W_l und der entsprechenden Übergangswahrscheinlichkeit $w_{ü}$ des Atoms für diesen Übergang aufgefaßt werden:

$$w = w_{bl}\, w_{ü}\,. \tag{8.18}$$

Nach der Boltzmann-Verteilung (D I 8.1) ist die Besetzungswahrscheinlichkeit w_{bl} des Energiezustandes W_l proportional zu $e^{-\frac{W_l}{kT}}$:

$$w_{bl} = C\, e^{-\frac{W_l}{kT}}\,. \tag{8.19}$$

Die spontane Emission verläuft unbeeinflußt durch ein äußeres Strahlungsfeld. Die Wahrscheinlichkeit $w_{\ddot{u}E,sp}$ muß demzufolge eine vom Strahlungsfeld unabhängige Konstante $\tilde{A}_{ki}$ sein:

$$w_{\ddot{u}E,sp} = \tilde{A}_{ki}\,. \tag{8.20 a}$$

Die induzierte Emission wird dagegen vom äußeren Strahlungsfeld hervorgerufen. Es ist daher naheliegend, $w_{\ddot{u}E,ind}$ proportional zur spektralen Energiedichte $w_\nu(\nu_{ki})$ anzunehmen:

$$w_{\ddot{u}E,ind} = w_\nu(\nu_{ki})\,\tilde{B}_{ki}\,. \tag{8.20 b}$$

$\tilde{B}_{ki}$ ist eine allein den Übergang $W_k \to W_i$ charakterisierende Konstante. Gleichermaßen ist die Absorption ein vom Strahlungsfeld induzierter Prozeß. Da sie der Umkehrvorgang zur induzierten Emission ist, folgt analog zu (8.20 b)

$$w_{\ddot{u}A} = w_\nu(\nu_{ki})\,\tilde{B}_{ik}\,. \tag{8.20 c}$$

Aus (8.18) gewinnt man mit (8.19) und (8.20) für die einzelnen Prozesse die Wahrscheinlichkeiten ($A = C\tilde{A}$, $B = C\tilde{B}$)

$$w_{E,sp} = A_{ki}\, e^{-\frac{W_k}{kT}}\,, \tag{8.21a}$$

$$w_{E,ind} = B_{ki}\, w_\nu(\nu_{ki})\, e^{-\frac{W_k}{kT}}\,, \tag{8.21b}$$

$$w_A = B_{ik}\, w_\nu(\nu_{ki})\, e^{-\frac{W_i}{kT}}\,. \tag{8.21c}$$

Im thermodynamischen Gleichgewicht müssen sich die Absorptions- und Emissionsprozesse das Gleichgewicht halten:

$$w_A = w_{E,ind} + w_{E,sp}\,. \tag{8.22}$$

Diese Bedingung führt mit (8.21) zu

$$B_{ik}\, w_\nu(\nu_{ki})\, e^{-\frac{W_i}{kT}} = (B_{ki}\, w_\nu(\nu_{ki}) + A_{ki})\, e^{-\frac{W_k}{kT}}\,,$$

woraus sich die spektrale Energiedichte

$$w_\nu(\nu_{ki}) = \frac{\dfrac{A_{ki}}{B_{ki}}}{\dfrac{B_{ik}}{B_{ki}}\, e^{\frac{h\nu_{ki}}{kT}} - 1} \tag{8.23}$$

ergibt. Durch den Vergleich dieses Wertes mit dem Planckschen Strahlungsgesetz (1.12)

$$w_\nu(\nu) = \frac{8\pi h\nu^3}{c^3\left(e^{\frac{h\nu}{kT}} - 1\right)}$$

gewinnt man für den Zusammenhang zwischen den Konstanten die *Einsteinschen* Relationen

Einsteinsche Relationen

$$B_{ik} = B_{ki}; \qquad A_{ki} = \frac{8\pi h\nu_{ki}^3}{c^3} B_{ki}. \tag{8.24}$$

Nach (8.20) sind demzufolge die Übergangswahrscheinlichkeiten für die induzierte Emission und die Absorption gleich. Die Übergangswahrscheinlichkeit für die spontane Emission ist der Übergangswahrscheinlichkeit für die induzierte Emission proportional und wächst mit der 3. Potenz der Übergangsfrequenz. Zwischen den Wahrscheinlichkeiten w_A der Absorption und $w_{E,ind}$ der induzierten Emission besteht nach (8.21b) und (8.21c) der Zusammenhang

Verhältnis zwischen Wahrscheinlichkeiten von induzierter Emission und Absorption

$$\frac{w_{E,ind}}{w_A} = e^{-\frac{W_k - W_i}{kT}} = \frac{N_k}{N_i} \qquad (W_k > W_i), \tag{8.25}$$

wobei beachtet wurde, daß nach der Boltzmann-Verteilung (8.6c) die Besetzungszahl N_l des Energieniveaus W_l proportional zu $e^{-\frac{W_l}{kT}}$ ist.

Im thermodynamischen Gleichgewicht ist nach (8.25) wegen $W_k > W_i$ für alle Temperaturen $w_{E,ind} < w_A$. Fällt eine Strahlung auf eine Vielzahl von Atomen (z.B. auf ein Gas), so wird von diesen stets mehr Strahlungsenergie absorbiert als durch induzierte Emissionsprozesse emittiert. Die Absorptionsprozesse überwiegen. Jeder Stoff absorbiert also einen Teil der durch ihn hindurchgehenden Strahlung.

im thermodynamischen Gleichgewicht überwiegen die Absorptionsprozesse

Wir wollen dies noch an einem Beispiel erläutern. Nehmen wir als Energiedifferenz der beiden Niveaus $\Delta W = W_k - W_i = 1$ eV an und beachten, daß bei Zimmertemperatur $kT = 3{,}8 \cdot 10^{-2}$ eV gilt, dann folgt aus (8.25)

Beispiel zur Wahrscheinlichkeit induzierter Emissionsprozesse

$$\frac{w_{E,ind}}{w_A} = \frac{N_k}{N_i} = e^{-\frac{1}{3{,}8 \cdot 10^{-2}}} = 3{,}7 \cdot 10^{-12}. \tag{8.25a}$$

Die Wahrscheinlichkeit für das Auftreten einer induzierten Emission ist gegenüber der für das Auftreten einer Absorption verschwindend klein. Ursache hierfür ist, daß in diesem Fall für die Besetzungszahlen stets $N_i > N_k$ gilt. Von einer vorgegebenen Anzahl von Atomen befindet sich im thermodynamischen Gleichgewicht der größere Anteil stets im energetisch tieferen Zustand. Man sagt kurz, das energetisch niedrigere Energieniveau ist stärker besetzt als das energetisch höhere.

(8.25) weist aber auch den Weg, wie man die Verstärkung einer Strahlung beim Durchgang durch einen Stoff erreichen könnte. Im Gegensatz zum eben diskutierten Fall muß dann $w_{\mathrm{E,ind}} > w_{\mathrm{A}}$ gelten, d.h., die Besetzungszahl N_k des energetisch höheren Niveaus W_k muß größer als die Besetzungszahl N_i des energetisch niedrigeren Niveaus W_i sein; das Größenverhältnis der beiden Besetzungszahlen muß gegenüber dem thermodynamischen Gleichgewichtsfall also umgekehrt werden. Man bezeichnet einen derartigen Zustand deshalb als *Besetzungsinversion*. Durch gewisse „Tricks" läßt sich diese realisieren. Fällt eine elektromagnetische Welle passender Frequenz auf ein Medium mit Besetzungsinversion, so wird sie beim Durchgang durch diesen Stoff nicht geschwächt, sondern verstärkt. Die Möglichkeit der Herstellung von Besetzungsinversionen führte zur Entwicklung der Maser und Laser.

Besetzungsinversion

Formal läßt sich auch bei Vorliegen einer Besetzungsinversion die Boltzmann-Verteilung aufrechterhalten, indem man die Besetzung der Energieniveaus durch eine *negative Besetzungstemperatur* beschreibt. Derartige Temperaturen $T < 0$ nennt man *negative absolute Temperaturen*. Sie widersprechen weder der Existenz des absoluten Nullpunktes noch der Temperaturdefinition. Sie stellen vielmehr eine Erweiterung des bisherigen Temperaturbegriffes dar. Ein thermodynamisches System kann nicht durch ständigen Energieentzug in einen Zustand negativer Besetzungstemperatur überführt werden. Es muß hierzu vielmehr eine Energiezufuhr über den der Temperatur $T = \infty$ entsprechenden Zustand erfolgen. Man erkennt das an Hand von Abbildung 8.10. Diese zeigt die Besetzung der Energieniveaus eines Systems von N gleichartigen Objekten mit nur zwei Energieniveaus W_i und W_k ($W_i < W_k$). Bei der Temperatur $T = +0$ K, d.h. bei Annäherung an den absoluten Nullpunkt von positiven Werten der Temperatur her, befinden sich nach (8.25) alle N Objekte im Energiezu-

negative Besetzungstemperatur

negative absolute Temperatur

das Erreichen von Zuständen mit negativer absoluter Temperatur erfordert Energiezufuhr über den $T = \infty$ entsprechenden Zustand hinaus

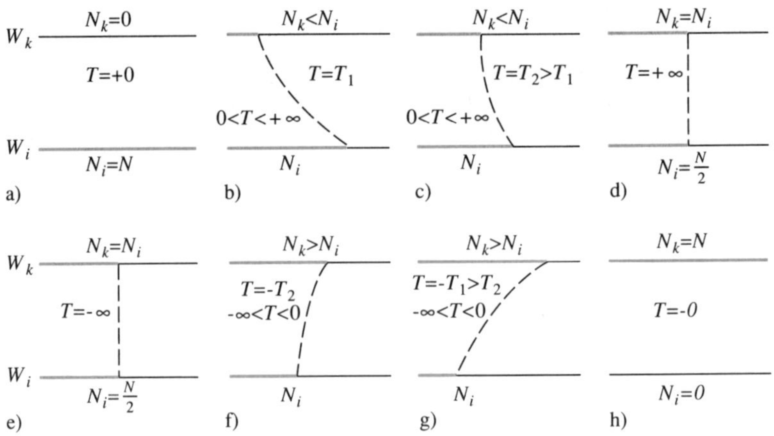

Abb. 8.10
Zur Besetzungsinversion
— charakterisiert die Energieniveaus, — die Größe ihrer Besetzung,
------ gibt $N_k = f(W_k - W_i)$ für T = const und N = const an.

stand W_i ($N_i = N$, $N_k = 0$, vgl. Abb. 8.10a). Dem System werde jetzt ständig Energie zugeführt. Für Temperaturen $0 < T < +\infty$ gilt stets $N_k < N_i$, die Besetzung des Energieniveaus W_k nimmt exponentiell mit der Temperatur zu (s. Abb. 8.10b und Abb. 8.10c). Für $T = +\infty$ wird eine gleiche Besetzung beider Energieniveaus erreicht ($N_i = N_k = N/2$, s. Abb. 8.10d), bei Annäherung von negativen Temperaturen her ebenso für $T = -\infty$. Weitere Energiezufuhr führt zur Besetzungsinversion ($N_k > N_i$), das System kommt in den Bereich negativer Besetzungstemperaturen ($-\infty < T < 0$). Die Besetzungsinversion wird um so ausgeprägter, je mehr T dem Wert $T = -0$ zustrebt ($T = -0$ bedeutet Annäherung an den absoluten Nullpunkt von negativen Werten der Temperatur her; s. Abb. 8.10e bis 8.10g). Beim Wert $T = -0$ K befinden sich alle Objekte im Energieniveau W_k ($N_k = N$, $N_i = 0$; s. Abb. 8.10h).

Zwischen den bei spontaner Emission erzeugten Photonen bestehen keinerlei Beziehungen. Das abgestrahlte Licht ist inkohärent, die Emissionsrichtungen der Photonen sind völlig regellos verteilt. Bei induzierter Emission sind dagegen die Ausbreitungsrichtungen des induzierenden und des erzeugten Photons identisch, und zwischen beiden bestehen feste Phasenbeziehungen. Diese Tatsache ist von großer Wichtigkeit für den Betrieb eines Lasers (vgl. Abschn. 8.3.3). Sie kann aus den Gesetzen der Quantentheorie gefolgert werden, worauf hier allerdings verzichtet wird.

bei induzierter Induktion bestehen feste Phasenbeziehungen zwischen induzierenden und induzierten Photonen

Abbildung 8.11 veranschaulicht nochmals die besprochenen Zusammenhänge zwischen Absorption und induzierter Emission. Gilt $N_k \ll N_i$,

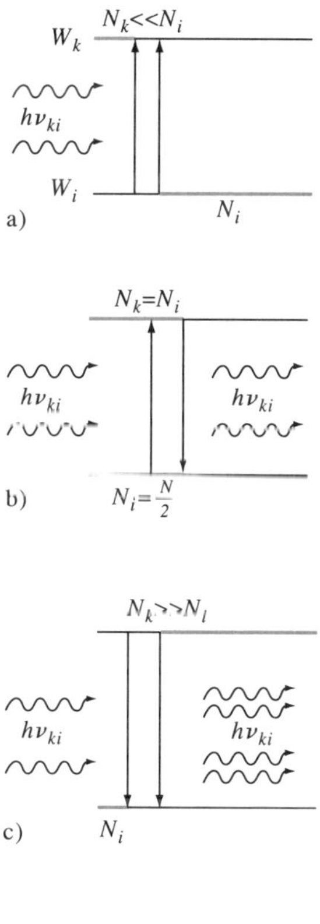

Abb. 8.11
Zur Häufigkeit von Absorptions- und induzierten Emissionsprozessen
a) Positive Besetzungstemperatur ($N_k \ll N_i$), die Absorptionsprozesse sind dominierend
b) Gleiche Besetzung von oberem und unterem Energieniveau, Absorption und induzierte Emission sind gleichwahrscheinlich
c) Negative Besetzungstemperatur ($N_i \ll N_k$), die induzierte Emission dominiert

so ist die induzierte Emission gegenüber der Absorption praktisch vernachlässigbar. Die auffallenden Photonen führen zur Anregung des Energieniveaus W_k (s. Abb. 8.11a). Gilt $N_k = N_i$, dann sind Absorption und induzierte Emission gleichwahrscheinlich (s. 8.11b). Für $N_k \gg N_i$ überwiegt die induzierte Emission. Eine Bestrahlung des Stoffes führt nicht zur Schwächung, sondern zur Verstärkung der Strahlung (s. Abb. 8.11c).

8.3.2 Maser

JAMES POWER GORDON, geb. 1928

Maser

Soll eine Substanz eine Mikrowelle der Frequenz ν_{ki} durch induzierte Emission verstärken, so muß sie zwei diskrete Energieniveaus W_i und W_k ($W_k > W_i$) im energetischen Abstand $h\nu_{ki} = W_k - W_i$ besitzen, die eine Besetzungsinversion ($N_k > N_i$) aufweisen. 1954 führten die von GORDON, ZEIGER und TOWNES sowie BASSOW und PROCHOROW betriebenen Untersuchungen zur erfolgreichen Entwicklung derartiger Systeme. Man bezeichnet die Geräte als *Maser* (***M***icrowave ***A***mplification by ***S***timulated ***E***mission of ***R***adiation). Ihr Prinzip soll im Folgenden erläutert werden.

8.3.2.1 Gasmaser

Ammoniak-Maser

Wirkungweise des Ammoniak-Masers

Der erste Maser wurde 1954 mit Ammoniakgas (NH_3) als aktiver Substanz entwickelt. Zum Verständnis der Wirkungsweise des *Ammoniak-Masers* betrachten wir zunächst die in Abbildung 8.12 dargestellte Struktur des Ammoniakmoleküls. Die Atome bilden eine tetraedrische Pyramide mit dem Stickstoffatom als Spitze und den Wasserstoffatomen an den Ecken eines gleichseitigen Dreiecks. Für das Stickstoffatom sind die Lagen oberhalb oder unterhalb der von den drei H-Atomen aufgespannten Ebene gleichwertig. Nach der klassischen Mechanik kann das Stickstoffatom daher zwischen diesen beiden Lagen schwingen. Quantenmechanisch ist diese Auffassung jedoch dahingehend zu präzisieren, daß weder die eine noch die andere der beiden gleichwertigen Lagen einem stationären Zustand des Ammoniakmoleküls entspricht. Werden die Zustände in den beiden Lagen durch $\psi_{01}(x, y, z)$ und $\psi_{02}(x, y, z)$ beschrieben, dann werden die möglichen stationären Zustände duch die Linearkombinationen von ψ_{01} und ψ_{02} erfaßt. Nach (S 9.1) müssen die zugehörigen Eigenfunktionen bei Beachtung des Spins antisymmetrisch sein. Eine antisymmetrische Spinfunktion fordert demzufolge eine symmetrische

CHARLES TOWNES, geb. 1915 Nobelpreis 1964

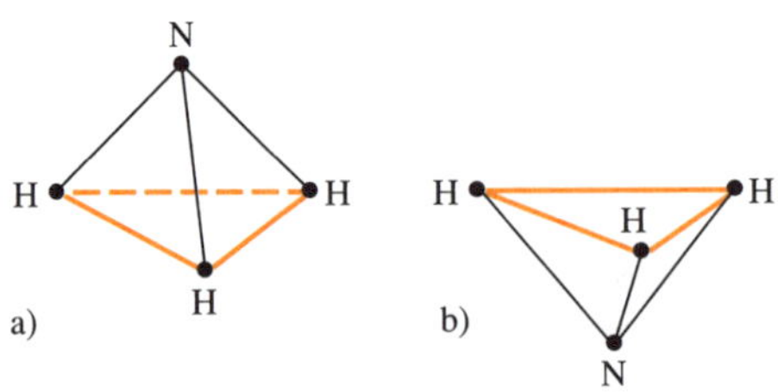

Abb. 8.12
Ammoniak-Molekül

Linearkombination ψ_{0i} von $\psi_{01}\,(x, y, z)$ und $\psi_{02}\,(x, y, z)$, eine symmetrische Spinfunktion eine antisymmetrische Linearkombination ψ_{0k} von $\psi_{01}\,(x, y, z)$ und $\psi_{02}\,(x, y, z)$. Wird noch beachtet, daß die Eigenfunktionen ein orthonormiertes System bilden, so sind den stationären Zuständen die Eigenfunktionen

$$\psi_{0i} = \frac{1}{\sqrt{2}}\,(\psi_{01} + \psi_{02})$$

und

$$\psi_{0k} = \frac{1}{\sqrt{2}}\,(\psi_{01} - \psi_{02})$$

Nikolai Bassow
geb. 1922
Nobelpreis 1964

zuzuordnen. Diesen Eigenfunktionen entsprechen zwei verschiedene Energiezustände W_k und W_i ($W_k > W_i$) des Moleküls mit dem energetischen Abstand

$$W_k - W_i = h\nu_{ki} = h\nu_0 . \tag{8.26a}$$

Die dem Übergang $W_k \rightarrow W_i$ zuzuordnende Frequenz $\nu_0 = 23{,}870$ GHz des Ammoniakmoleküls liegt im Mikrowellenbereich. Mit $W_m = (W_k + W_i)/2$ sind die Energieniveaus W_k und W_i darstellbar durch

$$W_{k,i} = W_m \pm \frac{h\nu_0}{2} . \tag{8.26}$$

Alexander Prochorow,
geb. 1916
Nobelpreis 1964

Diese beiden unterschiedlichen Energiezustände des Ammoniakmoleküls werden zur Erzeugung der Besetzungsinversion genutzt.

Im Gegensatz zu den Atomen können Moleküle als Folge der chemischen Bindung der Atome elektrische Dipolmomente besitzen. So ist auch in der Elektronenhülle des Ammoniakmoleküls der Schwerpunkt der negativen elektrischen Ladung weitgehend zum Stickstoffatom hin verschoben, während der Schwerpunkt der positiven Ladung in der Ebene der Wasserstoffatome liegt. Die dadurch existierenden elektrischen Dipolmomente sind für die beiden Energiezustände W_k und W_i unterschiedlich. Dabei ist noch zu beachten, daß im elektrischen Feld wegen des Stark-Effektes statt (8.26)

$$W_{E,k,i} = W_{\mathrm{m}} \pm \left(\frac{h\nu_0}{2} + C_1 E^2\right) \tag{8.27a}$$

gilt.

Ablenkung des Ammoniak-Molekularstrahles in einem Zylinderkondensator

Indem man nun die Ammoniakmoleküle einen Zylinderkondensator mit einer speziellen Feldstruktur durchlaufen läßt, lassen sich die Moleküle im Energiezustand W_k von denen im Energiezustand W_i trennen. Verwendung findet hierzu ein Zylinderkondensator mit hyperbolischem Querschnitt (s. Abb. 8.13). In diesem sind in jedem Schnitt senkrecht zur Zylinderachse (z-Achse) die Äquipotentiallinien Hyperbeln:

$$\varphi = C_2 xy .$$

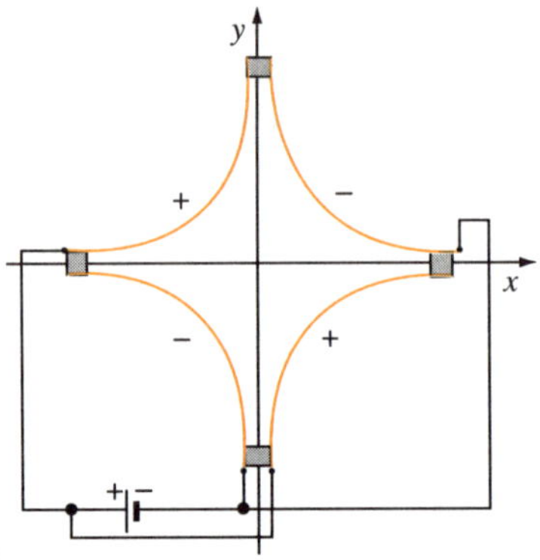

Abb. 8.13
Querschnitt eines Zylinderkondensators zur Erzeugung eines hyperbolischen Potentialverlaufes (Isolator schraffiert)

Durch diese spezielle Formgebung wird erreicht, daß der Betrag der elektrischen Feldstärke proportional zur Entfernung r von der Zylinderachse wächst, denn mit $\boldsymbol{E} = -\operatorname{grad} \varphi$ gilt

$$|\boldsymbol{E}| = \sqrt{E_x^2 + E_y^2} = \sqrt{\left(\frac{\partial \varphi}{\partial x}\right)^2 + \left(\frac{\partial \varphi}{\partial y}\right)^2} = C_2 \sqrt{x^2 + y^2} = C_2 r \,. \qquad (8.28)$$

Für (8.27 a) kann demzufolge

$$W_{E,k,i} = W_\mathrm{m} \pm \left(\frac{h\nu_0}{2} + C_1 C_2^2 r^2\right) \qquad (8.27)$$

geschrieben werden.

Da $\boldsymbol{F} = -\operatorname{grad} W_\mathrm{p}$ und $\operatorname{grad}_r = \partial/\partial r$ ist, unterliegen die Moleküle im Zylinderkondensator der Radialkraft

$$F_r = -\frac{\partial W_{E,k,i}}{\partial r} = \mp 2 C_1 C_2^2 r = \mp 2 C_1 C_2 E \,, \qquad (8.29)$$

wobei das negative Vorzeichen zum Zustand k, das positive zum Zustand i gehört. Da in jedem Punkt außerhalb der Achse $E > 0$ gilt, werden die Moleküle im Energiezustand W_k zur Achse fokussiert, die Moleküle im Energiezustand W_i dagegen nach außen abgelenkt.

Aufbau des Ammoniak-Masers

Abbildung 8.14 zeigt schematisch den Aufbau eines Ammoniak-Gasmasers. Ein Ammoniakgasstrahl, der entsprechend dem thermodynamischen Gleichgewicht Moleküle sowohl im Energiezustand W_k als auch im Energiezustand W_i enthält, wird axial auf einen Zylinderkondensator mit der beschriebenen Feldstruktur gelenkt. Durch die Wechselwirkung der unterschiedlich gerichteten molekularen elektrischen Dipole mit dem Kondensatorfeld erfolgt eine energiespezifische Ablenkung. Den Mikrowellenresonator erreichen demzufolge überwiegend Moleküle im Energiezustand $W_k > W_i$. Die Besetzungsinversion des Molekülgases im Resonator ist erreicht. Die eingestrahlte Mikrowellenstrahlung der Frequenz ν_0 wird verstärkt. Da durch den Gasstrahl laufend Moleküle im höheren

Erzeugung der Besetzungsinversion

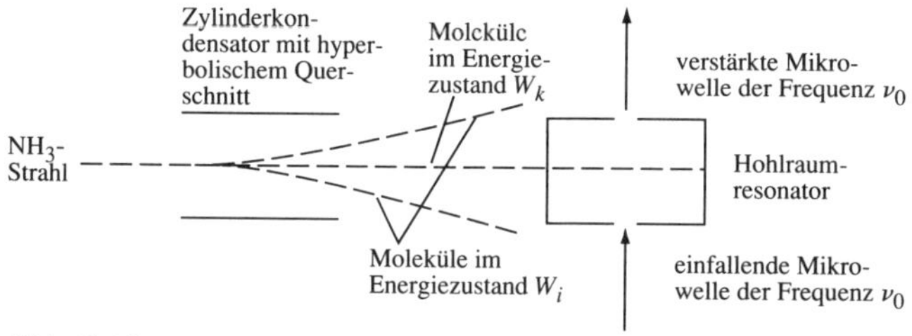

Abb. 8.14
Ammoniak-Maser (schematisch)

Energiezustand nachgeliefert werden, arbeitet der Gasmaser kontinuierlich.

Als Verstärker kann der Gasmaser nur auf der diskreten Arbeitsfrequenz ν_0 benutzt werden. Er besitzt also den entscheidenden Mangel, daß er nicht durchstimmbar ist. Bei entsprechend niedriger Leistung kann bei der Ammoniak-Maserstrahlung eine Frequenzbreite $\Delta\nu \approx 10^{-2}$ Hz erreicht werden. Es lassen sich dann noch relative Frequenzunterschiede von $\Delta\nu/\nu \approx 10^{-12}$ messen. Mit anderen Molekülen (z. B. H_2) konnten sogar kurzzeitig Werte von $\Delta\nu/\nu \approx 10^{-14}$ erreicht werden. Diese Meßgenauigkeit für die Bestimmung relativer Frequenz- und damit Energieunterschiede wird nur noch durch den Mößbauer-Effekt (vgl. Abschn. 12.2.7.1) überboten. Die Maser werden deshalb auch zum Bau von sehr genauen Zeitstandards genutzt.

8.3.2.2 Festkörpermaser

1957 gelang es, die Aufspaltung der Energieniveaus von Atomen im äußeren Magnetfeld zum Aufbau eines *Festkörpermasers* zu nutzen. Als Masermaterial wird u. a. hochreines Silicium verwendet, das mit Phosphoratomen dotiert ist. Vier der fünf Valenzelektronen des Phosphors werden durch die benachbarten vierwertigen Siliciumatome gebunden (vgl. Bd. IV), das fünfte ungebundene wirkt als paramagnetisches Zentrum mit einem Landè-Faktor $g_L = 2$ (reiner Spinmagnetismus; vgl. Abschn. 8.1.2). Nach (8.13) spaltet das Energieniveau W_m im äußeren Magnetfeld $\boldsymbol{B}_0$ in zwei Niveaus auf: Festkörpermaser

$$W_{k,i} = W_m \pm |\mu_B| B_0 . \qquad (8.30\,a)$$

Mit Hilfe einer Anordnung ähnlich der zum Nachweis der paramagnetischen Elektronenresonanz (vgl. Abschn. 8.1.3) kann im äußeren Magnetfeld $\boldsymbol{B}_0$ ($B_0 \approx 4$ T) durch Einstrahlung einer elektromagnetischen Welle passender Frequenz und ausreichender Intensität erreicht werden, daß eine Besetzungsinversion ($N_k > N_i$) eintritt. Man bezeichnet den kurzzeitigen Einstrahlungsvorgang als Pumpen des Masers. Durch die Temperaturbewegung wird nach einer bestimmten, von der Probentemperatur abhängigen Zeit, der Relaxationszeit, der thermische Gleichge- Pumpen wichtsfall ($N_i > N_k$) wiederhergestellt. Bestrahlt man vor Ablauf dieser Zeit das dotierte Silicium mit einer Mikrowelle der Frequenz

$$\nu_0 = \frac{2|\mu_B| B_0}{h}, \tag{8.30b}$$

dann wird die eingestrahlte Mikrowelle durch induzierte Emission verstärkt. Da zur Realisierung der Maserstrahlung nur die Vorgänge zwischen zwei Energieniveaus maßgebend sind, nennt man diesen Masertyp einen *paramagnetischen 2-Niveau-Maser*. Um die Besetzungsinversion zu steigern, wurden auch 3- und 4-Niveau-Maser entwickelt. Auf diese Möglichkeiten wird im nächsten Abschnitt im Zusammenhang mit Lasern näher eingegangen.

paramagnetischer 2-Niveau-Maser

Festkörpermaser arbeiten im Impulsbetrieb

Im Gegensatz zum Gasmaser arbeitet der Festkörpermaser im Impulsbetrieb, denn nach erfolgter induzierter Emission muß durch erneutes Pumpen der Zustand der Besetzungsinversion erst wiederhergestellt werden. Ausreichend lange Relaxationszeiten erreicht man bei Probentemperaturen in Nähe des absoluten Nullpunktes. Diese Temperaturen hängen vom verwendeten Material ab und sind in den meisten Fällen kleiner als 4,2 K.

Während der Gasmaser nur auf einer festen Arbeitsfrequenz arbeitet, läßt sich diese beim Festkörpermaser nach (8.30b) durch Variation des $\boldsymbol{B}_0$-Feldes innerhalb bestimmter Grenzen einstellen.

Masermaterialien

die Arbeitsfrequenz ist innerhalb bestimmter Grenzen einstellbar

Als Masermaterialien finden auch SiO_2- und MgO-Einkristalle Verwendung. Bei ihnen wirken an Ionenleerstellen gebundene Elektronen als paramagnetische Zentren. Weitere Masermaterialien gewinnt man, indem man nichtmagnetische Materialien wie z.B. Rubin, Kaliumkobaltzyanid oder Titandioxid mit paramagnetischen Chrom-, Eisen-, Gadolinium- oder Nickelionen dotiert. Je nach Material liegen die Arbeitsfrequenzen zwischen 3,5 und 9 GHz. Sie sind durch Variation der Stärke des Magnetfeldes $\boldsymbol{B}_0$ um etwa 350 MHz durchstimmbar. Die Pumpfrequenzen liegen bei etwa 30 GHz, die Pumpleistung liegt bei etwa 150 mW.

Rauschen

Festkörpermaser finden vor allem als Verstärker Anwendung. Sie zeichnen sich durch ein sehr geringes Rauschen aus, insbesondere deshalb, weil am Zustandekommen der Maserwirkung keine thermischen Effekte beteiligt sind. Demgegenüber nutzt man z.B. bei üblichen Elektronenröhren die Glühemission. Die Elektronen werden mit einer statistischen zeitlichen Schwankung aus der Katode emittiert, was zu statistischen Veränderungen des Anodenstromes führt. Derartige Schwankungen bezeichnet man in der Elektronik als *Rauschen*. Wenn das zu verstärkende Signal kleiner als der Rauschpegel ist, wird seine Verstärkung mit der vorliegenden Anordnung unmöglich. Die Empfindlichkeit eines Verstärkers wird demnach durch Rauscheffekte begrenzt, wobei es außer der hier angeführten besonders wichtigen auch andere Rauschursachen gibt. Maserverstärker werden für die Raumfahrt und zu Satellitenübertragungen genutzt. Ihre Rauscharmut und deshalb hohe Empfindlichkeit hat dabei die technische Lösung mancher Probleme überhaupt erst ermöglicht. Es ist hierbei noch anzufügen, daß vor der Entwicklung des Masers für den Bereich der Zentimeterwellen und erst recht für Wellen mit noch kürzeren Wellenlängen überhaupt keine geeigneten Verstärker zur Verfügung standen, die Arbeitsweisen in Analogie zur Elektronik gestatteten.

Analog zum Elektronenspin kann auch der Kernspin zur Erzeugung von Besetzungsinversionen genutzt werden (*Kernspinmaser*). Da das magnetische Moment des Protons etwa $2 \cdot 10^3$-fach kleiner als das des Elektrons ist, liegt die Arbeitsfrequenz des Kernspinmasers drei Größenordnungen unter der des paramagnetischen 2-Niveau-Masers.

Kernspinmaser

8.3.3 Laser

Die beschriebenen Maseranordnungen sind zur Verstärkung von Licht ungeeignet. Nach (8.24), (8.21a) und (8.21b) gilt für das Verhältnis der Wahrscheinlichkeiten von spontaner zu induzierter Emission

$$\frac{w_{\mathrm{E,sp}}}{w_{\mathrm{E,ind}}} = \frac{8\pi h \nu_{ki}^3}{w_\nu(\nu_{ki}) c^3} . \qquad (8.31)$$

Bei gleicher spektraler Energiedichte nimmt also das Verhältnis von spontaner zu induzierter Emission mit der dritten Potenz der Frequenz zu. Man muß daher beim Übergang zu höheren Frequenzen die Zunahme der spontanen Emission mit der dritten Potenz der Frequenz durch eine Steigerung der spektralen Energiedichte kompensieren. MAIMAN gelang 1960 erstmalig die Entwicklung derartiger Systeme zur Lichtverstärkung durch induzierte Emission. Sie werden *Laser* (***L**ight **A**mplification by **S**timulated **E**mission of **R**adiation*) genannt.

Laser

8.3.3.1 Resonator, Erzeugung der Besetzungsinversion

Der Ammoniak-Gasmaser arbeitet bei einer Frequenz von etwa $2 \cdot 10^{10}$ Hz, Laser werden dagegen bei Frequenzen von 10^{14} Hz und mehr betrieben. Demzufolge muß nach (8.31) die spektrale Energiedichte des Wellenfeldes eines Lasers mindestens zwölf Größenordnungen größer sein als die eines Masers, um dasselbe Verhältnis der Wahrscheinlichkeiten von spontaner zu induzierter Emission wie beim Maser zu realisieren. Diese hohe Energiedichte erreicht man durch *optische Resonatoren*. Hierzu wird das laseraktive Material entweder axial zwischen die beiden Spiegel Sp und ASp eines *Fabry-Perot-Interferometers* (vgl. Abschn. II 10.2.6.2) oder in den Strahlengang eines *Ringresonators* gebracht (s. Abb. 8.15). Als Spiegel werden Planspiegel, sphärische Spiegel oder eine Kombination beider Spiegelarten und Reflexionsgitter (vgl. Abb. 8.24) verwandt.

Laser erfordern wesentlich höhere Energiedichten als Maser

optischer Resonator

Fabry-Perot-Resonator

Ringresonator

Für den Aufbau des Resonators sind Spiegel mit äußerst hohem Reflexionsgrad ($R \approx 100\%$) erforderlich. Zur Auskopplung des Laserlichtes aus dem Resonator wird der Reflexionsgrad eines Spiegels etwas kleiner

Aufbau optischer Resonatoren

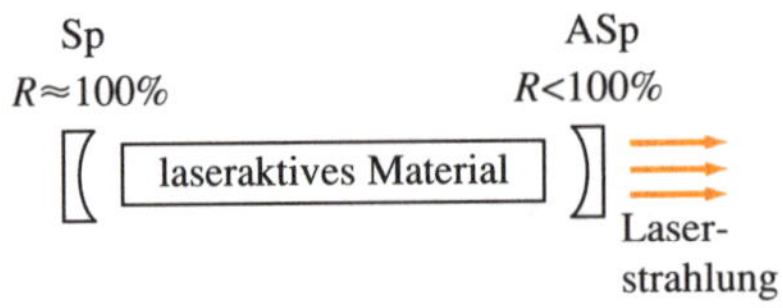

a)

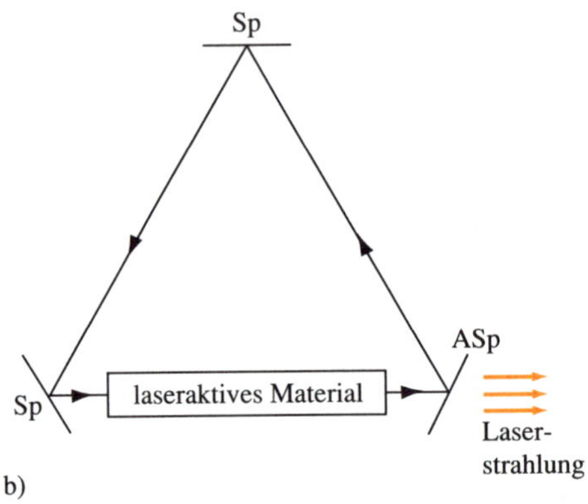

b)

Abb. 8.15
Optischer Resonator
a) Resonator nach FABRY-PEROT
b) Ringresonator

als der des anderen Spiegels gewählt (s. Abb. 8.15). Metallspiegel sind trotz ihres großen Reflexionsgrades von über 99% für den Aufbau von Resonatorspiegeln ungeeignet, da ihr relativ großer Absorptionsgrad vor allem im Auskoppelspiegel ASp zu einer zu großen Erwärmung des Spiegels führt und er dadurch zerstört werden kann. Verwendung finden daher *reflektierende dielektrische Vielfachschichtsysteme*, meist auf einer Glasunterlage. Im Gegensatz zu den in Band II besprochenen reflexmindernden Schichten muß hier zur Reflexionsvergrößerung die Brechzahl n_s des Schichtmaterials größer als die des Glases sein ($n_L < n_G < n_s$), damit die an der Grenzfläche Schicht-Glas reflektierte Welle keinen Phasensprung erleidet (vgl. Reflexionsgesetz (II S 9.2)). Bei der Reflexion der Welle an der Grenzfläche Luft-Schicht tritt dagegen immer ein Phasensprung von π auf, d.h., die an der Vorderseite der Schicht reflektierte Welle wird mit einem Gangunterschied von $\frac{\lambda}{2}$ reflektiert. Die an der Rückseite der Schicht reflektierte Welle erfährt beim zweimaligen Durchlaufen der Schicht der Dicke d den Gangunterschied $2n_s d$. Wählt man nun die Dicke d so, daß $2n_s d = \frac{\lambda}{2}$ gilt, dann besitzen die an der Vorder- und die an der Rückseite der Schicht reflektierten Wellen die gleiche Phase, was nach den Gesetzen der Interferenz zu einer beträchtlichen Erhöhung des Reflexionsgrades führt.

reflektierende dielektrische Vielfachschichten

Vielfachschichten sind Schichten, die alternierend aus zwei Materialien mit unterschiedlichen Brechzahlen $n_L < n_{s_1} < n_G < n_{s_2}$ mit der Bedingung

$n_{s_1}d_1 = n_{s_2}d_2 = \frac{\lambda}{4}$ aufgebaut sind. Mit derartigen Schichten lassen sich praktisch absorptionsfreie Spiegel mit Reflexionsgraden von über 99% aufbauen.

Wären die Spiegel des Interferometers unendlich ausgedehnt, dann gäbe es nach (A 8.3) zu jedem Einfallswinkel i_e des Lichtes auf die Spiegel unendlich viele diskrete Wellenlängen λ_m bzw. Frequenzen ν_m

$$m\,\frac{\lambda_m}{2} = l\cos i_e \qquad (m = 1, 2, 3, \ldots) \tag{8.32a}$$

bzw.

$$\nu_m = m\,\frac{c}{2\,n_L\,l\cos i_e} \tag{8.32b}$$

(l Abstand der Spiegel), für die im Resonator stehende Wellen mit im ganzen Raum konstanter Amplitude existieren. Bei der hier gewählten Resonatoranordnung sind aber die Spiegelausdehnungen gerade klein gegenüber ihrem Abstand. Es sind dann nur noch Ausbreitungsrichtungen mit $i_e \approx 0$ möglich, da Licht anderer Ausbreitungsrichtung nach relativ wenigen Reflexionen die Resonatoranordnung verläßt. Weiter kann die Beugung an den Rändern der Spiegel nicht mehr vernachlässigt werden. Das am Spiegel Sp_1 reflektierte Licht enthält zugleich auch die durch das auffallende Licht entstandene Beugungsfigur, die Amplitude des reflektierten Lichtes ist nicht mehr räumlich konstant. Aus der Kirchhoffschen Beugungstheorie (s. Bd. II) kann gefolgert werden, daß auch dann stehende Wellen mit diskreten Resonanzfrequenzen möglich sind. Sie werden als *Schwingungsmoden* des Lasers bezeichnet. Abbildung 8.16 zeigt

Schwingungsmoden

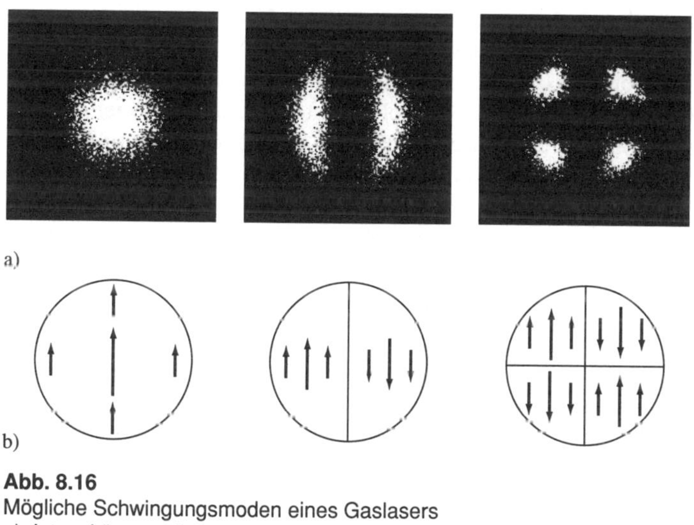

Abb. 8.16
Mögliche Schwingungsmoden eines Gaslasers
a) Intensitätsverteilung des Laserstrahles
b) Zugehörige Feldverteilung

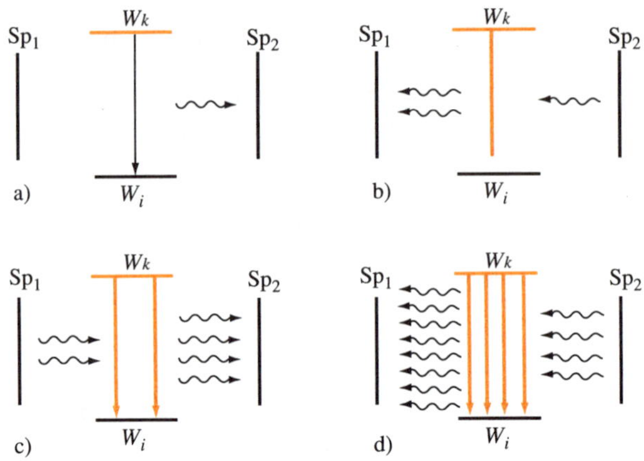

Abb. 8.17
Zur Selbsterregung des Lasers

einige mögliche Schwingungsmoden eines Gaslasers mit zugehöriger Feldverteilung. Durch entsprechende Wahl der Entladungsrohrlänge, der Spiegelanordnung und -dimension, durch zusätzliche Blenden usw. wird dafür gesorgt, daß möglichst nur wenige Moden angeregt werden oder gar nur eine Mode entsteht.

Selbserregung eines Lasers

Die Anregung der Schwingungsmoden erfolgt durch *Selbsterregung.* Ihr Zustandekommen soll an Hand von Abbildung 8.17 erklärt werden. Durch einen spontanen Emissionsvorgang entstehe ein Photon solcher Ausbreitungsrichtung, daß es der Spiegel Sp_2 wieder in das Entladungsrohr reflektiert (s. Abb. 8.17a). Es erzeugt durch induzierte Emission ein weiteres Photon gleicher Ausbreitungsrichtung (Abb. 8.17b). Am Spiegel Sp_1 werden beide Photonen in das laseraktive Material reflektiert und erzeugen durch induzierte Emission zwei weitere (Abb. 8.17c). Die nunmehr vier Photonen können durch induzierte Emission vier weitere erzeugen (Abb. 8.17d) usw.; schließlich bildet sich eine *Photonenlawine.* Ein Teil der Photonen tritt durch den nicht vollständig reflektierenden Spiegel als Laserlicht in den Außenraum.

Photonenlawine

Bisher wurde davon ausgegangen, daß die Photonenlawine keinerlei Verluste erfährt. Das ist aber nicht der Fall, denn es treten natürlich Auskopplungsverluste auf, und auch der zweite Resonatorspiegel reflektiert nicht exakt hundertprozentig. Da diese Verluste kompensiert werden müssen, existiert ein *Schwellenwert* für den im weiteren beschriebenen Pumpvorgang. Erst oberhalb dieses Wertes ist der Laserbetrieb möglich.

Schwellenwert

Die Realisierung des Lasereffektes setzt im laseraktiven Material eine Besetzungsinversion $N_k \gg N_i$ voraus. Eine Besetzungsinversion zwischen den Energiezuständen W_i und $W_k > W_i$ läßt sich um so ausgeprägter erreichen, je höher die dem System zugeführte Leistung ist und indem man einen angeregten Zustand W_k mit einer möglichst großen mittleren Lebensdauer sowie einen Zustand W_i mit einer möglichst kleinen auswählt. Als laseraktive Materialien sind deshalb insbesondere solche Stoffe geeignet, bei denen ein metastabiler Zustand als angereger Zustand W_k dienen kann. Diesbezüglich geeignete *laseraktive Materialien* sind: laseraktive Materialien

- Atome, Moleküle und Ionen im gasförmigen Aggregatzustand (z.B. He, Ne, Hg, H_2, CO_2, Ar^+, Cd^+)
- Ionen von Übergangsmetallen (z.B. Cr^{3+}, Ni^{2+}, Co^{2+}), von seltenen Erden (z.B. Nd^{3+}, Ho^{3+}, Tm^{3+}, Er^{3+}) und von Aktiniden (z.B. U^{3+}), die in verschiedene Wirtskristalle (z.B. Al_2O_3, Gläser, $Y_3Al_5O_{12}$) eingebaut sind
- Farbstoffmoleküle
- pn-Übergänge in Halbleitern (z.B. in GaAs, InAs, InP und in PbSnTe dotiert mit Te, Zn oder Cd).

Geeignete Methoden der Energiezufuhr zur Erzielung einer Besetzungsinversion sind:

Stoßanregung

Gasatome werden durch Stöße 1. und 2. Art in selbständigen und unselbständigen (gepulsten) Gasentladungen angeregt (s. Abb. 8.18). Bei der kontinuierlichen Gasentladung sind Stromstärken von einigen mA bis zu 100 A gebräuchlich, bei der gepulsten Gasentladung Stromstärken von 100 A bis zu 1000 A. Bei einem *Stoß 1. Art* führt der Stoßprozeß zwischen einem Elektron und einem Atom zur Anregung des Atoms. Beim *Stoß 2. Art* wird beim Stoß die Anregungsenergie eines Atoms der Atomart X_1 auf ein Atom der Atomart X_2 übertragen: Stoßanregung Stoß 1. Art Stoß 2. Art

$$X_1^* + X_2 \rightarrow X_1 + X_2^* + \Delta W. \qquad (8.33)$$

Dieser Anregungsprozeß für die Atomart X_2 ist nur dann möglich, wenn die energetische Differenz ΔW der betrachteten Anregungszustände der Atome X_1 und X_2 durch die thermische Energie der Stoßpartner ausgeglichen werden kann. Wie eine Besetzungsinversion auf diesem Wege konkret erzeugt werden kann, wird u.a. am Gaslaser in Abschnitt 8.3.3.2.1 erläutert.

Optisches Pumpen

Wird das natürliche Besetzungsverhältnis von Energiezuständen im thermodynamischen Gleichgewicht durch eine elektromagnetische Strahlung gestört, dann bezeichnet man diesen Vorgang als *optisches Pumpen*. optisches Pumpen

Zur Anregung der in einem Wirtskristall eingebauten Ionen finden für den Impulsbetrieb Xenon-Blitzlampen Verwendung, für den kontinuierlichen Betrieb Halogenlampen und Kryptonbogenlampen. Bei Farbstofflasern erfolgt die Anregung bevorzugt durch Laserlicht von geeigneter Wellenlänge.

Chemisches Pumpen

chemisches Pumpen

Bei dieser Methode wird die bei bestimmten exothermen chemischen Reaktionen auftretende Reaktionsenergie zur Anregung eines der Reaktionspartner genutzt. Anwendung finden die Fotodissoziation, exotherme Austauschreaktionen und die Rekombinationsanregung. Die Auslösung dieser Prozesse erfolgt durch Blitzlampen oder durch Verbrennungsreaktionen.

Stromfluß durch einen pn-Übergang

Besetzungsinversion in einem pn-Übergang

Auch in einem pn-Übergang zwischen einem hochdotierten n- ($n > 10^{18}\,cm^{-3}$) und einem hochdotierten p-Bereich eines Halbleiters kann Besetzungsinversion erreicht werden. Wird an den pn-Übergang eine so gepolte Spannung angelegt, daß Elektronen und Defektelektronen in den pn-Übergang injiziert werden, dann kann es bei genügend hoher Dotierung und den dadurch bedingten großen Strömen zur Überbesetzung des Leitungsbandes mit Elektronen, d.h. zur Besetzungsinversion zwischen Valenz- und Leitungsband kommen. Die Laserstrahlung tritt dann als Rekombinationsstrahlung bei der Wiedervereinigung von Elektronen und Defektelektronen auf.

Auf den beim Freie-Elektronen-Laser angewandten Anregungsmechanismus wird in Abschnitt 8.3.3.2.6 eingegangen.

8.3.3.2 Lasertypen

Es konnten Laser in einem Wellenlängenbereich von der weichen Röntgenstrahlung bis zum Anschluß an die Maserstrahlung entwickelt werden. Einige dieser Prototypen werden nachfolgend kurz besprochen.

8.3.3.2.1 Gaslaser

Aufbau des He-Ne-Gaslasers

Als erster Gaslaser wurde von Javan, Bennett und Herriott 1961 der *Helium-Neon-Gaslaser* (He-Ne-Laser) entwickelt. Er wird meist kontinuierlich betrieben. Die Besetzungsinversion wird durch Stoßanregung in einer in einem Helium-Neon-Gemisch brennenden Gasentladung erzielt. Wünscht man einen vom Energieniveau 20,66 eV des Neons (s. Abb. 8.18) ausgehenden Laserübergang, dann erfordert das ein Partialdruckverhältnis $\frac{p_{He}}{p_{Ne}}$ von etwa 6:1, dagegen muß man für den vom Energieniveau 19,78 eV ausgehenden Laserübergang etwa ein Druckverhältnis von 10:1 realisieren. Der Gesamtdruck beträgt angenähert 10^2 Pa, die Stromstärke maximal 100 mA. Der Durchmesser des Entladungsrohres liegt unter einem Zentimeter, die Rohrlänge l im Intervall $0{,}1\,m \leqq l \leqq 1{,}5\,m$. Der Einmodenbetrieb wird nur mit kurzen Rohrlängen erreicht ($l \leqq 0{,}15\,m$).

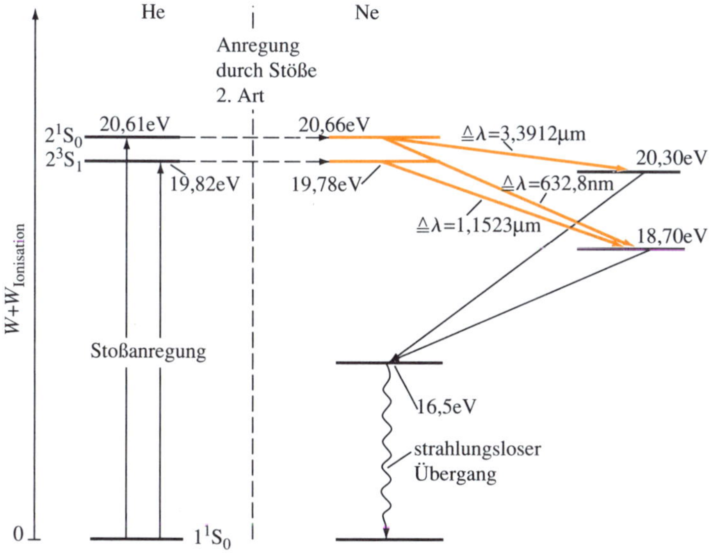

Abb. 8.18
Zur Erzeugung der Besetzungsinversion beim He-Ne-Gaslaser

Wegen des gewählten Partialdruckverhältnisses p_{He}:p_{Ne} brennt die Entladung im Helium. Die zum Verständnis der Arbeitsweise des He-Ne-Lasers notwendigen Energieniveaus sind in Abildung 8.18 dargestellt. Um die Lage der Energieniveaus von Helium und Neon zueinander gut überblicken zu können, wurde in Abänderung der bisherigen Darstellungsweise auf der Ordinate die um die Ionisationsenergie vermehrte Anregungsenergie der Atome aufgetragen, dem Grundzustand also der Wert $W_1 = 0$ zugeordnet, und auf die Darstellung der Multiplettstruktur der Neon-Niveaus verzichtet.

Erzeugung der Besetzungsinversion beim He-Ne-Gaslaser

Ein Teil der Heliumatome gelangt in der Gasentladung durch Zusammenstöße mit Elektronen in die angeregten Zustände 2 $^3S_1$ und 2 $^1S_0$. Eine Rückkehr dieser Atome in den Grundzustand durch spontane bzw. durch induzierte Emission ist unmöglich. Den Übergang 2 $^3S_1 \rightarrow$ 1 $^1S_0$ verbietet das Interkombinationsverbot, den Übergang 2 $^1S_0 \rightarrow$ 1 $^1S_0$ die Übergangsregel $\Delta L = \pm 1$. Die Energiezustände 2 $^1S_0$ und 2 $^3S_1$ sind demzufolge metastabile Zustände. Die so angeregten Heliumatome übertragen daher ihre Anregungsenergie durch Stöße zweiter Art auf die Neonatome. Das ist möglich, weil sich die entsprechenden Niveaus nur wenig voneinander unterscheiden. Der geringfügige Energieunterschied wird durch die thermische Energie der Atome ausgeglichen.

Eine Anregung der Neonatome durch Stöße 1. Art erfolgt wegen des gewählten Partialdruckverhältnisses p_{He}:p_{Ne} praktisch nicht. Dadurch werden durch die Stöße 2. Art die Anregungszustände 20,66 eV und 19,78 eV des Neons gegenüber den tiefer liegenden Anregungszuständen stärker besetzt. Die gewünschte Besetzungsinversion ist hergestellt.

Die Energieübergänge 20,66 eV → 16,5 eV, 19,78 eV → 16,5 eV und 16,5 eV → 0 eV (Grundzustand) sind verboten, alle anderen sind dagegen optisch möglich. Der Gasdruck wird so gewählt, daß die bei den Übergängen von den besetzten Niveaus 20,66 eV und 19,78 eV zum Grundzustand emittierten Photonen als Folge der Resonanzfluoreszenz (vgl. Abschn. 4.3.1.1) sofort von anderen Neonatomen wieder absorbiert werden, derartige Übergänge die Besetzungszahlen der Niveaus also nicht verändern. Aufgrund der Besetzungsinversion dominiert für die Übergänge 20,66 eV → 20,30 eV (λ = 3,3912 µm), 20,66 eV → 18,70 eV (λ = 632,8 nm) und 19,78 eV → 18,70 eV (λ = 1,1523 µm) die induzierte Emission; ein He–Ne-Laser kann also diese Wellenlängen abstrahlen. Das Niveau 16,5 eV (in Wirklichkeit in vier Niveaus aufgespalten) ist ebenfalls metastabil. Eine allzu große Besetzung dieses Niveaus würde die Besetzungsinversion erheblich beeinträchtigen, da von ihm leicht Anregungen in die für die induzierte Emission notwendigen schwach besetzten Energieniveaus erfolgen können. Seine Besetzung muß damit weitestgehend verhindert werden. Man erreicht das durch einen relativ kleinen Rohrdurchmesser (≦ 1 cm) und durch eine relativ kleine Stromstärke (≦100 mA) der Entladung. Der geringe Rohrdurchmesser bewirkt, daß die in dieses Energieniveau angeregten Atome ihre Anregungsenergie schnell durch Stöße mit der Gefäßwandung abzugeben vermögen. Die geringe Stromstärke hält die Anregung dieses Niveaus durch Elektronenstoß in Grenzen.

Das Gasentladungsrohr wird in einem optischen Resonator vom Fabry-Perot-Typ angeordnet (s. Abb. 8.19). Der Reflexionsgrad des Auskopplungsspiegels ASp wird etwas kleiner als der des anderen Resonatorspiegels Sp gewählt. Die Auswahl der gewünschten Wellenlängen gelingt durch selektive Spiegel.

Außenspiegellaser

Bei dem in Abbildung 8.19 dargestellten *Außenspiegellaser* wird das Gasentladungsrohr durch planparallele Platten Pl abgeschlossen. Ihre Normalen sind gegenüber der Rohrachse um den Polarisationswinkel i_p (vgl. Brewstersches Gesetz (II S 10.15)) geneigt. Hierdurch werden die Reflexionsverluste des Lichtes beim Austritt aus dem Gasentladungsrohr gemindert und zugleich die lineare Polarisation des Laserlichtes erreicht. Nach dem Brewsterschen Gesetz wird beim Polarisationswinkel der Reflexionsgrad R_p des parallel zur Einfallsebene schwingenden Anteiles

Erzeugung von linear polarisiertem Laserlicht

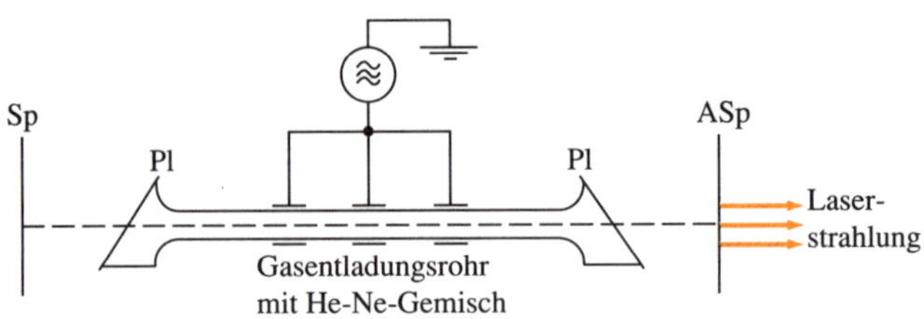

Abb. 8.19
He-Ne-Gaslaser (Sp Resonatorspiegel, ASp Auskopplungsspiegel, Pl planparallele Platten, die um den Polarisationswinkel gegenüber der Rohrachse geneigt sind)

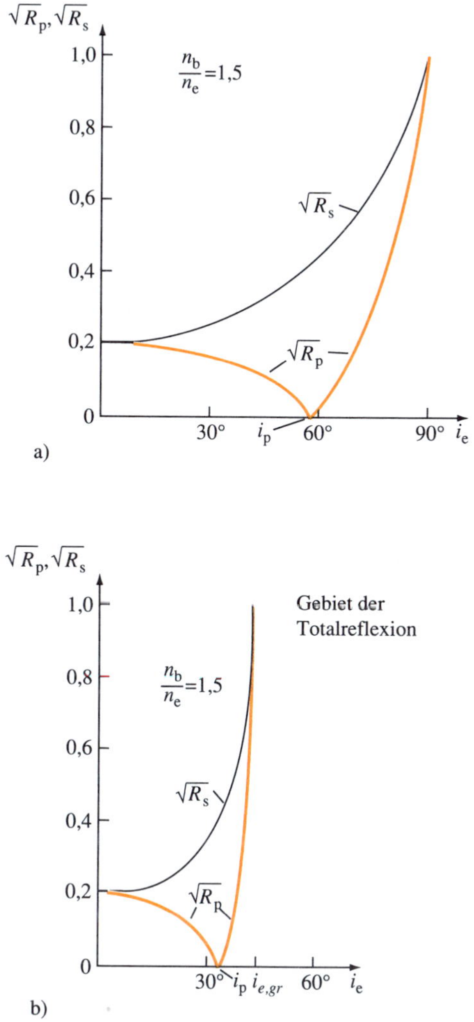

Abb. 8.20
Reflexionsgrad R bei einer parallel (p) und einer senkrecht (s) liegenden Schwingungsebene der elektromagnetischen Welle zur Einfallsebene. Dargestellt sind $\sqrt{R_p} = f(i_e)$ und $\sqrt{R_s} = f(i_e)$ (i_e Einfallswinkel)
a) bei Reflexion am optisch dichteren Medium
b) bei Reflexion am optisch dünneren Medium

von $\boldsymbol{E}$ Null (s. Abb. 8.20), d. h., das Licht mit dieser Schwingungsrichtung von $\boldsymbol{E}$ wird von der Platte mit maximaler Intensität durchgelassen. Der Reflexionsgrad R_s der dazu senkrechten Komponente von $\boldsymbol{E}$ ist dagegen so groß, daß diese Komponente unterdrückt wird.

Beim *Innenspiegellaser* schließen die Laserspiegel das Gasentladungsrohr ab. Das Laserlicht ist dann unpolarisiert, die Resonatorverluste sind aber geringer als beim Außenspiegellaser.

Innenspiegellaser

He-Ne-Gaslaser erreichen die höchste Frequenzstabilität

Der He-Ne-Gaslaser strahlt im sichtbaren ($\lambda = 632{,}8$ nm) und im ultraroten ($\lambda = 1{,}1523\,\mu$m und $\lambda = 3{,}3912\,\mu$m) Spektralbereich. Seine maximale Lichtausgangsleistung liegt bei etwa 100 mW. Anwendung findet dieser Laser u.a. in der Interferometrie, der Holografie, der Geschwindigkeitsmeßtechnik, in der Längenmeßtechnik und als Justierhilfe. Mit ihm konnte auch die bisher höchste Frequenzstabilität von $\Delta\nu/\nu = 10^{-15}$ erreicht werden.

Edelgasionenlaser

Die *Edelgasionenlaser* strahlen ebenfalls im Spektralbereich vom Ultraviolett bis hin zum nahen Ultrarot. Sie sind mit Lichtleistungen bis zu 20 W die leistungsstärksten Laser im sichtbaren Spektralbereich. Verbreitete Anwendung finden der *Argon-* und der *Kryptonionenlaser* sowie die *Mischgaslaser* mit Argon- und Kryptonfüllung. Genutzt werden Übergänge zwischen den Energieniveaus von Argon- oder von Kryptonionen. Die Besetzung des höherenergetischen Laserniveaus W_k erfolgt durch 2-Stufen-Elektronenstöße in einer Niederdruckbogenentladung mit einer Stromdichte von 10^2 bis 10^3 Acm^{-2} und einem Druck von etwa 70 Pa. Der erste Elektronenstoß führt zur Ionisation des Argon- bzw. Kryptonatoms, der zweite Stoß zur Anregung des Ions in das höherenergetische Laserniveau. Die Anregung der Laserniveaus kann auch im Impulsbetrieb erfolgen.

Argonionenlaser
Kryptonionenlaser
Mischgaslaser

Argon- und Kryptonionenlaser werden vorwiegend in der Augenheilkunde, in der Druckindustrie, in der Holografie und in schnellen Laserdruckern angewandt. Weiter dienen Argonionenlaser vielfach zum Pumpen von Farbstofflasern.

Stickstofflaser

Der *Stickstofflaser* (N_2-Laser) ist ein Impulslaser für den ultravioletten Spektralbereich mit Impulsfolgefrequenzen bis zu 10^4 Hz und Impulsleistungen bis zu einigen MW. Zur Realisierung des Lasereffektes werden die energetischen Übergänge zwischen Schwingungsniveaus von unterschiedlichen Elektronenzuständen des N_2-Moleküls genutzt (Näheres s. Bd. IV). Die Besetzung der höheren Laserniveaus erfolgt durch Stöße 1. Art in einer gepulsten Hochspannungsgasentladung, die meist bei Atmosphärendruck betrieben wird. Der N_2-Laser kann ohne optischen Resonator betrieben werden, da sich bei ihm die Besetzungsinversion in einem impulsartigen Vorgang abbauen kann, d.h. durch weitgehend zur gleichen Zeit ablaufende Übergänge in das tiefere Energieniveau (*Superstrahler*). Die Verwendung eines optischen Resonators verbessert jedoch die Strahlqualität und erhöht die Impulsleistung. Der *Wasserstofflaser* (H_2-Laser) ist in seiner Wirkungsweise und seinem Aufbau dem N_2-Laser praktisch gleich. Er hat mit $\lambda = 116{,}1$ nm die kürzeste bisher mit einem Laser im ultravioletten Spektralbereich erreichte Wellenlänge.

Superstrahler
Wasserstofflaser

Excimerlaser

Gepulste Laser für den ultravioletten Spektralbereich sind auch die *Excimerlaser*. Sie sind mit Durchschnittsleistungen von etwa 100 W und Impulsenergien von bis zu 100 J die leistungsstärksten Impulslaser für diesen Spektralbereich.

Excimer

Unter einem *Excimer* versteht man ein Molekül, das keinen stabilen Grundzustand besitzt, das also mit der Abgabe seiner Anregungsenergie zerfällt. Für den Aufbau von Excimerlasern werden zweiatomige excimere Edelgashalogenide verwendet. Bei ihnen verbindet sich ein positives Edelgasion mit einem negativen Halogenion. Diese Verbindung ist möglich, weil nach Abschnitt 9.1 ein positives Edelgasion in seinem chemischen Verhalten einem Alkalimetallatom ähnlich ist. Die Bildung des Excimers erfolgt in einer gepulsten Hochspannungsgasentladung. Hierzu werden dem Trägergas der Entladung (He oder Ne) 5–10% des aktiven Edelgases und 0,1–0,5% des aktiven Halogens zugemischt. Verwendet man z. B. Krypton als aktives Edelgas und Fluor als aktives Halogen, dann wird in der Gasentladung durch die Reaktionen

$$Kr^+ + F^- \rightarrow KrF^* \qquad (8.34\,a)$$

$$Kr^* + F_2 \rightarrow KrF^* + F \qquad (8.34\,b)$$

das Excimer KrF^* gebildet. Die mittlere Lebensdauer dieses Zustandes beträgt 7 ns, während das Excimer im Grundzustand nur mit einer mittleren Lebensdauer von 10^{-12} s existiert. Damit ist der Zustand KrF^* immer stärker besetzt als der Grundzustand und somit die Besetzungsinversion erreicht.

Excimerlaser finden vor allem Anwendung in der Fotolithografie, als Pumplichtquellen für Farbstofflaser und in der lasergesteuerten Kernfusion.

Der *Kohlenmonoxidlaser* (CO-Laser) und der *Kohlendioxidlaser* (CO_2-Laser) sind leistungsfähige Laser für den ultraroten Spektralbereich. Sie können kontinuierlich und gepulst betrieben werden. Die Wellenlängen des CO-Lasers liegen im Bereich von 5 bis 6 µm, die des CO_2-Lasers im Bereich von etwa 10 µm. Der CO_2-Laser ist der Laser mit der größten bisher bekannten kontinuierlichen Laserleistung von bis zu 100 kW und mit Impulsleistungen von bis zu 10^{12} W. Seine Impulsleistung erreicht damit die der Festkörperlaser. Außerdem besitzt er von allen Gaslasern mit etwa 30 ps die kürzeste Impulsdauer. Seine Frequenzstabilität ist mit $\frac{\Delta\nu}{\nu} \approx 10^{-13}$ nach der des He-Ne-Lasers die zweitbeste, allerdings bei einer wesentlich größeren Leistung als der des He-Ne-Lasers. Weiterhin hat das von ihm abgestrahlte ultrarote Laserlicht den Vorteil, daß es in der Atmosphäre praktisch nicht absorbiert wird.

Kohlenmonoxidlaser
Kohlendioxidlaser

Als Laserübergänge dienen Rotations-Schwingungsübergänge des CO- bzw. des CO_2-Moleküls. Diese werden in einer speziell präparierten kontinuierlichen bzw. gepulsten Gasentladung angeregt, so daß eine Besetzungsinversion entstehen kann. Beim CO-Laser werden *Kaskadenübergänge* genutzt, d. h., das untere Laserniveau für den ersten Laserübergang ist zugleich das obere Laserniveau für den nächsten usf. Das erfordert jedoch die Kühlung des Lasers auf eine Temperatur von $T \approx 100$ K. Die Anwendungsbereiche beider Laser liegen u. a. in der Spektroskopie, in der Medizin, in der Materialbearbeitung und in der lasergesteuerten Kernfusion.

Kaskadenübergänge

Im ultraroten Spektralbereich arbeiten auch die *chemischen Gaslaser*, deren prinzipieller Wirkungsmechanismus noch beschrieben werden soll.

chemische Gaslaser

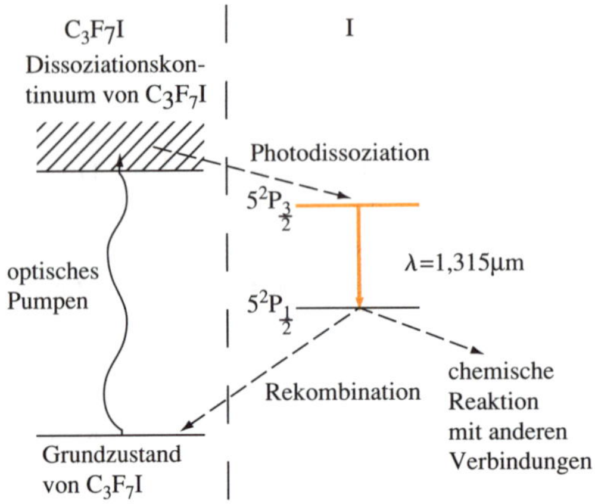

Abb. 8.21
Zur Wirkungsweise des Iodlasers

Iodlaser (I*-Laser)

Beim *Iodlaser* (I*-Laser) nutzt man ein Gasgemisch mit beigemischten C_3F_7I-Molekülen. Durch Foto- oder Elektronenstrahldissoziation wird das C_3F_7I-Molekül aufgespalten:

$$C_3F_7I + h\nu \rightarrow C_3F_7 + I^* . \qquad (8.35)$$

Hierbei werden mehr Iodatome in den Energiezustand $5^2P_{\frac{3}{2}}$ angeregt als in den Zustand $5^2P_{\frac{1}{2}}$. Die für die Laserstrahlung notwendige Besetzungsinversion ist damit realisiert (s. Abb. 8.21). Nach dem Laserimpuls rekombinieren C_3F_7 und I wieder zum Ausgangsmolekül C_3F_7I. Mit dem Iodlaser lassen sich Impulsdauern von 1 ns und Impulsenergien bis zu 1 kJ erreichen.

Wasserstofffluoridlaser (HF*-Laser)

Ein chemischer Hochleistungslaser mit Impulsenergien von etwa 4 kJ ist der *Wasserstofffluoridlaser* (HF*-Laser). Die von ihm abgestrahlten Wellenlängen liegen im Bereich von 3,6 bis 4,2 µm. Verwendet wird ein Gasgemisch $F_2 + H_2 + O_2 + SF_6$ mit einem Gesamtdruck von etwa $2 \cdot 10^5$ Pa und einem Mischungsverhältnis von $F_2:H_2:O_2:SF_6 = 1:0{,}25:0{,}3:0{,}125$. Durch eine gepulste Fotodissoziation laufen folgende Prozesse ab:

$$F_2 + h\nu \rightarrow 2F \qquad (8.36\,a)$$

$$F + H_2 \rightarrow HF^* \qquad (8.36\,b)$$

$$H + F_2 \rightarrow HF^* + F . \qquad (8.36\,c)$$

Bei diesen Reaktionen werden mehr Fragmente HF^* in energetisch höheren Energiezuständen als in energetisch niederen gebildet. Statt durch Fotodissoziation läßt sich der Laserimpuls auch durch eine gepulste Gasentladung oder durch Elektronen geeigneter Energie auslösen.

Chemische Laser sind in einem Überschallgasstrom auch kontinuierlich zu betreiben. Die Anregung erfolgt entweder durch Verbrennung in einer Verbrennungskammer mit Überschalldüse (z. B. beim Wasserstofffluoridlaser durch die Verbrennung eines H_2-F_2-Gemisches bei Temperaturen von 1500 bis 1800 K) oder durch Hochtemperaturdissoziation in einem Lichtbogen.

Chemische Laser werden u.a. für die lasergesteuerte Kernfusion genutzt.

Die Vorteile der Gaslaser gegenüber den anderen Lasertypen liegen insbesondere in

Vorteile von Gaslasern

- ihrer großen Amplitudenstabilität
- ihrer großen Kohärenzlänge
- ihrer geringen Strahldivergenz
- der guten Homogenität des Laserstrahles über den gesamten Strahlquerschnitt.

Nachteilig ist u. a., daß die Gaslaser vielfach nicht die Impulsleistungen der nachstehend betrachteten Festkörperlaser erreichen.

8.3.3.2.2 Festkörperlaser

Beim *Festkörperlaser* werden als laseraktives Material Kristalle oder Gläser verwendet, die mit Ionen mit nicht vollbesetzten inneren Schalen (vgl. Tab. 9.1) dotiert werden. Dazu eignen sich die Ionen von Übergangsmetallen, wie z. B. Cr^{3+}, oder die Ionen von seltenen Erden, wie z. B. Nd^{3+}. Durch den Einbau der Ionen in das Wirtsmaterial wird die Wirkung der äußeren Elektronen der Atomhülle soweit abgeschirmt, daß die Energieübergänge der inneren Elektronen beobachtbar werden. Besitzen die eingebauten Ionen keine geeigneten Banden für das optische Pumpen, so werden diese durch den zusätzlichen Einbau von Atomen bzw. Ionen erzeugt.

Festkörperlaser

Der von MAIMAN bereits 1960 entwickelte *Rubinlaser* besteht aus einem Rubinkristall (Al_2O_3), der mit Cr^{3+}-Ionen dotiert ist. Bei einem Chromzusatz von weniger als 0,05 % erhält man das in Abbildung 8.22a wiedergegebene Energieniveauschema (*3-Niveau-Laser*), bei höheren Chromzusätzen spaltet der Grundzustand zusätzlich auf (*4-Niveau-Laser*, vgl. Abb. 8.22b).

Rubinlaser

3-Niveau-Laser

4-Niveau-Laser

Zum Verständnis der Wirkungsweise eines Festkörperlasers betrachten wir zunächst den 3-Niveau-Laser. Durch Einstrahlen von Licht im grünen oder blauvioletten Spektralbereich wird ein Teil der Chromionen vom Grundzustand in die grüne oder violette Absorptionsbande angeregt. Durch strahlungslose Übergänge (Abgabe der Anregungsenergie an das Kristallgitter) gehen die Elektronen in die metastabilen Energiezustände W_2 oder W_3 (Lebensdauer einige Millisekunden) über. Bei entsprechend hoher Intensität des Pumplichtes sind die Besetzungszahlen der Energieniveaus W_2 und W_3 größer als die Besetzungszahl des Grundzustandes, die Besetzungsinversion ist hergestellt. Bringt man den Kristall in einen optischen Resonator, so werden die Niveaus W_2 und W_3 durch induzierte

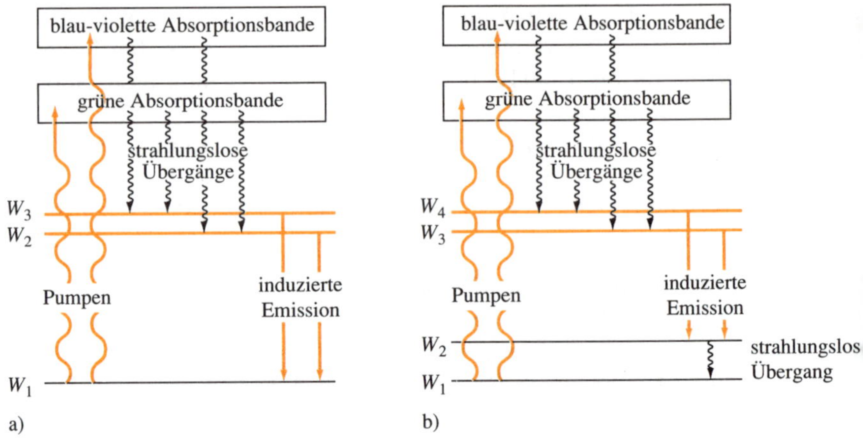

Abb. 8.22
Energieniveauschema des Rubinlasers
a) 3-Niveau-Laser
b) 4-Niveau-Laser

Emission entleert, der entstehende Laserimpuls kann durch den nicht vollständig reflektierenden Auskopplungsspiegel austreten. Die Wiederholung des Pumpvorganges führt zu einem erneuten Laserimpuls. Der Rubinlaser läßt sich aber auch kontinuierlich betreiben. Als Pumplichtquellen werden leistungsstarke Xenon-Lampen verwendet, da deren Emissionsspektrum dem Absorptionsspektrum der Cr^{3+}-Ionen praktisch gleich ist.

Bei Zimmertemperatur entspricht dem Übergang $W_3 \to W_1$ die Wellenlänge $\lambda = 692{,}9$ nm, dem Übergang $W_2 \to W_1$ die Wellenlänge $\lambda = 694{,}3$ nm. Da das Energieniveau W_2 stärker besetzt ist als das höherliegende Energieniveau W_3, ist die Selbsterregung für den Übergang $W_2 \to W_1$ wesentlich günstiger als die für $W_3 \to W_1$. Rubinlaser strahlen daher im allgemeinen nur die dem Übergang $W_2 \to W_1$ entsprechende Wellenlänge ab. Will man die andere Wellenlänge erhalten, so kann man das unter anderem durch Spiegel erreichen, die das Licht des Überganges $W_3 \to W_1$ wesentlich stärker als das des Überganges $W_2 \to W_1$ reflektieren.

Beim 4-Niveau-Laser finden die induzierten Übergänge nicht zum Grundzustand, sondern zum Energieniveau W_2 statt. Das hat gegenüber dem 3-Niveau-Laser den Vorteil, daß durch ausreichende Kühlung des Materials die Besetzungszahl des Niveaus W_2 äußerst klein gehalten werden kann, damit die Besetzungsinversion erhöht und hierdurch die Wahrscheinlichkeit für induzierte Übergänge erheblich gesteigert werden kann. Da W_2 über dem Grundzustand liegt, ist das vom 4-Niveau-Rubinlaser abgestrahlte Licht etwas langwelliger als das des 3-Niveau-Rubinlasers. Zum Beispiel findet man bei einem Chromzusatz von 0,5 % die Wellenlängen $\lambda_1 = 700{,}9$ nm und $\lambda_2 = 704{,}1$ nm.

Beim Impulsbetrieb erreichen Rubinlaser Impulsleistungen von 10 bis 500 kW bei Impulsdauern von 0,1 bis 1 ms, bei kontinuierlichem Betrieb erreichen sie Leistungen bis zu 100 kW. Die großen Leistungen der Festkörperlaser gegenüber den meisten Gaslasern erklären sich daraus, daß bei Festkörperlasern die Teilchenanzahldichte der laseraktiven Ionen etwa $10^{19}\,cm^{-3}$ beträgt, während sie bei den meisten Gaslasern nur bei 10^{15} bis $10^{17}\,cm^{-3}$ liegt.

Der verwendete Rubinkristall hat eine zylindrische Gestalt. Seine Länge beträgt bis zu 30 cm, sein Durchmesser 0,2 bis 2 cm. Meist werden die Resonatorspiegel auf die gut polierten Endflächen des Kristalls aufgebracht. Durch geeignete Kristallschnitte kann eine linear polarisierte oder eine völlig unpolarisierte Strahlung erhalten werden.

Wesentlich größere Leistungen als mit dem Rubinlaser erreicht man mit dem *Neodym-Glaslaser*. Bei ihm werden im Wirtsmaterial Glas als laseraktive Ionen 0,5 bis 8% Nd^{3+}-Ionen eingebaut. Hierdurch wird ein Vierniveaulasermaterial entsprechend Abbildung 8.22b erzeugt. Der Wirkungsmechanismus des Neodym-Glaslasers ist damit analog zu dem des 4-Niveau-Rubinlasers. Er strahlt im nahen ultraroten Spektralbereich. Als Wirtsmaterial finden zylindrische Glasstäbe mit einem Durchmesser von 0,5 bis 5 cm und einer Länge von bis zu 1 m aus Silikat-, Phosphat- oder Bariumglas Verwendung.

Neodym-Glaslaser

Mit Neodym-Glaslasern lassen sich Impulse mit einer Leistung von 10^6 W und einer Dauer von 0,1 bis 1 ns erzeugen. Durch Nachverstärkung können Impulsleistungen von bis zu 10^{13} W erreicht werden. Zur *Nachverstärkung* verwendet man ebenfalls optisch gepumpte Neodym-Glasstäbe, aber ohne Resonatorspiegel. Ihre Länge beträgt bis zu 1 m, ihr Durchmesser bis zu 10 cm.

Nachverstärkung einer Laserstrahlung

Beim *Neodym-YAG-Laser* wird als Wirtsmaterial **Y**ttrium-**A**luminium-**G**ranat ($Y_3Al_5O_{12}$, YAG) verwendet und mit 0,5 bis 3,5% Nd^{3+}-Ionen dotiert. YAG hat gegenüber Glas eine größere mechanische Festigkeit und Härte, eine größere Wärmeleitfähigkeit und eine bessere optische Qualität. Dadurch besitzt der Neodym-YAG-Laser eine bessere Strahlqualität als der Neodym-Glas-Laser. Der Neodym-YAG-Laser strahlt im gleichen Wellenlängenbereich wie der Neodym-Glas-Laser. Er arbeitet kontinuierlich oder im Impulsbetrieb. Seine maximalen Leistungen liegen bei 10^6 W im kontinuierlichen Betrieb und im Impulsbetrieb bei 10^{13} W mit Folgefrequenzen von bis zu 10 kHz.

Neodym-YAG-Laser

Festkörperlaser finden u.a. Anwendung zur Materialbearbeitung, als Pumplichtquellen für Farbstofflaser und für die lasergesteuerte Kernfusion. Gegenüber den Gaslasern haben sie den Nachteil

Nachteile der Festkörperlaser

- der kleineren Kohärenzlänge ($l_K \leqq 1$ m),
- der kleineren Amplitudenstabilität

und

- der Inhomogenität der Intensitätsverteilung über den Strahlquerschnitt.

8.3.3.2.3 Farbstofflaser

Gepulste *Farbstofflaser* wurden erstmalig 1966 vorgestellt, kontinuierlich arbeitende konnten 1970 entwickelt werden. Farbstofflaser überdecken

Farbstofflaser

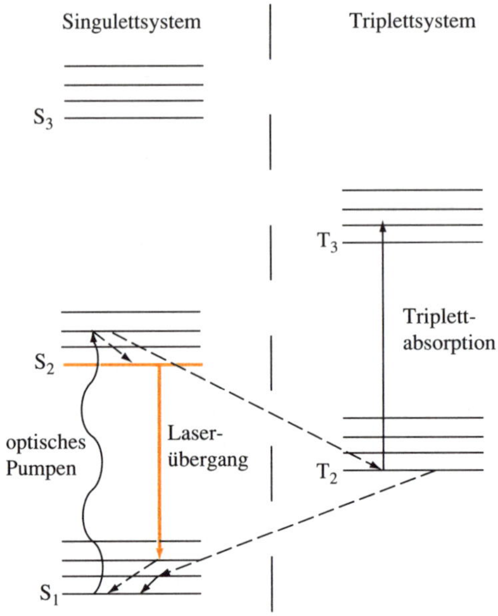

Abb. 8.23
Energieniveauschema des Farbstofflasers (S Singulettzustände, T Triplettzustände, ---→ strahlungslose Übergänge)

heute einen Wellenlängenbereich von etwa $300\,\text{nm} \leqq \lambda \leqq 1{,}3\,\mu\text{m}$ und sind innerhalb einer Wellenlängendifferenz von mehreren 10 nm kontinuierlich durchstimmbar. Verwendet werden organische Farbstoffmoleküle mit einem möglichst großen konjugierten π-Elektronensystem (Näheres s. Bd. IV). Es sind mehrere hundert Farbstoffe bekannt, die sich zum Aufbau von Farbstofflasern eignen. Diese große Anzahl ermöglicht es, den genannten Wellenlängenbereich von $300\,\text{nm} \leqq \lambda \leqq 1{,}3\,\mu\text{m}$ kontinuierlich zu überdecken. Am gebräuchlichsten sind Farbstofflösungen mit Farbstoffkonzentrationen von $5 \cdot 10^{-3}$ bis $10^{-4}\,\text{mol/l}$.

Wirkungsweise der Farbstofflaser

Abbildung 8.23 zeigt in vereinfachter Form das Energieniveauschema eines Farbstoffes. Es besteht im allgemeinen wie das Spektrum des Heliums (vgl. Abb. 7.5) aus einem Singulett- und einem Triplettsystem, wobei die Energiezustände der Elektronen durch die Schwingungs- und die Rotationszustände zu ergänzen sind. In Abbildung 8.23 sind die Elektronenzustände des Singulettsystems mit den zugehörigen Schwingungszuständen mit S_n, die des Triplettsystems mit den zugehörigen Schwingungszuständen mit T_n gekennzeichnet. Durch optisches Pumpen werden die Schwingungsniveaus des ersten angeregten Zustandes S_2 des Singulettsystems besetzt. Innerhalb von Picosekunden erfolgen strahlungslose Übergänge in das unterste Schwingungsniveau von S_2, wodurch dieser Energiezustand stärker besetzt wird, als es die Schwingungszustände von S_1 sind. Damit ist die notwendige Besetzungsinversion für die Laserstrahlung erzeugt.

Durch strahlungslose Übergänge von S_2 nach T_2 kann auch das metastabile Triplettniveau T_2 erheblich besetzt werden, wodurch dann eine Anregung in das Triplettniveau T_3 möglich wird. Da der Übergang

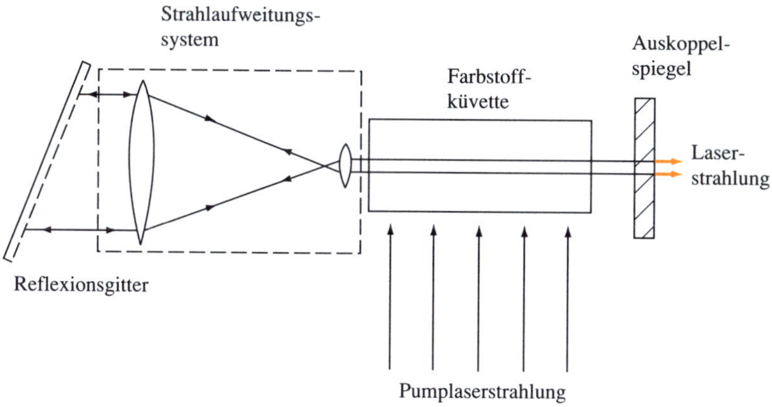

Abb. 8.24
Gepulster Farbstofflaser (schematisch)

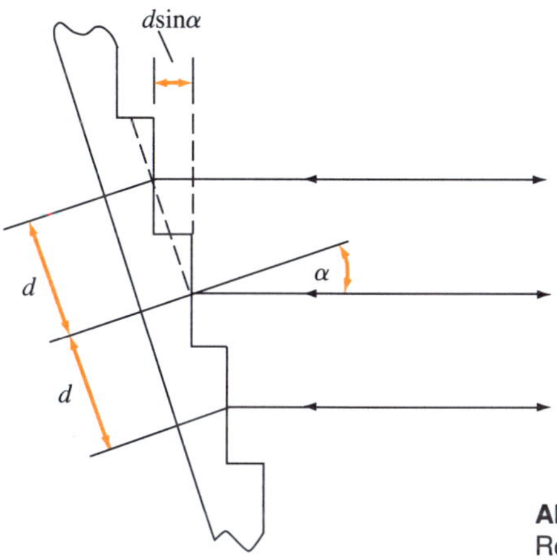

Abb. 8.25
Reflexionsgitter zur Wellenlängenselektion

$S_2 \rightarrow T_2$ im Mittel etwa 10 ns erfordert, können diese störenden Triplettanregungen entweder durch kurze optische Pumpzeiten (< 100 ns) vermieden werden oder dadurch, daß man den Farbstoff wie bei kontinuierlichen Farbstofflasern mit Geschwindigkeiten von 10 bis 100 m/s durch den Pumpbereich hindurchströmen läßt.

Abbildung 8.24 zeigt schematisch den Aufbau eines transversal gepumpten Farbstofflasers. Als Pumplichtquelle finden entweder gepulste Blitzlampen (*Blitzlampen-Farbstofflaser)* oder im Picosekundenbereich gepulste Laser (*Picosekunden-Farbstofflaser*) Verwendung. Zur Wellenlängenselektion wird meist der Resonatorspiegel durch ein metallisiertes Reflexionsgitter ersetzt (s. Abb. 8.25), das um eine Achse senkrecht zur Papierebene drehbar ist. Damit kann der Winkel α zwischen Gitternormale und Wellennormale des einfallenden Lichtes innerhalb bestimmter Grenzen eingestellt werden. Die Intensität der vom Gitter entgegengesetzt zur Einfallsrichtung reflektierten Welle wird dann maximal,

Blitzlampen-farbstofflaser

Picosekunden-Farbstofflaser

Wellenselektion beim Farbstofflaser

wenn für den Gangunterschied $2d \sin\alpha$ benachbarter Teilwellen entsprechend Abbildung 8.25

$$2d \sin\alpha = N\lambda \qquad (N = 1, 2, 3 \ldots) \tag{8.37}$$

Echelettegitter

gilt. Da d bekannt ist, läßt sich der für ein gewünschtes λ notwendige Winkel α aus (8.37) ermitteln. Durch eine geeignete Formgebung des Gitters gelingt es, nahezu die gesamte Intensität des reflektierten Lichtes in einem Hauptmaximum zu vereinigen (*Echelettegitter*). Die Strahlaufweitung ist erforderlich, da die Auflösungsgrenze $\Delta\lambda_{min}$ eines Gitters nach (II 10,39) der erfaßten Spaltanzahl umgekehrt proportional ist, d.h. bei einer optimalen Ausleuchtung des Gitters $\Delta\lambda_{min}$ am kleinsten wird.

Gepulste Farbstofflaser haben Leistungen bis zu 10^7 W und Impulsdauern bis zu 100 ps. Sie werden bevorzugt eingesetzt in der Spektroskopie, der Picosekundentechnik (s. Abschn. 8.3.3.3), der Medizin und der Analysenmeßtechnik.

8.3.3.2.4 Halbleiterlaser

Halbleiterlaser (Injektionslaser)

Bei dem 1962 von NATHAN, DUNCKE, BURNS und DILL entwickelten *Halbleiterlaser* (*Injektionslaser*) erfolgt die induzierte Emission als Rekombinationsstrahlung in einem pn-Übergang. Hierzu ist eine starke Dotierung ($> 10^{18}\,\text{cm}^{-3}$) des n- und des p-Gebietes erforderlich. Die im pn-Übergang zu erreichende Besetzungsinversion ist der Stromdichte proportional.

Halbleiterlaser überstreichen einen Wellenlängenbereich von 500 nm bis 32 µm bei Leistungen im kontinuierlichen Betrieb von bis zu 100 mW und im gepulsten Betrieb von bis zu 100 W. Die Kohärenzlänge ihrer Strahlung kann bis zu 30 m betragen. Sie sind daher auch als Lichtquellen für die Holografie brauchbar.

Vorteile von Halbleiterlasern

Vorteile der Halbleiterlaser sind:

- ihre einfache Anregung, da bei ihnen eine direkte Wandlung von elektrischer Energie in Strahlungsenergie erfolgt
- ihre äußerst geringen Abmessungen (bis etwa 300 µm × 50 µm × 10 µm)
- ihre kleinen Anregungsspannungen ($\leqq 2$ V) und geringen Ströme ($\leqq 15$ mA)
- die mögliche direkte Modulation über den Strom bis zu Frequenzen von 10^{10} Hz

und

- ihre Integrierbarkeit in elektrooptische Schaltungen.

Halbleiterlaser werden bevorzugt genutzt in der Optoelektronik, der Informationstechnik, der Entfernungsmeßtechnik, der Holografie, in Laserdruckern und in CD-Playern.

8.3.3.2.5 Röntgen-Laser

Will man z.B. einen Laserstrahl mit der Wellenlänge $\lambda = 10$ nm (weiche Rönten-Strahlung) erzeugen, dann benötigt man Energieübergänge von etwa 125 eV. Energieübergänge dieser Größe sind nach Abschnitt 4.3 mit den Anregungsenergien der Atome und der einfach ionisierten Ionen nicht zu erreichen, wohl aber mit mehrfach ionisierten Ionen. Dieser Gedanke führte 1978 zur Entwicklung der *Plasma-* und der *Rekombinationslaser.*

Plasmalaser
Rekombinationslaser

Die mehrfach ionisierten Ionen werden in einem Plasma erzeugt und danach durch Elektronenstoß oder Rekombination in den entsprechenden Laserzustand angeregt. Dafür sollen zwei Beispiele angegeben werden.

Durch die beidseitige Bestrahlung von dünnen Selenschichten mit Hochleistungslasern werden Se^{24+}-Ionen hergestellt. Nach Tabelle 9.2 haben diese Ionen die Elektronenkonfiguration $1s^2 2s^2 2p^6$, d.h. die Elektronenkonfiguration des Neons. Man erzeugt nun durch Elektronenbeschuß die Elektronenkonfiguration $1s^2 2s^2 2p^6 3p$, von der dann der Laserübergang in Form von Superstrahlung, d.h. ohne Verwendung von Resonatoren in die weniger besetzte Elektronenkonfiguration $1s^2 2s^2 2p^6 3s$ möglich ist. Diesem energetischen Übergang entspricht die Wellenlänge $\lambda = 21$ nm. Mit diesem Lasertyp lassen sich Impulsleistungen bis zu 10 MW erreichen.

Se^{24+}-Plasmalaser

Beim C^{5+}-Rekombinationslaser werden Kohlenstoffasern mit einem Neodym-Glaslaser bestrahlt und verdampft. In dem so hergestellten Plasma überwiegt das wasserstoffähnliche Ion C^{5+}. Läßt man das Plasma expandieren, dann werden Elektronen-Ionen-Rekombinationsprozesse möglich. Durch die dadurch freiwerdende Energie werden die wasserstoffähnlichen Ionen C^{5+} vorwiegend in den energetischen Zustand $n = 3$ angeregt. Es wird dieses Energieniveau demzufolge stärker besetzt als das Niveau mit $n = 2$, der induzierte Emissionsübergang $n = 3 \rightarrow n = 2$ ist möglich. Ihm entspricht die Wellenlänge 18,2 nm.

C^{5+}-Rekombinationslaser

8.3.3.2.6 Freie-Elektronen-Laser

1977 wurde von Deacon, Elias, Madey und Raman mit dem *Freie-Elektronen-Laser* (*FEL-Laser*) ein völlig anderes Laserprinzip vorgestellt. Statt der Energieübergänge von Atomen, Ionen und Molekülen nutzt der FEL-Laser als laseraktives Medium einen hochenergetischen Elektronenstrahl in einem statischen, transversalen und räumlich periodischen Magnetfeld (s. Abb. 8.26). Die Magnetfeldanordnung wird *Undulator* oder in Anlehnung an die Synchrotrontechnik *Wiggler* genannt. Die Periodizitätslänge L des Magnetfeldes heißt *Undulator-* oder *Wiggler Periode.*

Freie-Elektronen Laser (FEL-Laser)

Undulator (Wiggler)

Undulator-Periode (Wiggler-Periode)

Die Elektronen werden seitlich am Resonatorspiegel vorbei in den Undulator eingeschossen und durchlaufen dort aufgrund der Einwirkung der Lorentz-Kraft eine oszillierende Bahn. Diese Bewegung führt zur

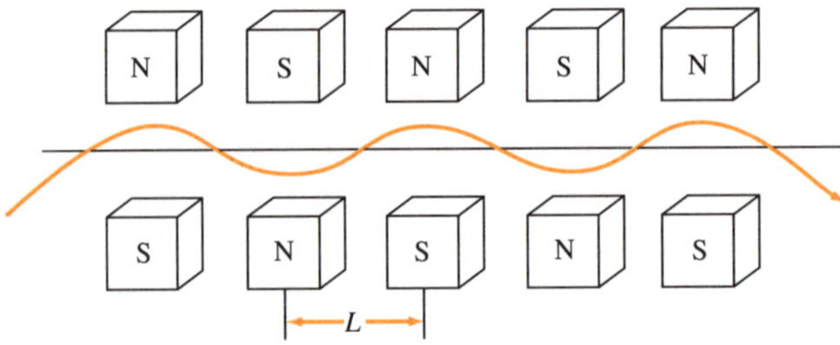

Abb. 8.26
Undulator (schematisch)

Abstrahlung einer elektromagnetischen Welle in Richtung der Undulatorachse. Zur genaueren Betrachtung dieses Vorganges werde ein beliebiges Elektron herausgegriffen und ein Koordinatensystem Σ mit dem Ursprung auf der Undulatorachse gewählt, welches sich mit dem Elektron in Richtung der Undulatorachse mitbewegt. Für einen in diesem System ruhenden Beobachter stellt sich die Bewegung des Elektrons als Dipolschwingung dar, die nach Abschnitt II 7.2.1.5 zur Abstrahlung einer elektromagnetischen Welle mit einer maximalen Intensität senkrecht zur Dipolschwingung, d.h. in Richtung der Undulatorachse führt.

Ein im System Σ ruhender Beobachter registriert als Wellenlänge der spontan abgestrahlten Welle den Wert λ_Σ. Nach der Längenkontraktion (II S 14.6) besteht zwischen λ_Σ und der Undulator-Periode der Zusammenhang

$$\lambda_\Sigma = L\sqrt{1-\frac{v^2}{c^2}}, \tag{8.38a}$$

wobei v die Elektronengeschwindigkeit in Richtung der Undulatorachse bedeutet. Im Laborsystem beobachtet man nun nicht die Wellenlänge λ_Σ, sondern nach dem longitudinalen relativistischen Doppler-Effekt (II 14.14) die Wellenlänge

$$\lambda = \lambda_\Sigma \frac{\sqrt{1-\dfrac{v^2}{c^2}}}{1+\dfrac{v}{c}} = \frac{L\left(1-\dfrac{v^2}{c^2}\right)}{1+\dfrac{v}{c}}$$

oder bei Beachtung von $v \approx c$

Zusammenhang von λ, L und Elektronengeschwindigkeit

$$\lambda = \frac{L\left(1-\dfrac{v^2}{c^2}\right)}{2}. \tag{8.38}$$

(8.38) gibt den Zusammenhang von Undulator-Periode L, Elektronengeschwindigkeit v und Wellenlänge λ der abgestrahlten Welle an. Wählt man z. B. für die Undulator-Periode $L = 2$ cm und eine Elektronenenergie von 500 MeV, so erhält man $\lambda \approx 10$ nm.

Erzeugung der Besetzungsinversion

Der Lasereffekt des FEL-Lasers entsteht durch die Wechselwirkung der elektromagnetischen Welle im Resonator mit der oszillierenden Elektronenbewegung. Je nach der augenblicklichen Phasendifferenz zwischen beiden kommt es zur Beschleunigung des Elektrons und damit zur Aufnahme von Strahlungsenergie durch das Elektron oder zu seiner Abbremsung und damit zur Emission von Bremsstrahlung auf Kosten der kinetischen Energie des Elektrons. Ersteres kann als Absorption, letzteres als induzierte Emission aufgefaßt werden. Da das Licht und die Elektronen unterschiedliche Geschwindigkeiten besitzen, ändert sich die Phasendifferenz zwischen der Welle und der Elektronenbewegung längs der Elektronenbahn kontinuierlich. Kommen auf der Strecke einer Undulator-Periode alle Phasendifferenzen mit gleicher Wahrscheinlichkeit vor, dann erfolgt keine Verstärkung der Welle. Gelingt es jedoch, die Phasenlagen mit Lichtverstärkung zu bevorzugen, dann entspricht dies dem gewünschten Lasereffekt.

FEL-Laser konnten bisher für den ultraroten und den sichtbaren Spektralbereich mit Impulsleistungen bis zu 10^7 W entwickelt werden. Ihre Wellenlänge ist nach (8.38) durch Veränderung der Elektronenenergie über einen relativ breiten Spektralbreich kontinuierlich durchstimmbar. Ihr Aufbau ist aufwendig, da FEL-Laser Elektronenenergien im MeV-Bereich benötigen. Besonders aufwendig ist die Übertragung dieses Laserprinzips in den UV- und in den Röntgenbereich, da nach (8.38) hierfür sehr kurze Undulator-Perioden und sehr große Elektronenenergien erforderlich sind. Auch sind insbesondere für den Röntgen-Bereich Resonatorspiegel mit dem erforderlichen Reflexionsgrad nicht verfügbar.

8.3.3.3 Eigenschaften des Laserlichtes, Mehrphotonenprozesse, ultrakurze Lichtimpulse

vorteilhafte Eigenschaften des Laserlichtes

Laserlicht zeichnet sich gegenüber dem Licht herkömmlicher Lichtquellen aus durch

- große zeitliche und räumliche Kohärenz,
- hohe Monochromasie,
- extrem kleine Öffnungswinkel (bei entsprechender Resonatoranordnung praktisch paralleles Licht),
- hohe Leistungsdichte.

Die Linienbreite des von Rubinlasern abgestrahlten Lichtes ist kleiner als 0,6 nm. Mit Rubinlasern können bei Kristalldurchmessern unter einem Zentimeter Öffnungswinkel von etwa 10^{-8} sr erreicht werden. Die hohe Monochromasie erlaubt die Fokussierung des Lichtes des Rubinlasers auf einen Brennfleck von ca. 700 nm Durchmesser, das entspricht etwa seiner Wellenlänge. Ein derartig kleiner Brennfleck ist mit Licht herkömmlicher Lichtquellen undenkbar. Es können Laserimpulse von bis zu $6 \cdot 10^{-15}$ s

Dauer erzeugt werden. Durch Bündelung lassen sich Leistungsdichten von 10^{15} Wcm^{-2} und mehr erreichen.

Anwendung der Laser in Wissenschaft und Technik

Laser finden wegen der besonderen Eigenschaften des von ihnen ausgesandten Lichtes eine vielseitige Anwendung in der Wissenschaft und der Technik, wofür einige Beispiele genannt werden sollen.

Mit Laserlicht konnte der Michelson-Versuch mit größter Präzision wiederholt werden. Es gelang, die Konstanz der Lichtgeschwindigkeit mit einer Genauigkeit von 0,03 mm/s nachzuweisen. Hochauflösende Laserinterferometer gestatten Längenauflösungen von bis zu $10^{-5}\,\lambda$. Durch Laufzeitmessungen von Lichtsignalen können Satellitenbahnen in einer Höhe von 100 bis 300 km mit einer relativen Unsicherheit von 10^{-7} bestimmt werden. Schon 1971 ließ sich die Entfernung Erde – Mond mit einer Genauigkeit von ± 15 m bestimmen. 1973 hat man mit Lasern die Lichtgeschwindigkeit c mit einer Genauigkeit von ± 1,2 m/s gemessen. Mit diesem Wert von c wurde 1983 die Basiseinheit 1 Meter neu festgelegt (vgl. (ID 2.4)).

Laser sind heute für die Materialbearbeitung zum Schweißen, Trennen, Bohren, Fräsen, Härten u.a. unentbehrlich. Dafür sind die mit ihnen zu erzielenden hohen Leistungsdichten, die gute Fokussierbarkeit des Laserstrahles und die Anpassungsfähigkeit des Absorptionsgrades durch eine entsprechende Wellenlängenauswahl maßgebend. Anwendung zur Materialbearbeitung finden insbesondere CO_2-Laser, Neodym-Laser und Excimer-Laser. Ihrer hohen Leistungsdichte wegen werden Laser auch zur gesteuerten Kernfusion genutzt.

Atome besitzen eine relativ große thermische Geschwindigkeit. Für bestimmte Untersuchungen, z.B. in der Spektroskopie, benötigt man möglichst „ruhende" Atome. Dazu müßten sie auf eine Temperatur in unmittelbarer Nähe des absoluten Nullpunktes abgekühlt werden, was mit den herkömmlichen Methoden der Tieftemperaturphysik nicht möglich ist. 1975 gelang es, mittels Laserstrahlung einzelne Atome „einzufangen", d.h., sie auf ein winziges Raumgebiet zu lokalisieren, und ihre thermische Energie auf die einer Temperatur von 0,005 K zu reduzieren. Dazu wird folgender Effekt genutzt: Fliegt ein Atom dem Laserstrahl mit der Wellenlänge λ entgegen, so erscheint wegen des optischen Doppler-Effektes dem Atom die Wellenlänge λ des Laserstrahles verkürzt (vgl. (II 14.14)). Wählt man nun die Laserstrahlung etwas langwelliger als die zur Abbremsung der Atome verwendete Absorptionswellenlänge, so wählen sich wegen der endlichen Linienbreite des Laserlichtes die dem Laserstrahl entgegenfliegenden Atome die ihrer Geschwindigkeit entsprechende Absorptionswellenlänge aus. Bei der Absorption erfolgt eine Impulsübertragung auf das Atom, es wird abgebremst. Abbildung 8.27 zeigt schematisch den Versuchsaufbau. Das Atom wird zunächst im kugelförmigen Überlappungsgebiet ($r \approx 1$ cm) der sechs sternförmig angeordneten parallelen Laserstrahlen eingefangen. Durch einen weiteren konvergenten Laserstrahl wird dieses Gebiet dann auf etwa $r \approx 20\ \mu\mathrm{m}$ fokussiert.

Erst durch die große zeitliche und räumliche Kohärenz des Laserlichtes konnte die Holografie (vgl. Abschn. II 10.2.7) ihren jetzigen Entwick-

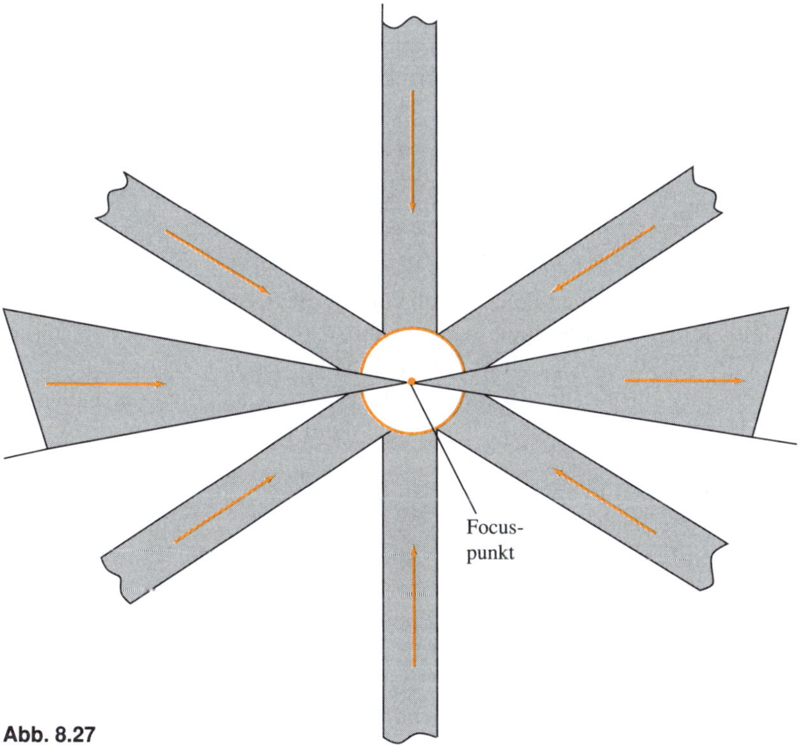

Abb. 8.27
Lichtfalle zur Lokalisation eines Atoms

lungsstand erreichen. Auch in der medizinischen Diagnose und Therapie hat sich der Laser mannigfaltige Anwendungsbereiche erschlossen.

Informationsübertragung mit Hilfe von Lasern

Durch die Laser wird derzeit die gesamte Technik der Informationsübertragung revolutioniert. Entscheidend dafür ist neben den genannten vorteilhaften Eigenschaften des Laserlichtes die hohe Lichtfrequenz von etwa 10^{14} Hz gegenüber den traditionell zur Nachrichtenübertragung genutzten Frequenzbereichen. Sie gestattet es, eine Vielzahl von Informationen gleichzeitig mit der notwendigen Bandbreite durch Glasfasern als Lichtwellenleiter (vgl. Abschn. II 9.7) zu übertragen. Als Lichtquellen werden wegen ihrer in Abschnitt 8.3.3.2.4 aufgeführten Vorteile Halbleiterlaser eingesetzt. Sie sind mit ihren Wellenlängen um 1,3 µm und 1,6 µm auch darum für die Informationsübertragung besonders geeignet, weil Glas für diese Wellenlängen eine geringe Absorption und Dispersion $n = n(\lambda)$ besitzt. 1988 wurden zwischen den USA und Europa das erste Glasfaserkabel verlegt. Mit ihm können gleichzeitig 30000 Telefongespräche übertragen werden. Die Deutsche Telekom hat Lichtleitkabel in Betrieb, die gleichzeitig die Übertragung von 150000 Ferngesprächen gestatten.

Laser werden auch im wachsenden Maße zur Umweltüberwachung eingesetzt, wie z. B. zur Messung von Schadstoffkonzentrationen in der Luft oder zur Überwachung der Ozonschicht der Erdatmosphäre.

Der Laser führte zur Entwicklung eines völlig neuen Gebietes der Optik. Mit Laserlicht konnte seiner enormen Leistungsdichte wegen 1961 die *zweite optische Harmonische* nachgewiesen werden. Mit Hilfe eines piezoelektrischen Kristalles als „Transformator" wurde rotes Licht in blaues Licht gewandelt. So konnte man z.B. durch Bestrahlen einer Quarzplatte mit dem Licht eines Rubinlasers (λ = 694,0 nm) Licht der Wellenlänge λ = 347,0 nm erzeugen. Die Wahrscheinlichkeit für das Auftreten eines derartigen Effektes ist äußerst gering. Sie wird erst dann merklich und der Effekt somit beobachtbar, wenn die Abhängigkeit des Vektors der elektrischen Polarisation von der elektrischen Feldstärke nicht mehr als linear angenommen werden kann, d.h. die elektrische Feldstärke so groß wird, daß auch höhere Potenzen von E Berücksichtigung finden müssen. Das ist nur für die enorm hohen Leistungsdichten der Fall, wie man sie mit Lasern erreicht. Man spricht dann von nichtlinearen Effekten oder *nichtlinearer Optik*.

2. optische Harmonische

nichtlineare Optik

Im Photonen-Bild entsprechen den nichtlinearen Effekten *Mehrphotonenprozesse*. Nach (S 5.1 b) wird *ein* Photon $h\nu_{ik}$ dann von einem Atom absorbiert, wenn das Atom die Energiezustände W_k und W_i mit $W_k - W_i = h\nu_{ik}$ besitzt. Ein m-Photonen-Prozeß liegt vor, wenn am betrachteten Prozeß nicht ein, sondern m Photonen beteiligt sind, das Atom also unter *simultaner* (gleichzeitiger) Absorption von *m Photonen* der Energien $h\nu_l$ (l = 1, 2, …, m) vom Zustand W_i in den energetisch höheren Zustand W_k übergeht (*Mehrphotonenabsorption*):

Mehrphotonenprozesse

Mehrphotonenabsorption

$$W_k - W_i = h \sum_{l=1}^{m} \nu_l \,. \tag{8.39}$$

Nur für die äußerst großen, mit Lasern zu erzielenden Intensitäten reichen die Photonenanzahlen pro Zeit und Fläche aus, um Mehrphotonenprozesse realisieren zu können.

Mit Laserlicht konnte die Mehrphotonenabsorption mit Sicherheit nachgewiesen werden. So gelang es, Argonatome (Ionisierungsenergie 15,7 eV) mit Photonen der Energie von 1,2 eV zu ionisieren. Hierzu waren Photonenflußdichten von mindestens 10^{29} Photonen/cm^{2}s erforderlich. Abbildung 8.28 stellt die *2-Photonenanregung* für zwei Photonen gleicher Energie dar. Licht der Frequenz ν wird absorbiert, Licht der Frequenz $\nu' = 2\nu$ emittiert. Den maximalen Wirkungsgrad der Umwandlung erhält man, wenn die die 2. Harmonische erzeugende Welle mit der erzeugten 2. Harmonischen phasengleich das optische Medium durchläuft. Da aufgrund der immer vorhandenen Dispersion stets $n(\nu) \neq n(2\nu)$ gilt, muß die Phasengleichheit beider Wellen durch besondere Maßnahmen erreicht werden. Man nutzt hierzu die Doppelbrechung optisch einachsiger Kristalle (vgl. II 10.3.2.2). Entspricht z.B. die erzeugende Welle der ordentlichen, die 2. Harmonische der außerordentlichen Welle, dann kann durch die Wahl der Einfallsrichtung die Brechzahl für die 2. Harmonische der Brechzahl der sie erzeugenden Welle angepaßt werden, da die Brechzahl der außerordentlichen Welle richtungsabhängig ist.

2-Photonenanregung zur Erzeugung der 2. optischen Harmonischen

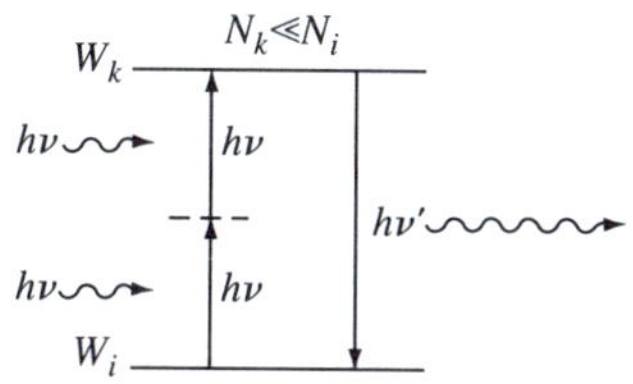

Abb. 8.28
2-Photonen-Anregung des Niveaus W_k. Zwei Photonen der Energie $h\nu' = \frac{W_k - W_i}{2}$ werden absorbiert, ein Photon der Energie $h\nu' = W_k - W_i = 2h\nu$ wird spontan emittiert

Vielfach wird hierzu als Verdopplerkristall **K**alium**d**ihydrogen**p**hosphat (KDP, KH_2PO_4) verwendet.

Mehrphotonen-fotoeffekt

Auch ein *Mehrphotonenfotoeffekt* konnte mit Hochleistungslasern nachgewiesen werden. Dabei wird ein Elektron statt durch ein Photon (wie für (2.7) angenommen) durch die simultane Absorption von m Photonen der Energie $h\nu_l$ ($l = 1, 2, \ldots, m$) ausgelöst. Statt (2.7)

$$h\nu = W_{\text{kin}} + W_{\text{A}}$$

(W_{kin} kinetische Energie des ausgelösten Elektrons, W_{A} Ablösearbeit) gilt dann

$$h \sum_{l=1}^{m} \nu_l = W_{\text{kin}} + W_{\text{A}}. \qquad (8.40)$$

Mehrphotonen-emission

Die Umkehrung der Mehrphotonenabsorption ist die *Mehrphotonen-emission*. Beim Übergang $W_k \rightarrow W_i$ wird nicht ein Photon der Energie $h\nu_{ki} = W_k - W_i$ abgestrahlt, sondern es werden entsprechend (8.39) m Photonen der Energien $h\nu_l$ emittiert. Dieser Effekt ist nur dann beobachtbar, wenn man die Übergänge $h\nu_l$ induziert, d. h. W_k eine Besetzungsinversion gegenüber W_i besitzt, und Photonen der entsprechenden Frequenzen ν_l eingestrahlt werden (*induzierte Mehrphotonenemission*). Abbildung 8.29 veranschaulicht die induzierte 2-Photonen-Emission für zwei Photonen mit dem Energieverhältnis 3 : 1.

induzierte Mehr-photonenemission

Im Photonen-Bild erklärt sich das Auftreten der 2. optischen Harmonischen so, daß zwei Photonen gleicher Energie $h\nu$ zu einem Photon der Energie $h\nu'$ mit $\nu' = 2\nu$ „vereinigt" werden. Dieser Effekt ist ein Sonderfall der Erzeugung von Summenfrequenzen, bei der sich m Photonen der Energien $h\nu_l$ zu einem Photon der Energie $h\nu'$ mit

$$\nu' = \sum_{l=1}^{m} \nu_l \qquad (8.41)$$

„vereinigen".

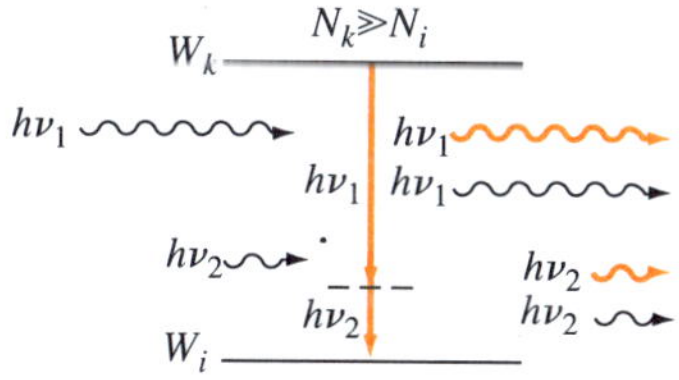

Abb. 8.29
Induzierte 2-Photonenemission. Das Energieniveau W_k besitzt gegenüber dem Energieniveau W_i eine Besetzungsinversion. Die Photonen $h\nu_1$ und $h\nu_2$ induzieren die Übergänge $h\nu_1$ und $h\nu_2$ ($h\nu_1 + h\nu_2 = W_k - W_i$)

„Aufspaltung" eines Photons in mehrere Photonen

Auch die Umkehrung dieses Prozesses wurde gefunden, d.h. die „Aufspaltung" eines Photons in zwei oder mehrere Photonen kleinerer Energie. Zur Beobachtung des Effektes werden in den Kristall Photonen der Energie $h\nu_1$ und zur Induzierung des Vorganges Photonen der Energie $h\nu_2$ ($\nu_2 < \nu_1$) eingestrahlt. Unter bestimmten Bedingungen erhält man dann auch Photonen der Differenzfrequenz $\nu' = \nu_1 - \nu_2$. Dieser Effekt ermöglicht den Aufbau von frequenzmäßig durchstimmbaren Lasern. Wie vorstehend gezeigt, arbeiten Laser nur auf diskreten Frequenzen, was für ihre Anwendung (z.B. in der Spektroskopie) zum Teil von erheblichem Nachteil ist. Beim durchstimmbaren Laser wird im Kristall Laserlicht einer bestimmten Frequenz dem Licht einer herkömmlichen Lichtquelle von erheblicher spektraler Breite überlagert. Durch die Formgebung des Kristalles und die Wahl seiner Temperatur läßt es sich erreichen, daß vom Kristall eine Differenzfrequenz von Laserlicht und einer bestimmter Frequenz der herkömmlichen Lichtquelle abgestrahlt wird. Die Bandbreite dieses Lichtes entspricht in etwa der des primär eingestrahlten Laserlichtes. Durch Veränderungen der Kristalltemperatur und der Kristallgeometrie (z.B. durch Drehen des speziell geformten Kristalles in bezug auf die Einfallsrichtung) läßt sich die Differenzfrequenz innerhalb einer bestimmten Frequenzbreite stetig verändern.

Erzeugung ultrakurzer Lichtimpulse

Mit Lasern lassen sich *ultrakurze Lichtimpulse* bis in den Femtosekundenbereich erzeugen. Damit werden sehr schnell ablaufende physikalische Vorgänge der spektroskopischen Untersuchung zugänglich. Zu diesem Zweck verwendet man Laser, bei denen gleichzeitig mehrere axiale Moden angeregt sind. Die Moden schwingen unabhängig voneinander, ihre Phasenbeziehungen sind statistisch verteilt und zeitlich veränderlich. Gelingt jedoch die Herstellung fester stationärer Phasenbeziehungen zwischen den Moden, so interferieren sie im Resonator, was zu einer Laserstrahlung in Form äußerst kurzer Lichtimpulse führt. Experimentell wird das u.a. durch die *passive Modenkopplung* möglich. Diese erfolgt durch einen *absättigbaren Absorber*, der zusätzlich im Resonator angeordnet wird. Der Absorptionsgrad wird durch die Intensität gesteuert. Impulse hoher Intensität werden durchgelassen und im optischen Resonator verstärkt, Impulse kleiner Intensität werden dagegen unterdrückt, bis am Ende nur noch ein Impuls übrigbleibt. Der zeitliche Abstand T der ausgekoppelten Impulse beträgt dann

passive Modenkopplung

absättigbarer Absorber

$$T = \frac{2l}{c}, \tag{8.42}$$

wobei l die Resonatorlänge bedeutet. Die Impulsdauer ist um so kleiner, je mehr Moden gekoppelt sind. Daher sind besonders Farbstofflaser zur Erzeugung ultrakurzer Lichtimpulse geeignet.

8.4 Aufgaben

8.1
Beim Übergang eines Heliumatoms vom Energieniveau 3^1D_2 zum Energieniveau 2^1P_1 wird eine Wellenlänge von 667,815 nm beobachtet. Welche Wellenlängen werden longitudinal zu einem angelegten homogenen Magnetfeld von 3,70 T emittiert? Man gebe die Aufspaltung der Energieniveaus in eV an und begründe mittels der Übergangsregeln die Anzahl der transversalen Zeeman-Linien.

8.2
Der normale transversale Zeeman-Effekt wird mit einem Fabry-Perot-Interferometer an der roten Kadmium-Linie der Wellenlänge 643,470 nm nachgewiesen. Bei gegebenem Plattenabstand erhält man durch die Abbildung mit einem Objektiv der Brennweite 840 mm ohne Magnetfeld einen Ringdurchmesser von 12,0 mm. Die Zeeman-Aufspaltung ergibt neue Ringdurchmesser von 13,8 mm und 10,2 mm. Welche magnetische Induktion besitzt das Magnetfeld?

8.3
Die grüne Quecksilberlinie der Wellenlänge 546,074 nm entsteht beim Übergang des Atoms vom 3^3S_1- zum 2^3P_2-Energieniveau. Wie spalten die beiden Energieniveaus im schwachen Magnetfeld auf?
Wie verhalten sich die Energiedifferenzen benachbarter aufgespaltener Energieniveaus bei beiden Ausgangsniveaus? Wieviel Linien sind beim anomalen Zeeman-Effekt zu beobachten?

8.4
Nach dem Paschen-Back-Effekt soll die grüne Quecksilberlinie aus Aufgabe 8.3 in einem homogenen Magnetfeld von 1,5 T aufspalten. Man gebe die möglichen Quantenzahlen des Gesamtdrehimpulses für beide Energieniveaus und damit die Aufspaltung an. Man weise nach, daß die Energieaufspaltung in beiden Fällen äquidistant ist und berechne die Differenz der potentiellen Energie und die relativen Wellenlängenänderungen der emittierten Linien.

8.5
In einer Praktikumsapparatur zur paramagnetischen Elektronenspinresonanz wird ein hochfrequentes Wechselfeld von 45 MHz verwendet. Welche magnetische Induktion des homogenen Magnetfeldes ist für das Auftreten des Resonanzeffektes notwendig? Welchen Einfluß hat die Horizontalkomponente des Erdfeldes, wenn das homogene Magnetfeld parallel und antiparallel zu diesem gerichtet wird?

8.6
Man berechne das Verhältnis der Wahrscheinlichkeiten für das Auftreten der induzierten Emission zur Absorption für die Natriumresonanzlinie in einer Bogenentladung der Temperatur von 4000 °C.

8.7
Um welche Strecken muß man den Spiegel eines Michelson-Interferometers verschieben, um eine Verschiebung von 1000 Streifenbreiten im Interferenzbild zu erreichen, wenn man Laserlicht der Wellenlängen 632,8 nm und 594,0 nm benutzt? Welche Farben besitzen die Laserstrahlen? Die Berechnung der räumlichen Kohärenz der Laserlichtquellen ergibt eine theoretische minimale Fokuskreisfläche von λ^2 (praktisch ca. das 100-fache). Man vergleiche diese Fläche mit der aus der Heisenbergschen Unschärferelation folgenden, wenn man streng monochromatisches Licht voraussetzt.

8.8
Man berechne und vergleiche die Kohärenzlängen eines Photons eines He-Ne-Lasers mit der relativen Linienbreite von $2{,}1 \cdot 10^{-11}$ mit der von einem Neonatom emittierten Strahlung der Wellenlänge 632,8 nm und der Halbwertsbreite 2,15 pm.

8.9
In einem Lasermaterial werden fünffach ionisierte Kohlenstoffatome auf den Energiezustand der Hauptquantenzahl 3 angeregt. Damit wird eine Besetzungsinversion zum nächst niederen Energieniveau erreicht. Man berechne unter Verwendung der universellen Rydbergkonstanten die Wellenlänge der Laserstrahlung. Welche Strahlenart wird emittiert? Man untersuche, ob der Isotopieeffekt bei Verwendung von natürlichem Kohlenstoff die natürliche Linienbreite überdeckt.

8.10
Wieviel Photonen eines Rubinlasers, dessen Wellenlänge 692,9 nm beträgt, sind bei einem Mehrphotonenprozeß notwendig, um ein Elektron aus einer Platinkatode ins Vakuum abzulösen, wenn die notwendige Energie 6,3 eV beträgt? Welche Gegenspannung bremst diese freigesetzten Elektronen in einem elektrischen Gegenfeld gerade vollständig ab?

9 Schalenmodell der Atomhülle

9.1 Pauli-Prinzip, atomtheoretische Deutung des Periodensystems der Elemente

Die chemischen Eigenschaften eines Elementes können in einem gewissen Umfang aus seiner Stellung im Periodensystem abgelesen werden. Ebenso weisen bestimmte Eigenschaften wie z. B. das Atomvolumen, die Ionisierungsenergie, die Schmelztemperatur und der Ausdehnungskoeffizient eine Periodizität mit steigender Ordnungszahl auf. Insbesondere haben Elemente, die in ihrem chemischen Verhalten ähnlich sind, auch ähnliche Spektren. Das zeigt sich ganz ausgeprägt bei den Spektren der 1. Hauptgruppe: mit wachsender Anzahl der Hüllenelektronen treten für $Z = 3$ (Li), $Z = 11$ (Na), $Z = 19$ (K), $Z = 37$ (Rb), $Z = 55$ (Cs) und $Z = 87$ (Fr) gleichartige Spektralserien wie beim Wasserstoff auf. Das wäre schwer verständlich, wenn die Zunahme der Ordnungszahl eine ausschließlich quantitative Erscheinung wäre und man die Hüllenelektronen eines Atoms untereinander als völlig gleichberechtigt ansehen dürfte. Dagegen spricht auch die Tatsache, daß das Heliumatom so wie alle anderen Zweielektronensysteme zwar im Singulettsystem einen 1^1S-Zustand besitzt, im Triplettsystem der 1^3S-Grundzustand aber nicht existiert.

Eine Deutung dieser spektroskopischen Beobachtungen wurde 1925 von Pauli gegeben. Aus der Analyse der Spektren stellte er die Hypothese auf:

> In der Atomhülle existieren nur solche Energiezustände, in denen sich die Hüllenelektronen in mindestens einer ihrer Quantenzahlen n, l, m und m_s unterscheiden.

(S 9.1 a)
Pauli-Prinzip

Diese Aussage wird vielfach als *Pauli-Prinzip* bezeichnet. Sie läßt sich aber allgemeiner formulieren. Wir gehen am Ende dieses Abschnittes noch etwas näher darauf ein (s. (S 9.1)).

Die Aussage von (S 9.1 a) soll am Energieniveausystem des Heliums erläutert werden. Nach Abschnitt 7.2.2 unterscheiden sich das Singulett- und das Triplettsystem durch den Gesamtspin der Valenzelektronen. Für das Singulettsystem gilt $S = 0$, für das Triplettsystem $S = 1$. Für den existierenden Grundzustand 1^1S des Singulettsystems unterscheiden sich wegen $S = 0$ die Spinquantenzahlen, während im nichtexistierenden Grundzustand 1^3S des Triplettsystems alle Quantenzahlen der beiden Elektronen übereinstimmen würden (s. Tab. 9.1). Die Existenz des Energiezustandes 1^3S widerspricht damit dem Pauli-Prinzip.

Nichtexistenz von 1^3S-Zuständen in Triplettsystemen

Tabelle 9.1
Quantenzahlen für die Energiezustände 1^1S und 1^3S des Heliums

		n	l	m	m_s
1^1S	↑ Elektron 1	1	0	0	1/2
	↓ Elektron 2	1	0	0	−1/2
1^3S	↑ Elektron 1	1	0	0	1/2
	↑ Elektron 2	1	0	0	1/2

Für den Aufbau der Atomhüllen der einzelnen Atomarten (Elemente) besitzt das Pauli-Prinzip eine fundamentale Bedeutung. Wie die Spektroskopie zeigt, lassen sich die durch die Hauptquantenzahlen fixierten Energieniveaus infolge unterschiedlicher Bahndrehimpulse weiter untergliedern, und auch ein durch Haupt- und Nebenquantenzahl charakterisiertes Energieniveau zeigt noch eine durch die Richtungsquantelung und den Spin bedingte Feinstruktur. Der Wertevorrat der Hauptquantenzahl ist durch die Menge der natürlichen Zahlen festgelegt und damit unbegrenzt. Die anderen drei Quantenzahlen haben dagegen einen begrenzten Wertevorrat. Aus (S 5.18) und (S 6.8) liest man für eine vorgegebene Hauptquantenzahl n ab:

Wertevorräte der Quantenzahlen

$$l = 0, 1, 2, \ldots, n-1$$
$$m = 0, \pm 1, \pm 2, \ldots, \pm l \tag{9.1}$$
$$m_s = \pm \frac{1}{2} .$$

Aus der Tatsache der begrenzten Wertevorräte und der Gültigkeit des Pauli-Prinzips ist zu schließen, daß in der Atomhülle nur eine begrenzte Anzahl von Elektronen mit vorgegebener Hauptquantenzahl n existieren kann. Nach (9.1) sind für konstante Werte der Quantenzahlen n, l und m zwei Elektronen möglich. Legt man nur n und l fest, sind es $2(2l + 1)$ Elektronen. Mit gleicher Hauptquantenzahl n können in einem Atom somit maximal

$$\sum_{l=0}^{n-1} 2(2l+1) = 2n^2$$

Elektronen vorhanden sein.

(S 9.2) Anzahl der Energiezustände in der Atomhülle

> Zur Hauptquantenzahl n existieren in der Atomhülle $2n^2$ Energiezustände.

Häufig bringt man die Tatsache, daß Elektronen eine gleiche Hauptquantenzahl besitzen, auch so zum Ausdruck, daß man sagt, sie befinden sich in der gleichen Schale. Das führt zu der Festlegung:

In Atomhüllen heißen Energiezustände mit gleichem n Energiezustände der gleichen Schale, Energiezustände mit gleichem n sowie gleichem l heißen Energiezustände der Unterschale n, l.

(D 9.1)
Schale
Unterschale

Die den einzelnen Hauptquantenzahlen zugeordneten Schalen werden entsprechend der historisch entstandenen Gepflogenheit von K beginnend mit großen Buchstaben bezeichnet. Die verschiedenen Schalen eines Atoms können nach (S 9.2) maximal folgende Anzahlen von Elektronen aufnehmen:

$n = 1$ (K-Schale) 2 Elektronen,
$n = 2$ (L-Schale) 8 Elektronen,
$n = 3$ (M-Schale) 18 Elektronen, (9.2)
$n = 4$ (N-Schale) 32 Elektronen,
$n = 5$ (O-Schale) 50 Elektronen,
$n = 6$ (P-Schale) 72 Elektronen.

maximale Elektronenanzahlen der Schalen

Für die zur gleichen Unterschale gehörenden Elektronen eines Atoms ist nach (S 6.3) charakteristisch, daß sie den gleichen Betrag des Bahndrehimpulses besitzen. Ist eine Schale oder eine Unterschale mit der maximal möglichen Anzahl von Elektronen besetzt, so nennt man sie abgeschlossen.

abgeschlossene Schalen
abgeschlossene Unterschalen

Abgeschlossene Unterschalen weisen nach (9.1) eine symmetrische Richtungsverteilung der Bahndrehimpulse sowie der Spins und der zugehörigen magnetischen Momente auf. Da die Beträge jeweils gleich sind, gilt der Satz:

Für abgeschlossene Unterschalen sind der Gesamtbahndrehimpuls $\boldsymbol{L}$, der Gesamtspin $\boldsymbol{S}$ und die zugehörigen magnetischen Momente $\boldsymbol{M}_L$ und $\boldsymbol{M}_S$ Null:

$$\boldsymbol{L} = \boldsymbol{S} = \boldsymbol{M}_L = \boldsymbol{M}_S = \boldsymbol{0}\,.$$

(S 9.3)
resultierende Drehimpulse und magnetische Momente abgeschlossener Unterschalen

Zum Gesamtdrehimpuls und zum resultierenden magnetischen Moment eines Atoms und damit zu seinem spektroskopischen Verhalten tragen deshalb abgeschlossene Unterschalen sowie abgeschlossene Schalen nichts bei. Das spektroskopische Verhalten der Atome wird demzufolge durch ihre Valenzelektronen bestimmt.

Abgeschlossene Unterschalen haben auf die Struktur des Spektrums keinen Einfluß.

(S 9.4)
spektroskopischer Beitrag von abgeschlossenen Unterschalen

Der Satz (S 9.3) und damit das Pauli-Prinzip bestätigt die bei der Behandlung der Spektren der Alkalimetallatome im Abschnitt 7.1.1 aufgestellte Hypothese, daß Alkalimetallatome aus einem Atomrumpf und einem für ihr spektroskopisches Verhalten maßgebenden Valenzelektron aufgebaut sind. Wie aus Tabelle 9.2 ersichtlich ist, bilden die Hüllenelektronen des Atomrumpfes abgeschlossene Schalen bzw. abgeschlossene Unterscha-

Tabelle 9.2
Elektronenkonfigurationen der Elemente

Z	Element	Grundzustand	Schale																	
			K	L		M			N				O				P			Q
			Unterschale																	
			1S	2S	2P	3S	3P	3D	4S	4P	4D	4F	5S	5P	5D	5F	6S	6P	6D	7S
1	Wasserstoff	$^2S_{1/2}$	1																	
2	Helium	$^1S_0$	2																	
3	Lithium	$^2S_{1/2}$	2	1																
4	Beryllium	$^1S_0$	2	2																
5	Bor	$^2P_{1/2}$	2	2	1															
6	Kohlenstoff	$^3P_0$	2	2	2															
7	Stickstoff	$^4S_{3/2}$	2	2	3															
8	Sauerstoff	$^3P_2$	2	2	4															
9	Fluor	$^2P_{3/2}$	2	2	5															
10	Neon	$^1S_0$	2	2	6															
11	Natrium	$^2S_{1/2}$	2	2	6	1														
12	Magnesium	$^1S_0$	2	2	6	2														
13	Aluminium	$^2P_{1/2}$	2	2	6	2	1													
14	Silicium	$^3P_0$	2	2	6	2	2													
15	Phosphor	$^4S_{3/2}$	2	2	6	2	3													
16	Schwefel	$^3P_2$	2	2	6	2	4													
17	Chlor	$^2P_{3/2}$	2	2	6	2	5													
18	Argon	$^1S_0$	2	2	6	2	6													
19	Kalium	$^2S_{1/2}$	2	2	6	2	6		1											
20	Calcium	$^1S_0$	2	2	6	2	6		2											
21	Scandium	$^2D_{3/2}$	2	2	6	2	6	1	2											
22	Titan	$^3F_2$	2	2	6	2	6	2	2											
23	Vanadium	$^4F_{3/2}$	2	2	6	2	6	3	2											
24	Chrom	$^7S_3$	2	2	6	2	6	5	1											

Tabelle 9.2
(Fortsetzung)

Z	Element	Grund-zustand	Schale																	
			K	L		M			N				O				P			Q
			Unterschale																	
			1S	2S	2P	3S	3P	3D	4S	4P	4D	4F	5S	5P	5D	5F	6S	6P	6D	7S
25	Mangan	$^6S_{3/2}$	2	2	6	2	6	5	2											
26	Eisen	$^5D_4$	2	2	6	2	6	6	2											
27	Kobalt	$^4F_{1/2}$	2	2	6	2	6	7	2											
28	Nickel	$^3F_4$	2	2	6	2	6	8	2											
29	Kupfer	$^2S_{1/2}$	2	2	6	2	6	10	1											
30	Zink	$^1S_0$	2	2	6	2	6	10	2											
31	Gallium	$^2P_{1/2}$	2	2	6	2	6	10	2	1										
32	Germanium	$^3P_0$	2	2	6	2	6	10	2	2										
33	Arsen	$^4S_{3/2}$	2	2	6	2	6	10	2	3										
34	Selen	$^3P_2$	2	2	6	2	6	10	2	4										
35	Brom	$^2P_{3/2}$	2	2	6	2	6	10	2	5										
36	Krypton	$^1S_0$	2	2	6	2	6	10	2	6										
37	Rubidium	$^2S_{1/2}$	2	2	6	2	6	10	2	6			1							
38	Strontium	$^1S_0$	2	2	6	2	6	10	2	6			2							
39	Yttrium	$^2D_{3/2}$	2	2	6	2	6	10	2	6	1		2							
40	Zirkonium	$^3F_2$	2	2	6	2	6	10	2	6	2		2							
41	Niob	$^6D_{1/2}$	2	2	6	2	6	10	2	6	4		1							
42	Molybdän	$^7S_3$	2	2	6	2	6	10	2	6	5		1							
43	Technetium	$^6S_{5/2}$	2	2	6	2	6	10	2	6	5		2							
44	Ruthenium	$^5F_5$	2	2	6	2	6	10	2	6	7		1							
45	Rhodium	$^4F_{3/2}$	2	2	6	2	6	10	2	6	8		1							
46	Palladium	$^1S_0$	2	2	6	2	6	10	2	6	10									
47	Silber	$^2S_{1/2}$	2	2	6	2	6	10	2	6	10		1							
48	Cadmium	$^1S_0$	2	2	6	2	6	10	2	6	10		2							
49	Indium	$^2P_{1/2}$	2	2	6	2	6	10	2	6	10		2	1						
50	Zinn	$^3P_0$	2	2	6	2	6	10	2	6	10		2	2						
51	Antimon	$^4S_{3/2}$	2	2	6	2	6	10	2	6	10		2	3						
52	Tellur	$^3P_2$	2	2	6	2	6	10	2	6	10		2	4						

Tabelle 9.2
(Fortsetzung)

Z	Element	Grundzustand	Schale																	
			K	L		M			N				O				P			Q
			Unterschale																	
			1S	2S	2P	3S	3P	3D	4S	4P	4D	4F	5S	5P	5D	5F	6S	6P	6D	7S
53	Iod	$^2P_{3/2}$	2	2	6	2	6	10	2	6	10		2	5						
54	Xenon	$^1S_0$	2	2	6	2	6	10	2	6	10		2	6						
55	Cäsium	$^2S_{1/2}$	2	2	6	2	6	10	2	6	10		2	6			1			
56	Barium	$^1S_0$	2	2	6	2	6	10	2	6	10		2	6			2			
57	Lanthan	$^2D_{3/2}$	2	2	6	2	6	10	2	6	10		2	6	1		2			
58	Cer	$^3H_4$	2	2	6	2	6	10	2	6	10	2	2	6			2			
59	Praseodym	^4I	2	2	6	2	6	10	2	6	10	3	2	6			2			
60	Neodym	^5I	2	2	6	2	6	10	2	6	10	4	2	6			2			
61	Promethium	^6H	2	2	6	2	6	10	2	6	10	5	2	6			2			
62	Samarium	^7F	2	2	6	2	6	10	2	6	10	6	2	6			2			
63	Europium	^8S	2	2	6	2	6	10	2	6	10	7	2	6			2			
64	Gadolinium	^9D	2	2	6	2	6	10	2	6	10	7	2	6	1		2			
65	Terbium	^6H	2	2	6	2	6	10	2	6	10	9	2	6			2			
66	Dysprosium	^5I	2	2	6	2	6	10	2	6	10	10	2	6			2			
67	Holmium	^4I	2	2	6	2	6	10	2	6	10	11	2	6			2			
68	Erbium	^3H	2	2	6	2	6	10	2	6	10	12	2	6			2			
69	Thulium	^2F	2	2	6	2	6	10	2	6	10	13	2	6			2			
70	Ytterbium	^1S	2	2	6	2	6	10	2	6	10	14	2	6			2			
71	Lutetium	$^3D_{3/2}$	2	2	6	2	6	10	2	6	10	14	2	6	1		2			
72	Hafnium	$^3F_2$	2	2	6	2	6	10	2	6	10	14	2	6	2		2			
73	Tantal	$^4F_{3/2}$	2	2	6	2	6	10	2	6	10	14	2	6	3		2			
74	Wolfram	$^5D_0$	2	2	6	2	6	10	2	6	10	14	2	6	4		2			
75	Rhenium	$^6S_{5/2}$	2	2	6	2	6	10	2	6	10	14	2	6	5		2			
76	Osmium	$^5D_4$	2	2	6	2	6	10	2	6	10	14	2	6	6		2			
77	Iridium	$^4F_{9/2}$	2	2	6	2	6	10	2	6	10	14	2	6	7		2			
78	Platin	$^3D_3$	2	2	6	2	6	10	2	6	10	14	2	6	9		1			
79	Gold	$^2S_{1/2}$	2	2	6	2	6	10	2	6	10	14	2	6	10		1			
80	Quecksilber	$^1S_0$	2	2	6	2	6	10	2	6	10	14	2	6	10		2			

Tabelle 9.2
(Fortsetzung)

Z	Element	Grund-zustand	Schale																
			K	L		M			N				O				P		Q
			Unterschale																
			1S	2S	2P	3S	3P	3D	4S	4P	4D	4F	5S	5P	5D	5F	6S	6P	6D	7S
81	Thallium	$^2P_{1/2}$	2	2	6	2	6	10	2	6	10	14	2	6	10		2	1		
82	Blei	$^3P_0$	2	2	6	2	6	10	2	6	10	14	2	6	10		2	2		
83	Wismut	$^4S_{3/2}$	2	2	6	2	6	10	2	6	10	14	2	6	10		2	3		
84	Polonium	$^3P_2$	2	2	6	2	6	10	2	6	10	14	2	6	10		2	4		
85	Astat	$^2P_{3/2}$	2	2	6	2	6	10	2	6	10	14	2	6	10		2	5		
86	Radon	$^1S_0$	2	2	6	2	6	10	2	6	10	14	2	6	10		2	6		
87	Franzium	$^2S_{1/2}$	2	2	6	2	6	10	2	6	10	14	2	6	10		2	6		1
88	Radium	$^1S_0$	2	2	6	2	6	10	2	6	10	14	2	6	10		2	6		2
89	Aktinium	$^2D_{3/2}$	2	2	6	2	6	10	2	6	10	14	2	6	10		2	6	1	2
90	Thorium	$^3F_2$	2	2	6	3	6	10	2	6	10	14	2	6	10		2	6	2	2
91	Protaktinium	$^4K_{11/2}$	2	2	6	2	6	10	2	6	10	14	2	6	10	2	2	6	1	2
92	Uran	$^5L_6$	2	2	6	2	6	10	2	6	10	14	2	6	10	3	2	6	1	2
93	Neptunium	^6M	2	2	6	2	6	10	2	6	10	14	2	6	10	4	2	6	1	2
94	Plutonium	^7K	2	2	6	2	6	10	2	6	10	14	2	6	10	6	2	6		2
95	Amerizium	^8H	2	2	6	2	6	10	2	6	10	14	2	6	10	7	2	6		2
96	Curium	$^9D_2$	2	2	6	2	6	10	2	6	10	14	2	6	10	7	2	6	1	2
97	Berkelium	$H_{17/2}$	2	2	6	2	6	10	2	6	10	14	2	6	10	9	2	6		2
98	Kalifornium	$^5I_9$	2	2	6	2	6	10	2	6	10	14	2	6	10	10	2	6		2
99	Einsteinium	$^4I_{15/2}$	2	2	6	2	6	10	2	6	10	14	2	6	10	11	2	6		2
100	Fermium	$^3H_6$	2	2	6	2	6	10	2	6	10	14	2	6	10	12	2	6		2
101	Mendelevium	$^2F_{7/2}$	2	2	6	2	6	10	2	6	10	14	2	6	10	13	2	6		2
102	Nobelium	$^1S_0$	2	2	6	2	6	10	2	6	10	14	2	6	10	14	2	6		2
103	Lawrencium	$^2D_{5/2}$	2	2	6	2	6	10	2	6	10	14	2	6	10	14	2	6	1	2
104	Dubnium		2	2	6	2	6	10	2	6	10	14	2	6	10	14	2	6	2	2

len. Sie können deshalb nicht zum spektroskopischen Verhalten beitragen. Ihr Einfluß auf die Spektren erfolgt ausschließlich durch ihren Beitrag zum elektrischen Potential des Atomrumpfes, d.h. durch ein Korrekturglied zum Coulomb-Potential des Atomkernes.

Aufbau der Atomhülle

Die Atomhüllen der Atome verschiedener Elemente unterscheiden sich dadurch voneinander, daß mit steigender Ordnungszahl ein Elektron nach dem anderen auf der jeweils nächsthöheren Energiestufe zusätzlich angesiedelt wird. Die Elektronenkonfiguration der einzelnen Elemente ist in Tabelle 9.2 angegeben. Um zwischen den Elektronen in einem bestimmten Energiezustand und dem Energiezustand selbst zu unterscheiden, wird die Nebenquantenzahl mit großen Buchstaben S, P, D, F bezeichnet, wenn sie den Energiezustand, und mit kleinen Buchstaben s, p, d, f, wenn sie ein bestimmtes Elektron charakterisieren soll. Zur Kurzbezeichnung der Elektronenkonfiguration der Atomhülle fügt man die Anzahl der Elektronen in einer Unterschale als Index rechts oben an den betreffenden Buchstaben an. Demnach besitzt z.B. Natrium die Elektronenkonfiguration $1s^2\,2s^2\,2p^6\,3s^1$. Berücksichtigt man die Energiezustände der abgeschlossenen Unterschalen mit, so ist der Grundzustand des Valenzelektrons des Natriums statt wie bisher durch $1S_{1/2}$ dann durch $3S_{1/2}$ zu charakterisieren. In dieser Nomenklatur sind die Grundzustände der Atome in Tabelle 9.2 angegeben. Für diese Charakterisierung verlieren die Beziehungen (7.1) zur Beschreibung der Seriengesetze der Alkalimetallatome ihre Gültigkeit.

Symbolik der Elektronenkonfiguration

Aus Tabelle 9.2 ist ersichtlich, daß sich die Schalen zum Teil energetisch überschneiden. Dadurch wird mitunter mit dem Aufbau neuer Unterschalen begonnen, ehe die vorhergehenden abgeschlossen sind. Mit wachsender Ordnungszahl kommt das beim Kalium erstmals vor. Daß das nur scheinbare Unregelmäßigkeiten sind und der Schalenaufbau der Atomhüllen der einzelnen Atomarten (Elemente) in streng energetischer Reihenfolge erfolgt, beweisen die gemessenen Ionisierungsenergien. Auch die Quantentheorie bestätigt die erwähnten Überschneidungen. Sie sind eine Folge der das Kernfeld abschirmenden Wirkung innerer Elektronen.

Die chemischen Eigenschaften der Elemente sind unmittelbar aus dem Schalenaufbau der Atomhülle abzuleiten. Im Prinzip ist ihre quantenmechanische Berechnung möglich. Für Detailfragen ist aber der experimentelle Weg der einfachere.

Elektronenkonfiguration der Alkalimetallatome

Der Vergleich der Elektronenkonfigurationen zeigt, daß bei den Alkalimetallatomen (1. Hauptgruppe im Periodensystem) der Aufbau der jeweils höheren Schale begonnen wird:

$$\begin{aligned}
&\mathrm{H}\ :\ \underline{1s^1}\\
&\mathrm{Li}\ :\ 1s^2\ \underline{2s^1}\\
&\mathrm{Na}:\ 1s^2\ 2s^2\ 2p^6\ \underline{3s^1}\\
&\mathrm{K}\ :\ 1s^2\ 2s^2\ 2p^6\ 3s^2\ 3p^6\ \underline{4s^1}\\
&\ \vdots
\end{aligned} \tag{9.3}$$

Daraus erklärt sich ihr großer gaskinetischer Atomdurchmesser und ihre geringe erste Ionisierungsenergie im Vergleich zu den Nachbarelementen im Periodensystem. Ihr Valenzelektron kann bereits durch geringe Kräfte abgelöst werden. Das ist die Ursache ihrer großen chemischen Reaktionsfähigkeit.

Elektronenkonfiguration der Edelgasatome

Bei den Edelgasatomen (0. Hauptgruppe) ist immer gerade die zweite Unterschale bei der betreffenden Hauptquantenzahl abgeschlossen:

$$\begin{aligned}
&\mathrm{He} : \underline{1s^2}\\
&\mathrm{Ne} : 1s^2\ \underline{2s^2\ 2p^6}\\
&\mathrm{Ar} : 1s^2\ 2s^2\ 2p^6\ \underline{3s^2\ 3p^6}\\
&\mathrm{Kr} : 1s^2\ 2s^2\ 2p^6\ 3s^2\ 3p^6\ 3d^{10}\ \underline{4s^2\ 4p^6}\\
&\vdots
\end{aligned} \tag{9.4}$$

Mit der nächsthöheren Ordnungszahl beginnt der Aufbau der nächsten Schale (vgl. Tab. 9.2). Edelgase sind deshalb schwer zu ionisieren und chemisch träge. Auffällig ist hierbei, daß der Abschluß der Unterschale $ns^2\ np^6$ ($n = 2, 3, \ldots$) ein besondere Stabilität bewirkt, d.h., daß Schalen mit acht Elektronen besonders stabil sind.

Elektronenkonfiguration der Halogenatome

Alle Halogenatome (Elemente der 7. Hauptgruppe) zeichnen sich dadurch aus, daß ihnen ein Elektron zur Ausbildung der stabilen Edelgaskonfiguration fehlt:

$$\begin{aligned}
&\mathrm{F}\ \ : 1s^2\ \underline{2s^2\ 2p^5}\\
&\mathrm{Cl} : 1s^2\ 2s^2\ 2p^6\ \underline{3s^2\ 3p^5}\\
&\mathrm{Br} : 1s^2\ 2s^2\ 2p^6\ 3s^2\ 3p^6\ 3d^{10}\ \underline{4s^2\ 4p^5}\\
&\mathrm{I}\ \ \ : 1s^2\ 2s^2\ 2p^6\ 3s^2\ 3p^6\ 3d^{10}\ 4s^2\ 4p^6\ \underline{5s^2\ 5p^5}\\
&\vdots
\end{aligned} \tag{9.5}$$

Elektronenkonfiguration der Lanthaniden und der Aktiniden

Die große chemische Ähnlichkeit der 14 Lanthaniden ($58 \leqq Z \leqq 71$) und der 14 Aktiniden ($90 \leqq Z \leqq 103$) ist dadurch verständlich, daß sie jeweils gleichviele Elektronen in der äußeren Schale besitzen (s. Tab. 9.2). Bei den seltenen Erden wird die innere 4F-, bei den Aktiniden die innere 5F-Schale aufgefüllt.

Mit dem Schalenmodell der Atomhülle sind auch Feinheiten der chemischen Wechselwirkung erklärbar. So ergibt sich z.B. die Doppelwertigkeit des Kupfers aus der Tatsache, daß beim Übergang eines 3d-Elektrons in den 4S-Zustand eine nur äußerst geringe Energie benötigt wird. Die äußeren Schalen von Kohlenstoff und Silicium sind analog gebaut:

$$\begin{aligned}
&\mathrm{C}\ \ : 1s^2\ \underline{2s^2\ 2p^2}\\
&\mathrm{Si} : 1s^2\ 2s^2\ 2p^6\ \underline{3s^2\ 3p^2}\,.
\end{aligned}$$

Das spiegelt sich in der engen Verwandtschaft zwischen der Stoffgruppe der Silikone und der Stoffgruppe der organischen Kohlenstoffverbindungen wider.

Wie im Band IV gezeigt wird, kann die heteropolare Bindung von Molekülen aus der Schalenstruktur der Atomhüllen der Bindungspartner verstanden werden.

Das unterschiedliche Verhalten von Na und Na^+ sowie Cl und Cl^- gegenüber Wasser ist aus (9.5) sofort verständlich. Na^+ hat die gleiche Elektronenkonfiguration wie das chemisch träge Neon, Cl^- wie das chemisch träge Argon. In wäßriger Lösung zerfällt ein Teil der NaCl-Moleküle in Na^+- und Cl^-- Ionen, ohne daß diese mit Wasser reagieren.

Die dargestellten, mit Hilfe des Pauli-Prinzips erhaltenen Resultate bestätigen seine Gültigkeit für die Elektronen der Atomhülle. Darüber hinaus ist dieses Prinzip für den gesamten Aufbau der stofflichen Materie aus Elementarteilchen von grundlegender Bedeutung. Deshalb sollen einige weitere Überlegungen dazu erfolgen. Den Ausgangspunkt bildet die prinzipielle Ununterscheidbarkeit von gleichartigen mikrophysikalischen Objekten. Auf sie wurde schon bei der Diskussion des Bahnbegriffes im Zusammenhang mit der Heisenbergschen Unschärferelation (s. Abschn. 5.3.5) und mit der physikalischen Statistik im Abschnitt I 8.2 eingegangen. Liegt ein System gleichartiger mikrophysikalischer Objekte vor, so müssen wegen ihrer Ununterscheidbarkeit Vertauschungen unter ihnen zu physikalisch völlig äquivalenten Verhältnissen führen.

Wir betrachten zunächst zwei gleichartige Mikroobjekte, z.B. die Valenzelektronen eines Zweielektronensystems, und beschreiben ihren Zustand *einschließlich* des Spinzustandes durch die Funktion

$$\chi(1,2) = \psi(1,2)\,\sigma(1,2)\,. \tag{9.6}$$

Zustandsfunktionen χ sind symmetrisch oder antisymmetrisch

Die *Spinfunktion* σ charakterisiert den Spinzustand beider Mikroobjekte, die Zahlen charakterisieren die beiden Mikroobjekte in ihren Zuständen. Da es sich um gleichartige, nichtunterscheidbare Mikroobjekte handelt, kann ihre Vertauschung den Zustand des Systems nicht verändern, d.h. es muß

$$\chi^*(1,2)\,\chi(1,2) = \chi^*(2,1)\,\chi(2,1) \tag{9.6a}$$

gelten. Die Funktionen $\chi(1,2)$ und $\chi(2,1)$ können sich also lediglich um einen Phasenfaktor unterscheiden:

$$\chi(1,2) = e^{i\varphi}\chi(2,1)\,. \tag{9.6}$$

Wird durch eine zweite Vertauschung der ursprüngliche Zustand wieder hergestellt, so folgt aus (9.6)

$$\chi(1,2) = e^{2i\varphi}\chi(1,2)\,, \tag{9.7}$$

$$e^{2\varphi i} = 1\,, \quad e^{i\varphi} = \pm 1\,.$$

Die Zustandsfunktion χ des Gesamtsystems kann demnach symmetrisch sein, d.h. bei Vertauschung gleichartiger Mikroobjekte unverändert bleiben, oder antisymmetrisch sein, d.h. bei der Vertauschung ihr Vorzeichen ändern. Für ein System gleichartiger Mikroobjekte müssen aber die Zustandsfunktionen entweder alle symmetrisch oder alle antisymmetrisch sein. Wäre das nicht der Fall, dann könnten durch Überlagerung symmetrischer und antisymmetrischer Zustände solche entstehen, die weder das eine noch das andere Symmetrieverhalten zeigen und damit dem Prinzip der Ununterscheidbarkeit widersprechen würden. Welche der beiden Möglichkeiten vorliegt, hängt von der Art der Mikroobjekte ab. Aus der relativistischen Quantenmechanik läßt sich begründen, daß dafür der Spin maßgebend ist. Mikroobjekten mit halbzahligem Spin sind antisymmetrische Zustandsfunktionen χ zuzuordnen; sie gehorchen der Fermi-Dirac-Statistik. Derartige Objekte werden deshalb auch als *Fermionen* bezeichnet. Mikroobjekte mit ganzzahligem Spin einschließlich dem Wert Null werden durch symmetrische Zustandsfunktionen beschrieben. Für sie gilt die Bose-Einstein-Statistik, man nennt sie deshalb *Bosonen*.

Fermionen

Bosonen

Wir betrachten nun ein System von drei Fermionen 1, 2 und 3 in den Zuständen i, k und l. Die zugehörigen Zustandsfunktionen seien $\chi_i(1)$, $\chi_k(2)$ und $\chi_l(3)$. Zunächst muß die Zustandsfunktion $\chi(1, 2, 3)$ des Gesamtsystems gefunden werden. Wir setzen dabei voraus, daß die Fermionen nicht miteinander in Wechselwirkung stehen. Da die Wahrscheinlichkeit für das gleichzeitige Eintreten voneinander unabhängiger Ereignisse gleich dem Produkt der Einzelwahrscheinlichkeiten ist und auch $\chi^*\chi$ als Wahrscheinlichkeit zu interpretieren ist, liegt es zunächst nahe,

quantenmechanische Fassung des Pauli-Prinzips

$$\chi(1, 2, 3) = \chi_i(1)\,\chi_k(2)\,\chi_l(3) \tag{9.8}$$

zu setzen. Man hat aber noch zu berücksichtigen, daß jede Vertauschung zweier beliebiger Mikroobjekte ebenso wie $\chi(1, 2, 3)$ eine Lösung der dem Problem entsprechenden Eigenwertgleichung sein muß. Es existieren also wegen der sechs möglichen Permutationen sechs spezielle Lösungen χ, die bezüglich einer Vertauschung weder symmetrisch noch antisymmetrisch sind. Die allgemeine Lösung χ_a ist eine Linearkombination der speziellen, die nun aber – Fermionen vorausgesetzt – der Antisymmetriebedingung genügen muß. Das ist erfüllt, wenn sich bei jeder Permutation das Vorzeichen umkehrt:

$$\begin{aligned}\chi_a(1, 2, 3) = {} & \chi_i(1)\,\chi_k(2)\,\chi_l(3)\\ & -\chi_i(1)\,\chi_k(3)\,\chi_l(2)\\ & +\chi_i(2)\,\chi_k(3)\,\chi_l(1)\\ & -\chi_i(3)\,\chi_k(2)\,\chi_l(1)\\ & +\chi_i(3)\,\chi_k(1)\,\chi_l(2)\\ & -\chi_i(2)\,\chi_k(1)\,\chi_l(3)\,.\end{aligned} \tag{9.9a}$$

(9.9a) läßt sich auch als Determinante schreiben:

$$\chi_a(1, 2, 3) = \begin{vmatrix}\chi_i(1) & \chi_i(2) & \chi_i(3)\\ \chi_k(1) & \chi_k(2) & \chi_k(3)\\ \chi_l(1) & \chi_l(2) & \chi_l(3)\end{vmatrix}\,. \tag{9.9}$$

Für ein System von N Fermionen erhält man statt einer Determinante dritter eine solche N-ter Ordnung. Aus dieser Determinantendarstellung ist ersichtlich, daß die Zustandsfunktion χ für das Gesamtsystem verschwindet, sobald zwei Fermionen die gleiche Zustandsfunktion besitzen, d.h. den gleichen Energiezustand einnehmen. In diesem Fall besitzt die Determinante zwei identische Reihen und ist damit gleich Null. Das ist z.B. der Fall, wenn für zwei Hüllenelektronen eines Atoms alle Quantenzahlen übereinstimmen.

Das durch den Satz (S 9.1a) nur für einen Spezialfall formulierte Pauli-Prinzip kann nun allgemein gefaßt werden.

(S 9.1)
Pauli-Prinzip

Mikroobjekte mit halbzahligem Spin (Fermionen) werden durch antisymmetrische, Mikroobjekte mit ganzzahligem Spin einschließlich Null (Bosonen) durch symmetrische Zustandsfunktionen $\chi = \psi\sigma$ beschrieben.
In einem System gleichartiger Fermionen müssen sich alle Fermionen in unterschiedlichen Zuständen befinden (Pauli-Prinzip).

9.2 Röntgen-Spektren

Die bisher betrachteten optischen Spektren reichen vom ultraroten bis in den ultravioletten Spektralbereich hinein. Den einzelnen Linien sind dabei Übergänge der Valenzelektronen der Atome zwischen Energieniveaus zugeordnet, von denen keines unter dem Grundzustand liegt, d.h. einem Niveau einer energetisch tiefer liegenen Schale bzw. Unterschale entspricht. Diese Energieübergänge führen zu Energien von einigen Elektronenvolt. Ihre Anregung kann mechanisch (durch Stoß), optisch und bei hohen Temperaturen auch thermisch erfolgen.

Den Röntgen-Spektren in Emission entsprechen Elektronenübergänge in frei gewordene Energiezustände innerer Schalen, in Absorption die Emission von Elektronen aus einer inneren Schale heraus. Diese Energieänderungen betragen bis zu ca. 10^5 eV. Das Röntgen-Spektrum schließt sich zu kurzen Wellen hin an das ultraviolette Gebiet des elektromagnetischen Spektrums an. Die Analyse der Röntgen-Spektren gibt weitere Aufschlüsse über den Schalenaufbau der Atomhülle.

Sofern keine äußerst extremen Bedingungen vorliegen, reicht die thermische Energie nicht aus, um bei schwereren Elementen Elektronen im Röntgen-Bereich anzuregen. Derartige Anregungen erfolgen überwiegend durch Stoßprozesse (Elektronen- und Photonenstoß). Zunächst sollen daher die zu Energieänderungen der Hüllenelektronen führenden Stoßprozesse unter Beachtung der Tatsache zusammengestellt werden, daß jeder der Vorgänge in einem im thermodynamischen Gleichgewicht befindlichen System ablaufen kann und deshalb zu jedem Vorgang auch der Umkehrvorgang existieren muß.

9.2.1 Anregung und Rekombination durch Stoßprozesse

Stoßprozesse zwischen Atomen und Elektronen finden z. B. beim Franck-Hertz-Versuch oder in Gasentladungen statt. In beiden Fällen werden Atome durch die in einem elektrischen Feld beschleunigten Elektronen angeregt:

$$X + e_{v_1} \rightarrow X^* + e_{v_2 < v_1} \tag{9.10a}$$

(X Atom im Grundzustand, X* gleiches Atom in einem angeregten Zustand). Man nennt diesen Vorgang einen *Stoß 1. Art.* Wegen des großen Massenunterschiedes gegenüber dem Elektron verändert das Atom beim Stoßprozeß seine kinetische Energie praktisch nicht.

Stoß 1. Art

Im Anschluß an den Stoß 1. Art kann eine spontane Emission ablaufen:

$$X^* \rightarrow X + h\nu . \tag{9.11a}$$

Der Umkehrvorgang zur spontanen Emission ist die optische Anregung:

$$X + h\nu \rightarrow X^* , \tag{9.11b}$$

derjenige zum Stoß 1. Art der *Stoß 2. Art:*

$$X^* + e_{v_1} \rightarrow X + e_{v_2 > v_1} . \tag{9.10b}$$

Beim *Stoß zweiter Art* wird die Anregungsenergie des angeregten Atoms oder Moleküls durch Stoß auf den Stoßpartner übertragen. Eine Strahlungsemission erfolgt dabei nicht. Auf diese Weise ist z. B. der Energieübergang des Heliumatoms aus dem energetisch niedrigsten Energiezustand des Triplettsystems in den Grundzustand möglich.

Stoß 2. Art

Die Anregungsenergie eines Atoms der Atomart X_1 kann durch einen Stoß 2. Art auf ein Atom der Atomart X_2 übertragen werden, wenn sich die betrachteten Anregungsstufen dieser Atome nicht allzusehr unterscheiden, da dann der Energieunterschied durch eine Veränderung der kinetischen Energie der Stoßpartner ausgeglichen werden kann. Diese Anregungsart wird auch als *sensibilisierte Fluoreszenz* bezeichnet:

sensibilisierte Fluoreszenz

$$X_1^* + X_2 \rightarrow X_1 + X_2^* + \frac{m}{2} v^2 \tag{9.10c}$$

Derartige Stoße 2. Art werden z. B. in Gaslasern zur Erzeugung der Besetzungsinversion genutzt. Sie sind auch nachweisbar, wenn man z. B. in eine Mischung von Quecksilber- und Thalliumdampf Licht der Wellenlänge 253,7 nm (Resonanzlinie des Quecksilbers) einstrahlt. In Emission sind dann neben der Quecksilber-Resonanzlinie auch längerwellige Thalliumlinien beobachtbar. Auf die Thalliumatome wird die Anregungsenergie der Quecksilberatome durch Stöße 2. Art übertragen. Die Differenz der Anregungsenergien führt zur Erhöhung der kinetischen Energie der wechselwirkenden Atome.

Stoßionisation

Besitzt ein stoßendes Elektron eine genügend große Energie, so kann statt einer Anregung des Atoms entsprechend (9.10a) auch *Stoßionisation* erfolgen:

$$X + e_{v_1} \rightarrow X^+ + e_{v_2 < v_1} + e\,. \tag{9.12a}$$

Dreierstoß-Rekombination

Der zugehörige Umkehrprozeß ist die *Dreierstoß-Rekombination*:

$$X^+ + e_{v_1} + e_{v_2} \rightarrow X + e_{v_3 > v_1 + v_2}. \tag{9.12b}$$

Zweierstoß-Rekombination

Die Anwesenheit des zweiten Elektrons ist zur Aufnahme der freiwerdenden Bindungsenergie notwendig. Diese Aufgabe können in Analogie zu (9.10b) aber auch beliebige andere Atome oder Moleküle übernehmen. Wenn jedoch eine *Rekombination im Zweierstoß* erfolgen soll, bleibt für die Abführung der Energie nur noch die Emission eines Photons übrig:

$$X^+ + e_v \rightarrow X + h\nu\,. \tag{9.13a}$$

Seriengrenzkontinuum

Photoionisation

Das an der Zweierstoß-Rekombination (9.13a) beteiligte Elektron ist vor der Wechselwirkung mit dem Ion ein ungebundenes Elektron; seine kinetische Energie ist deshalb nicht gequantelt. Demzufolge kann auch die emittierte Strahlung nicht gequantelt sein. Man beobachtet daher das *Seriengrenzkontinuum* (vgl. Abschn. 4.3.1). Es schließt zu kleinen Frequenzen hin an das diskrete Spektrum der betreffenden Serie an und entsteht dadurch, daß ungebundene Elektronen von beliebiger Energie in gebundene Zustände übergehen. Der Umkehrprozeß zur Zweierstoß-Rekombination ist die *Photoionisation*:

$$X + h\nu \rightarrow X^+ + e_v\,. \tag{9.13b}$$

Die Rekombination eines Ions mit einem Elektron kann natürlich auch zunächst zu einem angeregten Zustand des Atoms führen, das dann durch eine weitere Photonenemission in den Grundzustand übergeht.

Es ist weiterhin möglich, daß sich die Wechselwirkung auf eine Abbremsung des Elektrons im Feld des Ions beschränkt, ohne daß es eingefangen wird und in einen stationären Zustand übergeht:

$$X^+ + e_{v_1} \rightarrow X^+ + e_{v_2 < v_1} + h\nu\,. \tag{9.14}$$

Bremsspektrum

kurzwellige Grenze des Bremsspektrums

Das Spektrum der bei diesem Vorgang ausgesandten Strahlung ist deshalb kontinuierlich und wird als *Bremsspektrum* bezeichnet. Die kurzwellige Grenze des Bremsspektrums ist durch die kinetische Energie der wechselwirkenden Elektronen gegeben:

$$h\nu_{\max} = \frac{m}{e} v^2\,. \tag{9.15}$$

Von dort reicht es bis zu beliebig langen Wellenlängen (vgl. Abb. 9.2).

9.2.2 Erzeugung und Eigenschaften von Röntgenstrahlen

Röntgen entdeckte die nach ihm benannte Strahlung 1895. Er erzeugte sie nach dem gleichen Prinzip, nach dem auch die heutigen technischen Röntgenröhren arbeiten (vgl. Abb. 9.1). Die aus einer Glühkatode austretenden Elektronen werden auf einige 10^4 bis 10^5 eV beschleunigt und treffen auf eine als *Antikatode* bezeichnete Elektrode. Dort entsteht durch ihre Wechselwirkung mit den Atomen der Antikatode Röntgenstrahlung. Sie ist nachweisbar z. B. durch die Anregung einer Fluoreszenzstrahlung, durch ihre fotografische Wirkung oder auch durch die Ionisation von Gasen. Im elektromagnetischen Spektrum schließt sie zu kurzen Wellen hin an das ultraviolette Gebiet an (vgl. Abb. II 7.16). Ihre Wellenlänge liegt in einem Bereich, in den auch der Abstand der Atome in Kristallgittern fällt. Dadurch treten beim Durchgang von Röntgenstrahlung durch Kristalle Beugungserscheinungen auf, die sowohl zur Wellenlängenbestimmung als auch zur Kristallstrukturanalyse dienen.

Antikatode

Röntgenstrahlung besitzt wegen ihrer im Vergleich zum Licht hohen Frequenz und damit großen Energie eine große Durchdringungsfähigkeit gegenüber stofflicher Materie. Diese Eigenschaft findet in der Technik und in der Medizin vielfache Anwendung.

Das Spektrum der in einer Röntgenröhre erzeugten Röntgenstrahlung wird vor allem durch folgende Beobachtungen charakterisiert:

- Es wird ein kontinuierliches Spektrum mit einer scharfen, vom Elektrodenmaterial unabhängigen kurzwelligen Grenze λ_{gr} wahrgenommen (*Röntgen-Bremsspektrum*, s. Abb. 9.2).

Röntgen-Bremsspektrum

- Dem kontinuierlichen Spektrum ist ein Linienspektrum überlagert (vgl. Abb. 9.3), das vom Material der Antikatode abhängig ist und gegenüber dem optischen Spektrum des entsprechenden Elementes verblüffend wenig Linien zeigt (*charakteristisches Röntgen-Spektrum*). Auch für das charakteristische Röntgen-Spektrum gilt

charakteristisches Röntgen-Spektrum

$$\lambda > \lambda_{gr} .$$

- Die Struktur des charakteristischen Spektrums ist für alle Elemente gleich. Moseley fand 1913 für die intensivste Linie des charakteristi-

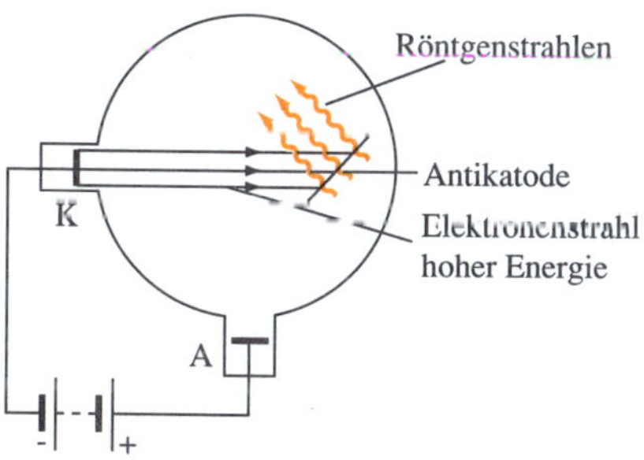

Abb. 9.1
Zur Erzeugung von Röntgenstrahlen

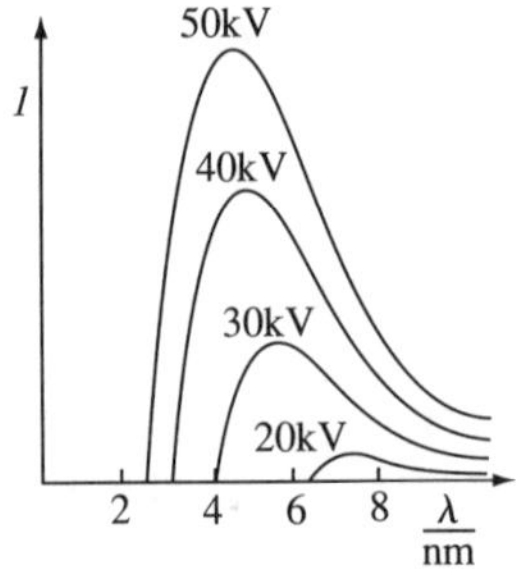

Abb. 9.2
Intensität des Röntgen-Bremsspektrums bei verschiedenen Röhrenspannungen in Abhängigkeit von der Wellenlänge

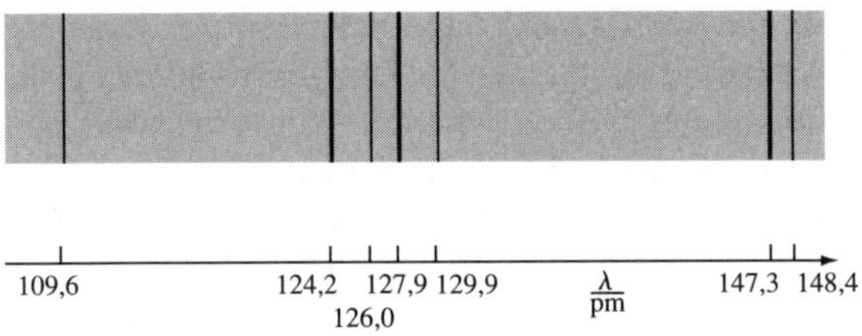

Abb. 9.3
Ausschnitt aus der L-Serie des charakteristischen Röntgen-Spektrums von Wolfram

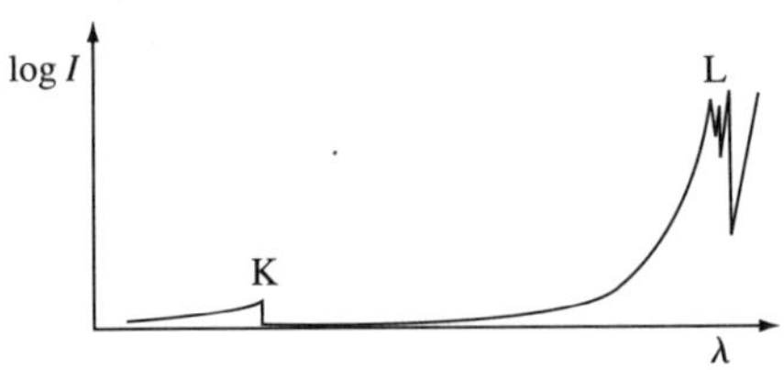

Abb. 9.4
Röntgen-Absorptionsspektrum im Bereich der K- und der L-Serie

K_α-Linie

schen Spektrums (historisch als *K_α-Linie* bezeichnet) die Gesetzmäßigkeit

$$\frac{1}{\lambda_{K_\alpha}} = \frac{3}{4} R_X (Z-1)^2 . \qquad (9.16)$$

Moseleysches Gesetz

Die Beziehung (9.16) wird *Moseleysches Gesetz* genannt.

– Das Röntgen-Absorptionsspektrum ist stets ein kontinuierliches Spektrum mit einem ganz charakteristischen Frequenzgang des Absorptionsgrades (vgl. Abb. 9.4).

Die Entstehungsmechanismen für das Röntgen-Bremsspektrum, für das charakteristische Röntgen-Spektrum und für den charakteristischen Frequenzgang des Röntgen-Absorptionsspektrums werden in den nachstehenden Abschnitten erläutert.

9.2.3 Emission und Absorption von Röntgenstrahlen

9.2.3.1 Röntgen-Bremsspektrum

Erzeugungsmechanismus des Röntgen-Bremsspektrums

Ein energiereiches Elektron dringe mit der Geschwindigkeit v_1 weit in das Innere eines Atoms der Antikatode ein und werde in dessen inneratomarem Feld auf die Geschwindigkeit $v_2 < v_1$ abgebremst (s. Abb. 9.5a). Bei diesem Abbremsvorgang geht das Elektron i.allg. nicht in einen stationären Energiezustand des Atoms über, sondern vermindert nur seine Geschwindigkeit. Die entsprechende Energiedifferenz wird in Strahlungsenergie gewandelt. Im Energieniveauschema des Atoms entspricht dieser Vorgang einem Energieübergang im Ionisationskontinuum (s. Abb. 9.5b). Da bei diesem Abbremsvorgang beliebig kleine Geschwindigkeitsdifferenzen $v_1 - v_2$ vorkommen können, erstreckt sich das Röntgen-Bremsspektrum kontinuierlich von einer kurzwelligen Grenze bis zu beliebig großen Wellenlängen.

Klassisch kann man diesen Vorgang so interpretieren, daß das eindringende Elektron und der positive Atomkern einen elektrischen Dipol mit zeitlich veränderlichem Dipolmoment bilden, der nach den Gesetzen der Elektrodynamik eine elektromagnetische Welle abstrahlt. Die hierfür notwendige Energie wird dem Elektron entzogen.

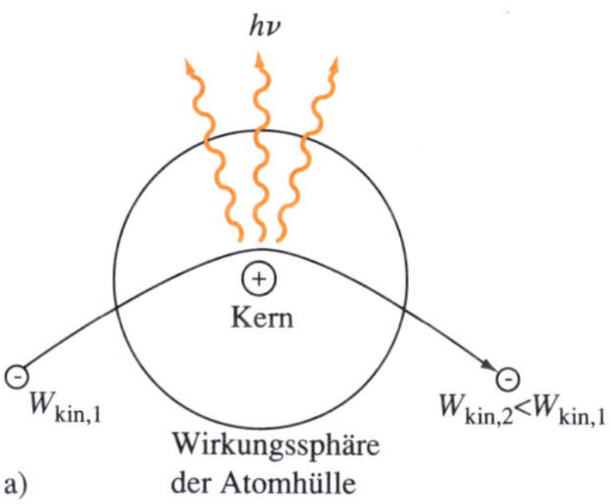

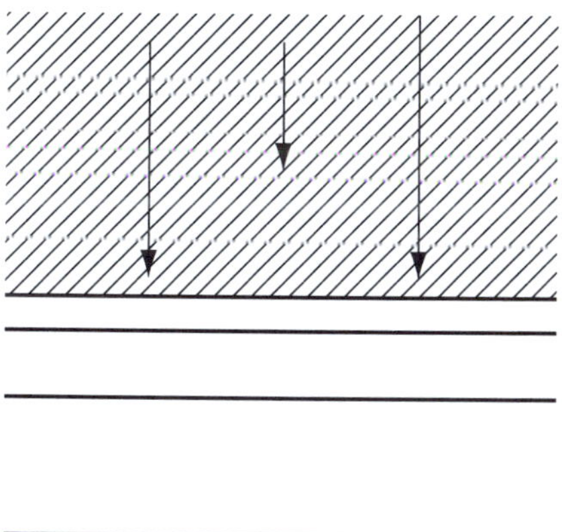

Abb. 9.5
Zur Entstehung der Röntgen-Bremsstrahlung
a) Ein hochenergetisches Elektron wird im inneratomaren Feld eines Atoms abgebremst
b) Energieübergänge im Energieniveauschema eines Atoms, die zur Aussendung der Bremsstrahlung führen

Da genügend schnelle Elektronen weit in das Atom einzudringen vermögen und deshalb in den Wirkungsbereich der inneratomaren elektrischen Felder gelangen, ist es für die Erzeugung des Röntgen-Bremsspektrums gleichgültig, ob es sich um den Beschuß von Ionen oder Atomen handelt. In Abbildung 9.2 ist die Intensitätsverteilung der Bremsstrahlung dargestellt. Das Intensitätsmaximum verschiebt sich mit steigender Beschleunigungsspannung ebenso wie die kurzwellige Grenze des Bremsspektrums zu kurzen Wellen hin. Die Grenzfrequenz berechnet sich nach (9.15) und $m_{0e}\, v^2/2 = e\, U_{AK}$ zu

$$\nu_{gr} = \frac{e\, U_{AK}}{h}\,, \tag{9.15a}$$

was schon im Abschnitt 2.1.2.1.3 gezeigt wurde. Zu langen Wellenlängen hin nähert sich die Intensitätskurve asymptotisch der Abszissenachse.

9.2.3.2 Charakteristisches Röntgen-Spektrum

Erzeugungsmechanismus der charakteristischen Röntgenstrahlung

Die Wechselwirkung von freien Elektronen mit Atomen kann zur Stoßionisation führen. Ausreichend schnelle Elektronen sind bei Atomen hoher Kernladungszahl in der Lage, Elektronen aus ihren inneren Schalen zu entfernen. Bei der Auffüllung dieser freigewordenen Elektronenzustände durch Elektronen aus Schalen mit einer höheren potentiellen Energie entsteht als diskretes Linienspektrum das charakteristische Röntgen-Spektrum. Die beobachtbaren Frequenzen entsprechen den Differenzen dieser Energieübergänge und sind deshalb durch das Material der Antikatode bestimmt. Sie treten als scharfe Peaks hoher Intensität aus dem kontinuierlichen Röntgen-Bremsspektrum hervor. Die Energie der stoßenden Elektronen bestimmt die maximal mögliche Anregung des Atoms, d.h. die Maximalfrequenz des zu beobachtenden charakteristischen Röntgen-Spektrums. Das charakteristische Spektrum liegt daher stets innerhalb des Frequenzintervalles $0 \leqq \nu \leqq \nu_{gr}$ des Bremsspektrums. Um das vollständige charakteristische Röntgen-Spektrum eines Materials zu erhalten, muß deshalb die Antikatode mit genügend energiereichen Elektronen beschossen werden. Durch Elektroneneinfang entsprechend (9.13a) wird wie bei den optischen Spektren ebenfalls ein Seriengrenzkontinuum beobachtbar.

jede Atomart besitzt unabhängig vom Bindungszustand ihr spezifisches charakteristisches Röntgen-Spektrum

Entsprechend den Wellenlängen der charakteristischen Röntgen-Linien sind den Schalen der Atome höherer Ordnungszahl Energiedifferenzen von etwa 10^2 eV und mehr zuzuordnen. Wie die optischen Spektren zeigen, unterscheiden sich dagegen die Energiezustände der Valenzelektronen nur um einige Elektronenvolt. Die Energiezustände der optischen Spektren können deshalb gegenüber denen der Röntgen-Spektren vernachlässigt werden, d.h., es kann jede abgeschlossene Schale des Atoms durch ein bestimmtes Energieniveau charakterisiert werden. Da auch die chemische Bindung durch die Valenzelektronen bedingt ist, die Bindungsenergien also ebenfalls bei einigen Elektronenvolt liegen, ist es verständlich, daß jede Atomart ihr spezifisches charakteristisches Röntgen-Spektrum besitzt, unabhängig davon, ob sie als Element vorliegt oder in einer chemischen Verbindung enthalten ist. Beispielsweise ist das Röntgen-Spektrum von atomaren Sauerstoff, molekularem Sauerstoff O_2 und den Sauerstoffatomen in H_2O oder CO_2 gleich.

Nach den experimentellen Befunden ist das charakteristische Röntgen-Spektrum *aller* Atomarten durch das Seriengesetz

allgemeines Seriengesetz für das charakteristische Röntgen-Spektrum

$$\frac{1}{\lambda} = R_X (Z - \sigma_{n_1})^2 \left(\frac{1}{n_1^2} - \frac{1}{n_2^2} \right) \quad (n_2 - n_1 = 1, 2, 3, \ldots) \tag{9.17}$$

erfaßbar, σ_{n_1} ist eine zum Fixterm n_1 gehörende Konstante.

Das charakteristische Röntgen-Spektrum ist wasserstoffähnlich, wie der Vergleich von (9.17) mit (4.8) zeigt. Zur Beschreibung der Röntgen-Spektren ist ebenso wie zur Beschreibung des Wasserstoffspektrums nur eine Quantenzahl erforderlich, obwohl es sich bei den Röntgen-Spektren um Vorgänge in wesentlich komplizierter aufgebauten Atomen handelt. Es entsteht durch die Auffüllung von freigewordenen Energiezuständen abgeschlossener Schalen durch Elektronen aus höherenergetischen Schalen.

Die experimentelle Gesetzmäßigkeit (9.17) kann wie folgt gedeutet werden: Nach (S 9.3) gilt für eine vollbesetzte Schale $\boldsymbol{L} = \mathbf{0}$ und $\boldsymbol{S} = \mathbf{0}$. Entfernt man aus ihr z.B. durch Elektronenstoß ein Elektron, so vermindern sich $\boldsymbol{L}$ und $\boldsymbol{S}$ um den Bahndrehimpuls $\boldsymbol{l}$ und den Spin $\boldsymbol{s}$ dieses Elektrons; statt des Wertes $\mathbf{0}$ findet man $\boldsymbol{L} = -\boldsymbol{l}$ und $\boldsymbol{S} = -\boldsymbol{s}$. Die verbliebenen Elektronen zeigen also ein spektroskopisches Verhalten, als ob die betrachtete Schale mit nur einem *einzigen* Elektron besetzt wäre, d.h., als ob ein Einelektronensystem vorläge. Die Energieniveaus der charakteristischen Röntgenstrahlung können demzufolge ebenfalls durch die Quantenzahlen n, l und j charakterisiert werden. Vernachlässigt man die Feinstruktur, dann sind die Energieniveaus W_n der Röntgen-Spektren eindeutig durch die Hauptquantenzahl n bestimmt, und man erhält das Seriengesetz (4.8) der Einelektronensysteme

$$\frac{1}{\lambda} = R_X Z^2 \left(\frac{1}{n_1^2} - \frac{1}{n_2^2} \right) \quad (n_2 - n_1 = 1, 2, 3, \ldots,).$$

Die übrigen Elektronen schirmen die betrachtete Elektronenleerstelle vom Kern zum Teil ab. Dies bedingt in (9.17) die zusätzliche Konstante σ_{n_1}.

Die kernnächsten Elektronen besitzen die größte Bindungsenergie. Der K-Schale ist demnach die Quantenzahl $n = 1$, der L-Schale die Quantenzahl $n = 2$, der M-Schale die Quantenzahl $n = 3$ usw. zuzuordnen (vgl. (9.2)). Die Übergänge $n_i \to n = 1$ $(n_i > 1)$ ergeben die K-Serie, die Übergänge $n_i \to n = 2$ $(n_i > 2)$ die L-Serie, die Übergänge $n_i \to n = 3$ $(n_i > 3)$ die M-Serie usw. (vgl. Abb. 9.6).

Zuordnung von n zu den Schalen

Der Übergang $n_2 = 2 \to n_1 = 1$ wird als K_α-Linie bezeichnet. Hierzu muß aus der K-Schale ein Elektron entfernt werden. Da die K-Schale mit

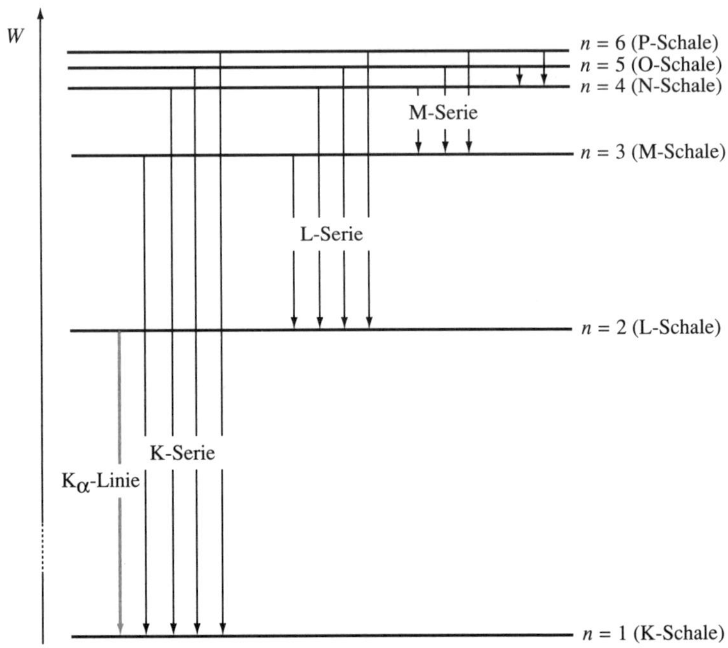

Abb. 9.6
Energieniveauschema der Röntgen-Spektren ohne Berücksichtigung der Feinstruktur (der Abstand zwischen den Niveaus $n = 2$ und $n = 1$ ist nicht maßstabgerecht; vgl. auch Abb. 4.7).

zwei Elektronen voll besetzt ist, schirmt ein Elektron die Leerstelle vom Kern ab. Es ist daher naheliegend, $\sigma_{n_1} = 1$ zu setzen. Man erhält so aus (9.17) das Moseleysche Gesetz (9.16)

Herleitung des Moseleyschen Gesetzes

$$\frac{1}{\lambda_{K_\alpha}} = R_X(Z-1)^2\left(\frac{1}{1} - \frac{1}{2^2}\right) = \frac{3R_X(Z-1)^2}{4}.$$

Die kurzwelligste Linie des charakteristischen Röntgen-Spektrums ergibt der Übergang $n = \infty \longrightarrow n = 1$. Für Kupfer ($Z = 29$) besitzt das dabei emittierte Photon die Energie $h\nu = hcR_{Cu}(Z-1)^2 \approx 11{,}5$ keV. Experimentell wird dagegen nur eine Grenzenergie von 8,98 keV beobachtet. Der Grund für diese Diskrepanz zwischen theoretischem und experimentellem Wert ist, daß die Konstante σ_{n_1} in (9.17) mit wachsendem n_1 etwas größer als Eins wird.

Moseleysche Gerade

Trägt man $(\lambda_{K_\alpha} R_X)^{-1/2}$ für die verschiedenen Elemente über $Z-1$ auf, dann ergibt sich praktisch eine Gerade, da die Veränderung von R_X mit Z vernachlässigbar ist (s. Abb. 9.7). Damit bietet die Röntgen-Spektroskopie die Möglichkeit der Bestimmung der Ordnungszahl der Elemente. Dieses Verfahren ist insbesondere in der historischen Entwicklung der Atomphysik von wesentlicher Bedeutung gewesen. Weiter folgerte man aus diesem Gesetz erstmalig die Identität von Kernladungs- und Ord-

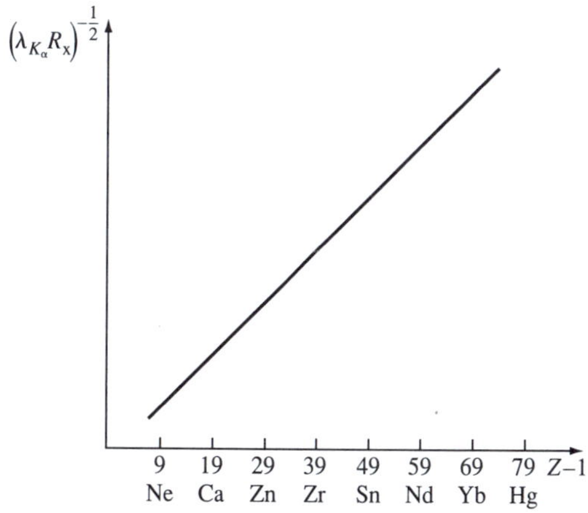

Abb. 9.7
Moseley-Diagramm für die K_α-Röntgen-Linien

HENRY GWYN MOSELEY (1887–1915)

nungszahl und bestätigte die im periodischen System der Elemente notwendigen Inversionen, z. B. die von Iod und Tellur (vgl. Abschn. 2.2.1.3).

Feinstruktur des Röntgen-Spektrums

Aufgrund ihres Erzeugungsmechanismus müssen die Linien der charakteristischen Röntgenstrahlung eine Feinstruktur analog der der Einelektronensysteme zeigen. Nach (7.8) sind deshalb jedem Wert von $l > 0$ die zwei Gesamtdrehimpulsquantenzahlen $j = l \pm 1/2$, dagegen dem Wert $l = 0$ nur der Wert $j = 0$ zuzuordnen. Entsprechend dem Wertevorrat von l (s. (9.1)) gehören somit $2\,(n-1) + 1 = 2n - 1$ Werte von j zu jedem n. Die

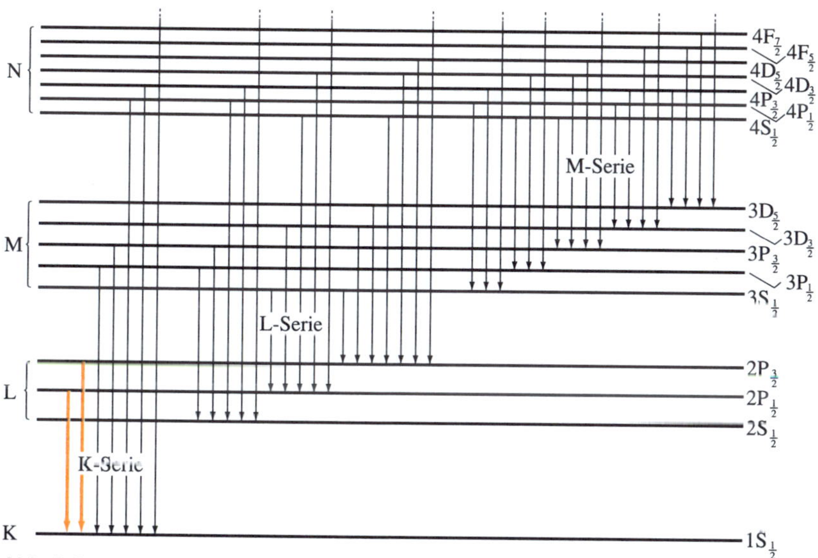

Abb. 9.8
Energieniveauschema der Röntgen-Spektren bei Berücksichtigung der Feinstruktur. (Zwecks besserer Übersicht sind die Abstände der einzelnen Energieniveaus willkürlich gewählt; den durch Punktierung gekennzeichneten Übergängen entsprechen weitere Übergänge aus höheren Niveaus.)

durch die Quantenzahl n charakterisierte Schale spaltet deshalb $(2n-1)$-fach auf (s. Abb. 9.8). Überträgt man die bei den Einelektronensystemen eingeführte Energieniveausymbolik auf das vorliegende Energieniveauschema, dann entsprechen der K-Schale der Energiezustand $1S_{1/2}$, der L-Schale die drei Energiezustände $2S_{1/2}$, $2P_{1/2}$ und $2P_{3/2}$, der M-Schale die fünf Energiezustände $3S_{1/2}$, $3P_{1/2}$, $3P_{3/2}$, $3D_{3/2}$ und $3D_{5/2}$ usw. Die prozentuale Stärke dieser Aufspaltung ist allerdings unterschiedlich. Die durch große Ordnungszahlen, d.h. starke elektrische Kernfelder bedingte große Energie der Röntgenquanten läßt die Feinstruktur zum Teil wenig hervortreten, andererseits können relativistische Effekte die Aufspaltung vergrößern. Die möglichen Übergänge sind wieder durch die Übergangsregeln $\Delta l = \pm 1$ und $\Delta j = 0; \pm 1$ festgelegt.

Außer dieser Feinstruktur werden in geringem Maße auch Linienaufspaltungen durch eine prinzipiell mögliche Mehrelektronenanregung beobachtet.

9.2.3.3 Röntgen-Absorptionsspektrum

Die für optische Spektren charakteristische Gleichartigkeit bezüglich Emission und Absorption ist bei den Röntgen-Spektren nicht vorhanden. Dies ist sofort aus dem Schalenbau der Atomhülle verständlich: Die diskreten Linien des charakteristischen Emissionsspektrums können im Röntgen-Absorptionsspektrum nicht auftreten, weil die höheren Energiezustände besetzt sind, in die die Elektronen bei einer derartigen Energieabsorption übergehen müßten. Dagegen können bei der Einstrahlung polychromatischer Röntgenstrahlung mit einem genügend breiten Frequenzspektrum die Seriengrenzkontinua beobachtet werden. Durch die Strahlung werden z.B. Elektronen aus der K- bzw. L-Schale entfernt. Sie verlassen das Atom und besitzen deshalb eine nicht gequantelte Energie. Im Energieniveauschema entspricht dies ihrer Anregung in den kontinuierlichen Energiebereich (s. Abb. 9.9). Die Seriengrenzen sind im Absorptionsspektrum durch einen starken Anstieg der Absorption zu kleinen Wellenlängen hin erkennbar (s. Abb. 9.4). Die so entstehende *Kantenstruktur* ist für das Röntgenabsorptionsspektrum charakteristisch. Daß z.B. zwischen der L- und der K-Kante die Absorption nicht auf Null zurückgeht, erklärt sich daraus, daß aus dem L-Niveau die Elektronen nicht nur in die Seriengrenze angeregt werden, sondern in den gesamten kontinuierlichen Bereich. Diese Anregung führt im Absorptionsspektrum zu dem kurzwelligeren, zur K-Kante hin abnehmenden Ausläufergebiet. Das Röntgen-Absorptionsspektrum ist daher ein kontinuierliches Spektrum.

Kantenstruktur des Röntgen-Absorptionsspektrums

Röntgen-Absorptionsspektren sind kontinuierlich

Als Folge der bereits besprochenen Feinstruktur der Energieniveaus tritt von der L-Serie an auch eine Feinstruktur der Absorptionskante nach der langwelligen Seite hin auf. Dagegen besitzt die zur K-Serie gehörende Kante keine Feinstruktur, denn es gibt nur ein K-Niveau.

Der Frequenzgang des Röntgen-Absorptionsspektrums kann also zwanglos aus dem Schalenaufbau der Atomhülle erklärt werden. Das

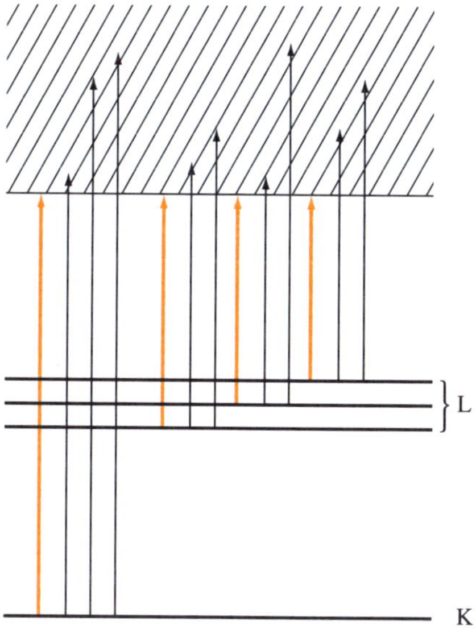

Abb. 9.9
Zur Entstehung des Röntgen-Absorptionsspektrums (↑ Übergänge, die der K-Kante bzw. den L-Kanten entsprechen. ↑ Übergänge, die die Ausläuferabsorption ergeben)

Röntgen-Absorptionsspektrum ist somit ein weiterer experimenteller Beleg für die Existenz abgeschlossener Elektronenschalen im Atom.

9.2.4 Polarisation der Röntgenstrahlung

Natürliches Licht kann neben anderen Möglichkeiten auch durch Streuung linear polarisiert werden. Man läßt dazu ein paralleles Bündel natürlichen Lichtes in ein trübes Medium einfallen. Die elektrischen Feldvektoren liegen senkrecht zur Bündelachse regellos verteilt. Dadurch können Moleküle des streuenden Mediums mit einem Dipolmoment in Ebenen senkrecht zur Bündelachse zu Schwingungen angeregt werden. Es entsteht eine sekundäre Streustrahlung, die sich senkrecht zum jeweiligen Dipolmoment ausbreitet (vgl. Abb. II 7.14). Das sich senkrecht zum Primärbündel ausbreitende Streulicht ist somit linear polarisiert, was sich mit üblichen Analysatoren nachweisen läßt.

Auch die Polarisierung von Röntgenstrahlen kann durch Streuung erreicht werden. Als streuende Medien dienen stark wasserstoffhaltige Substanzen, meist Paraffin, da Atome höherer Ordnungszahl in der Regel eine störende sekundäre Röntgenstrahlung emittieren. Man läßt den primären Röntgenstrahl auf den Streustrahler fallen. Die Streustrahlung senkrecht zum Primärstrahl ist linear polarisiert. Blendet man eine Richtung aus und ordnet in ihr einen zweiten Streustrahler an, so streut dieser die sekundäre, linear polarisierte Röntgenstrahlung vorzugsweise, d.h. mit maximaler Intensität in die Richtung parallel zum Primärstrahl. Senkrecht dazu und senkrecht zum Sekundärstrahl ist die Streuintensität Null

Röntgenstrahlung ist durch Streuung linear polarisierbar

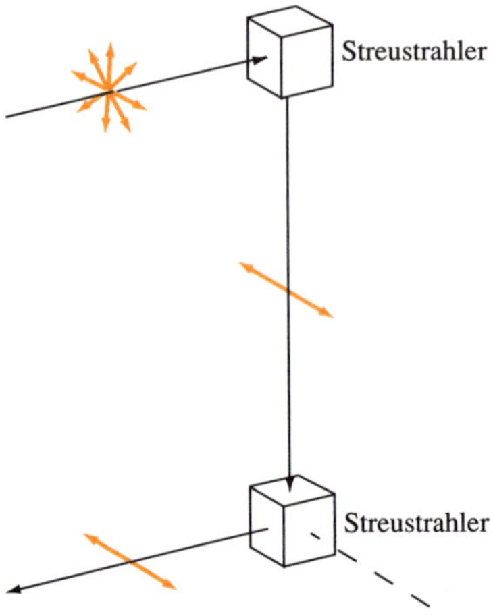

Abb. 9.10
Zur Polarisation von Röntgenstrahlen durch Streuung

CHARLES GLOVER BARKLA (1877–1944) Nobelpreis 1917

(vgl. Abb. 9.10). Auf diese Weise wies BARKLA 1905 die transversale Natur von Röntgenstrahlen nach.

Man könnte auch eine lineare Polarisation der Röntgen-Bremsstrahlung erwarten, wenn alle auf die Antikatode der Röntgenröhre fallenden Elektronen in Richtung des Katodenstrahles abgebremst werden. Tatsächlich ist eine teilweise Polarisation zu beobachten. An kompakten Antikatoden wird die Parallelität der wirkenden Verzögerung durch eine Vielzahl elastischer Stöße erheblich gestört. Dagegen geht von extrem dünnen Antikatoden eine nahezu vollständig linear polarisierte Röntgen-Bremsstrahlung aus.

9.3 Aufgaben

9.1
Man gebe die Elektronenkonfigurationen vom Natriumatom und den Na^+- und Na^{++}-Ionen an und berechne jeweils für den Grundzustand den Gesamtdrehimpuls und das resultierende magnetische Moment.

9.2
Die Ionisationsenergie für das Lithiumatom beträgt 5,37 eV, die für das Li^+-Ion 75,3 eV. Wie ist dieser Unterschied qualitativ zu erklären? Man überprüfe, ob sie für das Li^+-Ion der aus dem Moseleyschen Gesetz abschätzbaren Energie der K-Schale entspricht. Wie groß ist die Ionisationsenergie des Li^{++}-Ions? Welche Geschwindigkeit besitzt in den drei Fällen ein Elektron, das aus dem jeweiligen Grundzustand durch Absorption einer Röntgenstrahlung der Wellenlänge 7,0926 nm abgelöst wird?

9.3
Beim Franck-Hertz-Versuch mit Quecksilberdampf tritt bei großer Stromdichte bei einer Beschleunigungsspannung von 5,00 V für die Elektronen neben der ersten Resonanzlinie von 253,653 nm mit sehr geringer Intensität die zweite Resonanzlinie von 184,947 nm auf, deren Zustandekommen durch Elektronenstöße erklärt werden kann. Man erkläre die Stoßprozesse und berechne die Restenergien und -geschwindigkeiten der Elektronen nach den Stößen.

9.4
Eine Mischung von Quecksilber- und Thalliumdampf wird mit der Resonanzlinie des Quecksilberatoms der Wellenlänge 253,653 nm bestrahlt. Dabei wird auch eine Linie des Thalliumatoms von 256,436 nm emittiert. Man berechne die Energiedifferenz für beide Linien und erkläre den Effekt.

9.5
An KBr wurde die kurzwellige Grenze des Röntgenbremsspektrums mit dem Drehkristallverfahren bei einer Anodenspannung von 30 kV und einem dann vorliegenden Glanzwinkel von 3,60° gemessen. Man berechne den Netzebenenabstand des KBr-Kristalls und gebe die Grenzwellenlänge an. Wie groß ist der Glanzwinkel bei einer Spannung von 15 kV?

9.6
Für eine Zinkanode werden die Energien der K_α-Linien mit 8,6158 keV und 8,6389 keV, die der K_β-Linie, die dem Übergang von der M- zur S-Schale entpricht, mit 9,57 keV und für die Grenze der K-Serie mit 9,661 keV angegeben. Man überprüfe die Gültigkeit des Moseleyschen Gesetzes und gebe die Wellenlängen für alle berechenbaren Linien an. Um welche Abschirmkonstante muß die Kernladungszahl für die K_β-Linie und für die Seriengrenze vermindert werden?

9.7
Die Wellenlängen der charakteristischen Röntgenstrahlung eines chemisch reinen Stoffes wurden gemessen, und zwar das K_α-Dublett mit der Linie von 71,354 pm und der intensiveren von 70,926 pm sowie eine Linie von 63,255 pm. Aus welchem Element besteht das Anodenmaterial? Man berechne die Energiedifferenzen in eV und gebe die Termsymbole an. Welche Feinstruktur besitzt die K_β-Linie (Übergang $n_2 = 3 \rightarrow n = 1$)?

9.8
Zur Absorption der K_β-Linie der Wellenlänge 13,92 pm einer Kupferanode verwendet man Nickel, so daß dann praktisch eine monochromatische Röntgenstrahlung, die K_α-Linie auftritt. Man weise nach, daß Nickel mit der

K-Seriengrenzenergie von 83,32 keV die K_β-Linie des Kupfers optimal absorbiert.

9.9
Bei der Aufnahme des Absorptionsröntgenspektrums von Strontium wird die K-Kante mit der Seriengrenzenergie von 16,10 keV beobachtet. Benutzt wird ein LiF-Kristall mit dem Netzebenenabstand von 201 pm. Bei welchem Glanzwinkel tritt die Absorption auf? Mit welchen Spannungen muß die Apparatur betrieben werden, um die Absorptionskante zu erhalten?

9.10
Welche Gegenspannung ist notwendig, um die Auger-Elektronen, die bei der Bestrahlung von Silber mit geeigneter Röntgenstrahlung entstehen, vollständig abzubremsen?

10 Allgemeine Eigenschaften der Atomkerne

Die Streuversuche von LENARD und RUTHERFORD belegen, daß die Atome aus einer Atomhülle und einem Atomkern bestehen. In den vorangegangenen Kapiteln genügte es, den Atomkern als punktförmigen Träger der nahezu gesamten Masse des Atoms und als positiv geladenes Zentrum eines radialsymmetrischen elektrischen Feldes anzunehmen. Wir wollen uns jetzt mit der Struktur der Atomkerne befassen. Das erfordert eine Beschreibung von Objekten mit einer räumlichen Ausdehnung bis in den Bereich von Femtometern, also ein Vordringen in Strukturen, deren Dimensionen noch fünf Größenordnungen unter denen der atomaren liegen.

10.1 Stabile und instabile Nuklide

Nach (S 3.1) ist jeder Atomkern eindeutig durch seine Massenzahl M und durch seine Kernladungszahl Z bestimmt. Die Ermittlung seiner Masse $m_{0\mathrm{k}}$ erfolgt mit Hilfe der Massenspektroskopie durch die Präzisionsbestimmung der Masse $m_{0,\mathrm{Ion}}$ des entsprechenden f-fach ionisierten Atoms:

$$m_{0\mathrm{k}} = m_{0,\mathrm{Ion}} - (Z - f)\, m_{0\mathrm{e}} . \qquad (10.1)$$

Ein Teil der Atomkernarten zerfällt ohne Beeinflussung von außen. Eine Atomkernart kann also stabil oder instabil sein. Für den Zerfall eines Atomkernes gibt es verschiedene Möglichkeiten, die in den Abschnitten 12.2 und 12.3 im Zusammenhang diskutiert werden.

Für Atomkernarten ist folgende Bezeichung und Klassifizierung üblich:

(D 10.1) Nuklide

Eine Atomkernart der Massenzahl M und der Ordnungszahl Z heißt Nuklid, wenn sie mit einer Lebensdauer $\tau > 10^{-10}$ s in einem definierten Energiezustand vorliegt. Nuklide mit der Lebensdauer $\tau = \infty$ heißen stabile, Nuklide mit der Lebensdauer $\tau < \infty$ instabile Nuklide. Unterschiedliche Nuklide mit

$$\left.\begin{array}{l} Z = \text{const} \\ M = \text{const} \\ M - Z = \text{const} \end{array}\right\} \text{heißen} \left\{\begin{array}{l} \text{isotope Nuklide} \\ \text{isobare Nuklide} \\ \text{isotone Nuklide.} \end{array}\right.$$

Tabelle 10.1
Eigenschaften einiger Nuklide

Nuklid	$\Delta(Z, M) \cdot 10^6$	Relative Häufigkeit des Nuklides im natürlichen Element in %	I	P	μ_I/μ_k	Q in b	σ_{tot} bzw. σ_f gegenüber thermischen Neutronen in barn	$T_{1/2}$	Art der radioaktiven Strahlung mit Angabe der maximalen Energie in MeV
$^{1}_{0}n$			1/2	+1	−1,91314			875 s	β^-: 0,78
$^{1}_{1}H$		99,9852	1/2	+1	2,79277		0,33	stabil	
$^{2}_{1}H$	14102,22	0,0148	1	+1	0,857406	0,00282	0,0005	stabil	
$^{3}_{1}H$	16049,71		1/2	+1	2,97885			12,26 a	β^-: 0,019
$^{3}_{2}He$	16029,73	0,00013	1/2	+1	−2,12755			stabil	
$^{4}_{2}He$	2603,12	99,99	0	+1				stabil	
$^{5}_{2}He$	12297								
$^{6}_{2}He$			0	+1				0,79 s	β^-: 3,508; kein γ
$^{6}_{3}Li$	15124,7	7,42	1	+1	0,822010	−0,0011	953	stabil	
$^{7}_{3}Li$	16004	92,58	3/2	−1	3,25628	−0,040	0,04	stabil	
$^{8}_{3}Li$	22487,1		2	+1	1,653			0,8 s	
$^{7}_{4}Be$	16928,9		3/2	−1				53,4 d	γ: 0,477
$^{9}_{4}Be$	12185,5	100	3/2	−1	−1,17744	0,029	0,009	stabil	
$^{10}_{4}Be$	13534,4		0	+1				$1,9 \cdot 10^6$ a	kein γ; β^-: 0,555
$^{11}_{4}Be$	21666		1/2	+1				13,6 s	β^-: 11,5; γ: 2,14; 4,67; 5,85; 6,79
$^{8}_{5}B$	24609,3		2	+1				0,77 s	β^+: 14,0; γ: 0,511
$^{10}_{5}B$	12938,8	19,61	3	+1	1,80063	0,074	3837	stabil	
$^{11}_{5}B$	9305,3	80,39	3/2	−1	2,68857	0,036	0,005	stabil	
$^{10}_{6}C$	16810		0	+1				19,3 s	β^+: 1,87; γ: 0,511; 0,717; 1,023
$^{11}_{6}C$	11431,7		3/2	−1	±1,03	±0,031		20,3 min	β^+: 0,97; γ: 0,511
$^{12}_{6}C$	0	98,893	0	+1			0,0034	stabil	
$^{13}_{6}C$	3354,4	1,107	1/2	−1	0,702381		0,0009	stabil	
$^{14}_{6}C$	3241,97		0	+1				5730 a	β^-: 0,156, kein γ
$^{15}_{6}C$	10599,5		1/2	+1				2,25 s	β^-: 9,82; 4,51; γ: 5,299
$^{16}_{6}C$	14700		0	+1				0,74 s	

Tabelle 10.1 (Fortsetzung)
Eigenschaften einiger Nuklide

Nuklid	$\Delta(Z, M) \cdot 10^6$	Relative Häufigkeit des Nuklides im natürlichen Element in %	I	P	μ_I/μ_k	Q in b	σ_{tot} bzw. σ_f gegenüber thermischen Neutronen in barn	$T_{1/2}$	Art der radioaktiven Strahlung mit Angabe der maximalen Energie in MeV
$^{12}_{7}N$	18641		1	+ 1				0,011 s	β^+:16,400; α: 0,195; γ: 0,511; 4,430
$^{13}_{7}N$	5738,4		1/2	− 1	± 0,3221			9,96 min	β^+: 1,2; γ: 0,511
$^{14}_{7}N$	3074,39	99,6337	1	+ 1	0,40361	0,011	0,075	stabil	
$^{15}_{7}N$	107,7	0,3663	1/2	− 1	− 0,28309		$2 \cdot 10^{-5}$	stabil	
$^{16}_{7}N$	6103,3		2	− 1				7,1 s	β^-: 1,040; 4,270; γ: 2,75; 6,13; 7,11; α: 1,7
$^{17}_{7}N$	8450		1/2	− 1				4,2 s	β^-: 8,68; 7,81; 4,10; γ: 0,87; 2,19
$^{14}_{8}O$	8597,09		0	+ 1				71,3 s	β^+: 4,12; 1,81; γ: 0,511; 2,31
$^{15}_{8}O$	3070,3		1/2	− 1		± 0,719		2,03 min	β^+: 1,74; γ: 0,511
$^{16}_{8}O$	− 5084,98	99,759	0	+ 1			$1{,}8 \cdot 10^{-4}$	stabil	
$^{17}_{8}O$	− 867,1	0,0374	5/2	+ 1	− 1,89370	− 0,030	0,235	stabil	
$^{18}_{8}O$	− 839,98	0,2039	0	+ 1			$2{,}1 \cdot 10^{-4}$	stabil	
$^{19}_{8}O$	3577,9		5/2	+ 1				27 s	β^-: 4,6; γ: 0,197; 1,37
$^{20}_{8}O$	4079		0	+ 1				13,6 s	β^-: 2,75; γ: 1,06
$^{17}_{9}F$	2095,5		5/2	+ 1	4,722			66 s	β^+: 1,74; γ: 0,511
$^{18}_{9}F$	936,6		1	+ 1				109,7 min	β^+: 0,635; γ: 0,511
$^{19}_{9}F$	− 1595,4	100	1/2	+ 1	2,6287		0,0098	stabil	
$^{20}_{9}F$	− 13		2	+ 1	2,092			11,2 s	β^-: 5,41; γ: 1,63
$^{21}_{9}F$	− 49		5/2	+ 1				4,4 s	β^-: 5,4; γ: 0,35; 1,38
$^{175}_{71}Lu$	− 59,360	97,41	7/2	+ 1	2,23	5,7	23	stabil	
$^{176}_{71}Lu$	− 57340	2,59	7	− 1	3,18	8,1	2100	$3 \cdot 10^{10}$ a	β^-: 0,43 γ: 0,09; 0,202; 0,306
			1	− 1				3,68 h	β^-: 1,31 γ: 0,09
$^{177}_{71}Lu$	− 56070		23/2	− 1				155 d	β^-: 0,165
									γ: 0,105; 0,113; 0,128; 0,153; 0,208; 0,414
			7/2	+ 1	2,24	5,5		6,7 d	β^-: 0,497 γ: 0,113; 0,208

Tabelle 10.1 (Fortsetzung)
Eigenschaften einiger Nuklide

Nuklid	$\Delta(Z, M) \cdot 10^6$	Relative Häufigkeit des Nuklides im natürlichen Element in %	I	P	μ_I/μ_k	Q in b	σ_{tot} bzw. σ_f gegenüber thermischen Neutronen in barn	$T_{1/2}$	Art der radioaktiven Strahlung mit Angabe der maximalen Energie in MeV
$^{204}_{82}Pb$	− 26956	1,48	0	+ 1			0,655	stabil	
$^{205}_{82}Pb$	− 25520		5/2	− 1				$3 \cdot 10^7$ a	
$^{206}_{82}Pb$	− 25532	23,6	0	+ 1			0,030	stabil	
$^{207}_{82}Pb$	− 24097	22,6	1/2	− 1	0,5895		0,709	stabil	
$^{208}_{82}Pb$	− 23350	52,3	0	+ 1			$6 \cdot 10^{-4}$	stabil	
$^{209}_{82}Pb$	− 18918		9/2	+ 1				3,3 h	β^-: 0,635
$^{210}_{82}Pb$	− 15813		0	+ 1				22 a	β^-: 0,061 γ: 0,047 α: 3,72
$^{211}_{82}Pb$	− 11258		9/2	+ 1				36,1 min	β^-: 1,360 γ: 0,405; 0,427; 0,702; 0,766; 0,832
$^{212}_{82}Pb$	− 8095		0	+ 1				10,6 h	β^-: 0,58 γ: 0,239; 0,300
$^{214}_{82}Pb$	− 234		0	+ 1				26,8 min	β^-: 1,030; 0,67 γ: 0,242; 0,295; 0,352
⋮									
$^{233}_{92}U$	40904	0,0056	0	+ 1			95	$2,5 \cdot 10^5$ a	α: 4,77; 4,72 γ: 0,053; 0,117
$^{235}_{92}U$	43915	0,7205	7/2	− 1	± 0,35	± 3,8	579,2	$7,1 \cdot 10^8$ a	α: 4,58; 4,40; 4,37 γ: 0,143; 0,185; 0,204
$^{238}_{92}U$	50770	99,2739	0	+ 1			2,73	$4,51 \cdot 10^9$ a	α: 4,20; 4,150

Die Unterscheidung zwischen stabilen und instabilen Nukliden enthält eine gewisse Willkür, da aus meßtechnischen Gründen stets nur für eine endliche, wenn auch sehr große Zeitspanne die Stabilität einer Atomkernart nachgewiesen werden kann. So kann eine Verbesserung der Meßtechnik, d.h. die Verschiebung der Aussagemöglichkeit auf größere Zeiträume dazu führen, daß ein bisher als stabil geltendes Nuklid sich doch als instabil erweist. So ist z.B. die Frage, ob das Proton stabil ($\tau = \infty$) ist oder eine mittlere Lebensdauer von $\tau = 10^{31}$ a besitzt, in der Elementarteilchenphysik umstritten (vgl. Abschn. 15.3.2.2).

Unterscheidung von stabilen und instabilen Nukliden

Für ein instabiles Nuklid ist die Forderung $\tau > 10^{-10}$ s notwendig, um den instabilen Atomkern von dem in Abschnitt 12.1.4.1 diskutierten Zwischenkern abzugrenzen.

Zur Zeit sind etwa 270 stabile und etwa 1400 instabile Nuklide bekannt. Man schätzt, daß noch etwa 10^4 unbekannte Atomkernarten existieren. Bis auf die Ausnahmen $^1_1$H und $^3_2$He gilt für alle stabilen Nuklide $M - Z \geqq Z$. Im allgemeinen liegt Neutronenüberschuß vor (s. Abb. 10.4). Die Daten für einige Nuklide enthält Tabelle 10.1.

Vielfalt der Nuklide

10.2 Massedichte von Atomkernen

Nach (S 3.1) hat ein Atomkern der Massenzahl M den Atomkernradius

$$R_\mathrm{k} = (0{,}75 + 1{,}26\, M^{\frac{1}{3}})\, 10^{-15}\,\mathrm{m}\,.$$

Dieser Beziehung liegen u.a. Streuexperimente zu Grunde (vgl. Abschn. 3.2.2). Die Größe R_k ist damit der Radius der Wirkungssphäre des Atomkernes. Innerhalb dieser Wirkungssphäre erweist sich die als Kernkraft bezeichnete spezifische Wechselwirkungsart der Atomkerne um ein Vielfaches größer als die Coulomb-Kraft zwischen der Kernladung und den gestreuten α-Teilchen. R_k wird daher auch als *Kernkraftradius* bezeichnet.

Kernkraftradius

Aus dem angegebenen Zusammenhang zwischen R_k und der Massenzahl M kann die für die Kernphysik sehr wesentliche Schlußfolgerung gezogen werden, daß die mittlere Massedichte aller Atomkerne gleich ist. Zur quantitativen Berechnung dieser mittleren Kernmassedichte gehen wir von der relativen Atommasse aus. Nach (D 2.1) und (D 2.5) gilt

$$M \approx A_\mathrm{r} \approx \frac{m_{0\mathrm{k}}}{\frac{1}{12}\, m_{^{12}\mathrm{C}}}\,; \qquad A_{\mathrm{rH}} = \frac{m_{0\mathrm{H}}}{\frac{1}{12}\, m_{^{12}\mathrm{C}}}\,,$$

wobei $m_{0\mathrm{H}}$ die Masse des Wasserstoffatoms ^{1}H und A_{rH} dessen relative Isotopenmasse bedeuten. Daraus folgt für die Masse $m_{0\mathrm{k}}$ des Atomkernes

$$m_{0\mathrm{k}} = \frac{1}{12}\, m_{^{12}\mathrm{C}}\, M = \frac{m_{0\mathrm{H}}}{A_{\mathrm{rH}}}\, M\,, \qquad (10.2)$$

während sich als Kernvolumen V_k bei vorausgesetzter Kugelgestalt des Kernes

$$V_k = \frac{4}{3}\,\pi R_k^3 = \frac{4\pi}{3}\,(0{,}75 + 1{,}26 M^{1/3})^3 \cdot 10^{-45}\,\mathrm{m}^3$$

$$\approx \frac{4\pi}{3}\,1{,}26^3 M \cdot 10^{-45}\,\mathrm{m}^3 \qquad (10.3)$$

ergibt. Man erhält so als mittlere Massedichte der Atomkerne

$$\bar{\varrho}_k = \frac{m_{0k}}{V_k} = \frac{\dfrac{m_{0H}}{A_{rH}}\,M}{\dfrac{4\pi}{3}\,1{,}26^3 M \cdot 10^{-45}\,\mathrm{m}^3} = \frac{3\,m_{0H}}{4\pi (1{,}26)^3\,A_{rH}\,10^{-45}\,\mathrm{m}^3} = \mathrm{const}$$

und nach Einsetzen der entsprechenden Konstanten die Aussage:

(S 10.1)
Konstanz der mittleren Massedichte von Atomkernen

Die mittlere Massedichte $\bar{\varrho}_k$ aller Atomkerne ist praktisch gleich:

$\bar{\varrho}_k = 2{,}3 \cdot 10^{17}\,\mathrm{kg\,m^{-3}}$.

Die mittlere Massedichte der Atomkerne ist enorm groß. So besitzt z.B. 1 cm³ Kernmaterie eine Masse von 230 Millionen Tonnen, d.h., ein Stecknadelkopf (1 mm³) Kernmaterie hat annähernd die gleiche Masse wie 1000 D-Zug-Lokomotiven. Auf die physikalische Bedeutung dieser Tatsache wird bei der Betrachtung der Kernmodelle eingegangen.

10.3 Elektrisches Quadrupolmoment der Atomkerne

Symmetrie des elektrischen Feldes von Atomkernen

Zur Berechnung der mittleren Massedichte der Atomkerne wurde von der Kugelgestalt des Kernes ausgegangen. Das ist aber nur näherungsweise richtig. Wie Kernresonanzversuche und die Analyse der Hyperfeinstruktur der Spektrallinien zeigen, rufen nicht alle Atomkerne ein elektrisches Coulomb-Feld hervor, d.h., nicht jeder Atomkern kann als Z-fach positiv homogen geladene Kugeloberfläche aufgefaßt werden. Weichen die Kerne von der Kugelgestalt ab, dann besitzen sie ein zusätzliches elektrisches Quadrupolmoment. Aus dessen Größe lassen sich in folgender Weise Rückschlüsse auf die Form des Atomkernes ziehen.

elektrisches Quadrupolmoment

Ein *elektrisches Quadrupolmoment* $m_{\mathrm{el,q}}$ wird durch die in der Abbildung 10.1a dargestellte Ladungsanordnung von vier Punktladungen mit gleichem Betrag, aber unterschiedlichen Vorzeichen hervorgerufen. Trägt ein Rotationsellipsoid die homogen verteilte positive Ladung Ze, dann läßt sich das von ihm verursachte elektrische Feld aus einem Coulomb-Feld und einem solchen Quadrupolfeld zusammensetzen. Ihm ist also ein

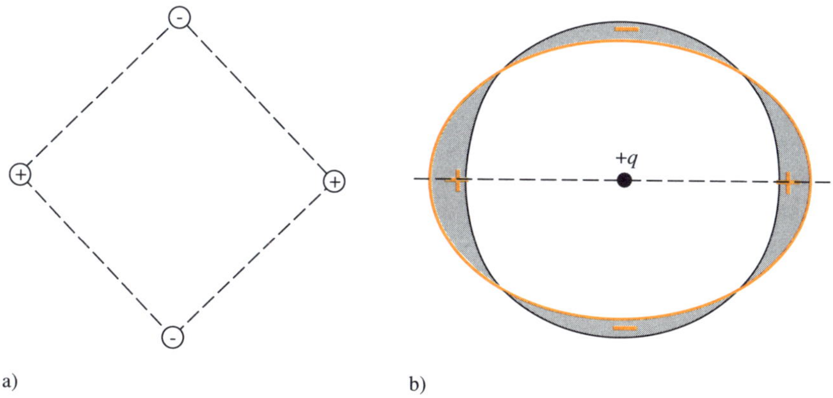

Abb. 10.1
Zum elektrischen Quadrupolmoment
a) Ladungsanordnung, die in großer Entfernung zum elektrischen Quadrupolmoment führt
b) Der Übergang von der homogen geladenen Kugel zum homogen geladenen Rotationsellipsoid erfordert eine zusätzliche Ladungsanordnung entsprechend Abbildung a)

elektrisches Quadrupolmoment $m_{\text{el,q}}$ zuzuordnen. Das resultiert daraus, daß bei einem homogen elektrisch geladenen Rotationsellipsoid die Abweichung der Ladungsverteilung von der Kugelsymmetrie der in Abbildung 10.1 a dargestellten Ladungsanordnung entspricht. Für dieses Quadrupolmoment gilt

Quadrupolmoment eines homogen geladenen Rotationsellipsoides

$$m_{\text{el,q}} = \frac{2}{5} Ze \,(a^2 - b^2), \tag{10.4}$$

wobei a und b die große und die kleine Hauptachse des Rotationsellipsoides bedeuten und a in Richtung der Rotationsachse des Ellipsoides liegt.

Nach (10.4) lassen sich aus dem Quadrupolmoment Rückschlüsse auf die Kernform ziehen. Es ist naheliegend, die Rotationsachse als Richtung des Kernspins (s. nachfolgenden Abschnitt) anzusehen. Im Fall $m_{\text{el,q}} > 0$ und damit $a > b$ ist der Atomkern in Richtung des Kernspins gestreckt, im Fall $m_{\text{el,q}} < 0$ und damit $a < b$ in dieser Richtung gestaucht. Für $a = b$ ist das Quadrupolmoment Null, der Atomkern besitzt Kugelgestalt, sein elektrisches Feld ist dann ein reines Coulomb-Feld.

In der Kernphysik ist es nun üblich, statt $m_{\text{el,q}}$ die Größe $m_{\text{el,q}}/e$ als elektrisches Quadrupolmoment einzuführen.

$Q = m_{\text{el,q}}/e$

heißt elektrisches Quadrupolmoment des Atomkernes.

(D 10.2) Quadrupolmoment Q eines Atomkernes

Nach (D 10.2) und (10.4) besitzt Q die Größenart einer Fläche und wird meist in der Maßeinheit Barn angegeben.

die meisten Atomkerne sind näherungsweise kugelsymmetrisch

Die Werte des elektrischen Quadrupolmomentes können für einige Nuklide aus Tabelle 10.1 entnommen werden. Im allgemeinen gilt $|Q| < 1$ Barn, teilweise sogar $|Q| \ll 1$ Barn. Die Gestalt der meisten Nuklide weicht also nur wenig von der einer Kugel ab. Meist unterscheiden sich a und b um weniger als 1 %. Es gibt aber insbesondere bei schwereren Nukliden auch hiervon Ausnahmen, z. B. $^{176}_{71}\mathrm{Lu}$ mit $Q = 8{,}1$ Barn. Derartige Nuklide weisen dann eine ausgeprägtere elliptische Form auf.

Die meisten Nuklide besitzen ein positives elektrisches Quadrupolmoment und haben damit die Gestalt eines in Kernspinrichtung leicht gestreckten Rotationsellipsoides.

Existiert ein von Null verschiedenes Quadrupolmoment, dann ist das elektrische Feld im Inneren des Atoms nicht mehr radialsymmetrisch, wie es z. B. zur Herleitung der Energieniveaus der Einelektronensysteme angenommen wurde. Die dadurch im Spektrum hervorgerufenen Veränderungen sind nachweisbar, damit ist das Quadrupolmoment Q der Atomkerne meßbar. Im nächsten Abschnitt wird darauf näher eingegangen.

10.4 Kernspin

10.4.1 Hyperfeinstruktur der Spektren

Nach Abschnitt 7.1.1 besitzt das Energieniveauschema der Alkalimetallatome Dublettcharakter. Hieraus folgt u. a., daß die Natrium-D-Linie eine Doppellinie ist (s. Abb. 7.4). Mit einem Spektrografen großer Auflösung stellt man jedoch fest, daß jede der beiden Feinstrukturlinien D_1 und D_2 wiederum in zwei Linien aufspaltet, deren Abstand ungefähr ein dreihundertstel des Abstandes zwischen D_1 und D_2 beträgt. Man nennt diese Aufspaltung *Hyperfeinstruktur* des Spektrums. Hyperfeinstruktur zeigen nicht nur die Spektren der Alkalimetallatome, sondern praktisch auch alle anderen.

Hyperfeinstruktur

Isotopieeffekte

Die Hyperfeinstruktur hat ihre Ursachen in *Isotopieeffekten* und im Kernspin. Wir betrachten zunächst die Isotopieeffekte. Nach (5.8 a) ist die Rydberg-Konstante der Einelektronensysteme durch

$$R_\mathrm{X} = \frac{R_\infty}{1 + \dfrac{m_{0\mathrm{e}}}{m_{0\mathrm{k}}}}$$

gegeben, also von der Atomkernmasse abhängig. Liegt ein Isotopengemisch vor (die meisten natürlichen Elemente sind Isotopengemische, vgl. Tab. 2.4), so führen die geringfügigen Unterschiede der Kernmassen der Isotope zu unterschiedlichen Rydberg-Konstanten und damit zu unterschiedlichen Spektren. Die zu den einzelnen Isotopen gehörenden Linien sind geringfügig gegeneinander verschoben. Diese Isotopenverschiebung der Spektrallinien führte u.a. zur Entdeckung des Deuteriums durch UREY. Eine derartige Isotopenverschiebung zeigen auch die Spektren, die nicht mehr durch Seriengesetze zu beschreiben sind.

Außer dem vorstehend beschriebenen Isotopieeffekt ergibt sich ein weiterer aus der Abweichung des elektrischen Kernfeldes von dem einer Punktladung. Diese Abweichung wird durch das elektrische Quadrupolmoment des Atomkernes verursacht, welches für die einzelnen Isotope eines Elementes verschieden ist (vgl. Tab. 10.1). Das elektrische Feld zwischen dem Atomkern und der Atomhülle ist damit für die einzelnen Isotope geringfügig unterschiedlich, demzufolge sind es auch ihre Spektren. Umgekehrt kann daher aus der Hyperfeinstruktur des Spektrums auf das elektrische Quadrupolmoment der Atomkerne geschlossen werden.

Die Isotopieeffekte sind aber allein nicht in der Lage, die Gesetzmäßigkeiten der Energieniveauaufspaltung zu erklären, die aus der Hyperfeinstruktur der Spektrallinien folgen. Es muß also außer den Isotopieeffekten noch eine weitere Ursache für die Hyperfeinstruktur geben.

die Hyperfeinstruktur wird nicht allein durch Isotopieeffekte verursacht

Die Feinstruktur der Spektren ist durch den Elektronenspin bedingt. PAULI erkannte 1924, daß man nur dann zu einer befriedigenden Deutung der Hyperfeinstruktur (abgesehen von den Isotopieeffekten) kommt, wenn man auch dem Atomkern einen als *Kernspin* $\boldsymbol{I}$ bezeichneten Spin und ein resultierendes *magnetisches Kernmoment* $\boldsymbol{M}_I$ zuordnet. Er nahm für beide die Gültigkeit analoger Gesetzmäßigkeiten wie für den resultierenden Gesamtdrehimpuls $\boldsymbol{J}$ und das resultierende magnetische Moment $\boldsymbol{M}_J$ der Atomhülle an.

Kernspin, magnetisches Kernmoment

Die Analogie der sich entsprechenden Beziehungen wird erreicht, wenn man statt des Landé-Faktors den *Kern-g-Faktor* g_K und statt des Bohrschen Magnetons das Kernmagneton μ_K einführt. Man gewinnt μ_K aus μ_B, indem dort die negative Ladung $-e$ des Elektrons durch die positive $+e$ des Protons und die Ruhmasse m_{0e} des Elektrons durch die des Protons ersetzt wird ($-e \rightarrow e$, $m_{0e} \rightarrow m_{0p}$ in (D 6.1)).

Kern-g-Faktor

$$\mu_K = \frac{e\hbar}{2m_{0p}} = (5{,}050824 \pm 0{,}000020)\ 10^{-27}\ \mathrm{JT^{-1}}$$

heißt Kernmagneton.

(D 10.3)
Kernmagneton μ_K

Da nach (2,25) $m_{0p}/m_{0e} = 1{,}83615152 \cdot 10^3$ ist, besteht auch zwischen $|\mu_B|$ und μ_K der Zusammenhang

$$\frac{|\mu_B|}{\mu_K} = 1{,}83615152 \cdot 10^3. \qquad (10.5)$$

Das Kernmagneton beträgt angenähert ein Zweitausendstel des Bohrschen Magnetons. Der Landé-Faktor g_L dagegen kann nicht in den Atomkern-g-Faktor g_K überführt werden. g_K ist stets experimentell zu ermitteln (s.u.).

g_K läßt sich nur experimentell bestimmen

Analog zum resultierenden Gesamtdrehimpuls $\boldsymbol{J}$ der Atomhülle und zum zugehörigen magnetischen Moment $\boldsymbol{M}_J$ gilt somit (vgl. (S 6.11) und (S 6.12)):

(S 10.2)
Kernspin, magnetisches Kernmoment

Der Atomkern besitzt einen Kernspin $\boldsymbol{I}$ und ein magnetisches Kernmoment $\boldsymbol{M}_I$. $\boldsymbol{I}$ und $\boldsymbol{M}_I$ entziehen sich der scharfen Meßbarkeit. Gleichzeitig können stets nur der Betrag $|\boldsymbol{I}|$ bzw. $|\boldsymbol{M}_I|$ und eine Komponente $\boldsymbol{I}_z$ bzw. $\boldsymbol{M}_{Iz}$ mit beliebiger Genauigkeit gemessen werden:

$$|\boldsymbol{I}| = \sqrt{I(I+1)}\,\hbar\,,$$

$$\boldsymbol{I}_z = M_I\,\hbar\,\boldsymbol{k} \qquad (M_I = -I, -I+1, -I+2, \ldots, I-2, I-1, I)\,,$$

$$\boldsymbol{M}_{Iz} = g_K M_I\,\mu_K\,\boldsymbol{k}\,.$$

$\boldsymbol{I}$ und $\boldsymbol{M}_I$ können in bezug auf die Richtung $\boldsymbol{k}$ nur die Lagen einnehmen, die den $2I+1$ möglichen Projektionswerten $\boldsymbol{I}_z$ und $\boldsymbol{M}_{Iz}$ entsprechen.

Während die resultierende Gesamtdrehimpulsquantenzahl J und der Landé-Faktor g_L prinzipiell berechenbar sind (s. (S 6.12) und (D 8.1)), lassen sich die Kernspinquantenzahl I (auch nicht ganz korrekt als Kernspin bezeichnet, s. u.) und der Kern-g-Faktor g_K nur experimentell bestimmen.

I erweist sich für den Grundzustand der Nuklide als halb- oder ganzzahlig einschließlich des Wertes Null. Die für g_K ermittelten Werte zeigen dagegen, daß sich g_K im Gegensatz zu g_L nicht durch rationale Zahlen in der Art von (D 8.1) darstellen läßt.

Vielfach werden nicht ganz korrekt die maximale Koordinate $I_{z\max}$ von $\boldsymbol{I}_z$ $(M_I = I)$

zur Bezeichnungsweise des Kernspins und des magnetischen Kernmomentes

$$I_{z\max} = I\,\hbar \tag{10.6a}$$

kurzerhand als Kernspin und entsprechend

$$M_{Iz\max} = g_K I \mu_K = \mu_I \tag{10.6b}$$

als zugehöriges magnetisches Kernmoment bezeichnet. $g_K < 0$ bedeutet, daß das magnetische Kernmoment $\boldsymbol{M}_{Iz}$ antiparallel zu $\boldsymbol{I}_z$ gerichtet ist. Das ist z. B. beim Neutron der Fall. Meist charakterisiert man einen Atomkern einfach durch die Angabe von I, indem man sagt, der Atomkern besitzt einen Kernspin vom Wert I. Im weiteren werden wir uns dieser Bezeichnungsweise anschließen.

Bildung des Gesamtdrehimpulses des Atoms

Es soll nun aus dem resultierenden Gesamtdrehimpuls $\boldsymbol{J}$ der Atomhülle und dem Kernspin $\boldsymbol{I}$ ein Gesamtdrehimpuls $\boldsymbol{J}_a$ des Atoms gebildet werden. Wir schließen hierzu an die Überlegung des Abschnittes 6.4 zur Herleitung des Gesamtdrehimpulses der Atomhülle an. Danach lassen sich im allgemeinen der resultierende Bahndrehimpuls $\boldsymbol{L}$ und der resultierende Spin $\boldsymbol{S}$ zum resultierenden Gesamtdrehimpuls $\boldsymbol{J} = \boldsymbol{L} + \boldsymbol{S}$ zusammensetzen. Gilt $L > S$, dann besitzt $\boldsymbol{S}$ gegenüber $\boldsymbol{L}$ genau $2S + 1$ Einstellmöglichkeiten. Ihnen entsprechen die Quantenzahlen $J = L + M_s$ ($M_s = -S, -S + 1, \ldots, S - 1, S$). Da jedem $|\boldsymbol{J}|$ ein anderer Energiewert entspricht, spaltet also unter der Voraussetzung $L > S$ jedes durch L charakterisierte Energieniveau $(2S + 1)$-fach auf (Multiplettaufspaltung). Für optische Übergänge muß J der Übergangsregel (S 7.5) $\Delta J = 0, \pm 1$ (Übergang $J = 0 \rightarrow J = 0$ stets verboten) genügen. Überträgt man diese Überlegungen auf den auch den Kernspin mit einschließenden Gesamtdrehimpuls des Atoms, so erhält man folgenden Satz:

(S 10.3) Gesamtdrehimpuls des Atoms

Der resultierende Gesamtdrehimpuls $\boldsymbol{J}$ der Atomhülle und der Kernspin $\boldsymbol{I}$ addieren sich vektoriell zum Gesamtdrehimpuls $\boldsymbol{J}_a$ des Atoms:

$$\boldsymbol{J}_a = \boldsymbol{J} + \boldsymbol{I}\,.$$

Es sind prinzipiell nur $|\boldsymbol{J}_a|$ und eine Komponente von $\boldsymbol{J}_a$ gleichzeitig mit beliebiger Genauigkeit meßbar.
Als Betrag von $\boldsymbol{J}_a$ ergibt sich

$$|\boldsymbol{J}_a| = \sqrt{J_a(J_a + 1)}\,\hbar \qquad (J_a = J + M_I > 0)\,.$$

Ist $I < J$, dann existieren für J_a die Werte $J_a = J + M_I$ mit $M_I = -I, -I + 1, -I + 2, \ldots, I-2, I-1, I$, wodurch jedes durch einen bestimmten Wert J charakterisierte Energieniveau in $2I + 1$ Niveaus aufspaltet.
Optische Übergänge müssen die Übergangsregel

$$\Delta J_a = 0, \pm 1$$

erfüllen, wobei der Übergang $J_a = 0 \rightarrow J_a = 0$ stets verboten ist.

Der Kernspin bewirkt demzufolge eine zusätzliche Aufspaltung der Energieniveaus, die bei Beachtung der Übergangsregel für J_a zur Hyperfeinstruktur der Spektrallinien führt. Damit ist die Hyperfeinstruktur ein eindeutiger experimenteller Beleg für die Existenz des Kernspins.

10.4.2 Messung des Kernspins

Der Kernspin I kann aus der Multiplizität der Hyperfeinstrukturniveaus und aus den Intensitätsverhältnissen von Hyperfeinstrukturlinien und von Linien des Rotationsspektrums zweiatomiger Moleküle bestimmt werden. Wir wollen diese drei Methoden kurz skizzieren.

Bestimmung des Kernspins aus der Multiplizität der Hyperfeinstrukturniveaus

Gilt $I < J$, dann kann nach (S 10.3) der Kernspin sofort aus der Multiplizitat $2I + 1$ der Hyperfeinstrukturniveaus entnommen werden. Gilt dagegen $I \geqq J$, dann müssen zur Bestimmung von I Intensitätsvergleiche zwischen verschiedenen Linien herangezogen werden. Zu diesem Zweck wird angenommen, daß die Intensität I_k des vom Energieniveau W_k ausgehenden Überganges der Besetzungszahl von W_k proportional ist, also für das Intensitätsverhältnis der von W_k und W_i ausgehenden Übergänge analog zu (8.25)

$$\frac{I_k}{I_i} = \frac{N_k}{N_i} = \mathrm{e}^{-\frac{W_k - W_i}{kT}} \tag{10.7a}$$

Herleitung der Intensitätsregel

gilt. Die Herleitung von (10.7a) setzt voraus, daß für beide Energieniveaus die statistischen Gewichte g_k und g_i gleich sind (s. I 8.2). Gilt aber $g_k \neq g_i$, dann muß statt (10.7a)

$$\frac{I_k}{I_i} = \frac{g_k}{g_i}\,\mathrm{e}^{-\frac{W_k - W_i}{kT}} \tag{10.7b}$$

Anwendung finden. Sind nun W_k und W_i zwei Hyperfeinstrukturniveaus, dann ist ihr energetischer Abstand sehr klein gegenüber kT, und man kann $(W_k - W_i)/kT \approx 0$ setzen, womit sich

$$\frac{I_k}{I_i} = \frac{g_k}{g_i} \tag{10.7c}$$

ergibt. Nimmt man weiter an, daß die statistischen Gewichte der Zähligkeit der Entartung der Energieniveaus W_k und W_i proportional sind, so erhält man mit (S 10.3) für das Intensitätsverhältnis

$$\frac{I_k}{I_i} = \frac{2\,J_{ak} + 1}{2\,J_{ai} + 1}\,. \tag{10.7}$$

Die Aussage (10.7) gilt für beliebige Energieniveaus.

(S 10.4) Intensitätsregel zur Bestimmung des Kernspins

> Die Summe der Intensitäten der Linien, die von dem durch J_a charakterisierten Energieniveau ausgehen, ist proportional zu $2J_a + 1$.

Bestimmung des Kernspins von $^{23}_{11}$Na

Wir wollen diese Regel am Beispiel der Hyperfeinstruktur der Feinstrukturlinien D_1 und D_2 des Natriums erläutern (s. Abb. 10.2). Das Energieniveau $1^2S_{1/2}$ spaltet entsprechend (S 10.3) in die zwei Niveaus

$$J_{a1} = I - \frac{1}{2} \quad \text{und} \quad J_{a2} = I + \frac{1}{2}$$

auf, da für das $^2S_{1/2}$-Niveau eines Einelektronensystems $J = j = s = 1/2$ gilt (vgl. Abschn. 7.1.2). Von den Aufspaltungen der Niveaus $2^2P_{1/2}$ und $2^2P_{3/2}$ kann abgesehen werden, da ihre Größe nur etwa 1/10 derjenigen von $1^2S_{1/2}$ beträgt. Man erhält dann für jede Feinstrukturlinie zwei Hyperfeinstrukturlinien (s. Abb. 10.2b). Für ihr Intensitätsverhältnis ergibt sich nach (S 10.4)

$$\frac{I_1}{I_2} = \frac{2\left(I - \frac{1}{2}\right) + 1}{2\left(I + \frac{1}{2}\right) + 1} = \frac{2\,I}{2\,I + 2}\,.$$

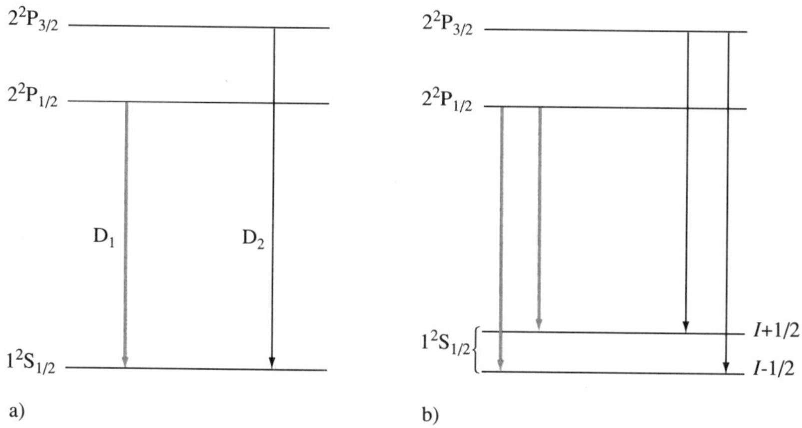

Abb. 10.2
Zur Hyperfeinstruktur der Natrium-D-Linie
a) Der Elektronenspin bewirkt die Aufspaltung des P-Niveaus in ein Dublett und damit die Aufspaltung der Natrium-D-Linie in die Linien D_1 und D_2
b) Der Kernspin spaltet die Niveaus weiter auf. Vernachlässigt man die Aufspaltung der P-Niveaus, dann spalten die Linien D_1 und D_2 in je 2 Linien auf

Setzt man in diese Beziehung nacheinander $I = 0$, 1/2, 1, 3/2, 2 ein, so folgen die Verhältnisse 0 : 2; 1 : 3; 1 : 2; 1 : 1,7; 1 : 1,5. Beobachtet wird 1 : 1,7, also muß $I = 3/2$ für den Atomkern $^{23}_{11}Na$ gelten.

Es zeigt sich, daß I vom Ionisationszustand des Atoms unabhängig, dagegen vom betrachteten Isotop abhängig ist. Dies zeigt nochmals deutlich, daß I eine Eigenschaft des Atomkernes und nicht eine Eigenschaft der Atomhülle beschreibt.

Bestimmung des Kernspins aus dem Intensitätsverhältnis der Linien des Rotationsspektrums

Auf den Wert I kann unter bestimmten Umständen auch aus dem Intensitätsvergleich der Linien des Rotationsspektrums geschlossen werden. Die experimentellen Befunde belegen, daß je nach Aufbau des Kerngerüstes die Intensität der Rotationslinien alterniert. Auf eine intensitätsstarke Linie folgt eine intensitätsschwache, dann wieder eine starke usw. Im einzelnen gelten für das Rotationsspektrum eines zweiatomigen Moleküls folgende Gesetzmäßigkeiten:

- Bilden zwei Fermionen das Kerngerüst eines zweiatomigen Moleküls (z. B. die zwei Atomkerne ^1_1H die Kerne des H_2-Moleküls), dann sind die ungeradzahligen Linien des Rotationsspektrums intensitätsstärker als die geradzahligen.
- Bilden zwei Bosonen das Kerngerüst eines zweiatomigen Moleküls (z. B. die zwei Atomkerne $^{14}_7N$ die Kerne des N_2-Moleküls), dann sind die geradzahligen Linien intensitätsstärker als die ungeradzahligen. Haben beide Kerne den Kernspin $I = 0$ (z. B. die beiden Atomkerne $^{16}_8O$ im O_2-Molekül), dann fehlen im Rotationsspektrum die ungeradzahligen Linien.

- Bilden ein Fermion und ein Boson das Kerngerüst eines zweiatomigen Moleküls (z. B. die Atomkerne $^{14}_{7}N$ und $^{15}_{7}N$ die Kerne von N_2), dann tritt kein Intensitätsunterschied der Linien auf.
- Für das Intensitätsverhältnis gilt

$$\frac{\text{Intensität der starken Linien}}{\text{Intensität der schwachen Linien}} = \frac{I+1}{I} \,.$$

Die Zählung der Linien hat an der Nahtstelle beider Rotationszweige zu beginnen. Da hier der doppelte Linienabstand vorliegt, ist diese Stelle des Spektrums gut erkennbar. Es kann so aus der Lage der intensitätsstarken Linien abgelesen werden, ob das Kerngerüst des Moleküls aus Bosonen oder Fermionen aufgebaut ist; aus dem Intensitätsverhältnis kann I entnommen werden. So sind z. B. bei dem aus Protonen aufgebauten H_2-Molekül die ungeradzahligen Linien intensitätsstärker; als Intensitätsverhältnis stellt man den Wert drei fest. Protonen sind also Fermionen mit $I = 1/2$.

Die genannten Regeln können mit dem Pauli-Prinzip und den in (S 9.1) für Fermionen und Bosonen gegebenen Symmetrieregeln quantenmechanisch begründet werden. Auf diese etwas umfangreichen Überlegungen wird im Rahmen dieser einführenden Darstellung verzichtet.

Für einige Nuklide sind die Werte für den Kernspin im Grundzustand in Tabelle 10.1 zusammengestellt. Man erkennt folgende Gesetzmäßigkeiten:

- I ist entweder ganzzahlig, halbzahlig oder hat den Wert Null.
- Nuklide mit geradzahliger Massenzahl M haben einen ganzzahligen Wert I, meist den Wert Null. Ungeradzahligen Werten von M entsprechen halbzahlige Werte von I. Die meisten der Werte liegen unter 3/2. Nur in Ausnahmefällen findet man größere Werte, z. B. $I = 23/2$ für $^{177}_{71}Lu$.

(S 10.5) Kernspin und Massenzahl

> Atomkerne mit geradzahliger Massenzahl haben im Grundzustand einen ganzzahligen Kernspin oder den Kernspin Null, Atomkerne mit ungeradzahliger Massenzahl haben im Grundzustand einen halbzahligen Kernspin. Nuklide mit $I = 0$ und $I = 1/2$ haben kein elektrisches Quadrupolmoment.

Bei Beachtung der in (S 9.1) gegebenen Unterscheidung zwischen Bosonen und Fermionen folgt damit:

(S 10.6) Massenzahl ermöglicht Unterscheidung zwischen Fermionen und Bosonen

> Atomkerne mit geradzahliger Massenzahl sind Bosonen, Atomkerne mit ungeradzahliger Massenzahl sind Fermionen.

10.4.3 Messung des magnetischen Kernmomentes

Das Kernmagneton ist etwa zweitausendfach kleiner als der Betrag des Bohrschen Magnetons. Demzufolge sind der Nachweis und die Bestimmung magnetischer Kernmomente wesentlich schwieriger als der Nachweis und die Bestimmung des magnetischen Momentes des Elektrons.

Zum Nachweis des magnetischen Momentes der Atomkerne kann man das Prinzip des Stern-Gerlach-Versuches aufgreifen. Dabei stören aber die wesentlich größeren magnetischen Momente der Hüllenelektronen. Deren magnetisches Bahnmoment ist Null, wenn sich die Atome des Korpuskularstrahles in Energiezuständen mit der Nebenquantenzahl $L = 0$ befinden. Die Elimination des dann noch verbleibenden Spinmomentes der Atomhülle gelingt, indem man die Untersuchungen nicht mit Atomen oder Ionen durchführt, sondern mit Molekülen im Grundzustand, deren Kerngerüst das zu untersuchende Nuklid enthält. Durch die mit der chemischen Bindung meist verbundene Spinabsättigung gilt für die Moleküle im Grundzustand dann $S = 0$ und damit auch $M_s = 0$; das resultierende magnetische Spinmoment ihrer Elektronenhülle verschwindet. So kann z. B. die Messung des magnetischen Momentes des Protons durch die Untersuchung von H_2, die des magnetischen Momentes von Cl an Cl_2 erfolgen. Weiter kann das magnetische Kernmoment der Kernart A in einer Verbindung AB untersucht werden, falls man durch eine andere Messung das der Kernart B schon kennt. Man muß hierbei allerdings bedenken, daß nicht das magnetische Kernmoment eines Atomkernes gemessen wird, sondern das des Kerngerüstes des betrachteten Moleküls. Das bedingt zusätzliche Überlegungen über die Orientierungsmöglichkeiten der Kernspins der das Kerngerüst des Moleküls bildenden Atomkerne. Wir wollen dies am Beispiel des H_2-Moleküls näher betrachten. Ebenso, wie sich die Spinmomente der zwei Hüllenelektronen des Heliums entweder nur parallel ($S = 0$, Singulettzustand) oder nur antiparallel ($S = 1$, Triplettzustand) zueinander einstellen können (vgl. Abschn. 7.2.2.2), vermögen sich auch die Kernspins beider Protonen nur entweder parallel oder antiparallel zueinander auszurichten. Richten sie sich antiparallel aus, so besitzt das Kerngerüst den Gesamtkernspin $I_{ges} = I_1 - I_2 = 0$ (Singulettzustand) und damit kein magnetisches Kernmoment (*Parawasserstoff*). Richten sie sich dagegen parallel aus, so beträgt $I_{ges} = 1$ (Triplettzustand), und der Kernspin zeigt ein doppelt so großes magnetisches Kernmoment wie ein Proton (*Orthowasserstoff*).

Elimination der magnetischen Momente der Hüllenelektronen

Parawasserstoff

Orthowasserstoff

Gasförmiger Wasserstoff ist also ein Gemisch von zwei Molekülarten mit unterschiedlichen Kernspins. Da sich diese Molekülarten geringfügig in ihrem thermodynamischen Verhalten unterscheiden, kann man Ortho- und Parawasserstoff bei tiefen Temperaturen trennen.

Von STERN und Mitarbeitern wurde 1933 zunächst versucht, die Empfindlichkeit des in Abschnitt 6.3.1 beschriebenen Stern-Gerlach-Versuches so weit zu steigern, daß mit ihm auch magnetische Kernmomente nachweisbar und meßbar werden. Da die Aufspaltung des Molekularstrahles dem Feldgradienten proportional ist, erhöhten sie den Feldgradienten $\partial H/\partial z$ auf etwa $10^9\,\mathrm{Am}^{-2}$. Trotz dieser enormen Inhomogenität des Feldes und der wesentlich verbesserten Empfindlichkeit der Empfänger zur Registrierung der beiden Teilstrahlen (die verwendeten Manometer konnten Druckschwankungen bis zu etwa 10^{-7} Pa registrieren) erwies sich die Anordnung für quantitative Messungen noch als zu unempfindlich.

Beitrag der magnetischen Kernmomente zur paramagnetischen Suszeptibilität

DEBYE schlug 1934 vor, den Beitrag der magnetischen Kernmomente zum Paramagnetismus (vgl. Bd. IV) zu ihrer Bestimmung auszunutzen. Die magnetischen Spinmomente steuern zur paramagnetischen Suszeptibilität den Anteil $\chi_{\text{par}} = \mu_0 g_{\text{L}}^2 \mu_{\text{B}}^2 J(J+1)/3\,kT$ bei. Demzufolge gilt für den Beitrag der magnetischen Kernmomente zur paramagnetischen Suszeptibilität ($g_{\text{L}} \to g_{\text{K}}$, $\mu_{\text{B}} \to \mu_{\text{K}}$, $J \to I$)

$$\chi_{\text{par, K}} = \frac{\mu_0 g_{\text{K}}^2 \mu_{\text{K}}^2 I(I+1)}{3\,kT} . \tag{10.8}$$

Bei gleicher Temperatur ist wegen $|\mu_{\text{B}}| \approx 2 \cdot 10^3\, \mu_{\text{K}}$ (vgl. (10.5)) der Beitrag der magnetischen Kernmomente zum Paramagnetismus um etwa sechs Größenordnungen kleiner als der der magnetischen Spinmomente. Da der Unterschied zwischen dem dia- und dem paramagnetischen Anteil von geringerer Größenordnung ist, wird der temperaturabhängige Paramagnetismus der magnetischen Kernmomente vom stets vorhandenen temperaturunabhängigen Diamagnetismus (vgl. Bd. IV) überdeckt. Nur für Temperaturen in Nähe des absoluten Nullpunktes besteht nach (10.8) eine Chance, beide Effekte zu trennen. Das gelang 1937 mit molekularem Wasserstoff. Untersucht wurde der Temperaturgang der magnetischen Suszeptibilität im Intervall $1{,}76\,\text{K} \leqq T \leqq 4{,}22\,\text{K}$. Da in diesem Temperaturbereich $\chi_{\text{par, K}}$ etwa 20% des Wertes von χ_{dia} erreicht, konnte $\chi_{\text{par, K}}$ von χ_{dia} getrennt und unter Beachtung, daß ein Gemisch von Para- und Orthowasserstoff vorliegt, aus (10.8) der Wert $g_{\text{K}}\mu_{\text{K}}$ für das Proton gewonnen werden. Nach (10.6b) ist dann auch das magnetische Kernmoment des Protons bekannt. Man fand $\mu_{I\text{p}} \approx 2{,}5\, \mu_{\text{K}}$.

Wenn auch die beschriebenen Methoden die Existenz des magnetischen Kernmomentes eindeutig experimentell belegen konnten, so reichen die mit ihnen zu erzielenden Genauigkeiten doch zu seiner quantitativen Bestimmung nicht aus. Dies gelang erst mit Hilfe der schon in Abschnitt 8.1.3 beschriebenen Resonanzmethoden. Bei ihnen wird durch ein zeitlich konstantes und homogenes magnetisches Feld $\boldsymbol{B}_0$ das Energieniveau des Kernes $(2I+1)$-fach aufgespalten ($W_{\text{F}} = W_{0\text{F}} + W_M$, vgl. (8.9)). Senkrecht zu $\boldsymbol{B}_0$ wirkt das magnetische Feld $\boldsymbol{B} = \boldsymbol{B}_{\text{max}} \cos(\omega t + \varphi)$ eines hochfrequenten elektromagnetischen Feldes der Kreisfrequenz ω. Dieses Feld kann die Lage des magnetischen Kernmomentes in bezug auf $\boldsymbol{B}_0$ verändern. Erfüllt seine Kreisfrequenz nämlich die Resonanzbedingung

Kernresonanzmethode

$$\hbar\omega_{ik} = W_{MIk} - W_{MIi} = g_{\text{K}}\mu_{\text{K}} B_0 (M_{Ik} - M_{Ii}) \qquad (M_{Ik} > M_{Ii}) , \tag{10.9}$$

so ist die Anregung des Energieüberganges $W_{Ii} \to W_{Ik}$ möglich. Dabei wird dem Hochfrequenzfeld die hierzu notwendige Energie $\hbar\omega_{ik}$ entzogen, die Resonanzstellen lassen sich durch eine maximale Absorption des Hochfrequenzfeldes nachweisen. Zur Anregung der Moleküle in den ersten angeregten Zustand wird nach (10.9) die Energie ($M_{Ik} - M_{Ii} = 1$)

$$\hbar\omega = g_K \mu_K B_0 \qquad (10.9\,a)$$

benötigt. Da ω gemessen werden kann und $\hbar$ und B_0 bekannte Konstanten sind, kann man g_K und damit bei bekanntem Kernspin I nach (10.6b) auch das magnetische Kernmoment μ_I erhalten.

Kernresonanzspektrometer

Das meßmethodische Prinzip derartiger *Kernresonanzspektrometer* ist mit dem der in Abschnitt 8.1.3 besprochenen Elektronenresonanzspektrometer identisch. Es wurde 1946 erstmals und nahezu gleichzeitig von Bloch und Purcell mit Erfolg angewendet. Wegen des gegenüber dem Bohrschen Magneton um drei Größenordnungen kleineren Kernmagnetons arbeitet man bei Kernresonanzspektrometern mit kleineren Frequenzen als bei Elektronenresonanzspektrometern. Für Werte um 1 Tesla für das statische Magnetfeld liegen die Resonanzfrequenzen im Bereich von 10 bis 100 MHz. Da die Intensität des Meßsignals von der Anzahl der an der Resonanzabsorption beteiligten Atomkerne abhängt, damit bei vorgegebener Probengröße eine genügende Dichte des Probenmaterials voraussetzt, ist die Meßmethode vor allem für Flüssigkeiten und Festkörper geeignet. Befindet sich das zu untersuchende Nuklid in einem gebundenen Zustand, dann wird das Meßsignal nicht allein von der interessierenden Atomkernart bestimmt, sondern es wird auch von seiner chemischen Umgebung beeinflußt. Gerade diese Beeinflussung und die sich daraus ergebenden Möglichkeiten der Untersuchung von atomaren Wechselwirkungen hat die Kernresonanzspektroskopie zu einer wichtigen Untersuchungsmethode gemacht.

Felix Bloch
(1905–1983)
Nobelpreis 1952

Kernresonanzspektrometer werden heute weitverbreitet zur Untersuchung der Struktur und des mikrodynamischen Verhaltens chemischer Verbindungen, von Flüssigkeiten und Festkörpern angewendet. Als *Kernresonanz-Tomographen* werden sie seit etwa zehn Jahren in der medizinischen Diagnostik eingesetzt. Sie ergänzen hier ideal die Röntgen-Verfahren. Während Röntgenstrahlen die bildhafte Darstellung der Körperbereiche mit Atomen hoher Ordnungszahl ermöglichen, gibt die Kernresonanz-Tomographie gerade die Bereiche mit starker Protonenzahl wieder.

Kernresonanz-Tomograph

Versuch von Rabi

Die erste Molekularstrahlanordnung zur Bestimmung magnetischer Kernmomente wurde 1938 von Rabi entwickelt. Sie ist praktisch eine Weiterentwicklung des Stern-Gerlach-Versuches (vgl. Abb. 10.3). Die Magnete 1 und 2 erzeugen zwei inhomogene Magnetfelder mit entgegengesetzten Feldgradienten, der Magnet 3 das homogene $\boldsymbol{B}_0$-Feld. Senkrecht zu $\boldsymbol{B}_0$ wirkt das hochfrequente magnetische Feld $\boldsymbol{B}$. Durch $\boldsymbol{B}_0$ wird die $(2I + 1)$-fache Aufspaltung des Kernniveaus W_{0F}, durch $\boldsymbol{B}$ bei geeigneter Frequenz die Anregung von Molekülen in diese Niveaus bewirkt. Ist die Resonanzbedingung (10.9) nicht erfüllt, so wird wegen der völligen Symmetrie der Magnetanordnung der von Q ausgehende Molekularstrahl im

Isidor Isaac Rabi
(1889–1988)
Nobelpreis 1944

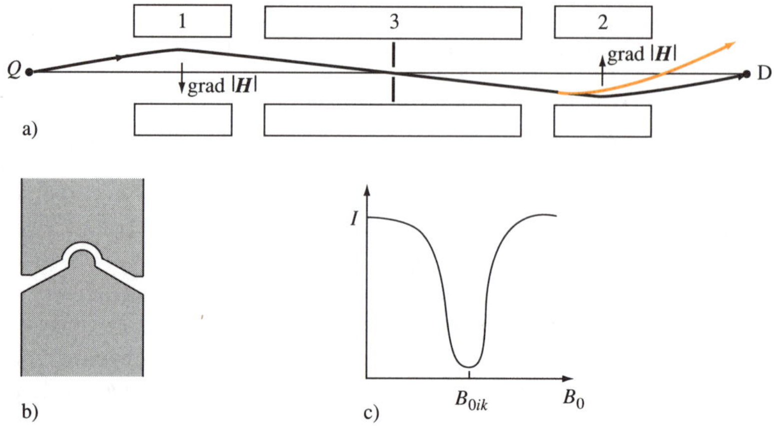

Abb. 10.3
Zum Versuch von Rabi
a) Versuchsanordnung (schematisch)
b) Polschuhform der Magnete 1 und 2
c) Auffängerstrom I in Abhängigkeit von B_0

Punkt P, d.h. im Detektor vereinigt. Rabi veränderte nun zur Erfüllung der Resonanzbedingung nicht die Kreisfrequenz ω des Hochfrequenzfeldes, sondern er variierte bei konstantem ω die Stärke des $\boldsymbol{B}_0$-Feldes. Ist durch entsprechende Wahl von B_0 die Resonanzbedingung erfüllt, so wird eine bestimmte Anzahl von Molekülen in den energetisch höheren Zustand angeregt. Wegen $W_M = -\boldsymbol{\mu}_I \cdot \boldsymbol{B}$ verändern damit die magnetischen Kernmomente ihre Lage gegenüber dem Feld $\boldsymbol{B}_0$ und deshalb auch gegenüber dem vom Magneten 2 erzeugten Feld, der Magnet 2 kann den Molekülstrahl nicht mehr vollständig in den Detektor D fokussieren. Man mißt deshalb die auf den Detektor pro Zeit auffallenden Moleküle in Abhängigkeit vom Feld B_0 (vgl. Abb. 10.3c). Beim Minimum ist die Resonanzbedingung erfüllt. Mit der Festkreisfrequenz ω und dem Wert von B_0 beim minimalen Ansprechen des Detektors kann aus (10.9a) der Kern-g-Faktor g_K entnommen werden. Kennt man zusätzlich I, so ist nach $\mu_I = g_K I \mu_K$ (10.6b) das magnetische Kernmoment bekannt.

Die Versuchsmethode von Rabi benötigt zur Führung des Molekularstrahles äußerst präzise Magnetfelder. Sie ist damit wesentlich aufwendiger als die Stern-Gerlach-Anordnung und die oben beschriebene Kernresonanzspektrometrie.

Die magnetischen Kernmomente einiger Nuklide können aus Tabelle 10.1 entnommen werden.

10.5 Neutronen

Irène Joliot-Curie (1897–1956) Nobelpreis 1935

Die Existenz von Neutronen wurde 1920 von Rutherford theoretisch vorausgesagt. 1931 fanden I. und F. Joliot-Curie beim Beschuß von $^{9}_{4}$Be-Atomkernen mit α-Teilchen eine elektrisch neutrale Strahlung, die sie nicht als γ-Strahlung deuten konnten. Sie kann Bleischichten relativ leicht durchdringen. Dagegen verursacht sie in wasserstoffhaltigen Stoffen Rückstoßprotonen von recht erheblicher Reichweite.

Aus energetischen Überlegungen, die auf dem beobachteten Absorptionsverhalten in Blei und auf Messungen der Rückstoßenergie der Wasserstoffkerne basierten, und deren Vergleich mit den bei Vorliegen einer γ-Strahlung zu erwartenden Werten zog Chadwick 1932 den Schluß, daß es sich um eine bis dahin unbekannte Teilchenstrahlung handeln müsse, und zwar, da sie nicht durch elektromagnetische Felder beeinflußbar ist, um eine Strahlung aus elektrisch neutralen und deshalb als *Neutronen* bezeichneten Teilchen. Ihm gelang auch die erste Massenbestimmung des Neutrons, indem er Nebelkammeraufnahmen von elastischen Stößen zwischen Neutronen und Wasserstoff- bzw. Stickstoffkernen machte und auf die Ergebnisse den Impuls- und den Energieerhaltungssatz anwendete. Er analysierte hierzu die in wasserstoff- bzw. stickstoffgefüllten Nebelkammern durch Neutronenstoß hervorgerufenen Spuren der Wasserstoff- bzw. Stickstoffrückstoßkerne und fand, daß das Neutron annähernd die gleiche Masse wie das Proton besitzt. Diese Tatsache erklärt auch die oben genannten experimentellen Befunde. Unter Voraussetzung eines zentralen elastischen Stoßes überträgt ein Neutron beim Stoß mit einem Wasserstoffatom wegen seiner nahezu gleichen Masse praktisch seine gesamte kinetische Energie auf das Wasserstoffatom (vgl. Abschn. I 6.2). Neutronen werden demzufolge in wasserstoffhaltigen Substanzen stark gebremst; gleichzeitig treten Protonen als Rückstoßkerne auf. Dieses Auftreten von *Rückstoßprotonen* bei der Abbremsung von Neutronen in stark wasserstoffhaltigen Substanzen (z. B. in Paraffin) kann als Nachweisreaktion für Neutronen dienen (vgl. Kap. 11). Mit zunehmender Masse des gestoßenen Partners wird die vom Neutron übertragene Energie immer kleiner und damit auch die Abbremsung des Neutrons. Für die Neutronenstreuung an Bleikernen kann $m_n \ll m_{Pb}$ angenommen werden. Die Stoßgesetze liefern in diesem Fall für die übertragene Energie $W_{kin,\,Pb} \approx 4\,W_{kin,\,n}\,m_n/m_{Pb}$. Bei einem Stoß kann demnach maximal nur ein Fünfzigstel der Energie des Neutrons auf den Bleikern übertragen werden. Blei vermag Neutronen also nur wenig abzubremsen.

Neutron

Frédéric Joliot-Curie (1900–1958) Nobelpreis 1935

Rückstoßprotonen

Präzisionsbestimmungen der Neutronenmasse erfolgen heute aus der Masse-Energie-Bilanz von Kernreaktionen mit massenspektroskopisch genau bekannten Kernen, z. B. durch die Fotospaltung eines Deuterons in ein Proton und ein Neutron mit einem γ-Quant genau bekannter Energie. Man fand

$$m_{0n} = (1{,}6749543 \pm 0{,}0000086)\,10^{-27}\,\mathrm{kg}\,. \tag{10.10}$$

Die Neutronenmasse ist also um 1,4% größer als die Protonenmasse. Das Neutron unterscheidet sich demzufolge vor allem durch seine elektrische Neutralität vom Proton. Deshalb können das Neutron und das Proton als zwei mögliche Ladungszustände eines Teilchens, des *Nukleons*, angesehen werden (vgl. hierzu auch Abschn. 15.4.2.1).

Nukleon

Nach Tabelle 10.1 besitzt das Deuteron den Kernspin 1, das Proton den Kernspin 1/2. Da ein Proton und ein Neutron ein Deuteron bilden, muß nach dem Drehimpulserhaltungssatz das Neutron ebenfalls den Spin 1/2 haben. Weiter besitzt das Neutron ein magnetisches Kernmoment mit dem Betrag

magnetisches Moment des Neutrons

$$\mu_n = -(1{,}91304275 \pm 0{,}00000045)\,\mu_K\,. \tag{10.11}$$

Das negative Vorzeichen bedeutet, daß der Kernspin und das magnetische Kernmoment entgegengerichtet sind. Als *freies* Teilchen wandelt sich das Neutron wegen seiner gegenüber dem Proton größeren Masse durch β^--Zerfall in ein Proton, ein Elektron und ein Elektron-Antineutrino mit einer Halbwertszeit von 875 s um (vgl. (12.32)). In Tabelle 10.2 sind einige Eigenschaften des Neutrons und des Protons zusammengestellt.

freie Neutronen sind instabil

Tabelle 10.2
Einige Eigenschaften des Protons und des Neutrons

Proton ${}^1_1H = p$	
Ruhmasse m_{0p}	$(1{,}6726485 \pm 0{,}0000086) \cdot 10^{-27}$ kg
relative Protonenmasse $A_p = \dfrac{m_{0p}}{\frac{1}{12}\, m_{^{12}C}}$	1,007276470 ± 0,000000011
Ladung q_p	e
Spin	1/2
magnetisches Moment μ_{Ip}	$(2{,}792847386 \pm 0{,}000000063)\,\mu_K$
Neutron ${}^1_0n = n$	
Ruhmasse m_{0n}	$(1{,}6749543 \pm 0{,}0000086) \cdot 10^{-27}$ kg
relative Neutronenmasse $A_n = \dfrac{m_{0n}}{\frac{1}{12}\, m_{^{12}C}}$	1,008665012 ± 0,000000037
Ladung q_n	0
Spin	1/2
magnetisches Moment μ_{In}	$(-1{,}91304275 \pm 0{,}00000045)\,\mu_K$

10.6 Aufbau der Atomkerne aus Nukleonen

Bestimmte Nuklide wandeln sich durch Emission von Elektronen (β^--Zerfall, s. Abschn. 12.2.5.1) in Nuklide mit einer um eins vergrößerten Kernladung um. Deswegen wurde zunächst angenommen, die Atomkerne seien aus Protonen und Elektronen aufgebaut. Nach dieser *Elektronen-Protonen-Hypothese* besteht ein Atomkern der Massenzahl M und der Kernladungszahl Z aus M Protonen und $M-Z$ Elektronen. Dieses Modell erklärt zwanglos die Massenzahlen der Atomkerne, deren Ladung und auch einen eventuellen β^--Zerfall. Mit den in den vorstehenden Abschnitten diskutierten Gesetzmäßigkeiten für den Kernspin und den gemessenen magnetischen Kernmomenten steht es dagegen im eklatanten Widerspruch. Einige dieser Diskrepanzen zwischen den Folgerungen aus der Elektronen-Protonen-Hypothese und den experimentellen Befunden seien kurz genannt:

Elektronen-Protonen-Hypothese des Atomkerns

- Nach der Elektronen-Protonen-Hypothese besteht der Atomkern aus $M + (M - Z) = 2M - Z$ Objekten mit dem Spin 1/2. Ein ganzzahliger resultierender Gesamtspin ist also nur denkbar, wenn $2M - Z$ geradzahlig ist. Nach den experimentellen Befunden liegt dagegen ein Fermion oder ein Boson vor, je nachdem, ob M ungeradzahlig oder geradzahlig ist (vgl. (S 10.6)). Diese theoretische Schlußfolgerung widerspricht jedoch in manchen Fällen den experimentellen Befunden. So weiß man z. B. aus dem Intensitätswechsel der Rotationslinien des N_2-Moleküls mit Sicherheit, daß der Atomkern $^{14}_{7}N$ ein Boson ist. Nach der Elektronen-Protonen-Hypothese enthielte $^{14}_{7}N$ jedoch $28 - 7 = 21$ Objekte mit dem Spin 1/2, wäre also ein Fermion. Diese Diskrepanz zwischen Theorie und Experiment wurde historisch auch als „Stickstoffkatastrophe“ bezeichnet. Der Kern $^{9}_{4}Be$ bestünde aus 9 Protonen und 5 Elektronen, müßte also theoretisch ein Boson sein, während ihn das Experiment eindeutig als Fermion ausweist. Die Reihe solcher Beispiele ließe sich fortsetzen.
- Die gemessenen magnetischen Kernmomente sind um etwa 3 Größenordnungen kleiner als die magnetischen Spinmomente (vgl. Tab. 10.1). Dieses Ergebnis ist nur verständlich, wenn sich die magnetischen Spinmomente aller im Kern vorhandenen Elektronen kompensieren. Das ist aber schon für das Deuteron $^{2}_{1}H$ undenkbar, da es aus zwei Protonen und nur einem Elektron bestehen müßte. Ebensowenig wären die magnetischen Momente all jener Atomkerne deutbar, die eine ungeradzahlige Anzahl von Elektronen enthalten.

Elektronen-Protonen-Hypothese widerspricht der experimentellen Erfahrung

Aus vorstehenden Gründen mußte die Elektronen-Protonen Hypothese über den Aufbau der Atomkerne verworfen werden.

Kurz nach der Entdeckung des Neutrons sprach HEISENBERG die Vermutung aus, daß Protonen und Neutronen die Bausteine der Atomkerne seien. Alle aus diesem Modell gezogenen Schlußfolgerungen stehen mit dem Experiment im Einklang, so daß heute der Aufbau der Nuklide aus Protonen und Neutronen als absolut gesichert gilt.

(S 10.7)
Aufbau der Atomkerne aus Nukleonen

Der Atomkern ${}^{M}_{Z}X$ ist aus M Nukleonen, und zwar aus Z Protonen und $N = M - Z$ Neutronen aufgebaut.

Nukleonenzahl

Damit ist die physikalische Bedeutung der durch (D 2.5) rein formal eingeführten Massenzahl erkannt. Sie gibt die Anzahl der Nukleonen an, die das entsprechende Nuklid aufbauen. M wird daher statt als Massenzahl auch als *Nukleonenzahl* bezeichnet.

Aus der Physik der Atomhülle folgt, daß sich die Spins der Elektronen nur parallel bzw. antiparallel zueinander einstellen. Beim Einbau von zwei Wasserstoffkernen in das Kerngerüst des H_2-Moleküls findet man diese Tatsache auch für den Kernspin bestätigt, wie die Existenz von Para- und Orthowasserstoff beweist. Nimmt man an, daß diese Gesetzmäßigkeit auch für den Kernspin der Nukleonen im Atomkern gilt, dann ist (S 10.5) sofort verständlich. Da die Nukleonen nur paarweise ihren Spin abzusättigen vermögen, muß eine ungeradzahlige Nukleonenzahl zu einem halbzahligen, eine geradzahlige Nukleonenzahl zu einem ganzzahligen Kernspin führen. Der angenommene Aufbau der Atomkerne stimmt also mit der Aussage des Satzes (S 10.6) über die jeweils anzuwendende Quantenstatistik überein.

Kernspin und magnetisches Kernmoment bestätigen den Aufbau der Atomkerne aus Nukleonen

(S 10.7) steht auch mit den gemessenen magnetischen Kernmomenten im Einklang. Wir wollen dies für das Deuteron zeigen. Nach den spektroskopischen Befunden ist sein Kernspin $I = 1$. Die Kernspins von Proton und Neutron stellen sich also parallel zueinander ein. Demzufolge erhält man das magnetische Moment des Deuterons durch Addition der magnetischen Momente von Proton und Neutron: $(2{,}79285 - 1{,}91304)\,\mu_K = 0{,}87981\,\mu_K$. Gemessen wurde stattdessen (vgl. Tab. 10.1) $0{,}857406\,\mu_K$. Diese Abweichung ist nicht auf Meßfehler zurückzuführen, sondern kann mit dem elektrischen Quadrupolmoment des Deuterons erklärt werden.

Auch der β^--Zerfall steht nicht zu (S 10.7) in Widerspruch, denn wie im Abschnitt 12.2.5.1 gezeigt wird, kann sich ein Neutron unter Emission eines Elektrons und eines Elektron-Antineutrinos in ein Proton umwandeln.

Nach (S 10.7) ist der Aufbau der Nuklide durch die Angabe von zwei Zahlen, der Kernladungszahl Z und der Massenzahl (Nukleonenzahl) M, zu charakterisieren. Jedes Nuklid läßt sich also eindeutig einem Punkt $P(M, Z)$ in einem M–Z-Diagramm zuordnen. In diesem liegen die nach (S 10.7) möglichen Kerne zwischen den Geraden $Z = M$ und $Z = 0$ (vgl. Abb. 10.4). Trägt man in ein derartiges Diagramm die bekannten stabilen Nuklide ein, dann füllen sie nur einen schmalen Streifen des denkbaren Bereiches. Bis auf die zwei Ausnahmen ${}^{1}_{1}H$ und ${}^{3}_{2}He$ liegen die stabilen Nuklide auf bzw. meist unterhalb der Geraden $Z = M/2$, besitzen also einen Neutronenüberschuß. Je größer die Massenzahl des stabilen Nuklides ist, um so größer wird sein Neutronenüberschuß, denn nach (S 10.7) gilt für ihn $N - Z = M - 2Z$. So erhält man z.B. $N - Z = 1$ für ${}^{7}_{3}Li$ und $N - Z = 0$ für ${}^{16}_{8}O$, während sich für ${}^{238}_{92}U$ ein Neutronenüberschuß von

stabile Atomkerne besitzen Neutronenüberschuß

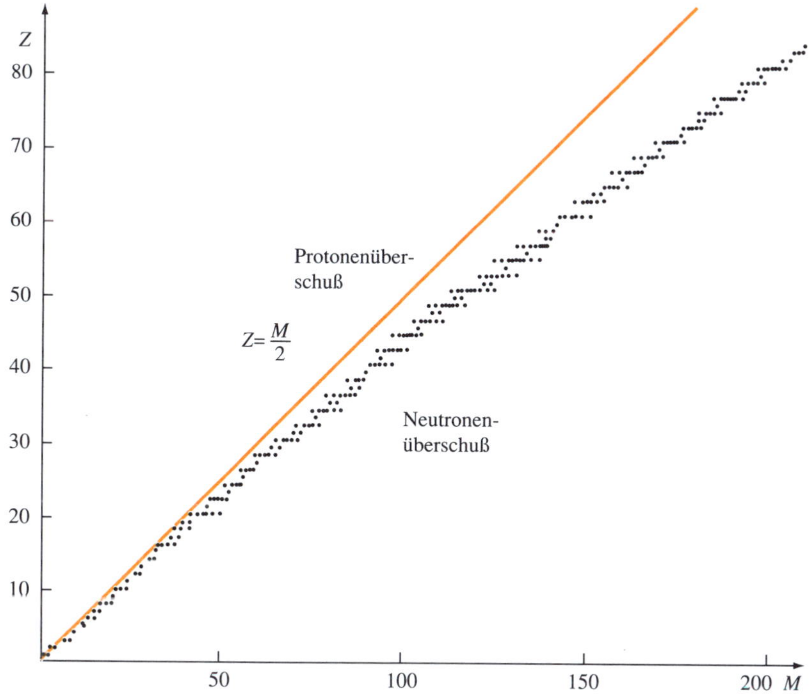

Abb. 10.4
M–Z-Diagramm der stabilen Nuklide

$N - Z = 54$ ergibt. Dieser experimentelle Befund läßt sich aus der BETHE-WEIZSÄCKER-Formel begründen (s. Abschn. 13.1.1).

Von den natürlich vorkommenden Elementen besitzt Uran mit $Z = 92$ die größte Ordnungszahl. Elemente mit $Z > 93$ (Transurane) können nur künstlich hergestellt werden. Eine Ausnahme davon bildet lediglich das Plutonium ($Z = 94$), das in sehr geringen Spuren in der Uranpechblende enthalten ist. Dabei verhält sich die Masse des Plutoniums zu der des Minerals wie $1:10^{14}$. Ebenfalls kommen einige radioaktive Elemente (Technetium ($Z = 43$), Promethium ($Z = 61$), Astat ($Z = 85$) und Franzium ($Z = 87$)) nicht in der Natur vor. Auch die anderen Elemente treten im Kosmos mit recht unterschiedlicher Häufigkeit auf (vgl. Tab. 10.3). Bei weitem überwiegen Wasserstoff und Helium (etwa 99,9% aller Atome sind Wasserstoff- oder Heliumatome). Weiter sind Nuklide mit gerader Protonenzahl im allgemeinen häufiger als ihre Nachbarn mit ungerader Protonenzahl. Recht auffallend ist auch das Häufigkeitsminimum für Li, Be und B.

CARL FRIEDRICH V. WEIZSÄCKER
geb. 1912

Stabile Nuklide mit gerader Protonen- und gerader Neutronenzahl sind weitaus häufiger als solche mit ungerader Protonen- oder ungerader Neutronenzahl. Werden gerade bzw. ungerade Werte von Z und N mit g und u gekennzeichnet, so lassen sich die Nuklide in vier Gruppen einteilen:

Tabelle 10.3
Kosmische Häufigkeit *H* der Elemente, bezogen auf 10^{10} Atome (* Name nach IUPAC-Empfehlung)

Z	Element	*H*	*Z*	Element	*H*
0	Neutron	0	55	Cäsium	0,1
1	Wasserstoff	$8{,}9 \cdot 10^9$	56	Barium	1
2	Helium	$1{,}1 \cdot 10^9$	57	Lanthan	0,5
3	Lithium	1	58	Cer	0,5
4	Beryllium	1	59	Praseodym	0,1
5	Bor	1	60	Neodym	0,5
6	Kohlenstoff	$1 \cdot 10^6$	61	Promethium	0
7	Stickstoff	$1 \cdot 10^6$	62	Samarium	0,2
8	Sauerstoff	$5 \cdot 10^6$	63	Europium	$5 \cdot 10^{-2}$
9	Fluor	$3 \cdot 10^3$	64	Gadolinium	0,2
10	Neon	$2 \cdot 10^6$	65	Terbium	$2 \cdot 10^{-2}$
11	Natrium	$1 \cdot 10^4$	66	Dysprosium	0,1
12	Magnesium	$1 \cdot 10^6$	67	Holmium	$3 \cdot 10^{-2}$
13	Aluminium	$2 \cdot 10^4$	68	Erbium	0,1
14	Silicium	$3 \cdot 10^5$	69	Thulium	$1 \cdot 10^{-2}$
15	Phosphor	$2 \cdot 10^3$	70	Ytterbium	0,1
16	Schwefel	$2 \cdot 10^5$	71	Lutetium	$1 \cdot 10^{-2}$
17	Chlor	$1 \cdot 10^5$	72	Hafnium	$1 \cdot 10^{-1}$
18	Argon	$5 \cdot 10^4$	73	Tantal	$2 \cdot 10^{-2}$
19	Kalium	$1 \cdot 10^3$	74	Wolfram	0,1
20	Calcium	$1 \cdot 10^4$	75	Rhenium	$3 \cdot 10^{-2}$
21	Scandium	10	76	Osmium	0,2
22	Titan	$1 \cdot 10^3$	77	Iridium	0,2
23	Vanadium	$1 \cdot 10^2$	78	Platin	0,4
24	Chrom	$4 \cdot 10^2$	79	Gold	$3 \cdot 10^{-2}$
25	Mangan	$2 \cdot 10^3$	80	Quecksilber	0,1
26	Eisen	$1 \cdot 10^5$	81	Thallium	$3 \cdot 10^{-2}$
27	Kobalt	$5 \cdot 10^2$	82	Blei	0,1
28	Nickel	$1 \cdot 10^4$	83	Wismut	$3 \cdot 10^{-2}$
29	Kupfer	50	84	Polonium	0
30	Zink	$2 \cdot 10^2$	85	Astat	0
31	Gallium	1	86	Radon	0
32	Germanium	10	87	Francium	0
33	Arsen	1	88	Radium	0
34	Selen	10	89	Aktinium	0
35	Brom	3	90	Thorium	0,6
36	Krypton	10	91	Protaktinium	0
37	Rubidium	5	92	Uran	0,2
38	Strontium	5	93	Neptunium	0
39	Yttrium	5	94	Plutonium	0
40	Zirkonium	1	95	Amerizium	0
41	Niob	1	96	Curium	0
42	Molybdän	1	97	Berkelium	0
43	Technetium	0	98	Kalifornium	0
44	Ruthenium	1	99	Einsteinium	0
45	Rhodium	1	100	Fermium	0
46	Palladium	0,1	101	Mendelevium	0
47	Silber	$1 \cdot 10^{-2}$	102	Nobelium	0
48	Cadmium	0,5	103	Lawrencium	0
49	Indium	$5 \cdot 10^{-2}$	104	Dubnium*	0
50	Zinn	0,3	105	Joliotium*	0
51	Antimon	$5 \cdot 10^{-2}$	106	Rutherfordium*	0
52	Tellur	1	107	Bohrium*	0
53	Iod	0,2	108	Hahnium*	0
54	Xenon	1	109	Meitnerium*	0

gg-, gu-, ug- und uu-Nuklide. Das erste Symbol steht hierbei für Z, das zweite für N. Im einzelnen findet man

gg-, gu-, ug- und uu-Atomkerne

ca. 160 stabile gg-Nuklide (Z und N gerade):
${}^{4}_{2}He$, ${}^{12}_{6}C$, ${}^{16}_{8}O$, …,

ca. 55 stabile gu-Nuklide (Z gerade, N ungerade):
${}^{3}_{2}He$, ${}^{9}_{4}Be$, ${}^{13}_{6}C$, ${}^{17}_{8}O$, …,

ca. 50 stabile ug-Nuklide (Z ungerade, N gerade):
${}^{7}_{3}Li$, ${}^{11}_{5}B$, ${}^{15}_{7}N$, ${}^{19}_{9}F$, …,

nur 4 stabile uu-Nuklide (Z und N ungerade):
${}^{2}_{1}H$, ${}^{6}_{3}Li$, ${}^{10}_{5}B$, ${}^{14}_{7}N$.

Aus Tabelle 10.1 erkennt man:

gg-Nuklide sind besonders stabil und besitzen den Kernspin $I = 0$.

(S 10.8)
Stabilität und Kernspin der gg-Atomkerne

Eine Erklärung für die hier genannten Fakten wird in Kapitel 13 gegeben.

10.7 Kernmassendefekt und Bindungsenergie der Atomkerne

Stabile Atomkerne lassen sich nur mit einem erheblichen Energieaufwand in ihre Nukleonen zerlegen. Man erkennt dies u. a. daran, daß bestimmte stabile Nuklide in den Sternatmosphären trotz der dort herrschenden extrem hohen Temperaturen gefunden werden und daß man zur Spaltung von Atomkernen Energien von 10^7 eV und mehr benötigt, wenn man von wenigen Ausnahmefällen absieht. Für die weiteren Überlegungen sind die Begriffe Bindungsenergie eines Nuklids und mittlere Bindungsenergie eines Nukleons zweckmäßig.

Der negative Wert W_B der Mindestenergie, die aufgewandt werden muß, um ein Nuklid in seine sämtlichen Nukleonen zu zerlegen, heißt Bindungsenergie des Nuklids; W_B/M heißt mittlere Bindungsenergie der Nukleonen im Nuklid der Massenzahl M. Die Bindungsenergie W_{BN} eines Nukleons in einem Nuklid ist der negative Wert der Mindestenergie, die man aufwenden muß, um dieses Nukleon aus dem betrachteten Nuklid zu entfernen.

(D 10.4)
Bindungsenergie W_B eines Nuklids, mittlere Bindungsenergie W_B/M eines Nukleons

Vergleicht man die Ruhmasse m_{0k} (M, Z) eines stabilen Nuklids mit der Summe der Ruhmassen seiner Bausteine, so stellt man im Widerspruch zu dem Massenerhaltungssatz der klassischen Mechanik fest, daß m_{0k} (M, Z) stets kleiner als die Summe der Massen seiner Z Protonen und $N = M - Z$ Neutronen ist. Dieses Ergebnis wird durch den Begriff Kernmassendefekt erfaßt.

(D 10.5)
Kernmassendefekt
$\Delta\, m_{0k}$

Die Differenz Δm_{0k} zwischen der Ruhmasse m_{0k} (Z, M) eines Atomkernes und der Massensumme $Zm_{0p} + (M - Z)\, m_{0n}$ seiner Bausteine heißt Kernmassendefekt.

Nach (II S 14.17) ist jeder Ruhmasse m_0 die Energie m_0c^2 äquivalent. Der Kernmassendefekt ist also nur so zu verstehen, daß beim Zusammenschluß von Protonen und Neutronen zu einem Atomkern entsprechend diesem Äquivalenzprinzip die dem Kernmassendefekt Δm_{0k} äquivalente Energie $W_B = \Delta m_{0k}c^2$ als Bindungsenergie (vielfach als γ-Quant) an die Umgebung abgeführt wird.

(S 10.9)
$W_B = c^2\, \Delta m_{0k}$

Die Bindungsenergie W_B eines aus Z Protonen und $N = M - Z$ Neutronen bestehenden Nuklids der Ruhmasse $m_{0k}(Z, M)$ entspricht der dem Kernmassendefekt Δm_{0k} äquivalenten Energie

$$W_B = c^2 \Delta m_{0k} = c^2 (m_{0k}(Z, M) - Zm_{0p} - (M - Z)\, m_{0n}) .$$

Zur Berechnung der Bindungsenergie W_B eines Nuklids empfiehlt es sich, die in (S 10.9) für W_B gegebene Beziehung noch etwas umzuformen. Zunächst wird die Ruhmasse $m_{0k}(Z, M)$ des Nuklids durch die Masse m_{0a} des betreffenden neutralen Atoms und die Protonenmasse m_{0p} durch die des leichten Wasserstoffatoms m_{0H} ersetzt. Der Wert von W_B wird dadurch nicht verändert, denn beim Übergang von $m_{0k}(Z, M)$ zu $m_{0a}(Z, M)$ kommen Z Elektronen dazu, die beim Übergang von m_{op} zu m_H im Glied $-Zm_{0H}$ wieder abgezogen werden:

$$W_B = c^2 (m_{0a}(Z, M) - Zm_{0H} - (M - Z)\, m_{0n}) . \tag{10.12 a}$$

Entsprechend

$$A_r(Z, M) = \frac{m_{0a}(Z, M)}{\frac{1}{12}\, m_{^{12}C}} ; \quad A_{rH} = \frac{m_{0H}}{\frac{1}{12}\, m_{^{12}C}} ; \quad A_{rn} = \frac{m_{0n}}{\frac{1}{12}\, m_{^{12}C}}$$

werden die Massen durch die bekannten relativen Isotopenmassen ersetzt:

$$\begin{aligned} W_B &= \frac{m_{^{12}C}}{12}\, c^2 (A_r(Z, M) - ZA_{rH} - (M - Z)\, A_{rn}) \\ &= \frac{m_{^{12}C}}{12}\, c^2 (A_r(Z, M) - (A_{rH} - A_{rn})\, Z - MA_{rn}) \\ &= \frac{m_{^{12}C}}{12}\, c^2 (A_r(Z, M) - M - (A_{rH} - A_{rn})\, Z - M\, (A_{rn} - 1)) . \end{aligned} \tag{10.12 b}$$

Weiter wird festgelegt:

1/12 der Masse des Kohlenstoffatoms ^{12}C heißt atomare Masseneinheit m_u:

$$1 m_u = \frac{m_{^{12}C}}{12} = (1{,}6605655 \pm 0{,}0000086)\ 10^{-27}\ \text{kg}\ .$$

(D 10.6) atomare Masseneinheit m_u

Mit der Abkürzung

$$\Delta(Z, M) = A_r(Z, M) - M \qquad (10.12\,c)$$

geht (10.12 b) über in

$$W_B = 1 m_u c^2 \left(\Delta(Z, M) - (A_{rH} - A_{rn})\, Z - M\,(A_{rn} - 1)\right). \qquad (10.12\,d)$$

$\Delta(Z, M)$ kann für einige Nuklide aus Tabelle 10.1 entnommen werden. Mit $\Delta(Z, M)$ sind auch A_{rH} und A_{rn} bekannt, denn nach (10.12 c) gilt $A_r(Z, M) = M + \Delta(Z, M)$.
Die einem Kernmassendefekt in Größe der atomaren Masseneinheit äquivalente Energie kann nach dem Masse-Energie-Äquivalenzprinzip berechnet werden. Man findet:

Einem Kernmassendefekt von der Größe der atomaren Masseneinheit ist die Energie

$$1 m_u c^2 = (9{,}315016 \pm 0{,}000026)\ 10^8\ \text{eV}$$

äquivalent.

(S 10.10) Äquivalenzenergie der atomaren Masseneinheit

Einsetzen der Zahlenwerte in (10.12 d) ergibt für die Bindungsenergie

$$W_B = 931{,}50\,(\Delta(Z, M) + 8{,}40 \cdot 10^{-4} Z - 8{,}665 \cdot 10^{-3} M)\ \text{MeV}. \qquad (10.12)$$

Mit dieser Beziehung können die Bindungsenergien W_B der Atomkerne und die mittlere Bindungsenergie W_B/M ihrer Nukleonen berechnet werden. Tabelle 10.4 und Abbildung 10.5 zeigen das Ergebnis. Der Betrag $|W_B|/M$ der mittleren Bindungsenergie eines Nukleons nimmt vom Deuteron ^2_1H ($|W_B|/M = 2{,}22$ eV) bis zum $^{57}_{26}Fe$-Kern ($|W_B|/M = 8{,}6$ eV) zu, um dann für Kerne mit $M > 57$ wieder abzunehmen ($|W_B|/M \approx 7{,}5$ MeV für $^{238}_{92}U$). Diesen Gang von W_B/M formuliert man vereinfachend häufig auch so: Die mittlere Bindungsenergie W_B/M eines Nukleons im Atomkern der Massenzahl M beträgt im Mittel $W_B/M \approx 8$ MeV, wenn man von den leichtesten Nukliden ($Z < 6$) absieht.

mittlere Bindungsenergie eines Nukleons

Spaltet man einen Atomkern mit der Massenzahl $M > 57$ in zwei Teilkerne, dann wird bei dieser Spaltung Bindungsenergie frei (*Kernspaltungsenergie*). Vereinigt man Atomkerne, deren Gesamtnukleonenzahl $M < 57$ ist, dann wird ebenfalls Bindungsenergie freigesetzt (*Fusionsenergie*). Diese Prozesse werden im Abschnitt 12.3 besprochen.

Kernspaltungsenergie

Fusionsenergie

Tabelle 10.4
W_B und W_B/M für einige Nuklide

Nuklid	$\frac{\lvert W_B \rvert}{\text{MeV}}$	$\frac{\lvert W_B \rvert/M}{\text{MeV}}$	Nuklid	$\frac{\lvert W_B \rvert}{\text{MeV}}$	$\frac{\lvert W_B \rvert/M}{\text{MeV}}$
$^{1}_{0}n$	0	0	$^{10}_{4}Be$	64,29	6,43
$^{1}_{1}H$	0	0	$^{11}_{5}B$	75,71	6,88
$^{2}_{1}H$	2,22	1,11	$^{12}_{6}C$	91,66	7,64
$^{3}_{1}H$	8,33	2,78	$^{14}_{7}N$	104,10	7,44
$^{3}_{2}He$	7,60	2,53	$^{16}_{8}O$	126,96	7,94
$^{4}_{2}He$	28,23	7,06	$^{20}_{10}Ne$	159,85	7,99
$^{6}_{3}Li$	31,83	5,30	$^{40}_{18}Ar$ bis $^{129}_{50}Sn$		8,6
$^{7}_{3}Li$	38,96	5,57	$^{238}_{92}U$	1780	7,48
$^{9}_{4}Be$	57,80	6,42			

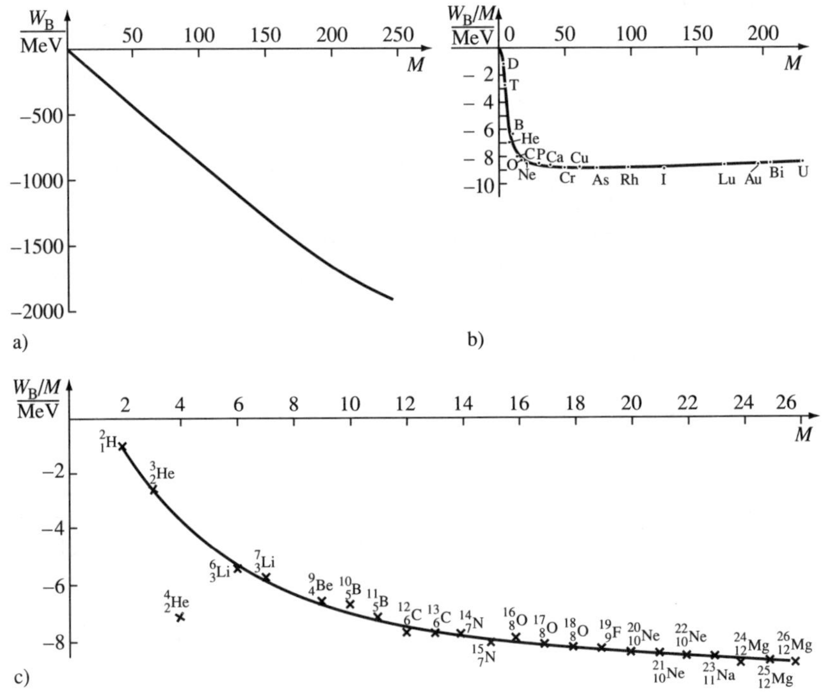

Abb. 10.5
Bindungsenergie der Atomkerne
a) $W_B = f(M)$
b) $W_B/M = f(M)$
c) $W_B/M = f(M)$ für die leichten stabilen Atomkerne

Die mittlere Bindungsenergie $W_B/M \approx -8$ MeV erklärt u.a. die nur wenig von der Ganzzahligkeit abweichenden Werte der relativen Isotopenmassen. Nach Tabelle 10.2 und (D 10.5) besitzt das ungebundene Nukleon eine mittlere Masse von 1 $m_u(1{,}0073 + 1{,}0087)/2 = 1{,}0080\, m_u$. Seiner mittleren Bindungsenergie von −8 MeV entspricht nach (S 10.10) ein Kernmassendefekt von 0,0086 m_u. Das gebundene Nukleon ist demzufolge durch die relative Isotopenmasse 0,9994 zu charakterisieren. Baut man also vom Proton beginnend die Nuklide auf, so erkennt man, daß die relativen Isotopenmassen nur sehr geringfügig von ganzzahligen Werten abweichen können.

Erklärung der annähernden Ganzzahligkeit der Massenzahlen

Die chemischen Bindungsenergien liegen in der Größenordnung von eV. Der durch die chemische Bindung hervorgerufene Massendefekt beträgt daher etwa ein Millionstel von dem der Kernbindung, ist also extrem klein. Bei der chemischen Bindung kann der Massendefekt deshalb vernachlässigt und damit der Massenerhaltungssatz der klassischen Mechanik beibehalten werden.

Abbildung 10.5c zeigt W_B/M für Atomkerne kleiner Kernladungszahl Z. Man erkennt deutlich, daß sich das α-Teilchen durch eine besondere Stabilität gegenüber den anderen Kernen mit kleiner Massenzahl auszeichnet. Eine Erklärung für die sehr große Stabilität des α-Teilchens wird im Abschnitt 13.1.1 gegeben.

10.8 Kernkräfte

Die Stabilität der Atomkerne zwingt zu der Annahme, daß im Atomkern die Nukleonen durch Anziehungskräfte zusammengehalten werden. Es muß sich dabei um sehr starke Kräfte handeln, denn sie müssen die Coulomb-Abstoßung der Protonen überkompensieren und können daher nicht elektromagnetischer Natur sein. Der Zusammenhalt der Nukleonen läßt sich aber auch nicht durch Gravitationskräfte erklären, denn nach dem Coulombschen Gesetz und dem Gravitationsgesetz erfahren zwei Protonen bei gleichem Abstand eine 10^{36}-fach größere Coulomb-Abstoßung als Gravitationsanziehung. Der Zusammenhalt der Nukleonen im Kern muß demzufolge durch eine spezielle Kraft erfolgen. Man nennt sie *Kernkraft*.

Kernkraft

Aufschluß über den Verlauf der Kernkraft läßt sich aus der Streuung von Protonen, α-Teilchen und Neutronen an Atomkernen, insbesondere am Wasserstoffkern, gewinnen (s. Abschn. 15.6). Im Vergleich zum Coulomb- und zum Gravitationsgesetz, deren Ortsabhängigkeit eindeutig angegeben werden kann, sind die Kenntnisse über die Kernkraft noch als lückenhaft anzusehen.

Aus den experimentellen Befunden lassen sich folgende Eigenschaften der Kernkraft ablesen:

Eigenschaften der Kernkraft

- Die Kernkraft zwischen zwei Nukleonen setzt mit kleiner werdendem Abstand der Nukleonen bei etwa 2,5 fm nahezu sprunghaft ein. In einem größeren Abstand ist sie praktisch nicht wirksam. Kernkräfte zeigen also eine wesentlich kompliziertere Abhängigkeit vom Abstand r der Nukleonen als z.B. die Coulomb-Kraft vom Abstand der beiden Ladungen. Die geringe Reichweite der Kernkraft wird eindeutig durch Streuprozesse belegt, denn erst für Stoßparameter $l < 2{,}5$ fm wird eine merkliche Abweichung von der Coulomb-Streuung beobachtet.

- Kernkräfte sind innerhalb ihrer äußerst kurzen Reichweite sehr stark, denn sie müssen zu einer mittleren Bindungsenergie der Nukleonen von etwa -8 MeV führen. Die Coulomb-Abstoßung von zwei Protonen im Abstand von 2 fm beträgt dagegen nur 0,7 MeV.
- Kernkräfte sind unabhängig vom Ladungszustand der Nukleonen. Zwischen zwei Protonen, zwei Neutronen oder einem Neutron und einem Proton wirkt die gleiche Kernkraft. Das folgt u.a. aus den Energiezuständen der Spiegelkerne (s. Abschn. 13.2) und aus dem Vergleich von Protonen- mit Neutronenstreuungsexperimenten, wenn man aus dem Ergebnis der Protonenstreuung den Anteil der elektromagnetischen Wechselwirkung eliminiert.
- Die Kernkraft zeigt Sättigungscharakter. Unter dem Begriff Sättigung versteht man die Eigenschaft der Kraft, nur zwischen einer begrenzten kleinen Anzahl von Partnern zu wirken. Wie die folgenden Überlegungen zeigen, lassen sich mit dem Sättigungsverhalten der Kernkraft die nahezu konstante Massedichte aller Nuklide sowie die annähernde Konstanz der mittleren Bindungsenergie pro Nukleon erklären. Der Sättigungscharakter der Kernkraft führt zur Absättigung der Kernkräfte im Inneren der Nuklide. Eine weitere Anlagerung von Nukleonen kann also nur an der „Peripherie“ des Kernes erfolgen, denn nur hier liegen Nukleonen mit noch nicht abgesättigten Kernkräften vor. Demzufolge verändert die weitere Anlagerung von Nukleonen die Nukleonenverteilung im Innern des Kernes nicht, damit auch nicht seine Massedichte. Nach Abbildung 10.5 beträgt für alle Nuklide – ausgenommen die leichtesten – die mittlere Bindungsenergie pro Nukleon annähernd -8 MeV. Die Bindungsenergie der Atomkerne ist damit näherungsweise der Anzahl der in ihnen gebundenen Nukleonen proportional (s. Abb. 10.5 a). Auch dies spricht gegen die Vorstellung, daß innerhalb eines Kernes jedes Nukleon mit *jedem* anderen in Wechselwirkung tritt. Wäre das der Fall, dann würden von jedem Nukleon $(M-1)$ Bindungen zu den anderen existieren, die Bindungsenergie des Atomkernes müßte deshalb proportional zu $M\,(M-1)$ sein. Nimmt man hingegen an, daß die Nukleonen paarweise gebunden sind, dann ist für die Bindungsenergie Proportionalität zur Anzahl der vorhandenen Bindungspaare zu erwarten, also die Übereinstimmung mit dem beobachteten Sachverhalt gegeben.
- Die Kernkraft zwischen zwei Nukleonen ist von der gegenseitigen Orientierung ihrer Kernspins abhängig. Dieser Effekt wurde u.a. bei der Streuung von sehr langsamen Neutronen an Ortho- und an Parawasserstoff gefunden. Als sehr langsam werden hier Neutronen bezeichnet, deren Materiewellenlänge $\lambda = h/p$ groß gegenüber dem

Abstand der beiden Protonen im Kerngerüst des Wasserstoffmoleküls ist. Dieser Forderung genügen Neutronen, deren Energie kleiner als ihre thermische bei 20 K ist. Bei der Streuung der Neutronen an Parawasserstoff ($I = 0$) ist der Spin des Neutrons zum Spin des einen Protons parallel, zu dem des anderen antiparallel, bei der Streuung an Orthowasserstoff ($I = 1$) dagegen zu beiden entweder parallel oder antiparallel. Existiert also eine Abhängigkeit der Kernkräfte vom Kernspin, dann muß die Streuung der Neutronen am Parawasserstoff von der am Orthowasserstoff verschieden sein. Entsprechende Streuversuche bei Temperaturen <20 K zeigten, daß die Streuung der Neutronen an Orthowasserstoff ca. 30mal stärker als an Parawasserstoff erfolgt, also eine Spinabhängigkeit der Kernkraft vorliegt.

Abschätzung des Kernpotentials

Eine erste Abschätzung des Kernpotentials $V(r)$ für zwei Nukleonen im Abstand r voneinander gab 1935 YUKAWA an. Er beschreibt hierzu die Wechselwirkung zwischen zwei Objekten durch den Austausch von *Feldquanten* der Masse $m_{0\mathrm{F}}$. Diese werden auch als *virtuelle Austauschquanten* bezeichnet. So ist das Feldquant der elektromagnetischen Wechselwirkung das Photon. Da die Anzahl der Feldquanten nicht beschränkt sein kann, unterliegen sie nicht dem Pauli-Prinzip, Feldquanten sind Bosonen. (Näheres zu den Feldquanten s. Abschn. 15.5.6.)

Feldquanten (virtuelle Austauschquanten)

Bei der Abschätzung von $V(r)$ geht YUKAWA von der aus der Diracschen Theorie folgenden Beziehung (5.38)

$$W^2 = p^2 c^2 + m_{0\mathrm{F}} c^4$$

aus, die für das Quadrat der Gesamtenergie W eines ungebundenen relativistischen Teilchens mit dem Impuls $\boldsymbol{p}$ gilt. Setzt man in diese Beziehung entsprechend (D 5.3) den Impuls- und den Energieoperator ein, so erhält man mit der Integrationskonstanten C das *Yukawa-Potential* (s. A. 22)

Yukawa-Potential

$$V(r) = \frac{C}{4\pi r}\, \mathrm{e}^{-\frac{m_{0\mathrm{F}} c r}{\hbar}} . \tag{10.13}$$

HIDEKI YUKAWA (1907–1981) Nobelpreis 1949

Das Yukawa-Potential beschreibt das Potential für zwei sich anziehende Neutronen (vgl. Abb. 10.6a). Durch Anpassung der Kopplungskonstanten $C/4\pi$ lassen sich in diesem Bereich die experimentellen Daten der Nukleon-Nukleon-Wechselwirkung gut mit dem Yukawa-Potential beschreiben.

Zu sehr kleinen Nukleonenabständen hin wirkt die Kernkraft abstoßend (vgl. Abb. 10.6a). Wäre das nicht der Fall, so wäre für alle Kerne ein Radius zu erwarten, der um Größenordnungen kleiner als der experimentell ermittelte ist.

Nach (10.13) ist es naheliegend,

$$r_{\max} = \frac{\hbar}{m_{0\mathrm{F}} c} \tag{10.13 a}$$

maximale Reichweite der Wechselwirkung

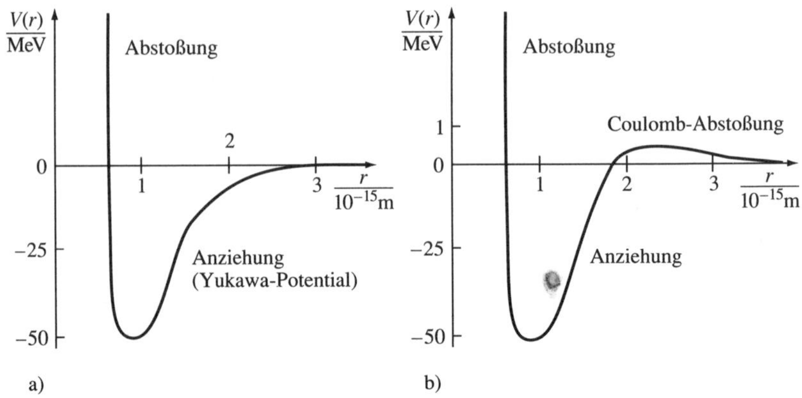

Abb. 10.6
Kernpotential $V(r)$ der Nukleon-Nukleon-Wechselwirkung in Abhängigkeit vom Abstand r der beiden Nukleonen
a) Kernpotential für die Proton-Neutron- bzw. Neutron-Neutron-Wechselwirkung
b) Kernpotential mit überlagerter Coulomb-Energie für die Proton-Proton-Wechselwirkung

als die *Reichweite* der Wechselwirkung anzusehen. Kennt man diese, so läßt sich nach (10.13 a) die Masse des zugehörigen Feldquants berechnen. Für die elektromagnetische Wechselwirkung ist $r_{max} = \infty$ und damit die Ruhmasse des Photons als zugehörigem Feldquant gleich Null. Durch gleiche Überlegungen schätzte man mit der Reichweite der Kernkraft von $r_{max} = 10^{-15}$ m als Masse des zugehörigen Feldquants $m_{0F} \approx 250\ m_{0e}$ ab. Als man 1947 mit den Pionen Elementarteilchen dieser Ruhmasse mit dem Spin Null fand, glaubte man zunächst, in ihnen die Feldquanten der starken Wechselwirkung gefunden zu haben. Weitere Untersuchungen zeigten jedoch, daß die Nukleonen aus kleineren Objekten, den sogenannten Quarks aufgebaut sind. Das Yukawa-Potential beschreibt daher nur den Anteil der starken Wechselwirkung, der nicht beim Zusammenschluß der Quarks zu Neutronen und zu Protonen abgesättigt ist (Näheres s. Kap. 15). Bei der Proton-Proton-Wechselwirkung ist zusätzlich die Coulomb-Abstoßung zu berücksichtigen. Um diesen Beitrag deutlicher darstellen zu können, wurde in Abbildung 10.6 b die positive Ordinate um das zehnfache gegenüber der negativen gestreckt.

Das einfachste Atom ist das aus Proton und Elektron aufgebaute Wasserstoffatom, der einfachste zusammengesetzte Atomkern das aus einem Proton und einem Neutron zusammengesetzte Deuteron. Mit ihm wollen wir uns zunächst beschäftigen. Sein Kernspin ist $I = 1$, die Spins von Proton und Neutron stehen also parallel. Seine Bindungsenergie beträgt $W_B = -2{,}22$ MeV. Diese geringe Bindungsenergie erklärt auch, warum Atomkerne aus zwei gepaarten Neutronen bzw. aus zwei gepaarten Protonen nicht existieren können. Nach dem Pauli-Prinzip müßten ihre Nukleonen mit antiparallelem Spin orientiert sein, wodurch nach vorstehenden Überlegungen über die Spinabhängigkeit der Kernkraft die zwischen

Atomkerne aus zwei gepaarten Neutronen oder Protonen können nicht existieren

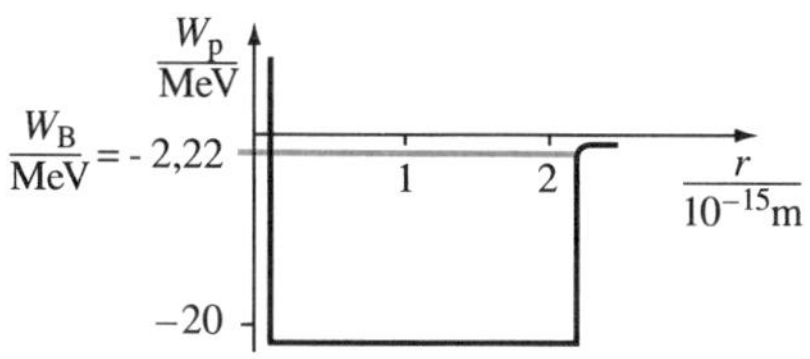

Abb. 10.7
Energietopf für das Neutron im Deuteron

ihnen wirkende Kernkraft gegenüber der im Deuteron so stark herabgesetzt wird, daß eine Bindung nicht mehr möglich ist.

Energietopf des Deuterons

Die Abhängigkeit der Wechselwirkungsenergie vom Abstand der Bindungspartner erhält man aus Streuversuchen. Die Tiefe des Energietopfes kann z.B. mit Hilfe der Bindungsenergie abgeschätzt werden. Wir führen hierzu folgende Plausibilitätsbetrachtung durch. Nach (S 3.1) beträgt der Kernradius des Deuterons $R_k = 2{,}3 \cdot 10^{-15}$ m. Der Verlauf der potentiellen Energie der Proton-Neutron Wechselwirkung kann daher durch einen „Energietopf" der Breite $2{,}3 \cdot 10^{-15}$ m ersetzt werden (s. Abb. 10.7). Anschaulich bedeutet das, daß sich das Proton und das Neutron in diesem Energietopf befinden und sie ihn nur verlassen können, wenn ihnen eine Energie zugeführt wird, die größer ist als die Bindungsenergie von $|W_B| = 2{,}22$ MeV. Die energetische Tiefe des Energietopfes ist aber wesentlich größer als diese Energie, da die auf den äußerst kleinen Ortsbereich des Deuterons lokalisierten Nukleonen nach der Heisenbergschen Unschärferelation eine beträchtliche Impulsunschärfe besitzen, die zu einer erheblichen kinetischen Energie des Neutrons und des Protons führt. Wir wollen diese Energie abschätzen. Den im Kernbereich befindlichen Nukleonen muß eine stehende Materiewelle mit Knoten auf der Kernbegrenzung zugeordnet werden. Wenn das nicht so wäre, müßten sie sich mit der Zeit durch Interferenz auslöschen, und das Deuteron müßte in Bruchteilen von Sekunden verschwinden. Demzufolge ist die größtmögliche Wellenlänge der Materiewelle $\lambda/2 = 2R_k$. Ihr entspricht der Impuls $p = h/\lambda = h/4R_k$. Die gesuchte kinetische Energie von Proton und Neutron beträgt damit

$$W_{\text{kin}} = 2\,\frac{p^2}{2m_{0n}} = \frac{h^2}{16R_k^2 m_{0n}} = 18{,}7\ \text{MeV}\,. \qquad (10.14)$$

Der Energietopf muß daher eine Tiefe von (18,7 + 2,2) MeV = 20,9 MeV besitzen.

Energietopf für ein Nukleon in einem schweren Atomkern

Auch für jedes Nukleon eines schweren Atomkerns läßt sich der Verlauf seiner potentiellen Energie $W_p(r)$ im Feld der übrigen Nukleonen des Kernes in guter Näherung als Energietopf darstellen (vgl. Abb. 10.8). Da jedes Nukleon im wesentlichen nur mit seinen unmittelbaren Nachbarn in Wechselwirkung steht, ist die auf jedes Nukleon wirkende Gesamtkraft von der Massenzahl praktisch unabhängig. Die energetische Tiefe des Energietopfes der mittleren und schweren Kerne ist größer als die beim Deuteron. Der Grund hierfür liegt in der größeren Dichte dieser

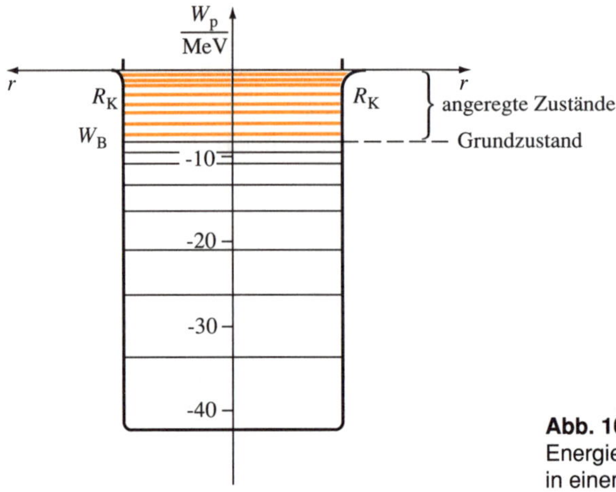

Abb. 10.8
Energietopf für ein Neutron in einem schweren Atomkern

Kerne. Die Abstände a zwischen den Nukleonen sind deshalb geringer als der Radius des Deuterons, und nach (10.14) gilt $W_{kin} \sim 1/a^2$.

Die Tiefe des Potentialtopfes kann man wie folgt abschätzen. Proton und Neutron sind Fermionen. Wegen der sehr großen Kerndichte können die Neutronen des Atomkernes somit als stark entartetes Fermi-Gas (vgl. Band IV) aufgefaßt werden. Ihre maximale kinetische Energie entspricht dann der Fermi-Energie

$$W_{kin} = W_{0F} = \frac{\hbar^2}{2m_{0n}} (3\pi^2 n_n)^{2/3}. \tag{10.15}$$

n_n bedeutet die Neutronendichte im Atomkern. Da für die stabilen Atomkerne annähernd $N = M/2$ gilt (vgl. Abb. 10.4), kann n_n aus (10.3) abgeschätzt werden:

$$n_n = \frac{V_k}{N} \approx \frac{2V_k}{M} = \frac{8\pi}{3} \cdot 1{,}26^3 \cdot 10^{-45}\,\mathrm{m}^{-3}. \tag{10.16}$$

Einsetzen in (10.15) liefert $W_{kin} = 33{,}7$ MeV. Da die Nukleonen eine mittlere Bindungsenergie von 8 MeV besitzen, erhält man als Gesamttiefe des Energietopfes annähernd 42 MeV. Für Protonen gelten die gleichen Aussagen. Wegen des Pauli-Prinzips besetzen die Nukleonen alle Energiezustände bis zur Fermi-Energie. Oberhalb dieser Energie befinden sich angeregte Zustände des Atomkernes.

10.9 Aufgaben

10.1
Welche kinetische Energie muß ein α-Teilchen besitzen, das zentral auf einen $^{208}_{82}$Pb-Kern geschossen wird und gerade nicht mehr nach der Rutherfordschen Streuformel gestreut wird. Man gebe für ein α-Teilchen kleinerer kinetischer Energie den Streuwinkel und den Verlust an kinetischer Energie an.

10.2
Man berechne die Dichte der beiden isobaren Nuklide $^{12}_{6}$C und $^{12}_{7}$N.

10.3
Die Nukleonen des $^{3}_{2}$He-Kernes sollen als Kugeln linear in der Reihenfolge Proton-Neutron-Proton angeordnet sein. Die Gesamtlänge entspreche dem aus der anomalen Rutherfordstreuung abgeschätzten Heliumkerndurchmesser. Unter der Annahme von Punktladungen im Mittelpunkt der beiden Protonen berechne man die elektrische Feldstärke in Abhängigkeit von der Entfernung vom Kernschwerpunkt in Längs- und in Querrichtung. Man gebe die erste Näherung für Entfernungen, die groß gegenüber dem Abstand der Punktladungen sind, an.

10.4
Man gebe die Hyperfeinstruktur der Resonanzlinie eines Fluoratoms an, dessen $^{17}_{9}$F-Kern den Kernspin 5/2 besitzt. Welche Intensitätsverhältnisse besitzen die Linien? Der Einfluß des magnetischen Kernmomentes ist nur auf den Grundzustand zu beschränken.

10.5
Stickstoffmoleküle N_2 sollen ausschließlich $^{14}_{7}$N-Kerne mit dem Kernspin $I = 1$ besitzen. Welche Werte kann der Kernspin des gesamten Moleküls annehmen. Wieviel Einstellmöglichkeiten besitzt das magnetische Gesamtmoment in einem äußeren Magnetfeld, das die Kopplung der Kerne noch nicht aufhebt? Bei einem Versuch nach Rabi soll durch ein senkrecht zum homogenen Haltefeld der magnetischen Induktion 9,1 T wirkendes elektromagnetisches Wechselfeld bei der Resonanzfrequenz von 18 MHz das magnetische Moment in eine benachbarte Einstellmöglichkeit übergehen. Man berechne den Kern-g-Faktor.

10.6
Für den stabilen Heliumkern $^{3}_{2}$He wurde ein Kern-g-Faktor von $-2{,}12755$ gemessen. Setzt man voraus, daß sich der Spin der beiden Protonen absättigt, so ist der Kernspin gleich dem des Neutrons. Man berechne den Betrag und die möglichen Komponenten des magnetischen Kernmomentes in Richtung eines äußeren Magnetfeldes. Man interpretiere das negative Vorzeichen des Kern-g-Faktors.

10.7
Man berechne die Geschwindigkeiten von thermischen Neutronen der mittleren kinetischen Energie von 0,026 eV und von relativistischen Neutronen mit der kinetischen Energie von 800 MeV. Welche Temperatur würde das thermische „Neutronengas" haben?

10.8
Man berechne die Differenz der Kernbindungsenergien in eV, wenn sich ein $^{12}_{7}$N Stickstoffkern in einen $^{12}_{6}$C Kohlenstoffkern umwandeln würde. Ist dieser Vorgang exo- oder endotherm? Man erkläre qualitativ die Kernspins von $I = 1$ für Stickstoff und $I = 0$ für Kohlenstoff.

10.9

Man vergleiche die Bindungsenergien pro Nukleon der Kerne $^{235}_{92}U$, $^{8}_{3}Li$ und $^{20}_{10}Ne$. Man diskutiere die Unterschiede in bezug auf Kernspaltung und Kernfusion.

10.10

Für den $^{3}_{2}He$-Kern gelte das Modell der linearen Aneinanderreihung der kugelförmigen Nukleonen (s. Aufgabe 10.3). Man berechne die Gravitations- und die Coulombkraft für die beiden Protonen und mache eine Aussage über die Kernkräfte. Man berechne die Bindungsenergie pro Nukleon. Man schätze die Tiefe des Energietopfes ab.

11 Experimentelle Methoden der Kernphysik und Elementarteilchenphysik

11.1 Kernstrahlungsmessungen

Als wichtigste Quelle der Information über die Struktur der Atomhüllen und die mit ihrer Beteiligung ablaufenden Vorgänge hat sich die Analyse der von ihnen in verschiedenen Wellenlängenbereichen emittierten bzw. absorbierten elektromagnetischen Strahlung erwiesen. In der Kernphysik kommt die gleiche Bedeutung den Methoden zum Nachweis und zur Messung der Eigenschaften von *Kernstrahlungen* zu, worunter man alle Strahlungsarten versteht, die mit Atomkernen bzw. Elementarteilchen in Wechselwirkung treten bzw. bei Kernprozessen von ihnen emittiert werden können. Der Begriff Kernstrahlung ist also ein Sammelbegriff für sehr unterschiedliche Strahlungsarten und umfaßt z. B. die Neutrino- und die Protonenstrahlung ebenso wie die α-, β- und γ-Strahlung. Kernstrahlung

Kernstrahlungsmessungen nutzen makroskopisch meßbare Signale aus, die beim Durchgang der interessierenden Kernstrahlung durch für ihre Registrierung geeignete Stoffe entstehen. Zu ihrer Interpretation sind Kenntnisse über die dabei ablaufenden Wechselwirkungsprozesse erforderlich. Für geladene Teilchen und γ-Strahlung dominiert die elektromagnetische Wechselwirkung mit den Atomen des von der Strahlung durchsetzten Stoffes. Diese Wechselwirkung kann vielfach als Stoß zwischen den Teilchen der nachzuweisenden Strahlung und einem als freies Teilchen betrachteten Hüllenelektron aufgefaßt werden. Man kann also insbesondere auf eine Vielteilchenbeschreibung des Atoms verzichten. Zu einer derartigen Denkweise ist man berechtigt, da infolge der großen Energien in der Kern- und Elementarteilchenphysik die Materiewellenlängen der Objekte stets viel kleiner als die Durchmesser der Atome und oft auch kleiner als die der Atomkerne sind.

Die Art einer Kernstrahlung wird durch Eigenschaften ihrer Teilchen, wie z. B. Ruhmasse, Ladung und Spin, bestimmt. Außerdem ist die Angabe der Teilchenenergie zweckmäßig. Bei geladenen Teilchen können die Massen und auch die Geschwindigkeiten z.B. aus der Ablenkung in elektrischen und magnetischen Feldern bestimmt werden. Anwendung findet diese Methode vor allem zur Präzisionsmassebestimmung von Ionen (Massenspektrograf, s. Abschn. 2.2.1.4.1.1). Kernstrahlungsart

Zur Charakterisierung eines gegebenen Strahlungsbündels ist darüber hinaus oft die Kenntnis der Gesamtenergie und der Gesamtteilchenzahl der Strahlung in einem bestimmten Zeitabschnitt bzw. der Energiestromdichte und der Teilchenstromdichte bezüglich einer bestimmten Fläche (also von integralen Größen) sowie die Kenntnis des Energiespektrums als differentieller Aussage wichtig. Weiterhin werden in der Kernphysik auch räumliche Angaben, wie z. B. Winkel zwischen Impulsrichtungen, oder zeitliche Angaben, wie z. B. Ankunftszeiten eines Teilchens am Ort des Detektors, benötigt. Das vor allem auch für den Strahlenschutz wichtige Teilgebiet der *Dosimetrie* befaßt sich mit der Messung der von einem Stoff absorbierten Strahlungsenergie und mit Angaben zu deren biologischer Wirksamkeit (s. Abschn. 11.1.2.5).

Dosimetrie

Dient ein Strahlungsmeßgerät vorzugsweise dem Strahlungsnachweis, so nennt man es *Detektor*. Gestattet es darüber hinaus eine genauere Charakterisierung der Strahlung, dann bezeichnet man es als *Spektrometer*.

Detektor

Spektrometer

Ein Strahlungsempfänger ist nicht für alle Strahlungsarten gleichermaßen geeignet. Für die Meßtechnik ist es entscheidend, welcher Effekt, d. h. welche Wechselwirkung zwischen den Teilchen und der wirksamen Materie des Strahlungsempfängers für den Meßprozeß ausgenutzt werden kann und wie der Strahlungsempfänger beschaffen sein muß, damit eine optimale Wirkung erzielt wird. Die Grundlage der Kernstrahlungsmessungen bilden vor allem die elektromagnetische, aber auch die starke Wechselwirkung (vgl. Abschn. 15.2). Unter diesem Gesichtspunkt der Meßtechnik ist eine Einteilung der Kernstrahlungsteilchen in vier Gruppen zweckmäßig:

meßtechnische Klassifizierung von Kernstrahlungsteilchen

- geladene Teilchen, die mit stofflicher Materie außer in elektromagnetische auch in starke Wechselwirkung treten (z. B. Protonen),
- geladene Teilchen, für die die elektromagnetische Wechselwirkung mit Materie charakteristisch ist (Elektronen und Müonen),
- ungeladene Teilchen mit der Ruhmasse Null, die nur elektromagnetische Wechselwirkung mit Materie aufweisen (Photonen),
- ungeladene Teilchen mit einer von Null verschiedenen Ruhmasse, für die die starke Wechselwirkung mit Materie charakteristisch ist (z. B. Neutronen).

Neutrinos (vgl. Abschn. 12.2.6), die für die praktische Kernstrahlungsmeßtechnik keine Bedeutung haben, bleiben bei dieser Einteilung unberücksichtigt.

11.1.1 Durchgang von Kernstrahlung durch stoffliche Materie

11.1.1.1 Teilchen mit von Null verschiedener Ruhmasse

Durchdringt eine aus geladenen Teilchen bestehende Strahlung stoffliche Materie, so kann das einzelne Teilchen folgenden elektromagnetischen Wechselwirkungen unterliegen:

elektromagnetische Wechselwirkungen geladener Teilchen

- Stößen mit Elektronen der Atomhülle,
- Streuung im Coulomb-Feld der Kerne,
- Strahlungsbremsung.

Stöße mit Hüllenelektronen führen zur Anregung oder Ionisation der Atome. Bei der Übertragung großer Energien entstehen Sekundärelektronen mit beträchtlichen kinetischen Energien, die ihrerseits weitere Atome zu ionisieren vermögen. Diese Energieverluste der primären Teilchen beim Stoß mit Hüllenelektronen nennt man – nicht ganz exakt – *Ionisationsverluste*.

Ionisationsverluste

An Atomkernen größerer Ordnungszahl erleiden geladene Teilchen eine Streuung, die bei ausreichend großer Masse des Kerns in guter Näherung als elastisch angesehen werden darf. Ihr gegenüber ist im Falle schwerer Teilchen die elastische Streuung an Hüllenelektronen vernachlässigbar. Quantitative Beziehungen wurden unter diesen Voraussetzungen von RUTHERFORD hergeleitet (s. Abschn. 3.2.2). Bei Elektronen können jedoch im Gegensatz zu schweren Teilchen bei der Wechselwirkung mit der Atomhülle beträchtliche Richtungsänderungen auftreten.

Streuung am Atomkern

Im elektrischen Feld der Hüllenelektronen und des Atomkernes erfahren geladene Teilchen eine mehr oder weniger große Änderung ihrer Geschwindigkeit. Beschleunigte geladene Teilchen senden nach den Gesetzen der Elektrodynamik eine elektromagnetische Strahlung aus. Die dadurch verursachten Energieverluste nennt man *Strahlungsverluste*, die Strahlung selbst *Bremsstrahlung* (s. auch Abschn. 9.2.3.1 zur Röntgenstrahlung). Teilchen mit gleicher Ladung unterliegen dabei der gleichen Wechselwirkung, ihre Abbremsung dagegen ist masseabhängig. Da der Verlust des Teilchens an kinetischer Energie mit dem Betrag der Bremsung wächst, ist er um so größer, je kleiner die Masse des Teilchens ist. *Strahlungsverluste* sind deshalb bis auf die der Elektronen gegenüber den Ionisationsverlusten vernachlässigbar.

Strahlungsverluste, Bremsstrahlung

Bei der Bremsung der Teilchen infolge von *Strahlungsverlusten* bleibt der Atomkern selbst unverändert. Er nimmt lediglich den Rückstoßimpuls des abgebremsten Teilchens auf. Wenn der Kern dagegen bei einer Wechselwirkung Veränderungen erfährt, spricht man von *Kerntreffern*. Wegen der Kleinheit des Kerns ist diese Vorstellung aber nur für hochenergetische Teilchen sinnvoll. Erst dann ist die Teilchenspur ausreichend genau lokalisierbar.

Kerntreffer

Bezüglich der Kerntreffer unterscheidet man zweckmäßig zwei Gruppen von Teilchen. Mikroobjekte mit einer Ruhmasse kleiner oder gleich der des Müons (s. Abschn. 15.3.1.4) vermögen nur in elektromagnetische oder schwache Wechselwirkungen (s. Abschn. 15.2) mit dem Kern zu treten. Man nennt sie deshalb *kerninaktive Teilchen*. Die Abbremsung von Elektronen erfolgt durch Ionisations- und Strahlungsverluste. Anders liegen die Verhältnisse bei Müonen. Sie erleiden wegen ihrer wesentlich größeren Ruhmasse (~ 207 m_{0e}) kaum Strahlungsverluste. Energiereiche Müonen werden daher nur sehr wenig durch die Atomhülle gebremst und besitzen als kerninaktive Teilchen eine außerordentlich große Durchdringungsfähigkeit. Teilchen mit gegenüber den Müonen größerer Ruhmasse können mit dem Atomkern in starke Wechselwirkung treten und Kernreaktionen auslösen. Man nennt die zu dieser Gruppe gehörenden Teilchen *kernaktive Teilchen*.

kerninaktive Teilchen

kernaktive Teilchen

Nachweis ungeladener Teilchen

Für ungeladene Teilchen ist allein die starke Wechselwirkung beim Materiedurchgang von praktischer Bedeutung. Zum Nachweis dient jedoch in der Regel die elektromagnetische Wechselwirkung von geladenen Teilchen und γ-Quanten, die als Sekundärstrahlung beim Durchgang der ungeladenen Teilchen durch stoffliche Materie entstehen. Für die für praktische Anwendungen der Kernphysik besonders wichtigen Neutronen sind in Abschnitt 12.5.2 Wechselwirkungsprozesse angegeben, die zur Entstehung der für den Neutronennachweis ausgenutzten Sekundärstrahlung führen.

11.1.1.2 Photonen

Photonen können beim Durchgang durch stoffliche Materie ausschließlich eine elektromagnetische Wechselwirkung hervorrufen. Sie führt neben solchen Streuprozessen, die ohne Änderung der Wellenlänge ablaufen, auch zu folgenden Prozessen:

Wechselwirkungen von Photonen

- Anregung der Atome und Fotoeffekt,
- Compton-Streuung an Atomen,
- Paarerzeugung,
- Kernanregung, Spallation, Kernfotoeffekt.

Fotoeffekt Compton-Streuung

Der Fotoeffekt und die Compton-Streuung wurden in den Abschnitten 2.1.2.1.1 und 2.1.2.3 näher besprochen. Die Wahrscheinlichkeit der Absorption des Photons durch die Atomhülle nimmt ab, wenn die Photonenenergie auf Werte ansteigt, die groß sind im Vergleich zur Bindungsenergie der Elektronen. Dann überwiegt die Compton-Streuung gegenüber dem Fotoeffekt.

Paarerzeugung

Zu noch höheren Energien hin setzt die Wechselwirkung mit dem elektrischen Feld des Atoms ein, insbesondere mit dem des Atomkerns. Das Photon verschwindet dabei völlig, und es entsteht ein Elektron-Positron-Paar. Auch die Paarerzeugung setzt die Beteiligung eines Teilchens mit Ruhmasse an der Wechselwirkung voraus, da sonst der Impulserhaltungssatz nicht erfüllbar wäre (s. Abschn. 15.3.1.2).

Wechselwirkungen zwischen γ-Quanten und Atomkernen

Die elektromagnetische Einwirkung energiereicher Photonen auf den Atomkern kann – in Analogie zu entprechenden Vorgängen in der Atomhülle – zu einer Anregung des Kernes und damit zur Absorption des Photons führen. Die Anregung des Kernes hat i. a. γ-Emission zur Folge, in Spezialfällen auch eine „Kernverdampfung“ (Spallation) bzw. die Emission von Kernfragmenten (vgl. Abschn. 12.1). Weiter kann die Absorption eines Photons zur Emission eines Kernnukleons führen (Kernfotoeffekt). Alle diese Prozesse haben aber nur einen geringen Anteil an der Absorption von Photonen durch Materie. Eine noch geringere Rolle spielen andere mögliche Wechselwirkungen, wie z. B. die Compton-Streuung an Kernen. Abbildung 11.1 zeigt die dominierenden Wechselwirkungen zwischen Photonen und stofflicher Materie in Abhängigkeit von der Photonenenergie.

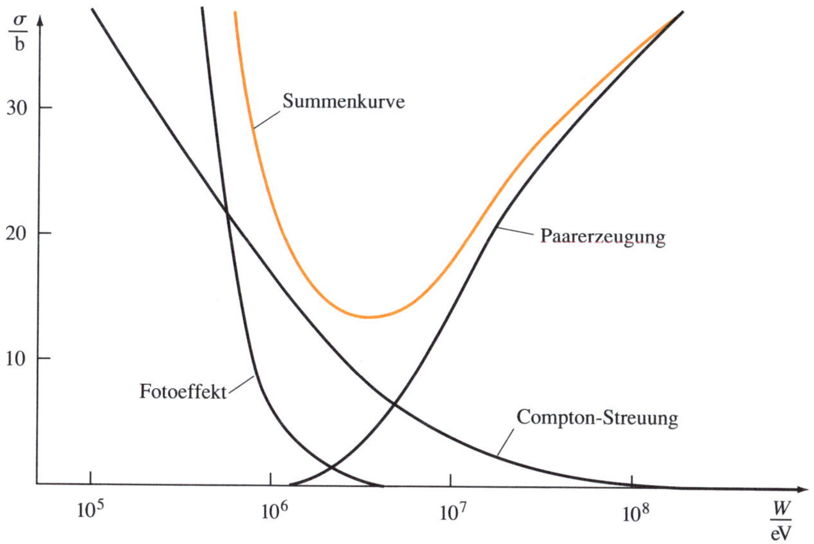

Abb. 11.1
Wirkungsquerschnitte des Bleiatoms bezüglich verschiedener Wechselwirkungsarten mit Photonen in Abhängigkeit von der Photonenenergie

11.1.1.3 Ionisationsverluste, Reichweite, spezifische Ionisation

Die vorangegangenen Abschnitte geben einen Überblick über die wesentlichen zur Absorption von Kernstrahlungen in stofflicher Materie führenden Wechselwirkungen. Für die Strahlungsmeßtechnik sind davon insbesondere – nicht ausschließlich! – die Stöße mit Hüllenelektronen und für Elektronen die Strahlungsbremsung wichtig. Vor allem die Neutrinos spielen bezüglich der Meßbarkeit eine Sonderrolle; darauf wird im Abschnitt 12.2.6 eingegangen. Der Wirkungsquerschnitt (s. (D 3.2) und Abschn. 12.1.5) für eine bestimmte Wechselwirkung einer Teilchenart ist von der Energie des Teilchens abhängig. „Kleine" und „große" Energien sind dabei für Teilchen mit geringer und großer Ruhmasse sehr unterschiedliche und auch von der Absorbersubstanz abhängige Energiebereiche.

Wirkungsquerschnitt

11.1.1.3.1 Ionisationsverlust schwerer Teilchen

Wir wollen den relativ einfachen Fall von Stößen f-fach geladener schwerer Teilchen (Ladung fe, Masse $m \gg m_{0e}$, Geschwindigkeit v) mit Hüllenelektronen betrachten. Die stoßenden Teilchen erleiden wegen des großen Massenunterschiedes der Stoßpartner praktisch keine Richtungsänderung. Weiterhin sollen während der Wechselwirkungen die an den Stößen beteiligten Elektronen als ungebunden und ruhend angenommen werden.

Die Coulomb-Kraft für die Wechselwirkung mit einem Hüllenelektron, $F = fe^2/4\pi\varepsilon_0 r^2$, kann in jedem Bahnpunkt (vgl. Abb. 11.2) in die parallel

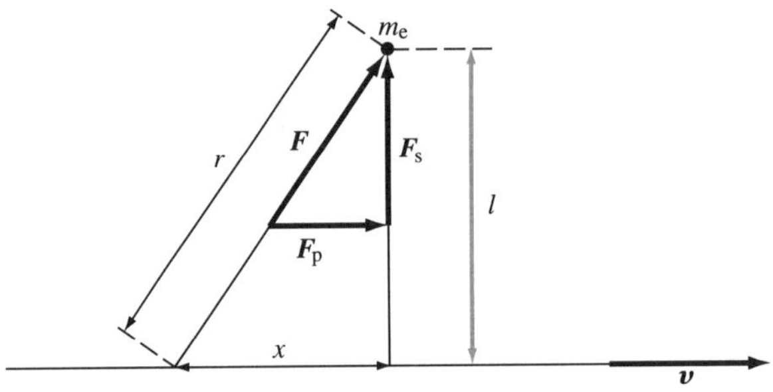

Abb. 11.2
Zur Berechnung der Ionisationsverluste schwerer Teilchen

und senkrecht zur Bewegungsrichtung des stoßenden Teilchens gerichteten Komponenten

$$\boldsymbol{F}_p = \frac{fe^2}{4\pi\varepsilon_0 r^2}\frac{x}{r}\boldsymbol{t}^0, \quad \boldsymbol{F}_s = \frac{fe^2}{4\pi\varepsilon_0 r^2}\frac{l}{r}\boldsymbol{n}^0 \tag{11.1}$$

zerlegt werden, wobei l der Stoßparameter ist. Für die entsprechenden Koordinaten des dem Elektron übertragenen Impulses folgt bei Berücksichtigung der Beziehungen $\mathrm{d}t = \mathrm{d}x/v$ und $r^2 = x^2 + l^2$

$$p_p = \int F_p \,\mathrm{d}t = \int_{-\infty}^{+\infty} \frac{fe^2}{4\pi\varepsilon_0 (x^2+l^2)^{3/2}\, v}\, x\,\mathrm{d}x = 0\,, \tag{11.2a}$$

$$p_s = \int F_s \,\mathrm{d}t = \int_{-\infty}^{+\infty} \frac{fe^2}{4\pi\varepsilon_0 (x^2+l^2)^{3/2}\, v}\, l\,\mathrm{d}x$$

$$= \frac{fe^2 l}{4\pi\varepsilon_0 v}\,\frac{x}{l^2\sqrt{x^2+l^2}}\Bigg|_{-\infty}^{+\infty} = \frac{fe^2}{2\pi\varepsilon_0 v\, l}\,, \tag{11.2b}$$

für die an das Elektron abgegebene Energie somit

$$W_{\mathrm{kin}} = \frac{p^2}{2m_{0\mathrm{e}}} = \frac{f^2 e^4}{8\pi^2\varepsilon_0^2 v^2 l^2 m_{0\mathrm{e}}}\,. \tag{11.3}$$

Die Wechselwirkung des stoßenden Teilchens mit den Hüllenelektronen beschränkt sich aber nicht nur auf ein Elektron, sondern es sind sämtliche Elektronen der Atome mit ihren unterschiedlichen Stoßparametern zu berücksichtigen. Die Teilchenanzahldichte der Atome der Ordnungszahl Z sei n und damit die der im obigen Sinne freien Elektronen in der Substanz nZ. Von ihnen weisen alle diejenigen einen Stoßparameter zwischen l und $l + \mathrm{d}l$ bezüglich der Wechselwirkung mit dem sich auf einer Geraden bewegenden Teilchen auf, deren Abstand von dieser Bahn zwischen l und $l + \mathrm{d}l$ liegt. Längs einer Wegstrecke $\mathrm{d}x$, die das Teilchen in der Sub-

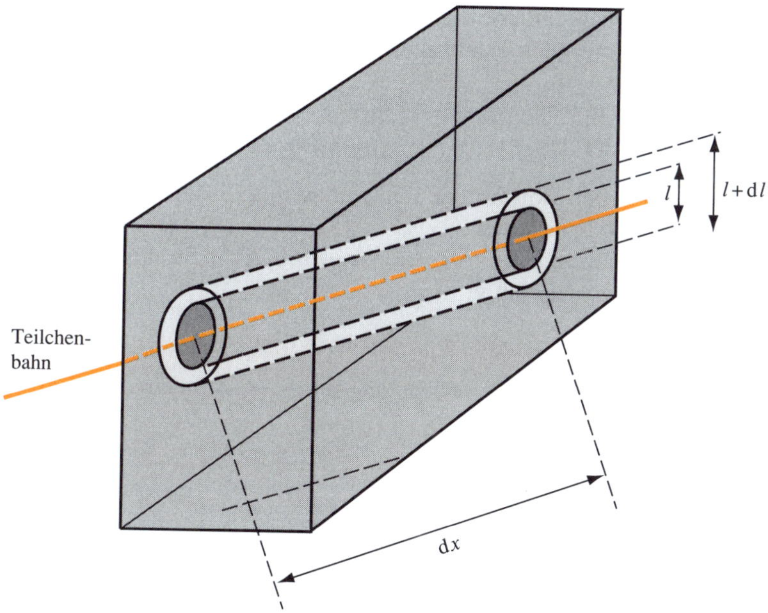

Abb. 11.3
Zur Berechnung der Anzahl der Hüllenelektronen, die bei vorgegebener Teilchenbahn einen Stoßparameter zwischen l und $l + \mathrm{d}l$ besitzen

stanz zurücklegt, existieren damit $2\pi l\,\mathrm{d}l\,\mathrm{d}x\,Zn$ Hüllenelektronen mit einem Stoßparameter zwischen l und $l + \mathrm{d}l$ (s. Abb. 11.3). Das stoßende Teilchen verliert an sie entsprechend (11.3) die aus

$$\frac{\mathrm{d}^2 W_{\mathrm{kin}}}{\mathrm{d}x\,\mathrm{d}l} = -\frac{f^2 e^4 2\pi l Z n}{8\pi^2 \varepsilon_0^2 v^2 l^2 m_{0\mathrm{e}}} = -\frac{f^2 e^4 Z n}{4\pi \varepsilon_0^2 v^2 l m_{0\mathrm{e}}} \tag{11.4}$$

zu berechnende Energie. Für

$$l_{\min} \leqq l \leqq l_{\max} \tag{11.5}$$

ergibt die Integration

Ionisationsverluste schwerer Teilchen (nichtrelativistisch)

$$\frac{\mathrm{d}W_{\mathrm{kin}}}{\mathrm{d}x} = -\frac{Z f^2 e^4 n}{4\pi \varepsilon_0^2 v^2 m_{0\mathrm{e}}} \ln \frac{l_{\max}}{l_{\min}}. \tag{11.6a}$$

$\mathrm{d}W_{\mathrm{kin}}/\mathrm{d}x$ gibt Aufschluß über die Ionisationsverluste des Teilchens. Die Grenzwerte in (11.5) sind nicht mit den Werten 0 bzw. ∞ identisch. $l_{\max}$ wird durch relativistische Effekte begrenzt oder dadurch, daß der Stoßparameter mindestens so klein sein muß, daß die Wechselwirkungsenergie noch zur Anregung der Hüllenelektronen ausreicht. Die untere Grenze $l_{\min}$ ergibt sich bei klassischer Betrachtung aus (11.3) mit der Überlegung, daß der maximal übertragbare Impuls $2m_0 v$ ist. Die hier rein klassisch und nichtrelativistisch hergeleitete Beziehung behält im Prinzip auch nach der relativistischen Quantentheorie ihre Gültigkeit, denn nach BETHE und BLOCH gilt unabhängig von der Teilchengeschwindigkeit mit $\beta = v/c$

Ionisationsverluste schwerer Teilchen (relativistisch)

$$\frac{\mathrm{d}W_{\mathrm{kin}}}{\mathrm{d}x} = -\frac{Zf^2e^4n}{4\pi\varepsilon_0^2 m_{0\mathrm{e}}\beta^2c^2}\left[\ln\frac{2m_{0\mathrm{e}}\beta^2c^2}{\bar{W}_{\mathrm{Ion}}(1-\beta^2)} - \beta^2 - C\right]. \qquad (11.6)$$

$\bar{W}_{\mathrm{Ion}}$ bedeutet hierbei die mittlere Ionisationsenergie der Elektronen, C eine unwesentliche Konstante.

Zur Charakterisierung der Ionisationsverluste einer Strahlung ist folgende Festlegung zweckmäßig:

(D 11.1) spezifischer Ionisationsverlust S

$S = \frac{1}{\varrho}\frac{\mathrm{d}W_{\mathrm{kin}}}{\mathrm{d}x}$ heißt spezifischer Ionisationsverlust in einer Substanz mit der Massedichte ϱ.

Mögliche Maßeinheit: $[S] = \mathrm{Ws\,kg^{-1}\,m^2}$.

spezifische Ionisationsverluste sind annähernd stoffunabhängig

Aus (11.6) und (D 11.1) ist zu ersehen, daß die spezifischen Ionisationsverluste nur wenig von der Substanz abhängen. Nach (2.12) gilt für die Teilchenanzahldichte der Atome mit der Avogadroschen Konstanten N_{A} und der relativen Atommasse A_{r} die Beziehung $n = N_{\mathrm{A}}\varrho\ \mathrm{kmol}/A_{\mathrm{r}}\ \mathrm{kg}$ und demzufolge, wenn man die geringfügige Abhängigkeit der Logarithmusfunktion in (11.6) bzw. (11.6a) von der Ionisationsenergie vernachlässigt,

$$S \sim \frac{Z}{A_{\mathrm{r}}}. \qquad (11.7)$$

Da der Bruch Z/A_{r} mit wachsender relativer Atommasse nur wenig abnimmt, ist die genannte Aussage verständlich (vgl. auch Abb. 11.4).

Wie man aus (11.6) bzw. (11.6a) abliest, ist das durch Ionisationsverluste bedingte Bremsvermögen unabhängig von der Masse des stoßenden Teilchens, dagegen proportional dem Quadrat seiner Ladung fe. Von den Eigenschaften der bremsenden Substanz hat ihre Elektronendichte den größten Einfluß. Weitere Eigenschaften, z.B. die mittlere Ionisationsenergie, sind mitbestimmend für die Grenzwerte des Stoßparameters. Gegenüber der Elektronendichte wirken sie sich nur wenig auf S aus.

In Abbildung 11.5 ist die prinzipielle Abhängigkeit der spezifischen Ionisationsverluste von der Teilchenenergie dargestellt. Bei sehr geringen, für die Kernphysik nicht typischen Energien können die Energien der Hüllenelektronen entgegen der Voraussetzung bei der Herleitung von (11.6) nicht vernachlässigt werden. Es kann dann der obere Grenzwert $l_{\max}$ des Stoßparameters recht klein werden. Langsame positiv geladene Teilchen können Elektronen einfangen und dadurch ihre effektive Ladung reduzieren. Insgesamt erweisen sich die Ionisationsverluste bei kleinen Teilchenenergien als relativ gering. Nach Durchlaufen eines Maximums fällt der spezifische Ionisationsverlust zunächst mit zunehmender Teilchenenergie ab. Dies läßt sich leicht aus (11.6) bzw. (11.6a) erklären. Für

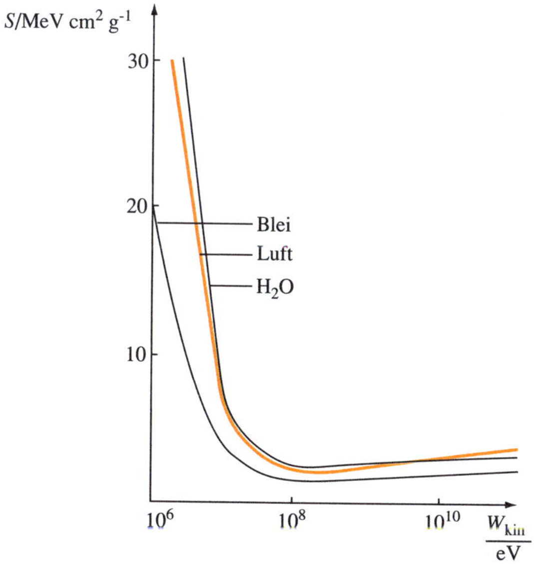

Abb. 11.4
Spezifische Ionisationsverluste von Müonen in verschiedenen Substanzen

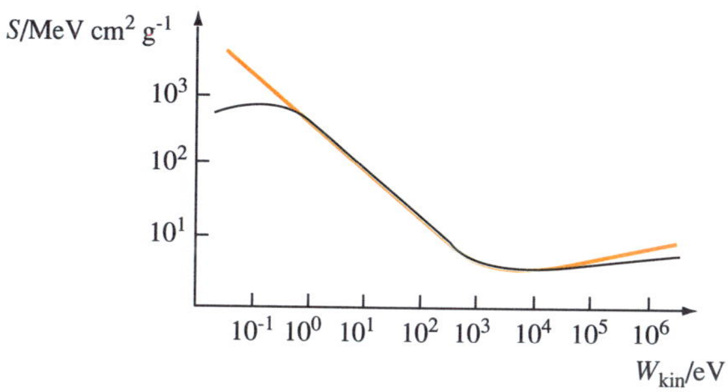

Abb. 11.5
Abhängigkeit der spezifischen Ionisationsverluste von der Teilchenenergie. Die — Kurve beschreibt den Verlauf, der nach Gleichung (11.6) zu erwarten ist

$v \ll c$ ist $S \sim v^{-2}$, da die Logarithmusfunktion wesentlich schwächer mit x wächst als jede Potenz von x. Für sehr große Teilchengeschwindigkeiten ($v \approx c$) tritt dann wieder ein geringer Anstieg von S mit wachsender Teilchengeschwindigkeit auf. Der erste Faktor in (11.6) bzw. (11.6a) wird praktisch konstant. Der Anstieg ist durch das Anwachsen der Logarithmusfunktion mit wachsendem v bedingt. Abbildung 11.6 zeigt die spezifischen Ionisationsverluste von Protonen und α-Teilchen in Luft als Funktion der kinetischen Energie. Beide Kurven können durch Verschieben zur Deckung gebracht werden. Das läßt sich mit (11.6a) erklären. Danach sind die spezifischen Ionisationsverluste ($\ln (l_{max}/l_{min})$ = const vorausgesetzt) für Teilchen gleicher Ladung und gleicher Geschwindig-

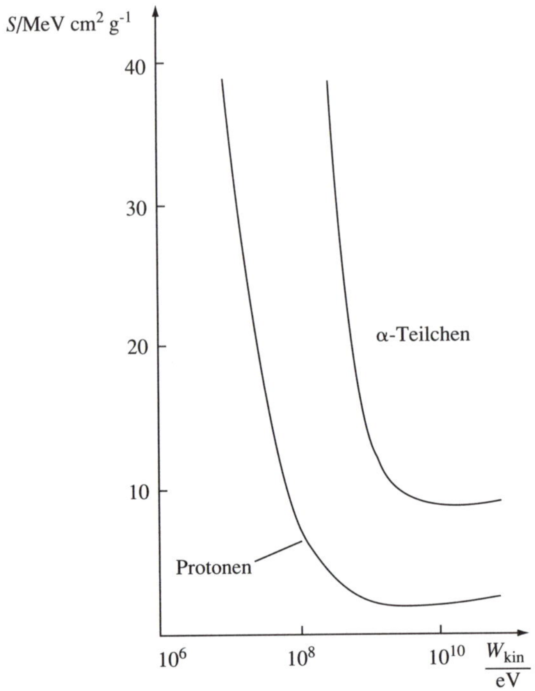

Abb. 11.6
In Luft gemessene spezifische Ionisationsverluste von Protonen und α-Teilchen

keit gleich groß. Zur gleichen Geschwindigkeit gehört beim α-Teilchen wegen der vierfachen Masse aber die vierfache kinetische Energie im Vergleich zum Proton. Das bedingt in der Abbildung eine Verschiebung der Kurve des α-Teilchens gegenüber der des Protons nach rechts, seine doppelte Ladung bedingt entsprechend $S \sim f^2$ die Verschiebung eines Kurvenpunktes auf den vierfachen Wert nach oben.

11.1.1.3.2 Reichweite schwerer Teilchen

Infolge des Energieverlustes ist die Wegstrecke begrenzt, die ein Teilchen in einer ausreichend dicken Absorberschicht der Dichte ϱ zurücklegen kann. Die maximal mögliche Wegstrecke nennt man Reichweite R. Sie ist von der Energie der gegebenen Kernstrahlung abhängig.

(D 11.2)
Reichweite R

Dringt ein Teilchen einer gegebenen Kernstrahlung mit der kinetischen Energie $W_{\text{kin}0}$ in eine Substanz mit der Dichte ϱ ein und ist der spezifische Ionisationsverlust durch S gegeben, dann heißt

$$R = \int_{W_{\text{kin}0}}^{0} \frac{\mathrm{d}W_{\text{kin}}}{-\varrho S}$$

Reichweite des Teilchens in der betreffenden Substanz.

Mögliche Maßeinheit: $[R] = \text{m}$.

Die Reichweite schwerer Teilchen ist relativ leicht meßbar, denn diese legen in der Absorbersubstanz einen nahezu geradlinigen Weg zurück. Sorgt man für einen senkrechten Strahlungseinfall, so kann die Reichweite durch Messung der Intensität des die Absorberschicht durchdringenden Strahlungsanteiles in Abhängigkeit von der Schichtdicke x bestimmt werden. Bei $x = R$ sinkt die Intensität steil ab.

Abhängigkeit der Reichweite von der Teilchenenergie

Den Zusammenhang von Reichweite und Energie liefert die Integration von (D 11.2). Sie ist aber mit (11.6) nur für Sonderfälle möglich. Die Reichweite-Energie-Beziehung muß deshalb meist halbempirisch durch Eichmessungen gewonnen werden. Wir betrachten die Sonderfälle $v \ll c$ und $v \approx c$. Im ersten Fall gilt $W_{\text{kin}} \approx mv^2/2$, und damit folgt aus (11.6), wenn die Logarithmusfunktion als konstant angesehen wird,

$$R = \text{const} \int_0^{W_{\text{kin}\,0}} \frac{v^2}{f^2}\,\mathrm{d}W_{\text{kin}} = \text{const} \int_0^{v_0} m\,\frac{v^3}{f^2}\,\mathrm{d}v,$$

$$R \sim m\,\frac{v_0^4}{f^2} \sim \frac{W_{\text{kin}\,0}^2}{f^2} \qquad (v \ll c). \tag{11.8}$$

Bei hohen Energien ($v \approx c$) ist dagegen $\mathrm{d}W/\mathrm{d}x$ nahezu konstant (vgl. Abb. 11.5) und deshalb näherungsweise

$$R \sim W_{\text{kin}\,0}/f^2 \qquad (v \approx c). \tag{11.9}$$

Experimentell sind (11.8) bzw. (11.9) gut bestätigt. Zu hohen Energien hin wird die Gültigkeit durch das zunehmende Auftreten der für schwere Teilchen charakteristischen Kerntreffer (vgl. Abschn. 11.1.1.1) begrenzt. Bei leichten geladenen Teilchen (z.B. Elektronen) macht sich bei kleineren Energien (etwa $W_{\text{kin}} < 1$ MeV) die Streuung bemerkbar. Ihre Bahnen verlaufen dann gekrümmt, so daß die in der oben skizzierten Weise bestimmten Reichweiten kleiner als die wirklichen sind. Weiter sind für Elektronen bei hohen Energien die Strahlungsverluste nicht mehr gegenüber den Ionisationsverlusten vernachlässigbar. Für Müonen gilt dagegen (11.9) auch noch bei sehr hohen Energien, weil sie ebenfalls kernfremde Teilchen sind, im Gegensatz zu Elektronen aber keine Strahlungsbremsung erleiden (vgl. Abschn. 11.1.1.1) und demzufolge bei ihnen ausschließlich Ionisationsverluste auftreten.

Energiebestimmung aus Reichweitemessungen

Für zwei Teilchen mit den Massen m_1 und m_2, den Ladungen $f_1 e$, $f_2 e$ und mit gleicher Geschwindigkeit ergibt sich aus (11.8)

$$\frac{R_1}{R_2} = \frac{m_1\,f_2^2}{m_2\,f_1^2}\,. \tag{11.10}$$

Wenn $R = R(W_{\text{kin}})$ für eine Teilchenart bekannt ist, kann man R für andere Teilchenarten daraus ableiten.

Da für die Funktion $R = R(W_{\text{kin}})$ in großem Umfang experimentelle Ergebnisse bezüglich verschiedener Kernstrahlungsarten und Absorbersubstanzen vorliegen, können Reichweitemessungen zur Energiebestimmung für Kernstrahlungen ausgenutzt werden.

11.1.1.3.3 Spezifische Ionisation

mittlere Energie des Ionisatonsprozesses

Im Abschnitt 11.1.1.3 werden die Ionisationsprozesse als eine der Ursachen für die Energieverluste der Kernstrahlung beim Durchgang durch Materie betrachtet. Ihre theoretische Behandlung im einzelnen ist sehr schwierig, weil neben den primären Teilchen teilweise auch Sekundärelektronen Ionisationsprozesse auslösen und außerdem Stöße auftreten, die nur zur Anregung von Hüllenelektronen führen. Trotzdem ist es experimentell erwiesen, daß die Gesamtzahl der Ionisationsprozesse, die ein Kernstrahlungsteilchen beim Durchlaufen einer Strecke verursacht, proportional seinem Energieverlust längs dieser Strecke ist. Für einen Ionisationsprozeß wird also im Mittel ein konstanter Energiebetrag benötigt. Diese Energie ist praktisch eine Konstante der Bremssubstanz, denn sie ist weitgehend unabhängig von der Energie des ionisierenden Teilchens und von seiner Natur. Die Unabhängigkeit ist am besten erfüllt, wenn als Bremssubstanz Edelgase verwendet werden. Dies führt zu der Festlegung:

(D 11.3)
spezifische Ionisation j

Der Quotient aus dem spezifischen Ionisationsverlust S und der Energie $\overline{\overline{W}}_i$, die im Mittel zu einem Ionisationsprozeß führt, heißt spezifische Ionisation j:

$$j = \frac{S}{\overline{\overline{W}}_i}.$$

Mögliche Maßeinheit: $[j] = \mathrm{m^2\,kg^{-1}}$.

Nach (D 11.2) und (D 11.3) gibt $j\varrho\,\mathrm{d}x$ die Anzahl $\mathrm{d}N_i$ der längs der Strecke dx vom ionisierenden Teilchen gebildeten Ionenpaare an. Für die Gesamtzahl N_i der bei der vollständigen Abbremsung eines Kernstrahlungsteilchens gebildeten Ionenpaare gilt demzufolge

$$\int_0^R j\varrho\,\mathrm{d}x = \frac{\varrho}{\overline{\overline{W}}_i}\int_0^{W_{\mathrm{kin}\,0}} \frac{1}{\varrho}\,\frac{\mathrm{d}W_{\mathrm{kin}}}{\mathrm{d}x}\,\mathrm{d}x = \frac{W_{\mathrm{kin}\,0}}{\overline{\overline{W}}_i} = N_i\,. \qquad (11.11)$$

Gesamtionisation

Bestimmung der Teilchenenergie aus N_i

N_i wird häufig auch als *Gesamtionisation* bezeichnet. Da $\overline{\overline{W}}_i$ durch die Bremssubstanz bekannt ist, kann also durch Bestimmung der Gesamtionisation (entweder durch Ladungsmessung oder Auszählen der Ionisationsakte) auf die Teilchenenergie geschlossen werden.

Die spezifische Ionisation zeigt entsprechend (D 11.3) die gleiche Abhängigkeit von der Energie des einfallenden Teilchens wie der spezifische Ionisationsverlust.

Im nichtrelativistischen Bereich ($v \ll c$) können Teilchen gleicher Ladung und gleicher Energie, aber verschiedener Masse anhand

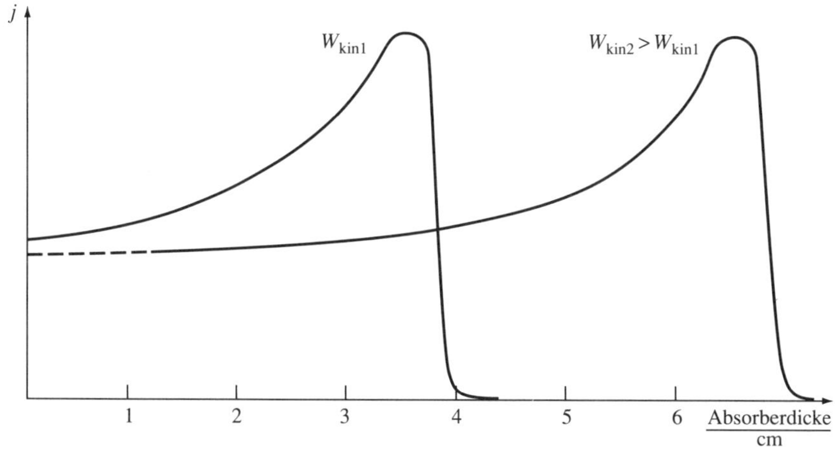

Abb. 11.7
Spezifische Ionisation in Luft bei $2{,}1 \times 10^4$ Pa und 15 °C beim Durchgang von α-Teilchen mit zwei verschiedenen Energien, die von zwei verschiedenen Polonium-Präparaten emittiert werden

ihrer spezifischen Ionisation unterschieden werden. Es gilt dann $v = \sqrt{2W_{\text{kin}}/m_0}$. Demzufolge ist nach (11.6a), (D 11.1) und (D 11.3) die spezifische Ionisation um so größer, je größer die Masse ist. Im relativistischen Bereich ($v \approx c$) ist dagegen eine derartige Unterscheidungsmöglichkeit nicht mehr gegeben, da $\mathrm{d}W_{\text{kin}}/\mathrm{d}x$ nach (11.6) im wesentlichen nur noch von der Ladung des stoßenden Teilchen abhängig ist.

Längs des Bremsweges nimmt die Energie eines Teilchens ab. Damit nehmen die Ionisationsverluste und die spezifische Ionisation in Übereinstimmung mit (11.6) bzw. Abbildung 11.5 mit abnehmender Teilchenenergie in einem weiten Bereich zu. Abbildung 11.7 gibt die spezifische Ionisation in Luft für α-Teilchen verschiedener Energien als Funktion des Bremsweges wieder. Die Konzentration der Energieverluste am Ende des Bremsweges ist deutlich erkennbar.

Für den schnellen Abfall der spezifischen Ionisation am Ende des Bremsweges sind auch *Umladungs-* bzw. *Anlagerungseffekte* maßgebend, wie sie bereits bei der Erläuterung von Abbildung 11.5 erwähnt wurden. An positive Teilchen geringer Energie lagern sich Hüllenelektronen an. Vor allem für positive Ionen sind Umladungen charakteristisch. Während von schnellen positiven Ionen oder auch neutralen Atomen nacheinander Hüllenelektronen abgestreift werden, ihr Ionisationsgrad beim Eindringen in eine Substanz also wächst, überwiegen gegen Ende ihres Bremsweges bei Energien, die dann etwa gleich den Bindungsenergien der Hüllenelektronen der Absorbersubstanz sind, die Anlagerungseffekte.

11.1.1.4 Energieverluste von Elektronen

Ionisatonsverluste

Elektronen erleiden beim Durchgang durch Materie sowohl Ionisations- als auch Strahlungsverluste. Bei der Berechnung ihrer Ionisationsverluste ist im Gegensatz zu den Verhältnissen bei schweren Teilchen die Änderung der Bewegungsrichtung infolge von Streuung an den Hüllenelektronen zu berücksichtigen sowie die Tatsache, daß stoßende und gestoßene Teilchen gleichartige und damit ununterscheidbare mikrophysikalische Objekte sind. Diese Besonderheiten gegenüber den schweren Teilchen führen zu weiteren Summanden im Klammerausdruck von (11.6). Dagegen entsprechen der Faktor vor der Klammer und der qualitative Verlauf der Ionisationsverluste von Elektronen sowie von Positronen der Gleichung (11.6) bzw. der Abbildung 11.5. Im relativistischen Fall ergeben sich dadurch für einfach geladene schwere Teilchen und für Elektronen etwa die gleichen Energieverluste. Im nichtrelativistischen Fall dagegen ist die im vorangegangenen Abschnitt diskutierte Proportionalität zur Ruhmasse zu beachten. Deshalb erzeugt ein Proton der Energie $W_{\text{kin}\,0} = 10^5\,\text{eV}$ in Luft auf der Wegstrecke von 1 cm etwa 10^4 Ionen, ein Elektron gleicher Energie dagegen nur etwa 200 Ionen.

Die Berechnung des durch die Strahlungsverluste bedingten Anteiles $(\mathrm{d}W_{\text{kin}}/\varrho\,\mathrm{d}x)_{\text{str}}$ an den Gesamtverlusten ist schwierig. Sie gelang BETHE und HEITLER durch quantenmechanische Überlegungen:

Strahlungsverluste

$$-\left(\frac{1}{\varrho}\,\frac{\mathrm{d}W_{\text{kin}}}{\mathrm{d}x}\right)_{\text{str}} \sim Z^2\,W_{\text{kin}}\,\Phi(W_{\text{kin}})\,, \qquad (11.12)$$

wobei $\Phi(W_{\text{kin}})$ eine lineare Funktion von $\ln W_{\text{kin}}$ ist.

Bei der Strahlungsbremsung kann ein Elektron der Energie $W_{\text{kin}0}$ bei einem Elementarvorgang eine Energie zwischen 0 und $W_{\text{kin}0}$ verlieren. Das kann z. B. aus dem Spektrum der Röntgen-Bremsstrahlung (s. Abschn. 9.2.3.1) abgelesen werden. Die potentielle Energie, d. h. die Wechselwirkungsenergie des Systems Elektron-Atomkern bzw. -Atomrumpf, ist nach (S 5.18) proportional zu Z^2. Damit ist die in (11.12) zum Ausdruck kommende Proportionalität der Strahlungsverluste zu $Z^2 W_{\text{kin}}$ verständlich. Eine exakte Berechnung muß von der Wahrscheinlichkeit ausgehen, mit der ein Elektron der Energie $W_{\text{kin}0}$ bei der Wechselwirkung mit einem Atom der Ordnungszahl Z einen bestimmten Strahlungsverlust $0 \leqq \Delta W_{\text{kin}} \leqq W_{\text{kin}\,0}$ erleidet. Hier genüge aber allein die Feststellung, daß die Strahlungsverluste im Gegensatz zu den Verhältnissen bei Ionisationsverlusten mit der Energie $W_{\text{kin}\,0}$ ansteigen und stark von der Art der Bremssubstanz abhängen. Die Energie, bei der die Strahlungsverluste gleich den Ionisationsverlusten werden, bezeichnet man als *kritische Energie* (s. Abb. 11.8). Da die Strahlungsverluste aber mit wachsender Teilchenmasse stark abfallen (s. Abschn. 11.1.1.1), tritt der Fall dominierender Strahlungsverluste nur bei Elektronen auf. Da sich über die Größe der Wechselwirkungsenergie beim Elementarvorgang der Strahlungsbremsung nur statistische Aussagen machen lassen, existiert für Strah-

Vergleich zwischen Ionisations- und Strahlungsverlusten

kritische Energie

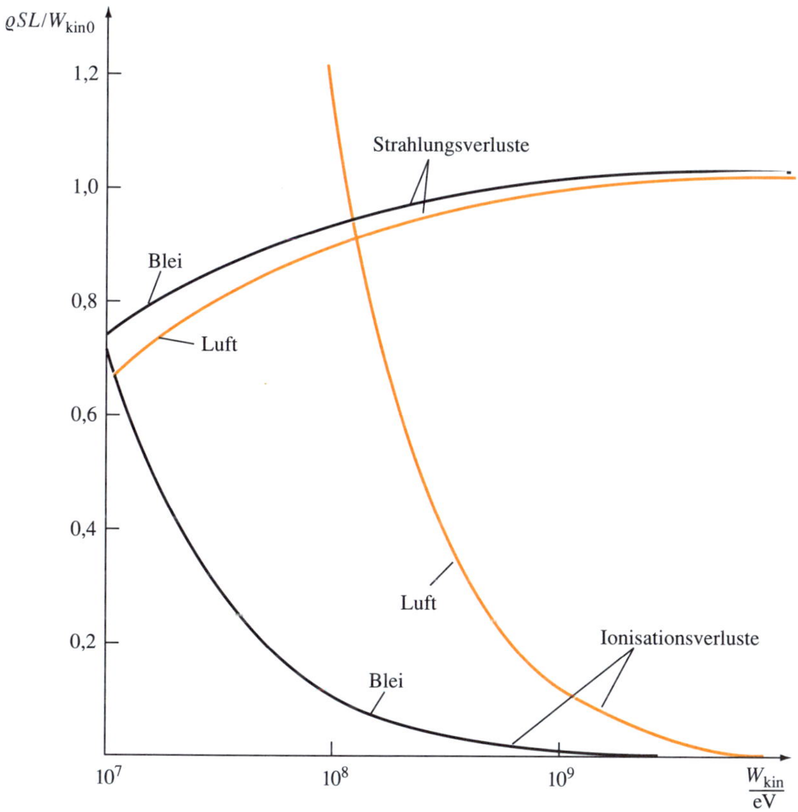

Abb. 11.8
Relativer Energieverlust $\varrho SL/W_{\mathrm{kin}\,0}$ von Elektronen durch Strahlungsverluste und durch Ionisationsverluste jeweils in Blei (–) und in Luft (–)

lungsverluste keine definierte Reichweite. Faßt man in (11.12) die Größen Z^2, Φ und ϱ zur annähernd konstanten Größe L zusammen, so erhält man Strahlungslänge

$$\frac{\mathrm{d}W_{\mathrm{kin}}}{W_{\mathrm{kin}}} = -\frac{1}{L}\,\mathrm{d}x$$

und daraus durch Integration

$$W_{\mathrm{kin}} = W_{\mathrm{kin}\,0}\,\mathrm{e}^{-\frac{x}{L}}. \tag{11.13}$$

Die Strahlungslänge L charakterisiert den Bremsweg, auf dem die ursprüngliche Energie $W_{\mathrm{kin}\,0}$ der Elektronen im Mittel auf den Wert $W_{\mathrm{kin}\,0}/\mathrm{e}$ absinkt.

11.1.2 Kernstrahlungsmeßgeräte

In der Kernstrahlungsmeßtechnik werden drei Gruppen von Meßmethoden unterschieden:

- Methoden zur Untersuchung der Spuren einzelner Teilchen,
- Methoden zum Nachweis und zur Zählung einzelner Teilchen sowie zur Messung von bestimmten Teilchenparametern,
- Methoden zur Messung der Gesamtenergie, der Energiedosis oder anderer integraler Eigenschaften der Strahlung.

11.1.2.1 Teilchenspurdetektoren

Mit Teilchenspurdetektoren können die Teilchenspuren durch geeignete physikalische Prozesse direkt sichtbar gemacht werden. Sie sind deshalb insbesondere zur räumlichen Fixierung eines Vorganges geeignet und ermöglichen die vollständige Erfassung von Kern- oder Elementarteilchenumwandlungen, soweit sich diese im Detektorbereich ereignen.

11.1.2.1.1 Kernemulsionen

Erstmals wurden Kernstrahlungen 1896 von Becquerel nachgewiesen. Er stellte fest, daß die Lagerung von Fotomaterialien und Uranmineralen in unmittelbarer Nachbarschaft zur Schwärzung des Fotomaterials führen kann. Das Prinzip dieses Nachweisverfahrens für Kernstrahlung konnte durch die Entwicklung spezieller Kernemulsionen zu einer wichtigen Meßmethode ausgebaut werden. Insbesondere wurden auch Kernemulsionen für Teilchen mit sehr hoher Geschwindigkeit und demzufolge geringem Ionisationsvermögen entwickelt.

Vorteile von Kernemulsionen

Henri Becquerel (1852–1908) Nobelpreis 1903

Kernemulsionen haben gegenüber anderen Spurendetektoren eine Reihe vorteilhafter Eigenschaften: Zur Aufnahme der Teilchenspuren sind keinerlei Zusatzgeräte notwendig, sie haben eine relativ große Dichte (etwa $4\,g\,cm^{-3}$) und die Teilchen in ihnen somit eine relativ kurze Reichweite. Sie besitzen eine permanente Empfindlichkeit und infolge ihrer Feinkörnigkeit ein gutes räumliches Auflösungsvermögen.

Wegen der permanenten Arbeitsbereitschaft und großen Empfindlichkeit von Kernemulsionen gelingt mit ihnen der Nachweis auch seltener Ereignisse innerhalb einer akzeptablen Zeit. Sie werden deshalb mit Erfolg für die Untersuchung der kosmischen Strahlung und für Messungen an Beschleunigern eingesetzt. Ihre Anwendung führte zur Entdeckung einer ganzen Reihe von neuen Elementarteilchen (π^+-Meson, K^+-Meson, Σ-Hyperon u.a.). Ebenso arbeitet man aber auch bei radiochemischen Untersuchungen mit Kernemulsionen, besonders im Falle schwacher Aktivitäten.

Nachteile von Kernemulsionen

Den Vorteilen von Kernemulsionen stehen aber auch Nachteile gegenüber. So haben sie eine komplexe atomare Zusammensetzung, wodurch die Auswertung vor allem bei hochenergetischen Prozessen erschwert wird. Da der Zeitpunkt, zu dem ein Ereignis stattfindet, nur ungenau angegeben werden kann, sind sie für Koinzidenzmessungen ungeeignet. Ein weiteres Problem ist durch die Schichtdicke der Emulsion gegeben. Für Teilchen geringer Energie und damit kleiner Reichweite genügt zur Registrierung der gesamten Spur eine einzelne Emulsionsschicht (maximale Dicke etwa $5 \cdot 10^{-1}$ mm). Dickere Schichten kann man wegen der dann auftretenden Verzerrungen bei der Entwicklung nicht verwenden. Für schnelle Teilchen wurden deshalb trägerfreie Emulsionsschicht-Pakete entwickelt, bei denen man viele einzelne Schichten übereinander stapelt und gegeneinander fixiert. Das ganze Paket kann Dicken von einigen Zentimetern haben. Zur Entwicklung muß es wieder in die einzelnen Schichten zerlegt werden. Der Entwicklungsvorgang wird dadurch sehr zeitaufwendig, ebenso die Verfolgung einer solchen Spur, die viele Schichten eines Paketes durchsetzt.

11.1.2.1.2 Expansionsnebelkammer

Spuren von Kernstrahlungsteilchen wurden erstmals 1911 von Wilson mit Hilfe der *Expansionsnebelkammer* sichtbar gemacht. Ihre Wirkungsweise beruht auf der Herstellung eines übersättigten Gas-Dampf-Gemisches infolge einer adiabatischen Expansion. Dringt ein geladenes Teilchen in das Kammervolumen ein, so wirken die bei der Abbremsung des Teilchens entstehenden Ionisationsprodukte als Kondensationskerne in dem übersättigten Gas-Dampf-Gemisch. Längs des Teilchenweges bildet sich eine Nebelspur. Sie kann keineswegs als Teilchenbahn im eigentlichen Sinne angesehen werden (vgl. auch Abschn. 2.2.3). Ihr Durchmesser beträgt etwa 10^{-3} m, der Durchmesser eines Protons dagegen etwa 10^{-15} m. Überträgt man dieses Verhältnis auf die Makrophysik, so würde das bedeuten, daß z.B. die Bahn eines Balles von $1{,}5 \cdot 10^{-1}$ m Durchmesser durch eine Spur mit einem Durchmesser von $1{,}5 \cdot 10^{11}$ m charakterisiert werden müßte, d.h. durch eine Spur, deren Durchmesser etwa der Entfernung Erde – Sonne entspräche. Niemand würde dies als Abbild der Teilchenbahn ansehen.

Expansionsnebelkammer

Die anfangs scharfe Nebelspur wird schnell diffus. Die Nebelkammer muß deshalb durch Komprimieren des Gas-Dampf-Gemisches für die nächste Spurenbeobachtung vorbereitet werden; sie ist also im Gegensatz zur Kernemulsion nicht permanent empfindlich. Die Expansion wird oft durch eine Kolbenbewegung realisiert (s. Abb. 11.9). In der Phase der Vorbereitung der Kammer werden vorhandene Ionen durch ein elektrisches Feld abgesaugt.

Die Registrierung der ausgebildeten Nebelspuren erfolgt fotografisch. Als Gaskomponente der Kammerfüllung dienen meist Edelgase, als Dampfkomponente eine Mischung von Äthylalkohol und Wasser im Verhältnis 2 : 1. Der Gesamtdruck ist je nach der Energie der interessierenden Strahlung unterschiedlich und bewegt sich zwischen weniger als einer

Charles Thomson Rees Wilson (1869 – 1959) Nobelpreis 1927

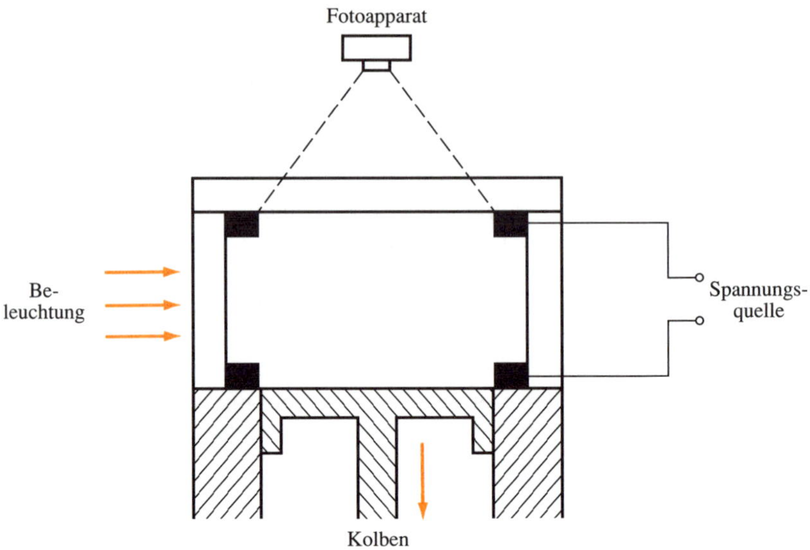

Abb. 11.9
Schematische Darstellung einer Expansionsnebelkammer

Hochdruck-Expansionsnebelkammer

Atmosphäre und 200 bis 300 at in Hochdruckkammern. Konstruktionsprobleme sind bei Expansionsnebelkammern insbesondere das Erreichen einer wirbelfreien Expansion und die Dauer der Arbeitsphasen der Kammer. Für gezielte Untersuchungen ist die elektronische Steuerung der Expansion z.B. mit Hilfe von Zählrohrimpulsen oft unerläßlich, d.h., das Ereignis wird nur dann sichtbar gemacht, wenn es aufgrund anderweitig gewonnener Informationen als vom zu untersuchenden Typ erkannt wurde. Das Ansteuern des Nachweisprozesses bezeichnet man als Triggern.

Patrick Maynard Stuart Blackett (1897–1974)

Anfang der zwanziger Jahre gelang Blackett die Entwicklung von Nebelkammern, die alle 10 s automatisch expandieren. Sie registrieren somit eine große Anzahl von Ereignissen innerhalb kurzer Zeiten und führten daher zum eigentlichen Durchbruch dieser Meßmethode.

11.1.2.1.3 Diffusionsnebelkammer

Diffusionsnebelkammer

Die Expansionsnebelkammer ist infolge ihrer Arbeitsweise nur zeitweise aufnahmebereit. Dieser Nachteil wird bei der *Diffusionsnebelkammer* unter Beibehaltung des Prinzips der Spurenbildung umgangen. In ihr wird ein vertikaler Temperaturgradient aufrechterhalten, indem man den Kammerboden auf etwa −45 °C abkühlt. Die Kammer ist mit einem Permanentgas (meist Luft bei Atmosphärendruck) gefüllt. An der Deckplatte wird durch geringfügiges Heizen in einem Vorratsgefäß Methylalkohol verdampft. Der Dampf diffundiert zur kalten Bodenplatte und bildet dabei eine horizontale übersättigte Schicht, die bei zweckmäßiger Konstruktion

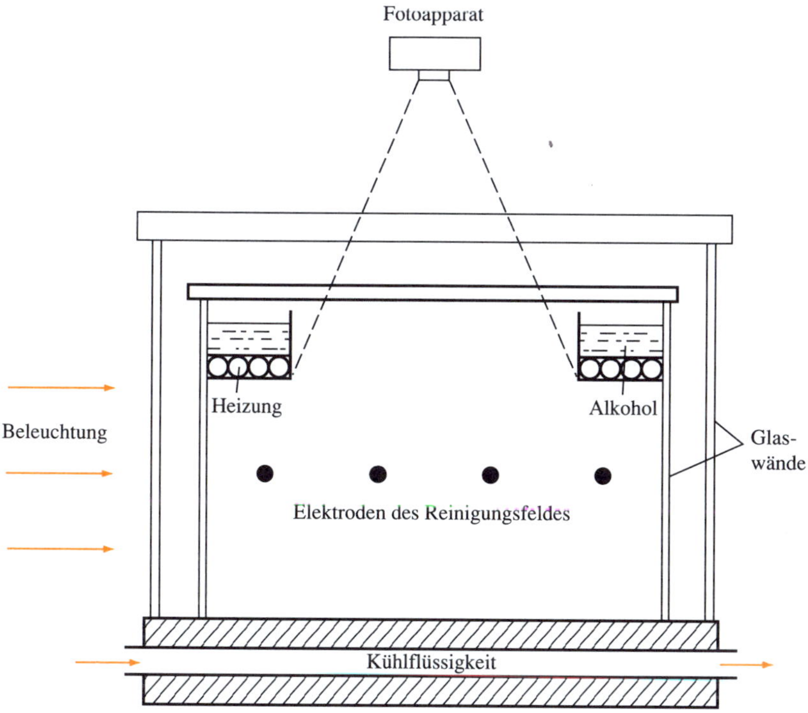

Abb. 11.10
Schematische Darstellung einer Diffusionsnebelkammer

der Kammer bis zu 8 cm dick sein kann. Einen möglichen Aufbau zeigt Abbildung 11.10. Die geringe Höhe des empfindlichen Volumens ist von Nachteil. Dem steht die kontinuierliche Empfindlichkeit als ein in vielen Fällen großer Vorteil gegenüber.

11.1.2.1.4 Blasenkammer

Blasenkammer

Die ab 1953 von GLASER und ALVAREZ entwickelte *Blasenkammer* vereinigt Vorteile der Kernemulsionsmethode mit denen der Nebelkammermethode. Ihre Arbeitsweise ist ähnlich der der Expansionsnebelkammer, jedoch wird hier der überhitzte Zustand einer Flüssigkeit ausgenutzt. Die Blasenkammer ist mit einer Flüssigkeit (je nach dem Untersuchungsziel Wasserstoff, Deuterium, Helium, Kohlenwasserstoffe, Xenon u. a.) gefüllt. Die Flüssigkeit wird durch die Wahl des Druckes und der Temperatur in der Nähe des Siedepunktes gehalten. Eine Druckverminderung im Zeitintervall von etwa einer Millisekunde überführt sie in einen überhitzten Zustand, in dem sie wegen des Siedeverzuges einige Zeit (etwa 10 ms) verharrt. Gelangen in diesem Zustand hochenergetische elektrisch geladene Teilchen in die Flüssigkeit, dann beginnt die Flüssigkeit aufgrund der von den ionisierten Teilchen abgegebenen Ionisierungsenergie längs

DONALD GLASER,
geb. 1926
Nobelpreis 1960

Luis Alvarez
(1911–1988)
Nobelpreis 1968

des Teilchenweges zu sieden. Die Teilchenspur wird durch eine Kette kleiner Dampfblasen sichtbar. Die Empfindlichkeitsdauer der Blasenkammer von 10 ms ist für das Arbeiten an Teilchenbeschleunigern völlig ausreichend, weil diese sowieso im Impulsbetrieb arbeiten. Da die Druckänderung in der Kammer aber etwa eine Millisekunde vor dem Teilchendurchgang eingeleitet werden muß, ist die Triggerung der Blasenkammer durch das nachzuweisende Ereignis nicht möglich.

Die Blasenkammerspuren sind ebenso übersichtlich wie Nebelkammerspuren. Da sich die Teilchenabbremsung aber in einer Flüssigkeit vollzieht, ist die Reichweite der Teilchen vergleichbar mit der in Kernemulsionen. Die Dauer des empfindlichen Zustandes ist sehr kurz. Da die Blasen schneller als die Tröpfchen in Nebelkammern anwachsen, kann kurz nach einem Teilchendurchgang die Bahn fotografiert werden. Aus den genannten Gründen besitzen Blasenkammern ein hohes zeitliches Auflösungsvermögen (bei mit Kohlenwasserstoffen gefüllten Kammern einige 10^{-5} s) und liefern verzerrungsarme Spurenbilder mit geringem störenden Hintergrund.

Einsatz von Blasenkammern

Die genannten Vorteile machen die Blasenkammer zu einem sehr leistungsfähigen Spurendetektor insbesondere für Untersuchungen an hochenergetischen Beschleunigern. Sie kann wegen der fehlenden Triggermöglichkeit jedoch nicht an Speicherringen eingesetzt werden. Die Kammervolumina betragen bis zu 20 m^3. Der Betrieb von Blasenkammern ist daher mit einem hohen technischen Aufwand verbunden. Besonders bewährt haben sich Blasenkammern bei der Analyse von komplizierten Ereignissen. Dabei ist auch der Einsatz von holografischen Techniken von Vorteil.

11.1.2.1.5 Funken- und Streamerkammer

Gasspurkammern

Funken- und *Streamerkammern* (sie werden beide auch als *Gasspurkammern* bezeichnet) werden ebenfalls als Nachweisgeräte für Elementarteilchen in Kombination mit Beschleunigern eingesetzt. Bei ihnen wird eine im Kammervolumen verlaufende Teilchenspur registriert, indem die primär entstandenen Elektronen-Ionen-Paare im Füllgas (z.B. einem Helium-Neon-Gemisch) durch ein starkes homogenes elektrisches Feld zur Ausbildung von Ladungsträgerlawinen veranlaßt werden (vgl. Abb. 11.11). Die Leuchterscheinungen im Bereich der Ladungsträgerlawinen dienen zum Nachweis der Teilchenspur. Um den Spurenverlauf nicht zu verfälschen, arbeiten Gasspurkammern im Triggerbetrieb. Das elektrische Feld wird unmittelbar nach Durchgang des Teilchens durch das Kammervolumen durch Anlegen eines Hochspannungsimpulses an die in der Kammer befindlichen Elektroden erzeugt. Bei geeigneter Anordnung entsprechend vieler Elektroden kann das Volumen von Gasspurkammern mehrere Kubikmeter umfassen. Diese Größe ermöglicht insbesondere auch einen effektiven Nachweis sehr seltener Ereignisse (vgl. Abschn. 15.3.1.5). Im Vergleich zu Blasenkammern besitzen die ab 1961 ent-

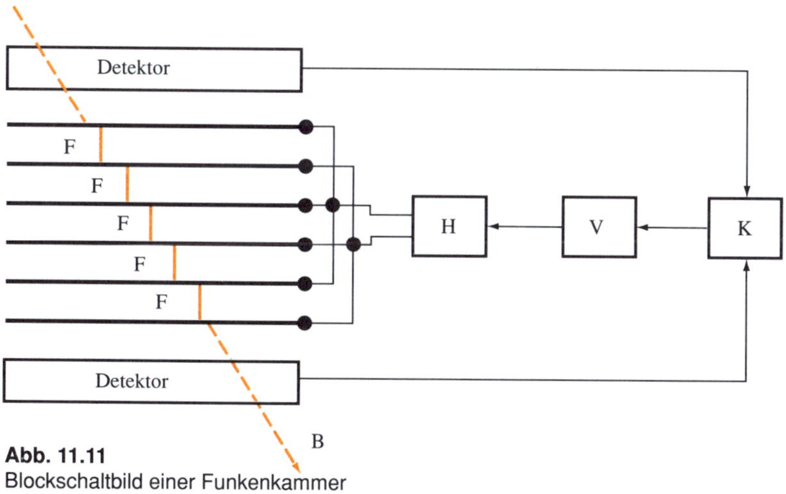

Abb. 11.11
Blockschaltbild einer Funkenkammer
B Teilchenbahn, F Funkendurchbrüche zwischen den Elektroden, H Hochspannungsgenerator, V Impulsverstärker, K Koinzidenzschaltung

wickelten Gasspurkammern günstigere Zeitparameter, sie sind billiger und lassen den Triggerbetrieb zu.

Bei der Funkenkammer wird die Genauigkeit der Bahnbestimmung durch die Anzahl und den Abstand der Elektroden bestimmt. Die Ortsauflösung ist deshalb relativ ungenau. Außerdem kann der spezifische Energieverlust nicht gemessen werden. Deshalb erfolgte eine Weiterentwicklung der Funkenkammer zur Streamerkammer. Funken- und Streamerkammern unterscheiden sich primär in der Dauer des Hochspannungsimpulses. Bei der Funkenkammer wird die Hochspannung erst nach Ausbildung einer Funkenentladung unterbrochen. Man erhält eine intensive Leuchtspur. Der Nachteil dieser Methode ist jedoch, daß sich der Entladungskanal im wesentlichen in Feldrichtung ausbildet und vor allem bei einem größeren Winkel zwischen Teilchenspur und elektrischem Feld nicht mehr der Teilchenspur folgt. Durch bestimmte Konstruktionsmaßnahmen (nicht zu geringer Gasdruck, geringe Verzögerungszeit zwischen Teilchendurchgang und Hochspannungsimpuls, steiler Impulsanstieg) läßt es sich erreichen, daß der Entladungskanal dem Teilchen bis zu einem Winkel von etwa 50° zwischen Bahnspur und elektrischem Feld folgt. Bei der Streamerkammer wird der Hochspannungsimpuls bei einer bestimmten Entwicklungsstufe der Elektronenlawinen (*Streamer*) vor Auftreten einer Funkenentladung unterbrochen, und zwar dann, wenn das Raumladungsfeld im Lawinenkopf mit dem von außen angelegten Feld vergleichbar wird. Die Streamer regen die Atome in unmittelbarer Nähe der primären Ionenspur (etwa ± 1 mm) zur Lichtemission an. Diese Leuchterscheinung ist deutlich lichtschwächer als die bei der Funkenentladung, kann aber noch fotografiert werden.

Funkenkammer

Streamerkammer

Der wesentliche Vorteil der Streamerkammer besteht darin, daß sich die Gasentladung unter den genannten Umständen längs der Teilchenspur ausbreitet. Damit ist die Genauigkeit bei der Bestimmung der Bahnkoordinaten unabhängig von der Neigung zwischen Bahnspur und elektrischem Feld. Somit kann der Elektrodenabstand vergrößert bzw. die Anzahl der Elektroden reduziert werden. Weiterhin ist die Streamerdichte dem spezifischen Energieverlust proportional und dieser damit meßbar.

Streamerkammern sind ähnlich wie Blasenkammern zur Analyse komplizierter Vorgänge, insbesondere von solchen mit vielen Spuren, geeignet. Sie besitzen gegenüber den Blasenkammern eine wesentlich kleinere Totzeit. Tabelle 11.1 enthält für die verschiedenen Teilchenspurdetektoren die Größenordnung einiger wichtiger Charakteristika. Durch Angabe der Dauer einer Empfindlichkeitsperiode ist in der Tabelle auch das Zeitintervall charakterisiert, innerhalb dessen alle einlaufenden Teilchen unabhängig davon registriert werden, ob sie miteinander korelliert sind oder nicht.

11.1.2.1.6 Proportionalkammer und Driftkammer

Zur Ortsmessung werden insbesondere auch die in den siebziger Jahren von Charpak entwickelten Proportional- und Driftkammern eingesetzt. Ihr Funktionsprinzip entspricht dem des Proportionalzählrohres (s. Abschn. 11.1.2.3.1), das man bei den genannten Geräten auf großflächige Detektoren übertragen hat.

Proportionalkammer

Georges Charpak, geb. 1925 Nobelpreis 1992

Proportionalkammern bestehen aus einem flachen, gasgefüllten Volumen, in dem in etwa 2 mm Abstand in einer Ebene und parallel zueinander dünne Drähte gespannt sind. Diese sind mit dem Pluspol einer Hochspannungsquelle verbunden, während die parallel zur Drahtebene liegenden Begrenzungsflächen der Kammer an den Minuspol angeschlossen sind. Zur Erzielung einer räumlichen Auflösung sind mehrere derartige Kammern mit kreuzweise alternierender Drahtrichtung übereinander angeordnet. Entlang der Spur eines durchgehenden geladenen Teilchens wird das Füllgas ionisiert. In der Umgebung des jeweils nächsten Drahtes erzeugen die Primärelektronen wegen der dort vorhandenen hohen Feldstärke Ladungslawinen, die zu einem meßbaren Spannungsimpuls auf dem angesprochenen Draht führen. Das skizzierte Meßprinzip ermöglicht eine rechentechnische Sofortauswertung der Messungen.

Driftkammer

Bei den *Driftkammern* beträgt der Drahtabstand einige Zentimeter und ist damit wesentlich größer als bei den Proportionalkammern. Für die Ortsmessungen nutzt man die Konstanz der Driftgeschwindigkeit der in dem betreffenden Gas freigesetzten Elektronen. Sie wird durch die Einführung eines zusätzlichen Drahtes auf negativem Potential zwischen je zwei Anodendrähten erreicht. Die jeweilige Ortskoordinate wird dann aus dem Zeitintervall zwischen dem durch einen gesonderten Detektor zu bestimmenden Zeitpunkt des Teilchendurchganges und dem Auftreten des Spannungsimpulses bestimmt. Mit ausreichender mechanischer Stabilität lassen sich ebene Driftkammern mit einer Fläche von etwa 10 m^2

Tabelle 11.1
Einige Kenndaten von Teilchenspurdetektoren

Teilchenspurdetektor	Triggerbarkeit	Dauer einer Empfindlichkeitsperiode (Erinnerungszeit) in s	Minimalzeit zwischen zwei Empfindlichkeitsperioden (Totzeit) in s	räumliches Auflösungsvermögen in µm
Kernemulsion	nein	unbegrenzt	0	2
Expansionsnebelkammer	ja	10^{-1}	10	500
Blasenkammer	praktisch nein	10^{-3}	10^{-1}	10
Funkenkammer	ja	10^{-6}	10^{-3}	100
Streamerkammer	ja	10^{-6}	10^{-4}	30
Proportionalkammer	ja	$5 \cdot 10^{-8}$	–	100
Driftkammer	ja	$5 \cdot 10^{-7}$	–	50

herstellen, von denen bis zu 100 gestapelt werden. Neben den ebenen wurden auch Driftkammern mit anderer Geometrie konstruiert.

Proportional- und Driftkammern eignen sich vor allem auch bei hohen Zählraten zur Spurenregistrierung. Ihre Form kann optimal der zu untersuchenden Wechselwirkungszone angepaßt werden. Die mit ihnen gewonnenen Teilchenspuren besitzen praktisch die gleiche Genauigkeit wie die von Blasenkammeraufnahmen. Selbst Neutrinospuren konnten aus den mit ihnen gewonnenen Kollisionsdaten mittels Computergrafiken erstellt werden.

11.1.2.1.7 Spektrometrieverfahren

Die kernphysikalischen Spektrometrieverfahren dienen dem Zweck, die Energieverteilung der Teilchen eines Teilchenstromes zu bestimmen.

Zur Spektrometrie geladener Teilchen kann die Ablenkung in elektrischen und magnetischen Feldern ausgenutzt werden. Man nennt derartige Geräte *Ablenkspektrometer*. Die prinzipiellen Realisierungsvarianten entsprechen denen der Massenspektrometrie. Wegen der möglichen hohen Teilchenenergien besteht das Hauptproblem in der Erzeugung ausreichend hoher Felder.

Ablenkspektrometer

Neben den in Ablenkspektrometern genutzten Methoden stehen auch Verfahren zur Verfügung, die für neutrale Teilchen geeignet sind. Diese sind besonders für die bei kernphysikalischen Meßmethoden häufig angewendeten Neutronenströme wichtig. Zur *Neutronenspektrometrie* werden vor allem drei Methoden angewandt: die Rückstoßmethode, die Flugzeitmethode und die Neutronenbeugung.

Neutronenspektrometrie

Bei der *Rückstoßmethode* wird primär das Spektrum von Rückstoßkernen (meist finden Protonen Verwendung) aufgenommen. Man mißt

Rückstoßmethode

dabei in Abhängigkeit vom Winkel φ zwischen der Spur des Rückstoßprotons und der Spur des Neutrons die Energie $W_{\text{kin,p}}(\varphi)$ der Rückstoßprotonen. Nach den Stoßgesetzen erhält man daraus die Neutronenenergie zu $W_{\text{kin,n}} = W_{\text{kin,p}}/\cos^2 \varphi$ und aus der Anzahl der Rückstoßprotonen mit einer bestimmten Energie $W_{\text{kin,p}}$ schließlich das Neutronenspektrum.

Flugzeitmethode

Die *Flugzeitmethode* basiert auf einer direkten Geschwindigkeitsmessung. Man mißt die Zeit, die die Neutronen benötigen, um einen bekannten Weg zu durchlaufen. Je nach Intensität des Neutronenstrahles werden hierzu Strecken von 1 m bis 10^3 m verwendet, an deren Ende sich ein Neutronendetektor befindet. Eine zu einer bestimmten Zeit in die Meßstrecke eintretende Neutronengruppe zieht sich aufgrund der unterschiedlichen Neutronenenergien auseinander. Aus den unterschiedlichen Ankunftszeiten am Detektor wird die Laufzeit einzelner Neutronengruppen längs der Versuchsstrecke ermittelt. Die Flugzeitmethode ist die häufigste Methode zur Bestimmung der Neutronengeschwindigkeit und damit der Neutronenenergie und der Energieverteilung.

Die Materiewellenlänge $\lambda = h/p$ von Neutronen mit Energien in der Größenordnung um 1 eV entspricht etwa der Wellenlänge der Röntgenstrahlen. Die zur Bestimmung der Wellenlänge von Röntgenstrahlen entwickelten Beugungsverfahren (vgl. Abschn. II 10.2.3.5) sind deshalb auch zur Bestimmung der Materiewellenlänge von Neutronen verwendbar. Die entsprechenden Geräte werden Kristallspektrometer genannt. Mit λ ist auch der Neutronenimpuls und damit die Neutronenenergie bekannt.

Kristallspektrometer

11.1.2.2 Zur Auswertung von Teilchenspuraufnahmen

Die Auswerteverfahren von Teilchenspuraufnahmen lassen sich bei aller Vielfalt im Grunde genommen auf drei Arten von Messungen zurückführen:

1. Messung der Koordinaten und Winkel der Teilchenspuren am Ort bestimmter Ereignisse oder Wechselwirkungen, die an Aufspaltungen oder Knicken der Bahnen zu erkennen sind. Sie erlauben Rückschlüsse auf wichtige Charakteristika wie z.B. Isotropie- und Symmetrieeigenschaften dieser Wechselwirkungen, Art der stattgefundenen Kernumwandlung usw. Voraussetzung dazu ist, daß die Bahnen stereografisch registriert werden.
2. Durch Abzählen von Teilchenspuren bzw. Ereignissen einer bestimmten Art in einem gegebenen Volumen während eines Zeitintervalles kann die Intensität dieser Teilchen bzw. Ereignisse bestimmt werden. Sind Teilchenintensität und Absorberdicke bekannt, so kann auch der Wirkungsquerschnitt einer Wechselwirkung in dem betreffenden Absorber berechnet werden.
3. Durch die Kombination geometrischer Bahnparameter mit der Bestimmung von physikalischen Spureigenschaften (z.B. der Tröpfchen-

dichte) lassen sich charakteristische Eigenschaften und Parameter der Teilchen ermitteln, insbesondere Ladung, Energie, Impuls, Masse und Geschwindigkeit. Kennt man die Ladung und zwei weitere dieser fünf Größen, so kann man die übrigen berechnen.

Die wichtigsten Methoden zur Bestimmung der genannten fünf Größen sind folgende:

Teilchenenergie

Bei Teilchen mit bekannter Ladung läßt sich deren kinetische Energie am genauesten aus der Reichweite (s. Abschn. 11.1.1.3.2) bestimmen. Eine notwendige Voraussetzung dazu ist allerdings, daß die Strahlungsbremsung vernachlässigt werden kann. Diese Methode ist also für alle geladenen Teilchen nur unterhalb gewisser Energien anwendbar. Im Falle relativistischer Teilchen wird die Energie am zweckmäßigsten nach $W_{\text{kin}} = cp$ über eine Impulsmessung ermittelt. Weiter läßt sich die Energie nach (11.11) über die Bestimmung der Gesamtionisation durch Auszählen sämtlicher Ionisationsakte bzw. durch Ladungsmessung ermitteln. Dazu muß das Teilchen aber vollständig abgebremst werden.

Teilchenimpuls

Zur Bestimmung des Impulses von Teilchen bekannter Ladung läßt man meist ein Magnetfeld auf das Detektorvolumen einwirken und berechnet p aus der dadurch auftretenden Bahnkrümmung nach $p = rqB$ (vgl. 2.20). Die Richtung der Ablenkung liefert dabei außerdem noch das Vorzeichen der Ladung. Eine andere Möglichkeit der Impulsbestimmung ist die Auswertung der Vielfachstreuung eines Teilchens in einem Absorber infolge mehrfacher elastischer Coulomb-Wechselwirkungen mit Atomkernen des Absorbers (vgl. Abschnitt 11.1.1.1). Der mittlere Streuwinkel ist dabei um so kleiner, je größer der Impuls ist.

Teilchengeschwindigkeit

Die Geschwindigkeit eines Teilchens mit bekannter Ladung erhält man durch Messung seiner spezifischen Ionisation (D 11.3). Daß diese von der Geschwindigkeit und Ladung des Teilchens abhängt, ist für schwere Teilchen aus (11.6) zu ersehen. Die spezifische Ionisation kann aus der Dichte der Spurelemente (Blasen, Streamer usw.) oder der Schwärzeverteilung der fotografischen Schicht im Spurenbereich abgelesen werden.

Teilchenidentifizierung

Die Identifizierung von Teilchen geschieht im wesentlichen durch Ermittlung ihrer Masse und Ladung. Dabei sind die Methoden zur Massebestimmung Kombinationen der Verfahren zur Energie-, Impuls- und Geschwindigkeitsmessung. In Sonderfällen kann die Masse auch durch Analyse der Kinematik einer von dem betreffenden Teilchen hervorgerufenen Wechselwirkung oder aus seiner Erzeugungs-, Einfangs- oder Zerfallsreaktion berechnet werden.

Teilchenladung

Die Ladung $q = fe$ der Teilchen ist in vielen Fällen bekannt. Wenn es sich um einfach geladene Teilchen handelt, kann man dies durch einen Vergleich mit α-Teilchen feststellen. Entsprechend Abbildung 11.4 durchlaufen die Ionisationsverluste und damit auch die spezifische Ionisation $j = \text{const}\, f^2 f(v)$ (s. (D 11.3) und (11.6)) mit steigender Energie ein Minimum. Diese Minimalionisation ist in einem gegebenen Absorber für α-Teilchen viermal so groß wie für einfach geladene Teilchen. Der Anstieg der Ionisation vom Minimum zu großen Energien hin erfolgt nur sehr langsam und erreicht in flüssigen und festen Absorbern infolge der Abschirmung des elektromagnetischen Feldes der schnellen Teilchen durch die Atome des Absorbers sogar relativ rasch einen Sättigungswert. Man bezeichnet diese Tatsache als *Dichteeffekt*. Bei ausreichend hohen Energien ist die Ionisation durch α-Teilchen deshalb stets größer als durch einfach geladene Teilchen. Im Falle mehrfach geladener Teilchen erfolgt die Bestimmung von f meistens durch Kombination der Messung der spezifischen Ionisation mit der Bestimmung der Energie oder des Impulses.

Dichteeffekt der Energieabhängigkeit der spezifischen Ionisation

11.1.2.3 Teilchendetektoren

11.1.2.3.1 Ionisationskammer, Proportionalzählrohr, Geiger-Müller-Zählrohr, Funkenzähler

Ionisationskammern, Proportional- und Geiger-Müller-Zählrohre bestehen im wesentlichen aus zwei Elektroden in einem gasgefüllten Volumen. Abbildung 11.12 zeigt die Strom-Spannungs-Kennlinie einer derartigen Gasentladungsstrecke, wenn z. B. durch eine das Gasvolumen durchdringende Strahlung eine konstante Ionisationsrate aufrechterhalten wird (vgl. auch Abschn. II 3.4).

Strom-Spannungs-Kennlinie der Gasentladung

Ionisationskammer

Ionisationskammern (Abb. 11.13) arbeiten im Sättigungsbereich der Kennlinie. In diesem Spannungsbereich gelangen alle bei der Primärionisation gebildeten Ionen und Elektronen zu den Elektroden, gehen also nicht vorher durch Rekombinationsprozesse verloren. Andererseits ist in

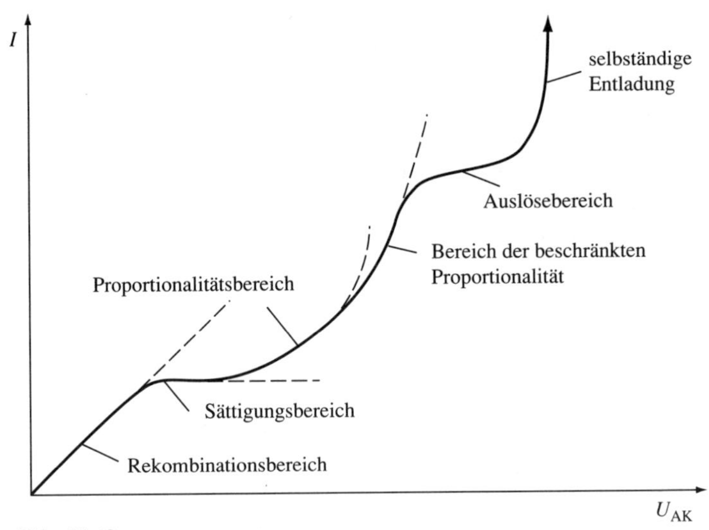

Abb. 11.12
Strom-Spannungs-Kennlinie einer Gasentladungsstrecke bei Aufrechterhaltung einer konstanten Ionisationsrate

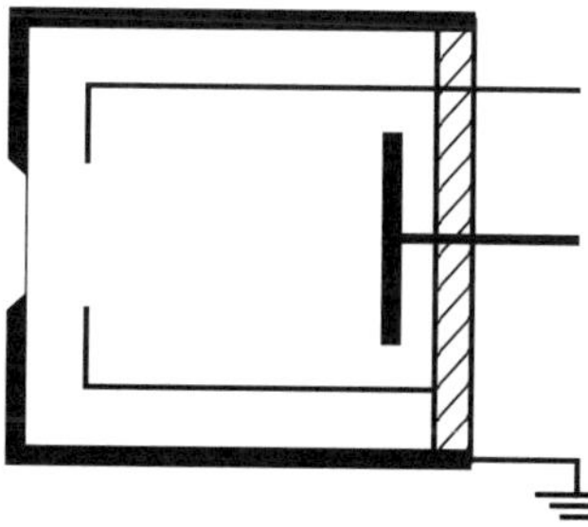

Abb. 11.13
Schematische Darstellung einer Ionisationskammer

diesem Spannungsbereich das elektrische Feld aber auch noch nicht so groß, daß Stoßionisation auftreten kann. Deshalb ist der Strom spannungsunabhängig.

Ionisationskammern sind zum direkten Nachweis von α-, β- und γ-Strahlung geeignet und arbeiten im Gleichstrom- oder im Impulsbetrieb. Im Falle des Gleichstrombetriebes wird über die durch viele einzelne Teilchen erzeugten Stromimpulse integriert und der mittlere Ionisationsstrom gemessen. Bei gleichzeitiger Teilchenzählung kann daraus auf die mittlere Teilchenenergie geschlossen werden (vgl. Abschn. 11.1.1.3.3). Bei Impulsbetrieb wird der von einem einzelnen Teilchen verursachte Stromimpuls $\int I \, dt = q$ gemessen. Aus der Ladung q wird der Energieverlust des Teilchens beim Durchlaufen der Kammer ermittelt.

Bei *Zählrohren* wird die anliegende Spannung so gewählt, daß die beim Durchgang des Teilchens verursachten Ionisationsprozesse durch Stoßionisation und Photonenstrahlung vervielfacht werden (*Gasverstärkung*). Die entstehenden Stromimpulse werden dann gemessen oder gezählt.

Gasverstärkung

Proportionalzählrohre arbeiten im Proportionalitätsbereich. In diesem ist der durch Stoßionisation verstärkte Strom in gewissen Grenzen noch proportional zur Anzahl der bei der Primärionisation gebildeten Ladungsträger. Weil der Gasverstärkungsfaktor aber spannungsabhängig ist, steigt der Strom in diesem Bereich überproportional mit der Spannung an. Proportionalzählrohre dienen vor allem zur Energiebestimmung und zur Unterscheidung verschiedener Teilchenarten.

Proportionalzählrohr

Geiger-Müller-Zählrohre arbeiten im Auslösebereich. Jedes einfallende Teilchen kann im Prinzip eine Gasentladung auslösen, wobei jedes primär erzeugte Elektron bis zu 10^5 weitere Ladungsträgerpaare zu bilden vermag. Das 1928 entwickelte Geiger-Müller-Zählrohr ist daher auch zum Nachweis sehr weniger und energiearmer Teilchen geeignet. Die Gasverstärkung ist größer als bei Proportionalzählrohren, durch Raumladungserscheinungen und Entladungsvorgänge geht allerdings die Proportionalität zwischen Primärionisation und Stromimpuls verloren. Trotzdem liefern Teilchen, die sich in ihren Ionisationsverlusten stark unterscheiden (z. B. Elektronen gegenüber α-Teilchen oder Protonen), Ausgangsimpulse gut unterscheidbarer Größe.

Geiger-Müller-Zählrohr

WALTHER MÜLLER, geb. 1905

In einem Zählrohr bleibt die Feldstärke nach Auslösung eines Stromimpulses eine gewisse Zeit unter dem zur Zündung eines neuen Stromimpulses notwendigen Wert. Die dadurch zwischen zwei Registrierakten verursachte *Totzeit* ist bei Proportionalzählrohren kleiner als bei Geiger-Müller-Zählrohren. Bei letzteren wird die Totzeit durch die Geschwindigkeit der Wanderung und der Neutralisation der die Raumladung bildenden Ionen des Füllgases (meist Edelgase) bestimmt.

Totzeit von Zählrohren

Die Funktionsweise von Geiger-Müller-Zählrohren wird dadurch kompliziert, daß die Edelgasionen beim Auftreffen auf die Katodenoberfläche Sekundärelektronen auslösen, die im inzwischen wieder über den Zündwert angestiegenen Feld eine neue Ladungsträgerlawine auszulösen vermögen, was zu einer nicht abbrechenden Serie von Entladungen führen kann. Das läßt sich verhindern, indem das Feld bis über den Zeitpunkt des Auftreffens der Ionenwolke hinaus mit Hilfe spezieller elektronischer Schaltungen unter dem Zündwert gehalten wird (*nichtselbstlöschendes Zählrohr*). Man arbeitet heute jedoch fast ausnahmslos mit *selbstlöschenden Zählrohren*, deren Gasfüllung eine Löschgaskomponente (organische Dämpfe oder Halogene) enthält. Die Löschgasionen geben die bei der Neutralisation frei werdende Energie nicht wie die Edelgase in einem Schritt, sondern in mehreren so kleinen Beträgen ab, daß die Austrittsarbeit des Katodenmaterials nicht mehr erreicht wird. Da die Edelgasatome das höhere Ionisationspotential besitzen, verlieren sie bei einer ausreichenden Konzentration des Löschgases ihre Ladung fast ausschließlich in Stoßprozessen mit den Löschgasatomen. Die Totzeit von selbstlöschenden Geiger-Müller-Zählrohren liegt in der Größenordnung von 10 bis $10^2\,\mu s$.

selbstlöschendes und nichtselbstlöschendes Zählrohr

Löschgas

Abbildung 11.14 zeigt den typischen Verlauf der *Zählrohrcharakteristik*, d.h. die Abhängigkeit der *Impulsrate* (Quotient aus der gemessenen Impulsanzahl und der Zeit) von der Zählrohrspannung bei konstanten Bestrahlungsbedingungen. Das Plateau ist identisch mit dem Auslösebereich in Abbildung 11.12. Der Arbeitspunkt wird in der Regel etwa 100 V oberhalb der Schwellwertspannung gewählt. Unterhalb der Schwellwertspannung reicht die Gasverstärkung zur Erzeugung eines die Zählelektronik auslösenden Impulses nicht aus.

Zählrohrcharakteristik

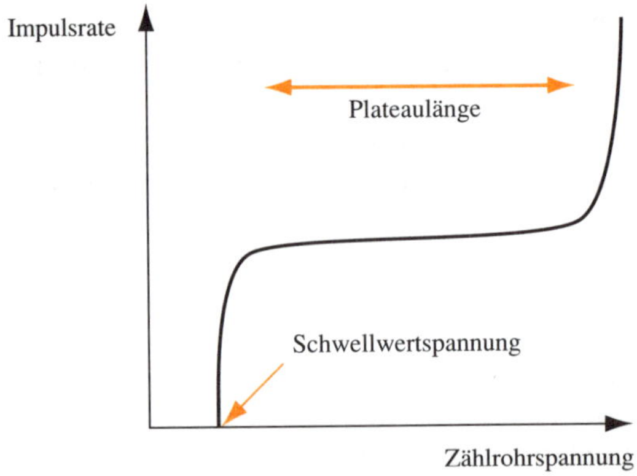

Abb. 11.14
Zählrohrcharakteristik

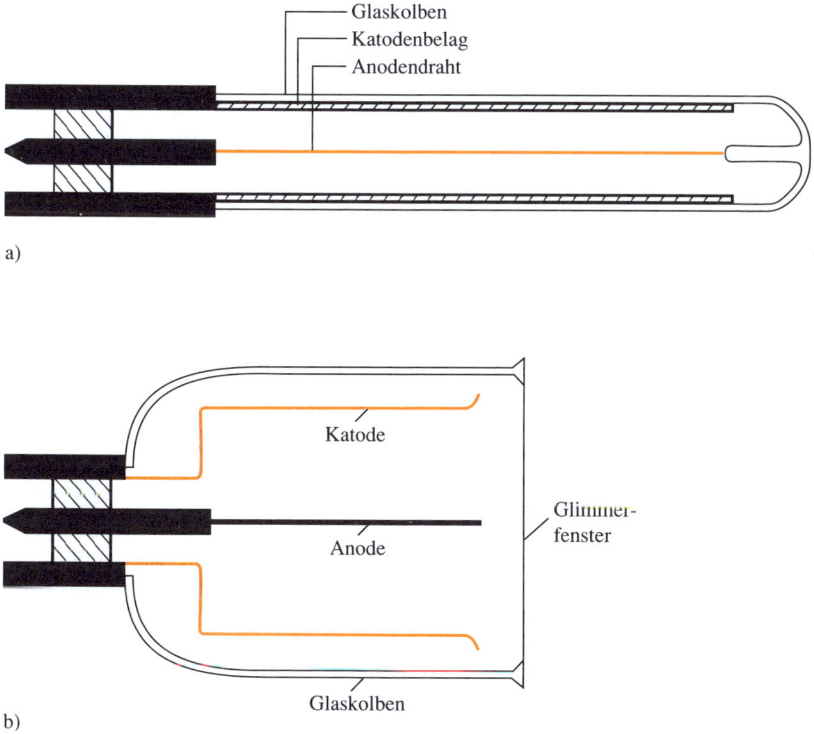

Abb. 11.15
Zählrohrausführungen
a) stabförmiges zylindrisches Zählrohr
b) Glockenzählrohr

Der Aufbau von Zählrohren ist von der Art der nachzuweisenden Strahlung abhängig. Bei geladenen Teilchen ist es das Hauptproblem, wie diese in das empfindliche Volumen des Zählrohres gelangen. Für harte, d.h. ausreichend durchdringende Strahlungen finden zylindrische Zählrohre mit axialer Anode Anwendung, für weiche Strahlungen Glockenzählrohre, deren Volumen durch ein relativ großflächiges und dünnes, meist aus Glimmer bestehendes Fenster abgeschlossen ist (s. Abb. 11.15). Zur Registrierung ungeladener Teilchen müssen zunächst Sekundärteilchen entstehen, die eine Ionisation hervorzurufen vermögen. Das wird entweder durch eine geeignete Gasfüllung (für Röntgen- und γ-Strahlen z.B. durch Edelgase mit großer Ordnungszahl) oder durch eine Auskleidung der großflächigen Katode (für Röntgen- und γ-Strahlen mit Pb, Bi, Pt, für Neutronen mit stark wasserstoffhaltigen organischen Verbindungen) erreicht. Zählrohrarten

Ebenfalls im Auslösebereich der Strom-Spannungs-Charakteristik, aber bei höheren Gasdrucken als Zählrohre (etwa bei Atmosphärendruck) und deshalb auch höheren Spannungen, arbeiten *Funkenzähler*. Das Prinzip ihrer Funktionsweise gleicht dem von Funkenkammern. Funkenzähler

11.1.2.3.2 Halbleiterdetektoren

Halbleiterdetektoren haben in der Kernphysik eine sehr große Verbreitung gefunden. Mit ihnen mißt man neben der Teilchenstromdichte vor allem Teilchenenergien, da sich Halbleiterdetektoren durch eine hohe relative Energieauflösung auszeichnen.

Wirkungsweise von Halbleiterdetektoren

Zum Nachweis von ionisierenden Teilchen dient ein Halbleiterkristall aus Germanium bzw. Silicium. Der ausgenutzte Elementarprozeß ist die durch das zu registrierende Teilchen ausgelöste Entstehung von Elektron-Loch-Paaren durch Band-Band-Anregung (vgl. Abschn. II 3.2.2.2.1). Die hohe Energieauflösung ergibt sich aus der geringen für die Erzeugung eines Ladungsträgerpaares erforderlichen Energie von 3,6 eV für Silicium und von 2,8 eV für Germanium, während in Gasen dazu etwa 30 eV aufgewendet werden müssen. Um die beim Teilchendurchgang in die Bänder angeregten Ladungsträger meßtechnisch nachweisen zu können, muß ihre Rekombination verhindert werden. Man verwendet deshalb in Sperrichtung betriebene Halbleiterdioden (vgl. Abschn. II 3.2.2.3) statt homogener Halbleiterkristalle. Durch die an die Diode angelegte Spannung wandern die durch das ionisierende Teilchen erzeugten Elektronen und Löcher zur jeweiligen Elektrode und werden als Stromimpuls im äußeren Stromkreis nachgewiesen.

Man verwendet drei Typen von Halbleiterdetektoren:

Typen von Halbleiterdetektoren

- Dioden mit p-n-Übergang,
- Dioden mit Metall-Halbleiter-Sperrschicht,
- Detektoren mit p-i-n-Schichtaufbau.

Detektoren vom p-i-n-Typ

Detektoren vom p-i-n-Typ wurden entwickelt, da bei einer üblichen Halbleiterdiode praktisch die gesamte Spannung am nur sehr dünnen p-n-Übergang abfällt und damit die für den Strahlungsnachweis nutzbare aktive Zone sehr dünn ist. Um diese zu vergrößern, wird der durch Ladungsträgerverarmung gekennzeichnete p-n-Übergang durch Dotierung mit Lithium verbreitert. Zwischen die p-Schicht und die n-Schicht ist damit praktisch noch eine eigenleitende Schicht (i-Schicht) eingefügt, das aktive Volumen also wesentlich vergrößert. Eine Schaltungsvariante für einen solchen Detektor zeigt Abbildung 11.16.

Vor- und Nachteile von Halbleiterdetektoren

Vorteilhaft ist bei Halbleiterdetektoren neben der schon erwähnten hohen Energieauflösung die im Vergleich zu gasgefüllten Ionisationskammern wesentlich größere Massedichte des aktiven Volumens. Dadurch können auch Teilchen mit höherer Energie vollständig abgebremst werden. Weiterhin betragen die Sammelzeiten für die gebildeten Ladungsträger an den Elektroden nur 10 bis 100 ns. Dadurch wird gegenüber gasgefüllten Detektoren ein deutlich besseres Zeitverhalten erreicht.

Nachteilig ist,

- daß sich Halbleiterkristalle nur mit begrenzter Oberfläche (etwa $50\ \mathrm{cm}^2$) herstellen lassen,

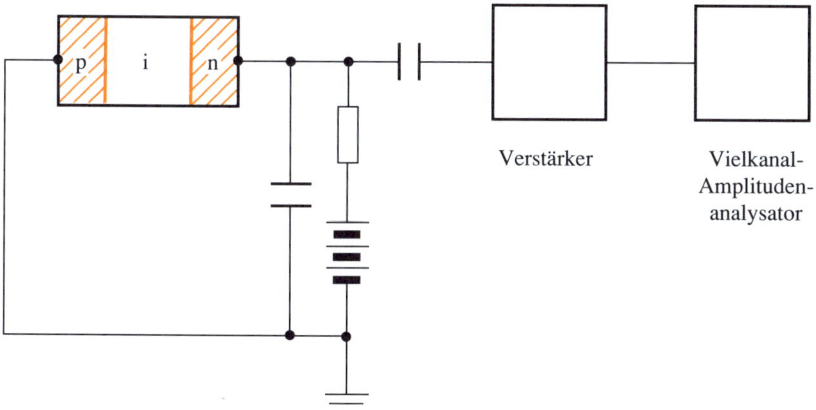

Abb. 11.16
Messung des Impulshöhenspektrums mit einem Halbleiterdetektor

- daß ihre Lebensdauer durch Alterungs- und Strahlungsschäden begrenzt ist und
- daß einige dieser Detektoren mit flüssigem Stickstoff gekühlt werden müssen, damit die Ströme im strahlungsfreien Fall ausreichend klein bleiben.

Das Prinzip der Halbleiterdetektoren läßt sich auch zur Ortsmessung von Teilchenspuren anwenden. Die hierzu entwickelten *Siliciumstreifenzähler* bestehen aus einem Siliciumkristall, auf dessen Oberfläche parallele dünne metallische Ablesestreifen in Abständen von etwa 20 Mikrometern aufgebracht werden. Ähnlich wie bei den gasgefüllten Spurendetektoren (vgl. Abschn. 11.1.2.1.6) werden die beim Teilchendurchgang erzeugten Ladungen durch die angelegten elektrischen Spannungen an den betroffenen Ablesestreifen gesammelt und können so als Stromimpuls gemessen werden. Mit diesem Meßprinzip lassen sich Ortsauflösungen unter 10 µm erreichen. Mit den ***C****harged-****C****oupled* ***D****evices* (CCD's) existieren auch Siliciumdetektoren, bei denen die Streifenstrukturen durch Implantation im Kristall selbst realisiert sind.

Siliciumstreifenzähler

Charged-Coupled Devices

11.1.2.3.3 Szintillationsdetektoren, Čerenkov-Detektor

In *Szintillationsdetektoren* wendet man die Erscheinung der *Radiolumineszenz* (vgl. Abschn. 4.1) insbesondere von Kristallen (Alkaliiodide, ZnS, Anthrazen, Stilben u. a.), aber auch von Flüssigkeiten, Gasen und Polymeren zum Strahlungsnachweis an.

Radiolumineszenz

Die Wirkungsweise der anorganischen *Kristall-Szintillatoren* beruht im ersten Schritt wie beim Halbleiterdetektor auf Band-Band-Übergängen von Elektronen. Sie werden verursacht von den hindurchgehenden geladenen Teilchen oder parallel dazu durch Anregung gekoppelter Elektron-Loch-Paare (*Exzitonen*, s. Bd. IV). Diese angeregten Ladungsträger wer-

Wirkungsweise anorganischer Kristall-Szintillatoren

den beim Szintillator im Gegensatz zum Halbleiterdetektor aber nicht durch ein elektrisches Feld abgesaugt, sondern zum Teilchennachweis wird das Licht ausgenutzt, das bei ihrer Rekombination entsteht. Diese läuft unter Beteiligung von Störstellen im Kristall (*Rekombinationszentren*) ab, wobei die Rekombinationszentren zunächst in angeregte Zustände übergehen. Die Abklingzeit des Szintillationslichtes ist maßgeblich durch die Lebensdauer dieser angeregten Zustände bestimmt und beträgt meist einige hundert Nanosekunden.

Rekombinationszentren

Bei organischen Szintillatoren beruht der Lumineszenzmechanismus im Gegensatz zu den anorganischen Festkörpern auf der Anregung molekularer Zustände und zeichnet sich deshalb durch wesentlich kürzere Abklingzeiten aus.

Wirkungsweise organischer Szintillatoren

Pawel Alexejwitsch Čerenkov
geb. 1904
Nobelpreis 1958

Für die Auswahl von Materialien für Szintillationsdetektoren ist es wichtig, daß diese einen möglichst kleinen Absorptionsgrad für die zum Nachweis benutzten Photonen besitzen. Organischen Szintillatoren wird meist eine zweite lumineszierende Substanz beigemischt, die die Frequenz der im Szintillator entstehenden Photonen in einen diesbezüglich günstigen Bereich verschiebt. Die den Szintillator verlassenden Photonen werden durch einen Lichtleiter einem Sekundärelektronenvervielfacher zugeführt, an dessen Ausgang dann ein zu der vom Teilchen im Szintillator abgegebenen Energie proportionaler Stromimpuls zur weiteren Verarbeitung zur Verfügung steht.

Ein wesentlicher Vorteil der Szintillationsdetektoren gegenüber den Halbleiterdetektoren sind ihre erreichbaren Abmessungen. Flüssige und polymere Szintillatoren sind von vornherein in ihrer Größe unbegrenzt. Aber auch die meisten geeigneten Kristalle können in beträchtlicher Größe gezüchtet werden.

Ilja Michailowitsch Frank
geb. 1908
Nobelpreis 1958

Beim Durchgang ausreichend schneller geladener Teilchen durch geeignete Medien kann es außer durch Lumineszenz und Bremsstrahlung auch durch einen anderen Effekt zur Emission elektromagnetischer Strahlung kommen, der 1934 von Čerenkov nachgewiesen und von Frank und Tamm 1937 gedeutet wurde. Längs des vom Teilchen zurückgelegten Weges entstehen durch elektromagnetische Wechselwirkung erregte Zentren (z.B. polarisierte Moleküle), die eine elektromagnetische Strahlung emittieren. Ist die Teilchengeschwindigkeit $v \geqq c/n = v_{ph}$, d.h. größer als die Phasengeschwindigkeit des Lichtes im betreffenden Medium der Brechzahl n, dann verstärkt sich diese Strahlung in bestimmten Richtungen durch Interferenz und kann beobachtet werden (*Čerenkov-Effekt*, vgl. Abb. 11.17). Der Vorgang ist analog zur mit Überschallgeschwindigkeit erfolgenden Ausbreitung einer Druckwelle. Die Photonen der Čerenkov-Strahlung werden senkrecht zur Wellenfront der klassischen Kopfwelle, also in einem spitzen Winkel zum Geschwindigkeitsvektor des Teilchens emittiert (vgl. Abschn. I 10.4.1.1.3). Das Spektrum der Čerenkov-Strahlung liegt überwiegend im sichtbaren und ultravioletten Spektralbereich. Das Zählermedium muß deshalb für diesen Bereich ausreichend durchlässig sein. Verwendet werden Stoffe möglichst hoher Brechzahl, z.B. Polymethylmethacrylat.

Čerenkov-Effekt

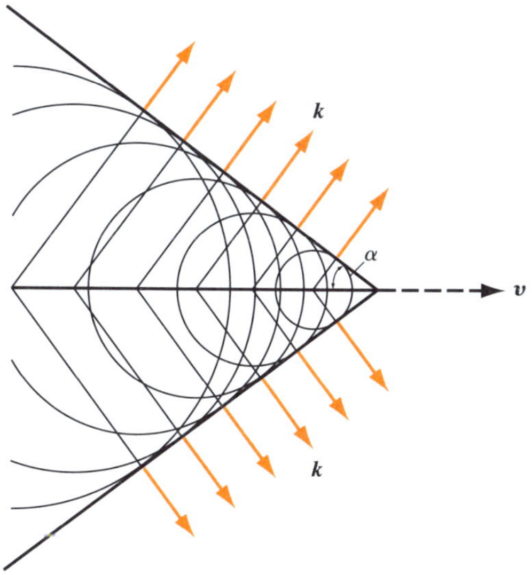

Abb. 11.17
Zur Čerenkov-Strahlung. Der Vektor $\boldsymbol{v}$ ist die Teilchengeschwindigkeit, die Vektoren $\boldsymbol{k}$ geben die Ausbreitungsrichtung der Cerenkov-Strahlung an

Igor Jewgenewitsch Tamm
(1895 – 1971)
Nobelpreis 1958

Čerenkov-Detektor

Mit *Čerenkov-Detektoren* können nur Teilchen registriert werden, deren Geschwindigkeit die Bedingung $v \geqq c/n$ erfüllt. Čerenkov-Detektoren werden daher als Schwellwertdetektoren eingesetzt. Weiter besteht nach (I 10.35) zwischen dem halben Öffnungswinkel α der Kopfwelle und der Teilchengeschwindigkeit v die Beziehung $\sin \alpha = c/nv$. Durch Messung von α ist also eine genaue Bestimmung der Teilchenenergie möglich. Die in den strahlungsempfindlichen Detektorsubstanzen von Čerenkov-Detektoren entstehenden Lichtblitze werden ebenfalls Sekundärelektronenvervielfachern zugeführt und dort in elektrische Impulse gewandelt. Da sich sehr kurze Impulse erzielen lassen, sind Impulsraten bis zu $10^9\,s^{-1}$ meßbar.

11.1.2.4 Zur Auswertung von Messungen mit Teilchendetektoren

Teilchendetektoren dienen primär dem Nachweis von Teilchendurchgängen durch ein Volumen und der Messung von Teilchenströmen. In Abhängigkeit vom Detektortyp sind aber auch umfassendere Untersuchungen möglich.

Bei der Bewertung der mit einem Teilchenzähler gemessenen Impulsrate ist zu berücksichtigen, daß ihr wahrer Wert infolge des Auftretens von Untergrundeffekten niedriger, wegen nicht zu vermeidender Zählverluste aber auch höher liegen kann. Zählverluste treten infolge der von Null verschiedenen Impulsdauer bzw. der meist etwas größeren Totzeit (s. Abschn. 11.1.2.3.1) eines Zählers oder auch einer elektronischen Nachfolgeeinheit auf. Die Wahrscheinlichkeit dafür, daß ein das empfindliche

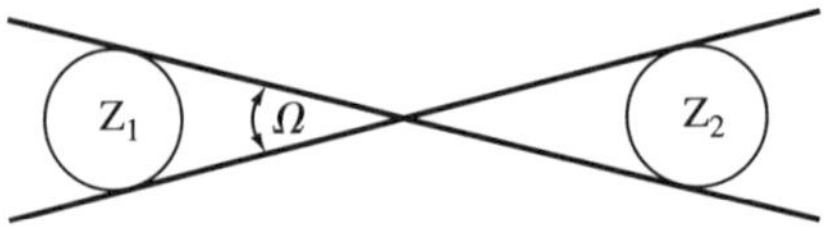

Abb. 11.18
Koinzidenzanordnung zur Richtungsselektion. Die beiden Zählrohre Z_1 und Z_2 sprechen dann gleichzeitig an, wenn ein Teilchen aus dem Raumwinkel Ω einfällt

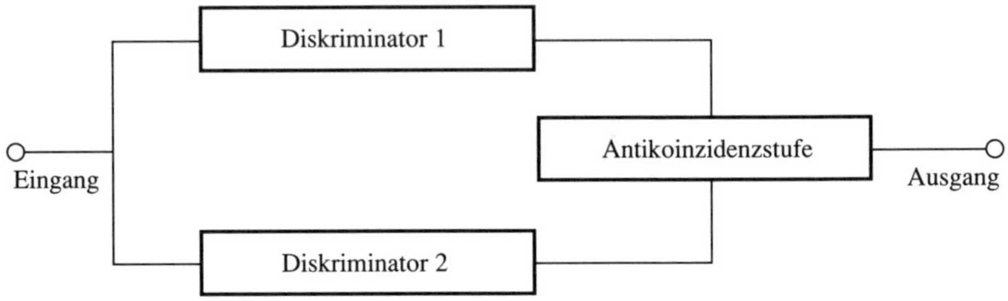

Abb. 11.19
Blockschaltbild eines Einkanal-Amplitudenanalysators

Volumen durchdringendes Teilchen den Zähler zum Ansprechen bringt, nennt man *Ansprechwahrscheinlichkeit.*

Ansprech-wahrscheinlichkeit

Um nachweisen zu können, daß Teilchen von einer bestimmten Art sind oder eine bestimmte Energie besitzen, nutzt man die Abhängigkeit der Ansprechwahrscheinlichkeit und des Ausgangsimpulses einiger Teilchendetektoren von Parametern wie Energie oder Ladung des Teilchens aus. Häufig bedient man sich der Methode der *Selektion von Teilchen*. Dabei wird ein Teilchen nur dann gezählt, wenn die Meßgröße des interessierenden Parameters festgelegten Bedingungen genügt.

Selektion von Teilchen

Koinzidenzanordnung

Koinzidenzanordnungen registrieren Impulse nur dann, wenn zwei oder mehrere Teilchenzähler innerhalb ihrer Auflösungszeit gleichzeitig ansprechen. Abbildung 11.18 zeigt als Beispiel eine einfache Koinzidenzanordnung zur richtungsmäßigen Selektion.

Amplituden-diskriminator

Amplitudenanalysator

Amplitudendiskriminatoren sind elektronische Geräte, mit denen aus einer Vielzahl von Spannungsimpulsen mit beliebiger Amplitude diejenigen ausgesondert werden, die größer als ein bestimmter einstellbarer Spannungswert sind. In Abbildung 11.19 ist ein einfacher *Amplitudenanalysator* (Einkanalanalysator) dargestellt. Von den zwei parallel zueinander in einer Antikoinzidenzschaltung liegenden Diskriminatoren läßt der erste nur Impulse der Größe $u > u_1$, der zweite nur Impulse der Größe $u > u_1 + \Delta u$ durch. Man erhält dann einen Ausgangsimpuls, wenn lediglich der erste Diskriminator auf den Eingangsimpuls anspricht, die Eingangsimpulse also im Intervall $u_1 < u < u_1 + \Delta u$ liegen. Zur Bestimmung der spezifischen Ionisation von Teilchen können Proportionalzähler (z.B. Ionisationskammern, Proportionalzählrohre, Szintillationszähler) in Kombinationen mit Amplitudenanalysatoren verwendet werden.

Geschwindigkeiten lassen sich durch *Flugzeitmessungen* mit zwei in einem bestimmten Abstand angeordneten Zählern ermitteln. Dabei darf aber das Teilchen beim Durchgang durch den ersten Zähler keine merkliche Abbremsung erfahren. Da Čerenkov-Detektoren zur Auslösung eine Mindestgeschwindigkeit des Teilchens erfordern, kann man sie direkt zur Selektion bezüglich der Teilchengeschwindigkeit benutzen.

Flugzeitmessungen

Den Impuls von Teilchen mit bekannter Ladung kann man aus der Krümmung ihrer Bahn im homogenen Magnetfeld bestimmen, indem man den Teilchendurchgang durch mehrere längs der Bahn angeordnete Zähler in Koinzidenzschaltung registriert. Eine Kombination von Methoden zur Impuls- und Geschwindigkeitsmessung läßt die Berechnung der Masse zu.

Die Energien einzelner Teilchen oder auch die Energieverteilung auf gleichartige Teilchen eines Strahlenbündels kann man über die Reichweitebestimmung erhalten. Dazu ist der Teilchendurchgang bzw. die Teilchendichte hinter einer unterschiedlichen Anzahl von Absorberschichten zu registrieren. Wird das Teilchen im Detektor vollständig absorbiert, so ist die Energie im Falle der Verwendung von Proportionalzählern aus der Gesamtionisation berechenbar.

Absorptionsmessungen
Gesamtionisation

Die hier aufgeführten Meßmethoden stellen nur eine Auswahl dar, die einen Einblick in die Art der Verwendung von Teilchendetektoren zur Bestimmung von Eigenschaften und Parametern einzelner Teilchen geben soll. Darüber hinaus finden Teilchenzähler aber insbesondere auch zur Messung integraler Eigenschaften eines Strahlenbündels Anwendung, wie z.B. der Teilchenstromdichte oder der Gesamtteilchenzahl in einem bestimmten Zeitabschnitt. Dabei ist natürlich die Geometrie des Strahlenbündels zu beachten. Zur Messung der von einer Strahlenquelle in den gesamten Raumwinkel 4π ausgehenden Strahlung wurden Zähler mit einer solchen Form entwickelt, daß die Strahlenquelle in ihrem Inneren angeordnet werden kann (*4π-Zähler*).

4π-Zähler

Die Absolutbestimmung des Gesamtteilchenstromes einer Strahlungsquelle und damit ihrer Aktivität ist eine sehr schwierige Meßaufgabe und wird im allgemeinen nur in den für das Meßwesen zuständigen staatlichen Laboratorien durchgeführt. Für praktische Messungen bedient man sich relativer Meßverfahren und bezieht sich damit auf die Aktivität eines geeigneten Referenzpräparates.

Messung von Aktivitäten

Zur Direktmessung der Energiestromdichte und der Gesamtenergie in einem bestimmten Zeitabschnitt werden vor allem kalorimetrische Methoden benutzt.

Kalorimeter sind auch zur Messung hoher Energien von einzelnen Teilchen unentbehrlich. Man unterscheidet dabei *elektromagnetische Kalorimeter* und hadronische Kalorimeter. Mit ersteren wird die Energie von Leptonen und Photonen im Bereich von etwa 100 MeV an gemessen. Als Kalorimetermaterial dient z.B. Bleiglas oder ein NaI-Kristall. In ihm entsteht vorwiegend durch Bremsstrahlung und Paarbildung eine Sekundärteilchenkaskade, die durch ein Licht- oder Ionisationsstromsignal gemessen wird. Daraus wird dann die Energie berechnet. Als Absorber-

elektromagnetische Kalorimeter

hadronische Kalorimeter

material in *hadronischen Kalorimetern* dient z. B. Uran oder Eisen. Darin löst ein Hadron durch unelastische Streuung einen Sekundärteilchen-Schauer aus, der z. B. durch einen Szintillationsdetektor nachgewiesen werden kann. Absorbermaterial und Nachweismaterial werden dabei in alternierenden Schichten angeordnet.

11.1.2.5 Dosimetrie

Die Hauptanwendungsgebiete der Dosimetrie sind der Strahlenschutz und die Medizin (Röntgendiagnostik, Nuklearmedizin). Die Vielfalt der Einwirkungen der bezüglich ihrer Art und ihrer Energie verschiedenen Strahlungen auf Materie und erst recht auf Lebewesen und die lückenhafte Kenntnis darüber machen die Dosimetrie zu einem schwierigen Gebiet der Meßtechnik. Auf die mit den genannten Anwendungsgebieten zusammenhängenden Probleme der Dosimetrie kann hier nicht eingegangen werden.

Alle Dosisgrößen sind auf ein Masseelement der bestrahlten Materie bezogen. Dieses darf bei der praktischen Messung nicht so klein sein, daß sich stochastische Schwankungen bei der Energieumsetzung in ihm bemerkbar machen können. Wenn der bestrahlte Körper nicht homogen ist, sind auch die Dosisgrößen ortsabhängig.

Zur Angabe der von einem ionisierenden Teilchenstrahl absorbierten Energie dient die Größe Energiedosis. Für Strahlungsarten, die nicht direkt, sondern nur indirekt über Sekundärteilchen ionisierend wirken (z.B. Neutronen), findet statt der Größe Energiedosis die Größe Kerma (Abkürzung für ***K***inetic ***E***nergy ***R***eleased in ***MA***tter) Anwendung.

(D 11.4)
Energiedosis D,
Energiedosisleistung,
Kerma K,
Kermaleistung

Wird durch eine ionisierende Strahlung auf das in einem Volumenelement $\mathrm{d}V$ befindliche Material mit der Masse $\mathrm{d}m = \varrho\,\mathrm{d}V$ die Energie $\mathrm{d}W$ übertragen, dann heißen

$$D = \frac{\mathrm{d}W}{\mathrm{d}m} \quad \text{Energiedosis},$$

$$\frac{\mathrm{d}D}{\mathrm{d}t} \quad \text{Energiedosisleistung}.$$

Werden durch eine nichtionisierende Strahlung aus dem in einem Volumenelement $\mathrm{d}V$ befindlichen Material mit der Masse $\mathrm{d}m = \varrho\,\mathrm{d}V$ Sekundärteilchen freigesetzt und ist $\mathrm{d}W_{\mathrm{kin}\,0}$ die Summe der Anfangsenergien aller freigesetzten Sekundärteilchen, dann heißen

$$K = \frac{\mathrm{d}W_{\mathrm{kin}0}}{\mathrm{d}m} \quad \text{Kerma},$$

$$\frac{\mathrm{d}K}{\mathrm{d}t} \quad \text{Kermaleistung}.$$

Als Maßeinheit für die Energiedosis und die Kerma wurde festgelegt:

> Die Einheit der Energiedosis und der Kerma ist
>
> 1 Gray = 1 Gy = 1 J · 1 kg^{-1}.

(D 11.5)
Maßeinheit Gray (Gy)

Louis Harold Gray (1905 – 1965)

Die Maßeinheit für die Energiedosisleistung und die Kermaleistung ist $[D/t] = [K/t]$ = Gy/s. Gebräuchlich sind auch Gy/min und Gy/h.

Messung der Größen Energiedosis und Kerma

Die direkte Messung der Energiedosis ist auf kalorimetrischem Wege möglich, da die absorbierte Strahlungsenergie in den meisten Materialien bis auf wenige Prozent als Wärmeenergie nachgewiesen werden kann. Nicht erfaßt werden dabei die über chemische Prozesse umgewandelten Energien; sie stellen einen systematischen Fehler dar. Als Kalorimetersubstanzen dienen u. a. Graphit und Wasser.

Die Dosisgröße Kerma ist der Energiedosis der Sekundärteilchen hinreichend genau proportional, wenn die Reichweiten der ionisierenden Sekundärteilchen klein gegenüber der Reichweite der Primärteilchen sind. Das gilt z. B. für Röntgenstrahlen bis zu einer Erzeugungsspannung von etwa 400 kV und für Neutronen mit Energien unter 10 MeV. Bis zu diesen Grenzen sind für sie die auf ein Wasser-Kalorimeter bezogenen Werte für die Kerma und die Energiedosis gleich. Im Falle von gleichen Strahlungsarten mit gleichem Energiespektrum kann die dann vorliegende Proportionalität zwischen Energiestromdichte, Teilchenstromdichte und Dosisleistung zu Relativmessungen ausgenutzt werden.

Die durch eine Strahlung auf einen Stoff übertragene Energie ist von der Art der Substanz abhängig und damit auch die Energiedosis. Es ergeben sich also verschiedene Werte, wenn unter gleichen Bedingungen gleiche Massen unterschiedlicher Substanzen bestrahlt werden. Ebenso führt die Bestrahlung des gleichen Absorbers mit verschiedenen Strahlungsarten gleicher Energiestromdichte unter sonst gleichen Bedingungen zu verschiedenen Ergebnissen.

Als eine auf die Ionisation im Absorber Luft bezogene Energiedosis wurde die Ionendosis X (auch Exposition oder Expositionsdosis genannt) eingeführt.

> Wird durch eine direkt oder indirekt ionisierende Strahlung in Luft vom Volumen V und der Dichte ϱ die elektrische Ladung q erzeugt, dann heißen
>
> $X = \frac{|q|}{\rho V}$ Ionendosis,
>
> $\frac{dX}{dt}$ Ionendosisleistung.

(D 11.6)
Ionendosis X
Ionendosisleistung

Mögliche Maßeinheiten von Ionendosis und Ionendosisleistung sind $[X]$ = C/kg und $[X/t]$ = A/kg.

Der Begriff Ionendosis läßt sich meßtechnisch sowohl auf Röntgen- und γ-Strahlung als auch z. B. auf Elektronenstrahlung anwenden. Die Ionendosis kann mit ausreichend großen Ionisationskammern absolut gemessen werden. Die großen Abmessungen sind erforderlich, weil die Absorption in der Luft des Kammervolumens erfolgen muß und nicht an den Wänden. Aus diesem meßtechnischen Grund ist der Begriff Ionendosis bei Photonen nur bis zu Energien von etwa 3 MeV verwendbar. Für Relativmessungen werden geeichte kleinere Ionisationskammern, aber auch z. B. fotografische und chemische Effekte ausgenutzt. Die Beziehung zwischen der Ionendosis und der Energiedosis ist einfach herzustellen, da der mittlere Energieaufwand zur Erzeugung eines Ionenpaares in Luft 33,0 eV = $5{,}28 \cdot 10^{-18}$ J beträgt:

Messung der Ionendosis

$$D_{\text{Luft}} = X \cdot 5{,}18 \cdot 10^{-18}\,\text{J}. \tag{11.14}$$

Beziehung zwischen Energiedosis und Ionendosis

Für andere Absorber als Luft läßt sich die Energiedosis D aus D_{Luft} nach

$$\frac{D}{D_{\text{Luft}}} = \frac{(\mu/\varrho)_{\text{Substanz}}}{(\mu/\varrho)_{\text{Luft}}} \tag{11.15}$$

berechnen. Dabei bedeuten ϱ die jeweilige Dichte und μ die Schwächung der anfänglichen Teilchenstromdichte I_0 beim Durchgang durch eine Schicht der Dicke d entsprechend der Beziehung $I = I_0 \exp(-\mu d)$ (vgl. (I 10.18)).

Bei der Bewertung der biologischen Wirksamkeit von Strahlungen muß Beachtung finden, daß diese sowohl von der Strahlungart als auch von der Energie der Strahlung abhängt. So verursacht z. B. α-Strahlung beim Durchgang durch eine Zelle im Mittel 10^4 bis $7 \cdot 10^4$ Ionisationsprozesse, β-Strahlung dagegen nur 10 bis 100. Diese Unterschiede in der biologischen Wirksamkeit von Strahlungen werden durch einen biologischen Bewertungsfaktor Q erfaßt und mit ihm zur Charakterisierung der biologischen Wirksamkeit von Strahlungen die Äquivalentdosis eingeführt.

Bewertungsfaktor Q

(D 11.7)
Äquivalentdosis H
Maßeinheit Sievert (Sv)

ROLF MAXIMILIAN SIEVERT (1896–1966)

Die Äquivalentdosis H ist das Produkt aus der Energiedosis für einen bestimmten biologischen Stoff und einem die Strahlung charakterisierenden Bewertungsfaktor Q:

$$H = Q\,D.$$

Sie wird in der Einheit Sievert angegeben:

$$1\ \text{Sievert} = 1\ \text{Sv} = 1\ \text{J} \cdot 1\ \text{kg}^{-1}.$$

Der Bewertungsfaktor Q kann in ein Produkt von weiteren modfizierenden Faktoren aufgespalten werden. Nach (D 11.7) wird er in der Einheit Sv/Gy angegeben. Zu seiner Festlegung für die verschiedenen Strahlungsarten bezieht man sich auf Muskelgewebe bestimmter Zusammensetzung. Vielfach ist es jedoch ausreichend, für die biologische Bewertung der einzelnen Strahlungsarten obere Grenzwerte von Q festzulegen.

Tabelle 11.2
Empfohlene obere Grenzwerte für Q

Strahlungsart	Q
Röntgenstrahlung β-Strahlung Elektronenstrahlung	1,0
thermische Neutronen	3,0
Neutronen Protonen bis 10 MeV	10
α-Strahlung	10
schwere Rückstoßkerne	20

Tabelle 11.2 gibt die empfohlenen Grenzwerte wieder. Sie haben keine Gültigkeit für Äquivalentdosen größer als 0,25 Sv und für Äquivalentdosisleistungen, wie sie bei Strahlungsunfällen auftreten.

Die in diesem Abschnitt genannten Einheiten der Dosimetrie wurden auf Antrag der ICRU (**I**nternational **C**ommission on **R**adiological **U**nits and Measurements) 1976 und 1980 durch die CGPM (**C**onférence **G**énérale des **P**oids et **M**esures) als SI-Einheiten eingeführt. Für die vorher gebräuchlichen Einheiten gelten folgende Umrechnungsbeziehungen:

Umrechnungsfaktoren für Röntgen, Rad und Rem

Ionendosis:

$$1 \text{ Röntgen} = 1 \text{ R} = 2{,}58 \cdot 10^{-4}\,\text{C/kg} \tag{11.16a}$$

Energiedosis und Kerma:

$$1 \text{ Rad} = 1 \text{ rd} = 0{,}01 \text{ Gy} = 0{,}01 \text{ J/kg} \tag{11.16b}$$

(Rad: **R**adiation **A**bsorbed **D**ose)

Äquivalenzdosis:

$$1 \text{ Rem} = 1 \text{ rem} = 0{,}01 \text{ Sv} = 0{,}01 \text{ J/kg} \tag{11.16c}$$

(Rem: **R**oentgen **E**quivalent **M**an).

Für die Aktivität radioaktiver Strahlungsquellen werden zusätzlich zu den hier genannten Maßeinheiten die SI-Einheit Becquerel und die Maßeinheit Curie genutzt (s. (D 12.5) und (D 12.6)).

11.2 Teilchenbeschleuniger

Die Energie der Kernstrahlungsteilchen beim Austritt aus den jeweiligen Strahlungsquellen (Gasentladungsstrecken zur Erzeugung von Ionenstrahlen, radioaktive Substanzen, Kernstrahlungsreaktoren) reicht vielfach zur Auslösung der beabsichtigten Wechselwirkungen nicht aus. Sie muß deshalb mit Hilfe von Teilchenbeschleunigern erhöht werden. Teilchenbeschleuniger und die mit ihnen verbundenen Detektionssysteme gehören zu den aufwendigsten wissenschaftlichen Großgeräten. Dabei verursachen sowohl die Entwicklung und der Bau als auch der Betrieb sehr hohe Kosten. Der Aufwand ist jedoch berechtigt. Teilchenbeschleuniger tragen in hohem Maße dazu bei, unser physikalisches Weltbild zu vervollkommnen. Die bisher erarbeiteten Modellvorstellungen der Elementarteilchen- und Kernphysik sind noch unvollkommen, sie gelten jeweils immer nur in einem begrenzten Bereich der experimentell gesicherten Erfahrung. Mit anderen Worten: Im Gegensatz zum Entwicklungsstand der Physik der Atomhülle konnten für diese Gebiete der Mikrophysik noch keine Systemlösungen gefunden werden. Daraus erklärt sich die Bedeutung der experimentellen Hochenergiephysik für die weitere Entwicklung der Mikrophysik.

Die Gewinnung von Erkenntnissen über die Struktur und die Eigenschaften von Nukliden und Elementarteilchen erfordert die Untersuchung und Deutung gezielt ausgelöster Wechselwirkungen zwischen ihnen. Die auslösenden Teilchen müssen dazu in den meisten Fällen auf sehr hohe Energien gebracht werden. So wurden z. B. die bedeutsamen Fortschritte der Elementarteilchenphysik seit den siebziger Jahren erst durch den Bau leistungsfähigerer Beschleuniger, durch die Entwicklung der Speicherringe und durch verbesserte Detektionssysteme möglich.

Beschleuniger werden auch für andere Aufgabenstellungen genutzt, insbesondere Schwerionenbeschleuniger und Speicherringe. Die Synchrotronstrahlung ist neben der Neutronenstrahlung zu einem der wichtigsten Hilfsmittel der Festkörperphysik einschließlich ihrer applikativen Zweige geworden. Erwähnt sei auch die Nutzung energiereicher Strahlung auf biologischem und medizinischem Gebiet.

Teilchenbeschleuniger arbeiten auf der Grundlage der elektromagnetischen Wechselwirkung. Wegen der gegenüber der Ionenmasse wesentlich kleineren Masse der Elektronen ist der Aufbau von Elektronenbeschleunigern einfacher als der von Ionenbeschleunigern. Entsprechend dem Aufbauprinzip ist eine Einteilung in Linearbeschleuniger und Zirkularbeschleuniger zweckmäßig.

Die Weiterentwicklung der Teilchenbeschleuniger verfolgt mehrere Ziele. Sie ist auf das Erreichen höherer Teilchenenergien und größerer Teilchenströme, auf eine verbesserte Energieschärfe, auf die Schaffung von Beschleunigern für immer schwerere Teilchen und auf die Schaffung von komplexen und vielseitigen Anlagen ausgerichtet.

11.2.1 Linearbeschleuniger

elektrostatischer Linearbeschleuniger

Elektrostatische Linearbeschleuniger existieren seit 1931 und bestehen aus einer hochevakuierten Röhre, in der die Teilchen ein großes axial ausgerichtetes Gleichfeld einmalig durchlaufen und dabei Energien bis zu

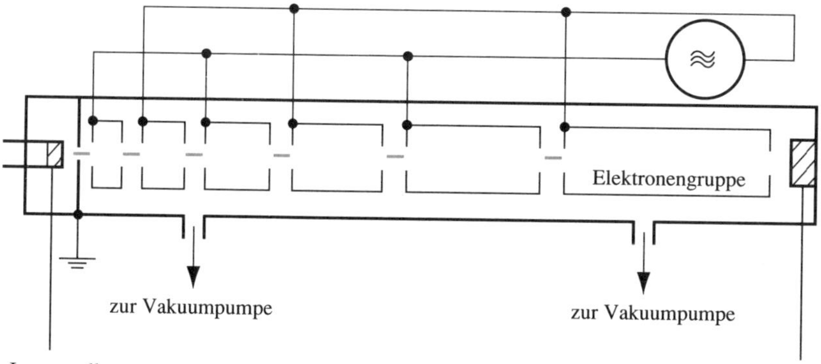

Abb. 11.20
Schematische Darstellung eines Hochfrequenz-Linearbeschleunigers

10 MeV aufnehmen können. Diese Grenze ist durch Isolationsprobleme und Entladungsverluste bedingt, die sich aufgrund der hohen Spannungen ergeben. Die Hochspannung wurde zunächst durch elektronische Spannungsvervielfachung (*Kaskadengenerator*) erzeugt. Heute gibt man dem in den Jahren 1931–1933 von VAN DE GRAAFF entwickelten und seitdem vielfach verbesserten *Bandgenerator* (s. Abschn. II 1.1.4.2) den Vorzug.

Bandgenerator

Wesentlich größere Energien als mit dem elektrostatischen Linearbeschleuniger lassen sich mit dem ab Ende der vierziger Jahre entwickelten *Hochfreqenz-Linearbeschleuniger* erzielen. Seinen prinzipiellen Aufbau zeigt Abbildung 11.20. Die aus der Quelle austretenden Teilchen durchlaufen in einem ausreichend langen, evakuierten Beschleunigerrohr nacheinander zylinderförmige, fokussierend wirkende Elektroden, die mit abwechselnder Polarität von einem Hochfrequenzgenerator gespeist werden. Die Länge der Elektroden nimmt in Strahlrichtung in der Weise zu, daß die Teilchen beim Durchfliegen eines Spaltes zwischen zwei Elektroden stets beschleunigt werden, die Flugzeit im feldfreien Innenraum der Elektroden also einer Halbperiode der Wechselspannung entspricht. Protonen können mit Hochfrequenz-Linearbeschleunigern auf eine Energie von 200 MeV beschleunigt werden.

Hochfrequenz-Linarbeschleuniger

Elektronen erreichen wegen ihrer kleinen Ruhmasse schon bei geringen Energien nahezu Lichtgeschwindigkeit. So besitzen z.B. Elektronen mit einer Energie von 2 MeV bereits eine Geschwindigkeit von 0,98c. Die weitere Energieaufnahme äußert sich dann praktisch nur noch in einer Massenzunahme. In Hochfrequenz-Linearbeschleunigern für Elektronen wird diese Tatsache ausgenutzt. Sie sind als Hohlleiter-Röhre ausgebildet, in der sich elektromagnetische Wellen axial ausbreiten. Bei derartigen Wellen hat das elektrische Feld eine von Null verschiedene Komponente in der Rohrachse. Schießt man nun Elektronen mit nahezu Lichtgeschwindigkeit axial in den Beschleuniger ein, so können diese wegen der annähernden Gleichheit von Elektronengeschwindigkeit und Phasenge-

ROBERT JEMISON VAN DE GRAAFF (1901–1967)

Daten von Linearbeschleunigern

Tabelle 11.3
Konstruktionsdaten einiger Linearbeschleuniger

Standort	Inbetriebnahme	Teilchen	Länge der Kammer	Teilchenenergie
Berkeley	1950	Protonen	13 m	40 MeV
Stanford		Elektronen	70 m	600 MeV
Charkow	1963	Elektronen		2 GeV
Stanford	1966	Elektronen	3,2 km	32 GeV
Batavia	1984	Protonen	150 m	200 MeV

Wanderfeldbeschleuniger

schwindigkeit einen ständigen Energiezuwachs erfahren. Derartige Anlagen werden *Wanderfeldbeschleuniger* genannt. Ihre Längenausdehnung erreicht die Größenordnung von Kilometern (vgl. Tab. 11.3). Mit ihnen können Elektronen auf eine Energie von etwa 30 GeV beschleunigt werden.

11.2.2 Zirkularbeschleuniger

In Zirkularbeschleunigern werden die geladenen Teilchen durch ein senkrecht zu ihrer Bahn wirkendes Magnetfeld $\boldsymbol{B}$ auf einer spiral- bzw. kreisähnlichen Bahn gehalten. Hierdurch lassen sich die Abmessungen des Beschleunigers entscheidend reduzieren.

Nach (2.20) zwingt die Lorentz-Kraft $\boldsymbol{F} = q\boldsymbol{v} \times \boldsymbol{B}$ ein Teilchen mit der Geschwindigkeit $\boldsymbol{v}$ auf eine Kreisbahn vom Radius $r = mv/qB$. Zwischen Bahn- und Winkelgeschwindigkeit besteht die Beziehung $v = r\omega$. Daher genügt der Radius der Teilchenbahn der Bedingung

$$r = \frac{v}{\omega} = \frac{mv}{qB}\,. \tag{11.17}$$

Bei hohen Geschwindigkeiten ist die relativistische Massenveränderlichkeit zu berücksichtigen. Mit $m/m_0 = 1/\sqrt{1 - v^2/c^2}$, $W_0 = m_0 c^2$ und $W_0 + W_{\text{kin}} = mc^2$ sowie $\eta = W_{\text{kin}}/W_0$ folgt

$$1 - \frac{v^2}{c^2} = \frac{m_0^2}{m^2} = \frac{m_0^2 c^4}{m^2 c^4} = \frac{W_0^2}{W_0^2(1+\eta)^2} = \frac{1}{(1+\eta)^2}$$

und damit die

Synchronbedingung

$$\textit{Synchronbedingung:} \quad v = c\,\frac{\sqrt{\eta^2 + 2\eta}}{1+\eta}\,. \tag{11.18}$$

Durch Einsetzen von (11.18) in (11.17) erhält man mit $1 + \eta = mc^2/W_0$ die

Bahnbedingung

$$\textit{Bahnbedingung:} \quad r = \sqrt{\eta^2 + 2\eta}\,\frac{c}{\omega(1+\eta)} = \sqrt{\eta^2 + 2\eta}\,\frac{W_0}{qBc} \tag{11.19a}$$

und die

$$\textit{Phasenbedingung:} \quad 1 + \eta = \frac{qBc^2}{W_0 \omega} . \tag{11.19}$$

Phasenbedingung

Vorstehende Beziehungen beschränken die freie Wählbarkeit der Konstruktionsparameter ω, B und r der Beschleuniger.

Entsprechend den den Größen ω, B und r auferlegten Bedingungen unterscheidet man (vgl. Tab. 11.4) verschiedene Arten von Zirkularbeschleunigern.

Zyklotron

Zyklotron

Bei dem 1931 von LAWRENCE und LIVINGSTON entwickelten Zyklotron (s. Abb. 11.21) werden sowohl das Magnetfeld $\boldsymbol{B}$ als auch die Winkelgeschwindigkeit ω der Teilchen konstant gehalten, r stellt sich entsprechend der Bahnbedingung ein:

MILTON STANLEY LIVINGSTONE, geb. 1905

$$\boldsymbol{B} = \boldsymbol{B}_0 = \text{const}, \quad \omega = \omega_0 = \text{const}, \tag{11.20a}$$

$$r = \text{variabel (stellt sich ein).} \tag{11.20b}$$

Das Zyklotron besitzt zwei halbkreisförmige Hohlkörper als Elektroden, die sich mit einander zugekehrten Öffnungen, wie in Abbildung 11.21 dargestellt, gegenüberstehen. Im freien Spalt zwischen den Elektroden werden die Teilchen durch ein angelegtes Wechselfeld mit der Kreisfrequenz ω_0 beschleunigt. Das zu den Elektrodenflächen senkrechte

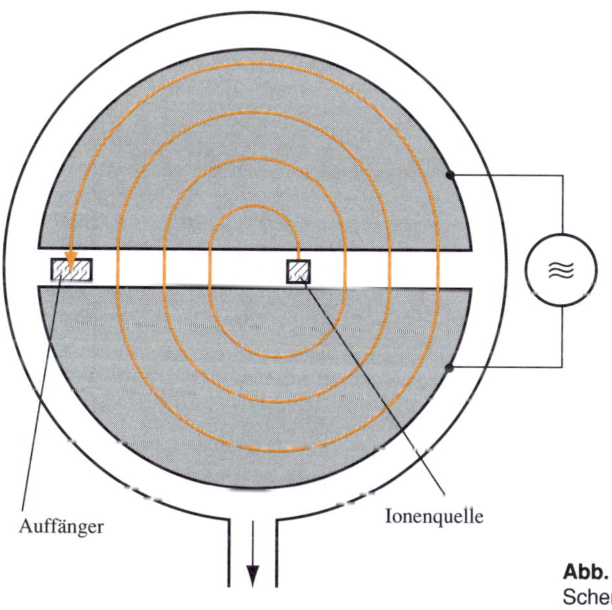

Abb. 11.21
Schematische Darstellung eines Zyklotrons

ERNEST ORLANDO LAWRENCE (1901–1958) Nobelpreis 1939

Tabelle 11.4
Konstruktionsprinzipien von Zirkularbeschleunigern

Beschleunigertyp	Realisierung der Konstruktionsparameter			Realisierung der Strahlfokussierung	Energiegrenze [1]) für Protonen	Strahlstromstärke in A
	B	r	ω			
Zyklotron	zeitunabhängig	$r(W_{kin})$	zeitunabhängig	B verändert sich geringfügig mit r	20 MeV	10^{-4} bis 10^{-3}
Synchrozyklotron	zeitunabhängig	$r(W_{kin})$	$\omega(t)$	B verändert sich geringfügig mit r	1 GeV	10^{-7} bis 10^{-6}
Isochronzyklotron	$B(t)$	$r(W_{kin})$	zeitunabhängig	B verändert sich geringfügig mit r	1 GeV	10^{-7} bis 10^{-6}
Synchroton	$B(t)$	konstant	$\omega(t)$	B besitzt einen kleinen radialen Gradienten	10 GeV	10^{-10} bis 10^{-8}
AG-Synchroton	$B(t)$	konstant	$\omega(t)$	B besitzt einen großen radialen Gradienten, der in durch den Azimutalwinkel festgelegten Sektoren das Vorzeichen wechselt	500 GeV	10^{-8}
AVF-Zyklotron	zeitunabhängig	$r(W_{kin})$	zeitunabhängig	B besitzt einen großen radialen Gradienten und ist vom Azimutalwinkel abhängig	1 GeV	10^{-3}
FFAG-Beschleuniger	zeitunabhängig	$r(W_{kin})$ Ringfeld mit kleiner radialer Ausdehnung	$\omega(t)$	B besitzt einen großen radialen Gradienten, der in durch den Azimutalwinkel festgelegten Sektoren das Vorzeichen wechselt	10 GeV	10^{-6}

[1]) Die Energiegrenze ist sowohl durch physikalische als auch durch ökonomische Faktoren gegeben

Magnetfeld $\boldsymbol{B}_0$ zwingt die Ionen innerhalb der feldfreien Elektroden auf Kreisbahnen. Jede als Saugspannung wirkende Halbperiode des Wechselfeldes zieht aus der nahe dem Zentrum des Zyklotrons zwischen den Elektroden angeordneten Strahlungsquelle eine Teilchenwolke heraus, die sich dann auf halbkreisförmigen Bahnen mit nach jeder Beschleunigungsphase anwachsendem Radius r (vgl. (11.19a): $r \sim \sqrt{\eta}$ für $\eta \ll 1$) bis zum Auffänger bewegt. Theoretisch sind die in (11.20a) und (11.20b) formulierten Arbeitsbedingungen jedoch wegen der relativistischen Massenabhängigkeit nicht mit der Phasenbedingung vereinbar. Diese ist exakt nur für $\eta = 0$, d.h. für das ruhende Teilchen zu erfüllen, wie man durch Einsetzen von $W_0 = m_0 c^2$ und $\omega = qB_0/m_0$ aus (11.17) in (11.19) erkennt:

$$1 + \eta = \frac{qB_0 c^2}{W_0 \omega} = \frac{qB_0 c^2}{m_0 c^2 \omega} = \frac{qB_0}{m_0 \omega} = 1\,.$$

In der Praxis genügt es, wenn $\eta \approx 0{,}01$ ist, d.h., wenn die kinetische Energie des Teilchens 1% seiner Ruhenergie nicht überschreitet. Damit ergibt sich als obere erreichbare Grenzenergie 5 keV für Elektronen und 10 MeV für Protonen. Der Bau eines Zyklotrons zur Beschleunigung von Elektronen wäre also sinnlos. Will man höhere Teilchenenergien erreichen, so muß man eine der beiden Bedingungen (11.20) bzw. beide fallenlassen. Man beschleunigt dann Teilchengruppen bei zeitlicher Variation von ω bzw. B oder von ω und B bei konstant gehaltenem Radius.

Synchrozyklotron

Synchrozyklotron

Beim Synchrozyklotron wird wie beim Zyklotron mit einem konstanten Magnetfeld gearbeitet, die relativistische Massenzunahme der Teilchen aber durch zeitliche Variation von ω ausgeglichen. Nach der Phasenbedingung (11.19) ist die Kreisfrequenz ω entsprechend $\omega \sim (1 + \eta)^{-1}$ nachzusteuern. Das Synchrozyklotron ist demzufolge durch die Konstruktionsbedingungen

$$B = B_0 = \text{const}; \quad \omega \sim (1 + \eta)^{-1}; \tag{11.21a}$$

$$r = \text{variabel (stellt sich ein)} \tag{11.21b}$$

festgelegt.

Isochronzyklotron

Isochronzyklotron

Beim Isochronzyklotron erfolgt der Ausgleich der relativistischen Massenzunahme der Teilchen durch die Nachsteuerung von B statt durch die Variation von ω. Nach der Phasenbedingung (11.19) ist $B \sim (1 + \eta)$ zu wählen. Demzufolge gilt für die Konstruktionsprinzipien des Isochronzyklotrons

$$\omega = \omega_0 = \text{const}, \quad B \sim (1 + \eta); \tag{11.22a}$$

$$r = \text{variabel (stellt sich ein).} \tag{11.22b}$$

Synchrotron

Synchrotron

Abbildung 11.22 zeigt die nach (11.19) für die mit Eisenmagneten erreichbaren Werte von B berechneten Bahnradien in Abhängigkeit von der Teilchenenergie. Da beim Synchrozyklotron und Isochronzyklotron das Teilchen praktisch vom Bahnradius Null ab beschleunigt wird, müssen die Polschuhe des Magneten mindestens den gleichen Radius wie die maximale Teilchenbahn besitzen. Die hierzu notwendige Magnetmasse beschränkt die Teilchenenergie aus technischen und ökonomischen Erwägungen auf Werte $\leqq 1$ GeV (s. Tab. 11.5). Beim Synchrotron umgeht man diesen Nachteil dadurch, daß man r konstant hält, die Beschleunigung des Teilchens also auf einem Sollkreis $r = r_0$ in einer ringförmigen Vakuumkammer erfolgt. Der Magnet braucht dann lediglich als Ringmagnet über dieser Kammer ausgebildet zu werden. Zwischen der Teilchengeschwindigkeit v und der Kreisfrequenz ω des Hochfrequenzfeldes besteht nach (11.17) die Beziehung $v = r_0\omega$, während nach der Bahnbedingung $B \sim \sqrt{\eta}$ für $\eta \ll 1$ und $B \sim \eta$ für $\eta \gg 1$ zu wählen ist. Damit gelten für das Synchrotron die Konstruktionsprinzipien

$$\omega \sim v, \quad B \sim \begin{Bmatrix} \sqrt{\eta} \\ \eta \end{Bmatrix} \text{ für } \begin{Bmatrix} \eta \ll 1 \\ \eta \gg 1 \end{Bmatrix}, \quad r = r_0 = \text{const}\,. \tag{11.23}$$

Das Synchrotronprinzip gestattet eine Erhöhung der Teilchenenergie gegenüber dem Synchrozyklotron um Größenordnungen, allerdings wiederum auf Kosten der Stromstärke, da der Auf- und der Abbau des magnetischen Führungsfeldes eine erhebliche Zeit erfordern, so daß nur mit Impulsen von etwa Sekundenabstand gearbeitet werden kann. Das größte Problem beim Synchrotron stellt die Fokussierung der Teilchen auf den Sollkreis dar, müssen doch die zu beschleunigenden Teilchen über viele

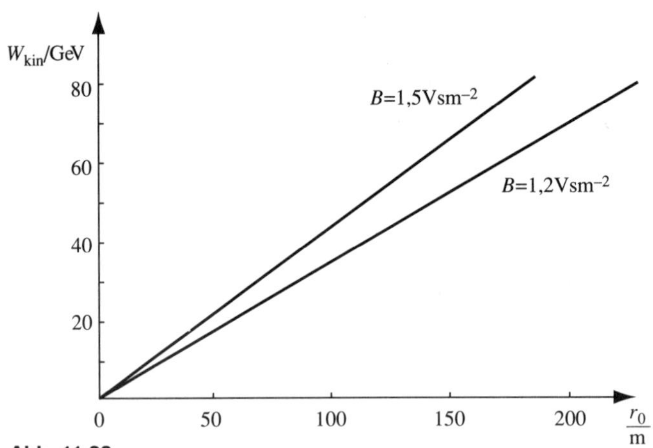

Abb. 11.22
Abhängigkeit der Bahnradien der Teilchen in Zirkularbeschleunigern von der magnetischen Induktion nach (11.19a)

Umläufe auf eine angenähert kreisförmige Bahn gezwungen werden (z. B. beim 76-GeV-AG-Synchrotron in Serpuchow ca. 500 000mal). Die Bahnstabilität wird durch eine spezielle Formgebung des Ringmagneten erreicht. Die ersten nach dem Synchrotronprinzip gebauten Beschleuniger arbeiteten mit einem kleinen Feldgradienten (*Phasotron*). Um sowohl in axialer als auch in radialer Richtung das Teilchen durch rücktreibende Kräfte auf eine Bahn in der Nähe des Sollkreises zu zwingen, muß nach STEENBECK das Feld im Bereich des Sollkreises radial mit $1/r^n$ $(0 < n < 1)$ abnehmen und der Feldgradient dabei klein gewählt werden. Die Teilchen schwingen dann um den Sollkreis. Für Teilchenenergien < 10 GeV werden die Schwingungsamplituden jedoch so groß, daß der erforderliche Querschnitt der Ringkammer und die damit verbundene Magnetmasse ökonomisch und technisch nicht mehr vertretbar sind. Man arbeitet dann mit einem alternierenden Feldgradienten (*AG-Synchrotron*). Das magnetische Feld wird analog einer magnetischen Quadrupollinse ausgebildet (vgl. Abschn. II 13). In aufeinanderfolgenden Feldsektoren werden die Teilchen abwechselnd in radialer Richtung fokussiert, in azimutaler defokussiert und umgekehrt. Der Querschnitt der Vakuumkammer läßt sich dadurch erheblich reduzieren (vgl. Tab. 11.5 und 11.6). Zur Erzielung einer möglichst großen Stromstärke ist die Synchronisation zwischen der Frequenz der Beschleunigungsspannung und der Umlauffrequenz der Teilchen notwendig. Diese Synchronisation wird automatisch erreicht, wenn die Beschleunigung nicht beim Spitzenwert der Beschleunigungsspannung, d. h. beim Phasenwert $\pi/2$ erfolgt, sondern bei einem Wert zwi-

MAX STEENBECK (1904 – 1981)

AG-Synchrotron

Tabelle 11.5
Konstruktionsdaten einiger Zirkularbeschleuniger für Protronen

Beschleuniger-typ	Standort	Inbetrieb-nahme	Protonen-energie in GeV	Sollkreis-radius in m	Kammer-querschnitt in m²	Magnet-masse in t
Synchrozyklotron	Berkeley		0,73	3,5		10 000
Synchrotron (Cosmotron)	Brook-haven	1952	3	9		1640
Synchrotron (Bevatron)	Berkeley	1954	6,3	15	5,05×0,05	13 000
Synchrotron (Phasotron)	Dubna	1957	10	28	0,5×2,0	36 000
AG-Synchrotron	Genf	1959	28	72	0,14×0,7	3400
AG-Synchrotron	Brook-haven	1960	33	85	0,15×0,7	
AG-Synchrotron	Serpuchow	1967	76	236	0,12×0,17	20 000
AG-Synchrotron	Batavia	1972	400	1000	0,05×0,1	11 000
AG-Synchrotron	Genf	1976	400	1200		12 700
AG-Synchrotron	Batavia	1984	1000	1000		

Tabelle 11.6
Vergleich einiger Parameter des 10-GeV-Synchrotrons in Dubna und des 76-GeV-AG-Synchrotrons in Serpuchow

	10-GeV-Synchrotron	76-GeV-AG-Synchrotron
Standort	Dubna	Serpuchow
Inbetriebnahme	1957	1967
Sollkreisradius	28 m	236 m
Anzahl der Magnetfeldsektoren	4	12
Maximale magnetische Induktion	1,3 Vsm^{-2}	1,2 Vsm^{-2}
Magnetmasse	36 000 t	20 000 t
Magnetleistung	140 MW	100 MW
Anzahl der Beschleunigungsstrecken	2	54
Beschleunigungsspannung (Amplitude)	1,1 kV	
Energiezuwachs je Umlauf	2,2 keV	190 keV
Anzahl der Umläufe	$4{,}5 \cdot 10^6$	$4 \cdot 10^5$
Frequenzbereich	0,2 bis 1,4 MHz	2,6 bis 6,1 MHz
Beschleunigungszeit	3,3 s	2,6 s
Kammerquerschnitt	$0{,}5 \times 2{,}0$ m^2	$11{,}5 \times 17$ cm^2
Injektorenergie	9 MeV	100 MeV
Injektorstrom	1,2 mA	100 mA
Protonenenergie	10 GeV	76 GeV
Energie eines Protonenimpulses	$5 \cdot 10^{10}$ eV/Imp	$3 \cdot 10^{12}$ eV/Imp

Prinzip der Phasenfokussierung

schen π/2 und π (Prinzip der *Phasenfokussierung* oder *Autophasierungsprinzip*). Dadurch werden die zu früh eintreffenden Teilchen etwas stärker beschleunigt. In Hochenergiebeschleunigern ($v \approx c$) bewirkt das eine größere Massenzunahme und einen größeren Umlaufradius und damit gegenüber einem die Sollphase exakt erfüllenden Teilchen eine größere Umlaufzeit. Ein entgegengesetztes Verhalten zeigen die Teilchen, die die Beschleunigungsstrecke zu spät erreichen. Dieses Phasenstabilisierungsprinzip fanden unabhängig voneinander WECHSLER (1944) und MCMILLAN (1945).

AVF-Zyklotron

Das AG-Prinzip wird auch bei niedrigeren Energien zur Erreichung einer höheren Strahlstromstärke genutzt. So wird beim *AVF-Zyklotron* (**a**cimuthally **v**arying **f**ield) durch eine starke Fokussierung eine stabile Teilchenbahn erreicht. Daher kann bei konstanter Beschleunigungsfrequenz und mit zeitlich konstantem Magnetfeld gearbeitet werden, was einen kontinuierlichen Betrieb und damit eine höhere Strahlstromstärke gestattet. Die konsequente Weiterentwicklung dieses Gedankens führte dazu, auch Ringbeschleuniger mit starker Fokussierung und konstantem Magnetfeld zu bauen (*FFAG-Beschleuniger*, **f**ixed **f**ield with **al**ternating **g**radient). Gegenüber den Ringbeschleunigern mit zeitlich variablem Magnetfeld liegen beim FFAG-Beschleuniger die Impulsfrequenzen um etwa 2 Größenordnungen höher, was wiederum zu einer erheblichen Steigerung der Strahlstromstärke führt.

FFAG-Beschleuniger

In modernen Beschleunigungsanlagen erfolgt die Beschleunigung der Protonen stufenweise. So erreicht man in dem im Jahre 1984 in Betrieb genommenen Tevatron in fünf Stufen die Beschleunigung der Protonen auf eine Energie von 1 TeV. In der ersten Stufe werden die Protonen auf eine Energie von 750 keV vorbeschleunigt. Sie gelangen dann in einen Linearbeschleuniger und treten nach dessen Durchlauf mit einer Energie von 200 MeV in den Zirkularvorbeschleuniger mit einem Radius von 75 m ein. Von diesem gelangen sie mit einer Energie von 8 GeV in den ersten Hauptzirkularbeschleuniger mit einem Radius von einem Kilometer, verlassen diesen mit einer Energie von 500 GeV und erreichen anschließend im zweiten Hauptzirkularbeschleuniger ihre maximale Endenergie von 1 TeV. Die Ringröhre des zweiten Hauptzirkularbeschleunigers besitzt den gleichen Radius wie die des ersten Hauptzirkularbeschleunigers und ist unter diesem angeordnet. Diese Anordnung ist möglich, weil das magnetische Führungsfeld des zweiten Hauptzirkularbeschleunigers mit supraleitenden Magneten aufgebaut ist. Man erreicht dadurch die doppelte magnetische Feldstärke des Führungsfeldes des ersten Hauptzirkularbeschleunigers, weshalb man nach $B \sim \eta$ (11.23) mit gleichem Durchmesser beider Ringröhren arbeiten kann. Die Protonen durchlaufen die fünf Beschleunigungsstufen in 20 s und legen dabei einen Weg von etwa drei Millionen Kilometer, d.h. etwa das fünffache der Entfernung Erde – Mond zurück. Das Tevatron kann alle 20 Sekunden eine auf 1 TeV beschleunigte Protonengruppe von $2 \cdot 10^{13}$ Protonen ausstoßen.

Elektronensynchrotron

Elektronensynchrotrons zeichnen sich gegenüber Ionensynchrotrons dadurch aus, daß Elektronen wegen ihrer kleinen Masse bereits mit nahezu Lichtgeschwindigkeit in den Beschleuniger eingeschossen werden können. Nach (11.23) ist dann zusätzlich ω konstant. Mit Elektronensynchrotrons wurden bisher Energien von 12 GeV erreicht. Die Entwicklung der Teilchenbeschleuniger veranschaulicht Abbildung 11.23.

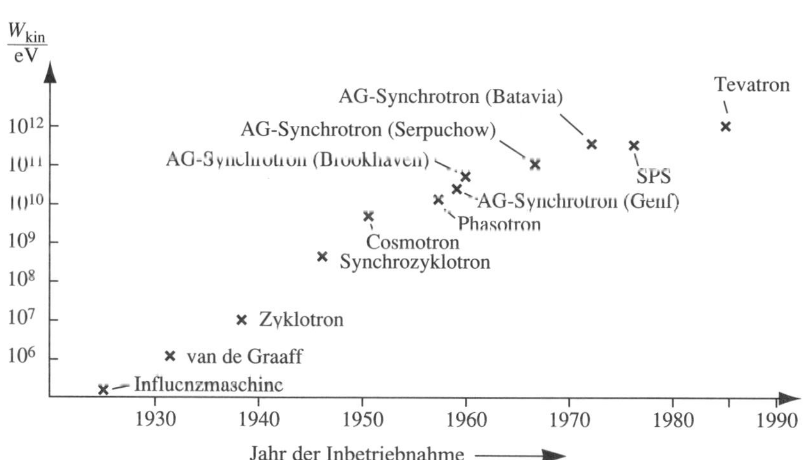

Abb. 11.23
Entwicklung von Teilchenbeschleunigern bezüglich der erreichten Teilchenenergien

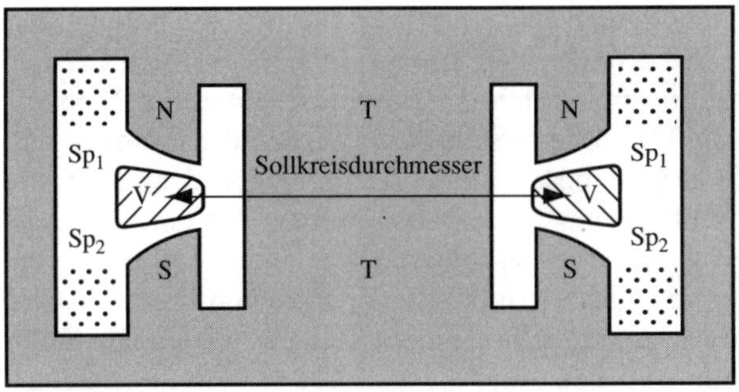

Abb. 11.24
Schematische Darstellung eines Betatrons. T ist die Transformatorenkernsäule zur Erzeugung des magnetischen Feldes B. N und S sind die Polschuhe eines magnetischen Führungsfeldes, das den Elektronenstrahl im Vakuum-Ringgefäß V örtlich stabilisiert. Die durch die Spulen Sp_1 und Sp_2 fließenden Ströme erzeugen sowohl B als auch das Führungsfeld

Betatron

Zur Beschleunigung von Elektronen auf kleinere Energien (maximal etwa 300 MeV) ist das *Betatron* geeignet. Nach der Maxwellschen Gleichung rot $\boldsymbol{E} = -\dot{\boldsymbol{B}}$ erzeugt ein zeitlich veränderlicher magnetischer Fluß ein das Magnetfeld umschlingendes elektrisches Feld (s. auch Abb. 11.24). Man erzeugt durch ein anwachsendes Magnetfeld ein elektrisches Wirbelfeld, welches die Elektronen gruppenweise beschleunigt. Gleichzeitig dient das Magnetfeld als Führungsfeld. Seine Geometrie wird so gewählt, daß es die vorstehend genannte Steenbeck-Bedingung erfüllt. Der Elektromagnet wird mit einer Wechselspannung im Frequenzbereich von 50 bis 500 Hz gespeist, die Beschleunigung der Teilchen erfolgt in der positiven Anstiegsphase.

11.2.3 Speicherringe und Collider

Rückstoßenergie

Ursprünglich wurden hochenergetische Kernreaktionen ausschließlich in der Weise realisiert, daß man die beschleunigten Teilchen auf ruhende Teilchen eines Targets richtete. Da beim Ablauf der Kernreaktion neben anderen Erhaltungssätzen auch die Gesamtenergie und der Gesamtimpuls erhalten bleiben, liegt nach dem Stoß ein Teil der kinetischen Energie des stoßenden Teilchens als Rückstoßenergie vor und ist deshalb für die Realisierung der gewünschten Kernreaktion nicht nutzbar. So liefert die relativistische Rechnung z.B. für ein Proton, das mit einer Energie von 400 TeV (im irdischen Labor derzeit nicht zu erreichen) auf ein ruhendes Proton trifft, für die in Kernreaktionen umsetzbare Energie nur angenähert 1 TeV, d.h. eine Energie, welche man mit dem größten existierenden Beschleuniger, dem Tevatron, gerade erreicht. Um die gesamte Beschleunigerenergie auszunutzen, muß man deshalb die Rückstoßenergie möglichst vermeiden. Dies gelingt, wenn man das Laborsystem zum Schwerpunktsystem macht, d.h. zu dem Koordinatensystem, in dem der Massenmittelpunkt der Reaktionspartner ruht und somit die Summe der Teilchenimpulse vor und nach dem Stoß verschwindet. Damit kann die in Kernreaktionen umsetzbare Beschleunigerenergie wesentlich erhöht werden, wenn man die Teilchen mit möglichst gleichen Impulsen aufeinanderschießt.

GERALD O'NEILL
geb. 1927

Die Realisierung dieses Verfahrens wird dadurch erheblich erschwert, daß beim Aufeinanderschießen der Teilchen die für eine Kernreaktion erforderliche Trefferwahrscheinlichkeit recht klein ist. Deshalb werden große Teilchenströme angestrebt und die Teilchen, die bei einem Aufeinandertreffen zum größten Teil ohne Kernreaktion aneinander vorbeifliegen, mehrmals aufeinander gelenkt. Die beschleunigten Teilchen werden zu diesem Zweck in einem *Speicherring* auf der gewünschten Energie gehalten. Die ab 1959 von O'NEILL und PANOWSKY entwickelten Speicherringe sind vom prinzipiellen Aufbau her Synchrotrons, in denen die Teilchen nur auf der festgelegten Kreisbahn geführt, aber nicht beschleunigt werden. Jedoch muß man die auftretenden Energieverluste ausgleichen. Oft sind Aufenthaltsdauern von mehreren Stunden notwendig, um eine ausreichende Anzahl von Reaktionen beobachten zu können. Deshalb sind im Vergleich zu Synchrotrons höhere Anforderungen an die Strahlführung und an das Vakuumsystem zu stellen. Zur weitgehenden Vermeidung von Stößen mit Restgasmolekülen ist ein extremes Hochvakuum von mindestens 10^{-7} Pa erforderlich.

Speicherring

WOLFGANG PANOWSKY
geb. 1919

Anlagen, die aus Beschleuniger und Speicherring bestehen, nennt man *Collider*. Wenn in einem Collider Teilchen und zugehörige Antiteilchen beschleunigt werden sollen, benötigt man nur einen Speicherring, in dem die beiden Teilchenströme in entgegengesetzten Richtungen umlaufen und an den vorgesehenen Wechselwirkungspunkten zur Kollision kommen. Für unterschiedliche Teilchen werden zwei Speicherringe benötigt.

Collider

Die energetische Grenze für Elektron-Positron-Speicherringe liegt wegen der auftretenden Synchrotronstrahlung bei etwa 100 GeV. Deshalb sind auch *Linear-Collider* im Gespräch, die für 250 GeV pro Teilchen ausgelegt werden sollen. Ein erster Linear-Collider für Elektronen-Positronen von je 45 GeV ist in Stanford (USA) in Betrieb.

Linear-Collider

Als erster Zirkular-Collider für Elektronen und Protonen wurde HERA (**H**adron-**E**lektron-**R**ing-**A**nlage) entwickelt. In ihm werden die Elektronen und Protonen in getrennten Ringen mit Radien von etwa 860 m gespeichert. Die Ringe liegen in etwa 1 m Abstand parallel zueinander. Dabei arbeitet der Protonenring mit einer supraleitenden Magnetkette von $B = 4{,}65$ T.

Als größte Anlage ist ein Collider für Protonenströme von je 20 TeV in Texas in der Diskussion, für dessen mit supraleitenden Magneten ausgestatteten Speicherring ein Radius von etwa 14 km vorgesehen ist.

Zirkular-Collider

Speicherringe werden auch ausschließlich als Quelle für Synchrotron-Strahlung betrieben. In Tabelle 11.7 sind einige Collider aufgelistet.

Tabelle 11.7
Zusammenstellung einiger Collider

Bezeichnung	Standort	Teilchenart	Energie in GeV	Inbetriebnahme
SPEAR (**S**tanford **P**ositron **E**lektron **A**symmetry **R**ings)	Stanford	Elektron Positron	4,2 4,2	1972
DORIS (**DO**ppel-**RI**ng-**S**peicher)	DESY, Hamburg	Elektron	5,6 5,6	1974/1982
DCI	Orsay	Elektron Positron	1,8 1,8	1976
PETRA (**P**ositron-**E**lektron-**T**andem-**R**ing-**A**nlage)	DESY, Hamburg	Elektron Positron	23 23	1978
VEPP-4	Novosibirsk	Elektron Positron	7 7	1979
SPS (**S**uper **P**roton **S**ynchrotron)	CERN, Genf	Proton Antiproton	310 310	1982
TEVATRON	Chicago	Proton Antiproton	1000 1000	1984
TRISTAN	Tsukuba	Elektron Positron	32 32	1986
SLAC (**S**tanford **L**inear **A**ccelerator **C**enter)	Stanford	Elektron Positron	45 45	1988
LEP (**L**arge **E**lectron-**P**ositron Collider)	CERN, Genf	Elektron Positron	50 50	1989
HERA (**H**adron-**E**lektron-**R**ing-**A**nlage)	DESY, Hamburg	Proton Elektron	820 30	1990

11.2.4 Beschleunigung von Schwerionen

Neben der Untersuchung von Reaktionen zwischen hochenergetischen Elementarteilchen und leichten Ionen besteht auch ein großes Interesse an schwerioneninduzierten Kernreaktionen. Dafür entwickelte *Schwerionenbeschleuniger* liefern Ionenströme von über 10^{10} Teilchen pro Sekunde mit Teilchenenergien bis zu 20 MeV/n (MeV pro Nukleon), wobei man als *Schwerionen* alle Ionen mit einer Massenzahl größer als vier bezeichnet. Als *Ionenquellen* dienen Gasentladungen, aus deren Plasmen die

Schwerionen-beschleuniger

Schwerionen

Ionenquellen

gewünschten Ionen durch elektrische und magnetische Felder abgesaugt und gebündelt werden.

Ein leistungsfähiger Schwerionenbeschleuniger ist seit 1989 in Darmstadt in Betrieb. Mit ihm können prinzipiell alle Elemente bis zum Uran auf Energien bis zu 2 GeV/n beschleunigt werden. Erreicht wurde bisher die Beschleunigung von Argonionen auf 1,7 GeV/n, von Uranionen auf 1,0 GeV/n. Die Beschleunigung erfolgt in einem Synchrotron, wobei als Injektor ein Linearbeschleuniger dient. Die beschleunigten Schwerionen werden in einem Experimentier-Speicherring gesammelt. Ein Fragmentseparator zwischen dem Synchrotron und dem Speichering dient zur Separation von Kernfragmenten und zur Produktion von künstlichen Isotopen. Bei einer in Brookhaven (USA) im Aufbau befindlichen Schwerionen-Beschleunigungsanlage sind z. B. für Goldionen Teilchenenergien von 100 GeV/n vorgesehen.

Anwendung von Schwerionen

Die Schwerionen-Beschleunigungstechnik ermöglicht die Untersuchung der allgemeinen Gesetzmäßigkeiten von Stößen zwischen komplexen Atomkernen. Es können so hochionisierte Atome erzeugt und spektroskopiert werden. Auch ist die Untersuchung von Atomkernen möglich, deren Protonen-Neutronen-Verhältnis weit vom stabilen Bereich entfernt ist. Weiter werden hochenergetische Schwerionen in der Festkörperphysik, zur Erzeugung und Untersuchung von Plasmen hoher Dichte und hoher Temperatur sowie für radiobiologische und medizinische Forschungen angewendet. Ferner sind sie für die Elementarteilchenphysik von Interesse. Man erwartet, daß Quarks und Gluonen nicht unter allen äußeren Bedingungen in farbneutralen Hadronen eingeschlossen sind (s. Abschn. 15.6), sondern, daß bei hohen Temperaturen und hohen Dichten ein Phasenübergang zu einem Quark-Gluon-Plasma erfolgt. Eventuell könnte ein derartiger Phasenübergang durch hochenergetische Stöße von Schwerionen realisierbar sein.

11.3 Aufgaben

11.1

In einer Nebelkammer werden von einem radioaktiven Präparat α-Teilchen der kinetischen Energie 7,68 MeV ausgesendet. Die Spurlänge in Luft wurde bei 760 Torr und 15 °C mit 7,2 cm vermessen. Wieviel Ionen pro Millimeter wurden erzeugt, wenn man als mittlere Ionisierungsenergie 34,88 eV annimmt. Man berechne die magnetische Induktion eines senkrecht zur Anfanggeschwindigkeit des α-Teilchens gerichteten homogenen Magnetfeldes, das eine Ablenkung mit dem Anfangskrümmungsradius von 25,0 cm erzeugt.

11.2

In einem Halbleiterdetektor aus p-Silizium werden in einer Sperrschicht α-Teilchen vollständig abgebremst. Ein α-Teilchen der kinetischen Energie von 12 MeV besitzt nach 100 μm Wegstrecke nur noch thermische Energie. Man berechne die mittlere freie Weglänge der α-Teilchen, wenn die Generationsenergie für ein Elektronen-Loch-Paar 3,65 eV beträgt. Man überprüfe die angegebene Empfindlichkeit des Detektors von $4{,}42 \cdot 10^{-20}$ C (eV)$^{-1}$.

11.3

Eine Ionisationskammer mit der Höhe von 5,12 cm stellt einen Zylinderkondensator mit dem Außenradius r_a = 4,50 cm und dem Verhältnis zwischen Innenradius und Außenradius von 0,2 dar und ist mit Neon gefüllt. Ein Elektron mit der kinetischen Energie von 1,51 MeV wird in der Kammer vollständig abgebremst. Es werde vereinfachend angenommen, daß die Neonatome danach nur einfach ionisiert sind ($W_{ion} \approx 21{,}5$ eV). Welche Gesamtladung fließt durch einen angeschlossenen Widerstand von $1{,}5 \cdot 10^9\,\Omega$, wenn die Sättigungsspannung anliegt? Zur Abschätzung der elektronisch bedingten Anstiegs- und Abklingzeiten des Spannungsimpulses am Widerstand berechne man die RC-Zeit des Stromkreises.

11.4

An einem selbstlöschenden Geiger-Müller-Halogenzählrohr liegt eine Arbeitsspannung von 450 V. Die Totzeit ist mit 100 μs angegeben. Welche Aktivität muß ein γ-Präparat haben, wenn die Ansprechwahrscheinlichkeit des Zählrohrs für γ-Quanten ca. 1% beträgt und die gemessene Zählrate gleich der Hälfte der wahren Zählrate ist?

11.5

In einem Szintillationskristall soll ein Elektron seine kinetische Energie von 460 keV vollkommen durch Anregung von Kristallelektronen verlieren. Das emittierte Licht der Wellenlänge 370 nm wird vollständig auf eine Cäsiumkatode gelenkt. Der anschließende Sekundärelektronenvervielfacher enthält 10 mit Kalium beschichtete Dynoden und wird mit einer Anoden-Katoden-Spannung von 662 V betrieben. Wieviel Ladungsträger gelangen an die Anode? Man gebe die Kristallelektronenanregungsenergie und die kinetische Energie der Photoelektronen in eV sowie den Vervielfachungsfaktor des Sekundärelektronenvervielfachers an.

11.6

Welche Spannungen müssen Elektronen und Protonen längs einer Beschleunigungsstrecke durchlaufen, um aus der Ruhe auf das 3-fache ihrer Ruhenergie beschleunigt zu werden?

11.7

Ein Linearbeschleuniger mit zylindrischen Metallrohrelektroden wird mit einer harmonischen Spannung der Amplitude 100 kV und der Frequenz 30 MHz betrieben. Der Abstand zweier benachbarter Elektroden sei gegenüber ihrer Länge vernachlässigbar. Ein Elektronenstrahl wird mit einer Gleichspannung von 800 kV vorbeschleunigt. Zwischen der Anode des Beschleunigungsrohres und der 1. Elektrode wirkt schon die Wechselspannung. Man berechne für ein Elektron, das immer mit dem Amplitudenwert beschleunigt wird, die Geschwindigkeit nach Durchlaufen von 10 Elektroden. Man gebe die Längen der 10 Elektroden an.

11.8
Mit einem Zyklotron sollen He^+-Ionen, die in einer Kanalstrahlröhre mit einer Betriebsspannung von 500 V erzeugt werden, vom Mittelpunkt aus weiter beschleunigt werden. Zwischen den Duanten ist eine harmonische Spannung der Amplitude 50 kV und der Frequenz 2 MHz angeschlossen. Welche Energie besitzen die synchron laufenden Ionen nach einer Zyklotronbeschleunigungszeit von 10 µs? Welche Endgeschwindigkeit und welcher Endbahnradius ist zu erwarten? Welche magnetische Induktion muß das Magnetfeld besitzen? Man weise nach, daß das Zyklotron noch nicht „außer Takt“ fällt.

11.9
Elektronen der Anfangsgeschwindigkeit Null sollen durch ein Betatron mit den Sollkreisradius von 20,0 cm auf eine kinetische Energie von 12,0 MeV beschleunigt werden. Auf welchen Wert muß der die Kreisfläche durchsetzende magnetische Fluß anwachsen? Man gebe Impuls, relative Massenzunahme und Geschwindigkeit der beschleunigten Elektronen an.

11.10
Um wieviel Prozent muß die Frequenz der Beschleunigungsspannung bei einem Synchrozyklotron geändert werden, wenn die Gesamtenergie eines Deuterons von dem doppelten auf den dreifachen Wert der Ruhenergie anwachsen soll?

12 Kernumwandlungen

Eine Atomkernumwandlung kann in Form einer Kernreaktion, eines spontanen Kernzerfalls, einer spontanen oder induzierten Kernspaltung oder durch Kernfusion ablaufen. Die zu Kernumwandlungen führenden Prozesse werden im folgenden behandelt.

12.1 Kernreaktionen

12.1.1 Inzidenzteilchen, Target, Kernfotoeffekt

(D 12.1) Kernreaktion

Die Umwandlung eines Atomkernes, die durch Stoß mit einem anderen Atomkern, einem Elementarteilchen oder einem Gamma-Quant erfolgt, heißt Kernreaktion.

Entdeckung der Kernreaktion

Die erste Kernreaktion beobachtete 1919 RUTHERFORD. Er beschoß in einer Nebelkammer Stickstoffkerne ${}^{14}_{7}N$ mit α-Teilchen. Abbildung 12.1 zeigt eine entsprechende Aufnahme. Die Spuren der α-Teilchen gehen geradlinig von der Quelle aus und haben wegen der einheitlichen Energie der α-Teilchen gleiche Reichweite. Vereinzelt wird aber auch ein anderes Verhalten beobachtet. Die Spur des α-Teilchens endet vorzeitig, und der Endpunkt der Spur ist zugleich Ausgangspunkt von zwei neuen Spuren –

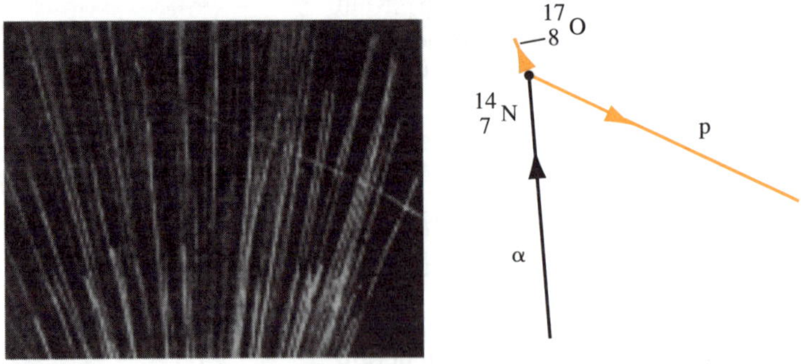

Abb. 12.1
Nebelkammeraufnahme der Kernreaktion ${}^{14}_{7}N\ (\alpha, p)\ {}^{17}_{8}O$

einer relativ kurzen und einer langen. Den Vorgang kann man nur so deuten, daß an dieser Stelle ein Stoßprozeß zwischen einem α-Teilchen und einem Atomkern $^{14}_{7}$N abläuft und die beiden in diesem Punkt beginnenden Spuren zwei nach dem Stoß vorhandenen Teilchen zuzuschreiben sind. Das Erstaunliche an dem Ergebnis war nun, daß diese nicht mit den beiden Atomkernen vor dem Stoß identisch sein können. Die lange Spur konnte eindeutig – z. B. aus ihrer Krümmung in einem Magnetfeld – als die eines Protons identifiziert werden. Aus den Spurenlängen beider Teilchen und den Winkeln ihrer Spuren mit der Spur des einfallenden Teilchens läßt sich dann mit Hilfe des Energie- und des Impulserhaltungssatzes die Masse des zweiten Teilchens berechnen. Diese Berechnung ergab, daß es sich um einen Atomkern der Massenzahl 17 handeln muß. Der Vorgang kann unter Beachtung des Erhaltungssatzes der elektrischen Ladung nur so gedeutet werden, daß durch den Zusammenstoß des $^{14}_{7}$N-Atomkernes mit dem α-Teilchen eine Kernreaktion

John Douglas Cockroft (1897–1967) Nobelpreis 1951

$$^{14}_{7}\mathrm{N} + {}^{4}_{2}\mathrm{He} \rightarrow {}^{17}_{8}\mathrm{O} + {}^{1}_{1}\mathrm{H} \qquad (12.1)$$

erfolgt, sich der $^{14}_{7}$N-Kern also in einen $^{17}_{8}$O-Kern verwandelt. Damit war die erste künstliche Elementumwandlung entdeckt.

Abkürzend schreibt man für die Reaktion (12.1) auch

$$^{14}_{7}\mathrm{N}(\alpha, \mathrm{p})^{17}_{8}\mathrm{O}\,. \qquad (12.1\mathrm{a})$$

Target, Inzidenzteilchen, emittiertes Teilchen, Restkern

Man nennt $^{14}_{7}$N den Target-Kern oder auch kurz das *Target* (englisch „Ziel“, „Zielscheibe“), das Teilchen, mit dem das Target beschossen wird, das *Inzidenzteilchen*, das ausgestoßene Teilchen (hier das Proton) das *emittierte Teilchen* und den entstehenden Atomkern (hier $^{17}_{8}$O) den *Restkern*, die gesamte Reaktion eine (α, p)-*Reaktion* oder einen (α, p)-*Prozeß*.

Nach der Entdeckung der ersten Kernreaktion wurden bald viele weitere gefunden. So führte die Kernreaktion

$$^{9}_{4}\mathrm{Be}\,(\alpha, \mathrm{n})\,^{12}_{6}\mathrm{C} \qquad (12.2\mathrm{a})$$

1931 zur Entdeckung des Neutrons (vgl. Abschn. 10.5). Eine weitere historisch interessante Kernreaktion ist die Reaktion

$$^{7}_{3}\mathrm{Li} + {}^{1}_{1}\mathrm{H} \rightarrow 2\,{}^{4}_{2}\mathrm{He} \quad \text{oder} \quad {}^{7}_{3}\mathrm{Li}(\mathrm{p}, \alpha)\,{}^{4}_{2}\mathrm{He}\,, \qquad (12.2\mathrm{b})$$

Ernest Thomas Walton, geb. 1903 Nobelpreis 1951

weil man bei ihr das Target erstmalig mit künstlich beschleunigten Teilchen beschoß. Sie wurde 1932 von Cockroft und Walton gefunden.

Allgemein ist jede Kernreaktion durch

Symbolik für die Kernreaktion

$$\mathrm{A}\,(\mathrm{a}, \mathrm{b})\,\mathrm{B} \qquad (12.3)$$

Target-Kern ← A; Inzidenzteilchen ← a; emittiertes Teilchen ← b; Restkern ← B

zu beschreiben. Nur solche Inzidenzteilchen, die der starken Wechselwirkung mit den Nukleonen des Target-Kernes unterliegen, wie z. B.

Nukleonen, führen zu Kernreaktionen, nicht jedoch Teilchen, die nur eine elektromagnetische Wechselwirkung auf den Kern ausüben, wie z.B. Elektronen und Müonen (vgl. Kap. 15). Auch Photonen im Energiebereich von MeV können Kernreaktionen auslösen. Photonen in diesem Energiebereich nennt man *γ-Quanten*. Der Wirkungsquerschnitt für Reaktionen mit γ-Quanten ist jedoch kleiner als für Reaktionen mit Nukleonen.

Häufig finden zur Auslösung von Kernreaktionen folgende Inzidenzteilchen Anwendung:

mögliche Inzidenzteilchen

Protonen, Beispiel: ${}^{7}_{3}\mathrm{Li}\,(\mathrm{p},\alpha)\,{}^{4}_{2}\mathrm{He}$, (vgl. (12.2b))

α-Teilchen, Beispiel: ${}^{14}_{7}\mathrm{N}\,(\alpha,\mathrm{p})\,{}^{17}_{8}\mathrm{O}$, (vgl. (12.1))

Deuteronen, Beispiel: ${}^{3}_{1}\mathrm{H}\,(\mathrm{d},\mathrm{n})\,{}^{4}_{2}\mathrm{He}$, (12.4)

Neutronen, Beispiel: ${}^{10}_{5}\mathrm{B}\,(\mathrm{n},\alpha)\,{}^{7}_{3}\mathrm{Li}$, (12.5)

energiereiche Photonen, Beispiel: ${}^{2}_{1}\mathrm{H}\,(\gamma,\mathrm{n})\,{}^{1}_{1}\mathrm{H}$. (12.6)

Neutronen eignen sich besonders gut zur Auslösung von Kernreaktionen, weil sie elektrisch neutral sind und damit ungehindert vom Coulomb-Feld des Atomkernes in den Atomkern einzudringen vermögen. Die positiv geladenen Protonen und α-Teilchen werden dagegen vom ebenfalls positiv geladenen Atomkern abgestoßen. Sie bedürfen also einer Mindestenergie ($Ze^2/4\pi\varepsilon_0 R_k$ für Protonen, $2Ze^2/4\pi\varepsilon_0 R_k$ für α-Teilchen), um den Coulomb-Wall vor dem Kern überwinden zu können (vgl. auch Abb. 10.6). Diese ist erheblich. So muß z.B. ein Proton eine kinetische Energie $>9{,}6$ MeV besitzen, um in einen Zirkoniumkern ($Z = 40$) eindringen zu können. Die besondere Eignung von Deuteronen und von Tritonen zur Auslösung von Kernreaktionen führt man auf den gleichen Effekt zurück. Bei der Annäherung an den Atomkern zerfällt das Deuteron in ein Proton und in ein Neutron, das Triton in ein Proton und in zwei Neutronen. Das Proton wird, falls seine Energie nicht zur Überwindung des Coulomb-Walles ausreicht, vom Kern reflektiert, während das Neutron bzw. die Neutronen ungehindert mit dem Kern reagieren können.

Mit γ-Quanten genügend großer Energie lassen sich (γ, n)- und (γ, p)-Reaktionen erzielen, d.h., mit einem Photon genügend großer Energie läßt sich ein Nukleon aus dem Atomkern befreien. Man bezeichnet diesen zum äußeren lichtelektrischen Effekt analogen Effekt als *Kernfotoeffekt*. Er wurde 1934 von CHADWICK und GOLDHABER durch die Fotospaltung des Deuterons in ein Proton und in ein Neutron entdeckt: ${}^{2}_{1}\mathrm{H}\,(\gamma,\mathrm{n})\,{}^{1}_{1}\mathrm{H}$. Da die Bindungsenergie des Deuterons nur – 2,22 MeV beträgt, konnte diese Reaktion schon mit der γ-Strahlung radioaktiver Isotope realisiert werden. Im Mittel beträgt die Bindungsenergie der Nukleonen jedoch – 8 MeV. Deshalb bedarf es zur Auslösung des Kernfotoeffektes Energien von etwa 10 MeV und mehr. Nach der Entdeckung der Reaktion ${}^{7}_{3}\mathrm{Li}\,(\mathrm{p},\gamma)\,{}^{8}_{4}\mathrm{Be}$, bei der ein γ-Quant der Energie von 17,2 MeV frei wird (s. Abschn. 12.1.3), konnte der Kernfotoeffekt dann an weiteren Nukliden nachgewiesen werden. So wurden u.a. die Reaktionen

Kernfotoeffekt

$$ {}^{16}_{8}\mathrm{O}\,(\gamma,\mathrm{n})\,{}^{15}_{8}\mathrm{O}, \quad {}^{24}_{12}\mathrm{Mg}\,(\gamma,\mathrm{n})\,{}^{23}_{12}\mathrm{Mg} \qquad (12.7) $$

gefunden. Es zeigte sich, daß für die Auslösung des Kernfotoeffektes an Atomkernen mit den Ordnungszahlen $Z = 6$ (C) bis $Z = 47$ (Ag) Photonenenergien von etwa 9,5 bis 19,5 MeV erforderlich sind. Mit noch größeren Photonenenergien lassen sich auch (γ, p)-Reaktionen erreichen. Daß diese einer größeren Photonenenergie bedürfen als (γ, n)-Reaktionen, ist wieder daraus erklärbar, daß für das austretende Proton ein zu überwindender Potentialwall existiert, für das austretende Neutron dagegen nicht. Bei Energien von etwa 100 MeV treten der (γ, n)- und der (γ, p)-Prozeß mit gleicher Wahrscheinlichkeit auf. Bei so hohen Energien wird allerdings im allgemeinen nicht nur ein Nukleon ausgelöst, sondern der hochangeregte Restkern emittiert weitere Teilchen. Derart große Photonenenergien (1 GeV und mehr) lassen sich u. a. sekundär mit einem Elektronensynchrotron erzeugen, indem man mit den in einem Synchroton hochbeschleunigten Elektronen eine Bremsstrahlung hoher Energie auslöst.

Außer den vorstehend genannten Inzidenzteilchen finden für Spezialuntersuchungen u. a. auch Tritonen, ${}^3_2$He-Kerne und schwerere Atomkerne Verwendung. So konnte z. B. das Transuran Dubnium durch den Beschuß von Plutonium mit Neon gewonnen werden (Näheres s. Abschn. 12.3.2.1). Geladene Inzidenzteilchen erhalten heute die erforderliche Energie fast ausschließlich in Teilchenbeschleunigern. Das Target wird im Vakuum angebracht und der Inzidenzstrahl mittels geeigneter Ablenksysteme auf das Target gelenkt. Je nach Zielstellung des Experimentes muß der Inzidenzstrahl eine hohe Intensität oder eine große Energieschärfe oder auch beides besitzen.

12.1.2 Erhaltungssätze

Auch für Kernreaktionen gelten die Erhaltungssätze der Energie, des Impulses, des Drehimpulses und der elektrischen Ladung. Weiter bleibt die Gesamtzahl der Nukleonen unter der Bedingung konstant, daß außer Nukleonen keine weiteren Baryonen an der Reaktion beteiligt sind. Die Erhaltung der Gesamtzahl der Nukleonen folgt dann aus dem Erhaltungssatz der Baryonenladung (vgl. Abschn. 15.4.1.2). Ist obige Bedingung erfüllt, dann sind für den Target-Kern und das Inzidenzteilchen einerseits und den Restkern sowie das emittierte Teilchen andererseits die Summen der Massenzahlen gleich. Dasselbe gilt wegen des Erhaltungssatzes der elektrischen Ladung für die entsprechenden Summen der Ordnungszahlen. Nach (S 10.6) genügen demnach die Systeme A + a und B + b der gleichen Statistik.

Bei der Kernreaktion A (a, b) B bleiben die Energie, der Impuls, der Drehimpuls, die elektrische Ladung und, wenn außer den Nukleonen keine weiteren Baryonen auftreten, die Gesamtnukleonenzahl des Gesamtsystems erhalten.

(S 12.1) Erhaltungssätze bei Kernreaktionen

Nach (S 12.1) ist also unter der genannten Voraussetzung jede Kernreaktion A (a, b) B durch

$$ {}^{r}_{l}\mathrm{A} + {}^{\varrho}_{\lambda}\mathrm{a} = {}^{r+\varrho-\varepsilon}_{l+\lambda-\mu}\mathrm{B} + {}^{\varepsilon}_{\mu}\mathrm{b} \qquad (12.8) $$

beschreibbar. Wenn der Target-Kern und das Inzidenzteilchen bekannt sind, kann nach Bestimmung des emittierten Teilchens auf den Restkern geschlossen werden.

Zusätzlich zu den in (S 12.1) aufgezählten Erhaltungssätzen gelten weitere, z. B. für die Leptonenladungen und den Isospin. Sie werden im Zusammenhang im Kapitel 15 behandelt.

12.1.3 *Q*-Wert

Kernreaktionen sind wie chemische Reaktionen mit Energietönungen verbunden. Um auch die Energiebilanz von Kernreaktionen mit zu erfassen, wird die Reaktionsgleichung A (a, b) B durch Hinzufügen der Wärmetönung Q erweitert:

$$ \mathrm{A} + \mathrm{a} \rightarrow \mathrm{B} + \mathrm{b} + Q. \qquad (12.9) $$

Man definiert:

(D 12.2) *Q*-Wert

$Q = (W_{\mathrm{kin,B}} + W_{\mathrm{kin,b}}) - (W_{\mathrm{kin,A}} + W_{\mathrm{kin,a}})$
heißt Q-Wert der Kernreaktion A (a, b) B.

Sieht man (12.9) als Beziehung für die Energiebilanz der Kernreaktion A (a, b) B an, dann müssen in sie für A, B, a und b die kinetischen Energien dieser Partner unter Beachtung der getroffenen Vorzeichenregel eingesetzt werden.

Der Q-Wert ist auf die Ruhenergien der an der Kernreaktion beteiligten Partner zurückführbar. Die Gesamtenergie $W = m_0c^2 + W_{\mathrm{kin}}$ (vgl. (II S 14.16)) muß nach (S 12.1) auf beiden Seiten der Reaktionsgleichung gleich sein:

$$ W_{\mathrm{kin,B}} + W_{\mathrm{kin,b}} = W - (m_{0\mathrm{B}} + m_{0\mathrm{b}})\, c^2, $$
$$ W_{\mathrm{kin,A}} + W_{\mathrm{kin,a}} = W - (m_{0\mathrm{A}} + m_{0\mathrm{a}})\, c^2, $$

womit nach (D 12.2) gilt:

(S 12.2) Berechnung des *Q*-Wertes

Der Q-Wert der Kernreaktion A (a, b) B ist durch

$Q = (m_{0\mathrm{A}} + m_{0\mathrm{a}})\, c^2 - (m_{0\mathrm{B}} + m_{0\mathrm{b}})\, c^2$

gegeben.

Zur Unterscheidung von Reaktionen mit $Q > 0$ bzw. $Q < 0$ definiert man:

> Kernreaktionen mit positivem Q-Wert heißen exotherm, Kernreaktionen mit negativem Q-Wert endotherm.

(D 12.3)
exotherme Kernreaktion
endotherme Kernreaktion

Nach (S 12.2) läuft eine Kernreaktion stets exotherm ab, wenn die Summe der Ruhmassen der Partner vor der Reaktion größer ist als nach der Reaktion. Im umgekehrten Falle ist sie endotherm. Während die Wärmetönungen chemischer Reaktionen experimentell bestimmt werden müssen, kann der Q-Wert von Kernreaktionen aus (S 12.2) berechnet werden. Teilweise wird statt von einer exothermen von einer *exoergen* und statt von einer endothermen von einer *endoergen* Kernreaktion gesprochen.

exoerge Kernreaktion
endoerge Kernreaktion

Ein Beispiel für eine exotherme Kernreaktion ist die Reaktion (12.2), für die bei Beachtung des Q-Wertes

$$^{7}_{3}\text{Li} + ^{1}_{1}\text{H} \rightarrow 2\,^{4}_{2}\text{He} + 17{,}2\ \text{MeV} \qquad (12.10\,\text{a})$$

zu schreiben ist. Da in dem betrachteten Experiment Protonen mit einer Energie von 0,4 MeV Verwendung fanden, müssen die entstehenden α-Teilchen zusammen eine Energie von 17,6 MeV besitzen. Die Spurlängen der Nebelkammeraufnahmen bestätigen diesen theoretischen Schluß; jedes der α-Teilchen besitzt eine Energie von 8,8 MeV.

Verwendet man Protonen der Energie $W_{\text{kin}} \geqq 1{,}88$ MeV statt einer Energie von 0,4 MeV, so kann auch eine endotherme Reaktion der Art

$$^{7}_{3}\text{Li} + ^{1}_{1}\text{H} \rightarrow ^{7}_{4}\text{Be} + ^{1}_{0}\text{n} - 1{,}65\ \text{MeV} \qquad (12.10\,\text{b})$$

ablaufen. Da das emittierte Neutron eine Energie von 0,23 MeV besitzt, muß das Proton zur Auslösung dieser Kernreaktion dem System mindestens eine Energie von (1,65 + 0,23) MeV = 1,88 MeV zuführen. Diese Energie wird auch *Schwellenenergie* genannt.

Schwellenenergie

Endotherme Kernreaktionen zeichnen sich dadurch aus, daß beim Überschreiten ihrer Schwellenenergie um wenige keV der Wirkungsquerschnitt der Kernreaktion stark ansteigt. Derartige Reaktionen werden daher u.a. zur Energieeichung von Beschleunigern genutzt.

12.1.4 Reaktionsmechanismen

Die Reaktionsgleichung (12.8) verknüpft nur den Ausgangs- mit dem Endzustand einer Kernraktion; sie gibt aber keine Information über ihren Ablauf, d.h. über den Reaktionsmechanismus.

Es werden im wesentlichen zwei Reaktionsmechanismen angenommen: der Zwischenkernprozeß (Compoundkernreaktion) und die direkte Kernreaktion.

12.1.4.1 Zwischenkernprozeß

Zwischenkern

Die *Zwischenkern*-Hypothese wurde 1936 von N. BOHR aufgestellt. Nach ihr verschmilzt das Inzidenzteilchen mit dem Target-Kern zu einem hochangeregten Zwischenkern Zw^*, der nach einer Lebensdauer von etwa 10^{-15} bis 10^{-20} s spontan in den Restkern und das emittierte Teilchen zerfällt:

$$A + a \rightarrow Zw^* \rightarrow B + b. \qquad (12.11)$$

Die Kernreaktion verläuft nach dem Zwischenkernprozeß also in zwei voneinander getrennten Schritten: der Bildung des hochangeregten Zwischenkernes Zw^* und dem anschließenden spontanen, d.h. von außen nicht beeinflußbaren Zerfall des Zwischenkernes.

Belege für die Zwischenkern-hypothese

Für den Zwischenkernprozeß sprechen u.a. folgende experimentelle Befunde:

- Zwischen dem Eindringen des Inzidenzteilchens in den Kern und der Emission des emittierten Teilchens vergeht eine Zeit von etwa 10^{-15} bis 10^{-20} s. Diese Zeit ist um Größenordnungen größer als die Zeit, in der das Inzidenzteilchen aufgrund seiner Geschwindigkeit die Wirkungssphäre des Target-Kernes durchlaufen könnte. Sie liegt bei etwa 10^{-22} s. Das Inzidenzteilchen muß also mit dem Target-Kern über eine gewisse Zeit einen quasistatischen Zwischenzustand bilden.
- Das emittierte Teilchen wird mit gleicher Wahrscheinlichkeit in alle Richtungen ausgesandt; es besteht kein Zusammenhang zwischen der Richtung des Inzidenzteilchens und der Richtung des emittierten Teilchens.
- Die Art des entstehenden Restkernes und des emittierten Teilchens sind unabhängig davon, durch welche Reaktion der Zwischenkern erzeugt wird. Ferner kann der Zwischenkern in verschiedenen Anregungszuständen gebildet werden, was zu verschiedenartigen Zerfällen des Zwischenkernes führen kann. Dies zeigen u.a. folgende Reaktionen:

$$\left.\begin{array}{l} {}^{63}_{29}\mathrm{Cu} + {}^{2}_{1}\mathrm{H} \\ \\ {}^{64}_{30}\mathrm{Zn} + {}^{1}_{0}\mathrm{n} \end{array}\right\} \rightarrow {}^{65}_{30}\mathrm{Zn}^* \rightarrow \left\{\begin{array}{l} {}^{65}_{30}\mathrm{Zn} + \gamma \\ {}^{64}_{30}\mathrm{Zn} + {}^{1}_{0}\mathrm{n} \\ {}^{63}_{30}\mathrm{Zn} + 2\,{}^{1}_{0}\mathrm{n} \\ {}^{64}_{29}\mathrm{Cu} + {}^{1}_{1}\mathrm{H} \\ {}^{63}_{29}\mathrm{Cu} + {}^{2}_{1}\mathrm{H} \\ {}^{62}_{29}\mathrm{Cu} + {}^{3}_{1}\mathrm{H} \\ {}^{61}_{28}\mathrm{Ni} + {}^{4}_{2}\mathrm{He}\,. \end{array}\right. \qquad (12.12)$$

Die beiden Reaktionen führen zum gleichen Zwischenkern und können daher zu jedem der sieben angegebenen Endergebnisse führen. Die Art der Restkerne und der emittierten Teilchen wird von der Anregungsstufe des Zwischenkernes bestimmt, von der aus er spontan zerfällt.

- Es kann ein emittiertes Teilchen auftreten, welches weder dem Inzidenzteilchen entspricht noch im Target-Kern vorhanden gewesen sein kann, also erst über einen Zwischenkern gebildet werden muß. Die Reaktion $^{7}_{3}$Li (p, α) $^{4}_{2}$He ist hierfür ein Beispiel. Sie führt zu zwei α-Teilchen, der Target-Kern $^{7}_{3}$Li enthält aber nur 7 Nukleonen, kann also nicht zwei α-Teilchen enthalten. Das Entstehen des emittierten Teilchens ist also nur so denkbar, daß sich durch den Beschuß der Kerne $^{7}_{3}$Li mit Protonen hochangeregte $^{8}_{4}$Be-Zwischenkerne bilden, die dann spontan in zwei $^{4}_{2}$He-Kerne zerfallen.

Die Anregungsenergie des Zwischenkernes setzt sich aus der kinetischen Energie des Inzidenzteilchens und der Energie zusammen, die infolge des Einbaus des Inzidenzteilchens in den Kern frei wird. Hierbei ist zu beachten, daß die kinetische Energie auf das System zu beziehen ist, in dem der Massenmittelpunkt von Inzidenzteilchen und Target-Kern und damit auch der Zwischenkern ruht (*Schwerpunktsystem*). Die Anregungsenergie des Zwischenkernes ist damit stets größer als die Bindungsenergie des am lockersten gebundenen Nukleons. In Analogie zur Ionisation eines Atoms müßte man daher erwarten, daß mit dem Einfang des Inzidenzteilchens der sofortige Ausstoß eines Nukleons erfolgt, wie auch die Absorption eines Photons durch ein Atom zur sofortigen Ionisation führt, falls die Photonenenergie die Ionisationsenergie übersteigt. Daß dies nicht so ist, erklärt sich daraus, daß die Nukleonen des Atomkernes um ein Vielfaches stärker miteinander in Wechselwirkung stehen als die Elektronen der Atomhülle. Daher wird die der Atomhülle zugeführte Anregungsenergie praktisch auf ein Elektron übertragen, wenn man von dem Sonderfall der Doppelanregung (vgl. Abb. 7.6) absieht. Die Atomhülle besitzt keine stationären oder quasistationären Energiezustände oberhalb der Ionisationsenergie. Beim Atomkern ist das anders. Die Anregungsenergie eines Kernes verteilt sich wegen der großen Nukleonenwechselwirkung auf viele Nukleonen. Es liegt demzufolge ein *kollektiver Anregungszustand* vor, an dem eine statistisch schwankende Anzahl von Nukleonen beteiligt ist. Die statistische Schwankung der Anzahl der angeregten Nukleonen führt dazu, daß zu einem bestimmten Zeitpunkt die Anregungsenergie wieder auf nur wenige oder sogar nur auf ein Nukleon konzentriert ist, wodurch die Aussendung eines Nukleons oder α-Teilchens möglich wird. Der hochangeregte Zwischenkern zerfällt in den Restkern und das emittierte Teilchen. Aufgrund des ablaufenden Mechanismus ist der entstehende Restkern vielfach ein angeregter Kern, der meist durch γ-Emission in den Grundzustand übergeht. Extrem hochangeregte Zwischenkerne können auch mehr als ein Nukleon emittieren. Man kann z. B. durch Beschuß von $^{75}_{33}$As mit α-Teilchen einer Energie >400 MeV den Kern $^{38}_{17}$Cl gewinnen. Der durch den Beschuß erzeugte hochangeregte Zwischenkern $^{38}_{17}$Br* muß also beim Übergang in den $^{38}_{17}$Cl-Kern 18 Protonen und 23 Neutronen emittieren. Man spricht dann auch vom „Verdampfen" des Zwischenkernes oder von einer *Kernverdampfung*.

Schwerpunktsystem

kollektiver Anregungszustand

Kernverdampfung

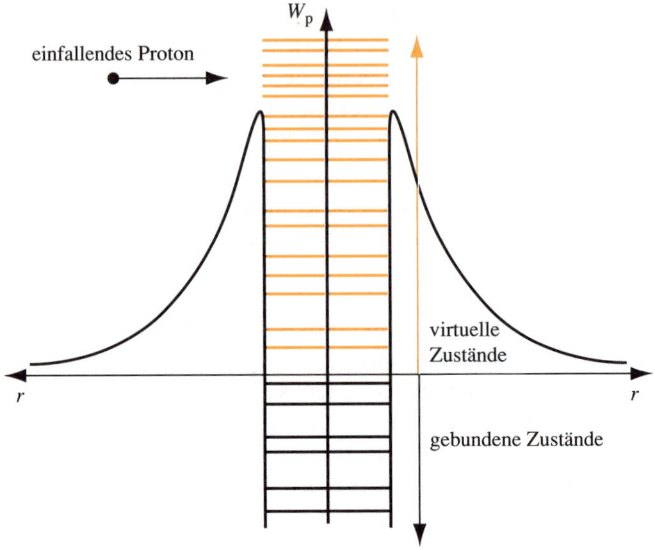

Abb. 12.2
Gebundene und virtuelle Energiezustände eines Zwischenkernes bei Protoneneinfang

Die Anregungsenergie des Zwischenkernes ist – wie vorstehend erläutert – stets größer als Null. Bei genügend großer kinetischer Energie des Inzidenzteilchens kann sie sogar die Höhe des Energiewalles der Coulomb-Abstoßung übersteigen. Trotzdem kann dieser hohe Anregungszustand des Atomkernes eine endliche Zeit existieren. Man bezeichnet derartige Anregungszustände daher als quasistatisch, die zugehörigen Energieniveaus als virtuell (vgl. Abb. 12.2). Für die *gebundenen Energiezustände* gilt $W < 0$, sie schließen sich also an die *virtuellen Energiezustände* an. Die Anregungsenergie kann von ihnen aus nur noch durch γ-Emission abgegeben werden.

gebundene Energiezustände
virtuelle Energiezustände

12.1.4.2 Direkte Kernreaktionen

Wird die kinetische Energie der Inzidenzteilchen über 10 MeV hinaus gesteigert, dann beobachtet man im allgemeinen andere Gesetzmäßigkeiten als die im vorstehenden Abschnitt besprochenen:

Belege für die Existenz von direkten Kernreaktionen

- Zwischen dem „Eindringen" des Inzidenzteilchens in den Target-Kern und dem Ausstoß des emittierten Teilchens besteht nur noch ein Zeitunterschied von etwa 10^{-22} s, also eine Zeit, die das Inzidenzteilchen zum Durchlaufen der Wirkungssphäre des Target-Kernes benötigt.
- Die Richtung des emittierten Teilchens ist annähernd gleich der des Inzidenzteilchens.

Man muß daher annehmen, daß das Inzidenzteilchen nicht mehr in den Target-Kern eindringt und mit ihm zu einem hochangeregten Zwischenkern verschmilzt, sondern daß vielmehr die Wechselwirkung zwischen dem Inzidenzteilchen und dem Target-Kern im wesentlichen auf die Kernoberfläche beschränkt bleibt. Aufgrund des Fehlens eines quasistatischen Zwischenzustandes spricht man deshalb von *direkten Kernreaktionen*.

direkte Kernreaktion

Bei der direkten Kernreaktion kann entweder das Inzidenzteilchen Nukleonen an den Target-Kern abgeben (Abstreifprozeß) oder aus dem Target-Kern ein Nukleon (mehrere nur in Ausnahmefällen) aufnehmen (Aufpickprozeß).

Der *Abstreifprozeß* oder die *Stripping-Reaktion* ist ein sogenannter Transferprozeß, der symbolisch durch

Abstreifprozeß (Stripping-Reaktion)

$$(\mathrm{a} = \hat{\mathrm{a}} + \mathrm{b}) + \mathrm{A} \rightarrow (\mathrm{B} = \mathrm{A} + \hat{\mathrm{a}}) + \mathrm{b} \qquad (12.13)$$

ausgedrückt werden kann. Von dem Inzidenzteilchen wird der Bruchteil â abgetrennt und in den Target-Kern eingebaut. Je lockerer die Nukleonen des Inzidenzteilchens gebunden sind, um so wahrscheinlicher werden Abstreifprozesse. Daher findet man Abstreifprozesse nicht bei dem sehr festgebundenen α-Teilchen, vielfach aber bei dem sehr locker gebundenen Deuteron.

Beim (d, p)-Abstreifprozeß, z. B. bei der Reaktion

$$({}^2_1\mathrm{H} = {}^1_0\mathrm{n} + {}^1_1\mathrm{H}) + {}^2_1\mathrm{H} \rightarrow ({}^3_1\mathrm{H} = {}^2_1\mathrm{H} + {}^1_0\mathrm{n}) + {}^1_1\mathrm{H}, \qquad (12.13a)$$

wird das Neutron des Deuterons abgestreift und in den Target-Kern ${}^2_1\mathrm{H}$ eingelagert. Das positive Proton dagegen wird vom Energiewall des Target-Kernes abgestoßen. Da die Bindungsenergie der Nukleonen des Deuterons – 2,22 MeV beträgt, die Bindungsenergie eines Neutrons im Target-Kern aber etwa – 8 MeV ist, sind (d, p)-Abstreifprozesse stark exotherme Prozesse. Sie können also schon bei einer sehr kleinen kinetischen Energie des Inzidenzteilchens ablaufen. So benötigt man z. B. für die Reaktion ${}^2_1\mathrm{H}(\mathrm{d,p}){}^3_1\mathrm{H}$ nur eine kinetische Energie von etwa 5 keV.

(d, p)-Abstreifprozesse sind stark exotherm

Bei höheren Energien nimmt die Wahrscheinlichkeit von (d, n)-Prozessen, wie z. B. bei den Kernraktionen

$$({}^2_1\mathrm{H} = {}^1_1\mathrm{H} + {}^1_0\mathrm{n}) + {}^2_1\mathrm{H} \rightarrow ({}^3_2\mathrm{He} = {}^2_1\mathrm{H} + {}^1_1\mathrm{H}) + {}^1_0\mathrm{n} \qquad (12.13b)$$

und

$$({}^2_1\mathrm{H} = {}^1_1\mathrm{H} + {}^1_0\mathrm{n}) + {}^3_1\mathrm{H} \rightarrow ({}^4_2\mathrm{He} = {}^3_1\mathrm{H} + {}^1_1\mathrm{H}) + {}^1_0\mathrm{n}, \qquad (12.13c)$$

stark zu. Bei diesen (d, n)-Abstreifprozessen, die aus den oben genannten Gründen ebenfalls exotherm ablaufen, wird das Proton abgestreift und in den Target-Kern eingelagert. Die freiwerdende Energie wird auf das Neutron übertragen. Dabei ist $Q = 3{,}265$ MeV für die Reaktion ${}^2_1\mathrm{H}\,(\mathrm{d,n})\,{}^3_2\mathrm{He}$, $Q = 17{,}6$ MeV für die Reaktion ${}^3_1\mathrm{H}\,(\mathrm{d,n})\,{}^4_2\mathrm{He}$. Da derartige Prozesse schon bei kinetischen Energien des Inzidenzteilchens von einigen 100 keV einsetzen, eignen sie sich zur Erzeugung von Neutronen sehr hoher und zugleich einheitlicher Energie. So können durch Beschuß von schweren Kernen mit Deuteronen Neutronen mit einheitlicher Energie bis etwa 100 MeV erzeugt werden.

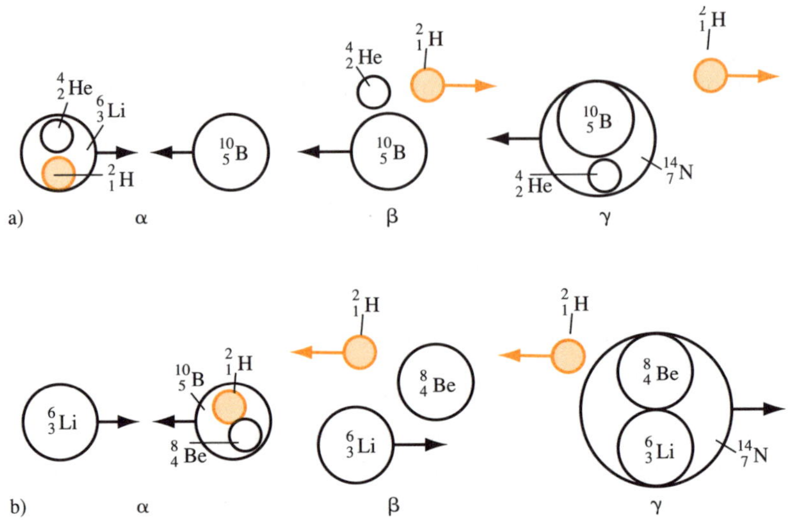

Abb. 12.3
Zur anschaulichen Deutung von Abstreifprozessen
a) Reaktion ($^6_3$Li = $^4_2$He + $^2_1$H) + $^{10}_5$B → ($^{14}_7$N = $^{10}_5$B + $^4_2$He) + $^2_1$H:
α) Die Kerne $^6_3$Li und $^{10}_5$B stoßen im Schwerpunktsystem aufeinander
β) Ein α-Teilchen wird vom $^6_3$Li-Kern abgestreift
γ) Das α-Teilchen wird vom $^{10}_5$B-Kern aufgenommen, das Deuteron fliegt praktisch in der gleichen Richtung weiter wie zuvor der $^6_3$Li-Kern
b) Reaktion $^6_3$Li + ($^{10}_5$B = $^8_4$Be + $^2_1$H) → ($^{14}_7$N = $^6_3$Li + $^8_4$Be) + $^2_1$H:
α) Die Kerne $^6_3$Li und $^{10}_5$B stoßen im Schwerpunktsystem aufeinander
β) Vom $^{10}_5$B-Kern wird der Kern $^8_4$Be abgestreift
γ) $^8_4$Be wird vom $^6_3$Li-Kern aufgenommen, das Deuteron fliegt praktisch in der ursprünglichen Richtung von $^{10}_5$B weiter

Aufpick-Prozeß (Pick-up-Prozeß)

Der *Aufpick-* oder *Pick-up-Prozeß* ist die Umkehrreaktion zu (12.13):

$$a + (A = B + \hat{b}) \rightarrow B + (a + \hat{b})\,. \qquad (12.14)$$

Das Inzidenzteilchen trennt vom Target-Kern den Bruchteil $\hat{b}$ ab und vereinigt sich mit ihm. Dabei tritt es nur mit wenigen Nukleonen an der Kernoberfläche in Wechselwirkung und nimmt dabei ein oder höchstens eine kleine Anzahl Nukleonen auf, fliegt also als schwereres Teilchen weiter. Die Reaktionen (p, α), (d, t) und (d, α) können Aufpickprozesse sein. Bestrahlt man einen Stoff mit Neutronen einer Energie von etwa 100 MeV, dann enthält der Neutronenstrahl nach dem Durchgang durch den Stoff auch Deuteronen. Auch dies ist ein experimenteller Beleg für die Existenz von Aufpickprozessen.

Abstreif- und Aufpickprozesse können auch mit Nukleonenzusammenschlüssen zustande kommen. Ein Zwei-Nukleonen-Abstreifprozeß ist z. B. die Reaktion

$$({}^6_3\mathrm{Li} = {}^4_2\mathrm{He} + {}^2_1\mathrm{H}) + {}^{12}_6\mathrm{C} \rightarrow ({}^{14}_7\mathrm{N} = {}^{12}_6\mathrm{C} + {}^2_1\mathrm{H}) + {}^4_2\mathrm{He}\,. \qquad (12.15)$$

Ferner können direkte Kernreaktionen auch durch den Austausch von Nukleonenzusammenschlüssen ablaufen. So kann die Reaktion ${}^{10}_{5}\mathrm{B}\,({}^{6}_{3}\mathrm{Li},{}^{2}_{1}\mathrm{H})\,{}^{14}_{7}\mathrm{N}$ entweder durch die Aufnahme eines α-Teilchens nach

$$({}^{6}_{3}\mathrm{Li} = {}^{4}_{2}\mathrm{He} + {}^{2}_{1}\mathrm{H}) + {}^{10}_{5}\mathrm{B} \rightarrow ({}^{14}_{7}\mathrm{N} = {}^{10}_{5}\mathrm{B} + {}^{4}_{2}\mathrm{He}) + {}^{2}_{1}\mathrm{H} \qquad (12.16\,\mathrm{a})$$

oder eines ${}^{8}_{4}\mathrm{Be}$-Kernes nach

$${}^{6}_{3}\mathrm{Li} + ({}^{10}_{5}\mathrm{B} = {}^{8}_{4}\mathrm{Be} + {}^{2}_{1}\mathrm{H}) \rightarrow ({}^{14}_{7}\mathrm{N} = {}^{6}_{3}\mathrm{Li} + {}^{8}_{4}\mathrm{Be}) + {}^{2}_{1}\mathrm{H} \qquad (12.16\,\mathrm{b})$$

vonstatten gehen. Welche der beiden Reaktionen stattfindet, kann aus der Richtung des emittierten Deuterons entnommen werden (vgl. Abb. 12.3).

Ob eine gegebene Kernreaktion über einen Zwischenkernprozeß oder durch eine direkte Kernumwandlung abläuft, kann auch wie folgt entschieden werden. Nach der Energie-Zeit-Unschärferelation (5.37 b) $\Delta W\,\Delta t \geqq \hbar/2$ liegt bei direkten Kernreaktionen wegen der kurzen Wechselwirkungszeit Δt eine Energieunschärfe ΔW von einigen MeV vor. Energieänderungen der Inzidenzteilchen haben demzufolge im Gegensatz zu Zwischenkernprozessen (vgl. Abb. 12.5) wenig Einfluß auf die Reaktionsparameter (wie z.B. auf den Wirkungsquerschnitt) oder auf den Winkel zwischen den Impulsen der Reaktionspartner.

12.1.5 Wirkungsquerschnitt

Die Energiebilanz einer Kernreaktion liefert noch keine Aussage über deren Ausbeute. Bei der Kernreaktion ${}^{14}_{7}\mathrm{N}\,(\alpha,\mathrm{p})\,{}^{17}_{8}\mathrm{O}$ führt nur etwa jede 500 000-te Wechselwirkung zwischen einem α-Teilchen und einem Atomkern ${}^{14}_{7}\mathrm{N}$ zur gewünschten Reaktion.

Die Ausbeute von Kernreaktionen erfaßt man durch die Angabe ihres Wirkungsquerschnittes σ_R bezüglich der betrachteten Reaktion R. Nach (D 3.2) ist der Wirkungsquerschnitt diejenige Querschnittsfläche, die der Target-Kern haben müßte, damit jedes ihn treffende punktförmige Inzidenzteilchen zu der gewünschten Reaktion führt. Der Wirkungsquerschnitt ist also eine fiktive Fläche, die in keinem geometrischen Zusammenhang mit der Querschnittsfläche des Target-Kernes steht. Vielmehr ist σ_R eine Hilfsgröße zur Charakterisierung der Wahrscheinlichkeit für das Zustandekommen der betreffenden Kernreaktion.

Wirkungsquerschnitt für eine Kernreaktion

Der Wirkungsquerschnitt σ_R ist für eine bestimmte Reaktion definiert. Gleichartige Inzidenzteilchen können mit dem gleichen Target-Kern auch zu verschiedenen Kernreaktion führen. Die Reaktionen (12.10) geben dafür ein Beispiel. In diesen Fällen besitzt jede der möglichen Reaktionen R_i einen anderen Wirkungsquerschnitt σ_{R_i}. Man spricht daher auch von verschiedenen möglichen *Kanälen* der Kernreaktion A (a, b) B. Der Target-Kern A und das Inzidenzteilchen a bestimmen den *Eingangskanal*, der Restkern B und das emittierte Teilchen b den *Ausgangskanal*. Eingangs- und Ausgangskanal können vertauscht werden, da prinzipiell zu jeder Reaktion A (a, b) B auch die inverse Reaktion B (b, a) A möglich ist.

Eingangskanal einer Kernreaktion

Ausgangskanal einer Kernreaktion

totaler Wirkungsquerschnitt

Bezieht man den Wirkungsquerschnitt nicht wie bisher auf den Eingangs- und den Ausgangskanal, sondern ausschließlich auf den Eingangskanal, d.h., läßt man alle möglichen Ausgangskanäle zu, dann spricht man vom *totalen Wirkungsquerschnitt* σ_{tot}. Die Größe ergibt sich als Summe aller Wirkungsquerschnitte σ_{R_i} für die bei dem vorgegebenen Eingangskanal möglichen Reaktionen R_i:

$$\sigma_{tot} = \sum_i \sigma_{R_i}. \tag{12.17}$$

$\sigma(W_{kin})$ für ein positiv geladenes Inzidenzteilchen

Der Wirkungsquerschnitt ist von der kinetischen Energie W_{kin} der Inzidenzteilchen abhängig. Zwei Beispiele sollen das verdeutlichen. Im ersten Fall nehmen wir die Inzidenzteilchen als positiv geladen an (Protonen, α-Teilchen). Damit sie mit den Nukleonen des Kernes wechselwirken können, müssen sie den durch die Coulomb-Abstoßung bedingten Energiewall vor der Energiemulde der Nukleonen (vgl. Abb. 10.6) überwinden. Hierzu ist allerdings nicht die Maximalenergie des Energiewalles erforderlich, denn das Inzidenzteilchen kann den Energiewall eventuell durchtunneln (vgl. Abschn. 5.3.7.6). Die Tunnelwahrscheinlichkeit wächst exponentiell mit der Energie des Inzidenzteilchens. Damit wächst auch σ_R zunächst exponentiell mit W_{kin}. Der Wirkungsquerschnitt ist aber auch der Zeitdauer der Wechselwirkung zwischen dem Inzidenzteilchen und dem Target-Kern proportional. Diese ist nun umgekehrt proportional zur Geschwindigkeit der Inzidenzteilchen, d.h., sie ist proportional zu $W_{kin}^{-1/2}$. Es liegen also zwei gegenläufige Einflüsse vor. Zunächst nimmt σ_R exponentiell mit W_{kin} zu, beim weiteren Anwachsen von W_{kin} bestimmt dann immer mehr die Abnahme der Wechselwirkungszeit den Prozeß, σ_R durchläuft ein Maximum und nimmt bei weiter wachsendem W_{kin} mit $W_{kin}^{-1/2}$ ab. Abbildung 12.4a zeigt den Verlauf von σ_R für die Kernreaktion $^{63}_{29}Cu(d,p)^{64}_{29}Cu$.

Ein derartig einfach zu deutender Verlauf von $\sigma_R(W_{kin})$ ist allerdings nur dann zu erwarten, wenn – wie vorstehend geschehen – die Wechselwirkung zwischen den Nukleonen des Target-Kernes und dem Inzidenzteilchen als energieunabhängig angesehen werden kann, die Energieabhängigkeit von σ_R also ausschließlich durch die Tunnelwahrscheinlichkeit und die Wechselwirkungszeit bestimmt wird. Das ist aber meist nicht der Fall. Der Abhängigkeit $\sigma_R(W_{kin})$ muß dann dieser Einfluß zusätzlich überlagert werden. Das führt zu ganz charakteristischen Resonanzstellen, wie sie nachstehend für den Wirkungsquerschnitt bei Neutronenbeschuß betrachtet werden.

$\sigma(W_{kin})$ für ein neutrales Inzidenzteilchen

Resonanzstellen von $\sigma(W_{kin})$

Neutronen brauchen als neutrale Teilchen nicht gegen den Energiewall der Coulomb-Abstoßung anzulaufen. Kernreaktionen mit Neutronen als Inzidenzteilchen können daher prinzipiell auch bei beliebig kleinen Neutronenenergien ablaufen. Entsprechend obigen Überlegungen ist der Wirkungsquerschnitt derartiger Reaktionen umgekehrt proportional zu $\sqrt{W_{kin}}$. Im Prinzip zeigt der Wirkungsquerschnitt von Neutronenreaktionen diese Abhängigkeit (s. Abb. 12.4b), jedoch vielfach mit ganz charakteristischen *Resonanzstellen*. Diese resultieren aus der energieabhängigen

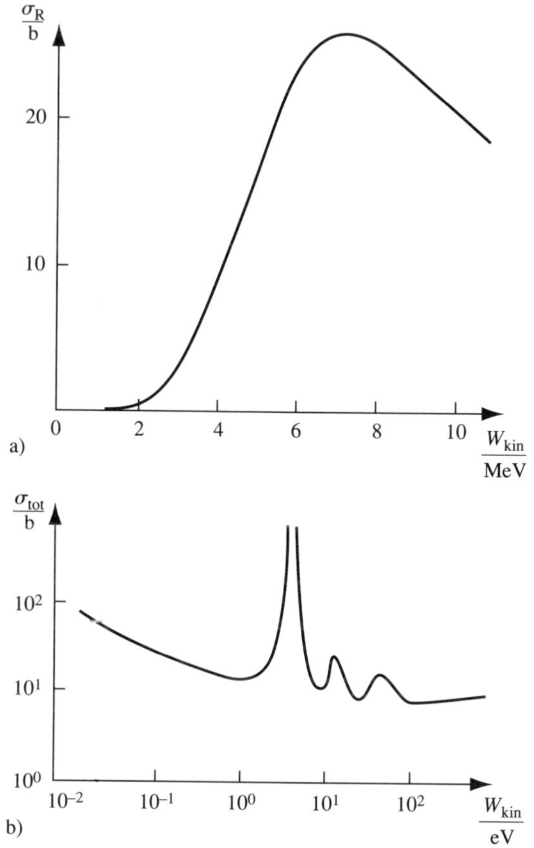

Abb. 12.4
Zur Energieabhängigkeit des Wirkungsquerschnittes
a) σ_R für die Reaktion $^{63}_{29}Cu$ (d, p) $^{64}_{29}Cu$
b) σ_{tot} für den Beschuß von Silber mit Neutronen

Wechselwirkung zwischen den Nukleonen des Target-Kernes und dem Inzidenzteilchen. Das Vorliegen derartiger Resonanzstellen von σ_R ist ein wichtiger Hinweis auf Zwischenkernprozesse, denn direkte Kernreaktionen zeigen nur eine geringfügige Energieabhängigkeit von σ_R.

Wir wollen den Wirkungsquerschnitt für den Zwischenkernprozeß noch etwas näher betrachten. Bedeutet σ_a den Wirkungsquerschnitt für die Bildung des Zwischenkernes Zw* aus dem Inzidenzteilchen a und dem Target-Kern A bei gegebenem Eingangskanal, w_b die Wahrscheinlichkeit dafür, daß Zw* unter Aussendung von b in den Restkern B zerfällt, dann ist der Wirkungsquerschnitt σ_R für die Kernreaktion A (a, b) B gegeben durch

$$\sigma_R(W_{kin}) = \sigma_a(W_{kin})\, w_b(W_{kin})\,. \qquad (12.18)$$

Bei dem in Abbildung 12.4 a dargestellten Prozeß ist σ_a nur von der Höhe der Energiebarriere vor dem Kern und der Wechselwirkungszeit zwischen dem Inzidenzteilchen und dem Target-Kern abhängig. Bei der in Abbildung 12.4b dargestellten Reaktion besitzt dagegen σ_a zusätzliche Resonanzstellen. In den Resonanzstellen entspricht die Summe der kinetischen Energie des Inzidenzteilchens (bezogen auf das Schwerpunktsystem) und der bei seiner Einlagerung in den Target-Kern freiwerdenden Energie gerade einem virtuellen Anregungsniveau des Zwischenkernes; die Bildung eines Zwischenkernes wird also ein sehr wahrscheinlicher Prozeß. Daher kann der Wirkungsquerschnitt besonders bei Verwendung von Neutronen kleiner Energie als Inzidenzteilchen den geometrischen Querschnitt des Target-Kernes um Größenordnungen übertreffen. So findet man beim Beschuß von $^{115}_{49}$In mit Neutronen der Energie 1,5 eV einen Wirkungsquerschnitt von $\sigma_{tot} = 3 \cdot 10^4$b, während der geometrische Kernquerschnitt nur 1,5 b beträgt.

12.1.6 Anregungsenergien der Atomkerne und ihre Bestimmung

Die Anregungsenergien der Atomhüllen und damit ihre Energieniveauschemata werden im allgemeinen aus den Spektren, in Sonderfällen analog dem Elektronenstoßversuch von FRANCK und HERTZ ermittelt. Zur Bestimmung der Anregungsniveaus der Kerne finden u.a. folgende Methoden Anwendung:

Methoden zur Bestimmung der Anregungsenergien von Atomkernen

- Ermittlung des totalen Wirkungsquerschnittes von Kernreaktionen in Abhängigkeit von der Energie.
- Anregung von Atomkernen durch Beschuß mit geladenen oder ungeladenen Teilchen von einheitlicher, aber variabler Energie (*Stoßanregung*) und Messung der abgestrahlten γ-Strahlung.
- Unelastische Streuung von Teilchen einheitlicher Energie am Target-Kern.
- Indirekte Bestimmung der Anregungsenergien aus den *Q*-Werten von Kernreaktionen.

Der totale Wirkungsquerschnitt wird bestimmt, indem man einen Strahl von Inzidenzteilchen mit möglichst einheitlicher Energie auf das Target schießt und den Anteil der Teilchen am Gesamtstrom mißt, der beim Durchtritt des Strahles durch das Target gestreut wird oder an Kernreaktionen beteiligt ist. Die Schwierigkeit der Messungen liegt darin, daß man Teilchen mit einheitlicher, aber zugleich variabler Energie nur sehr schwer herzustellen vermag. Bei geladenen Teilchen ist dies z.B. mit Beschleunigern noch relativ einfach. Sie unterliegen aber im Coulomb-Feld des Kernes der Ionisationsbremsung, die stets eine Energieunschärfe bedingt. Neutronen unterliegen dieser Energieunschärfe nicht. Dafür ist es aber wesentlich schwieriger, Neutronenstrahlen mit gewünschter einheitlicher Energie herzustellen.

Der totale Wirkungsquerschnitt zeigt in Abhängigkeit von der Teilchenenergie charakteristische Maxima (vgl. Abb. 12.5 und Abschn. 12.1.5). Da

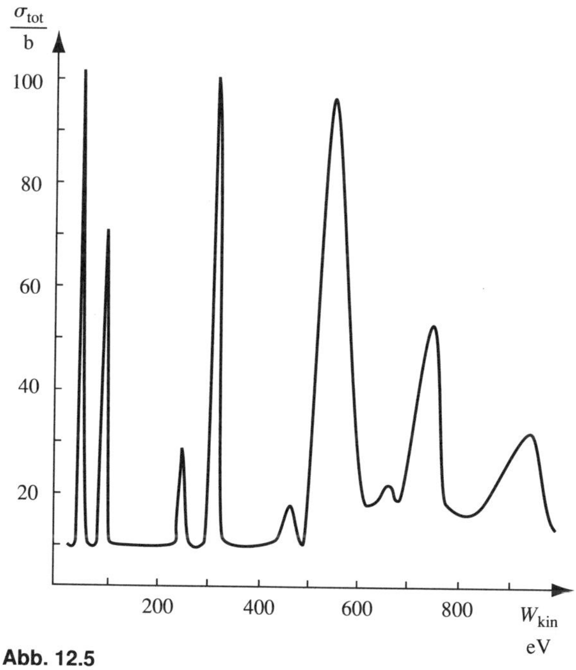

Abb. 12.5
Totaler Wirkungsquerschnitt von $^{75}_{33}As$ für Neutronen

in diesen Resonanzstellen die Summe aus der kinetischen Energie des Inzidenzteilchens (bezogen auf das Schwerpunktsystem) und der bei seiner Einlagerung in den Target-Kern freiwerdenden Energie einem virtuellen Anregungsniveau des Zwischenkernes entspricht, kann man die Anregungsniveaus des Zwischenkerns aus der Lage der Resonanzmaxima gewinnen. Aus der Halbwertsbreite Γ der Linie folgt mit Hilfe der Heisenbergschen Unschärferelation die *mittlere Lebensdauer* τ des angeregten Zustandes, denn nach (4.3 b) gilt $\Gamma\tau = \hbar$, d. h., da $\hbar = 0{,}65 \cdot 10^{-15}$ eVs ist:

mittlere Lebensdauer angeregter Kernzustände

$$\tau = \frac{0{,}65 \cdot 10^{-15}}{\Gamma} \text{ eVs.} \tag{12.19}$$

Einer Halbwertsbreite von $\Gamma = 0{,}65$ eV entspricht also eine mittlere Lebensdauer des angeregten Zustandes von 10^{-15} s. Meist findet man Breiten der Resonanzkurven in der Größenordnung von Elektronenvolt, d. h. mittlere Lebensdauern der angeregten Zustände von 10^{-15} bis 10^{-16} s. Es werden aber auch Halbwertsbreiten von 100 eV und mehr gemessen. Ihnen entsprechen dann Lebensdauern von weniger als 10^{-18} s.

Im Jahre 1930 entdeckten BOTHE und BECKER, daß man Kerne durch Beschuß z. B. mit Neutronen, Protonen oder α-Teilchen ebenso anregen kann wie Atomhüllen durch Elektronenbeschuß. Analog zur angeregten Atomhülle kann der angeregte Kern unter Emission von Strahlung in den Grundzustand zurückgehen. Allerdings liegen die Wellenlängen der

RICHARD BECKER
(1887–1955)

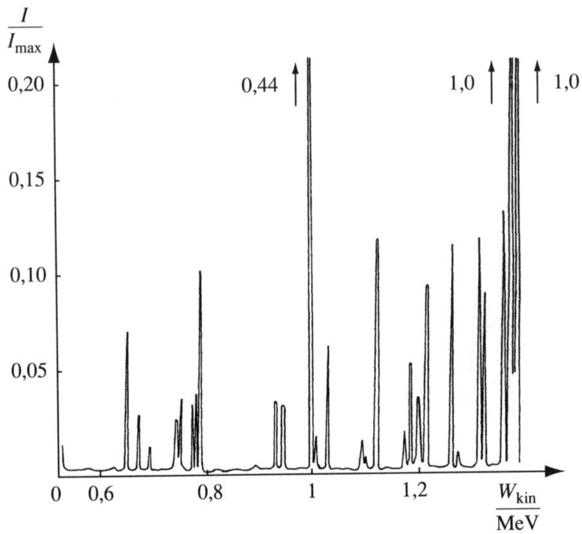

Abb. 12.6
Anregung des Zwischenkernes $^{28}_{14}Si$ durch Beschuß von $^{27}_{13}Al$ mit Protonen

Strahlung wegen der viel größeren Anregungsenergien im γ-Gebiet des elektromagnetischen Spektrums. Target-Kern und Inzidenzteilchen können dabei zunächst einen Zwischenkern bilden. Mißt man die Intensität der γ-Strahlung als Funktion der Energie der Inzidenzteilchen, so erhält man aus den Lagen der Resonanzstellen die Anregungsenergien des Zwischenkernes. Aus der Linienbreite kann auf die mittlere Lebensdauer des angeregten Zustandes geschlossen werden. Abbildung 12.6 zeigt Anregungsenergien des Zwischenkernes $^{28}_{14}Si$ nach Beschuß von $^{27}_{13}Al$ mit Protonen variabler Energie.

Es können auch in völliger Analogie zum Elektronenstoßversuch von Franck und Hertz unelastische Stöße zwischen den Inzidenzteilchen und den Target-Kernen auftreten, d. h. Reaktionen der Form $A(a, a)A^*$ vorkommen. Das emittierte Teilchen ist dabei mit dem Inzidenzteilchen identisch, der Restkern entspricht einem angeregten Energiezustand des Target-Kernes, der dann durch γ-Emission in den Grundzustand übergehen kann. Bei diesem Prozeß ist die Anregungsenergie nicht so groß, daß es zu einer Zwischenkernbildung kommt. Man erfaßt also die gebundenen Zustände des Kernes. Um ihre Werte zu erhalten, muß man entweder das Energiespektrum der gestreuten Teilchen oder die γ-Emission in Abhängigkeit von der Energie des Inzidenzteilchens bestimmen. Die Streuung der Teilchen kann durch die Kernkräfte oder durch die wesentlich weiterreichenden Coulomb-Kräfte bedingt sein. Letzteres erkennt man u. a. daran, daß man durch den Beschuß mit kernfremden geladenen Teilchen wie Elektronen und Müonen eine Coulomb-Anregung des Kernes erreichen kann.

Neben diesen direkten Messungen kann auch aus den Q-Werten von Kernreaktionen auf die Energiezustände des Restkernes geschlossen werden. So findet man z.B. bei der Reaktion $^{27}_{13}\mathrm{Al} + ^{4}_{2}\mathrm{He} \rightarrow ^{31}_{15}\mathrm{P} \rightarrow ^{30}_{14}\mathrm{S} + ^{1}_{1}\mathrm{H}$ Protonen mit 5 charakteristischen Energiemaxima, d.h. fünf Q-Werte. Da Zwischenkerne im allgemeinen schneller unter Teilchenemission als unter γ-Emission zerfallen, muß man folgern, daß den fünf beobachteten Energiewerten des Protons fünf angeregte Energiezustände des Restkernes $^{30}_{14}\mathrm{S}$ entsprechen.

Die Elektronen der Atomhülle und der Atomkern besitzen gleichermaßen diskrete und kontinuierliche Anregungszustände. Zwischen ihren Energieniveauschemata bestehen jedoch einige prinzipielle Unterschiede:

Unterschiede zwischen den Energieniveaus der Atomhüllen und der Atomkerne

- Die Energienieveauschemata der Atomkerne lassen keine Anordnung der Frequenzen der emittierten γ-Strahlung nach Seriengesetzen zu. Das erklärt sich aus der Natur der absättigbaren Kernkraft, der die Nukleonen unterliegen. Demgegenüber befindet sich das Valenzelektron des Wasserstoffatoms bzw. der Alkalimetallatome in erster Näherung im Zentralkraftfeld des positiven Atomkernes bzw. Atomrumpfes. Die Angabe von Seriengesetzen ist dadurch möglich.
- Als Folge der engen Kopplung der Nukleonen untereinander wird die Anregungsenergie im allgemeinen nicht nur auf ein Nukleon des Kernes übertragen, sondern auf viele. Es existieren demzufolge kollektive Anregungszustände des Kernes, bei denen die Anregungsenergie die zur Abspaltung eines Nukleons oder eines α-Teilchens notwendige Energie erheblich übertreffen kann. Man muß daher zwischen virtuellen und gebundenen Zuständen unterscheiden (vgl. Abb. 12.2). Im Gegensatz hierzu besitzt die Atomhülle keine diskreten Anregungsenergien oberhalb ihrer Ionisationsenergie, wenn man vom Ausnahmefall der Doppelanregung absieht.
- Die Atomhülle ist nur aus Elektronen aufgebaut, der Kern dagegen aus Protonen und Neutronen. Es ist daher beim Kern zwischen Neutronen- und Protonenniveaus zu unterscheiden, während die Atomhülle nur Elektronenniveaus besitzt.
- Der Grundzustand der Atomhülle ist ein stabiler Energiezustand. Der Grundzustand eines Atomkernes ist dagegen nur in bezug auf γ-Emission stabil, denn viele Nuklide können von ihrem Grundzustand aus durch α-, β^-- und β^+-Zerfall in andere Nuklide übergehen.
- Die energetische Breite der Anregungsniveaus der Hüllenelektronen ist wohl unterschiedlich, zeigt jedoch keinen charakteristischen Gang mit der Größe der Anregungsenergie. Dagegen zeigen die Energieniveauschemata der Atomkerne äußerst scharfe Energieniveaus für kleine Anregungsenergien ($W \ll 10\,\mathrm{MeV}$), sehr breite Energieniveaus für große Anregungsenergien ($W > 10\,\mathrm{MeV}$). So werden für kleine Anregungsenergien Zustandsbreiten von etwa 0,1 eV bis zu einigen 10^{-6} eV gefunden. Bei großen Anregungsenergien kann dagegen die Zustandsbreite größer als 1 MeV sein und damit den Abstand benachbarter Niveaus überschreiten. Das erklärt sich daraus, daß mit der

Größe der Anregungsenergie die Wahrscheinlichkeit für strahlungslose Übergänge stark zunimmt, z.B. für den Übergang eines hochangeregten Atomkernes durch β-Zerfall in eine andere Atomkernart. Das hat eine starke Verminderung der mittleren Lebensdauer dieser Energieniveaus zur Folge. Damit nimmt nach (12.19) die Breite des Energieniveaus zu, da sie umgekehrt proportional zur mittleren Lebensdauer dieses Energiezustandes ist.

12.2 Spontaner Kernzerfall

radioaktive Nuklide (Radionuklide)

Mutterkern, Tochterkern

radioaktive Isotope

Bestimmte Nuklide zerfallen spontan, d.h. durch äußere physikalische und chemische Bedingungen nicht beeinflußbar, in ein stabileres Nuklid. Derartige Nuklide nennt man *radioaktiv* oder *Radionuklide*, den Ausgangskern *Mutterkern*, den Endkern *Tochterkern*. Atome mit spontan zerfallenden Atomkernen werden auch *radioaktive Isotope* genannt. Im Gegensatz zu den vorstehend behandelten Kernreaktionen bedarf also der radioaktive Zerfall keines Anstoßes von außen.

MARIE SKLODOWSKA-CURIE (1867–1934) Nobelpreise 1903, 1911

Der Übergang eines radioaktiven Nuklids in eine andere Kernart mit einem gegenüber einem weiteren Zerfall stabilen Grundzustand kann in einem Schritt oder, wie bei den radioaktiven Zerfallsreihen, über mehrere Teilschritte erfolgen.

Die Radioaktivität entdeckte BECQUEREL im Jahre 1896. Er fand, daß von Uransalzen eine Strahlung ausgeht, die lichtgeschützte Fotoplatten zu schwärzen vermag. Die von ihm, M. CURIE und P. CURIE durchgeführten detaillierten Untersuchungen dieser Strahlung zeigten, daß sie mit keiner damals bekannten Strahlung identisch war. Sie durchdringt u.a. lichtundurchlässige Materie, ist zur Ionisation der umgebenden Luft fähig und von der Temperatur des radioaktiven Stoffes unabhängig. Das Ehepaar CURIE fand kurz darauf die Radioaktivität des Thoriums und entdeckte 1898 die millionenfach stärker strahlenden radioaktiven Elemente Polonium und Radium. Nach jahrelanger mühevoller Arbeit gelang es ihnen, aus mehreren Tonnen Joachimsthaler Uranpechblende einige Zehntel Gramm Radium zu extrahieren. Im Jahre 1900 stellten RUTHERFORD und SODDY die Theorie auf, die radioaktive Strahlung sei durch den spontanen Zerfall von Atomkernen bedingt. Diese Annahme konnte 1904 durch RAMSEY und SODDY experimentell bestätigt werden, indem sie in Radiumsalzen Helium nachwiesen. 1934 wurde durch I. und F. JOLIOT-CURIE erkannt, daß bestimmte Kernreaktionen ebenfalls zu Radionukliden führen.

PIERRE CURIE (1859–1906) Nobelpreis 1903

Die Ursachen für die Kerninstabilität sind übergroße Kernmasse, Protonenüberschuß oder zu großer Neutronenüberschuß. Im einzelnen findet man folgende Umwandlungsprozesse:

Umwandlungsprozesse beim radioaktiven Zerfall

Mutterkern mit übergroßer Kernmasse

Überschwere Kerne spalten spontan in zwei ungefähr gleichgroße Teile (vgl. Abschn. 12.3.2) oder emittieren α-Teilchen. Aus Abschätzungen der Bindungsenergien der Nukleonen kann man theoretisch schlußfolgern, daß alle gegenüber dem ^{140}La-Kern schwereren Kerne in der Lage sind, α-Teilchen zu emittieren. Beobachtet wurde die α-Emission jedoch bisher nur für Kerne mit einer Nukleonenzahl von $M > 208$.

Mutterkern mit Protonenüberschuß
- Emission von Positronen (β^+-Zerfall),
- Einfang eines Hüllenelektrons durch den Kern (Elektroneneinfang),
- Emission von Protonen (Protonenemission, Ausnahme).

Mutterkern mit zu großem Neutronenüberschuß
- Emission von Elektronen (β^--Zerfall),
- Emission von Neutronen (Neutronenemission, Ausnahme).

Protonen- oder Neutronenüberschuß bedeutet hier, daß die Nuklide einen Überschuß an der jeweiligen Nukleonenart besitzen und daß sie bei Neutronenüberschuß im *M-Z*-Diagramm der Abbildung 10.4 außerhalb des stabilen Bereiches liegen.

Durch β^+-Zerfall wandelt sich ein radioaktives Nuklid nur dann um, wenn seine Energie die des Tochterkernes um mindestens 1,022 MeV übersteigt. Weiter ist die Umwandlung schwerer Kerne durch Elektroneneinfang wahrscheinlicher als durch β^+-Zerfall. Neutronen- und Protonenemission bilden nicht die Regel, sondern die Ausnahme. Prozesse dieser Art werden nur bei den schwersten Kernen beobachtet.

Wie der Restkern bei einer Kernreaktion, so kann auch der Tochterkern zunächst in einem energetisch angeregten Zustand vorliegen. Der Energieüberschuß kann durch γ-Strahlung abgegeben werden (γ-Zerfall).

12.2.1 Radioaktives Zerfallsgesetz, mittlere Lebensdauer und Halbwertszeit von Radionukliden

Bisher konnte weder durch Temperatur- und Druckänderungen, durch elektrische und magnetische Felder noch durch irgendwelche anderen physikalischen oder chemischen Veränderungen der radioaktiven Substanz eine Veränderung ihres Zerfalles bewirkt werden. Daraus ist zu schließen, daß der radioaktive Zerfall vollkommen *spontan* verläuft, d. h. ein rein statistischer Prozeß ist. Der radioaktive Zerfall ist also eine Kerneigenschaft, die ausschließlich vom inneren Zustand des Kernes abhängig ist.

der radioaktive Zerfall ist ein spontaner Prozeß

Die Anzahl der zur Zeit $t = 0$ noch nicht zerfallenen Atomkerne sei N_0. Es soll berechnet werden, wieviel noch nicht zerfallene Atomkerne N zur Zeit $t > 0$ vorhanden sind. Der spontane radioaktive Zerfall legt den Ansatz nahe, daß die Anzahl dN der im Zeitintervall zwischen t und $t + \mathrm{d}t$ zerfallenden Kerne sowohl der Anzahl N der zur Zeit t noch nicht zerfallenen Kerne als auch der Größe dt des Zeitabschnittes proportional ist:

Herleitung des radioaktiven Zerfallsgesetzes

$$\mathrm{d}N = -\lambda N \,\mathrm{d}t. \qquad (12.20)$$

Zerfallskonstante

Die Proportionalitätskonstante $\lambda > 0$ ist eine für das zerfallende Nuklid charakteristische Konstante und wird als *Zerfallskonstante* des betreffenden Nuklides bezeichnet. Das negative Vorzeichen in (12.20) bringt zum Ausdruck, daß mit wachsender Zeit eine Abnahme der Anzahl der Atomkerne erfolgt.

Nach (12.20) ist die Anzahl $\mathrm{d}N/\mathrm{d}t$ der pro Zeit spontan zerfallenden Atomkerne nur von der Anzahl N der noch nicht zerfallenen und ihrer Zerfallskonstanten abhängig. Die Zerfallswahrscheinlichkeit eines Kernes ist damit unabhängig von seinem Alter, im Gegensatz z. B. zur Sterbewahrscheinlichkeit eines Lebewesens. Es kann also nur eine Aussage darüber gemacht werden, wieviel von einer vorgegebenen Anzahl radioaktiver Atomkerne im Mittel während einer bestimmten Zeit zerfallen, eine Aussage darüber, welche Kerne das sind, ist dagegen unmöglich. Division von (12.20) durch N ergibt

$$\frac{\mathrm{d}N}{N} = -\lambda \mathrm{d}t,$$

woraus durch Integration

$$\ln N = -\lambda t + \ln C$$

oder

$$N = C\mathrm{e}^{-\lambda t}$$

folgt. Die Konstante C ergibt sich mit Hilfe der Anfangsbedingung $N = N_0$ für $t = 0$ zu $C = N_0$. Man erhält so das radioaktive Zerfallsgesetz

$$N = N_0 \mathrm{e}^{-\lambda t}.$$

(S 12.3)
radioaktives Zerfallsgesetz

Der radioaktive Zerfall ist ein rein statistischer Vorgang. Jeder Atomkern eines Nuklids besitzt die gleiche Zerfallswahrscheinlichkeit.
Liegt eine große Anzahl N_0 gleichartiger radioaktiver Atomkerne zur Zeit $t = 0$ vor, so existiert von ihnen zur Zeit $t > 0$ noch die Anzahl

$N = N_0 \mathrm{e}^{-\lambda t}$ (*radioaktives Zerfallsgesetz*).

Die Zerfallskonstante $\lambda > 0$ ist eine Eigenschaft des zerfallenden Nuklids.

Das radioaktive Zerfallsgesetz wird vom Experiment vollauf bestätigt. Stellt man $\ln N = f(t)$ in einem $\ln N$-t-Diagramm grafisch dar, so erhält man entprechend (S 12.3) eine Gerade. Aus ihrem Anstieg kann λ ermittelt werden.

Gleichung (12.20) gibt die Anzahl der Atomkerne an, die im Zeitintervall zwischen t und $t + \mathrm{d}t$ zerfallen. Die Anzahl der Atomkerne mit einer Lebensdauer zwischen t und $t + \mathrm{d}t$ beträgt demnach $\lambda N \mathrm{d}t$ und damit die

Summe der Lebensdauern aller zur Zeit $t = 0$ vorhandenen radioaktiven Atomkerne $\int_0^\infty t\lambda N \,\mathrm{d}t$. Mit (S 12.3) erhält man hieraus für ihre *mittlere Lebensdauer* τ

mittlere Lebensdauer

$$\tau = \frac{1}{N_0}\int_0^\infty t\lambda N \,\mathrm{d}t = \lambda \int_0^\infty t\,\mathrm{e}^{-\lambda t}\,\mathrm{d}t$$

$$= \lambda\left[-\frac{t}{\lambda}\mathrm{e}^{-\lambda t}\Big|_0^\infty + \frac{1}{\lambda}\int_0^\infty \mathrm{e}^{-\lambda t}\,\mathrm{d}t\right] = -\frac{1}{\lambda}\,\mathrm{e}^{-\lambda t}\Big|_0^\infty$$

oder

$$\tau = \frac{1}{\lambda}. \tag{12.21}$$

Statt der mittleren Lebensdauer eines Nuklides gibt man meist seine Halbwertszeit an:

> Die Zeit $t = T_{1/2}$, die bis zum Zerfall der Hälfte aller zur Zeit $t = 0$ vorhandenen radioaktiven Atomkerne verstreicht, heißt Halbwertszeit des Nuklides.

(D 12.4)
Halbwertszeit $T_{1/2}$

Nach (D 12.4) und (12.21) ist die Halbwertszeit festgelegt durch

$$N = \frac{N_0}{2} = N_0\,\mathrm{e}^{-\lambda T_{1/2}},$$

d.h., es besteht zwischen der Halbwertszeit, der Zerfallskonstanten und der mittleren Lebensdauer eines Nuklides der Zusammenhang

$$T_{1/2} = \frac{\ln 2}{\lambda} = \frac{0{,}69315}{\lambda} = 0{,}69315\;\tau, \tag{12.22a}$$

Zusammenhang von λ, τ und $T_{1/2}$

womit sich für das radioaktive Zerfallsgesetz als mögliche Darstellungen

$$N = N_0\,\mathrm{e}^{-\lambda t} = N_0\,\mathrm{e}^{-\frac{0{,}69315}{T_{1/2}}t} = N_0 \cdot 2^{-\frac{t}{T_{1/2}}} = N_0\,\mathrm{e}^{-\frac{t}{\tau}} \tag{12.22}$$

ergeben. Ist $t \ll T_{1/2}$, so kann die Näherung $\mathrm{e}^x \approx 1 + x$ für $|x| \ll 1$ Anwendung finden: $N = N_0\,(1 - 0{,}69315\; t/T_{1/2})$ oder

$$\frac{N_0 - N}{N_0} = \frac{\Delta N}{N_0} = \frac{0{,}69315}{T_{1/2}}\,t \qquad (t \ll T_{1/2}). \tag{12.22b}$$

Die Halbwertszeit des Radiums beträgt $T_{1/2} = 1622\,\mathrm{a}$. In 23 Jahren zerfällt also 1 % des vorhandenen Radiums.

Bestimmung und Größe von Halbwertszeiten

Die Halbwertszeiten der Radionuklide liegen etwa im Intervall $10^{-10}\,\mathrm{s} < T_{1/2} < 10^{16}\,\mathrm{a}$. Am häufigsten sind Radionuklide mit Halbwertszeiten von einigen Minuten bis zu einigen Jahren. Diese Zahlen können allerdings nur als Richtwerte aufgefaßt werden, denn die Grenzen des Intervalles entsprechen zugleich der Meßgenauigkeit unserer heutigen Apparaturen zur Bestimmung von $T_{1/2}$. Deren Verbesserung kann also zu einer Verschiebung der Intervallgrenzen führen.

Zur Bestimmung von Halbwertszeiten mittlerer Größe (etwa im Bereich $1\,\mathrm{min} < T_{1/2} < 1\,\mathrm{a}$) wird u. a. der zeitliche Verlauf $N(t)$ direkt gemessen und $T_{1/2}$ aus der Steigung der Geraden $\ln N = f(t)$ im $\ln N$-t-Diagramm entnommen. Der Bestimmung von Halbwertszeiten in anderen Bereichen werden die Beziehungen (12.22) und (12.20) zugrunde gelegt. Man mißt $\mathrm{d}N/\mathrm{d}t$ bei bekanntem N und entnimmt λ aus (12.20).

Aktivität

Die *Aktivität* A eines radioaktiven Präparates wird durch die Anzahl der pro Zeit stattfindenden spontanen Kernzerfälle festgelegt:

$$A = \left|\frac{\mathrm{d}N}{\mathrm{d}t}\right| = \lambda N. \tag{12.23}$$

Die Maßeinheit für die Aktivität ist das Becquerel:

(D 12.5) Maßeinheit Becquerel

1 Becquerel = 1 Bq = 1 Zerfall/s.

Statt der Einheit Becquerel ist auch die Maßeinheit Curie gebräuchlich:

(D 12.6) Maßeinheit Curie

1 Curie (1 Ci) beträgt die Aktivität eines radioaktiven Präparates, in dem in einer Sekunde $3{,}7 \cdot 10^{10}$ Kerne spontan zerfallen:

1 Curie = 1 Ci = $3{,}7 \cdot 10^{10}$ Kernzerfälle/s = $3{,}7 \cdot 10^{10}$ Bq.

Die Einheit Ci wurde historisch so festgelegt, daß ihr die Aktivität von 1 g Radium-226 entsprechen sollte. Genauere Messungen zeigten jedoch, daß stattdessen 1,0256 g Radium-226 die Aktivität 1 Ci besitzen.

12.2.2 Radioaktive Familien

Am Ende des vorigen Jahrhunderts fand man, daß die Nuklide $^{232}_{90}\mathrm{Th}$, $^{238}_{92}\mathrm{U}$ und $^{235}_{92}\mathrm{U}$ durch α- und β-Zerfall über mehrere Zwischenschritte in stabile Bleiisotope zerfallen ($^{232}_{90}\mathrm{Th} \rightarrow {}^{208}_{82}\mathrm{Pb}$, $^{238}_{92}\mathrm{U} \rightarrow {}^{206}_{82}\mathrm{Pb}$, $^{235}_{92}\mathrm{U} \rightarrow {}^{207}_{82}\mathrm{Pb}$, vgl. Abb. 12.7). Man bezeichnet einen derartigen schrittweisen Zerfall eines radioaktiven Nuklides in ein stabiles Nuklid als *Zerfallsreihe*. Der Zerfall erfolgt nicht immer über die gleichen Zwischenstationen, sondern es existieren prinzipiell mehrere Zweige der Zerfallsreihe, die zum gleichen Endnuklid führen. Man faßt alle die Zerfallszweige, die zum gleichen stabilen Endnuklid führen, zu einer *radioaktiven Familie* zusammen.

Zerfallsreihe

radioaktive Familie

1935 wurde von I. JOLIOT-CURIE eine weitere radioaktive Familie entdeckt, deren Endprodukt das Nuklid $^{209}_{83}\mathrm{Bi}$ bildet. Die einzelnen Zerfalls-

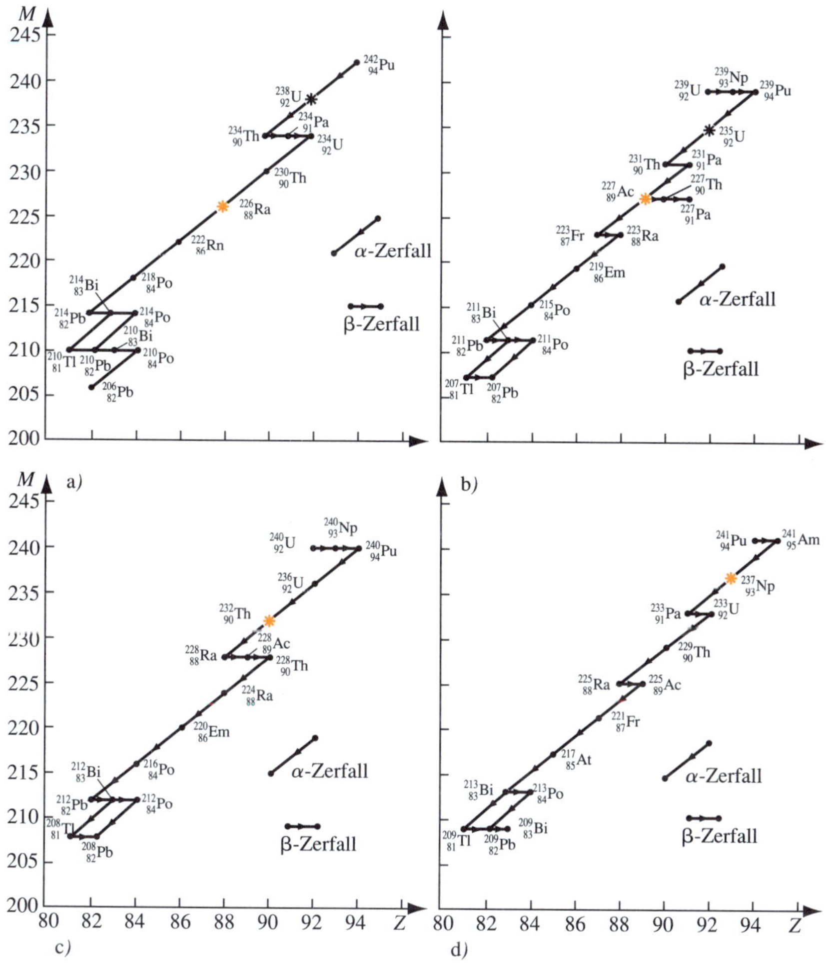

Abb. 12.7
Radioaktive Familien
a) Uran-Radium-Familie
b) Uran-Aktinium-Familie
c) Thorium-Familie
d) Neptunium-Familie
(Die Nuklide, nach denen die Familien benannt wurden, sind farbig gekennzeichnet)

zweige dieser Familie konnten sogar erst 1947 endgültig ermittelt werden. Das Ausgangsnuklid dieser Reihe bildet das Transuran Plutonium-241.

Die vier radioaktiven Familien werden nach bestimmten, ihnen angehörenden langlebigen radioaktiven Zwischenprodukten benannt:

die vier radioaktiven Familien

$$
\begin{aligned}
&\textit{Thorium-Familie} && ^{240}_{92}\mathrm{U} \rightarrow {}^{208}_{82}\mathrm{Pb},\\
&\textit{Neptunium-Familie} && ^{241}_{94}\mathrm{Pu} \rightarrow {}^{209}_{83}\mathrm{Bi},\\
&\textit{Uran-Radium-Familie} && ^{242}_{94}\mathrm{Pu} \rightarrow {}^{206}_{82}\mathrm{Pb},\\
&\textit{Uran-Aktinium-Familie} && ^{239}_{92}\mathrm{U} \rightarrow {}^{207}_{82}\mathrm{Pb}.
\end{aligned}
\tag{12.24}
$$

Die vier radioaktiven Familien sind in Abbildung 12.7 dargestellt. Historisch bedingt, wurden die einzelnen Zerfallsprodukte unterschiedlich benannt. Wir haben auf die Wiedergabe dieser nach den heutigen Kenntnissen nicht haltbaren Schreibweise verzichtet.

Analog zur Gleichung (12.8) läßt sich der spontane Kernzerfall beschreiben durch

$$^{r}_{l}\mathrm{A} = {}^{r-\varepsilon}_{l-\mu}\mathrm{B} + {}^{\varepsilon}_{\mu}\mathrm{b}\,. \tag{12.25}$$

Demzufolge führt der α-Zerfall ($\varepsilon = 4$, $\mu = 2$) zu einer Verminderung der Kernladungszahl um 2, der Massenzahl (Nukleonenzahl) um 4. Der β^--Zerfall ($\varepsilon = 0$, $\mu = -1$) erhöht die Kernladungszahl um 1 und läßt die Massenzahl unverändert.

$^{238}_{92}$U hat die Halbwertszeit $T_{1/2} = 4{,}5 \cdot 10^9$ a, für $^{235}_{92}$U gilt $T_{1/2} = 7{,}1 \cdot 10^8$ a, für $^{232}_{90}$Th ist $T_{1/2} = 1{,}4 \cdot 10^{10}$ a, dagegen besitzt das langlebigste Nuklid der Neptunium-Familie, das Nuklid $^{237}_{93}$Np, nur die Halbwertszeit $T_{1/2} = 2{,}2 \cdot 10^6$ a (vgl. Tab. 10.1). Dieser Unterschied in den Halbwertszeiten erklärt, warum die Neptunium-Familie in der Natur nicht gefunden wurde. Die Halbwertszeiten ihrer sämtlichen Nuklide sind klein gegenüber dem Alter der Erde, ihre Aktivität ist also längst abgeklungen.

Bezüglich ihrer Nukleonenzahlen lassen sich die radioaktiven Familien wie folgt charakterisieren:

$$\begin{array}{ll} \text{Thorium-Familie} & M = 4\,n \quad (n = 60 \to 52), \\ \text{Neptunium-Familie} & M = 4\,n + 1\ (n = 60 \to 52), \\ \text{Uran-Radium-Familie} & M = 4\,n + 2\ (n = 60 \to 51), \\ \text{Uran-Aktinium-Familie} & M = 4\,n + 3\ (n = 59 \to 51). \end{array} \tag{12.25a}$$

Da die Nukleonenzahl 4 die des α-Teilchens ist, erkennt man, daß das α-Teilchen eine besondere Bedeutung für den Kernaufbau besitzen muß.

radioaktive Altersbestimmung

Die Zerfallsreihen werden zur *radioaktiven Altersbestimmung* uranhaltiger Mineralien genutzt. Das Material enthalte zur Zeit $t = 0$ seiner Verfestigung $N_{0,\,^{238}\mathrm{U}}$ Kerne des Uran-238. Ein Teil von ihnen zerfällt in der Zeit t zu Blei-206. Da die Halbwertszeiten der Zwischenprodukte klein gegenüber dem Alter des Minerals sind, kann man ihren Einfluß auf die zeitliche Veränderung des Mengenverhältnisses zwischen Ausgangssubstanz und Endprodukt der Zerfallsreihe vernachlässigen und dieses Verhältnis näherungsweise allein durch die Halbwertszeit der Ausgangssubstanz Uran-238 beschreiben. Damit folgt nach (12.22)

$$N_{^{238}\mathrm{U}}(t) = N_{0,\,^{238}\mathrm{U}} \cdot 2^{-\frac{t}{T_{1/2}}}\,. \tag{12.26a}$$

Die Differenz $N_{0,\,^{238}\mathrm{U}} - N_{^{238}\mathrm{U}}(t)$ ist gleich der Anzahl der in der Zeit t gebildeten ^{206}Pb-Kerne:

$$N_{0,\,^{238}\mathrm{U}} - N_{^{238}\mathrm{U}}(t) = N_{^{206}\mathrm{Pb}}(t)\,. \tag{12.26b}$$

Damit kann aus (12.26a) die unbekannte Anzahl der ^{238}U-Kerne zur Zeit $t = 0$ eliminiert werden:

$$N_{^{206}\mathrm{Pb}}(t) = N_{^{238}\mathrm{U}}(t)\left(2^{\frac{t}{T_{1/2}}} - 1\right) \qquad (12.26\,\mathrm{c})$$

oder

$$t = \frac{T_{1/2}}{\ln 2}\,\ln\left[\frac{N_{^{206}\mathrm{Pb}}(t)}{N_{^{238}\mathrm{U}}(t)} + 1\right]. \qquad (12.26)$$

Das Verhältnis $N_{^{206}\mathrm{Pb}}(t)/N_{^{238}\mathrm{U}}(t)$ läßt sich massenspektrometrisch bestimmen. Mit der Halbwertszeit des Uran-238 ist dann nach (12.26) das Alter des Minerals bekannt. Wegen der sehr großen Halbwertszeit des ^{238}U können mit dieser Methode nur sehr alte Mineralien vermessen werden. Hauptfehlerquelle ist die mögliche Ausdiffusion der gasförmigen Zwischenprodukte. Mit einem derartigen Meßverfahren wurde z.B. das Alter der Joachimsthaler Pechblende zu $2{,}3 \cdot 10^8$ a bestimmt.

Außer der Uran-Thorium-Familie können natürlich auch die Uran-Radium- und die Thorium-Familie zur radioaktiven Altersbestimmung Verwendung finden. Weiter wird zur Altersbestimmung von Mineralien der Zerfall des Kalium-40 in das stabile Argon-40 genutzt. Seine Halbwertszeit beträgt $1{,}3 \cdot 10^9$ Jahre. Damit muß in allen Kalium-40 enthaltenden Mineralien auch das Argon-40 vorliegen. Es kann durch Erhitzen des Minerals aus den Proben ausgetrieben und damit das Verhältnis $N_{^{40}\mathrm{Ar}}(t)/N_{^{40}\mathrm{K}}(t)$ z.B. massenspektroskopisch gemessen werden. Die Berechnung von t erfolgt analog zu (12.26).

Frank Willard Libby (1908 – 1980) Nobelpreis 1960 ^{14}C-Methode

Das Alter biologischer Objekte kann u.a. mit der 1946 von Libby entwickelten *^{14}C-Methode* ermittelt werden. Durch die kosmische Strahlung werden in der Erdatmosphäre ^{14}C-Kerne durch die Reaktion $^{14}_{7}\mathrm{N}(\mathrm{n},\mathrm{p})^{14}_{6}\mathrm{C}$ gebildet, deren Halbwertszeit 5730 a beträgt. Beim Assimilationsprozeß wird ^{14}C von den Pflanzen aufgenommen und durch die Nahrungsaufnahme dem menschlichen bzw. dem tierischen Organismus zugeführt. Durch die ständigen Austauschprozesse hat sich im Laufe der Erdgeschichte in allen biologischen Systemen ein konstanter Kohlenstoff-14-Gehalt eingestellt. Mit dem Tod des Lebewesens wird der Austausch mit der Umwelt beendet, die ^{14}C-Aktivität klingt nach dem radioaktiven Zerfallsgesetz ab. Aus der vorliegenden spezifischen Aktivität (Aktivität pro Kohlenstoffmasse) kann daher auf das Alter des Objektes geschlossen werden. Die Bestimmung der spezifischen Aktivität ist allerdings schwierig, da in biologischen Objekten ca. 1 ^{14}C-Kern auf 10^{12} ^{12}C-Kerne kommt, also in einem Gramm Kohlenstoff in etwa 6 Sekunden ein ^{14}C-Kern zerfällt. Mit dieser Methode kann das Alter biologische Objekte bestimmt werden, wenn es zwischen 500 und 5000 Jahren liegt. Die Genauigkeit der Messung liegt etwa bei $\pm$ 100 Jahren.

12.2.3 Künstlich hergestellte Radionuklide

Im Jahre 1934 erkannten I. und F. JOLIOT-CURIE bei der Untersuchung der Kernreaktion $^{27}_{13}\mathrm{Al}\,(\alpha, \mathrm{n})\,^{30}_{15}\mathrm{P}$, daß Kernreaktionen zu radioaktiven Restkernen führen können. Nach Entfernen des α-Strahlers fanden sie eine β^+-Strahlung (vgl. Abschn. 12.2.5.2), die mit der Halbwertszeit $T_{1/2} = 3{,}3$ min abklang. Das durch die Kernreaktion entstandene Nuklid $^{30}_{15}\mathrm{P}$ muß also entsprechend der Beziehung

$$^{30}_{15}\mathrm{P} \rightarrow {}^{30}_{14}\mathrm{Si} + {}^{0}_{1}\mathrm{e} \qquad (12.27)$$

künstlich hergestellte Radionuklide

mit der Halbwertszeit $T_{1/2} = 3{,}3$ min zerfallen. Man bezeichnet derartig gewonnene radioaktive Nuklide als *künstlich hergestellte Radionuklide*. Die angeführte Reaktionsgleichung (12.27) ist nicht vollständig. Sie bedarf noch einer Ergänzung, wie in Abschnitt 12.2.5.2 gezeigt wird.

Künstlich hergestellte Radionuklide unterscheiden sich von den in Abschnitt 12.1.4.1 besprochenen Zwischenkernen durch eine um Größenordnungen größere mittlere Lebensdauer. Da die künstlich hergestellten Radionuklide meist Isotope solcher Elemente sind, die auch stabile Isotope besitzen, nennt man sie vielfach auch *radioaktive Isotope* oder kurz *Radioisotope*.

radioaktive Isotope (Radioisotope)

Heute sind über tausend radioaktive Isotope bekannt. Ein künstlich hergestelltes Radionuklid zerfällt meist in einem Schritt in ein stabiles. Nur wenn durch die Kernreaktion ein Atomkern entsteht, dessen Protonen-Neutronen-Verhältnis erheblich von dem in Abbildung 10.4 dargestellten Bereich der stabilen Nuklide abweicht, kann der Zerfall auch über Teilschritte erfolgen.

Radioaktive Isotope zerfallen meist unter Elektronen- oder Positronen-Emission oder durch Elektroneneinfang. Der Zerfall durch Emission von α-Teilchen oder Neutronen bildet dagegen eine Ausnahme. Die Begründung hierfür wird in den nachfolgenden Abschnitten gegeben.

12.2.4 α-Zerfall

α-Zerfall

Der *α-Zerfall* ist entsprechend (12.25) ein spontaner Kernzerfall der Art

$$^{M}_{Z}\mathrm{A} \rightarrow {}^{M-4}_{Z-2}\mathrm{B} + {}^{4}_{2}\mathrm{He}\,.$$

das Energiespektrum der α-Strahlung ist diskret

Die emittierte α-Strahlung besitzt ein diskretes Energiespektrum. Diese Tatsache ist aus der in Abbildung 12.8 dargestellten Nebelkammeraufnahme klar ersichtlich, denn nach Abschnitt 11.1.1.3 ist bei einer völligen Abbremsung des Teilchens die Länge der Teilchenspur ein Maß für dessen Energie. Die herausragende längere Teilchenspur ist durch ein α-Teilchen verursacht, das nicht wie die anderen vom Grundzustand, sondern von einem angeregten Zustand des Atomkernes aus emittiert wurde. Das wird u.a. dadurch belegt, daß man die aus den beiden Spurlängen zu

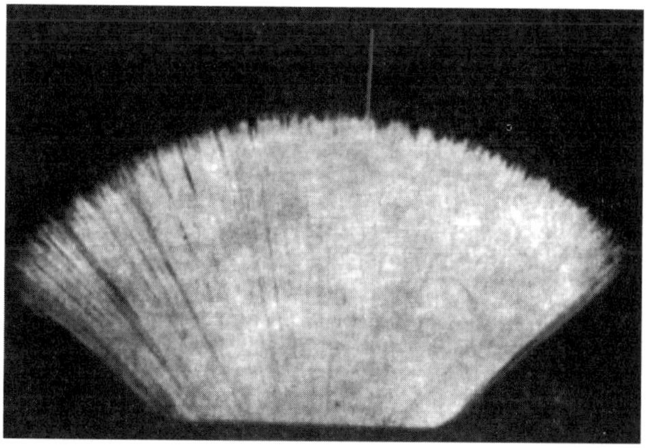

Abb. 12.8
Nebelkammeraufnahme eines α-Strahlers

berechnende Energiedifferenz auch im γ-Spektrum des Nuklides findet, wenn man die jeweilige Rückstoßenergie der Kerne berücksichtigt.

Die Identifizierung der α-Teilchen erfolgt nach den im Kapitel 11 besprochenen Methoden, Präzisionsbestimmungen ihrer Energie mit Hilfe von magnetischen Spektrometern. Das diskrete Energiespektrum der α-Teilchen ist aus dem Energieniveauschema des Kernes sofort verständlich (vgl. Abb. 12.9). Beim α-Zerfall geht der Mutterkern der Kernladungszahl Z und der Massenzahl M von einem bestimmten Energieniveau in ein bestimmtes Energieniveau des Tochterkernes der Kernladungszahl $Z-2$ und der Massenzahl $M-4$ über. Die bei diesem Übergang freiwerdende Energie wird in Form von kinetischer Energie teils auf das α-Teilchen und teils als Rückstoßenergie (vgl. Abschn. 12.2.7.1) auf den Tochterkern übertragen. Das Verhältnis der von ihnen aufgenommenen kinetischen Energien ist für die betrachtete Zerfallsreaktion charakteristisch.

Die Größe der gemessenen kinetischen Energie $W_{\text{kin}\,\alpha}$ der α-Teilchen und ihr experimentell gefundener Zusammenhang mit der Zerfallskonstanten λ blieben zunächst unverständlich, denn sie widersprechen dem, was nach der klassischen Physik zu erwarten wäre:

die Größe von $W_{\text{kin}\,\alpha}$ und ihr Zusammenhang mit λ sind klassisch unverständlich

- Die kinetische Energie der α-Teilchen übersteigt im allgemeinen nicht 10 MeV. Das α-Teilchen ist zunächst in der Energiemulde des Kernes eingeschlossen (vgl. Abb. 12.2), beim Verlassen dieser Mulde mußte es nach den klassischen Vorstellungen als 2-fach positiv geladenes Teilchen mindestens so viel Energie besitzen, daß es den Energiewall des Coulomb Potentials des Kernes überwinden kann. Die in den Zerfallsreihen der radioaktiven Familien auftretenden Nuklide besitzen eine Massenzahl um 230 und damit nach (S 3.1) einen Kernradius von etwa $R_k = 9 \cdot 10^{-15}\,\text{m}$. Nach (3.5) müßten demnach die α-Teilchen mindestens eine Energie von 30 MeV haben. Gemessen werden aber Werte

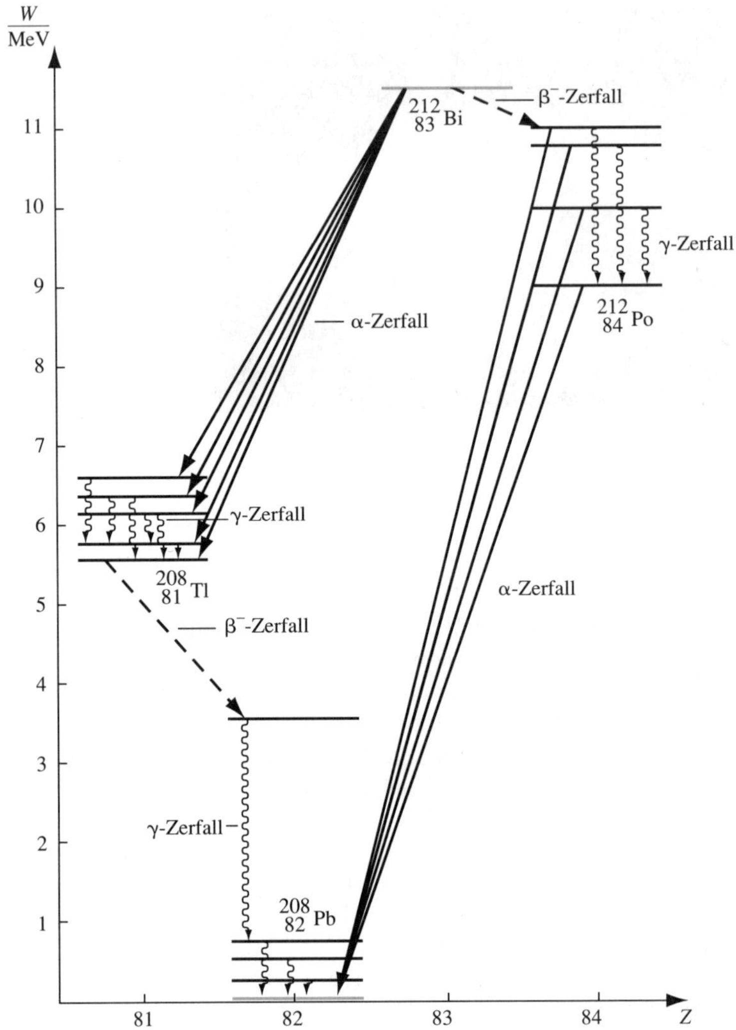

Abb. 12.9
Möglicher Zerfall von $^{212}_{83}$Bi aus dem Grundzustand in den stabilen Kern $^{208}_{82}$Pb

$\leqq$ 8 MeV; ein Verlassen des Kernes ist klassisch damit unverständlich.

– Zwischen der kinetischen Energie $W_{\text{kin}\,\alpha}$ der α-Teilchen und der Zerfallskonstanten λ des Nuklides gilt mit den für alle α-Strahler annähernd gleichen Konstanten $C_1 > 0$ und $C_2 > 0$ die Beziehung (*Geiger-Nuttall-Regel*)

Geiger-Nuttall-Regel

$$\lg W_{\text{kin}\,\alpha} = C_1 + C_2 \lg \lambda\,.$$

Wie aus Abbildung 12.10 ersichtlich ist, erwies sich diese Regel bisher für alle bekannten α-Strahler als richtig. Sie ist aber klassisch unverständlich, denn nach ihr tritt das α-Teilchen mit um so größerer Energie

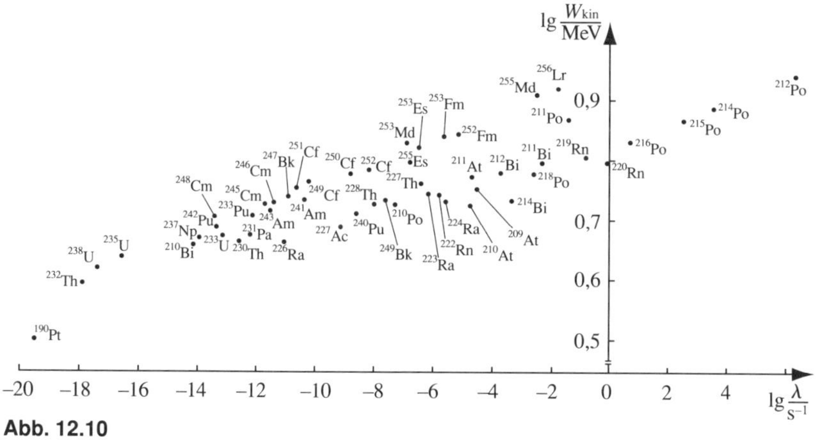

Abb. 12.10
Zur Bestätigung der Geiger-Nuttall-Regel

auf, je lockerer es an den Atomkern gebunden ist. Nach den Gesetzen der klassischen Physik müßte dagegen die Energie unabhängig vom Bindungszustand sein, da das α-Teilchen am Außenrand der Potentialmulde stets die gleiche Energie aufnimmt.

GEORG GAMOW (1904 – 1968)

GAMOW erkannte 1928, daß vorstehende Zusammenhänge eine unmittelbare Folge des quantenmechanischen Tunneleffektes (S 5.20) sind. Danach kann ein Mikroobjekt auch dann in Gebiete mit der potentiellen Energie W_p eindringen, wenn seine Energie klassisch dazu nicht ausreicht. Ist das Gebiet mit W_p so schmal, daß seine Ausdehnung etwa der Wellenlänge $\lambda = h/p$ der dem Mikroobjekt zuzuordnenden Materiewelle entspricht, dann existiert eine von Null verschiedene Wahrscheinlichkeit dafür, daß das Mikroobjekt den Energiewall überwindet. Das Mikroobjekt „durchtunnelt" praktisch den Energiewall. Die Durchtunnelungswahrscheinlichkeit nimmt mit abnehmender Dicke des Energiewalles stark zu.

Erklärung der Geiger-Nuttall-Regel

Wir betrachten zwei Nuklide. In einem sei das α-Teilchen locker (Abb. 12.11 a, im weiteren als Fall a) bezeichnet), im anderen stärker gebunden (Abb. 12.11b, im weiteren als Fall b) bezeichnet). Die Ausdehnung der vom α-Teilchen zu durchtunnelnden Strecke ist im Fall a) wesentlich kleiner als im Fall b). Fall a) zeichnet sich also durch eine wesentlich größere Durchtunnelungswahrscheinlichkeit aus als Fall b), die Zerfallskonstante λ_a ist größer als die Zerfallskonstante λ_b. Nach dem Verlassen des Atomkernes wird das 2-fach positiv geladene α-Teilchen vom nunmehr $(Z-2)$-fach positiv geladenen Atomkern abgestoßen. Im Fall a) beginnt die Beschleunigung im Punkt P_a, im Fall b) im Punkt P_b. Das lockerer gebundene α-Teilchen erfährt also eine größere Beschleunigung als das stärker gebundene. Dies ist aber qualitativ die Aussage der Geiger-Nuttall-Regel.

Da die Punkte P_a und P_b nicht mit der Lage des Maximums von $W_p(r)$ übereinstimmen, ist die Energie, die das α-Teilchen im Coulomb-Feld des

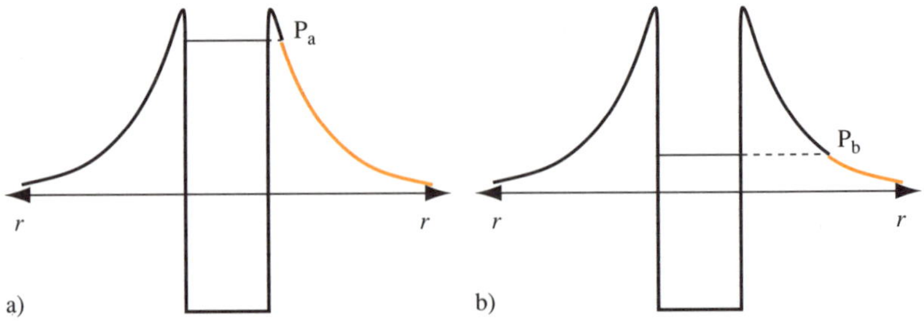

Abb. 12.11
Potentialverhältnisse beim α-Zerfall
a) für ein locker gebundenes α-Teilchen (große Durchtunnelungswahrscheinlichkeit, große Beschleunigungsstrecke)
b) für ein fest gebundenes α-Teilchen (kleine Durchtunnelungswahrscheinlichkeit, kleine Beschleunigungsstrecke)

entstandenen Tochterkernes aufnimmt, erheblich kleiner als die vorstehend berechneten 30 MeV, die ja der Beschleunigung vom Maximum ab entsprechen.

(S 12.4) Gesetze des α-Zerfalls

Beim α-Zerfall

$${}^{M}_{Z}\mathrm{A} \rightarrow {}^{M-4}_{Z-2}\mathrm{B} + {}^{4}_{2}\mathrm{He}$$

verläßt das α-Teilchen die Energiemulde des Mutterkernes durch Tunneleffekt. Demzufolge wird bei dem ausgestoßenen α-Teilchen eine um so größere Energie $W_{\mathrm{kin}\,\alpha}$ beobachtet, je größer die Zerfallskonstante λ ist:

$$\lg W_{\mathrm{kin}\,\alpha} = C_1 + C_2 \lg \lambda \quad (C_1 > 0,\, C_2 > 0)$$

(Geiger-Nuttall-Regel).

Das Energiespektrum der α-Teilchen ist diskret.

Hat das α-Teilchen den Kern verlassen, dann wird es im Coulomb-Feld des Tochterkernes beschleunigt. Gleichung (3.5) bietet damit eine Möglichkeit zur Abschätzung des Atomkernradius. Es werden die Maximalenergie der α-Teilchen bestimmt und der dieser Energie entsprechende Radius R_k errechnet, der eine obere Grenze für den Atomkernradius darstellt (vgl. Abschn. 3.2.2).

12.2.5 β-Zerfall

β-Zerfall

Als β-Zerfall bezeichnet man die spontane Umwandlung des Mutterkerns der Kernladungszahl Z bei Erhaltung der Massenzahl (Nukleonenzahl) in einen Tochterkern

β^--Zerfall

– der Kernladungszahl $Z + 1$ durch Emission eines Elektrons (β^--*Zerfall*), z. B.

$${}^{3}_{1}\mathrm{H} \rightarrow {}^{3}_{2}\mathrm{He} + {}^{0}_{-1}\mathrm{e} \quad (T_{1/2} = 12{,}1\,\mathrm{a}), \qquad (12.28\,\mathrm{a})$$

– der Kernladungszahl $Z - 1$ entweder durch Emission eines Positrons (β^+-*Zerfall*), z. B.

β⁺-Zerfall

$$^{10}_{6}C \rightarrow {}^{10}_{5}B + {}^{0}_{1}e \quad (T_{1/2} = 19{,}1\ s), \tag{12.29a}$$

oder durch Einfang eines Hüllenelektrons (*Elektroneneinfang*), z. B.

Elektroneneinfang

$$^{7}_{4}B + {}^{0}_{-1}e\ (\text{Hülle}) \rightarrow {}^{7}_{3}Li \quad (T_{1/2} = 53\ d). \tag{12.30a}$$

Die angeführten Reaktionsgleichungen sind unvollständig. Sie bedürfen einer Ergänzung, die in den nachfolgenden Abschnitten gegeben wird. Die drei aufgeführten Zerfallsprozesse zeichnen sich alle dadurch aus, daß sie isobar sind, der Zerfall also die Nukleonenzahl unverändert läßt.

Die Halbwertszeiten von β-Strahlern liegen zwischen 10^{-2} s ($^{12}_{7}N$) und $6 \cdot 10^{14}$ a ($^{115}_{49}In$). Stellt man für die bekannten β-Strahler die Zerfallskonstanten λ und die Maximalenergien $W_{kin,\,max}$ der emittierten Elektronen bzw. Positronen in einem $\lg \lambda - \lg W_{kin,\,max}$-Diagramm grafisch dar, so erhält man in Analogie zur Geiger-Nuttall-Regel wieder einen linearen Zusammenhang zwischen $\lg \lambda$ und $\lg W_{kin,\,max}$. Im Unterschied zur Geiger-Nuttall-Regel findet man jedoch zwei Geraden, deren jeweilige Zerfallskonstanten sich etwa um zwei Größenordnungen unterscheiden. Die Darstellung $\lg \lambda = f(\lg W_{kin,\,max})$ wird als *Sargent-Diagramm* bezeichnet (s. Abb. 12.12). In Analogie zum α-Zerfall kann man aus dem Sargent-Diagramm schließen, daß das Elektron bzw. das Positron die Energiemulde des Atomkerns ebenfalls durch Tunneleffekt verläßt. Im Unterschied zum α-Zerfall müssen aber für bestimmte β-Strahler zwei Zerfallsmöglichkeiten existieren, deren Halbwertszeiten sich um etwa 2 Größenordnungen unterscheiden.

Sargent-Diagramm

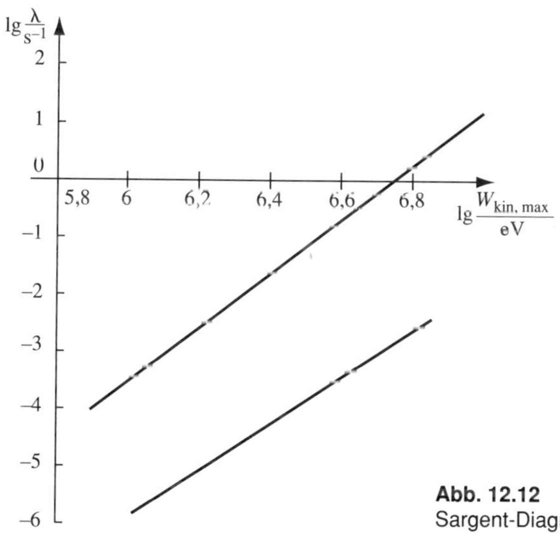

Abb. 12.12
Sargent-Diagramm

12.2.5.1 β^--Zerfall, Elektron-Neutrino

Einige beim β^--Zerfall zu beobachtende Gesetzmäßigkeiten sind unverständlich, wenn man den Zerfallsmechanismus auf die in Gleichung (12.25) gegebene Form beschränkt:

das Energiespektrum eines β^--Strahlers ist kontinuierlich

a) Im Gegensatz zum diskreten Energiespektrum des α-Strahlers ist das Energiespektrum der emittierten Elektronen kontinuierlich. Es besitzt aber eine bestimmte, für jeden β^--Strahler charakteristische Maximalenergie (vgl. Abb. 12.13a). Da der Atomkern beim β^--Zerfall von einem energetisch genau festgelegten Ausgangszustand in einen eben-

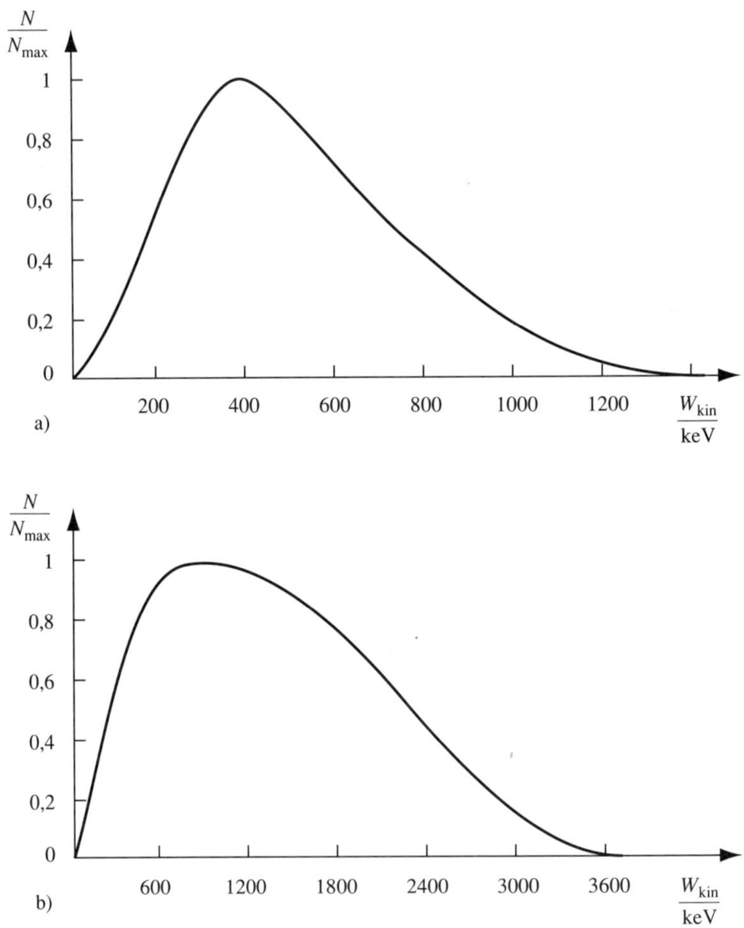

Abb. 12.13
Energiespektrum von β-Strahlern
a) β^--Spektrum des $^{40}_{19}K$
b) β^+-Spektrum des $^{30}_{15}P$

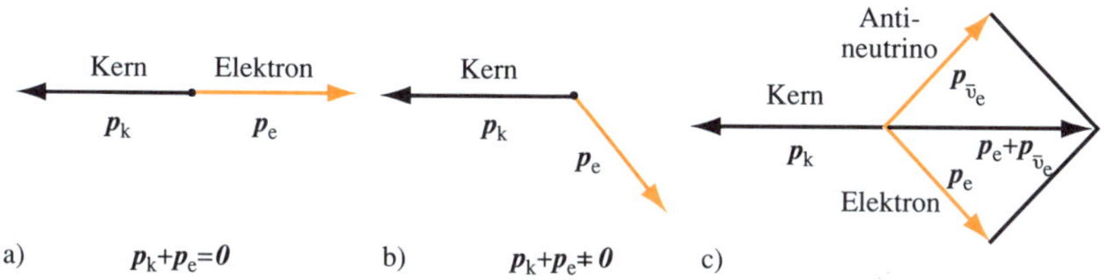

Abb. 12.14
Zum Impulserhaltungssatz beim β^--Zerfall (Betrachtung im Schwerpunktsystem)
a) Atomkern und Elektron müßten unter einem Winkel von 180° auseinanderfliegen, wenn nur das Elektron emittiert würde
b) allgemein beobachtete Impulse von Atomkern und Elektron
c) Der Impulserhaltungssatz ist erfüllt, da man den Impuls des zugleich mit dem Elektron emittierten Antineutrinos berücksichtigen muß

falls diskreten Endzustand übergeht (vgl. Abb. 12.7), scheint also ein Verstoß gegen den Erhaltungssatz der Energie vorzuliegen.

b) Das emittierte Elektron besitzt den Spin 1/2. Deshalb müßte beim β^--Zerfall ein Atomkern mit ganzzahligem Spin in einen Atomkern mit halbzahligem Spin übergehen und umgekehrt. Nach (S 10.5) wird aber die Ganz- oder Halbzahligkeit des Kernspins eindeutig durch die Gerad- oder Ungeradzahligkeit der Massenzahl des Atomkerns festgelegt, die sich beim β^--Zerfall nicht verändert. Es scheint ein Verstoß gegen den Erhaltungssatz des Drehimpulses vorzuliegen.
c) Das emittierte Elektron und der Tochterkern müßten nach dem Impulserhaltungssatz unter einem Winkel von 180° auseinanderfliegen (vgl. Abb. 12.14). Dieser Winkel wird aber in Nebelkammeraufnahmen nur in Ausnahmefällen beobachtet. Es scheint also auch ein Verstoß gegen den Impulserhaltungssatz vorzuliegen.
d) Der Atomkern ist ausschließlich aus Nukleonen aufgebaut. Sowohl Elektronen als auch Positronen sind damit kernfremde Bausteine. Wieso können sie vom Kern emittiert werden, wenn er sie gar nicht enthält?

Zur Beseitigung dieser Widersprüche nahm Pauli 1931 die Existenz eines weiteren stabilen Elementarteilchens, des *Elektron-Neutrinos* ν_e an. Er postulierte, daß es beim β^--Zerfall gleichzeitig mit dem Elektron emittiert wird. Die in a) bis c) angeführten Gesetzmäßigkeiten werden dann sofort verständlich, wenn das Elektron-Neutrino folgende Eigenschaften besitzt:

Elektron-Neutrino

Eigenschaften des Elektron-Neutrinos

a) Die Ruhmasse $m_{0\nu_e}$ des Elektron-Neutrinos ist gegenüber der des Elektrons vernachlässigbar:

$$m_{0\nu_e} \ll m_{0e} \quad (\text{wahrscheinlich } m_{0\nu_e} = 0). \qquad (12.31\text{a})$$

b) Das Elektron-Neutrino besitzt keine elektrische Ladung:

$$q_{\nu_e} = 0. \qquad (12.31\text{b})$$

c) Das Elektron-Neutrino besitzt eine Spinkoordinate vom Wert

$$s_{z\nu_e} = \frac{\hbar}{2}. \qquad (12.31\,c)$$

d) Das Elektron-Neutrino besitzt kein magnetisches Moment.

beim β-Zerfall erfordern die Erhaltungssätze von Energie, Impuls und Drehimpuls die Entstehung von mehr als zwei Zerfallsprodukten

Wird gleichzeitig mit dem Elektron ein Elektron-Neutrino emittiert, so muß beim β^--Zerfall ein kontinuierliches Geschwindigkeitsspektrum auftreten, da die Energiedifferenz zwischen Mutter- und Tochterkern nicht auf das Elektron allein, sondern auf Elektron und Elektron-Neutrino übertragen wird. Der Maximalgeschwindigkeit des emittierten Elektrons entspricht der Fall, bei dem die kinetische Energie des Elektron-Neutrinos praktisch Null ist, der Geschwindigkeit $v_e = 0$ entspricht der Fall, bei dem die gesamte beim Zerfall freiwerdende Energie auf das Elektron-Neutrino übertragen wird. Da Elektron und Elektron-Neutrino gleichzeitig emittiert werden und beide Mikroobjekte mit dem Spin 1/2 sind, wird durch ihre Emission der Kernspin entweder um 1 (bei paralleler Einstellung von Elektronen- und Elektron-Neutrino-Spin) oder um 0 (bei antiparalleler Einstellung) verändert. Die Ganz- oder Halbzahligkeit des Kernspins bleibt also beim β^--Zerfall erhalten. Auch die Gesetzmäßigkeit c) wird sofort verständlich. Ruht der Kern vor dem Zerfall, dann müssen sich entsprechend dem Impulserhaltungssatz nach dem Zerfall nicht die Summe der Impulse von Tochterkern und emittiertem Elektron, sondern die Summe der Impulse von Tochterkern, Elektron und Elektron-Neutrino zu Null addieren (vgl. Abb. 12.14c). Unter einem Winkel von 180° fliegen der Tochterkern und das emittierte Elektron demnach nur in dem äußerst seltenen Fall auseinander, bei dem das Elektron-Neutrino den Kern mit praktisch vernachlässigbarem Impuls verläßt.

Elektron-Antineutrino

Spätere Überlegungen (vgl. Leptonenerhaltungssatz, Abschn. 15.4.1.2) zeigten, daß der β^--Zerfall nicht – wie von PAULI angenommen – mit der Emission eines Neutrinos, sondern mit der Emission seines Antiteilchens (vgl. Abschn. 15.3.1.2), dem *Elektron-Antineutrino* $\bar{\nu}_e$ verbunden ist. Der β^--Zerfall ist also durch

$${}^{M}_{Z}\mathrm{A} \rightarrow {}_{Z+1}^{\;\;M}\mathrm{B} + {}^{\;\,0}_{-1}\mathrm{e} + {}^{0}_{0}\bar{\nu}_e$$

zu beschreiben. Die Zerfallsgleichung (12.28a) muß vervollständigt werden zu

$${}^{3}_{1}\mathrm{H} \rightarrow {}^{3}_{2}\mathrm{He} + {}^{\;\,0}_{-1}\mathrm{e} + {}^{0}_{0}\bar{\nu}_e\,. \qquad (12.28)$$

Neutrinos zeigen eine äußerst geringe Wechselwirkung mit Materie

PAULI führte das Elektron-Neutrino hypothetisch ein. Er schloß auf seine Existenz aus den Gesetzen des β^--Zerfalles. Neutrinos zeigen eine äußerst geringe Wechselwirkung mit Atomen bzw. Elementarteilchen. Der Wirkungsquerschnitt für derartige Reaktionen liegt bei 10^{-19} b. Neutrinos durchdringen deshalb alle Stoffe praktisch ungehindert. Ihr direkter Nachweis erwies sich demzufolge als äußerst schwierig und gelang erst 1956 COWAN und REINES (vgl. Abschn. 12.2.6). 1962 wurde gefunden, daß das beim β^--Zerfall entstehende Elektron-Neutrino ν_e nicht mit dem beim Pionen-Zerfall entstehenden Müon-Neutrino ν_μ identisch sein kann. 1975 wurde mit der Entdeckung des Tauons die Existenz einer weiteren Neutrinoart, des Tauon-Neutrinos, postuliert.

Neutrinoruhmasse

PAULI nahm für die Neutrinomasse den Wert Null an. In den siebziger Jahren kamen Zweifel an dieser Aussage auf. Die intensiv zu ihrer Klärung durchgeführten Experimente gestatten bisher nur, obere Grenzen für eventuell existierende Ruhmassen der einzelnen Neutrinoarten anzugeben (Näheres zur Neutrinoproblematik s. Abschn. 15.3.1.7).

beim β^--Zerfall erfolgt im Atomkern die Umwandlung eines Neutrons in ein Proton

Wieso kann der Atomkern ein Elektron und ein Elektron-Neutrino emittieren, obwohl er ausschließlich aus Nukleonen aufgebaut ist, Elektronen und Elektronen-Neutrinos damit gar nicht enthält? Dieser scheinbare Widerspruch findet seine Erklärung darin, daß freie Neutronen keine stabilen Elementarteilchen sind, sondern entsprechend der Reaktion

$$^{1}_{0}\mathrm{n} \rightarrow {}^{1}_{1}\mathrm{H} + {}^{0}_{-1}\mathrm{e} + {}^{0}_{0}\bar{\nu}_e + 0{,}78\ \mathrm{MeV} \qquad (12.32)$$

in Protonen zerfallen. Man muß also annehmen, daß ein Kern mit zu großem Neutronenüberschuß gegenüber dem in Abbildung 10.4 gegebenen Bereich der stabilen Isotope versucht, diesen Überschuß durch Umwandlung von Neutronen in Protonen entsprechend (12.32) abzubauen. Die Reaktion (12.32) ist exotherm, ihre Einleitung bedarf damit keiner Energiezufuhr von außen. Der Mutterkern muß allerdings mindestens eine um 0,78 MeV größere Energie als der Tochterkern besitzen, damit die Umwandlung vonstatten gehen kann. Die Energie von 0,78 MeV ergibt sich aus dem der Differenz der Ruhmasse vom Neutron und vom Proton entsprechenden Energieäquivalent von 1,293 MeV nach Abzug von 511 keV für das zu bildende Elektron.

Bei der durch (12.32) beschriebenen Reaktion handelt es sich um die Umwandlung des Neutrons in drei andere Teilchen. Proton, Elektron und Antineutrino sind nicht Bestandteile des Neutrons, sondern bilden sich erst bei seinem Zerfall. Der β^--Zerfall ist keine Nukleon-Nukleon-Wechselwirkung, sondern er ist der *schwachen Wechselwirkung* zuzuordnen (Näheres s. Abschn. 15.2).

schwache Wechselwirkung

CARL DAVID ANDERSON (1905–1991) Nobelpreis 1936

12.2.5.2 β^+-Zerfall

Beim β^+-Zerfall zerfällt ein Atomkern mit Protonenüberschuß in einen stabileren unter Emission eines Positrons und eines Elektron-Neutrinos. Analog zum β^--Zerfall genügt der β^+-Zerfall der Reaktionsgleichung

$$^{M}_{Z}\mathrm{A} \rightarrow {}_{Z-1}^{\;\;M}\mathrm{B} + {}^{0}_{1}\mathrm{e} + {}^{0}_{0}\nu_e\,;$$

statt (12.29 a) ist also exakt

$$^{10}_{6}\mathrm{C} \rightarrow {}^{10}_{5}\mathrm{B} + {}^{0}_{1}\mathrm{e} + {}^{0}_{0}\nu_e \qquad (12.29)$$

zu schreiben.

Positron

Das *Positron* ist das Antiteilchen des Elektrons. Es wurde 1932 von ANDERSON entdeckt. Seine Existenz wurde schon 1928 von DIRAC aus der Dirac-Gleichung theoretisch vorausgesagt (vgl. Abschn. 5.3.6). Das Positron unterscheidet sich vom Elektron nur durch das Ladungsvorzeichen. Elektronen und Positronen können nicht gleichzeitig nebeneinander existieren. Sie zerstrahlen (meist) in zwei Photonen mit der Gesamtenergie $2m_{0e}c^2$. Da in unserer Welt Elektronen in der Überzahl vorhanden sind, findet ein z.B. durch einen β^+-Prozeß erzeugtes Positron stets ein Elektron als Partner, mit dem es innerhalb von 10^{-10} s zerstrahlt. Im Gegensatz zu den Elektronen treten also freie Positronen in unserer Welt nicht auf. Umgekehrt kann aus der Energie $2m_{0e}c^2$ ein *Positron-Elektron-Paar* erzeugt werden.

Zerstrahlung eines Elektron-Positron-Paares

Erzeugung eines Elektron-Positron-Paares

Durch β^+-Zerfall wandeln sich Atomkerne mit einem Protonenüberschuß in stabilere Kerne um. Beim β^+-Prozeß muß demnach im Kern eine Umwandlung eines Protons in ein Neutron entprechend der zu (12.32) inversen Reaktion

$$ {}^1_1\mathrm{H} \rightarrow {}^1_0\mathrm{n} + {}^0_1\mathrm{e} + {}^0_0\nu_\mathrm{e} + Q \qquad (12.33)$$

β^+-Zerfall ist eine endotherme Reaktion

erfolgen. Der Q-Wert dieser Reaktion ist negativ. Man erkennt dies schon daraus, daß die Ruhmasse des Neutrons größer als die des Protons ist, bei der Umwandlung eines Protons in ein Neutron gemäß dem Masse-Energie-Äquivalenzprinzip (II S 14.17) also Energie zugeführt werden muß. Zur Abschätzung dieser Energie beachten wir, daß man den Prozeß (12.33) schematisch auch so schreiben kann:

$$ {}^1_1\mathrm{H} - Q = {}^1_1\mathrm{H} + {}^{\;0}_{-1}\mathrm{e} + {}^0_1\mathrm{e} \rightarrow {}^1_0\mathrm{n} + {}^0_1\mathrm{e} + {}^0_0\nu_\mathrm{e}\,. $$

β^+-Zerfall erfordert eine Mindestenergie von 1,022 MeV

Der Q-Wert muß die Energie zur Erzeugung eines Elektron-Positron-Paares liefern, somit nach dem Masse-Energie-Äquivalenzprinzip $\Delta W = m_0 c^2$ also $Q = -\,2m_{0e}c^2 = -\,1{,}022$ MeV betragen. Der Mutterkern kann demzufolge seinen Protonenüberschuß nur dann durch β^+-Zerfall beseitigen, wenn seine Energie um mindestens 1,022 MeV größer ist als die des Tochterkerns. Ist dies nicht der Fall, so kann seine Umwandlung nur durch Elektroneneinfang erfolgen.

12.2.5.3 Elektroneneinfang

Elektroneneinfang

Beim *Elektroneneinfang* vermindert ein Atomkern seinen Protonenüberschuß nicht wie beim β^+-Zerfall durch Emission eines Positrons, sondern durch Einfang eines Hüllenelektrons bei gleichzeitiger Emission eines Elektron-Neutrinos und eines Photons mit einer Energie im Röntgenbereich:

$$ {}^M_Z\mathrm{A} + {}^{\;0}_{-1}\mathrm{e}\,(\text{Hülle}) \rightarrow {}^{\;\;M}_{Z-1}\mathrm{B} + {}^0_0\nu_\mathrm{e} + \gamma\,(\text{Hülle}). $$

Speziell ist also für (12.30a) exakt

$$ {}^7_4\mathrm{B} + {}^{\;0}_{-1}\mathrm{e} \rightarrow {}^7_3\mathrm{Li} + {}^0_0\nu_\mathrm{e} + \gamma\,(\text{Hülle}) \qquad (12.30)$$

zu schreiben. β^+-Zerfall und Elektroneneinfang führen zum gleichen Tochterkern, sind also nur zwei verschiedene Wege zum gleichen Ziel.

Beim Elektroneneinfang tritt ein Kernproton mit einem Hüllenelektron in Wechselwirkung und verwandelt sich unter Aussendung eines Elektron-Neutrinos in ein Neutron. Im Gegensatz zum β^+-Zerfall besitzt beim Elektroneneinfang das Geschwindigkeitsspektrum des Elektron-Neutrinos nur einen diskreten Wert, da bei diesem Kernprozeß ja nur ein freies Teilchen entsteht. Er ist aus der um die Bindungsenergie des Hüllenelektrons verminderten Zerfallsenergie des Kernes bestimmbar. Bisher war die Geschwindigkeit des Elektron-Neutrinos nicht direkt meßbar, sondern es konnte auf sie nur aus Rückstoßmessungen indirekt geschlossen werden, und dies auch nur mit geringer Genauigkeit.

K-Einfang
L-Einfang

Das eingefangene Elektron entstammt meist der K-Schale (*K-Einfang*), in Ausnahmefällen auch der L-Schale (*L-Einfang*) der Atomhülle. Die durch den Einfang entstehende Leerstelle wird von einem Elektron aus einer höheren Schale aufgefüllt. Das ist mit der Aussendung der entsprechenden charakteristischen Röntgen-Linie bzw. bei einem Kaskadenprozeß durch mehrere ihm zugeordnete Röntgenlinien verbunden.

Auger-Effekt
Auger-Elektron

Die Auffüllung der Leerstelle kann aber auch strahlungslos erfolgen, indem durch die dabei freiwerdende Energie durch einen „inneren Fotoeffekt“ ein Hüllenelektron aus einer energetisch höher gelegenen Schale abgespalten wird. Man nennt diese 1926 von AUGER entdeckte Erscheinung *Auger-Effekt*, das durch den Auger-Effekt abgespaltene Elektron *Auger-Elektron*. Durch die Emission der charakteristischen Röntgen-Linie bzw. des Auger-Elektrons kann der Elektroneneinfang in vielen Fällen indirekt nachgewiesen werden, denn das Neutrino ist ja infolge seiner außergewöhnlichen Eigenschaften mit den üblichen Methoden nicht zu registrieren.

Elektroneneinfang bedarf keiner Mindestenergie

Der β^+-Zerfall bedarf einer Mindestzerfallsenergie von 1,022 MeV. Instabile Kerne mit kleinerer Zerfallsenergie können demzufolge einen möglichen Protonenüberschuß nur durch Elektroneneinfang abbauen. Der Elektroneneinfang benötigt keine Schwellenenergie, weil hier ein Hüllenelektron zur Umwandlung eines Kernprotons in ein Neutron eingefangen wird, also nicht erst wie beim β^+-Zerfall ein Elektron-Positron-Paar für die Umwandlung geschaffen werden muß. Für Zerfallsenergien $>1{,}022$ MeV sind dagegen sowohl β^+-Zerfall als auch Elektroneneinfang möglich. Wann ist dann aber β^+-Zerfall, wann Elektroneneinfang zu erwarten? Die Wahrscheinlichkeit für den Elektroneneinfang nimmt mit wachsender Kernladungszahl Z stark zu, da das Coulomb-Potential mit Z^2 wächst. Die Kernladung nimmt proportional mit Z zu, der Abstand r zwischen einem Kernproton und einem Hüllenelektron wächst proportional mit Z^{-1} (vgl. (5.5a)). Damit ist, wie behauptet, $\varphi \sim q_1 q_2/r \sim Z^2$. Somit wandeln sich alle schweren instabilen Kerne mit Protonenüberschuß statt durch β^+-Zerfall bevorzugt durch Elektroneneinfang, alle leichten Kerne mit Zerfallsenergien $>1{,}022$ MeV dagegen durch β^+-Zerfall um. Für Kerne mittlerer Kernladungszahl hängt es entscheidend von der Größe der Zerfallsenergie $>1{,}022$ MeV ab, welche der beiden Möglichkeiten auf-

PIERRE AUGER
(1899 – 1993)

tritt. Es kann dann auch für beide Zerfallsprozesse eine fast gleiche Wahrscheinlichkeit vorliegen. Ein Beispiel hierfür ist der Zerfall des Kernes $^{48}_{23}\mathrm{V}$ in $^{48}_{22}\mathrm{Ti}$. Er kann sowohl durch β^+-Zerfall

$$^{48}_{23}\mathrm{V} \rightarrow {}^{48}_{22}\mathrm{Ti} + {}^{0}_{1}\mathrm{e} + \nu_\mathrm{e} \qquad (12.34\,\mathrm{a})$$

als auch durch Elektroneneinfang

$$^{48}_{23}\mathrm{V} + {}^{0}_{-1}\mathrm{e}\,(\text{Hülle}) \rightarrow {}^{48}_{22}\mathrm{Ti} + \gamma\,(\text{Hülle}) + \nu_\mathrm{e} \qquad (12.34\,\mathrm{b})$$

erfolgen.

Wir fassen zusammen:

(S 12.5)
β-Zerfall und Elektroneneinfang

Ein instabiler Kern $^{M}_{Z}\mathrm{A}$ mit Neutronenüberschuß wandelt sich im allgemeinen in einen Kern $_{Z+1}^{\;M}\mathrm{B}$ durch β^--Zerfall um:

$$^{M}_{Z}\mathrm{A} \rightarrow {}_{Z+1}^{\;M}\mathrm{B} + {}^{0}_{-1}\mathrm{e} + {}^{0}_{0}\bar{\nu}_\mathrm{e}\,.$$

Ein instabiler Kern $^{M}_{Z}\mathrm{A}$ mit Protonenüberschuß wandelt sich im allgemeinen in einen Kern $_{Z-1}^{\;M}\mathrm{B}$ entweder durch β^+-Zerfall:

$$^{M}_{Z}\mathrm{A} \rightarrow {}_{Z-1}^{\;M}\mathrm{B} + {}^{0}_{+1}\mathrm{e} + {}^{0}_{0}\nu_\mathrm{e}\,,$$

oder durch Elektroneneinfang:

$$^{M}_{Z}\mathrm{A} + {}^{0}_{-1}\mathrm{e}\,(\text{Hülle}) \rightarrow {}_{Z-1}^{\;M}\mathrm{B} + {}^{0}_{0}\nu_\mathrm{e} + \gamma\,(\text{Hülle}),$$

um.

β^+-Zerfall ist prinzipiell nur für Zerfallsenergien $>1{,}022$ MeV möglich. Für schwere Kerne ist auch für Zerfallsenergien $>1{,}022$ MeV die Umwandlung durch Elektroneneinfang bevorzugt.

Als Ausnahme zu (S 12.5) können die in Abschnitt 12.2.8 behandelte Neutronen- bzw. Protonenemission auftreten.

12.2.6 Zum Nachweis des Elektron-Neutrinos

PAULI führte hypothetisch das Elektron-Neutrino ein, um die als allgemein richtig erwiesenen Erhaltungssätze von Energie, Impuls und Drehimpuls beim β-Zerfall aufrechterhalten zu können. Man hätte auf die Einführung des Neutrinos verzichten können, damit aber für den β-Zerfall die genannten Erhaltungssätze außer Kraft setzen müssen. Wenn auch der erste Weg sinnvoller erscheint, so mußte seine Richtigkeit doch erst bestätigt werden. Das gelang COWAN und REINES im Jahre 1956 durch den experimentellen Nachweis des Neutrinos, der außerordentlich schwierig war, weil die Wechselwirkung von Neutrinos mit anderen Elementarteilchen äußerst gering ist. Man erkennt dies u.a. am vorstehend beschriebenen β-Zerfall, bei dem das Elektron-Neutrino in der Nebelkammer

CLYDE COWAN, geb. 1920

FRED REINES, geb. 1918

keinerlei Spur hinterläßt. Wollte man die Teilchenstromdichte eines Neutrinostrahles um die Hälfte schwächen, so müßte man hierzu eine Bleischicht von einigen Lichtjahren (!) Dicke verwenden.

Die Reaktionen (12.32) und (12.33) sind Möglichkeiten zur *Erzeugung* von Elektron-Antineutrinos bzw. -Neutrinos. COWAN und REINES benutzten zum Neutrinonachweis die nach den Erhaltungssätzen der Elementarteilchenphysik (vgl. Abschn. 15.4) zu erwartenden Umkehrreaktionen von (12.32) und (12.33):

$$^{0}_{0}\bar{\nu}_{\mathrm{e}} + {}^{1}_{1}\mathrm{H} \rightarrow {}^{1}_{0}\mathrm{n} + {}^{0}_{1}\mathrm{e}, \tag{12.35}$$

$$^{0}_{0}\nu_{\mathrm{e}} + {}^{1}_{0}\mathrm{n} \rightarrow {}^{1}_{1}\mathrm{H} + {}^{0}_{-1}\mathrm{e}. \tag{12.36}$$

Vernichtungsreaktionen für Elektron-Antineutrinos bzw. -Neutrinos

Diese beschreiben mögliche Reaktionen zur *Vernichtung* von Elektron-Antineutrinos bzw. -Neutrinos und werden daher auch als *inverser* β*-Effekt* bezeichnet.

inverser β-Effekt

Zum Nachweis der Reaktion (12.35) benötigt man wegen der äußerst geringen Wechselwirkung von Elektron-Antineutrino und Proton einen Antineutrinostrahl hoher Flußdichte und zugleich hoher Energie. Letzteres deswegen, weil die Massendifferenz $\Delta m_0 = 1{,}80\,\mathrm{MeV}/c^2$ zwischen Proton einerseits und Neutron und Elektron andererseits durch die kinetische Energie des Elektron-Antineutrinos kompensiert werden muß. Als derartig starke Antineutrinoquellen stehen Kernreaktoren mit hohem Neutronenfluß zur Verfügung. Die β^--Aktivität des Neutronenstrahles ist nach (12.32) ein Maß für die Anzahl der pro Zeit und Fläche erzeugten Antineutrinos. Die Antineutrinoflußdichte des verwendeten Reaktors konnte so zu $10^{13}\,\mathrm{cm}^2\mathrm{s}^{-1}$ abgeschätzt werden. Fällt ein solcher Antineutrinostrahl auf Wasser, so sind die Voraussetzungen für das Eintreten der Reaktion (12.35) geschaffen. Wenn eine derartige Reaktion vonstatten geht, müssen gleichzeitig ein Neutron und ein Positron auftreten. Gelingt also der Nachweis ihrer gleichzeitigen Entstehung, dann ist der Nachweis für die Existenz dieser Reaktion und damit auch für die Existenz des Elektron-Antineutrinos erbracht. Zum Nachweis des Neutrons wird im Wasser Cadmiumsalz gelöst. Die Neutronen werden von den Cadmiumkernen eingefangen und reagieren mit ihnen:

Experiment zum Nachweis des Elektron-Antineutrinos

$$^{113}_{48}\mathrm{Cd} + {}^{1}_{0}\mathrm{n} \rightarrow {}^{114}_{48}\mathrm{Cd} + \gamma. \tag{12.37}$$

Die so entstehenden γ-Quanten bekannter Energie können relativ einfach registriert werden und dienen zum Nachweis der erzeugten Neutronen. Das entstandene Positron zerstrahlt mit einem Elektron in zwei γ-Quanten von ebenfalls bekannter Energie:

$$^{0}_{-1}\mathrm{e} + {}^{0}_{1}\mathrm{e} \rightarrow 2\gamma. \tag{12.38}$$

Nach dem Impulserhaltungssatz fliegen beide γ-Quanten in entgegengesetzter Richtung auseinander. Zwischen dem Ablauf der Reaktionen (12.37) und (12.38) liegt eine gewisse Zeitdifferenz, da das hochenergetische Neutron zunächst durch Stöße abgebremst werden muß, bevor es entsprechend der Reaktion (12.37) von einem Cadmiumkern eingefangen

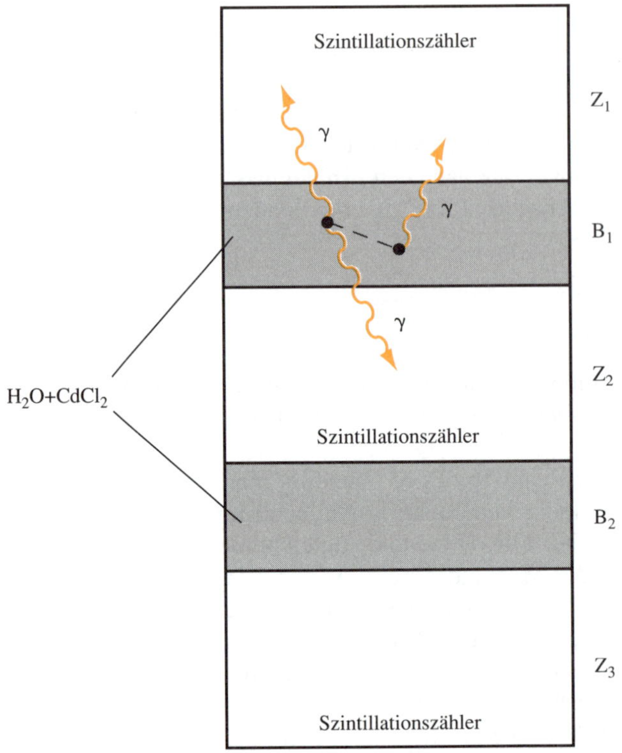

Abb. 12.15
Detektorenanordnung von COWAN zum Nachweis der Reaktionen (12.37) und (12.38)

werden kann. Diese Zeitdifferenz wurde zu 5 μs abgeschätzt. Die mit diesem bekannten Zeitunterschied entstehenden γ-Quanten müssen aus der natürlichen γ-Untergrundstrahlung (bedingt durch die kosmische Strahlung, die stets vorhandene Radioaktivität usw.) herausgefiltert werden. Da die γ-Untergrundstrahlung wesentlich intensiver als die des zu erwartenden Effektes ist, bedingt dies einen hohen elektronischen Aufwand.

Abbildung 12.15 zeigt schematisch die von COWAN verwendete Detektoranordnung. In den zwei Behältern B_1 und B_2 befindet sich zur Realisierung der Reaktion (12.35) als stark protonenhaltige Substanz Wasser. Zum Nachweis des Neutrons entsprechend (12.37) wird in ihm Cadmiumchlorid gelöst. Die beiden Wasserbecken sind von drei Flüssigkeitsszintillationszählern Z_1, Z_2, Z_3 umgeben. Ruft ein Elektron-Antineutrino z. B. im Behälter B_1 einen inversen β^--Effekt entsprechend der Reaktion (12.35) hervor, dann müssen als Folgeprodukte dieser Reaktion in den Zählern Z_1 und Z_2 gleichzeitig jeweils ein γ-Quant beobachtet werden (Nachweis der Reaktion (12.38)). 5 μs später muß dann entweder der Zähler Z_1 oder der Zähler Z_2 ein weiteres γ-Quant registrieren (Nachweis der verzögerten Reaktion (12.37)). Beim Auftreten eines inversen β^--Zerfalles im Becken B_2 sprechen in analoger Weise die Zähler Z_2 und Z_3

an. Derartige Koinzidenzen (ca. 36/h) konnten beobachtet werden, womit der Nachweis für die Existenz des Elektron-Neutrinos erbracht ist. Als Wirkungsquerschnitt des Neutrinos ergab sich aus diesem Experiment $\sigma = (1{,}1 \pm 0{,}3)\ 10^{-19}$ b. Das bedeutet, daß z. B. von mehreren Milliarden Neutrinos, die auf die Erde auffallen, nur eines von der Erdmaterie absorbiert wird, während die anderen ohne Wechselwirkung durch sie hindurchgehen.

Wirkungsquerschnitt von Neutrinos

1962 konnte man nachweisen, daß das Elektron-Neutrino und das Elektron-Antineutrino keine identischen Teilchen sind. Wären sie es, so müßte z. B. die Reaktion (12.36) auch durch Elektron-Antineutrinos ausgelöst werden können. Entsprechende Experimente zeigten jedoch, daß dies nicht geht. Gleichermaßen konnten 1962 LEDERMAN, STEINBERGER und SCHWARTZ zeigen, daß Müon-Neutrinos nur Müonen auszulösen vermögen, aber keine Elektronen oder Positronen. Müon- und Elektron-Neutrino sind also keine identischen Teilchen. Die zu diesem Nachweis verwendete Versuchsmethodik wird in Abschnitt 15.3.1.5 besprochen.

Experiment zur Unterscheidung zwischen Elektron-Neutrinos und -Antineutrinos

Daß zwischen Neutrino und Antineutrino zu unterscheiden ist, belegt indirekt auch der *doppelte* β^-*-Zerfall*, durch den gg-Nuklide durch gleichzeitige Emission von zwei Elektronen zerfallen können. Die Wahrscheinlichkeit für einen derartigen Prozeß ist im Vergleich zum gewöhnlichen β^--Zerfall äußerst gering, der Prozeß wird aber beobachtet. So zerfällt z. B. der Tellurkern $^{130}_{52}\text{Te}$ durch einen doppelten β^--Zerfall mit einer Halbwertszeit von 10^{21} Jahren:

doppelter β^--Zerfall

$$^{130}_{52}\text{Te} \rightarrow {}^{130}_{54}\text{Xe} + 2\,{}^{0}_{-1}\text{e} + 2\,{}^{0}_{0}\bar{\nu}_e . \qquad (12.39)$$

Wären Neutrino und Antineutrino identisch, dann wäre stattdessen auch eine Zerfallsreaktion der Art $^{130}_{52}\text{Te} \rightarrow {}^{130}_{54}\text{Xe} + 2\,{}^{0}_{-1}\text{e}$ denkbar. Zunächst träten entsprechend (S 12.5) durch β^--Zerfall ein Elektron und ein Elektron-Antineutrino auf. Das Elektron-Antineutrino könnte wegen seiner Identität mit dem Elektron-Neutrino (12.36) auslösen; der doppelte β^--Zerfall wäre ohne Neutrinoemission möglich. Theoretisch wird für letzteren Prozeß die Halbwertszeit 10^{14} a erwartet, für den Prozeß (12.39) dagegen 10^{21} a. Da für $^{130}_{52}\text{Te}$ experimentell eine Halbwertszeit von 10^{21} a bestimmt wird, muß also der Prozeß (12.39) vorliegen. Elektron-Neutrino und -Antineutrino können nicht identisch sein.

12.2.7 γ-Zerfall, Kernisomerie

Analog zu den Atomhüllen können auch angeregte Atomkerne durch Abstrahlung von Photonen in energetisch tiefer liegende Zustände übergehen. Das zeitliche Abklingen der γ-Strahlung erfolgt nach dem gleichen Exponentialgesetz (S 12.3) wie das Abklingen des α- und des β-Zerfalles. Man kann diesen Prozeß daher ebenso wie den α- und den β-Zerfall durch eine Halbwertszeit charakterisieren. Einen derartigen Prozeß nennt man *γ-Zerfall*. Diese Bezeichnung für den Übergang des angeregten Kernes in den Grundzustand ist auch aus folgendem Grund sinnvoll. Der angeregte

γ-Zerfall

Kern hat zwar die gleiche Neutronen- und die gleiche Protonenzahl wie der Kern im Grundzustand, unterscheidet sich aber von diesem in Eigenschaften wie Kernspin, Parität, elektrischem und magnetischem Moment usw. Der angeregte Kern besitzt also insgesamt wesentlich andere Eigenschaften als der Kern im Grundzustand, so daß man ihn als neue Kernart auffassen und seinen Übergang in den Grundzustand als Zerfall ansehen kann.

Da beim γ-Zerfall ein angeregter Atomkern unter Emission eines γ-Quantes in einen energetisch niedriger liegenden Energiezustand übergeht, läuft dieser Prozeß bei konstanter Nukleonen- und Protonenzahl ab. Es handelt sich also beim γ-Zerfall um einen isobaren und isotopen Vorgang, Ausgangskern und Folgekern sind gleichartige Nuklide.

(S 12.6) Gesetzmäßigkeiten des γ-Zerfalles

Durch γ-Zerfall geht ein angeregter Atomkern unter Emission eines γ-Quantes in einen energetisch tiefer liegenden Energiezustand über, wobei die Nukleonen- und die Protonenzahl unverändert bleiben:

$$^{M}_{Z}\mathrm{A}^{*} \rightarrow {}^{M}_{Z}\mathrm{A} + \gamma \,.$$

hochangeregte Atomkerne werden durch spontane oder erzwungene Kernreaktionen erzeugt

Atome lassen sich durch Energiezufuhr (z. B. durch Stöße) leicht in den angeregten Zustand überführen und damit zur Lichtemission bringen. Alle herkömmlichen Lichtquellen arbeiten nach diesem Prinzip. Ein analoges Verfahren kann beim Kern zur Erzielung einer gewünschten γ-Emission nicht angewandt werden, da hierbei immer zugleich ein gewisser Teil der Kerne durch erzwungene Kernumwandlungen zerstört, d.h. in eine andere Kernart überführt würde. Zur Erzeugung einer gewünschten γ-Emission werden daher zumeist spontane oder erzwungene Kernreaktionen genutzt, als deren Folgeprodukte angeregte Atomkerne entstehen, die dann unter γ-Emission in den Grundzustand übergehen. Falls die benutzte Kernumwandlung nicht zu isomeren Folgekernen führt, wird die γ-Strahlung praktisch gleichzeitig mit der Umwandlung emittiert, da die Lebensdauer eines angeregten Kernzustandes in der Regel bei etwa 10^{-15} s (vgl. Abschn. 12.1.6) liegt. Obwohl die γ-Strahlung nicht vom Ausgangskern, sondern vom angeregten Folgekern emittiert wird, benennt man sie doch zumeist nach dem Ausgangskern. So spricht man z. B. von einer ^{60}Co-γ-Strahlung, obwohl die γ-Emission von dem angeregten $^{60}_{28}\mathrm{Ni}^{*}$ stammt, das als Folge des β^{-}-Zerfalles des $^{60}_{27}$Co entsteht:

γ-Strahlung wird nach dem Ausgangsnuklid benannt

$$^{60}_{27}\mathrm{Co} \rightarrow {}^{60}_{28}\mathrm{Ni}^{*} + {}^{0}_{-1}\mathrm{e} + {}^{0}_{0}\bar{\nu}_{\mathrm{e}} \,.$$

Atomkerne können analog zur Atomhülle auch metastabile Anregungszustände besitzen. Man sagt in diesem Falle, der angeregte Kern sei ein *Isomer*. Isomere des Kernes $^{M}_{Z}$A werden durch einen zusätzlichen, der Nukleonenzahl M nachgestellten Index m gekennzeichnet: $^{Mm}_{Z}$A.

Isomer

Ist der Grundzustand eines Atomkernes gegenüber α- und β-Zerfall stabil, so ist es auch das zugehörige Isomer, da der Übergang des Kernes

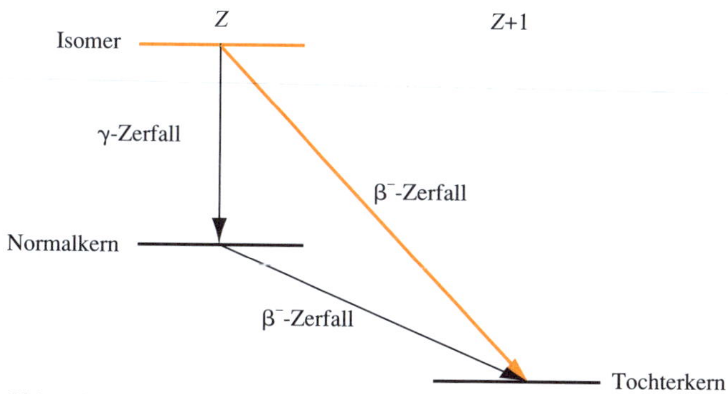

Abb. 12.16
Zum β^--Zerfall eines Atomkerns und seines Isomers

vom Grundzustand in den angeregten Energiezustand die Protonen- und die Neutronenzahl nicht verändert. Dann kann das Isomer seine Anregungsenergie ausschließlich durch γ-Strahlung abgeben, und die Halbwertszeit des γ-Zerfalles kann bis auf einige Jahre anwachsen.

Die Existenz der Kernisomerie folgt daraus, daß der Übergang des Kernes aus dem isomeren Zustand in einen energetisch tiefer liegenden mit einer Veränderung des Kernspins um $|\Delta I| \geqq 2$ verbunden ist. Übergänge mit $|\Delta I| \geqq 2$ entsprechen aber Multipolübergängen ($|\Delta I| = 2$ Quadrupolübergängen, $|\Delta I| = 3$ Oktupolübergängen usw.), die im Vergleich zu Dipolübergängen ($|\Delta I| = 1$) eine größere Umordnung des Kernes erfordern und deshalb gegenüber Dipolübergängen um Größenordnungen geringere Übergangswahrscheinlichkeiten besitzen. Isomere findet man am häufigsten bei Kernen mit knapp unter den magischen Zahlen liegenden Nukleonenzahlen (vgl. Abschn. 13.2).

Isomere können beim β^--Zerfall zwei verschiedene Halbwertszeiten aufweisen

Ist der Grundzustand des betrachteten Kernes instabil gegenüber β^--Zerfall, dann ist es auch das zugehörige Isomer, allerdings mit einer im allgemeinen anderen Halbwertszeit (s. Abb. 12.16). Das erklärt sich daraus, daß das Isomer die gleiche Protonen- und die gleiche Neutronenanzahl wie der Atomkern im Grundzustand besitzt. Außerdem kann das Isomer ${}^{Mm}_{Z}A$ aber auch durch γ-Zerfall in den Normalkern ${}^{M}_{Z}A$ übergehen. Man kann dann also den β^--Zerfall eines Isotopes mit zwei Halbwertszeiten bei gleichzeitiger γ Emission beobachten. Vielfach sind jedoch die Übergangswahrscheinlichkeiten so unterschiedlich, daß entweder nur ein β^--Zerfall mit zwei unterschiedlichen Halbwertszeiten oder ein β^--Zerfall mit überlagertem γ-Zerfall zu beobachten ist. Der β^--Zerfall mit zwei unterschiedlichen Halbwertszeiten führt in dem in Abbildung 12.12 wiedergegebenen Sargent-Diagramm zu den beiden unterschiedlichen Geraden.

12.2.7.1 Mößbauer-Effekt

Ein von einem Atom emittiertes Photon kann von der Atomhülle eines gleichartigen Atoms wieder absorbiert werden (Resonanzabsorption, vgl. Abschn. 4.3.1.1). Man sollte nun annehmen, daß gleiches auch für die γ-Emission des Kernes gilt, denn beide Fälle sind bis auf den unterschiedlichen Spektralbereich der emittierten Photonen physikalisch gleichwertig. Im Gegensatz zu der Resonanzabsorption der Atomhülle wird aber die *Kernresonanzabsorption* im allgemeinen nicht beobachtet. Der Grund hierfür ist, daß sowohl bei der Emission des Photons als auch bei seiner Absorption immer ein nicht zu vernachlässigender Impuls auf den Atomkern übertragen wird. Ruht der Kern vor der Emission, dann erfordert der Impulserhaltungssatz, daß nach der Emission des Photons die Summe der Impulse von Kern und Photon ebenfalls Null ist. Kern und Photon fliegen deshalb mit einem Impuls vom gleichen Betrag, aber mit entgegengesetzter Richtung auseinander. Bei der Emission und ebenso bei der Absorption eines Photons der Energie $h\nu$ wird auf das Atom bzw. den Kern eine Rückstoßenergie W_R übertragen. Mit $W_R = m_{0k}\upsilon^2/2$, $p = m_{0k}\upsilon$ und dem Photonenimpuls $p_{ph} = h\nu/c$ ergibt sie sich zu

Kernresonazabsorption

Rückstoßverluste des Photons verhindern die Beobachtung der Kernresonanzabsorption

$$W_R = \frac{p_{ph}^2}{2m_{0k}} = \frac{h^2\nu^2}{2m_{0k}c^2} \,. \tag{12.40}$$

Wird also von einem Atom bzw. einem Atomkern ein Photon der Energie $h\nu$ emittiert und sogleich von einem Atom bzw. einem Kern gleicher Art wieder absorbiert, dann wird bei diesem Vorgang auf die beiden Atome bzw. Kerne insgesamt die Energie $2W_R = h^2\nu^2/m_{0k}c^2$ übertragen, d.h., das Photon erleidet nach dem Energieerhaltungssatz einen Energieverlust von $2W_R$. Resonanzabsorption kann demzufolge nur dann zustandekommen, wenn als Folge der von Null verschiedenen Linienbreite der betrachtete Übergang statt mit der Energie $h\nu$ bereits mit der Energie $h\nu - 2W_R$ ablaufen kann. Die optischen Übergänge der Atome liegen maximal im ultravioletten Spektralbereich. Die Rückstoßenergie W_R ist deshalb immer sehr klein gegenüber der Linienbreite, die Resonanzfluoreszenz ist möglich. Ganz anders liegen dagegen die Verhältnisse beim Atomkern. Statt bei einigen Elektronenvolt liegen die energetischen Übergänge zwischen den Kernniveaus im MeV-Bereich. Da W_R von der Photonenenergie quadratisch abhängig ist, übersteigt die Rückstoßenergie des Kernes die des Atoms bei optischen Übergängen um etwa 12 Größenordnungen und liegt nach (12.40) bei etwa 1 bis 10 MeV, während die Linienbreite für diese Energien ca. 1 eV und weniger beträgt (vgl. Abschn. 12.1.6). Kernresonanzabsorption tritt also wegen der hohen Rückstoßverluste des Photons nicht auf.

Die auf den emittierenden und den absorbierenden Kern übertragene Rückstoßenergie ist die Ursache für das Fehlen der Kernresonanzabsorption. Will man diese dennoch erreichen, so muß man entweder die Rückstoßenergie kompensieren bzw. sie durch einen Kunstgriff ausschalten. Den ersten Weg ging MOON, den zweiten MÖSSBAUER.

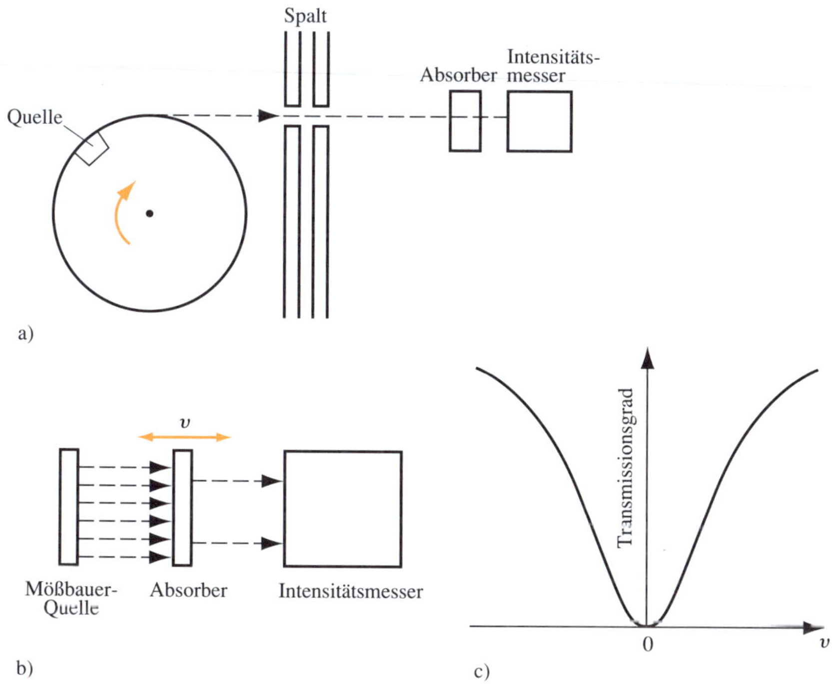

Abb. 12.17
Zur Kernresonanzabsorption
a) Versuchsanordnung von MOON (schematisch)
b) Versuchsanordnung von MÖSSBAUER (schematisch)
c) Transmissionsgrad des Absorbers in Abhängigkeit von seiner Relativgeschwindigkeit zur Quelle

Zur Kompensation des Energieverlustes setzte MOON die γ-Quelle auf eine Ultrazentrifuge und erteilte dadurch den emittierten Photonen einen zusätzlichen Impuls in Richtung Absorber (s. Abb. 12.17). Durch entsprechende Wahl der Winkelgeschwindigkeit konnte er den Energieverlust des Photons von $2\,W_R$ kompensieren und so 1951 erstmalig die Kernresonanzabsorption nachweisen.

Kompensation der Energieverluste durch Bewegung der Quelle

MÖSSBAUER versuchte, die rückstoßfreie Emission und Absorption des Photons zu erreichen, indem er sowohl die emittierenden als auch die absorbierenden Atomkerne in einen Festkörper einbettete. Der Rückstoßimpuls wird dann nicht mehr auf den einzelnen Atomkern, sondern auf den Festkörper als Ganzes übertragen. In (12.40) muß dann statt der Kernmasse die um viele Größenordnungen größere Festkörpermasse eingesetzt werden. Damit wird die Rückstoßenergie praktisch Null. Voraussetzung hierfür ist allerdings, daß die in den Festkörper eingebauten radioaktiven Atomkerne wirklich rückstoßfrei strahlen und absorbieren, d.h., daß die Emission und Absorption der γ-Quanten also ohne Energieaustausch mit dem Festkörper erfolgt. Dies ist um so besser gewährleistet, je kleiner die Kristalltemperatur gegenüber der Debye-Temperatur (vgl. Bd. IV) gewählt wird. Weiter wird das Auftreten des Effektes um so

Unterdrückung der Rückstoßverluste durch Einbau der Atomkerne in einen Festkörper

wahrscheinlicher, je kleiner die Photonenenergie ist. Damit sind Stoffe mit einer großen Debye-Temperatur und mit möglichst kleinen Übergangsenergien für die Untersuchung der Kernresonanzabsorption besonders günstig. Für das Experiment benutzt man einen Absorber, der dasselbe Nuklid wie die Quelle enthält. Gemessen wird der durch den Absorber hindurchgehende Strahlungsanteil, d.h. der Transmissionsgrad. Mit einer derartigen Versuchsmethodik konnte MÖSSBAUER 1958 durch Abkühlung der Festkörper unter die Debye-Temperatur die rückstoßfreie Kernresonanzabsorption realisieren. Man bezeichnet diese Nachweisvariante der rückstoßfreien Kernresonanzabsorption deshalb als *Mößbauer-Effekt*.

Mößbauer-Effekt

Bestimmung relativer Energien mittels Mößbauer-Effekt

Der Mößbauer-Effekt ist für die physikalische Meßtechnik von großer Bedeutung, denn er gestattet die Bestimmung von extrem kleinen relativen Energien, deren Messung vor seiner Entdeckung für praktisch unmöglich gehalten wurde. Ausgenutzt wird hierzu die Frequenz- und damit die Energieänderung des Photons durch den optischen Doppler-Effekt. Bewegen sich die Quelle und der Absorber (vgl. Abb. 12.17b) mit der Geschwindigkeit v aufeinander zu ($+\,v$) bzw. voneinander weg ($-\,v$), dann beobachtet man statt der Frequenz ν_0 für $v = 0$ die Frequenz ν' (vgl. den longitudinalen optischen Doppler-Effekt (II 14.14)):

$$\nu' = \nu_0 \frac{1 \pm \frac{v}{c}}{\sqrt{1 - \frac{v^2}{c^2}}} \approx \nu_0 \left(1 \pm \frac{v}{c}\right). \tag{12.41}$$

RUDOLF MÖSSBAUER, geb. 1929
Nobelpreis 1961

Das Photon fällt demzufolge auf den Absorber nicht mehr mit der Energie $h\nu_0$, sondern mit der Energie $h\nu'$. Je größer v ist, um so größer wird diese Differenz. Anders ausgedrückt: Mit wachsendem v nimmt die Wahrscheinlichkeit für das Eintreten der Kernresonanzabsorption ab. Mißt man den Transmissionsgrad in Abhängigkeit von v, so erhält man den in Abbildung 12.17c dargestellten Verlauf. Die Linienbreite der Transmissionskurve beträgt 2Γ, da der Doppler-Effekt im wesentlichen eine relative Verschiebung einer Emissionslinie der Breite Γ gegenüber einer Absorptionslinie mit gleicher Breite bedingt. Wegen der großen Schärfe der benutzten Linien sind die benötigten Geschwindigkeiten äußerst klein. So entspricht z.B. der Linienbreite Γ der vielfach in der Mößbauer-Spektroskopie benutzten Resonanzlinie W_γ = 14,4 keV von ${}^{57m}_{25}\mathrm{Fe}$ eine Relativgeschwindigkeit v zwischen Quelle und Absorber von nur 0,1 mm/s. Somit sind auf diese Weise nach (12.41) ohne Schwierigkeiten noch relative Geschwindigkeiten von $v/c = 3{,}3 \cdot 10^{-13}$ und damit relative Energien gleicher Größenordnung meßbar.

Mößbauer-Spektroskopie

Die Messung der Resonanzabsorption monochromatischer γ-Strahlen in Abhängigkeit von der Frequenz wird als *Mößbauer-Spektroskopie* bezeichnet. Wie vorstehend dargelegt, wird die Frequenzverschiebung durch Variation der Emitterfrequenz mittels Doppler-Effekt erreicht. Hierzu werden Quelle und Absorber relativ zueinander mit Geschwindigkeiten bis zu etwa 10 cm/s bewegt. Die Aufnahme des Spektrums erfolgt durch Messung des Transmissionsgrades des Absorbers in Abhängigkeit von der Relativgeschwindigkeit. Die Mößbauer-Spektroskopie findet heute mannigfaltige Anwendung in der physikalischen Meßtechnik. So liefert sie z.B. wichtige Daten der Kern- und Festkörperphysik. Zwei Beispiele seien hierfür genannt:

magnetische Hyperfeinstruktur

- Messung der *magnetischen Hyperfeinstruktur*. Die Aufspaltung der Atomkernniveaus in magnetischen Feldern liefert Aufschlüsse über die inneren Felder in Ferromagnetika sowie von magnetischen Kristallstrukturen (s. Bd. IV).

elektrische Quadrupolaufspaltung

- Messung der *elektrischen Quadrupolaufspaltung*. Hierunter versteht man eine zusätzliche Energieniveauaufspaltung im inhomogenen elektrischen Feld. Diese ist sowohl der Inhomogenität des elektrischen Feldes am Ort des Kernes als auch dem elektrischen Quadrupolmoment des Kernes porportional. Damit können durch Messung der elektrischen Quadrupolaufspaltung sowohl Kernquadrupolmomente als auch Kristallfeldparameter und -symmetrien bestimmt werden.

Nachweis der Gravitationsrotverschiebung im irdischen Labor

Weiter erlaubt die Mößbauer-Spektroskopie die Bestimmung von Molekülstrukturen, von Gitterschwingungsspektren und Debye-Temperaturen. Wohl einer der spektakulärsten Erfolge der Mößbauer-Spektroskopie war die Bestätigung der Gravitationsrotverschiebung im irdischen Labor durch POUND und REBKA im Jahre 1960. Sie ordneten eine $^{57m}_{26}$Fe-γ-Quelle und einen Absorber mit dem gleichen Nuklid in einem Abstand von 22,6 m in vertikaler Richtung in einem Turm der Harvard-Universität an. Die verschiedene Stärke des Gravitationsfeldes der Erde an den Orten von Quelle und von Absorber bedingen eine gegenseitige Verschiebung der Emissions- und der Absorptionslinie. Bei etwa der Hälfte der Versuche befand sich die Quelle am oberen, bei den anderen Versuchen am unteren Ende der Versuchsstrecke. Da sich die γ-Strahlung damit entweder in Richtung oder entgegen der Richtung der Gravitationskraft ausbreitete, konnte durch Addition der auf diese Weise erhaltenen Linienverschiebungen eine effektive Verdoppelung der Meßstrecke erreicht werden. Nach Abschnitt II 14.3.2.3 läßt die Gravitationsrotverschiebung eine relative Frequenzänderung $\Delta\nu/\nu \approx 2{,}5 \cdot 10^{-15}$ erwarten. Obwohl der zu erwartende Effekt nur etwa 1/100 der Linienbreite der Resonanzlinie des $^{57m}_{26}$Fe beträgt, konnte diese Verschiebung durch eine geringe Bewegung der Quelle ($\upsilon \approx 1{,}5 \cdot 10^{-4}\,\mathrm{cm\,s^{-1}}$) nachgewiesen werden. Das Experiment bestätigte den theoretisch erwarteten Wert. Es erforderte höchste Präzision. Schon ein Temperaturunterschied von 1 grd zwischen Quelle und Absorber würde zu einer Frequenzänderung in der Größenordnung des nachzuweisenden Effektes führen.

12.2.8 Neutronen- und Protonenemission

Neutronen- und Protonenemission sind die Ausnahme

Unter bestimmten Umständen können Atomkerne mit Neutronenüberschuß unter Neutronenemission, Kerne mit Protonenüberschuß unter Protonenemission zerfallen. Diese Zerfallsmöglichkeiten bilden jedoch nicht die Regel für den Zerfall von Atomkernen mit Neutronen- bzw. Protonenüberschuß, sondern die Ausnahme.

Die Emission eines Neutrons setzt eine Energie des Mutterkernes voraus, die größer ist als die von Tochterkern und Neutron zusammen. Bei der β^--Emission wird dagegen Energie frei (vgl. Abschn. 12.2.5.1), sie ist also damit energetisch bevorzugt. Trotzdem wird in Ausnahmefällen die Neutronenemission aus hochenergetischen Atomkernen beobachtet. So kann durch eine vorangegangene β^--Emission ein instabiler Atomkern zunächst in einen hochangeregten Folgekern übergehen, der seinerseits durch Neutronenemission in einen stabilen Tochterkern zerfällt. Wir geben hierzu drei Beispiele an:

$$\begin{aligned} &{}^{17}_{7}\mathrm{N} \rightarrow {}^{17}_{8}\mathrm{O}^* + {}^{0}_{-1}\mathrm{e} + {}^{0}_{0}\bar{\nu}_e; && {}^{17}_{8}\mathrm{O}^* \rightarrow {}^{16}_{8}\mathrm{O} + {}^{1}_{0}\mathrm{n} \\ &{}^{87}_{35}\mathrm{Br} \rightarrow {}^{87}_{36}\mathrm{Kr}^* + {}^{0}_{-1}\mathrm{e} + {}^{0}_{0}\bar{\nu}_e; && {}^{87}_{36}\mathrm{Kr}^* \rightarrow {}^{86}_{36}\mathrm{Kr} + {}^{1}_{0}\mathrm{n} \\ &{}^{137}_{53}\mathrm{I} \rightarrow {}^{137}_{54}\mathrm{Xe}^* + {}^{0}_{-1}\mathrm{e} + {}^{0}_{0}\bar{\nu}_e; && {}^{137}_{54}\mathrm{Xe}^* \rightarrow {}^{136}_{54}\mathrm{Xe} + {}^{1}_{0}\mathrm{n}\,. \end{aligned} \tag{12.42}$$

Die Begründung für das Auftreten dieser Zerfallsprozesse wird in Abschnitt 13.2 gegeben.

Da der hochangeregte Atomkern das Neutron praktisch momentan emittiert, ist die Halbwertszeit für das Abklingen der Neutronenstrahlung durch die Halbwertszeit des vorausgegangenen β^--Zerfalles gegeben.

verzögerte Neutronen

Man spricht daher von *verzögerter Neutronenemission*. Verzögerte Neutronen treten z.B. bei der Uranspaltung auf, weil die dabei erzeugten hochangeregten Spaltprodukte z.T. auch durch Neutronenemission zerfallen.

1970 wurde erstmalig ein Prozeß gefunden, bei dem ein Isomer unter Protonenemission zerfällt:

$$^{53m}_{27}\mathrm{Co} \rightarrow {}^{52}_{26}\mathrm{Fe} + {}^{1}_{1}\mathrm{H} + 1{,}58\,\mathrm{MeV}\,. \tag{12.43}$$

Das Isomer $^{53m}_{27}\mathrm{Co}$ kann u.a. durch den Prozeß $^{54}_{26}\mathrm{Fe}(\mathrm{p},2\mathrm{n})^{53m}_{27}\mathrm{Co}$ gewonnen werden.

12.3 Kernspaltung

Kernspaltung

Als *Kernspaltung* bezeichnet man einen Prozeß, bei dem ein Atomkern in meist zwei Teilkerne zerfällt. Die Kernspaltung kann spontan, d.h. ohne äußere Einflußnahme erfolgen, aber auch erzwungen werden. Im ersten

spontane Kernspaltung

induzierte Kernspaltung

Fall spricht man von *spontaner Kernspaltung*, im zweiten Fall von *induzierter Kernspaltung*. Der Kernspaltungsprozeß läßt sich u.a. aus dem Tröpfchenmodell des Kernes begründen (vgl. Abschn. 13.1.1).

12.3.1 Induzierte Kernspaltung

Die bisher betrachteten Kernumwandlungen sind mit der Emission von γ-Quanten, Elektronen, Positronen oder einzelnen Kernteilchen, wie z. B. Nukleonen oder α-Teilchen, verbunden. Es kann auch bei genügend hoher Energie des Inzidenzteilchens eine so starke Anregung des Atomkernes erfolgen, daß er in seine Nukleonen zerplatzt. Einen derartigen Vorgang bezeichnet man als *Spallation* des Atomkernes. Im Jahre 1938 fanden Hahn und Strassmann, daß beim Beschuß von $^{235}_{92}$U mit langsamen Neutronen nicht – wie sie erhofften – Transurane entstehen, sondern der gebildete Zwischenkern $^{236}_{92}$U in zwei Teilkerne zerfällt. Man nennt diesen Vorgang *neutroneninduzierte Kernspaltung* des $^{235}_{92}$U. Bei jeder Spaltung eines $^{235}_{92}$U-Kernes wird ein Energiebetrag von etwa 200 MeV frei. Dieser Energiebetrag wurde kurz nach der Entdeckung der Kernspaltung von Meitner und Frisch theoretisch vorausgesagt. Die bei der Kernspaltung freiwerdende Energie wird als *Kernenergie* bezeichnet. Im Vergleich zur Verbrennung von 1 kg Steinkohle wird bei der Spaltung von 1 kg Uran-235 eine $2{,}5 \cdot 10^6$-fache Energie freigesetzt. Weiter entstehen im Mittel pro Spaltung 2,43 Neutronen, wodurch eine Kettenreaktion in Gang kommen kann (vgl. Abschn. 14.1.1).

Spallation

neutroneninduzierte Kernspaltung

Die Spaltung des $^{235}_{92}$U erfolgt mit größter Wahrscheinlichkeit in zwei Spaltfragmente mit einem Massenverhältnis von etwa 2:3, z. B. in der Weise

$$^{235}_{92}\mathrm{U} + \mathrm{n} \rightarrow {}^{236}_{92}\mathrm{U}^* \rightarrow {}_{36}\mathrm{Kr} + {}_{56}\mathrm{Ba} + \overline{2{,}43}\,\mathrm{n} + 200\,\mathrm{MeV}. \quad (12.44)$$

mögliche Spaltreaktion

$\overline{2{,}43}$ bedeutet einen Mittelwert für die bei einer großen Anzahl von Spaltprozessen freigesetzten Neutronen. Für jede einzelne Reaktion ist dieser Koeffizient natürlich ganzzahlig. Es treten aber auch andere Massenverhältnisse auf, wenn auch mit geringerer Wahrscheinlichkeit. $^{235}_{92}$U kann auf mehr als 30 verschiedene Arten gespalten werden, die Nukleonenzahlen der Spaltfragmente liegen etwa zwischen 75 und 160. Bisher sind etwa 300 Isotope bekannt, die als Spaltprodukte auftreten können. Die Spaltfragmente sind meist 20-fach und mehr ionisiert. Sie unterliegen daher einer starken Ionisationsbremsung. Mit abnehmender Geschwindigkeit nimmt der Ionisationsgrad und damit auch die Bremsung rasch ab. Abbildung 12.18 zeigt die prozentuale Verteilung der Spaltprodukte in Abhängigkeit von deren Nukleonenzahl. Mit größter Wahrscheinlichkeit erfolgt die Spaltung in zwei Kerne mit den Massenzahlen $M = 140$ und $M = 95$. Ein ausgeprägtes Minimum findet man dagegen zwischen $M = 112$ und $M = 125$, d. h. in Nähe der Spaltung in zwei Kerne mit etwa gleicher Nukleonenzahl. Die Spaltung in zwei Kerne mit dem Massenverhältnis 2:3 ist also viel wahrscheinlicher als die in zwei gleichgroße Bruchstücke. $^{236}_{92}$U besitzt einen Neutronenüberschuß von 52 Neutronen, Kerne mit mittleren Massenzahlen dagegen einen weitaus kleineren. Nehmen wir z. B. die Spaltung in die am häufigsten auftretenden stabilen Endprodukte $^{95}_{42}$Mo ($N - Z = 11$) und $^{139}_{57}$La ($N - Z = 25$) an, dann steht dem Neutronenüberschuß von 52 des ge-

Otto Hahn (1878–1968) Nobelpreis 1944

Fritz Strassmann
(1902 – 1980)

Otto Frisch
(1904 – 1979)

Lise Meitner
(1878 – 1968)

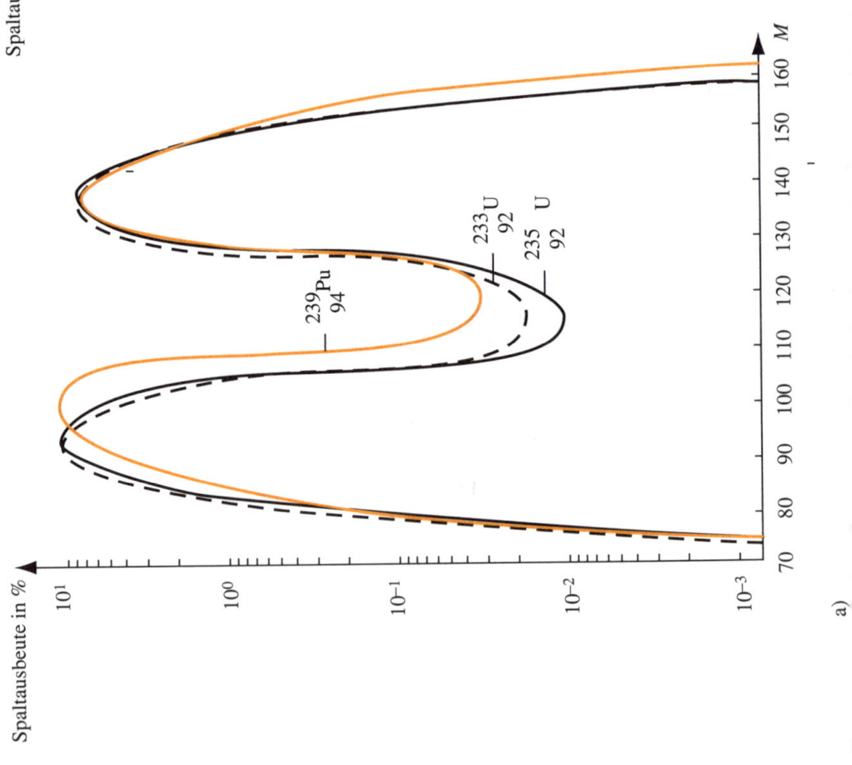

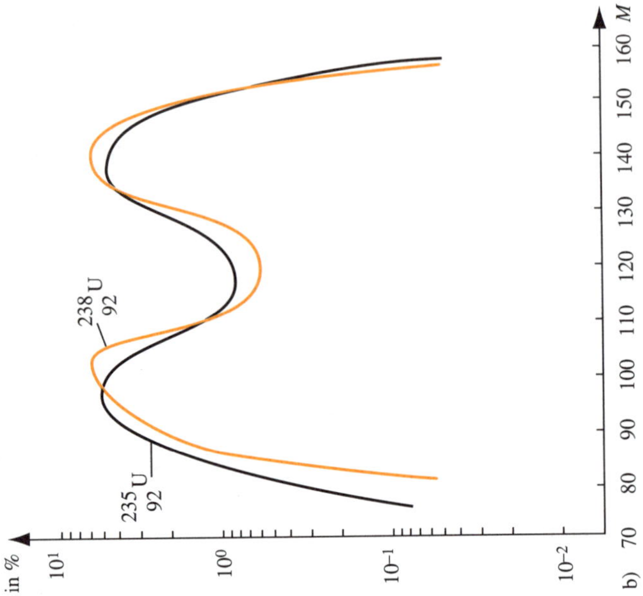

Abb. 12.18
Spaltausbeute bei der induzierten Kernspaltung
a) für thermische Neutronen
b) für Neutronen der Energie 14 MeV

spaltenen Urans ein Neutronenüberschuß der stabilen Endprodukte von 36 gegenüber. Deshalb entstehen pro Kernspaltung zwei oder drei freie Neutronen, die innerhalb von etwa 10^{-13} s nach dem Spaltprozeß freigesetzt werden. Man nennt sie die *prompten Neutronen*. Die als Spaltprodukte entstehenden Atomkerne sind im allgemeinen hochangeregt und haben einen beträchtlichen Neutronenüberschuß. Sie gehen durch

prompte Neutronen

- γ-Emission,
- β^--Zerfall und
- Neutronenemission

schrittweise in stabile Kerne über. Dabei können auch nach β^--Zerfällen Restkerne mit so hoher Anregungsstufe vorkommen, daß Neutronenemission möglich wird. Die so entstehenden Neutronen treten um Sekunden bis Minuten verzögert auf, denn der Zeitpunkt ihrer Emission wird durch die Halbwertszeit des vorausgegangenen β^--Zerfalles bestimmt. Der Anteil dieser *verzögerten Neutronen* beträgt an der gesamten Neutronenemission etwa 0,65 %. Er ist für die Steuerung von Kernspaltungsreaktoren von fundamentaler Bedeutung.

verzögerte Neutronen

Im Mittel vollzieht jeder Teilkern etwa drei β^--Umwandlungen. Die Halbwertszeiten streuen in weiten Grenzen. Die Umwandlungen zweier langlebiger Nuklide seien erwähnt:

mögliche β^--Umwandlungen bei Kernspaltung

$$\begin{aligned} {}^{90}_{38}\mathrm{Sr} &\xrightarrow[T_{1/2}=28\,\mathrm{a}]{} {}^{90}_{39}\mathrm{Y} + {}^{\;0}_{-1}\mathrm{e} + {}^{0}_{0}\bar{\nu}_\mathrm{e} + 0{,}54\,\mathrm{MeV}\,; \\ {}^{90}_{39}\mathrm{Y} &\xrightarrow[T_{1/2}=64\,\mathrm{h}]{} {}^{90}_{40}\mathrm{Zr} + {}^{\;0}_{-1}\mathrm{e} + {}^{0}_{0}\bar{\nu}_\mathrm{e} + 2{,}27\,\mathrm{MeV}\,, \end{aligned} \qquad (12.45\,\mathrm{a})$$

$$\begin{aligned} & \nearrow \; {}^{137}_{\;56}\mathrm{Ba} + {}^{\;0}_{-1}\mathrm{e} + {}^{0}_{0}\bar{\nu}_\mathrm{e} + 1{,}18\,\mathrm{MeV} \quad (T_{1/2} = 30\,\mathrm{a}) \\ {}^{137}_{\;55}\mathrm{Cs} & \\ & \searrow \; {}^{137m}_{\;\;56}\mathrm{Ba} + {}^{\;0}_{-1}\mathrm{e} + {}^{0}_{0}\bar{\nu}_\mathrm{e} + 0{,}52\,\mathrm{MeV} \quad (T_{1/2} = 30\,\mathrm{a})\,; \\ & {}^{137m}_{\;\;56}\mathrm{Ba} \xrightarrow[T_{1/2}=2{,}6\,\mathrm{min}]{} {}^{137}_{\;56}\mathrm{Ba} + \gamma\,(0{,}62\,\mathrm{MeV})\,. \end{aligned} \qquad (12.45\,\mathrm{b})$$

${}^{90}_{38}\mathrm{Sr}$ findet als praktisch γ-strahlungsfreie β^--Quelle Anwendung. ${}^{137}_{\;55}\mathrm{Cs}$ kann als monochromatische γ-Strahlungsquelle mit einer Energie von 0,62 MeV genutzt werden, denn der Zerfallsweg über das isomere Ba-Nuklid tritt mit 82 % ausreichend häufig auf.

Für Atomkerne mit einer Kernladungszahl nahe der des Urans wird die freigesetzte Energie zu etwa 200 MeV pro Spaltung abgeschätzt, u. a. nach folgenden Methoden:

Abschätzung der freigesetzten Kernspaltungsenergie

- Die freiwerdende Kernspaltungsenergie ist der elektrostatischen Abstoßungsenergie $W_\mathrm{p} = q_1 \cdot q_2/4\pi\varepsilon_0 r$ der Bruchstücke äquivalent. Nimmt man z. B. an, daß die unmittelbare Spaltung in je ein hochangeregtes instabiles Strontium- und Xenonisotop erfolgt, so hat man in W_p für die Kernladungen $q_1 = 38e$ und $q_2 = 54e$ einzusetzen. r ist ihr

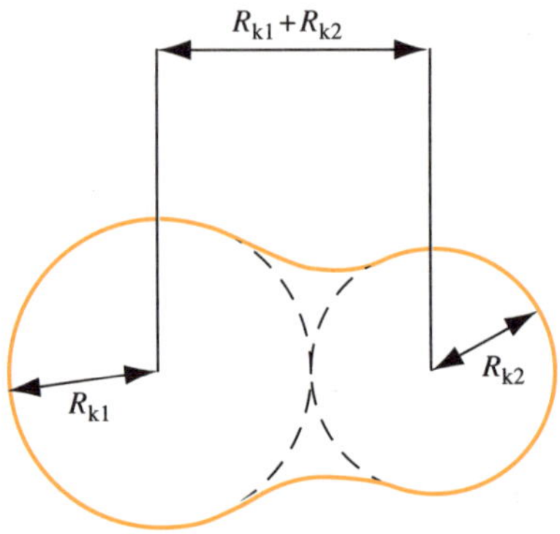

Abb. 12.19
Zur Abschätzung der bei einer Kernspaltung freiwerdenden Kernenergie

Abstand unmittelbar nach der Spaltung, d.h. $r = R_{k1} + R_{k2}$, wenn man die Spaltkerne als kugelförmig mit den Radien R_{k1} und R_{k2} annimmt (vgl. Abb. 12.19). R_{k1} und R_{k2} können aus (S 3.1) entnommen werden, womit sich ein Wert von etwa 200 MeV ergibt.

- Die Bindungsenergie der Nukleonen im Urankern beträgt im Mittel etwa – 7,5 MeV, die der Nukleonen in den wahrscheinlichsten Spaltprodukten (Massenzahlen etwa M = 140 und M = 95) dagegen angenähert – 8,4 MeV (vgl. Abb. 10.5). Pro Nukleon ergibt sich demnach eine Bindungsenergiedifferenz von 0,9 MeV. Da der ^{235}U-Kern 235 gebundene Nukleonen besitzt, wird also pro Spaltung eine Energie von 0,9 · 235 MeV = 211 MeV frei.
- Die genaueste Abschätzung der Kernspaltungsenergie geht statt von der mittleren Bindungsenergie von dem mit der Spaltung verbundenen Kernmassendefekt aus. Dazu muß die Massendifferenz Δm_0 (die Nukleonenzahlen vor und nach der Spaltung müssen übereinstimmen, vgl. (S 12.1)) gebildet und mit ihr aus der Masse-Energie-Äquivalenzrelation $W_{sp} = \Delta m_o c^2$ die Spaltungsenergie berechnet werden.

In Abschnitt 13.1 wird auf die Berechnung der Kernbindungsenergie näher eingegangen und dadurch die Übereinstimmung der zweiten hier angeführten Methode mit den beiden anderen begründet. Nach den heutigen Kenntnissen wird bei der Spaltung eines $^{235}_{92}$U-Kernes durch thermische Neutronen je nach den auftretenden Spaltprodukten eine Kernspaltungsenergie zwischen 197 und 211 MeV frei. Sie verteilt sich im Mittel wie folgt:

Verteilung der freigesetzten Kernspaltungsenergie

kinetische Energie der Kerne	167 MeV	
prompte Neutronen	5 MeV	
prompte γ-Quanten	6 MeV	(12.46)
verzögerte γ-Quanten	6 MeV	
β^--Strahlung	8 MeV	
Elektron-Antineutrinos	12 MeV	

Praktisch kann hiervon maximal nur eine Energie von 192 MeV genutzt werden, da die Antineutrinos wegen ihrer geringen Wechselwirkung mit der Materie nahezu ungehindert in den Weltraum entweichen.

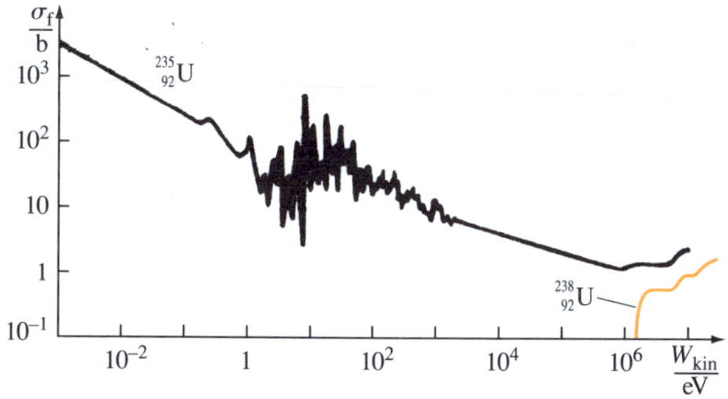

Abb. 12.20
Spaltquerschnitt der Atomkerne $^{235}_{92}$U und $^{238}_{92}$U gegenüber Neutronen in Abhängigkeit von der Neutronenenergie

Auch $^{238}_{92}$U ist durch Beschuß mit Neutronen spaltbar, allerdings erst für Neutronenenergien >1 MeV. Abbildung 12.20 zeigt den Spaltquerschnitt der Kerne $^{235}_{92}$U und $^{238}_{92}$U gegenüber Neutronen in Abhängigkeit von der Neutronenenergie. Während der Spaltquerschnitt des Kernes $^{235}_{92}$U von etwa 10^3 b bei einer Neutronenenergie von 10^{-2} eV auf 10 b bei 10^3 eV abfällt, wird der Spaltquerschnitt von $^{238}_{92}$U erst ab Neutronenenergien von etwa 1 MeV merklich und erreicht für 10 MeV erst einen Wert von 1 b. Auch die Ausbeutekurve hängt von der Neutronenenergie ab (s. Abb. 12.18).

Gewinnung von $^{233}_{92}$U und $^{239}_{94}$Pu

Außer $^{235}_{92}$U sind noch die durch Kernreaktionen künstlich herstellbaren Atomkerne $^{233}_{92}$U und $^{239}_{94}$Pu mit gleicher Wahrscheinlichkeit wie das $^{235}_{92}$U durch thermische Neutronen spaltbar. $^{233}_{92}$U erhält man durch Beschuß von $^{232}_{90}$Th mit langsamen Neutronen:

$$^{232}_{90}\mathrm{Th}(\mathrm{n},\gamma)^{233}_{90}\mathrm{Th};\quad ^{233}_{90}\mathrm{Th} \to {}^{233}_{91}\mathrm{Pa} + {}^{0}_{-1}\mathrm{e} + {}^{0}_{0}\bar{\nu}_\mathrm{e};\quad ^{233}_{91}\mathrm{Pa} \to {}^{233}_{92}\mathrm{U} + {}^{0}_{-1}\mathrm{e} + {}^{0}_{0}\bar{\nu}_\mathrm{e}, \tag{12.47}$$

$^{239}_{94}$Pu erhält man durch Beschuß von $^{238}_{92}$U mit schnellen Neutronen:

$$^{238}_{92}\mathrm{U}(\mathrm{n},\gamma)^{239}_{92}\mathrm{U};\quad ^{239}_{92}\mathrm{U} \to {}^{239}_{93}\mathrm{Np} + {}^{0}_{-1}\mathrm{e} + {}^{0}_{0}\bar{\nu}_\mathrm{e};\quad ^{239}_{93}\mathrm{Np} \to {}^{239}_{94}\mathrm{Pu} + {}^{0}_{-1}\mathrm{e} + {}^{0}_{0}\bar{\nu}_\mathrm{e}. \tag{12.48}$$

Prinzipiell sind alle Kerne spaltbar. Allerdings werden hierzu vielfach Neutronen bzw. α-Teilchen mit Energien von mehreren hundert MeV benötigt.

Fotospaltung

Die Spaltung kann auch durch γ-Quanten verursacht werden. Man spricht dann von *Fotospaltung*. Dabei kann die Spaltung statt in zwei auch in drei Spaltfragmente erfolgen. Allerdings beträgt die Wahrscheinlichkeit für die Dreifachspaltung nur etwa den 400-sten Teil derjenigen für die Zweifachspaltung.

Aktivierungsenergie für die Kernspaltung

Die Auslösung der Kernspaltung bedarf einer bestimmten *Aktivierungsenergie*. Ist die freiwerdende Bindungsenergie bei Anlagerung eines Neutrons an das Nuklid ^{M}X kleiner als die Aktivierungsenergie zur

Spaltung des Atomkernes ${}^{M+1}X$, so muß die Energiedifferenz durch die kinetische Energie des Neutrons aufgebracht werden, andernfalls erfolgt keine Spaltung. Zur Spaltung von ${}^{238}_{92}U$ sind deshalb schnelle Neutronen ($W_{kin} \approx 1$ Mev) erforderlich, wohingegen z.B. bei ${}^{233}_{92}U$, ${}^{235}_{92}U$, ${}^{239}_{94}Pu$ und ${}^{241}_{94}Pu$ die Bindungsenergien größer als die Aktivierungsenergien sind und deshalb bereits thermische Neutronen zur Spaltung ausreichen. Da der Wirkungsquerschnitt proportional zur Wechselwirkungszeit und damit umgekehrt proportional zur Neutronengeschwindigkeit ist, sind für die Spaltung dieser Nuklide thermische Neutronen besonders wirksam.

12.3.2 Spontane Kernspaltung

spontane Kernspaltung wird erst für $Z > 90$ merklich

Schwere Atomkerne spalten auch ohne äußere Beeinflußbarkeit. Diese spontane Kernspaltung wird erst für Kerne mit $Z \geqq 90$ merklich, damit praktisch erst ab dem Thorium beobachtbar. Die Spaltausbeuten bei spontaner Spaltung von ${}^{238}_{92}U$, ${}^{240}_{94}Pu$, ${}^{242}_{96}Cm$ und ${}^{252}_{98}Cf$ können aus Abbildung 12.21, die Halbwertszeiten $T_{1/2}$ für die spontane Spaltung aus Tabelle 12.1 entnommen werden. Für Uran-238 ist $T_{1/2}$ mit $8 \cdot 10^{15}$ a sehr groß gegenüber der Halbwertszeit $T_{1/2} = 4{,}5 \cdot 10^9$ a für den α-Zerfall. Demzufolge finden in einem Gramm Uran pro Sekunde rund 45 Millionen α-Zerfälle, aber nur 25 spontane Kernspaltungen statt. Beim Uran überwiegt also noch der α-Zerfall, während die spontane Kernspaltung praktisch bedeutungslos ist. Für $Z > 92$ nimmt dann die Wahrscheinlichkeit für eine spontane Spaltung rasch zu.

12.3.2.1 Transurane

Als Folge der raschen Zunahme der spontanen Spaltwahrscheinlichkeit mit wachsendem Z bricht das Periodische System der natürlichen Elemente beim Uran ab. Bei seiner Aufstellung durch Meyer (1868) und Mendelejew (1869) waren etwa 60 chemische Elemente bekannt. Es erfolgte danach die Suche nach noch fehlenden Elementen. Die letzte Lücke konnte erst 1945 mit der Entdeckung des Elementes *Promethium* ($Z = 61$) in den Spaltprodukten des Plutoniums geschlossen werden. 1937 wurde von Perrier und Segré als erstes künstliches Element das *Technetium* ($Z = 43$) durch die Reaktion ${}^{95}_{42}Mo$ (d, n) ${}^{96}_{43}Tc$ gefunden. 1939 fanden Perey als Abzweigprodukt der Uran-Aktinium-Familie das *Franzium* ($Z = 87$) und Seaborg das *Astat* ($Z = 85$) als Spaltprodukt des Urans. Die ersten *Transurane* (Elemente mit $Z > 92$), das *Neptunium* ($Z = 93$) und das

Carlo Perrier (1886–1948)

Emilio Gino Segré (1906–1989) Nobelpreis 1959

Tabelle 12.1
Lebensdauer einiger schwerer Atomkerne bezüglich spontaner Spaltung

Kern	${}^{232}_{90}Th$	${}^{235}_{92}U$	${}^{238}_{92}U$	${}^{238}_{94}Pu$	${}^{252}_{98}Cf$	${}^{256}_{101}Md$	${}^{260}_{104}X$
$T_{1/2}$	10^{17} a	$2 \cdot 10^{17}$ a	$8 \cdot 10^{15}$ a	$5 \cdot 10^{10}$ a	$2 \cdot 10^{3}$ a	1 h	0,3 s

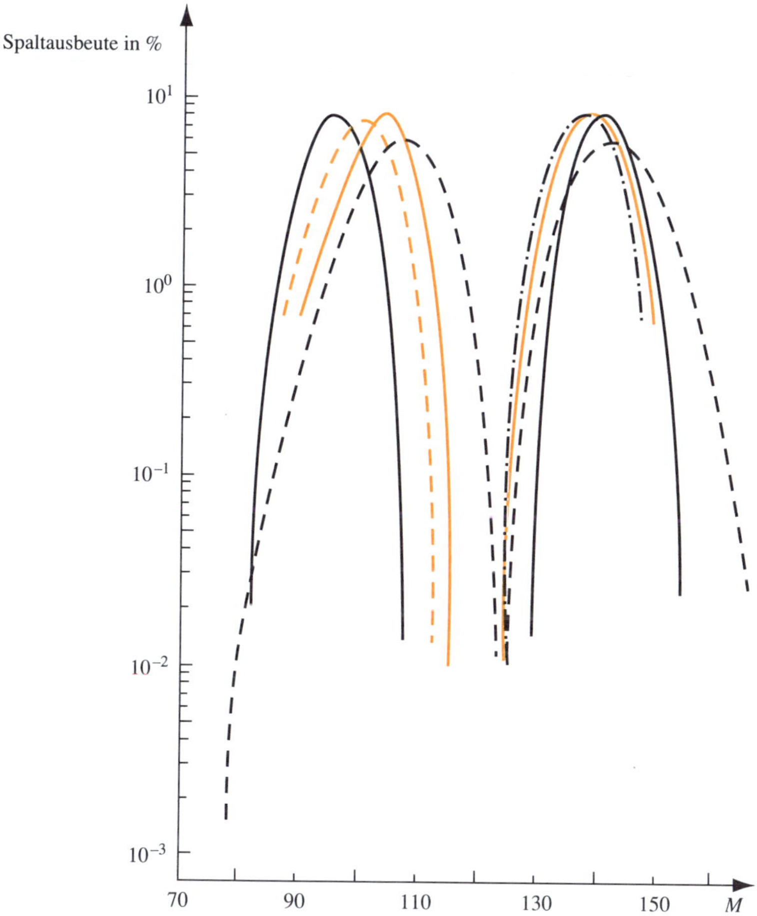

Abb. 12.21
Spaltausbeuten bei der spontanen Spaltung von $^{238}_{92}U$ (——), $^{240}_{94}Pu$ (– – –), $^{242}_{96}Cm$ (——) und $^{252}_{98}Cf$ (– – –)

GLENN THEODORE SEABORG,
geb. 1912
Nobelpreis 1951

EDWIN MCMILLAN,
geb. 1907
Nobelpreis 1951

MARGUERITE PEREY,
geb. 1909

Plutonium ($Z = 94$), wurden 1940 dargestellt. Durch die Reaktion $^{238}_{92}U(n,\gamma)\ ^{239}_{92}U \rightarrow\ ^{239}_{93}Np + ^{0}_{-1}e + ^{0}_{0}\bar{\nu}_e$ gewannen MCMILLAN und ABELSON das Neptunium, durch Beschuß von $^{238}_{92}U$ mit Deuteronen bzw. α-Teilchen SEABORG, MCMILLAN, WAHL und KENNEDY das Plutonium. Als Folgeprodukt des letzteren Prozesses fanden 1944 SEABORG, JAMES und MORGAN das *Amerizium* ($Z = 95$). Durch α-Beschuß des Plutoniums erhielten 1944 SEABORG, JAMES und GHIORSO das *Curium* ($Z = 96$), durch α-Beschuß des Americiums GHIORSO, THOMPSON und SEABORG 1949 das *Berkelium* ($Z = 97$) und durch α-Beschuß des Curiums THOMPSON, STREET, GHIORSO und SEABORG 1950 das *Kalifornium* ($Z = 98$).

Während die leichten Transurane durch Neutroneneinfang oder den Beschuß des Target-Kernes mit anderen leichten Inzidenzteilchen zu erzeugen sind, führen bei den schweren Transuranen *schwerionenindu-*

PHILIP HAUGE ABELSON, geb. 1913

ARTHUR CHARLES WAHL, geb. 1917

JOSEPH WILLIAM KENNEDY, geb. 1917

RALPH ARTHUR JAMES, geb. 1920

LEON OWEN MORGAN, geb. 1919

ALBERT GHIORSO, geb. 1915

zierte Kernreaktionen zum Ziel. Auf diese Weise konnten 1954 durch Beschuß von Plutonium mit hochenergetischen Stickstoff- bzw. Sauerstoffkernen die Elemente *Einsteinium* ($Z = 99$) und *Fermium* ($Z = 100$) dargestellt werden. Man nimmt bei der Erzeugung von Einsteinium durch Beschuß des Uran-238 mit Stickstoffkernen den Ablauf der Reaktion ${}^{238}_{92}U({}^{14}_{7}N,5n){}^{247}_{99}Es$ an.

Vom Element *Nobelium* ($Z = 102$) an lassen sich die Transurane ausschließlich über den Weg einer schwerioneninduzierten Kernreaktion darstellen:

$$
\begin{aligned}
&{}^{238}_{92}U + {}^{22}_{10}Ne &&\rightarrow {}^{260}_{102}No &&\rightarrow {}^{256}_{102}No + 4\,{}^{1}_{0}n\\
&{}^{243}_{95}Am + {}^{18}_{8}O &&\rightarrow {}^{261}_{103}Lw &&\rightarrow {}^{256}_{103}Lw + 5\,{}^{1}_{0}n\\
&{}^{242}_{94}Pu + {}^{22}_{10}Ne &&\rightarrow {}^{264}_{104}X &&\rightarrow {}^{260}_{104}X + 4\,{}^{1}_{0}n\\
&{}^{243}_{95}Am + {}^{22}_{10}Ne &&\rightarrow {}^{265}_{105}X &&\rightarrow {}^{261}_{105}X + 4\,{}^{1}_{0}n\\
&{}^{207}_{82}Pb + {}^{54}_{24}Cr &&\rightarrow {}^{261}_{106}X &&\rightarrow {}^{259}_{106}X + 2\,{}^{1}_{0}n\\
&{}^{249}_{98}Cf + {}^{18}_{8}O &&\rightarrow {}^{267}_{106}X &&\rightarrow {}^{263}_{106}X + 4\,{}^{1}_{0}n\\
&{}^{209}_{83}Bi + {}^{54}_{24}Cr &&\rightarrow {}^{263}_{107}X &&\rightarrow {}^{262}_{107}X + {}^{1}_{0}n\,.\\
&{}^{208}_{82}Pb + {}^{58}_{26}Fe &&\rightarrow {}^{266}_{108}X &&\rightarrow {}^{265}_{108}X + {}^{1}_{0}n\\
&{}^{209}_{83}Bi + {}^{58}_{26}Fe &&\rightarrow {}^{267}_{109}X &&\rightarrow {}^{266}_{109}X + {}^{1}_{0}n\\
&{}^{208}_{82}Pb + {}^{62}_{28}Ni &&\rightarrow {}^{270}_{110}X &&\rightarrow {}^{269}_{110}X + {}^{1}_{0}n\\
&{}^{209}_{83}Bi + {}^{64}_{28}Ni &&\rightarrow {}^{273}_{111}X &&\rightarrow {}^{272}_{117}X + {}^{1}_{0}n
\end{aligned}
$$

Die Entdeckung der Elemente $Z = 107$ bis $Z = 111$ gelang ARMBRUSTER, HOFFMANN und MÜNZENBERG von der Gesellschaft für Schwerionenforschung in Darmstadt. Da die Namen der Elemente ab $Z = 104$ international noch nicht festgelegt sind, wurden diese Elemente durch ${}^{M}_{Z}X$ gekennzeichnet. Die für $Z = 104$ bis $Z = 109$ von der IUPAC empfohlenen Namen sind aus Tabelle 2.4 ersichtlich.

STANLEY GERALD THOMPSON, geb. 1912

KENNETH STREET, geb. 1920

Die Elemente mit den Ordnungszahlen $Z = 90$ bis $Z = 103$ werden als *Aktiniden* bezeichnet. Sie besitzen alle gleichviele Elektronen in der äußeren Schale. Analog zum Aufbau der inneren 4F-Schale bei den Lanthaniden wird bei ihnen die innere 5F-Schale aufgefüllt. Alle Aktiniden sind daher wie die Lanthaniden physikalisch und chemisch ähnlich. Das erste Transaktinidenelement ist das Dubnium (früher Kurtschatowium). Es ist dem Hafnium analog (vgl. Tab. 2.2).

Die Halbwertszeit der bisher bekannten Transurane nimmt mit wachsender Ordnungszahl rasch ab (vgl. Tab. 12.1). Bei den schwersten Nukliden liegt sie im Bereich von Millisekunden. Beim Element 106 beträgt die Halbwertszeit 3,6 ms, wobei der Zerfall zu etwa 50 % durch spontane Spaltung erfolgt. Den gleichen Trend weist der Wirkungsquerschnitt auf. Er liegt für die schweren Transurane unter dem Wert von $1\,nb = 10^{-37}\,m^2$. Manche der dargestellten Transurane wurden dadurch mit nur wenigen Ereignissen als Reaktionsausbeute belegt. Um so eindrucksvoller ist es, daß z. B. FLEROW bei dem von ihm 1964 entdeckten ersten Transaktiniden-Element 104 bei einer Reaktionsausbeute von etwa zwei Atomen in drei Tagen die Verwandtschaft zum Hafnium nachweisen konnte. Er beobachtete hierzu die Reaktion der erzeugten Dubnium-Atome mit Chlor in einem Spurendetektor.

GEORGI NIKOLAJEWITSCH FLEROW, geb. 1913

Bisher ist die Darstellung der Transurane bis zum Element $Z = 111$ gelungen. Ein gewisser Ansporn für diese Experimente ist dadurch gegeben, daß man nach Überlegungen im Rahmen des Schalenmodells der Atomkerne bei Nukleonenzahlen zwischen $(Z, M - Z) = (114, 184)$ und $(Z, M - Z) = (126, 184)$ Nuklide mit vergleichsweise großer Lebensdauer erwarten kann.

12.4 Kernfusion

Kernfusion (Kernverschmelzung)

die Kernfusion ist eine exotherme Kernreaktion

Die *Kernfusion* oder *Kernverschmelzung* ist eine Kernreaktion, bei der leichte Atomkerne zu schwereren vereinigt oder, anders ausgedrückt, verschmolzen werden. Die Kernfusion ist eine exotherme Kernreaktion, die nur bei sehr hohen Temperaturen ($T > 10^6$ K) abläuft. Da für die leichtesten Kerne die Bindungsenergien pro Nukleon kleiner sind als für die mittelschweren (vgl. Abb. 10.5), ist bei der Kernfusion leichter Kerne die Summe der Bindungsenergien der Ausgangskerne kleiner als die des Endkernes. Bei der Kernfusion leichter Kerne wird demzufolge Kernenergie frei. Sie kann aus dem Massendefekt abgeschätzt werden. Bei der nachfolgend betrachteten Fusion von vier Protonen zu einem Heliumkern werden 26,7 MeV frei. Davon gehen etwa 7 % der Energie (≈ 1,8 MeV) auf die entstehenden Neutrinos über und sind für die Ausnutzung verloren.

Kernfusionen sind die ausschlaggebenden Prozesse kosmischer Energiequellen. Wie nachfolgend gezeigt wird, führt dabei die kosmische Entwicklung von den leichtesten Elementen zu schwereren. Deshalb sind die im Kosmos ablaufenden Kernfusionsprozesse auch maßgeblich am Zustandekommen der relativen Häufigkeitsverteilung der chemischen Elemente im Kosmos beteiligt. Weil die Kernfusion zunächst eine Annäherung der positiven Kerne gegen die Coulomb-Abstoßung erfordert, ehe bei ausreichend kleinen Kernabständen die Kernkraft einsetzen kann, ist eine *Schwellenenergie* zu überwinden. Je nach den vorhandenen thermodynamischen Bedingungen können deshalb verschiedene komplexe Kernfusionsprozesse ablaufen.

Schwellenenergie

Die Möglichkeit der Fusion von vier Protonen zu einem $^4_2$He-Kern wurde 1939 von BETHE erkannt. Zusätzlich werden dabei je zwei Positronen, γ-Quanten und Elektron-Neutrinos frei:

Verschmelzung von 4 Protonen zu einem Heliumkern

$$4\,{}^1_1\mathrm{H} \rightarrow {}^4_2\mathrm{He} + 2\,{}^0_1\mathrm{e} + 2\gamma + 2\,{}^0_0\nu_e + 26{,}7\ \mathrm{MeV}. \qquad (12.49)$$

Wir betrachten zunächst den *Proton-Proton-Prozeß* (p-p-Prozeß) näher (vgl. Abb. 12.22). Grundlage dieses Prozesses ist die Reaktion $^1_1\mathrm{H(p,e^+)}^2_1\mathrm{H}$. Aus dem Massendefekt ergibt sich als freiwerdende Energie ein Wert von 0,93 MeV. Hiervon nimmt das erzeugte Positron eine kine-

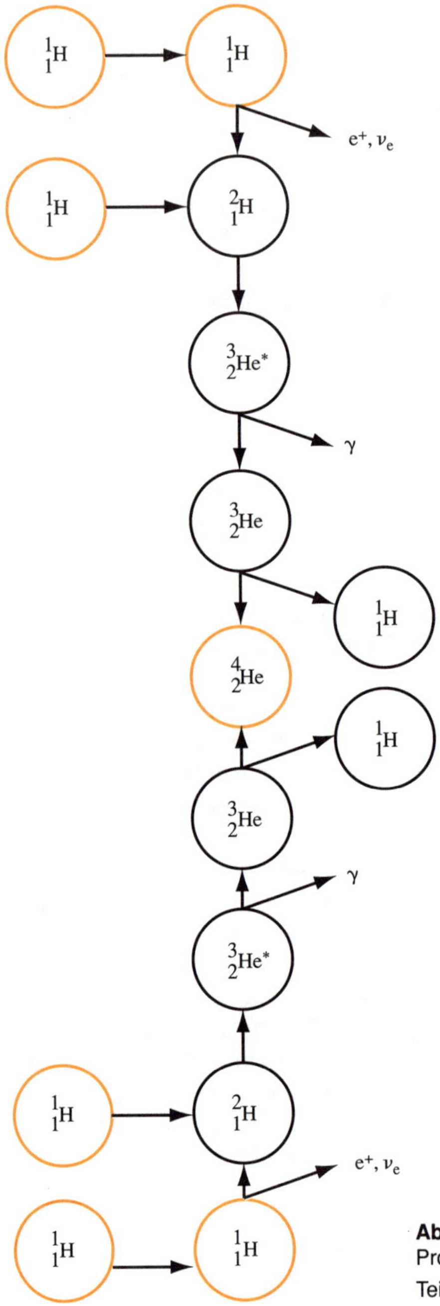

Abb. 12.22
Proton-Proton-Prozeß (→ zugeführte Teilchen, ⇉ abgeführte Teilchen)

tische Energie von 0,16 MeV mit, die restliche Energie wird vom entstandenen Elektron-Neutrino abgeführt. Das Positron zerstrahlt mit einem Elektron, wodurch weiterhin eine Energie von 1,02 MeV frei wird. Damit beträgt der beobachtbare Anteil der als Folge der Reaktion freigesetzten Energie 1,18 MeV. Das entstandene Deuteron wird mit einem weiteren Proton zu einem angeregten $^3_2$He-Kern vereinigt, so daß der Gesamtprozeß, der zur Erzeugung von $^3_2$He führt, dargestellt werden kann durch

$$^1_1\mathrm{H} + ^1_1\mathrm{H} \rightarrow ^2_1\mathrm{H} + ^0_1\mathrm{e} + ^0_0\nu_e ; \quad ^2_1\mathrm{H} + ^1_1\mathrm{H} \rightarrow ^3_2\mathrm{He}^* \rightarrow ^3_2\mathrm{He} + \gamma . \qquad (12.50)$$

Für das entstandene $^3_2$He gibt es drei Möglichkeiten zur Umwandlung in das stabile $^4_2$He:

$$^3_2\mathrm{He} + ^3_2\mathrm{He} \rightarrow ^4_2\mathrm{He} + 2\,^1_1\mathrm{H} \qquad (12.50\,a)$$

oder bei genügender $^3_2$He-Konzentration

$$^3_2\mathrm{He} + ^4_2\mathrm{He} \rightarrow ^7_4\mathrm{Be}^* \rightarrow ^7_4\mathrm{Be} + \gamma ; \quad ^7_4\mathrm{Be} + ^{\;0}_{-1}\mathrm{e} \rightarrow ^7_3\mathrm{Li} + ^0_0\nu_e$$

$$^7_3\mathrm{Li} + ^1_1\mathrm{H} \rightarrow ^8_4\mathrm{Be}^* \rightarrow ^8_4\mathrm{Be} + \gamma$$

$$^8_4\mathrm{Be} \rightarrow 2\,^4_2\mathrm{He} \qquad (12.50\,b)$$

oder, falls das $^7_4$Be vor seinem Zerfall ($T_{1/2} = 53$ d) ein Proton einfängt, als dritte Möglichkeit

$$^7_4\mathrm{Be} + ^1_1\mathrm{H} \rightarrow ^8_5\mathrm{B}^* \rightarrow ^8_5\mathrm{B} + \gamma$$

$$^8_5\mathrm{B} \rightarrow ^8_4\mathrm{Be} + ^0_1\mathrm{e} + ^0_0\nu_e ; \quad ^8_4\mathrm{Be} \rightarrow 2\,^4_2\mathrm{He} . \qquad (12.50\,c)$$

Wie man sich durch Abzählen der Reaktionsprodukte überzeugen kann, entsprechen die Bruttoreaktionen der drei Prozesse der Bruttoreaktion (12.49).

Die Tatsache, daß in der Sonne und in anderen Fixsternen ^{12}C-Kerne nachgewiesen wurden, führte BETHE und v. WEIZSÄCKER zu der Annahme, daß noch ein weiterer Zyklus zur Fusion von 4 Protonen zu einem Helium-4-Kern führt, bei dem jedoch $^{12}_6$C als eine Art „Katalysator" wirkt. Im einzelnen läuft dieser *Kohlenstoff-Stickstoff-Prozeß* (C–N-Zyklus) wie folgt ab (s. Abb. 12.23):

Kohlenstoff-Stickstoff-Prozeß

$$^{12}_6\mathrm{C} + ^1_1\mathrm{H} \rightarrow ^{13}_7\mathrm{N}^* \rightarrow ^{13}_7\mathrm{N} + \gamma$$

$$^{13}_7\mathrm{N} \rightarrow ^{13}_6\mathrm{C} + ^0_1\mathrm{e} + ^0_0\nu_e$$

$$^{13}_6\mathrm{C} + ^1_1\mathrm{H} \rightarrow ^{14}_7\mathrm{N}^* \rightarrow ^{14}_7\mathrm{N} + \gamma$$

$$^{14}_7\mathrm{N} + ^1_1\mathrm{H} \rightarrow ^{15}_8\mathrm{O}^* \rightarrow ^{15}_8\mathrm{O} + \gamma$$

$$^{15}_8\mathrm{O} \rightarrow ^{15}_7\mathrm{N} + ^0_1\mathrm{e} + ^0_0\nu_e$$

$$^{15}_7\mathrm{N} + ^1_1\mathrm{H} \rightarrow ^{12}_6\mathrm{C} + ^4_2\mathrm{He} . \qquad (12.51)$$

Ein $^{12}_6$C-Kern fängt zunächst ein Proton ein, wandelt sich dadurch in einen angeregten $^{13}_7$N-Kern um, der durch β^+-Zerfall in $^{13}_6$C übergeht, welches sich durch einen weiteren Protoneneinfang in $^{14}_7$N wandelt. Durch

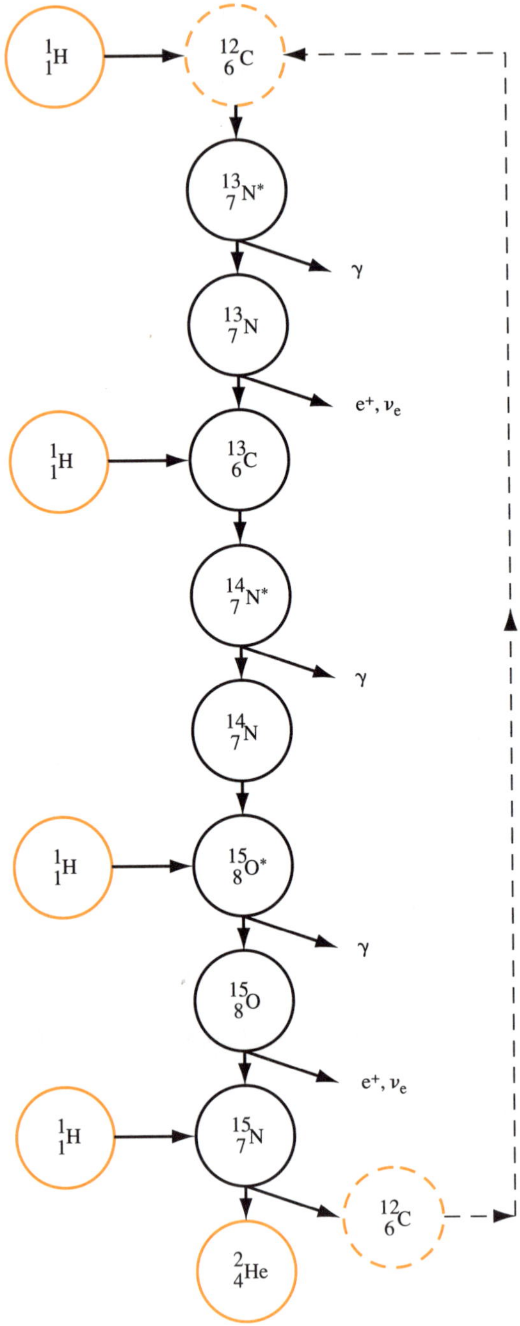

Abb. 12.23
Kohlenstoff-Stickstoff-Zyklus

nochmaligen Protoneneinfang entsteht ein angeregter ${}^{15}_{8}O$-Kern, der durch einen β^+-Prozeß in ${}^{15}_{7}N$ zerfällt. Der Einfang eines weiteren Protons führt zum α-Zerfall. Es entsteht ${}^{4}_{2}He$ und wiederum ${}^{12}_{6}C$. Auch bei diesem Prozeß werden vier Protonen zu einem He-4-Kern vereinigt. Der Zyklus beginnt mit der Umwandlung von ${}^{12}_{6}C$, welches am Ende des Zyklus wiederum zur Verfügung steht. Der ${}^{12}_{6}C$-Kern dient also lediglich als „Katalysator" für diesen Prozeß. Je nach Temperatur läuft der Zyklus in einigen 10^7 bis 10^8 Jahren ab.

Salpeter-Prozeß

Vorstehende Prozesse erfordern Temperaturen zwischen $1 \cdot 10^6$ und $3 \cdot 10^7$ K. Bei weiterer Erhöhung der Temperatur werden auch andere Kernfusionsreaktionen möglich. Bei etwa 10^8 K setzt ein von SALPETER erkannter Prozeß (*Salpeter-Prozeß*) ein. Bei ihm werden drei Helium-4-Kerne entsprechend der Bruttoreaktionsgleichung

$$3\,{}^{4}_{2}He \rightarrow {}^{12}_{6}C + \gamma + 7{,}28\,\text{MeV} \tag{12.52}$$

zu einem ${}^{12}_{6}C$-Kern verschmolzen, wobei eine Energie von 7,28 MeV frei wird. Im einzelnen läuft dieser Prozeß wie folgt ab:

$${}^{4}_{2}He + {}^{4}_{2}He \rightarrow {}^{8}_{4}Be; \quad {}^{8}_{4}Be + {}^{4}_{2}He \rightarrow {}^{12}_{6}C^* \rightarrow {}^{12}_{6}C + \gamma. \tag{12.52a}$$

Hieran können sich weitere ${}^{4}_{2}He$-Fusionsprozesse anschließen:

$${}^{12}_{6}C + {}^{4}_{2}He \rightarrow {}^{16}_{8}O^* \rightarrow {}^{16}_{8}O + \gamma, \tag{12.53}$$

$${}^{16}_{8}O + {}^{4}_{2}He \rightarrow {}^{20}_{10}Ne^* \rightarrow {}^{20}_{10}Ne + \gamma. \tag{12.54}$$

Die Möglichkeit dieser Prozesse erklärt die große relative Häufigkeit der Isotope ${}^{16}O$ und ${}^{20}Ne$ (vgl. Tab. 10.3).

Weitere ${}^{4}_{2}He$-Fusionsprozesse finden bei den angenommenen Temperaturen praktisch nicht mehr statt, da für sie die Coulomb-Abstoßung zu groß wird. Bei Temperaturen von $1 \cdot 10^9$ K bis $3 \cdot 10^9$ K können aber zwei ${}^{12}_{6}C$-Kerne zu einem ${}^{24}_{12}Mg$-Kern, zwei ${}^{16}_{8}O$-Kerne zu ${}^{32}_{16}S$ verschmelzen. Folgende Reaktionsprozesse führen zu dieser Fusion:

$${}^{12}_{6}C + {}^{12}_{6}C \rightarrow {}^{20}_{10}N + {}^{4}_{2}He \rightarrow {}^{23}_{11}Na + {}^{1}_{1}H \rightarrow {}^{23}_{12}Mg + {}^{1}_{0}n \rightarrow {}^{24}_{12}Mg^* \rightarrow {}^{24}_{12}Mg + \gamma, \tag{12.55}$$

$${}^{16}_{8}O + {}^{16}_{8}O \rightarrow {}^{32}_{16}S^* \rightarrow {}^{32}_{16}S + \gamma;$$

$${}^{32}_{16}S \rightarrow {}^{31}_{15}P + {}^{1}_{1}H \rightarrow {}^{31}_{16}S + {}^{1}_{0}n \rightarrow {}^{28}_{14}Si + {}^{4}_{2}He. \tag{12.56}$$

Bei Temperaturen von ca. $3 \cdot 10^9$ K ab werden Prozesse der Art

$${}^{28}_{14}Si + {}^{4}_{2}He \rightarrow {}^{32}_{16}S + \gamma; \quad {}^{32}_{16}S + {}^{4}_{2}He \rightarrow {}^{36}_{18}Ar + \gamma;$$

$${}^{36}_{18}Ar + {}^{4}_{2}He \rightarrow {}^{40}_{20}Ca + \gamma \tag{12.57}$$

möglich usw.

Durch derartige Kernfusionsreaktionen können Kerne bis zu einer maximalen Nukleonenzahl von $M = 57$ entstehen, da mit der Bildung von Eisen die maximale Bindungsenergie pro Nukleon im Kern erreicht wird.

Kernfusionsprozesse sind exotherme Kernreaktionen. Sie bedürfen aber zur Überwindung der Coulomb-Abstoßung der Kerne bestimmter *Schwellenenergien*. Diese liegen zwischen 10 und 100 keV. Ebenso wie bei exothermen chemischen Reaktionen wird diese für die Einleitung der Fusion notwendige Stoßenergie der Wärmeenergie der Reaktionspartner entnommen. Deshalb bezeichnet man Kernfusionsprozesse oft auch als *thermonukleare Kernreaktionen*. Durch hochbeschleunigte Teilchen, die man auf ein entsprechendes Target schießt, läßt sich dagegen kein wesentlicher Kernfusionseffekt erzielen. Die Reaktionsquerschnitte für Kernfusionsprozesse sind gegenüber den Streuquerschnitten sehr klein. Die Teilchen geben daher durch Streuung und Ionisation so viel Energie an ihre Umgebung ab, daß sie dann meist die notwendige Schwellenenergie unterschreiten.

Schwellenenergie

thermonukleare Kernreaktionen

Die mittlere thermische Energie $W = 3\,kT/2$ der Stoßpartner ist aber selbst bei Temperaturen von 10^7 K noch so klein (≈ 1 keV), daß die zwischen den Stoßpartnern wirkende Coulomb-Abstoßung nicht überwunden wird und eine Kernfusion bei diesen Temperaturen eigentlich noch nicht eintreten könnte. Daß sie dennoch beobachtet wird, hat folgende Gründe:

- Die Stoßpartner besitzen keine einheitliche Geschwindigkeit, sondern eine Geschwindigkeitsverteilung. Daher gibt es stets eine, wenn auch äußerst geringe Anzahl von Atomen, deren Energie zur Überwindung der Coulomb-Abstoßung ausreicht (vgl. Maxwellsche Geschwindigkeitsverteilung, Abschn. I 8.3.7).
- Gaskinetische Zusammenstöße sind außerordentlich häufig. Bei genügend großer Dichte und Ausdehnung des Gases kann daher die Anzahl der Stöße pro Zeit so groß werden, daß trotz der winzigen Wahrscheinlichkeit für das Eintreten der Einzelreaktion eine merkliche Kernfusion beobachtbar wird.
- Die Kerne brauchen den Coulomb-Wall nicht zu überwinden, sondern es besteht eine allerdings äußerst geringe Wahrscheinlichkeit dafür, daß sie ihn durchtunneln.

Bisher konnten thermonukleare Reaktionen nur unkontrolliert als Explosion (Wasserstoffbombe) hervorgerufen werden. Die Gewinnung von Kernenergie durch eine gesteuerte thermonukleare Reaktion gelang dagegen noch nicht (vgl. Abschn. 14).

Kernfusion als Hauptquelle der stellaren Energie

Nach den heutigen Kenntnissen ist die Kernfusion die Hauptquelle der stellaren Energie. So schöpft z. B. die Sonne ihre Energie aus der Reaktion (12.49). In den etwa $4 \cdot 10^9$ Jahren, in denen sie im heutigen Zustand existiert, wurden $8 \cdot 10^{28}$ kg Wasserstoff in Helium-4 verwandelt. Dies entspricht etwa 4 % der Gesamtmasse der Sonne oder etwa 10 % ihres gesamten Wasserstoffgehaltes. Im einzelnen stammen 40 % der Sonnenenergie aus dem Prozeß (12.50 a), 56 % aus dem Prozeß (12.50 c) und 4 % aus dem Prozeß (12.51). Der Prozeß (12.50 b) ist dagegen noch nicht wirksam.

In einem sonnenähnlichen Stern reichert sich durch die Wasserstofffusion immer mehr Helium-4 an. Für die Sonne wird die Dauer dieser Entwicklungsphase auf etwa 10^{10}a geschätzt. Die Gravitationsenergie bewirkt dann einen Schrumpfungsprozeß, der zu einer weiteren Aufheizung führt. Bei 10^8K setzt die Heliumfusion (12.52) ein, der Stern wird zu einem *roten Riesen*. Ist auch diese Fusionsenergie verbraucht, so führt die Gravitation zu einer weiteren Temperaturerhöhung des Sternes. Bei etwa 10^9K werden die Kohlenstoff- und die Sauerstoffusion entsprechend (12.55) und (12.56) möglich. Die Temperatur steigt weiter an, bis etwa bei $3 \cdot 10^9$K die Reaktionen (12.57) einsetzen. Ist auch diese Fusionsenergie erschöpft, dann beginnt sich der Stern abzukühlen. Er kontrahiert, wird dadurch zu einem *weißen Zwerg* und hört praktisch auf zu strahlen.

roter Riese

weißer Zwerg

Einen nicht unerheblichen Energieverlust (Masseverlust) erleiden die Sterne durch die Emission von Neutrinos. Könnte man diese beobachten, so erhielte man Kenntnis über die im Sterneninneren ablaufenden Vorgänge (*Neutrinoastronomie*).

Neutrinoastronomie

12.5 Kernumwandlungen zur Erzeugung von Neutronen, Neutronenwechselwirkung

12.5.1 Neutronenquellen

Als Neutronenquellen finden spezielle Kernumwandlungen und die im Reaktor ablaufenden Kernspaltungsprozesse Anwendung.

Die zu Kernumwandlungen notwendigen Inzidenzteilchen werden entweder einem radioaktiven Präparat oder einem Teilchenbeschleuniger entnommen. Wir betrachten zunächst den ersten Fall. Genutzt werden (α,n)- oder (γ,n)-Prozesse. Eine geeignete Reaktion ist die Kernumwandlung ${}^{9}_{4}\mathrm{Be}(\alpha,n){}^{12}_{6}\mathrm{C}$. Als Neutronenquelle dient ein Gemisch von Berylliumpulver mit einer α-strahlenden Verbindung, z. B. Polonium-210 (Polonium-Beryllium-Quelle), welches in eine Glasröhre bzw. Stahlkapsel gefüllt wird. Die Neutronenstrahlung klingt mit der Halbwertszeit der α-Quelle ab. Aus Tabelle 12.2 sind die Halbwertszeiten und Quellstärken (Produkt der pro Kernumwandlung emittierten Anzahl der Neutronen mit der Aktivität des α-Strahlers) für einige Beryllium-Neutronenquellen zu entnehmen. Für derartige Quellen finden α-Strahler

Polonium-Beryllium-Quelle

Tabelle 12.2
Beryllium-Neutronenquellen

Quelle der α-Strahlung	^{210}Po	^{226}Ra	^{227}Ac	^{228}Th	^{241}Am
Halbwertszeit	138,4 d	1620 a	22 a	697 a	458 a
$\frac{\text{Quellstärke}}{\text{mCi}}$	$2{,}5 \cdot 10^3$	$1{,}5 \cdot 10^4$	$1{,}5 \cdot 10^4$	$2 \cdot 10^4$	$2 \cdot 10^3$

mit Aktivitäten bis zu einigen 10 Ci Anwendung. Die emittierten Neutronen zeigen ein Energiespektrum bis etwa 12 MeV; die meisten Neutronen besitzen Energien zwischen 4 und 5 MeV.

Außer Beryllium werden vereinzelt Bor, Fluor und Lithium als Targetmaterial eingesetzt. Auch diese Elemente werden zur Erzeugung der für die Kernumwandlungen notwendigen α-Strahlung mit einem geeigneten radioaktiven Präparat gemischt.

Fotoneutronenquelle

Außerdem können durch (γ, n)-Prozesse Neutronen gewonnen werden (*Fotoneutronenquellen*). Ist die γ-Strahlung des zugeordneten radioaktiven Isotopes monoenergetisch, dann sind es auch die Kernfotoneutronen. Als γ-Strahler finden u. a. ^{24}Na, ^{124}Sb, ^{140}La und ^{226}Ra Anwendung. (γ, n)-Prozesse haben einen Energieschwellenwert (negativen Q-Wert), der gleich der Bindungsenergie des Neutrons im Targetkern ist. Da die meisten γ-Strahler Photonen einer Energie < 3 MeV emittieren (vgl. Tab. 12.3), sind nur Target-Kerne mit möglichst kleiner mittlerer Bindungsenergie des Neutrons geeignet. Wegen ihrer kleinen mittleren Bindungsenergien von $-1{,}63$ MeV bzw. $-2{,}22$ MeV werden deshalb meist ^{9}Be und ^{2}H genutzt.

Wesentlich größere Quellstärken lassen sich erreichen, wenn man die Inzidenzteilchen nicht einem radioaktiven Präparat, sondern einem Teilchenbeschleuniger entnimmt. Als Inzidenzteilchen finden u. a. Protonen, Deuteronen, α-Teilchen und Photonen Verwendung. Die Energie der vom Target-Kern emittierten Neutronen hängt außer vom Q-Wert der gewählten Reaktion auch von der Energie des Inzidenzteilchens und dem Winkel zwischen der Spur des Inzidenzteilchens und der des emittierten Teilchens ab. Deshalb lassen sich mit Hilfe von Teilchenbeschleunigern monoenergetische Neutronen mit variabler Energie gewinnen. Neben (α, n)-Reaktionen (zumeist auch hier die vorstehend besprochene Reaktion $^{9}_{4}Be(\alpha, n)^{12}_{6}C$) werden nachfolgende Prozesse zur Neutronenerzeugung mittels Teilchenbeschleunigern genutzt:

(d, n)-*Reaktionen*

d-d-Prozeß

Beim d-d-*Prozeß* werden Deuteronenkerne $^{2}_{1}H$ auf schweren Wasserstoff ^{2}H geschossen. Mit gleicher Wahrscheinlichkeit laufen die beiden Reaktionen

$$^{2}_{1}H + ^{2}_{1}H \rightarrow ^{3}_{2}H + ^{1}_{0}n + 3{,}25\ \text{MeV}; \quad ^{2}_{1}H + ^{2}_{1}H \rightarrow ^{3}_{1}H + ^{1}_{1}H + 4{,}0\ \text{MeV} \tag{12.58}$$

ab. Besondere Bedeutung für den Aufbau von Neutronenquellen besitzt die Reaktion $^{2}_{1}H(d, n)^{3}_{2}He$. Aufgrund des niedrigen Coulomb-Walles des Deuterons und wegen des Q-Wertes von 3,25 MeV liefern bei ihr schon Inzidenzteilchenenergien von nur 100 keV Neutronen mit Energien um 2,5 MeV.

d-t-Prozeß

Beim d-t-*Prozeß* werden überschwere Wasserstoffatome mit Deuteronen beschossen:

$$^{3}_{1}H + ^{2}_{1}H \rightarrow ^{4}_{2}He + ^{1}_{0}n + 17{,}6\ \text{MeV}. \tag{12.59a}$$

Tabelle 12.3
Fotoneutronenquellen

Quelle der γ-Strahlung	**Beschossener Kern**	**Halbwertszeit**	**Neutronenenergie in MeV**
^{226}Ra	$^{9}_{4}Be$	1622 a	0,12; 0,50
^{228}Ra	$^{9}_{4}Be$	6,7 a	0,16; 0,88
^{228}Ra	$^{2}_{1}H$	6,7 a	0,22
^{140}La	$^{9}_{4}Be$	40 h	0,62
^{124}Sb	$^{9}_{4}Be$	60 d	0,024
^{72}Ga	$^{2}_{1}H$	14 h	0,13
^{24}Na	$^{2}_{1}H$	15 h	0,22
^{24}Na	$^{9}_{4}Be$	15 h	0,3

Die Reaktion ist also stark exotherm. Aufgrund des hohen Q-Wertes der Reaktion und des niedrigen Coulomb-Walles des Tritons können bereits mit Deuteronenenergien von 100 keV Neutronen mit Energien von 14,1 MeV erzeugt werden. Der d-t-Prozeß eignet sich daher zum Aufbau intensiver Quellen für schnelle Neutronen.

d-d- und d-t-Prozesse liefern monoenergetische Neutronen, während man durch die Reaktion $^{9}_{4}Be(d,n)^{10}_{5}B$ fünf Neutronengruppen unterschiedlicher Energie erhält. Beim Beschuß von Lithium mit Deuterium entstehen durch die Reaktion $^{7}_{3}Li(d,n)2^{4}_{2}He$ Neutronen mit einem kontinuierlichen Energiespektrum, durch die Reaktion $^{7}_{3}Li(d,n)^{8}_{4}Be$ monoenergetische Neutronen.

(p,n)-*Reaktionen*

(p, n)-Reaktionen

Verwendung finden u.a. die Reaktion (12.10b) $^{7}_{3}Li(p,n)^{7}_{4}Be$ und die Reaktion

$$^{3}_{1}H + ^{1}_{1}H \rightarrow ^{3}_{2}H + ^{1}_{0}n - 0{,}76\,\text{MeV}. \qquad (12.59b).$$

Beide sind endotherm, die Schwellenenergie beträgt 1,88 MeV bzw. 1,02 MeV. Die erzeugten Neutronen sind monoenergetisch. Ihre Energie läßt sich durch Veränderung der Protonenenergie über einen weiten Bereich variieren.

(γ,n)-*Reaktionen*

(γ, n)-Reaktionen

Bei diesen Reaktionen werden hochbeschleunigte Elektronen auf ein Target geschossen und im Feld seiner Ionen abgebremst. Die durch diesen Vorgang freiwerdende Bremsstrahlung führt bei geeignet gewähltem Targetmaterial zu (γ,n)-Reaktionen. Wegen des kontinuierlichen Spektrums der Bremsstrahlung ist auch das Energiespektrum der ausgelösten Neutronen kontinuierlich. Der Wirkungsquerschnitt für (γ,n)-Reaktionen wächst mit der Nukleonenzahl des Kernes. Daher finden schwere Elemente als Target-Material Anwendung. Dies hat darüber hinaus den Vorteil, daß das gleiche Material dann auch zur Abbremsung der Elektronen dienen kann.

Die intensivsten Neutronenquellen sind Kernreaktoren. In der aktiven Zone des Reaktors findet man Neutronenstromdichten zwischen 10^{12} und 10^{15} Neutronen/cm²s. Nach außen können Stromdichten bis zu 10^{10} Neutronen/cm²s abgeführt werden. Die Energieverteilung entspricht infolge des Einflusses des Moderators etwa einer Maxwellverteilung.

12.5.2 Zur Neutronenwechselwirkung in verschiedenen Energiebereichen, Moderatoren

Die Wechselwirkung der Neutronen mit stofflicher Materie ist stark von ihrer Energie abhängig. Neutronen werden bezüglich ihrer Energie in langsame (ultrakalte, kalte, thermische, epithermische), mittelschnelle, schnelle und relativistische Neutronen klassifiziert (vgl. Tab. 12.4).

Wechselwirkung kalter und thermischer Neutronen

Kalte und *thermische Neutronen* finden immer mehr zur Untersuchung von Festkörperstrukturen Anwendung, da ihre Materiewellenlänge den charakteristischen Strukturen des Festkörpers weitestgehend angepaßt werden kann (vgl. Bd. IV). Neutronen einer Energie von 0,025 eV haben z.B. eine Materiewellenlänge von $\lambda \approx 10^{-10}\,\mathrm{m}$; ihre Wellenlänge entspricht also den Atomabständen im Festkörper. Der wahrscheinlichste Wechselwirkungstyp der thermischen Neutronen ist die elastische Streuung. Im Schwerpunktsystem ist die Winkelverteilung der gestreuten Neutronen isotrop bezüglich des streuenden Atomkernes. Bei einigen leichten Elementen führen thermische Neutronen auch zu (n,p)- und (n,α)-Prozessen. Weiter können thermische Neutronen zur Spaltung von ^{233}U, ^{235}U und ^{239}Pu führen. Die Elemente Bor, Kadmium, Samarium, Europium, Gadolinium, Dysprosium, Hafnium und einige andere Elemente zeigen große Wirkungsquerschnitte gegenüber thermischen und z.T. auch gegenüber anderen langsamen Neutronen, während thermische Neutronen andere Stoffe ohne allzu große Schwächung durchdringen können. Ursache dieser großen Wirkungsquerschnitte sind bei leichten Kernen (n,α)-Prozesse, bei einigen schwereren Kernen auch Spaltungsprozesse. Derartige Materialien mit großem Neutroneneinfang werden als *Neutronenabsorber* bezeichnet. Sie haben eine große Bedeutung für die Steuerung von Kern-

Neutronenabsorber

Tabelle 12.4
Benennung der Neutronen in verschiedenen Energiebereichen

Benennung der Neutronen		**Energieintervall**
langsame	ultrakalte	$< 10^{-5}$ eV
Neutronen	kalte	10^{-5} eV bis $5 \cdot 10^{-3}$ eV
	thermische	$5 \cdot 10^{-3}$ eV bis 0,5 eV
	epithermische	0,5 eV bis 1 keV
mittelschnelle Neutronen		1 keV bis 100 keV
schnelle Neutronen		0,1 MeV bis 50 MeV
relativistische Neutronen		> 50 MeV

reaktoren. Da im allgemeinen (n, α)-Prozesse und Kernspaltungen angeregte Kerne zur Folge haben, ist meist die Neutronenabsorption mit einer unerwünschten γ-Strahlung verbunden, die abgeschirmt werden muß. Neutronenabsorber sollen deshalb eine gute Neutronenabsorption aufweisen und eine möglichst weiche γ-Strahlung aussenden. Diese Bedingung erfüllt Bor. Es besitzt gegenüber Neutronen einen großen Wirkungsquerschnitt und strahlt bei Neutronenabsorption eine weiche, relativ leicht absorbierbare γ-Strahlung von 480 keV ab. Deshalb wird Bor zur Neutronenabsorption in Kernreaktoren und damit zu deren Steuerung genutzt.

Wechselwirkung epithermischer Neutronen

Mittelschwere und schwere Kerne zeigen ausgeprägte Resonanzstellen ihrer Wirkungsquerschnitte in bezug auf die Wechselwirkung mit *epithermischen Neutronen*. Bei entsprechender Neutronenenergie bilden sich mit hoher Wahrscheinlichkeit Zwischenkerne mit relativ langen Lebensdauern (10^{-15} bis 10^{-16} s). Die Wechselwirkung zwischen epithermischen Neutronen und sehr schweren Isotopen kann auch zur Resonanzspaltung führen. Im Energiebereich der *mittelschnellen Neutronen* zeigen viele mittelschwere und schwere Kerne eine starke Überlappung der einzelnen Resonanzen. Daher sinkt ihr Einfangquerschnitt sehr rasch mit steigender Neutronenenergie ab, und die elastische Streuung an Atomkernen wird zum dominierenden Wechselwirkungsprozeß für mittelschnelle Neutronen. Weiter sind mit ihnen auch Kernspaltungsprozesse möglich.

Wechselwirkung mittelschneller Neutronen

Wechselwirkung schneller Neutronen

Schnelle Neutronen zeigen unelastische Streuung an Atomkernen und führen zu verschiedenartigen Kernreaktionen. Mit ihnen können (n,p)-, (n,α)-, $(n,2n)$- und andere Reaktionen ausgelöst werden. Bei einigen schweren Isotopen führen sie beim Überschreiten der Schwellenenergie zur Kernspaltung. Ein Beispiel hierfür ist die Spaltung von ^{238}U durch schnelle Neutronen.

Wechselwirkung relativistischer Neutronen

Die Wechselwirkung *relativistischer Neutronen* mit bestimmten Elementarteilchen kann zur Bildung von π-Mesonen genutzt werden (vgl. Abschn. 15.3.2.1). Man gewinnt mit Hilfe relativistischer Neutronen auch Aufschlüsse über die Nukleon-Nukleon-Wechselwirkung und damit über das Wesen der Kernkräfte.

Neutronen tragen keine elektrische Ladung und können demzufolge nicht wie Elektronen oder Ionen durch ein elektrisches Feld nachbeschleunigt oder abgebremst werden. Wünscht man Neutronen einer bestimmten Energie, dann muß entweder eine entsprechende Neutronenquelle Anwendung finden, oder es müssen Neutronen mit einer höheren Energie als der gewünschten durch Stöße abgebremst werden. Letzteres Verfahren besitzt besondere Bedeutung für die Gewinnung von thermischen Neutronen, die u.a. für die technische Anwendung der Kernspaltung wichtig sind. Die bei der Spaltung des ^{235}U freiwerdenden prompten Neutronen sind schnelle Neutronen mit einer Energie von etwa 2 MeV. Sollen sie zu weiteren Spaltungen führen, d.h., will man eine Kernkettenreaktion aufrechterhalten, so müssen sie auf Energien von etwa 0,025 eV abgebremst werden, da ^{235}U nur durch thermische Neutronen leicht spaltbar ist.

Moderator

Stoffe, die Neutronen auf niedrigere Energiewerte abbremsen, heißen *Moderatoren*. Ihre Wirkung beruht auf unelastischen und elastischen Stoßprozessen zwischen den Neutronen und den Atomkernen der Moderatorsubstanz. Für Energien <1 MeV findet man praktisch nur elastische Stöße, während bei Energien ab 1,5 MeV die unelastischen Stöße immer mehr überwiegen. Durch zwei oder drei unelastische Stöße mit schweren Atomkernen können Neutronen einer Energie von 10 MeV schon auf eine Energie von 1 MeV abgebremst werden. Die weitere Abbremsung geschieht dann durch elastische Stöße. Nach den Stoßgesetzen sind hierfür leichte Kerne, insbesondere Wasserstoffkerne, geeignet. So benötigt man z. B. für die Abbremsung von Neutronen einer Energie von 1 MeV auf 0,025 eV in leichtem Wasserstoff 18, in schwerem Wasserstoff 25, in Beryllium 90, in Kohlenstoff 114, in Blei 1820 und in Uran 2170 elastische Stöße.

mögliche Moderatorsubstanzen

Da Gase ihrer geringen Dichte wegen als Moderatoren nicht in Frage kommen, wäre nach vorstehenden Überlegungen Wasser eine besonders geeignete Moderatorsubstanz. Es muß jedoch weiter beachtet werden, daß ein guter Moderator die Neutronen nur abbremsen, aber nicht einfangen darf. Nun zeigt Wasserstoff eine merkliche Absorption von langsamen Neutronen, da sich Neutronen relativ leicht an Protonen anlagern und Deuteronen bilden. Wesentlich weniger werden Neutronen von Deuteronen, reinstem Graphit und reinstem Beryllium absorbiert. Daher werden außer Wasser vor allem schweres Wasser D_2O, ^{9}Be und ^{12}C in Form von Graphit als Moderatorsubstanzen verwandt. Hiervon ist der kernphysikalisch und technisch geeignetste Moderator das schwere Wasser. Wegen seiner hohen Kosten wird es aber vielfach im Leistungsreaktor doch durch leichtes Wasser ersetzt.

Ein Moderator vermag die Neutronen so weit abzubremsen, bis ihre kinetische Energie die der Temperaturbewegung der Atomkerne des Moderators erreicht hat. Sie verhalten sich dann im Moderator wie die Moleküle eines Gases. Sie diffundieren mit konstanter mittlerer thermischer Energie durch den Moderator, zeigen eine Maxwell-Verteilung usw.

1968 gelang es, Neutronen so stark abzubremsen, daß ihre Wellenlänge makroskopische Dimensionen annahm und stehende Neutronenwellen nachgewiesen werden konnten.

Die durch Moderatoren abgebremsten Neutronen besitzen keine einheitliche Geschwindigkeit, sondern eine Geschwindigkeitsverteilung. Für manche Zwecke, z. B. für die Untersuchung der Resonanzerscheinungen beim Wirkungsquerschnitt (vgl. Abb. 12.5), benötigt man aber Neutronen einheitlicher Energie. Derartige Neutronen werden *monoenergetische Neutronen* oder, da sie entsprechend $\lambda = h/p$ eine einheitliche Materiewellenlänge besitzen, *monochromatische Neutronen* genannt. Langsame monochromatische Neutronen werden erzeugt, indem man Neutronen an einem Kristallgitter beugt. Nach (2.1b) besteht zwischen dem Beugungswinkel α, der Materiewellenlänge λ und der Gitterkonstanten g die Relation $\lambda = g \sin \alpha$, woraus man durch Einsetzen der Materiewellenlänge

monochromatische (monoenergetische) Neutronen

Erzeugung monochromatischer Neutronen

$\lambda = h/p = h/m_n v_n$ als Geschwindigkeit der in Richtung α abgebeugten Neutronen

$$v_n = \frac{h}{m_n g \sin \alpha} \tag{12.60}$$

erhält. Diese Methode kann zur Monochromatisierung von Neutronen etwa im Energiebereich von 0,01 eV bis 100 eV Anwendung finden. Im Energiebereich von 100 eV bis 1000 eV stellt man zunächst durch Ausnutzung der unterschiedlichen Laufzeiten der Neutronen mit Hilfe von rotierenden Spalten Neutronengruppen her und sondert danach durch synchronisierte Verschlüsse die Neutronengruppen mit der gewünschten Geschwindigkeit aus. Monoenergetische Neutronen noch höherer Energie werden durch spezielle Kernprozesse erzeugt.

Die Ausrichtung des Neutronenspins in eine bestimmte Richtung bezeichnet man als *Neutronenpolarisation*. Monoenergetische polarisierte Neutronen mit Energien bis zu einigen keV gewinnt man durch Beugung an ferromagnetischen Einkristallen.

Neutronenpolarisation

12.5.3 Kernreaktionen zum Nachweis von Neutronen

Neutronen sind ladungslos und vermögen daher Atome nicht zu ionisieren. Die in Abschnitt 11.1.2.3 besprochenen Teilchendetektoren sind demzufolge nicht unmittelbar für den Neutronennachweis geeignet.

Neutronen können nur durch ihre Wechselwirkung mit Atomkernen nachgewiesen werden. Folgende Effekte finden zu ihrem Nachweis Anwendung:

Elastische Streuung

Das Neutron überträgt durch einen elastischen Stoß einen Teil seiner kinetischen Energie auf einen Atomkern bekannter Masse. Nach den Stoßgesetzen hängt der Anteil der übertragenen Energie sowohl von der Masse des Stoßpartners als auch vom Stoßwinkel ab. Der Rückstoßkern kann als geladenes Teilchen mit den in Abschnitt 11.1.2.3 beschriebenen Teilchendetektoren registriert werden. Größte Bedeutung für diese Methode besitzt die Erzeugung von *Rückstoßprotonen*, da Protonen praktisch massegleich mit Neutronen sind und demzufolge zwischen ihnen ein maximaler Energieaustausch möglich ist. Zur Erzeugung der Rückstoßprotonen werden die Teilchendetektoren entweder mit einer zusätzlichen Wasserstofffüllung versehen oder mit einem stark wasserstoffhaltigen Mantel (z. B. Paraffin) umgeben.

Neutronennachweis mittels Rückstoßprotonen

Kernumwandlungen

Benutzt werden zum Neutronennachweis auch (n, α)-, (n, p)- und (n, γ)-Kernreaktionen. Die durch diese Prozesse erzeugten α-Teilchen bzw. Pro-

Neutronennachweis mittels Kernreaktionen

tonen oder γ-Quanten werden mit den üblichen Teilchendetektoren untersucht. Aus der Energie des emittierten Teilchens kann auf die Energie des Neutrons geschlossen werden. Hierbei ist zu beachten, daß die Energie des Teilchens um den Q-Wert der Reaktion größer ist als die Energie des einfallenden Neutrons. Für den Neutronenachweis werden meist die Reaktionen

$$
\begin{aligned}
&{}^{10}_{5}\mathrm{B}(\mathrm{n},\alpha){}^{7}_{3}\mathrm{Li} + 2{,}9\,\mathrm{MeV};\\
&{}^{6}_{3}\mathrm{Li}(\mathrm{n},\alpha){}^{3}_{1}\mathrm{H} + 4{,}78\,\mathrm{MeV};\\
&{}^{3}_{2}\mathrm{He}(\mathrm{n},\mathrm{p}){}^{3}_{1}\mathrm{H} + 0{,}76\,\mathrm{MeV}
\end{aligned}
\qquad (12.61)
$$

benutzt. Hierzu wird dem Detektor das gasförmige BF_3 bzw. Helium zugesetzt, oder er wird mit einem Mantel aus einer Bor- bzw. Lithiumverbindung versehen.

Radioaktive Indikatoren

Durch Neutronenbeschuß gehen bestimmte Kerne in instabile mit Neutronenüberschuß über, die dann durch einen β^--Prozeß zerfallen. Der Neutronennachweis erfolgt, indem ein mit entsprechenden Atomkernen (radioaktiven Indikatoren) versetztes Target dem Neutronenstrahl ausgesetzt und die dadurch hervorgerufene β^--Aktivität gemessen wird.

Kernspaltung

Mit den zu registrierenden Neutronen werden Kernspaltungen ausgelöst, deren Spaltprodukte mit den üblichen Teilchendetektoren bestimmt werden. Zum Nachweis langsamer Neutronen findet die Spaltung von U-235 und Pu-239 Verwendung, für die Registrierung schneller Neutronen die von U-238, Th-232 oder anderen Kernen mit geeigneten Aktivierungsenergien.

Die Ausnutzung der Kernspaltung zum Nachweis der Neutronen hat gegenüber anderen Kernreaktionen den Vorteil, daß bei der Kernspaltung wesentlich größere Energien frei werden. Die Spaltprodukte lösen demzufolge in den Detektoren Signale aus, die weit oberhalb des Rauschpegels liegen.

12.6 Aufgaben

12.1
Zur Erzeugung des radioaktiven $^{10}_{6}C$-Kohlenstoffnuklids werden Borkerne $^{10}_{5}B$ mit Protonen beschossen. Welche klassisch berechnete Mindestenergie müssen die Protonen besitzen, um den Borkern zu erreichen? Bei der Kernreaktion wird ein Nukleon freigesetzt. Wie lautet die Reaktionsgleichung? Man stelle den Energieerhaltungssatz auf und berechne unter Vernachlässigung der Rückstoßenergien die kinetische Energie des emittierten Teilchens.

12.2
Das angeregte $^{24}_{11}Na^*$-Nuklid sendet γ-Strahlen u. a. der Energie von 4,120 MeV aus. Bestrahlt man Deuterium mit diesen γ-Strahlen, so bildet sich ein Zwischenkern, der unter Aussendung eines Neutrons spontan zerfällt. Man überprüfe, ob die Energie der γ-Quanten die Bindungsenergie pro Nukleon des Deuterons übersteigt. Man gebe das Zerfallsschema an und berechne unter Vernachlässigung der Rückstoßenergie des H-Atoms die kinetische Energie und die Geschwindigkeit der emittierten Neutronen.

12.3
Zur Herstellung des Nuklids $^{8}_{2}Be$ der Kernruhmasse 8,005307 u werden stabile und als ruhend angenommene Lithiumkerne mit Deuteronen der kinetischen Energie 3,29 MeV beschossen. Der Zwischenkern zerfällt augenblicklich unter Aussendung eines Neutrons. Man stelle die Reaktionsgleichung auf und berechne unter Berücksichtigung von Energie- und Impulserhaltungssatz die Energie derjenigen Neutronen, die in Richtung der Inzidenzteilchen emittiert werden.

12.4
Neutronen mit einer kinetischen Energie von 200 MeV reagieren mit $^{12}_{6}C$-Kernen, wobei Deuteronen entstehen. Man begründe durch den Vergleich der de Broglie-Wellenlänge der Neutronen mit dem Kerndurchmesser, daß man die direkte Kernreaktion als unelastischen Stoß eines Neutrons mit einem gebundenen Proton deuten kann und berechne kinetische Energie, Geschwindigkeit und Flugrichtung des Deuterons. Man weise nach, daß die Differenz der Bindungsenergien vernachlässigbar ist.

12.5
Die von in einem abgeschlossenen Volumen befindlichen Radongas $^{220}_{86}Rn$ emittierten α-Teilchen werden gezählt. Die Zählrate beträgt zu Beginn der Messung 1448 Impulse pro Sekunde und nach 120 s 314 Impulse pro Sekunde. Man bestimme die Halbwertszeit, die mittlere Lebensdauer und die Zerfallskonstante des Nuklids. Man gebe die Zerfallsgleichung an.

12.6
Der Zwischenkern $^{8}_{4}Be$ mit der Ruhmasse 8,005307 u ist ein α-Strahler und besitze als kinetische Energie die mittlere thermische Energie bei 20 °C. Man stelle die Zerfallsgleichung auf und berechne die kinetische Energie des emittierten Teilchens in eV. Was für Spuren findet man in der Nebelkammer? Welchen Einfluß haben die Elektronen auf den Zerfall?

12.7
Die maximale kinetische Energie der von $^{13}_{5}B$-Kernen emittierten Elektronen wurde mit 13,430 MeV ermittelt. Man stelle die vollständige Zerfallsgleichung für diesen β^--Zerfall auf und berechne unter Vernachlässigung der Rückstoßenergien die Ruhmasse des Borkernes in Vielfachen der atomaren Masseneinheit.

12.8

Der Protonenüberschuß des Radionuklids $^{18}_{9}F$ wird zu 97% durch β^+-Strahlung und zu 3% durch Elektroneneinfang aus der K-Schale des Fluoratoms kompensiert. Die Ruhenergiedifferenz zwischen Mutter- und Tochterkern beträgt 1,664 MeV. Man stelle die Zerfallsgleichungen auf und berechne die maximale kinetische Energie der Positronen. Man berechne die Energie der beim Elektroneneinfang freiwerdenden Strahlung.

12.9

Der angeregte ruhende $^{7}_{4}Be^*$-Kern sendet monoenergetische γ-Strahlung der Energie 0,477 MeV aus. Man berechne den Ruhmassendefekt des Kerns und vergleiche ihn mit der Elektronenruhmasse. Welche Bahngeschwindigkeit muß eine $^{7}_{4}Be^*$-Quelle auf einer Ultrazentrifuge haben, um Kernresonanzabsorption zu erreichen?

13 Kernmodelle

Ausgehend von den Erkenntnissen über die Struktur der Atomkerne und dem erreichten Verständnis über ihr Verhalten bei Kernumwandlungen sind einige *Kernmodelle* entwickelt worden. Alle diese Modelle basieren auf der in (S 10.7) formulierten Erkenntnis, daß die Atomkerne aus Nukleonen aufgebaut sind. Während man aber mit Hilfe der Quantentheorie eine einheitliche Modellvorstellung für die Beschreibung aller Eigenschaften der Atomhülle erzielt hat, konnte bisher kein einheitliches Kernmodell erarbeitet werden. Jedes der existierenden Kernmodelle gibt nur einen Teil der experimentellen Erfahrung richtig wieder.

Kernmodelle

Ursachen dafür lassen sich aus folgenden Betrachtungen erkennen. Bei der Modellierung der Atomhülle geht man von der Existenz eines elektrisch positiv geladenen Zentrums aus, in dessen Feld sich die Elektronen bewegen. Die elektromagnetische Wechselwirkung als in diesem System herrschende Kraft ist gut bekannt. Man kann sie weitgehend sogar auf Coulomb-Kräfte reduzieren. Im System Atomkern treten hingegen drei Wechselwirkungsarten auf: die starke, die elektromagnetische und die schwache (vgl. Abschn. 15.2). Die Eigenschaften stabiler Atomkerne werden weitgehend durch die starke Wechselwirkung bestimmt, Kernumwandlungen dagegen auch durch die elektromagnetische oder die schwache Wechselwirkung. Es ist deshalb zweckmäßig, zwischen Modellen zur Beschreibung der Umwandlungsmechanismen der Atomkerne und zur Beschreibung ihrer Struktur zu unterscheiden.

In diesem Kapitel werden nur Kernstrukturmodelle behandelt. Dagegen werden Modelle für die Umwandlungsmechanismen, wie z. B. für den durch die schwache Wechselwirkung bedingten β-Zerfall, nicht betrachtet.

Die theoretische Beschreibung der Kernstruktur wird erschwert, da der Kenntnisstand über die starke Wechselwirkung im Gegensatz zu der gut bekannten elektromagnetischen Wechselwirkung noch lückenhaft ist. Hinzu kommt die große Anzahl von bis zu etwa 260 Nukleonen im Atomkern. Ferner sind die Eigenschaften der Atomkerne zwar dominierend, aber nicht ausschließlich durch die Nukleon-Nukleon-Wechselwirkung geprägt.

Die große Anzahl von Nukleonen im Atomkern legt es nahe, bei dessen modellmäßiger Beschreibung eine ständige intensive Wechselwirkung zwischen den Nukleonen vorauszusetzen. Man nennt die Gruppe von Modellen, die die Kerneigenschaften auf der Basis einer derartigen kol-

Kollektivmodelle
Tröpfchenmodell

lektiven Wechselwirkung der Nukleonen zu erklären versucht, *Kollektivmodelle.* Zu ihnen zählt das *Tröpfchenmodell*, das die Nukleonen im Atomkern in einer gewissen Analogie zu den Molekülen in einer Flüssigkeit beschreibt.

mittleres Kernpotential

Eine andere Art des Herangehens geht von der Vorstellung aus, daß sich alle Nukleonen weitgehend unabhängig voneinander in einem *mittleren Kernpotential* bewegen. Das Kernpotential wird von den Nukleonen selbst erzeugt. Im Gegensatz zu den Verhältnissen in der Atomhülle existiert keine zentrale Kraft. Auf dieser Annahme aufbauende Beschreibungsweisen faßt man unter der Bezeichnung *Teilchenmodelle* zusammen. Zu diesen gehört das *Schalenmodell.* Das Kernpotential denkt man sich dabei im einfachsten Fall als ein für jede Raumrichtung gleiches Rechteckpotential, wie es in eindimensionaler Darstellung bereits in Abschnitt 10.8 verwendet wurde.

Teilchenmodelle
Schalenmodell

Kollektivmodelle und Teilchenmodelle tragen phänomenologischen Charakter. Verbesserungen und Weiterentwicklungen bestehen vor allem darin, Ergebnisse der Quantenmechanik und der Statistik zu berücksichtigen.

mikrophysikalische Theorien des Atomkernes

Mikrophysikalische Theorien des Atomkerns gehen von der Schrödinger-Gleichung für ein quantenmechanisches Vielteilchenproblem aus. Auf diesem Wege können viele Kerneigenschaften einheitlich erklärt und vor allem quantitative Vorhersagen getroffen werden. Dazu ist aber ein erheblicher numerischer Aufwand erforderlich. Deshalb kann bei der Analyse von Experimenten auf die phänomenologischen, halbempirischen Modelle, insbesondere auf moderne Varianten des Tröpfchen- und des Schalenmodells, nicht verzichtet werden. In den folgenden Abschnitten werden deshalb diese beiden Modelle und ihre Aussagekraft über die Struktur des Atomkerns näher besprochen.

Bei den Teilchenmodellen ist nicht ohne weiteres verständlich, warum trotz der starken Zweiteilchenwechselwirkung zwischen den Nukleonen im Atomkern ein mittleres Kernpotential zustande kommen kann, in welchem sich die Nukleonen nahezu unabhängig voneinander bewegen. Zu dieser Diskrepanz können die mikrophysikalischen Modelle ein gewisses Verständnis vermitteln. Sie gehen von einem als *Kernmaterie* bezeichneten unbegrenzten Nukleonensystem mit einer bestimmten, konstanten Teilchenanzahldichte aus, wobei prinzipiell eine paarweise Wechselwirkung der Nukleonen zugelassen ist. Dieser Wechselwirkung werden experimentelle Streudaten zwischen freien Nukleonen zugrunde gelegt. Das Nukleonensystem wird als ein Gas von Fermionen betrachtet. Man nimmt dann an, daß das Pauli-Prinzip weitgehend die Korrelation der Bewegung der Nukleonen durch Streuung zweier Nukleonen aneinander verhindert, da nach ihm für diese Streuung keine freien Nukleonenzustände zur Verfügung stehen. Damit muß die Bewegung der Nukleonen nahezu unabhängig voneinander verlaufen.

Kernmaterie

13.1 Tröpfchenmodell, Bethe-Weizsäcker-Beziehung

Die Ausgangsidee für die Entwicklung des Tröpfchenmodells bilden strukturelle Analogien zwischen Atomkernen und Flüssigkeitstropfen.

a) Die Dichte einer Flüssigkeit ist unabhängig von der Größe des Flüssigkeitstropfens, die Dichte eines Atomkernes ist ebenfalls unabhängig von seiner Größe (s. (S 10.1)).
b) In Flüssigkeiten wirken die van-der-Waals-Kräfte praktisch nur zwischen nächsten Nachbarn. Gleichermaßen wirken Kernkräfte nur innerhalb einer äußerst kurzen Reichweite, d.h. nur zwischen einer begrenzten kleinen Anzahl von Nukleonen (vgl. Abschn. 10.8).

Auf der Basis dieser Analogien versuchte v. WEIZSÄCKER im Jahre 1935, die Ruhenergie eines Atomkernes zu berechnen. Dieses erste Tröpfchenmodell des Atomkernes wurde später von BETHE und FERMI vervollkommnet. Man geht davon aus, daß sich die Ruhenergie $W_{0k}(Z, M)$ eines Atomkernes der Ordnungszahl Z und der Nukleonenzahl $M = Z + N$ zusammensetzt aus

– der Ruhenergie seiner Nukleonen

$$m_{0p} Zc^2 + m_{0n} Nc^2, \tag{13.1 a}$$

und

– einem in Analogie zur Flüssigkeit als *Kondensationsenergie* bezeichneten Term

Kondensationsenergie

$$-C_1(N+Z) \quad (C_1 > 0). \tag{13.1 b}$$

Er erfaßt den durch die Kernkräfte bewirkten Bindungszustand der Nukleonen unter Voraussetzung einer näherungsweise gleichen Bindungsenergie für alle Nukleonen. Das negative Vorzeichen drückt aus, daß es sich um eine Bindungsenergie handelt.

Hinzu kommen Korrekturgrößen, die den spezifischen Besonderheiten der Atomkerne Rechnung tragen. Diese Anteile berücksichtigen die folgenden Fakten:

– Die in (13.1 b) vorausgesetzte Proportionalität der Bindungsenergie zu $(N+Z)$ ist nur eine Näherung. Tatsächlich ist die Bindungsenergie auch von $(N-Z)$, d.h. von der Abweichung des Nuklids gegenüber der durch $N = Z$ gekennzeichneten symmetrischen Zusammensetzung abhängig. Man nennt diesen Summanden deshalb *Asymmetrieenergie*. Die Asymmetrieenergie ist eine Folge des für Fermionen geltenden Pauli-Prinzips. Sie ergibt sich als proportional sowohl zum Neutronenüberschuß $(N - Z)$ als auch zu der mittleren Energie $C^* (N - Z)/(N + Z)$ dieser überschüssigen Nukleonen und wirkt bindungslockernd. Damit ist sie darstellbar durch den Ausdruck

Asymmetrieenergie

$$+C_2 \frac{(N-Z)^2}{(N+Z)} \quad (C_2 > 0). \tag{13.1 c}$$

Das in der Asymmetrieenergie zum Ausdruck kommende unterschiedliche Verhalten von Protonen und Neutronen erfaßt nicht die zwischen den Protonen vorliegende Coulomb-Abstoßung, sondern ist eine mikrophysikalische Materieeigenschaft.

Oberflächenenergie

– Analog zur Oberflächenenergie eines Flüssigkeitstropfens besitzt auch der Kern eine bindungslockernde *Oberflächenenergie*. Sie kommt dadurch zustande, daß die an der Kernoberfläche sitzenden Nukleonen nur einseitig durch die weiter innen liegenden Nukleonen gebunden sind. Dieser Beitrag ist der Kernoberfläche, d.h. R_k^2 proportional. Mit $R_k \sim M^{1/3} = (N+Z)^{1/3}$ (vgl. (S 3.1)) gilt für ihn

$$+C_3(N+Z)^{2/3} \quad (C_3 > 0)\,. \tag{13.1 d}$$

– Ein weiterer bindungslockernder Anteil ist durch die gegenseitige elektrostatische Abstoßung der Protonen gegeben. Nimmt man als mittleren Abstand der Protonen näherungsweise den Kernradius an und beachtet wieder $R_k \sim (N+Z)^{1/3}$, so ergibt sich nach dem Coulombschen Gesetz für diesen Beitrag Proportionalität zu $Z^2 R_k^{-1}$ und damit

$$+C_4 Z^2 (N+Z)^{-1/3} \quad (C_4 > 0)\,. \tag{13.1 e}$$

– gg-Kerne sind stabiler als ug- und gu-Kerne, diese wiederum stabiler als uu-Kerne (s. Abschn. 10.6). Darin kommt zum Ausdruck, daß gepaarte Nukleonen offensichtlich eine besonders feste Bindung bewirken, wenn es sich um gleichartige Nukleonen handelt. Bei den leichten Atomkernen ist diese Eigenschaft der Kernbindungsenergie besonders deutlich. Das erforderliche Korrekturglied ist näherungsweise umgekehrt proportional zur Nukleonenanzahl $N+Z$, wirkt für uu-Kerne bindungslockernd, für gg-Kerne bindungsfestigend und kann für alle ug- und gu-Kerne näherungsweise Null gesetzt werden:

$$\pm \frac{C_5}{N+Z} \quad \begin{pmatrix} \left.\begin{matrix} + \\ - \end{matrix}\right\} \text{ für } \left\{\begin{matrix} \text{uu-Kerne} \\ \text{gg-Kerne} \end{matrix}\right. \\ C_5 = 0 \text{ für ug- und gu-Kerne} \end{pmatrix}. \tag{13.1 f}$$

Paarungsenergie

Diese *Paarungsenergie* ist ebenso wie die Asymmetrieenergie im Rahmen des Tröpfchenmodells nicht erklärbar.

Bethe-Weizsäcker-Beziehung

Durch Addition der einzelnen Beiträge erhält man die *Bethe-Weizsäcker-Beziehung*

$$\begin{aligned} W_{0k}(Z,N) &= m_{0k}(Z,M)\,c^2 \\ &= m_{0p}Zc^2 + m_{0n}Nc^2 - C_1(N+Z) + C_2\frac{(N-Z)^2}{N+Z} \\ &\quad + C_3(N+Z)^{2/3} + C_4 Z^2 (N+Z)^{-1/3} \pm \frac{C_5}{N+Z} \end{aligned} \tag{13.2 a}$$

und hieraus, unter Beachtung von (S 10.9) und Division durch die Nukleonenzahl $N+Z$ als mittlere Bindungsenergie pro Nukleon,

$$\frac{W_B(Z,N)}{N+Z} = -C_1 + C_2\left(\frac{N-Z}{N+Z}\right)^2 + \frac{C_3}{(N+Z)^{1/3}} + C_4\frac{Z^2}{(N+Z)^{4/3}} \pm \frac{C_5}{(N+Z)^2}. \tag{13.2}$$

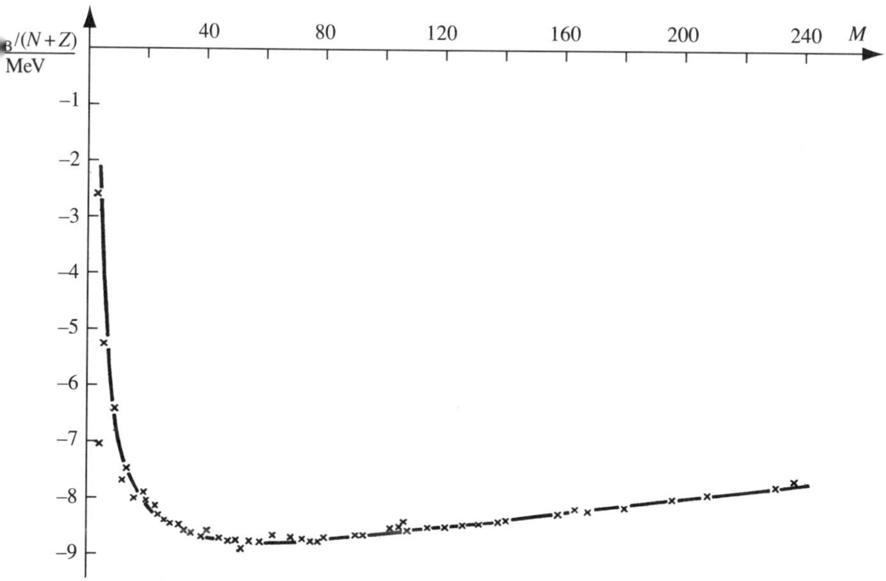

Abb. 13.1
Bindungsenergie pro Nukleon $W_B/(N+Z)$ in Abhängigkeit von der Nukleonenzahl. Die ausgezogene Kurve zeigt den nach dem Tröpfchenmodell berechneten Verlauf, die Kreuze geben die aus dem Kernmassendefekt bestimmten Werte an.

Die Konstanten C_i können nicht aus dieser Theorie gewonnen werden; man muß sie empirisch bestimmen. Dies gelingt, indem man die aus den Kernmassendefekten berechenbaren Bindungsenergien für mindestens fünf Kerne in (13.2) einsetzt und aus den so gewonnenen Gleichungen die fünf unbekannten C_i berechnet. Man erhält

$$\frac{W_B(Z,N)}{N+Z} = \left[-14{,}0 + 19{,}3\left(\frac{N-Z}{N+Z}\right)^2 + \frac{13{,}0}{(N+Z)^{1/3}} + 0{,}58\,\frac{Z^2}{(N+Z)^{4/3}} \pm \frac{130}{(N+Z)^2}\right]\text{MeV}. \qquad (13.2\text{b})$$

Abbildung 13.1 zeigt die nach (13.2b) berechneten Bindungsenergien pro Nukleon in Abhängigkeit von der Massenzahl M. Für $M > 20$ weichen die so berechneten Bindungsenergien um weniger als 1 % von den aus den Kernmassendefekten bestimmten ab. Für kleinere M werden dagegen die Abweichungen z.T. recht beträchtlich. Diese Abweichungen sind allerdings nicht verwunderlich, da die Behandlung von nur wenigen Nukleonen im Tröpfchenmodell sicher eine allzu grobe Näherung darstellt.

13.1.1 Zu einigen Folgerungen aus der Bethe-Weizsäcker-Beziehung

Aus der Bethe-Weizsäcker-Beziehung können einige weitere interessante Folgerungen entnommen werden.

Nach der experimentellen Erfahrung liegt der Stabilitätsbereich für leichte Kerne bei $N \approx Z$ (vgl. Abb. 10.4). Diese Tatsache ist aus (13.2b) sofort erklärbar. Für leichte Kerne, d.h. kleines Z, besitzt der vierte Term, die Protonenabstoßung, wegen seines kleinen Zahlenfaktors gegenüber den anderen Termen wenig Einfluß. Die größte Bindungsenergie ergibt sich, wenn das zweite Glied entfällt, d.h., wenn $N \approx Z$ ist. Schwere Kerne müssen dagegen einen Neutronenüberschuß besitzen. Wegen der Größe von N und Z ist dann der fünfte Term vernachlässigbar; der zweite Term verschwindet dagegen wegen $N > Z$ nicht mehr. Gleichzeitig wächst aber der vierte Term mit Z für $N > Z$ weniger stark als für $N = Z$, so daß die Summe aus dem 2. und 4. Term für $N > Z$ mit wachsendem Z weniger stark zunimmt als für $Z \approx N$, somit das Anwachsen des 2. Terms mehr als kompensiert wird. Für schwere Kerne wird also die Bindungsenergie für $N > Z$ größer als im Fall $N = Z$.

Neutronenüberschuß der stabilen Nuklide

Abbruch des Periodischen Systems

Bei den schweren Atomkernen macht sich das von Z^2 abhängige Glied, welches die elektrostatische Protonenabstoßung beschreibt, immer mehr bemerkbar. So trägt z.B. zur mittleren Bindungsenergie pro Nukleon bei $^{200}_{80}$Hg der zweite Term 0,77 MeV, der dritte 2,24 MeV, der fünfte 0,003 MeV und der die Protonenabstoßung beschreibende vierte Term 3,28 MeV bei. Mit wachsendem Z nimmt daher die Bindungsenergie pro Nukleon immer mehr ab. Der vierte Term und damit die elektrostatische Protonenabstoßung ist die Ursache des bei den schwersten Kernen ablaufenden α-Zerfalls und letztlich auch die Ursache für den Abbruch des periodischen Systems der natürlichen Elemente. Vergleicht man z.B. die Bindungsenergie pro Nukleon in $^{208}_{82}$Pb mit der in $^{238}_{92}$U, so erkennt man, daß die letzten 30 Nukleonen in $^{238}_{92}$U nur mit einer mittleren Bindungsenergie von $-5{,}35$ MeV gebunden sein können. Die Lösung von vier Nukleonen aus dem Kern $^{238}_{92}$U erfordert demzufolge nur eine Energie von 21 MeV, während beim Zusammenschluß von vier Nukleonen zu einem α-Teilchen 28 MeV freiwerden (vgl. Tab. 10.4). Damit können also die von einem schweren Kern emittierten α-Teilchen im Höchstfalle eine kinetische Energie von 7 MeV besitzen, was auch vom Experiment bestätigt wird.

kinetische Energie der α-Teilchen beim α-Zerfall

Auch die Kernspaltung läßt sich aus dem Tröpfchenmodell verstehen. Wir betrachten hierfür zunächst ein klassisches Analogon. Wird einem Flüssigkeitstropfen mechanische Energie zugeführt, dann beginnt er zunächst zu schwingen (Abb. 13.2b), schnürt sich bei weiterer Energiezufuhr in der Mitte ein (Abb. 13.2c), um dann bei einer bestimmten Energie in zwei Bruchstücke zu zerreißen (Abb. 13.2d). Analog kann man die induzierte Kernspaltung verstehen. An die Stelle der zugeführten mechanischen Energie beim Flüssigkeitstropfen tritt hier die zur Spaltung not-

Abb. 13.2
Zerreißen eines Flüssigkeitstropfens durch mechanische Schwingungen

wendige *Aktivierungsenergie.* Bei der spontanen Spaltung wird diese Energie vom Spaltprozeß selbst aufgebracht. Die Existenz dieser Aktivierungsenergie erklärt sich wie folgt. Die Einleitung des Spaltungsvorganges ist mit einer Vergrößerung der Kernoberfläche, d.h. mit einer Vergrößerung der bindungslockernden Oberflächenenergie W_0 um $\Delta W_0 > 0$ verbunden. Gleichzeitig vergrößert sich aber der Protonenabstand, wodurch sich die Protonenabstoßungsenergie W_c um $\Delta W_c < 0$ verkleinert, also eine Bindungsverfestigung hervorruft. Ist nun $|\Delta W_c| > \Delta W_0$, dann spaltet der Kern spontan, denn die zur Vergrößerung der Kernoberfläche notwendige Energie kann von ΔW_c kompensiert werden. Zur Einleitung der Spaltung bedarf es deshalb keiner Energiezufuhr von außen. Ist dagegen $|\Delta W_c| < \Delta W_0$, dann ist die Zufuhr einer Aktivierungsenergie erforderlich. Diese berechnet sich für die Spaltung des Zwischenkernes $^{236}_{92}U$ zu 6,5 MeV, für die Spaltung von $^{239}_{92}U$ zu 7,0 MeV. Da nach der Bethe-Weizsäcker-Beziehung bei der Absorption eines thermischen Neutrons durch den Kern $^{235}_{92}U$ eine Energie von 6,8 MeV frei wird, bei der Absorption eines thermischen Neutrons durch den Kern $^{238}_{92}U$ dagegen nur eine Energie von 5,5 MeV, kann $^{235}_{92}U$ durch thermische Neutronen gespalten werden, $^{238}_{92}U$ dagegen nicht.

Aktivierungsenergie für die Kernspaltung

Deutung der Kernspaltung

Die Bethe-Weizsäcker-Beziehung läßt auch gewisse Aussagen über den radioaktiven Zerfall zu. Wir betrachten hierzu den Isobarenschnitt der *Energiefläche* $W_B = W_B(N, Z)$ der Atomkerne. Als Energiefläche bezeichnet man die Veranschaulichung der Funktion $W_B = W_B(N, Z)$ in einem rechtshändigen rechtwinkligen N, Z, W_B-Koordinatensystem (vgl. Abb. 13.3 a). Diese hat die Form eines Tales, die stabilen Kerne liegen in Nähe der Talsole. *Isobarenschnitt* nennt man die Schnittlinie der Energiefläche mit einer Ebene $M = N + Z =$ const, d.h. mit einer Ebene, die sowohl die N, W_B-Ebene als auch die Z, W_B-Ebene unter einem Winkel von 45° schneidet. Abbildung 13.3 zeigt entsprechende Isobarenschnitte für $M = 91$ und $M = 92$. Als Abszisse der Darstellungen wurde $N - Z$ gewählt. Da $M = N + Z$, d.h. $N - Z = M - 2Z$ gilt, existieren für ungeradzahlige Werte von M nur Kerne mit ungeradzahligen Werten von $N - Z$, für geradzahlige M dagegen nur solche mit geradzahligen Werten von $N - Z$. Weiter gehören zu ungeradzahligen M gu- und ug-Kerne, zu geradzahligen gg-Kerne und uu-Kerne (vgl. Abschn. 10.6).

Energiefläche der Atomkerne

Isobarenschnitt der Energiefläche

Wir betrachten zunächst den Isobarenschnitt für $M = 91$ (vgl. Abb. 13.3b). Der Talsohle am nächsten liegt der Kern $^{91}_{40}Zr$; er ist also gegenüber radioaktivem Zerfall stabil. Die links von ihm liegenden Kerne besitzen ihm gegenüber Protonenüberschuß, die rechts von ihm liegenden

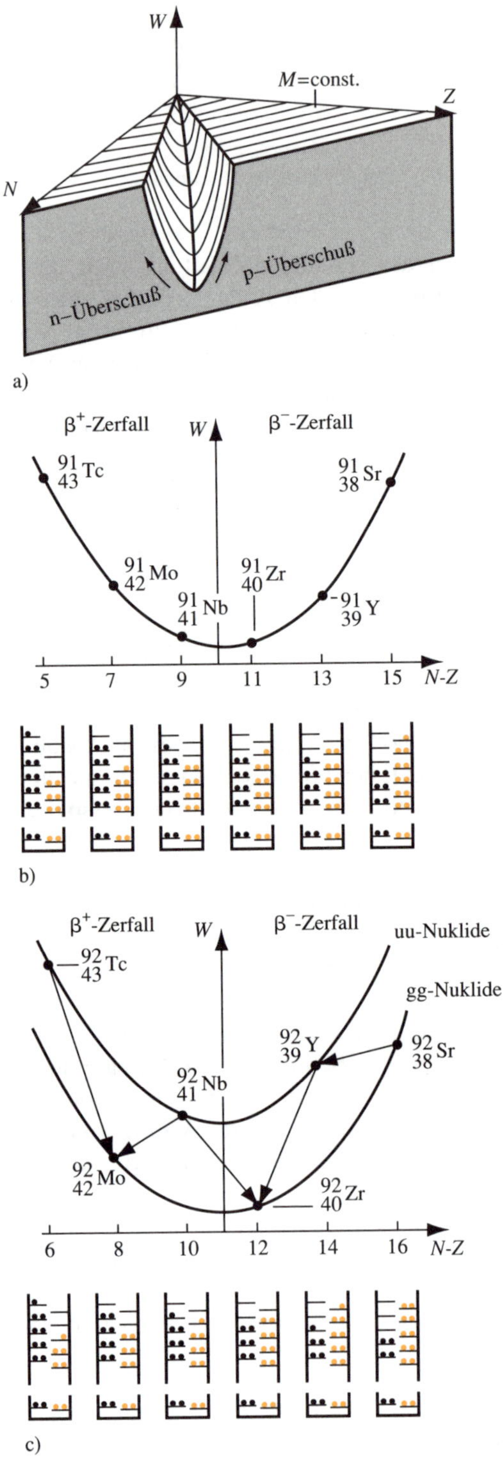

Abb. 13.3
Energiefläche der Atomkerne
a) Energiefläche mit möglichen Isobarenschnitten
b) Isobarenschnitt für $M = 91$ (• Protonen, • Neutronen)
c) Isobarenschnitt für $M = 92$ (• Protonen, • Neutronen)

ihm gegenüber Neutronenüberschuß. Daher gehen die links von dem Kern $^{91}_{40}Zr$ liegenden durch β^+-Zerfall, die rechts von ihm liegenden durch β^--Zerfall in ihn über. Es gibt also für $M = 91$ und, wie man zeigen kann, für jede ungerade Nukleonenzahl genau ein stabiles Isotop. Bei gerader Massenzahl ist zu beachten, daß gg- und uu-Nuklide existieren und nach (13.1 f) der Isobarenschnitt aus zwei Schnittkurven besteht. Da uu-Kerne schwächer als gg-Kerne gebunden sind, liegen auf der energetisch höheren Schnittkurve die uu-Kerne, auf der energetisch niedrigeren die gg-Kerne (vgl. Abb. 13.3 c). Die uu-Kerne können also nicht stabil sein, da sie durch β^-- oder β^+-Emission in einen auf der gg-Kurve liegenden Kern übergehen. Diese Aussage gilt für alle uu-Kerne mit Ausnahme von ^2_1H, ^6_3Li, $^{10}_5B$ und $^{14}_7N$. Die Ausnahmen erklären sich durch die spezielle Form der Energiefläche im Bereich dieser Kerne. Das Energietal für uu-Kerne ist dort so tief, daß die vier Kerne energetisch tiefer liegen als die ihnen benachbarten gg-Kerne.

Auf der gg-Kurve liegt der $^{92}_{40}Zr$-Kern der Talsohle am nächsten, er ist also stabil. Außerdem ist aber noch $^{92}_{42}Mo$ stabil, denn dieser Kern könnte nur entweder durch doppelte Positronenemission oder durch einen Stufenprozeß über $^{92}_{41}Nb$ in $^{92}_{40}Zr$ übergehen. Eine gleichzeitige Emission von 2 Positronen wird nicht beobachtet; die zweite Möglichkeit verbietet sich aus energetischen Gründen. Es gibt also für diesen speziellen M-Wert zwei stabile Isobare. Analoge Betrachtungen für andere gerade Werte von M führen zu dem Ergebnis, daß es in jedem Fall mindestens zwei stabile Isobare gibt. Wir fassen zusammen:

> Unter den Isobaren mit einer jeweils geraden Nukleonenanzahl existieren mindestens zwei stabile gg-Nuklide und bis auf die Ausnahmen ^2_1H, ^6_3Li, $^{10}_5B$ und $^{14}_7N$ nur instabile uu-Nuklide. Dagegen tritt unter den Isobaren mit einer jeweils ungeraden Nukleonenanzahl nur ein stabiles Nuklid auf (*Isobarenregel*).

(S 13.1) Isobarenregel

Ausnahmen von der Isobarenregel

Ausnahmen von der Isobarenregel bilden die Nuklide mit den Massenzahlen $M = 5$ und $M = 8$. Stabile Nuklide mit diesen Massenzahlen existieren nicht. Der Grund hierfür liegt in der besonderen Stabilität des α-Teilchens. Es gibt deswegen weder das Nuklid ^5_2He noch das Nuklid ^5_3Li. Auch der Zusammenschluß von zwei α-Teilchen zum Nuklid ^8_4Be ist unmöglich.

Aus den Abbildungen 13.3 b und 13.3 c ist zu ersehen, daß weder $^{92}_{43}Tc$ noch $^{91}_{43}Tc$ stabil sein kann. Mit (S 13.1) läßt sich zeigen, daß die Elemente Tc, Pm, At und Fr keine stabilen Isotope besitzen können. Alle diese Elemente besitzen ungerade Protonenzahlen, es gibt also für sie nur ug- und uu-Nuklide. Die uu-Nuklide sind nach (S 13.1) instabil. Jedes Isobar mit ungerader Massenzahl enthält nur ein stabiles Nuklid. Für die betrachteten Elemente existiert unter den jeweils in Frage kommenden Isobaren stets ein energetisch tiefer liegender und damit stabilerer Kern einer anderen Ordnungszahl, die betrachteten Isotope können also nicht stabil sein.

Die von ASTON gefundene Isotopenregel besagt:

(S 13.2)
Isotopenregel

Elemente mit ungeradem Z haben höchstens 2 stabile Isotope und Elemente mit geradem $Z > 6$ mindestens drei (*Isotopenregel*).

Auch die Isotopenregel wird mit dem Tröpfchenmodell verständlich. Nach (S 13.1) sind uu-Nuklide mit $Z > 7$ nicht stabil. Stabile Nuklide mit ungeradem Z müssen demzufolge eine gerade Neutronenzahl und damit eine ungerade Massenzahl besitzen. Die Massenzahlen möglicher stabiler Nuklide mit ungeradem Z müssen sich also stets um zwei Einheiten unterscheiden, z.B. $^{39}_{19}K$ und $^{41}_{19}K$ (vgl. Tab. 10.1). Damit aber $^{39}_{19}K$ und $^{41}_{19}K$ stabil sind, darf außerdem kein β-Übergang zu einem energetisch tiefer liegenden Nuklid existieren. Die Nuklide müssen demnach rechts und links in unmittelbarer Nähe der Talsohle der Energiefläche liegen. Auch die Nuklide $^{37}_{19}K$ und $^{43}_{19}K$ erfüllen die für ihre Stabilität notwendige Voraussetzung einer ungeraden Massenzahl. Sie liegen aber schon soweit oberhalb der Talsohle, daß sie durch β-Übergänge in energetisch tiefer liegende Nuklide übergehen. Sie sind demnach nicht mehr stabil. Bei geradem Z erlegt die geforderte Stabilität der Isotope deren Massenzahl zunächst keine Bedingung auf. Nach der Abbildung 13.3 existiert für jede gerade Ordnungszahl ein stabiles Nuklid mit ungerader Massenzahl. Zeichnet man die Isobarenschnitte der zu dieser Massenzahl benachbarten Massenzahlen, so erkennt man, daß mindestens noch zwei weitere stabile Nuklide mit gleichem Z existieren. Eine Ausnahme hiervon bilden wegen der speziellen Form der Energiefläche nur Nuklide mit $Z \leqq 6$. So existiert für Beryllium ($Z = 4$) nur ein stabiles Isotop, für Helium ($Z = 2$) und Kohlenstoff ($Z = 6$) existieren nur zwei stabile Isotope.

Mit dem Tröpfchenmodell lassen sich allerdings nur bestimmte experimentelle Fakten deuten. So schlugen z.B. alle Versuche fehl, mit ihm Kernanregungszustände, z.B. durch quantisierte Tröpfchenschwingungen, zu erklären.

13.2 Schalenmodell

Wie im Abschnitt 9.1 begründet wurde, besitzt die Atomhülle eine ausgeprägte Schalenstruktur. Die Edelgase mit ihren Ordnungszahlen $Z = 2$, 10, 18, 36, 54 und 86 zeichnen sich durch eine besondere Stabilität aus. Sie sind chemisch inaktiv, sie besitzen eine große Ionisationsenergie in bezug auf ihre Nachbarelemente im Periodischen System der Elemente usw. In ähnlicher Weise sind auch Atomkerne mit bestimmter Anzahl von Protonen oder Neutronen besonders stabil. Die experimentellen Befunde zeigen:

(S 13.3)
Kerne besonders großer Stabilität

Nuklide mit den Protonen- oder Neutronenzahlen Z_{ma}, $N_{ma} = 2, 8, 20, 28, 50, 82, 126$ besitzen eine besonders große Stabilität.

Nach dem Tröpfchenmodell ist die Aussage von (S 13.3) vollkommen unverständlich. Man hebt diesen Sachverhalt durch spezielle Bezeichnungen hervor:

Die in (S 13.3) genannten Protonenzahlen Z_{ma} und Neutronenzahlen N_{ma} heißen magische Zahlen. Durch eine magische Zahl Z_{ma} oder N_{ma} charakterisierte Nuklide heißen magische Nuklide und durch zwei magische Zahlen gekennzeichnete Nuklide doppelt magische Nuklide.

(D 13.1)
magische Zahlen
magische Nuklide

Der in (S 13.3) formulierte Sachverhalt wird u.a. durch folgende experimentelle Befunde belegt:

experimentelle Belege für die Existenz magischer Nukleonenzahlen

a) Elemente mit magischen Zahlen sind in der Natur besonders häufig (vgl. Tab. 10.1 und Tab. 10.3). So besitzen die doppelt magischen Nuklide $^{4}_{2}H$, $^{16}_{8}O$ und $^{40}_{20}Ca$, die magischen Nuklide $^{90}_{40}Zr$ ($N = 50$), $^{138}_{56}Ba$ ($N = 82$) und diejenigen mit $Z = 50$ (Sn) und $Z = 82$ (Pb) eine besonders große kosmische Häufigkeit in bezug auf ihre Nachbarn im Periodensystem.
b) Die Bindungsenergie magischer Nuklide ist in bezug auf ihre Nachbarnuklide ebenfalls besonders groß.
c) Die Energie des ersten angeregten Zustandes von gg-Nukliden zeigt bei den magischen Neutronenzahlen $N_{ma} = 20, 28, 50, 82, 126$ ausgeprägte Maxima (s. Abb. 13.4).
d) Magische Nuklide besitzen besonders viele stabile Isotope und Isotone. So ist Zinn ($Z = 50$) das Element mit der größten Anzahl (10) von stabilen Isotopen. Es gibt nur drei gg-Nuklide, deren Anteil am entsprechenden Isotopengemisch mehr als 60% entspricht. Es sind dies die magischen Nuklide $^{88}_{38}Sr$ ($N = 50$), $^{138}_{56}Ba$ ($N = 82$) und $^{140}_{58}Ce$ ($N = 82$).

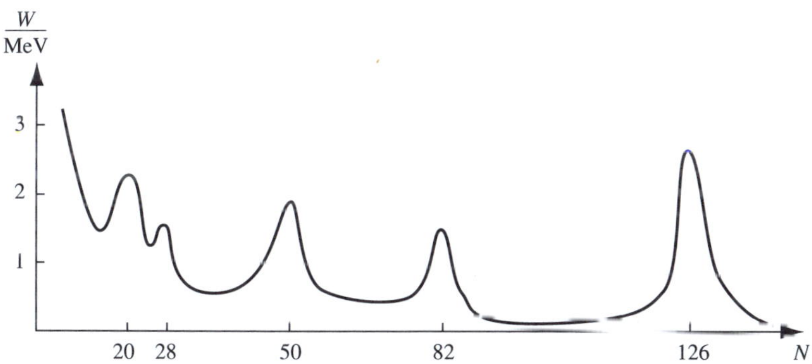

Abb. 13.4
Energie des ersten Anregungszustandes von gg-Nukliden in Abhängigkeit von der Neutronenzahl

e) Die Endprodukte der radioaktiven Familien sind magische Nuklide. Die Thorium-Familie hat als Endprodukt das doppelt magische Nuklid $^{208}_{82}Pb$ ($Z = 82$, $N = 126$), die anderen drei radioaktiven Familien als Endprodukte die magischen Nuklide $^{206}_{82}Pb$, $^{207}_{82}Pb$ und $^{209}_{83}Bi$.
f) Radioaktive magische Nuklide haben im allgemeinen eine größere Halbwertszeit und eine geringere Zerfallsenergie als nichtmagische Nuklide. So ist z. B. $^{212}_{84}Po$ ($N = 128$) ein α-Strahler mit der Halbwertszeit $T_{1/2} = 3 \cdot 10^{-7}$ s, dagegen zerfällt $^{210}_{84}Po$ ($N = 126$) mit einer Halbwertszeit von etwa 140 Tagen.
g) Die elektrischen Quadrupolmomente der Nuklide zeigen in der Umgebung von magischen Nukleonenzahlen ausgeprägte Minima bzw. besitzen dort den Wert Null.

Protonenschalen
Neutronenschalen

Die große Stabilität der Edelgase beruht auf einer speziellen Elektronenkonfiguration ihrer Atomhülle. Nach (9.4) ist ihnen allen die abgeschlossene Unterschale ns^2np^6 ($n = 2, 3, \ldots$) gemeinsam. Es liegt daher nahe, als Grund für die besondere Stabilität der magischen Kerne *Protonen-* und *Neutronenschalen* bestimmter Anordnung anzunehmen, die Kernstruktur also analog zur Hüllenstruktur zu betrachten. Diese Vermutung wird durch weitere Fakten untermauert. Alkalimetallatome bzw. Halogenatome versuchen, durch Abgabe bzw. Aufnahme eines Elektrons in die stabile Edelgaskonfiguration überzugehen. In Analogie hierzu versuchen die Nuklide mit Neutronenzahlen $N = N_{ma} \pm 1$, sich durch Abgabe bzw. Aufnahme eines Neutrons in das magische Nuklid mit $N = N_{ma}$ zu verwandeln. So gehen die Nuklide ^5_2He, $^{17}_8O$, $^{87}_{36}Kr$ und $^{137}_{54}Xe$ durch Neutronenemission in die magischen ^4_2He, $^{16}_8O$, $^{86}_{36}Kr$ und $^{136}_{54}Xe$ über (vgl. (12.42)). Eine Neutronenemission wird bei anderen Nukliden dagegen nicht beobachtet. Weiter besitzen Nuklide mit fast abgeschlossenen Nukleonenschalen einen großen Absorptionsquerschnitt für Neutronen, Nuklide mit magischen Neutronenzahlen dagegen einen sehr kleinen.

OTTO HAXEL, geb. 1909

Schalenmodell

Das von GOEPPERT-MAYER, HAXEL, JENSEN und SÜSS entwickelte Schalenmodell des Atomkernes ist ein Einteilchenmodell. Man versucht, mit ihm den Atomkern in Analogie zur Atomhülle zu behandeln. Der Zustand des Atomkernes wird durch die Angabe der von den Nukleonen unter Beachtung des Pauli-Prinzips besetzten Einteilchenzustände beschrieben. Die Schalenstruktur der Atomhülle wird bestimmt a) durch das Potential, in dem sich die Elektronen befinden und b) durch das Pauli-Prinzip. Der Drehimpuls und das magnetische Moment von abgeschlossenen Elektronenschalen und abgeschlossenen Unterschalen sind Null (s. (S 9.3)). Die Betrachtung kann daher im allgemeinen auf die Elektronen beschränkt werden, die sich in nichtabgeschlossenen Schalen befinden. Das Schalenmodell überträgt diese Überlegungen auf den Atomkern. Man postuliert die Existenz *abgeschlossener Nukleonenschalen*. Die Gesamtheit der sich in einer abgeschlossenen Nukleonenschale befindenden Nukleonen trägt nichts zum Kernspin und damit auch nichts zum magnetischen Kernmoment bei. Wesentliche Eigenschaften des Atomkerns werden daher durch die Nukleonen in nicht abgeschlossenen

JOHANNES DANIEL JENSEN (1907–1973) Nobelpreis 1963

abgeschlossene Nukleonenschalen

Schalen bestimmt. Man bezeichnet sie in Analogie zu den Valenzelektronen als *Valenznukleonen*.

Valenznukleonen

Für jedes Nukleon wird die Wechselwirkungsenergie mit allen anderen Kernnukleonen durch ein bestimmtes Potential dargestellt, es werden die zugehörigen Einteilchenzustände berechnet und sukzessive unter Beachtung des Pauli-Prinzips mit Nukleonen besetzt. Anwendung finden die gleichen Verfahren wie zur Berechnung der Elektronen-Einteilchenzustände (vgl. u.a. Abschn. 5.3.7). Im Unterschied zum Potentialfeld des Valenzelektrons ist allerdings das Potentialfeld, in dem sich das Valenznukleon befindet, wegen der noch unzulänglichen Kenntnisse über die Kernkräfte kaum bekannt, so daß man auf Näherungen angewiesen ist (rechteckige Potentialmulde mit unendlicher oder endlicher Tiefe, mit abgerundeten Ecken usw.).

Gesamtdrehimpuls eines Kernnukleons

Der Gesamtdrehimpuls $\boldsymbol{j}$ des Valenzelektrons setzt sich aus seinem Bahndrehimpuls $\boldsymbol{l}$ und seinem Spin $\boldsymbol{s}$ zusammen. Analog wird für den Gesamtdrehimpuls $\boldsymbol{j}$ eines Kernnukleons $\boldsymbol{j} = \boldsymbol{l} + \boldsymbol{s}$ ($\boldsymbol{l}$ Kernbahndrehimpuls, $\boldsymbol{s}$ Spin) angenommen. Der Kernspin $\boldsymbol{I}$ ergibt sich durch Summenbildung über die einzelnen Drehimpulse. Wenn bei einem Atomkern nur ein einziges Nukleon außerhalb einer abgeschlossenen Unterschale existiert, dann ist der Kernspin $\boldsymbol{I}$ dieses Atomkernes im Grundzustand durch $\boldsymbol{j}$ bestimmt. Bei Atomkernen mit teilweise gefüllten Unterschalen gibt es im Prinzip verschiedene Möglichkeiten der Kopplung. GOEPPERT-MAYER, HAXEL, JENSEN und SÜSS konnten 1949 zeigen, daß man dann zu einer befriedigenden Deutung der experimentellen Befunde kommt, wenn man eine starke Spin-Bahn-Wechselwirkung der einzelnen Nukleonen annimmt. Diese zunächst hypothetisch angenommene starke Spin-Bahn-Wechselwirkung konnte später experimentell nachgewiesen werden, z.B. durch Messung der Polarisation von Kernreaktionsprodukten.

Kernspin

MARIA GOEPPERT-MAYER (1906–1972) Nobelpreis 1963

Einteilchenzustände von Proton und Neutron

Die Abbildung 13.5 zeigt schematisch die für das Proton und das Neutron gewonnenen Einteilchenzustände. Die Kennzeichnung der Niveaus erfolgt analog zu denen der Elektronen der Atomhülle. Proton und Neutron sind Mikroobjekte mit dem Spin 1/2. Analog zum Valenzelektron des Alkalimetallatoms nimmt j damit die Werte

$$j = \frac{1}{2} \quad (\text{für } l = 0), \qquad j = l \pm \frac{1}{2} \quad (\text{für } l = 1, 2, \ldots, n-1) \qquad (13.3)$$

an, wobei das positive Zeichen für die Parallelstellung von $\boldsymbol{l}$ und $\boldsymbol{s}$ gilt. Analog zu (7.2) kennzeichnet man wieder die zu $l = 0, 1, 2, 3, \ldots$ gehörenden Energiezustände durch die Buchstabensymbole S, P, D, F und versieht diese mit dem entsprechenden Wert von j als rechtem unterem Index.

Die Energieniveaus werden, mit dem niedrigsten beginnend, unter Beachtung des Pauli-Prinzips mit Protonen bzw. Neutronen besetzt. Um zwischen den Nukleonen in einem bestimmten Zustand und dem Zustand selbst zu unterscheiden, wird, wie bei den Elektronen der Atomhülle, die Nebenquantenzahl mit kleinen Buchstaben s, p, d, f gekennzeichnet, wenn sie ein bestimmtes Nukleon charakterisieren soll. Die Anzahl der Nukleo-

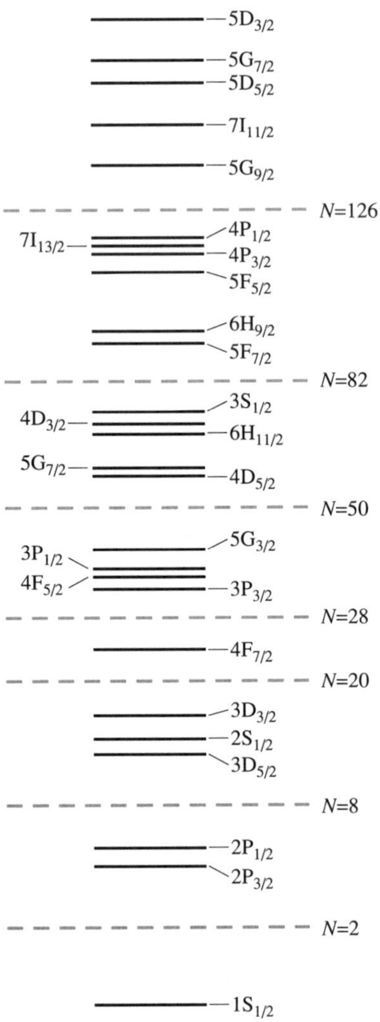

Abb. 13.5
Energieniveauschema der Neutronen im Atomkern (schematisch). Bei den magischen Zahlen existieren relativ große Lücken zwischen den benachbarten Energiezuständen

Nachweis der Existenz von magischen Nukleonenzahlen

nen mit gleichem n und l in einem Atomkern wird dann wieder als Index rechts oben an das Buchstabensymbol geschrieben. Nach Abschnitt 9.1 gibt es zu jedem ausreichend großen Wert der Hauptquantenzahl n zwei s-Nukleonen, sechs p-Nukleonen, zehn d-Nukleonen und vierzehn f-Nukleonen. Die ersten größeren Lücken zwischen benachbarten Energiezuständen des in Abbildung 13.5 dargestellten Energieniveauschemas findet man zwischen den Energieniveaus $1S_{1/2}$ und $2P_{3/2}$ und zwischen den Niveaus $2P_{1/2}$ und $3D_{5/2}$. Da es zwei s-Nukleonen und sechs p-Nukleonen in einer Schale gibt, entsprechen diese Energielücken den magischen Zahlen 2 und 8. Das doppelt magische Nuklid $^{16}_{8}O$ besitzt demzufolge die Protonen- und Neutronenkonfiguration $1s^2 2p^6$. Die nächste größere Energiedifferenz findet man zwischen den Niveaus $3D_{3/2}$ und

$4F_{7/2}$. Da die Niveaus 2S und 3D maximal 12 Nukleonen aufnehmen können, ist die nächstfolgende magische Zahl die Zwanzig. Die besetzten Einteilchenzustände bilden also energetisch deutlich unterscheidbare und oben zweckmäßig als Nukleonenschalen bezeichnete Gruppen.

Wie man aus Abbildung 13.5 erkennt, liegt das Energieniveau mit dem größerem j stets tiefer als das entsprechende mit dem kleinerem j. Die Parallelstellung von $\boldsymbol{l}$ und $\boldsymbol{s}$ ist also im Gegensatz zur analogen Erscheinung in der Atomhülle energetisch bevorzugt. Dies hat zur Folge, daß im Gegensatz zum generellen Aufbauprinzip 1s2s2p3s3p3d4s usw. der Atomhülle der Aufbau des Atomkernes nach dem Prinzip 1s2p2s3d3p3s4f usw. erfolgt. Energetische Gründe können dann noch – wie beim Aufbauprinzip der Elektronenhülle – eine zusätzliche Verschiebung bewirken.

Die für den Kernspin $\boldsymbol{I}$ experimentell ermittelten Werte lassen sich aus dem Tröpfchenmodell nur dann verstehen, wenn man die Anordnung der Nukleonen auf den Energieniveaus so vornimmt, daß sich die Gesamtdrehimpulse $\boldsymbol{j}$ von jeweils zwei Protonen und jeweils zwei Neutronen kompensieren. Der Kernspin und das magnetische Kernmoment werden dann durch die ungepaarten Nukleonen bestimmt. Kerne mit gerader Protonen- und gerader Neutronenzahl müssen demzufolge besonders stabil sein. Ein Beleg hierfür ist das aus zwei Protonen und zwei Neutronen aufgebaute α-Teilchen. Es ist mit einer Bindungsenergie von etwa –28 MeV der stabilste aller leichten Kerne; es besitzt weder eine Affinität zu einem angebotenen Überschußproton noch zu einem Überschußneutron. So ist $^{5}_{2}$He instabil und $^{5}_{3}$Li überhaupt nicht bekannt (vgl. Tab. 10.1). Ein weiterer Beleg für die angesprochene Tatsache ist, daß die meisten der stabilen Nuklide gg-Nuklide sind. Auch bei dem in Abbildung 13.3 c dargestellten Isobarenschnitt sind die stabilen Nuklide gg-Nuklide.

gg-Nuklide besitzen gerade Neutronen- und gerade Protonenzahlen; ihr Kernspin und ihr magnetisches Kernmoment sind demnach im Grundzustand Null. Diese Schlußfolgerung wird vom Experiment bestätigt (vgl. Tab. 10.1). Auch der Kernspin anderer Kerne kann aus dem Schalenmodell gefolgert werden. Wir betrachten hierzu zwei Beispiele. Der Kernspin im Grundzustand von $^{7}_{3}$Li wird durch das ungepaarte Proton im Zustand $2P_{3/2}$ bestimmt. Es hat die Gesamtdrehimpuls-Quantenzahl $j = 3/2$. Da die gepaarten Nukleonen nichts zum Kernspin beitragen, gilt $I = j = 3/2$. Das doppelt magische Nuklid $^{16}_{8}$O hat die Nukleonenkonfiguration $1s^2 2p^6$. Das folgende Nukleon wird dann auf dem Niveau $3D_{5/2}$ angesiedelt. $^{17}_{8}$O und $^{17}_{9}$F müssen demnach den Kernspin $I = 5/2$ besitzen. Auch diese Werte werden vom Experiment bestätigt.

Die Energieniveauschemata der Protonen und der Neutronen sind einander sehr ähnlich. Sie würden praktisch zusammenfallen, wenn man die elektrostatische Abstoßungsenergie der Protonen eliminiert. Ein Beleg hierfür ist z. B. der Vergleich der Energieniveauschemata der Spiegelkerne $^{3}_{1}$H – $^{3}_{2}$He, $^{13}_{6}$C – $^{13}_{7}$N, $^{15}_{7}$N – $^{15}_{8}$O, $^{29}_{14}$Si – $^{29}_{15}$P, …, $^{45}_{22}$Ti – $^{45}_{23}$V. Bei den *Spiegelkernen* handelt es sich um Isobare, die sich nur dadurch unterscheiden, daß ihr ungepaartes Nukleon entweder ein Neutron oder ein

Spiegelkerne

Kernkräfte sind ladungsunabhängig

Proton ist. Spiegelkerne stimmen in ihren Anregungsenergien bis zu mittleren Energiewerten praktisch überein, was ein Beleg für die Ladungsunabhängigkeit der Kernkräfte ist.

Neutronenüberschuß stabiler Nuklide

Nach vorstehender Betrachtung müßten Atomkerne mit etwa gleicher Protonen- und Neutronenzahl am stabilsten sein, da eine Verschiebung zugunsten einer Nukleonenart zu unbesetzten tieferliegenden Energiezuständen der anderen führen würde. Für kleine Massenzahlen wird diese Schlußfolgerung vom Experiment bestätigt (s. Abb. 10.4). Mit zunehmender Ordnungszahl wird jedoch die elektrostatische Abstoßungsenergie der Protonen immer größer. Dies bewirkt ein Höherrücken der Protonenniveaus gegenüber den entsprechenden Neutronenniveaus. Es können dann bis zum gleichen energetischen Niveau mehr Neutronen- als Protonenniveaus besetzt werden. Der Neutronenüberschuß der Nuklide nimmt mit wachsender Kernladungszahl zu. Auch das Schalenmodell erklärt damit die Tatsache, daß die schwereren stabilen Nuklide einen Neutronenüberschuß besitzen.

ungepaarte Protonen und Neutronen legen I und μ_I fest

Wir wollen noch den Zusammenhang des Kernspins I mit dem magnetischen Kernmoment μ_I untersuchen und betrachten dazu zunächst den Fall, daß der Kern nur ein ungepaartes Neutron enthält. Das magnetische Kernmoment μ_I setzt sich aus dem magnetischen Bahnmoment μ_l und dem magnetischen Spinmoment μ_s zusammen:

$$\mu_I = \mu_l \pm \mu_s . \tag{13.4}$$

Das Plus-Zeichen gilt für die Parallelstellung, das Minus-Zeichen für die Antiparallelstellung beider Momente. Da ein Neutron als elektrisch neutrales Mikroobjekt nach (6.7) kein magnetisches Bahnmoment besitzt, ist nach (13.4) das magnetische Kernmoment durch das magnetische Spinmoment $\mu_{\text{sn}} = -\,1{,}91304\,\mu_{\text{k}}$ des ungepaarten Neutrons gegeben:

$$\mu_I = \mp\, 1{,}91304\,\mu_{\text{k}} \tag{13.5a}$$

(für ein Nuklid mit einem ungepaarten Neutron).

Schmidt-Linie

Die Abhängigkeit $\mu_I = f(I)$ wird als *Schmidt-Linie* bezeichnet. Nach (13.5a) ist μ_I unabhängig von I. Trägt man in einem rechtwinkligen kartesischen Koordinatensystem μ_I über I auf, dann erhält man nach (13.5a) als Schmidt-Linien zwei abszissenparallele Geraden. Die experimentell für das magnetische Moment μ_I gefundenen Werte liegen meist nicht auf den Schmidt-Linien, sondern zwischen ihnen. In Abbildung 13.6a ist dieser Bereich schraffiert dargestellt. Die Schmidt-Linien geben damit die Grenzwerte für die magnetischen Kernmomente an. Daß diese nicht exakt auf den Schmidt-Linien liegen, weist darauf hin, daß die Kernzustände im allgemeinen nur angenähert durch ein Einteilchen-Modell zu beschreiben sind.

Besitzt der Kern ein ungepaartes Proton, so ist dessen magnetisches Bahnmoment zu beachten. Da nach (S 6.5) und Abschnitt 10.4.1 für dieses $\mu_l = l\mu_{\text{k}}$ geschrieben werden kann, gilt mit (13.3) und $j = I$

$$\mu_l = \left(I \mp \frac{1}{2}\right)\mu_{\text{k}} . \tag{13.6}$$

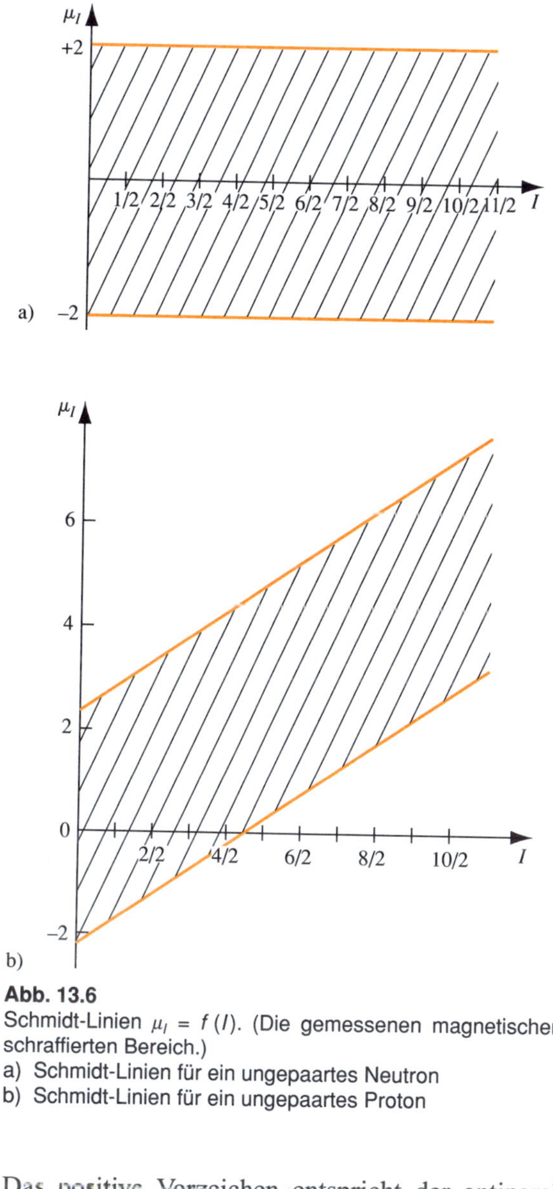

Abb. 13.6
Schmidt-Linien $\mu_I = f(I)$. (Die gemessenen magnetischen Bahnmomente liegen im schraffierten Bereich.)
a) Schmidt-Linien für ein ungepaartes Neutron
b) Schmidt-Linien für ein ungepaartes Proton

Das positive Vorzeichen entspricht der antiparallelen Einstellung von Kernspin und Bahndrehimpuls, das negative Vorzeichen ihrer parallelen Einstellung.

Einsetzen von μ_l und des aus Tabelle 10.2 folgenden Wertes $\mu_{sp} = 2{,}7928\,\mu_k$ für das magnetische Spinmoment des Protons in (13.4) ergibt als Schmidt-Linie für einen Kern mit einem ungepaarten Proton

$$\mu_I = \left(I \mp \frac{1}{2} \pm 2{,}7928\right)\mu_k \qquad (13.5\,\text{b})$$

(für ein Nuklid mit einem ungepaarten Proton).

Die Abbildung 13.6b vergleicht die experimentellen Werte mit der Schmidt-Linie (13.5b). Die Meßwerte liegen auch hier zwischen den Geraden im schraffierten Bereich.

Mit Hilfe des Schalenmodells kann auch begründet werden, warum die Kernisomerie besonders häufig bei den Atomkernen auftritt, deren Nukleonenzahlen nur wenig unter den magischen liegen. Bei derartigen Kernen befinden sich wegen der Spin-Bahn-Kopplung die Energiezustände mit großen Werten des Kernspins nur wenig über den Grundzuständen.

13.3 Weitere Kernmodelle

AAGE BOHR, geb. 1922 Nobelpreis 1975

Die experimentell ermittelten magnetischen Kernmomente liegen nicht auf den Schmidt-Linien, sondern zwischen ihnen. Weiter werden die mit Hilfe des Schalenmodells berechneten elektrischen Quadrupolmomente nicht vom Experiment bestätigt. Die berechneten Werte sind viel zu klein. Die Nukleonen in den abgeschlossenen Schalen müssen demnach einen Beitrag zum elektrischen Quadrupolmoment liefern. Auch läßt sich die Spaltung eines Kernes in zwei Teilkerne mit dem Massenverhältnis von etwa 2:3 nicht aus dem Verhalten eines bzw. einiger Nukleonen erklären. Das Schalenmodell als Einteilchenmodell ist also eine zu grobe Näherung. Der aus den Nukleonen in den abgeschlossenen Schalen gebildete „Kernrumpf" muß deshalb mit in die Betrachtungen einbezogen werden.

Vereinigtes Kernmodell

Ein derartiges Modell ist das von A. BOHR, MOTTELSON und RAINWATER entwickelte *Vereinigte Kernmodell.* In ihm sind bestimmte Aspekte des Tröpfchen- und des Schalenmodells vereinigt. Der aus den abgeschlossenen Nukleonenschalen gebildete Kernrumpf wird als Flüssigkeitstropfen betrachtet. Die Wechselwirkung zwischen diesem und den Restnukleonen führt zu kollektiven Schwingungen des Kernrumpfes, damit zu seiner Deformation und zum Auftreten eines elektrischen Quadrupolmomentes. Aus dem Energienievauschema des Kernes kann, ähnlich wie beim zweiatomigen Molekül, das Trägheitsmoment des Kernes bestimmt werden. Mit dem Vereinigten Kernmodell konnten u.a. die großen γ-Übergangswahrscheinlichkeiten der gg-Kerne sowie ihre niedrigen Energieniveaus und ihre elektrischen Quadrupolmomente gedeutet werden.

BEN MOTTELSON (1926–1981) Nobelpreis 1975

Optisches Modell des Atomkernes

Das Schalenmodell und das Vereinigte Kernmodell ermöglichen eine Beschreibung der Kernstruktur und der niedrigen Anregungsniveaus der Kerne. Das *Optische Kernmodell* versucht dagegen vor allem die Erscheinungen bei Streuprozessen zu deuten. Es ist also kein Strukturmodell im engeren Sinne, sondern erfaßt auch Umwandlungsmechanismen der Atomkerne. Der Potentialverlauf im Target-Kern wird durch eine Potentialmulde dargestellt, mit deren Hilfe wie im Schalenmodell die Wechselwirkung zwischen Inzidenzteilchen und den Kernnukleonen beschrieben wird. In der Wellenoptik wird die Absorption durch ein imaginäres Glied der Wellenzahl erfaßt, im Optischen Kernmodell die mögliche Absorption des Inzidenzteilchens durch ein imaginäres Potentialglied. Der Atomkern wird als Analogon einer optisch absorbierenden Kristallkugel aufgefaßt. Das Optische Kernmodell gestattet es u. a., die relativ große Durchlässigkeit der Kerne gegenüber Teilchen hoher Energie zu deuten.

Statistisches Kernmodell

Das *Statistische Kernmodell* schätzt die Zustandsdichte hochangeregter Atomkerne mit Hilfe thermodynamisch-statistischer Methoden ab. Der Anregungszustand eines Kernes wird durch die Kerntemperatur beschrieben. Mit diesem Modell läßt sich insbesondere das Verdampfen von Nukleonen und Kernfragmenten aus hochangeregten Kernen beschreiben. Es umfaßt also ebenfalls strukturelle Eigenschaften und Umwandlungsmechanismen.

JAMES RAINWATER, geb. 1917 Nobelpreis 1975

Die Kernmodelle wurden teilweise durch großen mathematischen Aufwand und Einsatz von Rechenautomaten erheblich vervollkommnet und verfeinert. Neben den hier genannten gibt es auch noch weitere. Sie alle stellen für die Kernphysik wichtige Hilfsmittel bei der Deutung und Systematisierung der experimentellen Ergebnisse dar. Ihr Nutzen für die praktische Arbeit kann aber nicht darüber hinwegtäuschen, daß sich bisher auf keines dieser Kernmodelle eine die gesamte Kernphysik umfassende tragfähige Theorie aufbauen ließ.

13.4 Aufgaben

13.1
Zeigen Sie, unter welchen vereinfachenden Annahmen die Dichte der Atomkerne unabhängig von ihrer Größe ist!

13.2
Berechnen Sie das Verhältnis der Massedichten der Kerne von Uran-238 und Eisen-56!

13.3
Leiten Sie den bindungslockernden Anteil der elektrostatischen Abstoßung in der Bethe-Weizsäcker-Beziehung her und bestimmen Sie die Konstante C_4!

13.4
Von welcher Kernladungszahl an wäre nach der Bethe-Weizsäcker-Beziehung für Kerne mit gleicher Neutronen- und Protonenzahl der bindungslockernde elektrostatische Anteil größer als die anderen bindungslockernden Anteile?

13.5
Man zeige, daß das Minimum der Bindungsenergie je Nukleon für alle Kerne mit $Z \geqq 10$ einen Neutronenüberschuß erfordert.

14 Anwendung der Kernenergie

Zur Gewinnung von *Kernenergie* kommen sowohl die induzierte Kernspaltung als auch die Kernfusion in Betracht. Kernenergie

Der Gedanke, daß man die induzierte Kernspaltung als regelbare Kernkettenreaktion durchführen und damit technisch ausnutzen kann, wurde bereits kurz nach ihrer Entdeckung ausgesprochen. Am 2. Dezember 1942 wurde in Chikago der erste Uran-Graphit-Reaktor kritisch. Mit seinem Aufbau gelang FERMI erstmalig die Realisierung einer gesteuerten Kernkettenreaktion. In den Jahren 1942–1945 wurde unter Leitung von OPPENHEIMER in den USA die erste Kernspaltungsbombe (*Atombombe*) entwickelt und am 16.7.1945 in der Wüste von New Mexico getestet. Darauf folgten die nicht zu rechtfertigenden Einsätze der Atombomben am 5.8.1945 in Hiroshima und am 9.8.1945 in Nagasaki. Die friedliche Nutzung der induzierten Kernspaltung zur Energiegewinnung begann am 27.6.1954. An diesem Tage lieferte ein sowjetisches Kernkraftwerk in Obninsk bei Moskau erstmals in der Welt Energie in ein öffentliches elektrisches Netz. 1957 lief in der UdSSR der erste durch Kernenergie getriebene Eisbrecher vom Stapel, 1960 in den USA das erste durch Kernenergie betriebene Passagierschiff. Heute sind *Leistungsreaktoren* zur Energiegewinnung und *Forschungsreaktoren* als hochintensive γ- und Neutronenstrahlquellen sowie zur rationellen Gewinnung von radioaktiven Isotopen für die Technik, Naturwissenschaften und Medizin weit verbreitet. Ihre Anzahl wächst ständig.

Atombombe

Leistungsreaktoren

Forschungsreaktoren

Mit dem Test der *Wasserstoffbombe* am 28.2.1954 auf dem Bikini-Atoll wurde die erste künstliche unkontrollierte Kernfusionsreaktion realisiert. Die Verwirklichung der gesteuerten Kernfusion zur Energiebereitstellung gelang jedoch bis heute nicht.

Wasserstoffbombe

Die Entwicklung des Kernreaktors und der Atom- und Wasserstoffbombe setzte nicht nur bezüglich arbeitsorganisatorischer und ökonomischer Erfordernisse neue Maßstäbe, sondern die mit dem militärischen Mißbrauch der Kernenergie verbundene Gefahr machte auch die Verantwortlichkeit des Wissenschaftlers gegenüber der Gesellschaft deutlich wie nie zuvor. Dazu ist anzumerken, daß auch die friedliche großtechnische Nutzung der Kernenergie infolge der notwendigen Aufarbeitung und Endlagerung der anfallenden radioaktiven Abfallprodukte Probleme aufwirft. Hinzu können technische Unzulänglichkeiten und eine mangelhafte Einhaltung der Sicherheitsbedingungen kommen, wie sie z.B. bei der Katastrophe von Tschernobyl sichtbar wurden.

ROBERT OPPENHEIMER (1904–1967)

14.1 Technische und militärische Anwendung der Kernspaltung

14.1.1 Kernkettenreaktion, Vierfaktorenformel, kritische Masse

Im Mittel werden bei der Spaltung eines $^{235}_{92}$U-Kernes 2,43 Neutronen mit einer mittleren Energie von etwa 2 MeV frei (vgl. (12.44) und (12.46)). Diese können wiederum zur Spaltung von $^{235}_{92}$U-Kernen und damit zur Auslösung der zweiten Neutronengeneration führen, welche zur Spaltung weiterer $^{235}_{92}$U-Kerne und damit die Erzeugung der dritten Neutronengeneration bewirkt usw. Man nennt einen derartigen Vorgang *Kernkettenreaktion*. Für die Realisierung einer Kernkettenreaktion ist der Anteil der erzeugten freien Neutronen wichtig, der zu thermischen Neutronen abgebremst werden kann, da nur diese zur Spaltung weiterer U-235-Kerne fähig sind.

Kernkettenreaktion

Eine Kernkettenreaktion wird nur dann aufrechterhalten, wenn jedes thermische Neutron der i-ten Generation mindestens ein thermisches Neutron erzeugt, welches in der $(i+1)$-ten Generation wieder zur Spaltung führt.

(D 14.1) Multiplikationsfaktor k der Kernkettenreaktion

Das Verhältnis

$$k = \frac{N_{i+1}}{N_i} \qquad (i = 1, 2, 3, \ldots)$$

der Anzahl N_{i+1} und der Anzahl N_i der im spaltbaren Material absorbierten thermischen Neutronen der $(i+1)$-ten und der i-ten Generation heißt Multiplikationsfaktor der Kernkettenreaktion.

Gilt $k < 1$, so nimmt die Anzahl der erzeugten Neutronen von Generation zu Generation ab, und die Kernkettenreaktion kommt nach einer gewissen Zeit zum Erliegen. Gilt $k > 1$, so nimmt dagegen die Anzahl der Kernspaltungen von Generation zu Generation bis zu einem beliebig großen Wert zu. Bei genügend kurzer Generationsdauer kommt es zu einer Kernexplosion. Für $k = 1$ bleibt die Anzahl der pro Zeit stattfindenden Kernzerfälle konstant, und eine stationäre Kernkettenreaktion kann aufrechterhalten werden.

Natürliches Uran enthält im wesentlichen Uran-238 und nur zu 0,7% Uran-235. Die bei der Spaltung von U-235 entstehenden schnellen Neutronen mit einer Energie von etwa 2 MeV werden zunächst an den U-238-Kernen durch unelastische und elastische Streuung gebremst. Die Wahrscheinlichkeit für eine Absorption der Neutronen durch die Kerne und damit für deren Spaltung ist sehr gering. Deshalb überwiegen bei Neutronenenergien $> 10^5$ eV unelastische Stoßprozesse mit großen Energieänderungen. Die weitere Abbremsung vollzieht sich vorwiegend durch elastische Stöße. Ehe die Neutronen aber thermische Energien

($W_{therm} \approx 0{,}025$ eV) erreichen und somit der Wirkungsquerschnitt den für die Spaltung von Uran-235 notwendigen Wert annehmen kann, passieren sie das bei 7,5 eV liegende Gebiet der *Resonanzabsorption* von Uran-238. Wegen der Häufigkeit dieses Nuklids im natürlichen Uran werden praktisch alle Neutronen bei dieser Resonanzstelle absorbiert, ihre Energie reicht aber nicht mehr zur Spaltung von Uran-238 aus. Eine Kernkettenreaktion kommt damit nicht zustande. Sie kann entweder durch Anreicherung des Isotops Uran-235 im natürlichen Uran erzielt werden oder (und) durch den Einsatz von Moderatoren. Der erste Weg ist im Prinzip einfach, technologisch aber sehr aufwendig. In den folgenden Überlegungen wird die Verwendung eines Moderators vorausgesetzt. Ein Moderator hat die Aufgabe, ein beim Spaltprozeß entstehendes Neutron vor dem Zusammenstoß mit einem Uran-238-Kern auf Energien unterhalb der ^{238}U-Resonanzenergie abzubremsen, ohne es selbst zu absorbieren (vgl. Abschn. 12.5.2).

Resonanzabsorption

Moderator

Wir wollen zunächst den Multiplikationsfaktor für einen Urankörper mit unendlich großen Abmessungen berechnen. Der Körper bestehe aus einem Gemisch von ^{235}U und ^{238}U und einer geeigneten Moderatorsubstanz. Die Anzahl der Neutronen der i-ten Neutronengeneration, die vom Uran-235 absorbiert wird, sei N_i. Pro Neutron werden η neue Neutronen, d.h. insgesamt $N_i\eta$ schnelle Neutronen erzeugt. Hierbei ist $\eta < 2{,}43$, da nicht jeder Absorptionsprozeß zu einer neuen Spaltung führen muß. So rufen z.B. etwa 20% der von dem ^{235}U absorbierten Neutronen nicht Kernspaltungsprozesse, sondern (n,γ)-Prozesse hervor. Ein kleiner Bruchteil b der erzeugten $N_i\eta$ schnellen Neutronen führt bereits vor ihrer Abbremsung zur Spaltung von $^{235}_{92}$U- und $^{238}_{92}$U-Kernen und erhöht damit die Anzahl der betrachteten schnellen Neutronen. Mit dem *Schnellspaltfaktor* $\varepsilon = 1 + b$ erhält man dann $N_i\eta\varepsilon$ statt $N_i\eta$ schnelle Neutronen. Sie werden durch die Moderatorsubstanz abgebremst. Allerdings erreicht nur ein Bruchteil p der ursprünglich vorhandenen schnellen Neutronen thermische Energien. Ein erheblicher Teil wird vom ^{238}U beim Durchlaufen der Resonanzabsorptionsenergie dieses Isotops ($\approx 7{,}5$ eV) absorbiert, ein geringer Teil durch die Moderatorsubstanz. Dieser Vorgang wird durch die *Resonanzentkommwahrscheinlichkeit* p erfaßt. Es stehen damit nach der Abbremsung $N_i\eta\varepsilon p$ thermische Neutronen zur Verfügung, von denen nur der Bruchteil f (f *thermische Ausnutzung*) von dem ^{235}U absorbiert wird, der andere Teil von der Moderatorsubstanz und dem ^{238}U. Die Anzahl thermischer Neutronen der $(i + 1)$-ten Generation, die vom Uran-235 absorbiert wird, beträgt demzufolge $N_i\eta\varepsilon pf$ und damit der Multiplikationsfaktor k_∞ für einen unendlich großen Urankörper

Herleitung der Vierfaktorenformel

Schnellspaltfaktor

Resonanzentkommwahrscheinlichkeit

thermische Ausnutzung

$$k_\infty = \eta\varepsilon pf. \qquad (14.1\,a)$$

(14.1 a) nennt man *Vierfaktorenformel* des unendlich ausgedehnten Reaktors.

Vierfaktorenformel des unendlich ausgedehnten Reaktors

Geht man zu einem endlichen Volumen des spaltbaren Materials über, dann ist zu berücksichtigen, daß ein gewisser Teil der Neutronen durch die Oberfläche des spaltbaren Materials in den Außenraum entweicht, also

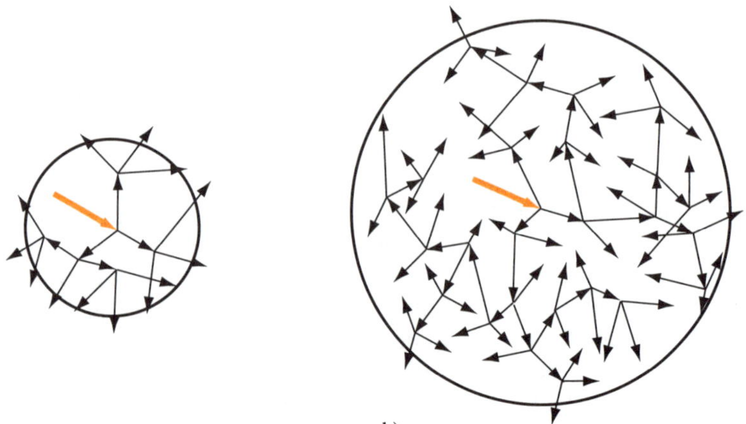

a) b)

Abb. 14.1
Zur Abhängigkeit der Kernkettenreaktion von der Masse des spaltbaren Materials
a) $k < 1$
b) $k > 1$

für weitere Kernspaltungsprozesse verlorengeht. Beträgt die Wahrscheinlichkeit für ein Verbleiben der schnellen und der thermischen Neutronen im Bereich des spaltbaren Materials $w = L$ (L *Leakage* oder *Nichtleckfaktor*), dann ist nach (14.1 a) dem spaltbaren Material mit endlichen Dimensionen der Multiplikationsfaktor

Leakage (Nichtleckfaktor)

Vierfaktorenformel für den endlichen Reaktor

$$k = k_\infty L = \eta \varepsilon p f L \tag{14.1 b}$$

zuzuordnen.

kritischer, unterkritischer, überkritischer Reaktor

Einen Reaktor mit $k = 1$ nennt man kritisch, mit $k < 1$ *unterkritisch*, mit $k > 1$ *überkritisch*.

Gegeben sei ein spaltbares Material (^{235}U oder ^{239}Pu) von kugelförmiger Gestalt. In ihm werden zu einer bestimmten Zeit – z. B. durch spontane Kernspaltungen – N Neutronen freigesetzt und damit der Ablauf einer Kernkettenreaktion prinzipiell ermöglicht. Sind die Masse und der Radius sehr klein, so wird ein großer Teil dieser Neutronen das spaltbare Material verlassen und damit nicht zum weiteren Ablauf der Kernkettenreaktion beitragen. Der Multiplikationsfaktor ist $k < 1$, die Kernkettenreaktion verlischt (vgl. Abb. 14.1 a). Bei einem sehr großen Radius ist demgegenüber $k > 1$ zu erwarten (vgl. Abb. 14.1 b), und es kommt bei einer genügend kurzen Generationsdauer zu einer Kernexplosion. Für eine bestimmte Masse muß also $k = 1$ gelten. Sie heißt *kritische Masse*.

kritische Masse

Die kritische Masse eines beliebig geformten spaltbaren Materials wird durch das Verhältnis seiner Oberfläche zu seinem Volumen festgelegt. Die kritische Masse von ^{235}U beträgt etwa 50 kg. Ihr entspricht eine Uran-235-Kugel mit einem Radius von 8,4 cm. Die kritische Masse läßt sich verkleinern, indem man das spaltbare Material mit einem *Neutronenreflektor* umgibt. Dies ermöglicht z. B. den Bau taktischer Atomwaffen.

Neutronenreflektor

14.1.2 Kernspaltungsreaktor

Anlagen zur Erzeugung von Wärme durch die bei einer gesteuerten Kernkettenreaktion freiwerdende Kernenergie heißen *Kernraktoren*. Nach (12.46) erhält man den größten Teil der Kernenergie zunächst als kinetische Energie der Spaltprodukte. Die bei ihrer Abbremsung entstehende Wärme wird beim *Kernkraftwerk* einem Kühlmittelkreislauf zugeführt und zur Elektroenergiegewinnung genutzt. Statt oder neben der Energiegewinnung findet der Reaktor auch Anwendung als intensive γ- und Neutronenstrahlungsquelle.

Kernreaktoren

Kernkraftwerk

Jeder Reaktor besteht aus einer Anordnung spaltbaren Materials von überkritischer Masse, in welchem eine gesteuerte Kernkettenreaktion entweder kontinuierlich oder impulsartig abläuft. Das spaltbare Material besteht aus Natururan oder aus mit Uran-235 angereichertem Natururan. Es wird in einzelnen Brennstoffelementen eingeschlossen. Den Bereich des Reaktors, in dem die Kernkettenreaktion abläuft, bezeichnet man als seine *aktive Zone* oder seine *Spaltzone*. Sie enthält das spaltbare Material, das Kühlmittel, den Moderator und die Regelstäbe des Reaktors. Die Spaltzone wird meist mit einem Neutronenreflektor und einer Abschirmung umgeben. Um die radioaktive Verseuchung der Umwelt zu verhindern, wird der Kühlmittelkreislauf in mindestens zwei voneinander unabhängige Teilkreise, den *aktiven* und den *inaktiven Kühlmittelkreislauf*, getrennt. Der aktive Kreislauf durchfließt die aktive Zone und transportiert die in ihr erzeugte Wärme zu einem Wärmeaustauscher, durch den sie auf den inaktiven Kreislauf übertragen wird. Der inaktive Kreislauf betreibt in üblicher Weise die Turbinen zur Elektroenergiegewinnung.

aktive Zone (Spaltzone)

aktiver Kühlmittelkreislauf
inaktiver Kühlmittelkreislauf

Die Bedingung für den Reaktorbetrieb ist durch $k = 1$ gegeben. Sie muß innerhalb bestimmter Grenzen eingehalten werden, sonst führt die Kernkettenreaktion entweder zur Kernexplosion, oder sie reißt ab. Die Regelung von k und damit die des Neutronenflusses erfolgt mit Hilfe von neutronenabsorbierenden Regelstäben, die mehr oder weniger weit in den Reaktorkern hineingeschoben oder aus ihm herausgezogen werden. Als Absorbersubstanz eignen sich nach den Ausführungen im Abschnitt 12.5.2 besonders Bor und Cadmium. Im Druckwasserreaktor wird meist zusätzlich die Borsäureregelung benutzt. Sie beruht auf der Änderung der Borsäurekonzentration im Reaktorkühlmittel in Abhängigkeit von der Reaktorleistung.

Diese mechanische Regelung eines Reaktors wird durch die verzögerten Neutronen ermöglicht. Wir überlegen uns das wie folgt. Der kritische Reaktor ist durch die Forderung $k = 1$ festgelegt. In der Praxis kann eine Regelung diesen Wert nicht exakt einhalten. Der Wert von k wird also um $k = 1$ schwanken. Gilt $k > 1$, dann nimmt die Anzahl der im Reaktor pro Zeit stattfindenden Kernspaltungen laufend zu. Um diesen Zustand des Reaktors zu erfassen, führt man den *Überschußmultiplikationsfaktor* $k_{ü} = k - 1$ ein. Ist τ die mittlere Lebensdauer einer Neutronengeneration, dann wächst in der Zeit $\mathrm{d}t$ die Neutronenanzahl N um

Überschuß-multiplikationsfaktor

$$dN = \frac{N k_{ü}}{\tau}\,dt\,. \qquad (14.2\,a)$$

Integration ergibt mit der Anfangsbedingung $N = N_0$ für $t = 0$

$$N = N_0\,e^{\frac{k_{ü}}{\tau}t}\,. \qquad (14.2)$$

Für $k_{ü} > 0$ wächst also die Neutronenzahl und damit auch die Anzahl der Spaltungen exponentiell mit der Zeit an. Falls man diesen Vorgang nicht stoppt, kann das zur Kernexplosion führen. Die Zeit T, in der die Anzahl der Spaltungen auf das e-fache des ursprünglichen Wertes anwächst, nennt man *Reaktorperiode*. Aus (14.2) folgt für sie $T = \tau/k_{ü}$.

Reaktorperiode

Nach Abschnitt 12.3.1 entstehen fast alle freien Neutronen sofort als prompte Neutronen beim Spaltprozeß und nur etwa 0,65% als verzögerte Neutronen beim Zerfall von unmittelbaren Spaltprodukten. Obwohl die Generationsdauer der prompten Neutronen nur ca. 1 ms beträgt, liegt wegen der verzögerten Neutronen die mittlere Neutronengenerationslebensdauer bei etwa τ = 0,1 s. Will man die Regelung des Reaktors nur mit Hilfe der verzögerten Neutronen erreichen, dann muß der Überschußmultiplikationsfaktor im Intervall $0 < k_{ü} < 0{,}0065$ liegen. Für den maximalen Wert von $k_{ü}$ wird die Reaktorperiode dann $T = 0{,}1\,\text{s}/0{,}0065 \approx 15$ s, und eine mechanische Regelung ist demnach möglich. Bei $k_{ü} > 0{,}0065$ wird die Kernkettenreaktion durch die prompten Neutronen aufrechterhalten. Die Generationslebensdauer wird in diesem Fall praktisch durch die Generationsdauer der prompten Neutronen bestimmt. Die Reaktorperiode ist dann sehr kurz, eine Steuerung des Reaktors wird damit sehr schwierig bzw. unmöglich. Man unterscheidet daher folgende drei Betriebsbereiche eines Reaktors:

Reaktorbetriebsbereiche

$$\begin{aligned} 1 < k &< 1{,}0065 \text{ prompt unterkritisch,} \\ k &= 1{,}0065 \text{ prompt kritisch,} \\ k &> 1{,}0065 \text{ prompt überkritisch.} \end{aligned} \qquad (14.3)$$

Von den in die Vierfaktorenformel eingehenden Größen ist η durch das spaltbare Material bestimmt (z. B. η = 1,32 für Natururan). Da sowohl die Resonanzentkommwahrscheinlichkeit p als auch die thermische Ausnutzung f kleiner als 1 sind, der Schnellspaltparameter ε aber nur wenig größer als 1 ist (für Natururan und einen Graphitmoderator ε = 1,03), läßt sich ein Multiplikationsfaktor $k_\infty > 1$ nur bei Einhaltung optimaler Werte für ε, p und f erzielen. Dies erreicht man durch die Verwendung von Materialien mit möglichst geringer Neutronenabsorption und durch eine spezielle Anordnung von Spaltmaterial und Moderatorsubstanz. Man spricht von *homogenen Reaktoren*, wenn das spaltbare Material und die Moderatorsubstanz homogen gemischt sind. Als homogene Mischung verwendet man Lösungen von UO_2SO_4 bzw. $UO_2(NO_3)_2$ bzw. UO_3 + H_3PO_4 in H_2O oder D_2O, Suspensionen von U bzw. UO_2 in H_2O oder D_2O, Salzschmelzen von UF_4 mit LiF, BeF_2 oder NaF. Sind dagegen Brenn-

homogener Reaktor

stoffelemente und Moderator räumlich getrennt, so nennt man den Reaktor *heterogen*. Weiter erfordert $k > 1$ nach (14.1) eine Mindestgröße des Nichtleckfaktors L und damit eine Mindestgröße des Reaktors. L hängt außer von der Größe der Oberfläche der aktiven Zone auch von ihrer geometrischen Gestalt ab.

heterogener Reaktor

Aus den genannten Gründen müssen sowohl sehr reines Uran als auch eine sehr reine Moderatorsubstanz verwendet werden, um Neutronenabsorptionen an Verunreinigungen zu vermeiden. Das Mengenverhältnis zwischen Moderatorsubstanz und Uran besitzt ein Optimum. Bei einem sehr kleinen Moderatoranteil steigt die Resonanzabsorption durch Uran-238, p wird also zu klein. Bei einem zu großen Moderatoranteil wird die Absorption durch die Moderatorkerne zu groß, also f zu klein. Bezüglich der Neutronenökonomie ist der heterogene Reaktor wesentlich günstiger als der homogene. Bei ihm werden meist die Brennstoffelemente in einen strukturierten Moderatorblock eingeführt. Hierdurch wächst nicht nur der Schnellspaltfaktor ε, sondern auch die Resonanzentkommwahrscheinlichkeit p, da die Resonanzabsorption dann im wesentlichen nur noch an der Oberfläche der Brennstoffelemente erfolgt. Allerdings ist bei dieser Anordnung der Einfang thermischer Neutronen durch Uran-235 und damit die thermische Ausnutzung f geringer. Bei optimaler Geometrie sowohl bezüglich der Form als auch der Abmessungen wird die Abnahme von f jedoch durch die Zunahme von ε und p überkompensiert.

Neben der Reinheit des spaltbaren Materials und der Moderatorsubstanz haben die anderen Materialien der aktiven Zone, wie Kühlmittel und Strukturelemente, großen Einfluß auf den Multiplikationsfaktor. Auch sie dürfen möglichst keine Neutronen absorbieren. Die zum Aufbau der aktiven Zone geeigneten Reaktorwerkstoffe werden dadurch erheblich begrenzt.

Außer nach der Moderatoranordnung werden die Reaktoren weiter nach der Art der Moderator- und der Kühlmittelsubstanz und dem verwendeten spaltbaren Material unterschieden:

Der *Schwerwasserreaktor* enthält als Moderator schweres Wasser D_2O. Wegen der geringen Neutronenabsorption von D_2O kann als spaltbares Material Natururan Verwendung finden. Allerdings besitzt der Reaktor bei Beschickung mit Natururan einen äußerst geringen Überschußmultiplikationsfaktor, so daß eine kontinuierliche Nachbeschickung mit spaltbarem Material notwendig ist. Er ist nicht so wirtschaftlich wie der Leichtwasserreaktor, insbesondere wegen seiner höheren Baukosten einschließlich der höheren Moderatorkosten und wegen seines kleineren Kraftwerkwirkungsgrades.

Schwerwasserreaktor

Im *Leichtwasserreaktor* benutzt man als Moderator, als Kühlmittel und als Neutronenreflektor leichtes Wasser H_2O. Wegen der relativ hohen Neutronenabsorption durch das H_2O muß als spaltbares Material angereichertes Uran (Anteil des Uran-235 etwa 1% bis 5%) benutzt werden. Da Uran mit Wasser stark reagiert, findet aus Sicherheitsgründen Urandioxyd (UO_2) in keramischer Form Anwendung, so daß bei einer eventuellen Zer-

Leichtwasserreaktor

störung des Außenmantels eines Brennelementes chemische Reaktionen zwischen spaltbarem Material und Moderator ausgeschlossen sind. Der Leichtwasserreaktor ist der z. Z. wirtschaftlichste Reaktortyp. Er existiert in zwei Ausführungen. Beim *Druckwasserreaktor* beträgt der Druck des Kühlmittels etwa 15 MPa; die maximale Kühlmitteltemperatur liegt ca. 50 grd unter der Siedetemperatur. Der Multiplikationsfaktor nimmt mit wachsender Temperatur ab. Druckwasserreaktoren sind demzufolge relativ leicht zu regeln. Nachteilig ist der hohe Druck des Kühlmittels. Er erfordert große Wandstärken des Reaktorbehälters und beschränkt so die Reaktorgröße auf eine Leistung von etwa 1 GW. Beim *Siedewasserreaktor* wird der Betriebsdruck des Wassers auf etwa 7 bis 10 MPa herabgesetzt, ein Sieden des Wassers an der Oberfläche der Brennstoffelemente wird damit zugelassen, im Reaktorgefäß also direkt Wasserdampf erzeugt.

Druckwasserreaktor

Natururan-Graphit-Reaktor

Der *Natururan-Graphit-Reaktor* arbeitet mit gasförmigem CO_2 als Kühlmittel, mit Graphit als Moderator und mit Natururan als spaltbarem Material. Das geringe Neutronenbremsvermögen des Graphits fordert große Reaktorabmessungen und damit wegen des hohen Graphit- und Brennstoffeinsatzes hohe Anlagekosten. Zudem werden große Kühlmittelmengen benötigt. Ihre Umwälzung erfordert einen derartig hohen Energieaufwand, daß dieser Reaktortyp für die Energiegewinnung kaum anwendbar ist.

Natrium-Graphit-Reaktor

Der *Natrium-Graphit-Reaktor* arbeitet mit flüssigem Natrium als Kühlmittel, mit Graphit als Moderator und mit angereichertem Uran (etwa 3 % ^{235}U) als spaltbarem Material. Da flüssige Metalle einen guten Wärmetransport von der aktiven Zone zum Wärmeaustauscher ermöglichen, ist dieser Reaktortpy wärmetechnisch besonders günstig, bietet aber auch viele Nachteile und Probleme. Natrium wird durch Neutronenbestrahlung stark radioaktiv und stellt wegen seiner chemischen Agressivität besondere Anforderungen an die Reaktormaterialien. Bei eventuellen Undichtigkeiten des Wärmeaustauschers kann es zu heftigen chemischen Reaktionen zwischen dem Wasser und dem Natrium kommen. Technisch wird dieses Kühlverfahren deshalb nur bei schnellen Brütern angewandt.

Neben der Freisetzung von Kernenergie kann im Reaktor zugleich die Erzeugung des ebenfalls thermisch spaltbaren Uran-233 und Plutonium-239 über den ^{232}Th-^{233}U- bzw. ^{238}U-^{239}Pu-Zyklus erfolgen (vgl. (12.47) und (12.48)). Uran-238 ist im natürlichen Uran zu 99,28 %, Thorium-232 im natürlichen Thorium zu 100 % enthalten. Während sich ^{238}U immer in genügender Menge im spaltbaren Material befindet, muß zur Uran-233-Gewinung Thorium dem spaltbaren Material zugesetzt werden. Die Entstehung von neuem Kernbrennstoff während des Reaktorbetriebes bezeichnet man als *Brüten*. Wird in einem Reaktor mehr spaltbares Material erzeugt, als er beim Betrieb verbraucht, dann spricht man von einem *Brutreaktor* oder *Brüter*. Der Brutreaktor erhält gegenüber dem gewöhnlichen Reaktor zusätzlich zum Spaltmaterial einen Brutmantel aus Natur-

Brüten

Brutreaktor (Brüter)

uran oder Thorium bzw. an U-235 verarmtem Uran. Er erzeugt aber nicht nur mehr spaltbares Material als er verbraucht, sondern bei Verwendung von Uran-235 als thermisch spaltbarem Material darüber hinaus auch qualitativ besseres, da ^{233}U und ^{239}Pu einen größeren Spaltquerschnitt und einen größeren η-Wert als Uran-235 besitzen. Uran-235 wird deswegen in Brutreaktoren meist nur in der Anfahrperiode als spaltbares Material verwendet, später dann durch Uran-233 oder Pu-239 ersetzt. Ob Uran-233 oder Plutonium-239 Anwendung findet, hängt im wesentlichen von der mittleren Neutronenenergie in der Spaltzone des Brutreaktors ab. Je nach der Größe der mittleren Neutronenenergie spricht man vom *thermischen Brüter* (thermische Energie) oder vom *schnellen Brüter* ($W_{kin} \geqq 200$ keV). Für den thermischen Brüter kommt nur der Einsatz von mit Uran-233 angereichertem Natururan in Betracht, da η in diesem Energiebereich für Uran-233 größer als für Plutonium-239 ist ($\eta_{th} \approx 2{,}28$ für Uran-233, $\eta_{th} \approx 2{,}07$ für Plutonium-239) und außerdem im Energiebereich von 1 keV bis 50 keV auch der Spaltquerschnitt σ für Uran-233 größer ist als der für Plutonium-239. Beim schnellen Brüter ist dagegen der η-Wert von ^{239}Pu stets um etwa 0,2 größer als der von ^{233}U. Daher findet in schnellen Brütern nur Plutonium-239 Anwendung.

thermischer Brüter

schneller Brüter

Um mit dem thermischen Brüter mehr Kernbrennstoff zu erzeugen als zu verbrauchen, muß man den Anteil $1 - p$ der Neutronen vergrößern, der im Resonanzgebiet von Uran-238 absorbiert wird. Die dazu erforderliche Verkleinerung der Resonanzentkommwahrscheinlichkeit p muß zur Aufrechterhaltung der Kettenreaktion durch eine Vergrößerung der thermischen Ausnutzung f kompensiert werden. Hierfür sind u.a. sowohl die Wahl der Moderatorsubstanz als auch die des eingesetzten spaltbaren Materials von Bedeutung.

Der thermische Brüter wird in der üblichen Weise mit einem Moderator betrieben, der schnelle Brutreaktor dagegen mit möglichst wenig Moderatorsubstanz. Daher können für den schnellen Brüter auch nur Kühlmittel Anwendung finden, die keine merkliche Neutronenbremsung bewirken, wie z.B. flüssiges Natrium oder nicht wasserdampfhaltige Gase. Beim thermischen Brüter wird natürliches Uran bis zu einigen Prozent mit Uran-233, beim schnellen Brüter bis zu 25% mit Plutonium-239 angereichert.

Da im Natururan der Anteil von Uran-235 nur 0,714% beträgt, ist eine auf der Kernspaltung basierende langfristige wirtschaftliche Energieversorgung nur durch den Einsatz von Brutreaktoren denkbar. Dabei sind nach den heutigen Kenntnissen nur mit dem schnellen Brüter optimale Ergebnisse zu erwarten. Entsprechende Anlagen sind technisch ausgereift; sie befinden sich im Erprobungsstadium. Besonders problematisch für die Sicherheit schneller Brüter sind der hohe Einsatz von leicht spaltbarem Material, die hohe Konzentration der radioaktiven Spaltprodukte und die Reaktorregelung. Für letztere kann gegenüber herkömmlichen Reaktoren nur ein geringer Anteil von verzögerten Neutronen genutzt werden, was die mittlere Generationslebensdauer der Neutronen und damit die Reaktorperiode stark herabsetzt.

14.1.3 Atombombe

Atombombe (Kernspaltungsbombe)

Die *Atombombe* ist eine Kernspaltungsbombe. Ihre Wirkung beruht auf einer explosionsartig ablaufenden Kernkettenreaktion, die in einem spaltbaren Material überkritischer Masse vonstatten geht. Ihre Entwicklung erforderte einen enormen wissenschaftlich-technischen Aufwand. Führend waren an ihr die Wissenschaftler OPPENHEIMER, FERMI, BETHE, UREY, LAWRENCE, SEABORG und TELLER beteiligt. Voraussetzung für die Konstruktion der Bombe war die Lösung folgender Probleme:

EDWARD TELLER, geb. 1908

- die Gewinnung des nur zu 0,714 % im Natururan enthaltenen Uran-235 durch Isotopentrennung bzw. von Plutonium-239 mit dem ^{238}U- ^{239}Pu-Zyklus (vgl. (12.48)),
- die Bestimmung der mittleren freien Neutronenweglänge in den benutzten spaltbaren Materialien zur Ermittlung ihrer kritischen Massen und
- das Verhindern der vorzeitigen Explosion der Bombe.

Konstruktionsprinzipien der Atombombe

Das spaltbare Material wird in unterkritischen Bruchstücken zum beabsichtigten Explosionsort gebracht und dort möglichst schnell zur überkritischen Masse vereinigt. Da an jedem Ort stets einige freie Neutronen vorhanden sind (z. B. durch spontane Kernzerfälle oder als Folge der kosmischen Strahlung) und somit eine Kernkettenreaktion auslösen können, erfolgt bei der Vereinigung der unterkritischen Massen schlagartig eine ungesteuerte Kernkettenreaktion. Die Vereinigung der unterkritischen Bruchstücke muß so schnell und so vollständig geschehen, daß, ehe die Bombe durch die freigesetzte Kernenergie explosionsartig zerplatzt, ein möglichst großer Teil des spaltbaren Materials gespalten ist. Man ordnet hierzu z. B. die unterkritischen Bruchstücke um das Bombenzentrum an und vereinigt sie am Explosionsort durch eine gewöhnliche Explosion zur überkritischen Masse. Damit vor dem Zerplatzen der Bombe möglichst viele Spaltungen ablaufen, wird sie in einem dicken Panzer aus einem Material hoher Dichte eingeschlossen. Dieser Mantel hält aufgrund seiner trägen Masse die Bombe möglichst lange zusammen und wirkt zusätzlich als Neutronenreflektor. Weiter muß das spaltbare Material sehr rein sein, um den Einfang von Neutronen durch nicht spaltbare Atomkerne möglichst klein zu halten.

Die über Hiroshima abgeworfene Bombe war eine Uranbombe, die über Nagasaki abgeworfene eine Plutoniumbombe. Ihre Sprengkräfte entsprachen 20 kt des herkömmlichen Sprengstoffes TNT (Trinitrotoluol).

Nominalbombe

Man bezeichnet heute eine Bombe mit dieser Sprengkraft als *Nominalbombe*. Ihre energetische Wirkung ist der bei der vollständigen Spaltung von etwa 1 kg Uran-235 freigesetzten Energie gleichzusetzen. Der Materialeinsatz in der Nominalbombe liegt jedoch wesentlich höher, da nur ein Teil des Kernbrennstoffes gespalten wird.

Auswirkungen der Nominalbombe

Von der wirksamen Energie (vgl. (12.46)) werden ca. 83 % in Form von kinetischer Energie der Spaltprodukte frei. Dieser Anteil führt zu einer enormen Aufheizung des Explosionszentrums auf etwa 10^7 K. Es bildet sich ein sehr heißer, leuchtender Feuerball, dessen Durchmesser etwa 470 m beträgt. Seine Temperaturstrahlung kann bis zu einer Entfernung von mehreren Kilometern vom Explosionsort zu lebensgefährlichen Verbrennungen führen. Diese Strahlung erreicht einige Zehntelsekunden nach der Explosion ihr Maximum. Außerdem ist der Feuerball Zentrum einer zerstörenden Druckwelle (Stoßwelle). Je 3 % der Energie werden als Direktkernstrahlung in Form von γ- und Neutronenstrahlung frei. Sie wirkt bei der Nominalbombe bis zu einer Entfernung von einem Kilometer vom Explosionsort tödlich. Der Rest von 11% wird langfristig nach der Explosion in Form von β- und γ-Strahlung der radioaktiven Spaltprodukte ausgesandt. Diese Restkernstrahlung kann noch nach Jahren zu gesundheitlichen Spätschäden führen.

Die Bomben von Hiroshima und Nagasaki explodierten in 565 m Höhe. Sie wurden über den dichtbesiedelten Zentren der beiden Städte abgeworfen, die Folgen waren verheerend. Tabelle 14.1 gibt einen Einblick in die Schätzung der Atomenergiekommission der USA über die unmittelbar als Folge der Atombombenexplosionen aufgetretenen Verluste unter der Zivilbevölkerung. Um die Auswirkungen besser übersehen zu können, ist das Hauptsiedlungsgebiet in drei kreisförmige Zonen mit dem Mittelpunkt im Zentrum der Explosion unterteilt. In der Tabelle sind nicht erfaßt die Opfer unter den Militärangehörigen und die durch die Strahlenbelastung verursachten Spätschäden, von denen auch die Generationen der nach 1945 in Hiroshima und Nagasaki geborenen Kinder nicht verschont geblieben sind.

Durch die gezielte Entwicklung spezieller Neutronenreflektoren läßt sich die kritische Masse von Atomwaffen gegenüber der für die Nominalbombe erforderlichen erheblich reduzieren. Dadurch ist der Bau *taktischer Atomwaffen* möglich.

taktische Atomwaffen

Tabelle 14.1
Verluste unter der Zivilbevölkerung, die die Atombombenabwürfe auf Hiroshima und Nagasaki in einem Umkreis von 5 Kilometern unmittelbar verursacht haben

Zone	Bevölkerung	Bevölkerungsdichte (je km²)	Tote	Verletzte
	Hiroshima			
0–1 km	31 200	10 000	26 700	3 000
1–2,5 km	144 800	8 750	39 600	53 000
2,5–5 km	80 300	1 350	1 700	20 000
zusammen	256 300	3 250	68 000	76 000
	Nagasaki			
0–1 km	30 900	9 850	27 200	1 900
1–2,5 km	27 700	1 700	9 500	8 100
2,5–5 km	115 200	1 950	1 300	11 000
zusammen	173 800	2 200	38 000	21 000

Mit den Wasserstoffbomben (vgl. nachfolgenden Abschnitt) stehen heute atomare Sprengsätze einer Sprengkraft bis zu etwa 100 Mt TNT, d. h. ca. der 10^4-fachen Sprengkraft der Nominalbombe, zur Verfügung. Der gesamte derzeit auf der Erde angehäufte nukleare Sprengstoff überschreitet die Sprengkraft der Nominalbombe um mindestens 6 Größenordnungen.

14.2 Anwendung der Kernfusion

Auch bei der Fusion leichter Kerne zu schwereren wird eine erhebliche Kernenergie frei (vgl. Abschn. 12.4). Die Kernfusion ist die Hauptursache der stellaren Energie. Auf der Erde ließ sich bisher dieser Prozeß nur unkontrolliert zur Energiegewinnung in Form der *Kernfusionsbombe* (*Wasserstoffbombe*) verwirklichen. Der Grund dafür sind die erforderlichen Schwellenenergien.

Wasserstoffbombe (Kernfusionsbombe)

Durch hochbeschleunigte Teilchen, die man auf ein entsprechendes Target schießt, lassen sich nur vereinzelt Fusionsreaktionen erzielen. Die Reaktionsquerschnitte für Kernfusionsprozesse sind gegenüber den Streuquerschnitten sehr klein. Fast alle Teilchen geben daher durch Streuung und Ionisation so viel Energie an ihre Umgebung ab, daß sie die notwendige Schwellenenergie unterschreiten. Eine Energiegewinnung ist auf diesem Wege also nicht möglich. Dazu muß eine größere Anzahl von Kernen eine so hohe thermische Energie besitzen, daß dadurch eine Fusion möglich wird. Die entsprechenden Temperaturen liegen bei etwa 10^7 K, wie schon im Abschnitt 12.4 dargelegt wurde.

Fusionsprozesse benötigen Temperaturen über 10^7 K

Bei der Wasserstoffbombe ist dieses Problem relativ leicht zu lösen. Eine gewöhnliche Atombombe wird als „Zünder" des Kernfusionsprozesses mit einem starken Panzer deuteriumhaltiger Verbindungen umgeben (z. B. $^6Li\,^2H$), die zugleich solche Nuklide enthalten, die durch Neutronenreaktionen Tritium ergeben, wie etwa ^6_3Li entsprechend der Reaktion $^6_3Li + ^1_0n \rightarrow ^3_1H + ^4_2He + 4{,}56$ MeV. Bei der Explosion der Atombombe werden so hohe Temperaturen erreicht, daß außer dem vorstehend genannten Prozeß Vorgänge der Art $^2_1H + ^2_1H \rightarrow ^3_1H + ^1_1H + 4{,}17$ MeV, $^2_1H + ^2_1H \rightarrow ^3_2He + ^1_0n + 3{,}25$ Mev, $^3_1H + ^3_1H \rightarrow ^4_2He + 2\,^1_0n + 11$ MeV usw. ablaufen können.

Wirkungsweise der Wasserstoffbombe

Ein kontrollierter Kernfusionsprozeß, der sich zur Energiegewinnung eignet, konnte bisher nicht verwirklicht werden. Bei den erforderlichen Temperaturen von etwa 10^7 K ist die thermische Energie so groß, daß ein Plasma (vgl. Abschn. II 3.4) vorliegt. Wir wollen abschätzen, welche Teilchenanzahldichte bei der genannten Temperatur aufrechterhalten werden muß, damit der gewünschte Energiegewinn erzielt wird. Die Teilchenanzahldichten der zunächst als verschieden angenommenen Reaktionspartner (z. B. Deuteron-Triton-Fusion) seien n_1 und n_2, ihre relative Geschwindigkeit v und der Wirkungsquerschnitt für die angenommene Kernfusion σ. Die mittlere Anzahl n_{V12} der Fusionsreaktionen pro Volu-

Berechnung der thermonuklearen Leistungsdichte

men und Zeit beträgt dann

$$n_{V12} = n_1 n_2 \overline{v\sigma}, \tag{14.4}$$

wobei $\overline{v\sigma}$ das über alle Geschwindigkeiten gemittelte Produkt aus v und σ ist. $\overline{v\sigma}$ ist nicht nur durch die Temperatur, sondern auch durch die Geschwindigkeitsverteilung der Reaktionspartner bestimmt. Für den Fall identischer Reaktionsparter (z. B. für die Deuteron-Deuteron-Fusion) gilt statt (14.4)

$$n_{V11} = \frac{1}{2} n_1^2 \overline{v\sigma}. \tag{14.4a}$$

Der Faktor 1/2 ergibt sich aus der Bedingung, daß an jeder Reaktion zwei Teilchen beteiligt sind.

Aus (14.5) bzw. (14.5 a) erhält man die *thermonukleare Leistungsdichte* der entsprechenden Fusionsreaktion durch Multiplikation mit ihrem Q-Wert:

$$P_{12} = n_1 n_2 \overline{v\sigma} Q_{12}; \qquad P_{11} = \frac{1}{2} n_1^2 \overline{v\sigma} Q_{11}. \tag{14.5}$$

Wir wollen vorstehende Beziehung für P_{11} auf die Deuteron-Deuteron-Fusion spezialisieren. Diese Reaktion besitzt eine Schwellenenergie von 36 keV, erfordert also eine Plasmatemperatur von mindestens $4{,}7 \cdot 10^8$ K. Für diese Temperatur ergibt sich $\overline{v\sigma}$ zu $9 \cdot 10^{-24}\,\mathrm{m^3\,s^{-1}}$. Der Q-Wert der Reaktion ist $Q = 4{,}17$ MeV, damit also

$$P_{DD} = 3 \cdot 10^{-36}\, n_D^2\ \mathrm{Wm^{-3}}. \tag{14.5a}$$

Die Leistungsdichten der Kernspaltungsreaktoren liegen bei etwa $10^8\,\mathrm{Wm^{-3}}$. Um sie zu erreichen, muß also die Plasmadichte mindestens $n_D = 10^{22}\,\mathrm{m^{-3}}$ betragen.

Als aussichtsreiche Reaktionen für die gesteuerte Kernfusion werden angesehen

aussichtsreiche Reaktionen für die gesteuerte Kernfusion

$$^2_1\mathrm{H} + {}^2_1\mathrm{H} \rightarrow {}^3_1\mathrm{H} + {}^1_1\mathrm{H} + 4{,}17\ \mathrm{MeV} \tag{14.6}$$

und

$$^2_1\mathrm{H} + {}^3_1\mathrm{H} \rightarrow {}^4_2\mathrm{He} + {}^1_0\mathrm{n} + 17{,}6\ \mathrm{MeV}. \tag{14.7}$$

Das für die Reaktion (14.7) notwendige Tritium könnte aus Lithium entsprechend der Reaktion

$$^6_1\mathrm{Li} + {}^1_0\mathrm{n} \rightarrow {}^3_1\mathrm{H} + {}^4_2\mathrm{He} + 4{,}6\ \mathrm{MeV} \tag{14.8}$$

gewonnen werden.

Nachteilig bei diesen Reaktionen sind das radioaktive Tritium, die bei der Reaktion (14.7) auftretende Neutronenstrahlung und die notwendige Verwendung von Lithium. Lithium reagiert äußerst heftig mit Sauerstoff. Es brennt sofort, wenn es mit Luft in Berührung kommt. Ferner ist Lithium ein relativ seltenes Element (vgl. Tab. 10.4). Ideal wäre deshalb die Nutzung der Reaktion

$$^1_1\mathrm{H} + {}^{11}_5\mathrm{B} \rightarrow 3\,{}^4_2\mathrm{He} + 8{,}9\ \mathrm{MeV}. \tag{14.9}$$

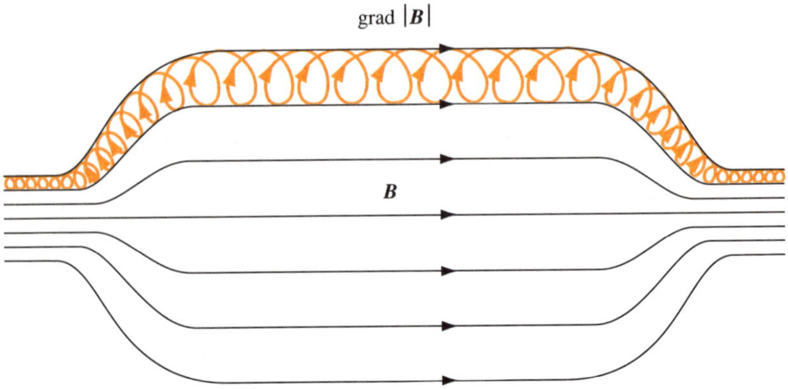

Abb. 14.2
Geladene Teilchen bewegen sich spiralförmig längs der Magnetlinien

Bei ihr wird die Reaktionsenergie nur auf die Heliumkerne übertragen, ein radioaktiver Kreislauf findet nicht statt. Die für die Reaktion (14.9) notwendige Temperatur ist aber so hoch, daß sie derzeit für Fusionsreaktoren nicht in Betracht kommt.

Wege zur Realisierung der gesteuerten Kernfusion

Die Realisierung der gesteuerten Kernfusion wird auf zwei unterschiedlichen Wegen versucht:

- Kernfusion durch magnetischen Einschluß des Plasmas,
- Kernfusion durch Trägheitseinschluß des Plasmas.

Tokamak-Prinzip

Pinch-Effekt

Der Magnetfeldeinschluß des Plasmas beruht darauf, daß sich die Ladungsträger des Plasmas nur längs der magnetischen Feldlinien frei bewegen können; senkrecht zu den magnetischen Feldlinien durchlaufen sie kreisförmige Bahnen (s. Abb. 14.2). Daher ist die Diffusion der Ladungsträger senkrecht zu den magnetischen Feldlinien stark eingeschränkt. Meist werden toroidale Magnetfeldsysteme (s. Abb. 14.3) verwandt (*Tokamak-Prinzip*), die die ringförmige Reaktionskammer mit dem Fusionsgemisch umschließen. Da in toroidalen Systemen die Stärke des Magnetfeldes nach außen hin stark abnimmt, muß das Plasma zusätzlich stabilisiert werden. Dies geschieht durch den *Pinch-Effekt*. Ein axiales elektrisches Feld erzeugt im Plasma einen starken elektrischen Strom ($\geqq 10^7$ A). Da sich parallele Ströme anziehen, führt dieser axiale Strom zu einer Einschnürung des Plasmas und somit zu dem gewünschten Stabilisierungseffekt. Da dieser Strom nicht in raumfesten Leitern, sondern im einzuschnürenden Plasma fließt, bedarf das Tokamak-Prinzip bestimmter Regelungsmechanismen, um einen stabilen Reaktorbetrieb zu erreichen. Wenn auch die meisten Fusionsexperimente heute mit diesem Verfahren durchgeführt werden, so werden doch auch wegen des angeführten Mangels andere magnetische Einschlußverfahren erprobt. So verzichtet man bei den *Stellaratoren* auf die Stabilisierung durch den ringförmigen Plasmastrom und versucht, den Einschluß des Plasmas ausschließlich durch raumfeste äußere Spulen zu erreichen. Diese Anordnungen haben

Stellaratoren

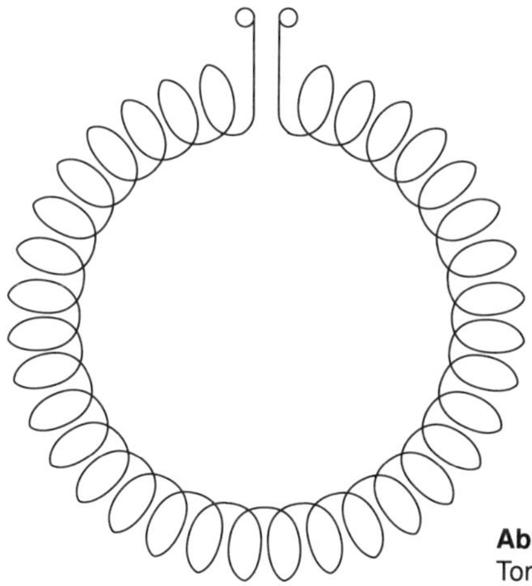

Abb. 14.3
Toroidale Magnetfalle (schematisch)

gegenüber dem Tokamak-Prinzip den Vorteil, daß sie ohne Zusatzeinrichtungen für den Dauerbetrieb des Reaktors geeignet sind.

magnetisches Pumpen

Die Aufheizung des Plasmas geschieht durch *magnetisches Pumpen*. Bei diesem Verfahren wird durch eine periodische Veränderung der Magnetfeldstärke das Plasma rhythmisch komprimiert und ausgedehnt, wodurch analog zur mechanischen adiabatischen Kompression eines Gases sich die Temperatur des Plasmas stark erhöht.

Plasmainstabilitäten

Das heiße Plasma erleidet einen erheblichen Energieverlust durch Strahlung, vor allem durch die Elektronenbremsstrahlung. Da Elektronen besonders stark in den Feldern schwerer Ionen gebremst werden (vgl. Abschn. 9.2.3.1), muß mit sehr reinen Plasmen gearbeitet werden. Besonders problematisch sind jedoch die als *Plasmainstabilitäten* bezeichneten Erscheinungen. Bei ihnen wird durch die Wechselwirkung von Magnetfeld und Plasma der magnetische Feldverlauf plötzlich so verformt, daß ein Teil des heißen Plasmas aus der magnetischen Falle ausbricht. Diese Plasmainstabilitäten sind der Hauptgrund dafür, daß mit dem Tokamak-Prinzip und den Stellaratoren bis heute keine positive Energiebilanz erreicht werden konnte.

Laserfusion

Trägheitseinschluß des Fusionsplasmas

Bei der *Laserfusion* wird die Aufheizung des Plasmas durch Laserstrahlung, sein Zusammenhalt durch Trägheitseinschluß bewirkt. Dazu wird das Fusionsgemisch in Hohlkugeln aus Glas oder Kunststoff mit einem Durchmesser von etwa 1 mm eingeschlossen (s. Abb. 14.4). Die Kugel wird kurzzeitig ($t < 0{,}1$ ns) der Strahlung von mehreren Hochleistungslasern (meist Neodym-Glaslaser) unterworfen, damit aufgeheizt und so die erforderliche Fusionstemperatur hergestellt. Der Laserimpuls wird so kurz gewählt, daß die Fusionsreaktionen einsetzen, ehe das Plasma auseinanderfliegt (*Trägheitseinschluß des Fusionsplasmas*). Auch dieses Fusionskonzept ist noch weit von einer technischen Realisierung zur Gewinnung von Fusionsenergie entfernt.

Zur Erzielung eines echten Energiegewinnes muß die durch die Kernfusionsprozesse freigesetzte Kernenergie größer sein als die für die Auf-

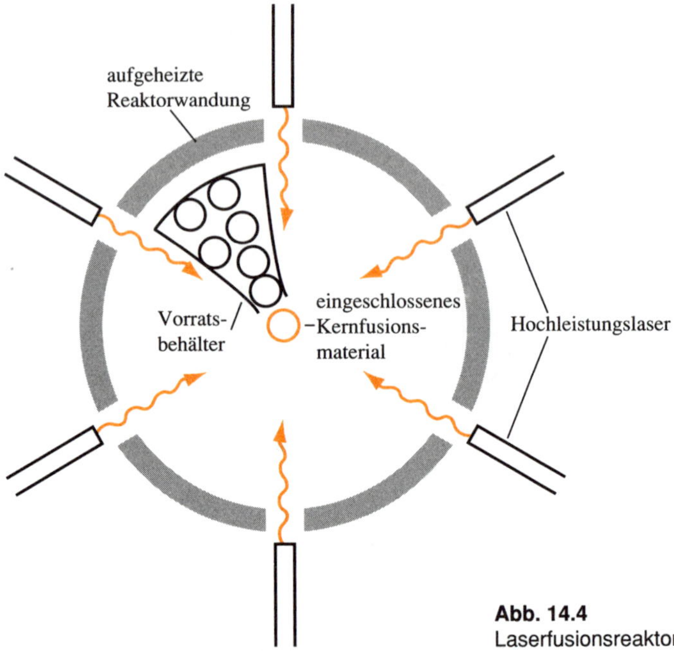

Abb. 14.4
Laserfusionsreaktor (schematisch)

heizung des Plasmas und seinen Zusammenhalt benötigte Energie. Hiervon ist man ebenfalls noch weit entfernt. Ende 1993 gelang es an der Universität Princeton, durch D-T-Fusionsprozesse für einige Sekunden eine Leistung von 5,6 MW freizusetzen. Allerdings mußte hierzu eine etwa sechsfach größere Energie für den Betrieb des verwendeten Tokamak-Fusionsreaktors eingesetzt werden, als man gewinnen konnte.

Vorteile des Fusionsreaktors

Gelänge es, die D-D- und die D-T-Kernfusionsprozesse technisch nutzbar zu machen, dann stünde mit ihnen eine praktisch unerschöpfliche Energiequelle zur Verfügung, da Wasser einen D_2O-Anteil von 0,016 % besitzt und sich dieser relativ leicht durch Isotopentrennung gewinnen läßt. Die aus 1 g Deuterium über D-D-Prozesse zu gewinnende Kernenergie entspricht etwa der Energie, die man aus 10 Tonnen Steinkohle freisetzen kann. Daher würde das in den Ozeanen enthaltene schwere Wasser bei nur einprozentiger energetischer Ausnutzung des D-D-Prozesses ausreichen, den jetzigen globalen Energiebedarf für etwa 500 Millionen Jahre zu decken.

Die Nutzung der Kernfusion hätte gegenüber der der Kernspaltung erhebliche Vorteile. Radioaktive Fusionsprodukte sind kurzlebig. Sie werfen also im Gegensatz zu den Rückständen der Brennelemente von Kernreaktoren keine Umweltprobleme auf. Allerdings muß die starke Neutronenstrahlung abgeschirmt werden. Nur dann bleiben die Probleme der Radioaktivität auf den Brennstoffkreislauf und auf das Reaktormaterial beschränkt. Die Fusionsreaktionen sind keine Kettenreaktionen; damit ist der Fusionsreaktor frei von Gefahren unkontrollierter Explosionen. Das eingesetzte Material kann kerntechnisch nicht mißbraucht werden.

14.3 Aufgaben

14.1
Als Moderatoren in Kernspaltungsreaktoren finden leichtes Wasser, schweres Wasser und Graphit Verwendung. Die Neutronen verlieren dabei unterhalb 10^5 eV ihre Energie überwiegend durch elastische Stöße mit den Moderatorkernen. Wieviele zentrale elastische Stöße gegen ruhende Kerne wären bei den 3 Substanzen erforderlich, um die Neutronen auf thermische Energie abzubremsen?

14.2
Berechnen Sie die Energie, die bei der vollständigen Spaltung von einem Mol ^{235}U freigesetzt würde! Die mittlere Bindungsenergie pro Nukleon kann für Uran mit $-7{,}5$ MeV, für die entstehenden Kerne mit $-8{,}4$ MeV angenommen werden. Von den bei jeder Kernumwandlung im statistischen Mittel entstehenden freien Neutronen soll im kritischen Reaktor eines wieder eingefangen werden.

14.3
Bei der Explosion von 1 kg Trinitrotoluol wird eine Energie von etwa 4 MJ freigesetzt. Berechnen Sie den Anteil der gespaltenen Uran-Kerne unter der Annahme, daß bei der „Nominalbombe" mit der Sprengkraft von 20 kt TNT die kritische Masse von 50 kg Uran eingesetzt wurde!

14.4
Es wird angenommen, daß sich zwei Deuteronen vor einer Kernfusion bis auf den doppelten Kernradius annähern müssen. Bei welcher Temperatur reicht die mittlere thermische Energie dazu aus?

14.5
Welche Energie würde bei der Bildung von 1 g Helium-4 aus Deuterium frei?

14.6
Auf der Erde existieren etwa $1{,}4 \cdot 10^{18}$ t Wasser. An dessen Wasserstoff hat das Deuterium einen Massenanteil von 0,016%. Wie lange könnte der gegenwärtige Welt-Energiebedarf von etwa 10^{14} kWh pro Jahr durch Fusion des Deuteriums zu Helium bei einprozentiger Nutzung gedeckt werden?

14.7
Die Sonne erleidet täglich einen Masseverlust von $3{,}74 \cdot 10^{14}$ kg (Aufgabe 1.6). Berechnen Sie die Lebensdauer der Sonne unter den stark vereinfachten Annahmen, sie bestünde gegenwärtig aus Deuterium, würde eine konstant bleibende Leistung ausstrahlen und nach vollständiger Umwandlung in Helium-4 erlöschen.

14.8
Bei der Fusion von Protonen zu einem He-Kern kommt es in einem ersten Teilprozeß zur Bildung von Deuteronen aus Protonen. Berechnen Sie die freiwerdende Energie für diesen Prozeß und die Temperatur, bei der die mittlere kinetische Energie der Protonen ausreicht, um die Schwellenenergie zu überwinden!

15 Elementarteilchen

Elementarteilchen
Elementarteilchenphysik

Als *Elementarteilchen* werden die kleinsten, nicht mehr teilbaren Bausteine der Materie angesehen, unter *Elementarteilchenphysik* versteht man die Beschreibung ihrer pysikalischen Eigenschaften und Wechselwirkungen.

Die Auffassung, welche Objekte als Elementarteilchen anzusehen sind, mußte sich im Laufe der Zeit immer wieder neuen Erkenntnissen anpassen. An der Schwelle des zwanzigsten Jahrhunderts sah man die Atome als kleinste, nicht mehr teilbare Bausteine aller Stoffe an. Dann zeigten die Streuversuche von LENARD und RUTHERFORD, daß alle Atome aus einem Atomkern und einer Elektronenhülle aufgebaut sind, d.h. aus elementareren Bausteinen bestehen. Die Vorstellung von den Atomen als kleinste, nicht mehr teilbare Bausteine der Materie war widerlegt. Nach der Entdeckung des Neutrons und des Neutrinos und mit der Gewißheit über den Aufbau der Atomkerne aus Neutronen und Protonen wurden von den dreißiger Jahren ab das Elektron, das Proton, das Neutron und das Neutrino als elementare Bausteine der Materie angenommen. Hinzu kam als Feldquant der elektromagnetischen Wechselwirkung das Photon. Vor allem in den fünfziger und sechziger Jahren fand man dann in den Baryonen und in den Mesonen eine Fülle von Teilchen, die wohl instabil sind, aber trotzdem genauso als „elementar“ wie das Proton und das Neutron aufgefaßt werden müssen. Diese etwa 300 gleichwertigen Elementarteilchen können aber kaum die Grundbausteine der Materie bilden. Wie u.a. die Streuung von Elektronen an Protonen zeigt, sind sowohl die Baryonen als auch die Mesonen nicht strukturlos. Alle Hadronen (vgl. (D 15.2)) sind aus Quarks (s. Abschn. 15.6) aufgebaut, so daß man heute die Quarks, die Leptonen (s. Abschn. 15.3.1) und die Feldquanten (s. Abschn. 15.7) als *Fundamentalbausteine* der Materie ansieht.

Fundamentalbausteine der Materie

Unterscheidung zwischen Kern- und Elementarteilchenphysik

Eine strenge Abgrenzung von Kern- und Elementarteilchenphysik ist nicht möglich, da die den Atomkern aufbauenden Nukleonen selbst mit zu den Elementarteilchen gehören. Allerdings besteht zwischen beiden Gebieten ein erheblicher energetischer Unterschied. Die den Atomkern charakterisierenden energetischen Parameter liegen in der Größenordnung 10^5 eV bis 10^6 eV. Um die Wechselwirkungen bestimmter Elementarteilchen im Kernverband zu untersuchen, verwendet man heute in der hochenergetischen Kernphysik Inzidenzteilchen mit Energien bis zur Größenordnung GeV. In der Elementarteilchenphysik werden aber auch Prozesse beobachtet, die durch Energien bis zu 10^{20} eV ausgelöst werden,

d. h. durch Energien, die das 10^{11}-fache der Ruhenergie des Protons ausmachen.

Elementarteilchen werden erzeugt

Erzeugung von Elementarteilchen

- durch Stoßprozesse hochenergetischer Teilchen. Als Geschosse dienen u. a. Elektronen, Photonen, Neutronen, Pionen und Kaonen, als Stoßpartner u. a. Protonen, Neutronen und Elektronen.
- durch Zerfallsprozesse. Aus Intensitätsgründen können durch Stoßprozesse nur Elementarteilchen gewonnen werden, die der starken und der elektromagnetischen Wechselwirkung (s. Abschn. 15.2) unterliegen. Teilchen, die nur schwache Wechselwirkung zeigen, z. B. die Neutrinos, werden durch Zerfallsprozesse gewonnen.

Die hochenergetischen Teilchen werden entweder mit einem Beschleuniger erzeugt, oder es werden die hochenergetischen Partikel der kosmischen Strahlung genutzt. Teilchenbeschleuniger vermögen heute Teilchen mit Energien von über 10^{12} eV zu liefern. Die mit ihnen erreichbaren Energien liegen damit um viele Größenordnungen unter denen der energiereichsten Partikel der primären Komponente der kosmischen Strahlung. Andererseits ist aber die Teilchenstromstärke der kosmischen Strahlung um viele Größenordnungen geringer als die der Teilchenbeschleuniger.

Zunächst war die Elementarteilchenphysik auf die Untersuchung der Wechselwirkung der primären Komponente der kosmischen Strahlung mit der Erdatmosphäre angewiesen. Man entdeckte so u. a. das Positron, die Müonen, die geladenen π-Mesonen und die Elektron-Positron-Paarbildung. 1952 waren die erste Blasenkammer arbeitsbereit, das erste leistungsfähige Synchrotron entwickelt. Die bis dahin nur in der Erdatmosphäre durchführbaren Hochenergieexperimente konnten in das irdische Labor verlagert und damit gezielt durchgeführt werden. Das neutrale Pion war das erste instabile Elementarteilchen, welches mit Hilfe eines Teilchenbeschleunigers gefunden wurde. Im Jahre 1953 konnten die ersten Resonanzen durch die Streuung von Pionen an Protonen nachgewiesen werden, 1955 wurde das Antiproton entdeckt.

Verbesserte Beschleuniger ermöglichten die Entdeckung einer Vielzahl weiterer Elementarteilchen. Die Entwicklung der Speicherringe und eine weitgehend verbesserte Detektionstechnik führten seit Anfang der siebziger Jahre zu ganz neuartigen Erkenntnissen. 1974 wurde das J/ψ-Meson entdeckt, 1975 das Tauon, 1979 das Y-Meson, und im Jahre 1983 konnte die Existenz der Weonen und des Zetons nachgewiesen werden.

15.1 Kosmische Strahlung

Um 1900 wurde von WILSON festgestellt, daß sich selbst sorgfältigst isolierte Elektrometer nach einer gewissen Zeit entladen, die sie umgebende Luft demnach ionisiert sein muß. Er folgerte hieraus die Existenz einer Strahlung, die zu dieser permanenten Ionisation führt. Durch

Ballonaufstiege von Ionisationskammern konnte HESS 1911 überzeugend nachweisen, daß diese Strahlung außerirdischen Ursprungs sein muß, denn sie nimmt mit wachsender Höhe zu, während von einer irdischen Strahlung genau das Umgekehrte zu erwarten wäre. Man nennt diese energiereiche Strahlung daher *kosmische Strahlung* oder *Höhenstrahlung*. Heute wissen wir, daß man zwischen zwei Komponenten der kosmischen Strahlung zu unterscheiden hat. Die *primäre Strahlung* ist die eigentliche, aus dem Kosmos auf die Erde treffende Strahlung. Durch die Wechselwirkung der primären Strahlung mit der Erdatmosphäre wird eine *sekundäre Strahlung* ausgelöst. Die Wirkungen und Eigenschaften der Sekundärkomponente wurden erstmalig von WILSON und HESS beobachtet bzw. untersucht. Erst die moderne Raketen- und Satellitentechnik ermöglichte es, die primäre Strahlung rein zu erfassen.

kosmische Strahlung (Höhenstrahlung)

primäre Strahlung

sekundäre Strahlung

Zusammensetzung der primären Strahlung

Die aus dem Kosmos auf die Erde fallende primäre Strahlung ist isotrop. Sie besteht zu 93 % aus Protonen und zu 6,4 % aus α-Teilchen. Die restlichen 0,6 % verteilen sich auf andere Kerne, wobei ihre Zusammensetzung etwa der Nuklidhäufigkeit des Kosmos (vgl. Tab. 10.3) entspricht. Nur die Li-, B- und Be-Kerne treten in der kosmischen Strahlung etwa 10^8-fach häufiger auf, als es ihrer kosmischen Häufigkeit entspricht. Nur etwa 1 % der Protonenstrahlung besteht aus Antiprotonen, nur 0,25 % der übrigen Kerne aus Antiteilchen der gleichen Kernart. Da man den Ursprung der primären kosmischen Strahlung in der Milchstraße vermutet, kann man aus der geringen Häufigkeit der Antiteilchen den Schluß ziehen, daß in der Milchstraße keine ausgedehnten Bereiche mit Antimaterie existieren können.

VIKTOR FRANZ HESS (1883 – 1964) Nobelpreis 1936

Die Partikel der primären kosmischen Strahlung besitzen eine Energie zwischen 10^9 eV und 10^{20} eV. Abbildung 15.1 zeigt dies für die in der primären kosmischen Strahlung enthaltenen Protonen. Die Objekte der primären kosmischen Strahlung besitzen damit z. T. eine Energie, die ihre Ruhenergie um Größenordnungen überschreitet. Die Höhenstrahlung vermag deshalb Prozesse auszulösen, die man auch mit den leistungsfähigsten Beschleunigern nicht realisieren kann. Allerdings ist der Teilchenfluß und demzufolge die Wahrscheinlichkeit für das Nachweisen neuartiger Prozesse äußerst gering. So fallen pro Sekunde etwa 10^{19} Teilchen auf die gesamte Erdoberfläche, also eine Gesamtteilchenanzahl, die etwa der Stromstärke 1 A entspricht. Es treffen damit eine Kernemulsionsplatte der Größe $6 \times 6\ \text{cm}^2$ oberhalb der Erdatmosphäre in 10 Jahren etwa genauso viele Protonen, wie ein Stromstoß eines Synchrotrons enthält. Moderne Beschleuniger sind also in bezug auf den Teilchenfluß der kosmischen Strahlung haushoch überlegen.

Trotz ihres geringen Teilchenflusses führt die Primärkomponente der kosmischen Strahlung der Erde eine nicht zu übersehende Energie zu. Nimmt man als mittlere Teilchenenergie 10 GeV an, dann entspricht die der Erde durch die kosmische Strahlung zugeführte Energie etwa der, die ihr durch alle Fixsterne (außer der Sonne) und alle Galaxien in Form von Licht- und Wärmeenergie zugestrahlt wird. Der Entstehungsort und die Entstehungsursache der kosmischen Strahlung sind bis heute weitgehend

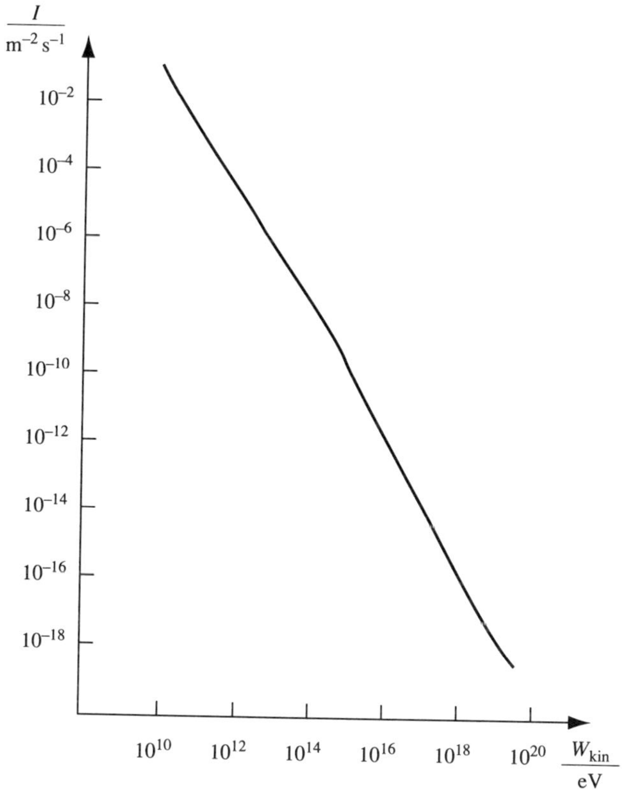

Abb. 15.1 Energiespektrum der Protonen in der Primärkomponente der kosmischen Strahlung

unbekannt. Man kann nur mit Sicherheit sagen, daß ihr größter Anteil nicht von der Sonne stammen kann. Es sind weder ein Tag-Nacht-Rhythmus der kosmischen Strahlung noch ein maßgeblicher Zusammenhang zwischen ihrer Strahlungsintensität und der Sonnenfleckentätigkeit nachweisbar. Es müssen daher andere kosmische Objekte, z. B. Supernovae, als Zentren der kosmischen Strahlung angesehen werden. Die Beschleunigung der Teilchen erfolgt höchstwahrscheinlich durch kosmische elektromagnetische Felder, ähnlich dem Betatronmechanismus.

harte Komponente der sekundären Strahlung

weiche Komponente der sekundären Strahlung

Die sekundäre kosmische Strahlung setzt sich aus einer *harten* und einer *weichen* Komponente zusammen. Die harte Komponente wird in großen Höhen vorwiegend von Atomkernen, Nukleonen, Pionen und vereinzelt von Hyperonen gebildet, in den unteren Atmosphärenschichten von Müonen. Die weiche Komponente besteht aus Elektronen, Positronen und Photonen. Sie stellt in Höhen von etwa 4 bis 20 km den größten Anteil an der sekundären kosmischen Strahlung. Die Intensität der sekundären Strahlung ist außer von der Höhe des Beobachtungsortes auch von seiner geografischen Breite abhängig. Dieser *Breiteneffekt* ist durch die Wechselwirkung der geladenen Partikel mit dem erdmagnetischen Feld bedingt. Die Teilchenanzahldichte der sekundären Komponente der kosmischen Strahlung liegt um Größenordnungen über der der Primärkomponente. Die Ursachen für das Entstehen der harten und der weichen Komponente der sekundären kosmischen Strahlung werden im Abschnitt 15.3.2.1 betrachtet.

15.2 Die vier fundamentalen Wechselwirkungen

Man unterscheidet vier fundamentale Wechselwirkungen:

Gravitationswechselwirkung

- Die *Gravitationswechselwirkung*. Sie wirkt zwischen allen Objekten, die die Eigenschaft Energie (Masse) besitzen.

schwache Wechselwirkung

- Die *schwache Wechselwirkung*. Sie wirkt zwischen allen Objekten mit Ausnahme der Feldquanten.

elektromagnetische Wechselwirkung

- Die *elektromagnetische Wechselwirkung*. Ihr unterliegen alle Objekte mit einer elektrischen Ladung, alle elektrisch neutralen Objekte mit einem magnetischen Moment sowie diejenigen mit einem Moment höherer Multipolordnung und Photonen.

starke Wechselwirkung

- Die *starke Wechselwirkung*. Ihr unterliegen die Quarks und alle Hadronen.

Gravitationsladung

Farbladung

schwache Ladung

Als Ursache dieser Wechselwirkungen werden Ladungen angesehen: für die Gravitationswechselwirkung die *Gravitationsladung* (Masse), für die elektromagnetische Wechselwirkung die elektrische Ladung, für die starke Wechselwirkung die *Farbladung* und für die schwache Wechselwirkung die *schwache Ladung*.

Die Gravitations- und die elektromagnetische Wechselwirkung sind durch die Phänomene der klassischen Physik vertraute Erscheinungen. Nach dem Gravitationsgesetz und dem Coulomb-Gesetz besitzen beide eine unendliche Reichweite.

Über die starke Wechselwirkung in Gestalt der Nukleon-Nukleon-Wechselwirkung wurde bereits im Abschnitt 10.8 gesprochen. Nach Kapitel 13 bestimmt diese maßgeblich die Kernstruktur. Seitdem bekannt ist, daß die Hadronen aus Quarks aufgebaut sind, identifiziert man die starke Wechselwirkung mit der Wechselwirkung zwischen diesen Quarks.

Die potentielle Energie W_{ps} zwischen zwei Quarks im Abstand r besitzt ein Abstandsgesetz, wie es von keinem anderen physikalischen Objekt bekannt ist. Nach den experimentellen Befunden ist für W_{ps}

potentielle Energie für zwei Quarks im Abstand r

$$W_{ps} = -\frac{C_1}{r} + C_2 r \tag{15.1}$$

anzunehmen. $C_1 > 0$ und $C_2 > 0$ sind dabei Konstanten. Bestimmt man diese, dann erkennt man, daß der erste Term für $r > 10^{-15}\,\mathrm{m}$ zu vernachlässigen ist. Die potentielle Energie zwischen zwei Quarks im Abstand $r > 10^{-15}\,\mathrm{m}$ nimmt demnach proportional zu ihrem Abstand zu. Nach $\boldsymbol{F}_s = -\operatorname{grad} W_{ps}$ bedeutet dies, daß die Kraft zwischen zwei Quarks dann unabhängig von ihrem Abstand ist, die Quarks also nicht getrennt werden können. Diese Dauerbindung der Quarks bezeichnet man als *Confinement*. Nach (15.1) ist damit auch die Reichweite der starken Wechselwirkung unendlich.

Confinement

Die Beziehung (15.1) entspricht der experimentellen Erfahrung, daß freie Quarks nicht existieren. Schon für $r = 10^{-15}$ m ist $W_{ps} > 2 m_{0q} c^2$, d. h. mindestens das Doppelte der Quarkruhenergie. Daher entsteht bei Zuführung einer Energie $> 2 m_{0q} c^2$ stets ein Quark-Antiquark-Paar (s. Abschn. 15.6). So wie es keine magnetischen Monopole gibt, existieren auch keine freien Quarks.

freie Quarks existieren nicht

Beim Zusammenschluß mehrerer Quarks zu einem Hadron (z. B. zu einem Neutron oder zu einem Proton) werden die Wechselwirkungskräfte nicht vollständig abgesättigt. Dies führt zu einer *Restkraft* der starken Wechselwirkung. Sie ist eine der Ursachen der Kernkraft. Deren Wechselwirkungsenergie wird im Bereich der Anziehung bei nicht zu kleinen Abständen durch das schon im Abschnitt 10.8 behandelte Yukawa-Potential beschrieben. Die Identifizierung dieser Restkräfte mit einer Reichweite von kleiner als 10^{-15} m mit den starken Wechselwirkungskräften führte zunächst zu der irrigen Annahme, daß generell die maximale Reichweite der starken Wechselwirkung angenähert 10^{-15} m betrüge und deshalb Mesonen als die Feldquanten der starken Wechselwirkung anzusehen wären.

Restkraft der starken Wechselwirkung

Auch für die elektromagnetische Wechselwirkung existiert eine Restkraft. Sie führt dazu, daß zwei neutrale Atome im Abstand r einer zu r^{-6} proportionalen Anziehungskraft unterliegen (Näheres s. Bd. IV).

Restkraft der elektromagnetischen Wechselwirkung

Ein Abstandsgesetz für die potentielle Energie der schwachen Wechselwirkung ist bis heute nicht bekannt. Die experimentellen Befunde legen es nahe, für die maximale Reichweite der schwachen Wechselwirkung $r_{max} \leqq 10^{-18}$ m anzunehmen.

ein Abstandsgesetz für die schwache Wechselwirkung ist unbekannt

Gelegentlich wird über die mögliche Existenz einer fünften Wechselwirkung, der superschwachen Wechselwirkung, spekuliert. Sie konnte bisher jedoch nicht nachgewiesen werden. Falls das Proton eine endliche Lebensdauer besitzt, müßte als weitere Wechselwirkung die für diesen Zerfall verantwortliche Hyperfarbkraft existieren.

Nach der Quantenfeldtheorie können in der Mikrophysik die Wechselwirkungen nicht durch klassische Felder beschrieben werden. Nach ihr entspricht jedem eine Kraft übertragenden Feld ein zugehöriges *Feldquant*, z. B. der elektromagnetischen Wechselwirkung als Feldquant das Photon. Da die Feldquanten beliebig erzeugt und vernichtet werden können, für ihre Anzahl also kein Erhaltungssatz gilt, müssen sie Bosonen sein.

Feldquanten

Die Ruhmasse der Feldquanten kann aus der Energie-Zeit-Unschärferelation (5.37b) $\Delta W \, \Delta t \geqq \hbar/2$ abgeschätzt werden. Die Reichweite der betrachteten Wechselwirkung sei r_{max}. Damit erhält man als Wechselwirkungszeit $\Delta t = r_{max}/c$, denn es handelt sich um Teilchen hoher Energie, also um Teilchen mit nahezu Lichtgeschwindigkeit. Beachtet man noch die Masse-Energie-Äquivalenz $\Delta W = m_0 c^2$, so erhält man als Ruhmasse des Feldquants $m_0 \geqq \hbar/2 r_{max} c$. Durch eine quantenfeldtheoretische Untersuchung erhielt 1935 YUKAWA den exakteren Ausdruck (10.13)

Ruhmasse der Feldquanten

$$m_{0F} = \frac{\hbar}{r_{max} c} .$$

Bei Kenntnis der Reichweite r_{max} der Wechselwirkung kann mit dieser Beziehung die Ruhmasse des zugehörigen Feldquants abgeschätzt werden. Das Feldquant der elektromagnetischen Wechselwirkung ist das Photon. Da für die elektromagnetische Wechselwirkung $r_{max} = \infty$ gilt, besitzt das Photon keine Ruhmasse. Gleiches gilt für das *Graviton*, das Feldquant der Gravitationswechselwirkung. Es muß den Spin 2 besitzen, sein experimenteller Nachweis gelang bisher nicht. Die Feldquanten der starken Wechselwirkung sind die *Gluonen*. Acht verschiedene Gluonen konnten experimentell nachgewiesen werden. Da auch für die starke Wechselwirkung $r_{max} = \infty$ gilt, haben die Gluonen ebenfalls keine Ruhmasse. Die Feldquanten der schwachen Wechselwirkung sind das *Plus-Weon* (W^+), das *Minus-Weon* (W^-) und das *Zeton* (Z^0). Da die schwache Wechselwirkung eine endliche Reichweite hat, besitzen diese Feldquanten eine endliche Ruhmasse. Ausführlich werden die einzelnen Feldquanten im Abschnitt 15.7 behandelt.

Graviton

Gluonen

Plus-Weon
Minus-Weon
Zeton

Zu einem Vergleich der relativen Stärken der einzelnen Wechselwirkungen kommt man, wenn man z.B. die Stärken von Gravitations-, Coulomb- und Kernkraft zwischen zwei Protonen im Abstand von 10^{-16} m vergleicht. Sie verhalten sich wie $10^{-39}:10^{-2}:1$. Die Stärke der schwachen Wechselwirkung kann aus dem β-Zerfall abgeschätzt werden. Wie FERMI 1934 zeigen konnte, verhält sich die relative Stärke der schwachen Wechselwirkung zu der der elektromagnetischen wie $10^{-11}:1$. Damit ergeben sich die in Tabelle 15.1 angegebenen relativen Stärken der vier fundamentalen Wechselwirkungen.

Nach Tabelle 15.1 übt die starke Wechselwirkung auf zwei Neutronen im Abstand von 1 fm die gleiche Anziehungskraft aus wie die Gravitationswechselwirkung auf zwei im gleichen Abstand befindliche Massenpunkte von je 10^{39} Neutronen, d.h. mit einer Masse von $m = 10^{12}$ kg.

Wegen ihrer im Vergleich zu den anderen Wechselwirkungen äußerst geringen Stärke kann in der Elementarteilchenphysik die Gravitationswechselwirkung vernachlässigt werden. Sie besitzt nur für makroskopische bzw. astronomische Objekte Bedeutung. Hier ist dann meist wegen der praktischen elektrischen Neutralität der Systeme auch die zweite weitreichende Wechselwirkung, die elektromagnetische, vernachlässigbar, so daß insbesondere für astronomische Objekte die Gravitationswechselwirkung die bestimmende ist.

Die vier fundamentalen Wechselwirkungen können infolge ihrer äußerst unterschiedlichen Stärken unabhängig voneinander untersucht werden, obwohl die betrachteten Objekte meist mehreren Wechselwirkungen zugleich unterliegen.

Da freie Quarks nicht existieren, liegt immer ein Zusammenschluß von Quarks und Antiquarks zu Hadronen vor. Durch diesen Zusammenschluß

Tabelle 15.1
Zum Vergleich der vier fundamentalen Wechselwirkungen

	Gravitations-wechsel-wirkung	**starke Wechsel-wirkung**	**schwache Wechsel-wirkung**	**elektro-magnetische Wechsel-wirkung**
Beispiele	kosmische Objekte	Quarks Hadronen Atomkerne	Leptonen	Atome Moleküle Festkörper
Feldquanten	Graviton	acht Gluonen	W^+, W^-, Z^0	Photon
Ruhmasse der Feld-quanten (in Vielfachen von m_{0p})	0	0	85,2 (W^+, W^-) 97,0 (Z^0)	0
W_p zwischen 2 Objekten im Abstand r	$\gamma \frac{m_1 m_2}{r}$	$-\frac{C_1}{r} + C_2 r$ ($C_1 > 0$, $C_2 > 0$) Restkraft $\sim \frac{1}{r} e^{-\frac{m_\pi c r}{\hbar}}$ (Yukawa-Potential)	unbekannt	$-\frac{q_1 \cdot q_2}{4\pi \varepsilon_0 r}$ Restkraft $\sim r^{-6}$
Reichweite in m	∞	∞ Restkraft $< 10^{-15}$	$< 10^{-18}$	∞
relative Stärke zwischen 2 Objekten im Abstand von 10^{-16}m	10^{-39}	1 (per Definition)	10^{-13}	10^{-2}
typische Reaktions-dauer in s	–	10^{-23}	10^{-8}	10^{-20}

ist die starke Wechselwirkung bis auf die durch das Yukawa-Potential gegebene Restkraft abgesättigt. Das beschränkt die Reichweite der starken Wechselwirkung zwischen Hadronen auf wenige Femtometer. Da auch die schwache Wechselwirkung eine Reichweite kleiner als 10^{-18} m besitzt, bestimmen die starke und die schwache Wechselwirkung nur den Aufbau und den Zerfall von Hadronen und Atomkernen. Der Aufbau der Atome aus Atomkern und Atomhülle, der Zusammenschluß von Atomen

ABDUS SALAM,
geb. 1926
Nobelpreis 1979

zu Molekülen und Festkörpern wird dagegen ausschließlich durch die elektromagnetische Wechselwirkung verursacht.

Die Reichweite der starken Wechselwirkung zwischen Hadronen beträgt wenige Femtometer. Nimmt man an, daß sich das Teilchen etwa mit Lichtgeschwindigkeit bewegt, dann beträgt die Wechselwirkungszeit 10^{-22} bis 10^{-23} s. Für die um den Faktor 10^{-2} bzw. 10^{-15} schwächere elektromagnetische bzw. schwache Wechselwirkung ergeben sich damit Wechselwirkungszeiten von etwa 10^{-20} s bzw. 10^{-8} s. Aus den mittleren Lebensdauern der Elementarteilchen kann demzufolge auf die den Zerfall verursachende Wechselwirkung geschlossen werden.

elektroschwache Wechselwirkung

Die Frage, ob es wirklich vier fundamentale Wechselwirkungen gibt und nicht eventuell nur eine, ist z.Z. noch weitgehend unbeantwortet. 1968 wurde von GLASHOW, SALAM und WEINBERG eine Theorie zur Vereinigung der elektromagnetischen mit der schwachen Wechselwirkung zur *elektroschwachen Wechselwirkung* aufgestellt. Nach dieser Theorie müßte die Masse des W^+-Feldquants etwa 85 Protonenmassen, die des Z^0-Feldquants 97 Protonenmassen betragen. Entsprechende Werte für die Massen der Feldquanten konnten 1983 experimentell bestätigt werden (s. Abschn. 15.7).

SHELDON LEE GLASHOW,
geb. 1932
Nobelpreis 1979

Nach der Theorie der elektroschwachen Wechselwirkung ist die unterschiedliche Stärke von schwacher und elektromagnetischer Wechselwirkung durch die unterschiedlichen Massen ihrer Feldquanten verursacht. Bei genügend großen Energien der schwach wechselwirkenden Objekte, d.h. bei Energien sehr groß gegenüber den Ruhenergien der Feldquanten W^+, W^- und Z^0, müßten daher die elektromagnetische und die schwache Wechselwirkung gleich stark werden. Generell nimmt man an, daß die in Tabelle 15.1 gegebenen Stärken der einzelnen Wechselwirkungen von der Energie der miteinander wechselwirkenden Elemtarteilchen abhängig sind. Danach müßte die Stärke der starken Wechselwirkung mit der Energie der Objekte abnehmen und sich die starke Wechselwirkung bei Energien von 10^{25} eV ab mit der elektroschwachen zu einer einheitlichen Wechselwirkung vereinigen lassen.

STEVEN WEINBERG,
geb. 1933
Nobelpreis 1979

15.3 Zur Systematisierung der Elementarteilchen

Bisher sind über 300 Elementarteilchen (einschließlich der Resonanzen) bekannt. Damit stellen sich das Problem ihrer Systematisierung und die Frage, inwieweit man bei einer solch großen Anzahl noch von elementaren Objekten sprechen kann oder ob sie nicht doch aus noch elementareren Objekten bestehen. Wir wollen uns zunächst der ersten dieser Fragestellungen zuwenden. Die Kenntnis über die Systematisierung der Elementarteilchen ist etwa mit dem Versuch des Ordnens der Elemente vor der Entdeckung des Periodischen Systems der Elemente oder mit den Deutungsversuchen der Atomspektren vor dem Vorliegen des Bohrschen Atommodells bzw. der Quantentheorie zu vergleichen. Nur ist hier die

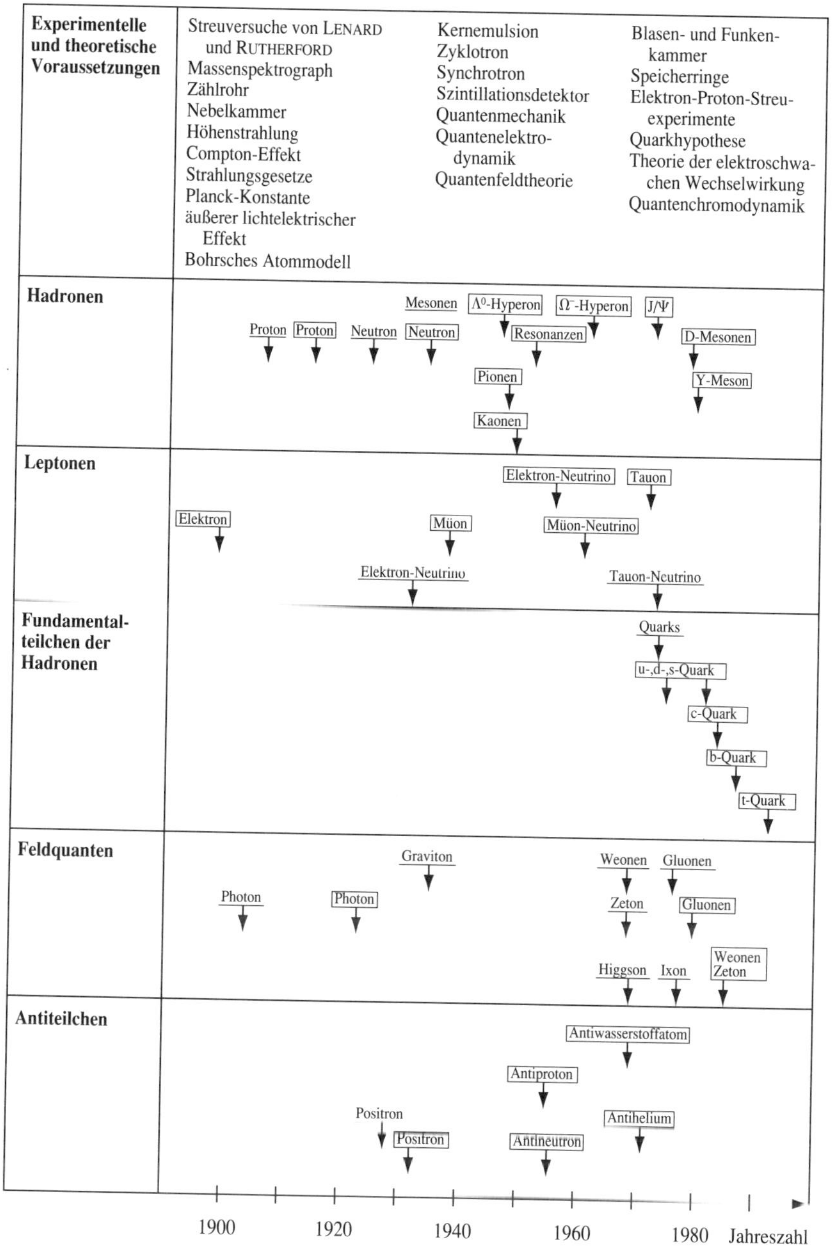

Abb. 15.2 Zur Entwicklung der Elementarteilchenphysik (Unterstreichung bedeutet die hypothetische Einführung, Einrahmung den experimentellen Nachweis des Teilchens)

Situation noch wesentlich komplizierter. Im Gegensatz zu den Wechselwirkungen in der Atomhülle, bei denen die Energieübergänge immer mit der Erzeugung oder der Vernichtung von Photonen einhergehen, sind in der Elementarteilchenphysik die Energieübergänge auch mit der Erzeugung und Vernichtung von Elementarteilchen mit endlicher Ruhmasse verbunden. Es liegt demzufolge ein sehr verwickeltes Spektrum verschiedener Materiezustände mit verschiedenen Energiezuständen vor.

Die Ordnung der Elemente nach wachsender relativer Atommasse führte zum Auffinden des Periodischen Systems (vgl. Abschn. 2.2.1.3). Erst später erkannte man, daß eigentlich nicht die Atommasse, sondern die Kernladungszahl der Ordnungsparameter ist. Auch bei den Elementarteilchen wurde zunächst ihre Anordnung nach steigender Masse zum Ausgangspunkt ihrer Systematisierung gemacht. Man erkannte dann, daß hier das eigentliche Ordnungselement die Wechselwirkungen sind, denen das Teilchen unterliegt, wobei neben anderem hauptsächlich die Masse des Teilchens und sein möglicher Zerfall durch diese Wechselwirkungen bestimmt werden. Dieser Systematisierung wollen wir uns in den nächsten Abschnitten zuwenden und zugleich die Eigenschaften der einzelnen Elementarteilchenfamilien beschreiben (vgl. Abb. 15.2).

15.3.1 Leptonen

(D 15.1) Leptonen

Elementarteilchen mit dem Spin 1/2, die nicht der starken Wechselwirkung unterliegen, heißen Leptonen.

Zu den Leptonen (leichte Teilchen) gehören 12 Elementarteilchen: das Elektron, das Elektron-Neutrino, das Müon, das Müon-Neutrino, das Tauon, das Tauon-Neutrino und die zugehörigen sechs Antiteilchen.

Leptonen unterliegen der schwachen Wechselwirkung und, wenn sie eine elektrische Ladung tragen, auch der elektromagnetischen. Nach dem heutigen Erkenntnisstand setzen sich Leptonen nicht aus anderen Teilchen zusammen. Gegenwärtig sind auch keine angeregten Leptonenzustände bekannt. Da Leptonen Objekte mit schwacher Wechselwirkung sind, werden sie zum Studium dieser Wechselwirkungsart genutzt. Besonders interessant sind hierfür die Neutrinos, weil sie als elektrisch neutrale Leptonen weder der elektromagnetischen noch der starken Wechselwirkung unterliegen.

Die Eigenschaften der Leptonen sind in Tabelle 15.2 zusammengestellt. Hierbei ist zu beachten, daß es in der Elementarteilchenphysik aus Zweckmäßigkeitsgründen üblich ist, die Ruhmasse m_0 eines Elementarteilchens nicht in der Masseneinheit Kilogramm anzugeben, sondern entsprechend der Einsteinschen Energie-Masse-Äquivalenzbeziehung $W_0 = m_0 c^2$ (s. (II S 14.17)) durch seine Ruhenergie W_0 in der Einheit Elektronenvolt dividiert durch c^2. In dieser Einheit ist $1\ \mathrm{MeV}/c^2 = 1{,}782 \cdot 10^{-30}\ \mathrm{kg}$. Danach beträgt z.B. die Ruhmasse des Elektrons $m_{0e} = 5{,}1100 \cdot 10^5\ \mathrm{eV}/c^2$.

MeV/c^2 als Maßeinheit für die Ruhmassen

Durch die Verwendung der Masseneinheit eV/c^2 kann man z. B. sofort erkennen, welche Energie zur Erzeugung des betreffenden Teilchens mindestens notwendig ist.

15.3.1.1 Elektron

Eigenschaften des Elektrons

Das Elektron $_{-1}^{0}e = e^-$ ist ein stabiles Elementarteilchen mit einer endlichen Ruhmasse und dem Spin 1/2. Es trägt eine negative Elementarladung und besitzt das magnetische Moment $\boldsymbol{m}_z = -1{,}001\ |\mu_B|\ \boldsymbol{k}$. Die minimale Abweichung vom Wert $1\ |\mu_B|$ wird einem virtuellen Photonenaustausch zugeschrieben, an dem das elektrische Feld des Elektrons beteiligt ist.

Das Elektron wurde 1897 von THOMSON entdeckt, als er die Kanalstrahlen als Ströme von Teilchen mit der spezifischen Ladung $-e/m_{0e} = -1{,}76 \cdot 10^{11}$ As/kg interpretierte. Die präzise Bestimmung von $-e/m_{0e}$ gelang 1902 SCHUSTER, die der Elektronenladung und damit auch die der Masse 1910 MILLIKAN (vgl. Abschn. II 3.1). 1927 konnten STERN und GERLACH den Elektronenspin nachweisen (s. Abschn. 6.3). Die Präzisionsbestimmung des magnetischen Momentes gelang 1945 PURCELL (s. Abschn. 8.1.3).

15.3.1.2 Positron, Antiteilchen

Antiteilchen

Das Positron $_{+1}^{0}e = e^+$ ist das *Antiteilchen* des Elektrons. Es unterscheidet sich von diesem u. a. durch seine entgegengesetzte Ladung, folglich auch durch sein entgegengesetztes magnetisches Moment $\boldsymbol{m}_z = 1{,}001\ |\mu_B|\ \boldsymbol{k}$.

Nachweis des Positrons

Im Jahre 1932 gelang es ANDERSON, die von DIRAC vorhergesagte Elektron-Positron-Paarbildung und damit auch die Existenz des Positrons nachzuweisen. Er ließ die kosmische Strahlung in eine Nebelkammer fallen und fand dabei Reaktionen, wie sie in Abbildung 15.3 dargestellt sind. Im Feld eines Atomkernes verwandelt sich ein γ-Quant der Energie $h\nu > 2m_{0e}c^2 = 1{,}022$ MeV in ein Elektron-Positron-Paar. Die überschüssige Energie $h\nu - 1{,}022$ MeV nehmen das Elektron und das Positron in Form von kinetischer Energie auf. Das Positron tritt sofort mit einem Elektron in Wechselwirkung und zerstrahlt (*Paarvernichtung*) mit ihm unter Emission von zwei γ-Quanten (mit wesentlich geringerer Wahrscheinlichkeit auch in drei):

Paarvernichtung

$$e^- + e^+ \rightarrow 2\gamma \quad \text{bzw.} \quad 3\gamma. \tag{15.2}$$

Paarerzeugung

Daß die *Paarerzeugung* nur im Zusammenspiel mit einem weiteren Teilchen, z. B. einem Atomkern oder einem Elektron, möglich ist, ist eine Folge des Impulserhaltungssatzes. Das Photon besitzt die Energie $W_{ph} = h\nu$ und den Impuls $p_{ph} = h\nu/c$ und damit das Impuls-Energie-Verhältnis $p_{ph}/W_{ph} = 1/c$, ein Elektron besitzt die Energie $W_e = m_e c^2$ und den Impuls $p_e = m_e v$ und somit das Impuls-Energie-Verhältnis $p_e/W_e = v/c^2$, woraus sich unter der Voraussetzung $W_{ph} = 2W_e$ das Impulsverhältnis $p_e/p_{ph} = v/2c$ ergibt. Nach der speziellen Relativitätstheorie gilt stets $v < c$ (vgl. (II S 14.8) und damit $p_e < p_{ph}$. Wandelt sich das Photon in ein

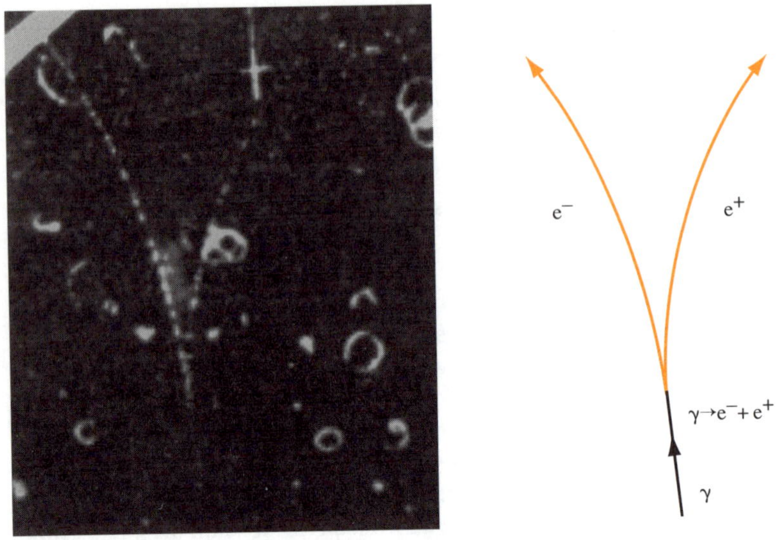

Abb. 15.3 Nebelkammeraufnahme der Elektron-Positron-Paarbildung

Elektron-Positron-Paar gleicher Gesamtenergie um, ist demzufolge die Summe der Impulse von Elektron und Positron kleiner als die des Photons. Es muß also am Erzeugungsprozeß ein drittes Teilchen beteiligt sein, um den überschüssigen Impuls aufzunehmen.

Positronium

Den Zerstrahlungsprozeß kann man sich wie folgt vorstellen. Das Positron fängt ein Elektron ein und bildet mit diesem analog zum Wasserstoffatom ein „Positroniumatom“ oder kurz ein *Positronium*. Das Positronium ist instabil; seine Lebensdauer hängt von der Einstellung des Elektronenspins gegenüber dem Spin des Positrons ab. Beim Positronium-0 liegt die antiparallele Einstellung der Spins vor (Gesamtspin 0, Singulettzustand). Da das Photon den Spin 1 besitzt, kann die Zerstrahlung nur in zwei Photonen erfolgen. Die Lebensdauer des Singulettzustandes beträgt $1{,}25 \cdot 10^{-10}$ s. Beim Positronium-1 finden wir dagegen Parallelstellung beider Spins und demzufolge den Gesamtspin 1 (Triplettzustand). Es zerstrahlt in drei Photonen, in zwei Photonen mit parallelem und in ein Photon mit dazu antiparallelem Spin. Die Lebensdauer des Positronium-1 beträgt $1{,}39 \cdot 10^{7}$ s. Die Wahrscheinlichkeit für die Bildung des Positronium-1 ist wesentlich kleiner als die für die Bildung von Positronium-0. Daß das Positronium-1 in drei und nicht in ein einziges Photon zerstrahlt, ist eine Folge des Impulserhaltungssatzes. Im Schwerpunktsystem ist die Summe der Impulse von Elektron und Positron Null. Da das Photon einen endlichen Impuls besitzt, müßte bei der Zerstrahlung in nur ein Photon deshalb ein weiteres Teilchen zugegen sein, dessen aufgenommener Impuls sich mit dem des Photons wieder zu Null kompensiert. Ein derartiger Prozeß ist aber höchst unwahrscheinlich.

Analog zur Elektron-Positron-Paarbildung wird auch bei Nukleonen die Paarerzeugung durch Beschuß von Materie mit hochenergetischen

Teilchen (z. B. Photonen, Pionen oder Protonen) realisiert. Die Schwierigkeit bei der Entdeckung der Antinukleonen bestand darin, daß schon für die Ruhenergien von Nukleon und Antinukleon ungefähr 2 GeV aufzubringen sind. Nachdem in Berkeley mit dem Bevatron ein 6,3 GeV-Protonenbeschleuniger zur Verfügung stand, gelang SEGRÉ, CHAMBERLAIN u. a. 1955 der Nachweis des *Antiprotons* und 1956 der des *Antineutrons*.

Antiproton
Antineutron

Die aus Antiprotonen, Antineutronen und Positronen aufgebauten Atome werden als *Antiatome* bezeichnet. 1970 konnte das Antiwasserstoffatom mit Hilfe von Antiprotonen- und Positronenspeicherringen hergestellt werden. Sein Kern besteht aus einem Antiproton, seine Hülle aus einem Positron. Wenig später gelang die Erzeugung des Antiheliums.

Antiatome

OWEN CHAMBERLAIN, geb. 1920
Nobelpreis 1959

Zu allen Elementarteilchen, die nicht unter starker Wechselwirkung zerfallen, wurden bisher Antiteilchen gefunden. Sie werden im allgemeinen durch einen Querstrich über dem Symbol des betreffenden Elementarteilchens charakterisiert. Dabei können Teilchen und Antiteilchen, wie z. B. beim Photon, durchaus identisch sein. Beim Übergang vom Elementarteilchen zum zugeordneten Antiteilchen ändern die ladungsartigen Quantenzahlen und die Seltsamkeit ihr Vorzeichen, die Beträge dieser Quantenzahlen bleiben gleich. Bei Fermionen wechselt zusätzlich die Parität ihr Vorzeichen.

Teilchen und Antiteilchen gehorchen (von der Nichterhaltung der Parität abgesehen) den gleichen Naturgesetzen, d. h., jede zwischen bestimmten Elementarteilchen mögliche Reaktion kann in gleicher Weise zwischen den entsprechenden Antiteilchen ablaufen. Die aus Antiatomen aufgebaute Materie bezeichnet man als *Antimaterie*. Neben unserer Welt ist daher auch eine aus Antimaterie bestehende *Antiwelt* denkbar. Allerdings sprechen alle Beobachtungen dafür, daß im Kosmos das Verhältnis von Antibaryonen zu Baryonen kleiner als 10^{-4} ist. So besteht die primäre Komponente der kosmischen Strahlung, die ja aus entfernten Teilen der Milchstraße zu uns gelangt, überwiegend aus Nukleonen und nicht aus Antinukleonen. Weiter müßte die Zerstrahlung der Materie einer Galaxie mit Antimaterie mit einer äußerst intensiven γ-Strahlung verbunden sein, was ebenfalls nicht beobachtet wird.

Antimaterie
Antiwelt

Teilchen und zugeordnetes Antiteilchen haben im Vakuum prinzipiell die gleiche Lebensdauer. Treten ein Teilchen mit der Ruhmasse m_0 und ein zugeordnetes Antiteilchen miteinander in Wechselwirkung, dann *annihilieren* (zerstrahlen) sie unter Freisetzung der Energie $2m_0c^2$. Antiteilchen zerstrahlen in unserer Welt sofort, da ihnen zur *Annihilation* stets genügend Partner zur Verfügung stehen. Wir fassen zusammen:

Annihilation

> Zu jeder Art von Elementarteilchen existiert ein Antiteilchen. Teilchen und zugeordnetes Antiteilchen unterscheiden sich im Vorzeichen der ladungsartigen Quantenzahlen und der Seltsamkeit, Fermionen zusätzlich im Vorzeichen der Parität. Tritt ein Teilchen der Ruhmasse m_0 mit seinem zugeordneten Antiteilchen in Wechselwirkung, dann annihilieren sie unter Freisetzung der Energie $2m_0c^2$.

(S 15.1)
Eigenschaften der Antiteilchen

15.3.1.3 Elektron-Neutrino

Eigenschaften des Elektron-Neutrinos

Das Elektron-Neutrino ${}^0_0\nu_e = \nu_e$ wurde 1930 von PAULI als hypothetisches Teilchen zur Deutung des β^--Zerfalls eingeführt (vgl. Abschn. 12.2.5.1). Sein direkter Nachweis gelang wegen seiner äußerst geringen Wechselwirkung mit Materie erst 1956 COWAN (vgl. Abschn. 12.2.6). Aus dem β^--Zerfallsprozeß wurde geschlossen, daß das Elektron-Neutrino den Spin 1/2 besitzt, keine elektrische Ladung trägt, kein magnetisches Moment besitzt und daß seine Ruhmasse gleich Null ist. Es wird als ein stabiles Elementarteilchen angesehen. Seit 1980 liegen Überlegungen vor, die Zweifel am Wert Null für die Neutrinomasse aufkommen lassen (vgl. Abschn. 15.3.1.7).

15.3.1.4 Müon

Eigenschaften des Müons

Das Müon μ^- ist ein instabiles Elementarteilchen. Es trägt wie das Elektron eine negative Elementarladung und hat ebenfalls den Spin 1/2, besitzt aber eine 206,7-fach größere Ruhmasse als dieses. Wegen $m_e/m_\mu = 4{,}838 \cdot 10^{-3}$ ist sein magnetisches Moment nach (6.7) um diesen Faktor kleiner als das des Elektrons. In seiner Wechselwirkung gegenüber Materie gleicht es dem Elektron. Sein Antiteilchen ist das einfach positiv geladene μ^+. Das Müon μ^- zerfällt mit der mittleren Lebensdauer $\tau = 2{,}2 \cdot 10^{-6}\,\mathrm{s}$ in ein Elektron e^-, ein Elektron-Antineutrino $\bar{\nu}_e$ und ein Müon-Neutrino ν_μ, μ^+ in die entsprechenden Antiteilchen:

$$\mu^- \to e^- + \bar{\nu}_e + \nu_\mu + 105\ \mathrm{MeV};$$
$$\mu^+ \to e^+ + \nu_e + \bar{\nu}_\mu + 105\ \mathrm{MeV}. \qquad (15.3)$$

Es ist dies der einzige bekannte Prozeß mit schwacher Wechselwirkung, bei dem einige der beteiligten Teilchen nicht zugleich auch der elektromagnetischen Wechselwirkung unterliegen. Er ist daher von großer Bedeutung für das Studium der schwachen Wechselwirkung.

SETH HENRY NEDDERMEYER, geb. 1907

Das Müon wurde 1937 von ANDERSON und NEDDERMEYER in der kosmischen Strahlung entdeckt. Wir wissen heute, daß die Müonen in Meereshöhe 90% dieser Strahlung ausmachen. Das Müon wurde zunächst mit den von YUKAWA vorausgesagten Mesonen verwechselt und deswegen zuerst als μ-Meson bezeichnet. Die genaueren Untersuchungen zeigten jedoch, daß das Müon weder – wie von YUKAWA für Mesonen gefordert – den Spin Null besitzt noch der starken Wechselwirkung unterliegt.

15.3.1.4.1 Müonenatome

Müonenatom

Wird ein Hüllenelektron eines Atoms durch ein Müon ersetzt, so spricht man von einem *Müonenatom*. Die Lebensdauer der Müonenatome entspricht der Lebensdauer des Müons.

Zur Gewinnung von Müonenatomen erzeugt man zunächst durch Beschuß eines Targets mit Protonen einen Pionenstrahl. Die Pionen zerfallen in 10^{-8} s in Müonen und Neutrinos, die Müonen werden in einem entsprechenden Absorber abgebremst und dann von den Atomen eingefangen. Das Müon besetzt zunächst ein Niveau einer höheren Elektronenschale und geht dann sukzessive in das energetisch niedrigste Niveau über. Die hierbei freiwerdende Energie wird als Röntgenstrahlung abgegeben. Da nach (5.5a) der Bohrsche Radius umgekehrt proportional der Masse des Hüllenelektrons ist, nähert sich das Müon dem Atomkern etwa auf ein Zweihundertstel des Abstandes der kernnächsten Hüllenelektronen. Für mittelschwere Atomkerne entspricht sein mittlerer Abstand vom Kernmittelpunkt etwa dem Kernradius. Da Müonen wie Elektronen nicht der starken Wechselwirkung, d. h. nicht den Kernkräften unterliegen, kann aus der Abweichung der aus der Röntgenstrahlung ermittelten Bindungsenergie von der theoretisch berechneten auf die Ladungsverteilung des Kernes und damit auf die Kernstruktur sowie auf den Kernradius geschlossen werden. Derartige Untersuchungen ergaben, daß die Atomkerne im allgemeinen in guter Näherung als kugelförmige Gebilde anzusehen sind.

Eigenschaften von Müonenatomen

Wegen seiner großen Kernnähe wirkt das eingebaute Müon auf die übrigen Hüllenelektronen so, als ob es mit dem Kern eine Einheit bilde, d.h. die Ladung eines Protons kompensiere. Damit wirkt das Müonenatom der Kernladung Z chemisch praktisch so wie ein Atom der Kernladung $Z - 1$. Das Müonenatom nimmt also chemisch eine gewisse Zwischenstellung ein und wird deshalb auch als *Mesoatom* bezeichnet. Substituiert man z. B. ein Hüllenelektron des Sauerstoffs durch ein Müon, so erhält man Mesostickstoff, der für den Chemiker ein recht gut zu handhabendes Modell für den schwer beobachtbaren atomaren Stickstoff darstellt. So gewinnen Mesoatome zur Untersuchung sehr schnell ablaufender chemischer Reaktionsmechanismen und zur Untersuchung der Struktur fester Stoffe zunehmend an Bedeutung.

Mesoatom

Das an den Atomkern gebundene Müon zerfällt entweder nach der Reaktion (15.3) oder reagiert mit einem Kernproton gemäß der Beziehung

$$\mu^- + {}^1_1\mathrm{H} \rightarrow {}^1_0\mathrm{n} + \nu_\mu . \qquad (15.4)$$

Da der Bohrsche Radius umgekehrt proportional zu Z ist, d. h. das Müon dem Kern um so näher liegt, je größer Z ist, überwiegt für große Z dieser Prozeß gegenüber der Reaktion (15.3).

15.3.1.4.2 Müonium

Müonium

Das *Müonium* ist ebenso wie das Positronium ein wasserstoffähnliches Gebilde. Bei ihm ist μ^- an μ^+ gebunden, d.h., μ^- entspricht dem Hüllenelektron des Wasserstoffs, μ^+ dem Atomkern. Am Müonium läßt sich die Hyperfeinstrukturaufspaltung wesentlich genauer als am Wasserstoffspektrum studieren, denn sie ist der Kernmasse umgekehrt proportional, also bei Müonium um ca. das 9-fache gegenüber dem Wasserstoffspektrum vergrößert. Derartige Untersuchungen sind u.a. für die Überprüfung des Gültigkeitsbereiches der Quantenelektrodynamik sehr wichtig.

15.3.1.5 Müon-Neutrino

Eigenschaften des Müon-Neutrinos

Das Müon-Neutrino ist wie das Elektron-Neutrino ein stabiles Elementarteilchen mit dem Spin 1/2 und der wahrscheinlichen Ruhmasse Null. Ebenso trägt es keine elektrische Ladung und besitzt kein magnetisches Dipolmoment. Sein Antiteilchen ist das $\bar{\nu}_\mu$.

Müon-Neutrinos sind nicht mit Elektron-Neutrinos identisch

Melvin Schwartz, geb. 1932 Nobelpreis 1988

Das Müon-Neutrino ist nicht mit dem Elektron-Neutrino identisch. Das konnte 1962 durch Schwartz, Steinberger und Lederman experimentell belegt werden. Wären Elektron- und Müon-Neutrino identisch, dann müßten nach (12.35), (12.36) und den analog für Müonen geltenden Beziehungen

$$\bar{\nu}_\mu + {}^1_1\mathrm{H} \rightarrow {}^1_0\mathrm{n} + \mu^+; \quad \nu_\mu + {}^1_0\mathrm{n} \rightarrow {}^1_1\mathrm{H} + \mu^- \tag{15.5}$$

beim Beschuß von Protonen und Neutronen mit Müon-Neutrinos und -Antineutrinos außer Protonen und Neutronen sowohl Elektronen als auch Müonen nebst ihren Antiteilchen entstehen. Das Experiment von Cowan (vgl. Abschn. 12.2.6) konnte dieses Problem noch nicht lösen, da die bei ihm verwendeten Neutrinos einem Reaktor entstammten und somit nicht die notwendige Energie zur Erzeugung von Müonen besaßen. Es wurden daher Pionen durch Beschuß eines Targets mit Protonen der Energie 15 GeV erzeugt, bei deren Zerfall Müon-Neutrinos und -Antineutrinos

Jack Steinberger, geb. 1921 Nobelpreis 1988

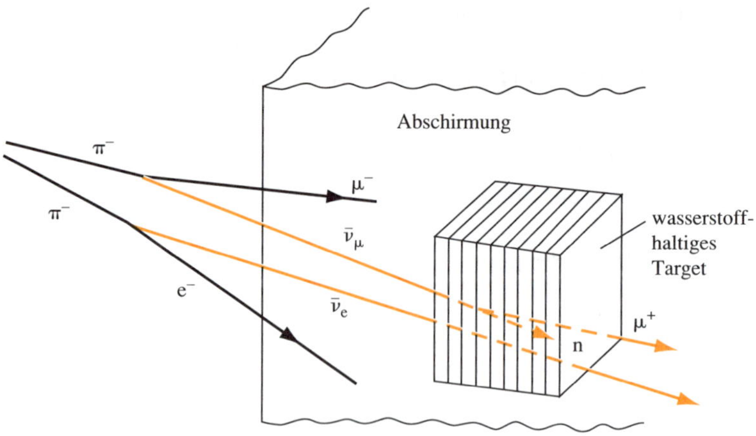

Abb. 15.4 Zum experimentellen Nachweis, daß das Elektron- und das Müon-Neutrino nicht identisch sein können. Die relative Häufigkeit der Reaktion $\pi^- \rightarrow \mu^- + \bar{\nu}_\mu$ beträgt nahezu 100%, nur diese ist daher für das Experiment von Bedeutung

großer Energie frei werden (s. Abschn. 15.3.2.1). Sie fielen auf eine stark protonen- und neutronenhaltige Substanz einer Masse von einigen Tonnen. Die Registrierung der hierdurch entstehenden Teilchen erfolgte mit einer Funkenkammer. Die gesamte Versuchsapparatur wurde mit einer Stahlabschirmung von 13,5 m Dicke umgeben (vgl. Abb. 15.4). Diese absorbierte alle Elementarteilchen bis auf die Neutrinos. Die Registrierdauer betrug sechs Monate. In dieser Zeit wurden 60 Müonen beobachtet, aber kein einziges Elektron oder Positron. Damit war der experimentelle Beleg dafür erbracht, daß Müon-Neutrinos nur Müonen, aber nicht Elektronen und Positronen erzeugen können, Müon-Neutrinos also nicht mit den Elektron-Neutrinos identisch sind.

LEON LEDERMAN,
geb. 1922
Nobelpreis 1988

15.3.1.6 Tauon, Tauon-Neutrino

Im Jahre 1975 wurde von PERL am Elektron-Positron-Collider in Stanford mit dem *Tauon* τ ein weiteres Lepton durch die Reaktion

Tauon

$$e^+ + e^- \rightarrow \tau^+ + \tau^- \tag{15.6}$$

entdeckt. Die Masse m_τ des Tauons ist $m_{0\tau} = 3491{,}2\,m_{0e}$, sein Spin beträgt 1/2. Wegen $m_{0e}/m_{0\tau} = 2{,}864 \cdot 10^{-4}$ ist das magnetische Moment des Tauons um das $2{,}864 \cdot 10^{-4}$-fache kleiner als das des Elektrons. Das Tauon zerfällt in etwa $5 \cdot 10^{-13}$ s. Wegen seiner im Vergleich zum Müon wesentlich größeren Ruhenergie besitzt es im Gegensatz zum Müon mehrere Zerfallsmöglichkeiten; dabei können auch Mesonen entstehen:

$$\begin{aligned}
\tau^- &\rightarrow e^- + \overline{\nu}_e + \nu_\tau \\
\tau^+ &\rightarrow e^+ + \nu_e + \overline{\nu}_\tau \\
\tau^- &\rightarrow \mu^- + \overline{\nu}_\mu + \nu_\tau \\
\tau^+ &\rightarrow \mu^+ + \nu_\mu + \overline{\nu}_\tau \\
\tau^- &\rightarrow \pi^- + \nu_\tau \\
\tau^- &\rightarrow \varrho^- + \nu_\tau\,.
\end{aligned} \tag{15.7}$$

In den Zerfallsgleichungen (15.7) wird in Analogie zum Elektron und zum Müon angenommen, daß auch mit dem Zerfall des Tauons die Emission einer weiteren Neutrinoart, des *Tauon-Neutrinos* ν_τ bzw. des *Tauon-Antineutrinos* $\overline{\nu}_\tau$ verbunden ist. Sein Spin wäre dann ebenfalls 1/2, seine Ruhmasse entweder Null oder äußerst klein (s. nachfolgenden Abschnitt). Das Tauon-Neutrino dürfte weder mit dem Elektron-Neutrino noch mit dem Müon-Neutrino identisch sein. Die Existenz des Tauon-Neutrinos konnte bisher nicht experimentell bestätigt werden.

Tauon-Neutrino

15.3.1.7 Zu einigen Problemen der Neutrinophysik

Wesentliche Eigenschaften der Neutrinos sind bis heute unklar. Hierzu gehören u. a. folgende Probleme:

- Wie groß ist die Neutrinomasse?
- Wie groß ist die Neutrinolebensdauer?

– Gibt es Neutrinooszillationen?
– Besitzen Neutrinos ein elektrisches und ein magnetisches Moment?
– Gibt es Neutrinos mit rechtshändigem Schraubensinn?

Hinweis auf eine eventuell von Null verschiedene Neutrinoruhmasse

PAULI führte 1931 hypothetisch das Neutrino als ein Teilchen mit der Ruhmasse Null ein. Erst in den siebziger Jahren kamen Zweifel an dieser Auffassung auf. Theoretisch kann nicht begründet werden, warum die Neutrinos gerade die Ruhmasse Null besitzen müssen. In der Astrophysik würde ihre endliche Ruhmasse das Problem der Dunkelmaterie lösen. Die Existenz einer Dunkelmaterie ist durch den Gravitationslinseneffekt (vgl. Abschn. II 14.3.2.3.2) nachgewiesen. Besäßen die Neutrinos eine von Null verschiedene, wenn auch sehr kleine Ruhmasse ($\approx 10\,\text{eV}/c^2$), so könnte das den Widerspruch zwischen den Gravitationsenergien und den Bewegungsenergien der Galaxien beseitigen. Weiter existiert in der Astrophysik ein enger Zusammenhang zwischen der Neutrinomasse und der Alternative zwischen einem offenen und einem geschlossenen Universum. Für ein geschlossenes Universum ist zu fordern, daß es maximal nur zu etwa 10% aus Baryonen besteht. Die für ein geschlossenes Universum noch fehlende Materie von 90% könnte dann durch die Neutrinos gebildet werden. Nimmt man hierfür Tauon-Neutrinos an, dann muß ihre Ruhmasse zwischen $10\,\text{eV}/c^2$ und $100\,\text{eV}/c^2$ liegen. Aus vorstehenden Gründen werden intensive Untersuchungen durchgeführt, um Aufschluß über die Neutrinomassen zu bekommen. Zwei hierzu angewandte Methoden sollen nachfolgend skizziert werden.

Beim β^--Zerfall des Tritiums

Experimente zum Nachweis einer endlichen Neutrinoruhmasse

$$ {}^3_1\text{H} \rightarrow {}^3_2\text{He} + \text{e}^- + \overline{\nu}_\text{e} \tag{15.8a} $$

wird fast die gesamte Zerfallsenergie des Tritiums auf das Elektron übertragen, die kinetische Energie des Elektron-Antineutrinos ist dagegen angenähert Null. Durch eine sehr genaue Vermessung des Elektronenspektrums wird daher versucht, Aufschluß über die Neutrinomasse zu gewinnen. Derartige Untersuchungen führten 1980 zu dem Schluß, die Masse des Elektron-Neutrinos liege im Bereich $14\,\text{eV} \leqq m_\nu \leqq 46\,\text{eV}$. Spätere Messungen konnten dieses Ergebnis allerdings nicht bestätigen.

Analog wird z. B. aus den Zerfällen

$$ \pi^+ \rightarrow \mu^+ + \nu_\mu \tag{15.8b} $$

und

$$ \tau^- \rightarrow 3\pi^- + 2\pi^+ + \nu_\tau \tag{15.8c} $$

durch Messung der Energie des Müons μ^+ bzw. der Energie der Pionen $\pi^\pm$ auf die Masse des Müon- und des Tauon-Neutrinos geschlossen. Es ergaben sich folgende Werte: $m_{\nu_\text{e}} < 7{,}2\,\text{eV}$, $m_{\nu_\mu} < 0{,}27\,\text{MeV}$ und $m_{\nu_\tau} < 31\,\text{MeV}$.

Neutrinooszillationen

Der Nachweis für die Existenz von Neutrinomassen ungleich Null wäre auch erbracht, wenn sich *Neutrinooszillationen* nachweisen ließen. Man versteht darunter eine gegenseitige Umwandlung der Neutrinoarten ineinander, wozu leicht unterschiedliche Massen der einzelnen Neutrinoarten notwendig sind. In einem Neutrinostrahl würde sich das in einer Änderung der Mengenverhältnisse der Neutrinoarten längs des Weges äußern. Diese würden also gleichermaßen „oszillieren“, wie man es bei den K_1^0- und den K_2^0-Mesonen beobachtet.

Alle Versuche zum Nachweis von Neutrinooszillationen blieben bisher jedoch erfolglos. Benutzt wurden hierzu die unter Ausnutzung der Reaktion $^0n \rightarrow {}^1H + e^- + \overline{\nu}_e$ mittels Kernreaktoren zu erzielenden großen Elektron-Neutrino-Flüsse bzw. die mit Beschleunigern zu erzielenden großen Müon-Neutrino-Flüsse.

Die Existenz von Neutrinooszillationen und damit endlicher Neutrinomassen würde endliche Neutrinolebensdauern bedingen. Aus kosmologischen Überlegungen folgt für sie $\tau \geqq 10^{22}$ s, wenn man eine Neutrino-Ruhmasse $\leqq 10$ eV/c^2 annimmt.

Der im Abschnitt 15.5.2 beschriebene ausschließlich linkshändige Schraubensinn aller Neutrinos erfordert für ihre Ruhmasse den Wert Null.

Tabelle 15.2
Leptonen (nd: nicht definiert)

	Elektron	**Elektron-Neutrino**	**negatives Müon**	**Müon-Neutrino**	**negatives Tauon**	**Tauon-Neutrino**
Symbol	e^-	ν_e	μ^-	ν_μ	τ^-	ν_τ
Antiteilchen	e^+	$\overline{\nu}_e$	μ^+	$\overline{\nu}_\mu$	τ^+	$\overline{\nu}_\tau$
Masse in MeV/c^2	0,51100	0 (?)	105,7	0 (?)	1784	0 (?)
m/m_{0e}	1	0 (?)	206,7	0 (?)	3491,2	0 (?)
$\boldsymbol{m}_z/\|\mu_B\|$	$-1{,}001\,\boldsymbol{k}$	0 (?)	$-4{,}843 \cdot 10^{-3}\,\boldsymbol{k}$	0 (?)	$-2{,}866 \cdot 10^{-4}\,\boldsymbol{k}$	0 (?)
τ in s	∞	∞ (?)	$2{,}2 \cdot 10^{-6}$	∞ (?)	$5 \cdot 10^{-13}$	∞ (?)
mögliche Zerfälle	–	–	$\rightarrow e^- + \overline{\nu}_e + \nu_\mu$ (100%)	–	$\rightarrow \mu^- + \nu_\mu + \nu_\tau$ $\rightarrow \pi^- + \nu_\tau$ $\rightarrow \varrho^- + \nu_\tau$	–
Q	−1	0	−1	0	1	0
B	0	0	0	0	0	0
L_e	+1	+1	0	0	0	0
L_μ	0	0	+1	+1	0	0
L_τ	0	0	0	0	+1	+1
J	1/2	1/2	1/2	1/2	1/2	1/2
I	nd	nd	nd	nd	nd	nd
I_z	nd	nd	nd	nd	nd	nd
S	0	0	0	0	0	0
P	+1	nd	+1	nd	+1	nd

Neutrinos mit endlicher Ruhmasse können dagegen einen rechts- oder einen linkshändigen Schraubensinn besitzen, denn bei einer genügend großen Geschwindigkeit kann eine Spinumkehr erfolgen. Auch hierfür gibt es bisher keine experimentellen Hinweise.

magnetisches Neutrinomoment

Über ein eventuelles *magnetisches Neutrinomoment* ist bisher wenig bekannt. Aus der Theorie der elektroschwachen Wechselwirkung schließt man auf eine Neutrinomasse von etwa 10 eV/c^2 und damit auf ein magnetisches Neutrinomoment von etwa $10^{-18}\,|\mu_\mathrm{B}|$. Experimentell konnte bisher für die Existenz eines eventuellen magnetischen Neutrinomomentes nur eine obere Grenze ermittelt werden. Neutrino-Elektron-Streuexperimente liefern für sie $|\boldsymbol{m}_\nu| < 10^{-10}\,|\mu_\mathrm{B}|$, astrophysikalische Überlegungen $|\boldsymbol{m}_\nu| < 10^{-12}\,|\mu_\mathrm{B}|$.

15.3.2 Hadronen

(D 15.2) Hadronen, Mesonen, Baryonen

Elementarteilchen, die zur starken Wechselwirkung fähig sind, heißen Hadronen. Hadronen mit ganzzahligem Spin einschließlich des Spins Null heißen Mesonen, Hadronen mit halbzahligem Spin Baryonen.

15.3.2.1 Mesonen

Pionen; Kaonen; η^0-Meson; J/ψ-Meson; D-Mesonen; Y-Meson

Mesonen als mittelschwere Teilchen wurden 1935 von YUKAWA hypothetisch als Feldquanten der starken Wechselwirkung eingeführt. Im Jahre 1947 konnten von POWELL als erste Mesonen die *Pionen* π^+ und π^- in der kosmischen Strahlung an Hand ihrer Spuren in Kernemulsionsplatten nachgewiesen werden. 1949 gelang es dann, das neutrale π^0-Meson mit einem Teilchenbeschleuniger zu erzeugen. Es war das erste Elementarteilchen, das auf diese Weise gewonnen wurde. Kurz nach der Entdeckung der Pionen wurden die *Kaonen* gefunden. Alle später gefundenen Mesonen wurden nur noch durch ein Buchstabensymbol benannt. Das *η^0-Meson* wurde 1961, das *J/ψ-Meson* 1974, das D^0- und das D^+-*Meson* 1976 und das *Y-Meson* 1979 entdeckt. Es wird heute angenommen, daß die Mesonen aus einem Quark-Antiquark-Paar bestehen, im Gegensatz zu den Leptonen also zusammengesetzte Teilchen sind (s. Abschn. 15.6). Da man 6 Quarks und 6 Antiquarks kennt, müssen sich 36 Quark-Antiquark-Paare aufbauen lassen. Da diese noch mit paralleler und antiparalleler Spineinstellung vorliegen können, müssen also 72 Mesonen existieren.

Die Mesonen sind instabile Teilchen. Die Eigenschaften der Mesonen, die über die elektromagnetische oder die schwache Wechselwirkung zerfallen, sowie für einige ausgewählte Mesonen, die über die starke Wechselwirkung zerfallen (Resonanzen), enthält Tabelle 15.3.

Die Ruhmasse der Pionen beträgt etwa das 300-fache der Elektronenruhmasse. Sie tragen eine negative (π^-) bzw. eine positive elektrische Elementarladung (π^+) oder sind elektrisch neutral (π^0). π^- ist das Antiteilchen zu π^+. Pionen werden durch Stöße zwischen zwei Nukleonen mit genügend hoher Energie oder durch Wechselwirkung genügend energiereicher Photonen mit Nukleonen erzeugt. Im ersten Fall wird die kinetische Energie des stoßenden Teilchens direkt in Ruhmasse „verwandelt". Entsprechend den Pionenmassen werden dazu Protonen mit einer Energie von einigen hundert MeV benötigt. Reaktionen dieser Art sind

Erzeugung und Zerfall von Pionen

Cecil Frank Powell (1903 – 1969) Nobelpreis 1950

$$\begin{aligned} &p + p \rightarrow p + n + \pi^+;\\ &p + n \rightarrow p + p + \pi^-;\\ &\gamma + p \rightarrow n + \pi^+;\\ &\gamma + p \rightarrow p + \pi^0;\\ &\gamma + n \rightarrow p + \pi^-. \end{aligned} \tag{15.9}$$

Die Mesonen π^+ und π^- zerfallen durch schwache Wechselwirkung mit einer mittleren Lebensdauer von $2{,}55 \cdot 10^{-8}$ s in Leptonen:

$$\pi^+ \rightarrow \mu^+ + \nu_\mu \text{ oder } \pi^+ \rightarrow e^+ + \nu_e, \tag{15.10a}$$

$$\pi^- \rightarrow \mu^- + \bar{\nu}_\mu \text{ oder } \pi^- \rightarrow e^- + \bar{\nu}_e. \tag{15.10b}$$

Das neutrale Pion π^0 zerfällt durch elektromagnetische Wechselwirkung mit einer mittleren Lebensdauer von etwa 10^{-16} s in zwei γ-Quanten

$$\pi^0 \rightarrow \gamma + \gamma. \tag{15.10c}$$

Die Prozesse (15.9), (15.10) und die Paarerzeugungs- und -vernichtungsprozesse sind die Ursache für die harte und die weiche Komponente der kosmischen Strahlung. Wir betrachten zunächst die Prozesse, die zur Erzeugung der harten Komponente führen. Die Partikel der Primärstrahlung treten mit den Kernen der Atome der Erdatmosphäre in Wechselwirkung. Diese bleibt wegen der äußerst kleinen Materiewellenlänge der Partikel der Primärstrahlung (im Mittel etwa 10^{-16} m) auf wenige Kernnukleonen beschränkt. Der Restkern ist vielfach hoch angeregt und verdampft. Als Folge dieser Wechselwirkung entstehen Pionen, Spallationsfragmente (Neutronen, Protonen, α-Teilchen, leichte Kerne) und in wesentlich geringerer Anzahl auch seltsame Teilchen und Antibaryonen. Die Spallationsfragmente erzeugen durch ihre Wechselwirkung mit den Kernen der Atome der Erdatmosphäre weitere Spallationsfragmente und Pionen, die wiederum zu gleichen Prozessen führen. Die Anzahl der Spallationsfragmente und Pionen wächst kaskadenartig an. Aus energetischen Gründen bricht die Kaskade ab, wenn die kinetische Energie der Partikel etwa den Wert 1 GeV unterschreitet. Ihre restliche kinetische Energie verlieren die Protonen durch Ionisationsprozesse. Die Neutronen werden meist durch Stickstoffkerne eingefangen und führen damit zu Kernumwandlungen der Art $^{14}_{7}N\,(n,p)^{14}_{6}C$. Die meisten Pionen werden in den oberen Atmosphärenschichten erzeugt. Wegen der geringen Massen-

Entstehung der harten Komponente der kosmischen Strahlung

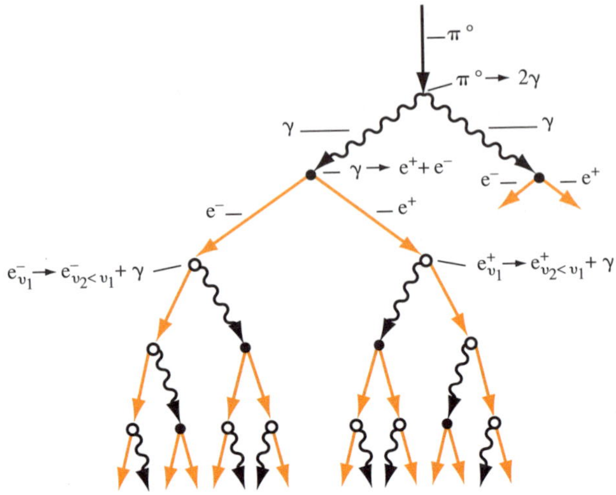

Abb. 15.5 Bildung eines Elektronenschauers (schematisch)

dichte dieser Schichten kommen die Pionen während ihrer Lebenszeit nicht zu Wechselwirkungen mit anderen Kernen. Der größte Teil der geladenen Pionen zerfällt entsprechend (15.10a) und (15.10b) in Müonen und Neutrinos. Die Müonen unterliegen nicht der starken Wechselwirkung. Daher können sie ihre kinetische Energie nur durch Ionisationsprozesse verlieren und bilden demzufolge eine sehr durchdringende Strahlung. Müonen können im Meer und in der Erdkruste selbst in mehreren hundert Metern Tiefe noch nachgewiesen werden.

Entstehung der weichen Komponente der kosmischen Strahlung

Der Zerfall der neutralen Pionen löst die weiche Komponente der sekundären Strahlung aus. Jedes neutrale Pion zerfällt nach (15.10c) in zwei Photonen sehr hoher Energie. Jedes der Photonen wandelt sich im Feld eines Atomkernes in ein Elektron-Positron-Paar um. Die überschüssige Energie wird auf beide in Form von kinetischer Energie übertragen. Elektron und Positron werden im Feld eines Kernes abgebremst, wodurch eine sehr harte Bremsstrahlung entsteht. Da deren Photonen wiederum zur Paarbildung fähig sind, beginnt der Vorgang von vorn. So kann jedes zerfallende neutrale Pion einen *Elektronenschauer* auslösen (s. Abb. 15.5). Der Schauer verlischt, wenn die erzeugten Photonen energetisch nicht mehr zur Paarbildung in der Lage sind.

Elektronenschauer

Erzeugung und Zerfall von Kaonen

Die Kaonen K^+, K^- und K^0 wurden 1949 ebenfalls in der kosmischen Strahlung entdeckt. Ihre Ruhmassen betragen etwa das Tausendfache der Elektronenruhmasse. K^+ ist das Antiteilchen zu K^-, $\overline{K^0}$ das zu K^0. Kaonen entstehen nie allein, sondern stets zusammen mit einem anderen seltsamen Teilchen (vgl. Abschn. 15.3.2.2.2). Kaonen zerfallen durch schwache Wechselwirkung in Pionen, Leptonen und Photonen. Hierfür gibt es zahlreiche Möglichkeiten. Einige dieser Zerfälle sind in Tabelle 15.3 angegeben. Die mittlere Lebensdauer von K^+ und K^- beträgt $1{,}23 \cdot 10^{-8}$ s.

Für das K^0-Meson treten zwei Werte für die mittlere Lebensdauer auf. Das ist durch seine Struktur und die daraus folgende Tatsache bedingt,

Tabelle 15.3
Eigenschaften von Mesonen

Teilchen	Symbol	Antiteilchen	m_0 in MeV/c^2	m_0/m_{0e}	Q	J	I	I_z	S	P	Quarkaufbau	τ/s	mögliche Zerfälle und deren Häufigkeit
Pionen	π^0	π^0	135	264,2	0	0	1	0	0	–1	$(u\bar{u})$ [1)]	$8 \cdot 10^{-17}$	$\gamma + \gamma$ (98,8%) $\gamma + e^+ + e^-$ (1,2%)
	π^+	π^-	140	273,2	+1	0	1	+1	0	–1	$(u\bar{d})$	$3 \cdot 10^{-8}$	$\mu^- + \nu_\mu$
Kaonen	K^0	$\overline{K^0}$	498	974,6	0	0	1/2	1/2	+1	–1	$(d\bar{s})$	K_1: $1 \cdot 10^{-10}$ K_2: $5 \cdot 10^{-8}$ je zur Hälfte Zerfall durch K_1 und K_2	$K_1 \rightarrow \pi^+ + \pi^-$ (69%) $\rightarrow \pi^0 + \pi^0$ (31%) $K_2 \rightarrow \pi^0 + \pi^0 + \pi^0$ (21,5%) $\rightarrow \pi^- + e^+ + \nu_e$ (38,7%) $\rightarrow \pi^- + \mu^+ + \nu_\mu$ (27,1%) $\rightarrow \pi^+ + \pi^- + \pi^0$ (12,4%)
	K^+	K^-	494	966,5	+1	0	1/2	+1/2	+1	–1	$(u\bar{s})$	$1{,}2 \cdot 10^{-8}$	$\mu^+ + \nu_\mu$ (63%) $\pi^+ + \pi^0$ (21%) $\pi^+ + \pi^+ + \pi^-$ (6%)
Eta-Null-Meson	η^0	η^0	549	1074	0	0	0	0	0	–1	$(d\bar{d})$ [1)]	$3 \cdot 10^{-19}$	$\gamma + \gamma$ (39%) $\pi^0 + \pi^0 + \pi^0$ (32%) $\pi^+ + \pi^- + \pi^0$ (24%) $\pi^0 + \gamma + \gamma$ (5%) $\pi^+ + \pi^- + \gamma$ (5%)
Mesonen mit Charm	D^+	D^-	1869	3658	+1	0	1/2	0	0	–1	$(c\bar{d})$	$9 \cdot 10^{-13}$	$K^- + \ldots$ (16%) $K^0 + \ldots$ (48%) $e^+ + \ldots$ (19%)
	D^0	$\overline{D^0}$	1865	3650	0	0	1/2	–1/2	0	–1	$(c\bar{u})$	$4 \cdot 10^{-13}$	$K^- + \ldots$ (44%) $K^0 + \ldots$ (33%) $e^+ + \ldots$ (5%)
	F^+	F^-	1971	3857	+1	0	0	–1/2	+1	–1	$(c\bar{s})$	$2 \cdot 10^{-13}$	$\Phi + \pi^+$ $\eta^0 + \pi^+$
Mesonen mit Bottom	B^+	B^-	5271	10315	+1	0	1/2	+1/2	0	–1	$(u\bar{b})$	$14 \cdot 10^{-13}$	$\overline{D^0} + \pi^+$ (4%)
	B^0	$\overline{B^0}$	5274	10321	0	0	1/2	–1/2	0	–1	$(d\bar{b}))$		$\overline{D^0} + \pi^+ + \pi^-$ (13%)

Tabelle 15.3
(Fortsetzung)

Teilchen	Symbol	Antiteilchen	m_0 in MeV/c^2	m_0/m_{0e}	Q	J	I	I_z	S	P	Quarkaufbau	τ/s	mögliche Zerfälle und deren Häufigkeit
Mesonenresonanzen													
ϱ-Meson	ϱ^0	ϱ^0	769	1505	0	1	1	0	0	–1	$(u\bar{u})$[1]	$5 \cdot 10^{-24}$	$\pi^+ + \pi^-$ (≈ 100%)
	ϱ^+	ϱ^-	771	1509	+1	1	1	+1	0	–1	$(u\bar{d})$		$\pi^+ + \pi^0$ (≈ 100%)
ω^0-Meson	ω^0	ω^0	783	1532	0	1	0	0	0	–1	$(d\bar{d})$[1]	$7 \cdot. 10^{-23}$	$\pi^+ + \pi^- + \pi^0$ (89,9%) $\pi^0 + \gamma$ (8,7%)
J/ψ-Meson	J/ψ	J/ψ	3097	6061	0	1	0	0	0	–1	$(c\bar{c})$	$1 \cdot 10^{-20}$	Hadronen + γ (85%) $e^+ + e^-$ (7,4%) $\mu^+ + \mu^-$ (7,4%)
Y-Meson	Y	Y	9460	18513	0	1	0	0	0	–1	$(b\bar{b})$	$1{,}5 \cdot 10^{-20}$	$\mu^+ + \mu^-$ $e^+ + e^-$ $\tau^+ + \tau^-$

[1] kein reiner Zustand, s. (15.26)

daß sich die Mesonen $\overline{K^0}$ und K^0 ineinander umwandeln können. Auf diese Zusammenhänge wird in den Abschnitten 15.3.2.2.2 und 15.5.3 eingegangen.

Das η^0-Meson ist schwerer als die Kaonen. Es zerfällt durch die elektromagnetische Wechselwirkung mit einer mittleren Lebensdauer von $2{,}5 \cdot 10^{-19}$ s in Pionen und Photonen. Hierfür sind mehrere Zerfallsmechanismen möglich (s. Tab. 15.3).

1952 schoß man hochenergetische Pionen auf Protonen und bestimmte den Wirkungsquerschnitt für diese Streureaktion. Da Beschleuniger für Pionen nicht zur Verfügung stehen, benutzt man zur Erzeugung von Pionen das *Sekundärteilchenverfahren*. Dabei werden Protonen in einem Synchrotron hoch beschleunigt, dann auf ein geeignetes Target geschossen und so ein Sekundärstrahl hochenergetischer Pionen erzeugt (s. Abb. 15.6). Aufgrund ihrer relativ langen Lebensdauer legen Pionen einen relativ großen Weg zurück und können deshalb leicht von anderen gleichzeitig mit ihnen erzeugten Elementarteilchen getrennt werden. Der so erhaltene Pionensekundärstrahl fällt dann auf ein zweites Target aus flüssigem Wasserstoff.

Sekundärteilchenverfahren

Abbildung 15.7 zeigt den in Abhängigkeit von der Energie gemessenen Wirkungsquerschnitt für die Reaktion $\pi^- + p$. Es zeigen sich ganz charakteristische Resonanzzustände. Diesen experimentellen Befund kann man nur so deuten, daß die Reaktion über bestimmte Zwischenzustände Δ_i abläuft:

$$\pi^- + p \to \Delta_i\,, \tag{15.11}$$

$$\Delta_i \to \pi^- + p\,. \tag{15.12}$$

Es bildet sich zunächst ein wohldefinierter Resonanzzustand oder kurz eine *Resonanz*, die dann nach einer bestimmten mittleren Lebensdauer wiederum in ein negatives Pion und in ein Proton zerfällt. Im Schwerpunktsystem liegt die ausgeprägteste Resonanz (15.12) bei einer Energie von 1232 MeV, ihr ist also die Masse $m_\Delta = 1232\ \text{MeV}/c^2$ zuzuordnen. Die Lebensdauer der Resonanz ergibt sich nach (12.19) aus der energetischen Breite Γ des Resonanzzustandes. Man findet $\Gamma = 115$ MeV und damit für die mittlere Lebensdauer der Resonanz $\tau \approx 5 \cdot 10^{-22}$ s. Sie zerfällt also durch starke Wechselwirkung.

Resonanzen

mittlere Lebensdauer einer Resonanz

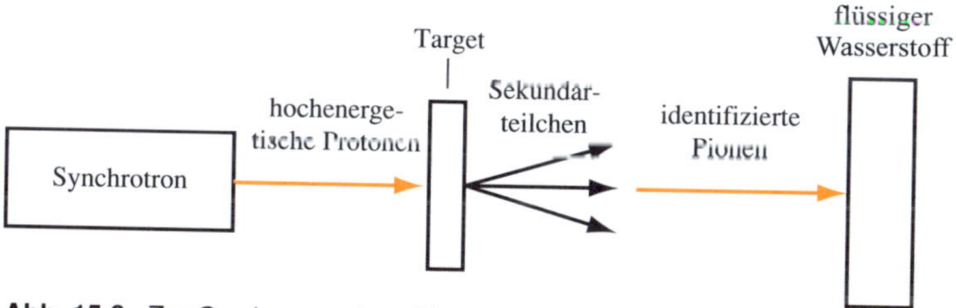

Abb. 15.6 Zur Gewinnung eines Pionen-Sekundärstrahles

Burton Richter, geb. 1931 Nobelpreis 1976

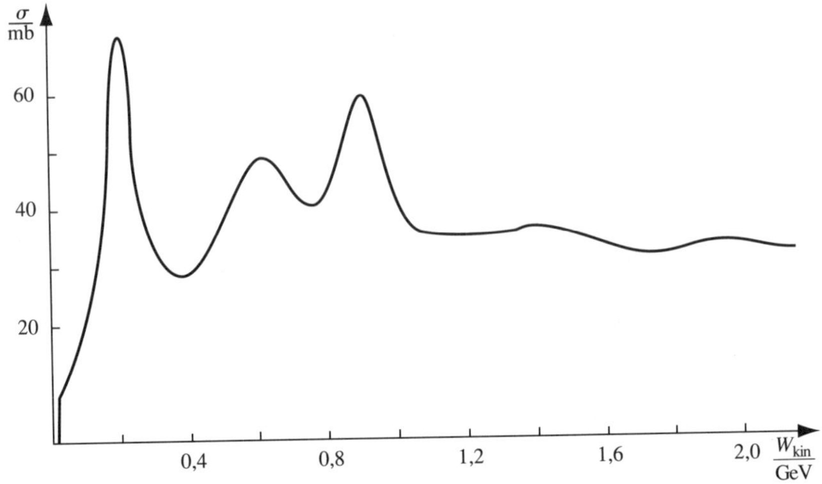

Abb. 15.7 Wirkungsquerschnitt für die Wechselwirkung von negativen Pionen mit Protonen in Abhängigkeit von der kinetischen Energie des Pions

Die Existenz der Resonanzen Δ_i zeigt, daß Protonen sich in energetisch angeregte Zustände versetzen lassen, Protonen also eine innere Struktur besitzen müssen.

Die Resonanz Δ mit den oben genannten Eigenschaften ist eine Baryonenresonanz. Als erste Mesonenresonanz wurde im Jahre 1961 das

ϱ-Meson

ϱ-Meson durch die Reaktionen

$$\pi^- + \mathrm{p} \rightarrow \mathrm{p} + \varrho^- \qquad (15.13\,\mathrm{a})$$

$$\pi^- + \mathrm{p} \rightarrow \mathrm{n} + \varrho^0 \qquad (15.13\,\mathrm{b})$$

gefunden. ϱ^- und ϱ^0 zerfallen durch starke Wechselwirkung entsprechend den Reaktionen

$$\varrho^- \rightarrow \pi^- + \pi^0 \qquad (15.14\,\mathrm{a})$$

$$\varrho^0 \rightarrow \pi^+ + \pi^- \qquad (15.14\,\mathrm{b})$$

in Pionen.

Durch hochenergetische Pion-, Kaon- und Nukleon-Wechselwirkungen lassen sich eine Vielzahl weiterer Mesonenresonanzen erzeugen. Sie zerfallen je nach ihrer Masse und ihren Quantenzahlen entweder in zwei, drei oder vier Pionen, in ein Kaon und in ein Antikaon oder in ein Kaon und ein Pion. Statt des neutralen Pions kann als Zerfallsprodukt auch ein γ-Quant auftreten.

Resonanzen sind experimentell nicht direkt nachweisbar

Die extrem kurze Lebensdauer der Resonanzen hat zur Folge, daß ihr Entstehen experimentell z. B. in der Blasenkammer nicht beobachtbar ist, sich also beispielsweise die Reaktionen (15.13 a) und (15.14 a) in der Blasenkammer als einheitlicher Prozeß der gleichzeitigen Bildung eines π^-- und eines π^0-Mesons aus einem π^--Meson und einem Proton darstellen.

Im Jahre 1974 fanden zwei Forschergruppen um RICHTER und um TING unabhängig voneinander ein Meson mit bis dahin unbekannten Eigenschaften, das man heute zu den *Charm-Teilchen* zählt. RICHTER und Mitarbeiter schossen mit Hilfe der zu dieser Zeit erstmalig einsetzbaren Speicherringe Elektronen und Positronen mit einer Energie von bis zu 4,2 GeV aufeinander und fanden bei 3097 MeV eine äußerst scharfe Resonanz. Dieses Teilchen erhielt die Bezeichnung J/ψ. TING und Mitarbeiter beschossen ein Beryllium-Target mit Protonen der Energie 28,5 GeV und beobachteten im $e^+ - e^-$-Ausgangskanal der Reaktion $p + Be \to e^+ + e^- + \ldots$ die gleiche scharfe Resonanz. Aus der Breite der Resonanz von $\Gamma = 0{,}063$ MeV konnte man folgern, daß J/ψ eine mittlere Lebensdauer von $\tau \approx 10^{-20}$ s besitzt, d.h. eine ca. 10^3-fach größere Lebensdauer als die der bis dahin bekannten Resonanzen. Das Meson J/ψ zerfällt meist direkt in Hadronen, z.B. in Pionen, Kaonen und in Nukleonen zusammen mit Pionen.

Charm-Teilchen

J/ψ-Meson

SAMUEL CHAO CHUNG TING, geb. 1936 Nobelpreis 1976

Kurz nach der Entdeckung des J/ψ-Mesons fand man bei 3686 MeV die nächste scharfe Resonanz, das *ψ′-Teilchen*. Es zerfällt entsprechend der Reaktion

$$\psi' \to J/\psi + \pi^{1} + \pi^{1}. \qquad (15.15)$$

ψ′-Teilchen

Die genannten Charm-Teilchen unterliegen der starken Wechselwirkung und haben ganzzahligen Spin, sind also Mesonen. Ihre Lebensdauer zwingt aber zu der Annahme, daß bei ihnen gegenüber den anderen Mesonenresonanzen eine neuartige Eigenschaft, nämlich die *Charm*, ihren Zerfall verzögert.

Charm

Im Jahre 1977 konnten LEDERMAN und Mitarbeiter durch den Beschuß eines Cu- bzw. Pt-Targets mit Protonen einer Energie von 400 GeV im $\mu^+ + \mu^- + \ldots$-Ausgangskanal eine scharfe Resonanz bei einer Energie von 9460 MeV beobachten. Sie hatten mit diesem *Y-Meson* zugleich eine neue Quarkart, das Bottom-Quark, entdeckt (vgl. Abschn. 15.6).

Y-Meson

Die stabileren Elementarteilchen, in welche die Resonanzen zerfallen, faßt man als Grundzustände eines energetischen Spektrums auf, in welchem die Resonanzen angeregte Mesonen- bzw. Baryonenzustände sind. In Analogie zur Bestimmung der Energiezustände der Atome bezeichnet man dieses Vorgehen als *Elementarteilchenspektroskopie*.

Elementarteilchenspektroskopie

15.3.2.1.1 Mesonenatome

Tritt an die Stelle eines Hüllenelektrons ein negativ geladenes Meson, so liegt ein *Mesonenatom* vor. Es wurden sowohl π- als auch K-Mesonenatome beobachtet. Wegen der starken Wechselwirkung zwischen den Mesonen und den Kernnukleonen besitzen Mesonenatome eine äußerst kurze Lebensdauer und konnten bisher auch nur für kleine Nukleonenzahlen gefunden werden. Der Nachweis von Mesonenatomen erfolgt wie bei den Müonenatomen über ihre Röntgenstrahlung. π-Mesonenatome werden u.a. zur Kernradienbestimmung genutzt.

Mesonenatom

15.3.2.2 Baryonen

Die Baryonen sind schwere Hadronen. Sie werden unterteilt in die Nukleonen (Kernteilchen) und die Hyperonen, die sogenannten überschweren Teilchen. Wie die Mesonen sind auch die Baryonen aus fundamentaleren Teilchen aufgebaut. Alle Baryonen haben halbzahligen Spin.

15.3.2.2.1 Nukleonen

Proton und Neutron und die zugeordneten Antiteilchen $\bar{\mathrm{p}}$ und $\bar{\mathrm{n}}$ werden als Nukleonen bezeichnet. Das Proton wurde 1906 von THOMSON als Träger der atomaren Masse postuliert, seine Existenz wenig später durch die Rutherfordschen Streuversuche experimentell belegt. Neutronen wurden 1920 von RUTHERFORD theoretisch vorausgesagt und 1932 von CHADWICK gefunden. Antiprotonen gewann man 1955 durch den Beschuß von Materie mit Protonen einer Energie von 6,3 GeV entsprechend der Reaktion

$$\mathrm{p} + \mathrm{p} \rightarrow \mathrm{p} + \mathrm{p} + (\mathrm{p} + \bar{\mathrm{p}})\,. \qquad (15.16)$$

Die Energie von 6 GeV wird bei diesem Prozeß teilweise direkt in die Ruhenergie eines Proton-Antiproton-Paares umgewandelt, teilweise nach der Reaktion als kinetische Energie auf die Partner übertragen. Antineutronen wurden 1956 gefunden. Sie konnten u.a. durch den Beschuß von Materie mit Antiprotonen über den Umladungsprozeß

$$\mathrm{p} + \bar{\mathrm{p}} \rightarrow \mathrm{n} + \bar{\mathrm{n}} + \pi^0 \qquad (15.17\,\mathrm{a})$$

und durch den Beschuß von Materie mit π^0-Mesonen einer Energie > 3,6 GeV nach der Reaktion

$$\pi^0 + \mathrm{n} \rightarrow \mathrm{n} + (\mathrm{n} + \bar{\mathrm{n}}) \qquad (15.17\,\mathrm{b})$$

erzeugt werden.

Protonen und Neutronen zerstrahlen sowohl mit Antiprotonen als auch mit Antineutronen im allgemeinen in mehrere Pionen, z.B. nach der Reaktion $\mathrm{p} + \bar{\mathrm{n}} \rightarrow \pi^+ + \pi^- + \pi^-$.

mittlere Lebensdauer ungebundener Neutronen

Ungebundene Neutronen zerfallen mit einer mittleren Lebensdauer von $\tau = 889$ s entsprechend der Reaktion (12.32)

$$\mathrm{n} \rightarrow \mathrm{p} + \mathrm{e}^- + \bar{\nu}_\mathrm{e} + 0{,}76\,\mathrm{MeV}.$$

Für die im Atomkern gebundenen Neutronen kann dieser Zerfallsprozeß aus energetischen Gründen nicht stattfinden, da das im Atomkern *gebundene* Neutron eine kleinere Ruhmasse als die Summe der Ruhmassen von Proton und Elektron besitzt.

Neutronen, Protonen und Elektronen sind die Grundbausteine aller Atome und somit die der gesamten stofflichen Materie. Aus der Stabilität unseres Kosmos wurde daher der Schluß gezogen, daß das Proton ebenfalls wie das Elektron die mittlere Lebensdauer $\tau = \infty$ besitzt. Aus theoretischer Sicht wird die Annahme der Stabilität des Protons seit den

mittlere Lebensdauer des Protons

achtziger Jahren jedoch in Zweifel gezogen. Danach müßte das Proton in Leptonen und Pionen entsprechend den Reaktionen

$$p \rightarrow e^+ + \pi^0 \qquad (15.18\,a)$$

$$p \rightarrow e^+ + \pi^+ + \pi^- \qquad (15.18\,b)$$

mit einer mittleren Lebensdauer von $\tau_p \approx 10^{31}$ a zerfallen. τ_p überschreitet das bisherige Alter unseres Kosmos ($\approx 10^{10}$ a) um etwa 21 Größenordnungen. Daher wäre dessen Stabilität durch einen etwaigen Protonenzerfall nicht gefährdet. Diese Problematik besitzt also keine praktische Relevanz. Die Frage einer eventuell endlichen Lebenszeit des Protons hat aber für die Elementarteilchentheorie fundamentale Bedeutung. So ist z. B. für die genannten Zerfallsreaktionen charakteristisch, daß sie den Erhaltungssatz für die Baryonenzahl verletzen. Deshalb werden derzeit an etlichen Orten der Erde aufwendige Experimente zum Nachweis eines eventuellen Protonenzerfalles durchgeführt. Diese Messungen gestalten sich deshalb so schwierig, da bei den im Experiment möglichen protonenhaltigen Massen nur etwa 10 Protonenzerfälle pro Jahr zu erwarten sind und deren Folgeprodukte aus den Pionen-Kaskaden und Elektronenschauern der sekundären Komponenten der kosmischen Strahlung herauszufiltern sind. Um die kosmische Strahlung abzuschirmen, werden die Experimente in großen Tiefen (1000 m und mehr unter der Erdoberfläche), z. B. in stillgelegten Bergwerksstollen, durchgeführt. Als protonenhaltige Substanz nimmt man Wasser. Beim bisher größten derartigen Experiment wurden 8000 t speziell gereinigtes Wasser verwendet. Zur Registrierung der eventuellen Zerfallsprodukte wurde der würfelförmige Wasserbehälter einer Kantenlänge von etwa 20 m mit 2048 Photonendetektoren umgeben. Die 8000 t Wasser enthalten ca. 10^{31} Protonen. Bei der Abschätzung der bei einer mittleren Protonenlebensdauer von $\tau_p = 10^{31}$ a zu erwartenden Protonenzerfälle pro Jahr muß man beachten, daß auch das Proton spontan zerfallen könnte, τ_p also einen Mittelwert aller Lebensdauern darstellt. Aus (4.2) erhält man etwa 10 zu erwartende Protonenzerfälle pro Jahr, die es durch Langzeitbeobachtung zu registrieren gilt. Die Registrierung erfolgt durch Koinzidenzschaltung der Photonendetektoren. Zerfällt ein ruhendes Proton entsprechend (15.18 a), dann müssen aus Impulsgründen das Positron und das neutrale Pion in entgegengesetzte Richtungen fliegen. Die Geschwindigkeit des Positrons ist größer als die Lichtgeschwindigkeit im Wasser. Es kommt daher zu einer kegelförmigen Čerenkov-Strahlung gemäß Abbildung 11.17, die zum Ansprechen der von ihr getroffenen Detektoren führt. Das Pion in Gegenrichtung zerfällt entsprechend (15.1c) in zwei γ-Quanten, die ihrerseits sofort je ein Elektron-Positron-Paar bilden, was aufgrund der hohen Geschwindigkeit dieser Teilchen zu zwei Čerenkov-Strahlungskegeln in Gegenrichtung führt. Durch die Koinzidenz der drei Čerenkov-Strahlungs-Kaskaden wird ein derartiges Ereignis von anderen zufälligen Bildungen von Positronen ausgefiltert. So können z. B. auf die Erde auffallende Neutrinos nicht abgeschirmt werden und entsprechend der Reaktion (12.35)

Experimente zur Messung der mittleren Protonenlebensdauer

$\overline{\nu}_e + p \rightarrow n + e^+$ auch zur Erzeugung von Positronen führen. Das hat aber einen anderen Anregungsmechanismus als den vorstehend beschriebenen zur Folge.

Alle diese Experimente konnten den Protonenzerfall nicht eindeutig nachweisen. Sie lassen lediglich den Schluß zu, daß die mittlere Lebensdauer des Protons größer als $6 \cdot 10^{32}$ a ist.

15.3.2.2.2 Hyperonen, seltsame Teilchen

Hyperonen Die *Hyperonen* sind instabile Elementarteilchen, die durch starke Wechselwirkung erzeugt werden, aber durch schwache zerfallen. Ihr Spin ist halbzahlig, ihre Ruhmasse größer als die der Nukleonen. Wir kennen vier Arten von Hyperonen. Sie werden durch große griechische Buchstaben gekennzeichnet: Λ, Σ, Ξ und Ω.

Λ^0-Hyperon Das leichteste Hyperon ist das *Λ^0-Hyperon*. Man erhält es u. a. durch den Beschuß von Protonen mit Pionen einer Energie > 1 GeV gemäß der Reaktion

$$\pi^- + p \rightarrow \Lambda^0 + K^0 . \tag{15.19}$$

Abbildung 15.8 zeigt eine entsprechende Blasenkammeraufnahme. Das Λ^0-Hyperon tritt nicht allein auf, sondern es wird zusammen mit einem K^0-Meson erzeugt. Das gilt allgemein für Hyperonen, wenn ihre Erzeugung durch Protonen und Pionen erfolgt.

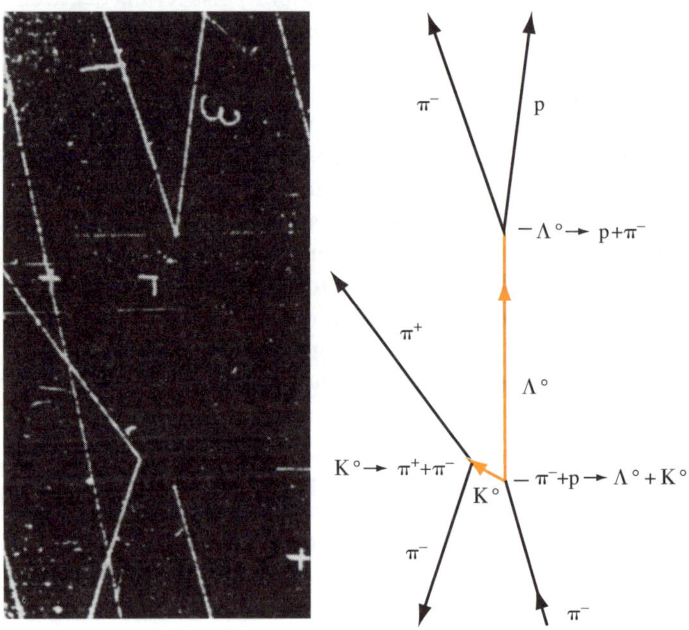

Abb. 15.8 Blasenkammeraufnahme der gleichzeitigen Erzeugung eines Λ^0-Hyperons und eines K^0-Mesons durch Pionen-Protonen-Stoß. Das Λ^0-Hyperon zerfällt entsprechend der Reaktion $\Lambda^0 \rightarrow p + \pi^-$, das K^0-Meson entsprechend $K^0 \rightarrow \pi^- + \pi^+$

Hyperonen können auch beim Zerfall von Baryonenresonanzen auftreten. Baryonenresonanzen entstehen u.a. bei hochenergetischen Pion-Nukleon- und Kaon-Nukleon-Wechselwirkungen, wie z.B. die Ξ^{*-}-Resonanz bei der Reaktion

$$K^- + p \rightarrow \Xi^{*-} + \pi^+, \tag{15.20a}$$

welche mit einer mittleren Lebensdauer von $\tau \approx 10^{-22}$ s in

$$\Xi^{*-} \rightarrow \pi^- + \Lambda^0 \tag{15.20}$$

zerfällt.

Das Antihyperon $\overline{\Lambda^0}$ kann durch die Reaktion

$$p + \bar{p} \rightarrow \Lambda^0 + \overline{\Lambda^0} \tag{15.21}$$

gewonnen werden (s. Abb. 15.9).

Das Λ^0-Hyperon zerfällt mit einer mittleren Lebensdauer von $\tau \approx 10^{-10}$ s nach den Reaktionen

$$\Lambda^0 \rightarrow p + \pi^- \tag{15.22a}$$

$$\Lambda^0 \rightarrow n + \pi^0 \tag{15.22b}$$

in ein Nukleon und in ein Pion, d.h. in Hadronen. Die Zerfallsmöglichkeiten der anderen Hyperonen können der Tabelle 15.4 entnommen werden.

Λ^0 und K^0 werden nach (15.19) paarweise durch die starke Wechselwirkung erzeugt, zerfallen aber durch die schwache Wechselwirkung. Die Tatsache, daß Hyperonen und Kaonen durch die starke Wechselwirkung paarweise entstehen, aber durch die schwache Wechselwirkung wiederum in Hadronen, d.h. in stark wechselwirkende Elementarteilchen zerfallen können, war bei der Entdeckung dieser Erzeugungs- und Zerfallsprozesse vollkommen unverständlich. Hyperonen und Kaonen wurden deshalb als *seltsame (strange) Teilchen* bezeichnet. Heute wissen wir, daß dieses Verhalten durch eine neuartige, für die Atome und damit für die stabile stoffliche Materie nicht relevante Erhaltungsgröße, die sogenannte *Seltsamkeit (Strangeness)* bedingt ist.

seltsame Teilchen

Seltsamkeit (Strangeness)

Die ersten Spuren der seltsamen Teilchen wurden 1947 in der kosmischen Strahlung gefunden. Ihre systematische Untersuchung war aber praktisch erst ab 1952 möglich, nachdem hierfür geeignete Beschleuniger zur Verfügung standen. Das Ω^--Hyperon wurde als letztes erst 1964 entdeckt.

Das K^0-Meson ist das einzige seltsame Teilchen, welches sich von seinem Antiteilchen nur im Vorzeichen der Isospinkoordinate (s. Abschn. 15.4.2.1) und der Seltsamkeit (s. Abschn. 15.4.2.2) unterscheidet (s. Tab. 15.4). Da es nur durch die starke Wechselwirkung erzeugt werden kann, aber durch die schwache Wechselwirkung zerfällt, verhalten sich wegen des Erhaltungssatzes der Seltsamkeit K^0 und $\overline{K^0}$ bei ihrer Erzeugung wie zwei verschiedene Teilchen, bei ihrem Zerfall dagegen, der ja nicht der Erhaltung dieser Quantenzahl unterliegt, wie zwei gleiche. Der Zerfalls-

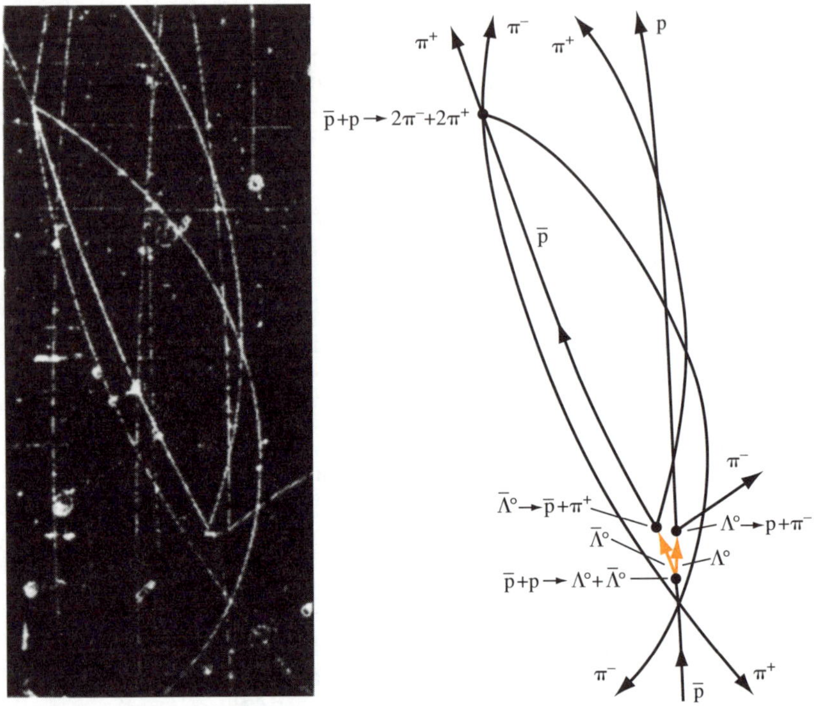

Abb. 15.9 Blasenkammeraufnahme zum Nachweis der Reaktion $p + \bar{p} \rightarrow \bar{\Lambda}^0 + \Lambda^0$. Λ^0 zerfällt entsprechend $\Lambda^0 \rightarrow p + \pi^-$, $\bar{\Lambda}^0$ entsprechend $\bar{\Lambda}^0 \rightarrow \bar{p} + \pi^+$. $\bar{p}$ zerstrahlt danach mit einem Proton in vier Pionen: $p + \bar{p} \rightarrow 2\pi^- + 2\pi^+$

vorgang wird noch wesentlich dadurch kompliziert, daß die beiden Kaonen über den virtuellen Zustand $K^0 \leftrightarrow \pi^+ + \pi^- \leftrightarrow \overline{K^0}$ miteinander gekoppelt sind, jedes neutrale Kaon daher ein Gemisch aus K^0- und $\overline{K^0}$-Mesonen darstellt. Für dieses Gemisch gibt es prinzipiell zwei Möglichkeiten. Die den Zustand beschreibende Wellenfunktion ist entweder symmetrisch oder antisymmetrisch gegenüber Raumspiegelungen. Analog zu (A 21.6) und (A 21.7c) erhält man zwei mögliche Zustände,

$$\psi(K_1^0) = \frac{\psi(K^0) - \psi(\overline{K^0})}{\sqrt{2}} \quad \text{und} \quad \psi(K_2^0) = \frac{\psi(K^0) + \psi(\overline{K^0})}{\sqrt{2}}, \qquad (15.23)$$

K_1^0-Meson
K_2^0-Meson

denen die Kaonen K_1^0 und K_2^0 (vgl. Tab. 15.3) entsprechen. Diese theoretischen Betrachtungen werden experimentell belegt. Die neutralen Kaonen zerfallen auf zwei Arten mit unterschiedlichen Lebensdauern:

$$K_1^0 \begin{cases} \nearrow \pi^+ + \pi^- \\ \searrow 2\pi^0 \end{cases} \quad (\tau = 9 \cdot 10^{-11}\,\text{s})\,;$$

$$K_2^0 \begin{cases} \rightarrow 3\pi^0 \\ \rightarrow \pi^- + \mu^+ + \nu_\mu \\ \rightarrow \pi^- + e^+ + \nu_e \\ \rightarrow \pi^+ + \pi^- + \pi^0 \end{cases} \quad (\tau = 5{,}4 \cdot 10^{-8}\,\text{s})\,. \qquad (15.24)$$

Tabelle 15.4
Eigenschaften von Baryonen

Teilchen	**Symbol**	**Antiteilchen**	**m_0 in MeV/c^2**	**m_0/m_{0e}**	**Q**	**J**	**I**	**I_z**	**S**	**P**	**B**	**Quarkaufbau**	**τ/s**	**mögliche Zerfälle und deren Häufigkeit**
Proton	p	$\bar{p}$	938,3	1836,1	+1	1/2	1/2	+1/2	0	+1	+1	(uud)	∞ (?)	
Neutron	n	$\bar{n}$	939,6	1838,5	0	1/2	1/2	–1/2	0	+1	+1	(udd)	889	$p + e + \bar{\nu}_e$
Lamda-Hyperon	Λ^0	$\bar{\Lambda}^0$	1115,6	2182	0	1/2	0	0	–1	+1	+1	(uds) [1]	$3 \cdot 10^{-10}$	$p + \pi^-$ (64,2%) $n + \pi^0$ (35,8%)
Sigma-Hyperonen	Σ^-	$\bar{\Sigma}^+$	1189,4	2327	+1	1/2	1	+1	–1	+1	+1	(uus)	$1 \cdot 10^{-10}$	$p + \pi^0$ (51,6%) $n + \pi^+$ (48,4%)
	Σ^0	$\bar{\Sigma}^0$	1192,5	2334	0	1/2	1	0	–1	+1	+1	(uds) [2]	$6 \cdot 10^{-20}$	$\Lambda^0 + \gamma$ (100%)
	Σ^-	$\bar{\Sigma}^-$	1197,3	2343	–1	1/2	1	–1	–1	+1	+1	(dds)	$2 \cdot 10^{-10}$	$n + \pi^-$ (100%)
Xi-Hyperonen	Ξ^0	$\bar{\Xi}^0$	1314,9	2572	0	1/2	1/2	+1/2	–2	+1	+1	(uss)	$3 \cdot 10^{-10}$	$\Lambda^0 + \pi^0$ (100%)
	Ξ^-	$\bar{\Xi}^-$	1321,3	2586	–1	1/2	1/2	–1/2	–2	+1	+1	(dss)	$1{,}6 \cdot 10^{-10}$	$\Lambda^0 + \pi^-$ (100%)
Omega-Hyperon	Ω^-	$\bar{\Omega}^-$	1672,5	3273	–1	3/2	0	0	–3	+1	+1	(sss)	$8 \cdot 10^{-11}$	$\Lambda^0 + K^-$ (68,6%) $\Xi^0 + \pi^-$ (23,4%) $\Xi^- + \pi^0$ (8%)
Baryon mit Charm	Λ_c^+	$\bar{\Lambda}_c^+$	2285	4471	+1	1/2	0	0	0	+1	+1	(udc)	$2 \cdot 10^{-13}$	$\Lambda^0 + \pi^+ + \pi^-$ $p + K^- + \pi^+$

[1] Spinstellung der Quarks ↑↓↑
[2] Spinstellung der Quarks ↑↑↓

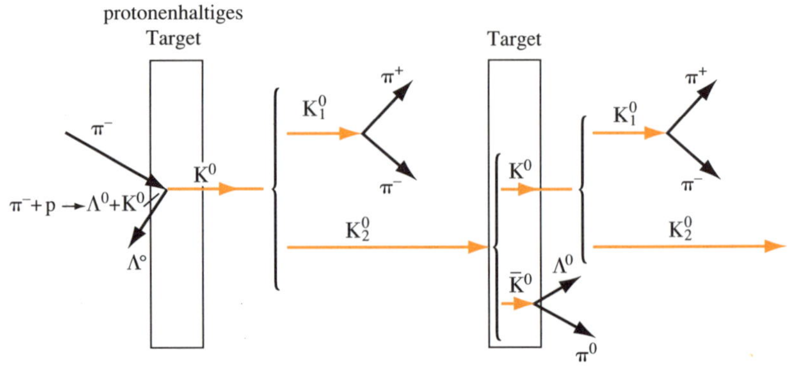

Abb. 15.10 Zum Nachweis der Kopplung von K^0- und $\overline{K^0}$-Meson

Die Kopplung der K^0- und $\overline{K^0}$-Mesonen konnte von PIAS und PICCIONI 1955 auch direkt nachgewiesen werden (s. Abb. 15.10). Sie erzeugten durch Beschuß eines wasserstoffhaltigen Targets mit negativen Pionen K^0-Mesonen durch die Reaktion $\pi^- + p \rightarrow \Lambda^0 + K^0$. Die K^0-Mesonen bilden ein Gemisch von K_1^0- und K_2^0-Mesonen. Wegen ihrer unterschiedlichen Zerfallszeiten findet man nach einer Flugstrecke von ca. 1 m nur noch K_2^0-Mesonen. Diese fallen auf ein zweites Target. Dort reagieren aus der Mischung von K^0- und $\overline{K^0}$-Mesonen, die ja nach (15.23) die K_2^0-Mesonen bilden, die $\overline{K^0}$-Mesonen entsprechend der Reaktion $\overline{K^0} + n \rightarrow \Lambda^0 + \pi^0$ bzw. $\overline{K^0} + n \rightarrow \Sigma^{\mp} + \pi^{\pm}$, während für die K^0-Mesonen wegen der Erhaltung der Seltsamkeit und der Baryonenladung bei starker Wechselwirkung nur Streuprozesse möglich sind. Durch das zweite Target werden also aus dem Gemisch gewissermaßen die $\overline{K^0}$ -Mesonen ausgefiltert, und man erhält vorwiegend K^0-Mesonen. Diese bestehen aber wiederum aus einem Gemisch von K_1^0- und K_2^0-Mesonen, was durch deren unterschiedliche Zerfallsprozesse nachgewiesen werden kann.

15.3.2.2.2.1 Hyperkerne

Hyperkern (Hyperfragment)

In einem Atomkern lassen sich ein bis zwei Neutronen durch Λ^0-Hyperonen ersetzen. Man spricht dann von einem *Hyperkern* oder *Hyperfragment*. Sie werden dadurch gekennzeichnet, daß man am Nuklidsymbol die Kernladungszahl durch Λ ersetzt. Hyperkerne zerfallen in etwa 10^{-10} s entweder unter Emission von Nukleonen und Mesonen (mesonischer Zerfall) oder durch Emission von Neutronen und Atomkernen. So zerfällt z. B. ${}^4_\Lambda He$ mesonisch: ${}^4_\Lambda He \rightarrow \pi^- + p + {}^3_2He$, das eingebaute Hyperon zerfällt also entsprechend $\Lambda^0 \rightarrow p + \pi^-$. Der Hyperkern ${}^8_\Lambda Be$ zerfällt dagegen nichtmesonisch: ${}^8_\Lambda Be \rightarrow {}^3_2He + {}^4_2He + n$. Bei seinem Zerfall reagiert also das eingebaute Hyperon mit einem Kernproton entsprechend der Reaktion $\Lambda^0 + p \rightarrow n + p$. Hyperkerne dienen u. a. zum Studium der Kernkräfte.

15.4 Erhaltungssätze

Aus den Überlegungen in den vorangegangenen Abschnitten ist nicht erkennbar, warum die besprochenen Reaktionen zwischen Elementarteilchen und die mit ihnen verbundenen Umwandlungen in der angegebenen Weise und nicht anders verlaufen. Man fragt sich, warum z.B. das Elektron und wahrscheinlich auch das Proton stabile Teilchen sind, andere dagegen nicht, warum beim Zerfall des negativen Müons außer einem Elektron noch ein Elektron-Antineutrino und ein Müon-Neutrino, jedoch keine anderen Teilchen auftreten, warum die seltsamen Teilchen durch die starke Wechselwirkung nur paarweise erzeugt werden und einzeln durch die schwache Wechselwirkung zerfallen usw. Es zeigt sich, daß hierfür bestimmte *Erhaltungssätze* verantwortlich sind. Von den vorstellbaren Reaktionen sind nur diejenigen Prozesse möglich, die diesen Erhaltungssätzen genügen. Ein Elementarteilchen kann in einer gewissen Analogie zum Atom durch bestimmte „Quantenzahlen" charakterisiert werden, für die sich aus den Erhaltungssätzen Übergangsregeln ergeben.

Erhaltungssätze

Die Erhaltungssätze sind Erfahrungssätze. Neue und tiefergehende Beobachtungsergebnisse können im Prinzip ihren Gültigkeitsbereich einengen, wie es z.B. 1956 mit dem Erhaltungssatz der Parität geschehen ist, oder sie sogar gänzlich in Frage stellen.

Wir unterscheiden die Erhaltungssätze in *streng gültige* und *bedingt gültige*. Die ersteren gelten für alle Wechselwirkungen, die Gültigkeit der letzteren ist dagegen auf bestimmte Wechselwirkungen beschränkt.

streng gültige Erhaltungssätze

bedingt gültige Erhaltungssätze

15.4.1 Streng gültige Erhaltungssätze

15.4.1.1 Erhaltungssätze von Energie, Impuls und Drehimpuls

Die schon die klassische Physik prägenden Erhaltungssätze von Energie, Impuls und Drehimpuls behalten auch in der Elementarteilchenphysik ihre Gültigkeit. Dabei muß in die Aussage des Energieerhaltungssatzes auch die Ruhenergie $W = m_0 c^2$ des Systems mit einbezogen werden.

Die Erhaltungssätze sind in der Elementarteilchenphysik für ein in jeder Hinsicht abgeschlossenes physikalisches System zu formulieren, d.h. für ein System, das mit seiner Umgebung in keinerlei Wechselwirkung steht.

> In einem abgeschlossenen System von Elementarteilchen bleiben unabhängig von der Art ihrer Wechselwirkungen sowohl die Gesamtenergie als auch der resultierende Impuls und der resultierende Drehimpuls des Systems erhalten.

(S 15.2)
Erhaltungssatz für Energie, Impuls und Drehimpuls

Der Drehimpuls eines Elementarteilchens wird durch die drehimpulsartige Observable Spin erfaßt. Für sie ist in der Elementarteilchenphysik die

Bezeichnung J üblich. Aus (S 15.2) kann für den Spin nur geschlossen werden, daß auf beiden Seiten der Reaktionsgleichung der Gesamtspin entweder halbzahlig oder ganzzahlig sein muß. Hiervon wurde u.a. schon bei der Diskussion des β-Zerfalles im Abschnitt 12.2.5 Gebrauch gemacht.

Wir betrachten noch zwei weitere Beispiele zu (S 15.2). Nach dem Energieerhaltungssatz müssen das Photon und die Neutrinos (falls sie die Ruhmasse Null besitzen) stabile Teilchen sein, denn sie können nach diesem nur in Teilchen mit kleinerer Ruhmasse zerfallen. Das aber ist unmöglich, da sie keine Ruhmasse besitzen und eine negative Ruhmasse nicht existiert. Der Energieerhaltungssatz verbietet also den Zerfall dieser Teilchen. Nach dem Energieerhaltungssatz könnten aber das Proton und das Elektron in Photonen und Neutrinos zerfallen. Dies wird aber durch andere Erhaltungssätze verboten.

Bei der Zerstrahlung von Elektron und Positron müssen mindestens zwei Photonen auftreten. Im Schwerpunktsystem ist die Summe der Impulse von Elektron und Positron Null, ihr resultierender Drehimpuls Eins oder Null. Da Photonen einen endlichen Impuls und den Spin $J = 1$ besitzen, müssen also mindestens zwei Photonen erzeugt werden, damit die notwendige Kompensation ihrer Impulse und Drehimpulse gewährleistet ist.

15.4.1.2 Erhaltungssätze ladungsartiger Eigenschaften

Der Erhaltungssatz der elektrischen Ladung (II S 1.2) behält in der Elementarteilchenphysik uneingeschränkte Gültigkeit.

(S 15.3) Erhaltungssatz für die elektrische Ladung

In einem abgeschlossenen System von Elementarteilchen bleibt unabhängig von der Art der Wechselwirkungen zwischen diesen Teilchen die elektrische Gesamtladung konstant.

Ladungsquantenzahl Q

In der Elementarteilchenphysik wird (S 15.3) durch die *Ladungsquantenzahl*

$$Q = \frac{q}{e} \qquad (15.25)$$

erfaßt. Nach (S 15.3) müssen unabhängig von der Art der Wechselwirkung die Summen der Ladungsquantenzahlen Q der Reaktionspartner auf beiden Seiten der Reaktionsgleichung identisch sein.

Die Analyse der experimentellen Ergebnisse zeigt weiter, daß allen Baryonen eine *Baryonenladung B*, allen Leptonen eine *Leptonenladung L* zugeordnet werden muß. Nach der Erfahrung gelten für sie folgende Erhaltungssätze:

Jedem Baryon ist die Baryonenladung $B = +1$, jedem Antibaryon die Baryonenladung $B = -1$, dem Elektron und dem Elektron-Neutrino die Elektron-Leptonenladung $L_e = +1$, ihren Antiteilchen die Elektron-Leptonenladung $L_e = -1$, dem Müon und dem Müon-Neutrino die Müon-Leptonenladung $L_\mu = +1$ und ihren Antiteilchen die Müon-Leptonenladung $L_\mu = -1$, dem Tauon und dem Tauon-Neutrino die Tauon-Leptonenladung $L_\tau = +1$ und ihren Antiteilchen die Tauon-Leptonenladung $L_\tau = -1$ zuzuordnen.
In einem abgeschlossenen System von Elementarteilchen bleiben unabhängig von der Art ihrer Wechselwirkungen sowohl die Summe der Baryonenladungen als auch die Summen der entsprechenden Leptonenladungen konstant.

(S 15.4)
Erhaltungssätze für die Baryonenladung und die Leptonenladungen

Beispiele für die Erhaltungssätze

Die ladungsartigen Erhaltungssätze sichern z.B. gemeinsam mit dem Energieerhaltungssatz die Stabilität von Proton und Elektron. Wegen des Energieerhaltungssatzes können Proton und Elektron nur in Teilchen zerfallen, deren Ruhmassesumme kleiner als die des Protons bzw. des Elektrons ist. Es gibt aber kein Baryon mit kleinerer Ruhmasse als die des Protons. Sein Zerfall in z.B. ein positives Pion erfüllt wohl den Ladungserhaltungssatz, wird aber vom Erhaltungssatz der Baryonenladung verboten. Der Leptonenerhalungssatz erlaubt den Zerfall des Elektrons in ein Neutrino, der Erhaltungssatz der elektrischen Ladung verbietet dies jedoch. Das negative Müon kann dagegen in ein Elektron zerfallen, denn es besitzt eine ca. 207-fach größere Ruhmasse als dieses und trägt ebenfalls eine negative elektrische Elementarladung. Wegen des Erhaltungssatzes der Leptonenladung müssen beim Zerfall zusätzlich ein Lepton mit $L_e = -1$ und ein Lepton mit $L_\mu = +1$ auftreten (vgl. Tab. 15.2), deren elektrische Ladungen sich nach dem Erhaltungssatz der elektrischen Ladung kompensieren müssen. Positron und negatives Müon würden diese Bedingungen formal erfüllen, kommen aber nicht in Frage, denn nach dem Energieerhaltungssatz kann ein negatives Müon nicht in ein Müon, Positron und Elektron zerfallen. Es kann demzufolge das elektronische Antilepton nur ein Elektron-Antineutrino, das müonische Lepton nur ein Müon-Neutrino sein, d.h. also nur die Reaktion

$$
\begin{array}{rcl}
 & \mu & \rightarrow \; e + \bar{\nu}_e + \nu_\mu \\
L_\mu = & 1 & \rightarrow \; 0 + 0 + 1 \\
L_e = & 0 & \rightarrow \; 1 - 1 + 0 \\
Q = & -1 & \rightarrow -1 + 0 + 0 \\
J = & 1/2 & \rightarrow \; 1/2 \quad 1/2 + 1/2
\end{array}
$$

vorliegen.

Für das Tauon gibt es dagegen aus energetischen Gründen mehrere Zerfallsmöglichkeiten. Zwei von ihnen sollen diskutiert werden:

$$\begin{array}{rcl} & \tau^- \rightarrow & \mu^- + \overline{\nu}_\mu + \nu_\tau \\ L_\tau = & 1 \rightarrow & 0 + 0 + 1 \\ L_\mu = & 0 \rightarrow & 1 - 1 + 0 \\ Q = & -1 \rightarrow & -1 + 0 + 0 \\ J = & 1/2 \rightarrow & 1/2 - 1/2 + 1/2 \end{array}$$

oder

$$\begin{array}{rcl} & \tau^- \rightarrow & \pi^- + \nu_\tau \\ L_\tau = & 1 \rightarrow & 0 + 1 \\ Q = & -1 \rightarrow & -1 + 0 \\ J = & 1/2 \rightarrow & 0 + 1/2. \end{array}$$

Wegen des Erhaltungssatzes der Leptonenladung ist der β^+-Zerfall mit der Emission eines Elektron-Antineutrinos, der β^--Zerfall mit der Emission eines Elektron-Neutrinos verbunden (vg. Abschn. 12.2.5).

Das Neutron kann wegen der Erhaltung der Baryonenladung nur in das Proton zerfallen, den Zerfall z.B. in das Pion π^0 verbietet dieser Erhaltungssatz. Das Proton ist aber das einzige Baryon mit einer Masse kleiner als die des Neutrons. Auch die in (S 12.4) formulierten Gesetzmäßigkeiten des α-Zerfallen sind eine Folge der Erhaltung der Baryonenladung. *M* Baryonen können nur so zerfallen, daß die Zerfallsprodukte die Erhaltung der Baryonenladung gewährleisten.

15.4.2 Bedingt gültige Erhaltungssätze

15.4.2.1 Erhaltungssatz des Isospins

Die Energieniveaus von Spiegelkernen, d.h. von Atomkernen mit gleicher Baryonenzahl, in denen lediglich ein Neutron durch ein Proton ausgetauscht ist, zeigen nur geringfügige Unterschiede. Das läßt vermuten, daß die Kernkräfte zwischen zwei Neutronen und zwischen zwei Protonen gleich sind. Auch die experimentelle Untersuchung von n-n-, p-p- und n-p-Streuprozessen führt zum Ergebnis, daß die zwischen den Nukleonen wirkenden Kernkräfte in allen drei Fällen gleich (vgl. Abschn. 10.8) und damit ladungsunabhängig sind. Unterschieden sich also Proton und Neutron nicht durch ihre elektrische Ladung, dann wären sie gleiche Teilchen. Ihr geringfügiger Massenunterschied ist demzufolge durch ihre unterschiedliche elektrische Ladung bedingt. HEISENBERG und IWANENKO zogen 1932 hieraus unabhängig voneinander den Schluß, daß das Proton und das Neutron zwei verschiedene Ladungszustände ein und desselben Teilchens, des Nukleons, sind. In Analogie zur Multiplettstruktur der Atomspektren bezeichnet man Proton und Neutron als *Ladungsdublett* des Nukleons. Auch die anderen Hadronen lassen sich zu Gruppen von

DIMITRI DIMITRIJEWITSCH IWANENKO, geb. 1904

Ladungsdublett des Nukleons

Tabelle 15.5
Ladungsmultipletts

Bezeichnung der Teilchen	Anzahl der Teilchen im Multiplett	Symbol der Ladungs-zustände	m_0/m_{0e}	I	I_z
Nukleonen	2	p	1836,1	1/2	+ 1/2
		n	1838,5	1/2	− 1/2
Pionen	3	π^+	273,2	1	+ 1
		π^0	264,2	1	0
		π^-	273,2	1	− 1
Kaonen	2	K^+	966,5	1/2	+ 1/2
		K^0	974,6	1/2	− 1/2
Eta-Null-Meson	1	η^0	1074	0	0
Lambda-Hyperon	1	Λ^0	2182	0	0
Sigma-Hyperonen	3	Σ^+	2327	1	+ 1
		Σ^0	2334	1	0
		Σ^-	2343	1	− 1
Xi-Hyperonen	2	Ξ^-	2586	1/2	− 1/2
		Ξ^0	2572	1/2	+ 1/2
Omega-Hyperon	1	Ω^-	3273	0	0

Teilchen mit nur geringfügigem Massenunterschied zusammenfassen (s. Tab. 15.5). Auch sie können demzufolge als *Ladungsmultipletts* bestimmter Teilchen angesehen werden. Es bilden die Pionen und die Σ-Hyperonen je ein Ladungstriplett, die Kaonen und die Ξ-Hyperonen je ein Ladungsdublett sowie das η^0-Meson, das Λ^0-Hyperon und das Ω^--Hyperon je ein *Ladungssingulett*.

Ladungsmultiplett

Ladungssingulett

Zur formalen Beschreibung der Ladungsunabhängigkeit der starken Wechselwirkung lehnt man sich an den Spinformalismus für die Atomhülle an. Die Multiplettstruktur der Atomspektren ist durch den resultierenden Spin $\boldsymbol{S}$ der Atomhülle bedingt. Der Spinoperator hat die Eigenwerte $|\boldsymbol{S}| = \sqrt{S(S+1)}\,\hbar$ und $S_z = M_s \hbar$ mit $M_s = -S, -S+1, \ldots, S-1, S$. Die Multiplizität des Spektrums folgt aus $M = 2S + 1$. In Analogie hierzu wird die Multiplettstruktur des Hadronenspektrums durch den Isospin beschrieben.

(S 15.5)
Isospin, Multiplizität

Jedem Hadron ist ein Isospin $\boldsymbol{I}$ zuzuordnen. Die Eigenwerte seines Operators sind

$$|\boldsymbol{I}| = \sqrt{I(I+1)}\,\hbar$$

und

$$I_z = M_I \hbar \text{ mit } M_I = -I, -I+1, \ldots, I-1, I.$$

Die Multiplizität seines Ladungsmultipletts beträgt $M = 2I + 1$.

Isospinkoordinate I_z

Ebenso wie S kurz als Spin und S_z als Spinkoordinate bezeichnet werden, bezeichnet man I kurz als *Isospin*, I_z als *Isospinkoordinate*.

Proton und Neutron bilden ein Ladungsdublett, demzufolge beträgt der Isospin des Nukleons $I = 1/2$. Seiner Isospinkoordinate $I_z = +1/2$ ist das Proton, der Isospinkoordinate $I_z = -1/2$ das Neutron zugeordnet (vgl. Tab. 15.5). Entsprechend verfährt man mit den anderen Ladungsmultipletts. So beträgt z.B. der Isospin des Ladungstripletts der Pionen $I = 1$, den Isospinkoordinaten $I_z = +1, 0, -1$ sind die π^+-, π^0- und π^--Mesonen zugeordnet. Teilchen und Antiteilchen unterscheiden sich stets im Vorzeichen der Isospinkoordinate.

Auch für den Isospin gilt ein Erhaltungssatz.

(S 15.6) Erhaltungssatz für I und I_z

In einem abgeschlossenen System von Elementarteilchen bleiben erhalten:

- bei starker Wechselwirkung sowohl der Isospin als auch die Isospinkoordinate des Teilchensystems,
- bei elektromagnetischer Wechselwirkung die Isospinkoordinate des Teilchensystems,
- bei schwacher Wechselwirkung im allgemeinen weder der Isospin noch die Isospinkoordinate des Teilchensystems.

Weil Leptonen keine starke Wechselwirkung zeigen, existiert für sie kein Erhaltungssatz des Isospins. Daher ist es nicht sinnvoll, für sie einen Isospin zu definieren.

Beispiele zum Erhaltungssatz von I und I_z

Wir führen noch einige Beispiele zum Erhaltungssatz des Isospins an. Die Reaktion $p + \pi^0 \rightarrow n + \pi^+$ verläuft unter starker Wechselwirkung. Vor der Reaktion beträgt der Isospin $I = 1/2 + 1 = 3/2$, die Isospinkoordinate $I_z = 1/2 + 0 = 1/2$, nach der Reaktion $I = 1/2 + 1 = 3/2$ und $I_z = -1/2 + 1 = 1/2$; wie gefordert bleiben also bei der Reaktion sowohl I als auch I_z erhalten. Der Zerfall $\Sigma^0 \rightarrow \Lambda^0 + \gamma$ ist durch die elektromagnetische Wechselwirkung bedingt. Vor dem Zerfall gilt $I = 1$, $I_z = 0$, nach dem Zerfall $I = 0$, $I_z = 0$; es bleibt also nur I_z erhalten, I dagegen nicht. Bei der Reaktion $\Lambda^0 \rightarrow p + \pi^-$, die durch schwache Wechselwirkung erfolgt, gilt vor dem Zerfall $I = 0$, $I_z = 0$, nach dem Zerfall $I = 1/2 + 1 = 3/2$, $I_z = 1/2 - 1 = -1/2$; es bleiben also weder I noch I_z erhalten.

MURRAY GELL-MANN, geb. 1929

15.4.2.2 Seltsamkeit, Erhaltungssatz der Seltsamkeit

Wie schon angeführt, zeigen einige Hadronen die Eigenschaft, daß sie paarweise durch die starke Wechselwirkung erzeugt werden, aber einzeln nur durch die schwache Wechselwirkung zerfallen, obwohl ihre Zerfallsprodukte Hadronen, also ebenfalls stark wechselwirkende Teilchen sind. Man nennt diese Hadronen deshalb seltsame Teilchen. Zu ihnen zählen die Kaonen und die Hyperonen.

Auch dieses Verhalten der seltsamen Teilchen bei ihrer Erzeugung und ihrem Zerfall ist die unmittelbare Folge eines Erhaltungssatzes, den 1953 voneinander unabhängig GELL-MANN und NISHIJIMA fanden. Der Erhaltungssatz bezieht sich auf die von ihnen eingeführte Quantenzahl Seltsamkeit.

> $S = 2\,(Q - I_z) - B$
>
> heißt Seltsamkeit (Strangeness) S eines seltsamen Hadrons der Ladungsquantenzahl Q, der Isospinkoordinate I_z und der Baryonenladung B.

(D 15.3)
Seltsamkeit S

Nach dieser Definition besitzt das Λ^0-Hyperon die Seltsamkeit $S = -1$, das K^0-Meson $S = +1$ und das Ω^--Hyperon $S = -3$ (s. Tab. 15.3). Für Nukleonen und π-Mesonen ist $S = 0$, sie gehören nicht zu den seltsamen Teilchen. Da Leptonen keine Hadronen sind, besitzen auch sie keine Seltsamkeit.

Nukleonen, Pionen und Leptonen besitzen keine Seltsamkeit

Nach (S 15.3) und (S 15.4) sind in abgeschlossenen Systemen von Elementarteilchen sowohl die elektrische Ladung q als auch die Baryonenladung B des Systems konstant, und zwar unabhängig von der Art der Wechselwirkung zwischen ihren Teilchen. Die Isospinkoordinate I_z ist nach (S 15.6) dagegen nur noch für starke und elektromagnetische Wechselwirkungen eine Systemkonstante. Es gilt demzufolge mit (15.25):

> In einem abgeschlossenen System von Elementarteilchen bleibt sowohl bei starker als auch bei elektromagnetischer Wechselwirkung die Summe ihrer Seltsamkeiten konstant.

(S 15.7)
Erhaltungssatz der Seltsamkeit

Mit dem Erhaltungssatz für die Seltsamkeit wird die paarweise Erzeugung der seltsamen Teilchen sofort verständlich, wie aus folgenden Beispielen zu ersehen ist:

Beispiele für den Erhaltungssatz der Seltsamkeit

$$\begin{aligned} &\pi^- + p \rightarrow \Lambda^0 + K^0;\\ S =\ &0 \ + 0 \rightarrow -1 + 1 \end{aligned}$$

$$\begin{aligned} &\pi^+ + n \rightarrow \Sigma^+ + K^0;\\ S =\ &0 \ + 0 \rightarrow -1 + 1 \end{aligned}$$

$$\begin{aligned} &K^- + p \rightarrow \Xi^- + K^+;\\ S =\ &-1 + 0 \rightarrow -2 + 1 \end{aligned}$$

$$\begin{aligned} &K^- + p \rightarrow \Omega^- + K^0 + K^+;\\ S =\ &-1 + 0 \rightarrow -3 + 1 + 1\,. \end{aligned}$$

Wegen der Erhaltungssätze für die Seltsamkeit und für die Baryonenladung lassen sich Antihyperonen stets nur gemeinsam mit Hyperonen erzeugen:

$$\begin{aligned} &p + p \rightarrow p + p + \Lambda^0 + \overline{\Lambda^0};\\ S =\ &0 + 0 \rightarrow 0 + 0 - 1 + 1 \end{aligned}$$

$$\begin{aligned} &p + p \rightarrow p + n + \overline{\Xi^-} + \Xi^0\\ S =\ &0 + 0 \rightarrow 0 + 0 + 2 - 2. \end{aligned}$$

KASUHIKO NISHIJIMA, geb. 1926

Den Zerfall der seltsamen Teilchen durch die starke bzw. die elektromagnetische Wechselwirkung verbietet der Erhaltungssatz der Seltsamkeit in Verbindung mit dem Energieerhaltungssatz. Nach (S 15.7) müßte dann nämlich der Zerfall in seltsame Teilchen erfolgen; dazu reicht aber die Energie nicht aus. Ihr Zerfall ist demzufolge nur durch die schwache Wechselwirkung möglich. Eine Ausnahme hiervon bildet lediglich der Zerfall von Σ^0 durch die elektromagnetische Wechselwirkung: $\Sigma^0 \to \Lambda^0 + \gamma$. Hierfür ist die Ruhenergie von Σ^0 ausreichend.

15.5 Symmetrieprinzipien

Symmetrien und Erhaltungsgrößen

Bereits in der klassischen Physik gehört die Aufdeckung des Zusammenhanges zwischen den Symmetrieeigenschaften von Raum und Zeit und den Erhaltungssätzen der Mechanik zu den fundamentalen Erkenntnissen. So folgt aus der Homogenität der Zeit, daß die Gesamtenergie eines abgeschlossenen Systems erhalten bleibt und nicht explizit von der Zeitkoordinate abhängt, zu der sie bestimmt wird. Die Impulserhaltung ist eine Folge der Homogenität des Raumes, die Erhaltung des Drehimpulses wird durch die Isotropie des Raumes bewirkt. Die Gesetze der nichtrelativistischen klassischen Physik sind also invariant gegenüber Transformationen bezüglich der Zeit, des Ortes und der räumlichen Orientierung.

In der nichtrelativistischen Quantenmechanik kommt als weitere Symmetrieeigenschaft die Spiegelsymmetrie hinzu. Sie wird durch die Quantenzahl der räumlichen Parität P beschrieben. In Analogie zur Erhaltung des Drehimpulses bei einer Drehung im Ortsraum kann die Isospinerhaltung der Symmetrie bei einer Drehung in einem Isospinraum zugeordnet werden. Den Ausgangspunkt für diese Betrachtungen bildet die im Abschnitt 15.4.2.1 besprochene Tatsache, daß sich Gruppen (Multipletts) von Teilchen bezüglich der starken oder der schwachen Wechselwirkung analog verhalten. In der relativistischen Quantenmechanik sind darüber hinaus die Symmetriebeziehungen zwischen Teilchen und Antiteilchen von Bedeutung. Die diesbezügliche Eigenschaft der Elementarteilchen wird durch die Quantenzahl Ladungskonjugation C (oder C-Parität) erfaßt. Mit den beiden für die Elementarteilchenphysik typischen Symmetrieprinzipien der räumlichen Parität und der Antiteilchensymmetrie befassen sich die folgenden Abschnitte.

15.5.1 Antiteilchensymmetrie, C-Invarianz

Änderungen der Quantenzahlen beim Übergang vom Teilchen zum Antiteilchen

Beim Übergang vom Teilchen zum Antiteilchen verändern die Quantenzahlen Q, B, S, L_e, L_μ, L_τ und I_z lediglich ihr Vorzeichen, während der Spin J und der Isospin I erhalten bleiben und die Parität P (vgl. den folgenden Abschnitt) nur bei Fermionen das Vorzeichen wechselt (s. Tab. 15.6). Daraus folgt, daß nur Teilchen mit ganzzahligem Spin, deren sämt-

Tabelle 15.6
Veränderungen der Quantenzahlen beim Übergang von einem Teilchen zum entsprechenden Antiteilchen

Quantenzahlen für	
Teilchen	**Antiteilchen**
Q	$-Q$
B	$-B$
L_e	$-L_e$
L_μ	$-L_\mu$
L_τ	$-L_\tau$
J	J
I	I
I_z	$-I_z$
S	$-S$
P	P (Bosonen) $-P$ (Fermionen)

Tabelle 15.7
Zum Nachweis, daß das Antiteilchen $\overline{\Sigma^-}$ zu Σ^- nicht mit Σ^+ identisch ist

Quanten-zahlen	Σ^-	$\overline{\Sigma^-}$	Σ^+
Q	–1	1	1
B	1	–1	1
L_e	0	0	0
L_μ	0	0	0
L_τ	0	0	0
J	1/2	1/2	1/2
I	1	1	1
I_z	–1	1	1
S	–1	1	–1
P	1	–1	1

liche Quantenzahlen außer I und P Null sind, mit ihren Antiteilchen identisch sein können. Aus Tabelle 15.6 ist sofort zu ersehen, daß das Antiteilchen $\overline{\Sigma^-}$ zu Σ^- nicht mit Σ^+ identisch ist (s. Tab. 15.7), dagegen aber z. B. π^+ mit $\overline{\pi^-}$.

Unsere Welt besteht aus Teilchen, mit denen gelegentlich erzeugte Antiteilchen sofort zerstrahlen. Man kann sich aber auch eine Welt aus Antiteilchen aufgebaut denken. In ihr müßten dann gelegentlich erzeugte Teilchen sofort zerstrahlen. Man war nun allgemein der Überzeugung, daß die „Antiwelt" den gleichen physikalischen Gesetzen unterliegt wie unsere Welt, alle physikalischen Vorgänge also in gleicher Weise ablaufen, wenn man alle Teilchen durch ihre entsprechenden Antiteilchen ersetzt. Es wäre dann prinzipiell unmöglich, durch ein physikalisches Experiment festzustellen, ob ein physikalisches System aus Materie oder Antimaterie aufgebaut ist. 1957 zeigte sich (vgl. den folgenden Abschnitt), daß dieses Prinzip der *Invarianz gegenüber Ladungskonjugation* (oder C-*Invarianz*, C von charge, englisch: Ladung) wohl für die starke und elektromagnetische Wechselwirkung gilt, nicht aber für die schwache.

Ladungskonjugation

(S 15.8)
C-Invarianz

Werden in einem physikalischen System alle Teilchen durch ihre entsprechenden Antiteilchen ersetzt, so gelten in dem so entstehenden System die gleichen physikalischen Gesetzmäßigkeiten wie in dem ursprünglichen, falls die Teilchen nur der starken und der elektromagnetischen Wechselwirkung unterliegen (C-Invarianz).

15.5.2 Raumspiegelung, Parität

Raumspiegelung (Inversion)

Beim Übergang von einem rechtshändigen zu einem linkshändigen Koordinatensystem, d.h. bei der Durchführung der *Raumspiegelung* oder der *Inversion* $\boldsymbol{r} \rightarrow -\boldsymbol{r}$, wechseln z.B. die Koordinaten aller polaren Vektoren ihr Vorzeichen, die der axialen dagegen nicht.

ungerade (negative) Parität

gerade (positive) Parität

Systeme, bei denen die Raumspiegelung mit einer Vorzeichenänderung verbunden ist, nennt man Systeme mit negativer oder *ungerader Parität* und charakterisiert sie durch $P = -1$. Erfolgt keine Vorzeichenänderung, so liegt ein System mit positiver oder *gerader Parität* vor ($P = +1$). Demzufolge besitzen axiale Vektoren, wie die Winkelgeschwindigkeit, gerade Parität, polare Vektoren, z.B. die Geschwindigkeit, ungerade Parität. In der Quantenmechanik wird die Parität des betrachteten Systems durch die Veränderung des Vorzeichens der ψ-Funktion beim Übergang $\boldsymbol{r} \rightarrow -\boldsymbol{r}$ festgelegt. Gilt $\psi(\boldsymbol{r}) = \psi(-\boldsymbol{r})$, so besitzt das System positive, gilt $\psi(\boldsymbol{r}) = -\psi(-\boldsymbol{r})$, dann besitzt es negative Parität. Die Parität eines Hüllenelektrons läßt sich aus seinem Energiezustand ermitteln. Hierzu unterwerfen wir die Wasserstoffeigenfunktionen (vgl. (5.69)) $\psi(r, \vartheta, \varphi) = R(r)\, P_l^m(\cos\vartheta)\, \mathrm{e}^{\mathrm{i}m\varphi}$ der Raumspiegelung, die in diesem speziellen Fall den Übergang $\vartheta \rightarrow \pi - \vartheta$, $\varphi \rightarrow \varphi + \pi$ und $r \rightarrow -r$ bedeutet. Damit ist die Parität also allein durch das Verhalten der zugeordneten Legendreschen Polynome bei Raumspiegelungen bestimmt. Aus ihrer Abhängigkeit von ϑ und φ erkennt man, daß Energiezustände mit geradem l positive, mit ungeradem l negative Parität besitzen. In der Elementarteilchenphysik legt man die Parität des Protons mit $P = +1$, die des π^--Mesons mit $P = -1$ fest. Die Paritäten der anderen Elementarteilchen werden u.a. aus ihren Reaktionsgleichungen bestimmt (s. die Tabellen 15.2, 15.3 und 15.4).

Festlegung des Wertes der Parität

In der Makrophysik tritt die Problematik der Spiegelsymmetrie im Zusammenhang mit Drehungen in Erscheinung. Das eingangs genannte unterschiedliche Verhalten der polaren und der axialen Vektoren ist ein Beispiel dafür. Der Übergang $\boldsymbol{r} \rightarrow -\boldsymbol{r}$ bedeutet weiter nichts als den Übergang von einem rechts- zu einem linksschraubigen Koordinaten-

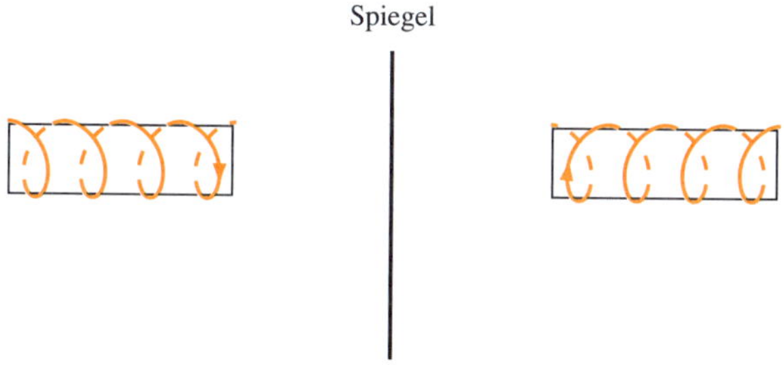

Abb. 15.11 Bei einer Spiegelung geht der Rechtsschraubensinn in einen Linksschraubensinn über

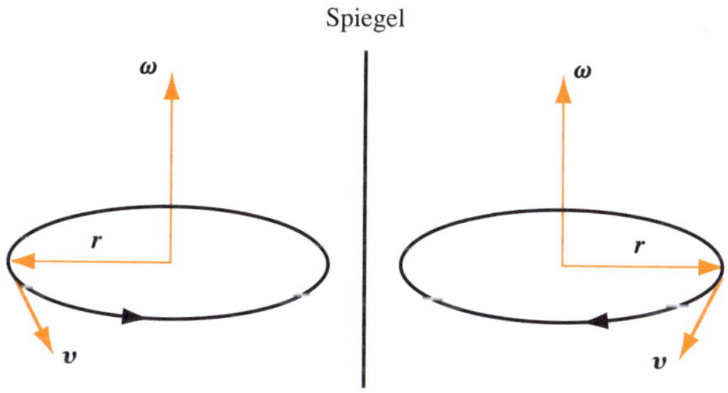

Abb. 15.12 Spiegelung einer Kreisbewegung

system (s. Abb. 15.11). Abbildung 15.12 demonstriert dies für die Kreisbewegung. Beim ungespiegelten System kann die Richtung von $\boldsymbol{\omega}$ durch Anwendung der Rechtsschraubenregel auf $\boldsymbol{r}$ und $\boldsymbol{v}$ erfaßt werden. Für das Spiegelsystem ist sie durch eine entsprechende Linksschraubenregel zu ersetzen.

Eine Kreisbewegung kann in der Realität natürlich entweder den einen oder den anderen Drehimpuls haben. Dabei ist eine Beschreibung physikalischer Vorgänge sowohl unter ausschließlicher Verwendung eines rechtshändigen als auch unter ausschließlicher Verwendung eines linkshändigen Koordinatensystems möglich. Die physikalischen Gesetzmäßigkeiten haben in beiden Fällen die gleiche Form. Betrachtet ein Beobachter ein physikalisches Experiment im Spiegel, ohne es zu wissen, so kann er aus den aus seinem Experiment gefolgerten Gesetzmäßigkeiten nicht entscheiden, ob er den wirklichen Ablauf oder dessen Spiegelbild gesehen hat.

Gesamtparität

Bezeichnet man als *Gesamtparität* eines physikalischen Systems das Produkt der Paritäten seiner Teilsysteme, so kann man diesen Sachverhalt auch dadurch zum Ausdruck bringen, daß man sagt, in einem abgeschlossenen physikalischen System laufen nur solche Vorgänge ab, die seine Gesamtparität nicht verändern. Man bezeichnet dieses Verhalten auch als P-*Invarianz*. Da die Parität das Verhalten eines Systems gegenüber einer räumlichen Transformation beschreibt, spricht man auch von der räumlichen Parität *P*. Im Gegensatz zu den bisher verwendeten Quan-

P-Invarianz (Paritätserhaltung)

die Parität ist eine multiplikative Quantenzahl

tenzahlen, bei denen sich die Quantenzahl des Gesamtsystems durch Addition der Quantenzahlen der Teilsysteme ergibt, ist also die Parität P eine multiplikative Quantenzahl.

Verletzung der Paritätserhaltung bei schwacher Wechselwirkung

Bis zum Jahre 1956 war man der Meinung, daß die Paritätserhaltung für jede Wechselwirkung gilt. Dann ergaben sich aber bezüglich der schwachen Wechselwirkung erhebliche Zweifel an dieser Aussage. Sie gründeten sich auf den experimentellen Befund, daß das neutrale Kaon sowohl in zwei als auch in drei Pionen zerfallen kann (vgl. Tab. 15.3). Mit der Paritätserhaltung ist aber nur der Zerfall in drei Pionen vereinbar. Da sowohl die Pionen als auch die Kaonen die Parität $P = -1$ besitzen, ist beim Zerfall eines neutralen Kaons in zwei Pionen die Gesamtparität der Zerfallsprodukte $P = 1$ im Gegensatz zu der des Kaons von $P = -1$.

TSUNG-DAO LEE, geb. 1926 Nobelpreis 1957

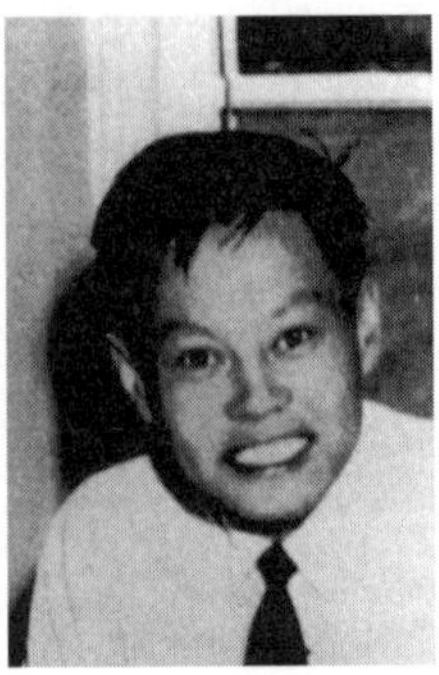

CHEN-NING YANG, geb. 1922 Nobelpreis 1957

LEE und YANG wiesen 1956 darauf hin, daß es keine Begründung für die Paritätserhaltung bei der schwachen Wechselwirkung gibt. 1957 konnten dann WU und Mitarbeiter die Verletzung der Paritätserhaltung bei der schwachen Wechselwirkung experimentell bestätigen. Sie haben zu diesem Zweck die Anisotropie der Elektronenemission beim β^--Zerfall von ^{60}Co-Kernen gemessen, deren magnetische Kernmomente möglichst vollständig parallel zueinander ausgerichtet waren. Die Schwierigkeit bei der Durchführung des Experimentes bestand darin, einen möglichst hohen Grad der Kernspinorientierung durch ein äußeres Magnetfeld zu erzielen. Dazu muß die magnetische Energie $M_I B$ mindestens die Größe der thermischen Energie kT erreichen, wozu die ^{60}Co-Probe auf etwa 0,01 K abgekühlt werden muß.

Die Spinrichtung der emittierten Elektronen ist durch die Kernspinorientierung der ^{60}Co-Kerne vorgegeben (s. Abb. 15.13). Der Spin ist als drehimpulsartige Observable durch einen axialen Vektor zu charakterisieren. Dieser ist gegenüber einer Raumspiegelung invariant, jedoch kehrt sich der durch ihn beschriebene Drehimpuls dabei um (s. Abb. 15.12). In Abbildung 15.13 wurde die Richtung der Kernspins und damit auch die der Elektronenspins von unten nach oben weisend angenommen. Sie ist im Ausgangssystem und im Spiegelbild gleich. Vergleicht man mit dem durch $\boldsymbol{I}$ gegebenen Drehsinn die Impulsrichtung der emittierten Elektronen, so kann man eine Aussage darüber machen, ob der eine oder der andere Schraubensinn beim Elektron überwiegt oder ob beide mit gleicher Wahrscheinlichkeit auftreten. Als Schraubensinn oder *Helizität H* wird dabei der aus dem Kernspin $\boldsymbol{I}$ und dem Elektronenimpuls $\boldsymbol{p}$ gebildete Ausdruck

Helizität

$$H = \frac{\boldsymbol{I} \cdot \boldsymbol{p}}{|\boldsymbol{I}| \cdot |\boldsymbol{p}|} = \pm 1 \qquad (15.26)$$

bezeichnet.

Würde nun die Elektronenemission parallel zum Kernspin mit gleicher Intensität wie antiparallel zu ihm erfolgen, so ließe sich daraus ableiten, daß kein Wert der Helizität bevorzugt auftritt. Damit wäre der Vorgang

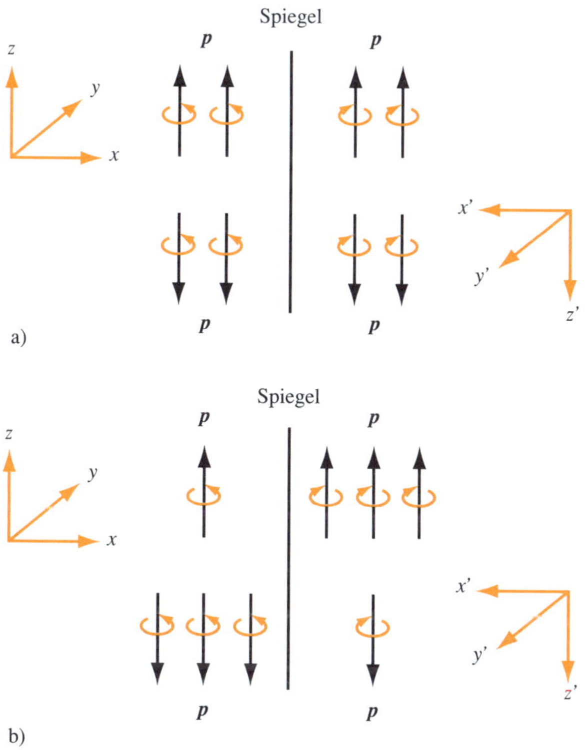

Chien-Shiung Wu, geb. 1912

Abb. 15.13 Zum Experiment von Wu zur Nichterhaltung der Parität bei der schwachen Wechselwirkung

a) Wenn die zur Papierebene, zur Spiegelebene und zueinander parallel ausgerichteten ^{60}Co-Kerne genau so viele Elektronen parallel wie antiparallel zu ihrer Kernspinrichtung emittieren würden, dann wäre zwischen dem Vorgang im rechts- und im linkshändigen System nicht zu unterscheiden (***p*** gibt den Impuls, ↼ bzw. ⇁ den Drehsinn des Spins eines Elektrons an)

b) Bei vorwiegender Emission antiparallel zur Kernspinrichtung ist die Helizität im rechtshändigen System überwiegend negativ, im linkshändigen überwiegend positiv. Damit ist der Satz von der Erhaltung der Parität verletzt

gegenüber einer Raumspiegelung invariant, es läge keine Verletzung des Satzes von der Erhaltung der Parität vor. Das Experiment zeigt jedoch eine um etwa 30 % höhere Intensität antiparallel zur Kernspinrichtung. Der β^--Zerfall läuft also so ab, daß sein Spiegelbild in der Natur nicht mit gleicher Wahrscheinlichkeit realisiert ist. Damit wird der Erhaltungssatz der Parität bei der schwachen Wechselwirkung verletzt, wie auch später durch weitere Experimente gezeigt werden konnte.

Führt man den Versuch von Wu für den β^+-Zerfall durch, so findet man eine bevorzugte Emission der Positronen parallel zur Kernspinrichtung. Elektronen und Positronen zeigen also bei diesem Experiment eine gegensätzliche bevorzugte Helizität.

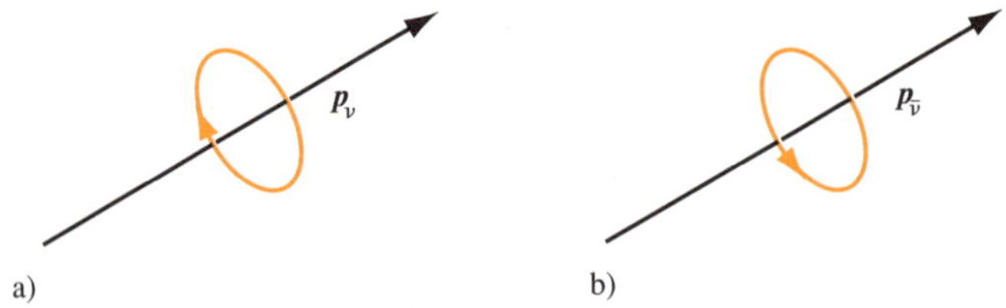

Abb. 15.14 Zur Helizität des Neutrinos
a) Beim Neutrino zeigt der Spin stets entgegengesetzt zur Fortpflanzungsrichtung
b) Beim Antineutrino zeigt der Spin stets in Fortpflanzungsrichtung

(S 15.9)
Paritätserhaltungssatz

Die Gesamtparität eines physikalischen Systems von Elementarteilchen bleibt nur bei starken und elektromagnetischen Wechselwirkungen erhalten.

exakt longitudinale Polarisation des Neutrinos

für Neutrinos ist die Parität nicht definierbar

Die Ursachen für die Ungültigkeit des Satzes von der Erhaltung der Parität bei der schwachen Wechselwirkung liegen in den Eigenschaften des Neutrinos, denn die Neutrinos und die Antineutrinos besitzen eine *exakt longitudinale Polarisation.* Hierunter ist zu verstehen, daß im Gegensatz zum nur vorzugsweisen Auftreten einer bestimmten Helizität bei Elektronen und Positronen beim Neutrino der Spin stets antiparallel, beim Antineutrino stets parallel zur Fortpflanzungsrichtung zeigt (vgl. Abb. 15.14). Eine Parität für die Neutrinos kann demzufolge nicht definiert werden.

Die Struktur unseres Raumes ist also derart, daß der Linksschraubensinn bevorzugt ist. Ein Mensch, der vergessen hat, welches seine linke und welches seine rechte Hand ist, kann diese verlorengegangene Erkenntnis durch ein physikalisches Experiment wiedererlangen. Er bestimmt die Hand, deren Schraubensinn mit dem des Antineutrinos übereinstimmt, und ordnet ihr rechts zu.

15.5.3 C-P-Invarianz

Wir betrachten den Zerfallsprozeß $\pi^+ \rightarrow \mu^+ + \nu_\mu$. Wegen der Helizität des Neutrinos und der Erhaltungssätze von Impuls und Drehimpuls ist dieser Prozeß entsprechend Abbildung 15.15 a zu charakterisieren. Gehen wir durch ausschließliche Ladungskonjugation zum analogen Zerfallsprozeß $\pi^- \rightarrow \mu^- + \bar{\nu}_\mu$ der zugeordneten Antiteilchen über, dann entspricht der so gewonnene Vorgang (vgl. Abb. 15.15 b) nicht mehr der physikalischen Realität, denn das Neutrino und das Antineutrino besäßen denselben Schraubensinn. Dieser Fehler läßt sich beheben, indem man zusätzlich eine Raumspiegelung vornimmt (vgl. Abb. 15.15 c). Das gilt nun nicht nur für diesen speziellen Prozeß, sondern für alle Prozesse, die durch die schwache Wechselwirkung bedingt sind. Der Ablauf von Prozessen unter starken und elektromagnetischen Wechselwirkungen bleibt wegen

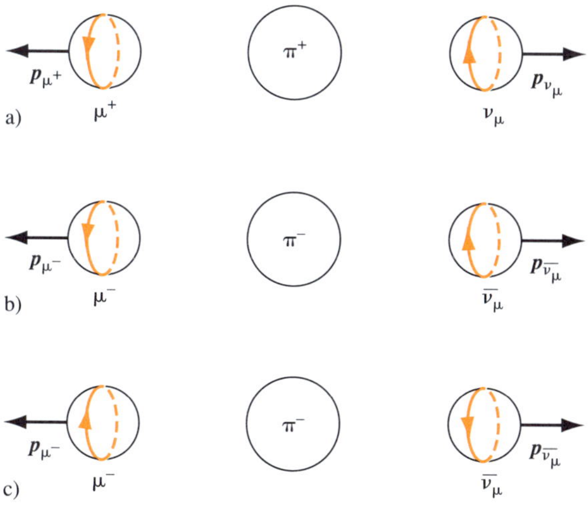

Abb. 15.15 Zur C-P-Invarianz

a) schematische Darstellung des Zerfalles $\pi^+ \rightarrow \mu^+ + \nu_\mu$ im Schwerpunktsystem. Müon und Müon-Neutrino fliegen wegen der Impulserhaltung in entgegengesetzte Richtungen; ihre Spins sind wegen der Drehimpulserhaltung entgegengesetzt gerichtet
b) Zerfall von π^-, den man durch Ladungskonjugation aus Abb. a) ableiten würde. Das Müon-Antineutrino besitzt den falschen Schraubensinn; der Prozeß wird mit dieser Spinrichtung nicht beobachtet
c) Raumspiegelung des in Abb. b) dargestellten Sachverhaltes führt zum in der Natur auftretenden Prozeß $\pi^- \rightarrow \mu^- + \overline{\nu}_\mu$

(S 15.8) und (S 15.9) gegenüber der Raumspiegelung invariant. Wir können demnach formulieren:

Werden in einem physikalischen System alle Teilchen durch ihre Antiteilchen ersetzt und das so entstandene System zusätzlich einer Raumspiegelung unterworfen, dann gelten in dem resultierenden System die gleichen physikalischen Gesetzmäßigkeiten wie in dem Ausgangssystem, unabhängig davon, welchen Wechselwirkungen die Teilchen unterliegen.

(S 15.10)
C-P-Invarianz

(S 15.10) wird als C-P-*Invarianz* bezeichnet.

Einem Beobachter in einem anderen Milchstraßensystem, der vergessen hat, welches seine linke bzw. rechte Hand ist, gelingt es also durch eine physikalische Messung nicht mehr, diese Kenntnis zurückzugewinnen, da er nicht weiß, ob er sich in einem System von Teilchen oder Antiteilchen befindet. Die „Symmetrie des Raumes" ist, wenn auch auf höherer Ebene, wiederhergestellt.

Im Jahre 1964 wurden Experimente bekannt, die auch diese Symmetrie, d.h. die Gültigkeit der C-P-Invarianz, verletzen. FITCH und CRONIN wiesen nach, daß neutrale Kaonen sowohl in zwei als auch in drei Pionen zerfallen können. Damit ist zunächst die Erhaltung der Parität P verletzt. Ladungskonjugation löst das Problem nicht, weil Kaonen und Pionen

Verletzung der C-P-Invarianz beim K^0-Zerfall

James W. Cronin
geb. 1931
Nobelpreis 1980

Val L. Fitch
geb. 1923
Nobelpreis 1980

Bosonen sind, die Parität damit bei Ladungskonjugation unverändert bleibt. Beachtet man jedoch, daß die Eigenzustände von K_1^0 und K_2^0 nach (15.23) gemischte Zustände sind, so sollte K_1^0 in zwei Pionen und K_2^0 in drei Pionen zerfallen. Tatsächlich aber zerfällt K_2^0 statt in drei Pionen mit einer Zerfallswahrscheinlichkeit von nur 2,9‰ auch in zwei Pionen. Die C-P-Invarianz ist damit für diesen Prozeß nicht mehr gegeben.

Weiter zeigte sich bei den Zerfällen

$$K_2^0 = \pi^+ + e^- + \bar{\nu}_e; \quad K_2^0 = \pi^- + e^+ + \nu_e \tag{15.27a}$$

und

$$K_2^0 = \pi^+ + \mu^- + \bar{\nu}_\mu; \quad K_2^0 = \pi^- + \mu^+ + \nu_\mu, \tag{15.27b}$$

daß der Zerfall in die positiven Leptonen e^+ und μ^+ etwa um 0,3 % wahrscheinlicher ist als der Zerfall in die negativen Leptonen. Auch dies widerspricht der C-P-Invarianz, denn nach ihr müssen die Lebensdauern der Teilchen und Antiteilchen identisch sein. Diese Verletzung der C-P-Invarianz wird als eine mögliche Ursache dafür angesehen, daß im Kosmos heute das Verhältnis von Antibaryonen zu Baryonen kleiner als 10^{-4} ist.

Bisher wurde eine C-P-Verletzung nur bei den neutralen Kaonen nachgewiesen.

Durch die Verletzung der C-P-Invarianz beim K_2^0-Zerfall ist ein Beobachter wiederum in der Lage zu entscheiden, ob er sich in einem System von Teilchen oder Antiteilchen befindet. Er erzeugt neutrale Kaonen und beachtet, daß ihr Zerfall in positive Leptonen etwas wahrscheinlicher ist als ihr Zerfall in negative Leptonen.

15.5.4 C-P-T-Invarianz

C-P-T-Invarianz

Die *C-P-T-Invarianz* ist eine fundamentale Aussage der Quantenfeldtheorie. Sie besagt, daß die physikalischen Gesetze nicht einzeln gegenüber Ladungs-, Paritäts- und Zeitumkehr invariant sind, sondern nur gegenüber einer kombinierten Anwendung dieser Operationen. Die Zeitumkehr $t \rightarrow -t$ verändert das Vorzeichen aller Geschwindigkeiten und Winkelgeschwindigkeiten. C-P-T-Invarianz bedeutet demnach, daß ein reales Experiment dann in ein ebenfalls reales Experiment überführt wird, wenn man von den Teilchen zu den entsprechenden Antiteilchen bei gleichzeitiger Raumspiegelung und Umkehr aller Geschwindigkeitsrichtungen übergeht. Man glaubt, daß die C-P-T-Invarianz für alle Wechselwirkungen gültig ist.

15.6 Quarks als Fundamentalteilchen der Hadronen

Belege für den Aufbau der Hadronen aus Quarks

Für die Elementarteilchenphysik stellte sich von den fünfziger Jahren an immer mehr die Frage, ob die als Elementarteilchen bezeichneten Objekte nicht doch aus fundamentaleren Teilchen aufgebaut sind. Dafür sprechen insbesondere folgende Fakten:

- die große und ständig anwachsende Zahl von Elementarteilchen. Es ist unverständlich, daß mehr als 300 gleichwertige Objekte die Grundbausteine der Materie bilden sollen;
- der Nachweis von Baryonen- und Mesonenresonanzen. Die Existenz dieser Resonanzen zeigt, daß sowohl die Mesonen als auch die Baryonen angeregte Energiezustände besitzen. Diese inneren Energiezustände der Hadronen sind für strukturlose Objekte nicht erklärbar;
- die Abweichung der bei der Streuung hochenergetischer Elektronen an Nukleonen gemessenen Wirkungsquerschnitte von den Werten, die sich ergeben müßten, wenn die Streuung an unstrukturierten Objekten erfolgen würde.

Streuexperimente an Nukleonen

JEROME ISAAC FRIEDMAN, geb. 1930 Nobelpreis 1990

Anfang der siebziger Jahre stand mit dem Elektronen-Linearbeschleuniger in Stanford erstmals ein Gerät zur Verfügung, mit dem durch Streuung hochbeschleunigter Elektronen an Protonen die Protonenstruktur abgetastet werden konnte. Elektronen sind für derartige Untersuchungen deshalb gut geeignet, weil Leptonen im Gegensatz zu den Hadronen als strukturlose Objekte mit Dimensionen kleiner als 10^{-18} m angesehen werden können und sich deshalb wie Punktmassen und Punktladungen verhalten.

Abbildung 15.16a zeigt den prinzipiellen Versuchsaufbau. Ein Strahl hochbeschleunigter Elektronen der Energie W_0 fällt auf ein Wasserstofftarget und wird an dessen Protonen gestreut. Mit einem Detektor D werden die Teilchenstromdichte und die Energie der in die Richtung ϑ gestreuten Elektronen gemessen.

Diese von FRIEDMAN, KENDALL und TAYLOR durchgeführten Experimente entsprechen in ihren Grundgedanken den Streuexperimenten von LENARD und RUTHERFORD zur Erforschung der Atomstruktur. Allerdings benötigt man hier Elektronen mit Energien im GeV-Bereich, weil die Streuprozesse nur dann eine eventuelle Struktur der Protonen widerspiegeln, wenn die de Broglie-Wellenlänge der Elektronen mit den Dimensionen der erwarteten Fundamentalbausteine des Protons größenordnungsmäßig übereinstimmt. Deshalb ist es bei der theoretischen Betrachtung dieser Streuprozesse im Gegensatz zur Herleitung der Rutherfordschen Streuformel notwendig, die Rückstoßenergie der Protonen einzubeziehen und relativistisch zu rechnen. Durch die relativistische Behandlung findet gleichzeitig der Spin der Wechselwirkungspartner Berücksichtigung.

HENRY WAY KENDALL, geb. 1926 Nobelpreis 1990

Abbildung 15.16b gibt in Abhängigkeit von der Energie W_{st} der gestreuten Elektronen die gemessene Wahrscheinlichkeit w_{st} dafür wieder, daß die mit der Energie W_0 einfallenden Elektronen in die Richtung

Richard Edward Taylor,
geb. 1929
Nobelpreis 1990

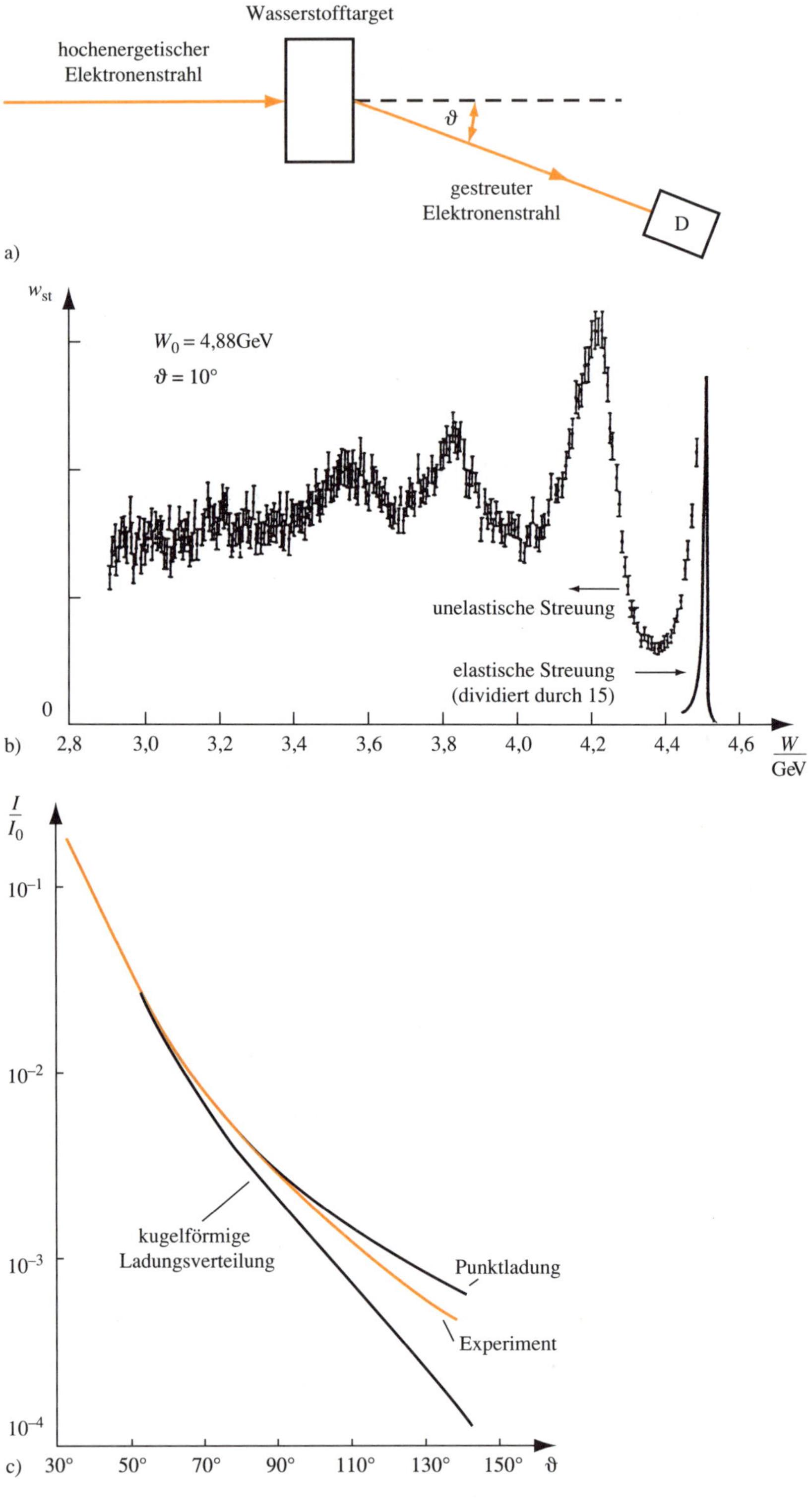

$\vartheta = 10^0$ gestreut werden. Das auftretende scharfe Maximum wird durch die elastische Streuung verursacht. Es liegt bei einem Energiewert $W_{st} < W_0$, weil die streuenden Protonen eine Rückstoßenergie aufnehmen. Die meisten Elektronen werden unelastisch gestreut und überführen die mit ihnen wechselwirkenden Protonen bzw. die die Protonen aufbauenden Quarks in angeregte Energiezustände. Die auftretenden Maxima entsprechen diskreten Anregungszuständen, die man Protonenresonanzen nennt. Zum Beispiel entspricht das bei $W_{st} = 4{,}2$ GeV zu registrierende Maximum der bereits im Abschnitt 15.3.2.1 erwähnten Protonenresonanz $\Delta(1232)$. Mit dem Nachweis der unelastischen Streuung ist experimentell bestätigt, daß Protonen eine Strukturierung aufweisen müssen. Dieses Ergebnis trifft auf alle Hadronen zu.

Eine quantitative Auswertung der Streuexperimente läßt weitergehende Aussagen zu. Man bildet dazu den Quotienten aus dem differentiellen Wirkungsquerschnitt, der für ein punktförmiges Targetteilchen berechnet wird, und demjenigen, den man für das strukturierte Targetteilchen unter sonst gleichen Bedingungen mißt. Diesen Quotienten nennt man im Fall der elastischen Streuung Formfaktor, im Fall der unelastischen Streuung Strukturfunktion. In der Strukturfunktion tritt neben dem Streuwinkel die Anregungsenergie des Proton als unabhängiger Parameter auf. Die Elektron-Proton-Wechselwirkung ist von elektromagnetischer Natur. Da die Wechselwirkungspartner sowohl eine Ladung tragen als auch ein magnetisches Moment besitzen und diese beiden unterschiedliche Strukturen aufweisen, setzt sich die Strukturfunktion aus einem elektrischen und einem magnetischen Anteil zusammen.

Die Diskussion der Strukturfunktionen in dem als tiefunelastisch bezeichneten Gebiet, in dem die gestreuten Elektronen einen großen Teil ihrer ursprünglichen Energie verloren haben, führt zunächst zu dem Resultat, daß das Nukleon eine Unterstruktur aus punktförmigen Fundamentalteilchen besitzt. Streuexperimente an Neutronen liefern das Ergebnis, daß bei Streuprozessen in ihrem Inneren ebenfalls Ladungen zu berücksichtigen sind, die sich nach außen kompensieren müssen. Aus dem Verhältnis des elektrischen Anteils zum magnetischen Anteil der Strukturfunktion kann abgeleitet werden, daß den Fundamentalteilchen der Spin 1/2 zuzuordnen ist. Dieses Ergebnis überrascht nicht, weil auch die Nukleonen einen Spin 1/2 besitzen. Da sich die Spins der Fundamentalteilchen innerhalb eines Nukleons zum Spin 1/2 des Nukleons addieren müssen und die Anzahl der Fundamentalteilchen in einem Nukleon wegen der nachgewiesenen Unterstruktur größer als Eins sein muß, ist im

Abb. 15.16 Zum experimentellen Nachweis der Struktur des Protons
a) Versuchsaufbau (schematisch)
b) Streuwahrscheinlichkeit w_{st} der Elektronen in Abhängigkeit ihrer Energie W für den Streuwinkel $\vartheta = 10^0$ (nach W. Bartel et al., Phys. Lett. **28 B** (1968) 148)
c) Die theoretisch für eine kugelförmige elektrische Ladungsverteilung und für eine Punktladung zu erwartende Streuintensität I im Vergleich zu den experimentell gefundenen Werten

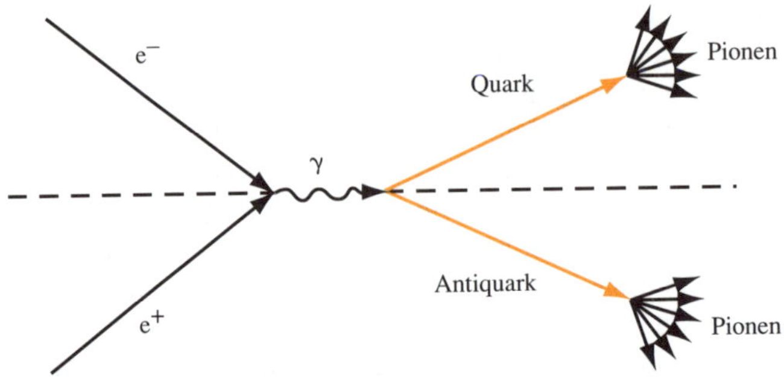

Abb. 15.17 Zur Erzeugung von Pionen-Teilchenströmen

einfachsten Fall anzunehmen, daß ein Nukleon aus drei Fundamentalteilchen besteht. Diese Aussage fand man bisher über die Nukleonen hinaus für alle Baryonen bestätigt.

Erzeugung von Teilchenströmen

In den siebziger Jahren schoß man hochenergetische Elektronen und Positronen aufeinander und beobachtete *Teilchenströme* aus Pionen bzw. Kaonen. Sie breiten sich symmetrisch zur Winkelhalbierenden des ursprünglichen Winkels zwischen den Impulsen von e^- und e^+ aus. Man erklärt sich die Erzeugung dieser Teilchenströme wie folgt (vgl. Abb. 15.17): Positron und Elektron prallen aufeinander. Ein durch Paarvernichtung erzeugtes hochenergetisches γ-Quant erzeugt sofort ein Quark und ein Antiquark, die aus Impulsgründen symmetrisch zum ursprünglichen Impuls des γ-Quants auseinanderfliegen. Freie Quarks und freie Antiquarks können aber nicht existieren. Durch weitere Energie-Masse-Umwandlungen müssen deshalb weitere Quarks und Antiquarks erzeugt werden, die sich dann z. B. zu Pionen zusammenschließen.

Quarks

Die als *Quarks* bezeichneten Fundamentalteilchen der Materie führten 1964 GELL-MANN und ZWEIG unabhängig voneinander zur Deutung und zur Systematisierung der damals bekannten Hadronen ein. Die Bezeichnung Quarks wurde von GELL-MANN geprägt und geht auf eine Benennung in dem Buch „Finnegans Wache" von JAMES JOYCE zurück. Man kennt gegenwärtig sechs Quarkarten: das *Up-*, das *Down-*, das *Strange-*, das *Charm-*, das *Bottom-* und das *Top-Quark* sowie die dazugehörigen sechs Antiquarks. Die sechs Quarkarten werden als „Flavours" bezeichnet. Einige ihrer Eigenschaften sind in Tabelle 15.8 zusammengestellt.

Up-Quark, Down-Quark, Strange-Quark, Charm-Quark, Bottom-Quark, Top-Quark

Wie vorstehend ausgeführt, konnte die Existenz des u-, d- und s-Quarks 1964 theoretisch vorausgesagt und in den Jahren 1968 bis 1972 durch Streuexperimente experimentell bestätigt werden. Auf die Existenz des Charm-Quarks wurde aus dem experimentellen Nachweis des J/ψ-Teilchens (1974) und seiner Anregungszustände und dem Nachweis des Charm-Baryons (1975) geschlossen, auf die Existenz des Bottom-Quarks 1979 aus dem Nachweis des Y-Mesons und seiner Anregungszustände. Der Nachweis des Bottom-Quarks wurde möglich, da im Jahre 1979 ein Elektron-Positron-Collider in Betrieb genommen wurde, der es gestattet,

Elektronen und Positronen mit jeweils einer Energie von 8 GeV aufeinanderzuschießen. Dagegen konnte das Top-Quark erst 1994 experimentell nachgewiesen werden. Auf seine Existenz wurde 1984 aus dem Zerfall des Weons in Top- und Bottom-Teilchen geschlossen (s. nachfolgenden Abschnitt).

Flavourladungen

Die sechs Arten von Quarks werden durch die Quantenzahl *Flavourladung* charakterisiert. Das Up- bzw. das Down-Quark haben die Flavourladungen $U = +1$ bzw. $D = +1$, die vier anderen Quarkarten sind Träger *einer* der Flavourladungen *Seltsamkeit* ($S = -1$), *Charm* ($C = +1$), *Beauty* ($B = +1$) oder *Topness* ($T = +1$) (s. Tab. 15.8) Beim Übergang vom Quark zum entsprechenden Antiquark ändert die Flavourladung ihr Vorzeichen. Jede der sechs Quarkarten kann in den drei *Farbladungen* rot, grün oder blau vorliegen, die die Quellen der Kräfte zwischen den Quarks sind (s. nachfolgenden Abschnitt). Die Addition von zwei unterschiedlichen Farbladungen ergibt die komplementäre Farbladung, die Addition von drei unterschiedlichen Farbladungen den *farblosen* Zustand. In Analogie zur Farbenlehre wird der farblose Zustand auch als *weißer* Zustand bezeichnet. Die Addition von rot und blau ergibt grün, die Addition von rot, blau und grün ergibt weiß.

Farbladungen

farbloser (weißer) Zustand

Antifarbladungen

Das zum Quark q gehörende Antiquark $\overline{q}$ trägt die *Antifarbladung* der Farbladung von q. Die Addition einer Farbladung mit der zugehörigen Antifarbladung ergibt einen farblosen Zustand. Z.B. ergibt die Addition von rot mit antirot die Farbe weiß, nicht aber die Addition von rot mit antigrün oder antiblau.

Quarkaufbau von Proton und Neutron

Proton und Neutron sind Teilchen mit dem Kernspin $I = 1/2$. Aus Elektron-Nukleon-Streuexperimenten kann man folgern, daß beide Teilchen aus drei Quarks aufgebaut sind und diese den Spin 1/2 besitzen, also Fermionen sind. Durch den Zusammenschluß von drei Quarks mit den Spinrichtungen $\uparrow\uparrow\downarrow$ ist dann der Kernspin von Proton und Neutron deutbar.

Der Ladungserhaltungssatz fordert einen drittelzahligen Wert der Ladungsquantenzahlen Q der Quarks. Nimmt man nach GELL-MANN und ZWEIG an, daß das Nukleon aus u- und d-Quarks aufgebaut ist, und zwar das Proton den Aufbau (uud), das Neutron den Aufbau (udd) besitzt, dann ergeben sich für die Ladungsquantenzahlen dieser Quarks die in Tabelle 15.8 für sie gegebenen drittelzahligen Werte. Da die Baryonenladung von Proton und Neutron $B = 1$ ist, müssen die sie aufbauenden Quarks die Baryonenladung $B = 1/3$ besitzen. Diese drittelzahligen Werte für die elektrische und die Baryonenladung der Quarks waren mit der hauptsächliche Grund dafür, daß sich zunächst das Quarkmodell nur zögernd durchsetzen konnte, da drittelzahlige Werte der elektrischen Elementarladung den physikalischen Gesetzmäßigkeiten für freie Teilchen widersprechen.

Die Isospinkoordinate des Protons ist $I_z = 1/2$, die des Neutrons $I_z = -1/2$. Der postulierte Quarkaufbau von Proton und Neutron fordert daher für das u-Quark die Isospinkoordinate $I_z = 1/2$, für das d-Quark die Isospinkoordinate $I_z = -1/2$. Da Proton und Neutron nicht zu den seltsamen Teilchen gehören, ist ihre Seltsamkeit $S = 0$. Gleiches gilt dann auch

Tabelle 15.8
Quarks

Quark	Symbol	Antiteilchen	m_0 in GeV/c^2	m_0/m_{0e}	Q	J	I_z	B	Flavour						Bestandteil von
									U	D	S	C	B	T	
Up	u	ū	0,336	658	+ 2/3	1/2	1/2	+ 1/3	+ 1	0	0	0	0	0	Proton, Neutron u.a.
Down	d	d̄	0,338	662	– 1/3	1/2	– 1/2	+ 1/3	0	+ 1	0	0	0	0	Proton, Neutron u.a.
Strange	s	s̄	0,55	1076	– 1/3	1/2	0	+ 1/3	0	0	– 1	0	0	0	seltsamen Teilchen
Charm	c	c̄	1,80	3523	+ 2/3	1/2	0	+ 1/3	0	0	0	+ 1	0	0	Charm-Teilchen
Bottom	b	b̄	≈ 4,5	8806	– 1/3	1/2	0	+ 1/3	0	0	0	0	+ 1	0	Bottom-Teilchen
Top	t	t̄	≧ 40 (?)		+ 2/3	1/2	0	+ 1/3	0	0	0	0	0	+ 1	Top-Teilchen

für das u- und das d-Quark. Die Massen der Quarks ergeben sich aus Streuexperimenten.

Wie das Proton und das Neutron sind auch die anderen Baryonen aus drei Quarks aufgebaut. Aus diesem Aufbau und aus dem Quarkaufbau der Mesonen können die Quantenzahlen der anderen Quarks gewonnen werden. Nachfolgend ist das für das s-Quark aus dem Aufbau des Λ^0- und des Σ^--Hyperons skizziert:

	Λ^0	=	(u (↑)	d (↓)	s (↑))
Q	0	=	2/3	−1/3	−1/3
J	1/2	=	1/2	−1/2	1/2
I_z	0	=	1/2	−1/2	0
B	1	=	1/3	1/3	1/3
S	−1	=	0	0	−1

(15.28)

und

	Σ^-	=	(d (↑)	d (↓)	s (↑))
Q	−1	=	−1/3	−1/3	−1/3
J	1/2	=	1/2	−1/2	1/2
I_z	−1	=	−1/2	−1/2	0
S	−1	=	0	0	−1

(15.29)

Beim Übergang vom Quark q zum entsprechenden Antiquark $\overline{q}$ wechseln Q, B, I_z und die jeweilige Flavourladung ihr Vorzeichen. Daß für den Strange-Quark und nicht für den Strange-Antiquark $S = -1$ gilt, ist durch die historische Einführung von S entsprechend (D 15.3) bedingt.

Mesonen sind Bosonen, d. h. Elementarteilchen mit ganzzahligem Spin einschließlich dem Wert Null. Sie müssen deshalb aus einer geraden Anzahl von Quarks bzw. Antiquarks aufgebaut sein. Genauere Untersuchungen zeigen, daß alle Mesonen aus einem Quark q_k- Antiquark $\overline{q}_i$-Paar bestehen. Das zeigen u.a. die Ergebnisse von Streuexperimenten unter Beachtung der betreffenden Quantenzahlen der Quarks. Ist der Spin vom Quark q_k antiparallel zum Spin des Antiquarks $\overline{q}_i$ gerichtet, dann bezeichnet man das Meson als *skalares Meson*, bei paralleler Stellung beider Spins als *Vektormeson*. Da die Antiparallelstellung der Spins energetisch günstiger ist als die Parallelstellung, findet man Vektormesonen nur für große Mesonenmassen.

skalares Meson
Vektormeson

Der Aufbau der Mesonen aus Quark-Antiquark-Paaren soll am Aufbau des skalaren K^+-Mesons aus einem u-Quark und einem $\overline{s}$-Antiquark verdeutlicht werden (vgl. dazu Tab. 15.6):

	K^+	=	(u (↑)	$\overline{s}$ (↓))
Q	+1	=	2/3	1/3
J	0	=	1/2	−1/2
I_z	1/2	=	1/2	0
B	0	=	1/3	−1/3
S	1	=	0	1

(15.30)

Zusammenfassend kann man formulieren:

(S 15.11) Aufbau von Mesonen und Baryonen aus Quarks

> Alle Hadronen sind aus den Quarks q_i ($i = 1, 2, ..., 6$) aufgebaut. Alle Mesonen bestehen aus Quark-Antiquark-Paaren ($q_i \overline{q}_k$), alle Baryonen aus Kombinationen ($q_i\ q_k\ q_l$) von drei Quarks ($i, k, l = 1, 2, \ldots, 6$).

Der spezielle Quarkaufbau einiger Mesonen und einiger Baryonen kann aus den Tabellen 15.3 und 15.4 entnommen werden.

Für alle fundamentalen Wechselwirkungen bleibt die Baryonenzahl B, d.h. auch die Anzahl der Quarks erhalten. Dagegen bleibt die Flavourladung nur bei der starken und bei der elektromagnetischen Wechselwirkung erhalten. Bei der schwachen Wechselwirkung kann sie sich dagegen um die Zahl 1 verändern.

Die π^0-, μ^0-, ϱ^0- und ω^0-Mesonen sind wegen des geringen Massenunterschiedes von u- und d-Quark stets Mischungszustände der Wellenfunktionen:

$$\pi^0 \triangleq \frac{(\mathrm{d}\bar{\mathrm{d}} - \mathrm{u}\bar{\mathrm{u}})}{\sqrt{2}}$$

$$\mu^0 \triangleq \frac{(\mathrm{d}\bar{\mathrm{d}} + \mathrm{u}\bar{\mathrm{u}})}{\sqrt{2}}$$

$$\varrho^0 \triangleq \frac{(\mathrm{u}\bar{\mathrm{u}} - \mathrm{d}\bar{\mathrm{d}})}{\sqrt{2}}$$

$$\omega^0 \triangleq \frac{(\mathrm{u}\bar{\mathrm{u}} + \mathrm{d}\bar{\mathrm{d}})}{\sqrt{2}} . \qquad (15.31)$$

Von den prinzipiell möglichen 76 Mesonen sind bisher etwa 40 bekannt. In Analogie zum Positronium werden das J/ψ-Meson wegen seiner Quarkzusammensetzung ($\mathrm{c}\bar{\mathrm{c}}$) auch *Charmonium*, das Υ-Meson wegen seiner Quarkzusammensetzung ($\mathrm{b}\bar{\mathrm{b}}$) auch *Bottonium* genannt.

Bottonium, Charmonium

Die Quarks sind Objekte mit dem Spin 1/2. Sie genügen daher dem Pauli-Prinzip. Deshalb müssen sich die drei Quarks eines Hadrons in mindestens einer ihrer Quantenzahlen unterscheiden. Allgemein ist das nur bei Existenz einer weiteren Quantenzahl, nämlich der schon genannten Farbladung möglich.

Da die Zerfallsgesetze der Hadronen nicht von der Farbladung abhängen, müssen die Hadronen ebenso wie die Leptonen farblos sein. So ist z.B. der Quarkaufbau (sss) des Ω^--Hadrons nach dem Pauli-Prinzip nur dann möglich, wenn sich die drei s-Quarks in ihren Farbladungen unterscheiden, sich ihre Gesamtfarbladung also zu weiß ergibt. Da uns als freie Teilchen nur Hadronen und Leptonen bekannt sind, können wir formulieren:

(S 15.12) Farbe freier Teilchen

> Freie Teilchen sind farblos.

(S 15.12) ist wahrscheinlich der Grund dafür, daß keine freien Quarks existieren. Löst man aus dem Hadron ein Quark heraus, so besitzen sowohl das herausgelöste Quark als auch der Hadronenrest eine Farbladung, was ihre Existenz als freies Teilchen verbietet.

u-Quark ist stabil

Das Proton hat den Quarkaufbau p = (uud), das Neutron den Quarkaufbau n = (ddu). Das Up-Quark u muß deshalb genauso stabil wie das Proton sein. Das Down-Quark d ist dagegen instabil, da das ungebundene Neutron mit einer mittleren Lebensdauer von $\tau = 889$ s durch β^--Zerfall in das Proton übergeht. Bei diesem Übergang findet der Zerfall eines d-Quarks in ein u-Quark entsprechend der Reaktion

$$d \rightarrow u + e^- + \bar{\nu}_e \tag{15.32}$$

statt. Da auch alle anderen Hadronen instabil sind, sind alle Quarks außer dem u-Quark instabil. Mittlere Lebensdauern können für sie jedoch nicht angegeben werden, da diese von ihrem jeweiligen Bindungszustand, d.h. von dem zerfallenden Hadron abhängig sind.

Generationen der fundamentalen Teilchen

Das u- und das d-Quark bilden das Proton und das Neutron. Damit besteht der gesamte stabile Kosmos aus Up- und Down-Quarks sowie den zugehörigen Leptonen e^- und ν_e (vgl. (15.32)). Man bezeichnet daher das u- und das d-Quark und die Leptonen e^- und ν_e als die *1. Generation* fundamentaler Teilchen. Zur *2. Generation* werden das Strange- und das Charm-Quark sowie die Leptonen μ^- und ν_μ zusammengefaßt. Die *3. Generation* bilden das Bottom- und das Top-Quark sowie die Leptonen Tauon und Tauon-Neutrino (vgl. Tab. 15.9). Die 2. und 3. Generation spielen für den Aufbau unseres heutigen Kosmos praktisch keine Rolle mehr. Sie können wohl mit erheblichem Aufwand in modernen Beschleunigern erzeugt werden, zerfallen jedoch sofort wieder. Das Müon als längstlebiges Teilchen der 2. und 3. Generation existiert im Mittel nur $2 \cdot 10^{-6}$ s, die seltsamen Teilchen etwa 10^{-8} bis 10^{-10} s, alle anderen Teilchen zerfallen noch viel schneller. Eine Ausnahme hiervon bilden nur die Neutrinos. Man nimmt an, daß die 2. und 3. Generation der Fundamentalteilchen für die Herausbildung der 1. Generation der Fundamentalteilchen zu ihrer heutigen Form von grundlegender Bedeutung waren.

Tabelle 15.9
Generationen von Leptonen und Quarks

Generation	Leptonen		Quarks	
1.	e^-	ν_e	u	d
	e^+	$\bar{\nu}_e$	$\bar{u}$	$\bar{d}$
2.	μ	ν_μ	s	c
	μ^+	$\bar{\nu}_\mu$	$\bar{s}$	$\bar{c}$
3.	τ^-	ν_τ	b	t
	τ^+	$\bar{\nu}_\tau$	$\bar{b}$	$\bar{t}$

15.7 Feldquanten

virtuelle Feldquanten

virtuelle Photonen beschreiben die elektromagnetische Wechselwirkung

Bei der Diskussion der Kernkraft im Abschnitt 10.8 wurde schon darauf hingewiesen, daß nach der Quantenelektrodynamik die Wechselwirkung zwischen zwei Objekten durch den Austausch *virtueller*, d.h. nicht beobachtbarer *Feldquanten* beschrieben werden kann. Wir wollen diese Problematik zunächst für die elektromagnetische Wechselwirkung verdeutlichen. Nach der klassischen Elektrodynamik wirkt im Feld E der Punktladung q_1 im Abstand r auf die Punktladung q_2 die Coulomb-Kraft

$$F = E(r)\, q_2 \sim \frac{q_1 \cdot q_2}{r^2}\,. \tag{15.33}$$

Dabei ist nur die Kraft, aber nicht das Feld direkt beobachtbar.

Die Quantenelektrodynamik beschreibt diese Wechselwirkung durch den Austausch virtueller, d.h. nicht beobachtbarer Photonen. Das virtuelle Photon tritt also an die Stelle des nicht beobachtbaren Feldes. Der Austausch eines virtuellen Photons durch dessen Emission oder durch dessen Absorption ist mit einer Impulsänderung $\Delta \boldsymbol{p}$ der entsprechenden Ladung verbunden, also nach dem 1. Newtonschen Axiom mit der Kraft $\boldsymbol{F} = \dfrac{\Delta \boldsymbol{p}}{\Delta t}$. Nach der Heisenbergschen Unschärferelation (5.37a) besteht zwischen der Impulsänderung Δp und der Ausdehung r des betrachteten Systems die Beziehung $r\,\Delta p \approx \hbar/2$, während die Zeitdauer Δt der Impulsübertragung $\Delta t = r/c$ beträgt. Damit erhält man für die Kraftwirkung F_1 eines in der Zeit Δt übertragenen virtuellen Photons $F_1 \sim \dfrac{1}{r^2}$. Macht man noch die plausible Annahme, daß die Anzahl der in der Zeit Δt übertragenen virtuellen Photonen den Ladungen q_1 und q_2 proportional ist, dann erhält man durch diese Betrachtung ebenfalls das Kraftgesetz (15.33). Das Denkmodell Feld und das Denkmodell virtuelles Photon führen zum gleichen Ergebnis, sie sind also physikalisch gleichwertig. Während bei der klassischen Betrachtungsweise das Feld nicht direkt beobachtbar ist, ist das bei der quantentheoretischen Betrachtungsweise für das virtuelle Photon der Fall.

Es soll jetzt eine Beziehung zwischen der Reichweite $r_{\max}$ der Wechselwirkung und der Ruhmasse $m_{0\mathrm{F}}$ des virtuellen Feldquants hergeleitet werden. Wir betrachten dazu zunächst wieder das obige Beispiel für die elektromagnetische Wechselwirkung. Die virtuellen Photonen üben elastische Stöße auf die Ladungsträger aus, verändern damit den Impuls, aber nicht die Energie der Ladungsträger. Es gilt also $W_1 = W_1'$ und $W_2 = W_2'$, wenn die gestrichenen Größen die Energiewerte nach der Emission bzw. der Absorption eines virtuellen Photons bezeichnen. Nach der Emission eines virtuellen Photons durch q_1, aber vor seiner Absorption durch q_2 gilt für die Gesamtenergie W nicht $W = W_1 + W_2$, sondern $W = W_1 + W_2 + W_\gamma$, wobei $W_\gamma = m_{\mathrm{ph}} c^2$ die Energie des virtuellen Photons bedeutet. Der Energieerhaltungssatz ist also in der Zeit zwischen der

Emission und der Absorption des virtuellen Photons verletzt. Nach der Heisenbergschen Unschärferelation (5.37b) kann das jedoch nur innerhalb von Zeitintervallen

$$\Delta t \geqq \frac{\hbar}{2 W_\gamma} \tag{15.34}$$

beobachtet werden. Da eine Verletzung des Energieerhaltungssatzes nicht beobachtbar ist, muß somit für die Wechselwirkungsdauer $t_w \leqq \Delta t$ oder

$$t_w \approx \frac{\hbar}{2 m_{ph} c^2} \tag{15.35}$$

gelten. Damit können die virtuellen Photonen maximal den Weg

$$r_{max} = c t_w = \frac{\hbar}{2 m_{ph} c} \tag{15.36}$$

zurücklegen. Die genaue quantenmechanische Rechnung ergibt nach (10.13a) für die Reichweite r_{max} statt (15.36)

$$r_{max} = \frac{\hbar}{m_{0F} c},$$

wobei m_{0F} die Ruhmasse des entsprechenden virtuellen Feldquants ist. Da die Feldquanten erzeugt und vernichtet werden können, müssen sie Bosonen sein, d.h. sie müssen einen ganzzahligen Spin oder den Spin Null besitzen.

(S 15.13) Zusammenhang zwischen Feldquantenruhmasse und Reichweite der Wechselwirkung

Jede Wechselwirkung wird durch virtuelle Feldquanten vermittelt. Zwischen der Reichweite r_{max} einer Wechselwirkung und der Ruhmasse m_{0F} ihres virtuellen Feldquants besteht der Zusammenhang

$$r_{max} = \frac{\hbar}{m_{0F} c}.$$

Feldquanten sind Bosonen.

Feynman-Graphen

Der Austausch eines virtuellen Photons ist in Abbildung 15.18 grafisch veranschaulicht. Derartige Darstellungen nennt man *Feynman-Graphen*. Mit ihnen können elementare Streu- oder Zerfallsprozesse im Rahmen der Quantenfeldtheorien für die fundamentalen Wechselwirkungen übersichtlich dargestellt werden. Ohne auf die Feynman-Regeln und deren feldtheoretische Grundlagen einzugehen, seien für diese Symbolik einige Beispiele zur elektromagnetischen Wechselwirkung angeführt. Die Feynman-Graphen veranschaulichen einen Elementarprozeß entlang einer Raumkoordinate, die in Abbildung 15.19 von links nach rechts, und einer Zeitkoordinate, die von unten nach oben weisend zu denken ist. Die Abbildung 15.19a stellt die Vernichtung eines Elektron-Positron-Paares

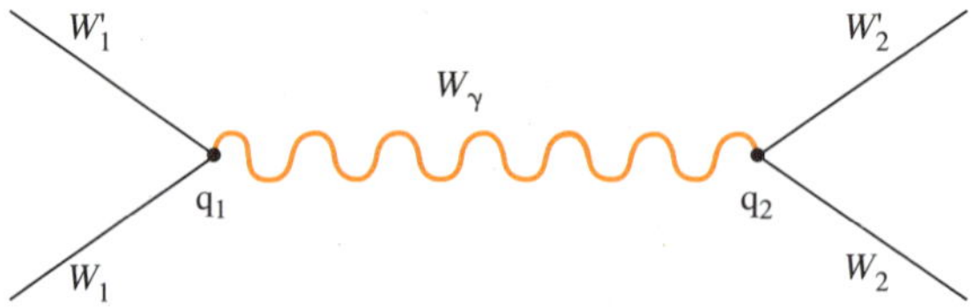

Abb. 15.18 Zur Verletzung des Energieerhaltungssatzes in der Zeit zwischen der Emission und der Absorption des virtuellen Photons

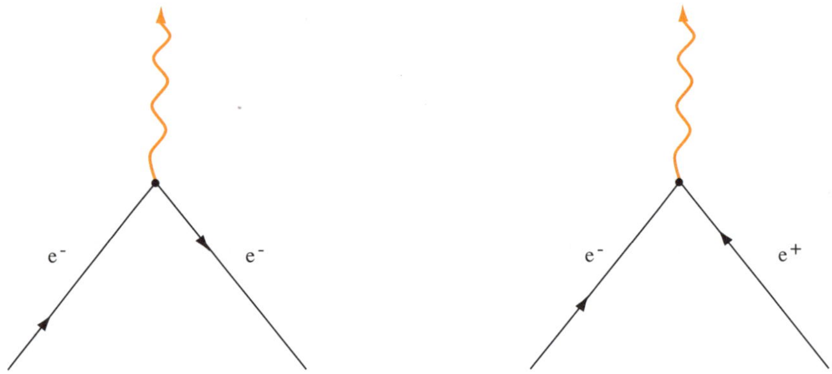

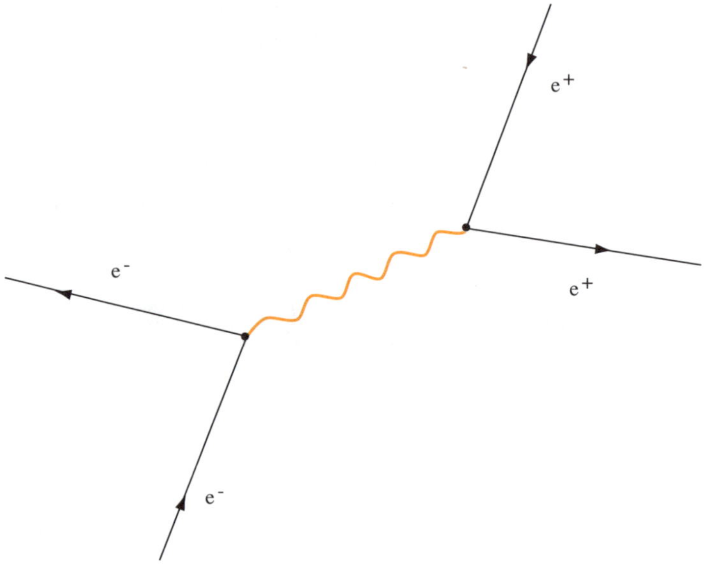

RICHARD FEYNMAN (1918 – 1988) Nobelpreis 1965

Abb. 15.19 Feynman-Graphen
Darstellungsvarianten für die
a) Vernichtung eines Elektron-Positron-Paares
b) Streuung eines Elektrons an einem Positron

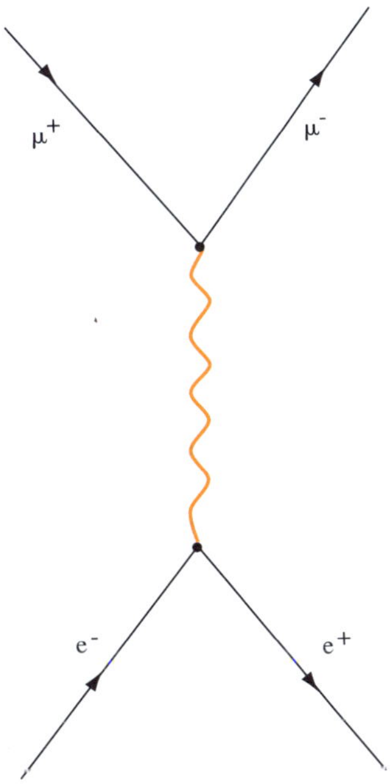

c)

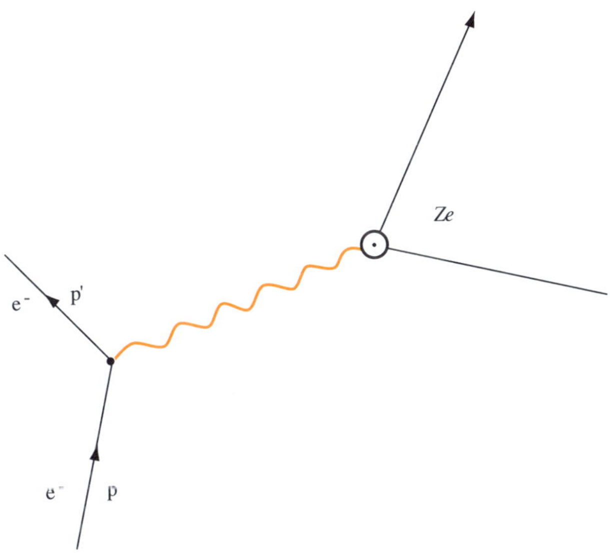

d)

Abb. 15.19 Feynman-Graphen
Darstellungsvarianten für die
c) Umwandlung eines Elektron-Positron-Paares in ein Müonenpaar
d) Streuung eines Elektrons an einem Atomkern

dar. Das in negative Zeiten hineinlaufende Elektron ist dabei gleichbedeutend mit dem umgekehrt laufenden Positron. Abbildung 15.19b symbolisiert die elastische Streuung zwischen einem Elektron und einem Positron. Das Elektron emittiert dabei ein virtuelles Photon, das vom Positron absorbiert wird. Abbildung 15.19c zeigt eine Paarvernichtung mit anschließender Erzeugung eines Müonenpaares. Die Streuung eines hochenergetischen Elektrons mit den Impulsen p bzw. p′ vor und nach dem Stoß an einem Atomkern mit der Ladung *Ze* symbolisiert Abbildung 15.19d. Die elektromagnetische Wechselwirkung erfolgt durch den Austausch eines Photons, das dabei einen Impuls überträgt. Im Fall der schwachen Wechselwirkung treten die Zetonen oder Weonen, im Fall der starken Wechselwirkung die Gluonen an die Stelle der Photonen.

Eine Übersicht über die Feldquanten zu den verschiedenen Wechselwirkungen gibt Tabelle 15.10. Das Feldquant der Gravitationswechselwirkung ist das *Graviton* Γ. Da die Reichweite der Gravitationswechselwirkung $r_{max} = \infty$ ist, beträgt seine Ruhmasse nach (S 15.13) $m_{0\Gamma} = 0$. Trotz intensiver Bemühungen konnte das Graviton bis heute nicht experimentell nachgewiesen werden, so daß es nach wie vor nur ein hypothetisches Teilchen ist. Die Schwierigkeit seines Nachweises liegt in der sehr geringen Stärke der Gravitationswechselwirkung begründet. Der erwartete Effekt ist von den Effekten von Störquellen kaum trennbar. Sein Nachweis wird

Graviton

Experimente zum Nachweis des Gravitons

Tabelle 15.10
Feldquanten

Eigenschaften der Feldquanten

Feldquant	**Symbol**	**m_0 in GeV/c^2**	**m_0/m_{0e}**	**Q**	**J**	**vermittelte Wechselwirkung**
Graviton [1]	Γ	0 (?)	0 (?)	0	2	Gravitation
Plus-Weon	W^+	80	$1{,}6 \cdot 10^5$	+1	1	schwache
Minus-Weon	W^-	80	$1{,}6 \cdot 10^5$	−1	1	
Zeton	Z^0	91	$1{,}8 \cdot 10^5$	0	1	
Plus-Higgson [1]	H^+	$\approx 10^3$ (?)		+1	0	elektroschwache
Minus-Higgson [1]	H^-	$\approx 10^3$ (?)		−1	0	
Neutrales Higgson [1]	H^0	$\approx 10^3$ (?)		0	0	
Photon	γ	0	0	0	1	elektromagnetische
Gluonen [2]	G	0	0	0	1	starke
Ixon [1]	X	$\approx 10^{15}$ (?)		0	0	Hyperfarbkraft

[1] hypothetisches Teilchen, experimentell bisher nicht nachgewiesen,
[2] acht völlig gleichwertige Feldquanten.

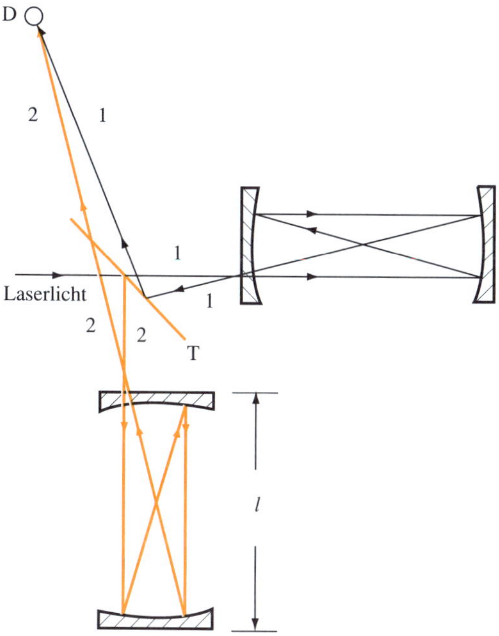

Abb. 15.20 Gravitationswellendetektor (schematisch)

durch *Gravitationswellendetektoren* versucht. Abbildung 15.20 zeigt eine entsprechende interferometrische Anordnung. Durch einen Strahlenteiler T wird das praktisch kohärente Licht eines Lasers in zwei Teilwellen aufgespalten. Es durchläuft danach zwei gleichartige Spiegelanordnungen und wird dann im Detektor D zur Interferenz gebracht. Die Abmessungen l des Spiegelsystems eines Gravitationswelleninterferometers betragen bis zu einigen Kilometern. Ändert sich die Massenverteilung im Weltall, z. B. durch den Gravitationskollaps eines Sternes, dann müßten die dabei entstehenden Gravitonen die Spiegel treffen, sie deformieren und das Interferenzmuster im Detektor verändern.

Gravitationswellendetektor

Das *Plus-Weon* W^+, das *Minus-Weon* W^- und das *Zeton* Z^0 sind die Feldquanten der schwachen Wechselwirkung. Diese drei Feldquanten wurden 1968 von GLASHOW, WEINBERG und SALAM aus der elektroschwachen Theorie vorausgesagt und 1983 von RUBBIA und VAN DER MEER experimentell nachgewiesen. Mit Hilfe eines Proton-Antiproton-Colliders wurden dazu Protonen und Antiprotonen mit jeweils einer Energie von 270 GeV aufeinandergeschossen. Dabei bilden sich u. a. W^--Weonen, W^+-Weonen und Zetonen Z^0. Diese sind als virtuelle Feldquanten nicht direkt beobachtbar, sondern nur durch ihre aus der elektroschwachen Theorie vorausgesagten Zerfallsreaktionen

Plus-Weon W^+
Minus-Weon W^-
Zeton Z^0

CARLO RUBBIA, geb. 1934 Nobelpreis 1984

$$
\begin{aligned}
W^- &\to e^- + \bar{\nu}_e \\
W^+ &\to e^+ + \nu_e \\
Z^0 &\to e^+ + e^- \\
Z^0 &\to \mu^+ + \mu^-
\end{aligned}
\qquad (15.37)
$$

SIMON VAN DER MEER, geb. 1925 Nobelpreis 1984

indirekt nachweisbar. Sie wurden in den entsprechenden Experimenten mit den aus den Ruhmassen der Feldquanten resultierenden Zerfallsenergien gefunden.

Higgson (Higgs-Boson)

Nach der elektroschwachen Theorie müßten als weitere Feldquanten der elektroschwachen Wechselwirkung das positive, das negative und das neutrale *Higgs-Boson* oder *Higgson* H mit Massen $m_{0\mathrm{H}} \leqq 10^3\,\mathrm{GeV}/c^2$ existieren. Sie konnten bisher experimentell nicht nachgewiesen werden.

Photon

Das Photon γ ist das Feldquant der elektromagnetischen Wechselwirkung. Wegen deren Reichweite von $r_{\max} = \infty$ ist die Ruhmasse des Photons $m_{0\gamma} = 0$. Sein Spin beträgt eins. Die Existenz von Lichtquanten der Energie $W = h\nu$ wurde erstmals von PLANCK zur Aufstellung seines Strahlungsgesetztes genutzt (vgl. Abschn. 1.3). Die Existenz von Photonen wurde 1905 von EINSTEIN hypothetisch zur Deutung des äußeren lichtelektrischen Effektes eingeführt. Ihr überzeugender experimenteller Nachweis wurde 1923 von COMPTON erbracht (vgl. Abschn. 2.1).

Gluonen

Die Feldquanten der starken Wechselwirkung sind die *Gluonen* G (glue, englisch Leim). Nach Tabelle 15.1 gilt für die Reichweite der starken Wechselwirkung $r_{\max} = \infty$, die Ruhmasse der Gluonen ist damit nach (S 15.13) $m_{0\mathrm{G}} = 0$. Sie besitzen den gleichen Spin und die gleiche Parität wie die Photonen.

Farbladungen der Gluonen

Die elektrische Wechselwirkung beruht auf den Kräften zwischen elektrischen Ladungen. In Analogie hierzu wird als Ursache der starken Wechselwirkung die Farbladung angesehen. Jedes Quark trägt *eine* der Farbladungen r (rot), g (grün) oder b (blau) bzw. eine der Antifarbladungen $\bar{\mathrm{r}}$ (antirot), $\bar{\mathrm{g}}$ (antigrün) oder $\bar{\mathrm{b}}$ (antiblau). Zwei Quarks mit unterschiedlicher Farbladung ziehen sich an, zwei Quarks mit gleicher Farbladung stoßen sich ab. Den Gluonen als virtuellen Feldquanten dieser Wechselwirkung muß deswegen eine Farb- und eine Antifarbladung zugeordnet werden. Aufgrund der bestehenden Analogie zwischen der elektrischen Ladung und der Farbladung konnte in Anlehnung an die Quantenelektrodynamik für Quarks die *Quantenchromodynamik* entwickelt werden, auf die im Rahmen dieser einführenden Darstellung nicht eingegangen werden soll.

Quantenchromodynamik

Nachweis, daß acht Gluonen existieren

Es ergeben sich acht völlig gleichwertige Gluonen, was man wie folgt erkennt. Aus den sechs Farb- und Antifarbladungen lassen sich neun Farb-Antifarb-Paare bilden:

$$\mathrm{r\bar{g}},\ \mathrm{r\bar{b}},\ \mathrm{g\bar{r}},\ \mathrm{g\bar{b}},\ \mathrm{b\bar{r}},\ \mathrm{b\bar{g}} \tag{15.38a}$$

und

$$\mathrm{r\bar{r}},\ \mathrm{g\bar{g}},\ \mathrm{b\bar{b}}\,. \tag{15.38b}$$

Die Farbkombinationen (15.38a) besitzen eine echte Farbigkeit, die Farbkombinationen (15.38b) dagegen nur eine „verdeckte". Ohne gegen die Erhaltung der Farbladung zu verstoßen, können deshalb Übergänge $\mathrm{r\bar{r}} \to \mathrm{g\bar{g}} \to \mathrm{b\bar{b}}$ erfolgen und damit nach der Quantenchromodynamik die drei linearen Superpositionen

$$\frac{1}{\sqrt{3}}(r\bar{r} + g\bar{g} + b\bar{b}) \tag{15.39a}$$

$$\frac{1}{\sqrt{3}}(r\bar{r} - g\bar{g} + b\bar{b}) \tag{15.39b}$$

$$\frac{1}{\sqrt{3}}(r\bar{r} + g\bar{g} - b\bar{b}) \tag{15.39c}$$

entstehen. Die Kombination (15.39a) ist völlig symmetrisch aus den drei Farbladungen zusammengesetzt, damit farblos. Sie kann also keinem virtuellen Feldquant der starken Wechselwirkung entsprechen. Nur den acht Kombinationen (15.38a), (15.39b) und (15.39c) können Gluonen zugeordnet werden. Alle acht Gluonen sind völlig gleichberechtigt. Die Farbladung ist eine strenge Erhaltungsgröße.

Vergleich des virtuellen Photons mit virtuellen Gluonen

Vorstehend wurden gewisse Gemeinsamkeiten zwischen der elektrischen Ladung, den Farbladungen und ihren virtuellen Feldquanten herausgestellt. Zwischen dem virtuellen Photon und den virtuellen Gluonen gibt es aber auch gravierende Unterschiede. Das Photon trägt keine Ladung und kann deshalb nicht mit anderen Photonen wechselwirken. Gluonen tragen dagegen eine Farbladung und wechselwirken daher sowohl mit Quarks als auch mit anderen Gluonen. Das virtuelle Photon überträgt die elektromagnetische Wechselwirkung über den ganzen Raum. Gluonen wirken untereinander und zwischen den ein Hadron bildenden Quarks. Sie sind also ebenso wie Quarks in den Hadronen eingefangen.

zum experimentellen Nachweis der Gluonen

Die Existenz der Gluonen konnte 1979 experimentell durch die Wechselwirkung zwischen hochbeschleunigten Elektronen und Positronen bestätigt werden. Wenn man diese mit genügend großer Energie aufeinanderschießt, dann beobachtet man drei Teilchenströme statt der in Abbildung 15.17 dargestellten zwei symmetrischen Teilchenströme. Der dritte Teilchenstrom rührt daher, daß bei der Trennung eines Quark-Antiquark-Paares auch Gluonen mit so großer Energie herausgeschleudert werden können, daß sie einen weiteren Teilchenstrom erzeugen. Da Quarks und Antiquarks bei derartigen Experimenten immer in einer geraden Anzahl entstehen müssen, ist das Auftreten einer ungeraden Anzahl von Teilchenströmen nur durch das gleichzeitige Freisetzen eines Gluons deutbar.

Falls das Proton wirklich nur eine endliche Lebensdauer besitzen sollte, es also entsprechend (15.18) in Leptonen und Pionen zerfällt, so müßte eine weitere Wechselwirkung existieren, die diesen Prozeß hervorruft. Man bezeichnet sie als *Hyperfarbkraft*, ihr virtuelles Feldquant als *Ixon* X. Das Ixon müßte eine Ruhmasse von etwa $10^3\,\mathrm{GeV}/c^2$ besitzen. Aus heutiger Sicht ist der Nachweis des Ixons im irdischen Labor somit unmöglich.

Hyperfarbkraft

Ixon

15.8 Aufgaben

15.1
Berechnen Sie die Wellenlängen der Strahlungen, die bei der Vernichtung eines Elektron-Positron-Paares mit antiparalleler bzw. mit paralleler Spineinstellung auftreten!

15.2
In einem Wasserstoffatom denke man sich das Elektron durch ein Müon ersetzt. Berechnen sie das Verhältnis der Radien der ersten Bohrschen Bahnen vom Wasserstoffatom und diesem Müonenatom!

15.3
Berechnen Sie das Verhältnis der durch den Kernspin bedingten energetischen Hyperfeinstrukturaufspaltung des Müoniums zu der des Wasserstoffatoms!

15.4
Ein abgebremstes Eta-Null-Meson zerfalle in zwei Photonen. Man berechne Energie in eV, Impuls und „Flugrichtung" der Photonen. Wie könnte man experimentell den Zerfall nachweisen?
Man gebe die Zerfallsgleichung mit Angabe der Ladungsquantenzahlen und der Baryonenladung an!

15.5
Ein ruhendes positives Sigma-Hyperon Σ^+ zerfalle in ein Proton und ein Pion. Man überprüfe die Gültigkeit der Erhaltungssätze. Welches Pion entsteht? Welche kinetische Gesamtenergie besitzen die entstehenden Teilchen?

15.6
Die Zerfallsgleichung für das Kaon K_2^0 lautet:
$K_2^0 \rightarrow \pi^- + \mu^+ + \nu_\mu$.
Wie zerfällt das Antiteilchen $\bar{K}_2^0$?
Man überprüfe den Erhaltungssatz der beteiligten Leptonen.

15.7
Ein möglicher Zerfall des positiven Sigma-Hyperons lautet $\Sigma^+ \rightarrow n + \pi^+$. Kann man durch den Beschuß von thermischen Neutronen mit schnellen π^+-Mesonen das Sigma-Hyperon erzeugen? Welche Anforderungen müssen an die Pionen gestellt werden?

15.8
Man untersuche, ob folgende Reaktionen den Erhaltungssätzen entsprechen:
a) $\Xi^- \rightarrow \pi^- + e^- + e^+$,
b) $\Lambda^0 \rightarrow \Omega^- + K^+$,
c) $\pi^- \rightarrow \mu^- + \nu_\mu$,
d) $\Omega^- \rightarrow \Lambda^0 + \pi^-$.

15.9
Das negative Pion zerfällt mit einer mittleren Lebensdauer von $2{,}55 \cdot 10^{-8}$ s unter Emission des instabilen Müons, das seinerseits mit einer mittleren Lebensdauer von $2{,}2 \cdot 10^{-6}$ s zerfällt. Dabei entsteht ein Elektron. Man gebe die Zerfallsgleichung unter Beachtung der Erhaltungssätze für Leptonen an. Zur Zeit $t = 0$ soll eine große Anzahl N_0 Pionen in einem abgeschlossenen Volumen erzeugt werden. Man berechne das Verhältnis der Zahl der Müonen und das der Zahl der Elektronen zu N_0 im Volumen nach $2{,}2 \cdot 10^{-6}$ s!

Anhang

A.1 Matrizen

Es seien die m Veränderlichen y_i ($i = 1, 2, \dots, m$) durch die lineare Substitution

$$\begin{aligned}
y_1 &= a_{11} x_1 + a_{12} x_2 + \dots + a_{1k} x_k + \dots + a_{1n} x_n \\
y_2 &= a_{21} x_1 + a_{22} x_2 + \dots + a_{2k} x_k + \dots + a_{2n} x_n \\
&\vdots \\
y_i &= a_{i1} x_1 + a_{i2} x_2 + \dots + a_{ik} x_k + \dots + a_{in} x_n \\
&\vdots \\
y_m &= a_{m1} x_1 + a_{m2} x_2 + \dots + a_{mk} x_k + \dots + a_{mn} x_n
\end{aligned} \qquad \text{(A 1.1)}$$

mit den n Veränderlichen x_k ($k = 1, 2, \dots, n$) verknüpft.

Diese Zuordnung ist eindeutig durch das System a_{ik} ($i = 1, 2, \dots, m$; $k = 1, 2, \dots, n$) der Koeffizienten bestimmt. Man faßt es in der Form

$$\mathbf{A} = \begin{pmatrix} a_{11} & a_{12} & \cdots & a_{1k} & \cdots & a_{1n} \\ a_{21} & a_{22} & \cdots & a_{2k} & \cdots & a_{2n} \\ \vdots \\ a_{i1} & a_{i2} & \cdots & a_{ik} & \cdots & a_{in} \\ \vdots \\ a_{m1} & a_{m2} & \cdots & a_{mk} & \cdots & a_{mn} \end{pmatrix} \qquad \text{(A 1.2)}$$

zusammen und nennt $\mathbf{A}$ *Matrix* aus m Zeilen und n Spalten oder kurz Matrix vom Typ (m, n). Die $m \cdot n$ Größen a_{ik} heißen *Elemente der Matrix*.

Die Zusammenfassung des Koeffizientenschemas a_{ik} zur Matrix $\mathbf{A}$ erweist sich für die Behandlung vieler Probleme als äußerst zweckmäßig, z. B. für die Durchführung mehrfacher Substitutionen (vgl. (A 1.12)). Statt mit den einzelnen a_{ik} wird mit $\mathbf{A}$ operiert, was nicht nur eine formale Vereinfachung der Schreibweise zuläßt, sondern auch zu einem tieferen Verständnis der entsprechenden Problematik führt (vgl. unter anderem die Abschnitte I 5.4.1. und 6.3.2).

Eine Matrix, deren sämtliche Elemente den Wert Null besitzen, nennt man *Nullmatrix*:

$$\mathbf{0} = \begin{pmatrix} 0 & 0 & \cdots & 0 \\ 0 & 0 & \cdots & 0 \\ \vdots \\ 0 & 0 & \cdots & 0 \end{pmatrix} \qquad \text{(A 1.3 a)}$$

Eine Matrix vom Typ (n, n) heißt *quadratisch*. Verschwinden bei einer quadratischen Matrix alle Elemente außerhalb der Diagonale ($a_{ik} = 0$ für $i \neq k$), so heißt sie *Diagonalmatrix*. Gilt speziell $a_{kk} = 1$, dann heißt sie *Einheitsmatrix*:

$$\mathbf{1} = \begin{pmatrix} 1 & 0 & 0 \cdots 0 \\ 0 & 1 & 0 \cdots 0 \\ 0 & 0 & 1 \cdots 0 \\ \vdots & & \\ 0 & 0 & 0 \cdots 1 \end{pmatrix}. \tag{A 1.3b}$$

Gilt $a_{ik} = a_{ki}$, dann heißt die Matrix *symmetrisch*, gilt $a_{ik} = -a_{ki}$ (woraus $a_{kk} = 0$ folgt), dann heißt sie *antisymmetrisch*.

Vertauscht man bei der Matrix $\mathbf{A}$ die Spalten mit den Zeilen, dann nennt man die so entstehende Matrix $\mathbf{A}'$ *Transponierte* zu $\mathbf{A}$:

$$a'_{ik} = a_{ki}. \tag{A 1.4}$$

Ist $\mathbf{A}$ symmetrisch, dann gilt $\mathbf{A}' = \mathbf{A}$.

Entsteht die Matrix $\mathbf{A}^*$ durch Ersetzen aller Elemente a_{ik} der Matrix $\mathbf{A}$ durch die konjugiert komplexen Größen a^*_{ik} und ist $\mathbf{A}^+$ die zu $\mathbf{A}^*$ transponierte Matrix : $\mathbf{A}^+ = \mathbf{A}^{*\prime}$, so nennt man $\mathbf{A}^+$ die zu $\mathbf{A}$ *adjungierte Matrix*. Gilt $\mathbf{A} = \mathbf{A}^+$, dann heißt $\mathbf{A}$ *hermitesche* oder *selbstadjungierte Matrix:*

$$\mathbf{A} = \mathbf{A}^+, \quad \text{d.h.,} \quad a_{ik} = a^*_{ki}. \tag{A 1.5}$$

Zum Beispiel sind die Paulischen Spinmatrizen hermitesche Matrizen.

Im weiteren sollen einige Rechenregeln für Matrizen gegeben werden. Zwei Matrizen $\mathbf{A}$ und $\mathbf{B}$ heißen dann einander gleich, wenn sie den gleichen m Veränderlichen y_i ($i = 1, 2, \ldots m$) die gleichen n Veränderlichen x_k ($k = 1, 2, \ldots, n$) zuordnen, d.h., wenn sie in allen Elementen übereinstimmen:

$$\mathbf{A} = \mathbf{B}, \quad \text{wenn} \quad a_{ik} = b_{ik}. \tag{A 1.6}$$

Die Aussage $\mathbf{A} = \mathbf{B}$ ist demnach gleichbedeutend mit $n \cdot m$ Gleichungen $a_{ik} = b_{ik}$. Zwei Matrizen von verschiedenem Typ können niemals gleich sein, da für sie eine Beziehung $a_{ik} = b_{ik}$ nicht für alle Elemente existieren kann.

Als Multiplikation der Matrix $\mathbf{A}$ mit der reellen oder komplexen Zahl λ wird festgelegt:

$$\mathbf{B} = \lambda \mathbf{A} = \mathbf{A} \lambda \quad \text{mit} \quad b_{ik} = \lambda a_{ik}. \tag{A 1.7}$$

Es können nur Matrizen vom gleichen Typ addiert werden. Die Summenmatrix ist definiert durch

$$\mathbf{C} = \mathbf{A} + \mathbf{B} \quad \text{mit} \quad c_{ik} = a_{ik} + b_{ik}. \tag{A 1.8}$$

Die Addition gehorcht dem kommutativen Gesetz:

$$\mathbf{A} + \mathbf{B} = \mathbf{B} + \mathbf{A}. \tag{A 1.8a}$$

Weiter gilt mit (A 1.7)

$$\lambda(\mathbf{A} + \mathbf{B}) = \lambda\mathbf{A} + \lambda\mathbf{B}. \qquad \text{(A 1.8b)}$$

$\mathbf{A} + \lambda\mathbf{B}$ erlaubt es, mit $\lambda = -1$ die Subtraktion zweier Matrizen einzuführen:

$$\mathbf{C} = \mathbf{A} - \mathbf{B} \quad (c_{ik} = a_{ik} - b_{ik})\,. \qquad \text{(A 1.9)}$$

Um zu einer Aussage über die Matrizenmultiplikation zu gelangen, betrachten wir die zwei nacheinander auszuführenden linearen Substitutionen

$$\begin{aligned}
z_1 &= a_{11}\,y_1 + a_{12}\,y_2 + \cdots + a_{1\mu}\,y_\mu + \cdots + a_{1n}y_n\,,\\
z_2 &= a_{21}\,y_1 + a_{22}\,y_2 + \cdots + a_{2\mu}\,y_\mu + \cdots + a_{2n}\,y_n\\
&\vdots\\
z_i &= a_{i1}\,y_1 + a_{i2}y_2 + \cdots + a_{i\mu}\,y_\mu + \cdots + a_{in}\,y_n\,,\\
&\vdots\\
z_m &= a_{m1}\,y_1 + a_{m2}\,y_2 + \cdots + a_{m\mu}\,y_\mu + \cdots + a_{mn}\,y_n
\end{aligned} \qquad \text{(A 1.10a)}$$

und

$$\begin{aligned}
y_1 &= b_{11}x_1 + b_{12}\,x_2 + \cdots + b_{1k}\,x_k + \cdots + b_{1r}\,x_r\,,\\
y_2 &= b_{21}x_1 + b_{22}\,x_2 + \cdots + b_{2k}\,x_k + \cdots + b_{2r}\,x_r\,,\\
&\vdots\\
y_\mu &= b_{\mu1}x_1 + b_{\mu2}\,x_2 + \cdots + b_{\mu k}\,x_k + \cdots + b_{\mu r}\,x_r\,,\\
&\vdots\\
y_n &= b_{n1}x_1 + b_{n2}\,x_2 + \cdots + b_{nk}\,x_k + \cdots + b_{nr}\,x_r\,.
\end{aligned} \qquad \text{(A 1.10b)}$$

Durch sie werden die z_i $(i = 1, 2, \ldots, m)$ den Veränderlichen x_k $(k = 1, 2, \ldots, r)$ zugeordnet:

$$\begin{aligned}
z_1 &= c_{11}x_1 + c_{12}\,x_2 + \cdots + c_{1k}\,x_k + \cdots + c_{1r}\,x_r\,,\\
z_2 &= c_{21}x_1 + c_{22}\,x_2 + \cdots + c_{2k}\,x_k + \cdots + c_{2r}\,x_r\,,\\
&\vdots\\
z_i &= c_{i1}x_1 + c_{i2}\,x_2 + \cdots + c_{ik}\,x_k + \cdots + c_{ir}\,x_r\\
&\vdots\\
z_m &= c_{m1}x_1 + c_{m2}\,x_2 + \cdots + c_{mk}\,x_k + \cdots + c_{mr}\,x_r
\end{aligned} \qquad \text{(A 1.10)}$$

mit

$$c_{ik} = a_{i1}\,b_{1k} + a_{i2}\,b_{2k} + \cdots + a_{in}\,b_{nk} - \sum_{\mu=1}^{n} a_{i\mu}\,b_{\mu k}\,.$$

Es ist daher zweckmäßig, als *Produktbildung* der beiden Matrizen $\mathbf{A}$ und $\mathbf{B}$

$$\mathbf{C} = \mathbf{A} \cdot \mathbf{B} \quad \text{mit} \quad c_{ik} = \sum_{\mu - 1}^{n} a_{i\mu}\,b_{\mu k} \qquad \text{(A 1.11)}$$

einzuführen. Die Produktbildung $\mathbf{A} \cdot \mathbf{B}$ ist nur dann möglich, wenn die Anzahl der Spalten von $\mathbf{A}$ gleich der Anzahl der Zeilen von $\mathbf{B}$ ist, d.h., wenn $\mathbf{A}$ vom Typ (m, n) und $\mathbf{B}$ vom Typ (n, r) ist. Ist dies für $\mathbf{A} \cdot \mathbf{B}$ der

Fall, so ist die Produktbildung $\mathbf{B} \cdot \mathbf{A}$ nur dann möglich, wenn $r = n = m$, d.h., wenn beide Matrizen quadratisch sind und die gleiche Anzahl von Spalten besitzen. Man erkennt hieraus, daß die Produktbildung zweier Matrizen nicht kommutativ ist (vgl. z.B. (A 1.8a)). Wie man sich durch sukzessive Anwendung von (A 1.11) überzeugen kann, genügt die Produktbildung dem *assoziativen Gesetz*

$$(\mathbf{A} \cdot \mathbf{B}) \cdot \mathbf{C} = \mathbf{A} \cdot (\mathbf{B} \cdot \mathbf{C}) = \mathbf{A} \cdot \mathbf{B} \cdot \mathbf{C} \qquad \text{(A 1.11a)}$$

und dem *distributiven Gesetz*

$$(\mathbf{A} + \mathbf{B}) \cdot \mathbf{C} = (\mathbf{A} \cdot \mathbf{C}) + (\mathbf{B} \cdot \mathbf{C}). \qquad \text{(A 1.11b)}$$

Führen wir die speziellen einspaltigen Matrizen

$$\mathbf{x} = \begin{pmatrix} x_1 \\ x_2 \\ \vdots \\ x_k \\ \vdots \\ x_r \end{pmatrix}; \quad \mathbf{y} = \begin{pmatrix} y_1 \\ y_2 \\ \vdots \\ y_\mu \\ \vdots \\ y_n \end{pmatrix}; \quad \mathbf{z} = \begin{pmatrix} z_1 \\ z_2 \\ \vdots \\ z_i \\ \vdots \\ z_m \end{pmatrix} \qquad \text{(A 1.12a)}$$

ein, dann kann nach (A 1.11) für (A 1.10a) und (A 1.10b)

$$\mathbf{z} = \mathbf{A} \cdot \mathbf{y}; \quad \mathbf{y} = \mathbf{B} \cdot \mathbf{x} \qquad \text{(A 1.12b)}$$

und demzufolge für (A 1.10)

$$\mathbf{z} = \mathbf{A} \cdot \mathbf{B} \cdot \mathbf{x} = \mathbf{C} \cdot \mathbf{x} \quad \text{mit} \quad \mathbf{C} = \mathbf{A} \cdot \mathbf{B} \qquad \text{(A 1.12)}$$

geschrieben werden.

A.2 Orthogonalsysteme

Die im allgemeinen komplexwertige Funktionenfolge $f_k(x)$ ($k = 0, 1, 2, 3, \ldots, n$) der reellen Veränderlichen x nennt man im Intervall $a \leqq x \leqq b$ *orthogonal*, wenn

$$\int_a^b f_l^*(x) f_k(x)\,\mathrm{d}x = (f_l^*, f_k)_a^b = 0 \qquad (l \neq k) \qquad \text{(A 2.1a)}$$

gilt. Das Integral

$$\int_a^b f_k^*(x) f_k(x)\,\mathrm{d}x = (f_k^*, f_k)_a^b > 0 \qquad \text{(A 2.1b)}$$

heißt *Norm* von $f_k(x)$. Zum Beispiel sind nach I A. 19 die Funktionenfolgen $f_k = \sin(k+1)x$ und $f_k = \cos(k+1)x$ ($k = 0, 1, 2, \ldots$) im Intervall $-\pi \leqq x \leqq \pi$ Orthogonalsysteme der Norm π. Gilt speziell

$$\int_a^b f_k^*(x) f_k(x)\,\mathrm{d}x = (f_k^*, f_k)_a^b = 1 \qquad (k = 0, 1, 2, \ldots, n), \qquad \text{(A 2.1c)}$$

so heißt das Funktionensystem im Intervall $a \leqq x \leqq b$ *normiertes* Orthogonalsystem oder kurz *orthonormiert*. Man schreibt dann zusammenfassend

$$(f_l^*, f_k)_a^b = \delta_{kl} \quad \text{mit} \quad \delta_{kl} = \begin{matrix} 0 \\ 1 \end{matrix} \quad \text{für} \quad \begin{matrix} l \neq k \\ l = k. \end{matrix} \tag{A 2.1}$$

δ_{lk} wird *Kronecker-Symbol* genannt.

Aus jedem orthogonalen Funktionensystem $f_k(x)$ kann das orthonormierte Funktionensystem

$$\varphi_k = \frac{f_k}{\sqrt{(f_k^*, f_k)_a^b}} \tag{A 2.1 d}$$

gewonnen werden.

Die Funktionen $f_k(x)$ eines Orthogonalsystems sind voneinander linear unabhängig, d.h., es gilt

$$\sum_{k=0}^{n} c_k f_k = 0 \quad \text{dann und nur dann, wenn sämtliche } c_k = 0. \tag{A 2.2}$$

Zum Beweis wird (A 2.2) mit $f_l^*(x)$ multipliziert und über das betrachtete Intervall integriert (im weiteren wird statt $)_a^b$ nur $)$ geschrieben):

$$\int_a^b f_l^*(x) \sum_{k=0}^{n} c_k f_k(x)\,\mathrm{d}x = \sum_{k=0}^{n} c_k (f_l^*, f_k) = \sum_{k=0}^{n} c_k \delta_{lk} = c_l = 0.$$

Da dies für jedes beliebige l gilt, ist der Beweis erbracht.

Sind die Funktionen $f_k(x)$ ($k = 0, 1, 2, \ldots, n$) voneinander linear unabhängig, dann kann aus ihnen ein orthonormiertes Funktionensystem $\varphi_k(x)$ ($k = 0, 1, 2, \ldots, n$) gewonnen werden. Dazu setzt man zuerst entsprechend (A 2.1 d)

$$\varphi_0(x) = \frac{f_0(x)}{\sqrt{(f_0^*, f_0)}} \tag{A 2.3a}$$

und baut mit dieser Funktion die weitere

$$\varphi_1(x) = c_0 \varphi_0(x) + c_1 f_1(x) \tag{A 2.3b}$$

durch die Forderung auf, daß $\varphi_0(x)$ und $\varphi_1(x)$ orthonormiert zueinander sein sollen ($(\varphi_0^*, \varphi_1) = 0$, $(\varphi_1^*, \varphi_1) = 1$). Nach der Orthogonalitätsbedingung

$$(\varphi_0^*, \varphi_1) = c_0(\varphi_0^*, \varphi_0) + c_1(\varphi_0^*, f_1) = c_0 + c_1(\varphi_0^*, f_1) = 0$$

gilt

$$c_0 = -c_1(\varphi_0^*, f_1), \tag{A 2.3c}$$

womit man für $\varphi_1(x)$ die Darstellung

$$\varphi_1(x) = c_1(f_1(x) - (\varphi_0^*, f_1)\,\varphi_0(x))$$

gewinnt. Weiter folgt mit der Normierungsbedingung

$$(\varphi_1^*, \varphi_1) = 1 = c_1^* c_1 (f_1^* - (\varphi_0^*, f_1)\, \varphi_0^*, f_1 - (\varphi_0^*, f_1)\, \varphi_0)$$

und mit $c_1^* c_1 = |c_1|^2$

$$|c_1|^2 = \frac{1}{(f_1^* - (\varphi_0^*, f_1)\, \varphi_0^*, f_1 - (\varphi_0^*, f_1)\, \varphi_0)}\,. \qquad \text{(A 2.3 d)}$$

Da die Funktionen f_0 und f_1 nach Voraussetzung linear unabhängig sind, kann der Nenner von $|c_1|^2$ nicht verschwinden; bis auf einen beliebigen Phasenfaktor ist c_1 bestimmt.

Die dritte Funktion φ_2 erhält man aus

$$\varphi_2(x) = c_0' \varphi_0(x) + c_1' \varphi_1(x) + c_2' f_2(x)\,. \qquad \text{(A 2.3 e)}$$

Die drei Konstanten bestimmen sich aus den Forderungen $(\varphi_2^*, \varphi_2) = 1$, $(\varphi_1^*, \varphi_2) = (\varphi_0^*, \varphi_2) = 0$. So kann nach diesem Verfahren sukzessive aus der Folge der voneinander linear unabhängigen Funktionen $f_k(x)$ das orthonormierte Funktionensystem $\varphi_k(x)$ gewonnen werden.

Es soll nun eine Funktion $F(x)$ durch das im Intervall $a \leqq x \leqq b$ orthonormierte Funktionensystem $f_k(x)$ $(k = 0, 1, 2, \ldots, n)$ angenähert werden:

$$F(x) = \sum_{k=0}^{n} a_k f_k(x) \qquad \text{(A 2.4 a)}$$

(vgl. z.B. Fourier-Reihen in IA.19). Nach GAUSS fordert man für eine bestmögliche Annäherung

$$Q = \int_a^b \left(F(x) - \sum_{k=0}^{n} a_k f_k(x)\right)^* \left(F(x) - \sum_{k=0}^{n} a_k f_k(x)\right) \mathrm{d}x = \text{Min.} \qquad \text{(A 2.4)}$$

Mit (A 2.1) ergibt sich

$$Q = (F^*, F) - \sum_{k=0}^{n} a_k (F^*, f_k) - \sum_{k=0}^{n} a_k^* (f_k^*, F) + \sum_{k=0}^{n} a_k^* a_k$$

und weiter mit der Abkürzung

$$c_k = (f_k^*, F) \qquad (k = 0, 1, 2, \ldots) \qquad \text{(A 2.4 b)}$$

$$\begin{aligned} Q &= (F^*, F) - \sum_{k=0}^{n} (a_k c_k^* + a_k^* c_k) + \sum_{k=0}^{n} a_k^* a_k \\ &= (F^*, F) - \sum_{k=0}^{n} c_k^* c_k + \sum_{k=0}^{n} (a_k^* - c_k^*)(a_k - c_k) = \text{Min.} \end{aligned} \qquad \text{(A 2.4 c)}$$

Aus (A 2.4) folgt $Q \geqq 0$. Nach (A 2.4 c) erreicht demnach Q das Minimum, wenn $c_k = a_k$ gewählt wird. (A 2.4 c) geht dann in die *Besselsche Ungleichung*

$$(F^*, F) \geqq \sum_{k=0}^{n} c_k^* c_k = \sum_{k=0}^{n} |c_k|^2 \qquad \text{(A 2.5)}$$

über.

Kann durch entsprechende Wahl von n ($n \to \infty$) das Integral Q beliebig klein gemacht werden, dann nennt man $f_k(x)$ ein *vollständiges orthonormiertes* Funktionensystem. In der Besselschen Ungleichung gilt dann das Gleichheitszeichen:

$$(F^*, F) = \sum_{k=0}^{\infty} c_k^* c_k . \tag{A 2.5 a}$$

(A 2.5 a) heißt *Vollständigkeitsbeziehung.*

Ein vollständiges Orthogonalsystem ist stets ein *abgeschlossenes System*, d.h., es gibt keine weitere im Intervall $a \leqq x \leqq b$ nicht identisch verschwindende Funktion $\varphi(x)$, die zu allen $f_k(x)$ orthogonal ist. Gäbe es eine solche Funktion, dann müßten sämtliche Entwicklungskoeffizienten $c_k = (f_k^*, \varphi)$ (vgl. (A 2.4 b)) verschwinden. Dagegen ist nach (A 2.1 b) die Norm $(\varphi^*, \varphi) > 0$, im Widerspruch zur Voraussetzung damit die Vollständigkeitsbedingung (A 2.5 a) nicht erfüllbar.

Ist die Reihe $\sum_{k=0}^{\infty} c_k f_k(x)$ gleichmäßig konvergent, dann kann $F(x)$ wegen $c_k = a_k$ nach (A 2.4 a) und (A 2.4 b) durch

$$F(x) = \sum_{k=0}^{\infty} c_k f_k(x) = \sum_{k=0}^{\infty} (f_k^*, F) f_k(x) \tag{A 2.6}$$

dargestellt werden.

Zwei stetige Funktionen $F(x)$ und $\Phi(x)$ sind identisch, wenn sie mit Bezug auf ein vollständiges normiertes Orthogonalsystem $f_k(x)$ die gleichen Entwicklungskoeffizienten besitzen:

$$F(x) = \sum_{k=0}^{\infty} c_k f_k(x); \qquad \Phi(x) = \sum_{k=0}^{\infty} c_k f_k(x).$$

Ihre Differenz $F(x) - \Phi(x)$ hat dann nämlich die Entwicklungskoeffizienten $\gamma_k = c_k - c_k \equiv 0$, und der Vollständigkeitsbeziehung wegen muß deshalb $F(x) - \Phi(x)$ identisch verschwinden.

A.3 Hermitesche Polynome

Die Hermiteschen Polynome gewinnt man aus der erzeugenden Funktion

$$f(x, t) = e^{-t^2 + 2tx} = e^{x^2} e^{-(t-x)^2}. \tag{A 3.1}$$

Da die Entwicklung von $e^{-(t-x)^2}$ in eine Taylorsche Reihe an der Stelle $t = 0$

$$e^{-(t-x)^2} = \sum_{k=0}^{\infty} \left[\frac{d^k e^{-(t-x)^2}}{dt^k} \right]_{t=0} \frac{t^k}{k!}$$

ergibt, lautet mit $\mathrm{d}/\mathrm{d}t^k = (-1)^k\, \mathrm{d}/\mathrm{d}x^k$ die Reihenentwicklung von $f(x, t)$

$$f(x,t) = \mathrm{e}^{x^2}\,\mathrm{e}^{-(t-x)^2} = \sum_{k=0}^{\infty} \mathrm{e}^{x^2}\,\frac{(-1)^k}{k!}\,\frac{\mathrm{d}^k\,\mathrm{e}^{-x^2}}{\mathrm{d}x^k}\,t^k = \sum_{k=0}^{\infty} H_k(x)\,\frac{t^k}{k!}. \qquad \text{(A 3.1 a)}$$

Ihre Entwicklungskoeffizienten

$$H_k(x) = (-1)^k\,\mathrm{e}^{x^2}\,\frac{\mathrm{d}^k\,\mathrm{e}^{-x^2}}{\mathrm{d}x^k} \qquad (k = 1, 2, \ldots) \qquad \text{(A 3.2)}$$

werden als *Hermitesche Polynome* bezeichnet.

Wegen $f(x, 0) = 1$ (vgl. (A 3.1)) folgt mit (A 3.1 a)

$$H_0(x) = 1; \qquad H_{-1}(x) = 0. \qquad \text{(A 3.2 a)}$$

Demnach ist $H_k(x)$ ein Polynom k-ten Grades.

Es soll zuerst eine Rekursionsformel zur Berechnung von $H_{k+1}(x)$ aus $H_k(x)$ und $H_{k-1}(x)$ hergeleitet werden. Wir differenzieren dazu die Erzeugende (A 3.1) partiell nach t

$$\frac{\partial f(x,t)}{\partial t} = -2\,(t-x)\,f(x,t). \qquad \text{(A 3.3 a)}$$

Einsetzen von (A 3.1 a) ergibt

$$\sum_{k=0}^{\infty} k\,\frac{H_k(x)}{k!}\,t^{k-1} + 2\sum_{k=0}^{\infty}\frac{H_k(x)}{k!}\,t^{k+1} - 2x\sum_{k=0}^{\infty}\frac{H_k(x)}{k!}\,t^k = 0.$$

Diese Beziehung muß für jedes t gelten. Durch Vergleich der Koeffizienten von t^k gewinnt man somit die Rekursionsformel

$$H_{k+1}(x) - 2xH_k(x) + 2kH_{k-1}(x) = 0. \qquad \text{(A 3.3)}$$

Sie führt das Polynom $H_{k+1}(x)$ auf die Polynome $H_k(x)$ und $H_{k-1}(x)$ zurück.

Ausgehend von $H_{-1}(x) = 0$, $H_0(x) = 1$ (s. (A 3.2 a)) findet man aus (A 3.3) für die Hermiteschen Polynome die expliziten Darstellungen

$$\begin{aligned} H_0(x) &= 1 \\ H_1(x) &= 2x \\ H_2(x) &= 4x^2 - 2 \\ H_3(x) &= 8x^3 - 12x \\ H_4(x) &= 16x^4 - 48x^2 + 12 \\ H_5(x) &= 32x^5 - 160x^3 + 120x \quad \text{usw.} \end{aligned} \qquad \text{(A 3.4)}$$

Vorstehende Beziehungen lassen sich natürlich auch direkt aus (A 3.1 a) durch k-fache Differentiation gewinnen.

Es soll weiter gezeigt werden, daß die Hermiteschen Polynome $H_k(x)$ einer linearen homogenen Differentialgleichung 2. Ordnung genügen.

Um eine Beziehung für die Ableitung $H_k(x)$ zu erhalten, differenzieren wir die Erzeugende (A 3.1) der Hermiteschen Polynome partiell nach x:

$$\frac{\partial f(x,t)}{\partial x} = 2tf(x,t). \tag{A 3.5 a}$$

Da nun weiter nach (A 3.1 a)

$$\frac{\partial f(x,t)}{\partial x} = \sum_{k=0}^{\infty} \frac{H_k'(x)}{k!} t^k$$

und

$$2tf(x,t) = \sum_{k=0}^{\infty} 2\frac{H_k(x)}{k!} t^{k+1} = 2\sum_{k=0}^{\infty} \frac{kH_{k-1}(x)}{k!} t^k$$

gilt, ergibt sich demnach

$$\sum_{k=0}^{\infty} \frac{H_k'(x)}{k!} t^k = \sum_{k=0}^{\infty} 2k\frac{H_{k-1}(x)}{k!} t^k$$

oder

$$H_k'(x) = 2kH_{k-1}(x) \quad (k \geqq 1). \tag{A 3.5}$$

Durch Differentiation der Rekursionsformel (A 3.3) erhält man

$$H_{k+1}'(x) - 2xH_k'(x) - 2H_k(x) + 2kH_{k-1}'(x) = 0$$

oder mit (A 3.5)

$$2(k+1)H_k(x) - 2xH_k'(x) - 2H_k(x) + 2kH_{k-1}'(x) = 0.$$

Ersetzt man hier noch $H_{k-1}'(x)$ durch die aus (A 3.5) folgende Beziehung

$$2kH_{k-1}'(x) = H_k''(x),$$

dann gewinnt man für $H_k(x)$ die Differentialgleichung

$$H_k''(x) - 2xH_k'(x) + 2kH_k(x) = 0. \tag{A 3.6}$$

Die Hermiteschen Polynome sind Lösungen einer gewöhnlichen homogenen linearen Differentialgleichung 2. Ordnung.

Es soll jetzt gezeigt werden, daß die *Hermiteschen Funktionen*

$$f_k(x) = e^{-x^2/2} H_k(x) \quad (k = 0, 1, 2, \ldots) \tag{A 3.7}$$

Orthogonalfunktionen (vgl. A.2) im Intervall $-\infty \leqq x \leqq +\infty$ sind. Wir müssen hierzu das Integral (vgl. (A 3.2) und (A 2.1 a))

$$(f_k, f_l) = \int_{-\infty}^{+\infty} H_k(x) H_l(x) e^{-x^2} dx = (-1)^l \int_{-\infty}^{+\infty} H_k(x) \frac{d^l e^{-x^2}}{dx^l} dx$$

durch partielle Integration

$$\int uv' \, dx = uv - \int vu' \, dx$$

berechnen. Setzt man unter Beachtung von (A 3.5)

$$u = H_k(x)\,; \qquad u' = 2kH_{k-1}(x)$$

$$v = \frac{\mathrm{d}^{l-1}\,\mathrm{e}^{-x^2}}{\mathrm{d}x^{l-1}}\,; \qquad v' = \frac{\mathrm{d}^{l}\,\mathrm{e}^{-x^2}}{\mathrm{d}x^{l}}$$

und beachtet, daß nach (IIA. 13) $\lim\limits_{x \to \infty} x^k\,\mathrm{e}^{-x^2} = 0$ für beliebiges k gilt, dann folgt

$$(f_k, f_l) = (-1)^l \int\limits_{-\infty}^{+\infty} H_k(x)\,\frac{\mathrm{d}^{l}\,\mathrm{e}^{-x^2}}{\mathrm{d}x^{l}}\,\mathrm{d}x$$

$$= (-1)^l H_k(x)\,\frac{\mathrm{d}^{l-1}\,\mathrm{e}^{-x^2}}{\mathrm{d}x^{l-1}}\Bigg|_{-\infty}^{+\infty}$$

$$+ (-1)^{l-1}\,2k \int\limits_{-\infty}^{+\infty} H_{k-1}(x)\,\frac{\mathrm{d}^{l-1}\,\mathrm{e}^{-x^2}}{\mathrm{d}x^{l-1}}\,\mathrm{d}x$$

$$= (-1)^{l-1}\,2k \int\limits_{-\infty}^{+\infty} H_{k-1}(x)\,\frac{\mathrm{d}^{l-1}\,\mathrm{e}^{-x^2}}{\mathrm{d}x^{l-1}}\,\mathrm{d}x$$

und durch sukzessive Anwendung dieser Beziehung

$$(f_k, f_l) = (-1)^{l-2}\,2^2 k\,(k-1) \int\limits_{-\infty}^{+\infty} H_{k-2}(x)\,\frac{\mathrm{d}^{l-2}\,\mathrm{e}^{-x^2}}{\mathrm{d}x^{l-2}}\,\mathrm{d}x$$

$$\vdots$$

$$= (-1)^{l-k}\,2^k\,k! \int\limits_{-\infty}^{+\infty} H_0(x)\,\frac{\mathrm{d}^{l-k}\,\mathrm{e}^{-x^2}}{\mathrm{d}x^{l-k}}\,\mathrm{d}x\,.$$

Somit ergibt sich mit $H_0\,(x) = 1$ (vgl. (A 3.4)):

$$k \neq l\colon\ (f_k, f_l) = (-1)^{l-k}\,2^k k!\,\frac{\mathrm{d}^{l-k+1}\,\mathrm{e}^{-x^2}}{\mathrm{d}x^{l-k+1}}\Bigg|_{-\infty}^{+\infty} = 0$$

$$k = l\colon\ (f_k, f_k) = 2^k k! \int\limits_{-\infty}^{+\infty} \mathrm{e}^{-x^2}\,\mathrm{d}x = 2^k k!\,\sqrt{\pi}\,,$$

da

$$\int\limits_{-\infty}^{+\infty} \mathrm{e}^{-x^2}\,\mathrm{d}x = \sqrt{\pi}\,.$$

Zusammenfassend können wir schreiben

$$(f_k, f_l) = \int_{-\infty}^{+\infty} H_k(x)\, H_l(x)\, \mathrm{e}^{-x^2}\, \mathrm{d}x = 2^k k!\, \sqrt{\pi}\;\; \delta_{kl}\,. \qquad \text{(A 3.8)}$$

Nach (A 2.1) und (A 2.5 a) bilden damit die Hermiteschen Funktionen

$$\varphi_k = \frac{f_k}{\sqrt{(f_k, f_k)}} = \frac{H_k(x)\, \mathrm{e}^{-x^2/2}}{\sqrt{2^k k!\, \sqrt{\pi}}} \qquad (k = 0, 1, 2, \ldots) \qquad \text{(A 3.9)}$$

ein im Intervall $-\infty \leqq x \leqq +\infty$ vollständiges orthonormiertes Funktionensystem.

Es soll jetzt noch eine Differentialgleichung für die Hermiteschen Funktionen hergeleitet werden. Wir lösen hierzu (A 3.7) nach $H_k(x)$ auf,

$$H_k(x) = f_k(x)\, \mathrm{e}^{x^2/2},$$

bilden die erste und zweite Ableitung

$$H_k' = (f_k' + x f_k)\, \mathrm{e}^{x^2/2}$$

$$H_k'' = (f_k'' + f_k + x f_k')\, \mathrm{e}^{x^2/2} + x\,(f_k' + x f_k)\, \mathrm{e}^{x^2/2}$$

und setzen diese Ausdrücke in (A 3.6) ein:

$$\mathrm{e}^{x^2/2}\,[(x^2+1) f_k + 2x f_k' + f_k'' - 2x(f_k' + x f_k) + 2k f_k] = 0\,.$$

Wegen $\mathrm{e}^{x^2/2} \neq 0$ folgt

$$f_k''(x) + [(2k+1) - x^2]\, f_k(x) = 0 \qquad (k = 0, 1, 2, \ldots)\,. \qquad \text{(A 3.10)}$$

Die Hermiteschen Funktionen $f_k(x)$ genügen demnach einer gewöhnlichen homogenen linearen Differentialgleichung 2. Ordnung. Aufgrund der Linearität von (A 3.10) sind die normierten Hermiteschen Funktionen (A 3.9) ebenfalls Lösungen dieser Differentialgleichung.

A.4 Legendresche Polynome

Legendresche Polynome treten unter anderem als Entwicklungskoeffizienten bei der Reihenentwicklung der reziproken Entfernung zweier Punkte P_1 und P_2 auf. Ohne Einschränkung der Allgemeingültigkeit der weiteren Betrachtungen kann die z-Achse eines rechtwinkligen kartesischen Koordinatensystems so orientiert werden, daß der Punkt P_2 auf ihr liegt: $P_1 = P_1(x_1, y_1, z_1)$; $P_2 = P_2(0, 0, z_2)$. Die reziproke Entfernung r_{12}^{-1} der Punkte beträgt dann in kartesischen Koordinaten

$$\frac{1}{r_{12}} = \frac{1}{\sqrt{x_1^2 + y_1^2 + (z_1 - z_2)^2}} = \frac{1}{\sqrt{x_1^2 + y_1^2 + z_1^2 - 2 z_1 z_2 + z_2^2}}\,,$$

mit

$$x = r\cos\varphi\sin\vartheta; \qquad y = r\sin\varphi\sin\vartheta; \qquad z = r\cos\vartheta$$

in Kugelkoordinaten

$$\frac{1}{r_{12}} = \frac{1}{\sqrt{r_1^2 + r_2^2 - 2 r_1 r_2 \cos\vartheta}}\,, \tag{A 4.1}$$

wobei $r_1^2 = x_1^2 + y_1^2 + z_1^2$ und $r_2^2 = z_2^2$ bedeuten. Im weiteren werde vorausgesetzt, daß P_1 nicht mit dem Koordinatenursprungspunkt zusammenfalle. r_{12}^{-1} kann dann an der Stelle $z_2 = 0$ in eine Taylor-Reihe entwickelt werden:

$$\frac{1}{r_{12}} = f(x_1, y_1, z_1 - z_2) = \frac{1}{r_1} + \sum_{l=1}^{\infty} \frac{1}{l!}\left(\frac{\partial^l f}{\partial z_2^l}\right)_{z_2=0} z_2^l$$

$$= \sum_{k=0}^{\infty} \frac{1}{k!}\left(\frac{\partial^k f}{\partial z_2^k}\right)_{z_2=0} z_2^k = \sum_{k=0}^{\infty} \frac{(-1)^k}{k!}\left(\frac{\partial^k f}{\partial z_1^k}\right)_{z_2=0} z_2^k$$

$$= \sum_{k=0}^{\infty} \frac{(-1)^k}{k!} \frac{\partial^k \frac{1}{r_1}}{\partial z_1^k} r_2^k\,. \tag{A 4.2 a}$$

Führt man als *Legendresches Polynom k-ten Grades*

$$P_k(\cos\vartheta) = \frac{(-1)^k}{k!} r_1^{k+1} \frac{\partial^k \frac{1}{r_1}}{\partial z_1^k} \quad (k = 0, 1, 2, \ldots) \tag{A 4.3}$$

ein, dann geht (A 4.2 a) in

$$\frac{1}{r_{12}} = (r_1^2 + r_2^2 - 2 r_1 r_2 \cos\vartheta)^{-1/2} = \frac{1}{r_1} \sum_{k=0}^{\infty} P_k(\cos\vartheta)\left(\frac{r_2}{r_1}\right)^k \tag{A 4.2 b}$$

über.

Für die weiteren Überlegungen ist es günstig, statt der Variablen ϑ die Variable

$$\xi = \cos\vartheta \tag{A 4.4}$$

einzuführen und (A 4.2 b) mit r_1 zu multiplizieren:

$$\left[1 - 2\frac{r_2}{r_1}\xi + \left(\frac{r_2}{r_1}\right)^2\right]^{-1/2} = \sum_{k=0}^{\infty} P_k(\xi)\left(\frac{r_2}{r_1}\right)^k \quad (r_2 < r_1)\,. \tag{A 4.2}$$

Diese Reihe konvergiert für $r_2 < r_1$. Gilt dagegen $r_2 > r_1$, dann hätte man in (A 4.2) nur r_2 mit r_1 zu vertauschen:

$$\left[1 - 2\frac{r_1}{r_2}\xi + \left(\frac{r_1}{r_2}\right)^2\right]^{-1/2} = \sum_{k=0}^{\infty} P_k(\xi)\left(\frac{r_1}{r_2}\right)^k \quad (r_1 < r_2)\,.$$

Es soll jetzt eine Rekursionsformel zur Berechnung der $P_k(\xi)$ hergeleitet werden. Hierzu wird (A 4.2) nach r_2/r_1 differenziert:

$$\frac{\mathrm{d}}{\mathrm{d}\dfrac{r_2}{r_1}}\left[1-2\frac{r_2}{r_1}\,\xi+\left(\frac{r_2}{r_1}\right)^2\right]^{-1/2}=\left(\xi-\frac{r_2}{r_1}\right)\left[1-2\frac{r_2}{r_1}\,\xi+\left(\frac{r_2}{r_1}\right)^2\right]^{-3/2}$$

$$=\sum_{k=1}^{\infty} kP_k(\xi)\left(\frac{r_2}{r_1}\right)^{k-1}$$

oder

$$-\left[1-2\frac{r_2}{r_1}\,\xi+\left(\frac{r_2}{r_1}\right)^2\right]^{-1/2}=\frac{1-2\dfrac{r_2}{r_1}\,\xi+\left(\dfrac{r_2}{r_1}\right)^2}{\dfrac{r_2}{r_1}-\xi}\sum_{k=1}^{\infty} kP_k(\xi)\left(\frac{r_2}{r_1}\right)^{k-1}.$$

Addition zu (A 4.2) ergibt

$$\left[1-2\frac{r_2}{r_1}\,\xi+\left(\frac{r_2}{r_1}\right)^2\right]\sum_{k=1}^{\infty} kP_k(\xi)\left(\frac{r_2}{r_1}\right)^{k-1}+\left(\frac{r_2}{r_1}-\xi\right)\sum_{k=0}^{\infty} P_k(\xi)\left(\frac{r_2}{r_1}\right)^{k}=0\,.$$

Diese Darstellung gilt für beliebige Werte $r_2/r_1 < 1$, die Koeffizienten von $(r_2/r_1)^k$ müssen demnach verschwinden. Vergleich der Koeffizienten von $(r_2/r_1)^k$ $(k > 0)$ ergibt zur Berechnung der $P_k(\xi)$ die Rekursionsformel

$$(k+1)\,P_{k+1}(\xi)-(2k+1)\,\xi P_k(\xi)+kP_{k-1}(\xi)=0\,. \qquad \text{(A 4.5)}$$

Nach (A 4.3) und (A 4.4) gilt $P_0(\xi)=1$; $P_1(\xi)=\xi$. Aus (A 4.5) kann dann $P_2(\xi)$, danach mit den bekannten Werten $P_1(\xi)$ und $P_2(\xi)$ das Polynom $P_3(\xi)$ usw. berechnet werden:

$$\begin{aligned}
P_0(\xi)&=1\,,\\
P_1(\xi)&=\xi\,,\\
P_2(\xi)&=\frac{1\cdot 3}{2!}\left(\xi^2-\frac{1}{3}\right),\\
P_3(\xi)&=\frac{1\cdot 3\cdot 5}{3!}\left(\xi^3-\frac{3}{5}\,\xi\right),\\
P_4(\xi)&=\frac{1\cdot 3\cdot 5\cdot 7}{4!}\left(\xi^4-\frac{6}{7}\,\xi^2+\frac{3}{35}\right),\\
P_5(\xi)&=\frac{1\cdot 3\cdot 5\cdot 7\cdot 9}{5!}\left(\xi^5-\frac{70}{63}\,\xi^3+\frac{15}{63}\,\xi\right),\\
P_6(\xi)&=\frac{1\cdot 3\cdot 5\cdot 7\cdot 9\cdot 11}{6!}\left(\xi^6-\frac{315}{231}\,\xi^4+\frac{105}{231}\,\xi^2-\frac{5}{231}\right)\ \text{usw.}
\end{aligned} \qquad \text{(A 4.6)}$$

Abbildung A 4.1 zeigt $P_k = f(\xi)$ für $k \leqq 4$. Wie man erkennt, ist $|P_k(\xi)| \leqq 1$. Diese Tatsache kann allgemein aus der Reihenentwicklung

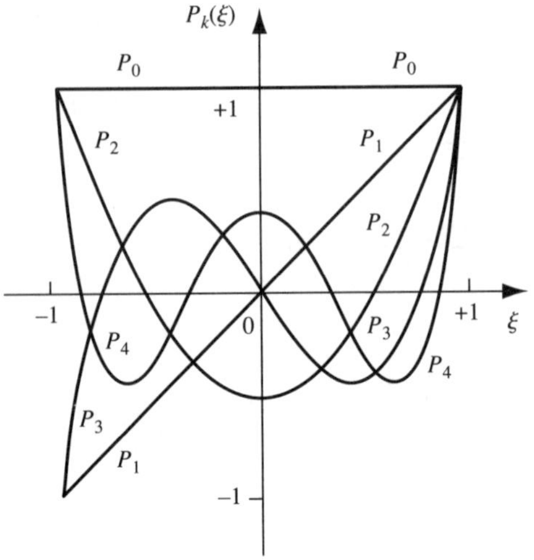

Abb. A 4.1 $P_k(\xi)$ für $k \leq 4$

(A 4.2) gefolgert werden. ξ liegt im Intervall (vgl. (A 4.4)) $-1 \leqq \xi \leqq +1$. Den Extremwerten $(1 \mp r_2/r_1)^{-1}$ von $r_1 r_{12}^{-1}$ entsprechen demnach die Werte $\xi = \pm 1$. Entwickelt man $(1 \mp r_2/r_1)^{-1}$ in eine Taylor-Reihe, dann folgt

$$\frac{1}{1 \mp \frac{r_2}{r_1}} = \sum_{k=0}^{\infty} (\pm 1)^k \left(\frac{r_2}{r_1}\right)^k .$$

Der Vergleich dieser Entwicklung mit (A 4.2) ergibt

$$P_k(\pm 1) = (\pm 1)^k \quad (k = 0, 1, 2, \ldots) . \tag{A 4.7}$$

Die Legendreschen Polynome sind genau wie die Hermiteschen (vgl. A.3) Lösungen einer gewöhnlichen linearen homogenen Differentialgleichung 2. Ordnung.

Zum Beweis dieser Aussage sollen zunächst einige Rekursionsformeln zur Berechnung von $P'_k(\xi)$ aufgestellt werden. Differentiation von (A 4.5) nach ξ ergibt

$$(k+1)\, P'_{k+1}(\xi) - (2k+1)\, P_k(\xi) - (2k+1)\, \xi P'_k(\xi) + k P'_{k-1}(\xi) = 0, \tag{A 4.8 a}$$

durch Differentiation von (A 4.2) nach ξ folgt

$$\frac{r_2}{r_1} \left[1 - 2\frac{r_2}{r_1}\,\xi + \left(\frac{r_2}{r_1}\right)^2\right]^{-3/2} = \sum_{k=0}^{\infty} P'_k(\xi) \left(\frac{r_2}{r_1}\right)^k$$

oder

$$\left[1 - 2\frac{r_2}{r_1}\,\xi + \left(\frac{r_2}{r_1}\right)^2\right]^{-1/2} = \sum_{k=0}^{\infty} P'_k(\xi) \left(\frac{r_2}{r_1}\right)^{k-1} \left[1 - 2\frac{r_2}{r_1}\,\xi + \left(\frac{r_2}{r_1}\right)^2\right],$$

woraus mit (A 4.2)

$$\sum_{k=0}^{\infty} P_k(\xi)\left(\frac{r_2}{r_1}\right)^k = \sum_{k=0}^{\infty} P_k'(\xi)\left(\frac{r_2}{r_1}\right)^{k-1}\left[1-2\frac{r_2}{r_1}\xi+\left(\frac{r_2}{r_1}\right)^2\right]$$

folgt. Vergleich der Koeffizienten von $(r_2/r_1)^k$ $(k>0)$ ergibt

$$P_{k+1}'(\xi) - P_k(\xi) - 2\xi P_k'(\xi) + P_{k-1}'(\xi) = 0\,. \qquad \text{(A 4.8 b)}$$

Löst man (A 4.8 b) nach $P_{k+1}'(\xi)$ bzw. $\xi P_k'(\xi)$ bzw. $P_{k-1}'(\xi)$ auf und setzt den so gefundenen Ausdruck in (A 4.8 a) ein, dann gewinnt man die Rekursionsformeln

$$\xi P_k'(\xi) - P_{k-1}'(\xi) = kP_k(\xi)\,, \qquad \text{(A 4.9 a)}$$

$$P_{k+1}'(\xi) - P_{k-1}'(\xi) = (2k+1)\,P_k(\xi)\,, \qquad \text{(A 4.9 b)}$$

$$P_{k+1}'(\xi) - \xi P_k'(\xi) = (k+1)\,P_k(\xi)\,. \qquad \text{(A 4.9 c)}$$

Da für (A 4.9 c) auch

$$P_k'(\xi) - \xi P_{k-1}'(\xi) = kP_{k-1}(\xi)$$

geschrieben werden kann, folgt durch Einsetzen von $P_{k-1}'(\xi)$ aus (A 4.9 a) in diese Beziehung

$$(\xi^2 - 1)\,P_k'(\xi) = k\,(\xi P_k(\xi) - P_{k-1}(\xi)). \qquad \text{(A 4.9 d)}$$

Differentiation der Gleichung nach ξ ergibt

$$\frac{d}{d\xi}\,[(1-\xi^2)\,P_k'(\xi)] = \frac{d}{d\xi}\,k\,(\xi P_k(\xi) - P_{k-1}(\xi))$$
$$= k\,(P_{k-1}'(\xi) - \xi P_k'(\xi) - P_k(\xi))\,,$$

woraus durch Einsetzen von (A 4.9 a) als Differentialgleichung für $P_k(\xi)$

$$\frac{d}{d\xi}\,[(1-\xi^2)\,P_k'(\xi)] + k\,(k+1)\,P_k(\xi) = 0 \quad (k = 0, 1, 2, \ldots) \qquad \text{(A 4.9)}$$

folgt.

Nach (A 4.6) läßt sich $P_k(\xi)$ darstellen durch

$$P_k(\xi) = \frac{1\cdot 3\ldots(2k-1)}{k!}\,(\xi^k - a_2\xi^{k-2} + a_4\xi^{k-4} - \quad)$$
$$= \frac{1\cdot 3\ldots(2k-1)}{k!}\sum_{i=0}^{r}(-1)^i\,a_{2i}\,\xi^{k-2i}$$
$$\left(i = 0, 1, 2, 3, \ldots, r \leqq \frac{k}{2}\right). \qquad \text{(A 4.10 a)}$$

Die Koeffizienten a_{2i} lassen sich durch Einsetzen von (A 4.10a) in (A 4.9) bestimmen:

$$k(k+1)\sum_{i=0}^{r}(-1)^i a_{2i}\xi^{k-2i} - 2\xi\sum_{i=0}^{r}(-1)^i(k-2i)\,a_{2i}\xi^{k-2i-1}$$

$$+(1-\xi^2)\sum_{i=0}^{r}(-1)^i(k-2i)(k-2i-1)\,a_{2i}\,\xi^{k-2i-2}=0\,.$$

Vergleich der Koeffizienten von ξ^{k-2i} ergibt

$$(-1)^i k(k+1)\,a_{2i} - (-1)^i 2(k-2i)\,a_{2i}$$
$$+(-1)^{i-1}(k-2i+2)(k-2i+1)\,a_{2i-2}$$
$$-(-1)^i(k-2i)(k-2i-1)\,a_{2i}=0$$

oder

$$a_{2i}=\frac{(k-2i+2)(k-2i+1)}{2i(2k-2i+1)}\,a_{2i-2}\quad\left(i=1,2,3,\ldots,r\leqq\frac{k}{2}\right). \tag{A 4.11}$$

Da $a_0 = 1$ sein muß, können aus (A 4.11) sukzessiv die Koeffizienten a_{2i} berechnet und in (A 4.10a) eingesetzt werden. Man erhält

$$P_k(\xi)=\frac{1\cdot 3\ldots(2k-1)}{k!}\left[\xi^k-\frac{k(k-1)}{2(2k-1)}\,\xi^{k-2}\right.$$
$$+\frac{k(k-1)(k-2)(k-3)}{2\cdot 4(2k-1)(2k-3)}\,\xi^{k-4}+\ldots$$
$$\left.+(-1)^i\frac{k(k-1)\ldots(k-2i+1)}{2\cdot 4\ldots 2i(2k-1)(2k-3)\ldots(2k-2i+1)}\,\xi^{k-2i}+\ldots\right]. \tag{A 4.10b}$$

Mit den nachfolgenden drei Umformungen

$$\frac{k(k-1)\ldots(k-2i+1)}{k!}$$
$$=\frac{k(k-1)\ldots(k-2i+1)}{1\cdot 2\cdot 3\ldots(k-2i)(k-2i+1)\ldots(k-1)k}=\frac{1}{(k-2i)!}\,,$$

$$2\cdot 4\cdot 6\ldots 2i=2^i(1\cdot 2\cdot 3\ldots i)=2^i i!\,,$$

$$\frac{1\cdot 3\ldots(2k-1)}{(2k-1)(2k-3)\ldots(2k-2i+1)}$$
$$=1\cdot 3\ldots(2k-2i-1)=\frac{1\cdot 3\ldots(2k-2i-1)\ldots 2\cdot 4\cdot 6\ldots(2k-2i)}{2\cdot 4\cdot 6\ldots(2k-2i)}$$
$$=\frac{(2k-2i)!}{2^{k-i}(k-i)!}$$

geht (4.10b) über in

$$P_k(\xi) = \sum_{i=0}^{r} (-1)^i \frac{(2k-2i)!}{2^k i!\,(k-i)!\,(k-2i)!}\,\xi^{k-2i} \qquad \left(i = 0, 1, 2, \ldots, r \leqq \frac{k}{2}\right). \tag{A 4.10c}$$

(A 4.10c) ist mit

$$P_k(\xi) = \frac{1}{2^k k!}\,\frac{\mathrm{d}^k(\xi^2-1)^k}{\mathrm{d}\xi^k} \qquad (k = 0, 1, 2, \ldots) \tag{A 4.10}$$

identisch, wie man durch k-fache Differentiation von (A 4.10) erkennt.

Aus (A 4.10) lassen sich Aussagen über die Art der Nullstellen von $P_k(\xi)$ im Intervall $-1 \leqq \xi \leqq +1$ gewinnen. Dazu wird der Satz von Rolle benötigt: Ist eine Funktion $f(x)$ im abgeschlossenen Intervall $a \leqq x \leqq b$ stetig und im offenen Intervall $a < x < b$ differenzierbar und gilt $f(a) = f(b)$, so gibt es mindestens einen Wert $x = x_0$ zwischen a und b, für den $f'(x_0) = 0$ gilt (vgl. Abb. A 4.2). Nun sind die Nullstellen von $(\xi^2-1)^k$ in $\xi = +1$ und $\xi = -1$ k-fach, die Nullstellen von $\mathrm{d}(\xi^2-1)^k/\mathrm{d}\xi$ demnach $(k-1)$-fach. Aus dem Satz von Rolle folgt, daß somit $\mathrm{d}(\xi^2-1)^k/\mathrm{d}\xi$ eine weitere einfache Nullstelle zwischen $\xi = -1$ und $\xi = +1$ haben muß. Demzufolge besitzt $\mathrm{d}(\xi^2-1)^k/\mathrm{d}\xi$ und damit nach (A 4.10) auch $P_k(\xi)$ genau k einfache zwischen $\xi = -1$ und $\xi = +1$ liegende Nullstellen (vgl. auch Abb. A 4.1).

Die Funktionen $f_k(\xi) = P_k(\xi)$ bilden im Intervall $-1 \leqq \xi \leqq +1$ ein Orthogonalsystem. Zum Beweis multiplizieren wir die Differentialgleichung (A 4.9) für $P_k(\xi)$ mit $P_l(\xi)$, die für $P_l(\xi)$ mit $P_k(\xi)$:

$$P_l \frac{\mathrm{d}}{\mathrm{d}\xi}[(1-\xi^2)P_k'] + k(k+1)P_k P_l = 0,$$

$$P_k \frac{\mathrm{d}}{\mathrm{d}\xi}[(1-\xi^2)P_l'] + l(l+1)P_l P_k = 0$$

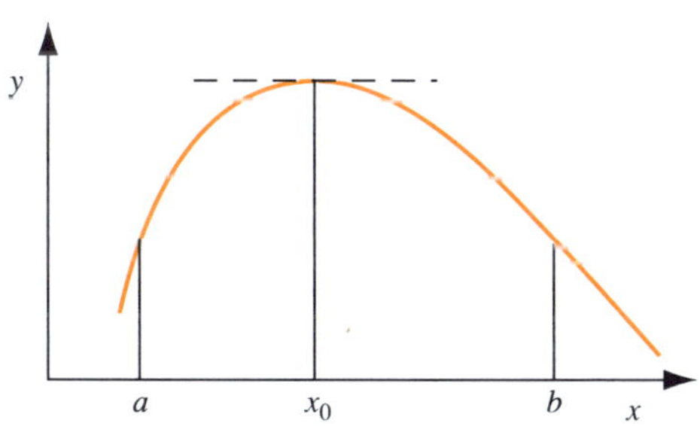

Abb. A 4.2 Geometrische Veranschaulichung des Satzes von Rolle

und subtrahieren die so entstandenen Beziehungen bei Beachtung der Produktregel der Differentiation voneinander:

$$P_l \frac{\mathrm{d}}{\mathrm{d}\xi}[(1-\xi^2)\,P_k'] - P_k \frac{\mathrm{d}}{\mathrm{d}\xi}[(1-\xi^2)\,P_l']$$

$$= \frac{\mathrm{d}}{\mathrm{d}\xi}\left[(1-\xi^2)\left(P_l \frac{\mathrm{d}P_k}{\mathrm{d}\xi} - P_k \frac{\mathrm{d}P_l}{\mathrm{d}\xi}\right)\right]$$

$$= [l(l+1) - k(k+1)]\,P_l P_k = 0\,.$$

Somit folgt

$$\int_{-1}^{+1} P_k P_l \,\mathrm{d}\xi = \frac{(1-\xi^2)\left(P_l \dfrac{\mathrm{d}P_k}{\mathrm{d}\xi} - P_k \dfrac{\mathrm{d}P_l}{\mathrm{d}\xi}\right)\Bigg|_{-1}^{+1}}{l(l+1) - k(k+1)}$$

und für $l \neq k$

$$\int_{-1}^{+1} P_k(\xi)\,P_l(\xi)\,\mathrm{d}\xi = 0 \qquad (l \neq k)\,. \tag{A 4.12a}$$

Für $l = k$ ergibt sich ein unbestimmter Ausdruck. Wie in (A 5.8) gezeigt ist, erhält man für ihn

$$\int_{-1}^{+1} [P_k(\xi)]^2\,\mathrm{d}\xi = \frac{2}{2k+1}\,. \tag{A 4.12b}$$

Damit bilden die Funktionen

$$f_k(\xi) = \frac{P_k(\xi)}{\sqrt{(P_k\,, P_k)}} = \sqrt{\frac{2k+1}{2}}\,P_k(\xi) \tag{A 4.13}$$

im Intervall $-1 \leqq \xi \leqq +1$ ein orthonormiertes Funktionensystem:

$$(f_k, f_l) = \frac{2k+1}{2}\int_{-1}^{+1} P_k(\xi)\,P_l(\xi)\,\mathrm{d}\xi = \delta_{kl}\,. \tag{A 4.14}$$

A.5 Zugeordnete Legendresche Polynome

Als zugeordnete Legendresche Polynome bezeichnet man die Ausdrücke

$$P_k^m(\xi) = \frac{(1-\xi^2)^{m/2}}{2^k k!} \frac{\mathrm{d}^{k+m}(\xi^2-1)^k}{\mathrm{d}\xi^{k+m}} \quad (|m| \leqq k). \tag{A 5.1}$$

Wir wollen zunächst $m \geqq 0$ voraussetzen. Dann kann nach (A 4.10) für $P_k^m(\xi)$

$$P_k^m(\xi) = (1-\xi^2)^{m/2} P_k^{(m)}(\xi) \tag{A 5.1 a}$$

oder bei Beachtung von $\xi = \cos\vartheta$ (A 4.4) und $1 - \cos^2\vartheta = \sin^2\vartheta$

$$P_k^m(\cos\vartheta) = \sin^m \vartheta P_k^{(m)}(\cos\vartheta) \tag{A 5.1b}$$

geschrieben werden.

Zur Herleitung einer Differentialgleichung für $P_k^m(\cos\vartheta)$ benutzen wir (A 5.1a). Nach (A 4.9) ist $P_k(\xi)$ die Lösungsfunktion der Differentialgleichung

$$(1-\xi^2)\frac{\mathrm{d}P_k'}{\mathrm{d}\xi} - 2\xi\frac{\mathrm{d}P_k}{\mathrm{d}\xi} + k(k+1)P_k = 0.$$

Durch nochmalige Differentiation dieser Gleichung erkennt man, daß P_k' der Differentialgleichung

$$(1-\xi^2)\frac{\mathrm{d}^2P_k'}{\mathrm{d}\xi^2} - 4\xi\frac{\mathrm{d}P_k'}{\mathrm{d}\xi} + [k(k+1)-2]P_k' = 0$$

genügt. Durch Wiederholung dieser Operation sieht man, daß P_k'' eine Lösung von

$$(1-\xi^2)\frac{\mathrm{d}^2P_k''}{\mathrm{d}\xi^2} - 6\xi\frac{\mathrm{d}P_k''}{\mathrm{d}\xi} + [k(k+1)-2-4]P_k'' = 0$$

ist. Entsprechend ergibt m-fache Differentiation für $P_k^{(m)}(\xi)$ die Differentialgleichung

$$(1-\xi^2)\frac{\mathrm{d}^2P_k^{(m)}}{\mathrm{d}\xi^2} - 2(m+1)\xi\frac{\mathrm{d}P_k^{(m)}}{\mathrm{d}\xi} + [k(k+1)-2-4-\cdots-2m]P_k^{(m)} = 0,$$

und mit $\sum\limits_{i=1}^{m} 2i = m(m+1)$

$$(1-\xi^2)\frac{\mathrm{d}^2P_k^{(m)}}{\mathrm{d}\xi^2} - 2(m+1)\xi\frac{\mathrm{d}P_k^{(m)}}{\mathrm{d}\xi} + [k(k+1)-m(m+1)]P_k^{(m)} = 0. \tag{A 5.2 a}$$

Nach (A 5.1 a) gilt $P_k^{(m)} = P_k^m (1-\xi^2)^{-m/2}$ und somit

$$\frac{\mathrm{d}P_k^{(m)}}{\mathrm{d}\xi} = \frac{1}{(1-\xi^2)^{m/2}} \frac{\mathrm{d}P_k^m}{\mathrm{d}\xi} + \frac{m\xi}{(1-\xi^2)^{1+2/m}} P_k^m$$

und

$$\frac{\mathrm{d}^2P_k^{(m)}}{\mathrm{d}\xi^2} = \frac{1}{(1-\xi^2)^{m/2}} \frac{\mathrm{d}^2P_k^m}{\mathrm{d}\xi^2} + \frac{m\xi}{(1-\xi^2)^{1+m/2}} \frac{\mathrm{d}P_k^m}{\mathrm{d}\xi}$$

$$+ \frac{m\xi}{(1-\xi^2)^{1+m/2}} \frac{\mathrm{d}P_k^m}{\mathrm{d}\xi} + \frac{m}{(1-\xi^2)^{1+m/2}} P_k^m$$

$$+ \frac{2\left(\frac{m}{2}+1\right) m\xi^2}{(1-\xi^2)^{2+m/2}} P_k^m$$

$$= \frac{1}{(1-\xi^2)^{m/2}} \frac{\mathrm{d}^2P_k^m}{\mathrm{d}\xi^2} + \frac{2m\xi}{(1-\xi^2)^{1+m/2}} \frac{\mathrm{d}P_k^m}{\mathrm{d}\xi} + \frac{m+m\xi^2+m^2\xi^2}{(1-\xi^2)^{2+m/2}} P_k^m .$$

Durch Einsetzen dieser Ausdrücke in (A 5.2 a) folgt

$$\frac{1}{(1-\xi^2)^{-1+m/2}} \frac{\mathrm{d}^2P_k^m}{\mathrm{d}\xi^2} + \frac{2m\xi}{(1-\xi^2)^{m/2}} \frac{\mathrm{d}P_k^m}{\mathrm{d}\xi} + \frac{m+m\xi^2+m^2\xi^2}{(1-\xi^2)^{1+m/2}} P_k^m$$

$$- \frac{2(m+1)\,\xi}{(1-\xi^2)^{m/2}} \frac{\mathrm{d}P_k^m}{\mathrm{d}\xi} - \frac{2(m+1)\,m\xi^2}{(1-\xi^2)^{1+m/2}} P_k^m$$

$$+ \frac{[k(k+1)-m(m+1)]}{(1-\xi^2)^{m/2}} P_k^m = 0$$

und nach Multiplikation mit $(1-\xi^2)^{m/2}$ und Ordnen

$$(1-\xi^2) \frac{\mathrm{d}^2P_k^m}{\mathrm{d}\xi^2} - 2\xi \frac{\mathrm{d}P_k^m}{\mathrm{d}\xi}$$

$$+ \frac{m+m\xi^2+m^2\xi^2-2m^2\xi^2-2m\xi^2-m^2-m+m^2\xi^2+m\xi^2}{1-\xi^2} P_k^m$$

$$+ k(k+1)\, P_k^m = 0 .$$

Damit ist $P_k^m(\xi)$ eine Lösung der gewöhnlichen homogenen linearen Differentialgleichung 2. Ordnung

$$(1-\xi^2) \frac{\mathrm{d}^2P_k^m(\xi)}{\mathrm{d}\xi^2} - 2\xi \frac{\mathrm{d}P_k^m(\xi)}{\mathrm{d}\xi} + \left[k(k+1) - \frac{m^2}{1-\xi^2}\right] P_k^m(\xi) = 0$$

$$(|m| \leqq k). \qquad \text{(A 5.2)}$$

(A 5.2) soll noch in eine Differentialgleichung für $P_k^m(\cos\vartheta)$ überführt werden. Mit $\xi = \cos\vartheta$ und

$$1 - \xi^2 = \sin^2\vartheta \; ; \quad d\xi = -\sin\vartheta\, d\vartheta$$

erhält man

$$\sin\vartheta \frac{d}{d\vartheta}\left(\frac{1}{\sin\vartheta}\frac{dP_k^m}{d\vartheta}\right) + \frac{2\cos\vartheta}{\sin\vartheta}\frac{dP_k^m}{d\vartheta} + \left[k(k+1) - \frac{m^2}{\sin^2\vartheta}\right]P_k^m = 0$$

bzw.

$$\frac{d^2 P_k^m(\cos\vartheta)}{d\vartheta^2} + \frac{\cos\vartheta}{\sin\vartheta}\frac{dP_k^m(\cos\vartheta)}{d\vartheta} + \left[k(k+1) - \frac{m^2}{\sin^2\vartheta}\right]P_k^m(\cos\vartheta) = 0 \qquad \text{(A 5.2b)}$$

oder

$$\frac{1}{\sin\vartheta}\frac{d}{d\vartheta}\left(\sin\vartheta\frac{dP_k^m(\cos\vartheta)}{d\vartheta}\right) + \left[k(k+1) - \frac{m^2}{\sin^2\vartheta}\right]P_k^m(\cos\vartheta) = 0 \,. \qquad \text{(A 5.2c)}$$

In (A 5.2) geht m quadratisch ein. Damit ist auch (vgl. (A 5.1))

$$P_k^{-m}(\xi) = \frac{(1-\xi^2)^{-m/2}}{2^k k!}\frac{d^{k-m}(\xi^2-1)^k}{d\xi^{k-m}} \qquad \text{(A 5.1c)}$$

eine Lösung dieser Differentialgleichung. Die Definition (A 5.1) ist demnach für positive und negative m gültig, wenn die Beziehung $|m| \leqq k$ eingehalten wird.

$P_k^{(m)}(\xi)$ ist ein Polynom in ξ vom Grade $k - m$ (vgl. A.4). Ist $m > 0$ und gerade, dann ist demzufolge nach (A 5.1a) $P_k^m(\xi)$ ein Polynom vom Grade k. Ist $m > 0$ und ungerade, dann ist $P_k^m(\xi)$ ein Polynom $(k-1)$-ten Grades multipliziert mit $\sqrt{1-\xi^2}$. Auch für $P_k^{-m}(\xi)$ bleibt diese Aussage erhalten, denn die um $-m$ verminderte Differentialordnung wird durch den Faktor $(1-\xi^2)^{-m/2}$ kompensiert (vgl. (A 5.1c)).

$P_k(\xi)$ hat k einfache zwischen $\xi = -1$ und $\xi = +1$ liegende Nullstellen (vgl. A.4), $P_k^{(m)}(\xi)$ daher $k - m$ einfache Nullstellen im gleichen Bereich. Nach (A 5.1a) besitzt demzufolge $P_k^m(\xi)$ außer den Nullstellen der Ordnung $m/2$ bei $\xi = +1$ und $\xi = -1$ zwischen diesen Werten weitere $k - m$ einfache Nullstellen. Für $P_k^{-m}(\xi)$ gilt die gleiche Aussage, denn $\frac{d^{k-m}(\xi^2-1)^k}{d\xi^{k-m}}$ besitzt $k - m$ einfache Nullstellen zwischen $\xi = -1$ und $\xi = +1$ und eine $k - (k - m) = m$-fache Nullstelle bei $\xi = +1$ und $\xi = -1$.

Die Funktionen

$$f_k(\xi) = P_k^m(\xi)\,; \qquad \varphi_m(\xi) = \frac{P_k^m(\xi)}{\sqrt{1-\xi^2}}$$

bilden Systeme von Orthogonalfunktionen im Intervall $-1 \leqq \xi \leqq +1$, d.h., es gilt

$$(f_k, f_l) = \int_{-1}^{+1} P_k^m(\xi)\, P_l^m(\xi)\, \mathrm{d}\xi = 0 \qquad (k \neq l), \tag{A 5.3 a}$$

$$(\varphi_m, \varphi_r) = \int_{-1}^{+1} \frac{P_k^m(\xi)\, P_k^r(\xi)}{1-\xi^2}\, \mathrm{d}\xi = 0 \qquad (m \neq r)\,. \tag{A 5.4 a}$$

Der Beweis erfolgt analog zu dem von (A 4.12 a). Nach (A 5.2) genügen $P_k^m(\xi)$ und $P_l^m(\xi)$ den Differentialgleichungen

$$(1-\xi^2)\frac{\mathrm{d}^2 P_k^m}{\mathrm{d}\xi^2} - 2\xi\,\frac{\mathrm{d}P_k^m}{\mathrm{d}\xi} + \left[k(k+1) - \frac{m^2}{1-\xi^2}\right] P_k^m = 0\,,$$

$$(1-\xi^2)\frac{\mathrm{d}^2 P_l^m}{\mathrm{d}\xi^2} - 2\xi\,\frac{\mathrm{d}P_l^m}{\mathrm{d}\xi} + \left[l(l+1) - \frac{m^2}{1-\xi^2}\right] P_l^m = 0\,.$$

Multipliziert man die erste Gleichung mit P_l^m, die zweite mit P_k^m, dann erhält man durch Subtraktion

$$(1-\xi^2)\left[P_l^m\,\frac{\mathrm{d}^2 P_k^m}{\mathrm{d}\xi^2} - P_k^m\,\frac{\mathrm{d}^2 P_l^m}{\mathrm{d}\xi^2}\right] - 2\xi\left[P_l^m\,\frac{\mathrm{d}P_k^m}{\mathrm{d}\xi} - P_k^m\,\frac{\mathrm{d}P_l^m}{\mathrm{d}\xi}\right]$$
$$+ [k(k+1) - l(l+1)]\, P_l^m P_k^m = 0$$

oder – wie man sich durch Differenzieren leicht überzeugt –

$$\frac{\mathrm{d}}{\mathrm{d}\xi}\left[(1-\xi^2)\left(P_l^m\,\frac{\mathrm{d}P_k^m}{\mathrm{d}\xi} - P_k^m\,\frac{\mathrm{d}P_l^m}{\mathrm{d}\xi}\right)\right] + [(k-l)\,(k+l+1)]\, P_l^m P_k^m = 0\,.$$

Damit ergibt sich

$$\int_{-1}^{+1} P_k^m(\xi)\, P_l^m(\xi)\, \mathrm{d}\xi = \frac{(\xi^2-1)\left(P_l^m\,\dfrac{\mathrm{d}P_k^m}{\mathrm{d}\xi} - P_k^m\,\dfrac{\mathrm{d}P_l^m}{\mathrm{d}\xi}\right)\Bigg|_{-1}^{+1}}{(k-l)\,(k+l+1)} = 0\,,$$

wenn $k \neq l$. (A 5.4a) folgt aus einem vollkommen analogen Rechengang.

P_k^m und P_k^{-m} genügen derselben Differentialgleichung, sie sind Polynome vom gleichen Grade und besitzen die gleiche Anzahl von Nullstellen. Hieraus kann geschlossen werden, daß P_k^m und P_k^{-m} sich nur um einen konstanten Faktor unterscheiden:

$$P_k^{-m}(\xi) = C P_k^m(\xi)\,. \tag{A 5.5 a}$$

Zur Bestimmung von C vergleichen wir die Koeffizienten der höchsten Potenz von ξ in P_k^{-m} und P_k^m. Man erhält nach (A 5.1) und (A 5.1c)

$$\frac{P_k^{-m}}{P_k^m} = \frac{(-1)^{-m/2}\xi^{-m}\dfrac{\mathrm{d}^{k-m}\xi^{2k}}{\mathrm{d}\xi^{k-m}}}{(-1)^{-m/2}\xi^{m}\dfrac{\mathrm{d}^{k+m}\xi^{2k}}{\mathrm{d}\xi^{k+m}}}$$

$$= (-1)^{-m}\xi^{-2m}\frac{2k(2k-1)(2k-2)\cdots(2k-(k-m+1))\,\xi^{k+m}}{2k(2k-1)(2k-2)\cdots(2k-(k+m+1))\,\xi^{k-m}}$$

$$= (-1)^{-m}\xi^{-2m}\frac{\dfrac{2k!}{(k+m)!}}{\dfrac{2k!}{(k-m)!}}\xi^{2m}$$

oder

$$P_k^{-m}(\xi) = (-1)^m\frac{(k-m)!}{(k+m)!}P_k^m(\xi)\,. \tag{A 5.5}$$

Diese Beziehung ermöglicht die Berechnung von

$$\int_{-1}^{+1} P_k^m(\xi)\,P_k^m(\xi)\,\mathrm{d}\xi\,,$$

denn mit (A 5.5), (A 5.1) und (A 5.1c) gilt

$$\int_{-1}^{+1}[P_k^m(\xi)]^2\,\mathrm{d}\xi = (-1)^m\frac{(k+m)!}{(k-m)!}\int_{-1}^{+1}P_k^m(\xi)\,P_k^{-m}(\xi)\,\mathrm{d}\xi$$

$$= \frac{(-1)^m(k+m)!}{2^{2k}(k!)^2(k-m)!}\int_{-1}^{+1}\frac{\mathrm{d}^{k+m}(\xi^2-1)^k}{\mathrm{d}\xi^{k+m}}\,\frac{\mathrm{d}^{k-m}(\xi^2-1)^k}{\mathrm{d}\xi^{k-m}}\,\mathrm{d}\xi\,. \tag{A 5.6 a}$$

Partielle Integration ergibt

$$I = \int_{-1}^{+1} \frac{\mathrm{d}^{k+m}(\xi^2-1)^k}{\mathrm{d}\xi^{k+m}} \frac{\mathrm{d}^{k-m}(\xi^2-1)^k}{\mathrm{d}\xi^{k-m}}\,\mathrm{d}\xi$$

$$= -\int_{-1}^{+1} \frac{\mathrm{d}^{k+m+1}(\xi^2-1)^k}{\mathrm{d}\xi^{k+m+1}} \frac{\mathrm{d}^{k-m-1}(\xi^2-1)^k}{\mathrm{d}\xi^{k-m-1}}\,\mathrm{d}\xi$$

$$= \vdots$$

$$= (-1)^{k-m} \int_{-1}^{+1} \frac{\mathrm{d}^{2k}(\xi^2-1)^k}{\mathrm{d}\xi^{2k}} (\xi^2-1)^k\,\mathrm{d}\xi$$

und, da mit Hilfe des binomischen Satzes

$$\frac{\mathrm{d}^{2k}(\xi^2-1)^k}{\mathrm{d}\xi^{2k}} = (2k)!$$

folgt, weiter

$$I = (-1)^{-m}\,(2k)! \int_{-1}^{+1} (1-\xi^2)^k \mathrm{d}\xi = (-1)^{-m}\,(2k!)\,I_1 \tag{A 5.6b}$$

mit

$$I_1 = \int_{-1}^{+1} (1-\xi^2)^k\,\mathrm{d}\xi\,.$$

Zur Berechnung von I_1 substituieren wir

$$\xi = \cos x\,; \qquad \mathrm{d}\xi = -\sin x\,\mathrm{d}x$$

und erhalten

$$I_1 = -\int_{-\pi}^{0} \sin^{2k+1} x\,\mathrm{d}x\,.$$

Mit $\cos^2 x + \sin^2 x = 1$ gilt weiter

$$-I_1 = \int_{-\pi}^{0} \sin^{2k+1} x\,\mathrm{d}x = \int_{-\pi}^{0} \sin^{2k-1} x\,(1-\cos^2 x)\,\mathrm{d}x$$

$$= \int_{-\pi}^{0} \sin^{2k-1} x\,\mathrm{d}x - \int_{-\pi}^{0} \sin^{2k-1} x \cos^2 x\,\mathrm{d}x\,.$$

Partielle Integration

$$\int uv' \, dx = uv - \int u'v \, dx$$

führt mit

$$v = \frac{1}{2k} \sin^{2k} x; \qquad v' = \sin^{2k-1} x \cos x$$

$$u = \cos x; \qquad u' = -\sin x$$

zu

$$\int_{-\pi}^{0} \sin^{2k-1} x \cos^2 x \, dx = \frac{1}{2k} \sin^{2k} x \cos x \Big|_{-\pi}^{0} + \frac{1}{2k} \int_{-\pi}^{0} \sin^{2k+1} x \, dx$$

oder

$$\int_{-\pi}^{0} \sin^{2k+1} x \, dx - \int_{-\pi}^{0} \sin^{2k-1} x \, dx - \frac{1}{2k} \int_{-\pi}^{0} \sin^{2k+1} x \, dx .$$

Das Integral über $\sin^{2k+1} x$ kann demnach in ein Integral über $\sin^{2k-1} x$ überführt werden:

$$\int_{-\pi}^{0} \sin^{2k+1} x \, dx = \frac{2k}{2k+1} \int_{-\pi}^{0} \sin^{2k-1} x \, dx .$$

Sukzessive Anwendung dieser Beziehung ergibt

$$- I_1 = \int_{-\pi}^{0} \sin^{2k+1} x \, dx = \frac{2k}{2k+1} \int_{-\pi}^{0} \sin^{2k-1} x \, dx$$

$$= \frac{2k(2k-2)}{(2k+1)(2k-1)} \int_{-\pi}^{0} \sin^{2k-3} x \, dx$$

$$\vdots$$

$$= \frac{2k(2k-2)(2k-4) \cdots 4 \cdot 2}{(2k+1)(2k-1)(2k-3) \cdots 5 \cdot 3} \int_{-\pi}^{0} \sin x \, dx$$

$$= - \frac{2k(2k-2)(2k-4) \cdots 4 \cdot 2}{(2k+1)(2k-1)(2k-3) \cdots 5 \cdot 3} \cos x \Big|_{-\pi}^{0} ,$$

$$I_1 = 2 \, \frac{2k(2k-2)(2k-4) \cdots 4 \cdot 2}{(2k+1)(2k-1)(2k-3) \cdots 5 \cdot 3} . \qquad \text{(A 5.6 c)}$$

Einsetzen von (A 5.6b) und (A 5.6c) in (A 5.6a) führt zu

$$\int_{-1}^{+1} [P_k^m(\xi)]^2 \, d\xi = \frac{(-1)^m (k+m)!}{(2^k k!)^2 (k-m)!} I_1$$

$$= \frac{(-1)^m (k+m)! \, (-1)^{-m} (2k!)}{(2^k k!)^2 (k-m)!} I_1$$

$$= \frac{2(k+m)! \, (2k!) \, 2k(2k-2)(2k-4) \cdots 4 \cdot 2}{(2^k k!)^2 (k-m)! \, (2k+1)(2k-1)(2k-3) \cdots 5 \cdot 3}$$

und mit

$$\frac{2k!}{(2^k k!)^2} = \frac{2k!}{(2 \cdot 4 \cdot 6 \ldots 2k)^2} = \frac{1 \cdot 3 \cdot 5 \cdots (2k-1)}{2 \cdot 4 \cdot 6 \cdots 2k}$$

zu

$$(f_k, f_k) = \int_{-1}^{+1} [P_k^m(\xi)]^2 \, d\xi = \frac{2(k+m)!}{(2k+1)(k-m)!} . \qquad \text{(A 5.3 b)}$$

Hieraus folgt bei Beachtung von (A 5.5)

$$\int_{-1}^{+1} P_k^m(\xi) \, P_k^{-m}(\xi) \, d\xi = \frac{2(-1)^m}{2k+1} \qquad \text{(A 5.7)}$$

und schließlich für den Spezialfall $m = 0$ $(P_k^0(\xi) = P_k(\xi)$, vgl. (A 4.10) mit (A 5.1))

$$\int_{-1}^{+1} [P_k(\xi)]^2 \, d\xi = \frac{2}{2k+1} . \qquad \text{(A 5.8)}$$

Nach (A 5.3 a) und (A 5.3 b) bilden die Funktionen

$$\chi_k(\xi) = \frac{P_k^m(\xi)}{\sqrt{(P_k^m, P_k^m)}} = \sqrt{\frac{(2k+1)(k-m)!}{2(k+m)!}} \, P_k^m(\xi) \qquad \text{(A 5.9)}$$

ein orthonormiertes Funktionensystem im Intervall $-1 \leqq \xi \leqq +1$:

$$(\chi_k, \chi_l) = \frac{(2k+1)(k-m)!}{2(k+m)!} \int_{-1}^{+1} P_k^m(\xi) \, P_l^m(\xi) \, d\xi = \delta_{kl} . \qquad \text{(A 5.9 a)}$$

Zur Herleitung einer Rekursionsformel für die zugeordneten Legendreschen Polynome differenzieren wir (A 4.5) m-mal nach ξ:

$$(k+1)\,P_{k+1}^{(m)} - (2\,k+1)\,\xi\,P_k^{(m)} - m\,(2k+1)\,P_k^{(m-1)} + kP_{k-1}^{(m)} = 0,$$

und multiplizieren diesen Ausdruck unter Beachtung von (A 5.1 b) mit $\sin^m \vartheta$:

$$(k+1)\,P_{k+1}^m - (2k+1)\,\xi\,P_k^m - m(2k+1)\sin\vartheta\,P_k^{m-1} + kP_{k-1}^m = 0\,. \tag{A 5.10 a}$$

Andererseits folgt durch $(m-1)$-fache Differentiation von (A 4.9 b)

$$P_{k+1}^{(m)} - P_{k-1}^{(m)} = (2k+1)\,P_k^{(m-1)}$$

und nach Multiplikation mit $\sin^m \vartheta$

$$P_{k+1}^m - P_{k-1}^m = (2k+1)\sin\vartheta\,P_k^{m-1}\,. \tag{A 5.10 b}$$

Elimination von $\sin\vartheta\,P_k^{m-1}$ aus (A 5.10 a) und (A 5.10 b) ergibt die Rekursionsformel

$$(k+1-m)\,P_{k+1}^m - (2k+1)\,\xi P_k^m + (k+m)\,P_{k-1}^m = 0\,. \tag{A 5.10}$$

A.6 Darstellung des skalaren und des vektoriellen Produktes, der Vektordifferentialoperationen Gradient, Divergenz und Rotor und des Operators ∇^2 in krummlinigen Koordinaten

Der vom Koordinatenursprungspunkt eines kartesischen Koordinatensystems zum Punkt $P = P(u, v, w)$ weisende Ortsvektor $\boldsymbol{s}$ sei eine Funktion der drei beliebigen unabhängigen Variablen u, v, w:

$$\boldsymbol{s} = \boldsymbol{s}(u, v, w) = x(u, v, w)\,\boldsymbol{i} + y(u, v, w)\,\boldsymbol{j} + z(u, v, w)\,\boldsymbol{k}\,. \tag{A 6.1}$$

Nach (II A12.1a) besitzt das Linienelement $\mathrm{d}\boldsymbol{s}$ die Darstellung

$$\mathrm{d}\boldsymbol{s} = \frac{\partial \boldsymbol{s}}{\partial u}\,\mathrm{d}u + \frac{\partial \boldsymbol{s}}{\partial v}\,\mathrm{d}v + \frac{\partial \boldsymbol{s}}{\partial w}\,\mathrm{d}w\,. \tag{A 6.1 a}$$

Sind u = const und v = const, die Koordinate w dagegen veränderlich, dann beschreibt $\boldsymbol{s}_{u,v} = \boldsymbol{s}(w)$ eine bestimmte Raumkurve. Entsprechendes gilt für die anderen Koordinaten, d. h. $\boldsymbol{s}_{v,w} = \boldsymbol{s}(u)$, $\boldsymbol{s}_{u,v} = \boldsymbol{s}(w)$ und $\boldsymbol{s}_{u,w} = \boldsymbol{s}(v)$ bilden ein räumliches Koordinatennetz.

Wir setzen im weiteren orthogonale Systeme voraus, d. h. die Gültigkeit von

$$\frac{\partial \boldsymbol{s}}{\partial u}\cdot\frac{\partial \boldsymbol{s}}{\partial v} = \frac{\partial \boldsymbol{s}}{\partial u}\cdot\frac{\partial \boldsymbol{s}}{\partial w} = \frac{\partial \boldsymbol{s}}{\partial v}\cdot\frac{\partial \boldsymbol{s}}{\partial w} = 0\,. \tag{A 6.2 a}$$

Dann können durch

$$\frac{\dfrac{\partial \boldsymbol{s}}{\partial u}}{\left|\dfrac{\partial \boldsymbol{s}}{\partial u}\right|} = \boldsymbol{u}^0; \quad \frac{\dfrac{\partial \boldsymbol{s}}{\partial v}}{\left|\dfrac{\partial \boldsymbol{s}}{\partial v}\right|} = \boldsymbol{v}^0; \quad \frac{\dfrac{\partial \boldsymbol{s}}{\partial w}}{\left|\dfrac{\partial \boldsymbol{s}}{\partial w}\right|} = \boldsymbol{w}^0 \tag{A 6.2b}$$

die zueinander orthogonalen Einheitsvektoren $\boldsymbol{u}^0$, $\boldsymbol{v}^0$ und $\boldsymbol{w}^0$ eingeführt und somit für (A 6.1a)

$$\mathrm{d}\boldsymbol{s} = \left|\frac{\partial \boldsymbol{s}}{\partial u}\right| \boldsymbol{u}^0 \,\mathrm{d}u + \left|\frac{\partial \boldsymbol{s}}{\partial v}\right| \boldsymbol{v}^0 \,\mathrm{d}v + \left|\frac{\partial \boldsymbol{s}}{\partial w}\right| \boldsymbol{w}^0 \,\mathrm{d}w \tag{A 6.1b}$$

geschrieben werden.

Die durch (A 6.2b) festgelegten Einheitsvektoren bilden die Achsen eines orthogonalen Koordinatensystems mit dem Punkt $P = P(u, v, w)$ als Koordinatenursprungspunkt. Betrachten wir statt P den Punkt $P' = P(u', v', w')$, dann bilden auch die diesem Punkt durch (A 6.2b) zugeordneten Einheitsvektoren $\boldsymbol{u}'^0$, $\boldsymbol{v}'^0$ und $\boldsymbol{w}'^0$ ein orthogonales System, allerdings mit einer im allgemeinen anderen Orientierung. Die orthogonalen Einheitsvektoren $\boldsymbol{u}^0$, $\boldsymbol{v}^0$ und $\boldsymbol{w}^0$ unterscheiden sich demzufolge von den Einheitsvektoren $\boldsymbol{i}, \boldsymbol{j}$ und $\boldsymbol{k}$ des kartesischen Systems insofern, als sie von Ort zu Ort ihre Richtung ändern (*krummlinige Koordinaten*).

Wir betrachten das Vektorfeld $\boldsymbol{B} = \boldsymbol{B}(u, v, w)$. Man bezeichnet auch in krummlinigen Koordinaten die Projektion $\boldsymbol{B}_u$ von $\boldsymbol{B}$ auf $\boldsymbol{u}^0$ als Komponente von $\boldsymbol{B}$ in Richtung $\boldsymbol{u}^0$. Analog werden die Komponenten $\boldsymbol{B}_v$ und $\boldsymbol{B}_w$ in Richtung $\boldsymbol{v}^0$ und $\boldsymbol{w}^0$ festgelegt:

$$\boldsymbol{B} = \boldsymbol{B}_u + \boldsymbol{B}_v + \boldsymbol{B}_w . \tag{A 6.3}$$

Die Komponenten $\boldsymbol{B}_u$, $\boldsymbol{B}_v$ und $\boldsymbol{B}_w$ sind dann so wie die der Komponentendarstellung eines Vektors im rechtwinkligen kartesischen Koordinatensystem gegeben durch

$$\boldsymbol{B}_u = B_u \boldsymbol{u}^0; \quad \boldsymbol{B}_v = B_v \boldsymbol{v}^0; \quad \boldsymbol{B}_w = B_w \boldsymbol{w}^0 . \tag{A 6.3a}$$

B_u, B_v, B_w heißen ebenfalls Koordinaten von $\boldsymbol{B}$ mit Bezug auf $\boldsymbol{u}^0$, $\boldsymbol{v}^0$ und $\boldsymbol{w}^0$.

Da (A6.3) und (A6.3 a) analog zu den entsprechenden Darstellungen im rechtwinkligen kartesischen Koordinatensystem festgelegt sind, bleiben auch die für derartige Koordinatensysteme gegebenen Darstellungen von skalarer und vektorieller Produktbildung in krummlinigen orthogonalen Koordinaten erhalten, sofern die Orientierung von $\boldsymbol{u}^0$, $\boldsymbol{v}^0$ und $\boldsymbol{w}^0$ einem Rechtssystem

$$\boldsymbol{u}^0 \times \boldsymbol{v}^0 = \boldsymbol{w}^0; \qquad \boldsymbol{v}^0 \times \boldsymbol{w}^0 = \boldsymbol{u}^0; \qquad \boldsymbol{w}^0 \times \boldsymbol{u}^0 = \boldsymbol{v}^0 \tag{A 6.2c}$$

entspricht. Man erhält:

$$\boldsymbol{B} \cdot \boldsymbol{C} = B_u C_u + B_v C_v + B_w C_w \tag{A 6.4a}$$

$$\boldsymbol{B} \times \boldsymbol{C} = (B_v C_w - B_w C_v)\, \boldsymbol{u}^0 + (B_w C_u - B_u C_w)\, \boldsymbol{v}^0 + (B_u C_v - B_v C_u)\, \boldsymbol{w}^0 . \tag{A 6.4b}$$

Das vollständige Differential der Funktion $f = f(u, v, w)$ ist gegeben durch

$$\mathrm{d}f = \frac{\partial f}{\partial u}\,\mathrm{d}u + \frac{\partial f}{\partial v}\,\mathrm{d}v + \frac{\partial f}{\partial w}\,\mathrm{d}w\,. \qquad \text{(A 6.5 a)}$$

Hierfür kann nach (II A 4.1 a)

$$\mathrm{d}f = \operatorname{grad} f \cdot \mathrm{d}\boldsymbol{s} \qquad \text{(A 6.5 b)}$$

geschrieben werden. Weiter besitzt nach (A 6.3 a) und (A 6.1 b) grad f die Darstellung

$$\operatorname{grad} f = \operatorname{grad}_u f\boldsymbol{u}^0 + \operatorname{grad}_v f\boldsymbol{v}^0 + \operatorname{grad}_w f\boldsymbol{w}^0, \qquad \text{(A 6.6)}$$

mit der nach (A 6.5 a), (A 6.5 b), (A 6.1 b) und (A 6.4 a)

$$\frac{\partial f}{\partial u}\,\mathrm{d}u + \frac{\partial f}{\partial v}\,\mathrm{d}v + \frac{\partial f}{\partial w}\,\mathrm{d}w$$

$$= \left|\frac{\partial \boldsymbol{s}}{\partial u}\right| \operatorname{grad}_u f\,\mathrm{d}u + \left|\frac{\partial \boldsymbol{s}}{\partial v}\right| \operatorname{grad}_v f\,\mathrm{d}v + \left|\frac{\partial \boldsymbol{s}}{\partial w}\right| \operatorname{grad}_w f\,\mathrm{d}w$$

folgt. Diese Beziehung ist für beliebige du, dv und dw nur dann erfüllt, wenn der Gradient die Koordinaten

$$\operatorname{grad}_u f = \frac{1}{\left|\frac{\partial \boldsymbol{s}}{\partial u}\right|}\frac{\partial f}{\partial u}; \quad \operatorname{grad}_v f = \frac{1}{\left|\frac{\partial \boldsymbol{s}}{\partial v}\right|}\frac{\partial f}{\partial v}; \quad \operatorname{grad}_w f = \frac{1}{\left|\frac{\partial \boldsymbol{s}}{\partial w}\right|}\frac{\partial f}{\partial w} \qquad \text{(A 6.6 a)}$$

hat.

Die Herleitung der Vektordifferentialoperation Divergenz in krummlinigen Koordinaten erfolgt analog den Überlegungen von II A.6. Betrachtet wird als Volumen ΔV ein Quader der Kantenlängen Δu, Δv und Δw. Sein Volumen beträgt nach (II A 12.2 e)

$$\Delta V = \left|\frac{\partial \boldsymbol{s}}{\partial u}\right| \left|\frac{\partial \boldsymbol{s}}{\partial v}\right| \left|\frac{\partial \boldsymbol{s}}{\partial w}\right| \Delta u\,\Delta v\,\Delta w\,, \qquad \text{(A 6.7 a)}$$

seine Flächenelemente ΔA_u, ΔA_v und ΔA_w senkrecht zu $\boldsymbol{u}^0$, $\boldsymbol{v}^0$ und $\boldsymbol{w}^0$ ergeben sich nach (II A 12.2 b) bis (II A 12.2 d) zu

$$\Delta A_u = \left|\frac{\partial \boldsymbol{s}}{\partial v}\right| \left|\frac{\partial \boldsymbol{s}}{\partial w}\right| \Delta v\,\Delta w\,;$$

$$\Delta A_v = \left|\frac{\partial \boldsymbol{s}}{\partial w}\right| \left|\frac{\partial \boldsymbol{s}}{\partial u}\right| \Delta w\,\Delta u\,; \qquad \text{(A 6.7 b)}$$

$$\Delta A_w = \left|\frac{\partial \boldsymbol{s}}{\partial u}\right| \left|\frac{\partial \boldsymbol{s}}{\partial v}\right| \Delta u\,\Delta v\,.$$

Statt (II A 6.3 a) bekommt man demzufolge

$$\operatorname{div} \boldsymbol{B} = \lim_{\substack{\Delta u \to 0 \\ \Delta v \to 0 \\ \Delta w \to 0}} \frac{1}{\left|\frac{\partial \boldsymbol{s}}{\partial u}\right| \left|\frac{\partial \boldsymbol{s}}{\partial v}\right| \left|\frac{\partial \boldsymbol{s}}{\partial w}\right| \Delta u\, \Delta v\, \Delta w}$$
$$\cdot \left[\left(\left(B_u \left|\frac{\partial \boldsymbol{s}}{\partial v}\right| \left|\frac{\partial \boldsymbol{s}}{\partial w}\right| \right)_{u+\Delta u} - \left(B_u \left|\frac{\partial \boldsymbol{s}}{\partial v}\right| \left|\frac{\partial \boldsymbol{s}}{\partial w}\right| \right)_u \right) \mathrm{d}v\, \mathrm{d}w \right.$$
$$+ \left(\left(B_v \left|\frac{\partial \boldsymbol{s}}{\partial u}\right| \left|\frac{\partial \boldsymbol{s}}{\partial w}\right| \right)_{v+\Delta v} - \left(B_v \left|\frac{\partial \boldsymbol{s}}{\partial u}\right| \left|\frac{\partial \boldsymbol{s}}{\partial w}\right| \right)_v \right) \mathrm{d}u\, \mathrm{d}w$$
$$\left. + \left(\left(B_w \left|\frac{\partial \boldsymbol{s}}{\partial u}\right| \left|\frac{\partial \boldsymbol{s}}{\partial v}\right| \right)_{w+\Delta w} - \left(B_w \left|\frac{\partial \boldsymbol{s}}{\partial u}\right| \left|\frac{\partial \boldsymbol{s}}{\partial v}\right| \right)_w \right) \mathrm{d}u\, \mathrm{d}v \right],$$

statt (II A 6.3 b)

$$\left(B_u \left|\frac{\partial \boldsymbol{s}}{\partial v}\right| \left|\frac{\partial \boldsymbol{s}}{\partial w}\right| \right)_{u+\Delta u} = \left(B_u \left|\frac{\partial \boldsymbol{s}}{\partial u}\right| \left|\frac{\partial \boldsymbol{s}}{\partial w}\right| \right)_u + \frac{\partial \left(B_u \left|\frac{\partial \boldsymbol{s}}{\partial v}\right| \left|\frac{\partial \boldsymbol{s}}{\partial w}\right| \right)}{\partial u} \Delta u$$
$$+ \text{Glieder mit } (\Delta u)^n \qquad (n = 2, 3, \ldots)$$

und somit statt (II A 6.3)

$$\operatorname{div} \boldsymbol{B} = \frac{1}{\left|\frac{\partial \boldsymbol{s}}{\partial u}\right| \left|\frac{\partial \boldsymbol{s}}{\partial v}\right| \left|\frac{\partial \boldsymbol{s}}{\partial w}\right|} \cdot \left[\frac{\partial \left(B_u \left|\frac{\partial \boldsymbol{s}}{\partial v}\right| \left|\frac{\partial \boldsymbol{s}}{\partial w}\right| \right)}{\partial u} + \frac{\partial \left(B_v \left|\frac{\partial \boldsymbol{s}}{\partial u}\right| \left|\frac{\partial \boldsymbol{s}}{\partial w}\right| \right)}{\partial v} + \frac{\partial \left(B_w \left|\frac{\partial \boldsymbol{s}}{\partial u}\right| \left|\frac{\partial \boldsymbol{s}}{\partial v}\right| \right)}{\partial w} \right]. \tag{A 6.8}$$

Analog lassen sich die Überlegungen von II A.7 zur Berechnung der Rotorkoordinaten auf krummlinige Koordinaten erweitern. Man erhält

$$\operatorname{rot}_u \boldsymbol{B} = \frac{1}{\left|\frac{\partial \boldsymbol{s}}{\partial v}\right| \left|\frac{\partial \boldsymbol{s}}{\partial w}\right|} \left[\frac{\partial \left(B_w \left|\frac{\partial \boldsymbol{s}}{\partial w}\right| \right)}{\partial v} - \frac{\partial \left(B_v \left|\frac{\partial \boldsymbol{s}}{\partial v}\right| \right)}{\partial w} \right],$$

$$\operatorname{rot}_v \boldsymbol{B} = \frac{1}{\left|\frac{\partial \boldsymbol{s}}{\partial u}\right| \left|\frac{\partial \boldsymbol{s}}{\partial w}\right|} \left[\frac{\partial \left(B_u \left|\frac{\partial \boldsymbol{s}}{\partial u}\right| \right)}{\partial w} - \frac{\partial \left(B_w \left|\frac{\partial \boldsymbol{s}}{\partial w}\right| \right)}{\partial u} \right],$$

$$\operatorname{rot}_w \boldsymbol{B} = \frac{1}{\left|\frac{\partial \boldsymbol{s}}{\partial u}\right| \left|\frac{\partial \boldsymbol{s}}{\partial v}\right|} \left[\frac{\partial \left(B_v \left|\frac{\partial \boldsymbol{s}}{\partial v}\right| \right)}{\partial u} - \frac{\partial \left(B_u \left|\frac{\partial \boldsymbol{s}}{\partial u}\right| \right)}{\partial v} \right]. \tag{A 6.9}$$

Nach (II A 10.10) gilt $\nabla^2 f = \operatorname{div} \operatorname{grad} f$ und somit nach (A 6.6a) und (A 6.8)

$$\nabla^2 f = \frac{1}{\left|\frac{\partial s}{\partial u}\right|\left|\frac{\partial s}{\partial v}\right|\left|\frac{\partial s}{\partial w}\right|} \cdot \left[\frac{\partial\left[\frac{\left|\frac{\partial s}{\partial v}\right|\left|\frac{\partial s}{\partial w}\right|\frac{\partial f}{\partial u}}{\left|\frac{\partial s}{\partial u}\right|}\right]}{\partial u} + \frac{\partial\left[\frac{\left|\frac{\partial s}{\partial u}\right|\left|\frac{\partial s}{\partial w}\right|\frac{\partial f}{\partial v}}{\left|\frac{\partial s}{\partial v}\right|}\right]}{\partial v} + \frac{\partial\left[\frac{\left|\frac{\partial s}{\partial u}\right|\left|\frac{\partial s}{\partial v}\right|\frac{\partial f}{\partial w}}{\left|\frac{\partial s}{\partial w}\right|}\right]}{\partial w}\right]. \tag{A 6.10}$$

Vorstehende Beziehungen sollen auf Zylinder- und Kugelkoordinaten angewandt werden.

Zylinderkoordinaten ϱ, φ, z

Nach (II A 12.5) nimmt der Ortsvektor $\boldsymbol{s}$ die Form

$$\boldsymbol{s} = \varrho \cos \varphi \boldsymbol{i} + \varrho \sin \varphi \boldsymbol{j} + z\boldsymbol{k}$$

an. Danach gilt

$$\left|\frac{\partial s}{\partial \varrho}\right| = 1; \quad \left|\frac{\partial s}{\partial \varphi}\right| = \varrho; \quad \left|\frac{\partial s}{\partial z}\right| = 1$$

und demzufolge nach (A 6.6a), (A 6.8), (A 6.9) und (A 6.10)

$$\operatorname{grad}_\varrho f = \frac{\partial f}{\partial \varrho}; \quad \operatorname{grad}_\varphi f = \frac{1}{\varrho}\frac{\partial f}{\partial \varphi}; \quad \operatorname{grad}_z f = \frac{\partial f}{\partial z}, \tag{A 6.11 a}$$

$$\operatorname{div} \boldsymbol{B} = \frac{1}{\varrho}\frac{\partial(\varrho B_\varrho)}{\partial \varrho} + \frac{1}{\varrho}\frac{\partial B_\varphi}{\partial \varphi} + \frac{\partial B_z}{\partial z}, \tag{A 6.11 b}$$

$$\operatorname{rot}_\varrho \boldsymbol{B} = \frac{1}{\varrho}\frac{\partial B_z}{\partial \varphi} - \frac{\partial B_\varphi}{\partial z},$$

$$\operatorname{rot}_\varphi \boldsymbol{B} = \frac{\partial B_\varrho}{\partial z} - \frac{\partial B_z}{\partial \varrho}, \tag{A 6.11 c}$$

$$\operatorname{rot}_z \boldsymbol{B} = \frac{1}{\varrho}\frac{\partial(\rho B_\varphi)}{\partial \varrho} - \frac{1}{\varrho}\frac{\partial B_\varrho}{\partial \varphi},$$

$$\nabla^2 f = \frac{\partial^2 f}{\partial \varrho^2} + \frac{1}{\varrho}\frac{\partial f}{\partial \varrho} + \frac{1}{\varrho^2}\frac{\partial^2 f}{\partial \varphi^2} + \frac{\partial^2 f}{\partial z^2}. \tag{A 6.11d}$$

Kugelkoordinaten r, ϑ, φ

Nach (II A 12.9) nimmt der Ortsvektor $\boldsymbol{s}$ die Form

$$\boldsymbol{s} = r\cos\varphi\sin\vartheta\,\boldsymbol{i} + r\sin\varphi\sin\vartheta\,\boldsymbol{j} + r\cos\vartheta\,\boldsymbol{k}$$

an. Danach gilt

$$\left|\frac{\partial \boldsymbol{s}}{\partial r}\right| = 1; \qquad \left|\frac{\partial \boldsymbol{s}}{\partial \vartheta}\right| = r; \qquad \left|\frac{\partial \boldsymbol{s}}{\partial \varphi}\right| = r\sin\vartheta$$

und demzufolge nach (A 6.6a), (A 6.8), (A 6.9) und (A 6.10)

$$\operatorname{grad}_r f = \frac{\partial f}{\partial r}; \quad \operatorname{grad}_\vartheta f = \frac{1}{r}\frac{\partial f}{\partial \vartheta}; \quad \operatorname{grad}_\varphi f = \frac{1}{r\sin\vartheta}\frac{\partial f}{\partial \vartheta}, \tag{A 6.12a}$$

$$\operatorname{div}\boldsymbol{B} = \frac{1}{r^2}\frac{\partial(r^2 B_r)}{\partial r} + \frac{1}{r\sin\vartheta}\frac{\partial(\sin\vartheta B_\vartheta)}{\partial\vartheta} + \frac{1}{r\sin\vartheta}\frac{\partial B_\varphi}{\partial\varphi}, \tag{A 6.12b}$$

$$\operatorname{rot}_r \boldsymbol{B} = \frac{1}{r\sin\vartheta}\left[\frac{\partial(\sin\vartheta B_\varphi)}{\partial\vartheta} - \frac{\partial B_\vartheta}{\partial\varphi}\right],$$

$$\operatorname{rot}_\vartheta \boldsymbol{B} = \frac{1}{r}\left[\frac{1}{\sin\vartheta}\frac{\partial B_r}{\partial\varphi} - \frac{\partial(rB_\varphi)}{\partial r}\right], \tag{A 6.12c}$$

$$\operatorname{rot}_\varphi \boldsymbol{B} = \frac{1}{r}\left[\frac{\partial(rB_\vartheta)}{\partial r} - \frac{\partial B_r}{\partial\vartheta}\right],$$

$$\nabla^2 f = \frac{1}{r^2}\frac{\partial}{\partial r}\left(r^2\frac{\partial f}{\partial r}\right) + \frac{1}{r^2\sin\vartheta}\frac{\partial}{\partial\vartheta}\left(\sin\vartheta\frac{\partial f}{\partial\vartheta}\right) + \frac{1}{r^2\sin^2\vartheta}\frac{\partial^2 f}{\partial\varphi^2}. \tag{A 6.12d}$$

A.7 Zur Polargleichung der Hyperbel

Die Hyperbel ist der geometrische Ort aller Punkte, deren Abstände ϱ_1 und ϱ_2 von zwei festen Punkten F_1 und F_2 im Abstand $2e$ voneinander (*Brennpunkte*) die feste Differenz $\varrho_1 - \varrho_2 = \pm\, 2a$ besitzen. Legen wir die x-Achse eines zweidimensionalen rechtwinkligen kartesischen Koordinatensystems durch die beiden Brennpunkte F_1 und F_2, den Koordinatenursprungspunkt in die Mitte der Strecke $\overline{F_1 F_2}$, dann kann aus Abbildung A 7.1 mit Hilfe des Satzes von PYTHAGORAS die Beziehung

$$\varrho_1 - \varrho_2 = \pm\, 2a = \sqrt{(x+e)^2 + y^2} - \sqrt{(x-e)^2 + y^2}$$

entnommen werden. Durch Quadrieren und Einführen der Abkürzung

$$a^2 - e^2 = -\,b^2 \quad (e > a) \tag{A 7.1a}$$

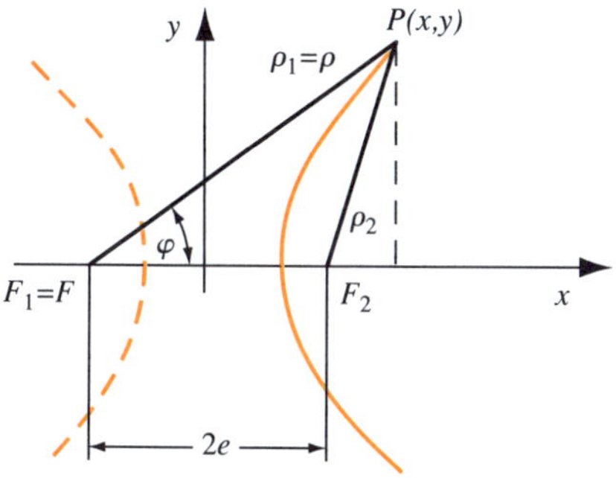

Abb. A 7.1 Zur Herleitung der Polargleichung der Hyperbel

geht sie in die Hyperbelgleichung

$$\frac{x^2}{a^2} - \frac{y^2}{b^2} = 1 \tag{A 7.1}$$

über. $2a$ ist nach (A 7.1) gleich dem Abstand der Scheitelpunkte ($x = \pm\, a$, $y = 0$) der beiden Hyperbeläste.

Der in Abbildung A 7.1 ausgezogene Hyperbelast soll in Polarkoordinaten dargestellt werden. Der Koordinatenursprungspunkt liege im Brennpunkt $F_1 = F$, φ entspricht dem Winkel zwischen $\varrho_1 = \varrho$ und der x-Achse. Aus Abbildung A 7.1 entnimmt man nach dem Kosinussatz (Im ebenen Dreieck ist das Quadrat einer Seite gleich der Summe der Quadrate der beiden anderen Seiten, vermindert um das doppelte Produkt aus diesen Seiten und dem Kosinus des von ihnen eingeschlossenen Winkels.)

$$\varrho_2 = \sqrt{\varrho^2 + 4e^2 - 4e\varrho\cos\varphi}$$

und damit

$$\varrho - \varrho_2 = 2a = \varrho - \sqrt{\varrho^2 + 4e^2 - 4e\varrho\cos\varphi}\,. \tag{A 7.2a}$$

Quadrieren ergibt

$$\varrho^2 + 4e^2 - 4e\varrho\cos\varphi = (\varrho - 2a)^2 = \varrho^2 - 4a\varrho + 4a^2\,,$$

Auflösen nach ϱ

$$\varrho = \frac{a^2 - e^2}{a - e\cos\varphi} = \frac{\dfrac{b^2}{a}}{1 - \dfrac{e}{a}\cos\varphi}\,. \tag{A 7.2b}$$

Setzt man noch zur Abkürzung

$$p = \frac{b^2}{a}\,; \qquad \varepsilon = \frac{e}{a} > 1\,, \tag{A 7.2c}$$

(Parameter der Hyperbel) (numerische Exzentrizität)

so erhält man die auf den Brennpunkt F_1 als Pol bezogene Polargleichung des Hyperbelastes

$$\varrho = \frac{-p}{1 - \varepsilon \cos \varphi} \qquad (\varepsilon > 1)\,. \tag{A 7.2}$$

Der Parameter p der Hyperbel ist die Ordinate der Hyperbelfunktion $y = f(x)$ für den Abszissenwert $x = \pm\, e$, wie man durch Einsetzen von $x = \pm\, e$ in (A 7.1) unter Beachtung von (A 7.1 a) erkennt.

A.8 Rayleigh-Jeanssches Abzählverfahren für die Anzahl der möglichen stehenden Wellen im Hohlraum

Betrachtet werde ein Hohlraum in Gestalt eines Würfels der Kantenlänge a (vgl. Abb. A 8.1). Eine seiner Ecken werde als Ursprung eines rechtwinkligen kartesischen Koordinatensystems gewählt, die Kanten verlaufen parallel zu den Koordinatenachsen. Durch

$$E_0\, \mathrm{e}^{\mathrm{i}[\omega t - k(x \cos \alpha + y \cos \beta + z \cos \gamma)]} \tag{A 8.1}$$

(s. (II 9.5 a)) ist dann eine ebene Welle mit beliebiger Ausbreitungsrichtung im Hohlraum dargestellt, wenn α, β und γ die Schnittwinkel der Ausbreitungsrichtung mit der x-, y- bzw. z-Achse bedeuten. Die Welle werde zunächst an der Ebene $z = a$ reflektiert. Das Ergebnis der Überlagerung der ursprünglichen Welle (A 8.1) mit der reflektierten

$$E_0\, \mathrm{e}^{\mathrm{i}[\omega t - k(x \cos \alpha + y \cos \beta - z \cos \gamma)]}$$

ist durch

$$E_0\, \mathrm{e}^{\mathrm{i}[\omega t - k(x \cos \alpha + y \cos \beta)]}\, (\mathrm{e}^{\mathrm{i}kz \cos \gamma} + \mathrm{e}^{-\mathrm{i}kz \cos \gamma})$$

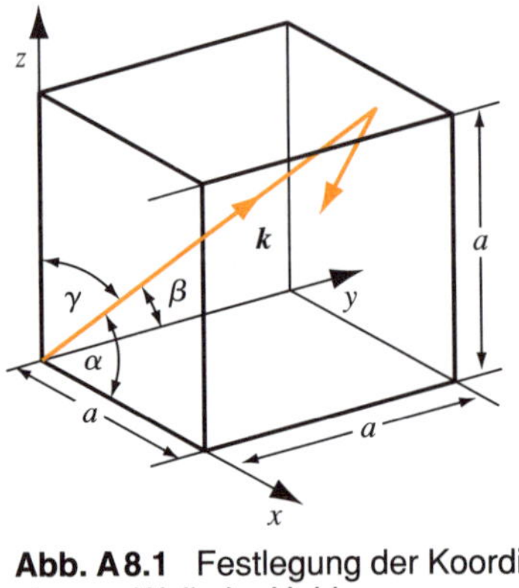

Abb. A 8.1 Festlegung der Koordinaten und der Winkel bei der Ausbreitung einer ebenen Welle im Hohlraum

gegeben. Umformung mit $\cos x = \dfrac{e^{ix} + e^{-ix}}{2}$ liefert

$$E_0\, e^{i[\omega t - k(x\cos\alpha + y\cos\beta)]}\, 2\cos(kz\cos\gamma). \qquad \text{(A 8.2 a)}$$

(A 8.2 a) ist eine ebene Welle, deren Ausbreitungsrichtung parallel zur x, y-Ebene liegt und die in der z-Richtung eine räumliche harmonische Periodizität aufweist. Wird sie anschließend noch an den Ebenen $y = a$ und $x = a$ reflektiert, dann ergibt sich durch Überlagerung der ursprünglichen Welle mit den drei reflektierten Wellen eine stehende Welle, für die nach Addition der beiden anderen reflektierten Wellen zu (A 8.2 a) und nach entsprechenden Umformungen

$$8E_0\, e^{i\omega t} \cos(kz\cos\gamma)\cos(ky\cos\beta)\cos(kz\cos\alpha) \qquad \text{(A 8.2)}$$

folgt.

Im Hohlraum erfolgen jedoch auch Reflexionen an den Würfelflächen, die in den Ebenen $x = 0$, $y = 0$ und $z = 0$ liegen. Die Wellen löschen sich nur dann nicht durch Interferenz aus, wenn sich entsprechend (A 8.2) eine stehende Welle auszubilden vermag. Eine stehende Welle mit vorgegebener Frequenz kann sich nicht für beliebige Richtungen α, β, γ ausbilden, sondern nur, wenn zwischen zwei Reflexionen ein Weg zurückgelegt wird, der ein ganzzahliges Vielfaches der halben Wellenlänge beträgt. Das ist mit $k = 2\pi/\lambda$ nach (A 8.2) nur dann der Fall, wenn

$$a = m_x \frac{\lambda}{2\cos\alpha} = m_y \frac{\lambda}{2\cos\beta} = m_z \frac{\lambda}{2\cos\gamma} \qquad \text{(A 8.3)}$$

gilt, wobei m_x, m_y und m_z ganze positive Zahlen sind.

Aus (A 8.3) ergibt sich

$$\frac{4a^2}{\lambda^2}(\cos^2\alpha + \cos^2\beta + \cos^2\gamma) = m_x^2 + m_y^2 + m_z^2$$

und mit $\cos^2\alpha + \cos^2\beta + \cos^2\gamma = 1$ sowie $\lambda = c/\nu$

$$\frac{4\nu^2}{c^2} a^2 = m_x^2 + m_y^2 + m_z^2. \qquad \text{(A 8.4)}$$

Aus (A 8.4) ist ersichtlich, daß eine stehende Welle mit der Frequenz ν im Hohlraum durch mehrere Zahlentripel m_z, m_y, m_z realisiert werden kann, d.h. nach (A 8.3), daß mehrere Wellen gleicher Frequenz und Amplitude, aber mit unterschiedlichen Ausbreitungsrichtungen existieren. Im weiteren soll die Häufigkeit der möglichen Frequenzen ermittelt werden. Dazu fassen wir (A 8.4) als Darstellung einer Kugeloberfläche mit dem Radius $R = 2\nu a/c$ im rechtwinkligen m_x, m_y, m_z-Koordinatensystem auf, betrachten aber nur den durch positive Koordinatenwerte gegebenen Oktanten, denn die Werte m_x, m_y, m_z sind nach Voraussetzung positiv. Die Zahl $N_\nu\, d\nu$ der in einem Frequenzintervall zwischen ν und

$\nu + d\nu$ möglichen stehenden Wellen ist dann gegeben durch die Anzahl der durch ein ganzzahliges Zahlentripel m_x, m_y, m_z ausgezeichneten Punkte in der durch die Radien $R_1 = 2a\nu/c$ und $R_2 = 2a(\nu + d\nu)/c$ begrenzten Kugelschale, also durch ihr Volumen im betrachteten Oktanten:

$$N_\nu \, d\nu = 2 \cdot \frac{1}{8} \cdot \frac{4}{3}\pi \, (R_2^3 - R_1^3)$$

$$= 2\frac{\pi}{6}\left(\frac{2a}{c}\right)^3 [\nu^3 + 3\nu^2 \, d\nu + 3\nu \, d\nu^2 + d\nu^3 - \nu^3] \, .$$

Der zusätzliche Faktor 2 ergibt sich, weil es sich um elektromagnetische Wellen und damit um Transversalwellen handelt, deren Feldvektoren in zwei voneinander unabhängige Komponenten senkrecht zur Ausbreitungsrichtung zerlegbar sind.

Bei Vernachlässigung höherer Potenzen von $d\nu$ folgt

$$N_\nu \, d\nu = \frac{8\pi \, a^3 \nu^2}{c^3} d\nu \, . \tag{A 8.5 a}$$

$N_\nu \, d\nu$ gibt die Anzahl der stehenden Wellen im Frequenzintervall zwischen ν und $\nu + d\nu$ für einen Würfel der Kantenlänge a an, d. h., die Anzahl der stehenden Wellen pro Volumen ($V = a^3$ Würfelvolumen) beträgt

$$n_\nu \, d\nu = \frac{N_\nu \, d\nu}{V} = \frac{8\pi \, \nu^2}{c^3} d\nu \, . \tag{A 8.5}$$

A.9 Herleitung des Stefan-Boltzmannschen Gesetzes und des Wienschen Verschiebungsgesetzes

Für die Energiestromdichte des schwarzen Strahlers folgt aus (1.3) mit (1.12)

$$u = \int_0^\infty u_\nu \, d\nu = \frac{2\pi \, h}{c^2} \int_0^\infty \frac{\nu^3}{e^{\frac{h\nu}{kT}} - 1} \, d\nu \, . \tag{A 9.1}$$

Substitution von $x = h\nu/kT$ liefert

$$u = \frac{2\pi \, k^4 T^4}{c^2 h^3} \int_0^\infty \frac{x^3 \, dx}{e^x - 1} \, . \tag{A 9.2}$$

Zur Berechnung der Integrale wird der Integrand umgeformt. Man erhält unter Beachtung der Reihenentwicklung

$$\frac{1}{1-x} = 1 + x + x^2 + x^3 + \cdots \qquad (\text{für } |x| < 1)$$

die unendliche Reihe

$$\frac{x^3}{e^x - 1} = x^3\, e^{-x}(1 - e^{-x})^{-1} = x^3(e^{-x} + e^{-2x} + e^{-3x} + \cdots)\,. \qquad (A\,9.3)$$

Ihr allgemeines Glied läßt sich durch mehrmalige Anwendung der partiellen Integration

$$\int u v' \mathrm{d}x = uv - \int v u' \mathrm{d}x$$

integrieren:

$$\int_0^\infty x^3\, e^{-nx}\, \mathrm{d}x = -\frac{1}{n} x^3\, e^{-nx} \Big|_0^\infty + \frac{1}{n} \int_0^\infty e^{-nx}\, 3x^2\, \mathrm{d}x$$

$$= -\frac{3}{n^2} x^2\, e^{-nx} \Big|_0^\infty + \frac{3}{n^2} \int_0^\infty e^{-nx}\, 2x\, \mathrm{d}x$$

$$= -\frac{6}{n^3} x\, e^{-nx} \Big|_0^\infty + \frac{6}{n^3} \int_0^\infty e^{-nx}\, \mathrm{d}x$$

$$= -\frac{6}{n^4}\, e^{-nx} \Big|_0^\infty = \frac{6}{n^4}\,, \qquad (A\,9.4)$$

womit durch gliedweise Integration aus (A 9.3)

$$\int_0^\infty \frac{x^3\, \mathrm{d}x}{e^x - 1} = 6\left(1 + \frac{1}{2^4} + \frac{1}{3^4} + \cdots\right) \qquad (A\,9.5)$$

folgt. Die numerische Reihe (A 9.5) ist konvergent und besitzt die Summe

$$\sum_{n=1}^{\infty} \frac{1}{n^4} = \frac{\pi^4}{90}\,. \qquad (A\,9.6)$$

Einsetzen von (A 9.6) und (A 9.5) in (A 9.2) liefert das Stefan-Boltzmannsche Gesetz

$$u = \frac{2\pi k^4}{c^2 h^3} \frac{\pi^4}{15} T^4 = \sigma T^4 \tag{A 9.7}$$

mit

$$\sigma = \frac{2\pi^5 k^4}{15 c^2 h^3} = (5{,}67032 \pm 0{,}00071) \cdot 10^{-8}\,\mathrm{Wm^{-2}\,K^{-4}}. \tag{A 9.7 a}$$

Zur Herleitung des Wienschen Verschiebungsgesetzes in der Form (1.1) muß das Plancksche Strahlungsgesetz für u_λ formuliert werden. Mit $\nu = c\lambda^{-1}$ und $\mathrm{d}\nu = -c\lambda^{-2}\mathrm{d}\lambda$ ergibt sich aus (1.12)

$$u_\lambda\,\mathrm{d}\lambda = -u_\nu\,\mathrm{d}\nu = \frac{2\pi hc^2}{\lambda^5} \frac{\mathrm{d}\lambda}{\mathrm{e}^{\frac{hc}{\lambda kT}} - 1}. \tag{A 9.8}$$

Um die Lage des Maximums von u_λ zu bestimmen, wird (A 9.8) nach λ differenziert und die erste Ableitung gleich Null gesetzt. Es folgt

$$2\pi hc^2 \left(\frac{-5}{\lambda^6 \left(\mathrm{e}^{\frac{hc}{\lambda kT}} - 1\right)} + \frac{\frac{hc}{kT\lambda^2}\,\mathrm{e}^{\frac{hc}{\lambda kT}}}{\lambda^5 \left(\mathrm{e}^{\frac{hc}{\lambda kT}} - 1\right)^2} \right) = 0$$

und mit der Substitution

$$x = \frac{hc}{kT\lambda} \tag{A 9.9}$$

zur Bestimmung von x die transzendente Gleichung

$$5 = x \cdot \mathrm{e}^x (\mathrm{e}^x - 1)^{-1}. \tag{A 9.10}$$

(A 9.10) kann nicht explizit nach x aufgelöst werden, die Lösung muß deshalb mit einem Näherungsverfahren erfolgen, z. B. mit dem *Iterationsverfahren*. Dabei stellt man die zu lösende Gleichung in der Form $x = f(x)$ dar und bestimmt mit Hilfe eines ersten Näherungswertes x_1 eine genauere Näherung nach der Formel $x_2 = f(x_1)$ (s. Abb. A 9.1). Durch mehrfache Wiederholung dieses Schrittes (*Iteration*) kann man eine beliebige Genauigkeit erreichen, sofern im Intervall zwischen x_1 und der genauen Lösung x_0 die Bedingung $|f'(x)| < 1$ erfüllt ist. (Wäre dort $|f'(x)| > 1$, so würde man sich bei diesem Vorgehen von x_0 entfernen. In solchen Fällen führt aber das Iterationsverfahren für die zu $f(x)$ inverse Funktion zum Ziel.) In vorliegendem Fall ist

$$f(x) = 5\,\frac{\mathrm{e}^x - 1}{\mathrm{e}^x} = x$$

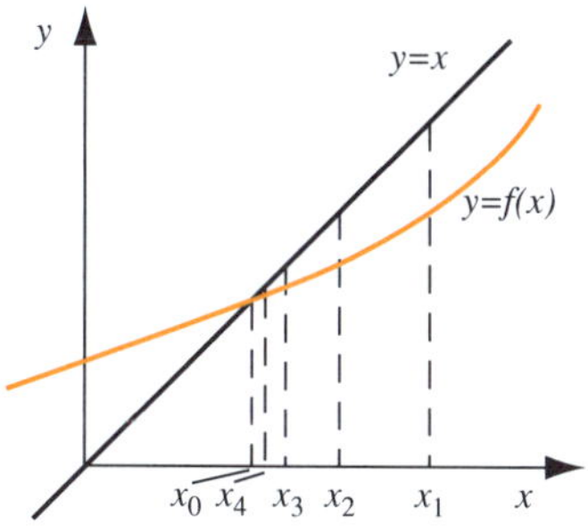

Abb. A 9.1 Zum Iterationsverfahren

zu setzen. Wählt man z. B. $x_1 = 5$, weil $e^5 - 1 \approx e^5$, so folgt $x_2 = 4{,}965$. Der nächste Schritt $x_3 = f(x_2)$ ergibt ebenfalls $x_3 = 4{,}965$. Bereits mit zwei Schritten erhält man demnach das Ergebnis auf vier Stellen genau. Somit ist nach (A 9.9)

$$\lambda_{\max} T = \frac{hc}{k} \cdot \frac{1}{4{,}965}, \qquad \text{(A 9.11)}$$

wobei $\lambda_{\max}$ den Abszissenwert des Maximums von u_λ bedeutet.

Eine Verfeinerung der Näherung durch weitere Schritte und Einsetzen der Konstanten h, k und c in (A 9.11) führt zu (vgl. (1.1))

$$\lambda_{\max} T = (2{,}897790 \pm 0{,}000090)\, 10^{-3}\ \mathrm{m\,K}. \qquad \text{(A 9.11 a)}$$

A.10 Zur Deutung des Compton-Effektes

Zur Berechnung von $\Delta\lambda = \lambda^* - \lambda$ aus (2.10 a) und (2.10 b) werden beide Gleichungen unter Beachtung der skalaren Produktbildung gemäß (I A 11.1) $\boldsymbol{A} \cdot \boldsymbol{B} = AB \cos(\boldsymbol{A}, \boldsymbol{B})$ quadriert:

$$m_e^2 v^2 c^2 = h^2 \nu^{*2} + h^2 \nu^2 - 2h^2 \nu^* \nu \cos\vartheta, \qquad \text{(A 10.1 a)}$$

$$(m_e - m_{0e})^2 c^4 = h^2 \nu^{*2} + h^2 \nu^2 - 2h^2 \nu^* \nu \qquad \text{(A 10.1 b)}$$

und voneinander subtrahiert:

$$m_e^2 v^2 c^2 - (m_e - m_{0e})^2 c^4 = 2h^2 \nu^* \nu (1 - \cos\vartheta). \qquad \text{(A 10.1)}$$

Werden weiter die mit

$$m_e = \frac{m_{0e}}{\sqrt{1 - \frac{v^2}{c^2}}}$$

folgende Beziehung

$$m_e^2 - m_{0e}^2 = m_e^2 \left(1 - \left(1 - \frac{v^2}{c^2}\right)\right) = \frac{m_e^2 v^2}{c^2}$$

und die trigonometrische Umformung $\cos\vartheta = 1 - 2\sin^2\frac{\vartheta}{2}$ beachtet, so kann für (A 10.1) auch

$$(m_e - m_{0e})\, m_{0e} c^4 = 2h^2 \nu^* \nu \sin^2\frac{\vartheta}{2}$$

geschrieben werden. Nochmalige Anwendung des Energieerhaltungssatzes (2.10 a) ergibt

$$(\nu - \nu^*)\, m_{0e} c^2 = 2h \nu^* \nu \sin^2\frac{\vartheta}{2}$$

und mit $\lambda\nu = c$

$$(\lambda^* - \lambda)\, m_{0e} c = 2h \sin^2\frac{\vartheta}{2}\ .$$

Wir erhalten demnach

$$\Delta\lambda = \lambda^* - \lambda = 2\lambda_C \sin^2\frac{\vartheta}{2} \qquad \text{(A 10.2)}$$

mit

$$\lambda_C = \frac{h}{m_{0e} c}\ . \qquad \text{(A 10.2 a)}$$

A.11 Rutherfordsche Streuformel

Ein α-Teilchen bewege sich im elektrischen Feld eines Atomkernes der Ladung Ze. Da die zwischen Kern und α-Teilchen wirkende Coulomb-Kraft stets parallel zu dem vom Kern zum α-Teilchen weisenden Ortsvektor ist, gilt der Flächensatz. Die Bahn des Teilchens ist daher eben. Zweckmäßigerweise betrachten wir den Bahnverlauf in ebenen Polarkoordinaten ϱ, φ. Nach Abschnitt I 4.1 kann dieses Zweikörperproblem auf ein Einkörperproblem zurückgeführt werden, indem man nicht den Massenmittelpunkt der beiden Massen m_α und m_k, sondern die Masse m_k als ruhend ansieht und statt mit der Masse m_α mit der reduzierten Masse

$$m_{r\alpha} = \frac{m_\alpha}{1 + \dfrac{m_\alpha}{m_k}}$$

rechnet. Nimmt man $m_k \gg m_\alpha$ an, dann gilt $m_{r\alpha} \approx m_\alpha$. Nur unter dieser Voraussetzung ist es möglich, den Atomkern als ruhend anzunehmen und trotzdem mit der Masse m_α zu rechnen.

Wir legen in den ruhenden Atomkern den Ursprungspunkt des Koordinatensystems. In sehr großer Entfernung vom Atomkern (theoretisch in unendlich großer) besitze das Teilchen die Anfangsenergie

$$W = \frac{m}{2} v_0^2 , \tag{A 11.1}$$

seine Bahn ist dort geradlinig. Je mehr es sich dem Kern nähert, um so mehr wird es von dieser Bahn abgelenkt. Sein Bahnverlauf $\varrho = \varrho(\varphi)$ wird zunächst berechnet. Nach dem Coulombschen Gesetz (II S 1.3) und $\boldsymbol{F} = q/\boldsymbol{E}$ bewegt sich das α-Teilchen im elektrischen Feld ($q = Ze$, $\varepsilon_r = 1$)

$$\boldsymbol{E} = \frac{Ze}{4\pi\, \varepsilon_0 \varrho^2} \boldsymbol{\varrho}^0 , \tag{A 11.2a}$$

dessen elektrisches Potential

$$\varphi_\mathrm{p} = \frac{Ze}{4\pi\, \varepsilon_0 \varrho} \tag{A 11.2b}$$

beträgt.

Wegen $\operatorname{rot} \boldsymbol{E} = \operatorname{rot} \boldsymbol{F}/q = \boldsymbol{0}$, d.h. $\operatorname{rot} \boldsymbol{F} = \boldsymbol{0}$, gilt für vorstehendes Problem der Energieerhaltungssatz der klassischen Mechanik. Wird weiter beachtet, daß die potentielle Energie W_p und das elektrostatische Potential φ_p durch $W_\mathrm{p} = q\,\varphi_\mathrm{p} = 2e\,\varphi_\mathrm{p}$ (das α-Teilchen hat die Ladung $q = 2e$) miteinander verknüpft sind, so folgt aus dem Energieerhaltungssatz mit (A 11.2b)

$$\frac{m}{2} v^2 + \frac{Ze^2}{2\pi\, \varepsilon_0 \varrho} = \text{const} . \tag{A 11.3a}$$

Die Konstante bestimmt sich aus der Forderung, daß mit $\varrho \to \infty$ die Geschwindigkeit v gegen v_0 geht (vgl. A 11.1). Mit der Abkürzung

$$C = \frac{Ze^2}{2\pi\, \varepsilon_0} , \tag{A 11.3b}$$

dem Quadrat des Linienelementes in Polarkoordinaten

$$\mathrm{d}s^2 = \mathrm{d}\varrho^2 + \varrho^2 \mathrm{d}\varphi^2$$

und (A 11.1) geht (A 11.3a) über in

$$\frac{m}{2}\left[\left(\frac{\mathrm{d}\varrho}{\mathrm{d}t}\right)^2 + \varrho^2 \left(\frac{\mathrm{d}\varphi}{\mathrm{d}t}\right)^2\right] + \frac{C}{\varrho} = \frac{m}{2} v_0^2 = W . \tag{A 11.3}$$

Der vom Kern zum α-Teilchen gerichtete Kraftvektor ist proportional zu $\boldsymbol{\varrho}^0$ (vgl. (A 11.2a)), und damit ist $\boldsymbol{M} = \boldsymbol{\varrho} \times \boldsymbol{F} = \boldsymbol{0}$; die Bewegung des α-Teilchens genügt neben dem mechanischen Energieerhaltungssatz auch dem Drehimpulserhaltungssatz (I S 5.11) (vgl. auch die Herleitung des Flächensatzes im Abschn. I 5.4.3). Zur Berechnung des Drehimpulses

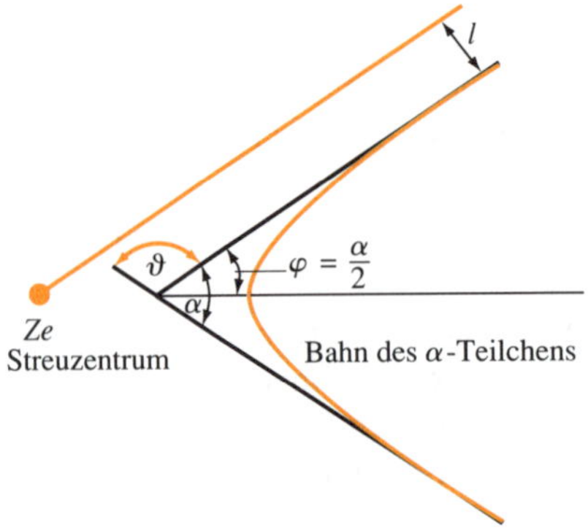

Abb. 11.1 Zur Herleitung der Rutherfordschen Streuformel

betrachten wir in großer Entfernung vom Kern die Parallele zur dort geradlinigen Bahn des α-Teilchens, die durch den Koordinatenursprungspunkt geht (vgl. Abb. A 11.1), d.h., die dem zentralen Stoß zwischen α-Teilchen und Kern entsprechen würde. Der Abstand beider Geraden sei l (*Stoßparameter*). Nach $\boldsymbol{L} = m\,(\boldsymbol{s} \times \boldsymbol{v})$ (I D 5.5) bzw. $\boldsymbol{L} = \Theta_\omega \boldsymbol{\omega}^0$ (I 5.11), $\Theta_\omega = m\varrho^2$ (I D 5.7) und $\omega = \dfrac{\mathrm{d}\varphi}{\mathrm{d}t}$ erhält man für den Betrag des Drehimpulses sowohl

$$|\boldsymbol{L}| = m\,|\boldsymbol{\varrho} \times \boldsymbol{v}_0| = m v_0 \varrho \sin(\boldsymbol{\varrho}^0, \boldsymbol{v}_0^0) = m v_0 l = \text{const}$$

als auch

$$L = L_\omega = \Theta_\omega\,\omega = m\varrho^2\,\frac{\mathrm{d}\varphi}{\mathrm{d}t} = \text{const}$$

und damit

$$\frac{\mathrm{d}\varphi}{\mathrm{d}t} = \frac{v_0 l}{\varrho^2}. \qquad \text{(A 11.4)}$$

Einsetzen von (A 11.4) in (A 11.3) ergibt

$$\frac{m}{2}\left[\left(\frac{\mathrm{d}\varrho}{\mathrm{d}t}\right)^2 + \frac{v_0^2 l^2}{\varrho^2}\right] + \frac{C}{\varrho} = \frac{m}{2}\,v_0^2 \qquad \text{(A 11.5 a)}$$

und, wenn noch die zeitliche Ableitung von ϱ durch

$$\frac{\mathrm{d}\varrho}{\mathrm{d}t} = \frac{\mathrm{d}\varrho}{\mathrm{d}\varphi}\,\frac{\mathrm{d}\varphi}{\mathrm{d}t} = \frac{\mathrm{d}\varrho}{\mathrm{d}\varphi}\,\frac{v_0 l}{\varrho^2} = -\,\frac{v_0\,\mathrm{d}\left(\dfrac{l}{\varrho}\right)}{\mathrm{d}\varphi}$$

ersetzt wird,

$$\frac{m}{2}\,v_0^2\left[\left(\frac{\mathrm{d}\left(\dfrac{l}{\varrho}\right)}{\mathrm{d}\varphi}\right)^2 + \frac{l^2}{\varrho^2}\right] + \frac{C}{\varrho} = \frac{m}{2}\,v_0^2$$

oder mit (A 11.1)

$$\left(\frac{\mathrm{d}\left(\frac{l}{\varrho}\right)}{\mathrm{d}\varphi}\right)^2 + \frac{l^2}{\varrho^2} + \frac{C}{W\varrho} = 1\,. \qquad \text{(A 11.5 b)}$$

Hieraus folgt durch Addition von $\dfrac{C^2}{4W^2l^2}$

$$\left(\frac{\mathrm{d}\left(\frac{l}{\varrho}\right)}{\mathrm{d}\varphi}\right)^2 + \frac{l^2}{\varrho^2} + \frac{C}{W\varrho} + \frac{C^2}{4W^2l^2} = 1 + \frac{C^2}{4W^2l^2}$$

oder

$$\left(\frac{\mathrm{d}\left(\frac{l}{\varrho}\right)}{\mathrm{d}\varphi}\right)^2 + \left(\frac{l}{\varrho} + \frac{C}{2Wl}\right)^2 = 1 + \left(\frac{C}{2Wl}\right)^2. \qquad \text{(A 11.5 c)}$$

Substitution von

$$u = \frac{l}{\varrho} + \frac{C}{2Wl}\,; \qquad \mathrm{d}u = \mathrm{d}\left(\frac{l}{\varrho}\right) \qquad \text{(A 11.6 a)}$$

und Zusammenfassen der Konstanten auf der rechten Seite der Gleichung durch

$$C_1^2 = 1 + \left(\frac{C}{2Wl}\right)^2 \qquad \text{(A 11.6 b)}$$

überführt diese Bedingung in

$$\left(\frac{\mathrm{d}u}{\mathrm{d}\varphi}\right)^2 + u^2 = C_1^2,$$

woraus durch Trennung der Variablen

$$\mathrm{d}\varphi = \pm \frac{\mathrm{d}u}{\sqrt{C_1^2 - u^2}} = \pm \frac{\mathrm{d}u}{C_1\sqrt{1 - \frac{u^2}{C_1^2}}} \qquad \text{(A 11.7 a)}$$

folgt. Integration ergibt

$$\varphi = \arcsin\frac{u}{C_1} + \varphi_0^* = -\arccos\frac{u}{C_1} + \varphi_0$$

oder

$$\cos(\varphi_0 - \varphi) = \frac{u}{C_1}\,. \qquad \text{(A 11.7 b)}$$

Legen wir die bisher willkürliche Zählung des Winkels φ so fest, daß für den durch $u = C_1$ festgelegten Ort $\varphi = 0$ gilt, dann geht obige Beziehung mit (A 11.6a) und (A 11.6b) über in

$$\cos(-\varphi) = \cos\varphi = \frac{\frac{l}{\varrho} + \frac{C}{2Wl}}{\sqrt{1 + \left(\frac{C}{2Wl}\right)^2}}, \qquad \text{(A 11.7c)}$$

woraus sich durch Auflösen nach ϱ für die gesuchte Bahnkurve $\varrho = \varrho(\varphi)$ des α-Teilchens

$$\varrho = \frac{-\frac{2Wl^2}{C}}{1 - \sqrt{1 + \left(\frac{2Wl}{C}\right)^2}\cos\varphi} \qquad \text{(A 11.8)}$$

ergibt. Die Teilchenbahn ist nach (A 7.2) ein Hyperbelast mit dem Brennpunkt im streuenden Kern (s. Abb. A 11.1) und mit der numerischen Exzentrizität

$$\varepsilon = \sqrt{1 + \left(\frac{2Wl}{C}\right)^2}. \qquad \text{(A 11.8a)}$$

Für große Entfernungen vom Kern wird diese Bahn gut durch die Asymptoten an die Hyperbel angenähert.

Experimentell kann man nicht die Teilchenbahn selbst, sondern nur den *Streuwinkel* ϑ ermitteln. Er ist der Supplementwinkel zum Schnittwinkel α beider Asymptoten (vgl. Abb. A 11.1), also durch die Bedingung

$$\varrho \to \infty; \qquad \varphi \to \frac{\alpha}{2} = \frac{\pi - \vartheta}{2}$$

festgelegt. Man erhält aus (A 7.2)

$$\frac{1}{\varrho} = 0 = \frac{1 - \varepsilon\cos\frac{\alpha}{2}}{-p}$$

oder, da $p \neq 0$ ist,

$$\frac{1}{\varepsilon} = \cos\frac{\alpha}{2} = \cos\frac{\pi - \vartheta}{2} = \sin\frac{\vartheta}{2},$$

weiter mit (A 11.8a)

$$\left(\frac{2Wl}{C}\right)^2 = \frac{1}{\sin^2\frac{\vartheta}{2}} - 1 = \frac{1 - \sin^2\frac{\vartheta}{2}}{\sin^2\frac{\vartheta}{2}} = \frac{\cos^2\frac{\vartheta}{2}}{\sin^2\frac{\vartheta}{2}} = \cot^2\frac{\vartheta}{2},$$

d.h. mit (A 11.3b)

$$\frac{4\pi\,\varepsilon_0 W l}{Ze^2} = \cot\frac{\vartheta}{2}\,. \qquad \text{(A 11.9)}$$

Nach (A 11.9) besteht ein Zusammenhang zwischen dem Stoßparameter l und dem Streuwinkel ϑ. ϑ ist meßbar, l dagegen unbekannt. Die Beziehung ist damit zur Überprüfung der Rutherfordschen Hypothese ungeeignet und muß durch statistische Überlegungen erweitert werden.

Ein Parallelstrahl von α-Teilchen der Intensität I_0 falle senkrecht auf eine Metallfolie der Fläche A und der Dicke d. Die Teilchenanzahldichte der streuenden Atomkerne in ihr sei n. Sieht man von Mehrfachstreuungen ab, dann tritt jedes α-Teilchen mit einem bestimmten Atomkern in Wechselwirkung und wird je nach Größe des Stoßparameters l im Feld des Kernes abgelenkt. Da jedes Teilchen einen anderen Stoßparameter besitzt, werden alle denkbaren Streuwinkel vorkommen, allerdings mit verschiedener Häufigkeit. Die Zahl der gestreuten Teilchen in Abhängigkeit vom Streuwinkel soll im folgenden berechnet werden.

Zunächst betrachten wir nur einen streuenden Atomkern und denken uns aus dem Querschnitt des einfallenden Strahles einen Kreisring mit den Radien l und $l + \mathrm{d}l$ herausgeschnitten. Die Intensität des Teilchenstromes in großer Entfernung vom Atomkern sei I_0. Pro Zeit passieren den Kreisring dann

$$\frac{\mathrm{d}N_{\text{Ring}}}{\mathrm{d}t} = 2\pi\, I_0 l\,\mathrm{d}l \qquad \text{(A 11.10a)}$$

Teilchen. Sie werden entsprechend ihrem zwischen l und $l + \mathrm{d}l$ liegenden Stoßparameter in das Raumwinkelelement

$$\mathrm{d}\Omega = 2\pi \sin\vartheta\,\mathrm{d}\vartheta \qquad \text{(A 11.10b)}$$

gestreut, schneiden also aus der Einheitskugel die Kugelzone $2\pi \sin\vartheta\,\mathrm{d}\vartheta$ heraus (vgl. Abb. A 11.2). Da die Anzahl der pro Zeit gestreuten Teilchen der Anzahl der im gleichen Zeitabschnitt durch den Kreisring hindurchtretenden entsprechen muß, gilt bei Beachtung der Definition des Streuquerschnittes (D 3.2)

$$\frac{\mathrm{d}N_{\text{Ring}}}{\mathrm{d}t} = -\,I_0\sigma\,\mathrm{d}\Omega = -\,2\pi\, I_0\sigma \sin\vartheta\,\mathrm{d}\vartheta\,. \qquad \text{(A 11.10c)}$$

Das Minuszeichen trägt der Tatsache Rechnung, daß einer Vergrößerung von l eine Verkleinerung von ϑ entspricht (vgl. Abb. A 11.2). Aus (A 11.10a) und (A 11.10c) folgt

$$l\,\mathrm{d}l = -\,\sigma \sin\vartheta\,\mathrm{d}\vartheta$$

und, da nach (A 11.9)

$$l\,\mathrm{d}l = \frac{Z^2 e^4}{16\pi^2\varepsilon_0^2 W^2}\cot\frac{\vartheta}{2}\,\mathrm{d}\left(\cot\frac{\vartheta}{2}\right)$$

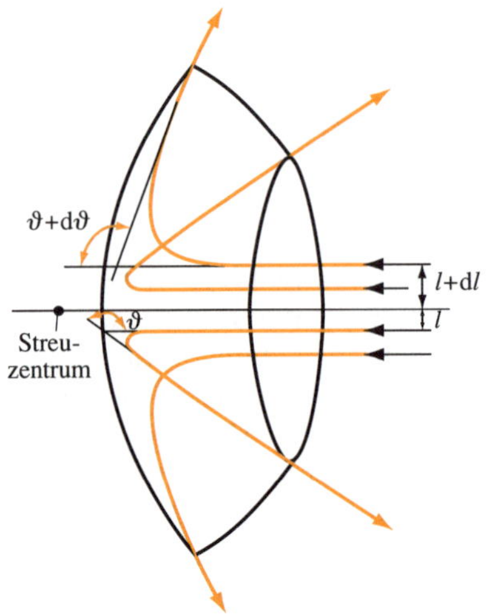

Abb. 11.2 Zur Elimination des Stoßparameters

gilt,

$$\frac{Z^2e^4}{16\pi^2\varepsilon_0^2 W^2}\cot\frac{\vartheta}{2}\,\mathrm{d}\left(\cot\frac{\vartheta}{2}\right) = -\frac{Z^2e^4}{32\pi^2\varepsilon_0^2 W^2}\frac{\cot\frac{\vartheta}{2}}{\sin^2\frac{\vartheta}{2}}\,\mathrm{d}\vartheta = -\sigma\sin\vartheta\,\mathrm{d}\vartheta.$$

Bei Beachtung der trigonometrischen Umformungen

$$\sin\vartheta = 2\sin\frac{\vartheta}{2}\cos\frac{\vartheta}{2} \quad \text{und} \quad \cot\frac{\vartheta}{2} = \frac{\cos\frac{\vartheta}{2}}{\sin\frac{\vartheta}{2}}$$

ergibt sich hieraus die *Rutherfordsche Streuformel*

$$\sigma = \frac{Z^2e^4\cot\frac{\vartheta}{2}}{32\pi^2\varepsilon_0^2 W^2\sin^2\frac{\vartheta}{2}\sin\vartheta} = \frac{Z^2e^4}{64\pi^2\varepsilon_0^2 W^2\sin^4\frac{\vartheta}{2}}. \qquad \text{(A 11.11 a)}$$

(A 11.11 a) ist die gesuchte Beziehung zwischen σ und ϑ für einen streuenden Atomkern. In der Folie der Dicke d und der Fläche A beträgt die Anzahl der streuenden Atomkerne nAd. In der Entfernung r von den streuenden Atomkernen besteht demnach zwischen der Intensität I_0 des auf die Folie senkrecht einfallenden Teilchenstromes und des in die Richtung ϑ gestreuten Teilchenstromes der Intensität I_ϑ die Beziehung

$$I_\vartheta = \frac{\sigma I_0 nAd}{r^2}$$

und damit nach (A 11.11 a)

$$I_\vartheta = \frac{Z^2 e^4 n A d}{64\pi^2 \varepsilon_0^2 W^2 r^2 \sin^4 \dfrac{\vartheta}{2}} I_0 \,. \tag{A 11.11}$$

(A 11.11) bezeichnet man ebenfalls als *Rutherfordsche Streuformel.*

A.12 Zum Übergang der Quantenmechanik in die klassische Mechanik

Wenn in den Hamiltonschen Gleichungen (5.21)

$$\dot{q}_j = \frac{\partial H}{\partial p_j} \tag{A 12.1 a}$$

$$\dot{p}_j = -\frac{\partial H}{\partial q_j} \tag{A 12.1 b}$$

$(j = 1, 2, \ldots, f;\ f$ Anzahl der mechanischen Freiheitsgrade)

die Hamilton-Funktion $H = H(q_j, p_j, t)$ nicht explizit von der Ortskoordinate q_l abhängt, dann ist nach (A 12.1 b) die zugehörige Impulskoordinate $p_l =$ const (zyklische Koordinate, s. Bd. I, Abschn. 4.3). Die Lösung der Hamiltonschen Gleichungen wird deshalb um so einfacher, je mehr zyklische Koordinaten vorliegen. Sind in der Darstellung $H(q_j, p_j, t)$ nur wenige oder gar keine Koordinaten q_j zyklisch, so kann es zweckmäßig sein, die verallgemeinerten Koordinaten q_j, p_j so in neue Koordinaten $\hat{q}_j$, $\hat{p}_j$ zu transformieren, daß in der transformierten Hamilton-Funktion $\hat{H} = \hat{H}(\hat{q}_j, \hat{p}_j, t)$ möglichst viele Ortskoordinaten nicht explizit vorkommen. Man bezeichnet eine derartige Transformation als *kanonische Transformation*, die sie erzeugende Funktion S als *erzeugende Wirkungsfunktion* oder kurz als *Wirkungsfunktion.*

Wir wollen annehmen, daß die Funktion S explizit von den alten Ortskoordinaten q_j, den neuen Impulskoordinaten $\hat{p}_j$ und der Zeit t abhängig ist:

$$S = S(q_j, \hat{p}_j, t)\,. \tag{A 12.2}$$

Zum Auffinden von S beachten wir das Hamiltonsche Prinzip (I S 4.9)

$$\int_{t_0}^{t_E} L(q_j, \dot{q}_j, t)\, \mathrm{d}t = \text{Extremwert} \tag{A 12.3}$$

mit der Lagrange-Funktion (5.22)

$$L(q_j, \dot{q}_j, t) = \sum_{j=1}^{f} \dot{q}_j p_j - H(q_j, p_j, t)\,. \tag{A 12.4}$$

t_0 bedeutet die Zeit am Anfang der Bewegung, t_E die am Ende der Bewegung. Auch die transformierte Lagrange-Funktion $\hat{L} = \hat{L}(\hat{q}_j, \dot{\hat{q}}_j, t)$ muß diesem Prinzip genügen. Dazu ist hinreichend, wenn

$$[L(q_j, \dot{q}_j, t) - \hat{L}(\hat{q}_j, \dot{\hat{q}}_j, t)]\, dt = dS(q_j, \hat{p}_j, t) - d\sum_{j=1}^{f} \hat{p}_j\, \hat{q}_j \tag{A 12.5}$$

gilt. Man erkennt dies wie folgt: Einsetzen von L in das Hamiltonsche Prinzip ergibt unter Beachtung von (A 12.5)

$$\int_{t_0}^{t_E} L dt = \int_{t_0}^{t_E} \hat{L}\, dt + S(q_j, \hat{p}_j, t)\Big|_{t_0}^{t_E} - \sum_{j=1}^{f} \hat{p}_j\, \hat{q}_j \Big|_{t_0}^{t_E}. \tag{A 12.6}$$

Nach (A 12.3) gilt

$$\delta \int_{t_0}^{t_E} L dt = 0\,. \tag{A 12.7a}$$

Da der Bewegungszustand sowohl zur Anfangszeit t_0 als auch zur Endzeit t_E vorgegeben ist, folgen

$$\delta S(q_j, \hat{p}_j, t)\Big|_{t_0}^{t_E} = 0 \tag{A 12.7b}$$

und

$$\delta \sum_{j=1}^{f} \hat{p}_j\, \hat{q}_j \Big|_{t_0}^{t_E} = 0\,. \tag{A 12.7c}$$

Einsetzen von (A 12.7a), (A 12.7b) und (A 12.7c) ergibt wie behauptet

$$\delta \int_{t_0}^{t_E} \hat{L} dt = 0 \tag{A 12.8a}$$

oder

$$\int_{t_0}^{t_E} \hat{L} dt = \text{Extremwert}\,. \tag{A 12.8}$$

Das Glied $\sum_{j=1}^{f} \hat{p}_j \hat{q}_j$ in (A 12.5) ist prinzipiell nicht notwendig. Es wird hinzugefügt, um die einfache Gleichungsstruktur (A 12.9) zu erhalten.

Zum Auffinden der erzeugenden Wirkungsfunktion S setzen wir (A 12.4) in die Beziehung (A 12.5) ein und berechnen die totalen Differentiale. Man erhält

$$\sum_{j=1}^{f} p_j\, dq_j - H dt - \sum_{j=1}^{f} \hat{p}_j\, d\hat{q}_j + \hat{H} dt$$
$$= \frac{\partial S}{\partial q_j}\, dq_j + \frac{\partial S}{\partial \hat{p}_j}\, d\hat{p}_j + \frac{\partial S}{\partial t}\, dt - \sum_{j=1}^{f} \hat{p}_j\, d\hat{q}_j - \sum_{j=1}^{f} \hat{q}_j\, d\hat{p}_j,$$

woraus durch Koeffizientenvergleich die Beziehungen

$$p_j = \frac{\partial S(q_j, \hat{p}_j, t)}{\partial q_j} \tag{A 12.9a}$$

$$\hat{q}_j = \frac{\partial S(q_j, \hat{p}_j, t)}{\partial \hat{p}_j} \tag{A 12.9b}$$

$$\hat{H}(\hat{q}_j, \hat{p}_j, t) = H(q_j, p_j, t) + \frac{\partial S(q_j, \hat{p}_j, t)}{\partial t} \tag{A 12.9c}$$

folgen.

Für die Koordinaten $\hat{q}_j, \hat{p}_j$ gelten entsprechend (A 12.1) die Hamiltonschen Gleichungen

$$\dot{\hat{q}}_i = \frac{\partial \hat{H}}{\partial \hat{p}_j} \tag{A 12.10a}$$

$$\dot{\hat{p}}_j = -\frac{\partial \hat{H}}{\partial \hat{q}_j}\,. \tag{A 12.10b}$$

Sie sind sofort lösbar, wenn die erzeugende Wirkungsfunktion S so gewählt wird, daß $\hat{H} = 0$ gilt. Nach (A 12.9c) und (A 12.9a) muß hierfür S der *Hamilton-Jacobischen Differentialgleichung*

$$H\left(q_j, \frac{\partial S(q_j, \hat{p}_j, t)}{\partial q_j}, t\right) + \frac{\partial S(q_j, \hat{p}_j, t)}{\partial t} = 0 \tag{A 12.11}$$

genügen. Dann gilt für alle den q_j und p_j zugeordneten neuen Koordinaten

$$\hat{q}_j = \text{const} \tag{A 12.12a}$$

$$\hat{p}_j = \text{const}\,. \tag{A 12.12b}$$

Zum Auffinden der q_j und p_j sucht man zunächst eine Lösung von (A 12.11) für die f Koordinaten q_j. Findet man ein derartiges vollständiges Integral, so enthält dieses f Konstanten, welche als die f Impulskoordinaten $\hat{p}_j$ = const angesehen werden können. Aus (A 12.9a) erhält man dann die zu den q_j gehörenden Impulskoordinaten p_j.

Für konservative Kraftfelder ist nach (5.22a) die Hamilton-Funktion gleich der Gesamtenergie:

$$H\left(q_j, \frac{\partial S(q_j, \hat{p}_j, t)}{\partial q_j}\right) = W\,. \tag{A 12.13}$$

Für diesen Spezialfall kann man in S die Zeit separieren:

$$S(q_j, \hat{p}_j, t) = Ct + R(q_j, \hat{p}_j)\,, \tag{A 12.14a}$$

wobei die Funktion R ebenso wie H nicht von der Zeit explizit abhängig ist. Einsetzen von (A 12.14a) in (A 12.11) und Vergleich mit (A 12.13) ergibt für die Konstante $C = -W$, womit (A 12.14a) übergeht in

$$S = -Wt + R\,. \tag{A 12.14}$$

Nach diesen Bemerkungen zur klassischen Mechanik wenden wir uns der Quantenmechanik zu. Wir gehen aus von der Schrödinger-Gleichung (5.14) für ein Objekt der Masse m_0

$$-\frac{\hbar^2}{2m_0}\nabla^2\psi + W_\mathrm{p}\,\psi + \frac{\hbar}{\mathrm{i}}\frac{\partial\psi}{\partial t} = 0 \tag{A 12.15}$$

und setzen die Lösungsfunktion in der Form

$$\psi = \mathrm{e}^{\frac{\mathrm{i}}{\hbar}S} \tag{A 12.16}$$

an. Dann gilt

$$\frac{\partial\psi}{\partial t} = \frac{\mathrm{i}}{\hbar}\,\mathrm{e}^{\frac{\mathrm{i}}{\hbar}S}\,\frac{\partial S}{\partial t} \tag{A 12.17a}$$

$$\nabla\psi = \frac{\mathrm{i}}{\hbar}\,\mathrm{e}^{\frac{\mathrm{i}}{\hbar}S}\,\nabla S \tag{A 12.17b}$$

und

$$\nabla^2\psi = -\frac{1}{\hbar^2}(\nabla S)^2\,\mathrm{e}^{\frac{\mathrm{i}}{\hbar}S} + \frac{\mathrm{i}}{\hbar}\,\mathrm{e}^{\frac{\mathrm{i}}{\hbar}S}\,\nabla^2 S\,. \tag{A 12.17c}$$

Einsetzen von (A 12.17a), (A 12.17b) und (A 12.17c) in die Schrödinger-Gleichung (A 12.15) ergibt

$$\frac{1}{2m_0}(\nabla S)^2 + \frac{\hbar}{2\mathrm{i}m_0}\nabla^2 S + W_\mathrm{p} + \frac{\partial S}{\partial t} = 0\,, \tag{A 12.18a}$$

woraus durch den Grenzübergang $\hbar \to 0$

$$\frac{1}{2m_0}(\nabla S)^2 + W_\mathrm{p} + \frac{\partial S}{\partial t} = 0 \tag{A 12.18}$$

folgt. Nach (A 12.11) ist das die Hamilton-Jacobische Differentialgleichung für ein Teilchen der Masse m_0 im konservativen Kraftfeld, denn mit (A 12.14) und (A 12.9a) ergibt sich aus ihr für ein derartiges Teilchen der klassische Energieerhaltungssatz

$$\frac{\boldsymbol{p}^2}{2m_0} + W_\mathrm{p} = W.$$

Die klassische Mechanik ist demzufolge der Sonderfall der Quantenmechanik für $\hbar \to 0$. Weiter zeigt der Vergleich von (A 12.16) mit

(A 12.14), daß mit W als Gesamtenergie für ψ

$$\psi\,(x, y, z, t) = \psi_0\,(x, y, z)\,\mathrm{e}^{-\frac{\mathrm{i}}{\hbar}Wt} \tag{A 12.19}$$

geschrieben werden muß (vgl. (5.13 a)), d. h. eine zeitliche Separation in der Form

$$\psi\,(x, y, z, t) = \psi_0\,(x, y, z)\,\mathrm{e}^{\frac{\mathrm{i}}{\hbar}Wt}$$

damit nicht möglich ist.

A.13 Zur Berechnung von $\langle\dot{\mathfrak{O}}\rangle$

Es soll die totale zeitliche Änderung des Erwartungswertes $\langle\mathfrak{O}\rangle$ der Observablen O berechnet werden. Nach (S 5.4) ergibt sich

$$\langle\dot{\mathfrak{O}}\rangle = \frac{\mathrm{d}}{\mathrm{d}t}(\psi^*, \mathfrak{O}\psi) = \left(\frac{\partial\psi^*}{\partial t}, \mathfrak{O}\psi\right) + \left(\psi^*, \frac{\partial\mathfrak{O}}{\partial t}\psi\right) + \left(\psi^*, \mathfrak{O}\frac{\partial\psi}{\partial t}\right)$$

oder, da nach der Schrödinger-Gleichung (5.26 a) und (D 5.3)

$$\frac{\partial\psi}{\partial t} = \frac{-\mathrm{i}}{\hbar}\mathfrak{H}\psi\,; \qquad \frac{\partial\psi^*}{\partial t} = \frac{\mathrm{i}}{\hbar}\mathfrak{H}\psi^*$$

gilt,

$$\langle\dot{\mathfrak{O}}\rangle = \frac{\mathrm{i}}{\hbar}(\mathfrak{H}\psi^*, \mathfrak{O}\psi) + \left(\psi^*, \frac{\partial\mathfrak{O}}{\partial t}\psi\right) - \frac{\mathrm{i}}{\hbar}(\psi^*, \mathfrak{O}\mathfrak{H}\psi)\,.$$

Aufgrund der Hermitezität des Hamilton-Operators folgt nach (D 5.4)

$$(\mathfrak{H}\psi^*, \mathfrak{O}\psi) = (\psi^*, \mathfrak{H}\mathfrak{O}\psi)$$

und damit

$$\langle\dot{\mathfrak{O}}\rangle = \left(\psi^*, \left(\frac{\mathrm{i}}{\hbar}[\mathfrak{H}\mathfrak{O} - \mathfrak{O}\mathfrak{H}] + \frac{\partial\mathfrak{O}}{\partial t}\right)\psi\right). \tag{A 13.1}$$

A.14 Zur quantenmechanischen Bewegungsgleichung

Es soll die Beziehung

$$\frac{\partial\mathfrak{O}}{\partial\mathfrak{p}_j} = \frac{\mathrm{i}}{\hbar}(\mathfrak{O}\mathfrak{q}_j - \mathfrak{q}_j\mathfrak{O}) = \frac{\mathrm{i}}{\hbar}[\mathfrak{O}, \mathfrak{q}_j] \tag{A 14.1}$$

bewiesen werden. Von den Operatoren $\mathfrak{O} = \mathfrak{O}\,(\mathfrak{q}_j)$ und $\mathfrak{O} = \mathfrak{p}_{l \neq j}$ wird sie erfüllt. Für $\mathfrak{O} = \mathfrak{p}_j$ findet man dagegen

$$1 = \frac{\mathrm{i}}{\hbar}[\mathfrak{p}_j, \mathfrak{q}_j]\,.$$

Diese Beziehung ergibt sich auch aus (5.33a) für $\mathfrak{O} = \mathfrak{q}_j$. Da (5.33 a) schon bewiesen ist, muß (A 14.1) für die Fälle gelten, in denen $\mathfrak{O} = \mathfrak{f}$ eine Funktion aller Ortsoperatoren und eines Impulsoperators ist. Prinzipiell kann aber $\mathfrak{O}$ von mehreren Impulsen abhängig sein. Da dieser Operator sich dann stets durch Multiplikation und Addition (Subtraktion) derartiger Operatoren $\mathfrak{f}$ aufbauen läßt, muß nur noch gezeigt werden, daß (A 14.1) auch für $\mathfrak{O} = \mathfrak{f}_1 \cdot \mathfrak{f}_2$ und $\mathfrak{O} = \mathfrak{f}_1 + \mathfrak{f}_2$ gilt. Da (A 14.1) für die Operatoren $\mathfrak{f}_1$ und $\mathfrak{f}_2$ schon bewiesen ist, folgt

$$\frac{\partial \mathfrak{O}}{\partial \mathfrak{p}_j} = \frac{\partial (\mathfrak{f}_1 \mathfrak{f}_2)}{\partial \mathfrak{p}_j} = \frac{\partial \mathfrak{f}_1}{\partial \mathfrak{p}_j} \mathfrak{f}_2 + \mathfrak{f}_1 \frac{\partial \mathfrak{f}_2}{\partial \mathfrak{p}_j}$$

$$= \frac{\mathrm{i}}{\hbar} (\mathfrak{f}_1 \mathfrak{q}_j - \mathfrak{q}_j \mathfrak{f}_1) \mathfrak{f}_2 + \mathfrak{f}_1 \frac{\mathrm{i}}{\hbar} (\mathfrak{f}_2 \mathfrak{q}_j - \mathfrak{q}_j \mathfrak{f}_2)$$

$$= \frac{\mathrm{i}}{\hbar} (\mathfrak{f}_1 \mathfrak{f}_2 \mathfrak{q}_j - \mathfrak{q}_j \mathfrak{f}_1 \mathfrak{f}_2) = \frac{\mathrm{i}}{\hbar} (\mathfrak{O} \mathfrak{q}_j - \mathfrak{q}_j \mathfrak{O}) = \frac{\mathrm{i}}{\hbar} [\mathfrak{O}, \mathfrak{q}_j]$$

und

$$\frac{\partial \mathfrak{O}}{\partial \mathfrak{p}_j} = \frac{\partial (\mathfrak{f}_1 + \mathfrak{f}_2)}{\partial \mathfrak{p}_j} = \frac{\partial \mathfrak{f}_1}{\partial \mathfrak{p}_j} + \frac{\partial \mathfrak{f}_2}{\partial \mathfrak{p}_j}$$

$$= \frac{\mathrm{i}}{\hbar} [\mathfrak{f}_1, \mathfrak{q}_j] + \frac{\mathrm{i}}{\hbar} [\mathfrak{f}_2, \mathfrak{q}_j] = \frac{\mathrm{i}}{\hbar} [\mathfrak{f}_1 + \mathfrak{f}_2, \mathfrak{q}_j] = \frac{\mathrm{i}}{\hbar} [\mathfrak{O}, \mathfrak{q}_j] .$$

Da diese Schlüsse beliebig oft wiederholt werden können, ist der Beweis erbracht.

A.15 Zur Heisenbergschen Unschärferelation

Zum Beweis von (S 5.10) setzen wir abkürzend

$$\tilde{\mathfrak{O}} = \mathfrak{O} - \langle \mathfrak{O} \rangle, \qquad \text{(A 15.1)}$$

wobei die Anwendung von $\langle \mathfrak{O} \rangle$ auf ψ die Multiplikation von ψ mit $\langle \mathfrak{O} \rangle$ bedeutet. Das Quadrat der mittleren quadratischen Streuung der Meßwerte vereinfacht sich dann nach (5.35 a) und (S 5.4) zu

$$(\Delta O)^2 = (\psi^*, \tilde{\mathfrak{O}}^2 \psi) = \langle \tilde{\mathfrak{O}}^2 \rangle. \qquad \text{(A 15.2)}$$

Mit den beliebigen Operatoren $\tilde{\mathfrak{O}}_1$ und $\tilde{\mathfrak{O}}_2$ und der reellen Konstanten C gilt unter der Voraussetzung, daß ψ im Definitionsbereich der Operatoren $\mathfrak{O}_1 \mathfrak{O}_2$ und $\mathfrak{O}_2 \mathfrak{O}_1$ liegt:

$$0 \leqq \int_{-\infty}^{+\infty} |(\tilde{\mathfrak{O}}_1 + \mathrm{i} C \tilde{\mathfrak{O}}_2) \psi|^2 \, \mathrm{d}V = \big((\tilde{\mathfrak{O}}_1 + \mathrm{i} C \tilde{\mathfrak{O}}_2)^* \psi^*, (\tilde{\mathfrak{O}}_1 + \mathrm{i} C \tilde{\mathfrak{O}}_2) \psi\big)$$

$$= \big((\tilde{\mathfrak{O}}_1^* - \mathrm{i} C \mathfrak{O}_2^*) \psi^*, (\tilde{\mathfrak{O}}_1 + \mathrm{i} C \tilde{\mathfrak{O}}_2) \psi\big).$$

Beachtung der Hermitezität (vgl. (D 5.4)) der Operatoren führt zu

$$0 \leqq \left(\psi^*, (\tilde{\mathfrak{O}}_1 - \mathrm{i}C\tilde{\mathfrak{O}}_2)(\tilde{\mathfrak{O}}_1 + \mathrm{i}C\tilde{\mathfrak{O}}_2)\,\psi\right)$$

$$= \left(\psi^*, \tilde{\mathfrak{O}}_1^2\psi\right) + C^2(\psi^*, \tilde{\mathfrak{O}}_2^2\psi) + \mathrm{i}C(\psi^*, (\tilde{\mathfrak{O}}_1\tilde{\mathfrak{O}}_2 - \tilde{\mathfrak{O}}_2\tilde{\mathfrak{O}}_1)\,\psi)\,,$$

woraus mit (A 15.2), da nach (A 15.1) und (D 5.5)

$$\tilde{\mathfrak{O}}_1\tilde{\mathfrak{O}}_2 - \tilde{\mathfrak{O}}_2\tilde{\mathfrak{O}}_1 = \mathfrak{O}_1\mathfrak{O}_2 - \mathfrak{O}_2\mathfrak{O}_1 = [\mathfrak{O}_1, \mathfrak{O}_2]$$

ist,

$$\mathrm{i}C\langle[\mathfrak{O}_1, \mathfrak{O}_2]\rangle + (\Delta O_1)^2 + C^2(\Delta O_2)^2 \geqq 0 \qquad \text{(A 15.3)}$$

folgt.

(A 15.3) muß für jedes reelle C erfüllt sein. $\Delta O_2 = 0$ führt zu imaginären Werten für C. Wir können daher $\Delta O_2 \neq 0$ annehmen und setzen zur Abkürzung

$$a = \frac{\mathrm{i}\langle[\mathfrak{O}_1, \mathfrak{O}_2]\rangle}{(\Delta O_2)^2}; \qquad b = \frac{(\Delta O_1)^2}{(\Delta O_2)^2}\,. \qquad \text{(A 15.4 a)}$$

Damit geht (A 15.3) über in

$$f(C) = C^2 + aC + b \geqq 0\,. \qquad \text{(A 15.4)}$$

Da C alle reellen Werte annehmen kann und $f(C) \geqq 0$ sein muß, kann $f(C)$ im Reellen höchstens eine Nullstelle besitzen. Da nun $f(C)$ die Nullstellen

$$C_{1,2} = -\frac{a}{2} \pm \sqrt{\frac{a^2}{4} - b}$$

hat, ist diese Forderung gleichberechtigt mit $4b \geqq a^2$, d. h. nach (A 15.4 a) mit

$$4\,\frac{(\Delta O_1)^2}{(\Delta O_2)^2} \geqq \frac{(\mathrm{i}\langle[\mathfrak{O}_1, \mathfrak{O}_2]\rangle)^2}{(\Delta O_2)^4}$$

oder

$$(\Delta O_1)^2\,(\Delta O_2)^2 \geqq \left(\frac{\mathrm{i}}{2}\langle[\mathfrak{O}_1, \mathfrak{O}_2]\rangle\right)^2, \qquad \text{(A 15.5 a)}$$

woraus die Heisenbergsche Unschärferelation

$$\Delta O_1\,\Delta O_2 \geqq \frac{1}{2}\,|\langle[\mathfrak{O}_1, \mathfrak{O}_2]\rangle| \qquad \text{(A 15.5)}$$

folgt.

A.16 Zur quantenmechanischen Behandlung des Elektrons im Coulomb-Feld eines Atomkernes

Es soll die Lösung von (5.61)

$$\frac{d^2R}{d\varrho^2}+\frac{2}{\varrho}\frac{dR}{d\varrho}+\left(2\gamma+\frac{2Z}{\varrho}-\frac{l(l+1)}{\varrho^2}\right)R=0 \tag{A 16.1}$$

mit Hilfe des Ansatzes

$$R(\varrho)=C(\varrho)\,e^{-\sqrt{-2\gamma}\varrho} \tag{A 16.2}$$

gefunden werden. Wir bilden den ersten und zweiten Differentialquotienten:

$$\frac{dR}{d\varrho}=\frac{dC}{d\varrho}e^{-\sqrt{-2\gamma}\varrho}-\sqrt{-2\gamma}\,C\,e^{-\sqrt{-2\gamma}\varrho}$$

$$=\left(\frac{dC}{d\varrho}-\sqrt{-2\gamma}\,C\right)e^{-\sqrt{-2\gamma}\varrho},$$

$$\frac{d^2R}{d\varrho^2}=\left(\frac{d^2C}{d\varrho^2}-\sqrt{-2\gamma}\,\frac{dC}{d\varrho}\right)e^{-\sqrt{-2\gamma}\varrho}-\sqrt{-2\gamma}\left(\frac{dC}{d\varrho}-\sqrt{-2\gamma}\,C\right)e^{-\sqrt{-2\gamma}\varrho}$$

und setzen diese Ausdrücke zusammen mit (A 16.2) in (A 16.1) ein. Da $e^{-\sqrt{-2\gamma}\varrho}\neq 0$ ist, findet man für $C(\varrho)$ die Differentialgleichung

$$\frac{d^2C}{d\varrho^2}+2\left(\frac{1}{\varrho}-\sqrt{-2\gamma}\right)\frac{dC}{d\varrho}+\left[\frac{2(Z-\sqrt{-2\gamma})}{\varrho}-\frac{l(l+1)}{\varrho^2}\right]C=0, \tag{A 16.3}$$

die wir durch den Potenzreihenansatz

$$C(\varrho)=\sum_\mu a_\mu\varrho^\mu;\quad \frac{dC}{d\varrho}=\sum_\mu \mu a_\mu\,\varrho^{\mu-1};\quad \frac{d^2C}{d\varrho^2}=\sum_\mu \mu(\mu-1)\,a_\mu\,\varrho^{\mu-2} \tag{A 16.4}$$

lösen:

$$\sum_\mu\left[\mu(\mu-1)\,a_\mu\varrho^{\mu-2}+2\left(\frac{1}{\varrho}-\sqrt{-2\gamma}\right)\mu a_\mu\varrho^{\mu-1}\right.$$

$$\left.+\left(\frac{2(Z-\sqrt{-2\gamma})}{\varrho}-\frac{l(l+1)}{\varrho^2}\right)a_\mu\varrho^\mu\right]=0\,.$$

Diese Bedingung kann für beliebige ϱ dann und nur dann gelten, wenn der zu ϱ^μ (μ beliebig) gehörende Koeffizient verschwindet. Für den Koeffizienten von $\varrho^{\mu-2}$ gilt demzufolge

$$\mu(\mu-1)\,a_\mu+2\mu\,a_\mu-2\sqrt{-2\gamma}(\mu-1)\,a_{\mu-1}+2(Z-\sqrt{-2\gamma})\,a_{\mu-1}$$

$$-\,l(l+1)\,a_\mu=0$$

oder

$$a_\mu = 2a_{\mu-1}\,\frac{\mu\sqrt{-2\gamma}-Z}{\mu(\mu+1)-l(l+1)}\,. \qquad \text{(A 16.4 a)}$$

A.17 Zur gleichzeitigen Meßbarkeit der Drehimpulskomponenten

Es soll der Kommutator $[\mathfrak{J}_x, \mathfrak{J}_y]$ der Drehimpulsoperatoren (6.1)

$$\mathfrak{J}_x = \sum_{k=1}^{r} (\mathfrak{y}_k \mathfrak{p}_{kz} - \mathfrak{z}_k \mathfrak{p}_{ky});$$

$$\mathfrak{J}_y = \sum_{k=1}^{r} (\mathfrak{z}_k \mathfrak{p}_{kx} - \mathfrak{x}_k \mathfrak{p}_{kz});$$

$$\mathfrak{J}_z = \sum_{k=1}^{r} (\mathfrak{x}_k \mathfrak{p}_{ky} - \mathfrak{y}_k \mathfrak{p}_{kx}) \qquad \text{(A 17.1)}$$

bestimmt werden. Nach (D 5.5) und (A 17.1) gilt

$$\begin{aligned}[\mathfrak{J}_{kx}, \mathfrak{J}_{ky}] &= \mathfrak{J}_{kx}\mathfrak{J}_{ky} - \mathfrak{J}_{ky}\mathfrak{J}_{kx} \\ &= \mathfrak{J}_{kx}(\mathfrak{z}_k\mathfrak{p}_{kx} - \mathfrak{x}_k\mathfrak{p}_{kz}) - (\mathfrak{z}_k\mathfrak{p}_{kx} - \mathfrak{x}_k\mathfrak{p}_{kz})\mathfrak{J}_{kx}\,. \end{aligned} \qquad \text{(A 17.2 a)}$$

Da $\mathfrak{p}_{kx}$ nicht von $\mathfrak{z}_k$ und $\mathfrak{J}_{kx}$ weder von $\mathfrak{x}_k$ noch von $\mathfrak{p}_{kx}$ abhängig ist, folgt aus (5.33 a) und (5.33 b)

$$\mathfrak{p}_{kx}\mathfrak{z}_k - \mathfrak{z}_k\mathfrak{p}_{kx} = 0; \quad \mathfrak{J}_{kx}\mathfrak{p}_{kx} - \mathfrak{p}_{kx}\mathfrak{J}_{kx} = 0; \quad \mathfrak{J}_{kx}\mathfrak{x}_k - \mathfrak{x}_k\mathfrak{J}_{kx} = 0 \qquad \text{(A 17.3)}$$

und damit für (A 17.2 a)

$$[\mathfrak{J}_{kx}, \mathfrak{J}_{ky}] = \mathfrak{p}_{kx}(\mathfrak{J}_{kx}\mathfrak{z}_k - \mathfrak{z}_k\mathfrak{J}_{kx}) - \mathfrak{x}_k(\mathfrak{J}_{kx}\mathfrak{p}_{kz} - \mathfrak{p}_{kz}\mathfrak{J}_{kx})\,. \qquad \text{(A 17.2 b)}$$

Weiter gewinnt man durch Einsetzen von $\mathfrak{J}_{kx}$ in (5.33 a) und (5.33 b) die Beziehungen

$$\mathfrak{p}_{kz}\mathfrak{J}_{kx} - \mathfrak{J}_{kx}\mathfrak{p}_{kz} = \mathrm{i}\hbar\mathfrak{p}_{ky}; \qquad \mathfrak{J}_{kx}\mathfrak{z}_k - \mathfrak{z}_k\mathfrak{J}_{kx} = -\mathrm{i}\hbar\mathfrak{y}_k, \qquad \text{(A 17.4)}$$

womit (A 17.2 b) bei Beachtung von (A 17.1) in

$$[\mathfrak{J}_{kx}, \mathfrak{J}_{ky}] = -\mathrm{i}\hbar(\mathfrak{p}_{kx}\mathfrak{y}_k - \mathfrak{x}_k\mathfrak{p}_{ky}) = \mathrm{i}\hbar\mathfrak{J}_{kz} \qquad \text{(A 17.2 c)}$$

übergeht. Summation über k ergibt

$$[\mathfrak{J}_x, \mathfrak{J}_y] = \mathrm{i}\hbar\mathfrak{J}_z\,. \qquad \text{(A 17.5 a)}$$

Analog folgen die Beziehungen

$$[\mathfrak{J}_y, \mathfrak{J}_z] = \mathrm{i}\hbar\mathfrak{J}_x; \qquad [\mathfrak{J}_z, \mathfrak{J}_x] = \mathrm{i}\hbar\mathfrak{J}_y\,. \qquad \text{(A 17.5 b)}$$

Weiter soll der Kommutator $[\mathfrak{I}_x, \mathfrak{I}^2]$ berechnet werden. Mit der Beziehung $\mathfrak{I}^2 = \mathfrak{I}_x^2 + \mathfrak{I}_y^2 + \mathfrak{I}_z^2$ gilt

$$\begin{aligned}[\mathfrak{I}_x, \mathfrak{I}^2] &= \mathfrak{I}_x\mathfrak{I}^2 - \mathfrak{I}^2\mathfrak{I}_x = \mathfrak{I}_x(\mathfrak{I}_x^2 + \mathfrak{I}_y^2 + \mathfrak{I}_z^2) - (\mathfrak{I}_x^2 + \mathfrak{I}_y^2 + \mathfrak{I}_z^2)\,\mathfrak{I}_x \\ &= \mathfrak{I}_x\mathfrak{I}_y^2 + \mathfrak{I}_x\mathfrak{I}_z^2 - \mathfrak{I}_y^2\mathfrak{I}_x - \mathfrak{I}_z^2\mathfrak{I}_x + \mathfrak{I}_y\mathfrak{I}_x\mathfrak{I}_y - \mathfrak{I}_y\mathfrak{I}_x\mathfrak{I}_y \\ &\qquad + \mathfrak{I}_z\mathfrak{I}_x\mathfrak{I}_z - \mathfrak{I}_z\mathfrak{I}_x\mathfrak{I}_z \\ &= \mathfrak{I}_y(\mathfrak{I}_x\mathfrak{I}_y - \mathfrak{I}_y\mathfrak{I}_x) + \mathfrak{I}_z(\mathfrak{I}_x\mathfrak{I}_z - \mathfrak{I}_z\mathfrak{I}_x) \\ &\qquad + (\mathfrak{I}_x\mathfrak{I}_y - \mathfrak{I}_y\mathfrak{I}_x)\,\mathfrak{I}_y + (\mathfrak{I}_x\mathfrak{I}_z - \mathfrak{I}_z\mathfrak{I}_x)\,\mathfrak{I}_z\end{aligned}$$

und mit (A 17.5 a) und (A 17.5 b)

$$[\mathfrak{I}_x\mathfrak{I}^2] = \mathfrak{I}_y\mathrm{i}\hbar\mathfrak{I}_z - \mathfrak{I}_z\mathrm{i}\hbar\mathfrak{I}_y + \mathrm{i}\hbar\mathfrak{I}_z\mathfrak{I}_y - \mathrm{i}\hbar\mathfrak{I}_y\mathfrak{I}_z = 0.$$

Somit ergibt sich mit den analog für $\mathfrak{I}_y$ und $\mathfrak{I}_z$ folgenden Beziehungen

$$[\mathfrak{I}_x, \mathfrak{I}^2] = [\mathfrak{I}_y, \mathfrak{I}^2] = [\mathfrak{I}_z, \mathfrak{I}^2] = 0. \qquad \text{(A 17.5)}$$

A.18 Berechnung von $\mathfrak{I}_z$ und $\mathfrak{I}^2$ in Kugelkoordinaten

Wir wählen zunächst kartesische Koordinaten und setzen den Orts- und den Impulsoperator (vgl. (D 5.3) (5.25 a)) in die Darstellungen (6.1) der Operatoren $\mathfrak{I}_x$, $\mathfrak{I}_y$, und $\mathfrak{I}_z$ ein:

$$\begin{aligned}\mathfrak{I}_x &= \mathrm{i}\hbar\left(z\frac{\partial}{\partial y} - y\frac{\partial}{\partial z}\right) \\ \mathfrak{I}_y &= \mathrm{i}\hbar\left(x\frac{\partial}{\partial z} - z\frac{\partial}{\partial x}\right) \\ \mathfrak{I}_z &= \mathrm{i}\hbar\left(y\frac{\partial}{\partial x} - x\frac{\partial}{\partial y}\right).\end{aligned} \qquad \text{(A 18.1)}$$

Damit ist ebenfalls der Operator $\mathfrak{I}^2 = \mathfrak{I}_x^2 + \mathfrak{I}_y^2 + \mathfrak{I}_z^2$ bekannt.

(A 18.1) soll auf Kugelkoordinaten r, ϑ, φ umgeschrieben werden. Es besteht zwischen ihnen und den kartesischen Koordinaten x, y, z der Zusammenhang

$$x = r\ \text{sind}\ \vartheta \cos\varphi, \qquad y = r\sin\vartheta\sin\varphi, \qquad z = r\cos\vartheta \qquad \text{(A 18.2 a)}$$

bzw.

$$r^2 = x^2 + y^2 + z^2,\ \vartheta = \operatorname{arc\,cos}\frac{z}{\sqrt{x^2 + y^2 + z^2}},\ \varphi = \operatorname{arc\,tan}\frac{y}{x}. \qquad \text{(A 18.2 b)}$$

Wir betrachten zunächst $\mathfrak{I}_z$. Mit $f = f(r, \vartheta, \varphi)$ gilt

$$\mathrm{d}f = \frac{\partial f}{\partial r}\mathrm{d}r + \frac{\partial f}{\partial\vartheta}\mathrm{d}\vartheta + \frac{\partial f}{\partial\varphi}\mathrm{d}\varphi$$

und demzufolge

$$\frac{\partial f}{\partial x} = \frac{\partial r}{\partial x}\frac{\partial f}{\partial r} + \frac{\partial \vartheta}{\partial x}\frac{\partial f}{\partial \vartheta} + \frac{\partial \varphi}{\partial x}\frac{\partial f}{\partial \varphi}$$

oder

$$\frac{\partial}{\partial x} = \frac{\partial r}{\partial x}\frac{\partial}{\partial r} + \frac{\partial \vartheta}{\partial x}\frac{\partial}{\partial \vartheta} + \frac{\partial \varphi}{\partial x}\frac{\partial}{\partial \varphi} \,. \qquad \text{(A 18.3 a)}$$

Aus (A 18.2) können die Beziehungen

$$\frac{\partial r}{\partial x} = \frac{x}{r} = \sin\vartheta\cos\varphi\,; \quad \frac{\partial \vartheta}{\partial x} = \frac{xz}{r^2\sqrt{x^2+y^2}} = \frac{\cos\vartheta\cos\varphi}{r}\,;$$

$$\frac{\partial \varphi}{\partial x} = -\frac{y}{x^2+y^2} = -\frac{\sin\varphi}{r\sin\vartheta}$$

gewonnen werden, womit (A 18.3 a) in

$$\frac{\partial}{\partial x} = \sin\vartheta\cos\varphi\frac{\partial}{\partial r} + \frac{\cos\vartheta\cos\varphi}{r}\frac{\partial}{\partial \vartheta} - \frac{\sin\varphi}{r\sin\vartheta}\frac{\partial}{\partial \varphi} \qquad \text{(A 18.3)}$$

übergeht.

Analog folgt

$$\frac{\partial}{\partial y} = \sin\vartheta\sin\varphi\frac{\partial}{\partial r} + \frac{\sin\varphi\cos\vartheta}{r}\frac{\partial}{\partial \vartheta} + \frac{\cos\varphi}{r\sin\vartheta}\frac{\partial}{\partial \varphi} \qquad \text{(A 18.4)}$$

und somit durch Einsetzen von (A 18.3), (A 18.4) und (A 18.2 a) in (A 18.1)

$$\mathfrak{J}_z = -\mathrm{i}\hbar\frac{\partial}{\partial \varphi}\,. \qquad \text{(A 18.5 a)}$$

Entsprechend ergeben sich

$$\mathfrak{J}_x = \mathrm{i}\hbar\left[\sin\varphi\frac{\partial}{\partial \vartheta} + \cot\vartheta\cos\varphi\frac{\partial}{\partial \varphi}\right], \qquad \text{(A 18.5 b)}$$

$$\mathfrak{J}_y = \mathrm{i}\hbar\left[\cot\vartheta\sin\varphi\frac{\partial}{\partial \varphi} - \cos\varphi\frac{\partial}{\partial \vartheta}\right], \qquad \text{(A 18.5 c)}$$

womit für $\mathfrak{J}^2 = \mathfrak{J}_x^2 + \mathfrak{J}_y^2 + \mathfrak{J}_z^2$ nach einigen elementaren Umformungen

$$\mathfrak{J}^2 = -\hbar^2\left[\frac{1}{\sin\vartheta}\frac{\partial}{\partial \vartheta}\left(\sin\vartheta\frac{\partial}{\partial \vartheta}\right) + \frac{1}{\sin^2\vartheta}\frac{\partial^2}{\partial \varphi^2}\right] \qquad \text{(A 18.6)}$$

folgt.

A.19 Zum Spinoperator

Nach Abschnitt 6.3.2 ist der Spinoperator $\mathfrak{s}$ ein hermitescher Operator, der den Vertauschungsrelationen

$$[\mathfrak{s}_x, \mathfrak{s}_y] = \mathrm{i}\hbar\mathfrak{s}_z; \qquad [\mathfrak{s}_y, \mathfrak{s}_z] = \mathrm{i}\hbar\mathfrak{s}_x; \qquad [\mathfrak{s}_z, \mathfrak{s}_x] = \mathrm{i}\hbar\mathfrak{s}_y \tag{A 19.1}$$

genügt. Mit Hilfe dieser Bedingungen soll ein expliziter Ausdruck für $\mathfrak{s}$ gewonnen werden.

$\mathfrak{s}_z$ ist nicht mit $\mathfrak{s}_x$ vertauschbar, demzufolge sind die Eigenwerte von $\mathfrak{s}_x$ nicht gleichzeitig mit denen von $\mathfrak{s}_z$ scharf meßbar. Wegen der Linearität von $\mathfrak{s}_x$ muß $\mathfrak{s}_x\boldsymbol{\psi}$ linear von den Funktionen ψ_+ und ψ_- abhängig sein, d.h., wir gewinnen die Eigenwerte von $\mathfrak{s}_z\ \boldsymbol{\psi}$ aus der Eigenwertgleichung (6.17 a), indem wir dort ψ_+ durch $a_{11}\ \psi_+ + a_{12}\ \psi_-$ und ψ_- durch $a_{21}\ \psi_+ + a_{22}\ \psi_-$ ersetzen:

$$\mathfrak{s}_x\boldsymbol{\psi} = \frac{\hbar}{2}\begin{pmatrix} a_{11}\ \psi_+ + a_{12}\ \psi_- \\ a_{21}\ \psi_+ + a_{22}\ \psi_- \end{pmatrix}. \tag{A 19.2a}$$

Mit Hilfe der Vertauschungsrelation (A 19.1) wird zuerst gezeigt, daß $a_{11} = a_{22} = 0$ gilt. Anwendung von $\mathfrak{s}_z$ auf $\mathfrak{s}_x\boldsymbol{\psi}$ (nach (6.17 a) bedeutet das die Multiplikation der ersten Zeile mit $\hbar/2$, der zweiten mit $-\hbar/2$) ergibt

$$\mathfrak{s}_z\mathfrak{s}_x\boldsymbol{\psi} = \frac{\hbar^2}{4}\begin{pmatrix} a_{11}\ \psi_+ + a_{12}\ \psi_- \\ -a_{21}\ \psi_+ - a_{22}\ \psi_- \end{pmatrix}. \tag{A 19.3a}$$

Entsprechend ergibt die Anwendung von $\mathfrak{s}_x$ auf $\mathfrak{s}_z\boldsymbol{\psi}$ unter Beachtung der Bildungsvorschrift von (A 19.2 a)

$$\mathfrak{s}_x\mathfrak{s}_z\boldsymbol{\psi} = \mathfrak{s}_x\frac{\hbar}{2}\begin{pmatrix} \psi_+ \\ -\psi_- \end{pmatrix} = \frac{\hbar^2}{4}\begin{pmatrix} a_{11}\ \psi_+ - a_{12}\ \psi_- \\ a_{21}\ \psi_+ - a_{22}\ \psi_- \end{pmatrix}. \tag{A 19.3b}$$

Man erhält so aus der Vertauschungsrelation

$$[\mathfrak{s}_z, \mathfrak{s}_x]\ \boldsymbol{\psi} = (\mathfrak{s}_z\mathfrak{s}_x - \mathfrak{s}_x\mathfrak{s}_z)\ \boldsymbol{\psi} = \frac{\hbar^2}{2}\begin{pmatrix} a_{12}\ \psi_- \\ -a_{21}\ \psi_+ \end{pmatrix} = \mathrm{i}\,\hbar\mathfrak{s}_y\boldsymbol{\psi}$$

oder

$$\mathfrak{s}_y\boldsymbol{\psi} = \frac{\hbar}{2}\begin{pmatrix} -\mathrm{i}a_{12}\ \psi_- \\ \mathrm{i}a_{21}\ \psi_+ \end{pmatrix}. \tag{A 19.4a}$$

Geht man unter Beachtung dieser Ergebnisse von

$$\mathfrak{s}_y\boldsymbol{\psi} = \frac{\hbar}{2}\begin{pmatrix} a_{11}\ \psi_+ - \mathrm{i}a_{12}\ \psi_- \\ \mathrm{i}a_{21}\ \psi_+ + \ a_{22}\ \psi_- \end{pmatrix}$$

aus, so führt eine analoge Betrachtung zu

$$\mathfrak{s}_x\boldsymbol{\psi} = \frac{\hbar}{2}\begin{pmatrix} a_{12}\ \psi_- \\ a_{21}\ \psi_+ \end{pmatrix}. \tag{A 19.4b}$$

Auf beiden Wegen müssen wir zum gleichen Ergebnis gelangen. Dies ist nach (A 19.2a) und (A 19.4b) nur dann der Fall, wenn – wie behauptet – $a_{11} = a_{22} = 0$ gilt:

$$\mathfrak{s}_x \boldsymbol{\psi} = \mathfrak{s}_x \begin{pmatrix} \psi_+ \\ \psi_- \end{pmatrix} = \frac{\hbar}{2} \begin{pmatrix} a_{12}\ \psi_- \\ a_{21}\ \psi_+ \end{pmatrix},$$

$$\mathfrak{s}_y \boldsymbol{\psi} = \mathfrak{s}_y \begin{pmatrix} \psi_+ \\ \psi_- \end{pmatrix} = \frac{\hbar}{2} \begin{pmatrix} -\mathrm{i}a_{12}\ \psi_- \\ \mathrm{i}a_{21}\ \psi_+ \end{pmatrix}. \qquad \text{(A 19.4)}$$

Anwendung von $\mathfrak{s}_x$ auf $\boldsymbol{\psi}$ bedeutet demzufolge Vertauschung beider Zeilen von $\boldsymbol{\psi}$ und nachträgliche Multiplikation der ersten Zeile mit $\hbar a_{12}/2$, der zweiten mit $\hbar a_{21}/2$. Anwendung von $\mathfrak{s}_y$ auf $\boldsymbol{\psi}$ bedeutet Vertauschung beider Zeilen von $\boldsymbol{\psi}$ und nachträgliche Multiplikation der ersten Zeile mit $-\mathrm{i}\hbar a_{12}/2$, der zweiten mit $\mathrm{i}\hbar a_{21}/2$.

Die Elimination von a_{21} aus (A 19.4) erfolgt durch Anwendung der ersten Vertauschungsrelation von (A 19.1). Wir bilden hierzu mit (A 19.4) und der für die Anwendung von $\mathfrak{s}_x$ und $\mathfrak{s}_y$ gegebenen Vorschrift

$$\mathfrak{s}_x \mathfrak{s}_y \boldsymbol{\psi} = \mathfrak{s}_x \frac{\hbar}{2} \begin{pmatrix} -\mathrm{i}a_{12}\ \psi_- \\ \mathrm{i}a_{21}\ \psi_+ \end{pmatrix} = \frac{\hbar^2}{4} \begin{pmatrix} \mathrm{i}a_{12}a_{21}\ \psi_+ \\ -\mathrm{i}a_{12}a_{21}\ \psi_- \end{pmatrix},$$

$$\mathfrak{s}_y \mathfrak{s}_x \boldsymbol{\psi} = \mathfrak{s}_y \frac{\hbar}{2} \begin{pmatrix} a_{12}\ \psi_- \\ a_{21}\ \psi_+ \end{pmatrix} = \frac{\hbar^2}{4} \begin{pmatrix} -\mathrm{i}a_{12}a_{21}\ \psi_+ \\ \mathrm{i}a_{12}a_{21}\ \psi_- \end{pmatrix}$$

und setzen diese Ausdrücke unter Beachtung von (6.17a) in die Vertauschungsrelation ein:

$$[\mathfrak{s}_x, \mathfrak{s}_y] = \frac{\mathrm{i}\hbar^2}{2} \begin{pmatrix} a_{12}a_{21}\ \psi_+ \\ -a_{12}a_{21}\ \psi_- \end{pmatrix} = \mathrm{i}\hbar\mathfrak{s}_z \begin{pmatrix} \psi_+ \\ \psi_- \end{pmatrix} = \frac{\mathrm{i}\hbar^2}{2} \begin{pmatrix} \psi_+ \\ -\psi_- \end{pmatrix}.$$

Zwei Matrizen **A** und **B** sind dann und nur dann einander gleich, wenn für ihre Elemente $a_{ik} = b_{ik}$ (vgl. (A 1.6)) gilt. Somit folgt $a_{12}a_{21} = 1$, und (A 19.4) geht über in

$$\mathfrak{s}_x \boldsymbol{\psi} = \mathfrak{s}_x \begin{pmatrix} \psi_+ \\ \psi_- \end{pmatrix} = \frac{\hbar}{2} \begin{pmatrix} a_{12}\ \psi_- \\ \dfrac{1}{a_{12}}\ \psi_+ \end{pmatrix}; \qquad \text{(A 19.5a)}$$

$$\mathfrak{s}_y \boldsymbol{\psi} = \mathfrak{s}_y \begin{pmatrix} \psi_+ \\ \psi_- \end{pmatrix} = \frac{\hbar}{2} \begin{pmatrix} -\mathrm{i}a_{12}\ \psi \\ \dfrac{\mathrm{i}}{a_{12}}\ \psi_+ \end{pmatrix}. \qquad \text{(A 19.5b)}$$

Zur Bestimmung von a_{12} beachten wir, daß $\boldsymbol{\mathfrak{s}}$ ein hermitescher Operator (vgl. (D 5.4)) sein muß. Diese Forderung sichert, daß $\boldsymbol{\mathfrak{s}}$ nur reelle Eigenwerte $s_n = s_n^*$ besitzt, daß also

$$\mathfrak{S}_x \boldsymbol{\psi} = \mathfrak{S}_x \begin{pmatrix} \psi_+ \\ \psi_- \end{pmatrix} = s_x \begin{pmatrix} \psi_+ \\ \psi_- \end{pmatrix} = \frac{\hbar}{2} \begin{pmatrix} a_{12}\,\psi_- \\ \dfrac{1}{a_{12}}\,\psi_+ \end{pmatrix},$$

$$\mathfrak{S}_x^* \boldsymbol{\psi}^* = \mathfrak{S}_x^* \begin{pmatrix} \psi_+^* \\ \psi_-^* \end{pmatrix} = s_x \begin{pmatrix} \psi_+^* \\ \psi_-^* \end{pmatrix} = \frac{\hbar}{2} \begin{pmatrix} a_{12}^*\,\psi_-^* \\ \dfrac{1}{a_{12}^*}\,\psi_+^* \end{pmatrix}$$

geschrieben werden kann. Diesen Matrizengleichungen sind die vier Gleichungen

$$s_x\psi_+ = \frac{\hbar a_{12}}{2}\psi_-; \qquad s_x\psi_+^* = \frac{\hbar a_{12}^*}{2}\psi_-^*,$$

$$s_x\psi_- = \frac{\hbar}{2a_{12}}\psi_+; \qquad s_x\psi_-^* = \frac{\hbar}{2a_{12}^*}\psi_+^*$$

äquivalent. Multiplikation der ersten Zeile mit ψ_+^* bzw. ψ_+, der zweiten mit ψ_-^* bzw. ψ_- und Addition der untereinanderstehenden Gleichungen ergibt

$$s_x(\psi_+\psi_+^* + \psi_-\psi_-^*) = \frac{\hbar a_{12}}{2}\psi_-\psi_+^* + \frac{\hbar}{2a_{12}}\psi_+\psi_-^*,$$

$$s_x(\psi_+^*\psi_+ + \psi_-^*\psi_-) = \frac{\hbar a_{12}^*}{2}\psi_-^*\psi_+ + \frac{\hbar}{2a_{12}^*}\psi_+^*\psi_-,$$

woraus durch Subtraktion und nachträgliche Multiplikation mit $2/\hbar$ die Gleichung

$$a_{12}\psi_-\psi_+^* + \frac{1}{a_{12}}\psi_+\psi_-^* = a_{12}^*\psi_-^*\psi_+ + \frac{1}{a_{12}^*}\psi_+^*\psi_-$$

zur Bestimmung von a_{12} folgt. Sie ist für beliebige ψ nur dann erfüllt, wenn $a_{12} = a_{12}^{*-1}$, d.h.

$$a_{12}a_{12}^* = |a_{12}|^2 = 1 \tag{A 19.6}$$

gilt. (A 19.6) hat die Lösung $a_{12} = e^{i\varphi}$ und, wenn man die hier uninteressante Phasenkonstante φ zu Null wählt, die Lösung $a_{12} = 1$. Damit gewinnen wir nach (A 19.5) und (6.17a) bei Beachtung der Regel (A 1.11) für die Matrizenmultiplikation die Eigenwertgleichungen

$$\mathfrak{S}_x \boldsymbol{\psi} = \mathfrak{S}_x \begin{pmatrix} \psi_+ \\ \psi_- \end{pmatrix} = \frac{\hbar}{2}\begin{pmatrix} \psi_- \\ \psi_+ \end{pmatrix} = \frac{\hbar}{2}\begin{pmatrix} 0 & 1 \\ 1 & 0 \end{pmatrix}\begin{pmatrix} \psi_+ \\ \psi_- \end{pmatrix} = \frac{\hbar}{2}\begin{pmatrix} 0 & 1 \\ 1 & 0 \end{pmatrix}\boldsymbol{\psi},$$

$$\mathfrak{S}_y \boldsymbol{\psi} = \mathfrak{S}_y \begin{pmatrix} \psi_+ \\ \psi_- \end{pmatrix} = \frac{\hbar}{2}\begin{pmatrix} -i\psi_- \\ i\psi_+ \end{pmatrix} = \frac{\hbar}{2}\begin{pmatrix} 0 & -i \\ i & 0 \end{pmatrix}\begin{pmatrix} \psi_+ \\ \psi_- \end{pmatrix} = \frac{\hbar}{2}\begin{pmatrix} 0 & -i \\ i & 0 \end{pmatrix}\boldsymbol{\psi},$$

$$\mathfrak{S}_z \boldsymbol{\psi} = \mathfrak{S}_z \begin{pmatrix} \psi_+ \\ \psi_- \end{pmatrix} = \frac{\hbar}{2}\begin{pmatrix} \psi_+ \\ -\psi_- \end{pmatrix} = \frac{\hbar}{2}\begin{pmatrix} 1 & 0 \\ 0 & -1 \end{pmatrix}\begin{pmatrix} \psi_+ \\ \psi_- \end{pmatrix} = \frac{\hbar}{2}\begin{pmatrix} 1 & 0 \\ 0 & -1 \end{pmatrix}\boldsymbol{\psi}.$$

Demzufolge besitzen $\mathfrak{s}_x$, $\mathfrak{s}_y$ und $\mathfrak{s}_z$ die Darstellungen

$$\mathfrak{s}_x = \frac{\hbar}{2}\mathfrak{S}_x; \qquad \mathfrak{s}_y = \frac{\hbar}{2}\mathfrak{S}_y; \qquad \mathfrak{s}_z = \frac{\hbar}{2}\mathfrak{S}_z \tag{A 19.7}$$

mit den Paulischen Spinmatrizen

$$\mathfrak{S}_x = \begin{pmatrix} 0 & 1 \\ 1 & 0 \end{pmatrix}; \qquad \mathfrak{S}_y = \begin{pmatrix} 0 & -\mathrm{i} \\ \mathrm{i} & 0 \end{pmatrix}; \qquad \mathfrak{S}_z = \begin{pmatrix} 1 & 0 \\ 0 & -1 \end{pmatrix}. \tag{A 19.7 a}$$

Nach (A 19.7 a) und (A 1.11) gilt

$$\mathfrak{S}_x\mathfrak{S}_y = \begin{pmatrix} 0 & 1 \\ 1 & 0 \end{pmatrix}\begin{pmatrix} 0 & -\mathrm{i} \\ \mathrm{i} & 0 \end{pmatrix} = \begin{pmatrix} \mathrm{i} & 0 \\ 0 & -\mathrm{i} \end{pmatrix} = \mathrm{i}\begin{pmatrix} 1 & 0 \\ 0 & -1 \end{pmatrix} = \mathrm{i}\,\mathfrak{S}_z,$$

$$\mathfrak{S}_y\mathfrak{S}_x = \begin{pmatrix} 0 & -\mathrm{i} \\ \mathrm{i} & 0 \end{pmatrix}\begin{pmatrix} 0 & 1 \\ 1 & 0 \end{pmatrix} = \begin{pmatrix} -\mathrm{i} & 0 \\ 0 & \mathrm{i} \end{pmatrix} = -\mathrm{i}\begin{pmatrix} 1 & 0 \\ 0 & -1 \end{pmatrix} = -\mathrm{i}\,\mathfrak{S}_z,$$

d.h.

$$\mathfrak{S}_x\mathfrak{S}_y - \mathfrak{S}_y\mathfrak{S}_x = 2\mathrm{i}\,\mathfrak{S}_z. \tag{A 19.8 a}$$

Analog findet man

$$\begin{aligned} \mathfrak{S}_y\mathfrak{S}_z - \mathfrak{S}_z\mathfrak{S}_y &= 2\mathrm{i}\,\mathfrak{S}_x, \\ \mathfrak{S}_z\mathfrak{S}_x - \mathfrak{S}_x\mathfrak{S}_z &= 2\mathrm{i}\,\mathfrak{S}_y. \end{aligned} \tag{A 19.8 b}$$

Diese Beziehungen lassen sich zusammenfassen zu (vgl. den Übergang von (6.2 a) zu (6.2 b))

$$\boldsymbol{\mathfrak{S}} \times \boldsymbol{\mathfrak{S}} = 2\mathrm{i}\,\boldsymbol{\mathfrak{S}}. \tag{A 19.8}$$

Anwendung von $\mathfrak{S}_x$ auf sich selbst ergibt nach (A 19.7 a) und den Gesetzen der Matrizenmultiplikation (A 1.11)

$$\mathfrak{S}_x\mathfrak{S}_x - \mathfrak{S}_x^2 - \begin{pmatrix} 0 & 1 \\ 1 & 0 \end{pmatrix}\begin{pmatrix} 0 & 1 \\ 1 & 0 \end{pmatrix} = \begin{pmatrix} 1 & 0 \\ 0 & 1 \end{pmatrix} = \mathbf{1}.$$

Analog ist $\mathfrak{S}_y^2 = \mathfrak{S}_z^2 = \mathbf{1}$, d.h.,

$$\mathfrak{S}_x^2 = \mathfrak{S}_y^2 = \mathfrak{S}_z^2 = \mathbf{1}. \tag{A 19.9}$$

$\boldsymbol{\mathfrak{O}}_1$ und $\boldsymbol{\mathfrak{O}}_2$ seien zwei Vektoroperatoren, die nur auf die Ortskoordinaten und die Zeitkoordinate wirken, d.h. Operatoren, deren Koordinaten mit denen des Spinoperators vertauschbar sind. Es gilt dann mit

$$\boldsymbol{A} \cdot \boldsymbol{B} = A_xB_x + A_yB_y + A_zB_z,$$

der Koordinatendarstellung des Vektorproduktes und (A 19.9)

$$\begin{aligned}(\boldsymbol{\mathfrak{S}}\cdot\boldsymbol{\mathfrak{D}}_1)(\boldsymbol{\mathfrak{S}}\cdot\boldsymbol{\mathfrak{D}}_2) &= (\mathfrak{S}_x\mathfrak{D}_{1x}+\mathfrak{S}_y\mathfrak{D}_{1y}+\mathfrak{S}_z\mathfrak{D}_{1z})(\mathfrak{S}_x\mathfrak{D}_{2x}+\mathfrak{S}_y\mathfrak{D}_{2y}+\mathfrak{S}_z\mathfrak{D}_{2z})\\ &= \boldsymbol{\mathfrak{D}}_1\cdot\boldsymbol{\mathfrak{D}}_2+\mathfrak{S}_x\mathfrak{S}_y(\mathfrak{D}_{1x}\mathfrak{D}_{2y}-\mathfrak{D}_{1y}\mathfrak{D}_{2x})\\ &\quad+\mathfrak{S}_y\mathfrak{S}_z(\mathfrak{D}_{1y}\mathfrak{D}_{2z}-\mathfrak{D}_{1z}\mathfrak{D}_{2y})\\ &\quad+\mathfrak{S}_z\mathfrak{S}_x(\mathfrak{D}_{1z}\mathfrak{D}_{2x}-\mathfrak{D}_{1x}\mathfrak{D}_{2z})\\ &= \boldsymbol{\mathfrak{D}}_1\cdot\boldsymbol{\mathfrak{D}}_2+\mathrm{i}\big(\mathfrak{S}_z(\boldsymbol{\mathfrak{D}}_1\times\boldsymbol{\mathfrak{D}}_2)_z+\mathfrak{S}_y(\boldsymbol{\mathfrak{D}}_1\times\boldsymbol{\mathfrak{D}}_2)_y\\ &\quad+\mathfrak{S}_x(\boldsymbol{\mathfrak{D}}_1\times\boldsymbol{\mathfrak{D}}_2)_x\big)\end{aligned}$$

oder

$$(\boldsymbol{\mathfrak{S}}\cdot\boldsymbol{\mathfrak{D}}_1)(\boldsymbol{\mathfrak{S}}\cdot\boldsymbol{\mathfrak{D}}_2)=\boldsymbol{\mathfrak{D}}_1\cdot\boldsymbol{\mathfrak{D}}_2+\mathrm{i}\big(\boldsymbol{\mathfrak{S}}\cdot(\boldsymbol{\mathfrak{D}}_1\times\boldsymbol{\mathfrak{D}}_2)\big). \tag{A 19.10}$$

A.20 Zu den Übergangsregeln

Wir gehen aus von den Integralen

$$r\neq 0:\quad I=\int_0^{2\pi}\mathrm{e}^{\mathrm{i}r\varphi}\,\mathrm{d}\varphi=\frac{1}{\mathrm{i}r}\,\mathrm{e}^{\mathrm{i}r\varphi}\Big|_0^{2\pi}=\frac{1}{\mathrm{i}r}(\mathrm{e}^{2\pi\mathrm{i}r}-1)$$

$$=\frac{1}{\mathrm{i}r}(-1+\cos 2\pi r+\mathrm{i}\sin 2\pi r)=0$$

$$\text{für } |r|=1,2,3,\ldots, \tag{A 20.1 a}$$

$$r=0:\quad I=\int_0^{2\pi}\mathrm{e}^{\mathrm{i}r\varphi}\,\mathrm{d}\varphi=\int_0^{2\pi}\mathrm{d}\varphi=2\pi\ \text{ für } r=0. \tag{A 20.1 b}$$

Somit folgen (vgl (7.12 a) und (7.12 b))

$$\int_0^{2\pi}\mathrm{e}^{\mathrm{i}(m_k-m_i)\varphi}\,\mathrm{d}\varphi=\begin{cases}0 & \text{für } |m_k-m_i|=1,2,3,\ldots\\ 2\pi & \text{für } |m_k-m_i|=0,\end{cases} \tag{A 20.2 a}$$

$$\int_0^{2\pi}\mathrm{e}^{\mathrm{i}(m_k-m_i\pm 1)\varphi}\,\mathrm{d}\varphi=\begin{cases}0 & \text{für } |m_k-m_i\pm 1|=1,2,3,\ldots\\ 2\pi & \text{für } |m_k-m_i\pm 1|=0.\end{cases} \tag{A 20.2 b}$$

Für $\langle z_{ki}\rangle\neq 0$ ist außer der Forderung $m_k=m_i$ (vgl. (A 20.2 a)) noch die Bedingung (vgl. (7.11 a))

$$\int_{\vartheta=0}^{\pi}P_{l_k}^{m_k}(\cos\vartheta)\,P_{l_i}^{m_i}(\cos\vartheta)\sin\vartheta\cos\vartheta\,\mathrm{d}\vartheta\neq 0 \tag{A 20.3 a}$$

notwendig, die bei Beachtung der Transformation (A 4.4)

$$\xi=\cos\vartheta,\qquad \mathrm{d}\xi=-\sin\vartheta\,\mathrm{d}\vartheta$$

und von $m_k = m_i$ in

$$I = \int_{-1}^{+1} P_{l_k}^{m_k}(\xi)\, P_{l_i}^{m_k}(\xi)\, \xi \, \mathrm{d}\xi \neq 0 \tag{A 20.3 b}$$

übergeht. Da mit den Konstanten C_1 und C_2 aus der Rekursionsformel (A 5.10)

$$\xi P_{l_k}^{m_k} = C_1 P_{l_k+1}^{m_k} + C_2 P_{l_k-1}^{m_k}$$

gefolgert werden kann, läßt sich I als Summe von zwei Integralen darstellen:

$$I = C_1 \int_{-1}^{+1} P_{l_k+1}^{m_k}(\xi)\, P_{l_i}^{m_k}(\xi)\, \mathrm{d}\xi + C_2 \int_{-1}^{+1} P_{l_k-1}^{m_k}(\xi)\, P_{l_i}^{m_k}(\xi)\, \mathrm{d}\xi \neq 0\,. \tag{A 20.3 c}$$

Nach (A 5.9 a) ist diese Forderung dann und nur dann erfüllt, wenn $|l_k - l_i| = 1$ gilt.

Nach (7.11 b) bzw. (7.11 c) muß für $\langle y_{ki}\rangle \neq 0$ bzw. $\langle x_{ki}\rangle \neq 0$ außer der Bedingung $m_i = m_k \pm 1$ (vgl. (A 5.2 b)) auch

$$\int_{0}^{\pi} P_{l_k}^{m_k}(\cos\vartheta)\, P_{l_i}^{m_i}(\cos\vartheta)\, \sin^2\vartheta \, \mathrm{d}\vartheta \neq 0 \tag{A 20.4 a}$$

bzw. mit der Substitution $\xi = \cos\vartheta$ und $m_i = m_k \pm 1$

$$\int_{-1}^{+1} P_{l_i}^{m_k \pm 1}(\xi)\, P_{l_k}^{m_k}(\xi)\, (1-\xi^2)^{1/2}\, \mathrm{d}\xi \neq 0 \tag{A 20.4 b}$$

erfüllt sein. Es werde zuerst der Fall $m_k + 1$ betrachtet. Mit (A 5.5)

$$P_{l_i}^{m_k+1} = C P_{l_i}^{-m_k-1}$$

und (A 5.1) geht (A 20.4 b) über in

$$\int_{-1}^{+1} \frac{\mathrm{d}^{l_k+m_k}(\xi^2-1)^{l_k}}{\mathrm{d}\xi^{l_k+m_k}} \cdot \frac{\mathrm{d}^{l_i-m_k-1}(\xi^2-1)^{l_i}}{\mathrm{d}\xi^{l_i-m_k-1}}\, \mathrm{d}\xi \neq 0\,. \tag{A 20.4 c}$$

Nach (A 5.6 a) und den dort folgenden Rechnungen hat (A 20.4 c) und damit auch (A 20.4 a) dann und nur dann einen von Null verschiedenen Wert, wenn $l_i - 1 - l_k$ gewählt wird.

Für $m_k - 1$ überführt (A 5.1) mit

$$P_{l_k}^{m_k} = C P_{l_k}^{-m_k}$$

die Beziehung (A 20.4 b) in

$$\int_{-1}^{+1} \frac{\mathrm{d}^{l_i-1+m_k}(\xi^2-1)^{l_i}}{\mathrm{d}\xi^{l_i-1+m_k}} \, \frac{\mathrm{d}^{l_k-m_k}(\xi^2-1)^{l_k}}{\mathrm{d}\xi^{l_k-m_k}}\, \mathrm{d}\xi \neq 0,$$

woraus durch eine analoge Betrachtung die Forderung $l_k - 1 = l_i$ abgelesen werden kann.

Weiter soll geprüft werden, unter welchen Bedingungen

$$\int_{-\infty}^{+\infty} H_{n_i}(\xi)\, \xi H_{n_k}(\xi)\, \mathrm{e}^{-\xi^2}\, \mathrm{d}\xi \neq 0 \tag{A 20.5}$$

gilt. Da mit den Konstanten C_1 und C_2 aus der Rekursionsformel (A 3.3)

$$\xi H_{n_k} = C_1 H_{n_k+1} + C_2 H_{n_k-1}$$

folgt, kann (A 20.5) als Summe von zwei Integralen dargestellt werden:

$$C_1 \int_{-\infty}^{+\infty} H_{n_i}(\xi)\, H_{n_k+1}(\xi)\, \mathrm{e}^{-\xi^2}\, \mathrm{d}\xi + C_2 \int_{-\infty}^{+\infty} H_{n_i}(\xi)\, H_{n_k-1}(\xi)\, \mathrm{e}^{-\xi^2}\, \mathrm{d}\xi \neq 0\,.$$

Nach (A 3.8) ist diese Bedingung nur dann erfüllt, wenn $|n_i - n_k| = 1$ gewählt wird.

A.21 Zum Interkombinationsverbot

Zum Nachweis des Interkombinationsverbotes muß der Erwartungwert des Dipolmomentes (7.9) zur Anwendung auf ein Zweielektronensystem erweitert werden. Dazu schreiben wir entsprechend den Überlegungen im Kapitel 9 für die Zustandsfunktion abkürzend $\psi(1,2)$. Nach (9.6) ist dann

$$\psi^*\psi\, \mathrm{d}V_1 \mathrm{d}V_2 \tag{A 21.1}$$

die Wahrscheinlichkeit dafür, das Valenzelektron 1 im Volumenelement $\mathrm{d}V_1$, das Valenzelektron 2 im Volumenelement $\mathrm{d}V_2$ zu finden. Damit liefert das Valenzelektron 1 zum Dipolmoment den Beitrag

$$e\boldsymbol{r}_1\, \mathrm{d}V_1 \int_{V_2} \psi^*\psi\, \mathrm{d}V_2, \tag{A 21.2 a}$$

das Valenzelektron 2 den Beitrag

$$e\boldsymbol{r}_2\, \mathrm{d}V_2 \int_{V_1} \psi^*\psi\, \mathrm{d}V_1. \tag{A 21.2 b}$$

Damit erhalten wir für den Erwartungswert des Dipolmomentes eines Zweielektronensystems

$$\langle \mathfrak{m}_{\mathrm{el}} \rangle = e \sum_k \sum_i c_k^*(0)\, c_i(0)\, \mathrm{e}^{\frac{\mathrm{i}(W_k - W_i)t}{\hbar}} \langle \mathfrak{r}_{ki}(1,2) \rangle \tag{A 21.3}$$

mit

$$\langle \mathfrak{r}_{ki}(1,2) \rangle = \int_{V_1} \int_{V_2} \psi_{0k}^*(1,2)\, (\boldsymbol{r}_1 + \boldsymbol{r}_2)\, \psi_{0i}(1,2)\, \mathrm{d}V_1 \mathrm{d}V_2$$

$$= (\psi_{0k}^*(1,2), (\boldsymbol{r}_1 + \boldsymbol{r}_2)\, \psi_{0i}(1,2)). \tag{A 21.3 a}$$

Durch Vertauschen der beiden Valenzelektronen erhält man

$$\langle \mathrm{r}_{ki}(2,1)\rangle = (\psi^*_{0k}(2,1), (\boldsymbol{r}_2 + \boldsymbol{r}_1)\, \psi_{0i}(2,1)), \qquad \text{(A 21.3 b)}$$

wobei ψ_{0k} (2, 1) und ψ_{0i} (2, 1) die Eigenfunktionen bedeuten, die aus ψ_{0k} (1, 2) und ψ_{0i} (1, 2) durch Vertauschen der beiden Elektronen entstehen. Da sich der Erwartungswert des Diplmomentes durch das Vertauschen der beiden völlig gleichberechtigten Valenzelektronen nicht verändern kann, muß

$$\langle \mathrm{r}_{ki}(2,1)\rangle = \langle \mathrm{r}_{ki}(1,2)\rangle \qquad \text{(A 21.4)}$$

sein.

Charakterisieren wir nun den Spinzustand durch die Spinfunktion σ (1, 2), dann ist das System einschließlich seines Spinzustandes durch (vgl. (9.6))

$$\chi(1,2) = \psi(1,2)\,\sigma(1,2) \qquad \text{(A 21.5)}$$

zu beschreiben.

Das Energieniveauschema eines Zweielektronensystems zerfällt nach (7.15) in ein Singulettsystem ($J = L$) und in ein Triplettsystem ($J = L + 1$, L, $L - 1$). Zur Erfassung dieser Spinzustände führen wir spezielle Spinfunktionen ein:

$$\sigma_+ = \begin{cases} 1 \text{ für die Addition von } \boldsymbol{s} \text{ zu } \boldsymbol{L} \\ 0 \text{ für die Subtraktion von } \boldsymbol{s} \text{ von } \boldsymbol{L} \end{cases}$$

$$\sigma_- = \begin{cases} 0 \text{ für die Addition von } \boldsymbol{s} \text{ zu } \boldsymbol{L} \\ 1 \text{ für die Subtraktion von } \boldsymbol{s} \text{ von } \boldsymbol{L}. \end{cases}$$

Mit $\sigma = \sigma_+\, \sigma_-$ ergibt sich dann:

$\sigma_{+1}\,\sigma_{+2}$ entspricht $J = L + 1$
$\sigma_{-1}\,\sigma_{-2}$ entspricht $J = L - 1$
$\left.\begin{matrix}\sigma_{+1}\,\sigma_{-2}\\ \sigma_{-1}\,\sigma_{+2}\end{matrix}\right\}$ entsprechen $J = L$.

Damit ist die antisymmetrische Spinfunktion

$$\sigma_{\mathrm{as}}(1,2) = \frac{\sigma_{+1}\,\sigma_{-2} - \sigma_{-1}\,\sigma_{+2}}{\sqrt{2}} \qquad \text{(A 21.6)}$$

der Quantenzahl $J = L$ und damit dem Singulettsystem zugeordnet, während die drei symmetrischen Spinfunktionen

$$\sigma_{\mathrm{s}}(1,2) = \sigma_{+1}\,\sigma_{+2} \qquad \text{(A 21.7 a)}$$

$$\sigma_{\mathrm{s}}(1,2) = \sigma_{-1}\,\sigma_{-2} \qquad \text{(A 21.7 b)}$$

$$\sigma_{\mathrm{s}} = \frac{\sigma_{+1}\,\sigma_{-2} + \sigma_{-1}\,\sigma_{+2}}{\sqrt{2}} \qquad \text{(21.7 c)}$$

den Quantenzahlen $J = L + 1$, $J = L - 1$ und $J = L$ und damit dem Triplettsystem zugeordnet sind. Da nach (S 9.1) die Funktion $\chi(1, 2)$ antisymmetrisch sein muß, ist nach (A 21.5) die Funktion $\psi(1, 2)$ für das Singulettsystem symmetrisch, für das Triplettsystem antisymmetrisch.

Wir betrachten nun den Energieübergang von einem Energieniveau im Triplettsystem zu einem Energieniveau im Singulettsystem. Nach den vorstehenden Überlegungen ist $\psi_k(1, 2)$ dann eine antisymmetrische Eigenfunktion bezüglich der Vertauschung der Elektronen, $\psi_i(1, 2)$ dagegen eine symmetrische Eigenfunktion. Demnach gilt

$$\psi_{0k}(1, 2) = -\psi_{0k}(2, 1) \tag{A 21.8a}$$

$$\psi_{0i}(1, 2) = \psi_{0i}(2, 1), \tag{A 21.8b}$$

womit sich für (A 21.3b) unter Beachtung von (A 21.3a) und der Gleichung $\boldsymbol{r}_2 + \boldsymbol{r}_1 = \boldsymbol{r}_1 + \boldsymbol{r}_2$

$$\langle \mathrm{r}_{ki}(2,1)\rangle = (-\psi^*_{0k}(1, 2), (\boldsymbol{r}_1 + \boldsymbol{r}_2)\,\psi_{0i}) = -\langle \mathrm{r}_{ki}(1, 2)\rangle \tag{A 21.9}$$

ergibt. Dieses Resultat ist mit (A 21.4) dann und nur dann verträglich, wenn $\langle \mathrm{r}_{ki}\rangle = 0$ gilt. Interkombinationsübergänge sind demnach verboten.

A.22 Zum Yukawa-Potential

Nach (5.38) gilt für ein ungebundenes Teilchen mit der Ruhmasse $m_{0\mathrm{F}}$, dem Impuls $\boldsymbol{p}$ und der Energie W

$$W^2 = p^2 c^2 + m_{0\mathrm{F}} c^4 . \tag{A 22.1}$$

Setzt man in diese Beziehung entsprechend (D 5.3) den Impuls- und den Energieoperator ein, so erhält man in Analogie zu (5.26) die Differentialgleichung

$$\nabla^2 \psi - \frac{m_{0\mathrm{F}} c^2}{\hbar^2} \psi - \frac{1}{c^2} \frac{\partial^2 \psi}{\partial t^2} = 0 . \tag{A 22.2}$$

Diese beschreibt die Ausbreitung eines ungebundenen Teilchens. Gesucht wird aber das zeitunabhängige Potential $V(r)$. Man erhält für dieses eine Bestimmungsgleichung, indem man in (A 22.2) das zeitabhängige Glied wegläßt und ψ durch $V(r)$ ersetzt:

$$\nabla^2 V(r) = \frac{m_{0\mathrm{F}}^2 c^2}{\hbar^2} V(r) . \tag{A 22.3}$$

Nimmt man Kugelsymmetrie für das Problem an, dann gilt nach (A 6.12 d)

$$\nabla^2 = \frac{1}{r^2} \frac{\partial}{\partial r} \left(r^2 \frac{\partial}{\partial r} \right),$$

womit (A 22.3) übergeht in die Differentialgleichung

$$\frac{1}{r^2}\frac{\partial}{\partial r}\left(r^2\frac{\partial V(r)}{\partial r}\right)=\frac{m_{0\mathrm{F}}^2 c^2}{\hbar^2}V(r). \qquad \text{(A 22.3 a)}$$

Integration ergibt mit der Integrationskonstanten C das *Yukawa-Potential*

$$V(r)=\frac{C}{4\pi r}\,\mathrm{e}^{-\frac{m_{0\mathrm{F}}cr}{\hbar}}. \qquad \text{(A 22.4)}$$

A.23 Lösungen der Aufgaben

Aufgabe 1.1

Grundlagen:
Wiensches Verschiebungsgesetz (1.1)
Einteilung des elektromagnetischen Spektrums, II Tab. 7.1

Aus dem Wienschen Verschiebungsgesetz folgt

$$\lambda_{\max}=\frac{\mathrm{const}}{T}.$$

Mit const = 2,898 · 10^{-3} mK und T = (1900 + 273) K erhält man $\lambda_{\max}$ = 1,33 · 10^{-6} m. $\lambda_{\max}$ liegt im ultraroten Spektralbereich.

Aufgabe 1.2

Grundlagen:
Wiensches Verschiebungsgesetz (1.1)

$$\lambda_{\max 1}\,T_1=(\lambda_{\max 1}+0{,}6\,\lambda_{\max 1})\,T_2$$

$$T_2=\frac{1}{1{,}6}\,T_1$$

$$T_2=1875\ \mathrm{K}$$

Aufgabe 1.3

Grundlagen:
Stefan-Boltzmannsches Strahlungsgesetz (1.2), (1.2 a)
Kirchhoffsches Gesetz (S 1.2)

Für den nichtschwarzen Körper ergibt sich die Energiestromdichte zu

$$u_{\mathrm{K}}=\alpha_{\mathrm{K}}\sigma T^4.$$

Mit $u_K = \frac{P}{A}$ ergibt sich

$$T = \sqrt[4]{\frac{P}{d\pi l \alpha_K \sigma}}$$

$$T = 2563\,\text{K}.$$

Aufgabe 1.4

Grundlagen: Wiensches Verschiebungsgesetz (1.1) Spektrale Energieverteilungsfunktion, Abb. 1.3

Bei der Niederspannungslampe ist bei gleicher Leistung ein dickerer Glühfaden erforderlich. Wegen der größeren mechanischen Festigkeit kann die Betriebstemperatur höher gewählt werden. (Eine nochmals höhere Temperatur ist in Halogendampf-Atmosphäre möglich.) Bei den erreichbaren Betriebstemperaturen < 3000 K liegt λ_{max} im ultraroten Spektralbereich, verschiebt sich aber bei Temperaturerhöhung zum sichtbaren Bereich hin.

Bei gleicher Gesamtleistung erhöht sich bei der Niedervoltlampe der sichtbare Anteil der Strahlung.

Aufgabe 1.5

Grundlagen: Stefan-Boltzmannsches Strahlungsgesetz (1.2), (1.2a) Wiensches Verschiebungsgesetz (1.1)

Bei unveränderter Oberfläche des Strahlers verhalten sich die Leistungen wie die Energiestromdichten.

$$\frac{u_2}{u_1} = \frac{T_2^4}{T_1^4} = 224$$

$$\lambda_{max} = \frac{2{,}898 \cdot 10^{-3}\,\text{mK}}{T}$$

$\lambda_{max\,1} = 1932$ nm (ultrarot)

$\lambda_{max\,2} = 500$ nm (sichtbarer Bereich)

Aufgabe 1.6

Grundlagen:
Stefan-Boltzmannsches Strahlungsgesetz (1.2), (1.2a)
Astronomische Daten, I Tab. 3.1a, b
Masse-Energie-Äquivalenz (II S 14.17)

Die von einem schwarzen Körper abgestrahlte Energie ist

$$W = u\,A\,\Delta t\,.$$

Mit dem Stefan-Boltzmannschen Gesetz, der Masse-Energie-Äquivalenz und A als Kugeloberfläche erhält man

$$\Delta m = \frac{\sigma T^4\, 4\pi r^2\, \Delta t}{c^2}\,.$$

Verwendet man die Dauer eines Sonnentages (86400 s) und den Sonnenradius von $6{,}953 \cdot 10^8$ m, so ergibt sich

$$\Delta m = 3{,}74 \cdot 10^{14}\,\mathrm{kg}.$$

Aufgabe 1.7

Grundlagen:
Stefan-Boltzmannsches Strahlungsgesetz (1.2), (1.2a)
Astronomische Daten, I Tab. 3.1a, b

Die von der Sonne abgestrahlte Leistung ist $P_\mathrm{S} = uA_\mathrm{S}$. Sie verteilt sich in der Entfernung Sonne – Erde auf eine Kugelfläche $A_\mathrm{SE} = 4\pi r_\mathrm{SE}^2$. Die Energiestromdichte in Erdnähe ist also

$$u_\mathrm{E} = \frac{P_\mathrm{S}}{A_\mathrm{SE}} \quad \text{mit} \quad u_\mathrm{E} = 1{,}37\,\mathrm{kJ\,m^{-2}\,s^{-1}}.$$

Einsetzen des Stefan-Boltzmannschen Gesetzes für die Sonne als schwarzen Strahler liefert

$$u_\mathrm{E} = \frac{4\pi r_\mathrm{S}^2\, \sigma T^4}{4\pi r_\mathrm{SE}^2}$$

oder

$$T = \sqrt[4]{\frac{u_\mathrm{E} r_\mathrm{SE}^2}{\sigma r_\mathrm{S}^2}}$$

$$T = 5781\,\mathrm{K}\,.$$

Aufgabe 1.8

Grundlagen:
Plancksches Strahlungsgesetz (1.12)

Die Energiestromdichte $u_\nu \mathrm{d}\nu$ hängt bei gegebenem $\mathrm{d}\nu$ nur von der spektralen Verteilungsfunktion u_ν ab,

$$u_\nu = \frac{4\pi h \nu^3}{c^2\left(\mathrm{e}^{\frac{h\nu}{kT}} - 1\right)}.$$

a) Für $T \to 0$ wächst die Exponentialfunktion im Nenner über alle Maßen. u_ν und damit auch $u_\nu \mathrm{d}\nu$ werden Null.

b) Wächst T über alle Maßen, so strebt die Exponentialfunktion im Nenner gegen 1. Der Nenner geht damit gegen Null; $u_\nu \to \infty$ ·

c) Zähler und Nenner streben gegen unendlich. Da aber die Exponentialfunktion stärker wächst als jede andere Funktion, geht u_ν gegen Null.

d) Zähler und Nenner streben gegen Null. Für kleine Exponenten kann aber die Reihenentwicklung der Exponentialfunktion nach dem linearen Glied abgebrochen werden. Damit gilt

$$\mathrm{e}^{\frac{h\nu}{kT}} \approx 1 + \frac{h\nu}{kT}$$

$$u_\nu \sim \nu^2.$$

u_ν geht gegen Null.

Aufgabe 1.9

Grundlagen:
Plancksches Strahlungsgesetz (1.12)
Wiensches Strahlungsgesetz (1.9)

Für hohe Frequenzen kann im Nenner des Planckschen Strahlungsgesetzes

$$\mathrm{e}^{\frac{h\nu}{kT}} - 1 \approx \mathrm{e}^{\frac{h\nu}{kT}}$$

angenommen werden. Es nimmt dann die Form an

$$u_\nu \approx \frac{2\pi h \nu^3}{c^2} \mathrm{e}^{-\frac{h\nu}{kT}}.$$

Das Wiensche Strahlungsgesetz lautet

$$u_\nu = \frac{2\pi \gamma \nu^3}{c^2} \mathrm{e}^{-\frac{h\nu}{kT}}.$$

Mit $\gamma = h$ sind beide Formeln identisch.

Grundlagen:
Plancksches Strahlungsgesetz (1.12)
Rayleigh-Jeanssches Strahlungsgesetz (1.8)

Aufgabe 1.10

Die Exponentialfunktion im Plankschen Strahlungsgesetz kann in eine Taylor-Reihe entwickelt werden. Für kleine Frequenzen genügt die erste Näherung

$$\mathrm{e}^{\frac{h\nu}{kT}} \approx 1 + \frac{h\nu}{kT}.$$

Damit wird (1.12) zu

$$u_\nu \approx \frac{2\pi h\nu^3}{c^2}\frac{kT}{h\nu}.$$

Das aber ist das Rayleigh-Jeanssche Gesetz

$$u_\nu = \frac{2\pi\nu^2}{c^2}kT.$$

Grundlagen:
Plancksches Strahlungsgesetz (1.12)
Wiensches Verschiebungsgesetz (1.1)

Aufgabe 1.11

Der Extremwert der spektralen Verteilungsfunktion u_ν wird durch Nullsetzen der ersten Ableitung aus dem Planckschen Strahlungsgesetz gefunden:

$$\frac{\mathrm{d}u_\nu}{\mathrm{d}\nu} = 0$$

$$\frac{2\pi h}{c^2}\left[\frac{3\nu^2}{\left(\mathrm{e}^{\frac{h\nu}{kT}}-1\right)} - \frac{\nu^3}{\left(\mathrm{e}^{\frac{h\nu}{kT}}-1\right)^2}\mathrm{e}^{\frac{h\nu}{kT}}\frac{h}{kT}\right] = 0.$$

Division durch $\frac{2\pi h}{c^2}\cdot\frac{\nu^2}{\mathrm{e}^{\frac{h\nu}{kT}}-1}$ liefert

$$3 - \frac{\frac{h\nu}{kT}\mathrm{e}^{\frac{h\nu}{kT}}}{\mathrm{e}^{\frac{h\nu}{kT}}-1} = 0.$$

Mit der Substitution $\alpha = \dfrac{h\nu}{kT}$ ergibt sich

$$\frac{\alpha\,\mathrm{e}^{\alpha}}{\mathrm{e}^{\alpha}-1} = 3.$$

Diese Gleichung hat einen bestimmten α-Wert $\alpha = C$ als Lösung, mit dem dann die Extremwertbedingung erfüllt ist. Es gilt also

$$\frac{h\,\nu_{\max}}{kT} = C$$

oder

$$\nu_{\max} = \frac{Ck}{h}\,T.$$

Aufgabe 2.1

> Grundlagen:
> Kinetische Energie der Photoelektronen (2.7)
> Veränderung der kinetischen Energie von Elektronen (II 3.4)

Für die kinetische Energie der Elektronen gilt nach (2.7)

$W_{\mathrm{kin}} = h\nu - \Phi$, wobei Φ die Austrittsarbeit ist.

Mit $W_{\mathrm{kin}} = eU$ und $\nu = \dfrac{c}{\lambda}$ erhält man für die beiden Wertepaare die Gleichungen

$$eU_1 = h\,\frac{c}{\lambda_1} - \Phi$$

und

$$eU_2 = h\,\frac{c}{\lambda_2} - \Phi\,\cdot$$

Nach Subtraktion ergibt sich

$$h = \frac{e}{c}(U_1 - U_2)\left(\frac{1}{\lambda_1} - \frac{1}{\lambda_2}\right)^{-1}$$

$h = 6{,}43 \cdot 10^{-34}\ \mathrm{Ws}^2$ und

$\Phi = 5{,}86 \cdot 10^{-19}\ \mathrm{J} = 3{,}66\ \mathrm{eV}.$

Aufgabe 2.2

Grundlagen:
Kurzwellige Grenze der Röntgen-Bremsstrahlung (2.8)

Nach (2.8) gilt für die beiden Fälle

$$\lambda_{gr} = \frac{hc}{eU_{AK}}$$

und

$$0{,}8\lambda_{gr} = \frac{hc}{e(U_{AK} + 10\text{ kV})}\,.$$

Division der ersten Gleichung durch die zweite liefert

$$\frac{1}{0{,}8} = 1 + \frac{10\text{ kV}}{U_{AK}}$$

$$U_{AK} = 40\text{ kV}.$$

Mit (2.8) ergibt sich $\lambda_{gr} = 3{,}11 \cdot 10^{-11}$ m.

Aufgabe 2.3

Grundlagen:
Impuls des Photons (2.6b)
kinetische Energie des Elektrons (II 3.4a)
Phasengeschwindigkeit einer Welle (I S 10.1)

Nach (2.6b) ist der Betrag des Photonenimpulses

$$p_{ph} = \frac{h\nu}{c} = \frac{h}{\lambda}\,.$$

Die Aufgabe muß nicht relativistisch gerechnet werden.
Das Elektron erreicht im Beschleunigungsfeld die Geschwindigkeit

$$v = \sqrt{\frac{2eU_{AK}}{m_{0e}}}\,.$$

Es gilt also

$$U_{AK} = \frac{h^2}{\lambda^2}\,\frac{1}{2em_{0e}}$$

$$U_{AK} = 151\text{ V}.$$

Aufgabe 2.4

Grundlagen:
Molekularkinetische Beziehung für den Gasdruck (I S 8.2)
Impuls des Photons (2.6 b)
1. Newtonsches Axiom (I S 3.5)

Da nach Voraussetzung alle Photonen mit dem gleichen Impuls senkrecht auftreffen, ist eine Verteilungsfunktion nicht erforderlich. Bei Reflexion ändert sich der Einzelimpuls um $2mv$. Mit dem 1. Newtonschen Axiom gilt für den Betrag der Kraft

$$F = \frac{\mathrm{d}(mv)}{\mathrm{d}t}.$$

Beim Stoß von $\mathrm{d}N$ Photonen erfolgt eine Impulsänderung um $\mathrm{d}N\,\frac{2h}{\lambda}$.

Für den Lichtdruck ergibt sich

$$p = \frac{F}{A}$$

$$p = \frac{2h}{A\lambda}\,\frac{\mathrm{d}N}{\mathrm{d}t}.$$

Aufgabe 2.5

Grundlagen:
Compton-Effekt (2.9)
Compton-Wellenlänge (2.9 b)
Energie der Photonen (S 2.1)

Nach

$$\Delta\lambda = 2\lambda_c \sin^2\frac{\vartheta}{2} \tag{2.9}$$

kann $\Delta\lambda$ für $\sin\vartheta/2 = 1$ den Wert $\Delta\lambda = 2\lambda_c$ erreichen:

$$\frac{\Delta W}{W} = \frac{h(\nu^* - \nu)}{h\nu} = \frac{\frac{1}{\lambda^*} - \frac{1}{\lambda}}{\frac{1}{\lambda}} = \frac{\lambda - \lambda^*}{\lambda^*}$$

$$\frac{\Delta W}{W} = -\frac{\Delta\lambda}{\lambda + \Delta\lambda} = -\frac{2\lambda_c}{\lambda + 2\lambda_c}.$$

Mit $\lambda_c = 2{,}43 \cdot 10^{-12}$ m (2.9 b)
ergibt sich für das Röntgenquant

$$\frac{\Delta W_1}{W_1} = -0{,}139 \mathrel{\hat{=}} 13{,}9\,\%$$

und für das sichtbare Licht

$$\frac{\Delta W_2}{W_2} = -10^{-5} \triangleq 0{,}001\,\%\,.$$

Aufgabe 2.6

Grundlagen:
Atomradienbestimmung aus der Dichte von Flüssigkeiten (2.18 a)
Massenzahlen der stabilen Isotope, Tab. 2.4
Dichte einiger Stoffe, I Tab. 5.2

Die Dichte eines Stoffes kann bei Existenz nur einer Molekülart geschrieben werden

$$\varrho = \frac{m_{\text{mol}}}{V_{\text{mol}}} = \frac{m_{\text{mol}}}{N_A V_a}\,.$$

Im letzten Schritt wurde das Volumen des freien Raumes zwischen den Atomen vernachlässigt. Setzt man für V_a das Kugelvolumen ein und stellt nach r_a um, so erhält man

$$r_a = \left[\frac{3m_{\text{mol}}}{4\pi\varrho N_A}\right]^{\frac{1}{3}}.$$

Für das gesuchte Isotop erhält man

$$r_a = 1{,}80 \cdot 10^{-10}\,\text{m}.$$

Aufgabe 2.7

Grundlagen:
van der Waalssche Zustandsgleichung (I 7.12)
Deutung des Korrekturgliedes in der van der Waalsschen Gleichung (I 8.17)
Zusammenhang zwischen kritischen Daten und van der Waals-Korrekturen I A.24, (I 7.13)
Bestimmung der Radien von Atomen und Molekülen (I 8.36)
kritische Daten einiger Gase, I Tab. 7.6

Das Korrekturglied für V in der van der Waalsschen Gleichung ist das vierfache Eigenvolumen der N Moleküle

$$mb = 4N\,\frac{4}{3}\,\pi\,R_a^3\,.$$

Verwendet man

$$\frac{m}{N} = \frac{m_{\text{mol}}}{N_A},$$

so erhält man

$$R_a = \left[\frac{3\,b\,m_{mol}}{16\pi N_A}\right]^{\frac{1}{3}}.$$

Die van der Waals-Konstante b kann aus den kritischen Daten des Gases berechnet werden. Nach (I 7.13) gilt

$$V_{kr} = 3mb \qquad \text{und damit} \qquad 3b = \frac{1}{\varrho_{kr}}.$$

Mit der kritischen Dichte von Argon $\varrho_{kr} = 0{,}531\ \mathrm{g\,cm^{-3}}$ (I Tab. 7.6) ergibt sich

$$R_a = 1{,}35 \cdot 10^{-10}\ \mathrm{m}.$$

Aufgabe 2.8

Grundlagen:
Diffusionskoeffizient eines Gases (2.23), (I 8.32)
Relative Atommassen, I Tab. 7.5

Setzt man für beide Gase gleiche Temperatur voraus, so gilt nach (2.23) mit der relativen Molekülmasse M_r

$$D \sim \frac{1}{\sqrt{M_r}}.$$

Die relativen Atommassen von UF_6 sind

$$M_{r1} = 349 \text{ für das Isotop } {}^{235}\mathrm{U}$$

und

$$M_{r2} = 352 \text{ für das Isotop } {}^{238}\mathrm{U}.$$

Das Verhältnis der Diffussionskoeffizienten ist

$$\frac{D_1}{D_2} = \sqrt{\frac{M_{r2}}{M_{r1}}} = 1{,}0043.$$

Aufgabe 2.9

Grundlagen:
de Broglie-Beziehung (2.27a)
relativistische kinetische Energie (II S 14.16)
Geschwindigkeitsabhängigkeit der Masse (II S 14.14)
Veränderung der kinetischen Energie eines geladenen Teilchens (II 3.4)

Da die Elektronengeschwindigkeit die Größenordnung von c erreicht, muß relativistisch gerechnet werden. Insbesondere kann $W_{kin} = \frac{m}{2}v^2$ und damit (2.28) nicht angewendet werden. Aus (II S 14.16) folgt mit (II 3.4) für die Impulsmasse

$$m = \frac{e\,U_{AK}}{c^2} + m_0 .$$

Die relativistische Geschwindigkeitsabhängigkeit der Masse (II S 14.14) liefert bei Umstellung nach v

$$v = c\sqrt{1 - \left(\frac{m_0}{m}\right)^2} .$$

Für den Betrag des Elektronenimpulses erhält man

$$p = c\sqrt{m^2 - m_0^2} .$$

Einsetzen der Impulsmasse liefert

$$p = \sqrt{\left(\frac{eU_{AK}}{c}\right)^2 + 2eU_{AK}m_0} .$$

Damit wird die de Broglie-Wellenlänge zu

$$\lambda = \frac{h}{\sqrt{\left(\frac{e\,U_{AK}}{c}\right)^2 + 2e\,U_{AK}m_0}}$$

$$\lambda = 2{,}51 \cdot 10^{-12}\,\mathrm{m} .$$

Aufgabe 2.10

Grundlagen:
de Broglie-Beziehung (2.27), (2.28)
relative Atommassen, Tab. 2.2
Zusammenhang zwischen Atommasse und relativer Atommasse (2.14)

Ersetzt man in (2.28) die Masse des Elektrons durch die Masse eines einfach geladenen Teilchens, so ergibt sich

$$\lambda = \frac{h}{\sqrt{2\,m\,e\,U_{AK}}}$$

$$U_{AK} = \frac{h^2}{\lambda^2\,2em} .$$

Berücksichtigt man die Masse des abgespaltenen Elektrons nicht, so erhält man die Ionenmasse nach (2.14) zu

$$m = \frac{A_r}{N_A}\,\mathrm{g\,mol^{-1}} .$$

Für die Nachweisgrenze $\lambda_g = 10^{-11}$ m ergeben sich folgende maximale Beschleunigungsspannungen:

Elektronen:	15 kV
H^+-Ionen:	8,20 V
He^+-Ionen:	2,07 V
U^+-Ionen:	0,035 V.

Aufgabe 2.11

Grundlagen:
Heisenbergsche Unschärferelation (S 2.7)
Zusammenhang zwischen Atommasse und relativer Atommasse (D 2.1)
relative Atommassen, Tab. 2.2

Die angegebene Ortsunsicherheit $\Delta q = 0{,}5 \cdot 10^{-10}$ m führt nach der Heisenbergschen Unschärferelation zu einer Impulsunsicherheit des Mikroobjekts von

$$\Delta p = \frac{h}{4\pi \Delta q}.$$

Interpretiert man diese als $\Delta p = m_a \Delta v$, so führt die Geschwindigkeitsunsicherheit nach der Zeit t zu einer Ortsunsicherheit:

$$\Delta x = t \Delta v$$

$$\Delta x = \frac{th}{4\pi m_a \Delta q}.$$

Die Atommasse ergibt sich aus der relativen Atommasse zu $1{,}67 \cdot 10^{-27}$ kg. Damit wird die Ortsunsicherheit nach 100 s

$$\Delta x = 6{,}3 \cdot 10^4 \text{ m}.$$

Aufgabe 3.1

Grundlagen:
Coulombsches Gesetz (II S 1.3)
Potential einer Punktladung (5.2 a)
Arbeitsintegral für konservative Kräfte (I S 3.16)

Lenard-Streuung

Die Kraft ist die Coulomb-Kraft, wobei die Ladung des Atomkerns Ze und die des gestreuten Elektrons e ist:

$$\boldsymbol{F} = \frac{Ze^2}{4\pi \varepsilon_0 r^2} \boldsymbol{r}_0.$$

Setzt man die potentielle Energie des Elektrons in unendlich großer Entfernung Null, so erhält man nach (I S 3.16)

$$W_p(r) = -\int_{\infty}^{r} \boldsymbol{F} \cdot \mathrm{d}\boldsymbol{s}$$

und mit der Coulomb-Kraft $\boldsymbol{F}$

$$W_p(r) = \frac{q_1 q_2}{4\pi\varepsilon_0 r}\,.$$

Wegen der negativen Ladung des Elektrons ergibt sich

$$W_{pL}(r) = \frac{-Ze^2}{4\pi\varepsilon_0 r}\,.$$

Rutherford-Streuung

Das α-Teilchen ist 2-fach positiv geladen. Es gilt also

$$F = \frac{2Ze^2}{4\pi\varepsilon_0 r^2}$$

und

$$W_{pR} = \frac{2Ze^2}{4\pi\varepsilon_0 r}\,.$$

Aufgabe 3.2

Grundlagen:
Potential einer Punktladung (II 1.6b)
Ordnungszahlen der Elemente, Tab. 2.2
Elektrische Feldkonstante (II 1.2)
relativistische kinetische Energie (II S 14.16)

Im Coulomb-Feld des Kernes erhöht sich die kinetische Energie des Elektrons (siehe Aufgabe 3.1) um

$$\Delta W_{kin} = \frac{Ze^2}{4\pi\varepsilon_0 r}\,.$$

Die Summe der beiden Energien ergibt im Abstand 10^{-12} m vom Kern $4{,}59 \cdot 10^{-15}$ J (= 28,7 keV). Bei dieser Energie dürfen relativistische Effekte nicht vernachlässigt werden. Die Masse errechnet sich aus

$$(m - m_0)\, c^2 = W_{kin}$$

zu

$$m = 9{,}62 \cdot 10^{-31}\ \mathrm{kg}\,.$$

Mit der Coulomb-Kraft (Aufgabe 3.1) wird

$$a = 3{,}11 \cdot 10^{27}\ \mathrm{m\,s^{-2}}.$$

Aufgabe 3.3

> Grundlagen:
> Lenardsche Streuversuche
> Zusammenhang zwischen Teilchenzahldichte und Gasdruck (I S 8.2), (I 8.18)
> Molekülradien, I Tab. 8.2

Gleichsetzen der Exponenten in den beiden Gleichungen für die Stromstärke liefert

$$n\sigma x = \beta p.$$

Wegen $p \sim n$ für konstante Temperatur ist bei festem x

$$\sigma \sim \beta.$$

Für die beiden Molekülquerschnitte gilt

$$\frac{\sigma_2}{\sigma_1} = \frac{\beta_2}{\beta_1}.$$

Jeder β-Wert kann durch die Messung der Ströme I_A und I_B bei den Drücken p_A und p_B aus Gleichung (2) der Aufgabenstellung errechnet werden.

$$\beta = \frac{\ln \dfrac{I_B}{I_A}}{p_A - p_B}.$$

Da in beiden Wertepaaren $I_B = 2\,I_A$ gilt, ergibt sich für die β-Werte

$$\frac{\beta_2}{\beta_1} = \frac{p_{A1} - p_{B1}}{p_{A2} - p_{B2}}.$$

Der Streuquerschnitt σ_2 wird damit

$$\sigma_2 = \sigma_1 \frac{\Delta p_1}{\Delta p_2}.$$

Der Streuradius wird bei den gegebenen Meßwerten

$$r_2 = r_1 \sqrt{\frac{\Delta p_1}{\Delta p_2}}$$

$$r_2 = 1{,}89 \cdot 10^{-10}\ \mathrm{m} \sqrt{\frac{10^{-2}}{3 \cdot 10^4}} = 1{,}1 \cdot 10^{-13}\ \mathrm{m}.$$

Energiereiche Elektronen durchdringen weite Bereiche des Moleküls.

Aufgabe 3.4

Grundlagen:
Impuls- und Energieerhaltungssatz der Mechanik (I S 4.5), (I S 3.18)
Herleitung der Rutherfordschen Streuformel A.11
Massenzahlen der stabilen Isotope, Tab. 2.4

Maximale Energieübertragung erfolgt beim zentralen Stoß. Da die Voraussetzung $m_1 \ll m_2$ beim Stoß des α-Teilchens nicht hinreichend gut erfüllt ist, kann nicht nach (I 6.7 a) gerechnet werden.

Es gilt

$$\frac{m_1}{2}\, v_1^2 = \frac{m_1}{2}\, v_1^{*2} + \frac{m_2}{2}\, v_2^{*2}$$

und

$$m_1 v_1 = m_1 v_1^* + m_2 v_2^* .$$

Umstellung liefert

$$m_1 (v_1^2 - v_1^{*2}) = m_2 v_2^{*2} \quad \text{(a)}$$

und

$$m_1 (v_1 - v_1^*) = m_2 v_2^* . \quad \text{(b)}$$

Division von (a) durch (b) ergibt

$$v_1 + v_1^* = v_2^* .$$

Setzt man hieraus v_1^* in den Impulserhaltungssatz ein, so folgt

$$v_2^* = \frac{2 m_1 v_1}{m_1 + m_2} .$$

Damit erhält man für das Verhältnis der kinetischen Energien

$$\frac{W^*_{\text{kin}\,2}}{W_{\text{kin}\,1}} = \frac{4 m_1 m_2}{(m_1 + m_2)^2} .$$

Da die Atommassen proportional den relativen Atommassen sind, kann man mit diesen rechnen und erhält für Aluminium ($A_\text{r} = 27$)

$$\frac{W^*_{\text{kin}\,2}}{W_{\text{kin}\,1}} = 0{,}45 \quad (45\,\%).$$

Für Gold ($A_\text{r} = 197$) ergibt sich

$$\frac{W^*_{\text{kin}\,2}}{W_{\text{kin}\,1}} = 0{,}078 \quad (7{,}8\,\%).$$

Bei der Herleitung der Rutherfordschen Streuformel wird mit Hyperbelästen als Bahnkurven gerechnet. Das setzt aber einen vernachlässigbaren Energieverlust der stoßenden Teilchen voraus.

Die Rechnung zeigt, daß diese Voraussetzung bei der Streuung an freien Atomen *nicht erfüllt* wäre.

Die Streuformel gilt nur für im Gitter gebundene Atome.

Aufgabe 3.5

> Grundlagen:
> Potential einer elektrischen Punktladung (II 1.6 b)
> Rutherford-Streuung (3.1 a)
> Ordnungszahlen der Elemente, Tab. 2.4

Maximale Annäherung erfolgt beim Streuwinkel von 180°.

Die kinetische Energie der Protonen wird im Moment der Maximalannäherung Null. Es gilt

$$\Delta W_{\text{kin}} = q\varphi,$$

mit

$$q = e$$

und der Kernladung Ze

$$\Delta W_{\text{kin}} = \frac{Ze^2}{4\pi\varepsilon_0 R_{\text{min}}}.$$

Mit $Z = 79$ für Gold ist

$$R_{\text{min}} = 2{,}3 \cdot 10^{-13}\ \text{m}.$$

Aufgabe 3.6

> Grundlagen:
> Rutherfordsche Streuformel (3.3)

Nach (3.3) gilt

$$I_\vartheta \sim \frac{1}{\sin^4 \frac{\vartheta}{2}},$$

also

$$\frac{I_\vartheta}{I_{\vartheta_0}} = \frac{\sin^4 \frac{\vartheta_0}{2}}{\sin^4 \frac{\vartheta}{2}}.$$

Für $\vartheta_o = 180°$ (Rückstreuung) wird

$$\frac{I_\vartheta}{I_{\vartheta_0}} = \frac{1}{\sin^4 \dfrac{\vartheta}{2}} .$$

Der gesuchte Faktor ist 4 für $\vartheta = 90°$, er ist 16 für $\vartheta = 60°$ und 223 für $\vartheta = 30°$.

Aufgabe 3.7

Grundlagen:
Ordnungszahlen der Elemente, Tab. 2.2
Elektrische Ladung im Feld einer Punktladung (3.1), (3.1 a)

Einsetzen der anomalen Rutherford-Streuung bedeutet, daß beim Streuwinkel von 180° die α-Teilchen gerade den Bereich der Kernkräfte erreichen. Genau dort ist ihre kinetische Energie vollständig in elektrostatische potentielle Energie umgewandelt.

$$\Delta W_{\mathrm{kin}\,\alpha} = \frac{2Ze^2}{4\pi\varepsilon_0 R}$$

Mit $Z = 32$ erhält man

$$R = 6 \cdot 10^{-15}\,\mathrm{m}.$$

Aufgabe 3.8

Grundlagen:
Elektrische Ladung im Feld einer Punktladung (3.1), (3.1 a)
Ordnungszahlen der Elemente, Tab. 2.2
Bestimmung des Atomkernradius aus dem α-Zerfall

Beim Verlassen des Kerns wird das α-Teilchen vom Kernradius an im Feld des Restkernes beschleunigt. Dessen Ladung ist $(Z-2)e$. Die potentielle Energie des α-Teilchens an der Austrittsstelle ist nach (3.1 a)

$$W_\mathrm{p} = \frac{2e(Z-2)e}{4\pi\varepsilon_0 R_\mathrm{k}} .$$

Mit $W_\mathrm{p} = 8{,}7$ MeV und $Z = 84$ erhält man

$$R_\mathrm{k} = 27{,}1 \cdot 10^{-15}\,\mathrm{m}.$$

Aufgabe 3.9

Grundlagen:
Empirische Formel für den Atomkernradius (S 3.1)
Tunneleffekt (S 5.20)

Die empirische Formel

$$R_k = (0{,}75 + 1{,}26\, M^{1/3}) \cdot 10^{-15}\ \mathrm{m}$$

liefert mit der Massenzahl $M = 212$

$$R_k = 8{,}26 \cdot 10^{-15}\ \mathrm{m}\,.$$

Der aus der Coulomb-Abstoßung errechnete Kernradius ist mehr als dreimal so groß. Eine Erklärung liefert der Tunneleffekt.

Aus einem tieferen Energieniveau gelangt das α-Teilchen nach Durchtunnelung des Potentialwalls in das Coulombfeld. Das geschieht aber erst bei größerer Entfernung. In der Skizze gibt R_k den bei Aufgabe 3.8 ermittelten Wert an.

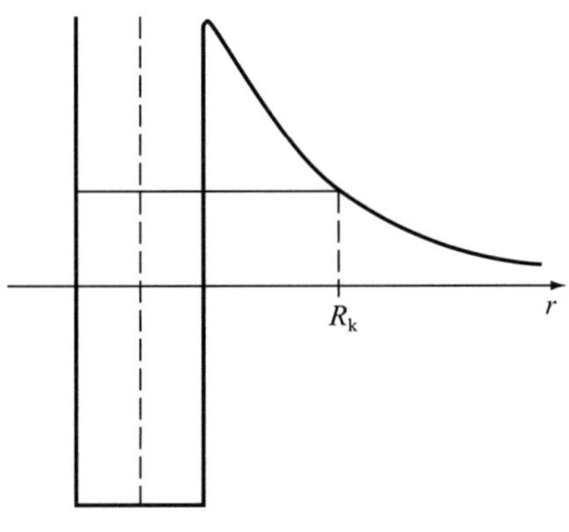

Aufgabe 4.1

Grundlagen:
Wellenlänge des abgestrahlten Lichts beim Franck-Hertz-Versuch (4.1)
Energie des durch eine elektrische
Spannung beschleunigten Elektrons (II 3.4 a)

Die kinetische Energie W_{kin} des stoßenden Elektrons muß gerade die Anregungsenergie eines Natrium-Atoms erreichen. Diese ist aber gleich der Energie W des abgestrahlten Lichtquants:

$$W_{kin} = e\,U_{GK}\,,$$

$$W = \frac{c}{\lambda}\,h\,,$$

$$U_{GK} = \frac{hc}{e\lambda}\,.$$

Mit $h = 6{,}63 \cdot 10^{-34}$ Ws^2 und $e = 1{,}6 \cdot 10^{-19}$C erhält man

$$U_{\mathrm{GK}} = 2{,}1 \text{ V}.$$

Aufgabe 4.2

Grundlagen:
Theorie des Franck-Hertz-Versuchs, Abschn. 4.2.2
Wellenlänge des abgestrahlten Lichtes (4.1)

Eine weitere Anregung durch ein Elektron kann erfolgen, wenn es nach der vorhergehenden Anregung wieder die dazu erforderliche Energie aufgenommen hat. Berücksichtigt man höhere Anregungsstufen nicht, so sind Maxima zu erwarten bei

4,9 V + 4,9 V = 9,8 V,
4,9 V + 6,7 V = 11,6 V und
6,7 V + 6,7 V = 13,4 V.

Allgemein wären Maxima zu erwarten bei

$$U_i = a \cdot 4{,}9 \text{ V} + b \cdot 6{,}7 \text{ V} \quad (a \text{ und } b \text{ ganze Zahlen}).$$

(Die höheren Maxima sind experimentell kaum realisierbar.)

Aufgabe 4.3

Grundlagen:
Heisenbergsche Unschärferelation (2.28), (4.3 b)
Seriengesetz der Wasserstoff-Spektrallinien (4.4)
Rydberg-Konstante des Wasserstoffs (4.5)

Die langwelligste Balmer-Linie ist im Seriengesetz durch $n_1 = 2$ und $n_2 = 3$ charakterisiert. Mit $R_{\mathrm{H}} = 1{,}097 \cdot 10^7 \text{ m}^{-1}$ ergibt sich

$$\lambda = 656{,}3 \text{ nm}.$$

Aus der Heisenbergschen Unschärferelation

$$\Delta W \Delta t \geq \frac{h}{4\pi}$$

folgt mit $\Delta t = \tau$ (Lebensdauer) die Frequenzunschärfe

$$\Delta \nu \geqq \frac{1}{4\pi\,\tau}.$$

Der gesuchte Wellenlängenbereich $\Delta\lambda$ ist

$$\Delta\lambda = c\left(\frac{1}{\nu_2} - \frac{1}{\nu_1}\right) = c\,\frac{\nu_1 - \nu_2}{\nu_1\,\nu_2}.$$

Setzt man $\nu_1 - \nu_2 = \Delta\nu$ und $\nu_1 \nu_2 = \nu^2$, so erhält man

$$\Delta\lambda = c\,\frac{\Delta\nu}{\nu^2} = \frac{\lambda^2 \Delta\nu}{c}$$

$$\Delta\lambda = \frac{\lambda^2}{4\pi\,\tau c}$$

$$\Delta\lambda = 7{,}6 \cdot 10^{-6}\,\text{nm}\,.$$

Die relative Linienunschärfe ist $\dfrac{\Delta\lambda}{\lambda} = 1,2 \cdot 10^{-8}$.

Aufgabe 4.4

Grundlagen:
Mittlere thermische Energie des idealen Gases (I S 8.4)
Seriengesetz der Wasserstoff-Spektrallinien (4.4)
Rydberg-Konstante des Wasserstoffes (4.5)

Die Energie des ersten angeregten Zustandes ist gleich der Energie der langwelligsten Lyman-Linie. Für diese gilt nach dem Seriengesetz

$$\frac{1}{\lambda} = R_{\mathrm{H}} \left(1 - \frac{1}{2^2}\right),$$

$$W = h\nu = \frac{hc}{\lambda},$$

$$W = hc\,R_{\mathrm{H}}\,\frac{3}{4}.$$

Die mittlere thermische Energie des Moleküls eines idealen Gases ist

$$\bar{W} = \frac{3}{2}\,kT. \qquad \text{(I S 8.4)}$$

Gleichsetzen liefert

$$T = \frac{hc\,R_{\mathrm{H}}}{2k}.$$

Mit $h = 6{,}63 \cdot 10^{-34}\,\text{Ws}^2$, $R_{\mathrm{H}} = 1{,}097 \cdot 10^7\,\text{m}^{-1}$, $k = 1{,}38 \cdot 10^{-23}\,\text{JK}^{-1}$ und $c = 3 \cdot 10^8\,\text{ms}^{-1}$ ergibt sich

$$T = 7{,}9 \cdot 10^4\,\text{K}.$$

Aufgabe 4.5

> Grundlagen:
> Seriengesetz der Wasserstoff-Spektrallinien (4.4)
> Energiezustände des Wasserstoffatoms (4.7b)

Als Nullpunkt der potentiellen Energie wird die des freien Elektrons gewählt.

Der energetische Abstand ergibt sich aus dem Seriengesetz mit $n_1 = 2$ für den ersten angeregten Zustand und $n_2 \to \infty$ für das (gerade) freie Elektron.

$$\Delta W = h\nu = h\frac{c}{\lambda},$$

$$\Delta W = hcR_{\mathrm{H}}\frac{1}{n_1^2}.$$

Mit $h = 6{,}63 \cdot 10^{-34}\ \mathrm{Ws}^2$, $R_{\mathrm{H}} = 1{,}097 \cdot 10^7\ \mathrm{m}^{-1}$ und $c = 3 \cdot 10^8\ \mathrm{ms}^{-1}$ erhält man

$$\Delta W = 5{,}45 \cdot 10^{\ 19}\ \mathrm{J}$$

$$\Delta W = 3{,}4\ \mathrm{eV}.$$

Der Übergang gehört wegen $n_1 = 2$ zur Balmer-Serie. Er stellt den Beginn des Grenzkontinuums dieser Serie dar.

Aufgabe 4.6

> Grundlagen:
> Seriengesetz der Wasserstoff-Spektrallinien (4.4)
> Serien des Wasserstoffspektrums (4.4c)

Im angegebenen Spektralbereich liegen nach (4.4c) nur Linien der Balmer-Serie. Für sie gilt

$$\frac{1}{\lambda} = R_{\mathrm{II}}\left(\frac{1}{4} - \frac{1}{n^2}\right).$$

Stellt man diese Gleichung nach n um, so erhält man

$$n = \frac{1}{\sqrt{\frac{1}{4} - \frac{1}{\lambda R_{\mathrm{H}}}}}.$$

Für $\lambda = 400\ \mathrm{nm}$ errechnet man $n_{400} = 6{,}7$; für $\lambda = 700\ \mathrm{nm}$ ergibt sich $n_{700} = 2{,}89$.

Mögliche n-Werte sind die natürlichen Zahlen in diesem Intervall. Im angegebenen Bereich liegen 4 Wasserstoff-Spektrallinien.

Aufgabe 4.7

Grundlagen:
Energiezustände des Wasserstoffatoms (S 4.5)
Seriengesetz der Wasserstoff-Spektrallinien (4.4)

Eine Stoßanregung ist nur bei Atomen im Grundzustand möglich. Die Elektronen müssen also mindestens die Energie zur Anregung der 2. Lyman-Linie und der 1. Balmer-Linie besitzen:

$$W_{\min} = \frac{hc}{\lambda} = hcR_{\mathrm{H}}\left(\frac{1}{1^2} - \frac{1}{3^2}\right)$$

$$W_{\min} = 1{,}94 \cdot 10^{-18}\,\mathrm{J} = 12{,}12\,\mathrm{eV}.$$

Die Maximalenergie muß kleiner bleiben als die Energie zur Anregung der 3. Lyman-Linie:

$$W_{\max} < hcR_{\mathrm{H}}\left(1 - \frac{1}{4^2}\right)$$

$$W_{\max} < 2{,}04 \cdot 10^{-18}\,\mathrm{J} = 12{,}78\,\mathrm{eV}.$$

Aufgabe 4.8

Grundlagen:
Energiezustände des Wasserstoffatoms (S 4.5)
Absorption eines Photons (S 4.3)

Die Ionisationsenergie aus dem Grundzustand ist mit $n_2 \to \infty$

$$W_{\mathrm{gr}} = h\frac{c}{\lambda} = hcR_{\mathrm{H}}.$$

Die kinetische Energie des freigesetzten Elektrons wird

$$W_{\mathrm{kin}} = W_{\mathrm{Ph}} - W_{\mathrm{gr}} \text{ mit } W_{\mathrm{Ph}} = \frac{hc}{\lambda_{\mathrm{Ph}}}$$

$$v_{\mathrm{e}} = \sqrt{\frac{2hc\left(\frac{1}{\lambda_{\mathrm{Ph}}} - R_{\mathrm{H}}\right)}{m_{0\mathrm{e}}}}.$$

Mit $h = 6{,}63 \cdot 10^{-34}\,\mathrm{Ws}^2$, $c = 3 \cdot 10^8\,\mathrm{ms}^{-1}$, $R_{\mathrm{H}} = 1{,}097 \cdot 10^7\,\mathrm{m}^{-1}$ und $m_{0\mathrm{e}} = 9{,}11 \cdot 10^{-31}\,\mathrm{kg}$ ergibt sich

$$v = 1{,}25 \cdot 10^6\,\mathrm{ms}^{-1}.$$

Aufgabe 4.9

Grundlagen:
Serien des Wasserstoffspektrums (4.4c)
Seriengesetz der Wasserstoff-Spektrallinien (4.4)
Ritzsches Kombinationsprinzip

Nach den Angaben in (4.4c) gehört die Emissionslinie zur Balmer-Serie mit $n_1 = 2$. Die Hauptquantenzahl des angeregten Zustandes n_2 errechnet sich aus:

$$\frac{1}{\lambda} = R_{\mathrm{H}} \left(\frac{1}{2^2} - \frac{1}{n_2^2} \right)$$

$$n_2 = \sqrt{\frac{1}{\frac{1}{4} - \frac{1}{\lambda R_{\mathrm{H}}}}}$$

$$n_2 = 3\,.$$

Es sind also neben dem Übergang

$$n_2 = 3 \rightarrow n_1 = 2$$

auch die Übergänge

$$n_2 = 3 \rightarrow n_1 = 1$$

und

$$n_2 = 2 \rightarrow n_1 = 1$$

zu erwarten. Das Seriengesetz (4.4) liefert dafür die Wellenlängen

$\lambda_{31} = 102{,}6$ nm und $\lambda_{21} = 121{,}5$ nm.

Aufgabe 4.10

Grundlagen:
Seriengesetz der Spektren wasserstoffähnlicher Ionen (4.8)
Serien des He^+ (4.9), (4.9a)

Die Anregungsenergien lassen sich aus der Serien-Formel für die erste Lyman-Serie des Heliums berechnen:

$$W = \frac{hc}{\lambda} = hc4R_{\mathrm{He}} \left(1 - \frac{1}{n^2} \right).$$

Für die ersten drei Energieniveaus nimmt n die Werte 2; 3; 4 an. Für die Energie zur zweiten Ionisierung gilt $n \rightarrow \infty$. Mit $R_{\mathrm{He}} = 1{,}0972 \cdot 10^7\ \mathrm{m}^{-1}$ ergeben sich:

$$\begin{aligned} W_1 &= 6{,}55 \cdot 10^{-18}\ \mathrm{J} = 40{,}9\ \mathrm{eV} \\ W_2 &= 7{,}76 \cdot 10^{-18}\ \mathrm{J} = 48{,}5\ \mathrm{eV} \\ W_3 &= 8{,}18 \cdot 10^{-18}\ \mathrm{J} = 51{,}1\ \mathrm{eV} \\ W_{\mathrm{ion}} &= 8{,}73 \cdot 10^{-18}\ \mathrm{J} = 54{,}6\ \mathrm{eV}. \end{aligned}$$

Aufgabe 4.11

Grundlagen:
Seriengesetz der Spektrallinien des Wasserstoffs (4.4)
Seriengesetz der Spektren wasserstoffähnlicher Ionen (4.8)

Das Seriengesetz für wasserstoffähnliche Ionen lautet

$$\frac{1}{\lambda_{\text{wä}}} = \frac{Z^2 R_Z}{n_1^2} - \frac{Z^2 R_Z}{n_2^2},$$

das Seriengesetz für die Lyman-Serie des Wasserstoffs bei analoger Schreibweise

$$\frac{1}{\lambda_{\text{LH}}} = \frac{R_H}{1} - \frac{R_H}{n^2}.$$

Mit $R_H = R_Z$ und $Z = 3$ für Lithium folgt sofort $n_1 = 3$.

Eine Übereinstimmung der jeweils zweiten Terme ergibt sich für

$$\frac{3^3}{n_2^2} = \frac{1}{n^2},$$

also für $n_2 = 3n$ mit $n = 2, 3, 4 \dots$

Jede dritte Linie der Spektralserie mit $n_1 = 3$ des Lithiums stimmt mit einer Lyman-Linie des Wasserstoffs überein.

Aufgabe 5.1

Grundlagen:
Coulombsches Gesetz (4.2 a)
1. Bohrsches Postulat (S 5.1 a)
mögliche Bahnradien des Elektrons (5.5 a)
Normalkraft (5.2 b)

Die Phasenintegralbedingung $\oint p\,dq = nh$ (S 5.1 a) liefert für Kreisbahnen

$$m_{0e} v 2\pi r_n = nh.$$

Nimmt man die Coulomb-Kraft als Normalkraft auf der Kreisbahn an, so erhält man für das Wasserstoffatom

$$\frac{e^2}{4\pi\varepsilon_0 r_n^2} = \frac{m_{0e} v^2}{r_n}.$$

Mit der Geschwindigkeit aus der Phasenintegralbedingung folgt

$$\frac{e^2}{4\pi\varepsilon_0 r_n^2} = \frac{m_{0e} n^2 h^2}{4\pi^2 m_{0e}^2 r_n^3}$$

$$r_n = \frac{\varepsilon_0 n^2 h^2}{\pi m_{0e} e^2}.$$

Mit $n = 1$ ergibt sich $r_1 = 5{,}31 \cdot 10^{-11}$ m.

Aufgabe 5.2

Grundlagen:
Definition der Leistung (I 3.16)
Normalkraft, Normalbeschleunigung (5.26b)
Energieniveaus des Elektrons (5.6)

Aus der Gleichsetzung von Coulomb-Kraft und Normalkraft erhält man die Beschleunigung des Elektrons

$$a = \frac{e^2}{4\pi\varepsilon_0 r^2 m_{0e}} .$$

Sowohl die Strahlungsleistung P als auch die Gesamtenergie des kreisenden Elektrons sind damit von r abhängig.

$$W = -\frac{e^2}{8\pi\varepsilon_0 r}$$

$$\frac{dW}{dr} = \frac{e^2}{8\pi\varepsilon_0 r^2} .$$

Aus $dW = P dt$ (I 3.16) folgt

$$\tau = \int dt = \int \frac{dW}{P} .$$

τ faßt man als die Zeit auf, in der das Elektron von der ersten Bohrschen Bahn (r_1) aus den Kern erreicht. Zählt man P als abgegebene Leistung negativ, so folgt

$$\tau = -\int_{r_1}^{0} \frac{12\pi^2 \varepsilon_0^2 c^3 m_{0e}^2 r^2}{e^4} dr$$

$$\tau = \frac{4\pi^2 \varepsilon_0^2 c^3 m_{0e}^2 r_1^3}{e^4} .$$

Mit dem Radius der Aufgabe 5.1 erhält man $\tau = 4 \cdot 10^{-11}$ s.

Aufgabe 5.3

Grundlagen:
Erstes Bohrsches Postulat (S 5.1 a)
mögliche Bahnradien (5.5 a)

Nach (5.5 a gilt)

$$r_n = \frac{n^2 h^2 \varepsilon_0}{\pi Z m_r e^2} .$$

Bei gleichem m_r müßte $\frac{n^2}{Z}$ gleiche Werte annehmen.

Mit $Z_H = 1$ und $Z_{He+} = 2$ müßte gelten

$$n_H^2 = \frac{n_{He+}^2}{2}$$

$$\frac{n_{He+}}{n_H} = \sqrt{2}\,.$$

$\sqrt{2}$ läßt sich nicht als Quotient zweier ganzer Zahlen darstellen. Es gibt keine übereinstimmenden Bahnradien.

Aufgabe 5.4

> Grundlagen:
> Rydbergkonstante (5.8), (5.8 a)
> Seriengesetz der Wasserstoffspektrallinien (4.8), (5.7 a)

Die Wellenlänge der Wasserstofflinie berechnet sich nach (5.7 a) und (5.8) aus

$$\frac{1}{\lambda_H} = \frac{R_\infty}{1 + \frac{1}{1836{,}1}}\left(1 - \frac{1}{2^2}\right),$$

die Wellenlänge der Tritiumlinie aus

$$\frac{1}{\lambda_T} = \frac{R_\infty}{1 + \frac{1}{3 \cdot 1836{,}1}}\left(1 - \frac{1}{2^2}\right).$$

Die Isotopieverschiebung ist

$$\Delta\lambda = \lambda_H - \lambda_T = \frac{4}{3 \cdot R_\infty}\left(\frac{1}{1836{,}1} - \frac{1}{3 \cdot 1836{,}1}\right).$$

Mit $R_\infty = 1{,}097373 \cdot 10^7\ \mathrm{m}^{-1}$ erhält man

$$\Delta\lambda = 0{,}044\ \mathrm{nm}.$$

Aufgabe 5.5

> Grundlagen:
> mögliche Winkelgeschwindigkeiten des Elektrons (5.5 b)
> Wellenzahlen nach Bohrscher Frequenzbedingung (5.7 a)

Aus der Winkelgeschwindigkeit (5.5 b) folgt für das Wasserstoffatom mit $Z = 1$ die Umlaufsfrequenz

$$\nu_n = \frac{m_r e^4}{4 h^3 \varepsilon_0^2} \cdot \frac{1}{n^3}\,. \qquad (1)$$

Aus der Wellenzahl (5.7b) ergibt sich die Frequenz der Strahlung zu

$$\nu = \frac{m_\mathrm{r} e^4}{8 h^3 \varepsilon_0^2} \left(\frac{1}{n_1^2} - \frac{1}{n_2^2} \right). \qquad (2)$$

Mit $m_\mathrm{r} = \dfrac{m_0}{1 + \dfrac{1}{1836{,}1}}$ erhält man die Umlaufsfrequenzen

$$\nu_2 = 8{,}17 \cdot 10^{14}\,\mathrm{s}^{-1} \quad \text{und} \quad \nu_{100} = 6{,}54 \cdot 10^9\,\mathrm{s}^{-1}.$$

Für die Strahlungsfrequenzen ergibt sich

$$\nu_{2,1} = 2{,}45 \cdot 10^{15}\,\mathrm{s}^{-1} \quad \text{und} \; \nu_{100,99} = 6{,}63 \cdot 10^9\,\mathrm{s}^{-1}.$$

Für große n nähert sich die Frequenz der Strahlung der Umlaufsfrequenz.

Aufgabe 5.6

Grundlagen:
Phasenintegralbedingung (S 5.1 a)
mögliche Bahnradien (5.5 a)
de Broglie-Beziehung (2.27 a)

Aus der Phasenintegralbedingung folgt für stationäre Kreisbahnen

$$\oint \mathrm{d}q = \frac{nh}{p}$$

bzw. mit der de Broglie-Beziehung

$$2\pi r_n = n\lambda.$$

Mit (5.5 a) für r_n erhält man

$$\lambda = \frac{2 n h^2 \varepsilon_0}{Z m_r e^2},$$

also $\lambda \sim n$.

Die de Broglie-Wellenlängen auf der 1. und der 3. Bahn verhalten sich wie 1 . 3.

Aufgabe 5.7

Grundlagen:
Federspannarbeit (I 3.34 b)
Schrödinger-Gleichung (5.14)

In der Schrödinger-Gleichung (5.14) ist die potentielle Energie als potentielle Energie der gespannten Feder anzugeben:

$$W_{\mathrm{p}} = \frac{1}{2} D x^2 ,$$

$$-\frac{\hbar^2}{2 m_0} \nabla^2 \psi + \frac{D x^2}{2} \psi + \frac{\hbar}{\mathrm{i}} \frac{\partial \psi}{\partial t} = 0 .$$

Aufgabe 5.8

Grundlagen:
Schrödinger-Gleichung (5.14)
Zeitabhängigkeit der Wellenfunktion (5.13 a)

Aus $\psi(x, y, z, t) = \psi_0 (x, y, z)\, e^{-\mathrm{i}\omega t}$ folgt mit

$$\omega = 2 \pi \nu = 2 \pi \frac{W}{h}$$

$$\frac{\partial \psi}{\partial t} = \frac{\mathrm{i} 2 \pi W}{h} \psi .$$

Damit wird die Schrödinger-Gleichung (5.14) zu

$$-\frac{\hbar^2}{2m} \nabla^2 \psi + (W_{\mathrm{p}} - W)\, \psi = 0 . \tag{1}$$

Der Lösungsansatz $\psi(x) = C\mathrm{e}^{-\delta x^2}$ ergibt

$$\nabla^2 \psi = \frac{\partial^2 \psi}{\partial x^2} = C\mathrm{e}^{-\delta x^2} (4 \delta^2 x^2 - 2 \delta) .$$

Einsetzen in (1) und Division durch $C\mathrm{e}^{-\delta x^2}$ liefert

$$\left(-\frac{\hbar^2\, 4 \delta^2}{2m} + \frac{D}{2} \right) x^2 + \left(\frac{\hbar^2 \delta}{m} - W \right) = 0 .$$

Soll diese Gleichung für alle x erfüllt sein, so müssen beide Klammern Null sein:

$$\frac{D}{2} = \frac{2 \hbar^2 \delta^2}{m} \tag{2}$$

$$W = \frac{\hbar^2 \delta}{m} . \tag{3}$$

Löst man (2) nach δ auf und setzt das in (3) ein, so folgt

$$W = \frac{\hbar}{2}\sqrt{\frac{D}{m}}\,.$$

Dieser diskrete Wert entspricht, wie es sein muß, der Nullpunktsenergie des harmonischen Oszillators (vgl. (S 5.17)).

Aufgabe 5.9

> Grundlagen:
> Gleichverteilungssatz (I S 8.6)
> Quantelung der Rotationsenergie (S 5.19)
> Empirische Formel zur Berechnung des Kernradius (S 3.1)

Nach (S 5.19) tritt das kleinste Quant der Rotationsenergie beim Übergang von $J = 0$ nach $J = 1$ auf:

$$\Delta W = \frac{\hbar^2}{\Theta_S}\,.$$

Das Trägheitsmoment jedes Atoms setzt sich additiv aus dem des Kerns (homogene Kugel) und dem des Elektrons (Punktmasse) zusammen.

Der Kernradius R_k errechnet sich nach (S 3.1) für Wasserstoff zu $2 \cdot 10^{-15}$ m.

Für das Molekül erhält man bezüglich der Achse des kleinsten Trägheitsmomentes

$$\Theta_S = 2 \cdot \left(\frac{2}{5} m_H R_k^2 + m_{0e} R_A^2\right) = 2 \cdot (2{,}7 \cdot 10^{-57} + 2{,}3 \cdot 10^{-51})\ \text{kg m}^2\,.$$

Der Anteil des Atomkerns ist wegen des kleinen Radius vernachlässigbar.

Für eine merkliche Energieaufnahme wird angenommen, daß die mittlere thermische Energie pro Freiheitsgrad gleich der kleinsten Rotations-Quantenenergie werden müßte.

$$\frac{1}{2} kT = \frac{\hbar^2}{\Theta_S}$$

$$T = \frac{h^2}{2\pi^2 k \Theta_S}$$

$$T = 3{,}5 \cdot 10^5\ \text{K}\,.$$

Selbst die Rechnung mit diesem simplifizierten Modell bestätigt, daß dieser Rotationsfreiheitsgrad nicht beobachtet wird.

Aufgabe 6.1

Grundlagen:
Drehimpuls eines Rotators (S 6.2)
Hantelmodell (5.71)
Energie eines Rotators (S 5.19)

Den ersten beiden von Null verschiedenen Drehimpulsen sind die Werte der Rotationsquantenzahl $J_1 = 1$; $J_2 = 2$ zugeordnet.

Die Beträge der Drehimpulse sind mit $|\boldsymbol{J}| = \sqrt{J(J+1)}\,\hbar$

$$|\boldsymbol{J}_1| = \sqrt{2}\,\hbar \text{ und } |\boldsymbol{J}_2| = \sqrt{6}\,\hbar.$$

Die Rotationsenergie erhält man zu

$$W_J = \frac{\hbar^2}{2\Theta_S} J(J+1).$$

Das Trägheitsmoment wird mit der reduzierten Masse berechnet:

$$\Theta_S = m_r r_0^2 \quad \text{mit} \quad m_r = \frac{1}{2} m_{0F}.$$

r_0 gibt den Abstand der Mittelpunkte der F-Atome voneinander an; m_{0F} ist die Ruhmasse eines Fluoratoms.

$$W_J = 2{,}17 \cdot 10^{-23}\ \text{Ws} \cdot J(J+1) = 1{,}36 \cdot 10^{-4}\ \text{eV} \cdot J(J+1)$$
$$= J(J+1) \cdot W_{J,0}$$

$$W_{J,1} = 2\,W_{J,0}; \quad W_{J,2} = 6\,W_{J,0}.$$

Die Differenz benachbarter Energieniveaus entspricht den Quantenzahlen $J+1 \to J$:

$$\Delta W_J = W_{J,0}\,[(J+1)(J+2) - J(J+1)] = 2\,W_{J,0}\,(J+1).$$

Gleichsetzen der Energie eines Photons mit der Rotationsenergiedifferenz ergibt

$$h \cdot \frac{c}{\lambda} = 4\,W_{J,0}.$$

Die Wellenlänge beträgt damit

$$\lambda = \frac{hc}{4W_{J,0}} = 2{,}3\ \text{mm}.$$

Aufgabe 6.2

Grundlagen:
Bahndrehimpuls eines Hüllenelektrons (S 6.3)

Der Betrag des Bahndrehimpulses $|\boldsymbol{l}| = \sqrt{l(l+1)}\,\hbar$ ist in den beiden Energieniveaus

$$|\boldsymbol{l}| = \sqrt{2}\,\hbar = 1{,}5 \cdot 10^{-34}\ \text{Ws}^2,$$
$$|\boldsymbol{l}| = \sqrt{6}\,\hbar = 2{,}6 \cdot 10^{-34}\ \text{Ws}^2.$$

Für die Komponenten in z-Richtung erhält man

$$l_{z1} = \pm 1\,\hbar;\,0$$

und

$$l_{z2} = \pm 2\,\hbar;\,\pm 1\,\hbar;\,0.$$

Die Kreisbahnen ergeben sich, wenn die Coulomb-Kraft gleich der Zentripetalkraft gesetzt wird:

$$^{\mathrm{C}}F = \frac{Ze^2}{4\pi\varepsilon_0 r^2} = \frac{m_{0\mathrm{e}}v^2}{r}.$$

Der klassische Drehimpuls beträgt $|\boldsymbol{l}| = rp = rm_{0\mathrm{e}}v$. Somit folgt

$$\frac{Ze^2}{4\pi\varepsilon_0} = \frac{|\boldsymbol{l}|^2}{rm_{0\mathrm{e}}},$$

$$r_1 = 0{,}53 \cdot 10^{-10}\,\mathrm{m}$$

$$r_2 = 1{,}59 \cdot 10^{-10}\,\mathrm{m}\,.$$

Die Gesamtenergie setzt sich aus potentieller und kinetischer Energie zusammen:

$$W_1 = -\,108{,}8\ \mathrm{eV},$$

$$W_2 = -\,326{,}4\ \mathrm{eV}.$$

Aus der Energiedifferenz erhält man die Wellenlänge des abgestrahlten Lichtes zu

$$\lambda = 91{,}2\ \mathrm{nm}.$$

Aufgabe 6.3

Grundlagen:
Magnetisches Moment eines Kreisstromes (II S 2.8)
Bahndrehimpuls eines Hüllenelektrons (S 6.3)

Nach den Gesetzen der Elektrodynamik liefert ein Kreisstrom I ein magnetisches Moment

$$\boldsymbol{m} = I\,\boldsymbol{A}.$$

Der Betrag ist also

$$|\boldsymbol{m}| = I\pi r^2 = 7{,}85 \cdot 10^{-13}\ \mathrm{Am}^2.$$

Der Betrag des quantenmechanischen magnetischen Bahnmomentes beträgt

$$|\boldsymbol{m}| = \sqrt{l(l+1)}\,|\mu_{\mathrm{B}}|\cdot$$

Durch Gleichsetzen erhält man $l \approx 8{,}5 \cdot 10^{10}$.

Die Anzahl der Einstellmöglichkeiten beträgt $2l + 1$, also ungefähr $1{,}7 \cdot 10^{11}$.

Die Winkeldifferenz berechnet sich zu $\dfrac{180°}{2l+1} \approx 4 \cdot 10^{-6}$ Bogensekunden. Das bedeutet praktisch kontinuierliche Einstellungen.

Aufgabe 6.4

> Grundlagen:
> Spin und magnetisches Spinmoment eines Elektrons (S 6.7)
> Drehimpuls eines starren Körpers (I 5.11)
> Magnetisches Moment eines Kreisstromes (II S 2.8)

Der Drehimpuls eines um eine starre Achse rotierenden Körpers beträgt

$$|\boldsymbol{L}| = \Theta_{\mathrm{S}}\,\omega\,.$$

Für das Trägheitsmoment einer homogenen Kugel erhält man

$$\Theta_{\mathrm{S}} = \frac{2}{5} mR^2\,.$$

Der Betrag des Spins eines Elektrons ist

$$|\boldsymbol{s}| = \sqrt{s\,(s+1)}\,\hbar \quad \text{mit} \quad s = \frac{1}{2}\,.$$

Damit erhält man

$$\omega = \frac{5\sqrt{s\,(s+1)}\,\hbar}{2\,m\,R^2} = 2{,}5 \cdot 10^{16}\ \mathrm{s}^{-1}\,.$$

Zur Berechnung des magnetischen Momentes wird zunächst die elektrische Flächenladungsdichte ermittelt:

$$\sigma = \frac{e}{4\pi R^2}\,.$$

Ein Oberflächenelement in sphärischen Polarkoordinaten (Kreisring mit dem Radius $0 \leqq r \leqq R$) beträgt $\mathrm{d}A = 2\pi r R \cos\delta\,\mathrm{d}\delta = 2\pi R^2 \sin\delta \cos\delta\,\mathrm{d}\delta$. Das magnetische Moment des rotierenden geladenen Kreisrings beträgt dann

$$\mathrm{d}|\boldsymbol{m}| = \frac{\sigma \cdot \omega r^2}{2}\,\mathrm{d}A\,.$$

Integration über die Halbkugel ergibt

$$|\boldsymbol{m}| = 2\,\frac{e\,\omega R^2}{4}\int_0^{\frac{\pi}{2}} \sin^3\delta\cos\delta\,\mathrm{d}\delta\,,$$

$$|\boldsymbol{m}| = \frac{e\,\omega R^2}{8} = 5{,}0\cdot 10^{-24}\ \mathrm{Am}^2\,.$$

Quantenmechanisch gilt

$$|\boldsymbol{m}| = g\,\sqrt{s\,(s+1)}\,|\mu_\mathrm{B}|\,.$$

Daraus erhält man für das gyromagnetische Verhältnis mit dem klassisch berechneten magnetischen Moment mit

$$g = \frac{|\boldsymbol{m}|}{\sqrt{s\,(s+1)}\,|\mu_\mathrm{B}|} = 0{,}62$$

einen Wert, der deutlich vom experimentell bestimmten Wert abweicht. Außerdem ist die Elementarladung nicht teilbar.

Aufgabe 6.5

Grundlagen:
Spin und magnetisches Spinmoment eines Elektrons (S 6.7)
Stern-Gerlach-Versuch (6.9) bis (6.12)

Der Betrag des Spins beträgt mit $s = 1/2$

$$|\boldsymbol{s}| = \sqrt{s\,(s+1)}\,\hbar = \frac{\sqrt{3}}{2}\,\hbar\,.$$

Die Einstellungen ergeben sich zu

$$s_z = m_s\,\hbar = \pm\,\frac{\hbar}{2}\,.$$

Aus der Projektion auf die z-Achse ergibt sich der Winkel zu

$$\cos\delta = \frac{s_z}{|\boldsymbol{s}|} = \pm\,\frac{1}{\sqrt{3}} \qquad \text{und damit} \qquad \delta = \pm\,54{,}7^\circ.$$

Ohne Richtungsquantelung würde sich eine kontinuierliche Verteilung der Werte des Winkels zwischen 0° und 180° ergeben. Damit würden die Grenzen der Auslenkungen $\pm\,2\sqrt{3}$ mm betragen.

Aufgabe 6.6

Grundlagen:
Stern-Gerlach-Versuch (6.9) bis (6.12)
Bohrsches Magneton (D 6.1)

Die Ablenkung ist in erster Näherung dem magnetischen Moment proportional, wenn man die Massen vom Wasserstoffatom und Neutron gleichsetzt. Beim Wasserstoffatom wird nur das magnetische Moment des Elektrons im Grundzustand berücksichtigt.

Für das Elektron beträgt die Komponente in Feldrichtung

$$m_{sz,\mathrm{e}} = m_s g_{s\mathrm{e}} |\mu_\mathrm{B}| = m_s g_{s\mathrm{e}} \frac{e\hbar}{2m_{0\mathrm{e}}} \quad \text{mit} \quad m_s = \pm\frac{1}{2}.$$

Für das Neutron erhält man mit

$$m_s = \pm\frac{1}{2}$$

$$m_{sz,\mathrm{n}} = m_s g_{s\mathrm{n}} \mu_\mathrm{K} = m_s g_{s\mathrm{n}} \frac{e\hbar}{2m_{0\mathrm{p}}}.$$

Das Verhältnis der Ablenkungen beträgt damit

$$\frac{x_\mathrm{n}}{x_\mathrm{e}} = \frac{g_{s\mathrm{n}}}{g_{s\mathrm{e}}} \cdot \frac{m_{0\mathrm{e}}}{m_{0\mathrm{n}}} \approx \frac{3{,}83}{2} \cdot \frac{1}{1836} \approx 10^{-3}$$

und liegt unterhalb der Meßgenauigkeit des Stern-Gerlach-Versuches.

Sind die Objekte elektrisch geladen, so wird aufgrund der Lorentz-Kraft eine wesentlich größere Ablenkung erfolgen.

Aufgabe 6.7

Grundlagen:
Spin und magnetisches Spinmoment eines Elektrons (S 6.7)
Energie eines magnetischen Momentes im Magnetfeld (8.1)

Die Elektronen besitzen im Grundzustand nur den Spin $s = 1/2$ und ein magnetisches Spinmoment mit $2s + 1 = 2$ Einstellmöglichkeiten. Für die Komponenten in Feldrichtung erhält man

$$m_{sz} = \pm\, m_s g_{s\mathrm{e}} |\mu_\mathrm{B}| = \pm\, |\mu_\mathrm{B}| \cdot$$

Mit $h\nu = \Delta W$ erhält man für die Frequenz des Resonanzphotons

$$\nu = \frac{2|\mu_\mathrm{B}|B}{h} = 2{,}8 \cdot 10^9\ \mathrm{Hz}.$$

Die Energiedifferenz beträgt

$$\Delta W = 2|\mu_\mathrm{B}|B = 1{,}16 \cdot 10^{-5}\ \mathrm{eV}.$$

Aufgabe 6.8

Grundlagen:
Bahndrehimpuls (S 6.3) und magnetisches Bahnmoment eines Elektrons (S 6.5)
Energie eines magnetischen Momentes im Magnetfeld (8.1)

Das resultierende Moment ist ein Bahnmoment mit $J = l = 3$. Damit erhält man für den Betrag des Bahndrehimpulses

$$|\boldsymbol{l}| = \sqrt{l(l+1)}\,\hbar = \sqrt{12}\,\hbar.$$

Für die $2\,l + 1 = 7$ Komponenten gilt

$$l_z = m_l\hbar = \pm\,3\hbar;\ \pm\,2\hbar;\ \pm\,\hbar;\ 0.$$

Für das magnetische Bahnmoment ergibt sich analog

$$|\boldsymbol{m}_l| = \sqrt{l(l+1)}\,|\mu_\mathrm{B}|$$

und

$$m_{lz} = m_l\,|\mu_\mathrm{B}| = \pm\,3\mu_\mathrm{B};\ \pm\,2\mu_\mathrm{B};\ \pm\,\mu_\mathrm{B};\ 0.$$

Die Energieaufspaltungen ergeben 7 Energieniveaus, wobei jeweils 3 höher und 3 tiefer liegen als das ursprüngliche ($m_l = 0$).

Der Energiedifferenzbetrag zweier benachbarter Energieniveaus beträgt

$$\Delta W = |\Delta\,m_{lz}|\,B = |\Delta m_l|\,|\mu_\mathrm{B}|\,B = |\mu_\mathrm{B}|\,B = 2{,}9\cdot 10^{-5}\ \mathrm{eV}.$$

Aufgabe 6.9

Grundlagen:
Gesamtdrehimpuls für ein Valenzelektron (S 6.9)
Energie der magnetischen Momente im Magnetfeld (8.1)
Landé-Faktor (D 8.1)

Lithium besitzt ein Valenzelektron mit dem Spin $s = 1/2$. L-S-Kopplung heißt, daß der Spin zum Bahndrehimpuls $2\,s + 1$ Einstellmöglichkeiten besitzt, also hier $m_s = \pm\,1/2$ ist. Die Gesamtdrehimpulsquantenzahlen des Hüllenelektrons ergeben sich zu $j = l + m_s > 0$.

Für die Energieniveaus gilt:

Grundniveau	W_1:	$l = 0$	$m_s = +\,1/2$	$j = 1/2$	
angeregte Niveaus	W_2:	$l = 1$	$m_s = +\,1/2$	$j = 3/2$	Dublett
	W_3:	$l = 1$	$m_s = -\,1/2$	$j = 1/2$.	

Die Anzahl der möglichen Komponenten in Magnetfeldrichtung beträgt $2\,j + 1$ mit den magnetischen Quantenzahlen des Gesamtdrehimpulses $m_j = -j, \ldots, +j$.

Die obigen Energieniveaus spalten wie folgt auf:

W_1: $j_z = m_j \hbar = \pm 1/2\, \hbar$, 2 Energieniveaus
W_2: $j_z = -3/2\, \hbar;\ -1/2\, \hbar;\ 0;\ +1/2\, \hbar;\ +3/2\, \hbar$ 5 Energieniveaus
W_3: $j_z = \pm 1/2\, \hbar;\ 0$ 3 Energieniveaus.

Die Energie im Magnetfeld berechnet sich zu

$$\boldsymbol{m}_j \cdot \boldsymbol{B} = m_{jz} B \quad \text{mit} \quad m_{jz} = g_{\mathrm{L}}\, m_j\, |\mu_{\mathrm{B}}|\,.$$

Für den Landé-Faktor

$$g_{\mathrm{L}} = \frac{3J(J+1) + S(S+1) - L(L+1)}{2\,J(J+1)}$$

(für ein einzelnes Valenzelektron können die Quantenzahlen mit kleinen Buchstaben bezeichnet werden) folgt

W_1: $g_{\mathrm{L}} = 2$
W_2: $g_{\mathrm{L}} = 4/3$
W_3: $g_{\mathrm{L}} = 2/3$.

Aufgabe 6.10

Grundlagen:
Gesamtdrehimpuls mehrerer Valenzelektronen (S 6.10)
Energie der magnetischen Momente im Magnetfeld (8.1)
Landé-Faktor (D 8.1)

Infolge der L-S-Kopplung stellt sich der Gesamtspin der Valenzelektronen gegenüber dem Gesamtbahndrehimpuls in $2S + 1$ verschiedene Richtungen ein. Ein Heliumatom besitzt 2 Valenzelektronen mit den Spinquantenzahlen $m_s = \pm \frac{1}{2}$. Daraus ergeben sich zwei Möglichkeiten für den Gesamtspin:

1. Singulett:

$$S = +\frac{1}{2} - \frac{1}{2} = 0\,.$$

Die Gesamtdrehimpulsquantenzahl ist $J = L = 1$.
Im Magnetfeld erhält man mit $g_{\mathrm{L}} = 1$

$$\Delta W = 0;\ \pm \mu_{\mathrm{B}} B \text{ (3 Energieniveaus).}$$

2. Triplett:

$$S = \frac{1}{2} + \frac{1}{2} = 1, \quad M_S = 0;\ \pm 1,$$

$$J = L + M_S = 0;\ 1;\ 2 \quad \text{(Triplett).}$$

$J = 0$: $\Delta W = 0$ (keine Aufspaltung)

$J = 1$: $g_L = 1$, $\Delta W = 0; \pm \mu_B B$
(3 Energieniveaus)

$J = 2$: $g_L = \frac{3}{2}$, $\Delta W = \pm 3\, \mu_B B; \pm \frac{3}{2}\, \mu_B B; 0$
(5 Energieniveaus).

Aufgabe 7.1

Grundlagen:
Grundstruktur der Spektren der Alkalimetallatome (7.1), (7.1a)
Rydbergkonstante (5.8a)
Tabelle der Nuklidmassen, Tab. 10.1

Zur Berechnung der Rydbergkonstanten wird die reduzierte Masse des Valenzelektrons benötigt:

$$R_{\mathrm{Li}} = \frac{R_\infty}{1 + \frac{m_{0\mathrm{e}}}{m_{0\mathrm{Li}}}} = 10972873\ \mathrm{m}^{-1}$$

$$m_{0\mathrm{Li}} = 7{,}0016004\ \mathrm{u}.$$

Die Serienformel für die Bergmann-Serie des Lithiumatoms lautet bei Vernachlässigung der Korrekturglieder

$$\frac{1}{\lambda} = R_{\mathrm{Li}} \left(\frac{1}{3^2} - \frac{1}{n^2} \right) \quad (n = 4, 5 \ldots).$$

1. Linie: $n = 4$ $\lambda_1 = 1874{,}7$ nm
2. Linie: $n = 5$ $\lambda_2 = 1281{,}5$ nm.

Die energetische Lage des 3D-Zustandes erhält man aus der Seriengrenze $n \to \infty$:

$$\frac{hc}{\lambda} = hcR_{\mathrm{Li}} \cdot \frac{1}{9} = 1{,}51\ \mathrm{eV}.$$

Setzt man die Ionisationsenergie gleich Null, so liegt das 3D-Niveau bei $W_{3\mathrm{D}} = -1{,}51$ eV.

Aufgabe 7.2

Grundlagen:
Serienformeln für die Grundstruktur der Alkalimetallatome (7.1)

Aus den Wellenlängen ergeben sich die Energiedifferenzen der angeregten Zustände zum Grundzustand zu

$$W_{2\,\mathrm{P}} - W_{1\,\mathrm{S}} = \frac{hc}{\lambda_1} = 1{,}848\ \mathrm{eV},$$

$$W_{3\,\mathrm{P}} - W_{1\,\mathrm{S}} = \frac{hc}{\lambda_2} = 3{,}835\ \mathrm{eV},$$

$$W_{4\,\mathrm{P}} - W_{1\,\mathrm{S}} = \frac{hc}{\lambda_3} = 4{,}522\ \mathrm{eV},$$

$$W_{5\,\mathrm{P}} - W_{1\,\mathrm{S}} = \frac{hc}{\lambda_4} = 4{,}838\ \mathrm{eV},$$

$$W_{6\,\mathrm{P}} - W_{1\,\mathrm{S}} = \frac{hc}{\lambda_5} = 5{,}008\ \mathrm{eV}.$$

Die Anregungsenergien betragen

$$W_{1\,\mathrm{S}} = -\,5{,}37\ \mathrm{eV}$$
$$W_{2\,\mathrm{P}} = -\,3{,}52\ \mathrm{eV}$$
$$W_{3\,\mathrm{P}} = -\,1{,}54\ \mathrm{eV}$$
$$W_{4\,\mathrm{P}} = -\,0{,}85\ \mathrm{eV}$$
$$W_{5\,\mathrm{P}} = -\,0{,}53\ \mathrm{eV}$$
$$W_{6\,\mathrm{P}} = -\,0{,}36\ \mathrm{eV}.$$

Aufgabe 7.3

Grundlagen:
Dublettcharakter der Einelektronenspektren (7.8)
Beugung am Gitter (II S 10.9), (II 10.39)

Für die Auflösungsgrenze gilt für die 1. Ordnung

$$\frac{\bar{\lambda}}{\Delta\lambda} = 987\ \text{Spalte}.$$

Die Hauptmaxima zweiter Ordnung erhält man durch die Beziehung

$$\sin\alpha_{\max} = \frac{2\cdot\lambda}{g}.$$

Mit der Gitterkonstanten $g = 1{,}\,667\cdot 10^{-6}$ m ergeben sich die Winkel

$$\alpha_1 = 45{,}033° \quad \text{und} \quad \alpha_2 = 44{,}975°$$

und die Winkeldifferenz

$$\Delta\alpha = 0{,}058°\,.$$

Ab einschließlich 3. Ordnung wird der Wertevorrat der Sinusfunktion überschritten, die Linien sind nicht mehr zu beobachten.

Aufgabe 7.4

Grundlagen:
Dublettcharakter der Einelektronenspektren (7.8)
Übergangsregeln (S 7.1)

Der Gesamtdrehimpuls wird nach der *L*-*S*-Kopplung berechnet. Für die D-Niveaus ist $l = 2$ und somit $j = l \pm m_s = \frac{5}{2}\,;\,\frac{3}{2}$.

Die Übergangsregel $\Delta j = 0\,;\pm 1$, wobei der Übergang $\Delta j = 0$ mit schwacher Intensität erfolgt, führt zu folgenden Ausgangszuständen:

1. $3^2\mathrm{D}_{\frac{3}{2}} \rightarrow 2^2\mathrm{P}_{\frac{1}{2}}$ für $\lambda = 568{,}261$ nm
2. $3^2\mathrm{D}_{\frac{5}{2}} \rightarrow 2^2\mathrm{P}_{\frac{3}{2}}$ für $\lambda = 568{,}822$ nm
3. $3^2\mathrm{D}_{\frac{3}{2}} \rightarrow 2^2\mathrm{P}_{\frac{3}{2}}$ für $\lambda = 568{,}861$ nm.

Die Energiedifferenz folgt aus den Wellenlängen

$$\Delta W = h \cdot \nu = \frac{h \cdot c}{\lambda}:$$

1. $\Delta W_1 = 2{,}1816$ eV
2. $\Delta W_2 = 2{,}1795$ eV
3. $\Delta W_3 = 2{,}1793$ eV.

Für die Energieniveauabstände folgt

$\Delta W_1 - \Delta W_3 = 2{,}1 \cdot 10^{-3}$ eV,
$\Delta W_2 - \Delta W_3 = 2{,}0 \cdot 10^{-4}$ eV.

Die Linie mit $\lambda = 568{,}861$ nm wird von der benachbarten Linie überstrahlt, so daß man eine diffuse Linie vermutet.

Aufgabe 7.5

Grundlagen:
Dublettcharakter der Einelektronenspektren (7.8)
Übergangsregeln (S 7.1)

Für die Energieniveaus ergeben sich die folgenden Quantenzahlen:

$$3^2\mathrm{D}_{\frac{5}{2}}:\ n=3;\quad l=2;\quad j=\frac{5}{2}$$

$$3^2\mathrm{D}_{\frac{3}{2}}:\ n=3;\quad l=2;\quad j=\frac{3}{2}$$

$$1^2\mathrm{S}_{\frac{1}{2}}:\ n=1;\quad l=0;\quad j=\frac{1}{2}.$$

Von den Übergangsregeln sind bei dem λ = 684,86 nm entsprechenden Übergang Δn beliebig befolgt, $\Delta l = \pm\ 1$ verletzt und $\Delta j = 0, \pm\ 1$ verletzt, bei dem λ = 689,47 nm entsprechenden Übergang Δn beliebig befolgt, $\Delta l = \pm\ 1$ verletzt und $\Delta j = 0, \pm\ 1$ befolgt.

Die Energiedifferenz folgt aus der Gleichung

$$\Delta W = hc\left(\frac{1}{\lambda_1}-\frac{1}{\lambda_2}\right) = 0{,}012\ \mathrm{eV}.$$

Für die mittlere kinetische Energie von Gasatomen erhält man

$$\bar{W} = \frac{3}{2}kT = 0{,}038\ \mathrm{eV}.$$

Aufgabe 7.6

Grundlagen:
Spektren der Mehrelektronensysteme (S 7.6)
Übergangsregeln (S 7.5)

Die Auswahlregel ΔL $\pm$ 1 läßt auf P-Niveaus schließen. Da Magnesium zwei Valenzelektronen besitzt, ist im Triplettsystem der resultierende Spin S = 1. Somit erhält man die folgenden Gesamtdrehimpulsquantenzahlen:

518,367 nm: $J = L + M_S = 1 + 1 = 2$, Energieniveausymbol $2^3\mathrm{P}_2$
517,270 nm: $J = L + M_S = 1 + 0 = 1$, Energieniveausymbol $2^3\mathrm{P}_1$
516,738 nm: $J = L + M_S = 1 - 1 = 0$, Energieniveausymbol $2^3\mathrm{P}_0$.

Die Energie der abgestrahlten Photonen werden berechnet mit

$$W = \frac{h\cdot c}{\lambda}:$$

$$W_1 = 2{,}391\,\mathrm{eV},$$
$$W_2 = 2{,}397\,\mathrm{eV},\quad \Delta W_{1,2} = 5{,}07\cdot 10^{-3}\ \mathrm{eV},$$
$$W_3 = 2{,}399\ \mathrm{eV},\quad \Delta W_{2,3} = 2{,}47\cdot 10^{-3}\ \mathrm{eV}.$$

Das Auflösungsvermögen beträgt

$$\frac{\bar{\lambda}}{\Delta\lambda_{2,3}} = 1105.$$

Aufgabe 7.7

Grundlagen:
Spektren der Mehrelektronensysteme (S 7.6)
Übergangsregeln (S 7.5)
Franck-Hertz-Versuch (4.1)

Die Übergänge $1^1S_0 \rightarrow 2^3S_1$ und $1^1S_0 \rightarrow 2^1S_0$ sind optisch verboten. Verletzt werden bei beiden Übergängen $\Delta L = \pm 1$ und beim ersten zusätzlich $\Delta S = 0$. Optisch erlaubt ist der Übergang $1^1S_0 \rightarrow 2^1P_1$. Die Energie berechnet sich zu

$$W = \frac{h\,c}{\lambda} = 21{,}21\ \text{eV},$$

damit beträgt die Gegenspannung 21,21 V.

Die angeregten metastabilen Zustände emittieren spontan Photonen, allerdings besitzen sie eine bis zu 10^5-fach größere mittlere Lebensdauer als Zustände mit optisch erlaubten Übergängen. In dieser Zeit ist die Abgabe der Energie durch Stöße mit Partikeln oder gegen die Röhrenwand wahrscheinlicher.

Aufgabe 7.8

Grundlagen:
Spektren der Mehrelektronensysteme (S 7.6)
Übergangsregeln (S 7.5)
Franck-Hertz-Versuch (4.1)

Die Übergangsregeln für den Bahn und den Gesamtdrehimpuls sind in beiden Fällen erfüllt. Das Interkombinationsverbot wird beim Übergang $1^1S_0 \rightarrow 1^3P_1$ verletzt.

Die Energien der Übergänge betragen

$$W_1 = \frac{h\,c}{\lambda_1} = 4{,}89\ \text{eV},$$

$$W_2 = \frac{h\,c}{\lambda_2} = 6{,}70\ \text{eV}.$$

Die Beschleunigungsspannungen sind also 4,89 V und 6,70 V.

Die Zusammenstellung der Quantenzahlen gibt die folgende Tabelle:

Termsymbol	***n***	***L***	***J***	***S***	***L-S*-Kopplung**	M_S
1^1S_0	1	0	0	0	$J = 0 + 0$	0
1^1P_1	1	1	1	0	$J = 1 + 0$	0
1^3P_0	1	1	0	1	$J = 1 - 1$	−1
1^3P_1	1	1	1	1	$J = 1 + 0$	0
1^3P_2	1	1	2	1	$J = 1 + 1$	+1

Aufgabe 7.9

Grundlagen:
Spektren der Mehrelektronensysteme (S 7.6)
Übergangsregeln (S 7.5)

Bor besitzt ein Dublett- und ein Quartettsystem.

Für die Hauptquantenzahl $n = 3$ ergeben sich folgende Quantenzahlen und Energieniveausymbole, da Bor 3 Valenzelektronen besitzt:

Termsymbol	***n***	***L***	***S***	***J***	***L-S*-Kopplung**	M_S
$3^2S_{\frac{1}{2}}$	3	0	$\frac{1}{2}$	$\frac{1}{2}$	$J = 0 + \frac{1}{2}$	$+\frac{1}{2}$
$3^2P_{\frac{1}{2}}$	3	1	$\frac{1}{2}$	$\frac{1}{2}$	$J = 1 - \frac{1}{2}$	$-\frac{1}{2}$
$3^2P_{\frac{3}{2}}$	3	1	$\frac{1}{2}$	$\frac{3}{2}$	$J = 1 + \frac{1}{2}$	$+\frac{1}{2}$
$3^2D_{\frac{3}{2}}$	3	2	$\frac{1}{2}$	$\frac{3}{2}$	$J = 2 - \frac{1}{2}$	$-\frac{1}{2}$
$3^2D_{\frac{5}{2}}$	3	2	$\frac{1}{2}$	$\frac{5}{2}$	$J = 2 + \frac{1}{2}$	$+\frac{1}{2}$
$3^4S_{\frac{3}{2}}$	3	0	$\frac{3}{2}$	$\frac{3}{2}$	$J = 0 + \frac{3}{2}$	$+\frac{3}{2}$
$3^4P_{\frac{1}{2}}$	3	1	$\frac{3}{2}$	$\frac{1}{2}$	$J = 1 - \frac{1}{2}$	$-\frac{1}{2}$
$3^4P_{\frac{3}{2}}$	3	1	$\frac{3}{2}$	$\frac{3}{2}$	$J = 1 + \frac{1}{2}$	$+\frac{1}{2}$
$3^4P_{\frac{5}{2}}$	3	1	$\frac{3}{2}$	$\frac{5}{2}$	$J = 1 + \frac{3}{2}$	$+\frac{3}{2}$
$3^4D_{\frac{1}{2}}$	3	2	$\frac{3}{2}$	$\frac{1}{2}$	$J = 2 - \frac{3}{2}$	$-\frac{3}{2}$
$3^4D_{\frac{3}{2}}$	3	2	$\frac{3}{2}$	$\frac{3}{2}$	$J = 2 - \frac{1}{2}$	$-\frac{1}{2}$
$3^4D_{\frac{5}{2}}$	3	2	$\frac{3}{2}$	$\frac{5}{2}$	$J = 2 + \frac{1}{2}$	$+\frac{1}{2}$
$3^4D_{\frac{7}{2}}$	3	2	$\frac{3}{2}$	$\frac{7}{2}$	$J = 2 + \frac{3}{2}$	$+\frac{3}{2}$

Die längstwelligen Übergänge zum Grundzustand sind die Dublettlinien $2^2P_{\frac{3}{2}} \rightarrow 1^2S_{\frac{1}{2}}$ und $2^2P_{\frac{1}{2}} \rightarrow 1^2S_{\frac{1}{2}}$.

Aufgabe 8.1

Grundlagen:
Potentielle Energie eines magnetischen Dipols (8.1)
Komponenten in Feldrichtung (8.4)
Übergangsregeln (8.5)

Die Aufspaltung der Energieniveaus erfolgt nach der Übergangsregel $\Delta M_L = \pm 1$:

$$\Delta W = \Delta M_L \, |\mu_B| \, B = 2{,}14 \cdot 10^{-4}\ \text{eV}.$$

In Richtung des Magnetfeldes werden 2 Linien abgestrahlt:

$$\lambda_1 = 667{,}774\ \text{nm}, \quad \lambda_2 = 667{,}892\ \text{nm}.$$

Die Zahl der Energieniveaus ist gleich der Anzahl der Komponenten in Feldrichtung. So erhält man für

$$3^1\text{D}_2:\ L = 2,\ M_L = -2, -1, 0, +1, +2;\ \text{5 Energieniveaus},$$
$$2^1\text{P}_1:\ L = 1,\ M_L = -1, 0, +1;\ \text{3 Energieniveaus}.$$

Die Übergangsregel $\Delta M_L = 0, \pm 1$ führt zu 3 transversalen Linien, wobei $\Delta M_L = 0$ die ursprüngliche Linie ohne Magnetfeld darstellt.

Aufgabe 8.2

Grundlagen:
Normaler Zeeman-Effekt (8.1) bis (8.5)
Fabry-Perot-Interferometer, II Abb. 10.39

Als Gangunterschied im Interferometer erhält man für parallele Spiegel im Abstand d für das Maximum N-ter Ordnung für paralleles Licht des Neigungswinkels α

$$\Delta = \frac{2d}{\cos\alpha} = 2d\sqrt{1 + \tan^2\alpha} = N\lambda\,.$$

Das Objektiv sammelt in der Brennebene parallele Strahlen in einem Punkt. Die Rotationssymmetrie führt zu einem Kreis. Es gilt mit der Brennweite f und dem Ringradius r

$$\tan\alpha = \frac{r}{f}.$$

Damit folgt

$$\lambda = \frac{2d}{N}\sqrt{1 + \left(\frac{r}{f}\right)^2}\,.$$

Aus der Wellenlängendifferenz ergibt sich

$$B = \frac{hc\,\Delta\lambda}{\lambda^2 |\mu_B|} = 274\ \text{mT}.$$

Aufgabe 8.3

Grundlagen:
Normaler Zeeman-Effekt (8.1) bis (8.5)
Anomaler Zeeman-Effekt (D 8.1), (S 8.1)
Übergangsregeln (8.5)

Die Energieniveauaufspaltung richtet sich nach der resultierenden magnetischen Quantenzahl M_J. Somit erhält man für

$7\,^3S_1$: $J=1$; $M_J=-1, 0, +1$; 3 Energieniveaus,
$6\,^3P_2$: $J=2$; $M_J=-2, -1, 0, +1, +2$; 5 Energieniveaus.

Der Betrag der Energiedifferenz ist dem Landè-Faktor proportional:

$$\Delta W = g_L M_J |\mu_B| B .$$

$$7\,^3S_1: \; g_{L1} = 2$$

$$6\,^3P_2: \; g_{L2} = \frac{3}{2}$$

Das Verhältnis der Energiedifferenzen ergibt sich also zu

$$\frac{\Delta W_{7\,S}}{\Delta W_{6\,P}} = \frac{g_{L1}}{g_{L2}} = \frac{4}{3} .$$

Mit den Übergangsregeln $\Delta M_J = 0; \pm 1$ kommt man zu 9 Linien.

Aufgabe 8.4

Grundlagen:
Paschen-Back-Effekt (8.10)

Die Entkopplung der L-S-Wechselwirkung vorausgesetzt, erhält man die Quantenzahlen und damit die Aufspaltungen:

$7\,^3S_1$: $L=0$; $S=1$; $M_J=-1, 0, +1$; 3 Energieniveaus,
$6\,^3P_2$: $L=1$; $S=1$; $M_J=-2, -1, 0, +1, +2$; 5 Energieniveaus.

Die Differenz der potentiellen Energien benachbarter Energieniveaus beträgt für beide Fälle

$$\Delta W = |\mu_B| B = 8,68 \cdot 10^{-5}\ \text{eV}.$$

Die Übergangsregeln $\Delta M_J = 0; \pm 1$ führen zu 3 Linien.

Die relative Wellenlängenänderung liegt in der Größenordnung

$$\frac{\Delta\lambda}{\lambda} \approx 3{,}8 \cdot 10^{-5} .$$

Grundlagen:
Paramagnetische Elektronenresonanz (8.11)

Aufgabe 8.5

Es handelt sich um s-Elektronen mit $m_s = \pm \frac{1}{2}$, so daß $|\Delta m_s| = 1$ wird. Damit ergibt sich für den Resonanzfall

$$B = \frac{h\nu}{g_s |\mu_\mathrm{B}|} = 1{,}60\ \mathrm{mT}.$$

Das zum Erdfeld zusätzliche Feld wird durch Helmholtzspulen erzeugt, so daß gilt

$$B = B_\mathrm{Spule} \pm B_\mathrm{Erde}\,.$$

In Mitteleuropa beträgt die Horizontalkomponente ca. 20 µT, also 1,2% der Resonanzinduktion B.

Grundlagen:
Absorption und induzierte Emission von Strahlung (8.25)

Aufgabe 8.6

Die Energiedifferenz für die Na-D-Linie mit $\lambda = 589$ nm beträgt

$$\Delta W = \frac{hc}{\lambda} = 3{,}37 \cdot 10^{-19}\ \mathrm{Ws}\,.$$

Damit erhält man für das Verhältnis der Wahrscheinlichkeiten

$$\frac{w_\mathrm{E,ind}}{w_\mathrm{A}} = \exp\left(-\frac{\Delta W}{kT}\right) = 3{,}29 \cdot 10^{-3}.$$

Grundlagen:
Laser (8.31)
Michelson Interferometer (II S 10.3)

Aufgabe 8.7

Die Streifenverschiebung bedeutet für die Differenz zweier benachbarter Maxima, daß der Gangunterschied eine Wellenlänge betragen muß. Mit der Brechzahl für Luft $n = 1$ ergibt sich für die Spiegelverschiebung

$$\Delta X = \frac{N\lambda}{2n} = \frac{N\lambda}{2}.$$

Für das rote Licht der Wellenlänge 623,8nm erhält man

$$\Delta X_\mathrm{rot} = 0{,}312\ \mathrm{nm}\,,$$

für das gelbe Laserlicht der Wellenlänge 549,0 nm

$$\Delta X_{\text{gelb}} = 0{,}275\ \text{nm}\,.$$

Die Heisenbergsche Unschärferelation für Ort und Impuls

$$\Delta q\ \Delta p \geqq \frac{\hbar}{2}$$

ergibt für Licht genau einer Wellenlänge

$$\Delta q \frac{h}{\lambda} \geqq \frac{\hbar}{2} = \frac{h}{4\pi}\,.$$

Daraus folgt für die Ortsunschärfe Δq, die man als Durchmesser einer Kreisfläche auffassen kann,

$$\Delta q \geqq \frac{\lambda}{4\pi}\,.$$

Die Fläche wäre also

$$A \geqq \frac{\lambda^2}{64\pi}\,.$$

Der Unterschied zur praktisch gemessenen Fokuskreisfläche ist in der natürlichen Linienbreite des Laserlichtes begründet.

Aufgabe 8.8

Grundlagen:
Kohärenzlänge des Lichtes (II 10.11)

Die Kohärenzlänge l_{K} ergibt sich aus der Linienbreite $\Delta\lambda$ und der Wellenlänge λ der Spektrallinie zu

$$l_{\text{K}} = \frac{\lambda^2}{\Delta\lambda}\,.$$

Für das Laserlicht erhält man

$$l_{\text{K, Laser}} = 30\ \text{km}.$$

Für das angegebene Neonlicht beträgt die Kohärenzlänge

$$l_{\text{K, Neon}} = 0{,}186\ \text{m}.$$

Aufgabe 8.9

Grundlagen:
Laser (8.31)
Bohrsches Atommodell (5.7)
Rydbergkonstante (5.8 a)

Es handelt sich um das wasserstoffähnliche Kohlenstoffion. Der Laserübergang erfolgt von $n = 3 \rightarrow n = 2$.

Die Serienformel lautet

$$\frac{1}{\lambda} = Z^2 \cdot R_\infty \left(\frac{1}{2^2} - \frac{1}{3^2} \right).$$

Mit $Z = 6$ beträgt die Wellenlänge

$$\lambda = 18{,}2 \text{ nm}.$$

Es handelt sich um Röntgenstrahlung.

Der Isotopieeffekt ergibt sich aus der Zusammensetzung von natürlichem Kohlenstoff aus den Isotopen ^{12}C und ^{13}C.

Das Verhältnis der Wellenlängen hängt von den unterschiedlichen Rydbergkonstanten ab:

$$R_X = \frac{R_\infty}{1 + \frac{m_{0e}}{m_{0K}}}.$$

$$\frac{\lambda_2}{\lambda_1} = \frac{1 + \frac{m_{0e}}{12\text{ u}}}{1 + \frac{m_{0e}}{13\text{u}}}.$$

$$\frac{\lambda_1 + \Delta\lambda}{\lambda_1} = 1 + 3{,}5 \cdot 10^{-6}.$$

Die relative Linienbreite von $3{,}5 \cdot 10^{-6}$ ist wesentlich größer als die natürliche Linienbreite von Laserlicht.

Aufgabe 8.10

Grundlagen:
Mehr-Photonen-Photoeffekt (8.40)

Die Zahl der Photonen erhält man aus der Photonenenergie und der Austrittsarbeit der Platinkatode:

$$N = \frac{\lambda W_A}{hc} = 3{,}52.$$

Also müssen 4 Photonen am Prozeß beteiligt sein. Die Abbremsspannung ergibt sich aus der Energiebilanz

$$eU = 4\,\frac{hc}{\lambda} - W_A = (7{,}16 - 6{,}3)\text{ eV} = 0{,}86\text{ eV}.$$

Die Gegenspannung beträgt

$$U = 0{,}86\text{ V}.$$

Aufgabe 9.1

> Grundlagen:
> Pauli-Prinzip (9.1), (9.3)

Die Elektronenkonfigurationen ergeben sich wie folgt:

Na: $1s^2\, 2s^2\, 2p^6\, 3s^1$

Na^+: $1s^2\, 2s^2\, 2p^6$

Na^{++}: $1s^2\, 2s^2\, 2p^5$.

Für die Beträge von resultierendem Gesamtdrehimpuls und magnetischem Gesamtmoment erhält man:

$$\text{Na:}\quad J = \frac{1}{2};\ |\boldsymbol{J}| = \frac{\sqrt{3}}{2}\hbar;\ |\boldsymbol{M}_J| = 2\cdot\frac{\sqrt{3}}{2}\,|\mu_B|$$

$$\text{Na}^+\text{:}\quad J = 0;\ |\boldsymbol{J}| = 0;\qquad |\boldsymbol{M}_J| = 0$$

$$\text{Na}^{++}\text{:}\quad J = \frac{1}{2};\ |\boldsymbol{J}| = \frac{\sqrt{3}}{2}\hbar;\ |\boldsymbol{M}_J| = \sqrt{3}\,|\mu_B|\,.$$

Aufgabe 9.2

> Grundlagen:
> Pauli-Prinzip (9.1), (9.3)
> Charakteristisches Röntgenspektrum (9.17)
> Spektren wasserstoffähnlicher Ionen (5.7)

Das Atom bzw. die Ionen haben folgende Elektronenkonfigurationen:

Li: $1s^2\ 2s^1$
Li^+: $1s^2$
Li^{++}: $1s^1$.

In abgeschlossenen Schalen sind die Elektronen stärker gebunden. Die Ionisationsenergie kann aus dem Fixterm der K-Serie grob abgeschätzt werden:

$$W_{\text{ion,Li}^+} = hcR_\infty (Z-1)^2 = 54{,}4\text{ eV}.$$

Die Ionisationsenergie des Li^{++}-Ions ist aus der Seriengrenze der 1. Serie der wasserstoffähnlichen Ionen zu berechnen:

$$W_{\text{ion, Li}^{++}} = hcR_\infty Z^2 = 122{,}4 \text{ eV}.$$

Die Geschwindigkeit kann nichtrelativistisch berechnet werden:

$$v^2 = \frac{2}{m_{0\text{e}}}\left(\frac{hc}{\lambda} - W_{\text{ion}}\right).$$

Man erhält

Li: $v_{\text{Li}} = 7720 \text{ kms}^{-1}$
Li^+: $v_{\text{Li}^+} = 6520 \text{ kms}^{-1}$
Li^{++}: $v_{\text{Li}^{++}} = 4300 \text{ kms}^{-1}$.

Grundlagen:
Anregung durch Stoßprozesse (9.10 a)

Aufgabe 9.3

Ein durch Elektronenstoß angeregtes Atom wird, bevor es durch spontane Emission in den Grundzustand übergeht, durch Stoß eines zweiten Elektrons in das höhere Energieniveau gehoben. Die Energiebilanz lautet mit $\lambda_1 = 253{,}652$ nm und $\lambda_2 = 184{,}947$ nm

$$W_{\text{kin},2} = \frac{m_{0\text{e}}}{2} v_2^2 = 5 \text{ eV} + \frac{hc}{\lambda_1} - \frac{hc}{\lambda_2} = 3{,}18 \text{ eV}.$$

Die Restgeschwindigkeit des zweiten Elektrons beträgt

$$v_2 = 1058 \text{ kms}^{-1}.$$

Die Restgeschwindigkeit des ersten Elektrons folgt aus

$$W_{\text{kin},1} = 5 \text{ eV} - \frac{hc}{\lambda_1} = 0{,}11 \text{ eV}.$$

Sie beträgt

$$v_1 = 197 \text{ kms}^{-1}.$$

Grundlagen:
Anregung durch Stoßprozesse (9.10 c)

Aufgabe 9.4

Die Energiedifferenz beträgt mit $\lambda_1 = 253{,}653$ nm und $\lambda_2 = 256{,}436$ nm

$$\Delta W = hc\left(\frac{1}{\lambda_1} - \frac{1}{\lambda_2}\right) = 0.053 \text{ eV}.$$

Die Thalliumatome werden durch Stöße 2. Art angeregt. Die Energiedifferenz wird durch die thermische kinetische Energie ausgeglichen. So entspricht die mittlere kinetische Energie für eine Temperatur von 137 °C gerade der berechneten Energiedifferenz ΔW.

Aufgabe 9.5

Grundlagen:
Röntgenbremsspektrum (9.15 a)
Drehkristallverfahren (II S 10.11)

Die Maximumsbedingung beim Drehkristallverfahren beträgt mit d als Netzebenenabstand und dem Glanzwinkel ϑ als halbem Beugungswinkel für die N-te Ordnung

$$2d \sin \vartheta = N\lambda .$$

Mit $N = 1$ und der Grenzwellenlänge

$$\lambda = \frac{hc}{eU} = 41{,}3 \text{ pm}$$

erhält man

$$d = \frac{hc}{eU \sin \vartheta} = 329 \text{ pm} .$$

Der Glanzwinkel für die Hälfte der Spannung beträgt

$$\vartheta_2 = \arcsin (2 \sin \vartheta) = 7{,}21° .$$

Aufgabe 9.6

Grundlagen:
Charakteristisches Röntgen-Spektrum (9.17), (9.16)

Das Moseleysche Gesetz für die K_α-Linie

$$\frac{1}{\lambda_{\mathrm{K}\alpha}} = \frac{3}{4} R_\infty (Z-1)^2$$

ergibt für Zink ($Z = 30$) die Wellenlänge

$$\lambda_{\mathrm{K}\alpha} = 1{,}445 \cdot 10^{-10} \text{ m} .$$

Aus den gegebenen Energien folgt

$$\lambda_{\mathrm{K}\alpha 1} = 1{,}439 \cdot 10^{-10} \text{ m}$$
$$\lambda_{\mathrm{K}\alpha 2} = 1{,}435 \cdot 10^{-10} \text{ m} .$$

Für die K_β – Linie lautet die Serienformel

$$\frac{1}{\lambda_{K\beta}} = R_\infty (Z - \sigma_\beta)^2 \left(\frac{1}{1^2} - \frac{1}{3^2}\right).$$

Aus der angegebenen Energie erhält man

$$\sigma_\beta = +\,1{,}87\,.$$

Die Wellenlänge beträgt

$$\lambda_{K\beta} = 1{,}295 \cdot 10^{-10}\ \mathrm{m}\,.$$

Die Grenze der K-Serie ergibt sich für $n \to \infty$ zu

$$\frac{1}{\lambda_{K\,gr}} = R_\infty\,(Z - \sigma_{gr})^2\,.$$

Die Grenzwellenlänge beträgt

$$\lambda_{K\,gr} = 1{,}282 \cdot 10^{-10}\ \mathrm{m}\,,$$

die Abschirmkonstante

$$\sigma_{K\,gr} = 3{,}35\,.$$

Grundlagen:
Charakteristisches Röntgen-Spektrum (9.16), (7.8)

Aufgabe 9.7

Die Kernladungszahl läßt sich aus den K_α-Linien mit dem Moseleyschen Gesetz berechnen:

$$\frac{1}{\lambda_{K\alpha}} = \frac{3}{4} R_\infty\,(Z - 1)^2\,.$$

Für die intensive $K_{\alpha 2}$-Linie mit $\lambda_{K\alpha 2} = 70{,}926$ pm erhalt man

$$Z = 42{,}4\,.$$

Die Anode ist aus Molybdän ($Z = 42$).
Es handelt sich um folgende Übergänge und Energien:

$$\lambda_{K\alpha 1}:\ 2^2\,\mathrm{P}_{\frac{1}{2}} \to 1^2\,\mathrm{S}_{\frac{1}{2}};\ \Delta W_1 = 17{,}375\ \mathrm{keV},$$

$$\lambda_{K\alpha 2}:\ 2^2\,\mathrm{P}_{\frac{3}{2}} \to 1^2\,\mathrm{S}_{\frac{1}{2}};\ \Delta W_2 = 17{,}479\ \mathrm{keV}.$$

Die intensivere Linie entspricht nach der Übergangsregel dem Übergang

$$\Delta j = +1.$$

Für die K_β-Linie erhält man

$$\Delta W_3 = 19{,}608 \text{ keV}.$$

Die nicht aufgelöste Feinstruktur besteht aus dem Dublett

$$3^2 P_{\frac{1}{2}} \rightarrow 1^2 S_{\frac{1}{2}},$$

$$3^2 P_{\frac{3}{2}} \rightarrow 1^2 S_{\frac{1}{2}}.$$

Aufgabe 9.8

Grundlagen:
Charakteristisches Röntgenspektrum (9.17)
Röntgen-Absorptionsspektrum, Abb. 9.4

Aus der Grenzenergie der K-Serie für Nickel läßt sich die Wellenlänge der Strahlung berechnen, durch die ein Elektron aus der K-Schale freigesetzt werden kann:

$$\lambda = \frac{hc}{W_{\text{gr}}} = 14{,}88 \text{ pm}.$$

Kürzere Wellenlängen werden auch noch fast optimal absorbiert.

Aufgabe 9.9

Grundlagen:
Charakteristisches Röntgenspektrum (9.17)
Röntgenabsorptionsspektrum, Abb. 9.4
Drehkristallverfahren (II S 10.11)

Die Maximumbedingung für den Glanzwinkel ϑ und den Netzebenenabstand d lautet für die N-te Ordnung

$$2d \sin\vartheta = N\lambda.$$

Die Wellenlänge läßt sich aus der Seriengrenzenergie als Photonenenergie berechnen. Damit beträgt der Glanzwinkel in erster Ordnung

$$\vartheta = \arcsin \frac{Nhc}{2dW_{\text{gr}}} = 11{,}04°.$$

Die Grenzwellenlänge λ_{gr} des Röntgenbremsspektrums muß kleiner als die Absorptionswellenlänge sein:

$$\lambda_{gr} = \frac{hc}{e U_{AK}} \leqq \frac{hc}{W_{gr}} .$$

Damit erhält man für die Spannung

$$U_{AK} \geqq \frac{W_{gr}}{e} = 16{,}1 \text{ kV}.$$

Aufgabe 9.10

> Grundlagen:
> Charakteristisches Röntgenspektrum (9.16), (9.17)
> Auger-Effekt (12.30)

Die wahrscheinliche Ablösung von Auger-Elektronen erfolgt durch die Strahlung der K_α-Linie. Das Auger-Elektron besitzt als kinetische Energie die Photonenenergie der K_α-Linie. Damit erhält man mit $Z = 47$

$$U_G = \frac{hc}{e \lambda_{K\alpha}} = \frac{3 h c R_\infty (Z-1)^2}{4e} = 21{,}6 \text{ kV}.$$

Aufgabe 10.1

> Grundlagen:
> Atomkernradius (S 3.1)
> Rutherfordsche Streuung (3.5)

Die Coulomb-Kraft zwischen α-Teilchen und Bleikern muß gerade noch nicht durch die Kernkräfte, deren Reichweite gleich dem Kernkraftradius gesetzt werden kann, beeinflußt werden.

Der Energieerhaltungssatz ergibt

$$W_{kin,e} = W_{pot}(R_k) = \frac{Z_1 Z_2 e^2}{4 \pi \varepsilon_0 R_k} = 28{,}7 \text{ MeV},$$

wenn man für $R_k = (0{,}75 + 1{,}26\, M^{\frac{1}{3}})\, 10^{-15}$ m setzt.

Für kleinere kinetische Energien wird das α-Teilchen praktisch ohne Energieverlust um 180° gestreut (reflektiert).

Aufgabe 10.2

Grundlagen:
Massedichte von Atomkernen (S 10.1)
Eigenschaften einiger Nuklide, Tab. 10.1

Die Ruhmassen der beiden Kerne betragen

$$m_{0\mathrm{C}} = 12{,}000000\ \mathrm{u}\,,$$
$$m_{0\mathrm{N}} = 12{,}018641\ \mathrm{u}\,.$$

Die Kernkraftradien berechnen sich zu

$$R_{\mathrm{kN}} = R_{\mathrm{kC}} = (0{,}75 + 1{,}26 \cdot 12^{\frac{1}{3}})\ 10^{-15}\ \mathrm{m} = 3{,}63 \cdot 10^{-15}\ \mathrm{m}\,.$$

Damit erhält man die Dichten

$$\varrho_{\mathrm{C}} = 9{,}905 \cdot 10^{16}\,\mathrm{kgm}^{-3},$$
$$\varrho_{\mathrm{N}} = 9{,}921 \cdot 10^{16}\,\mathrm{kgm}^{-3}.$$

Aufgabe 10.3

Grundlagen:
Atomkernradius (S 3.1)
Eigenschaften einiger Nuklide, Tab. 10.1
Elektrisches Feld einer Punktladung (II 1.6 a)

Der Abstand zwischen den Mittelpunkten der Protonenpunktladungen sei a und gebe die x-Richtung an, der Nullpunkt des Koordinatensystems liege im Mittelpunkt der „Neutronenkugel".

Die Koordinaten der Protonenladungen sind somit $x_1 = +\frac{a}{2}$; $x_2 = -\frac{a}{2}$. a beträgt $\frac{2}{3}$ vom Wert des Kerndurchmessers, also $\frac{4}{3}$ vom Wert des Kernradius:

$$R_{\mathrm{k}} = (0{,}75 + 1{,}26\ \sqrt[3]{3})\ 10^{-15}\ \mathrm{m} = 2{,}57 \cdot 10^{-15}\ \mathrm{m}\,.$$

Die Beträge der elektrischen Feldstärkekomponenten berechnen sich zu

$$E_x = \frac{e}{4\pi\varepsilon_0}\left(\frac{1}{\left(x-\frac{a}{2}\right)^2} + \frac{1}{\left(x+\frac{a}{2}\right)^2}\right) = \frac{e}{4\pi\varepsilon_0 x^2}\left(\frac{1}{\left(1-\frac{a}{2x}\right)^2} + \frac{1}{\left(1+\frac{a}{2x}\right)^2}\right),$$

$$E_y = 2\,\frac{e}{4\pi\varepsilon_0\left(y^2+\left(\frac{a}{2}\right)^2\right)}\,\frac{y}{\sqrt{y^2+\left(\frac{a}{2}\right)^2}} = \frac{2e}{4\pi\varepsilon_0 y^2}\,\frac{1}{\left(1+\left(\frac{a}{2y}\right)^2\right)^{\frac{3}{2}}}.$$

Die quadratischen Näherungen ergeben sich zu

$$E_x \approx \frac{2e}{4\pi\varepsilon_0 x^2}\left(1 + 3\left(\frac{a}{2x}\right)^2\right),$$

$$E_y \approx \frac{2e}{4\pi\varepsilon_0 y^2}\left(1 - \frac{3}{2}\left(\frac{a}{2y}\right)^2\right).$$

Grundlagen:
Hyperfeinstruktur der Spektren (S 10.3)
Messung des Kernspins (S 10.4)
Eigenschaften einiger Nuklide, Tab. 10.1

Aufgabe 10.4

Es gelten für den Kernspin $I = \frac{5}{2}$ und für den resultierenden Gesamtdrehimpuls des Grundniveaus der Hülle $J = \frac{1}{2}$.

Daraus folgt für den Drehimpuls

$$J_{\mathrm{a}} = I \pm \frac{1}{2}.$$

Für das Intensitätsverhältnis der Hyperfeinstrukturlinien gilt damit

$$\frac{Int_1}{Int_2} = \frac{2\left(I - \frac{1}{2}\right) + 1}{2\left(I + \frac{1}{2}\right) + 1} = \frac{5}{7}.$$

Grundlagen:
Messung des magnetischen Kernmomentes (10.9a), Abb. 10.3
Eigenschaften einiger Nuklide, Tab. 10.1

Aufgabe 10.5

Die möglichen Kernspins des Moleküls betragen wegen $I_{\mathrm{N}} = 1$

$$I = 0;\ 1;\ 2.$$

Damit hat das magnetische Moment des Moleküls 5 Einstellmöglichkeiten zum konstanten Magnetfeld. Aus der Resonanzbedingung erhält man den Kern-g_{K}-Faktor

$$g_{\mathrm{K}} = \frac{h\nu}{\mu_{\mathrm{K}} B} = 0{,}405\,.$$

Grundlagen:
Messung des magnetischen Kernmomentes (S 10.2), (10.9a), Abb. 10.3
Eigenschaften einiger Nuklide, Tab. 10.1

Aufgabe 10.6

Der Kernspin des Neutrons beträgt $I = \frac{1}{2}$. Daraus folgen für das magnetische Kernmoment der Betrag

$$|\boldsymbol{M}_I| = |g_{\mathrm{K}}|\sqrt{I(I+1)}\,\mu_{\mathrm{K}} = 1{,}843\ \mu_{\mathrm{K}}$$

und für die beiden Koordinaten in Feldrichtung

$$M_{Iz1} = \frac{1}{2} |g_K| \mu_K = 1{,}0685 \, \mu_K \,,$$

$$M_{Iz2} = -\frac{1}{2} |g_K| \mu_K = -1{,}0638 \, \mu_K \,.$$

Das negative Vorzeichen von g_K bedeutet klassisch veranschaulicht, daß Eigendrehimpuls und magnetisches Moment entgegengesetzt gerichtet sind.

Aufgabe 10.7

Grundlagen:
Relativistische kinetische Energie (II S 14.16)
Eigenschaften einiger Nuklide, Tab. 10.1

Aus der relativistischen Massenabhängigkeit der Geschwindigkeit erhält man

$$v = c \sqrt{1 - \frac{1}{\left(1 + \dfrac{W_{kin}}{m_{0n} c^2}\right)^2}} \,.$$

Für die relativistischen Neutronen ergibt sich

$$v_r = 0{,}841 \, c = 2{,}52 \cdot 10^8 \, \mathrm{ms}^{-1} \,.$$

Für thermische Neutronen folgt

$$v_{th} = \sqrt{\frac{2 W_{kin}}{m_{0n}}} = 2{,}23 \, \mathrm{kms}^{-1} = 7{,}44 \cdot 10^{-6} \, c \,.$$

Die Beziehung für die mittlere kinetische Energie eines Gases führt zur Temperatur

$$T = \frac{2 W_{th}}{3k} = 201 \, \mathrm{K}.$$

Aufgabe 10.8

Grundlagen:
Kernmassendefekt und Bindungsenergie der Atomkerne (S 10.9)
Eigenschaften einiger Nuklide, Tab. 10.1

Die Bindungsenergiedifferenz erhält man aus dem Ruhmassendefekt

$$\Delta W_B = (\Delta m_N - \Delta m_c) \, c^2 = (m_{0N} - 7 m_{0p} - 5 m_{0n} - m_{0C} + 6 m_{0p} + 6 m_{0n}) \, c^2$$

$$\Delta W_B = (m_{0N} - m_{0c} - m_{0p} + m_{0n}) \, c^2$$

$$\Delta W_B = (12{,}018641 - 12 - 1{,}0078252 + 1{,}0086652) \, \mathrm{u} c^2$$

$$\Delta W_B = 0{,}01948 \, \mathrm{u} c^2 = 18{,}1 \, \mathrm{MeV} > 0 \,.$$

Die Reaktion wäre exotherm.

Der Kernspin kann durch getrennte paarweise Absättigung von Protonen und Neutronen erklärt werden. Bei dem Stickstoffkern addieren sich die Kernspins von einem Proton und einem Neutron.

Aufgabe 10.9

> Grundlagen:
> Kernmassendefekt und Bindungsenergie der Atomkerne (S 10.9)
> Eigenschaften einiger Nuklide, Tab. 10.1, Tab. 10.4

Die Bindungsenergie pro Nukleon erhält man aus dem Kernmassendefekt. Für die angegebenen Kerne erhält man

$$^{235}_{92}\mathrm{U}: \frac{W_{\mathrm{BU}}}{M} = \frac{1}{235}\left(m_{0\mathrm{U}} - 92 m_{0\mathrm{p}} - 143 m_{0\mathrm{n}}\right) c^2 = -\,7{,}59\ \mathrm{MeV},$$

$$^{8}_{3}\mathrm{Li}: \frac{W_{\mathrm{BLi}}}{M} = \frac{1}{8}\left(m_{0\mathrm{Li}} - 3 m_{0\mathrm{p}} - 5 m_{0\mathrm{n}}\right) c^2 = -\,5{,}16\ \mathrm{MeV},$$

$$^{20}_{10}\mathrm{Ne}: \frac{W_{\mathrm{BNe}}}{M} = \frac{1}{20}\left(m_{0\mathrm{Ne}} - 10 m_{0\mathrm{p}} - 10 m_{0\mathrm{n}}\right) c^2 = -\,7{,}99\ \mathrm{MeV}.$$

Exotherme Reaktionen sind die Spaltung schwerer Kerne in mittlere und die Fusion leichter Kerne zu mittleren.

Aufgabe 10.10

> Grundlagen:
> Atomkernradius (S 3.1)
> Massendefekt (S 10.9)
> Eigenschaften einiger Nuklide, Tab. 10.1
> Energietopf (10.14)

Der Kernkraftradius beträgt

$$R_{\mathrm{k}} = \left(0{,}75 + 1{,}26\, M^{\frac{1}{3}}\right) \cdot 10^{-15}\ \mathrm{m} = 2{,}57 \cdot 10^{-15}\ \mathrm{m}.$$

Der Abstand der Protonenmittelpunkte ist

$$a_{\mathrm{pr}} = 1{,}71 \cdot 10^{-15}\ \mathrm{m}.$$

Die Gravitationskraft berechnet sich zu

$${}^{\mathrm{G}}F = \gamma \frac{m_{0\mathrm{p}}^2}{a_{\mathrm{pr}}^2} = 6{,}35 \cdot 10^{-35}\ \mathrm{N}.$$

Die Coulombsche Abstoßungskraft beträgt

$${}^{\mathrm{C}}F = \frac{1}{4\pi\varepsilon_0} \frac{e^2}{a_{\mathrm{pr}}^2} = 78{,}5\ \mathrm{N}.$$

Die Kernkraft muß um mehrere Größenordnungen die Coulomb-Kraft übertreffen.

Die Tiefe des Energietopfes ist gegeben durch die kinetische Energie der Nukleonen

$$W_{\mathrm{kin,\,p,\,n}} = 3\,\frac{p^2}{2m_{0\mathrm{n}}} = \frac{3h^2}{32R_{\mathrm{k}}^2 m_{0\mathrm{n}}} = 23{,}46\ \mathrm{MeV}$$

und die Bindungsenergie pro Nukleon

$$\frac{W_{\mathrm{B,\,He}}}{M} = -\,7{,}72\ \mathrm{MeV}.$$

Sie beträgt

$$W_{\mathrm{T}} = -\,31{,}18\ \mathrm{MeV}.$$

Aufgabe 11.1

> Grundlagen:
> Spezifische Ionisation (11.11)
> Expansionsnebelkammer, Abb. 11.9

Die Gesamtzahl der Ionen beträgt

$$N = \frac{7{,}68\ \mathrm{MeV}}{34{,}88\ \mathrm{eV}} = 220183\,.$$

Pro Millimeter ergibt das 3058 Ionen.

Die Anfangsgeschwindigkeit erhält man aus der kinetischen Energie der α-Teilchen:

$$v_\alpha = \sqrt{\frac{2\,W_\alpha}{m_{0\alpha}}}\,.$$

Aus der Gleichsetzung von Lorentz- und Zentripetalkraft folgt

$$B = \frac{m_{0\alpha}}{2er}\sqrt{\frac{2W_\alpha}{m_{0\alpha}}} = \frac{\sqrt{2W_\alpha m_{0\alpha}}}{2er} = 1{,}6\ \mathrm{T}.$$

Aufgabe 11.2

> Grundlagen:
> Spezifischer Ionisationsverlust einer Strahlung (11.6)
> Halbleiterdetektoren, Abb. 11.16

Die mittlere freie Weglänge des α-Teilchens, das heißt, die gemittelte Strecke zwischen zwei aufeinanderfolgenden Generationen, beträgt

$$l = \frac{100\ \mu\mathrm{m}\ 3{,}65\ \mathrm{eV}}{12\ \mathrm{MeV}} = 3{,}04\cdot 10^{-11}\ \mathrm{m}\,.$$

Für die Erzeugung einer Elementarladung ist eine Energie von 3,65 eV notwendig, also beträgt die Empfindlichkeit

$$4{,}39 \cdot 10^{-20}\ \mathrm{C}\ (\mathrm{eV})^{-1}.$$

Aufgabe 11.3

Grundlagen:
Ionisationskammer, Abb. 11.13
Kapazität eines Kondensators (II D 1.10)
RC-Glied, II Abb. 5.13

Die Gesamtladung folgt aus der mit $W_{\mathrm{ion}} \approx 21{,}5$ eV zu berechnenden Anzahl der einfach ionisierten Ne-Atome

$$N = \frac{1{,}51\ \mathrm{MeV}}{21{,}5\ \mathrm{eV}} = 70232,$$

wenn man diese mit der Elementarladung multipliziert:

$$q = 1{,}125 \cdot 10^{-14}\ \mathrm{C}.$$

Die Kapazität des Zylinderkondensators berechnet sich zu

$$C = \varepsilon_0 \frac{2\pi l}{\ln \sqrt{\dfrac{r_{\mathrm{außen}}}{r_{\mathrm{innen}}}}} = 3{,}11\ \mathrm{pF}.$$

Die *RC*-Zeit τ beträgt damit

$$\tau = RC = 4{,}67\ \mathrm{ms}.$$

Aufgabe 11.4

Grundlagen:
Geiger-Müller-Zählrohr, Abb. 11.4

Es seien $\dot{N}$ die gemessene, $\dot{N}_{\mathrm{W}}$ die wahre Zählrate, t_{T} die Totzeit und η die Ansprechwahrscheinlichkeit. Man erhält den Ansatz

$$\dot{N} = \frac{\dot{N}_{\mathrm{W}}}{1 + \dot{N}_{\mathrm{W}}\, t_{\mathrm{T}}} = \frac{\dot{N}_{\mathrm{W}}}{2}$$

und für die Aktivität A

$$A = \frac{\dot{N}_{\mathrm{W}}}{\eta} = \frac{1}{\eta\, t_{\mathrm{T}}} = 10^{6}\ \mathrm{Bq}.$$

Aufgabe 11.5

Grundlagen:
Szintillationszählrohr, Abschn. 11.1.2.3.3

Die Anregungsenergie ergibt sich aus der Wellenlänge $\lambda = 370$ nm zu

$$W_{\text{ph}} = \frac{hc}{\lambda} = 3{,}36 \text{ eV}.$$

Die Anzahl der Photonen ist gleich der Anzahl der aus der Cäsiumkatode mit der Austrittsarbeit von 1,5 eV herausgelösten Elektronen, sie beträgt

$$N_{\text{e}} = \frac{W_{\text{e1}}\lambda}{hc} = 137\,000\,.$$

Die verbleibende kinetische Energie der Photoelektronen ist

$$W_{\text{e2}} = 1{,}86 \text{ eV}.$$

Die Beschleunigungsspannung beträgt bei 10 Dynoden

$$\Delta U = \frac{662 \text{ V}}{11} = 60{,}18 \text{ V}.$$

Zur ersten Dynode gelangen die Elektronen mit der Energie von 62,04 eV.

Da die Ablösearbeit für Kalium 2,1 eV beträgt, erhält man als Vervielfältigungsfaktor

$$\delta = \frac{62{,}04 \text{ eV}}{2{,}1 \text{ eV}} + 10\,\frac{60{,}18 \text{ eV}}{2{,}1\text{eV}} = 316.$$

Die Anzahl der zur Anode gelangenden Elektronen beträgt also rund

$$N_{\text{A}} = 4{,}33\ 10^{7}.$$

Aufgabe 11.6

Grundlagen:
Relativistische kinetische Energie (II S 14.16)

Die Beschleunigungsspannung U bewirkt eine Zunahme der kinetischen Energie W_{kin}. Der Ansatz lautet also

$$W_{\text{kin}} = (m - m_0)\,c^2 = 3\,m_0 c^2 = eU\,.$$

Die Beschleunigungsspannung ist mit

$$U = \frac{3\,m_0 c^2}{e}$$

für Elektronen zu

$$U = 1{,}53 \text{ MV}$$

und für Protonen zu

$$U = 2{,}81\ \text{GV}$$

zu berechnen.

Aufgabe 11.7

> Grundlagen:
> Relativistische kinetische Energie (II S 14.16)
> Linearbeschleuniger, Abb. 11.20

Die Gesamtbeschleunigung erfolgt mit 1800 kV. Der Energiesatz ergibt

$$eU = W_{\text{kin,e}} = (m_{\text{e}} - m_{0\text{e}})\, c^2 = \left(\frac{1}{\sqrt{1 - \frac{v^2}{c^2}}} - 1 \right) m_{0\text{e}} c^2 .$$

Die Massenzunahme beträgt

$$m_{\text{e}} = 4{,}52\ m_{0\text{e}} = 4{,}12 \cdot 10^{-30}\ \text{kg}$$

und führt zur Endgeschwindigkeit

$$v = 0{,}951\ c = 2{,}85 \cdot 10^{8}\ \text{ms}^{-1} .$$

Für die Länge der k-ten Elektrode erhält man, wenn U_k die Spannung ist, die bis zum Eintritt in die Elektrode wirkt,

$$l_k = \frac{c}{v} \sqrt{1 - \frac{1}{\left(1 + \frac{e U_k}{m_{\text{oe}} c^2}\right)^2}} .$$

Nummer der Elektroden	U/kV	Länge/m
1	900	9,315
2	1000	9,404
3	1100	9,477
4	1200	9,537
5	1300	9,587
6	1400	9,629
7	1500	9,665
8	1600	9,695
9	1700	9,722
10	1800	9,746

Aufgabe 11.8

Grundlagen:
Zyklotron (11.20a)

Die Anzahl der Umläufe ergibt sich aus der Gesamtbeschleunigungszeit $t_G = 10\ \mu s$ und der Frequenz der Beschleunigungsspannung $\nu = 2$ MHz zu

$$N = 2\,t_G\,\nu = 40\,.$$

Die Gesamtbeschleunigung erfolgt durch die Spannung

$$U_G = 40 \cdot 50\ \text{kV} + 500\ \text{V} = 2000{,}5\ \text{kV}.$$

Für die Endgeschwindigkeit der Ionen folgt aus dem Energieerhaltungssatz

$$\upsilon = \sqrt{\frac{2eU_G}{m_{0\text{He}}}} = 0{,}033\ c = 9800\text{kms}^{-1}.$$

Für den Endbahnradius erhält man

$$r = \frac{\upsilon}{\omega} = 39{,}1\ \text{cm}$$

und für die magnetische Induktion bei Beachtung von $\upsilon \ll c$

$$B = m_{0\,\text{He}}\,\frac{\omega}{e} = 0{,}52\ \text{T}.$$

Aufgabe 11.9

Grundlagen:
Betatron, Abb. 11.24
1. Maxwellsche Gleichung (II S 6.4a)

Der Impuls der Elektronen folgt aus der relativistischen Umrechnung

$$\frac{pc}{m_0 c^2} = 24{,}48$$

zu

$$p = 6{,}68 \cdot 10^{-21}\ \text{kgms}^{-1}.$$

Die Massenzunahme beträgt

$$m = 24{,}48\ m_0\,.$$

Die Geschwindigkeit der Elektronen beträgt

$$\upsilon = 0{,}998\ c\,.$$

Aus der 1. Maxwellschen Gleichung folgt

$$2\pi r E = \frac{d\Phi}{dt}.$$

Mit der Kraft

$$F_{el} = eE = \frac{dp}{dt}$$

kann man die Änderung des magnetischen Flusses von 0 auf Φ_{max} aus der Impulsänderung berechnen:

$$\Phi_{max} = \frac{2\pi r p}{e} = 5{,}2 \cdot 10^{-2}\ \text{Vs}.$$

Aufgabe 11.10

Grundlagen:
Synchrozyklotron (11.21a), (11.21b)

Das Deuteron soll von der kinetischen Energie

$$W_{kin\,1} = 2W_0 - W_0$$

auf die kinetische Energie

$$W_{kin\,2} = 3W_0 - W_0$$

beschleunigt werden. Das Verhältnis der Kreisfrequenzen des Beschleunigungsfeldes beträgt dann

$$\frac{\omega_2}{\omega_1} = \frac{1+\eta_1}{1+\eta_2} = \frac{2}{3}.$$

Daraus folgt

$$\omega_2 = \frac{2}{3}\,\omega_1.$$

Die Verringerung der Frequenz beträgt also $33\frac{1}{3}\,\%$.

Aufgabe 12.1

Grundlagen:
Kernreaktionen (S 10.2)
Eigenschaften einiger Nuklide, Tab. 10.1
Kernkraftradius (3.1)

Die kinetische Energie der Protonen muß etwas größer als die potentielle Energie der Coulomb-Kraft für den Kernkraftradius R_k sein:

$$W_{kin,p} \geqq \frac{Ze^2}{4\pi\varepsilon_0 R_k}.$$

Mit

$$R_k = (0{,}75 + 1{,}36\,\sqrt[3]{10}) \cdot 10^{-15}\ \text{m} = 3{,}46 \cdot 10^{-15}\ \text{m}$$

erhält man

$$W_{\text{kin,p}} \geqq 2{,}08\ \text{MeV}.$$

Die Reaktionsgleichung lautet

$${}^{1}_{1}\text{H} + {}^{10}_{5}\text{B} \rightarrow {}^{10}_{6}\text{C} + {}^{1}_{0}\text{n}.$$

Der Energieerhaltungssatz liefert für die kinetische Energie des Neutrons die Gleichung

$$W_{\text{kin,n}} = (m_{0\text{B}} + m_{0\text{p}} - m_{0\text{C}} - m_{0\text{n}})\,c^2 + W_{\text{kin,p}}$$
$$W_{\text{kin,n}} = -\,4{,}388\ \text{MeV} + W_{\text{kin,p}}\,.$$

Da die Kernreaktion endotherm verläuft, muß die kinetische Energie des Protons die Bindungsenergiedifferenz mindestens kompensieren:

$$W_{\text{kin,p}} \geqq 4{,}388\ \text{MeV}.$$

Die zur Überwindung des Coulomb-Walles notwendige Energie reicht also nicht aus, um die Kernreaktion zu realisieren.

Aufgabe 12.2

Grundlagen:
Kernreaktionen (S 12.2), (12.11)
Eigenschaften einiger Nuklide, Tab. 10.1

Die Bindungsenergie pro Nukleon beträgt für das Deuteron

$$W_{\text{B}} = (m_{0\text{d}} - m_{0\text{p}} - m_{0\text{n}})\,c^2 = 2{,}22\ \text{MeV}.$$

Das Reaktionsschema lautet

$$\gamma + {}^{2}_{1}\text{H} \rightarrow {}^{2}_{1}\text{H}^{*} \rightarrow {}^{1}_{1}\text{H} + {}^{1}_{0}\text{n}.$$

Mit dem Energieerhaltungssatz kann die Summe der kinetischen Energien der emittierten Teilchen berechnet werden:

$$W_{\text{ph}} + m_{0\text{d}}\,c^2 = m_{0\text{n}}\,c^2 + m_{0\text{p}}\,c^2 + W_{\text{kin,p}} + W_{\text{kin,n}}$$
$$W_{\text{kin,p}} + W_{\text{kin,n}} = (m_{0\text{d}} - m_{0\text{n}} - m_{0\text{p}})\,c^2 + W_{\text{ph}}$$
$$W_{\text{kin,p}} + W_{\text{kin,n}} = -\,2{,}22\ \text{MeV} + 4{,}12\ \text{MeV} = 1{,}90\ \text{MeV}.$$

Die Aufteilung der Energie erfolgt wegen des Impulserhaltungssatzes im umgekehrten Verhältnis der Ruhmassen, also ca. 1 : 1. Daraus folgt

$$W_{\text{kin,n}} \approx 0{,}95\ \text{MeV}.$$

Die Geschwindigkeit des Neutrons beträgt damit

$$v \approx 0{,}045\, c = 13\,500\ \mathrm{kms}^{-1}.$$

Grundlagen:
Kernreaktionen (S 12.2), (12.11)
Eigenschaften einiger Nuklide, Tab. 10.1

Aufgabe 12.3

Die Reaktionsgleichung lautet

$$^{2}_{1}\mathrm{H} + {}^{7}_{3}\mathrm{Li} \rightarrow {}^{9}_{4}\mathrm{Be}^{*} \rightarrow {}^{8}_{4}\mathrm{Be} + {}^{1}_{0}\mathrm{n}\,.$$

Bezüglich der betrachteten Richtung der Neutronen fordert der Impulserhaltungssatz für die Beträge der Impulse

$$p_{\mathrm{d}} = p_{\mathrm{Be}} + p_{\mathrm{n}}\,.$$

Der Energieerhaltungssatz liefert für die Summe der kinetischen Energien von Neutron $W_{\mathrm{kin,n}}$ und Berylliumkern $W_{\mathrm{kin,Be}}$

$$W_{\mathrm{kin,n}} + W_{\mathrm{kin,Be}} = (m_{0\mathrm{d}} + m_{0\mathrm{Li}} - m_{0\mathrm{Be}} - m_{0\mathrm{n}})\, c^{2} + W_{\mathrm{kin,d}}$$
$$W_{\mathrm{kin,n}} + W_{\mathrm{kin,Be}} = 15{,}25\ \mathrm{MeV} + 3{,}29\ \mathrm{MeV} = 18{,}54\ \mathrm{MeV} = W_{\mathrm{kin,G}}\,.$$

Im Fall eines ruhenden Zwischenkerns verhalten sich die kinetischen Energien von Berylliumkern und Neutron umgekehrt wie deren Ruhmassen. In gleicher Weise wird die kinetische Energie des Zwischenkerns aufgeteilt.

Die kinetische Energie des Neutrons berechnet sich damit aus

$$\frac{W_{\mathrm{kin,n}}}{W_{\mathrm{kin,G}} - W_{\mathrm{kin,n}}} = \frac{m_{0\mathrm{Be}}}{m_{0\mathrm{n}}}$$

zu

$$W_{\mathrm{kin,n}} = \frac{m_{0\mathrm{Be}}}{m_{0\mathrm{n}} + m_{0\mathrm{Be}}}\, W_{\mathrm{kin,G}} = 16{,}47\ \mathrm{MeV}.$$

Grundlagen:
Direkte Kernreaktionen (12.14)

Aufgabe 12.4

Die de Broglie-Wellenlänge der Neutronen beträgt

$$\lambda = \frac{h}{p_{\mathrm{n}}} = \frac{hc}{\sqrt{W_{\mathrm{kin,n}}^{2} + 2 W_{\mathrm{kin,n}}\, W_{0,\mathrm{n}}}} = 1{,}92 \cdot 10^{-15}\ \mathrm{m}\,.$$

Der Kerndurchmesser folgt aus dem Kernkraftradius

$$2R_{\mathrm{k}} = 2\,(0{,}75 + 1{,}26\,\sqrt[3]{12})\,10^{-15}\,\mathrm{m} = 7{,}27 \cdot 10^{-15}\,\mathrm{m}\,.$$

Weil die mittlere Bindungsenergie eines Nukleons im C-Kern etwas kleiner als 8 MeV ist, kann sie in erster Näherung gegenüber der kinetischen Energie vernachlässigt werden. Somit lauten der Impuls- und der Energieerhaltungssatz für den Stoß

$$p_{\mathrm{n}} = p_{\mathrm{d}}$$

und

$$W_{\mathrm{kin,n}} = W_{\mathrm{kin,d}} \approx 200\ \mathrm{MeV}.$$

Die Geschwindigkeit der Deuteronen besitzt dieselbe Richtung wie die der Neutronen und den Betrag

$$v_{\mathrm{d}} = 0{,}428\,c = 1{,}27 \cdot 10^{5}\,\mathrm{kms^{-1}}\,.$$

Aufgabe 12.5

Grundlagen:
Radioaktives Zerfallsgesetz (S 12.3)
α-Zerfall (S 12.4)

Mit der Zählrate $\dot{N}$ folgt aus dem radioaktiven Zerfallsgesetz

$$\lambda = \frac{\ln \dot{N}_1 - \ln \dot{N}_2}{t_2 - t_1} = 0{,}0127\ \mathrm{s^{-1}}.$$

Die mittlere Lebensdauer beträgt

$$\tau = \frac{1}{\lambda} = 78{,}58\ \mathrm{s}\,.$$

Die Halbwertszeit ergibt sich zu

$$T_{\frac{1}{2}} = \tau \ln 2 = 54{,}47\ \mathrm{s}\,.$$

Es handelt sich um den α-Zerfall

$$^{220}_{86}\mathrm{Rn} \rightarrow {}^{216}_{84}\mathrm{Po} + {}^{4}_{2}\mathrm{He}$$

mit

$$T_{\frac{1}{2}} = 54{,}5\ \mathrm{s}\,.$$

Aufgabe 12.6

Grundlagen:
α-Zerfall (S 12.4)
Eigenschaften einiger Nuklide, Tab. 10.1

Die Zerfallsgleichung lautet

$$^{8}_{4}\mathrm{Be} \rightarrow {}^{4}_{2}\mathrm{He} + {}^{4}_{2}\mathrm{He}\,.$$

Nach dem Impulserhaltungssatz müssen die beiden Teilchen in entgegengesetzte Richtungen auseinanderfliegen und unter Vernachlässigung der Elektronenmassen dieselbe kinetische Energie besitzen:

$$W_{\mathrm{kin},\alpha} = \frac{1}{2}\,(m_{0\,\mathrm{Be}} - 2m_{0\,\mathrm{He}})\;c^2 = 46{,}9\ \mathrm{keV}.$$

Die 8 Elektronenmassen machen ca. 1 Promille der Masse des Heliumkerns aus.

In der Nebelkammer beobachtet man zwei vom Ort des Berylliumkerns ausgehende, gleichlange und entgegengesetzt gerichtete Spuren.

Aufgabe 12.7

Grundlagen:
β^--Zerfall (12.28)
Eigenschaften einiger Nuklide, Tab. 10.1

Die Zerfallsgleichung lautet

$$^{13}_{5}\mathrm{B} \rightarrow {}^{13}_{6}\mathrm{C} + {}^{0}_{-1}\mathrm{e} + {}^{0}_{0}\,\overline{\nu}_{\mathrm{e}}\,.$$

Aus dem Energieerhaltungssatz folgt

$$m_{0\mathrm{B}} = m_{0\mathrm{C}} + m_{0\mathrm{e}} + \frac{W_{\mathrm{kin,e\,max}}}{c^2} = 13{,}0178\ \mathrm{u}\,.$$

Aufgabe 12.8

Grundlagen:
β^+-Zerfall (12.29)
Elektroneneinfang (12.30)
Eigenschaften einiger Nuklide, Tab. 10.1

Für den β^+-Zerfall lautet die Zerfallsgleichung

$$^{18}_{9}\mathrm{F} \rightarrow {}^{18}_{8}\mathrm{O} + {}^{0}_{1}\mathrm{e} + {}^{0}_{0}\,\nu_{\mathrm{e}}\,.$$

Die maximale kinetische Energie der Positronen erhält man unter Berücksichtigung der Paarbildungsenergie

$$W_{\mathrm{kin,e\,max}} = 1{,}664\ \mathrm{MeV} - 2\,m_{0\mathrm{e}}c^2 = 642\ \mathrm{keV}.$$

Für den Elektroneneinfang lautet die Zerfallsgleichung

$$^{18}_{9}\mathrm{F} + {}^{0}_{-1}\mathrm{e} \rightarrow {}^{18}_{8}\mathrm{O} + {}^{0}_{0}\nu_e .$$

Die Energie des Neutrinos beträgt bei Vernachlässigung der Rückstoßenergie

$$W_{\nu_e} = 1{,}664 \text{ MeV} + m_{0e}c^2 = 2{,}175 \text{ MeV}.$$

Aufgabe 12.9

Grundlagen:
γ-Zerfall (S 12.6), (12.40)
Eigenschaften einiger Nuklide, Tab. 10.1

Den Ruhmassendefekt erhält man aus der Energie der Gammastrahlung unter Berücksichtigung der Rückstoßenergie:

$$\Delta m_0 = \frac{1}{c^2}\left(W_\gamma + \frac{W_\gamma^2}{2m_{0\mathrm{Be}}c^2}\right) = 0{,}933\ m_{0e} .$$

Die Rückstoßenergie muß doppelt aufgebracht werden:

$$W_{\mathrm{kin}} = 2\,\frac{W_\gamma^2}{2m_{0\mathrm{Be}}c^2} = 34{,}8 \text{ eV}.$$

Daraus folgt die klassisch berechnete Bahngeschwindigkeit:

$$v_{\mathrm{Quelle}} = 30{,}9 \text{ kms}^{-1} .$$

Aufgabe 13.1

Grundlagen:
Formel zur empirischen Berechnung des Kernradius (S 3.1)
Berechnung der Kernmasse (10.3 a)

Will man die Größe eines Kerns durch seinen Radius charakterisieren, so muß für ihn *Kugelgestalt* angenommen werden.

Es muß dann gelten

$$\varrho_{0k} = \frac{m_{0k}}{\frac{4}{3}\pi R_k^3} .$$

Für die Kernmasse gilt in guter Näherung

$$m_{0k} = Mu \quad (M\text{: Massenzahl; } u \text{ atomare Masseneinheit}).$$

Aus der empirischen Formel (S 3.1)

$$R_k = (0{,}75 + 1{,}26\ M^{1/3})\ 10^{15} \text{ m}$$

ist sofort zu erkennen, daß ϱ_{0k} nur bei *Vernachlässigung der additiven Konstante* 0,75 in R_k unabhängig von M wird.

Diese Näherung ist für nicht zu kleine M vertretbar.

Aufgabe 13.2

> Grundlagen:
> Formel zur empirischen Berechnung des Kernradius (S 3.1)
> Berechnung der Kernmasse (10.3 a)

Berechnet man die Kernmasse näherungsweise aus Massenzahl M und atomarer Masseneinheit u und den Kernradius nach der empirischen Formel (S 3.1), so ergibt sich für die Massedichte des Kerns

$$\varrho_{0k} = \frac{Mu}{\frac{4}{3}\pi\,[(0{,}75 + 1{,}26M^{1/3})\,10^{-15}\,\mathrm{m}]^3}\,.$$

Das Verhältnis der beiden Massedichten ist also

$$\frac{\varrho_{0kU}}{\varrho_{0kFe}} = \frac{M_U}{M_{Fe}}\left(\frac{0{,}75 + 1{,}26M_{Fe}^{1/3}}{0{,}75 + 1{,}26M_U^{1/3}}\right)^3 = 1{,}17.$$

Die Massedichte ist in Näherung von der Größe der Kerne unabhängig.

Aufgabe 13.3

> Grundlagen:
> Bethe-Weizsäcker-Beziehung (13.2 a), (13.1 d)
> Formel zur empirischen Berechnung des Kernradius (S 3.1)
> Kapazität des Kugelkondensators (II 1.12)
> Definitionen von Raumladungsdichte,
> elektrischem Potential und Kapazität (II D 1.7) (II D 1.6) (II D 1.10)

Für das elektrostatische Potential an der Oberfläche eines geladenen Kugelkondensators erhält man

$$\varphi = \frac{q}{4\pi\varepsilon_0 r}\,.$$

Bringt man zusätzlich die Ladung $\mathrm{d}q$ auf den Kondensator, so ist dazu die Arbeit $\mathrm{d}W = \varphi\,\mathrm{d}q$ erforderlich.

Nimmt man für die geladene Kugel homogen verteilte Ladungen an, so gilt mit der Ladungsdichte ϱ

$$q = \varrho\,\frac{4}{3}\,\pi r^3$$

Das Aufbringen einer weiteren Ladungsschicht

$$\mathrm{d}q = 4\pi r^2\,\varrho\,\mathrm{d}r$$

erfordert die Arbeit

$$dW = \frac{\varrho \frac{4}{3} \pi r^3}{4 \pi \varepsilon_0 r} \cdot 4 \pi r^2 \varrho dr = \frac{4\pi \varrho^2}{3\varepsilon_0} r^4 \, dr .$$

Integration von Null bis R_k liefert mit $\varrho V = eZ$

$$W = \frac{3Z^2 e^2}{20 \pi \varepsilon_0 R_k} .$$

Mit $R_k \approx 1{,}26 \, M^{1/3} \cdot 10^{-15}$ m und der Nukleonenzahl $M = N + Z$ erhält man

$$W = C_4 Z^2 (N + Z)^{-1/3}$$

mit

$$C_4 = \frac{3 e^2 \, 10^{15}}{20 \pi \varepsilon_0 \, 1{,}26} \cdot \frac{1}{\text{m}}$$

$$= 1{,}1 \cdot 10^{-13} \text{ J}$$

$$= 0{,}69 \text{ MeV} .$$

Aufgabe 13.4

Grundlagen:
Bethe-Weizsäcker-Beziehung (13.2b)

$$\frac{W_B}{N+Z} = - \left[14{,}0 + 19{,}3 \left(\frac{N-Z}{N+Z} \right)^2 + \frac{13{,}0}{(N+Z)^{1/3}} + 0{,}58 \frac{Z^2}{(N+Z)^{4/3}} \pm \frac{130}{(N+Z)^2} \right] \text{MeV} . \qquad (13.2\text{b})$$

Bindungslockernd sind neben dem (elektrostatischen) Term 4 die Terme 2, 3 und eventuell 5. Für $N = Z$ wird der zweite Term Null.

Während der dritte Term mit zunehmender Kernladungszahl abnimmt, wächst der vierte Term (Z^2 im Zähler).

Gleichsetzen beider Terme liefert für $N = Z$

$$13 = 0{,}58 \cdot \frac{Z^2}{2 Z}$$

$$Z = 44{,}8 .$$

Für Kernladungszahlen ab $Z = 45$ wäre der elektrostatische Anteil größer als der Anteil der Oberflächenenergie. Der elektrostatische Anteil ergibt sich für $Z = 45$ zu 2,91 MeV pro Nukleon.

Da der für uu-Kerne ebenfalls bindungslockernde 5. Term mit wachsendem Z sinkt und für $Z = 45$ den Wert 0,016 MeV annimmt, ist ab $Z = 45$ die Bedingung erfüllt.

Aufgabe 13.5

Grundlagen:
Bethe-Weizsäcker-Beziehung (13.2b)

$$\frac{W_B}{N+Z} = -\left[14{,}0 + 19{,}3\left(\frac{N-Z}{N+Z}\right)^2 + \frac{13{,}0}{(N+Z)^{1/3}} + 0{,}58\,\frac{Z^2}{(N+Z)^{4/3}} \pm \frac{130}{(N+Z)^2}\right] \text{MeV}\,. \tag{13.2b}$$

Für ein Minimum der Bindungsenergie je Nukleon muß die Ableitung der rechten Seite nach N (bei konstantem Z) Null gesetzt werden.

Multiplikation mit – 1 ergibt

$$\frac{-19{,}3 \cdot 4Z(N-Z)}{(N+Z)^3} + \frac{13{,}0}{3\,(N+Z)^{4/3}} + \frac{0{,}58 \cdot 4Z^2}{3\,(N+Z)^{7/3}} \pm \frac{260}{(N+Z)^3} = 0\,.$$

Es muß jetzt gezeigt werden, daß für $Z \geqq 10$ die Summe der drei letzten Glieder auch bei negativem Vorzeichen des letzten Gliedes größer als Null bleibt. Das ist selbst für den ungünstigsten Fall mit $Z = 10$, $N = 0$ erfüllt (+ 0,3).

Damit kann die Summe nur Null werden, wenn der erste Summand negativ wird, $N - Z$ also positiv bleibt. Damit gilt $N > Z$.

Aufgabe 14.1

Grundlagen:
Impuls- und Energieerhaltungssatz der Mechanik (I S 4.5), (I S 3.18)
Mittlere kinetische Energie der Moleküle eines idealen Gases (I S 8.4)

Nach einer in Aufgabe (3.4) hergeleiteten Formel kann die auf den gestoßenen Kern übertragene Energie berechnet werden:

$$W_2^* = W_1\left[\frac{4\,m_1 m_2}{(m_1 + m_2)^2}\right].$$

Die Energie des stoßenden Teilchens ist nach einem Stoß

$$W_1^* = W_1\left[1 - \frac{4 m_1 m_2}{(m_1 + m_2)^2}\right].$$

Nach N Stößen gilt

$$\frac{W_1^{N*}}{W_1} = \left[1 - \frac{4\,m_1 m_2}{(m_1 + m_2)^2}\right]^N ,$$

damit

$$N = \frac{\lg \dfrac{W_1^{N*}}{W_1}}{\lg\left(1 - \dfrac{4\,m_1 m_2}{(m_1 + m_2)^2}\right)} .$$

Die Energie W_1^{N*} ist die Energie thermischer Neutronen,

$$W_1^{N*} = \frac{3}{2}kT.$$

Mit $T = 293$ K erhält man 0,039 eV.

Für die Moderatorensubstanz *leichtes Wasser* genügt (theoretisch) ein Stoß des Neutrons gegen einen Wasserstoffkern, um alle Energie zu übertragen.

Deuterium:	$m_2 = 2m_1$	$N = 7$
Graphit:	$m_2 = 12m_1$	$N = 44$

Aufgabe 14.2

Grundlagen:
Abbildung 10.5

Bei einer Kernumwandlung geht ein ^{235}U-Kern mit der Bindungsenergie von $-235 \cdot 7{,}5$ MeV in Kerne mit zusammen im Mittel $(235 - 2{,}43 + 1)$ Nukleonen über. 1,43 Neutronen werden frei.

Für diesen „mittleren" Spaltungsprozeß ergibt sich die freiwerdende Energie zu $(235 \cdot 7{,}5 - 233{,}57 \cdot 8{,}4)$ MeV $= -199$ MeV.

Multiplikation mit dem Betrag der Avogadro-Konstante liefert für ein Mol die Energie von

$$W \approx 1{,}2 \cdot 10^{32}\ \text{eV} = 1{,}9 \cdot 10^{13}\ \text{J}$$

Aufgabe 14.3

Grundlagen:
Avogadro-Konstante (2.13)
Molmasse (2.11)

Die freigesetzte Energie ist

$$W = 20 \cdot 10^6\ \text{kg} \cdot 4 \cdot 10^6\ \text{Jkg}^{-1} = 8 \cdot 10^{13}\text{J}\ (5 \cdot 10^{26}\ \text{MeV}).$$

Da bei der Spaltung eines Urankernes eine Energie von etwa 200 MeV frei wird (Aufgabe 14.2), entspricht das der Spaltung von $2{,}5 \cdot 10^{24}$ Uran-Kernen.

Die Zahl der in 50 kg enthaltenen Kerne berechnet sich nach

$$N = \frac{m}{m_{\text{mol}}} N_{\text{A}}$$

mit $m_{\text{mol}} = 235\ \text{g mol}^{-1}$ zu

$$N = 1{,}28 \cdot 10^{26}.$$

Es werden etwa 2% der Kerne gespalten.

Grundlagen:
Empirische Formel für den Kernradius (S 3.1)
Potentielle Energie in der Umgebung einer Punktladung (II 1.6b)
Mittlere kinetische Energie der Moleküle eines idealen Gases (I S 8.4)

Aufgabe 14.4

Der Kernradius ergibt sich mit $M = 2$ für Deuteronen zu

$$R_{\text{k}} = (0{,}75 + 1{,}26\, M^{1/3})\, 10^{-15}\ \text{m} = 2{,}34 \cdot 10^{-15}\ \text{m}.$$

Die potentielle Energie eines Deuterons im Potentialfeld eines anderen Deuterons ist

$$W_{\text{p}} = \frac{e^2}{4\pi\varepsilon_0 r} \quad \text{mit } r = 2R_{\text{k}}$$

$$W = 4{,}92 \cdot 10^{-14}\ \text{J} \quad (0{,}31\ \text{MeV}).$$

Die Annäherung ist möglich, wenn jedes Deuteron eine kinetische Energie vom halben Betrage besitzt:

$$W_{\text{kin}} = \frac{W_{\text{p}}}{2} = 2{,}46 \cdot 10^{-14}\ \text{J} \quad (0{,}15\ \text{MeV}).$$

Für die mittlere kinetische Energie gilt

$$\overline{W}_{\text{kin}} = \frac{3}{2} kT.$$

Daraus folgt $T = 1{,}2 \cdot 10^{9}$ K.

Wegen der Maxwellschen Geschwindigkeitsverteilung besitzen Moleküle zum Teil erheblich höhere kinetische Energien. Für die Einleitung der thermonuklearen Reaktion reichen deshalb niedrigere Temperaturen aus.

Aufgabe 14.5

> Grundlagen:
> Bindungsenergien einiger Nuklide, Tab. 10.4
> Avogadro-Konstante (2.13)

Bei Bildung eines ${}^4_2$He-Kernes wird die Differenz der Bindungsenergien frei:

$$W = W_{\mathrm{B\,He}} - 2\,W_{\mathrm{Bd}}.$$

Mit den Werten aus Tab. 10.4

$$W_{\mathrm{B\,He}} = -\,28{,}23\ \mathrm{MeV} \text{ und } W_{\mathrm{B\,d}} = -\,2{,}22\ \mathrm{MeV}$$

folgt

$$W = -\,23{,}79\ \mathrm{MeV} \quad (3{,}81 \cdot 10^{-12}\ \mathrm{J}).$$

Die Zahl der Helium-Atome ist

$$N = \frac{m}{m_{\mathrm{mol}}} N_{\mathrm{A}}.$$

Für $m = 1$ g ist die gesamte freigesetzte Energie

$$N \cdot W = 5{,}7 \cdot 10^{11}\ \mathrm{J}.$$

Aufgabe 14.6

> Grundlagen:
> Bindungsenergien einiger Nuklide, Tab. 10.4

Der Anteil des Wasserstoffs am Wasser ist 2/18.
0,016% davon sind $2{,}5 \cdot 10^{16}$ kg (Deuterium).

Nach Aufgabe 14.5 wird durch Fusion von 1 g Deuterium die Energie von $5{,}7 \cdot 10^{11}$ J freigesetzt.

Die gesamte verfügbare Energie ist also

$$W = 5{,}7 \cdot 10^{14}\ \mathrm{J\,kg^{-1}} \cdot 2{,}5 \cdot 10^{16}\ \mathrm{kg} = 1{,}4 \cdot 10^{31}\ \mathrm{J}$$

$$W = 3{,}9 \cdot 10^{24}\ \mathrm{kWh}$$

Bei einprozentiger Ausnutzung deckt das den Bedarf von 10^{14} kWh/a für $3{,}9 \cdot 10^{8}$ Jahre.

Aufgabe 14.7

Grundlagen:
Astronomische Daten, I Tab. 3.1
Eigenschaften einiger Nuklide, Tab. 10.1
Atomare Masseneinheit (D 10.7)

Tab. 10.1 gestattet es, die Abweichung der relativen Isotopenmasse von der natürlichen Zahl als $\Delta(Z, M)$ zu bestimmen. Damit wird der Massendefekt bei Verwendung der atomaren Masseneinheit u

$$\Delta m = [\Delta(Z, M)_{\mathrm{He}} - 2\Delta(Z, M)_{\mathrm{d}}]\, u$$

$$\frac{\Delta m}{m} = \frac{[\Delta(Z, M)_{\mathrm{He}} - 2\Delta(Z, M)_{\mathrm{d}}]\, u}{4\,u} = 6{,}4 \cdot 10^{-3}\,.$$

Bei der vorausgesetzten Kernfusion kann die Sonne insgesamt 0,64% ihrer Masse verlieren.

Mit der gegenwärtigen Sonnenmasse von $1{,}99 \cdot 10^{30}$ kg und einem täglichen Verlust von $3{,}74 \cdot 10^{14}$ kg sind $9{,}3 \cdot 10^{10}$ Jahre erforderlich.

Aufgabe 14.8

Grundlagen:
Eigenschaften einiger Nuklide, Tab. 10.1
Atomare Masseneinheit (D 10.7)
Empirische Formel für den Kernradius (S 3.1)
Potentielle Energie in der Umgebung einer Punkladung (II 1.6b)
Mittlere thermische Energie (I S 8.4)

Die freiwerdende Energie ergibt sich aus dem Massendefekt

$$\Delta m = [\Delta(N, Z)_{\mathrm{d}} - 2\Delta(N, Z)_{\mathrm{H}}]\, u - m_{0\mathrm{e}} = -\,1{,}66 \cdot 10^{-30}\ \mathrm{kg}$$

$$W = -\,1{,}49 \cdot 10^{-13}\ \mathrm{J} = -\,0{,}93\ \mathrm{MeV}.$$

Die Schwellenenergie ist die potentielle Energie bei Annäherung der Protonen auf $2\,R_{\mathrm{k}}$.

Mit $R_{\mathrm{k}} = 2{,}01 \cdot 10^{-15}$ m und $r = 2\,R_{\mathrm{k}}$ ist

$$W_{\mathrm{p}} = \frac{e^2}{4\pi\varepsilon_0 r}$$

$$W_{\mathrm{p}} = 5{,}73 \cdot 10^{-14}\ \mathrm{J}.$$

Da es genügt, daß jedes Proton eine kinetische Energie $W_{\mathrm{p}}/2$ besitzt, ist

$$T = \frac{W_{\mathrm{p}}}{3k}$$

$$T = 1{,}4 \cdot 10^{9}\ \mathrm{K}.$$

Aufgabe 15.1

Grundlagen:
Paar-Vernichtung (15.2), (S 15.1)

Das Paar mit antiparalleler Spineinstellung zerstrahlt in 2 Photonen mit dem Gesamtspin 0. Die Energie eines Photons ist

$$W = \frac{1}{2} \cdot 2\, m_{0\mathrm{e}}\, c^2 .$$

Die Wellenlänge ergibt sich zu

$$\lambda = \frac{c}{\nu} = \frac{hc}{W} = \frac{h}{m_{0\mathrm{e}}\, c}$$

$$\lambda = 2{,}43 \cdot 10^{-12}\ \mathrm{m}.$$

Bei parallelem Spin zerstrahlt das Paar in 3 Photonen mit dem Gesamtspin 1.

Die Energie eines Photons ist

$$W = \frac{1}{3} \cdot 2\, m_{0\mathrm{e}}\, c^2 .$$

Die Wellenlänge ergibt sich zu

$$\lambda = \frac{3h}{2\, m_{0\mathrm{e}}\, c}$$

$$\lambda = 3{,}64 \cdot 10^{-12}\ \mathrm{m}.$$

Aufgabe 15.2

Grundlagen:
Eigenschaften von Leptonen, Tab. 15.2
Radien Bohrscher Bahnen (5.5 a)
reduzierte Masse (5.1)

Nach (5.5 a) verhalten sich bei gleichen Kernladungen die Radien der Bohrschen Bahnen reziprok zu den reduzierten Massen.

Die reduzierte Masse des Elektrons ist

$$m_{\mathrm{re}} = \frac{m_{0\mathrm{e}}}{1 + \dfrac{m_{0\mathrm{e}}}{m_{0\mathrm{p}}}},$$

die reduzierte Masse des Müons wegen seiner 207 mal größeren Masse

$$m_{\mathrm{r}\mu} = \frac{207 m_{0\mathrm{e}}}{1 + \dfrac{207 m_{0\mathrm{e}}}{m_{0\mathrm{p}}}} .$$

Für das Verhältnis der Bahnradien ergibt sich

$$\frac{r_e}{r_\mu} = \frac{207(m_{0p} + m_{0e})}{m_{0p} + 207 m_{0e}} .$$

Mit $m_{0p} = 1836\, m_{0e}$ erhält man

$$\frac{r_e}{r_\mu} = 186 .$$

Aufgabe 15.3

Grundlagen:
Eigenschaften von Leptonen, Tab. 15.2
Definition des Kernmagnetons (D 10.4)
Ladungsmultipletts, Tab. 15.5

Die energetische Aufspaltung ist proportional dem Kernmagneton

$$\mu_K = \frac{e\hbar}{2 m_{0p}} .$$

Beim Müonium fungiert das μ^+-Müon als Kern. Statt m_{0p} ist dessen Masse einzusetzen. Damit ist das Verhältnis der energetischen Hyperfeinstrukturaufspaltung indirekt proportional zu den beiden Massen, also

$$\frac{1836{,}1}{206{,}7} = 8{,}88 .$$

Aufgabe 15.4

Grundlagen:
Ladungsmultipletts, Tab. 15.5

Die Zerfallsgleichung lautet

$$\eta^0 \rightarrow \gamma + \gamma .$$

Aus dem Impulserhaltungssatz folgt unter der Voraussetzung $p_\eta = 0$, daß beide Photonen entgegengesetzt mit gleichem Impulsbetrag und damit gleicher Energie auseinanderfliegen müssen. Die Energie ergibt sich zu

$$W_\gamma = \frac{m_{0\eta} c^2}{2} = \frac{1074 m_{0e} c^2}{2} = 275 \text{ MeV}$$

$$p_\gamma = \frac{W_\gamma}{c} = 1{,}47 \cdot 10^{-19} \text{ kgms}^{-1} .$$

Der Nachweis kann mit zwei gegenüberliegenden Kristalldetektoren mit angeschlossenem Impulshöhenanalysator in Koinzidenzschaltung erfolgen.

Aufgabe 15.5

Grundlagen:
Erhaltungssätze (S 15.2), (S 15.3), (S 15.4)
Ladungsmultipletts, Tab. 15.5

Die Erhaltungssätze der elektrischen Ladung und der Baryonenladung führen zur Zerfallsgleichung

$$\Sigma^+ \rightarrow \mathrm{p} + \pi^0 .$$

Es entsteht das π^0-Pion.

Die Einstellmöglichkeiten der Spins, halbzahlig für Σ^+ und halbzahlig für die Summe der Zerfallsprodukte, widersprechen nicht dem Drehimpulserhaltungssatz.

Der Impulserhaltungssatz fordert, daß die Beträge der Impulse von Proton und Pion gleich sein müssen:

$$p_{\mathrm{p}} = p_{\pi} .$$

Der Energieerhaltungssatz lautet

$$m_{0\Sigma}\, c^2 = (m_{0\mathrm{p}} + m_{0\pi})\, c^2 + W_{\mathrm{kin,p}} + W_{\mathrm{kin},\pi} .$$

Die Summe der kinetischen Energien ergibt sich zu

$$W_{\mathrm{kin,p}} + W_{\mathrm{kin},\pi} = (m_{0\Sigma} - m_{0\mathrm{p}} - m_{0\pi})\, c^2 = 116\ \mathrm{MeV}.$$

Aufgabe 15.6

Grundlagen:
Leptonen, Tab. 15.2
Ladungsmultipletts, Tab. 15.5
Erhaltungssatz der Leptonenladung (S 15.4)

Die Zerfallsgleichung lautet

$$\overline{\mathrm{K}}{}_2^0 \rightarrow \pi^+ + \mu^- + \overline{\nu}_\mu .$$

μ^+ ist ein Antiteilchen. Für die Leptonenladung gilt deshalb:

$$\mu^+ \triangleq -1 \quad \overline{\nu}_\mu \triangleq -1 ,$$

$$\mu^- \triangleq +1 \quad \nu_\mu \triangleq +1 .$$

Der Erhaltungssatz ist erfüllt.

Aufgabe 15.7

Grundlagen:
Ladungsmultipletts, Tab. 15.5
Erhaltungssätze (S 15.2), (S 15.4)

Die Gleichung läßt sich umkehren, da kein Erhaltungssatz verletzt wird:

$$\pi^+ + {}^1_0\mathrm{n} \rightarrow \Sigma^+ .$$

Der Energieerhaltungssatz fordert, daß die kinetische Energie des Pions den Massendefekt der Reaktion mindestens kompensieren muß:

$$W_{\text{kin},\pi} \geqq (m_{0\Sigma} - m_{0\text{n}} - m_{0\pi})\, c^2 = 110\ \text{MeV}.$$

Grundlagen:
Eigenschaften von Elementarteilchen, Tab. 15.2, Tab. 15.3, Tab. 15.4

Aufgabe 15.8

Ein Vergleich mit Hilfe der Tabellen liefert die Erfüllung der Erhaltungssätze für

a) Baryonenladung; Drehimpuls
b) Energie ($m_{0\Lambda} < m_{0\Omega} + m_{0\text{K}}$)
c) Müonen-Leptonenladung
d) Isospin, Isospinkoordinate

Grundlagen:
Erhaltungssatz ladungsartiger Eigenschaften (S 15.4)

Aufgabe 15.9

Zerfallsgleichung:

$$\pi^- \rightarrow \mu^- + \overline{\nu}_\mu \rightarrow \overline{\nu}_\mu + {}^{\;0}_{-1}\text{e} + \nu_\mu + \overline{\nu}_\text{e}.$$

Bezeichnet man die Zerfallskonstante der Pionen mit λ_1 und die der Müonen mit λ_2, so nimmt die Müonenzahl durch einen Teilprozeß zu:

$$\frac{\text{d}N_{\mu 1}}{\text{d}t} = \lambda_1 N_\pi = \lambda_1 N_0 \text{e}^{-\lambda_1 t},$$

während sie durch einen zweiten Teilprozeß (Müonenzerfall) abnimmt:

$$\frac{\text{d}N_{\mu 2}}{\text{d}t} = -\lambda_2 N_\mu .$$

Summation liefert

$$\frac{\text{d}N_\mu}{\text{d}t} = -\lambda_2 N_\mu + \lambda_1 N_0 \text{e}^{-\lambda_1 t}.$$

Das ist eine inhomogene Differentialgleichung für N_μ.
Die Lösung der homogenen Gleichung lautet

$$N_{\mu\text{h}}(t) = A\text{e}^{-\lambda_2 t}.$$

Für die inhomogene Gleichung bietet sich ein Lösungsansatz mit der Zeitabhängigkeit des Störgliedes an:

$$N_{\mu\text{i}}(t) = B\text{e}^{-\lambda_1 t}.$$

Einsetzen in die Differentialgleichung liefert

$$B = N_0 \frac{\lambda_1}{\lambda_2 - \lambda_1} .$$

Eine allgemeine Lösung lautet

$$N_\mu(t) = A\,\mathrm{e}^{-\lambda_2 t} + N_0 \frac{\lambda_1}{\lambda_2 - \lambda_1} \mathrm{e}^{-\lambda_1 t}.$$

Aus der Anfangsbedingung $N_\mu(0) = 0$ folgt

$$A = -N_0 \frac{\lambda_1}{\lambda_2 - \lambda_1}$$

$$N_\mu(t) = N_0 \frac{\lambda_1}{\lambda_2 - \lambda_1} (\mathrm{e}^{-\lambda_1 t} - \mathrm{e}^{-\lambda_2 t}) .$$

Mit $\lambda = \frac{1}{\tau}$ sind beide Zerfallskonstanten berechenbar.

Für die angegebene Zeit erhält man

$$\frac{N_\mu}{N_0} = 0{,}367 .$$

Die Zahl der noch vorhandenen Pionen ist nach $t \approx 86\,\tau$ vernachlässigbar. Deshalb gilt

$$\frac{N_e}{N_0} = 1 - \frac{N_\mu}{N_0} = 0{,}633.$$

A.24 Literatur

Physik allgemein

Bergmann, L.; Schaefer, C.: Lehrbuch der Experimentalphysik (6 Bde). versch. Aufl. Berlin 1987–1992
Feynman, R.P.; Leighton, R.B.; Sands, M.: Feynman Vorlesungen über Physik. München/Wien 1991–92
Gerthsen, E.; Kneser, O.; Vogel, H.: Physik. 16. Aufl. Berlin 1989 (Nachdr. 1992)
Grimsehl, E.: Lehrbuch der Physik (4 Bde). 18./27. Aufl. Leipzig 1988–1991
Joos, G.: Lehrbuch der theoretischen Physik. 15. Aufl. Wiesbaden 1989
Kneubühl, F.K.: Repetitorium der Physik. 5. Aufl. Stuttgart 1994
Landau, L.D.; Lifschitz, E.M.: Lehrbuch der theoretischen Physik (10 Bde). 2./13. Aufl. Berlin 1990–92
Lindner, H.: Physik für Ingenieure. 13. Aufl. Leipzig 1992
Orear, J.: Physik. 3. Aufl. München 1975 (Nachdr. 1985)
Pohl, R.W.: Einführung in die Physik (3 Bde). 13./21. Aufl. Berlin 1975–1983
Rousseau, M.; Mathieu, J.P.: Problem in Optics. Oxford/New York 1973
Schpolski, E.W.: Atomphysik (2 Bde). 18. Aufl. Berlin 1988
Sommerfeld, A.: Vorlesungen über Theoretische Physik (6 Bde). 3./6. Aufl. Leipzig 1964/70
Stuart, H.A.; Klages, G.: Kurzes Lehrbuch der Physik. 14. Aufl. Berlin 1994
Weizel, W.: Einführung in die Physik (3 Bde). 5. Aufl. Mannheim 1963
Westphal, W.H.: Physik. 25./26. Aufl. Berlin 1970

Laserphysik, Atom-, Kern- und Elementarteilchenphysik

Anders-von Ahlften, A.; Altheide, H.-J.: Laser – das Licht. Stuttgart 1989
Bauch, H.; Silzner, U.: HeNe – Laser – Praxis. München 1991
Becher, P.; Böhm, M.; Joos, H.: Eichtheorien der starken und elektroschwachen Wechselwirkung. Stuttgart 1983
Blochinzew, D.J.: Grundlagen der Quantenmechanik. 8. Aufl. Frankfurt 1985
Bopp, F.W.: Kerne, Hadronen und Elementarteilchen. Stuttgart 1989
Brunner, W.; Junge, K.: Lasertechnik. Leipzig 1989
Brunner, W.; Junge, K.: Lasertechnik. 4. Aufl. Heidelberg 1989
Close, F.; Marten, M.; Sutton, C.: Spurensuche im Teilchenzoo. Heidelberg 1989
Donges, A.: Physikalische Grundlagen der Lasertechnik. Heidelberg 1988
Eichler, J.; Eichler, H.J.: Laser. Berlin 1991
Finkelnburg, W.: Einführung in die Atomphysik. 12. Aufl. Berlin 1976
Frauenfelder, H.; Henley, E.M.: Teilchen und Kerne. 2. Aufl. München 1987
Genz, H.; Decker, R.: Symmetrie und Symmetrieberechnung in der Physik. Braunschweig/Wiesbaden 1991
Grawert, G.: Quantenmechanik (2 Bde). Frankfurt am Main 1969
Haken, H.: Licht und Materie
Bd. I Elemente der Quantenoptik. Mannheim 1989
Bd. II Laser. Mannheim 1985

Haken, H.; Wolf, H. C.: Atom- und Quantenphysik. 4. Aufl. Berlin 1990
Hellwege, K. H.: Einführung in die Physik der Atome. 4. Aufl. Berlin 1974
Iffländer, R.: Festkörperlaser zur Materialbearbeitung. Berlin 1990
Karamanolis, S.: Praxis der Lasertechnik. München 1990
Kneubühl, F.K.; Sigrist, M.W.: Laser. Stuttgart 1991
Lanius, K.: Physik der Elementarteilchen. Berlin 1981
Lindner, A.: Drehimpulse in der Quantenmechanik. Stuttgart 1984
Mayer-Kuckuk, T.: Atomphysik. 3. Aufl. Stuttgart 1985
Mayer-Kuckuk, T.: Kernphysik. 5. Aufl. Stuttgart 1992
Okun, Lev B.: Physik der Elementarteilchen. Berlin 1991
Perkins, D. H.: Hochenergie-Physik. Bonn 1990
Povh, B.; Rith, K.; Scholz, C.; Zetsche, F.: Teilchen und Kerne. Eine Einführung in die physikalischen Konzepte. Berlin 1993
Schäfer, F.P.; Müller, A.: Anwendungen des Lasers. Heidelberg 1988
Schubert, M.; Weber, G.: Quantentheorie: Grundlagen und Anwendungen. Heidelberg 1993
Stierstadt, K.: Physik der Materie. Weinheim 1989
Tarassow, L.: Symmetrie, Symmetrie! Strukturprinzipien in Natur und Technik. Heidelberg 1993
Weiß, C. O.; Vilasea, R.: Dynamic of Lasers. Weinheim 1991
Wilhelmi, B.; Herrmann, J.: Laser für ultrakurze Lichtimpulse, Grundlagen und Anwendungen. Berlin 1984

Namen- und Sachverzeichnis

B

E

F

G

L

M

S